Chemiefasern

nach dem Viskoseverfahren

(Reyon und Zellwolle)

von

Dr. Kurt Götze

Krefeld

Zweite neubearbeitete Auflage von

Kunstseide und Zellwolle

nach dem Viskoseverfahren

Mit 479 Abbildungen

Springer-Verlag Berlin Heidelberg GmbH

1951

ISBN 978-3-642-49507-6 ISBN 978-3-642-49795-7 (eBook)
DOI 10.1007/978-3-642-49795-7

Ursprünglich erschienen bei **Springer-Verlag OHG., Berlin/Göttingen/Heidelberg**
Softcover reprint of the hardcover 2nd edition 1951

Vorwort zur zweiten Auflage.

Die im Jahre 1940 erschienene *erste Auflage* des vorliegenden Buches war in kurzer Zeit vergriffen. Infolge des anhaltenden Interesses wurde daher ein Neudruck mehrfach erwogen. Die in den letzten Jahren erfolgte Vertiefung unserer wissenschaftlichen Erkenntnisse auf dem Gebiete der Zellulosefasern sowie auch die recht erhebliche Weiterentwicklung auf technischem Gebiete ließen es Verlag und Verfasser jedoch als sinnvoller erscheinen, an eine Neubearbeitung heranzugehen, zumal den Interessenten ein während des Krieges in den Vereinigten Staaten erfolgter Nachdruck in deutscher Sprache zur Verfügung stand.

Eine Neubearbeitung erwies sich aber in den letzten Kriegs- und ersten Nachkriegsjahren als außerordentlich schwierig, da insbesondere ausländische Literatur nicht oder nur außerordentlich mühsam zu beschaffen war. Dem Verfasser wäre die Bearbeitung wohl kaum möglich gewesen, wenn er sich nicht einer weitgehenden Unterstützung durch ausländische Freunde und Fachgenossen zu erfreuen gehabt hätte. Insbesondere fühlt er sich verpflichtet, Herrn Dr. A. MÜLLER, London, zu danken, der seine ausgezeichnete Literaturkartothek sowie seine Sammlung von Sonderdrucken in selbstloser Weise zum Studium zur Verfügung stellte. Wertvolle Sonderdrucke steuerten auch die Herren D. ENTWISTLE und S. F. ROSE, Coventry, bei. Ferner hat der Verfasser auch Herrn J. M. PRESTON, Manchester, für die Überlassung wichtiger Literatur zu danken. Auch den Herren Prof. O. SAMUELSON, Göteborg, und G. CENTOLA, Milano, ist der Verfasser zu Dank verpflichtet. Ganz besonderer Dank gebührt Herrn Dir. K. RIETH, Bad Godesberg, der die große Liebenswürdigkeit besaß, die Teile über Zellstoff, und vornehmlich das vierte Kapitel, einer Durchsicht zu unterziehen, und so dafür gesorgt hat, daß auch diese Teile dem modernen Stande der Technik angepaßt werden konnten.

Herr Dr.-Ing. G. BRUNI, Milano, sowie Herr Dipl.-Ing. E. ABELE, Krefeld, überließen dem Verfasser zahlreiche, instruktive Werkaufnahmen. Herrn G. BRUNI dankt der Verfasser darüber hinaus für wertvolle Einzelheiten über Maschinenkonstruktionen sowie den Anbau und die Aufarbeitung von Arundo donax.

Dem Forschungslaboratorium der *Hercules Powder Company*, Wilmington, USA., verdankt der Verfasser vorzügliche elektronenmikroskopische Aufnahmen von natürlichen und künstlichen Fasern, Herrn Prof. Dr. G. JAYME, Darmstadt, einige besonders gute Mikroaufnahmen von Zellstoff-Fasern und Herrn Prof. Dr. L. SZEGÖ, Vercelli, einige Mikroaufnahmen charakteristischer Faserquerschnitte.

Erfreulicherweise konnten die technischen Teile des Buches durch zahlreiche Konstruktionsskizzen und Abbildungen von Maschinen und Apparaturen bereichert werden, wofür in- und ausländischen Maschinenfabriken Dank zu sagen ist. In besonders großzügiger Weise wurde der Verfasser, was Maschinen und Arbeitsweisen anbetrifft, durch die Firma *Oscar Kohorn u. Co., Ltd.*, New York, unterstützt.

Die bei der *ersten Auflage* bewährte Einteilung des Stoffes wurde im allgemeinen beibehalten. Aus Gründen einer besseren Übersicht wurden allerdings einige Umstellungen vorgenommen; es wurde darüber hinaus versucht, eine noch straffere Einteilung vorzunehmen. Auch erwies es sich nicht mehr als dem Stande der Technik entsprechend, den kontinuierlichen Herstellungsweisen für die Viskose ein besonderes

Kapitel zu widmen; die hier gebräuchlichen Methoden wurden vielmehr an den entsprechenden Stellen in den Text eingearbeitet. Neu aufgenommen wurde u. a. die Vorhydrolyse, die chemische Reife der Alkalizellulose, die chemisch-thermische Viskosereife, die direkte Herstellung von Viskose, die Rückgewinnung von Schwefelkohlenstoff, die Entschwefelung der Spinnereiabgase sowie die unmittelbare Herstellung verspinnbarer Zellwollbänder.

Die wesentlichen Fortschritte, die im letzten Jahrzehnt auf dem Gebiete der Kenntnis von der Struktur und dem Verhalten der Faserstoffe sowie von den Vorgängen bei der Fadenbildung im Viskoseprozeß und bei der mechanischen Deformation erzielt werden konnten, zwangen dazu, diese Gebiete erheblich breiter zu behandeln, als dies bei der ersten Auflage nötig war. Da das Buch aber in erster Linie für die Hand des Praktikers bestimmt ist, so galt es, sich bei der Beschreibung des vorliegenden Tatsachenmaterials eine sorgfältige Beschränkung auf das für das Verständnis des Viskoseverfahrens unbedingt Notwendige aufzuerlegen und darüber hinaus zu versuchen, die oftmals außerordentlich verwickelt liegenden Zusammenhänge und Vorgänge in möglichst vereinfachter — den reinen Wissenschaftler vielleicht nicht immer restlos befriedigenden — Form wiederzugeben, wobei selbstverständlich die Gefahr einer mißverständlichen Auslegung so weitgehend wie möglich vermieden werden mußte.

Da nur unwesentliche Kürzungen vorgenommen werden konnten, ließ es sich nicht vermeiden, daß sowohl die wissenschaftlichen als auch die technischen Abschnitte des Buches gegenüber der ersten Auflage an Umfang erheblich zunahmen. Es mußte daher eine besonders strenge Auswahl der zu beschreibenden Einzelheiten getroffen werden; der Verfasser hofft aber, daß keine erheblichen Unterlassungen sowohl beim Referieren des vorliegenden Schrifttums als auch bei der Beschreibung technischer Arbeitsweisen erfolgt sind. In diesem Zusammenhange hat der Verfasser auch dem Springer-Verlag Dank zu sagen, der das Anschwellen des Stoffes verständnisvoll in Kauf nahm und durch Auswahl eines größeren Formates, einen etwas sparsameren Satz und, soweit angängig, durch sorgsames Raumsparen bei der Wiedergabe von Zeichnungen und Abbildungen, deren Zahl gegenüber der ersten Auflage erheblich vermehrt werden mußte, dafür gesorgt hat, daß der Preis des Buches nicht unerschwinglich hoch wurde. Dem Springer-Verlag hat der Verfasser auch wieder für die sehr gute Ausstattung des Buches zu danken.

Der im Vorwort zur *ersten Auflage* ausgesprochenen Bitte um Hinweise auf Unrichtigkeiten und Unterlassungen ist erfreulicherweise eine Reihe von Fachgenossen nachgekommen. Besonderer Mühe haben sich in dieser Beziehung die Herren Dr. V. HOTTENROTH, Stöttwang, und A. JÄGER, Krefeld, unterzogen, denen dafür an dieser Stelle herzlich gedankt sei. Schließlich fühlt sich der Verfasser noch verpflichtet, Frl. A. FATH und Frl. H. GRÜNDEL, Krefeld, für die aufopfernde Hilfe bei der Niederschrift des umfangreichen Manuskriptes zu danken. Frl. H. GRÜNDEL hat außerdem das Namenverzeichnis angefertigt.

Den Beschlüssen der Industrievereinigung Chemische Fasern Rechnung tragend, wurden die neuen Bezeichnungen „Chemiefasern" statt „Kunstfasern" und „Reyon" statt „Kunstseide" in dem Buche ausschließlich angewandt; hierdurch ist auch die Änderung des Titels bedingt. Der Verfasser darf nun die Hoffnung aussprechen, daß das Buch auch unter dem neuen Titel alte Freunde behalten und neue Freunde gewinnen möge.

Krefeld, im Juli 1951. **Der Verfasser.**

Inhaltsverzeichnis.

Einleitung.

Bei der Niederschrift der ersten Auflage des vorliegenden Buches in den Jahren 1937—1939 mußte darauf hingewiesen werden, daß auf dem Chemiefasergebiete die technische Entwicklung den wissenschaftlichen Erkenntnissen weit vorausgeeilt sei und daß bei den einzelnen Herstellungsstufen die Empirie noch vorherrsche. Dies kann heute nicht mehr gesagt werden.

Aufbauend auf den grundlegenden Arbeiten von H. STAUDINGER über die Makromoleküle konnte allenthalben eine neue rege Forschungstätigkeit auf dem Gebiete der Chemie und Physik der Faserstoffe einsetzen, die sich für die Chemiefaserindustrie als außerordentlich fruchtbar erwiesen hat. Man darf heute sagen, daß die Herstellung und das Verhalten der Viskose weitgehend in ihrem Chemismus aufgeklärt werden konnten. Auch über das Geschehen bei der eigentlichen Fadenbildung konnten uns recht klare und anschauliche Vorstellungen vermittelt werden, wozu zielstrebige Untersuchungen von P. H. HERMANS den Anstoß gaben.

Wissenschaftliche Forschung kennt jedoch keinen Abschluß, und so werden auch in der Zukunft noch zahlreiche Fragen, die bisher nicht befriedigend beantwortet werden konnten, ihre Lösung finden; denn viele Arbeiten sind auf dem Chemiefasergebiete noch im Fluß.

Auch die Technik hat im verflossenen Jahrzehnt erhebliche Fortschritte gemacht. Die ihr gestellte Aufgabe war einerseits eine Verbesserung des Herstellungsverfahrens mit dem Ziele einer immer weitergehenden Vergleichmäßigung der Zwischenprodukte und damit auch des Endproduktes, und andererseits die Schaffung wirtschaftlicherer Produktionsmethoden. Das Endziel lautet hierbei: Vollkommen kontinuierliche Viskose- und Faserherstellung.

Blickt man auf die letzten Jahre zurück, so kann gesagt werden, daß die kontinuierliche Herstellung der Alkalizellulose nahezu befriedigend gelöst werden konnte; hier wird es sich in der nächsten Zukunft nur noch um ein letztes Ausfeilen handeln. Unbefriedigend bleibt dagegen vorerst noch die Umwandlung der Alkalizellulose in die Viskose. Auf diesem Gebiete ist den Ingenieuren noch eine dankbare Aufgabe gestellt. Recht gute Fortschritte hat demgegenüber wieder die kontinuierliche Faserherstellung gemacht; einige Verfahren konnten bis zur Betriebsreife durchentwickelt werden.

Dieses günstige Bild wird jedoch beschattet, wenn man die Frage nach grundsätzlichen Änderungen im Viskoseverfahren aufwirft, nämlich die Frage nach einer gänzlich anders gearteten Leitung der Xanthogenierungsreaktion. Es wird aus den Darstellungen des Buches noch deutlich, daß der Weg von der Zellulose zur verspinnbaren Xanthogenatlösung über zahlreiche Stufen geht. Hier Wandel zu schaffen, wird aber aus wirtschaftlichen Gründen auf die Dauer notwendig sein. Dieses ebenso reizvolle wie schwierige Problem setzt eine innige Synthese von Chemie und Technik voraus. Es kann festgestellt werden, daß das Problem von den weitsichtigen Chemiefaserfabriken erkannt ist, und daß erfolgreiche Ansätze bereits vorhanden sind.

Sehr schwer ist die Frage zu beantworten, ob es gelingen wird, die Eigenschaften einer künstlichen Zellulosefaser noch weitgehend zu verbessern. Unsere bisher erlangten Kenntnisse können dazu verleiten, diese Frage mit nein zu beantworten. Trotzdem wäre dies aber nicht richtig; gerade durch die ziemlich weitgehende Kenntnis des Faserbaues sind uns Fingerzeige gegeben, wie und wo angesetzt werden könnte. Freilich wird dies erhebliche technische Änderungen im Verfahren bedingen.

Diese kurzen Ausführungen lassen erkennen, daß eine Beschäftigung mit dem Viskoseverfahren in der nun angebrochenen Entwicklungsepoche der vollsynthetischen Fasern noch durchaus ihre Berechtigung hat. Es wäre ohne Zweifel verfehlt, das Interesse der Wissenschaftler und Techniker ausschließlich auf die neuen Fasern zu lenken. Sicher ist es nicht falsch, vorauszusagen, daß die praktische Erfahrung jeder Faserart ihren bevorzugten Platz zuweisen wird, und daß somit auch die Zellulosefasern nicht vom Markte verschwinden werden.

Zweck des vorliegenden Buches soll es sein, den derzeitigen Stand von Wissenschaft und Technik des Viskoseverfahrens in Grundzügen festzuhalten. Eine noch so eingehende Betrachtung muß aber unbefriedigend bleiben, da sie sich in der Hauptsache nur auf vorliegende Veröffentlichungen stützen kann. Viele wertvolle Arbeiten ruhen aber in den Archiven der einzelnen Werke, und auch die durch den Krieg bedingte jahrelange Pause in der Veröffentlichung der Patentanmeldungen muß bei der Beschreibung der Verfahrensweisen manche Lücke offen lassen. Eine Schilderung des Herstellungsganges von Reyon und Zellwolle kann daher zur Zeit nur einen Querschnitt durch diese Gebiete geben.

Wenn im vorliegenden Buche Reyon und Zellwolle eine gemeinsame Betrachtung erfahren sollen, so hat dies seinen Grund in der nahen Verwandtschaft der beiden Faserarten, denn Reyon und Zellwolle sind zwei eng miteinander verwandte Begriffe. Nicht nur, daß beide aus den gleichen Ausgangsmaterialien hergestellt werden, durchlaufen sie auch, wenigstens im ersten Stadium ihrer Herstellung, den gleichen Werdegang. Bis zur Fertigstellung der sog. Spinnlösung, aus der die Faserbildung vor sich geht, ist die Arbeitsweise grundsätzlich die gleiche, und erst von der Spinnerei ab trennen sich die Wege.

Die *Verwandtschaft* zwischen Reyon und Zellwolle ist aber nicht nur durch den teilweise gemeinsamen Werdegang bedingt, sie findet vielmehr darüber hinaus ihren Ausdruck in der gegenseitigen Befruchtung der Herstellungs- und Behandlungsmethoden: Schon vor vielen Jahren hat man künstliche Spinnfasern hergestellt. Sie konnten jedoch in keiner Weise in qualitativer Hinsicht befriedigen und wurden, als kein Bedürfnis mehr vorlag, wieder vom Markte zurückgezogen. Zu jenem Zeitpunkt setzte aber die beispiellose qualitative und fabrikationstechnische Entwicklung des Reyon ein, die zu einer ganz wesentlichen Verbesserung seiner Eigenschaften führte. Auf den hierbei gewonnenen Erkenntnissen fußend, konnten die künstlichen Spinnfasern als „Zellwolle“ erneut im Handel erscheinen, jetzt aber mit Eigenschaften versehen, die ihr Bestehen sicherstellen. Umgekehrt wirkte aber auch die Zellwolle befruchtend auf die Reyonspinnverfahren: Die Bewältigung der bei der großen Zellwollproduktion benötigten großen Mengen Viskose machte die Neukonstruktion von Apparaturen erforderlich, ferner mußte sich zwangsläufig der Wunsch nach möglichst kontinuierlichen Arbeitsweisen einstellen, da der Preisbildung der Zellwolle durch die Preise der Naturfasern Schranken gesetzt sind. Von allen Seiten wurde daher mit Nachdruck an den hiermit in Zusammenhang stehenden Problemen gearbeitet, die bei Reyon trotz vielfacher Versuche nicht zufriedenstellend gelöst werden konnten. Anders liegen die Verhältnisse bei der Zellwolle. Ihre Weiterverarbeitung stellt an bestimmte Eigenschaften nicht so hohe Ansprüche, wie dies bei dem Reyon der Fall ist. Es konnten daher kontinuierliche Arbeitsweisen bei der Zellwolle verhältnismäßig schnell Fuß fassen. Ihre Weiterbildung und Präzisierung hat dazu geführt, daß eine Reihe von auf diesem Gebiete bei der Zellwolle gesammelten Erfahrungen ohne Gefahr für die Qualität der Faser auf die Reyonherstellung übertragen werden konnte. Weitere Erfolge sind zu erwarten.

Schließlich zeigt sich die Verwandtschaft zwischen Reyon und Zellwolle noch darin, daß es nach allen beim Reyon angewandten Verfahren möglich ist, auch Zellwolle zu spinnen. Ebenso wie man beim Zellulosereyon Viskose-, Kupfer- und Azetatreyon unterscheidet, kennt man auch Viskose-, Kupfer- und Azetatzellwollen. Die bei den einzelnen Arbeitsweisen erhaltenen Fasereigenschaften wirken sich beim Reyon und bei der Zellwolle in der gleichen Weise aus und sind bei beiden mitbestimmend für ihren Verwendungszweck.

Die *Abweichungen* im Herstellungsgang von Reyon und Zellwolle finden ihre Erklärung im Charakter der beiden Faserarten. Mit Reyon bezeichnet man aus mehreren Einzelfädchen bestehende Garne, die theoretisch in endloser Länge gesponnen werden können. Ihrer Länge sind nur durch die Aufnahmefähigkeit der Aufwickelorgane Grenzen gesetzt. Die Herstellung eines solchen endlosen Garnes erfordert ein Auffangen des spinnenden Fadens auf vielen einzelnen Vorrichtungen, eine Nachbehandlung in einzelnen Fadenwickeln und eine Aufmachung als Strang oder auf Spulen mit beschränktem Fassungsvermögen. Hierdurch ist in der Reyonspinnerei eine große Anzahl von Spinnstellen und in den Textilbetrieben eine große Menge von Häspeln, Spindeln u. dgl. bedingt. Die Zellwolle dagegen ist ein aus Einzelfasern bestehendes, kurzstapeliges Material. An jeder Spinnstelle können viele hundert Einzelfädchen gesponnen werden, und die hierbei entstehenden, aus parallelen Einzelfädchen zusammengesetzten Faserbündel werden von sämtlichen Spinnstellen einer Maschine zu einem dicken Faserband oder Faserkabel zusammengefaßt. Das Kabel wird dann lediglich auf die erforderliche Stapellänge geschnitten. Die Textilbetriebe fehlen daher in einem Zellwollwerk ganz.

Die größte wirtschaftliche Bedeutung haben die nach dem Viskoseverfahren erzeugten Fasern, sie sind — als Reyon — mit etwa 75% an der gesamten Weltproduktion beteiligt. Bei der Zellwollproduktion ist dieser Anteil noch ganz erheblich größer. Diesen Verhältnissen Rechnung tragend, sollen die wissenschaftlichen und technischen Ausführungen des vorliegenden Buches auf die Viskosefasern beschränkt bleiben.

1. Kapitel.

Geschichtlicher Rückblick und wirtschaftliche Entwicklung.

I. Geschichtlicher Rückblick.

a) Reyon.

Die an manchen Körpern gemachte Beobachtung, daß ihre Lösungen fadenziehende Eigenschaften haben, ließ schon früh bei einigen Gelehrten den Gedanken aufkommen, aus diesen Substanzen Fäden zum Zwecke der technischen Verwertung herzustellen. Ausgesprochen wurde dieser Gedanke erstmalig in einer für die englische Royal Society geschriebenen Abhandlung von ROBERT HOOKE im Jahre 1655. Zu ernsthaftem Experimentieren auf diesem Gebiete kam man jedoch zu jener Zeit noch nicht. Auch der bekannte Physiker RÉAUMUR kam 1734 über Pläne, Fasern künstlich herzustellen, nicht hinaus. Die Vorstellungen, die man damals von der notwendigen Beschaffenheit eines geeigneten Ausgangsmaterials hatte, reichten bei weitem nicht aus, um die Versuche in eine ganz bestimmte Richtung lenken zu können, und es ist bemerkenswert, daß die Herstellung künstlicher Fäden erst in dem Augenblick greifbare Gestalt annahm, als es gelungen war, Lösungen von *Zellulose* herzustellen. Bis auf den heutigen Tag hat man an der Verwendung von Zellulose für die Herstellung von Chemiefasern festgehalten, wenn man auch in neuester Zeit gelernt hat, auch andere Ausgangsmaterialien heranzuziehen wie beispielsweise Casein, Proteine, Alginate sowie vollsynthetische Körper, die durch Polymerisation oder Kondensation gewonnen werden.

Die für die praktische Herstellung von Reyon wichtigen Arbeiten auf dem Gebiete der Zellulosechemie gehen auf das Jahr 1845 zurück, in dem SCHÖNBEIN die Nitrozellulose herstellte und dabei entdeckte, daß dieser Körper in bestimmten organischen Lösungsmitteln unter Bildung einer sirupartigen Flüssigkeit löslich ist. 1857 beobachtete SCHWEIZER die Löslichkeit von Zellulose in Kupferoxydammoniak.

Wie schnell diese Zelluloselösungen in den Kreis der Bemühungen, Fasern künstlich zu erzeugen, einbezogen wurden, geht daraus hervor, daß schon im Jahre 1855, also nur 10 Jahre nach der SCHÖNBEINschen Entdeckung, dem Franzosen AUDEMARS durch das brit. Patent 283 ein Verfahren geschützt wurde, das die Herstellung von Fäden aus Lösungen von Nitrozellulose in Äther-Alkohol zum Gegenstand hatte. In diesem brit. Patent haben wir demnach das erste Reyonspinnpatent vorliegen.

Die explosiven Eigenschaften der aus Nitrozellulose hergestellten künstlichen Fasern standen der technischen Entwicklung jedoch hindernd im Wege, und so ist es verständlich, daß man zunächst darauf bedacht war, den Fasern diese unangenehme Eigenschaft zu nehmen. Es ist das Verdienst von I. W. SWAN, dieses Problem gelöst zu haben. In den Jahren 1883···1884 gelang ihm die Denitrierung durch Behandlung der Nitrozellulosefäden mit Lösungen von Schwefelammonium. Gleichzeitig mit SWAN befaßte sich in Frankreich GRAF CHARDONNET mit der Herstellung künstlicher Fäden aus Nitrozellulose, wobei er unmittelbar auf das Ziel hinsteuerte, eine Textilfaser zu schaffen, während SWAN zunächst daran dachte, ein brauchbares Ausgangsmaterial für die Kohlefäden der elektrischen Glühlampen zu finden, deren Herstellung sich als recht schwierig erwiesen hatte. Die Arbeiten CHARDONNETs waren von Erfolg gekrönt, er konnte sein Spinnverfahren 1889 auf der Pariser Weltausstellung vorführen und baute in Besançon die erste Reyonfabrik. Fast zur gleichen Zeit wurde eine kleine Fabrik für Nitrozellulose-Reyon von JOHST und CADORET in Krefeld errichtet, die somit die erste deutsche Fabrik darstellt.

Um dieselbe Zeit befaßte sich FR. LEHNER mit der Verbesserung der Eigenschaften der Nitrozellulosefäden. Sein Ziel war, den Faserquerschnitt zu verfeinern sowie die Festigkeit zu erhöhen, die durch die notwendige Denitrierung einen beträchtlichen Rückgang erlitt. LEHNER fand, daß man durch Ausziehen der plastischen Fäden beide Ziele gleichzeitig erreichen kann; ihm wurde durch das DRP. 55949 und DRP. 58508 das Spinnen unter Streckung geschützt. Das „Streckspinnen" ist dann zu einem bleibenden Begriff in der Reyonindustrie geworden.

Die SCHWEIZERsche Zelluloselösung in Kupferoxydammoniak wurde erst im Jahre 1891, dem Geburtsjahr auch des Viskoseverfahrens, zur Herstellung künstlicher Fäden herangezogen: In Oberbruch bei Aachen führten FREMERY und URBAN erfolgreiche Versuche zur Herstellung elektrischer Glühlampenfäden aus Kupferoxydammoniak-Zellulose durch, nachdem bei Arbeiten auf demselben Gebiete WESTON (1882) und DESPAISSIS (1890) nicht zum Ziele gekommen waren. FREMERY und URBAN konnten schon bald darangehen, die erhaltenen Fäden auch für textile Zwecke brauchbar zu machen. Ihr Spinnverfahren wurde im Jahre 1897 durch das auf den Decknamen PAULY lautende DRP. 98642 geschützt.

Im Jahre 1900 beschäftigte sich die Türkischrot-Färberei *J. P. Bemberg* in Barmen gleichfalls mit der Herstellung von Reyon nach dem Kupferverfahren. In den Versuchsanlagen dieser Firma übertrug E. THIELE 1901 das von LEHNER für Nitroreyon ausgearbeitete Streckspinnverfahren auf das Kupfer-Reyon und legte damit im DRP. 154507 den Grundstein für das feinfädige Kupfer-Reyon. Die Jahre 1902···1905 brachten eine ganze Reihe weiterer grundlegende Patente für die Verbesserung dieser Faser. Ein Markstein für die Entwicklung des Bemberg-Reyon ist das Jahr 1907, das die Erfindung des Streckens durch das strömende Fällbad brachte (DRP. 220051), nach der im Prinzip heute noch gearbeitet wird. An dieser Stelle muß auch der Name ELSAESSER genannt werden, der sich um die Weiterentwicklung des Verfahrens bleibende Verdienste erworben hat.

Wir müssen nun nochmals einen Blick zurückwerfen: Nachdem im Jahre 1844 MERCER eigenartige Effekte bei der Behandlung von Zellulosefasern mit Natronlauge erhalten hatte, fanden 1891 CROSS, BEVAN und BEADLE, daß mit Natronlauge behandelte Zellulose eine Verbindung mit Schwefelkohlenstoff eingeht, das Natriumzellulosexanthogenat, das in verdünnten Alkalilaugen löslich ist. Aus diesen Lösungen kann die Zellulose mit Säuren wieder gefällt werden. Die hohe Viskosität der Zelluloselösung führte zu der Bezeichnung „Viskose" für diese Lösung. Die aufgefundene Reaktion wurde 1893 unter der Nummer 70999 in das deutsche Patentregister eingetragen. In diesem Patent ist der Grund zu einem technischen Verfahren gelegt, das wie kaum ein anderes einen ungehemmten Siegeslauf durch alle Länder der Erde angetreten hat.

Während die genannten Forscher sich mit der wissenschaftlichen Erkenntnis dieser und anderer Zellulosereaktionen beschäftigten, gelang es 1898 STEARN, durch Einspritzen der Viskose in Lösungen von Ammonsalzen Fäden zu gewinnen (DRP. 108511). Die Folgezeit läßt erkennen, daß die Hauptschwierigkeit bei der Herstellung von Fäden aus Viskose die zweckmäßige Zusammensetzung der Fällbäder ist, und so finden wir eine Reihe von Patenten, die ausschließlich die Fällbäder zum Gegenstand haben. 1902 wird STEARN ein Fällbad aus schwachen Säuren patentiert (Brit. Pat. 2529), das jedoch noch nicht restlos befriedigen konnte. Die sichere Grundlage für ein einwandfreies Verspinnen von Viskose wurde 1905 durch MÜLLER und KOPPE gelegt, die als Fällbad verdünnte Schwefelsäure und ein Salz, insbesondere ein Sulfat, vorschlugen. Mit diesem im DRP. 187947 niedergelegten Verfahren wurde die wirtschaftliche Herstellung des Viskose-Reyon ermöglicht. Das „MÜLLER-Bad I" genannte Spinnbad erfuhr 1910 durch HOTTENROTH und MELZER eine weitere Verbesserung („MÜLLER-Bad II"). Besondere Verdienste auf dem Gebiete der Spinnbäder hat sich auch BRONNERT erworben.

Dem Nitro-, Kupfer- und Viskosereyon hat sich noch eine vierte Zellulosefaser, das Azetat-Reyon, zur Seite gestellt. Hierbei wird die Zellulose zunächst durch Azetylieren in das Zelluloseazetat übergeführt, aus dem die eigentliche Spinnlösung bereitet wird. Die Herstellung des Essigsäureesters der Zellulose geht auf SCHÜTZENBERGER (1865) zurück. Zu besseren Reaktionsbedingungen kamen 1879 FRANCHIMONT und GIRARD sowie 1894 CROSS, BEVAN und BRIGGS. Das Zelluloseazetat wurde schon bald für die Herstellung von Fasern versuchsweise herangezogen, und so finden wir schon 1901 das erste Patent auf diesem Gebiete (WAGNER, DRP. 152432). Die Eigenschaften dieser Azetatfaser konnten indessen noch nicht befriedigen. Dies war erst möglich, als schonendere Herstellungsweisen für den Ester gefunden wurden, was 1902 EICHENGRÜN und BECKER in den *Elberfelder Farbwerken* gelang (DRP. 159524). 1904 meldeten EICHENGRÜN und die Farbenfabrik das erste Trockenspinnverfahren für Azetatreyon zum Patent an.

Die großtechnische Herstellung von Azetatreyon konnte sich aber erst entwickeln, nachdem das Spinnen aus senkrecht angeordneten Düsen in mit heißer Luft erfüllte Kammern erfunden worden war. Dieser von LOEWE (DRP. 238160) stammende Gedanke wurde 1919 von BOUFFE auf die Azetatreyonfabrikation übertragen und gab der Entwicklung des Azetatreyon einen neuen Anstoß, der zunächst zur Gründung der *British Celanese Ltd.* Anlaß gab.

In den beiden letzten Jahrzehnten setzte die Entwicklung der vollsynthetischen Fasern ein, die aus einfachen, niedermolekularen, organischen Körpern aufgebaut werden. Bevor aber hierauf näher eingegangen wird, ist es erforderlich, die Alginatfaser zu nennen, da sie bezüglich ihres Aufbaues mit der Zellulosefaser verwandt ist. Die Alginsäure, eine dem Pektin isomere Uronsäure (vgl. 2. Kap.), kann aus dem Tang des Meeres gewonnen werden. Lösungen ihres Natriumsalzes können in Fadenform durch Kalzium- oder Aluminiumsalze enthaltende Bäder gefällt werden. Durch Nachbehandlung mit Formaldehyd werden feste und widerstandsfähige Fasern erhalten.

Die Entwicklung der vollsynthetischen Fasern geht auf CAROTHERS zurück, der im Jahre 1927 in den Laboratorien der *Du Pont de Nemours Co.* mit seinen Arbeiten begann. Sie waren der Anfang zur Schaffung zahlreicher, neuer Fasern, die entweder Kondensations- oder Additionspolymere darstellen. Wie die folgende Zusammenstellung zeigt, konnte in wenigen Jahren schon eine ganze Reihe von Fasern entwickelt werden:

1. Kondensationspolymere
   a) Polyamidfasern
   b) Polyesterfasern
   c) Polyurethanfasern

2. Additionspolymere
   a) Polythenfasern
   b) Polyvinylchloridfasern
   c) Polyvinylalkoholfasern
   d) Polyacrylnitrilfasern
   e) Polyvinylidenchloridfasern
   f) Polytetrafluoräthylenfasern.

Die größte technische Bedeutung haben bisher die *Polyamidfasern* erlangt. Ausgangsmaterialien sind z. B. Hexamethylendiamin und Adipinsäure, die beide aus Phenol dargestellt werden können (Nylon 66 und Perlon T). Zu ähnlichen Fasern kommt man, wenn an Stelle der Adipinsäure die Sebazinsäure genommen wird, die man aus Rizinusöl erhalten kann (Nylon 610). Vom Phenol ausgehend kann man noch weitere Ausgangsmaterialien für Polyamidfasern erhalten, nämlich die ω-Aminocapronsäure und das cyclische Caprolactam, das durch Selbstkondensation das Nylon 6 oder das Perlon L ergibt, das während des Krieges in Deutschland entwickelt wurde. Diese Fasern haben sich infolge ihrer außerordentlichen Festigkeit verhältnismäßig schnell eingeführt; sie drangen hauptsächlich in Gebiete ein, die bisher der echten Seide, mit der sie chemisch verwandt sind, vorbehalten waren. Schon 1939 konnte durch *Du Pont de Nemours Co.* in Sealford (Delavare) die erste Fabrik für Nylonfasern gebaut werden, und Ende des Jahres 1940 waren in den Vereinigten Staaten bereits drei Werke in Betrieb, die 1942 schon etwa 8 Millionen kg Nylonfasern erzeugten. Perlon L wurde zuerst in Hirschberg (Riesengebirge) durch die *Phrix-Werke* großtechnisch hergestellt. Neuerdings soll als Ausgangsmaterial auch Furfurol herangezogen werden.

Die Herstellung einer brauchbaren *Polyesterfaser* gelang WHINFIELD und DICKSON 1941 in den Laboratorien der *Calico Printers Assoziation Ltd.* durch Kondensation von Äthylenglycol mit Terephthalsäure. Sie wird in Großbritannien unter dem Namen Terylene durch die *Imperial Chemical Industries Ltd.* fabriziert.

In den Werken der ehemaligen *I.G. Farbenindustrie Aktiengesellschaft* wurde während des Krieges die erste *Polyurethanfaser*, das Perlon U, hergestellt, das man aus 2,4-Butandiol und Hexamethylendiisocyanat erhält. Die Faser stellt auch ein ausgezeichnetes Material für Kunstborsten dar.

Die einfachste durch Additionspolymerisation entstandene Faser ist die von der *Imperial Chemical Industries Ltd.* ausgearbeitete *Polythenfaser*, die durch Polymerisation von Äthylen entsteht und technische Bedeutung erlangt hat.

In größerem Umfange wird die *Polyvinylchloridfaser* hergestellt, die von der ehemaligen *I. G. Farbenindustrie Aktiengesellschaft* ausgearbeitet wurde. Sie ist unter dem Namen PeCe-Faser bekannt geworden und hat sich wegen ihrer Beständigkeitseigenschaften für viele technische Zwecke bewährt. Die Polymerisation des Vinylchlorids wird in Emulsionsform vorgenommen.

Von der *American Viscose Corporation* ist eine ähnliche Faser unter dem Namen Vinyon auf den Markt gebracht worden, die ein Mischpolymerisat von Vinylchlorid und Vinylazetat darstellt. Ihre Eigenschaften können durch Zugabe von Plastifizierungsmitteln ziemlich weitgehend geändert werden (Vinyon E); Mischpolymerisation mit Acrylnitril liefert das Vinyon N.

Während des Krieges wurden in Japan Fasern aus *Polyvinylalkohol* hergestellt, bei der sich jedoch zur Erzielung ausreichender Beständigkeit eine Nachbehandlung mit Formaldehyd erforderlich machte.

Als eine der neuesten Entwicklungen zeichnet sich die *Polyacrylnitrilfaser* ab, deren Grundstoff aus Acetylen oder aus Äthylenoxyd und Cyanwasserstoffsäure erhältlich ist. Diese Faser wurde während des Krieges in Deutschland ausgearbeitet. Zahlreiche Firmen sind mit Versuchen beschäftigt, da die Faser besonders wirtschaftlich herzustellen ist. Sie ist in Amerika unter dem Namen Orlon bekannt geworden.

Unter dem Namen Saran stellt die *Dow Chemical Corporation* neuerdings eine *Polyvinylidenchloridfaser* her. Ihr Ausgangsmaterial ist das asym. Dichloräthylen, das durch alkalische Behandlung aus Trichloräthylen entsteht. Die technische Faser ist ein Mischpolymerisat mit Vinylchlorid. Einfädige Produkte werden als Velon und Permalon von den Firmen *Firestone* und *Pierce Plastics* auf den Markt gebracht. Schwierigkeiten bereitet noch die Herstellung feiner Fäden.

Die *Polytetrafluoräthylenfaser* wird durch Fluorierung und Abspaltung von Chlorwasserstoff aus Chloroform hergestellt. Über ihre praktische Anwendung ist noch wenig bekannt.

Wie die kurzen Ausführungen zeigen, ist in wenigen Jahren das Gebiet der vollsynthetischen Fasern schon recht groß und verzweigt geworden. Es bestehen, wie gezeigt wurde, zahlreiche Möglichkeiten zur Schaffung hochmolekularer Körper, die, im Schmelzfluß oder aus Lösungsmitteln versponnen, Fäden liefern können.

b) Zellwolle.

Für die Reyonfabriken ergab sich schon bald die Frage nach der Verwendungsmöglichkeit des beim Spinnen anfallenden Abfallmaterials. Beim Anspinnen sowie beim jedesmaligen Wechsel der Fadenaufnahmeorgane entsteht eine gewisse Menge Fasermaterials, das als Reyon nicht verwendbar ist. Der Gedanke lag nahe, diese Fasern in kurze Stücke zu zerschneiden, um so ein Textilgut zu erhalten, das in seiner äußeren Form Ähnlichkeit mit den Baumwollhaaren aufweist. Das so erhaltene Fasermaterial erwies sich in der Tat als verspinnbar. Gemäß der Bezeichnung „Stapel“ für die Länge der Baumwollhaare nannte man das durch Zerschneiden von Reyonabfällen gewonnene Spinngut „Stapelfaser“. In Analogie zu der Bezeichnung Kunstseide für die endlosen Fäden bezeichnete man die Stapelfaser zuweilen auch mit „Kunstschappe“.

Abgesehen aber von der Herstellung von Stapelfaser aus Reyonabfällen steuerten einige Erfinder auf das Ziel hin, dieses Spinngut unmittelbar, also unter Umgehung des Reyonspinnprozesses, herzustellen. Einige Erfolge waren PELLERIN (Franz. Pat. 410776; 1908) und GIRARD (DRP. 226140; 1912) beschieden. Zu einer industriellen Auswertung gelangten die beiden Verfahren jedoch nicht.

Die Herstellung der Stapelfaser erhielt erst wieder neuen Fluß, als während des ersten Weltkrieges sich für Deutschland die Notwendigkeit ergab, die vorhandenen

Vorräte an natürlichen Spinnstoffen so weit wie möglich zu strecken. Es lag auf der Hand, daß die in den Reyonfabriken anfallenden Abfälle mengenmäßig nicht ins Gewicht fallen konnten, und so ging 1916 die Firma *Jordan-Kommanditgesellschaft* in Sydowsaue dazu über, Reyon eigens zu dem Zwecke herzustellen, um es hinterher zu Stapelfaser zu zerschneiden. Das so erhaltene Material erwies sich als brauchbar für die Beimischung zu anderen, natürlichen Spinnfasern, und so folgten auch noch in den ersten Nachkriegsjahren einige weitere Reyonfabriken dem Sydowsauer Beispiel.

Die Eigenschaften des zu dieser Zeit gesponnenen Reyon konnten aber bei weitem nicht ausreichen, um der aus ihm gewonnenen Stapelfaser einen bleibenden Bestand zu sichern. So mußte die Stapelfaserherstellung in dem Augenblick zum Erliegen kommen, in dem wieder ausreichende Mengen natürlicher Textilrohstoffe zur Verfügung standen. Die Herstellung von Stapelfaser aus Abfällen der Reyonindustrie hat sich demgegenüber bis auf den heutigen Tage gehalten. Infolge der weitgehenden Verbesserung der physikalischen Eigenschaften des Reyon stellen die über die Reyonabfälle hergestellten Stapelfasern heute einen wertvollen Textilrohstoff dar, der nicht wieder vom Markte verschwinden wird.

Systematische Versuche zur direkten Herstellung einer neuen spinnfähigen Textilfaser wurden 1920 von der *Köln-Rottweil A. G.* begonnen. 1933 brachte die *Vereinigte Glanzstoff-Fabriken A. G.* gleichfalls eine neue Spinnfaser auf den Markt, und 1935 wurde in Deutschland der Bau mehrerer neuer Werke beschlossen. Im gleichen Jahre wurde der Name „Zellwolle" für die neue Faser amtlich eingeführt.

Während sich die Zellwolle in Artikeln, die vornehmlich bisher aus nativen Zellulosefasern hergestellt waren, bald großer Beliebtheit erfreute, ließen manche sonst aus Wolle hergestellten Artikel noch Wünsche offen. Es wurde daher angestrebt, eine Zellwolle zu schaffen, die auch in ihrer chemischen Beschaffenheit der Wolle näher steht als die Zellulose. Derselbe Gedanke war auch beim Reyon schon einmal ausgesprochen worden und hatte im Jahre 1904 TODTENHAUPT zu Versuchen angeregt, das Casein als Ausgangsmaterial für Reyon heranzuziehen. In den deutschen Patenten 170051, 183317 und 203820 ist eine Reihe derartiger Spinnverfahren niedergelegt. Das nach den TODTENHAUPTschen Patenten hergestellte Reyon fand jedoch keinen Eingang in die Praxis, vor allem deshalb, weil seine Festigkeit in nassem Zustand bei weitem nicht mit den anderen Reyonarten in Wettbewerb treten konnte. FERRETTI in Mailand ist es jedoch 1935 gelungen, auf Caseinbasis eine brauchbare Zellwolle herzustellen.

Es ist verständlich, daß man auch versucht hat, aus den vollsynthetischen Körpern Spinnfasern herzustellen. Dies ist verständlicherweise auch gelungen. Insbesondere sind hierfür die Polyamidfasern geeignet, die infolge ihrer chemischen Zusammensetzung das gegebene Material zur Beimischung zur Wolle sind. Es kann vorausgesagt werden, daß auch auf dem Wege des gemischten Verspinnens von synthetischen mit natürlichen Fasern interessante neue Stoffqualitäten zu erwarten sind.

In den letzten Jahren wurden auch Versuchsarbeiten abgeschlossen, ein pflanzliches Eiweiß als Grundlage für die Chemiefaserfabrikation heranzuziehen So wird z. Z. in Schottland durch die *Imperial Chemical Industries Ltd.* ein Werk errichtet, das einen aus Nebenprodukten der Erdnußölfabrikation stammenden Proteinkörper als Ausgangsmaterial verwendet (Ardil). Eine ähnliche Faser konnte die *Virginia Carolina Chemical Corp.* aus dem Zëin des Mais gewinnen (Vicara).

II. Wirtschaftliche Entwicklung.

a) Reyon[1].

Wenn man die ungeheuren, S. 17 noch wiedergegebenen Produktionszahlen auf dem Gebiete des Reyon betrachtet, so erscheint es kaum verständlich, daß sich diese Entwicklung in dem knappen Zeitraum von nur 50 Jahren vollzogen hat. Von Anfang an hat aber das Reyon einen sehr aufnahmefreudigen Markt gefunden. Es war ein bedeutsames Zusammentreffen, daß die Anfänge der Reyonfabrikation in die Zeit fielen, als die sog. Besatzartikel sich großer Beliebtheit erfreuten, für die das neue, hochglänzende Textilmaterial sich als außerordentlich geeignet erwies. Die günstigen Erfahrungen, die in der Besatzartikelbranche mit der neuen Faser gemacht wurden, regten schon bald zu Versuchen an, sie auch in andere textile Gebiete einzuführen, was schrittweise erfolgreich gelang. So wurde das ursprünglich als Luxusgut angesprochene Erzeugnis in kurzer Zeit zu einem Gebrauchsgut, dem ein bleibender Bestand gesichert war.

Dieser Entwicklung kam der Umstand zustatten, daß in der Erzeugung einer künstlichen Textilfaser eine gewisse Stabilität begründet liegt. Sie ist als technisch hergestelltes Produkt nicht den durch äußere Umstände bewirkten Schwankungen unterworfen, denen eine gewachsene Faser in quantitativer und qualitativer Beziehung unterliegt. Hinzu kommt beim industriellen Erzeugnis die schnelle Anpassungsfähigkeit an die Bedürfnisse des Marktes. Änderungen der Fasereigenschaften erfordern bei einer Chemiefaser lediglich kurze Zeit beanspruchende betriebliche Umstellungen, während bei einer natürlich gewachsenen Faser langwierige Züchtungen in Kauf zu nehmen sind.

Freilich war hierdurch besonders die erste Epoche der Reyonerzeugung durch eine außerordentlich umfangreiche und vielseitige Experimentierarbeit gekennzeichnet; doch war es den Erzeugern möglich, hierfür namhafte Mittel zu investieren, da die Preisgestaltung in den ersten Jahren erhebliche Gewinnspannen in sich barg. Eine sich aus dem Verhältnis Angebot und Nachfrage ergebende Preisregelung setzte erst viel später ein, als sich schon zahlreiche Werke mit der Herstellung künstlicher Fäden befaßten.

Sehr bemerkenswert vom wirtschaftlichen Standpunkt aus gesehen ist auf dem Reyongebiete die schon frühe Neigung zu horizontalen Zusammenschlüssen von Firmen, die in der Folgezeit weltweite Ausmaße annahm. Schon die ersten Nitroreyonfabriken, nämlich die von Chardonnet in Besançon gebaute und ein 1895 in Spreitenbach, Schweiz, gegründetes Werk, schlossen sich 1900 mit einer von Lehner in Glattbrugg, ebenfalls in der Schweiz, gebauten Fabrik zusammen. Hierdurch entstand die *Vereinigte Kunstseidenfabriken Aktiengesellschaft* mit dem Sitz in Frankfurt a. M. Die neue Gesellschaft gründete dann zwei weitere Fabriken, nämlich in Bobingen und in Kelsterbach.

Gegen Ende des neunzehnten Jahrhunderts gründeten Fremery und Urban in Oberbruch bei Aachen sowie in Niedermorschweiler (Elsaß) zwei Fabriken für Kupferreyon. Diese beiden Werke wurden 1899 in die *Vereinigte Glanzstoff-Fabriken A. G.* mit dem Sitz in Aachen, später in Wuppertal-Elberfeld, eingebracht. Dieses Unter-

[1] Vgl. hierzu Loewy: Technologie der Textilfasern, Bd. VII, Berlin 1927. — Flügge: Kunstseidenindustrie, Leipzig 1936. — Biercher: KVB-Handbuch der Kunstseide-Verkaufsbüro G.m.b.H., Berlin. — Vits: Textilpraxis **4**, 535 (1949). — Franzke: Chem. Ind. **1950**, 264. — Muthesius: Zur Geschichte der Kunstfaser, Heppenheim a. d. Bergstr. 1949.

nehmen wurde für die Weiterentwicklung der in- und ausländischen Chemiefaserindustrie bestimmend. Die Glanzstoff-Fabriken übernahmen 1911 eine inzwischen von HENKEL-DONNERSMARCK in Sydowsaue gegründete Fabrik, die als erste Viskosereyon herstellte. Das Verfahren ging hiermit in den Besitz der *Vereinigte Glanzstoff-Fabriken A. G.* über, die nunmehr auch die anderen Werke auf das Viskoseverfahren umstellte.

Das Kupferverfahren und noch mehr das Viskoseverfahren erwiesen sich als wesentlich wirtschaftlicher als das Nitroverfahren. Hierdurch geriet die *Vereinigte Kunstseidenfabriken Aktiengesellschaft* in zunehmende Schwierigkeiten. Das Unternehmen hielt es daher 1911 für angezeigt, sich mit der *Vereinigte Glanzstoff-Fabriken A. G.* zu fusionieren und die Werke auf das Viskoseverfahren umzustellen.

Im Jahre 1918 ging dann ein in Obernburg a. M. zunächst als selbständige Tochtergesellschaft gegründetes Unternehmen, die *Bayerische Glanzstoff A. G.*, die ursprünglich Stapelfaser herstellen sollte, ganz in den Besitz der Wuppertaler Gesellschaft über, und das Werk wurde zu einer Reyonfabrik umgebaut.

Um die gleiche Zeit erfolgte die Gründung der *Glanzfäden Aktiengesellschaft* in Petersdorf und der *Spinnfaser Aktiengesellschaft* in Elsterberg. Beide Werke gingen später gleichfalls im Glanzstoff-Konzern auf, der nach einigen Jahren noch ein Werk in Breslau übernahm, das von der Bergwerks-Gesellschaft *Georg von Giesches Erben* gegründet und zuerst mit der holländischen Enka betrieben wurde.

Um die Schilderung der Entwicklung des Glanzstoff-Konzerns auf deutschem Boden abzuschließen, muß noch erwähnt werden, daß in Köln mit der britischen Firma *Courtaulds Ltd.* ein weiteres Reyonwerk gegründet wurde.

Neben der *Vereinigte Glanzstoff-Fabriken A. G.* entstand in Deutschland eine Reihe von selbständigen Unternehmungen. Hier ist zuerst die Firma *Friedr. Küttner* in Pirna zu nennen, deren Werk noch für die Herstellung von Nitroreyon geplant war, dann aber Kupferreyon herstellte und daneben auch die Herstellung von Viskosereyon aufnahm. Neben dem später noch zu erwähnenden Bemberg-Reyon hat sich das Küttnersche Kupferreyon stets großer Beliebtheit erfreut.

Nach dem ersten Weltkrieg stellte sich die zum Nobelkonzern gehörige *Köln-Rottweiler Pulverfabriken A. G.* auf die Erzeugung von Reyon um, und zwar zunächst in den Werken Rottweil, Premnitz und auch Bobingen, das von der Frankfurter Gesellschaft übernommen wurde. Diese Anlagen gingen später in den Besitz der *I. G. Farbenindustrie Aktiengesellschaft* über, die durch die *Aktiengesellschaft für Anilinfabrikation (Agfa)* inzwischen ein Werk für die Herstellung von Viskosereyon in Wolfen (Kr. Bitterfeld) errichtet hatte. Hierdurch wurde die *I. G. Farbenindustrie Aktiengesellschaft* zum zweitgrößten deutschen Reyonerzeuger.

An selbständigen Gründungen auf deutschem Boden sind dann noch die *Borvisk Kunstseiden A. G.*, Herzberg, die *Viskose A. G.*, Arnstadt und die *Spinnstoff-Fabrik Zehlendorf A. G.* zu nennen, sowie ferner die *Spinnstoffwerk Glauchau A. G.*, die Firmen *Herminghaus & Co. G. m. b. H.*, Wuppertal, *Kampf & Spindler*, Hilden, und *Mez A. G.*, Bräunlingen, von denen die drei letztgenannten Reyon für den eigenen Bedarf herstellen.

Als weiterer großer Reyonerzeuger nach dem Viskoseverfahren kam in der Zeit der Autarkiebestrebungen noch die *Rheinische Kunstseide A. G.*, Krefeld hinzu, die sich nach einigen Jahren jedoch an die *Phrix-Werke A G.*, Hamburg, ein Zellwoll- und Zellstoff-Unternehmen, anlehnte.

Nicht allen Viskosereyonfabriken ist ein bleibender Bestand beschieden gewesen. So wurde u. a. das Werk in Petersdorf stillgelegt, ferner stellte auch die Firma *Herminghaus* die Reyonproduktion ein. Von verhältnismäßig kurzem Bestand waren auch die Firmen *Borvisk Kunstseiden A.G.* in Herzberg und die *Viskose A.G.* in Arnstadt.

Als Kupferreyonerzeuger konnte sich die Firma *J. P. Bemberg A.G.* behaupten. Neben den ersten Fabrikationsstätten in Barmen baute sie ein großes Werk in Oberbarmen, während das Stammwerk später stillgelegt wurde. Ein weiteres Werk in Siegburg kam jedoch nicht mehr in Betrieb und wurde an die inzwischen gegründete *Rheinische Zellwolle A.G.* verkauft. Finanziell geriet die *J. P. Bemberg A.G.* allerdings unter den Einfluß dès Glanzstoff-Konzerns. Das der *I. G. Farbenindustrie* gehörige Werk in Dormagen erwarb die Lizenzen von Bemberg und errichtete gleichfalls eine Anlage zur Herstellung von Kupferreyon.

Die Firma *J. P. Bemberg* ist insofern bemerkenswert, als sich hier in der Chemiefaserindustrie erstmalig eine Vertikalorientierung vollzogen hat, für die es z. B. bei dem Glanzstoff-Konzern nur zu Ansätzen gekommen war (Maschinenfabriken, Veredlungsbetriebe): Neben einer bereits seit 1712 bestehenden Färberei verfügt das Unternehmen über eine große Weberei in Augsburg; die Färberei wurde jedoch später abgestoßen.

Die Produktion von Azetatreyon wurde in Deutschland zuerst von der *Aceta G. m. b. H.*, Berlin-Lichtenberg, einer Gemeinschaftsgründung des Glanzstoff-Konzerns und der *Agfa*, aufgenommen, später von der letzteren Firma allein betrieben. Nach einigen Jahren kamen mit französischer Beteiligung die *Rhodiaseta* in Freiburg und mit schweizerischer Beteiligung die *Lonzona* in Säckingen hinzu.

Auf dem Gebiete der vollsynthetischen Fasern war in Deutschland als erste die *I. G. Farbenindustrie Aktiengesellschaft* mit PeCe-Faser auf dem Markt, während die *Phrix-Werke* in Hirschberg als erste eine Polyamidfaser herstellten. Perlon wird z. Z. auch von der *Rhodiaseta*, vom Glanzstoff-Konzern, der Reyonfabrik in Bobingen, von den *Farbenfabriken Bayer* in Dormagen sowie von der *Thüringischen Zellwolle A.G.* in Schwarza hergestellt.

Die gegebene Schilderung könnte zu der Ansicht verleiten, als ob es sich bei der Reyonerzeugung in Deutschland um eine ständige, stabile Aufwärtsentwicklung gehandelt habe. Dies ist jedoch nicht der Fall. Ein empfindlicher Rückschlag trat zunächst etwa im Jahre 1905 ein, als die Nitroreyonerzeuger die Konkurrenz des Kupfer- und Viskosereyons zu spüren bekamen. Zudem trat etwa um die gleiche Zeit ein starkes, modisch bedingtes Nachlassen der Konjunktur ein. Wirtschaftlichere Herstellungsmethoden, insbesondere auf dem Gebiete des Viskosereyons, konnten aber der zunehmenden Marktschrumpfung erfolgreich begegnen, zumal auch erhebliche qualitative Fortschritte in bezug auf eine Verfeinerung und Vergleichmäßigung der Erzeugnisse gemacht werden konnten, die dazu führten, daß das Reyon nicht nur mehr und mehr in Gebiete eindrang, die der echten Seide vorbehalten waren, sondern daß mit seiner Hilfe auch neue Stoffqualitäten geschaffen werden konnten, die einen aufnahmefähigen Markt fanden. So war dann bis zum Ausbruch des ersten Weltkrieges wieder eine Aufwärtsbewegung zu verzeichnen. Die Produktionshöhe in Deutschland betrug im Jahre 1913 schon 3,5 Millionen kg.

Der erste Weltkrieg brachte die deutsche Reyonerzeugung nahezu zum Erliegen. Mehrere Werke konnten sich nur, wie später noch gezeigt wird, durch die Produktion von Stapelfaser behaupten. Nach dem Kriege jedoch machte sich ein außerordentlicher Warenhunger bemerkbar; und nun ergab sich die eigenartige und für die Qualität des Reyon sprechende Tatsache, daß die Nachfrage nach Reyon in viel stärkerem Maße anstieg als die nach den natürlichen Faserstoffen. Auch die Weltwirtschaftskrise konnte bemerkenswerterweise der Reyonerzeugung kaum Einbuße tun, und bis gegen Ende des zweiten Weltkrieges hat dann die Aufwärtsentwicklung angehalten. Allerdings war dies nur möglich durch eine Regelung der Erzeugungshöhe, durch ein Einfuhrembargo gegenüber gewissen Ländern und eine Preisbindung durch ein Kartell, der *Kunstseide Verkaufsbüro G. m. b. H.*, Berlin, dem sich auch italienische, holländische, belgische und französische Erzeuger anschlossen. Ein dritter Rückschlag trat dann durch die Ereignisse des zweiten Weltkrieges in den letzten Kriegsjahren und in den ersten Nachkriegsjahren ein.

Werfen wir nun einen Blick über die Landesgrenzen. Hier ist zunächst zu berichten, daß sich als erstes Unternehmen der Glanzstoff-Konzern zu ausländischen Gründungen entschloß, deren erste, die französische *La Soie Artificielle*, schon auf das Jahr 1903 zurückgeht. Später folgten eine Gründung in Japan, ferner die *Erste Österreichische Glanzstoff-Fabrik A. G.*, St. Pölten, die *Böhmische Glanzstoff-Fabrik* in Lobositz, die *British Glanzstoff-Manufacturing Company Ltd.* in Liverpool und die *American Glanzstoff-Corporation* in Elisabethton (Tenn). Diese Werke des Glanzstoff-Konzerns gingen in den letzten Jahren, ebenso wie die deutschen Werke Sydowsaue, Breslau und Elsterberg, infolge der politischen Ereignisse in andere Hände über, während das alte elsässische Werk den Kampfhandlungen des ersten Krieges zum Opfer fiel.

Die Firma *Bemberg* errichtete gleichfalls mehrere Tochtergesellschaften im Ausland, so die *British Bemberg Ltd.*, die *American Bemberg Ltd.*, die *S. A. Bemberg* in Mailand mit dem Werk in Gozzano und ein Unternehmen in Japan.

Eine verhältnismäßig alte Reyonindustrie hat *Belgien*, wo in den Werken Obourg und Tubize zunächst Nitroreyon hergestellt wurde. Von dieser Gruppe wurden 1912 Werke in Basècles (Frankreich), Sarwar (Ungarn), Tomaszow und Mysskow, im damaligen Polen, gegründet. Die belgischen Fabriken, die gleichfalls auf das Viskoseverfahren übergingen, schlossen sich später zu der Firma *Union des Fabriques Belges des Textiles Artificielles S. A. „Fabelta"* zusammen, und es entstanden weitere Werke in Alost und in Ninove. Das Werk in Tubize errichtete später auch eine Anlage zur Erzeugung von Azetatreyon.

Eine bedeutende Reyonindustrie, die sich schnell zu großer Blüte entwickelte, zog *Holland* auf. Hier wurde im Jahre 1911 die *N. V. Nederlandsche Kunstzijde Fabriek (Enka)* in Arnheim gegründet, die nach einigen Jahren ein weiteres Werk in Ede und einen Veredlungsbetrieb in Rotterdam errichtete. Das Erzeugnis fand auch auf den Auslandsmärkten großen Anklang, so daß die Firma eigene Produktionsstätten in England und Amerika, die *British Enka Ltd.* und die *American Enka Ltd.* errichtete. Sie übernahm auch die *N. V. Hollandsche Kunstzijde Industrie* in Breda, während eine in Nimwegen gegründete Reyonfabrik, die *N. V. Nederlandsche Kunstzijdespinnerij Nijma*, ihre Selbständigkeit bewahrte.

Die *Nederlandsche Kunstzijdefabriek* und der deutsche Glanzstoff-Konzern hielten es für geboten, auf dem Gebiete der Forschung, der Produktion und des Verkaufes auf dem Weltmarkt eine innige Verbindung miteinander einzugehen; sie schlossen sich zusammen, was äußerlich dadurch zum Ausdruck kam, daß das niederländische Unternehmen seinen Namen in *Algemeene Kunstzijde Unie N. V. (AKU)* umwandelte und der größte Teil der Glanzstoff-Aktien in *AKU*-Aktien umgetauscht wurde. Der gegebenen Lage Rechnung tragend, fielen der Auslandsverkauf sowie die Forschung in erster Linie dem holländischen Teil des Unternehmens zu.

England trug etwa seit dem Jahre 1910 durch die Firma *Courtaulds Ltd.*, ein vertikal orientiertes Unternehmen, zur Versorgung des Weltmarktes mit Reyon bei. Die Firma ist in der Folgezeit sehr aktiv gewesen. Neben der schon erwähnten *Glanzstoff-Courtaulds G. m. b. H.* in Köln gründete sie als Tochtergesellschaft die *American Viscose Co.*, die ihrerseits schnell zur Blüte kam, und beteiligte sich maßgeblich an mehreren Unternehmungen in vielen Ländern. Die Firma *Courtaulds* pflegt gleichfalls in starkem Maße die Forschung und Entwicklung, und so stellt dieses Unternehmen heute neben Viskosereyon auch Azetatreyon, Caseinfaser und Nylon her. An selbständigen englischen Reyonerzeugern sind auf dem Viskosegebiete zu nennen die Firmen *North British Rayon Ltd.*, *Lustrafil Ltd.*, *Kirklees Ltd.* und *Harbens V. S. M. Ltd.*, während es sich bei den Firmen *British Enka Ltd.* und *Breda-Visada Ltd.* um holländische Tochterunternehmungen handelt.

Als Erzeuger von Kupferreyon in England wurde die *British Bemberg Ltd.* schon erwähnt; als Azetatreyonerzeuger sind neben *Courtaulds Ltd.* noch die Firmen *British Celanese Ltd.*, *Lansil Ltd.* und *Nelsons Silks Ltd.* zu nennen.

England beabsichtigt seine Chemiefaserindustrie stark auszubauen, so ist für das Jahr 1952 eine Erzeugung von 250000 t geplant, wovon 180000 t auf Zellulose-Reyon und 4500 t auf Nylon entfallen sollen.

Von besonderer Bedeutung wurde die Reyonindustrie in *Italien*. Dies ist insofern bemerkenswert, als es sich bei Italien um ein klassisches Land für reale Seide handelt. Interessanterweise hat sich eine ähnliche Entwicklung, wie später noch gezeigt wird, in dem anderen Seidenland, in Japan, vollzogen. Zu einem in der Reyonwirtschaft führenden Unternehmen entwickelte sich die *Snia Viscosa*, die 1948 mit über 60% an der italienischen Reyonerzeugung beteiligt war. Ihre Produktion verteilt sich auf die Werke Torino Stura, Veneria, Magenta, Cesano Maderno, Varedo, Padova, Rieti, Napoli und Casale; zwei dieser Werke werden mit der Firma *Cisa-Raion* gemeinsam betrieben. Der Konzern verfügt über eigene Maschinenfabriken, Schwefelkohlenstoff-Fabriken sowie Veredlungsbetriebe und schuf sich eine eigene Zellstoffbasis durch Anbau und Aufschluß des Pfahlrohres (Arundo donax) in Torviscosa. Mit drei Produktionsstätten in Châtillon, Ivrea und Vercelli folgt dann die *S. A. Châtillon*, die auch Azetatreyon herstellt. Ein weiteres bedeutsames Unternehmen für Viskosereyon ist die Firma *Orsi Mangelli* mit dem Werk in Forli. Schließlich ist noch die Firma *Gerli S. A.* mit dem Werk in Cusano Milanino zu nennen. Der italienische Chemiekonzern *Montecatini* befaßt sich gleichfalls mit der Herstellung von Reyon, er ist maßgeblich beteiligt an den Fabriken für Azetatreyon *(Rhodiaceta)* und Nylon in Pallanza. Durch die Firma *Bemberg* wird, wie schon erwähnt, in Gozzano Kupferreyon hergestellt. Für das Jahr 1952 ist eine Reyonerzeugung von 85000 t geplant.

Frankreich hat erst verhältnismäßig spät die Bedeutung des Reyon erkannt. Es kam dann aber schnell zu einer ganzen Reihe von Firmengründungen, so daß Frankreich heute den drittgrößten Reyonerzeuger in Europa darstellt. Sämtliche französischen Reyonerzeuger sind heute unter der Firmierung *Syndicat Français des Textiles Artificiels* zusammengeschlossen. Von 12 Unternehmungen wird in 21 Werken Viskosereyon hergestellt; 2 Firmen stellen Azetatreyon und 2 Unternehmen synthetische Fasern her. Für die nächsten Jahre beabsichtigt Frankreich einen starken Ausbau der Produktionsanlagen. Es ist beabsichtigt, 78000 t Reyon herzustellen.

Verkaufs- und Exportinteressen wurden in der Firma *Alliance des Producteurs-Exportateurs de Soie Artificielle „Apesa"*, Paris, zusammengefaßt.

Über eine verhältnismäßig bedeutende Reyonindustrie verfügt auch die *Schweiz*. Hier bestehen die Firmen *Feldmühle A. G.* in Rorschach und die *Société de la Viscose Suisse* mit den Werken in Emmenbrücke, Steckborn und Widnau. Die früher erwähnten Werke in Spreitenbach und Glattbrugg bestehen nicht mehr.

Spanien verfügt über vier Reyon-Unternehmen, die Firmen *La Seda de Barcelona S. A.* mit dem Werk in Prat de Llobregat, die *SAFA* mit dem Werk in Blanes, die *SESA* mit dem Werk in Burgos und die *SNIACE* mit dem Werk in Torrelavega. Das letztere Unternehmen ist eine Tochtergesellschaft der *Snia Viscosa* und erzeugt auch eine beachtliche Menge Zellwolle.

Portugal besaß im Jahre 1948 eine Anlage für die Herstellung von Reyon, eine zweite Fabrik mit einer Kapazität von 1000 t im Jahr ist im Bau.

Skandinavien ist mit einem Werk in Borås, Schweden, und zwei Werken in Sarpsborg und Notodden, Norwegen, an der Reyonerzeugung beteiligt.

Auch *Griechenland* erzeugt Reyon. Das Unternehmen hat auch eine Zellwollproduktion aufgenommen.

Das Werk in *Polen*, Chodakow, wurde schon erwähnt.

Eine verhältnismäßig große Reyonproduktion besitzt die *Tschechoslowakei* durch die Werke Lovosice, Terezin, Svit und Senica. In einem weiteren Werk, in Zlin, wird Kupferreyon hergestellt.

Mehrere Unternehmungen befinden sich in *Ungarn*, wo beabsichtigt ist, die Produktion auf 2000 t zu steigern.

Rumänien und die *Türkei* besitzen gleichfalls Reyonfabriken, deren weiterer Ausbau geplant ist.

Von den außereuropäischen Ländern müssen zuerst die *Vereinigten Staaten* von Nordamerika als überhaupt größte Reyonerzeuger genannt werden. Die Gründungen der Firmen *Glanzstoff*, *AKU* und *Bemberg* waren schon erwähnt. Vorherrschend sind dort die großen Konzerne der *American Viscose Corporation* und der *Industrial Rayon Corporation.* Nachdem die japanische Produktion durch die politischen Ereignisse stark abgefallen ist, stellt Amerika zur Zeit (1948) nahezu die Hälfte (47%) der Weltproduktion her. Die Entwicklung in Amerika ist insofern besonders interessant, als hier durch das Reyon in einem besonders schnellen Tempo natürliche Faserstoffe verdrängt wurden, so daß die Staaten heute absolut und auch je Kopf der Bevölkerung den größten Reyonverbrauch haben. Dies dürfte aber nicht nur auf die Kaufkraft der amerikanischen Bevölkerung, sondern vielmehr auf den Umstand zurückzuführen sein, daß es den amerikanischen Erzeugern schneller als in anderen Ländern gelungen ist, durch wirtschaftlichere Herstellungsmethoden konsumgünstige Preise zu schaffen.

Die schnelle Entwicklung des Fasergebietes in den Staaten gibt sich auch dadurch zu erkennen, daß hier die vollsynthetische Faser schon einen breiten Raum einnimmt. 1948 wurden bereits etwa 24000 t und 1949 etwa 35000 t synthetischer Fasern auf den Markt gebracht. Sie haben vornehmlich die echte Seide verdrängt, und so bestanden im Jahre 1948 schon 96% der Damenstrümpfe aus Nylon, während noch vor 10 Jahren hierfür fast ausschließlich Naturseide verwendet wurde.

Die Erzeugung war im Jahre 1949 allerdings erstmalig in der Geschichte der amerikanischen Chemiefaserindustrie etwas rückläufig, und zwar sowohl bei Reyon als auch bei Zellwolle. Das letzte Quartal des Jahres ließ jedoch wieder ein starkes Ansteigen der Produktion erkennen.

Ein besonderes Wort ist über *Japan* zu sagen. Hier hat sich auf dem Reyongebiet in einem Zeitraum von 10 Jahren eine Entwicklung vollzogen, zu der die anderen Länder nahezu 40 Jahre gebraucht haben. Von Jahr zu Jahr erfolgte eine Steigerung der Produktion um nahezu 50%. Wenn auch dabei berücksichtigt werden muß, daß infolge des verhältnismäßig späten Beginns einer Reyonproduktion den Japanern alle die Erfahrungen zur Verfügung standen, die die Industrie der anderen Länder sich erst mühsam zu eigen machen mußten, so steht eine solche Entwicklung doch beispiellos da. Verständlicherweise führte die durch niedrige Löhne ermöglichte große Exportfähigkeit der japanischen Erzeugnisse zu einer starken Beunruhigung der europäischen Hersteller in bezug auf die außereuropäischen Märkte; gegen eine zu breite Ausdehnung des japanischen Reyon auf den europäischen Märkten selbst hat man sich durch Zölle und Gebietskartelle zu schützen gewußt. Aber auch auf den außereuropäischen Märkten ist es zu Quotierungen gekommen. Daß in Japan durch die Firma *Bemberg* auch Kupferreyon hergestellt wird, wurde schon erwähnt.

Die japanische Produktion verteilte sich 1939 auf 20 Gesellschaften mit insgesamt 47 Werken, von denen einige allerdings nur Zellwolle produzieren. 1939 war die japanische Reyonerzeugung auf etwa 118000 t angestiegen. Die Produktion sank jedoch bis 1945 auf 2800 t ab, um 1948 wieder eine Menge von 16500 t zu erreichen. Die japanische Erzeugung soll jedoch wieder stark ausgebaut werden, man plant 1952 eine Reyonproduktion von 95000 t.

Columbien, das über zwei Reyonfabriken verfügt, erzeugte 1949 rund 1800 t. In Anbetracht des großen Bedarfs der dortigen Textilindustrie ist der Bau einer weiteren Anlage geplant. *Chile* besitzt zwei Werke und wird nach Fertigstellung einer Neuanlage zu einem nicht unbedeutenden Reyonproduzenten werden. *Uruguay* und *Porto Rico* planen die Aufnahme einer Reyonproduktion in Neuanlagen. *Mexiko* hat im Jahre 1949 eine neue Reyonfabrik für eine Jahresproduktion von 2700 t in Betrieb genommen. *Brasilien* konnte im Jahre 1949 die größte Reyonfabrik in Lateinamerika in Betrieb nehmen, die neben 9000 t Reyon auch Zellwolle herstellen soll. Eine neue Fabrik für 2300 t kam auch in *Ägypten* zum Anlaufen, ebenso ein Unternehmen in *Cuba* (für 3300 t Reyon).

Bemerkenswerterweise hat auch *Australien* zwei Werke gebaut, von denen eines Viskosereyon hauptsächlich für Cord herstellen soll (2700 t jährlich), während das andere Azetatreyon herstellen wird (1400 t pro Jahr).

Rußland ist schon seit dem Jahre 1908 durch ein Werk in Mytischtschi an der Reyonproduktion beteiligt. Später wurden Werke in Kiew und Stolbojara gebaut. Die Werke in Tomaszow und Mysskow wurden schon erwähnt.

In Tab. 1 soll nun gezeigt werden, in welchem Ausmaße das Viskosereyon an der Gesamterzeugung beteiligt ist. Man erkennt deutlich, wie das Viskoseverfahren immer vorherrschender geworden ist.

Tabelle 1. *Anteil der einzelnen Spinnverfahren an der Gesamterzeugung in Prozent.*

	1930	1931	1932	1933	1934	1935	1936	1937
Viskosereyon	86,0	89,0	85,0	84,0	86,4	87,7	87,5	90,0
Kupferreyon	3,4	2,5	3,5	4,5	4,1	3,6	3,0	2,8
Azetatreyon	7,8	7,0	10,0	10,0	9,1	8,7	9,5	7,2
Nitroreyon	2,3	1,5	1,5	1,5	0,4	—	—	—

Tab. 2 gibt für die Jahre 1923, 1935 und 1948 die ungefähren Produktionszahlen an, die die gewaltige Entwicklung der Reyonproduktion in den verschiedenen Ländern der Erde erkennen lassen.

Tabelle 2. *Reyonproduktion der Welt in den Jahren 1923, 1935 und 1948 in 1000 kg*[1].

Land	1923	1935	1948	Geschätzte Kapazität 1950
Belgien	3500	6300	10000	13000
Deutschland	6500	45000	30900[2] 4000[3]	65000
England	7713	49136	65000	102000
Finnland	—	—	750	1300
Frankreich	4000	26950	44500	72000
Griechenland	—	90	700	1650
Italien	4583	40000	47700	80000
Niederlande	1500	9000	17200	23000
Norwegen	—	—	500	700
Österreich	750	850	1200	1800
Polen	400	5119	7200	10000
Portugal	—	—	250	1300
Rumänien	—	25	1400	1800
UdSSR	—	6000	12000	43000
Schweden	32	588	800	2200
Schweiz	1000	3687	8500	9000
Spanien	82	2722	7000	14000
Tschechoslowakei	406	2785	5000	5500
Ungarn	400	80	650	700
Europa	30866	198332	266250	448950
Kanada	—	6010	15000	15000
Kuba	—	—	230	3200
Mexico	—	—	4500	7800
Vereinigte Staaten	15646	116827	420000	484000
Nordamerika	15646	122837	439730	509000
Argentinien	—	—	5000	9000
Brasilien	—	1578	11200	20000
Chile	—	—	1250[4]	2700
Kolumbien	—	—	1100	4100
Peru	—	—	330	700
Südamerika	—	1578	18880	36500
Ägypten	—	—	180	2100
China	—	—	—	850
Indien	—	—	—	5000
Japan	354	99202	16500	60000
Türkei	—	—	300	400
Afrika und Asien	354	99202	16980	68350
Welt	46866	421949	741840	1062800

[1] In Anlehnung an Textile Organon, Februar 1935 und Rayon Organon, Juni 1949.
[2] Trizone; Produktion 1949: 42000 t. — [3] Russisch besetzte Zone (geschätzt).
[4] Nach FRANZKE soll die *chilenische* Reyonerzeugung im Jahre 1948 eine Höhe von 3750 t erreicht haben.

Deutschland erreichte im Jahre 1943 seine höchste Produktion an Reyon. In diesem Jahre wurden etwa 105 Millionen kg hergestellt. Italien hatte im Jahre 1941 mit etwas über 60 Millionen kg seinen höchsten Stand, und Japan im Jahre 1937 mit 167 Millionen kg.

Der Übersichtlichkeit halber soll in Abb. 1 die Entwicklung der Reyonproduktion in Deutschland, den Vereinigten Staaten sowie der Gesamtproduktion graphisch wiedergegeben werden.

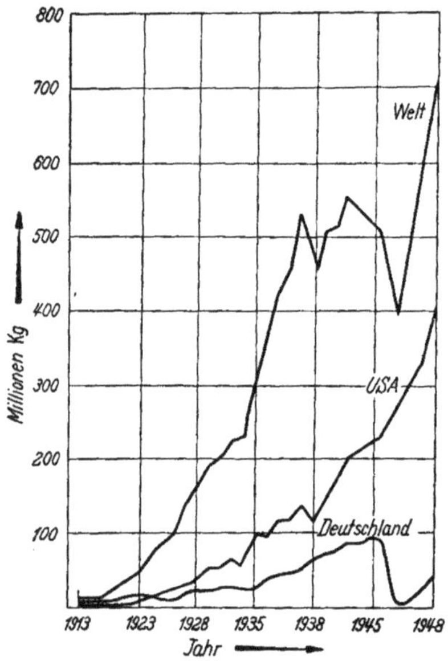

Abb. 1. Entwicklung der Reyon-Erzeugung in Deutschland, in den Vereinigten Staaten und in der Welt in den Jahren 1913—1948.

Von besonderem Interesse ist auch eine Zusammenstellung, die den Anteil der Chemiefasern an der Faserweltproduktion in den Jahren 1930, 1934 und 1948 wiedergibt (Tab. 3).

Tabelle 3. *Verbrauch an Textilfasern in %*[1].

Jahr	1930 %	1934 %	1948 %	
Baumwolle	85,0	84,2	73,0	
Reyon	2,5	1,9	9,15	14,3
Zellwolle	—	?	5,15	
Wolle	8,7	7,6	12,5	
Naturseide	3,8	6,3	0,2	

Wie die Tabelle zeigt, bleibt nach wie vor eine überlegene Vorherrschaft der Baumwolle unbestritten, obwohl in den letzten 15 Jahren ein Rückgang um 10% zu verzeichnen ist, der in der Hauptsache auf das Eindringen der Zellwolle zurückgeführt werden kann. Was in der Zusammenstellung aber sofort auffällt, ist der außerordentlich kleine Anteil, den die Naturseide noch am Textilmarkt hat. Es kann festgestellt werden, daß der Rückgang der Seidenverarbeitung in erster Linie der Qualitätssteigerung des Reyon zuzuschreiben ist, das somit weite, früher der Naturseide vorbehaltene Gebiete erobern konnte. Hierbei muß aber noch erwähnt werden, daß das Reyon allgemein wegen seiner günstigen Aufmachungsformen von den Textilbetrieben auch wirtschaftlicher verarbeitet werden kann als die echte Seide, was gleichfalls sein Vordringen erleichterte.

Zur Wolle ist zu sagen, daß ihr Anfall bis zum Jahre 1946 eine allmähliche Steigerung erfuhr, von diesem Zeitpunkt ab aber nahezu konstant geblieben ist, während die anderen Textilfasern in bezug auf ihre Produktionshöhe auch in den letzten Jahren eine Steigerung erfuhren, nämlich bei Baumwolle um 17%, bei Naturseide um 9% und bei den Chemiefasern um 23%. Dies bedeutet, daß auch das Gebiet der Wolle von den Chemiefasern geschmälert worden ist, wobei ihrer Natur nach in erster Linie die Zellwolle ihren Platz eingenommen hat. Wir werden bei der Schilderung der Entwicklung der Zellwolle hierauf noch einmal zurückkommen.

Über das Verhältnis zwischen Reyon und Zellwolle ist hier noch zu sagen, daß es in den Jahren der deutschen, italienischen und japanischen Autarkiebestrebungen umgekehrt war. In diesen Jahren wurde bedeutend mehr Zellwolle hergestellt als

[1] Nach Textile Organon, Februar 1935, und Rayon Organon, Juni 1949.

Reyon. Wie später noch gezeigt wird, hat sich diese Entwicklung aber als nicht sehr glücklich erwiesen.

Ein Studium speziell des amerikanischen Marktes lehrt, daß die Entwicklung des Reyon noch nicht zum Stillstand gekommen ist. Der Anteil der Chemiefasern am Weltmarkt wurde oben mit 14,3% angegeben; er beträgt demgegenüber auf den amerikanischen Markt allein bezogen nahezu 19%. Diese Zahl bezieht sich auf das Jahr 1948, wogegen der Anteil im Jahre 1947 noch 16% betrug. In einem Jahr ist also eine Steigerung um 3% erfolgt. Berücksichtigt man die Tatsache, daß man in allen Ländern bestrebt ist, amerikanische Produktionsmethoden zu studieren und nach Möglichkeit auf das eigene Land zu übertragen, so darf aus den gegebenen Zahlen der Schluß gezogen werden, daß auch in den anderen Ländern eine ähnliche Entwicklung zu erwarten sein wird. Dies lehrt auch Tab. 2 bei einem Blick auf die im Ausbau befindlichen Kapazitäten: Fast alle bisher schon Reyon erzeugenden Länder bauen ihre Erzeugungsmöglichkeiten aus, und in einer Reihe weiterer Länder sind Reyonfabriken im Entstehen.

Eine Schilderung der wirtschaftlichen Entwicklung der Reyonindustrie kann aber nicht abgeschlossen werden, ohne nicht kurz noch etwas über die Anwendungsgebiete und die Preisentwicklung auszusagen.

Was zunächst die Anwendungsgebiete anbetrifft, so kann heute festgestellt werden, daß sämtliche Gebiete der Bekleidungsindustrie Reyon entweder allein oder mit anderen Faserstoffen gemischt, teilweise auch in Form kompliziert zusammengesetzter Effektzwirne, verwenden. Viele modische Effekte konnten so neu geschaffen werden, deren Herstellung unter Verwendung der natürlichen Faserstoffe gar nicht möglich war. Dies bezieht sich auf alle Zweige der Weberei, der Wirkerei und der Strickerei.

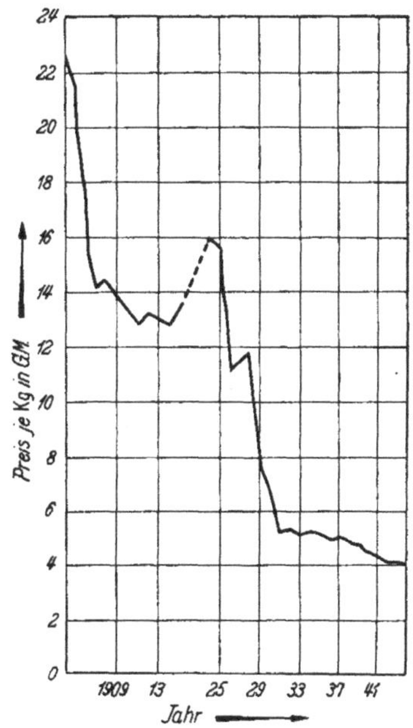

Abb. 2. Entwicklung der Reyon-Preise in den Jahren 1905—1945.

Darüber hinaus ist Reyon ein wertvolles Material für die Herstellung von Dekorations- und Möbelstoffen geworden. Dieser Industriezweig nimmt heute ganz beachtliche Mengen Reyon auf.

Noch bemerkenswerter ist aber die Tatsache, daß das Reyon auch in breitestem Maße Eingang in die Industrie technischer Gewebe und anderer Artikel gefunden hat. Besonders große Mengen werden z. B. in der Kabelindustrie zum Umspinnen verwendet und noch größere Quantitäten werden für die Herstellung von Reifencord und Einlagegewebe für Transportbänder und Treibriemen herangezogen.

Diese Entwicklung wäre aber nicht möglich geworden, wenn nicht eine erhebliche Angleichung der Reyonpreise an die Preise der natürlichen Faserstoffe erfolgt wäre. In welch starkem Maße in den letzten 40 Jahren den Reyonerzeugern durch Rationalisierung der Produktionsmethoden eine Preissenkung möglich war, soll Abb. 2 zeigen. Es geht aus ihr hervor, daß bis zum Jahre 1944 die Reyonpreise auf ein Sechstel gesenkt werden konnten. Im Vergleich hierzu ist Abb. 3 besonders interessant, die

die Preisentwicklung auch der anderen hauptsächlichsten Textilien zeigt. Die Abbildung lehrt, daß die Preise für Baumwolle, die, wie schon gezeigt wurde, den wesentlichsten Anteil am Fasermarkt hat, nahezu konstant geblieben sind. Das gleiche gilt für Flachs. Demgegenüber hat die Wolle eine Preisentwicklung mitgemacht, die derjenigen des Reyon recht ähnlich ist. Der besonders scharfe Konkurrenzkampf zwischen Reyon und Naturseide gibt sich dadurch zu erkennen, daß auch die Naturseidenpreise von 1924 bis 1944 bis auf rund ein Sechstel gefallen sind, wenn sie absolut auch noch etwa das Doppelte der Reyonpreise ausmachen.

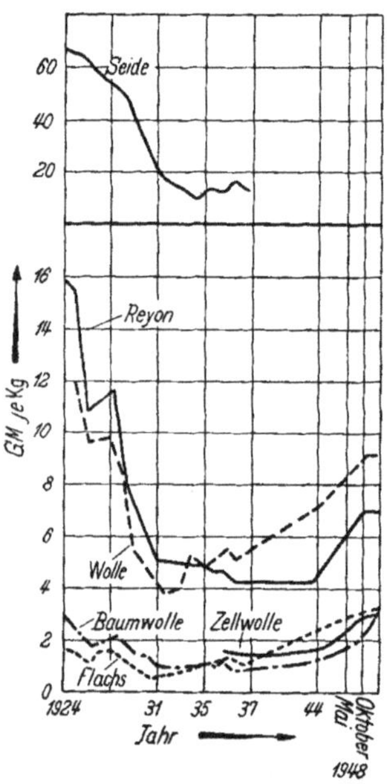

Abb. 3. Preisentwicklung bei den hauptsächlichsten Faserstoffen in den Jahren 1924—1945.

Ob in den nächsten Jahren die technische Weiterentwicklung die Reyonerzeuger in die Lage versetzen wird, noch weitergehende Preisreduzierungen vorzunehmen, ist schwer zu sagen. Vorerst ist seit 1944 ein Anziehen der Preise zu verzeichnen. Es hat jedoch den Anschein, als ob diese Entwicklung aber etwa im letzten Quartal des Jahres 1948 zum Stillstand gekommen sei.

b) Zellwolle.

Den vor dem ersten Weltkrieg aufgetauchten Plänen für die Herstellung einer nach den bekannten mechanischen Spinnverfahren verspinnbaren Faser ist keine Bedeutung mehr zugekommen. Unter dem Zwang der Not beschloß dann im Jahre 1916 die *Vereinigte Glanzstoff-Fabriken A. G.* eine Stapelfaserproduktion zu entwickeln, um eine Faser zu schaffen, die zur Streckung der Baumwoll- und Wollvorräte dienen konnte. Eine gewisse Erfahrung lag insofern vor, als dieses Unternehmen schon längere Zeit geschnittene Reyonabfälle für den gleichen Zweck verkauft hatte. Zunächst wurde das Sydowsauer Werk in eine neue Gesellschaft umgewandelt, die *Stapelfaserfabrik Jordan & Co. Kom.-Ges.* Dieses Unternehmen konnte 1917 monatlich 125000 kg Stapelfasern herstellen. 1918 folgte die Gründung der Stapelfaserfabrik in Obernburg, die aber nicht mehr zum Anlaufen kam. Die durch den Krieg stilliegenden Reyonwerke sahen in der Herstellung von Stapelfasern eine Möglichkeit, ihre Tore wieder zu öffnen, und so nahm zuerst die Firma *Küttner* die Stapelfaserproduktion auf. Es folgte 1916 die *Glanzfäden-Aktiengesellschaft* in Petersdorf und 1918 das Werk in Kelsterbach. Im Jahre 1919 war noch eine Neugründung zu verzeichnen, die *Erste Stapelfaserfabrik für Volksbekleidung* in Eisenach. Sie konnte jedoch die Produktion nicht mehr aufnehmen.

Die Öffnung der Grenzen und das Eintreten normaler Handelsbeziehungen nach dem ersten Weltkrieg hatten aber zur Folge, daß man sich wieder der Verwendung reiner, natürlicher Faserstoffe zuwandte, zumal die unter Mitverwendung der damaligen Stapelfaser hergestellten Stoffqualitäten in keiner Weise hinsichtlich ihrer Eigenschaften den Ansprüchen gewachsen waren. So kam es dazu, daß die Stapelfaserproduktion ein klägliches Ende nahm: 1919 hatten sich über 500000 kg Stapelfasern in den Lägern gesammelt, für die kein Absatz mehr zu finden war.

Die im ersten Weltkrieg auf diesem Gebiete geleisteten Arbeiten hatten aber gelehrt, daß es durchaus möglich ist, auf künstlichem Wege verarbeitungsfähige Spinnfasern herzustellen. Nur mangelten diesen bestimmte Eigenschaften, deren Erreichung sich damals aber auch gar nicht erzielen ließ, da man an die Eigenschaften des vorliegenden Reyonmaterials gebunden war. Die schrittweise Verbesserung des Reyon mußte in qualitativer Beziehung auch der Spinnfaser zugute kommen. Neben der Verbesserung der spinntechnischen Eigenschaften war aber noch ein anderes ebenso wichtiges Problem zu lösen, nämlich das der Wirtschaftlichkeit der Herstellung.

Es ist das Verdienst der *Köln-Rottweiler Pulverfabriken A. G.*, an der Verfolgung des Spinnfasergedankens hartnäckig festgehalten zu haben. Dieses Unternehmen begann 1920 mit zielstrebigen Versuchen zur unmittelbaren Gewinnung einer neuen, spinnfähigen Textilfaser mit besonderen, der Baumwolle und Wolle angepaßten Eigenschaften. Die Versuche wurden nach Überführung dieser Gesellschaft in die *I. G. Farbenindustrie Aktiengesellschaft* 1926 auf breitere Basis gestellt. Aber schon ein Jahr vorher ließ die *Köln-Rottweil A.-G.* bei englischen und italienischen Spinnern beachtliche Mengen der neuen Textilfaser mit Baumwolle gemischt verspinnen. Auch die *Vereinigte Glanzstoff-Fabriken A. G.* erkannte vorausschauend die Bedeutung einer künstlich hergestellten Spinnfaser. Sie war mit ihren Versuchen im Jahre 1933 so weit gelangt, daß auch sie ein marktfähiges Produkt herausbringen konnte.

Tabelle 4. *Mögliche Zellwollmenge in den einzelnen Textilgebieten.*

Wirkerei	20%
Möbelstoffindustrie	30%
Samt- und Plüschindustrie	50%
Wollweberei	20%
Baumwollweberei	14%

Sehr systematische Versuche legten die Grenzen fest, in welchem Maßstabe Chemiefasern in den einzelnen Industriezweigen eingesetzt werden konnten, ohne die Qualität der Fertigware zu beeinträchtigen. Diese Zahlen sind in Tab. 4 niedergelegt. Für Deutschland ergab sich hieraus eine Menge von 70 Millionen kg im Jahr. Zur Erreichung dieser Produktionshöhe baute zuerst die *I. G. Farbenindustrie Aktiengesellschaft* ihre Anlage in Wolfen beträchtlich aus und entwickelte die Vistra-Faser. Die *Vereinigte Glanzstoff-Fabriken A. G.* gründete die *Spinnfaser Aktiengesellschaft* in Kassel, die Ende 1935 die Produktion aufnahm und die Flox-Faser auf den Markt brachte.

Die immer weitergehende Einführung der Chemiefaser, allein oder mit anderen Fasern gemischt, in die verschiedensten Stoffqualitäten und Warengattungen sowie die ständig zunehmende Verbesserung der Faser, ferner auch die Ausbildung bestimmter Fasertypen mit besonderen Eigenschaften ließ überraschenderweise erkennen, daß es mit Hilfe der neuen Faser oftmals möglich war, Effekte zu erzielen, die mit anderen Fasern nicht oder nicht in dem Maße zu erzielen waren. Dies führte nicht nur zu einer Steigerung der Produktionshöhe der bestehenden Unternehmen, sondern auch zur Aufnahme einer Spinnfaserproduktion in anderen Reyonfabriken. So nahmen die *Spinnstoff-Fabrik Zehlendorf A.G.*, die *Glanzstoff-Courtaulds G. m. b. H.*, das *Spinnstoffwerk Glauchau* und die Firma *Kampf & Spindler*, Hilden, die Spinnfaserproduktion auf.

Zur Entlastung des Devisenbedarfs wurde 1933 von der damaligen deutschen Regierung dann ein Erzeugungsprogramm für chemische Spinnfasern aufgestellt, das die Errichtung einer Reihe von Neugründungen erforderlich machte.

So entstanden im Jahre 1935 folgende Gesellschaften:

Süddeutsche Zellwolle Aktiengesellschaft, Kelheim,
Sächsische Zellwolle Aktiengesellschaft, Plauen,
Schlesische Zellwolle Aktiengesellschaft, Hirschberg,
Thüringische Zellwolle Aktiengesellschaft, Schwarza.

Im Jahre 1937 folgte die *Rheinische Zellwolle Aktiengesellschaft*, Siegburg, die das dortige Werk von der *J. P. Bemberg A. G.* übernahm und ihren Namen später in *Chemiefaser Aktiengesellschaft* umwandelte. 1938 wurde die *Kurmärkische Zellwolle- und Zellulose-Aktiengesellschaft* in Wittenberge gegründet. Auch die *Rheinische Kunstseide Aktiengesellschaft* nahm die Herstellung von Zellwolle auf. Einige dieser Werke schlossen sich später in zwei Gruppen zusammen, nämlich in den *Deutschen Zellwolle-Ring* unter der Führung von Schwarza und die *Phrix-Werke A. G.* in Hamburg mit dem Hauptwerk in Hirschberg.

Der *Deutsche Zellwolle-Ring* wurde später zum *Kunstseiden- und Zellwolle-Ring* erweitert, indem sich ihm einige der bestehenden Reyon- und Zellwollebetriebe anschlossen, so die *Spinnstoff-Fabrik Zehlendorf*, das *Spinnstoffwerk Glauchau* und die *Deutsche Azetatkunstseidenfabrik Rhodiaseta* in Freiburg.

An Neugründungen entstanden noch die Firma *Zellwolle und Zellulose A. G.* in Küstrin sowie die Zellwollbetriebe *Lenzinger Zellwoll- und Papierfabrik A. G.* in Lenzing (Österreich) und die *Zellgarn A. G.* in dem damaligen Litzmannstadt. Daneben wurden zur Sicherung des Zellulosebedarfs einige Zellstoff-Fabriken ins Leben gerufen, nämlich die *Schwäbische Zellstoff A. G.* in Ehingen, die *Westfälische Zellstoff A. G.* in Wildshausen, die *Alphalint-Edelzellstoff G. m. b. H.* in Peschelmühle sowie die Firmen *Solanum G. m. b. H.* in Riesa und die *Agarzellulose G. m. b. H.* in Wien.

Während die bisher genannten Zellwoll-Unternehmen ausschließlich nach dem Viskoseverfahren arbeiten, errichtete die *I. G. Farbenindustrie Aktiengesellschaft* 1934 eine Anlage für Zellwolle nach dem Kupferverfahren in Dormagen.

Das gleiche Jahr wurde auch das Geburtsjahr der Azetatzellwolle, die erstmalig von der *Aceta G. m. b. H.*, Berlin-Lichtenberg, hergestellt wurde. Auch die *Deutsche Azetat-Kunstseiden A. G. Rhodiaseta* in Freiburg nahm die Erzeugung von Azetatzellwolle auf. Diesen Firmen folgte die *Dr. Alexander Wacker G. m. b. H.* in München.

Für die Erzeugung von Kasein-Zellwolle wurde in Cottbus die *Spinnstoff-Gesellschaft m. b. H.* gegründet (Tiolan-Faser).

Der Anlauf der neuen Unternehmungen verlief im allgemeinen planmäßig, so daß im Jahre 1937 schon 90 Millionen kg, im Jahre 1938 150 Millionen kg Zellwolle in Deutschland hergestellt wurden. Im Jahre 1948 betrug die deutsche Produktion 72,7 Millionen kg und im Jahre 1949 rund 143 Millionen kg.

Jahrzehntelange Erfahrung berechtigt heute dazu, ein Urteil über die Eignung der Zellwolle abzugeben. Es kann festgestellt werden, daß sie als Mischfaser zu Baumwolle, Wolle und anderen Faserstoffen einwandfrei zu verwenden ist, ohne eine Qualitätseinbuße herbeizuführen, wenn das Beimischungsverhältnis in bestimmten Grenzen bleibt. Es hat sich hierbei aber nicht als notwendig erwiesen, bezüglich der Beimischung in den Grenzen zu bleiben, die in Tab. 4 angegeben waren. Vielmehr kann man erfahrungsgemäß beispielsweise bei Baumwoll-Mischgespinsten, auch für Waschartikel, ohne qualitative Minderung der Waren, auf ein Beimischungsverhältnis von etwa 25% gehen. Die Zellwolle hat in qualitativer Beziehung ohne Zweifel auch ihre Berechtigung, gemischt und allein angewandt, in modischen Damen-, Kleider- und Mantelstoffen. Sie ist dagegen allein oder in Mischungsverhältnissen, die über 25—30% hinausgehen, angewandt, nicht als erstklassige Faser für solche Waren anzusprechen, die einer sich ständig wiederholenden Kochwäsche unterworfen werden müssen, wie beispielsweise Berufs- und Bettwäsche, während sie beispielsweise für Leibwäsche geeignet ist, wenn keine allzu hohen Ansprüche gestellt werden. Zwar hat man gelernt, durch chemische Hochveredlung die Waren wesentlich zu verbessern, doch ist eine solche Behandlung immer noch als Notbehelf anzusprechen. Berichten aus Amerika zufolge, soll es dort inzwischen allerdings gelungen sein, auch Tuche und ähnliche Stoffe mit großer Zellwollmischung, teilweise auch Stoffe aus reiner Zellwolle, durch Hochveredlung in Ware von hoher Güte und Lebensdauer umzuwandeln. Derartige Ausrüstungsverfahren führen sich jetzt auch mehr und mehr in Deutschland ein. Die Erfahrungen auf die Dauer bleiben jedoch noch abzuwarten.

Die Feststellung dürfte auf jeden Fall erlaubt sein, daß die Verwendung der riesigen Zellwollmengen im Rahmen der deutschen, italienischen und japanischen Autarkiepläne dem Rufe der Chemiefaser geschadet hat, auch wenn durch das neue Wort Zellwolle ausgedrückt werden sollte, daß die Faser nichts mehr mit der Stapelfaser des ersten Weltkrieges gemein hätte.

Inzwischen haben sich aber die Verhältnisse eingespielt, und es kann heute festgestellt werden, daß die Zellwollproduktion, die nunmehr mit 36% und 420 Millionen kg an der Weltchemiefaserproduktion beteiligt ist, im richtigen Verhältnis zur Reyonproduktion steht, die mit 64% und 740 Millionen kg schon angegeben war. Der gesamte Anfall an Chemiefasern beläuft sich somit auf 1160 Millionen kg (1948).

Außerhalb Deutschlands wurde zuerst von *England* die Zellwollproduktion aufgenommen, und zwar durch die Firma *Courtaulds Ltd.* Später errichtete die *British Celanese Ltd.* eine Anlage für Azetatzellwolle.

Italien wandte seine Aufmerksamkeit gleichfalls schon früh der Zellwolle zu. Die *Snia Viscosa* produzierte im Jahre 1934 schon etwa 10 Millionen kg. Später folgten die *Società An. Meridionale Industria Tessili* sowie die *Châtillon*; 1936 nahm die Firma *Gerli* die Zellwollproduktion auf. Auch die Firma *Orsi Mangelli* ist heute an der Zellwollproduktion beteiligt. 1948 produzierte Italien etwa 20 Millionen kg Zellwolle; während der Autarkiebestrebungen dürfte die italienische Produktion bei 50 Millionen kg gelegen haben. Bis zum Jahre 1952 ist ein Ausbau der Erzeugung auf 35 Millionen kg geplant. Wie an anderer Stelle schon kurz erwähnt, verwendete Italien in einer der *Snia Viscosa* gehörigen Anlage auch Casein als Ausgangsmaterial.

In *Frankreich* haben 1934 einige Reyonwerke die Zellwollproduktion aufgenommen und heute sind 7 Werke in Betrieb: ein Ausbau der Produktion auf 74000 t ist beabsichtigt.

Belgien erzeugt Zellwolle in dem zur *Fabelta* gehörigen Unternehmen, der *Fibranne S. A.* in Gand-Zwijnaerde.

Im Jahre 1937 nahm *Polen* die Produktion von Zellwolle auf, die hauptsächlich in Tomaszow hergestellt wird. Ein Ausbau der Zellwollproduktion auf 68000 t ist geplant.

Spanien erzeugt Zellwolle durch die *Fefasa* in Miranda del Ebro. Dieses Unternehmen arbeitet mit den *Phrix-Werken* zusammen und verwendet teilweise als Ausgangsmaterial Getreidestroh.

Griechenland konnte 1949 eine Zellwollfabrik für eine Jahresproduktion von 2300 t in Betrieb nehmen.

Als bedeutender Erzeuger ist *Japan* zu nennen, wo durch zahlreiche Gesellschaften Zellwolle hergestellt wird. Die Erzeugungshöhe betrug im Jahre 1939 etwa

Tabelle 5. *Zellwollproduktion der Welt in den Jahren 1935 und 1948 in 1000 kg*[1].

Land	1935	1948	Geschätzte Kapazität 1950
Belgien	13	12000	17000
Deutschland	15000	38700[2] 34000[3]	150000
England	3800	40500	75000
Finnland	—	5000	6000
Frankreich	2300	32000	68000
Griechenland	—	—	1800
Italien	33500	18500	142000
Niederlande	220	10500	10600
Norwegen	—	7100	10600
Österreich	—	10500	15200
Polen	350	10000	21500
Portugal	—	—	300
Rumänien	—	—	2700
Rußland	300	22000	66000
Schweden	120	10800	13500
Schweiz	—	9500	12000
Spanien	—	10000	15500
Tschechoslowakei	—	18500	19000
Ungarn	—	—	1800
Europa	55603	289600	648500
Kanada	—	900	5800
Kuba	—	28	2800
Mexico	—	470	700
Vereinigte Staaten	3200	135000	150000
Nordamerika	3200	136398	159300
Argentinien	—	63	1800
Brasilien	—	800	2800
Chile	—	—	1400
Kolumbien	—	—	1400
Peru	—	—	—
Südamerika	—	863	7400
Ägypten	—	—	1800
China	—	—	—
Indien	—	—	—
Japan	6200	17500	100000
Türkei	—	—	480
Afrika und Asien	6200	17500	102280
Welt	65003	444361	917480

[1] In Anlehnung an Rayon Organon, Juni 1949.

[2] Trizone; Produktion 1949: 83000 t. — [3] Russisch besetzte Zone (geschätzt).

150 Millionen kg. Nach dem Kriege hatte Japan im Jahre 1948 eine Produktion von 17 Millionen kg zu verzeichnen, sie soll bis zum Jahre 1952 auf 72 Millionen kg gesteigert werden.

Verhältnismäßig spät haben sich die *Vereinigten Staaten* von Nordamerika mit der Herstellung von Zellwolle beschäftigt, was für das klassische Baumwoll-Land verständlich ist. Um so bemerkenswerter ist aber der rapide Ausbau der amerikanischen Zellwollproduktion. An der Gesamt-Zellwollproduktion von 420 Millionen kg war Amerika 1948 mit 135 Millionen kg beteiligt; im Jahre 1949 wurden jedoch nur 88,2 Millionen kg fabriziert.

In *Cuba* kam ein Werk für 2700 t Zellwolle zum Anlaufen. In einer neuen Fabrik in *Chile* soll neben Reyon auch Zellwolle hergestellt werden. Auch *Brasilien* wird neben Reyon Zellwolle produzieren (2200 t jährlich). Dasselbe gilt für *Ägypten* (2300 t).

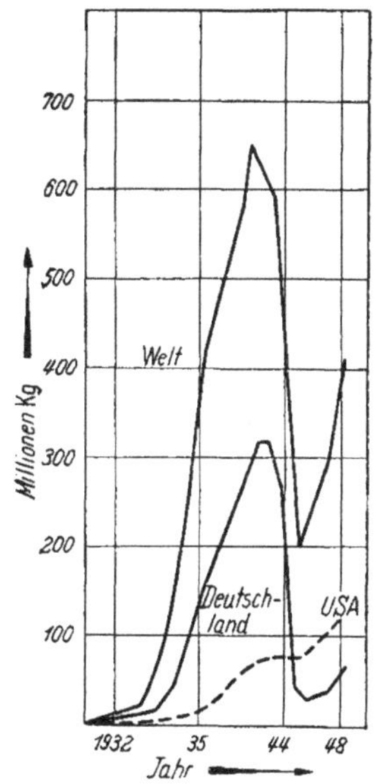

Abb. 4. Entwicklung der Zellwoll-Erzeugung in den Jahren 1930—1949.

Tab. 5 zeigt die Entwicklung der Zellwollproduktion insgesamt und in den einzelnen Ländern bis zum Jahre 1948. Der außerordentlich rasche Anstieg der Produktion tritt deutlich zutage. Was die Erzeugungshöhe in den einzelnen Ländern anbetrifft, so hat sich das Bild in den letzten Jahren allerdings wesentlich verschoben. Im Jahre 1948 erreichte die amerikanische Produktionshöhe 28% der Weltproduktion. Diese Steigerung erfolgte insbesondere zu Lasten der deutschen und italienischen, aber auch der japanischen Produktion, die sich durch eine mehr oder weniger starke Drosselung dem natürlichen Bedarf des Marktes anpaßte.

Deutschland erreichte mit 344 Millionen kg seinen höchsten Stand im Jahre 1942; Italien mit 145 Millionen kg im Jahre 1941 und Japan im Jahre 1938 mit 163 Mill. kg.

In Abb. 4 sind die Produktionsziffern noch einmal graphisch wiedergegeben.

2. Kapitel.

Die Ausgangsmaterialien für die Zellstoff-Fabrikation.

Grundstoff für die Herstellung von Reyon und Zellwolle nach dem Viskoseverfahren ist die Zellulose. Sie bildet einen Teil der Gerüstsubstanz in den verholzten, pflanzlichen Zellwänden und ist der fast ausschließliche Bestandteil der Pflanzenfasern. Sie wird in den Zellstoff-Fabriken in Form von Zellstoff gewonnen.

Mit dem Anwachsen der Chemiefaserindustrie ist auch der Zellstoffbedarf allenthalben in ständigem Steigen begriffen; so stieg er in Deutschland von etwa 200000 t im Jahre 1937 auf 450000 t im Jahre 1941[1]. In den Vereinigten Staaten von Nordamerika wurden im Jahre 1947 von der Chemiefaserindustrie 401000 t Zellstoff ver-

[1] Schieber: Jentgens Kunsts. u. Zellw. **23**, 228 (1941).

braucht, was eine Steigerung um 12% gegenüber dem Jahre 1946 bedeutet und 60% der gesamten amerikanischen Zellstoff-Erzeugung entspricht [1].

In der Hauptsache dienen als Rohstoffquelle für Chemiefaserzellstoff die Stammhölzer, von denen früher ausschließlich die *Fichte* verwendet wurde. Zur Entlastung des Fichtenholzeinschlages konnte aber schon seit 1938 in steigenden Mengen Zellstoff aus dem Holz der *Buche* sowie auch der *Aspe* in der Chemiefaserindustrie eingesetzt werden. Auch die *Kiefer* und die *Tanne* haben — besonders im Süden der Vereinigten Staaten von Nordamerika — für die Herstellung von Chemiefaserzellstoff Bedeutung erlangt. In den Vereinigten Staaten wird neuerdings auch die *Birke* für die Zellstoff-Fabrikation herangezogen. In Spanien wird Chemiefaserzellstoff auch aus dem *Eukalyptusbaum* hergestellt, der auch für Australien und Tasmanien für die Zellstoffindustrie von Interesse werden kann [2].

Der sich ständig steigernde Zellstoffbedarf macht es verständlich, daß die Stammhölzer auf die Dauer kaum ausreichen werden, den Bedarf zu befriedigen. Man hat infolgedessen gelernt, auch andere Zellulosequellen zu erschließen. So wird heute in Deutschland, Spanien, Japan und Holland schon eine beachtliche Menge Zellstoff aus *Stroh* hergestellt. Auch das *Espartogras*, hauptsächlich aus Lybien stammend, wird zur Zellstoffherstellung herangezogen. In Italien hat die Zellstoffgewinnung aus dem *Pfahlrohr*, einer Schilfart, Bedeutung erlangt.

In Ländern, in denen Zuckerrohr angebaut wird, scheint die Zellstoffgewinnung aus *Bagasse* von Bedeutung zu werden, worunter das ausgelaugte Zuckerrohr zu verstehen ist. Auch *Bambus* wird neuerdings auf Zellstoff verarbeitet, und zwar in Indien und Indochina [3].

Darüber hinaus strebt man die Ausnutzung weiterer Kulturpflanzen an, wobei man sich bemüht, nach Möglichkeit solche Pflanzen zu verwenden, die noch zu anderen Zwecken, beispielsweise zur Ernährung, Bekleidung und Ölgewinnung, angebaut werden [4]. So laufen z. Z. Versuche, Chemiefaser-Zellstoff aus den Stengeln des Mais, des Reis, der Sojabohne und der Sonnenblumen [5] herzustellen. Eine gewisse Zeit hat in Deutschland Zellstoff aus Kartoffelkraut (Solanum-Zellstoff) [6] von sich reden gemacht, schließlich wurden hier die sog. Schäben aus Flachs und Hanf für die Zellstoff-Fabrikation herangezogen [7].

Es ist aber kaum anzunehmen, daß einer Zellstoffgewinnung aus diesen zuletzt genannten Rohstoffen in normalen Zeiten für die Reyon- und Zellwollindustrie Bedeutung zukommen wird, eher dürften die Bestrebungen aussichtsreich sein, Zellstoff aus besonders schnellwüchsigen Laubhölzern zu gewinnen. Auf diesem Gebiete scheint besonders der Anbau bestimmter *Pappelbastarde* von Interesse zu sein, nach-

[1] Rayon Organon **19**, 37 (1948). — [2] JAYME: Das Papier **3**, 101 (1949).

[3] Fibres **8**, 82 (1947). — HEBBS: Rayon **20**, 635 (1939).

[4] Vgl. hierzu: LÖBERING: Melliand Textilber. **22**, 246 (1941). — JENTGEN: Jentgens Kunsts. u. Zellw. **24**, 350 (1942). — [5] RAUCH: Z. angew. Chem. **53**, 568 (1940).

[6] 1 ha Anbaufläche liefert 1000 kg Kartoffelkraut mit 15—16% Feuchtigkeit. Bei einem durchschnittlichen Zellulosegehalt von 30% würde somit 1 ha 300 kg Zellulose ergeben. — Der Gesamtanfall an Kartoffelkraut wird in Deutschland auf jährlich 3 Millionen t geschätzt, was ca. 675000 t Zellstoff ergeben würde. — Sammlung und Transport sind jedoch unwirtschaftlich.

[7] JAYME u. HARDERS-STEINHÄUSER: Papierfabr. **39**, 89 (1939). — HOYER: Faserforschg. **13**, 140 (1938). — CORRENS: Faserforschg. **15**, 1 (1940). — LÜDTKE: Papierfabr. **36**, 67 (1938). — ULBRICHT: Faserforschg. **15**, 45 (1940); ferner Wirtschaftswinke 1941, Heft 325, S. 12. — SCHMIDT: Papierfabr. u. Wbl. f. Papierfabr. **2**, 43 (1943).

dem mit dem Holz der Aspe, die gleichfalls eine Pappelart darstellt, durchaus gute Erfahrungen gemacht worden sind.

Eine günstige Vorbedingung für die Pappelaufzucht ist der Umstand, daß sie sich auch auf geringeren Böden gut ziehen läßt und so keine Flächen in Anspruch nimmt, die der menschlichen Ernährung nutzbar sind. Ihr Stammholz, von dem etwa das obere Drittel für die Zellstoff-Fabrikation in Frage käme, liefert außerdem ein gutes Furnierholz sowie ein hochwertiges Nutzholz. Ferner ist es möglich, an Stelle des Stammholzes 3—5jährige Schößlinge vor dem Kronenschluß für die Zellstoffherstellung zu verwenden, wobei sich bei dichtem Standraum die fünffache Menge Zellulose gegenüber der Nutzung eines Waldes ergeben würde. Entsprechende Versuche sind auch mit dem *Maulbeerbaum* durchgeführt worden.

Ergänzend sei noch bemerkt, daß für gewisse Spezialfasern auch beim Viskoseverfahren die *Baumwollzellulose* eine Rolle spielt, die den nach dem Viskoseverfahren arbeitenden Spinnwerken als Baumwollzellstoff angeliefert wird. Er wird aus „Linters" hergestellt, worunter die kurze Grundwolle der Samenkaspel der Baumwolle zu verstehen ist. Der Verbrauch an Linterszellstoff ist im Jahr 1949 allerdings um etwa 12% zurückgegangen.

I. Die Anatomie der pflanzlichen Zellwände.

a) Das Holz.

Das Holz besteht aus einem dichten Gefüge von Zellen und Gefäßen. Während die Zellen kleine Kammern darstellen, bilden die Gefäße feine Röhren, die an ihren Enden meist spindelförmig zugespitzt sind. Die Gefäße sind in den Laubhölzern aus mehreren Zellen durch Auflösung der sie trennenden Endwände entstanden. Man nennt diese Art von Gefäßen „Tracheen". In den Nadelhölzern finden sich nur primitive Ansätze dieser Gefäßbildung. Hier bestehen die Gefäße nur aus einer einzigen, langgestreckten Zelle. Diese Gebilde führen den Namen „Tracheiden".

Träger des Lebens in den Pflanzen ist das Protoplasma, eine aus Proteinen und Proteiden bestehende Masse, die von der Zellwand umschlossen ist und die den Zellkern und die Chromatophoren enthält. Das gesamte Gebilde stellt die pflanzliche Zelle dar. Der Inhalt der jungen Zelle dient der Ernährung und dem Wachstum der Pflanze, das durch Zellteilung vor sich geht. Die größer werdende Pflanze bedarf nun solcher Organe, die ihr die nötige Widerstandsfähigkeit sowie Festigkeit und Elastizität verleihen. Diese Aufgabe kommt den Zellwänden zu, die infolgedessen in ihrer Dicke beträchtlich zunehmen. Durch Apposition oder Intussuszeption[1] bilden sich beim Dickenwachstum in den Zellwänden laminare Schichten verschiedener chemischer Zusammensetzung aus. Die äußere Schicht der verdickten Zellwand heißt Mittellamelle. Sie ist identisch mit der ursprünglich die junge Zelle umschließenden dünnen Haut. Da sie die Zellen begrenzt, kommt sie benachbarten Zellen gemeinsam zu. Bei den Samenhaaren, z. B. bei der Baumwolle, wird sie zur Außenhaut, der sog. Kutikula. An die Mittellamelle schließt sich nach dem Inneren hin die dünne Primärwand an. Dann folgt die aus zahlreichen laminaren Schichten bestehende dicke Sekundärwand, die von dem Hohlraum der Zelle, dem Lumen, wieder durch eine

[1] Wieler: Cellulosechem. **20**, 50 (1942).

dünne Wand, die Tertiärwand, abgegrenzt ist. Abb. 5 zeigt diese Schichtung der Zellwände schematisch.

Die *Mittellamelle* besteht in jungem Zustand nur aus Pektin; mit zunehmendem Alter wird aber bis zu 70% Lignin eingelagert[1]. Sie zeigt unter dem Mikroskop keine Struktur und ist nicht doppelbrechend[2].

Die *Primärwand*, der für den Ablauf chemischer Reaktionen eine nicht zu vernachlässigende Bedeutung zukommt, wie besonders Forschungen der letzten Jahre gezeigt haben, läßt im Zustand der Zellstreckung keine Röntgeninterferenzen der Zellulose erkennen, vielmehr lediglich Fett- und Wachsinterferenzen. Bei älteren Präparaten findet man in der primären Wand jedoch etwa 10% Zellulose, während die Hauptmasse aus Pektin, Phosphatiden und Eiweißstoffen besteht[3]. Diese Zellulose ist aber nicht gittermäßig geordnet, sondern lediglich in Form einzelner Moleküle oder sehr dünner Bündel in die Primärwand eingelagert[4]. Sie zeigt keine Röntgeninterferenzen. Die Zelluloseketten sind von dem Pektin umhüllt, das ihre Kristallisation verhindert. Wird das Pektin durch eine Extraktion mit heißem Wasser entfernt, so tritt eine spontane Kristallisation der Zellulose ein. Das Pektin läßt sich allerdings erst entfernen, wenn durch sorgfältige Extraktion mit Lösungsmitteln zuvor die Fett- und Wachsbestandteile aus der Zellwand herausgelöst sind, die ihrerseits wieder den Zellulose-Pektin-Komplex umhüllen. Dieser Komplex ist balkenförmig in die Zellwand eingelagert, und zwar liegen diese Balken mit einem Streuwinkel von $\pm 36°$ zur Faserrichtung angeordnet.

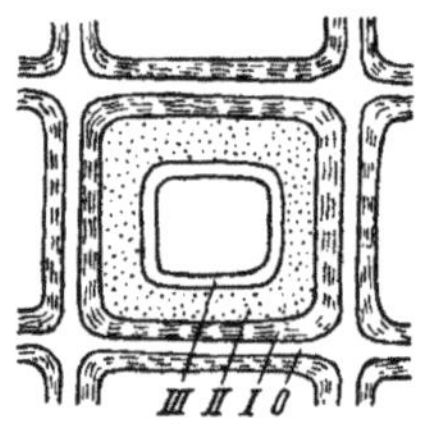

Abb. 5. Schematische Zeichnung des Querschnittes durch eine Zelle.
0 Mittellamelle,
I primäre Wand,
II sekundäre Wand,
III tertiäre Wand.

Gewisse Anteile des Wachses sind durch Phosphatide sehr fest an den Zellulose-Pektin-Komplex gebunden. Zwischen den Balken sind in der Primärwand Spalten vorhanden, in die sich Jod und Farbstoffe einlagern lassen, sie sind auch zugänglich für verhältnismäßig große Moleküle. Die Dicke der Primärwand entspricht nur einer Balkenlage, sie beträgt 5000—10000 Å.

Wie die Primärwand, so besteht auch die *Sekundärwand*, die die mächtigste Wand darstellt, chemisch aus einem Gemisch verschiedenartiger Körper, von denen hier aber mengenmäßig die Zellulose die größte Bedeutung hat. Diese Schicht enthält bei den Nadelhölzern auch reichliche Mengen Lignin, während sie bei den Laubhölzern nahezu ligninfrei ist[5].

Die Einlagerung von Zellulose und Lignin in die Zellwand nennt man die *Verholzung* der Zellwand. Unter Holz haben wir demnach nur die zellulose- und ligninhaltigen Pflanzenteile zu verstehen. Das Holz bildet sich in der Pflanze also erst im Laufe

---

[1] Bailey: Ind. Engn. Chem. **8**, 52 (1936). — Freudenberg, Zocher u. Dürr: Ber. dtsch. chem. Ges. **62**, 1814 (1929). — M. Staudinger: Holz als Roh- und Werkstoff **5**, 193 (1942).

[2] Hess: Kunsts. u. Zellw. **27**, 37 (1949).

[3] Hess, Trogus u. Wergin: Planta **25**, 419 (1936). — Gundermann, Wergin u. Hess: Ber. dtsch. chem. Ges. **70**, 517 (1937). — Hess: Papierfabr. **34**, 501 (1936). — Sisson: Contr. Boyce-Thompson Inst. **8**, 389 (1937).

[4] Hess, Kiessig, Wergin u. Engel: Ber. dtsch. chem. Ges. **72**, 642 (1939). — Nakamura u. Hess: Ber. dtsch. chem. Ges. **71**, 147 (1938). — Hess, Wergin u. Kiessig: Planta **33**, 153 (1942).

[5] Jayme u. Harders-Steinhäuser: Holzforschg. **1**, 33 (1947). — M. Staudinger: Holz als Roh- und Werkstoff **5**, 193 (1942).

ihres Wachstums aus. Mit dem Verholzen der Zellwände findet gleichzeitig ein Einschrumpfen des lebenden Zellinhaltes statt, verholzte Zellen sind daher tote Zellen. Sie dienen nunmehr der Leitung und Speicherung von Nahrungsstoffen in den Pflanzen, während die Lebensvorgänge auf junge Zellen beschränkt bleiben, deren Gewebe man mit Kambium bezeichnet.

Nach FREUDENBERG und Mitarbeitern (s. S. 51) entsteht das Lignin aus dem Glukosid Coniferin, das im Kambialsaft enthalten ist. Es wird durch Fermente gespalten und durch Enzyme in zunächst einkernige Dehydrierungsprodukte übergeführt. Diese molekulardispersen Körper dringen in die Hohlräume der jungen Zellwände ein und bauen dort das hochmolekulare Lignin auf.

Die enorme Festigkeit und Stabilität der verholzten Zellwände ist aber nicht allein durch die Einlagerung von Zellulose und Lignin in die Zellwand bedingt, es kommt vielmehr noch ein hochdifferenziertes Bauprinzip hinzu: Die Zellgefäße, die die Stämme, Äste und Stengel vornehmlich in der Längsrichtung durchziehen, stellen infolge der laminaren Schichtung ihrer Wände ineinandergeschobene Zylinder dar, wie dies Abb. 6 schematisch zeigt. SCHRAMEK[1] hat durch mikroskopische Untersuchung einer Fichtenholzzelle zeigen können, daß diese laminaren Schichten aus einzelnen Bändern bestehen, die schraubenförmig um die Zelle gewickelt sind. Der Steigungswinkel dieser Bänder ist in jeder Lamelle anders und wird, wie schon länger bekannt ist, von Lamelle zu Lamelle nach außen hin flacher. Der Windungssinn der Schraube kann bei benachbarten Lamellen auch gegenläufig sein.

Abb. 6. Modell der Koniferenholzfaser. (Nach SCARTH, GIBBS und SPIER.)

Auf den Bändern, die der Sekundärwand zugehören, ist die Zellulose in Form von bündelförmigen Gebilden, sogen. „Fibrillen", abgelagert, die wieder parallel zueinander liegen. Diese Fibrillen können auch in einem solchen Winkel auf dem Band angeordnet sein, daß sie trotz der verschiedenen Steigungswinkel der Bänder parallel zur Faserachse zu liegen kommen. Die Zellulose in den Fibrillen ist gittermäßig geordnet. Die sekundäre Wand besteht aus 30—50 laminaren Schichten, deren Ausbildung von den Umweltbedingungen abhängig ist[2].

Für den Ablauf chemischer Reaktionen ist wichtig, daß die Zellulosefibrillen von Lignin umhüllt sind.

Die *tertiäre Wand* ist im Gegensatz zur Sekundärwand wieder recht dünn. Sie hat in bezug auf die chemische Zusammensetzung Ähnlichkeit mit der primären Wand.

Wie aus Untersuchungen von BAILEY und VESTAL[3], LÜDTKE[4] sowie anderen Forschern hervorgeht, sind die Zellwände aller Pflanzen im Prinzip gleich gebaut.

Die im Holz enthaltenen Zellen und Gefäße stehen miteinander in Verbindung, damit ein Austausch von Flüssigkeiten von Zelle zu Zelle stattfinden kann. Bei den

[1] SCHRAMEK: Cellulosechem. **19**, 93 (1941).

[2] BALLS: Proc. Roy. Soc. London **90**, 542 (1919). — KERR: Protoplasma **27**, 229 (1937). — ANDERSON u. MOORE: Am. Journ. Bot. **24**, 503 (1937). — WERGIN: Planta **33**, 600 (1943).

[3] BAILEY u. VESTAL: Journ. Arnold Arbor **18**, 185 (1937).

[4] LÜDTKE: Liebigs Ann. Chem. **466**, 27 (1928).

lebenden Zellen erfolgt der Austausch der Säfte durch Diffusion durch die dünne Zellwand hindurch. Bei den verdickten Zellwänden ist dies aber nicht mehr möglich. Daher werden in die verdickten Zellwände besondere Kanäle angelegt, die die benachbarten Zellen miteinander verbinden. Diese Kanäle können einen runden oder elliptischen Querschnitt haben und werden „Tüpfel" genannt. Die Tüpfel sind wieder durch eine dünne Membran verschlossen, die man Schließhaut nennt. Diese Schließhaut läßt aber die Pflanzensäfte hindurchdiffundieren. Bei den Nadelhölzern haben diese Tüpfel eine besonders ausgeprägte Form. Man bezeichnet sie hier mit Hoftüpfeln oder behöften Tüpfeln. Ein solcher den Tüpfel umgebender Hof kommt dadurch zustande, daß sich die die Zellwand verdickende Schicht über die dünnbleibende wölbt, wodurch der Kanal eine trichterförmige Erweiterung erfährt. Bei den behöften Tüpfeln besitzt die Schließhaut in der Mitte eine Verdickung, die man Torus nennt. Diese Verdickung ist bei den nicht behöften Tüpfeln und somit bei den Laubhölzern nicht vorhanden. Der Torus kann sich fest an die Höfe anlegen und so einen dichten Verschluß des Tüpfelkanals herbeiführen. Diese Verhältnisse spielen bei der Zellstoff-Fabrikation eine gewisse Rolle. Wir kommen deshalb später noch einmal darauf zurück. Die Abb. 7 zeigt den Querschnitt durch eine Zelle mit Tüpfeln. Die Anordnung des Tüpfels sowie seine Funktion ist aus der Abbildung klar ersichtlich.

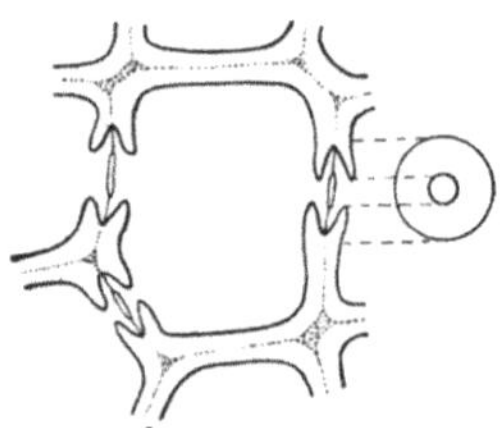

Abb. 7. Querschnitt durch eine Zelle mit Hoftüpfeln. (Nach STRASBURGER.)

Morphologisch haben wir drei Typen von Gefäßen in den Holzgeweben zu unterscheiden, die unterschiedliche biologische Funktionen zu erfüllen haben, nämlich die Prosenchymzellen, die Parenchymzellen und die Sklerenchymzellen.

Die *Prosenchymzellen* sind besonders gut in den Laubhölzern ausgeprägt und bilden dort Membranröhren. Sie sind aus mehreren Zellen durch Auflösung der sie trennenden Endwände entstanden, gehören also hier zu den Tracheen. Sie sind spindelförmig zugespitzt (Abb. 8). In den Nadelhölzern befinden sich die gleichfalls spindelförmigen, aber einzelligen Tracheiden. Sie kommen je nach der Anordnung der Fibrillen in den Lamellen in drei charakteristischen Formen vor, und man unterscheidet Ring-, Schrauben- und Netztracheiden (Abb. 9). Tracheen und Tracheiden haben stets verholzte Zellwände. Wir finden sie deshalb, von den Nichtzellulosestoffen befreit, im Zellstoff wieder.

Die *Parenchymzellen* besitzen durchweg nur eine wenig verdickte Zellwand, die hauptsächlich aus Kohlehydraten besteht. Sie besitzen flache, runde oder elliptische Tüpfel und enthalten meist noch lebendes Protoplasma. Die Parenchymzelle umschließt wichtige Lebensvorgänge der ausgewachsenen Pflanze. Sie dient der Nährstoffbereitung und ihrer Speicherung, außerdem vermittelt sie die Atmung. Auf Grund der Verschiedenartigkeit dieser biologischen Funktionen besitzt sie keinen einheitlichen Bau, wie Abb. 10 zeigt. Kurze Parenchymzellen sind im Holz meist zu längeren Fasersträngen zusammengeschlossen, es bildet sich so eine aus kurzen Zellen bestehende Kette. Diese Zellen bilden den fast ausschließlichen Bestandteil der bei vielen Hölzern anzutreffenden Markstrahlen. Chemisch sind sie wenig widerstandsfähig, weshalb man sie im Zellstoff meist nicht mehr antrifft.

Die *Sklerenchymzellen* bilden das Festigungsgewebe der Laubhölzer, worin sie zu dickeren Strängen vereinigt sind („Libriformfasern"). Es sind tote Zellen mit stark verdickten Zellwänden. Ihre Form ist langgestreckt und recht regelmäßig (Abb. 11). Sie bilden einen wesentlichen Bestandteil der Laubholzzellstoffe.

Die eben geschilderten unterschiedlichen Zellarten sind im Holz auf verschiedene Weise angeordnet. Die Tracheiden bilden regelmäßige, senkrechte Reihen, da ihr Wachstum fast ausschließlich in dieser Richtung erfolgt. Ihre Gestalt und Länge

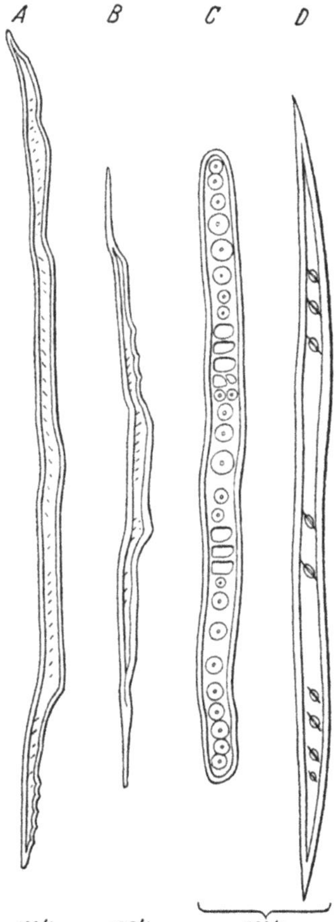

Abb. 8. Prosenchymzellen; Tracheiden. *A* **Aus dem Holz der Traubeneiche,** *B* **aus Pockholz,** *C* **aus Kiefernfrühholz,** *D* **aus Kiefernspätholz (*A* und *B* nach** WILHELM, *C* **und** *D* **nach** DENGLER.)

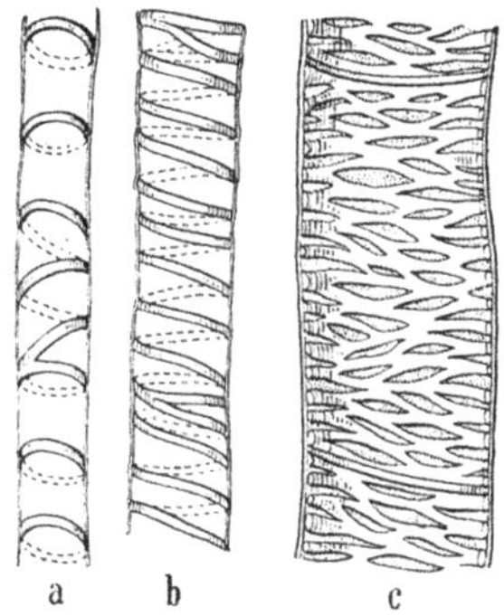

Abb. 9. Charakteristische Formen von Tracheiden; *a* Ringtracheide, *b* Schraubentracheide, *c* Netztracheide. (Nach STRASBURGER.)

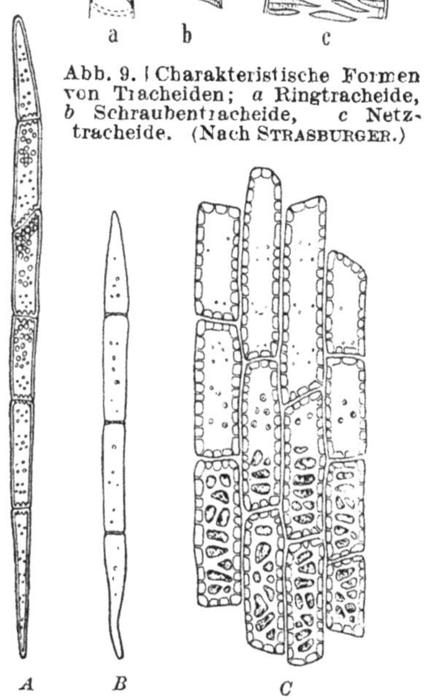

Abb. 10. Parenchymzellen; *A* aus dem Holz der Rotbuche (100/1.) (Nach HARTIG.) *B* aus dem Holz der Linde (180/1). (Nach STRASBURGER). *C* Stück eines Markstrahls der Steineiche. (Nach HEMPEL und WILHELM.)

ähnelt den lebenden Kambiumzellen. Sie besitzen in radialer Richtung große Tüpfel. Bei vielen Hölzern finden sich zwischen den Tracheiden eingebettet verhältnismäßig weite Kanäle, die bei den Nadelhölzern Harzkanäle genannt werden. Sie sind durch Auseinanderdrängen anderer Zellen entstanden und sind mit Harz oder fettartigen Stoffen angefüllt. Sie stehen in Verbindung mit den in radialer Richtung verlaufenden Zellen der Markstrahlen. Diesen Markstrahlen kommt die Aufgabe zu, die in den Blättern gebildeten Nahrungsstoffe, die durch das lebende Kambium abwärts geleitet werden, in das Innere des Stammes zu führen, wo sie gespeichert werden. Umgekehrt führen sie Wasser aus dem Inneren des Holzkernes nach außen.

Das beliebteste und infolgedessen in weitaus größtem Maßstab verwendete Zellstoffholz entstammt der Fichte. Man bevorzugt Holz, das in kalten Ländern gewachsen ist. Wie der in Abb. 12 wiedergegebene Querschnitt eines Holzstammes erkennen läßt, sind die im Frühjahr gebildeten Zellen wesentlich größer ausgebildet als die in den Wintermonaten gewachsenen. Man unterscheidet daher „Frühholz“ und „Spätholz“, die an ihrem Übergang die „Jahresringe“ ergeben. Ein gleichmäßig kaltes Klima verursacht verständlicherweise auch eine gleichmäßigere Ausbildung der Zellgrößen sowie ein dichteres Zell-

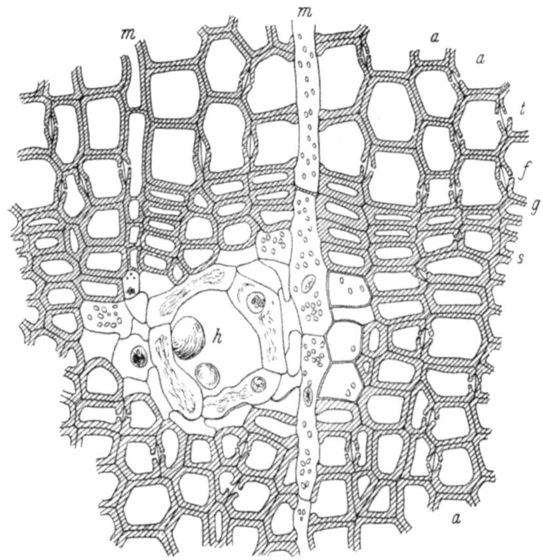

Abb. 12. Querschnitt durch einen Kiefernholzstamm an der Jahresgrenze. (Nach STRASBURGER.)

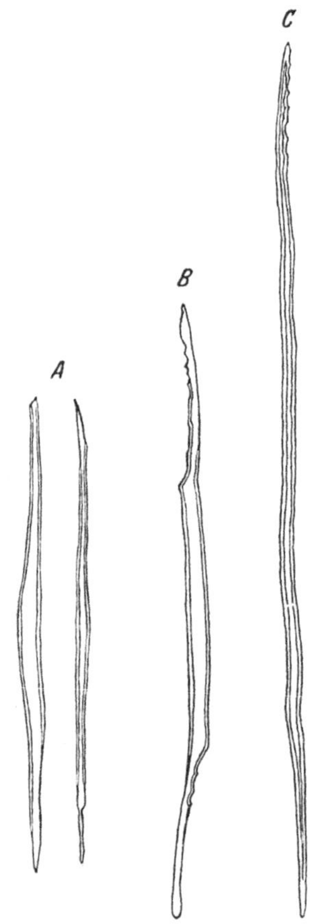

Abb. 11. Sklerenchymzellen *A* aus dem Holz der Weißweide, *B* aus dem Holz des Nußbaumes, *C* aus dem Holz der Traubeneiche. (Nach WILHELM.)

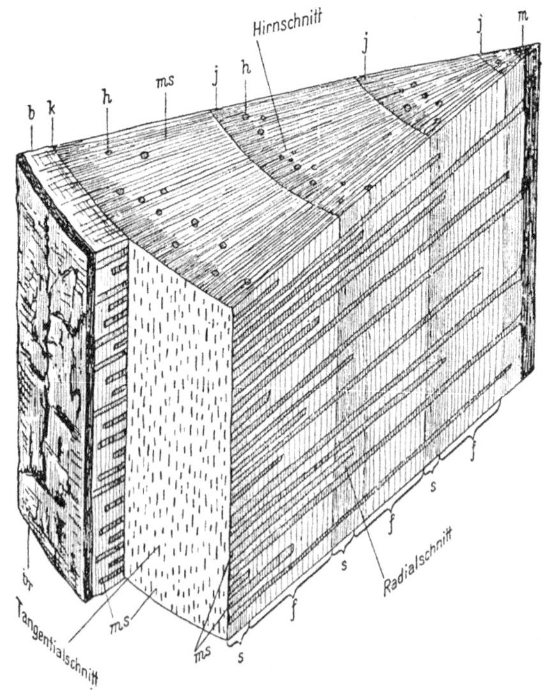

Abb. 13. Keilstück aus einem 4 jährigen Kiefernstamm. (Nach STRASBURGER.)

gewebe, was sich auf die Zellstoffqualität in der günstigsten Weise auswirkt. Finnische, schwedische, norwegische sowie kanadische Hölzer und Zellstoffe sind daher besonders begehrt. Wie JOHANNSEN[1] zeigen konnte, besitzen aus Früh- und Spätholz hergestellte Zellstoffe recht verschiedene Eigenschaften.

Betrachtet man Abb. 13, die die schematische Zeichnung eines vierjährigen Kiefernstammes darstellt, so erkennt man in radialer Richtung von außen nach innen fortschreitend die Borke mit den unmittelbar darunter befindlichen Bastzellen. An diese schließen sich die lebenden Zellen des Kambiums an. Es folgen dann Spätholz und Frühholz der einzelnen Wachstumsjahre, und zwar die jüngeren Zellen nach dem Inneren des Stammes zu. Zwischen Frühholz und Spätholz des verflossenen Jahres ist der Jahresring deutlich zu erkennen. Die Abbildung zeigt außerdem die Lage der Harzkanäle, die bei den Laubhölzern fehlen, sowie die radial verlaufenden Markstrahlen, deren Zellgewebe die Aufgabe hat, Säfte und Nahrungsstoffe aus dem Kambium nach dem Inneren des Stammes, dem Mark, zu transportieren.

Tabelle 6. *Zellformen in Nadel- und Laubhölzern.* (Nach KOLLMANN[2].)

Faserart	Nadelholz %	Laubholz %
Tracheiden	91	—
Tracheen	—	20
Libriformzellen	—	49
Parenchymzellen	1,5	13
Markzellen	6	18
Harzgänge	0,4	—

Tabelle 7. *Abmessungen der Holzfasern (Tracheiden bzw. Libriformfasern).* (Nach SCHUBERT.)

Holzart	Länge in mm		Breite in mm	
	min.	max.	min.	max.
Fichte	2,6	3,8	0,024	0,069
Kiefer	2,6	4,4	0,030	0,075
Buche	0,7	1,7	0,015	0,029

Zwischen den verschiedenen Holzarten bestehen nun gewisse Unterschiede, die für das Verhalten beim Holzaufschluß in den Zellstoff-Fabriken von Bedeutung sind. Neben der schon erwähnten Tatsache, daß die Laubhölzer im allgemeinen strukturell differenzierter sind als die Nadelhölzer (Tab. 6), weisen die Holzarten zunächst Unterschiede in der Länge ihrer Faserzellen auf.

Nach Angaben von SCHUBERT[3] sind die Abmessungen der Holzfasern bei der Fichte, Kiefer und Buche die in Tabelle 7 aufgeführten.

Wie die Zusammenstellung zeigt, sind die Unterschiede in den Abmessungen der Faserzellen zwischen Fichte und Kiefer nur gering, die Faserzellen der Buche sind dagegen erheblich kürzer und auch schmaler. Von noch kleineren Abmessungen sind die Faserzellen der Aspe, die nach KIRCHNER[4] eine Länge von 1,0 mm bei einer Breite von 0,03 mm aufweisen. Für die Zellstoffherstellung ist dies insofern von Bedeutung, als bei dem Aufschluß dieser Laubhölzer besondere Vorsichtsmaßregeln getroffen werden müssen, um größere Faserverluste zu verhindern.

Wie später noch gezeigt wird, haben diese anatomischen Unterschiede einen gewissen Einfluß auf das Verhalten der daraus hergestellten Zellstoffe bei der Fabri-

[1] JOHANNSEN: Holz als Roh- u. Werkstoff **3**, 73 (1940).
[2] KOLLMANN: Technik des Holzes, S. 18, Berlin 1936.
[3] SCHUBERT: Die Zellulosefabrikation, 1897.
[4] KIRCHNER: Das Papier, II A. S. 28 (Biberach).

kation der Viskose, wogegen sie für die Eigenschaften des daraus hergestellten Reyon sowie der Zellwolle bedeutungslos sein dürften. Es ist nämlich zu bedenken, daß im Gang der Umwandlung der Zellulose zur Chemiefaser ein vollkommener Abbau der Faserzellen stattfindet, so daß kaum anzunehmen ist, daß sich diese Unterschiede noch im fertigen Endprodukt auswirken.

Weitere Unterschiede zwischen den Holzarten bestehen in ihrem spezifischen Gewicht. Wie TEICHER[1] angibt, hat die Fichte ein spezifisches Gewicht von 0,43, während das spezifische Gewicht der Buche im Mittel 0,7 beträgt. Das spezifische Gewicht des Aspenholzes ist mit 0,37 besonders niedrig. Da das spezifische Gewicht der Holzsubstanz 1,56 beträgt, ergibt sich bei den Hölzern ein außerordentlich großes Porenvolumen, das bei der Fichte mit 77%, bei der Buche mit 55,8% und bei der Aspe mit 75% angegeben wird[2]. Buchenholz ist also wesentlich dichter als Fichtenholz und Aspenholz.

Die an sich verhältnismäßig ähnlichen Hölzer der Fichte und Kiefer unterscheiden sich jedoch wesentlich in bezug auf ihre Gleichmäßigkeit. Während das Fichtenholz in seinen äußeren Lagen („Splintholz“) annähernd den gleichen Bau aufweist wie die inneren Lagen („Kernholz“), zeigt das Splint- und Kernholz bei der Kiefer ein stark voneinander abweichendes Verhalten, was sich bei der Zellstoff-Fabrikation auswirkt. Nach Untersuchungen von KOLLMANN[3] befinden sich die die Tüpfel bildenden Organe im Splint- und Kernholz der Kiefer in einer anderen Zustandsform. Im Kernholz sind die Tüpfel durch den Torus fest verschlossen, während die Tüpfel im Splintholz geöffnet sind. Es wird hierdurch verständlich, daß sich Splint- und Kernholz bei der Kiefer beim Holzaufschluß auch anders verhalten müssen.

b) Pflanzenstengel.

Das Stroh. Während sich die Papierindustrie schon lange Zeit des Strohzellstoffes bediente, gelang die Herstellung eines für Chemiefasern (Zellwolle) geeigneten Strohzellstoffes erst während des zweiten Weltkrieges[4]. Eine wirtschaftliche Erfassung des Strohes ist aber nur in Gegenden mit agrarischen Großbetrieben möglich, und seine industrielle Verwertung erfordert seine Verarbeitung unmittelbar im Erzeugungsgebiet; weite Transporte sind nicht tragbar. Stroh steht jedoch in ausreichender Menge zur Verfügung, wenn sein Anfall auch je nach der Ernte starken Schwankungen unterworfen ist.

Mit Stroh bezeichnet man den zum Frucht- und Samenträger gewordenen Halm der Getreidearten nach der Reife. Das Stroh stellt lange, hohle Röhren dar, deren Wandung ziemlich kompliziert zusammengesetzt ist. Die Wand des Strohhalmes läßt konzentrische Schichten erkennen, die von verschiedenen Zellformen gebildet sind. Die äußere Schicht stellen Oberhaut- und Kutikularzellen (Rindenzellen) dar; sie sind nur in *einer* Schicht angeordnet. Unmittelbar darunter liegt ein aus Sklerenchymzellen gebildetes Festigungsgewebe. Hierunter liegen in dicker Schicht Parenchymzellen. In dieses Zellgewebe eingebettet finden sich die sogenannten Leitbündel, worunter zu Bündeln zusammengefaßte Zellröhren zu verstehen sind, die die Wand des Halmes in der Längsrichtung durchziehen und die dem Transport von Flüssig-

---

[1] TEICHER: Papierfabr. **35**, 443 (1937).
[2] SCHWALBE: Die Chemie der Cellulose, S. 372, Berlin 1938.
[3] KOLLMANN: Technik des Holzes, S. 9, Berlin 1936.
[4] DÖRR: Jentgens Kunsts. u. Zellw. **22**, 278 (1940); Angew. Chemie **53**, 292 (1940).

keiten dienen. Den Leitbündeln benachbart sind Zellgewebsformen, die man Bastzellen nennt und die in der Hauptsache der Verfestigung des Halmes dienen.

Die im Stroh enthaltenen Zellen sind von kleinen Abmessungen und in ihrem Bau also recht unterschiedlich[1]. Die Parenchymzellen, die den Hauptanteil der im Stroh enthaltenen Zellen ausmachen, haben eine Länge von 0,06—0,85 mm bei einer auffallenden Breite von 50—113 μ. Da sie an ihrem einen Ende meist durch halbkreisförmige Kappen verschlossen sind, werden sie von JAYME auch Sackzellen genannt. Die Oberhaut- und Kutikularzellen sind 0,06—0,34 mm lang und 13—76 μ breit. Sie zeigen in ihrer Wand auffallende Zacken. Die Zellen der Leitbündel, botanisch Tracheiden, sind lang und spindelförmig und weisen nur eine Dicke von 5 μ auf. Die Länge der Bastzellen schwankt zwischen 0,41 und 3,1 mm bei einer Breite von 8—38 μ.

In Form fester Gele ist ziemlich viel Kieselsäure an das Innere der Zellwände angelagert, wo sie das Plasma mehr und mehr verdrängt. Der Wassergehalt der Kieselsäuregele ist wechselnd. Sie sind mit größeren Mengen anorganischer und organischer Verunreinigungen durchsetzt. Die verkieselten Zellen sind meist besonders kurz[2]. Neben der Kieselsäure ist in der Asche viel Magnesium enthalten, das in der Hauptsache aus dem Chlorophyll stammt, dem der wachsende Halm seine grüne Farbe verdankt und das sich beim Reifen unter Bildung gelbgefärbter Körper zersetzt.

Das Pfahlrohr. Seit einigen Jahren verwendet die italienische Zellstoff-Industrie als Zellulosequelle in großem Ausmaße das Pfahlrohr (Arundo donax), dessen Anbau sich im Jahre 1940 auf etwa 20000 ha erstreckte[3]. Je ha hat sich eine Zellstoffausbeute von 8—9 t ergeben. Berücksichtigt man, daß 1 ha Wald demgegenüber nur eine Zellstoffausbeute von 1,2 t ergibt, so wird das Interesse an dieser Pflanze ohne weiteres verständlich. Die Lebensdauer einer Pflanzung beträgt etwa 13 Jahre, die volle Ernte ist vom 4. Jahr an zu erwarten, wobei sich 30 t Stengelmaterial je ha ergeben. Die Faserlänge im Stengel ist außerordentlich groß und wird als zwischen 600 und 5400 μ liegend angegeben, während die Dicke der Faser 20—25 μ beträgt.

c) Gräser.

Das Espartogras. Auch Espartogras wird schon seit langer Zeit als Rohstoff für die Papierindustrie verwendet[4]. Der hohe Gehalt an Zellulose sowie seine Verbreitung machen es aber auch zu einem nicht unwichtigen Rohmaterial für Chemiefaserzellstoff. Die Rinde wird von länglichen Zellen gebildet, deren Wände auffallend dick sind. Unter der Rinde liegen mehrere Zellschichten mit gleichfalls stark verdickten Wänden. Auf diese Schicht folgen mehrere Zellschichten, die der Verfestigung dienen. Sie sind je nach der Lage im Blatt verschieden stark entwickelt. Die Parenchymzellen sind im Verhältnis zum ganzen Querschnitt nur schwach ausgebildet. Die Faserlänge ist stark schwankend. Hiermit gehen auch Unterschiede in der Breite der Faserzellen parallel. Kurze Fasern sind allgemein breitlumig und dick, während

---

[1] HOYER: Faserforschung **13**, 128 (1938). — JAYME u. HARDERS-STEINHÄUSER: Papierfabr. **39**, 89 (1941). — JAYME u. NIMETULLAH: Papierfabr. **39**, 137, 149 (1941).

[2] Näheres bei FREY-WYSSLING: Stoffausscheidung S. 189f.

[3] Näheres siehe bei CORRENS: Faserforschung **15**, 1 (1940). — TOBLER: Faserforschung **15**, 41 (1940). — SCHIEBER: Forschungsberichte des Zellwolle- u. Kunstseidenringes GmbH, Heft 2, Seite 25, ferner Raion **8**, 6 (1940); Chim. et Ind. **45**, 207 (1941) sowie auch MARINOTTI: Chim. Ind. Agric. Biol. Realizzaz. **17**, 349 (1941); Papeterie **64**, 294 (1942).

[4] Näheres bei HÖFER: Faserforschung **15**, 26 (1940), daselbst auch weitere Literatur über die Anatomie des Espartograses.

die langen Fasern durchweg dünn und englumig sind. Die mittlere Faserlänge beträgt 0,37—1,34 mm, ihre maximale Breite dürfte 24 μ betragen.

d) Die Baumwolle.

Mit Baumwolle bezeichnet man die Haare, die die erbsengroßen Samenkörner der Baumwollpflanze umgeben. Sie sind mit ihrem einen Ende an der Außenhaut des Samenkornes festgewachsen. Diese behaarten Samenkörner befinden sich in großer Menge in der walnußgroßen braunen Fruchtkapsel, die zur Zeit der Reife in Form von drei Klappen aufspringt. Bei der Ernte werden die behaarten Samenkörner mit der Hand aus der Samenkapsel befreit. Die Trennung der Baumwollhaare von den Samenkörnern erfolgt mechanisch durch die sogenannte Egreniermaschine. Außer den langen Baumwollhaaren besitzen die Samenkörner jedoch noch einen Pelz von ganz kurzen Haaren, der übrigens nicht bei allen Baumwollarten vorkommt. Diese kurzen Haare bezeichnet man mit „Grundwolle“ oder „Linters“. Sie werden beim Egreniervorgang nicht von der Schale des Samenkornes abgerissen, ihre Abtrennung muß vielmehr in einem besonderen Arbeitsgang erfolgen. Da für die Herstellung von Zellstoff die Faserlänge keine Rolle spielt, verwendet man zu diesem Zweck nicht die langen Baumwollhaare, sondern nur die Linters. Sie sind naturgemäß auch billiger als die Langhaare.

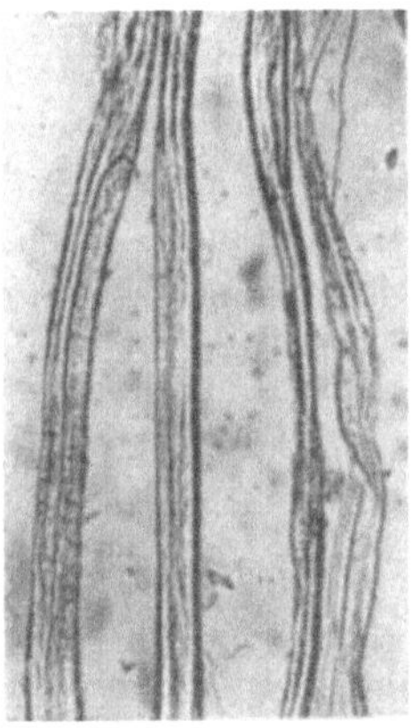

Abb. 14. Baumwollfasern unter dem Mikroskop.

Die Entfernung der Linters von den Samenkörnern erfolgt durch eine besondere Maschine, den sogenannten Lintergin. In diesem werden die Samenkörner durch Flügelwalzen gegen die Zähne umlaufender Sägen geschleudert, wodurch die Linters abgerissen werden. Sie verlassen als dünnes Faservlies die Maschine und werden in Ballen gepreßt, in welcher Form sie dann der Zellstoff-Fabrik zugeführt werden.

Das Baumwollhaar und somit auch das Lintershaar stellt eine einzige, langgestreckte Zelle dar. Im Gegensatz zu den die Holzfasern bildenden Tracheen und Tracheiden hat die Baumwollfaser nur eine natürliche Spitze, am anderen Ende ist sie abgerissen. Die Spitze hat ein kegel- oder spindelförmiges Aussehen. Abgesehen von der Länge bestehen zwischen einem Baumwollhaar und einem Lintershaar keine grundlegenden Unterschiede[1]. Lintershaare sind im allgemeinen in der Farbe etwas dunkler und im Durchmesser etwas größer. Der Durchmesser schwankt zwischen 15 und 20 μ, bei dem Langhaar zwischen 20 und 40 μ. Die Länge der Linters ist von der Art abhängig, sie beträgt 1,9 mm (Hull-fiber) bis 3,1 mm. Im Querschnitt sind die Lintershaare meist runder als die Langhaare. Ihre Wandstärke ist größer und das Lumen enger. Die Länge der Langfaser schwankt zwischen 12 und 50 mm. Die Haare zeigen meist eine korkzieherartige Windung, jedoch verteilen sich diese Windungen nicht immer über die ganze Faserlänge. Die Dicke der Faser ist nicht gleichmäßig, sie verjüngt sich vielmehr von einem etwas unterhalb der Mitte liegenden Punkt an allmählich nach beiden Seiten zu. Abb. 14 zeigt Baumwollfasern unter dem Mikroskop.

[1] Hock: Textile Research Journ. **17**, 423 (1947).

Wie die Holzfaser besteht auch das Baumwoll- und Lintershaar aus mehreren Schichten. Während des Längenwachstums, das nach 15—20 Tagen beendet ist[1], bildet sich nur eine dünne Wand aus, die das in einem weiten Lumen befindliche Protoplasma umschließt. Danach bildet sich eine sekundäre Wand, wobei das Lumen enger wird und einschrumpft. Gleichzeitig nimmt der Querschnitt, der anfangs rundlich ist, mehr und mehr bändchenförmigen Charakter an, das Haar wird flacher (Abbildung 15).

Abb. 15. Querschnitte durch Baumwollfasern. *l* Lumen.

Während die primäre Außenwand, die man mit Kutikula bezeichnet, ausschließlich aus Wachsen und Pektinstoffen besteht, enthält die Sekundärwand nur oder nahezu nur Zellulose. Die Ausbildung der sekundären Wand dauert mehrere Wochen.

Nach Messungen von HOCK ist bei dem ausgewachsenen Haar die äußere Wand etwa 0,5 μ dick; sie ist optisch isotrop. Die Sekundärwand besteht wie bei der Holzfaserzelle aus konzentrischen Schichten, die Zellulosefibrillen enthalten. Diese sind spiralig gewunden, der Drehungssinn der Spiralen wechselt in den einzelnen laminaren Schichten, wechselt aber auch, wie HOCK zeigen konnte, verschiedentlich in der gleichen Lamelle. Das Haar zeigt diesem Bau entsprechend Doppelbrechung, die an den Stellen, an denen sich der Drehungssinn ändert, verschwindet. Die einzelnen Schichten sind etwa 0,1—0,4 μ dick.

Die Begrenzung zwischen der Sekundärwand und dem Lumen bildet wieder eine dünne Wand aus Nichtzellulosestoffen.

Bei vielen Baumwollsorten sind die einzelnen Lamellen der sekundären Wand durch dünne Häute aus Nichtzellulosestoffen getrennt[2]. Dieser Befund ist insofern bemerkenswert, als man bei der Holzfaser aus dem chemischen Verhalten gleichfalls auf das Vorhandensein derartiger Fremdhäute geschlossen hat.

Äußerst charakteristische Bilder nimmt die Baumwollfaser an, wenn sie mit Quellungsmitteln, beispielsweise Kupferoxydammoniak, behandelt wird. Es findet dann eine Quellung der sekundären Wand statt, die nicht an allen Stellen mit einer Vergrößerung des Faserdurchmessers parallel geht. Lediglich an den Stellen, an denen die Kutikula dem Quellungsdruck nachgibt, findet eine Ausdehnung des Faservolumens statt. Dort, wo die Kutikula standhält, wird die quellende Sekundärwand gezwungen, sich lediglich nach dem Lumen

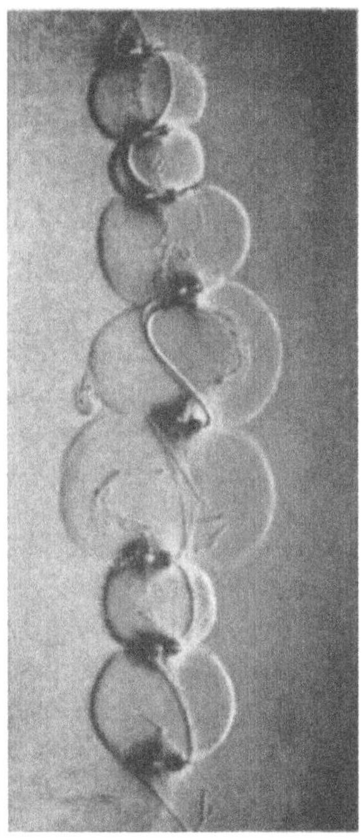

Abb. 16. Ungebleichte Baumwolle in Kupferoxydammoniak gequollen. In der Mitte Protoplasmareste. Vergr. 100mal. (Nach A. HERZOG.)

[1] ANDERSON u. KERR: Ind. Engng. Chem. **30**, 48 (1938). — LANG: Agriculture Research **56**, 507 (1938). — HESS, KIESSIG u. GUNDERMANN: Z. physik. Chem. B. **59**, 64 (1941).

[2] KERR: Protoplasma **27**, 229 (1937). — BALLS: Studies of Quality in Cotton. London 1928. — HOCK: Textile Research Journ. **17**, 426 (1947).

hin auszudehnen, das deshalb an diesen Stellen eingeschnürt wird. Bei stärkerer Einwirkung des Quellungsmittels wird die Kutikula gesprengt, die Reste schieben sich zusammen und ergeben in verschieden großen Abständen Einschnürungen, wodurch die Faser das Bild einer Perlenschnur annimmt (Abb. 16).

LÜDTKE und HESS[1] glauben die eigenartigen Quellungsbilder durch die Anwesenheit von Querstrukturelementen erklären zu müssen. Diese Ansicht ist aber wohl nicht zutreffend, denn abgesehen davon, daß SAKOSTSCHIKOFF und TUMARKIN[2] bei mikroskopischen Untersuchungen derartige Querelemente nicht nachweisen konnten, fand ROLLINS[3] bei Fasern, bei denen die Kutikularhaut durch Stickstoffdioxyd abgebaut war, eine gleichförmige Quellung ohne die charakteristischen Ausstülpungen.

Der Quellungsverlauf ist, wie HOCK[4] nachweisen konnte, im einzelnen von der Orientierung der Zellulosefibrillen abhängig. Da die Zellulosefibrillen in der Hauptsache in der Richtung der Faserachse angeordnet sind, ist die Querquellung der Faser mit einer Schrumpfung in der Längsrichtung verbunden. Bemerkenswerterweise stimmen nach HOCK die bei der Quellung entstehenden Einschnürungen mit den Stellen überein, bei denen die laminaren Schichten ihren Drehungssinn ändern.

Das geschilderte Verhalten bei der Quellung weisen, wie HOCK, RAMSAY und HARRIS[5] sowie auch KERR[6] zeigen konnten, Langhaare und Linters in der gleichen Weise auf. Auch die Holzfaserzellen zeigen derartige Quellungsbilder (SCHRAMEK).

II. Die Chemie der pflanzlichen Zellwände.

Allgemeines. Bei der Elementaranalyse getrockneter, aschefreier Zellwände findet man bei den verschiedensten Pflanzen stets annähernd 50% Kohlenstoff, 6% Wasserstoff und 44% Sauerstoff. Man könnte hieraus den Schluß ziehen, daß es sich beim Holz um eine einheitliche Substanz handle. Die nähere chemische Untersuchung zeigt jedoch, daß im Holz recht verschiedenartige chemische Körper vorliegen. Wenn man die Holzsubstanz der Hydrolyse unterwirft, so ergibt sich in einer Menge von 70—80% ein Gemisch polymerer Kohlehydrate, von denen etwa $^2/_3$ der Menge beim vollkommenen Abbau Glukose liefern, während das restliche Drittel andere Zucker mit teils 6, teils 5 Kohlenstoffatomen ergibt. Wie im nächsten Kapitel noch gezeigt wird, entstammt die Glukose dem hydrolytischen Abbau der Zellulose, während die restlichen Zucker in den sogenannten Hemizellulosen oder Holzpolyosen ihren Ursprung haben. Es verbleibt bei der Hydrolyse des Holzes ein nicht in Zucker überführbarer Rest, den man mit Lignin bezeichnet[7].

Das Gemisch von Zellulose und Hemizellulosen wird in der Zellwandchemie auch Holozellulose genannt.

Was den Begriff Hemizellulose anbetrifft, so ist dieser nicht eindeutig, weshalb z. B. STAUDINGER[8] dafür den Namen Holzpolyosen bevorzugt. Es wird nämlich

[1] LÜDTKE u. HESS bei LÜDTKE: Technik u. Chemie der Papier- und Zellstoff-Fabrikation, Bd. 30, S. 65 (1933). — [2] SAKOSTSCHIKOFF u. TUMARKIN: Melliand Textilber. **16**, 214, 499 (1935). — [3] ROLLINS: Textile Research Journ. **15**, 65 (1945).

[4] HOCK: Textile Research Journ. **17**, 430 (1947).

[5] HOCK, RAMSAY u. HARRIS: Research Natl. Bur. Standards **26**, 93 (1941).

[6] KERR: Textile Research Journ. **16**, 249 (1946).

[7] Vgl. hierzu SCHÜTZ, SARTEN u. MEYER: Angew. Chem. **60**, 115 (1948).

[8] STAUDINGER u. REINECKE: Holz als Roh- und Werkstoff **2**, 321 (1939).

unter Hemizellulose manchmal auch nur das Gemisch verstanden, das bei der Hydrolyse Zucker mit 6 Kohlenstoffatomen liefert und das man mit Hexosan bezeichnet. Ferner nennt man Hemizellulose oft auch abgebaute Zellulose niedrigen Polymerisationsgrades, die bezüglich der Kettenlänge in das Gebiet der Hemikolloide im STAUDINGERschen Sinne fällt[1]. Schließlich ist der Ausdruck Hemizellulose auch als terminus technicus in der Chemiefaserindustrie gebräuchlich, hier versteht man unter Hemizellulose jedoch ganz allgemein alle aus dem Zellstoff in die Tauchlauge gelangenden organischen Stoffe kolloider Natur, die eine Verunreinigung der Tauchlauge ergeben.

Das Körpergemisch, das beim vollkommenen Abbau Zucker mit 5 Kohlenstoffatomen liefert, nennt man Pentosan. Es wird oftmals auch mit Holzgummi bezeichnet. In einigen Holzarten wurde auch eine Verbindung isoliert, die bei der Hydrolyse einen Körper zutage fördert, der Reste mit 5 und mit 6 Kohlenstoffatomen enthält.

Die Kohlehydrate, aus denen das Hexosangemisch besteht, nennt man Mannan und Galaktan, während das Pentosangemisch aus Araban und Xylan besteht. Bei dem aus Resten mit 5 und 6 Kohlenstoffatomen zusammengesetzten Körper handelt es sich um das Arabogalaktan.

In der Holzsubstanz ist ferner in untergeordneter Menge Pektin enthalten, weiter Proteine, Fette, Wachse, Farbstoffe sowie mineralische Substanzen, die die Asche ergeben.

Der Übersichtlichkeit halber sei ein Schema gebracht, das die einzelnen Bestandteile der Holzsubstanz noch einmal zusammengestellt enthält.

Zusammensetzung der Holzsubstanz.

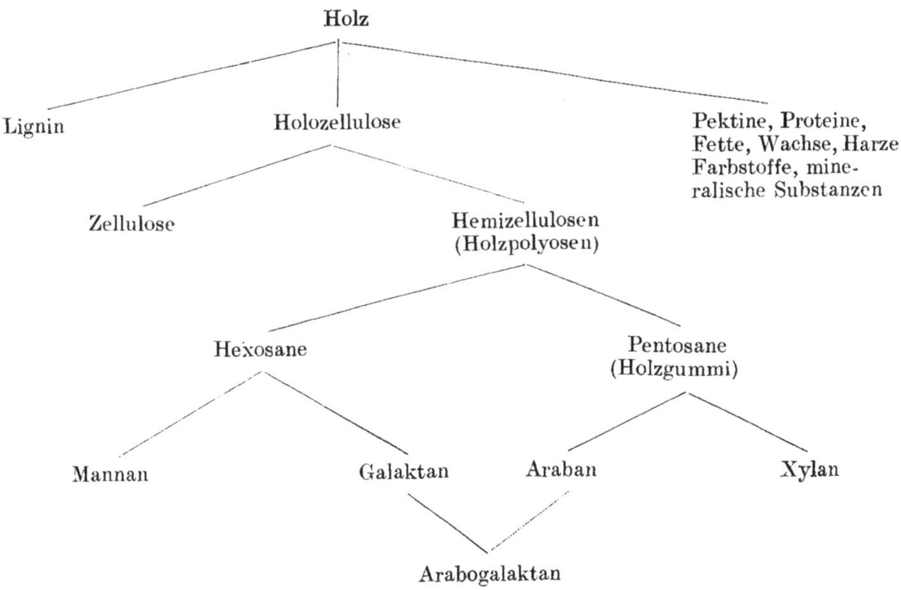

Obwohl man sich seit über 100 Jahren mit der Aufklärung der Zusammensetzung der pflanzlichen Zellwände beschäftigt, ist bis heute die Entscheidung schwierig, ob

[1] HUSEMANN: J. prakt. Chem. **155**, 14 (1940).

die einzelnen Bestandteile lediglich als Gemenge in der Zellwand vorliegen, oder ob sie in chemischer Bindung miteinander stehen, ferner ob sie bei der Isolierung überhaupt unverändert gewonnen werden können.

Zur Aufklärung der Struktur hat man versucht, die Holzsubstanz mechanisch sowie durch Lösungsmittel in die einzelnen Bestandteile zu zerlegen. PAYEN[1], der sich als erster mit der Aufklärung des chemischen Baues der Zellwände beschäftigte, nahm das Vorliegen eines Gemenges an. Er stützte seine Annahme darauf, daß sich Reaktionen mit der Zellulose erst dann vollziehen, wenn sie vorher sorgfältig von den Begleitstoffen befreit ist. Die Zellulose wird nach seiner Ansicht von den Nichtzellulosestoffen eingehüllt, weshalb er diese auch „Inkrusten" nannte. Zu der gleichen Auffassung kam SCHULZE[2], der unter dem Mikroskop die inkrustierenden Substanzen entfernte und dabei fand, daß die übrig bleibende Zellulose in ihrer Form kein anderes Bild zeigte, als sie vor der Entfernung der Inkrusten gehabt hatte. Ähnliche Untersuchungen führte KÖNIG[3] durch und kam dabei zu dem gleichen Ergebnis. BAILAY[4] konnte mechanisch aus der Mittellamelle Präparate isolieren, die im wesentlichen aus Lignin bestanden. LANGE[5] fand in der Mittellamelle angereichertes Lignin durch spektrographische Untersuchungen. Auch röntgenografische Untersuchungen von AMBRONN[6] sowie HERZOG und JANCKE[7] machen es wenig wahrscheinlich, daß im Holz die Bestandteile in chemischer Bindung miteinander vorliegen. Mechanische Trennung und physikalische Untersuchung deuten somit auf das Vorliegen eines Gemenges hin. Hierfür sprechen schließlich auch die in den letzten Jahren besonders durch FREY-WYSSLING[8] sowie HESS[9] durchgeführten Untersuchungen über die biologische Entwicklungsgeschichte der pflanzlichen Zellwände.

Die Behandlung des Holzes mit Lösungsmitteln führt indes nicht zu so eindeutigen Ergebnissen: Mit Hilfe von SCHWEIZERS Reagens gelingt es nach HÄGGLUND[10] nicht, die Zellulose restlos aus dem Holz herauszulösen. STAUDINGER, DREHER und AF EKENSTAM[11] war es selbst bei mehrwöchiger Extraktionsdauer nicht möglich, z. B. aus Weißtannensägemehl mehr als 2—3% Zellulose in Lösung zu bringen. Dies würde den Schluß nahelegen, daß im Holz eine chemische Bindung zwischen den einzelnen Bestandteilen vorliegt, wie das zuerst von ERDMANN[12] angenommen wurde. Nimmt man jedoch andere Mittel, wie z. B. Chlordioxyd, so lassen sich nach SCHMIDT Zellulose und Hemizellulosen nahezu vollkommen aus dem Holz isolieren, was wieder für das Vorliegen eines Gemenges sprechen würde. Auch durch bestimmte Fermente läßt sich das Holz zerlegen, wobei ein Rückstand verbleibt, in dem das Lignin erheblich angereichert ist. Zu ähnlichen Ergebnissen führt die Zerlegung des Holzes mit Fluor-

---

[1] PAYEN: C. r. Acad. Sci. Paris **7**, 1052 (1838); **8**, 51, 169 (1839); **10**, 941 (1840).
[2] SCHULZE: ref. Chem. Zbl. **1857**. 321.
[3] KÖNIG u. RUMP: Chemie u. Struktur der Pflanzenmembranen S. 41, 48, 77, 79, Berlin 1914.
[4] BAILAY: Ind. Engng. Chem. Anal. Ed. **8**, 52, 389 (1936).
[5] LANGE: Svensk Papperstidn. **48**, 241 (1945).
[6] AMBRONN: b. FREY: Journ. Bot. **65**, 215 (1926).
[7] HERZOG u. JANCKE: Ber. dtsch. chem. Ges. **53**, 2163 (1920).
[8] FREY-WYSSLING: Holzforschg. **2**, 33—48 (1948).
[9] HESS: Holzforschg. **2**, 33—48 (1948).
[10] HÄGGLUND: Holzchemie, S. 86, Leipzig 1928.
[11] STAUDINGER, DREHER u. AF EKENSTAM: Ber. dtsch. chem. Ges. **69**, 1099 (1936).
[12] ERDMANN: Liebigs Ann. Chem. **138**, 1 (1866); 5. Suppl. 233 (1867). — ERDMANN u. BALTZER: Justs Bot. Jahresber. **1**, 295 (1873).

wasserstoff nach WIECHERT[1]. Bei Verätherungs- und Veresterungsreaktionen verhält sich das Holz demgegenüber oftmals wieder wie eine chemische Verbindung[2].

Die schwere Löslichlichkeit der Zellulose im Holz kann nun aber nach Untersuchungen von BERGSTRÖM und CEDERQUIST[3] sowie von STAUDINGER auch auf das hohe Molekulargewicht zurückgeführt werden, in dem die Zellulose im Holz vorliegt. So ließen sich durch SCHWEIZERS Reagens 50—70% der im Holz enthaltenen Zellulose in Lösung bringen, wenn es vor der Extraktion fein zermahlen wurde. Ähnliche Beobachtungen einer verschieden großen Lösbarkeit wurden von STAUDINGER und HEUER[4] an Polystyrol gemacht, wobei sich zeigte, daß durch das Vermahlen eine Verkleinerung des Polymerisationsgrades des Polystyrols von über 1000 auf 150 bis 200 erfolgt und daß ein Polystyrol dieses Polymerisationsgrades löslich ist. Auch beim Vermahlen des Holzes findet eine Verkleinerung des Polymerisationsgrades der Zellulose statt. So wurde bei Weißtannenholz durch das Vermahlen der Polymerisationsgrad von 800—1000 auf 200—300 verringert, wodurch auch die Zellulose löslich wird.

Nach Untersuchungen von STAUDINGER ist das Polystyrol zu dreidimensionalen Makromolekülen verknüpft, wobei die Verknüpfung höchstwahrscheinlich durch geringe Mengen Divinylbenzol bewirkt wird. Beim Vermahlen dürften neben einer Verkleinerung der Ketten auch die Verknüpfungsstellen aufgebrochen werden. Ein ganz analoges Verhalten schreibt STAUDINGER nun auch der Zellulose beim Vermahlen zu. Offenbar ist auch die Zellulose im Holz mit anderen Substanzen an einigen Stellen chemisch gebunden. Man nimmt vielfach an, daß geringe Mengen von Lignin diese Verknüpfung bewirken[5]. So wurde z. B. durch KLEINERT und Mitarbeiter[6] gefunden, daß die Zellen des Zellstoffes, zum mindesten an der Außenhaut, Methoxylgruppen enthalten; Methoxylgehalt ist aber charakteristisch für Lignin. Da diese Methoxylgruppen also nach den Aufschlußoperationen noch gefunden werden, so ist es unwahrscheinlich, daß ihr Träger nur adsorptiv an die Zellulose gebunden ist, wie dies beispielsweise WISLICENUS[7] annahm, man muß vielmehr annehmen, daß zwischen der Zellulose und dem Lignin eine chemische Bindung vorliegt. Diese Ansicht wird heute von einer Reihe weiterer Forscher vertreten[8]. BAILAY[9] neigt der Ansicht zu, daß das Lignin bei den einzelnen Holzarten in verschiedener Weise vorliege. So hat er mit gepufferten Butanol-Wassermischungen aus Aspenholz das Lignin zu 100% herauslösen können, während bei dieser Behandlung bei Kiefernholz nur

---

1 WIECHERT: Papierfabr. **37**, 325, 339 (1939).

2 SCHÜTZ, SARTEN u. MEYER: Angew. Chem. **60**, 115 (1948).

3 BERGSTRÖM u. CEDERQUIST: ref. Chem. Zbl. **1933**, II, 2212.

4 STAUDINGER u. HEUER: Ber. dtsch. chem. Ges. **76**, 1156, 1164 (1934). — STAUDINGER u. HUSEMANN: Ber. dtsch. chem. Ges. **68**, 1618 (1935). — STAUDINGER u. DREHER: Ber. dtsch. chem. Ges. **69**, 1091 (1936).

5 Vgl. hierzu v. WACEK: Holz als Roh- u. Werkst. **1**, 543 (1938); Österr. Chem. Zeitung **36**, 84, 94 (1933). — RACKY: Papierfabr. **39**, 121 (1941). — BAILAY: Paper Trade J. **68**, 29 (1940). — FREUDENBERG: Angew. Chem. **60**, 125 (1948).

6 KLEINERT, HINGST u. SIMMLER: Kolloid-Z. **108**, 137 (1944).

7 WISLICENUS u. KLEINSTÜCK: Tharander Forstl. Jahrb. **60**, 313 (1909).

8 FREUDENBERG: Fortschr. d. Chem. org. Naturstoffe II, S. 3, 1939. — HÄGGLUND: Holzchemie, 2. Aufl., S. 279 (1938). — FRIESE, HÖGN u. WILLE: Ber. dtsch. chem. Ges. **70**, 1072 (1937). — PLOETZ: Ber. dtsch. chem. Ges. **73**, 74 (1940). — STAUDINGER u. EDER: Cellulosechem. **20**, 129 (1941). — FRIES u. STOCK: Ber. dtsch chem. Ges. **73**, 1135 (1940).

9 BAILAY: Paper Trade J. **68**, 29 (1940).

80% des Lignins entfernt werden konnten. Durch Zumischung von Natronlauge, wodurch Bindungen gesprengt werden dürften, ließ sich dann der Rest des Lignins aus dem Holz herauslösen.

Die Zellulose dürfte aber nicht nur mit dem Lignin, sondern stellenweise auch mit den Holzpolyosen in chemischer Bindung stehen, denn auch die Pentosane können bei manchen Zellstoffen teilweise den Aufschlußprozeß hartnäckig überstehen, wie von DÖRR und Mitarbeitern gezeigt wurde.

Insbesondere dürfte eine chemische Bindung zwischen Anteilen des Mannans und der Zellulose vorliegen. WISE und RATLIFF[1] fanden durch fraktionierte Extraktion von Fichten- und Kiefernholz mit Alkohol-Benzolgemischen, daß über die Hälfte des Mannans in der resistenten Zellulose verblieb und das Mannan hieraus auch durch Behandlung mit 5proz. Schwefelsäure nicht zu entfernen war. Man kann hiernach nicht das gesamte Mannan zu den alkalilöslichen, leicht hydrolisierbaren Hemizellulosen zählen, vielmehr muß man einen Teil als integrierenden Bestandteil der Zellulose ansprechen („Mannozellulose" nach BERTRAND).

Überblickt man das bisher Gesagte, so muß man sich etwa folgendes Bild vom chemischen Bau des Holzes machen: Im großen und ganzen liegen die Bestandteile des Holzes als Gemenge vor, sie scheinen jedoch an einigen Stellen — nach der Ansicht von HESS, JAYME sowie auch KLEINERT hauptsächlich wohl in der Primärwand — auch in chemischer Bindung miteinander zu stehen. Hierdurch wird es verständlich, daß bei chemischen Reaktionen das Holz je nach der Behandlung manchmal als Gemenge und manchmal als Verbindung erscheint.

Was nun das Lignin anbetrifft, so sind in bezug auf diese Substanz sehr bemerkenswerte Feststellungen getroffen worden, die eine ziemliche Unsicherheit in die Zellwandchemie hineingebracht haben. HILPERT[2] fand nämlich im Jahre 1937, daß sich feingemahlenes Holz bei Temperaturen von unter —10° C in hochkonzentrierter Salzsäure ohne Rückstand auflöst, daß also hierbei gar kein Lignin gefunden wird. Erst nach mehrtätigem Stehen bildete sich in der Extraktionsflüssigkeit ein unlöslicher Körper, der bei der Analyse als Lignin identifiziert wurde. HILPERT nimmt auf Grund dieser Beobachtungen an, daß sich das Lignin erst bei den Aufschlußoperationen aus den Bestandteilen des Holzes bilde. Es ist verständlich, daß diese Deutung von einer Anzahl von Forschern, so von WEDEKIND[3], SCHWALBE[4] und insbesondere von FREUDENBERG[5], dem wir die Konstitutionsaufklärung des isolierten Lignins verdanken, lebhaft bestritten worden ist. Neuere eingehende Untersuchungen von SCHÜTZ[6] und Mitarbeitern geben der HILPERTschen Auffassung aber wieder eine Stütze. SCHÜTZ, SARTEN u. MEYER fanden nämlich u. a. bei der Hydrolyse der jungen Triebe von Flieder, die also noch nicht verholzt sind und infolgedessen gar kein Lignin enthalten können, gleichfalls einen nicht verzuckerbaren

---

[1] WISE u. RATLIFF: Arch. Biochem. **19**, 292 (1948).

[2] HILPERT u. PETERS: Ber. dtsch. chem. Ges. **70**, 113, 514, 2209 (1937); **71**, 1962 (1938). — HILPERT u. PFÜTZENREUTHER: Ber. dtsch. chem. Ges. **71**, 2220 (1938). — HILPERT u. HANSI: Ber. dtsch. chem. Ges. **70**, 2209 (1937).

[3] WEDEKIND u. MÜLLER: Ber. dtsch. chem. Ges. **69**, 1517 (1936).

[4] SCHWALBE: Cellulosechem. **17**, 117 (1936).

[5] FREUDENBERG: Ang. Chem. A **50**, 125 (1948).

[6] SCHÜTZ: Cellulosechem. **20**, 15 (1942); **22**, 6 (1944); Ber. dtsch. chem. Ges. **75**, 703 (1942); Cellulosechem. **21**, 35 (1943); **22**, 1 (1944); SCHÜTZ, SARTEN u. MEYER: Ang. Chem. **60**, 115 (1948).

Rückstand, der die Merkmale des Lignins zeigt. Diese Forscher schließen sich daher der HILPERTschen Auffassung an, daß sich das Lignin erst bei den Aufschlußverfahren bilde. Sie stützen ihre Ansicht weiter darauf, daß sie sowohl unter den Bedingungen der Ligninbestimmung als auch unter den technisch üblichen Bedingungen der Holzverzuckerung aus den Holzzuckern, ja sogar aus der Zellulose und phenolischen Körpern, die sich beim Holzaufschluß bilden können, Lignin synthetisieren konnten („Kunstlignine"). Bemerkenswert ist in diesem Zusammenhang auch die Beobachtung von SCHÜTZ, daß bei der Erkochung von Edelzellstoffen aus Holz und Stroh mit wässeriger Monochloressigsäure um so mehr Lignin erhalten wird, je reiner der Faserrückstand, also je höher der Alphazellulosegehalt des erkochten Zellstoffes wurde. Es würde hiernach eine wechselseitige Beziehung zwischen den Holzpolyosen und dem Lignin bestehen, und zwar insofern, als sich unter den Bedingungen des Holzaufschlusses das Holz unter Erhaltung der Faserstruktur allmählich in kohlenstoffärmere, polymere Kohlehydrate einerseits und in kohlenstoffreicheres, methoxylhaltiges Lignin andererseits disproportioniert. Eine solche wechselseitige Beziehung zwischen den Holzpolyosen und dem Lignin würde allerdings zu der Auffassung zwingen, daß auch die Kohlehydrate und somit auch die Zellulose im Holz nicht in der Form vorliegen, wie sie sich uns nach dem Aufschluß des Holzes repräsentieren. Auch diese Auffassung läßt sich durch Versuche stützen. So fanden SCHÜTZ und SARTEN[1], daß man Holz durch Behandlung mit Wasserdampf bei Gegenwart geringer Mengen von Wasserstoffsuperoxyd vollkommen in Lösung bringen kann und daß einmal isolierte Zellulose der gleichen Behandlung widersteht. Diese Beobachtung kann allerdings nach JAYME auch dadurch erklärt werden, daß die Zellulose bei der Isolierung eine weitgehende Schrumpfung erfährt, wodurch ihre reaktionsfähige Oberfläche stark verkleinert wird.

Faßt man die über dieses Gebiet zur Zeit vorliegenden Ergebnisse zusammen, so ergibt sich etwa folgendes Bild: Es ist erwiesen, daß im Holz Körper vorliegen, die zum mindesten Bausteine des Lignins darstellen („Protolignin")[2], ebenso sicher ist es jedoch auch, daß sich sowohl unter den Bedingungen des Holzaufschlusses, der Ligninbestimmungsmethoden sowie auch schon unter den Bedingungen einer schonenden Hydrolyse Polymerisations- und Kondensationsreaktionen abspielen, die zu Ligninkörpern führen. Solche Reaktionen können auch mit Substanzen vor sich gehen, die durch die angewandten Reagenzien erst aus im Holz vorhandenen Körpern entstehen. Hier sind in erster Linie die Kohlehydrate mitbeteiligt, die durch Säurebehandlung gewisse Humifizierungsprodukte bilden, die starke Ähnlichkeit mit dem isolierten Lignin haben[3]. FREY-WYSSLING[4] sowie HAAS[5] nehmen daher auch an, daß die von SCHÜTZ aus Fliederjungtrieben erhaltenen ligninähnlichen Körper solche Humifizierungsprodukte darstellen. Arbeiten von SOHN und LENEL[6] über eine schonende partielle Hydrolyse des Holzes dürften die oben wiedergegebene Auffassung bestätigen.

Die Arbeiten von SOHN und LENEL brachten weiter einen wichtigen Beitrag zu der Frage der chemischen Bindung zwischen dem Lignin und den Kohlehydraten.

---

[1] SCHÜTZ u. SARTEN: Holzforschg. **1** (1947); SCHÜTZ, SARTEN u. MEYER: Angew. Chem. **60**, 115 (1948). — [2] JAYME: Das Papier **2**, 196 (1948); Holzforschg. **2**, 66 (1948).
[3] HIBBERT: ref. bei BARONI: Z. Papier, Pappe, Cellulose u. Holzstoff **58**, 1 (1940).
[4] FREY-WYSSLING: Holzforschg. **2**, 33 (1948).
[5] HAAS: Angew. Chem. **60**, 218 (1949). — [6] SOHN u. LENEL: Das Papier **3**, 109 (1949).

Sie wiesen im Hydrolysat eine Zuckerkarbonsäure, und zwar eine 2-Ketohexonsäure nach, die ein Bindeglied zwischen den Kohlehydraten und den Ligninkörpern darstellen kann. SOHN und LENEL nehmen an, daß diese Karbonsäure eine besondere Substanz darstelle und nicht zu dem Hemizellulosekomplex gehöre, und daß ihr eigene physiologische Funktionen in der Pflanze zukämen. FREUDENBERG[1] hält es demgegenüber für wahrscheinlich, daß während des Polymerisationsprozesses des Lignins reaktionsfähige Stellen des Polysaccharidgerüstes selbst in das Ligninmolekül eingebaut werden können.

Wenn diese Arbeiten auch noch im Fluß sind, so daß also über die endgültige Bauweise des Holzes noch nichts Genaues ausgesagt werden kann, so kann doch festgestellt werden, daß die ermittelten Analysenergebnisse für die einzelnen Holzarten, wie sie hier weiter unten zitiert werden, möglicherweise einer Korrektur bedürfen, soweit sie den Gehalt an Zellulose, Holzpolyosen und Lignin betreffen.

Die chemische Zusammensetzung. Es soll nunmehr eine Beschreibung der Holzarten auf Grund ihrer chemischen Analyse gegeben werden.

Tabelle 8. *Chemische Zusammensetzung von Fichten-, Kiefern- und Buchenholz.* (Nach SCHWALBE und BECKER[2].)

	Fichte %	Kiefer %	Buche %
Rohzellulose	63,95	60,54	67,09
Reinzellulose	57,87	54,25	53,46
Lignin	28,29	26,35	22,46
Pentosan	14,30	13,25	25,88
Harze, Fette und Wachse	2,34	3,32	1,20
Asche	0,77	0,39	1,17

Über die mengenmäßige Zusammensetzung des *Fichten-*, *Kiefern-* und *Buchenholzes* berichtet Tabelle 8.

STORCH und MÜLLER[3] geben für das Buchenholz folgende Zusammensetzung an:

Zellulose	34,7 ··· 47,6%
Lignin	19,6 ··· 24,5%
Pentosan	23,3 ··· 28,7%.

Mit Rücksicht auf die anatomischen und chemischen Unterschiede, die beim Kiefernholz innerhalb der einzelnen Teile bestehen, soll noch das Ergebnis einer Analyse von Kiefernholz wiedergegeben werden, die an den verschiedenen Anteilen des Holzes durchgeführt wurde (Tab. 9).

Tabelle 9. *Chemische Zusammensetzung der verschiedenen Anteile des Kiefernholzes.* (Nach JAYME und BLISCHNOK[4].)

	Splintholz	Kernholz	Astumgebung	Astwurzel	Astholz
Methanol-Benzolauszug	3,47	5,88	12,13	19,11	29,46
Lignin	27,86	27,38	25,23	21,79	22,14
Mannan	11,62	9,15	6,74	6,71	4,97
Galaktan	0,28	0,47	0,93	1,27	1,15
Furfurol	5,68	6,14	6,00	5,76	5,57
Methoxyl	4,86	5,11	4,35	3,68	3,73
Pentosan errechnet	9,66	10,44	10,19	9,80	9,45
Zellulosehaltiger Rest	47,11	46,68	44,78	31,32	32,83

Die weit größere Inhomogenität des Kiefernholzes gegenüber dem Fichtenholz gibt sich auch deutlich durch Bestimmung des Ätherlöslichen im Splint- und Kern-

[1] FREUDENBERG: Das Papier **3**, 267 (1949).
[2] SCHWALBE u. BECKER: Angew. Chem. **32**, 229 (1919).
[3] STORCH u. MÜLLER: Cellulosechem. **19**, 24 (1941).
[4] JAYME u. BLISCHNOK: Holz als Roh- und Werkstoff **1**, 542 (1938).

holz zu erkennen, wie aus Untersuchungen von SCHWALBE und BERNDT[1] hervorgeht. Die Ergebnisse sind in Tabelle 10 zusammengestellt.

Tabelle 10. *Ätherlösliches im Splint- und Kernholz von Kiefer und Fichte.* (Nach SCHWALBE und BERNDT.)

Art des Holzes	Kiefer				Fichte	
	Ätherextrakt in %		Vom Ätherextrakt sind		Ätherextrakt in %	
	Probe A	Probe B	Harze %	Fett %	Probe A	Probe B
Splint	4,1	2,1	35	65	0,8	0,7
Kern	7,9	4,7	75	25	1,4	1,2

Nach Untersuchungen von AF EKENSTAM u. SCHWALBE[2] sind die Harz- und Fettanteile im Splint- und Kernholz der Kiefer auch chemisch anders zusammengesetzt.

Beim Vergleich von Tabelle 9 mit Tabelle 8 fallen große Unterschiede hinsichtlich des Zellulosegehaltes beim Kiefernholz auf. Hierzu muß bemerkt werden, daß die Angaben über den Zellulosegehalt der Holzarten in der Literatur in ziemlich weiten Grenzen schwanken. Berücksichtigt man aber, daß der Zellulosegehalt der Hölzer mit ihrem Alter, ihrem Standort sowie der Art der Probenahme verschieden ist, so können die schlecht übereinstimmenden Zahlen nicht wundernehmen.

Tabelle 11. *Zellulosegehalt der Buche nach verschiedenen Autoren.* (Zusammengestellt von JAYME und SCHORNING[3].)

Autor	Zellulosegehalt in %
RUNKEL und LANGE	42,5
KLAR	42,5
SCHMIDT, TANG und JANDEBEUR .	44,23
KÖNIG und BECKER	45,41
SCHWALBE	45,68
PFRETSCHNER, GÖTZ und WAIDT .	52,20
SCHWALBE und BECKER	53,46

Es ist aber notwendig, noch etwas über den Zellulosegehalt des Buchenholzes zu sagen: Stellt man die bisher vorliegenden Ergebnisse zusammen, so kommt man zu dem in Tabelle 11 wiedergegebenen Bild.

Nimmt man aus den Zahlen das Mittel, so ist zunächst festzustellen, daß der Zellulosegehalt der Buche geringer ist als der Zellulosegehalt der für die Reyon- und Zellwollherstellung wichtigen Nadelhölzer, er liegt im Mittel bei 42,5···45,4%. Wie eingehende Versuche von JAYME und SCHORNING[4] gezeigt haben, kommt man aber beim Sulfitaufschluß über eine Ausbeute von 36% Zellulose nicht hinaus. Dies hat seinen Grund darin, daß die Zellulose des Buchenholzes große Anteile an Molekülen von sehr niedrigem Polymerisationsgrad besitzt. Diese Anteile erscheinen wohl in der Analyse als Zellulose, sind aber dem technischen Aufschluß gegenüber so wenig resistent, daß sie zu löslichen Hexosen abgebaut werden. Auch in der Tauchlauge der Zellwoll- und Reyonfabriken sind bei Buchenzellstoff größere Anteile löslich als bei Fichtenzellstoff. Für die Ausbeuteberechnung an Reyon und Zellwolle aus dem Holz der Buche sind die in Tabelle 8 mitgeteilten Zellulosewerte daher unsicher. Der Gehalt an resistenter Reinzellulose ist nach Untersuchungen von JAYME und HEININGER[4]

[1] SCHWALBE u. BERNDT: Wbl. Papierfabr. **87**, Festheft 30 (1926).
[2] AF EKENSTAM u. SCHWALBE: Cellulosechem. **10**, 32 (1929).
[3] JAYME u. SCHORNING: Papierfabr. **36**, 239 (1938).
[4] JAYME u. HEININGER: Holz als Roh- u. Werkstoff **3**, 150 194

vom Alter des Baumes abhängig. Er ist bei jungen Hölzern größer als bei alten. Bei einem 130 Jahre alten Baum wurde nur ein Gehalt von 33,21% gefunden.

Für die mengenmäßige Zusammensetzung des *Aspenholzes* finden sich in der Literatur die in Tabelle 12 zusammengestellten Angaben. Im Vergleich zum Buchenholz wird für die Aspe somit weniger Reinzellulose angegeben. Auch der Zellulosegehalt des Aspenholzes schwankt nach Untersuchungen von STAUDINGER u. HUSEMANN[2] je nach dem Alter des Holzes, das seinen Höchstwert an Zellulose in einem mittleren Altersbereich von etwa 9···17 Jahren erreicht[3].

Tabelle 12. *Chemische Zusammensetzung des Aspenholzes* nach verschiedenen Autoren[1].

	%		
Rohzellulose	54,71	54,57	62,89
Reinzellulose	47,36	47,11	47,30
Lignin	25,0	26,42	24,03
Pentosan	15,36	17,81	18,72
Fette, Wachse	1,07	1,67	4,6

Hinsichtlich des Polymerisationsgrades dürften bei der Aspe ähnliche Verhältnisse vorliegen wie bei der Buche, so daß die effektive Ausbeute an Zellulose niedriger sein wird.

Die Holzsubstanz des *Strohes* unterscheidet sich chemisch insofern von den eigentlichen Hölzern, als in ihr der Zellulosegehalt etwas niedriger ist. Er liegt bei etwa 40%[4]. Dagegen ist der Gehalt an Holzpolyosen erheblich höher, worauf beim Aufschluß besonders Rücksicht genommen werden muß. Man trifft im Stroh auch, und zwar in den Kutinsubstanzen, reichliche Mengen hochpolymerer, gesättigter und ungesättigter Fettsäuren an. Auffallend hoch ist beim Stroh der Aschengehalt, der bei etwa 8% liegt, und zwar besteht die Asche im wesentlichen aus Kieselsäure, die in reichlicher Menge in den Zellen abgelagert ist. Nach Untersuchungen von CHÊNE[5] schwankt der Kieselsäuregehalt in den einzelnen Teilen des Strohes stark je nach dem Alter der Pflanze. Bei jungen Pflanzen besitzen die Stengel den höchsten Gehalt, während zur Zeit der Ernte die Blätter und Ährenspitzen besonders reich an Kieselsäure sind. Für den Aufschluß ist günstig, daß ein Teil der Kieselsäure in alkalilöslicher Form vorliegt und daß sich dieser Anteil mit zunehmender Reife vergrößert. Im ausgereiften Stengel ist praktisch die gesamte Kieselsäure in heißer 10proz. Kalilauge löslich. RITMAN, MÜLLER und DIJKHUIS[6] fanden für die chemische Zusammensetzung des Getreidestrohes die in Tabelle 13 zusammengestellten Werte. Weitere Analysen liegen von JAYME und MOHRBERG[7] vor.

Tabelle 13. *Chemische Zusammensetzung von Getreidestroh.* (Nach RITMAN, MÜLLER u. DIJKHUIS.)

Rohzellulose	39,6%
Reinzellulose	36,0%
Holozellulose	70,8%
Pentosan	26,8%
Lignin	16,5%
Ätherlösliches	1,3%
Proteine	2,9%
Gesamtasche	8,7%
Unlösliche Asche	2,3%

[1] Ref. bei SCHWALBE: Die Chemie der Zellulose, S. 378, Berlin 1938. — Siehe auch HEUSER u. BRÖTZ: Papierfabr. **1925**, Festheft, S. 65.

[2] STAUDINGER u. HUSEMANN: Holz als Roh- u. Werkstoff **4**, 343 (1941).

[3] JAYME u. Mitarbeiter: Holz als Roh- u. Werkstoff **6**, 1 (1943); Cellulosechem. **22**, 65 (1944); Das Papier **1**, 186 (1947).

[4] JAYME u. MOHRBERG: Papierfabr. **38**, 277 (1940); **39**, 9 (1941).

[5] CHÊNE: Le Papier **46**, 209 (1943). — [6] RITMAN, MÜLLER u. DIJKHUIS: Paper Ind. Paper World **29**, 1751 (1948). — [7] JAYME u. MOHRBERG: Papierfabr. **39**, 9 (1941).

Die chemische Zusammensetzung des *Pfahlrohres* wird von der *Snia Viscosa* Milano, wie folgt angegeben:

Zellulose	38%	Lösliche Zucker	14%
Lignin	21%	Wachse und Harze	1%
Pentosan	22%	Asche	3,5%.

In bezug auf den Zellulosegehalt liegt das *Espartogras* günstiger, dessen Zellulosegehalt mit 55% angegeben wird.

Im Gegensatz zu den bisher beschriebenen Zellulosequellen stellt die *Baumwollfaser* fast reine Zellulose dar[1], wie die Tabelle 14, die die chemische Zusammensetzung der Baumwolle wiedergibt, zeigt.

Tabelle 14. *Zusammensetzung der Baumwolle.*

Zellulose	83,71%
Wasser	6,74%
Wachs und Fett	0,61%
Eiweiß und Protein	1,50%
Stickstoffreie Extraktstoffe	5,29%
Asche	1,65%

Über den Gesamtgehalt der Hölzer an *Holzpolyosen* sind kaum genaue Angaben in der Literatur zu finden. Allgemein kann gesagt werden, daß bei den Nadelhölzern die Hexosane überwiegen, während die Laubhölzer mehr Pentosane enthalten. Das Hexosan der Nadelhölzer besteht im wesentlichen aus Mannan, das in den Laubhölzern mit Ausnahme bei der Aspe, deren Hexosan etwa 2,5% Mannan enthält[2], kaum angetroffen wird. In den Pentosanen der Laubhölzer ist in der Hauptsache das Xylan vertreten[3], das beim Aufschluß der Aspe besonders hartnäckig festgehalten wird[4].

Die Holzpolyosen des Strohes und des Pfahlrohres sind ganz ähnlich zusammengesetzt wie bei den Laubhölzern.

Das Gemisch aus *Harzen, Fetten* und *Wachsen*, das auch mit Kutin bezeichnet wird, befindet sich hauptsächlich in den äußeren Teilen der Pflanzenmembranen[5] und kann durch sukzessives Herauslösen der anderen Bestandteile oder durch unmittelbare Extraktion mit indifferenten Lösungsmitteln gewonnen werden. Der Gehalt der Holzsubstanz an diesen Stoffen ist bei den einzelnen Pflanzen recht verschieden. SIEBER gibt z. B. für die Fichte einen Harzgehalt von 0,48% und einen Fettgehalt von 0,50% an, während in der Kiefer der Harzgehalt zu 1,11% und der Fettgehalt zu 1,43% gefunden wurde. Die Harze lassen sich beim Holzaufschluß nach dem Natronverfahren in Form von Harzseifen aus der Abkochlauge abscheiden und ergeben nach dem Zerlegen mit Säure das technisch wichtige Tallöl[6].

Auch aus der Baumwolle lassen sich Kutinsubstanzen durch Extraktion mit Lösungsmitteln ausziehen. Sie befinden sich in der Außenhaut, der Kutikula. Als Lösungsmittel ist besonders Äther geeignet, während durch Benzol nicht alle Körper erfaßt werden[7]. Man hat einen petrolätherlöslichen und einen petrolätherunlöslichen Anteil zu unterscheiden. Diese stehen mengenmäßig etwa in einem Verhältnis von

[1] Vgl. hierzu HOTTENROTH: Die Kunstseide, S. 39f.
[2] KÖNIG u. BECKER: Z. angew. Chem. **32**, 155 (1919).
[3] HEUSER u. BRÖTZ: Papierfabr. **1925**, Festheft S. 65.
[4] SCHWALBE: Die Chemie der Cellulose, S. 372ff.; Berlin 1938.
[5] KÖNIG: Chem. Zbl. **1906** II, 1528. — MURDFIELD: Diss. Münster 1906. — KÖNIG u. RUMP: Chemie und Struktur der Pflanzenmembranen, S. 53. Berlin 1914.
[6] DITTMER: Angew. Chem. **39**, 262, 269 (1926).
[7] KOLLMANN: Melliand-Textilber. **18**, 994 (1937).

7:3 bis 8:2. Der petrolätherlösliche Anteil ist schwer verseifbar und enthält als Hauptbestandteil den γ-Gossypilalkohol von der Formel $C_{30}H_{61}OH$, ferner Fettsäureester des Karnaubaalkohols, freie höhere Fettsäuren sowie Kohlenwasserstoffe. Auch der petrolätherunlösliche Anteil ist nur schwer und unvollständig verseifbar und enthält als Hauptbestandteil den β-Gossypilalkohol und den Montanilalkohol[1].

Als Rückstände der Inhaltssubstanz der lebenden Zelle finden sich in der Holzsubstanz die stickstoffhaltigen *Proteine*, deren Reindarstellung aus dem Holz bisher nicht gelungen ist. Verständlicherweise finden sich im Lumen der Baumwolle, wie Tabelle 14 zeigte, verhältnismäßig viele Proteine, mit denen sich die Beuchlauge stark anreichert. Hieraus konnte TSCHILIKIN[2] ein dem Keratin der Wolle nahestehendes Präparat isolieren. Der Stickstoffgehalt der Hölzer wird demgegenüber nur mit 0,1% angegeben[3].

Bei den in der Holzsubstanz enthaltenen *mineralischen Bestandteilen* müssen wir zwei Gruppen unterscheiden[4]. Ein Teil von ihnen ist chemisch an organische Körper gebunden, während der andere Teil als Salze in den Zellsäften vorhanden ist. Zu der ersten Gruppe gehört insbesondere das Kalzium und Magnesium, die in chemischer Bindung im Pektin vorliegen, Magnesium darüber hinaus als Bestandteil des Chlorophylls (WILLSTÄTTER).

Der Gesamtaschengehalt der Hölzer kann zwischen 0,2 und 4% schwanken, liegt aber meist unter 1% vom Gewicht der Trockensubstanz. Vorherrschend ist das Kalzium. Bei den Laubhölzern, die besonders reich an Kalk sind, besteht die Asche zu 60···75% aus Kalziumoxyd, während sie bei der Fichte höchstens zu 30% daraus besteht. Das Kalziumoxyd der Asche setzt sich aus Kalzium der Pektinsalze zusammen und aus Kalzium, das als Kalziumkarbonat in den Parenchymzellen und Tracheiden in kristallinischer Form abgelagert ist.

Der Magnesiumgehalt der Asche liegt zwischen 5 und 10% Magnesiumoxyd.

Verhältnismäßig hoch ist der Kaligehalt, der in kalkarmen Hölzern den Kalziumgehalt übersteigen kann. In der Asche finden sich durchschnittlich 10···20% Kaliumoxyd, jedoch können diese Werte bis auf 45% steigen. Kalium ist ein wesentlicher Bestandteil der Pflanzensäfte, mit denen es wasserlösliche Salze bildet.

In im allgemeinen nur geringen Mengen (0,5···2% der Asche) enthält das Holz Natrium.

Von untergeordneter Bedeutung sind Aluminium, Eisen und Mangan. Nach Untersuchungen von WULTSCH[5] findet sich das Mangan hauptsächlich in den Zellen des Markstrahlgewebes, die bei ungebleichten Zellstoffen als feiner „Mehlstoff" in die Erscheinung treten.

In stark schwankenden Mengen enthalten die Hölzer fast immer Phosphorsäure. Auch Schwefel ist in den Hölzern enthalten. Die Hölzer weisen ferner einen stark schwankenden Gehalt an Kieselsäure auf. Besonders die Fichte ist sehr kieselsäurereich. Ihre Asche kann bis zu 37% Siliziumdioxyd enthalten.

In Spuren findet sich schließlich auch Chlor in den Hölzern.

Daß das Stroh besonders reich an Kieselsäure ist, wurde bereits erwähnt.

---

[1] Siehe auch die Untersuchungen von FARGHER u. PROBERT: Journ. Text. Inst. Manchr. **14**, 49 (1923). — [2] TSCHILIKIN: Angew. Chem. **40**, 746 (1927).

[3] HESS: Die Chemie der Zellulose, S. 213.

[4] Vgl. HOTTENROTH: Die Kunstseide, S. 53f.

[5] WULTSCH: Papierfabr. **10**, 354 (1944).

In den hier interessierenden Hölzern sowie in der Baumwolle sind in ganz geringen Mengen *Farbstoffe* enthalten, wobei es sich ihrer chemischen Natur nach um Beizenfarbstoffe[1] handelt.

Die Holzsubstanz enthält größere Mengen *Wasser*. Der Wassergehalt schwankt sehr stark je nach dem Alter der Pflanze sowie je nach den Bedingungen, unter denen die Lagerung vorgenommen wurde. Auch spielt die Jahreszeit, in der das Holz geschlagen wurde, eine Rolle. Für lufttrockenes Fichtenholz nach zweijähriger Lagerung gibt HOTTENROTH[2] einen Wassergehalt von 10···20% an. Geflößtes Holz kann bis zu 60% Wasser enthalten.

III. Die chemische Struktur der wichtigsten Zellulosebegleitstoffe.

Es soll nunmehr über die chemische Konstitution der wichtigsten Zellulosebegleitstoffe Näheres ausgeführt werden; über die Konstitution der Zellulose selbst berichtet das folgende Kapitel.

a) Das Lignin.

Ligninpräparate können auf recht verschiedene Weise aus dem Holzgewebe gewonnen werden, und zwar sowohl durch Behandlung mit Alkalien und Säuren als auch durch Extraktion des Holzes mit organischen Lösungsmitteln. Beim Holzaufschluß nach dem Sulfitverfahren wird das Lignin in Form der Ligninsulfosäure erhalten. Daß die auf verschiedene Art und Weise erhaltenen Ligninpräparate jeweils andere Eigenschaften haben, ist nach dem Seite 42 Gesagten verständlich.

Allen isolierten Ligninpräparaten ist aber eine Reihe charakteristischer Gruppen gemeinsam, von denen insbesondere die Methoxylgruppe —OCH_3 sowie die Hydroxylgruppe für die Konstitutionsaufklärung von Bedeutung sind. Das Vorliegen von Methoxylgruppen wurde eindeutig von HÄGGLUND und SUNDROOS[3] nachgewiesen. FREUDENBERG, BILTZ und NIEMANN[4] stellten fest, daß die methoxylhaltige Gruppe das Verhalten eines aromatischen Äthers aufweist, wodurch der Nachweis erbracht werden konnte, daß am Aufbau des Ligninmoleküls aromatische Reste beteiligt sind. Der Nachweis der Hydroxylgruppen wurde dadurch geführt, daß das Lignin der Verätherung sowie der Veresterung zugänglich ist. Die Hydroxylgruppe ist aber, wie FREUDENBERG feststellte, im Gegensatz zur Methoxylgruppe aliphatisch gebunden, und zwar handelt es sich offenbar um eine tertiäre Hydroxylgruppe[5]. Als gesichert kann im Lignin auch Sauerstoff angenommen werden, der teilweise als zyklischer Äther-Sauerstoff vorliegt[6]. Ob eine Dioxymethylengruppe oder eine Karbonylgruppe im Lignin vorhanden ist, ist noch fraglich[7].

Die aus den verschiedenen Hölzern isolierten Lignine unterscheiden sich besonders hinsichtlich ihres Gehaltes an Methoxyl, und zwar lassen sich bei den Hölzern Gruppen

[1] HESS: Die Chemie der Cellulose, S. 214. — [2] HOTTENROTH: Die Kunstseide, S. 53.
[3] HÄGGLUND u. SUNDROOS: Biol. Z. **146**, 22 (1924).
[4] FREUDENBERG, BILTZ u. NIEMANN: Ber. dtsch. chem. Ges. **62**, 1554 (1929).
[5] FREUDENBERG, KNOPF u. JANSON: Liebigs Ann. Chem. **518**, 62 (1935).
[6] FREUDENBERG, MAISTER u. FLICKINGER: Ber. dtsch. chem. Ges. **70**, 500 (1937).
[7] FREUDENBERG u. SOHNS: Ber. dtsch. chem. Ges. **66**, 262 (1933). — HIBBERT: J. Amer. chem. Soc **59**, 125 (1937).

mit ungefähr 17% und ungefähr 22% Methoxyl unterscheiden[1]. Zu der ersteren Gruppe gehören z. B. Fichte und Kiefer, zu der letzteren z. B. die Buche.

Um die chemischen Konstitution des Lignins zu ermitteln, hat man wie bei der Zellulose versucht, Abbaureaktionen durchzuführen und die hierbei entstehenden Reaktionsprodukte zu identifizieren. Während aber die Zellulose bei der Hydrolyse vollkommen in Glukose übergeht, ergeben sich beim Lignin definierbare Bruchstücke nur in geringer und je nach der Behandlung wechselnder Ausbeute. Bemerkenswert ist aber, daß bestimmte, gleiche Bruchstücke in den verschiedensten Ligninpräparaten gefunden werden:

So erhielt GRAFE[2] beim Erhitzen von Sulfitlaugenrückständen mit Kalk Vanillin

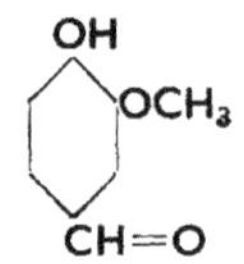

Bei der Destillation von Lignin, das durch Salzsäure-Extraktion aus dem Holz gewonnen war, fanden PICTET und GAULIS[3] Eugenol

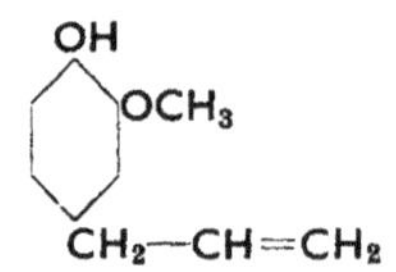

Harthölzer lieferten bei Untersuchungen von BELL, HAWKINS, WRIGHT und HIBBERT[4] einen höher methylierten phenolischen Körper, den Syringaaldehyd:

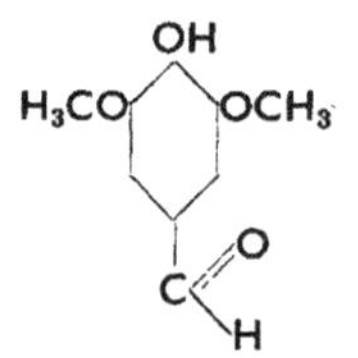

Aus diesen Befunden geht mit Sicherheit hervor, daß im Lignin aromatische Bausteine der folgenden Konstitution vorliegen:

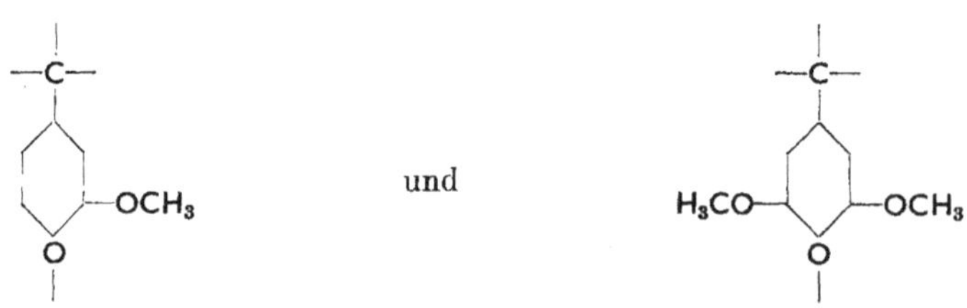

Neben diesen aromatischen Ringen müssen im Ligningrundkörper aber auch aliphatische Ketten vorhanden sein, denn bei der Zinkstaubdestillation von Lignin in

---

[1] WACEK, v.: Ber. dtsch. chem. Ges. **63**, 2984 (1930).

[2] GRAFE: Monatsh. Chem. **25**, 1001 (1904).

[3] PICTET u. GAULIS: Helv. chim. Acta **6**, 636 (1923).

[4] BELL, HAWKINS, WRIGHT u. HIBBERT: J. Amer. chem. Soc. **59**, 598 (1937).

einer Wasserstoffatmosphäre wurde von PHILLIPS und GOSS[1] n-Propylguajakol

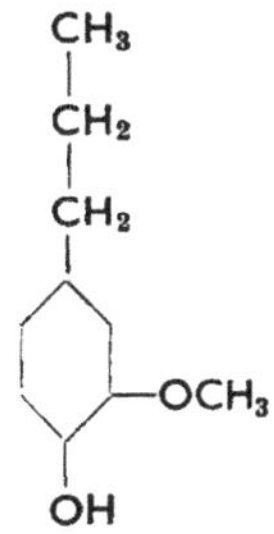

erhalten.

Auf Grund der vorliegenden Befunde hat nun FREUDENBERG ein Formelbild für den Ligningrundkörper entworfen. Er stützte sich dabei auf die Befunde von TIEMANN und MENDELSOHN, die im Kambialsaft der Nadelhölzer das Glukosid Coniferin entdeckten, das sich durch Emulsin in Glukose und Coniferylalkohol

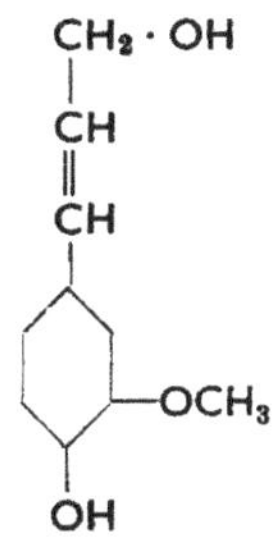

spalten läßt. Da dieser phenolische, sich vom Guajacol ableitende Körper infolge seines ungesättigten Charakters leicht zur Polymerisation und Kondensation befähigt ist, setzte schon KLASON diesen Körper mit dem Lignin in Beziehung.

Nach Untersuchungen von FREUDENBERG und DIETRICH[2] ist das aus Fichtenholz durch Extraktion mit Cuoxam zu isolierende Lignin als ein Mischpolymerisat aus Dehydrierungsprodukten des Coniferylalkohols aufzufassen.

Die Laubhölzer liefern dagegen Abbauprodukte, die auf das Pyrogallol zurückgehen. Wir kommen hierauf später noch einmal zurück.

Nach der Auffassung von FREUDENBERG treten mehrere Phenylpropanderivate durch Verätherung zusammen (I). Durch eine —C—C—-Kondensation bildet sich hieraus in einer zweiten Phase der mit II bezeichnete Körper (s. S. 52 oben).

Es entstehen also Benzofuran- und Benzopyransysteme. Wie die Formelbilder zeigen, nimmt FREUDENBERG als Endgruppe eine Piperonylgruppe an, was daraus geschlossen wird, daß sich aus dem Lignin Formaldehyd abspalten läßt. HIBBERT[3] ist zwar der Ansicht, daß der Formaldehyd aus im Lignin enthaltenen Verunreinigungen stamme. Dies ist allerdings kaum wahrscheinlich, da die Formaldehydmengen verschiedener Ligninpräparate so gut übereinstimmen, daß FREUDENBERG aus ihnen den Schluß zog, daß jede fünfte aromatische Gruppe einen Piperonylrest trägt.

[1] PHILLIPS u. GOSS: J. Amer. chem. Soc. **54**, 1518 (1932).

[2] FREUDENBERG u. DIETRICH: Liebigs Ann. Chem. **563**, 140 (1949). — FREUDENBERG: in ZECHENMEISTER: Fortschr. d. chem. organ. Naturstoffe, II, Bd., S. 1 (1939). — FREUDENBERG: Sitzungsber. d. Heidelb. Akad. d. Wiss. 1949, 5. Abh.

[3] HUNTER, WRIGHT u. HIBBERT: Ber. dtsch. chem. Ges. **71**, 734 (1938).

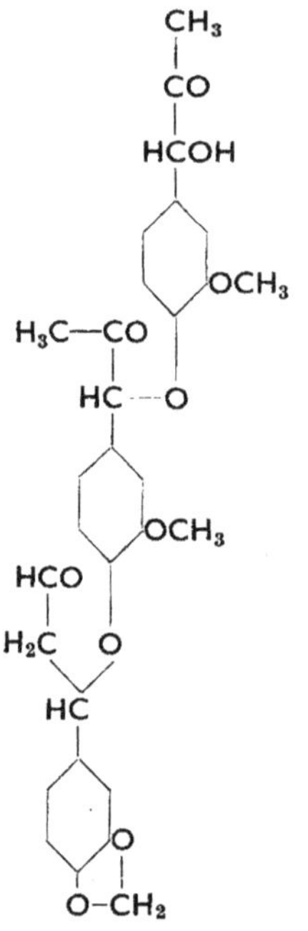

I

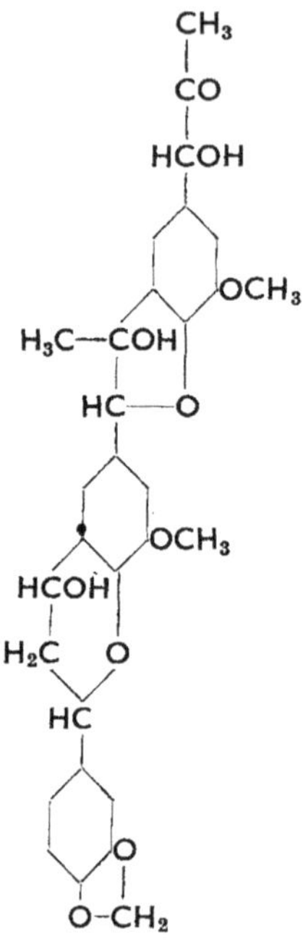

II

Wenn diese Konfiguration das chemische Verhalten des Lignins im allgemeinen auch recht gut erklären kann, so weist jedoch SCHÜTZ[1] darauf hin, daß sie für Ligninpräparate, die aus Laubhölzern gewonnen werden, nicht zutreffen kann, da hierbei beim Abbau Pyrogallolderivate entstehen, aus denen ein Ringschluß ohne Verlust einer OCH_3-Gruppe nicht möglich erscheint. Ferner wurden auch rein aliphatische Abbauprodukte des Lignins gefunden, wie z. B. Bernsteinsäure, Tricarballylsäure und Adipinsäure. Hierfür kann gleichfalls eine Erklärung aus den FREUDENBERGschen Schema nicht abgeleitet werden.

Es ist auch versucht worden, das Molekulargewicht von Ligninpräparaten zu bestimmen. An löslichen Ligninpräparaten fanden WEDEKIND und KATZ[2] sowie PAULY[3] Werte von 400 ··· 3000; PAULY und BAILOM[4] erhielten bei weiteren Molekulargewichtsbestimmungen Werte von 900 ··· 5000. Dem löslichen Lignin kann demnach nicht das Bauprinzip der hochpolymeren Stoffe zukommen, was auch von STAUDINGER[5] aus viskosimetrischen Untersuchungen geschlossen wurde. Hierbei wurden Molekulargewichte von etwa 1000 gefunden. Die im Holz enthaltenen unlöslichen Ligninkörper sind der Molekulargewichtsbestimmung nicht zugänglich. Man braucht aber nicht anzunehmen, daß diese ein sehr hohes, der Zellulose entsprechendes Molekulargewicht aufweisen, denn, wie schon an anderer Stelle erwähnt, ist es möglich, daß das Lignin im Holz die Holozellulose zu makromolekularen Gebilden verknüpft.

---

[1] SCHÜTZ, SARTEN u. MEYER: Angew. Chem. **60**, 115 (1948).

[2] WEDEKIND u. KATZ: Ber. dtsch. chem. Ges. **62**, 1172 (1929).

[3] PAULY: Ber. dtsch. chem. Ges. **67**, 1177 (1934).

[4] PAULY u. BAILOM: in BAILOM: Zur Kenntnis der Xylogene. Diss. Würzburg 1930.

[5] STAUDINGER u. DREHER: Ber. dtsch. chem. Ges. **69**, 1729 (1936). — Vgl. auch SARKAR: J. Indian Chem. Soc. **12**, 470 (1935).

b) Die Holzpolyosen.

Die Holzpolyosen haben nach FREUDENBERG, PLOETZ und DUMPERT[1] ein ähnliches Bauprinzip wie die Zellulose. Es sind aber im einzelnen wohldefinierte Körper, denn jeder von ihnen benötigt für die Hydrolyse eine ganz bestimmte Säurekonzentration. Ihre Konstitutionsaufklärung ist allerdings noch nicht restlos bei allen Körpern gelungen[2]. Wie SOHN und LENEL[3] nachweisen konnten, liegen sie in den verschiedensten Polymerisationsgraden im Holz vor, wobei aber zu berücksichtigen ist, daß bei ihrer Isolierung mit Depolymerisationsvorgängen zu rechnen ist. Reine Präparate konnten nur in den seltensten Fällen erhalten werden. Ihre Struktur wurde auf Grund der aus ihnen bei der Hydrolyse entstehenden einfachen Zucker aufgeklärt. Es liegt im Holz, wie das auf Seite 39 wiedergegebene Schema schon gezeigt hatte, ein Gemisch von Polysacchariden vor, deren hydrolytische Spaltprodukte teils 5, teils 6 Kohlenstoffatome enthalten, worauf der Name Pentosane und Hexosane zurückzuführen ist. Sie liefern bei der totalen Hydrolyse die Zucker Mannose, Galaktose, Xylose und Arabinose. Einem Vorschlag SCHEIBLERS[4] folgend, nennt man die aus diesen Spaltzuckern aufgebauten Polysaccharide Mannan, Galaktan, Xylan und Araban. Das Seite 39 erwähnte Arabogalaktan wurde im Holz der Lärche nachgewiesen.

Mannan. Verhältnismäßig reines Mannan wurde von BAKER und POPE[5] sowie PRINGSHEIM und SEIFERT[6] aus amerikanischen Steinnüssen sowie aus Salepschleim isoliert. HAWORTH, RAISTRICK und STACEY[7] gewannen ein reines Mannanpräparat aus Penicillium Charlesii. YUNDT[8] konnte ein nahezu reines Mannan aus Gerstenstroh isolieren. Die Steinnußmannane lassen sich durch 5proz. Natronlauge in ein lösliches Mannan A und ein unlösliches Mannan B zerlegen. Sie stellen beide weiße, pulverförmige Substanzen dar und sind nach Untersuchungen von HERZOG und GONELL[9] kristalliner Natur. Das Mannan A liefert bei der Methylierung ein Trimethylmannan, woraus bei der Hydrolyse in der Hauptsache 2,3,6-Trimethyl-d-Mannose entsteht[10]. Aus dem Drehwert von Mannobiose, die bei vorsichtig geleitetem Abbau erhalten wird, ergibt sich eine 1,4-Verknüpfung zwischen den einzelnen Mannoseresten. Man kommt so zu folgendem Formelbild für das Steinnuß-Mannan:

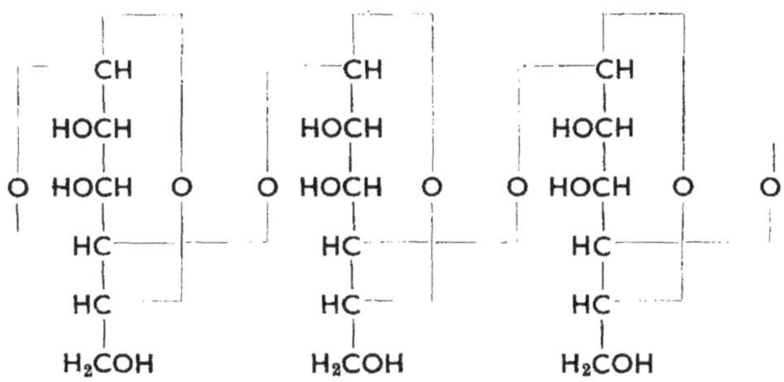

[1] FREUDENBERG, PLOETZ u. DUMPERT: Cellulosechemie 19, 89 (1941). — Siehe auch HUSEMANN: J. prakt. Chem. 155, 13 (1940).
[2] Vgl. hierzu die zusammenfassende Darstellung von MICHEEL: Angew. Chem. 52, 6 (1939).
[3] SOHN u. LENEL: Das Papier 3, 112 (1949).
[4] SCHEIBLER: Neue Z. Rübenzuckerind. 8, 277 (1882).
[5] BAKER u. POPE: Proc. chem. Soc. Lond. 16, 72 (1900).
[6] PRINGSHEIM u. SEIFERT: Z. physik. Chem. 123, 205 (1922).
[7] HAWORTH, RAISTRICK u. STACEY: Biochem. J. 29, 612 (1935). — [8] YUNDT: J. Amer. chem. Soc. 71, 757 (1949). — [9] KLAGES u. GONELL: Naturwiss. 12, 1153 (1925).
[10] KLAGES u. Mitarbeiter: Liebigs Ann. Chem. 509, 159 (1934); 535, 175 (1938).

Das aus Penicillium Charlesii isolierte Mannan besitzt im Gegensatz zu Steinnußmannan eine 1,6-Verknüpfung.

Nach Untersuchungen von HUSEMANN[1] besitzen die Makromoleküle des aus Fichtenholz isolierten Mannans einen durchschnittlichen Polymerisationsgrad von 150, die Ketten sind also wesentlich kürzer als die Zelluloseketten, nach Untersuchungen von SOHN und LENEL dürfte das Mannan jedoch den höchsten Polymerisationsgrad unter den Holzzuckern aufweisen.

Das Hydrolysenprodukt, die Mannose, liefert mit Phenylhydrazin ein unlösliches Phenylhydrazon[2]. Durch Einwirkung von Säure in der Wärme bildet sich ω-Oxymethylfurfurol[3], das mit Phlorogluzin-Salzsäure ein rot gefärbtes Kondensationsprodukt ergibt. Diese Reaktion ist jedoch nicht für Mannan charakteristisch, da sie unter den gleichen Bedingungen auch aus Glukose und Galaktose erhalten wird.

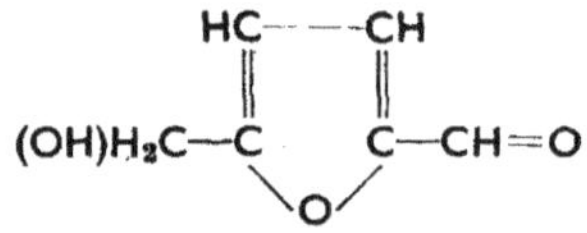

ω-Oxymethylfurfurol

Galaktan. Zu den Hexosanen gehört auch das Galaktan, von dem ein verhältnismäßig reines Präparat von v. LIPPMANN[4] aus dem Kalkschlamm der Rübenzuckerfabriken erhalten wurde. Dem Hydrolysenprodukt Galaktose kommt die folgende Formel zu:

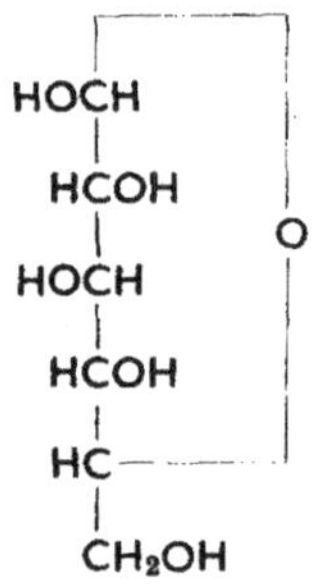

Nach Untersuchungen von HAWORTH schließt sie sich durch 1,5-Verknüpfung zum Galaktan zusammen. Galaktan ist von den im Holz enthaltenen Kohlehydraten besonders leicht hydrolysierbar. Polymerisationsgradbestimmungen deuten auf einen sehr niedrigen Polymerisationsgrad von 9···10 hin.

Oxydation mit Salpetersäure führt das Hydrolysenprodukt in Schleimsäure über:

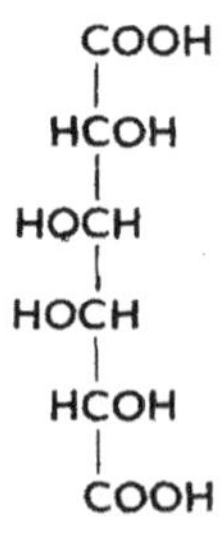

[1] HUSEMANN: J. prakt. Chem. **155**, 48 (1940).
[2] FISCHER u. HIRSCHBERGER: Ber. dtsch. chem. Ges. **21**, 1805 (1888).
[3] AF EKENSTAM u. BLANKOMA: Ber. dtsch. chem. Ges. **43**, 2355 (1916).
[4] LIPPMANN, v.: Ber. dtsch. chem. Ges. **20**, 1001 (1887).

Xylan. Von den Pentosanen ist das wichtigste das Xylan. Es läßt sich im Gemisch mit dem noch zu beschreibenden Araban aus alkalischen Holzextrakten mit FEHLINGscher Lösung als Kupferalkaliverbindung fällen[1]. Am besten untersucht ist das Xylan des Espartograses[2]. Sein Kettenmolekül ist uneinheitlich zusammengesetzt, da es nicht nur aus d-Xyloseresten besteht, sondern auch l-Arabinosereste enthält. Auf 18 ··· 20 Xylosereste soll 1 Arabinoserest entfallen. Die durch Hydrolyse entstehende Xylose hat die Formel:

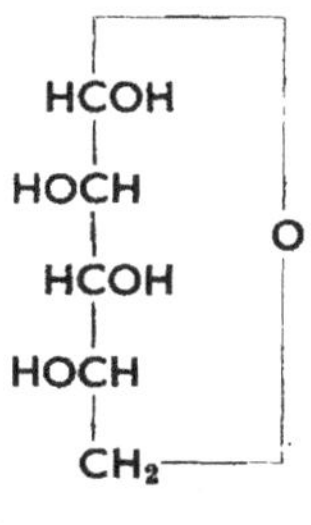

Die Xylosereste sind durch 1,4-Bindungen zum Gesamtmolekül verknüpft. Die leicht abspaltbaren Endgruppen sind l-Arabofuranosereste. Man nimmt beim Xylan ein verzweigtes Molekül an[3].

Nach STONE und TOLLENS liefert das Xylan bei der Destillation mit Salzsäure Furfurol:

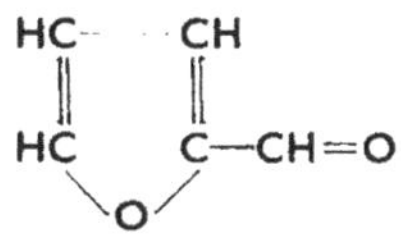

Hierauf ist die Kirschrotfärbung xylanhaltiger Holzpräparate beim Kochen mit verdünnter Salzsäure in Anwesenheit von Phlorogluzin zurückzuführen. Dieselbe Reaktion tritt auch bei Anwesenheit von Araban ein.

Was die Molekülgröße anbetrifft, so wurden bei nahezu reinen Xylanpräparaten, die von YUNDT[4] aus Birkenholz gewonnen wurden, Polymerisationsgrade von 35 bis 40 gefunden.

Araban. Das von Xylan nur schwer zu trennende Araban ist aus l-Arabinoseresten aufgebaut. Der l-Arabinose kommt nach HIRST und ROBERTSON[5] die folgende Formel zu:

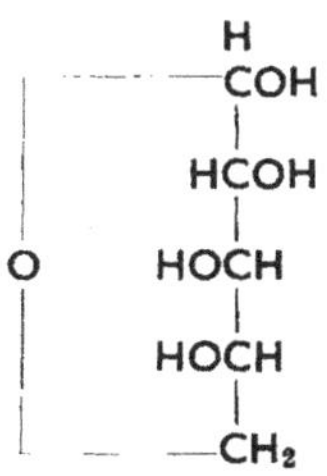

Arabogalaktan. Das im Lärchenholz nachgewiesene Arabogalaktan erwies sich nach Untersuchungen von WHITE[6] als recht kompliziert gebaut. Durch Behandlung

[1] SALKOWSKI: Z. physik. Chem. **34**, 162 (1902); **35**, 240 (1903).
[2] HAWORTH, HIRST u. OLIVER: J. chem. Soc. London **136**, 1919 (1934).
[3] HUSEMANN: J. prakt. Chem. **155**, 30 (1940).
[4] YUNDT: J. Amer. chem. Soc. **71**, 757 (1949).
[5] HIRST u. ROBERTSON: J. chem. Soc. London **127**, 358 (1925)
[6] WHITE: J. Amer. chem. Soc. **63**, 2871 (1941).

reiner Methyläther mit methanolischer Salzsäure wurden die Glukoside der 2,4-Dimethyl-d-galaktose, der 2,3,4-Trimethyl-d-galaktose, der 2,3,4,6-Tetramethyl-d-galaktose sowie der 2,3,5-Trimethyl-l-Arabinose gefunden. Es muß hieraus geschlossen werden, daß sowohl 1-3- als auch 2-6-Sauerstoffbindungen im Molekül vorhanden sein müssen, und daß ein Teil der Galaktoseeinheiten in 3- und in 6-Stellung verknüpft sind. WHITE nimmt ein verzweigtes Kettenmolekül an, das durch einen Galaktopyranoserest und einen Arabofuranoserest beschlossen wird. Nach Untersuchungen von OWENS[1] beträgt das Molekulargewicht mindestens 2200.

Methylpentosane. In der Zellwand sind in untergeordneter Menge ferner substituierte Pentosane, und zwar Methylpentosane enthalten. Sie können als Methylfurfurol nachgewiesen werden:

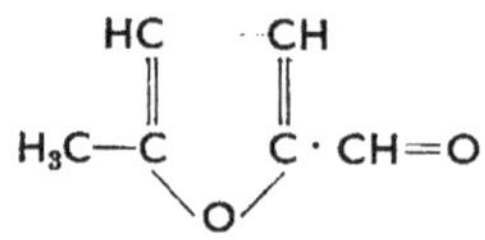

Ihre Konstitution ist noch nicht genau ermittelt. Unter den Hydrolysenprodukten wurde von HIRST und MACBETH[2] Rhamnose nachgewiesen. Die Bindungsart ist noch unsicher.

Es soll erwähnt werden, daß den Holzpolyosen in den letzten Jahren insofern technische Bedeutung zugekommen ist, als ihre Lösungen als Nährböden für die Züchtung von Hefe verwendet werden können, wodurch für die Ernährung wichtige Eiweiß- und Fettkörper gewonnen werden können[3].

c) Die Pektine.

Neben den Hexosanen, Pentosanen und Methylpentosanen sind in der Zellwand, und zwar nach einer Annahme RITTERs hauptsächlich in der Mittellamelle, noch Stoffe enthalten, die bei der Hydrolyse neben einfachen Spaltzuckern noch Körper mit saurem Charakter ergeben. Sie gehören zu einer Körperklasse, die man mit Pektinen bezeichnet und die chemisch Polyuronsäuren darstellen. Das Ergebnis der totalen Hydrolyse der Pektine ist in der Hauptsache d-Galakturonsäure von der Formel:

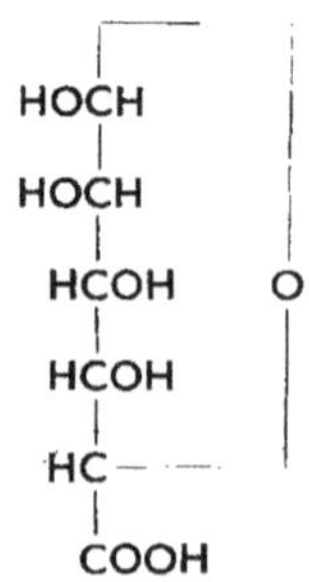

---

[1] OWENS: J. Amer. chem. Soc. **62**, 930 (1940).
[2] HIRST u. MACBETH: J. chem. Soc. London **128**, 22 (1926).
[3] Angew. Chemie **54**, 283 (1941).

Die Galakturonsäurereste sind durch 1,4-Bindung zur Polygalakturonsäure verknüpft. Dies geht daraus hervor, daß sie durch Oxydation mit Perjodsäure l-Weinsäure liefert.

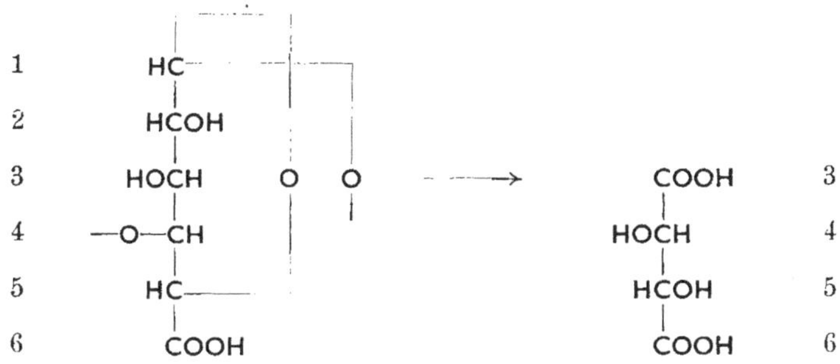

Zwei Hydroxylgruppen in der Anordnung der l-Weinsäure müssen also durch Ätherbrücken gegen Oxydation geschützt sein[1].

HENGLEIN[2] nimmt für die Pektine ein langgestrecktes, aus Galakturonsäureresten bestehendes Kettenmolekül an. SCHNEIDER und BOCK[3] haben den Beweis dafür erbracht, daß ein Teil der Karboxylgruppen methyliert ist, wodurch man zu folgendem Formelbild für das Pektin kommt:

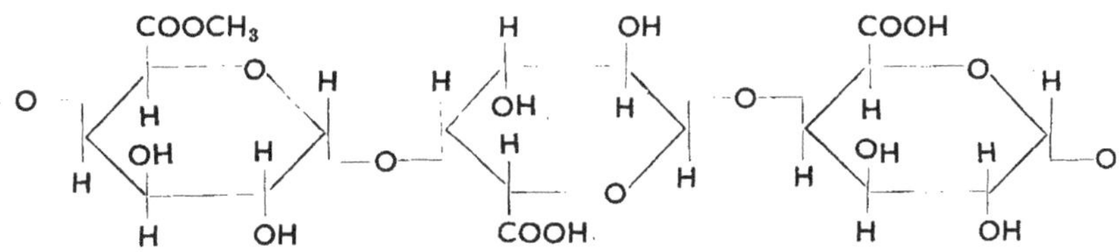

Ein Teil der Karboxylgruppen ist an Kalzium und Magnesium gebunden[4]. Es scheinen aber nicht alle Glieder der Kette Karboxylgruppen zu tragen, da von HÜBLER[5] bei dem hydrolytischen Abbau auch Arabinose und Galaktose gefunden wurden. EHRLICH nimmt an, daß mehrere Ketten zu einem verzweigten Molekül zusammengelagert seien.

Von BOCK u. EINSELE[6] wurden an Obst- und Flachspektinen Molekulargewichtsbestimmungen nach der viskosimetrischen Methode vorgenommen, wobei sich für Obstpektin Werte von 20000···150000 ergaben, während die Molekulargewichte der Flachspektine in der Größenordnung von 11000···30000 liegen. Hierbei ist aber zu berücksichtigen, daß bei der Isolierung mit einem erheblichen Abbau gerechnet werden muß. Aus Rübenschnitzeln durch direkte Nitrierung gewonnene Pektinpräparate wiesen Molekulargewichte von 70000···100000 auf.

---

[1] LEVENE u. KREIDER: J. biol. Chem. **120**, 591 (1937).
[2] HENGLEIN u. Mitarbeiter: Ber. dtsch. chem. Ges. **69**, 323, 2530, 2537 (1936); **70**, 1611, 1617 (1939); **71**, 1353 (1938).
[3] SCHNEIDER u. BOCK: Angew. Chem. **51**, 94 (1938).
[4] FREY-WYSSLING: Die Stoffausscheidung der höheren Pflanzen, Berlin 1935, S. 73.
[5] HÜBLER: Diss. Heidelberg 1940.
[6] BOCK u. EINSELE: J. prakt. Chem. **155**, 225 (1940).

3. Kapitel.

Die Zellulose.

I. Die molekulare Struktur.

a) Der chemische Bau des Moleküls.

Die qualitative Untersuchung isolierter Zellulose ergibt, daß sie aus Kohlenstoff, Wasserstoff und Sauerstoff besteht. Durch Elementaranalyse wurde die folgende mengenmäßige Zusammensetzung ermittelt:

Kohlenstoff	44,4%
Wasserstoff	6,17%
Sauerstoff	49,39%

Hieraus ergibt sich mit guter Annäherung die Formel

$$C_6H_{10}O_5 .$$

Einen tieferen Einblick in die Konstitution liefert der Abbau der Zellulose mit Säuren. Wie WILLSTÄTTER und ZECHMEISTER[1] sowie OST und WILKENING[2] zeigen konnten, tritt hierbei Hydrolyse ein, und man erhält in fast theoretischer Ausbeute Glukose, gemäß der Gleichung

$$C_6H_{10}O_5 + H_2O = C_6H_{12}O_6 .$$

Die Zellulose ist somit der großen Klasse der Kohlehydrate zuzuordnen. Das kleinste Bauelement, aus dem sich das Molekül der Zellulose aufbaut, ist also die Glukose, der nach E. FISCHER[3] das folgende Formelbild zukommt:

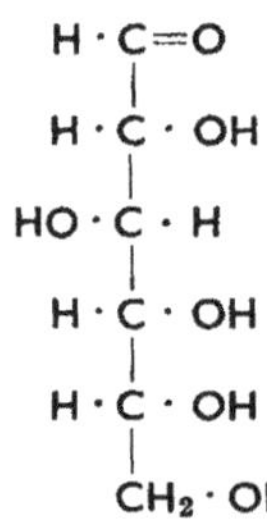

Die Glukose besitzt somit sechs Kohlenstoffatome und eine Aldehydgruppe, sie ist demnach eine Aldohexose.

Es zeigte sich aber beim näheren Studium der Zucker, daß diese für die Glukose angegebene Formel mit manchen experimentellen Beobachtungen nicht in Einklang zu bringen war[4], insbesondere blieb in vielen Fällen die Aldehydreaktion aus. Man kam schließlich zu der Annahme, daß die zweite Bindung des Kohlenstoffatoms der Aldehydgruppe durch eine inneroxydische Brücke festgelegt ist, und zwar ist die Aldehydgruppe innerhalb des Moleküls selbst halbazetalartig mit einer Hydroxylgruppe gebunden. Es liegt im Molekül also ein Ring vor. Über die Lage dieses Ringes ist man lange Zeit im unklaren gewesen, man hat insbesondere nicht gewußt, ob

[1] WILLSTÄTTER u. ZECHMEISTER: Ber. dtsch. chem. Ges. 46, 2403 (1913).
[2] OST u. WILKENING: Chemiker-Ztg. 34, 2403 (1913).
[3] FISCHER, E: Untersuchungen über Kohlehydrate und Fermente, Berlin 1908.
[4] Näheres bei HAWORTH: Die Konstitution der Kohlehydrate, Dresden und Leipzig 1932.

ein Fünfer- oder ein Sechserring in Frage kommt. Haworth[1] und seine Mitarbeiter konnten jedoch feststellen, daß ein Sechserring vorliegt. Die von ihnen zur Aufklärung der Ringlage angewandte Methode bestand in der Festlegung der alkoholischen Hydroxylgruppen durch Methylierung. Durch Oxydation der hierdurch entstandenen Tetramethylhexose erhält man über die Tetramethylhexonsäuren kleinere Bruchstücke, die einen Rückschluß auf die Lage der Sauerstoffbrücke zulassen. Unter Berücksichtigung dieser Befunde ist der Glukose das folgende Formelbild zuzuschreiben:

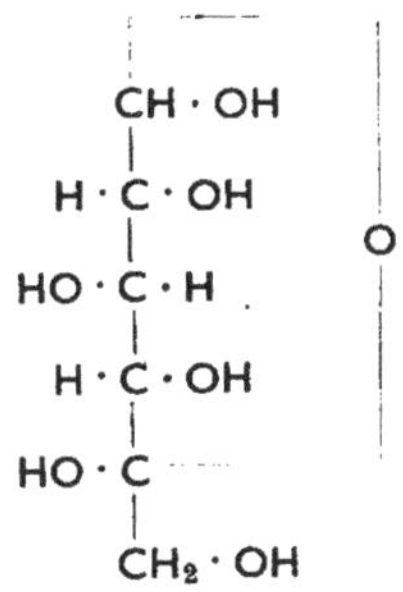

Es liegt in ihr also ein Ring vor, der aus fünf Kohlenstoffatomen und einem Sauerstoffatom gebildet wird. Hierdurch tritt die Glukose in enge Beziehung zum Pyran, was besonders deutlich wird, wenn man den Ring gemäß dem Vorschlag von Haworth in Form eines Sechsecks schreibt:

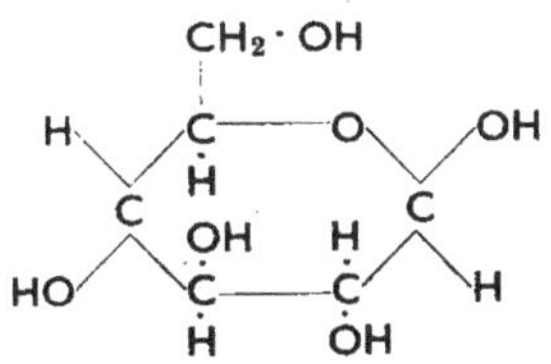

Haworth bezeichnet die Glukose dementsprechend als „Glukopyranose". Hiermit ist die Konstitution des Grundbausteins des Zellulosemoleküls gegeben.

Der nächste Schritt zur Konstitutionsaufklärung mußte die Feststellung sein, auf welche Weise die Glukopyranosereste zum Gesamtmolekül verknüpft sind. Diese Feststellung läßt sich treffen, wenn die Isolierung und Identifizierung zwei- und mehrgliedriger Bruchstücke unter den Abbauprodukten gelingt, bei denen die Verknüpfungsstellen intakt geblieben sind.

Beim hydrolytischen Abbau der Zellulose gelang es zunächst, das zweigliedrige Bruchstück zu fassen. Nachdem Franchimont schon 1879 Abbaureaktionen von Zellulose mit Hilfe von Essigsäureanhydrid und Schwefelsäure durchgeführt hatte, konnten Skraup und König[2] bei dieser Azetolyse einen Körper isolieren, das Biosanazetat, das später von Ost[3] sowie von Hess und Friese[4] eingehend untersucht wurde. Das Azetolysenprodukt wurde nach der Verseifung als Disaccharid erkannt, dem der Name „Zellobiose" gegeben wurde. Die Verknüpfung der Glukopyranosereste zur Zellobiose geht so vor sich, daß je zwei Moleküle Glukopyranose

[1] Haworth: Helv. chim. Acta **11**, 534 (1928).
[2] Skraup u. König: Ber. dtsch. chem. Ges. **34**, 1115 (1901).
[3] Ost: Liebigs Ann. Chem. **398**, 324, 332 (1913).
[4] Hess u. Friese: bei Hess: Die Chemie der Zellulose, S, 499, Leipzig 1928.

unter Wasseraustritt ein Molekül Zellobiose bilden, in der das 1-Kohlenstoffatom des einen Glukopyranoserestes über eine Sauerstoffbrücke mit dem 4-Kohlenstoffatom des anderen Glukopyranoserestes ätherartig gebunden ist. In der Schreibweise von HAWORTH kommt demnach der Zellobiose das folgende Formelbild zu:

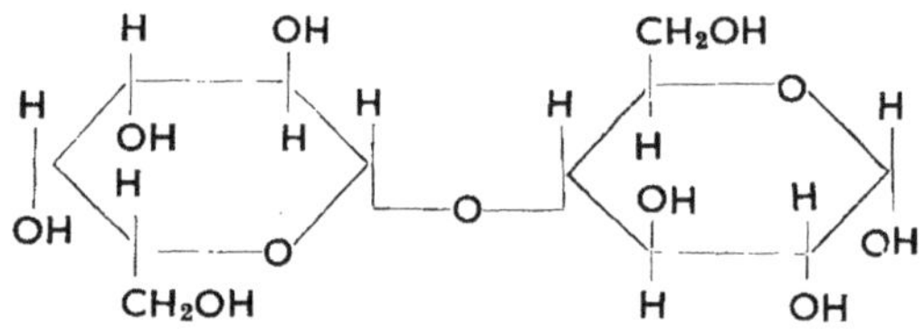

Weitere Beweise für diese Konstitution der Zellobiose wurden von FISCHER[1], ZEMPLÉN[2] und anderen Forschern erbracht[3]. Darüber hinaus gelang es IRVINE[4], HAWORTH und HIRST[5], KARRER[6] sowie FREUDENBERG[7], mehrgliedrige Bausteine zu isolieren, so die Zellotriose und die Zellotetraose. Es muß hieraus gefolgert werden, daß durch eine fortlaufende β-glukosidische 1,4-Verknüpfung, wie sie in diesen Spaltstücken vorliegt, das gesamte Molekül der Zellulose gebildet wird. Das Molekül der Zellulose ist somit wie folgt zu formulieren:

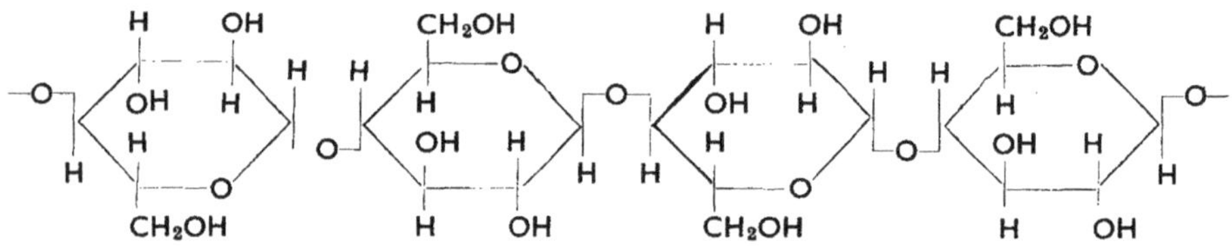

Es stellt also eine Kette dar von Glukopyranoseresten von der Zusammensetzung $C_6H_{10}O_5$. Für die beiden Endglieder muß man bei abgebauten Zellulosepräparaten eine etwas andere Zusammensetzung annehmen, eines hat aldehydischen Charakter, was sich durch seine reduzierende Eigenschaft zu erkennen gibt, das andere muß man sich durch einen Strukturrest gebildet denken, der sich von den anderen Gliedern der Kette dadurch unterscheidet, daß er vier freie Hydroxylgruppen gegenüber drei Hydroxylgruppen bei den Mittelgliedern besitzt. Über die genaue Bauweise der Endglieder bei natürlichen, nicht abgebauten Zellulosepräparaten kann noch nichts Bestimmtes ausgesagt werden[8].

Andere Bindungen als β-glukosidische wurden von HAWORTH und MACHEMER[9] sowie von SCHULZ und LÖHMANN[10] im Molekül zunächst nicht gefunden. Beobachtungen von FREUDENBERG[7] und Mitarbeitern deuteten aber schon darauf hin, daß in der nativen Zellulose offenbar doch noch Bindungen anderer Art, wenn auch

---

[1] FISCHER: Ber. dtsch. chem. Ges. **47**, 1983 (1914).
[2] ZEMPLÉN: Ber. dtsch. chem. Ges. **59**, 1254 (1926).
[3] PURDIE: J. chem. Soc. London **125**, 518 (1923); **128**, 862 (1926). — HAWORTH: J. chem. Soc. London **129**, 89 (1926); Nature **116**, 430 (1925); Helv. chim. Acta **11**, 542 (1928). — HIRST: J. chem. Soc. London **123**, 1352 (1923).
[4] IRVINE: J. chem. Soc. London **123**, 529 (1923).
[5] HAWORTH u. HIRST: J. chem. Soc. London **119**, 193 (1921).
[6] KARRER: Polymere Kohlehydrate, Leipzig 1925.
[7] FREUDENBERG u. Mitarbeiter: Ber. dtsch. chem. Ges. **63**, 1510 (1930); **65**, 484 (1932).
[8] STAUDINGER u. HUSEMANN: Liebigs Ann. Chem. **527**, 195 (1937).
[9] HAWORTH u. MACHEMER: J. chem. Soc. London **134**, 2270 (1932).
[10] SCHULZ u. LÖHMANN: J. prakt. Chem. **157**, 238 (1941).

in untergeordneter Menge, vorhanden seien. FREUDENBERG schätzte die Anzahl der reinen β-glukosidischen Bindungen im Molekül auf 90···95%. SCHULZ und HUSEMANN[1] fanden bei späteren Untersuchungen in Übereinstimmung mit PASCU[2], daß die Zellulosemoleküle bei hydrolytischem und oxydativem Abbau vorzugsweise in Bruchstücke bestimmter Länge zerfallen, und daß der Abbau im Anfang sehr viel schneller vor sich geht, als wenn schon eine gewisser Teil umgesetzt ist. Die reaktionskinetische Auswertung dieser Versuche läßt den Schluß zu, daß in Abständen von etwa 250···500 Glukoseeinheiten Bindungen vorliegen müssen, die sich schneller spalten als die gewöhnlichen β-glukosidischen[3].

Nach PASCU sollen diese Bindungen solche von Halbacetaltyp sein, eine Ansicht, die auch von HAAS[4] vertreten wird. Das Vorliegen anderer Bindungen ergibt sich auch aus Beobachtungen von STAUDINGER und SOHN[5], wonach sich Zellulosepräparate zuweilen nicht in polymeranaloge (siehe S. 66) Nitrate überführen lassen, vielmehr wird bei den Nitraten der Polymerisationsgrad höher als der des Ausgangsmaterials. Diese Erscheinung tritt vornehmlich bei nativen Zellulosen und ihren Abbauprodukten zutage, und zwar liegt bei diesen der Durchschnittspolymerisationsgrad der Nitrate um etwa 25···50% höher als der des Ausgangsmaterials. In derartigen Präparaten müssen daher Gruppen enthalten sein, die der Nitrierung standhalten, die jedoch beim Lösen der Zellulose in SCHWEIZERs Reagens zwecks viskosimetrischer Molekulargewichtsbestimmung gespalten werden, so daß bei dem betreffenden Ausgangsmaterial kürzere Ketten zur Messung kommen. Nach Untersuchungen von SCHULZ und HUSEMANN[6] soll Baumwoll- und Ramiezellulose nach je etwa 500 Glukoseeinheiten eine Fremdgruppe mit anderer Bindungsart besitzen. Die Fremdgruppen kehren in den untersuchten natürlichen Zellulosen demnach periodisch wieder. Es würde in dieser Beziehung eine Parallele zu den Protaminen und Proteinen vorliegen, bei denen gleichfalls ein derartiges periodisches Bauprinzip gefunden wurde[7]. Im Gegensatz zu PASCU und HAAS nimmt aber STAUDINGER an, daß die abweichenden Bindungen esterartiger Natur seien.

Das bei Abbaureaktionen beobachtete reaktionskinetische Verhalten kann allerdings auch auf den biologischen Aufbau der Zellwände zurückgeführt werden, worauf HESS, NICKERSON[8] sowie auch KINSINGER und HOCK[9] hingewiesen haben. Hierauf wird im 5. Kap. noch eingegangen.

Der Vollständigkeit halber muß erwähnt werden, daß auch in den Glukoseresten selbst einige wenige Gruppen enthalten sind, die von dem oben wiedergegebenen

---

[1] SCHULZ u. HUSEMANN: Z. Naturforschg. **1**, 268 (1946).

[2] PASCU u. HILLER: Textile Research J. **16**, 243 (1946); PASCU: Textile Research J. **17**, 33, 405 (1947). — METHA u. PASCU: Textile Research J. **18**, 378 (1948).

[3] HUSEMANN: J. makromol. Chem. **1**, 140 (1947). — MATTHES: Kolloid-Z. **98**, 319 (1942).

[4] HAAS: Angew. Chem. **60**, 218 (1948).

[5] STAUDINGER u. SOHN: Ber. dtsch. chem. Ges. **72**, 1709 (1939); J. prakt. Chem. **155**, 180 (1940).

[6] HUSEMANN u. SCHULZ: Z. physik. Chem. (B) **42**, 23 (1942); SCHULZ u. HUSEMANN: Z. Naturforschg. **1**, 268 (1946); HUSEMANN: Z. makromol. Chem. **1**, 140 (1947). — Siehe hierzu auch BANDERT u. RANBY: Helv. chim. Acta **30**, 1190 (1947).

[7] BERGMANN u. NIEMANN: J. biol. Chem. **122**, 577 (1937). — WALDSCHMIDT-LEITZ u. KOFRANI: Hoppe-Seilers Z. physiol. Ch. **122**, 577 (1937). — KRATKY u. SEKORA: J. makromol. Chem. **1**, 113 (1944).

[8] NICKERSON u. HABRLE: Ind. Engng. Chem. **37**, 1115 (1945); **38**, 299 (1946).

[9] KINSINGER u. HOCK: Ind. Engng. Chem. **40**, 1711 (1948).

Formelbild abweichen[1]. So fanden SCHMID und Mitarbeiter[2] z. B. in der Buchenholz-Zellulose 0,28% Karboxyl und 0,19% Methoxyl. Dies würde einer Karboxyl- bzw. Methoxylgruppe auf etwa 96 Glukopyranoseresten entsprechen. Nach WEBER[3] sind diese Fremdgruppen jedoch kein Charakteristikum der Zellulose, da auch in anderen hochmolekularen Körpern Gruppen abweichender Zusammensetzung vorkommen. Es sei erwähnt, daß nach HUSEMANN, PLÖTZE und SCHULZ[4] auffallend ist, daß die Polysaccharide verholzter Zellwände besonders reich an derartigen Fremdgruppen sind (bei Baumwollzellulose wurde demgegenüber von WEBER z. B. nur 1 Karboxylgruppe auf 2000 Glukopyranosereste gefunden), dies legt die Vermutung nahe, daß sie an der Verknüpfung einzelner Zellbausteine im Holz beteiligt sind. (Vgl. hierzu die Angaben im 2. Kapitel)[5]. Bei Zellstoffen vorhandene Karboxylgruppen können aber auch oxydativ aus primären Alkoholgruppen bei der Zellstoffherstellung entstanden sien. Das bei gewissen Zellulosepräparaten beobachtete Basenaustauschvermögen kann nur auf die Anwesenheit von Karboxylgruppen zurückgeführt werden, ebenso die Affinität zu basischen Farbstoffen. Karboxylgruppen sind außerdem die wesentlichsten Träger des Aschengehaltes von Zellulosepräparaten[6]. Über die Stellung der Fremdgruppen am Ring kann noch nichts Genaues ausgesagt werden. Im übrigen dürfte ihnen wegen ihrer geringen Zahl im Vergleich zu der großen Anzahl von Glukopyranoseresten, die das Molekül bilden, sowohl in strukturchemischem Sinne als auch in bezug auf das Verhalten der Zellulose chemischen Reagenzien gegenüber keine große Bedeutung zukommen (STAUDINGER).

Ob sich in der Pflanze beim Wachstum gleichfalls ein schrittweiser Aufbau des Moleküls aus niedermolekularem Zucker abspielt, ist noch nicht geklärt[7], nach STAUDINGER[8] aber sehr wahrscheinlich.

[1] LÜDTKE: Technol. chem. Papier- u. Zellstoffabrikat. **31**, 37 (1934).
[2] SCHMID u. Mitarbeiter: Ber. dtsch. chem. Ges. **69**, 336 (1936); **70**, 2345 (1937).
[3] WEBER: J. prakt. Chem. **158**, 33 (1941).
[4] HUSEMANN, PLÖTZE u. SCHULZ: Naturwiss. **29**, 269 (1941).
[5] Vgl. hierzu auch HUSEMANN u. WEBER: J. prakt. Chem. **159**, 334 (1942).
[6] KRÜGER u. OBERLIES: Ber. dtsch. chem. Ges. **74**, 663 (1941).
[7] Zellulose wird in den Pflanzen durch Photosynthese aus Kohlendioxyd und Wasser gebildet. Über den Reaktionsmechanismus sind verschiedene Hypothesen aufgestellt worden. v. BAEYER nahm an, daß sich Formaldehyd-Hydrat als Zwischenprodukt bildet, das durch Kondensation Zucker liefert. Diese Ansicht wurde auch von WILLSTÄTTER und STOLL vertreten, die die photochemische Reaktion im wesentlichen dem Chlorophyll und seinem Magnesiumgehalt zuschreiben. Das Magnesium soll mit Kohlendioxyd und Wasser Chlorophyllcarbonat bilden, das durch Licht in Chlorophyll-Formaldehyd-Peroxyd umgelagert und in Chlorophyll, Sauerstoff und „aktiven" Formaldehyd zerfallen würde, der sich sofort zu Kohlehydraten polymerisieren soll. Nach neueren Untersuchungen [RUBEN und Mitarbeiter: J. Amer. chem. Soc. **61**, 661 (1939); **62**, 3434, 3450, 3451 (1940)] soll jedoch nicht der Formaldehyd, sondern die Karboxylgruppe als erstes Reaktionsprodukt des Kohlendioxyds aufzufassen sein. Dieser Vorgang spiele sich auch bei Abwesenheit von Licht ab. Es wurden keine Anhaltspunkte dafür gefunden, daß einfache Zucker bei der nun folgenden Polysaccharid-Photosynthese als Zwischenprodukte entstehen, vielmehr soll die Karbonsäure unter Mitwirkung des Chlorophylls zum entsprechenden Alkohol reduziert werden, der wieder in der Lage sei, Kohlendioxydmoleküle einzubauen, etwa nach dem Schema

$$R \cdot CH_2OH + CO_2 \rightarrow R \cdot CHOH \cdot COOH \text{ usw.}$$

Nach FRANK und HERZFELD [J. phys. Chem. **45**, 978, 1268 (1941)] ist dieser Vorgang aber wesentlich komplizierter, und es muß bei dieser Reaktion eine große Anzahl von Zwischenstufen durchlaufen werden. Immerhin wäre auf diese Weise ein unmittelbares Entstehen hochpolymerer Körper zu erklären. [Vgl. hierzu JAYME: Das Papier **1**, 83 (1947).]
[8] STAUDINGER: Z. makromol. Chem. **1**, 7 (1947).

b) Die Gestalt des Moleküls.

Bei osmotischen Untersuchungen von Zelluloselösungen zeigte sich, daß der osmotische Druck nicht proportional der Konzentration der Lösungen, sondern schneller ansteigt, die Lösungen somit nicht dem VAN T'HOFFschen Gesetz gehorchen. STAUDINGER und SCHULZ haben hierfür die Erklärung gegeben, daß diese Beobachtung auf eine *stäbchenförmige* Bauweise des Zellulosemoleküls zurückgeführt werden müsse. Wenn auch die Abweichung auf andere Weise erklärt werden kann, so z. B. durch die Bindung von Lösungsmittel an die gelösten Moleküle (OSTWALD[1]) oder durch einen größeren Wirkungsbereich der Moleküle infolge von Wärmebewegung (HALLER[2]), so deutet doch eine Reihe weiterer Befunde gleichfalls auf eine Stäbchengestalt der Zellulosemoleküle hin: Hier ist zunächst das viskosimetrische Verhalten zu nennen. Nach dem Gesetz von EINSTEIN[3] besteht bei annähernd kugelförmigen Molekülen im Gebiete eines normalen laminaren Fließens und unter der Voraussetzung, daß die Teilchen in der Lösung so weit voneinander entfernt sind, daß sie sich gegenseitig nicht behindern können, eine lineare Abhängigkeit von der Konzentration. Die Viskosität ist somit unabhängig von der Teilchengröße. HESS[4], FIKENTSCHER und MARK[5] sowie eine Reihe anderer Forscher fanden jedoch übereinstimmend, daß Zelluloselösungen nicht dem EINSTEINschen Gesetz gehorchen, vielmehr steigt, wie Abb. 17 zeigt, schon in mäßig konzentrierten Lösungen die Viskosität schneller an als die Konzentration. Weiter zeigen Zelluloselösungen eine Abweichung vom HAGEN-POISEULLEschen Gesetz, wonach bei normalen Flüssigkeiten und wirbelfreier Strömung Druck und Geschwindigkeit einander proportional sind. Auch das von diesen Gesetzmäßigkeiten abweichende Verhalten läßt sich durch einen stäbchenförmigen Molekülbau gut erklären. Eine Bestätigung fand diese Annahme schließlich durch röntgenographische Untersuchungen von SPONSLER und DORE[6], MEYER und MARK[7] sowie von SAUTER[8], so daß an einem langgestreckten Bau des Zellulosemoleküls nicht mehr gezweifelt werden kann.

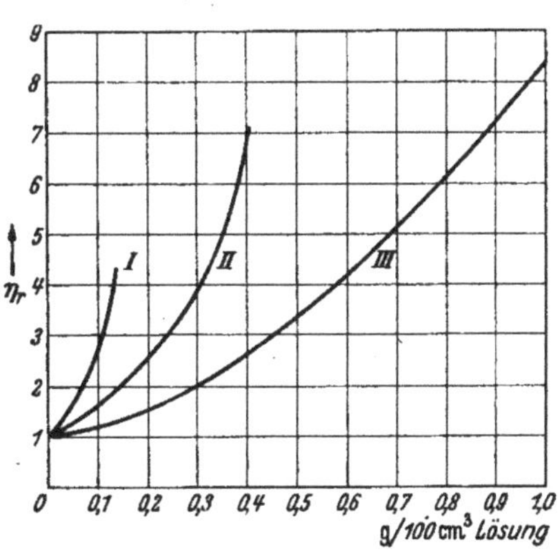

Abb. 17. Relative Viskosität von Nitrozelluloselösungen in Butylazetat in Abhängigkeit von der Konzentration. I unter schonendsten Bedingungen nitriert, II „dick", III „mittel". (Nach FIKENTSCHER und MARK).

Es ist nunmehr aber zu entscheiden, ob die langgestreckten, stäbchenförmigen Moleküle als vollkommen starre Gebilde angesprochen werden müssen, oder ob sie in sich beweglich sind, so daß ihre Form von der Geraden mehr oder weniger abweichen kann. Hierzu ist folgendes zu sagen: Infolge der Haftung im Faserverband, worüber im 2. Kapitel schon gesprochen wurde, kann angenommen werden, daß die Zellulose-

[1] OSTWALD: Kolloid-Z. **49**, 60 (1929).
[2] HALLER: Kolloid-Z. **49**, 74 (1929); **56**, 257 (1931); **61**, 26 (1932).
[3] EINSTEIN: Ann. Physik **19**, 289 (1906). — [4] HESS: Kolloid-Z. **27**, 10 (1920).
[5] FIKENTSCHER u. MARK: Kolloid-Z. **49**, 135 (1926).
[6] SPONSLER u. DORE: Colloid-Symp. Mon. **1926**, 174.
[7] MEYER u. MARK: Ber. dtsch. chem. Ges. **61**, 593 (1928); Z. physik. Chem. (B) **2**, 115 (1929).
[8] SAUTER: Z. physik. Chem. (B) **35**, 83 (1937).

moleküle in der Faser starre Gebilde darstellen. Anders liegen jedoch die Verhältnisse, wenn es sich um in Lösung befindliche Moleküle handelt. STAUDINGER[1] hat zunächst den Standpunkt eingenommen, daß auch in Lösung das Molekül starr sei, und es lassen sich auch einige Überlegungen und Beobachtungen hiermit in Einklang bringen. So läßt sich rechnerisch eine von STAUDINGER gefundene und später noch zu besprechende Beziehung zwischen Viskosität und Teilchengröße durch die Annahme starrer Stäbchen ableiten[2], ferner können Modellversuche an Stabsuspensionen von EIRICH und MARK[3] sowie von EIRICH, MARGARETHA und BUNZL[4] die Annahme bestätigen.

Demgegenüber hat aber HALLER[5] darauf hingewiesen, daß eine starre Form der langgestreckten Moleküle im allgemeinen unwahrscheinlich sei, wenn eine solche auch in gewachsenen oder stark gedehnten Gelen vorliegen kann. Zunächst ist zu berücksichtigen, daß die Valenzbindungen zwischen den Glukoseresten frei drehbar sind. Ferner geht aus chemischen, röntgenographischen[6] sowie elektronenoptischen[7] Untersuchungen hervor, daß Molekülteile, die durch einfache Bindungen miteinander verbunden sind, um die Verbindungsachse rotieren können. Wenn also die in der Molekülkette liegenden Valenzen einen gewissen Winkel miteinander bilden, was bei dem Zellulosemolekül der Fall ist, so ist die Möglichkeit einer ständigen Veränderung der Gestalt gegeben. Hinzu kommt noch die Möglichkeit thermisch bedingter Verbiegungen.

Man neigt heute allgemein der Ansicht zu, daß die Zellulosemoleküle in Lösungen mehr oder weniger geknäuelt sind[8], und zwar sollen diese Knäuel ihre Gestalt ständig wandeln, was man aus den Dipolmomenten geschlossen hat[9]. Auf Grund von Beziehungen, die MOSIMANN gefunden hat, wird von MARK und Mitarbeitern[10] angenommen, daß die Gestalt der Moleküle auch von ihrer Länge abhängt, bei Zellulosenitrat führten Berechnungen beispielsweise zu dem Ergebnis, daß die Moleküle bis zu einer Länge von etwa 300 Glukoseeinheiten als vollkommen gestreckt, darüber hinaus gehende Ketten aber als mehr und mehr gekrümmt angenommen werden müssen.

Schließlich muß noch erwähnt werden, daß die Gestalt der Moleküle in Lösung auch von der Konzentration abhängig ist. Mit zunehmender Konzentration geraten

---

1 STAUDINGER: Naturwiss. **22**, 65, 84 (1934). Siehe hierzu auch ÜBERREITER: Angew. Chem. **59**, 243 (1947).

2 MARK: Z. Elektrochem. **50**, 449 (1934). — KUHN: Kolloid-Z. **68**, 2 (1934); **76**, 258 (1936); Angew. Chem. **49**, 858 (1936). — SAKURADA: Z. physik. Chem. (B) **38**, 407 (1938). — HUGGINS: J. physic. Chem. **42**, 911 (1938); **43**, 439 (1939). — SIGNER u. v. TAVEL: Helv. chim. Acta **21**, 535 (1938).

3 EIRICH u. MARK: Erg. exakt. Naturwiss. **15**, 1 (1936).

4 EIRICH, MARGARETHA u. BUNZL: Kolloid-Z. **75**, 20 (1936).

5 HALLER: Kolloid-Z. **56**, 257 (1931); **61**, 26 (1932).

6 DEBYE: Physik. Z. **30**, 84 (1929); **31**, 142 (1930).

7 WIERL: Physik. Z. **31**, 366 (1930); Ann. Physik **8**, 521 (1931).

8 MATTHES: Angew. Chem. **54**, 517 (1941). — PHILIPOFF: Kolloid-Z. **98**, 90 (1942).

9 KUHN: Kolloid-Z. **76**, 258 (1936); Angew. Chem. **52**, 289 (1939). — KUHN u. GRÜN: Kolloid-Z. **101**, 248 (1942). — MÜLLER: Kolloid-Z. **95**, 181, 307 (1941). — HERMANS: Proc. Acad. Sci. Amsterdam **43**, 1032 (1940); Cellulosechem. **18**, 79 (1940); Kolloid-Z. **96**, 311 (1941). — SAKURADA u. LEE: Z. physik. Chem. (B) **43**, 245 (1939). — STUART: Naturwiss. **18**, 123 (1943).

10 BADGLEY, FRILETTE u. MARK: Ind. Engng. Chem. **37**, 227 (1945).

nach BREDÉE und DE BOOYS[1] die Moleküle in eine gegenseitige Beeinflussung, es treten Kraftwirkungen zwischen ihnen auf, was ein Geraderichten der Moleküle zur Folge hat. Diese Verhältnisse spielen bei dem Entstehen der Chemiefaser eine Rolle, es wird daher im 15. Kapitel noch näher darauf eingegangen.

Es ist von KUHN[2] nachgewiesen worden, daß man bei der Annahme geknäuelter Moleküle mit der STAUDINGERschen Viskositätsbeziehung nicht in Widerspruch zu kommen braucht, denn sie läßt sich auch durch die Annahme von zu Rotationsellipsoiden verknäuelten Kettenmolekülen verstehen.

c) Die Größe des Moleküls.

Für die heute geltenden Vorstellungen von der Größe des Zellulosemoleküls sind die folgenden Überlegungen und experimentellen Befunde von Wichtigkeit geworden: Lange zurückliegende Arbeiten von v. NÄGELI[3] sowie spätere von KARRER[4], ferner Untersuchungen von HESS und Mitarbeitern[5] sowie von R. O. HERZOG[6] hatten gezeigt, daß Lösungen der Zellulose *kolloide* Eigenschaften aufweisen. Man nahm daher an, daß sich die Zellulose beim Lösen nur bis zu aus vielen Molekülen bestehenden Kolloidteilchen dispergieren ließ. Hiermit sind aber die grundlegenden Beobachtungen von STAUDINGER nicht in Einklang zu bringen, wonach es möglich ist, Stärke, Glycogen, Zellulose und ähnliche Körper in Derivate überzuführen und diese Derivate wieder in die Ausgangsmaterialien zurückzuverwandeln, ohne daß sich hierbei die Größe des Kolloidteilchens ändert. Selbst die Drehwerte der Lösungen werden nach Überführung in ein Derivat und nach seiner Rückverwandlung in das Ausgangsmaterial nicht verändert. Eine derartige Stabilität bei chemischen Eingriffen ist aber nicht möglich, wenn das Teilchen der Lösung ein nur durch Nebenvalenzkräfte zusammengehaltenes Kolloid darstellt, die Atome des Teilchens müssen bei einem solchen Verhalten vielmehr durch *normale Hauptvalenzkräfte* miteinander gebunden sein. STAUDINGER kam hierdurch zu der grundlegenden Erkenntnis, daß das *gesamte Molekül* die *Größe eines Kolloidteilchens* besitzt, m. a. W. daß das Kolloidteilchen das Molekül selbst ist. Für derartige „makromolekulare" Stoffe prägte STAUDINGER den Ausdruck „Molekülkolloide". Zu diesen Molekülkolloiden muß man somit auch die Zellulose zählen. Da das aus den einzelnen Bausteinen zusammengesetzte Molekül durch Polymerisation entstanden zu denken ist, so kann man die Anzahl der das Molekül bildenden Grundbausteine auch als „Polymerisationsgrad" bezeichnen.

In den Tabellen 15 bis 19 sollen einige Beispiele für die Stabilität derartiger Körper bei Umwandlungsreaktionen gegeben werden (s. S. 66).

Für das Verständnis des Verhaltens der makromolekularen Stoffe ist von Bedeutung, daß ihr Molekulargewicht, also ihre Molekülgröße, im allgemeinen nicht einheitlich ist. Sie stellen vielmehr meist Gemische dar von Molekülen unterschiedlicher Größe. Die makromolekularen Substanzen zeigen also „Polymolekularität"[7].

---

[1] BREDÉE u. DE BOOYS: Kolloid-Z. **99**, 172 (1942).

[2] KUHN: Kolloid-Z. **68**, 2 (1934). — [3] v. NÄGELI: Die Stärkekörner 1855.

[4] KARRER: Z. angew. Chem. **36**, 85 (1922).

[5] HESS u. SCHULTZE: Liebigs Ann. Chem. **449**, 99 (1926). — HESS u. PICHELMAYER: Liebigs Ann. Chem. **450**, 29 (1926). — HESS u. FRIESE: Liebigs Ann. Chem. **459**, 40 (1926).

[6] R. O. HERZOG: Ber. dtsch. chem. Ges. **58**, 1254 (1925).

[7] Die von verschiedenen Forschern hierfür gebrauchten Ausdrücke „Polydispersität" oder „Heterodispersität" sollten vermieden werden, um unklare Vorstellungen zu verhüten.

Tabelle 15. *Überführung von polymerhomologen Stärken in polymeranaloge Produkte.* (Nach STAUDINGER und HUSEMANN[1].)

Polymerisationsgrade der			
Stärken	Stärke-triazetate	Stärken aus Triazetaten durch Verseifung	Methylstärken aus Triazetaten
185	190	185	200
380	390	—	—
560	540	570	590
940	960	870	—

Tabelle 16. *Überführung von polymerhomologen Glykogenen in polymeranaloge Produkte.* (Nach STAUDINGER und HUSEMANN[2].)

Polymerisationsgrade der		
Glykogene	Glykogen-triazetate	Glykogene aus Triazetaten durch Verseifung
410	400	410
1700	1700	1730
5000	5300	5300

Tabelle 17. *Überführung von polymerhomologen Zellulosen in polymeranaloge Produkte.* (Nach STAUDINGER und DAUMILLER[3].)

Polymerisationsgrade der		
Zellulose	Zellulose-triacetate	Zellulose aus Triazetaten durch Verseifung
190	170	—
250	250	—
500	500	490
770	970	780
1050	790	955
1210	1180	1175
1600	1600	1650

Tabelle 18. *Überführung von polymerhomologen Zellulosen in polymeranaloge Nitrate.* (Nach STAUDINGER und MOHR[4].)

Polymerisationsgrade der	
Zellulose	Nitrozellulose
76	77
186	170
254	220
450	440
716	670
1540	1360
2000	1820

Der Polymerisationsgrad stellt infolgedessen im allgemeinen nur den Durchschnittspolymerisationsgrad einer „polymerhomologen" Reihe dar. Werden solche Körper in Derivate gleichen Polymerisationsgrades umgewandelt, so spricht man von „polymeranalogen" Umwandlungen bzw. Körpern.

Tabelle 19. *Drehwerte polymerhomologer Glykogene und ihrer Acetate*[5].

Polymerisationsgrad	Glykogene in Formamid in Grad	Glykogen-triazetate in Chloroform in Grad	Glykogene aus Triazetaten durch Verseifung in Formamid in Grad
5000	198	160	200
1700	200	156	198
400	200	150	198

In den nativen Fasern scheinen nach Untersuchungen von STAUDINGER und Mitarbeitern die Kettenmoleküle allerdings gleich lang zu sein. STAUDINGER[6] hält es für möglich, daß jede Pflanzenart eine Zellulose von bestimmter Moleküllänge entwickelt. So wurde beispielsweise bei den verschiedensten Baumwollpräparaten stets ein Polymerisationsgrad von etwa 3000 gefunden[7], bei Ramiefasern fand man Polymerisationsgrade der gleichen Größenordnung[8].

[1] STAUDINGER u. HUSEMANN: Liebigs Ann. Chem. **527**, 222 (1937).
[2] STAUDINGER u. HUSEMANN: Liebigs Ann. Chem. **530**, 1 (1937).
[3] STAUDINGER u. DAUMILLER: Liebigs Ann. Chem. **529**, 219 (1937).
[4] STAUDINGER u. MOHR: Ber. dtsch. chem. Ges. **70**, 2303 (1937).
[5] STAUDINGER: Naturwiss. **25**, 674 (1937).
[6] STAUDINGER: Z. makromol. Chem. **1**, 7 (1947). — [7] HUSEMANN u. SCHULZ, bei STAUDINGER: Cellulosechem. **20**, 8 (1942). — [8] HUSEMANN: Z. makromol. Chem. **1**, 140 (1947).

Auf die Methodik der Bestimmung des Molekulargewichts bzw. des Polymerisationsgrades soll weiter unten eingegangen werden. An dieser Stelle soll nur ein Überblick über die Polymerisationsgrade einiger Zellulosepräparate gegeben werden:

In Tabelle 20 sind zunächst einige Polymerisationsgrade pflanzlicher Zellulosen zusammengestellt. Wie die Tabelle zeigt, sind die Moleküle der pflanzlichen Zellulosen außerordentlich groß.

Tabelle 20. *Polymerisationsgrade pflanzlicher Zellulosen.* (Nach STAUDINGER.)

Faserart	Polymerisationsgrad
Baumwolle roh . .	2020
Baumwoll-Linters .	1440
Ramie	2660
Badischer Flachs .	2420
Deutscher Hanf . .	2200

Tabelle 21. *Polymerisationsgrade von Zellulose aus Hölzern.* (Nach STAUDINGER, DREHER u. JURISCH.)

Material	Polymerisationsgrad der Zellulose
Pappel, gelagert . .	1400
Fichte	1500···1600
Fichte, gelagert . .	1200
Buche	1300···1400
Buche, gelagert . .	1200···1300
Kiefer	1100
Eiche	1000

Für die Fabrikation von Reyon und Zellwolle ist die Kenntnis der Polymerisationsgrade der Zellulose in den Hölzern und den Zellstoffen wichtiger. Über die in den Hölzern enthaltenen Zellulosen liegen Untersuchungen von STAUDINGER, DREHER und JURISCH[1] vor. Die Hölzer wurden in vorsichtiger Weise mit Chlordioxyd[2] aufgeschlossen, da man annahm, daß dieses Aufschlußmittel das Molekül der Zellulose nicht in nennenswertem Maße schädigt. Tabelle 21 enthält die Ergebnisse[3].

KLAUDITZ[4] hält die in der Tabelle angegebenen Zahlen allerdings für zu niedrig, da nach seinen Untersuchungen einerseits Chlordioxyd doch einen nicht unerheblichen Abbau des Moleküls herbeiführen kann, und andererseits die auf diese Weise gewonnenen Zellulosepräparate nicht vollkommen pentosanfrei sind, wodurch sich gleichfalls der Durchschnittspolymerisationsgrad erniedrigt. KLAUDITZ fand bei Laubhölzern (Rotbuche, Esche und Linde) Durchschnittspolymerisationsgrade im Bereich von 1900···2000. Demnach müßte man sagen, daß die Polymerisationsgrade der Zellulose in den Hölzern in der gleichen Größenordnung liegen wie in den pflanzlichen Fasern.

Auch PASCU und HILLER[5] gelangten zu der Auffassung, daß allgemein die früher zum mindesten für native Zellulose ermittelten Polymerisationsgrade zu niedrig seien, und daß bei allen viskosimetrischen Bestimmungsmethoden Spaltungsreaktionen eintreten. Offenbar werden die Werte schon durch die geringsten Mengen anwesenden Sauerstoffs stark beeinträchtigt. So fand z. B. GOLOVA[6] bei Messungen in Cuoxam bei peinlichstem Ausschluß von Sauerstoff aus Zellulose und Lösungsmittel durchschnittliche Polymerisationsgrade von 9500···10000, während sich bei der unter normalen Bedingungen durchgeführten Bestimmung Polymerisationsgrade von 2500 bis

[1] STAUDINGER, DREHER u. JURISCH: Ber. dtsch. chem. Ges. **70**, 2502 (1937).
[2] SCHMIDT u. Mitarbeiter: Ber. dtsch. chem. Ges. **54**, 1860 (1921); **57**, 1834 (1924).
[3] Weitere Angaben über Polymerisationsgrade von Faser- und Holzzellulosen finden sich bei HUSEMANN u. WEBER: J. prakt. Chem. **159**, 339 (1942).
[4] KLAUDITZ: Papierfabr. **39**, 225 (1941).
[5] PASCU u. HILLER: U. S. Textile Research Inst. **16**, 243 (1946).
[6] GOLOVA: C. Acad. Sci. USSR **47**, 31 (1945).

3000 ergaben. Nach diesen Befunden ist es also möglich, daß die Zellulosemoleküle in den Zellwänden noch wesentlich größer sind als bisher angenommen wurde.

Schließlich sei in diesem Zusammenhang darauf hingewiesen, daß nach BADGLEY[1] die von STAUDINGER angegebene, weiter unten noch zu bringende Formel für die Berechnung der Molekülgröße aus der Viskosität bei längeren Ketten einer Korrektur bedarf, wodurch sich gleichfalls höhere Polymerisationsgrade ergeben.

Da die Zellstoff-Fabriken nicht in der Lage sind, die Hölzer auf so vorsichtige Weise aufzuschließen, wie dies im Laboratorium möglich ist, liefert die Untersuchung der technischen Zellstoffe hinsichtlich der Polymerisationsgrade auch ein wesentlich anderes Bild, wie von STAUDINGER und FEUERSTEIN[2] gezeigt wurde (Tabelle 22).

Tabelle 22. *Polymerisationsgrade von Zellulosen im Zellstoff.*
(Nach STAUDINGER und FEUERSTEIN.)

Zellstoff	Polymerisationsgrad
Sulfitzellstoff Waldhof aus Fichtenholz	660
Natronzellstoff „Stora“ (Papier-Fabrik Scheufelen)	660
Sulfitzellstoff aus Buchenholz (I. G. Wolfen)	840···880
Salpetersäure-Zellstoff aus Buchenholz (I. G. Wolfen)	860···920
Kodzu, japanischer Zellstoff	1260
Mitsumata, japanischer Zellstoff	1250···1290

Wie die Tabelle zeigt, ist bei der Zellstoffabrikation mit Ausnahme bei den japanischen Zellstoffen ein ziemlich weitgehender Abbau des Zellulosemoleküls erfolgt.

Nach Untersuchungen von SAMUELSON[3] zeigt die Zellulose in den Zellstoffen erhebliche Polymolekularität, was auf ungleichmäßigen Abbau der Moleküle bei der Kochung und mehr noch bei der Zellstoffbleiche zurückgeführt werden muß. Wie stark der Einfluß der Bleiche auf den Durchschnitts-Polymerisationsgrad sein kann, geht aus Tabelle 23 hervor.

Tabelle 23. *Polymerisationsgrade eines Zellstoffes der Zellulosefabrik Kehl mit verschiedenen Bleichungsgraden.*
(Nach STAUDINGER und FEUERSTEIN.)

	Polymerisationsgrad a	Polymerisationsgrad b
Fichten-Zellstoff, zunehmende Bleichungsgrade	1130	1010
	970	950
	900	940
	890	940
	780	730
	720	680
	550	520

Was die Polymolekularität anbetrifft, so fanden WANNOW und THORMANN[4] bei abgebauten Zellulosepräparaten, daß die Kettenlängen im allgemeinen nicht symmetrisch um den gemessenen Durchschnittspolymerisationsgrad verteilt sind, sondern daß der Hauptteil aus einem annähernd einheitlichen Stoff besteht, während ein kleinerer Teil in bezug auf die Kettenlänge recht uneinheitlich ist und allgemein aus kürzeren Ketten besteht.

Es soll an dieser Stelle nunmehr eine Übersicht über die Polymerisationsgrade einiger Chemiefasern gegeben werden. Tabelle 24 bringt die Durchschnittspolymeri-

[1] BADGLEY: Polymer. Bull. **1**, 17 (1945).
[2] STAUDINGER u. FEUERSTEIN: Liebigs Ann. Chem. **526**, 72 (1936).
[3] SAMUELSON: Svensk Kem. Tidskr. **59**, 105 (1947).
[4] WANNOW u. THORMANN: Kolloid-Z. **112**, 94 (1949).

sationsgrade einiger handelsüblicher *Zellwollen*. Von STAUDINGER und FEUERSTEIN untersuchte *Reyongarne* wiesen Polymerisationsgrade zwischen 300 und 450 auf.

Aus diesen Zahlen geht deutlich hervor, daß bei der Reyon- und Zellwollherstellung eine starke Verkürzung des Zellulosemoleküls erfolgt. Andererseits zeigt die Tabelle aber auch, daß aus Baumwollinters hergestellte Chemiefasern (Cuprama, Lanusa-Oppau) höhere Polymerisationsgrade aufweisen als Chemiefasern aus Holzzellstoffen, was unter Berücksichtigung der Polymerisationsgrade der Ausgangsmaterialien nicht verwunderlich ist. Hierbei ist allerdings zu bemerken, daß die Cuprama-Faser nicht nach dem Viskoseverfahren hergestellt wird und daß bei der Lanusa-Oppau die Vorreife in mäßigen Grenzen gehalten wird. Das gleiche gilt für die Schwarza-Spezial-Zellwollen.

Tabelle 24.
Polymerisationsgrade einiger Zellwollen.
(Nach STAUDINGER, SORKIN und FRANZ[1].)

Material	Polymerisationsgrad
Cuprama	560
Lanusa (Oppau)	520
Schwarza 3,8 den.	435
Schwarza 3,6 den.	370
Flox 2,1 den..	325
Vistra XT 4,3 den.	285
Vistra XT 3,8 den.	285
Courtaulds-Faser 2,9 den. . .	265
Snia Viscosa 2,0 den.	265
Japanische Zellwolle	245
Vistra 3,5 den.	220
Celta-Zellwolle 4,0 den. . . .	175

Ist der Polymerisationsgrad des Moleküls bekannt, so läßt sich daraus auch eine Angabe über die räumliche Ausdehnung des Moleküls machen. Dies setzt die Kenntnis der Abstände der Atome bzw. ihrer Kerne voneinander sowie die gegenseitige Lage der Atome im Molekül voraus. Über dieses Gebiet liegen eingehende Untersuchungen von STUART[2], PAULING und HUGGINS[3] sowie BRAGG[4] vor. Es hat sich bei diesen röntgenographischen Untersuchungen ergeben, daß den einzelnen Atomen ganz bestimmte Abstände voneinander zukommen und daß ferner die Valenzen, die die einzelnen Atome miteinander verbinden, Winkel von ganz bestimmter Größe bilden. So beträgt der Abstand der Kerne zweier durch einfache Bindung gebundener Kohlenstoffatome

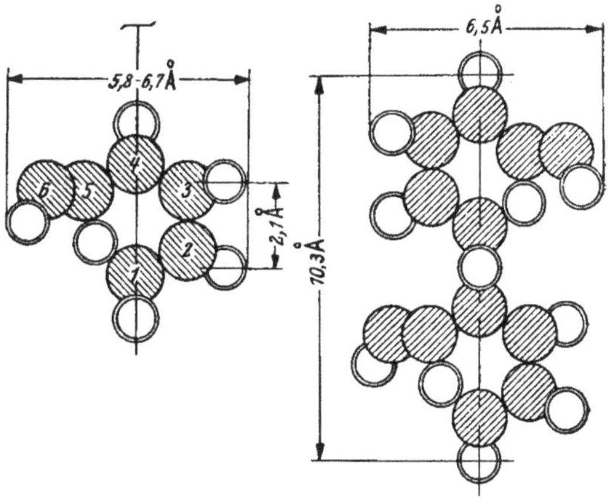

Abb. 18. Raumbild des Glukose- (links) und Zellobiosemoleküls (rechts). (Nach MEYER und MARK.)

$$C—C = 1{,}54\ Å.$$

Der Abstand zwischen einem Kohlenstoffatom und einem Sauerstoffatom wurde zu

$$C—O = 1{,}35\ Å$$

berechnet. Unter Berücksichtigung der Valenzwinkelung kommt man zu dem in Abb. 18 wiedergegebenen Bild für die Gestalt des Glukose- und Zellobiosemoleküls.

---

[1] STAUDINGER, SORKIN u. FRANZ: Melliand Textilber. **17** (1936).
[2] STUART: Molekülstruktur, Berlin 1934.
[3] PAULING u. HUGGINS: Referiert bei STUART: Molekülstruktur.
[4] BRAGG: Proc.-Roy. Soc. London A **123**, 837 (1929).

In dieser Abbildung stellen die schraffierten Kreise die Kohlenstoffatome, die Ringe die Sauerstoffatome dar. Die Wasserstoffatome sind der Übersichtlichkeit halber fortgelassen. Die räumliche Ausdehnung ist in der Abbildung angegeben.

Die genannten Forscher nehmen an, daß die beiden Glukosereste im Molekül der Zellobiose um 180° verdreht sind. Man würde auf diese Weise für das gesamte Zellulosemolekül zu einer diagonalen Schraubensymmetrie kommen. Auf Grund neuerer Messungen hält SAUTER diese Annahme allerdings für unzutreffend.

Durch Multiplikation der Länge eines Glukoserestes mit den durchschnittlichen Polymerisationsgraden kommt man zu einer Länge für das Kettenmolekül der Zellulose von 0,6—1,3 μ (Ramiefasern 10000—15000 Å, Chemiefasern 1500—2500 Å). Das Verhältnis des Moleküldurchmessers zu seiner Länge ist etwa 1:1000, die Zahl der Atome im Molekül liegt zwischen 25000 und 50000. In bezug auf die Moleküllänge kommen wir somit bei der Zellulose bis in das Gebiet der Sichtbarkeit im Mikroskop. Wenn ein solches Molekül aber dennoch nicht sichtbar ist, so liegt das an seinem nur außerordentlich geringen Durchmesser.

Es darf nicht verschwiegen werden, daß die neuen, S. 84 angeführten Arbeiten eine gewisse Unsicherheit in diese Annahme gebracht haben, wenigstens soweit es sich um native Holzzellulose handelt. Hierbei könnte der hohe Polymerisationsgrad auch auf Verzweigungen entsprechend kürzerer Ketten beruhen, was eine Berechnung der Moleküllänge aus dem Polymerisationsgrad ohne weiteres nicht gestatten würde.

d) Die Bestimmung des Molekulargewichtes bzw. des Polymerisationsgrades.

Für die Bestimmung des Molekulargewichtes bzw. des Polymerisationsgrades bei makromolekularen Stoffen steht eine ganze Reihe von Methoden zur Verfügung:

Die Ermittlung des Gehaltes an Endgruppen,
das Studium des Verhaltens bei der Sedimentation,
die Messung des osmotischen Druckes,
die Messung der Ausflockung,
die Auswertung der Strömungsdoppelbrechung und
die Messung der Viskosität.

Über die Eignung der verschiedenen Methoden wurde eine ausgezeichnete Übersicht von HERMANS[1] gegeben, so daß wir uns hier sehr kurz fassen können.

Die Endgruppenmethode. Aus der Menge des Gehaltes einer Substanz an abweichend gebauten Endgruppen läßt sich das Molekulargewicht berechnen. Dies setzt aber voraus, daß die chemische Natur der Endgruppen genau bekannt ist. Nach Untersuchungen von HESS und Mitarbeitern[2] ist es jedoch bei natürlichen Zellulosen bisher nicht gelungen, die Struktur der Endgruppen aufzuklären. Die Endgruppenmethode muß sich daher auf Derivate und abgebaute Zellulosepräparate beschränken.

Man hat zunächst versucht, das Reduktionsvermögen der aldehydischen Endgruppe (Kupferzahl nach SCHWALBE) für die Molekulargewichtsbestimmung auszu-

[1] HERMANS: Physics and Chemistry of Cellulose Fibres, S. 96—123.

[2] HESS: Papierfabr. **36**, 333 (1938). — HESS u. JUNG: Ber. dtsch. chem. Ges. **73**, 980 (1940). — HESS u. NEUMANN: Ber. dtsch. chem. Ges. **70**, 731 (1937). — HESS u. GRIGORESCU: Ber. dtsch. chem. Ges. **73**, 499 (1940).

werten, jedoch fanden sich hierbei keine eindeutigen Zusammenhänge mit der Kettenlänge[1]. In gewissen Fällen wurden allerdings brauchbare Ergebnisse durch Bestimmung der Jodzahl gefunden[2].

Auch die in Endgruppen nach erfolgter Oxydation vorliegende Karboxylgruppe wurde für die Molekulargewichtsbestimmung herangezogen[3]. Diese Methode hat sich nach WEHR[4] bei Nitrozellulosen bewährt und nach HUSEMANN und WEBER[5] auch bei Präparaten, die durch alkalische Kupferlösung oxydiert worden waren.

Besonders brauchbare Ergebnisse werden aber nach HAWORTH und MACHEMER[6] durch erschöpfende Methylierung und Bestimmung des Methylgehaltes erhalten. Die Methode wurde später durch HESS und NEUMANN[7] noch verbessert, ist aber gleichfalls, wie auch FREUDENBERG und BRAUN[8] zeigen konnten, für native Zellulose nicht brauchbar.

Die Sedimentationsmethode. Da zwischen der Masse eines Teilchens und der Sedimentationsgeschwindigkeit bzw. dem Sedimentationsgleichgewicht einer Dispersion ein bestimmter Zusammenhang besteht (STOKESsches Gesetz), so gestattet die Messung dieser Größen unter bestimmten Voraussetzungen eine Aussage über das Molekulargewicht. Da aber die spezifischen Gewichte der gelösten Teilchen sich vom spezifischen Gewicht des Lösungsmittels nur wenig unterscheiden, so reicht für die Untersuchung der Sedimentationsverhältnisse die Erdschwere nicht aus. Die Messungen werden daher in der von THE SVEDBERG[9] konstruierten Ultrazentrifuge ausgeführt.

Man kann, wie schon gesagt war, sowohl das Sedimentationsgleichgewicht als auch die Sedimentationsgeschwindigkeit (in Kombination mit der Messung der Diffusionskonstante) für die Untersuchung auswerten, jedoch sind, wie HERMANS ausführt, die Meßergebnisse mit einer gewissen Vorsicht zu betrachten. Insbesondere hat GRALÉN[10] gefunden, daß die Werte, die durch Bestimmung des Sedimentationsgleichgewichtes erhalten werden, durchweg niedriger liegen als die bei der Untersuchung der Sedimentationsgeschwindigkeit erhaltenen Werte. Wie Vergleiche mit Molekulargewichten gezeigt haben, die nach anderen Methoden ermittelt waren, scheinen die höheren Werte aber die richtigeren zu sein.

Die früher nach der Methode des Sedimentationsgleichgewichtes von KRAEMER und LANSING[11], CHAWDBURY und BARDHAW[12], SIGNER, LIECHTI und v. TAVEL[13] sowie WISSLER[14] ermittelten Molekulargewichte bedürfen daher einer Korrektur im Sinne einer Erhöhung.

---

[1] WELTZIEN u. NAKAMURA: Liebigs Ann. Chem. **440**, 290 (1924). — STAUDINGER u. EDER: Cellulosechem. **19**, 125 (1941).

[2] BERGMANN u. MACHEMER: Ber. dtsch. chem. Ges. **63**, 316, 2304 (1930). — STAUDINGER: Die hochmolekularen organischen Verbindungen Kautschuk u. Zellulose, Berlin 1932.

[3] REBEK: Kolloid-Z. **92**, 217 (1940). — WEBER: J. prakt. Chem. **159**, 33, 455, 462 (1941).

[4] WEHR: Kolloid-Z. **88**, 207 (1929).

[5] HUSEMANN u. WEBER: J. prakt. Chem. **161**, 1 (1942).

[6] HAWORTH u. MACHEMER: J. chem. Soc. London A **1932**, 2270.

[7] HESS u. NEUMANN: Ber. dtsch. chem. Ges. **70**, 710 (1937).

[8] FREUDENBERG u. BRAUN: Liebigs Ann. Chem. **460**, 288 (1928).

[9] THE SVEDBERG u. PEDERSEN: Die Ultrazentrifuge, 1940.

[10] GRALÉN: Diss. Upsala 1944.

[11] KRAEMER u. LANSING: J. physic. Chem. **39**, 153 (1935).

[12] CHAWDBURY u. BARDHAW: J. Indian Chem. Soc. **13**, 240 (1936).

[13] SIGNER, LIECHTI u. v. TAVEL: Helv. chim. Acta **21**, 530, 535 (1938).

[14] WISSLER: Diss. Bern 1941.

Bemerkenswerterweise liegen die durch Bestimmung der Sedimentationsgeschwindigkeit erhaltenen Molekulargewichte wesentlich höher als die nach der weiter unten noch zu beschreibenden viskosimetrischen Methode, die sich in großem Umfange auch in die Betriebspraxis eingeführt hat, zu erhaltenden Ergebnisse. Wie gleichfalls schon erwähnt wurde, werden die viskosimetrischen Molekulargewichte auch von anderer Seite als zu niedrig bezeichnet. Ob die von GRALÉN ermittelten Werte, die für native Zellulose in der Größenordnung eines Polymerisationsgrades von 10000 liegen, der Wirklichkeit entsprechen, bedarf noch sorgfältiger Nachprüfung. Auffallend ist jedoch, daß, wie schon erwähnt, GOLOVA bei unter modifizierten Bedingungen durchgeführten Viskositätsmessungen Werte der gleichen Größenordnung fand. Da die Arbeiten über diesen Gegenstand aber noch im Fluß sind, kann ein abschließendes Urteil noch nicht gegeben werden.

Die osmotische Methode. Das schon erwähnte, vom VAN T'HOFFschen Gesetz abweichende Verhalten von Zelluloselösungen würde Messungen nur in extrem verdünnten Lösungen zulassen; in diesem Konzentrationsgebiet sind aber derartige Messungen nicht mehr durchführbar. Es gelang jedoch WO. OSTWALD[1] eine Formel aufzufinden, die den Grenzwert des osmotischen Druckes für unendliche Verdünnung zu berechnen gestattet. Unter Zuhilfenahme dieser Formel kann das Molekulargewicht aus dem osmotischen Druck normal konzentrierter Lösungen ermittelt werden. Nachdem von SCHULZ[2] ferner ein einfacher Zusammenhang zwischen der Größe der Abweichung vom VAN T'HOFFschen Gesetz und der Molekülgröße aufgefunden wurde, ist es auch möglich, das Molekulargewicht durch Anwendung eines Korrekturfaktors aus osmotischen Messungen an niedermolekularen, gleich gebauten Gliedern des Makromoleküls zu bestimmen[3].

Die Messung der Ausflockung. Von SCHULZ und JIRGINSONS[4] wurde gefunden, daß ein einfacher Zusammenhang zwischen der Ausflockung und dem Molekulargewicht besteht. Hierbei wird gelöste Zellulose durch Zugabe eines Zellulose nicht lösenden Mittels ausgeflockt und die zuzugebende Menge bis zur Flockung bestimmt. Wie SCHULZ und DINGLINGER[5] sowie HUSEMANN[6] gezeigt haben, gibt diese einfach anzuwendende Methode gute Übereinstimmung mit Werten, die nach anderen Methoden erhalten wurden.

Die Messung der Strömungsdoppelbrechung. Nach W. und H. KUHN[7] sowie J. J. HERMANS[8] ist es möglich, aus der Strömungsdoppelbrechung Rückschlüsse auf das Molekulargewicht zu ziehen. Die Methode beruht darauf, daß sich anisotrope Teilchen unter dem Einfluß von Strömung in die Strömungsrichtung orientieren und dann Doppelbrechung zeigen. Auf die näheren Zusammenhänge sowie die Methodik selbst kann hier jedoch nicht näher eingegangen werden.

Die viskosimetrische Methode. Bestimmungen des Molekulargewichtes durch Untersuchung der Viskosität sind durch Auffindung einer einfachen Beziehung zwischen

[1] OSTWALD, WO.: Kolloid-Z. **49**, 60 (1929).
[2] SCHULZ: Z. physik. Chem. (A) **176**, 317 (1936); **177**, 453 (1936).
[3] Näheres siehe bei STAUDINGER: Organische Kolloidchemie, Seite 1747, Braunschweig 1941.
[4] SCHULZ u. JIRGINSONS: Z. physik. Chem. (B) **46**, 105 (1940).
[5] SCHULZ u. DINGLINGER: J. prakt. Chem. **158**, 136 (1941).
[6] HUSEMANN: J. prakt. Chem. **159**, 163 (1941).
[7] KUHN, W. u. H.: Helv. chim. Acta **26**, 1394 (1943).
[8] HERMANS, J. J.: Kolloid-Z. **106**, 22 (1944).

Molekulargewicht und Viskosität durch STAUDINGER[1] möglich geworden. Da die viskosimetrische Bestimmungsmethode auch in der Praxis in den letzen Jahren große Bedeutung erlangt hat, soll auf ihre Grundlagen hier näher eingegangen werden. Zwischen der spezifischen Viskosität η_{sp} gleich konzentrierter Lösungen und der Länge eines Fadenmoleküls, also dem Molekulargewicht M, besteht folgende Beziehung:

$$\frac{\eta_{sp}}{C_{gm}} = K_m \cdot M.$$

In dieser Gleichung ist $\frac{\eta_{sp}}{C_{gm}}$ die Viskosität einer grundmolaren Lösung. Um diese Größe zu bestimmen, werden Viskositätsmessungen an Zellulosen oder ihren Derivaten in solchen Konzentrationsgebieten, in denen keine gegenseitige Beeinflussung der gelösten Moleküle stattfinden kann, durchgeführt. Diesen Konzentrationsbereich nennt STAUDINGER eine Sollösung, im Gegensatz zu einer Gellösung. Die Konzentration, bei der die Sollösung in die Gellösung übergeht, heißt Grenzkonzentration. Sie liegt um so niedriger, je höher das Molekulargewicht ist (Tabelle 25).

Tabelle 25. *Grenzkonzentrationen für Zelluloselösungen verschiedenen Polymerisationsgrades.* (Nach STAUDINGER.)

Art der Zellulose	Polymerisationsgrad	Grenzkonzentration in %
Zellulose aus Pflanzenfasern .	2000	0,085
Zellstoffe und Reyon	500	0,34
Hemikolloide Zellulose . . .	100	1,7
Zellodextrin	10	17

Wie aus der Tabelle hervorgeht, muß man also in sehr verdünnten Lösungen arbeiten. Aus den sich hierbei ergebenden Viskositätswerten errechnet man die spezifische Viskosität der grundmolaren Lösung unter der Annahme, daß die spezifische Viskosität proportional der Konzentration steigt. Da beispielsweise das Grundmolekulargewicht der Azetylzellulose 288 ist, so ist eine grundmolare Lösung der Azetyl-

Tabelle 26. *Vergleich der osmotisch und viskosimetrisch gefundenen Polymerisationsgrade verschiedener Zelluloseabkömmlinge.* (Nach STAUDINGER[2].)

Zellulosetriazetate		Zellulosenitrate		Zelluloseäthyläther	
osmotisch	viskosimetrisch	osmotisch	viskosimetrisch	osmotisch	viskosimetrisch
79	83	180	195	85	92
125	130	210	190	185	190
145	140	300	270	200	210
170	160	460	460	205	230
280	290	580	670	240	245
370	390	650	690	275	270
780	825	1150	1200	—	—

zellulose eine 28,8proz. Die spezifische Viskosität wird also in einer verdünnten Lösung, je nach dem Polymerisationsgrad in einer 1,0···0,1proz., bestimmt. Daraus wird dann der Wert für $\frac{\eta_{sp}}{C_{gm}}$ berechnet. K_m ist eine Konstante, die für jede polymer-

[1] STAUDINGER u. SCHULZ: Ber. dtsch. chem. Ges. **68**, 2320 (1935).
[2] STAUDINGER: Holz als Roh- und Werkstoff **1**, 262 (1938).

homologe Reihe dadurch ermittelt wird, daß osmotische Messungen an verschiedenen Vertretern in Verbindung mit Viskositätsmessungen vorgenommen werden. Die Konstante ist für hoch- und niedermolekulare Vertreter einer polymerhomologen Reihe die gleiche. Sie hat für Zellulose in SCHWEIZERs Reagens den Wert $5 \cdot 10^{-4}$. Für die gute Übereinstimmung osmotisch und viskosimetrisch ermittelter Polymerisationsgrade bringt Tabelle 26 Beispiele (s. S. 73 unten.)

Aus den Polymerisationsgraden ergibt sich das Molekulargewicht durch Multiplikation mit 162, dem Molekulargewicht des Glukoserestes.

Abschließend soll noch eine Zusammenstellung von Molekulargewichten von Zellulosepräparaten gegeben werden, und zwar gleichfalls osmotisch und viskosimetrisch bestimmte (Tabelle 27).

Tabelle 27. *Osmotisch und viskosimetrisch ermittelte Molekulargewichte von Zellulosepräparaten.* (Nach STAUDINGER.)

Zellulose	Molekulargewicht	
	osmotisch	viskosimetrisch
Linters, schwach gebleicht . . .	443000	450000
Linters, stärker gebleicht	176000	210000
Linters, stark gebleicht	82000	82000
Viskosereyon	50000	59000

Wie schon S. 68 erwähnt, soll nach Untersuchungen von MARK die STAUDINGERsche Viskositätsbeziehung allerdings nur für kurzkettige Hochpolymere gültig sein[1], wogegen eine von MARK aufgestellte Beziehung

$$\eta_{sp} = K \cdot M^a$$

auch für langkettige Systeme zuverlässige Ergebnisse liefern soll. In der obigen Gleichung ist a eine Konstante für ein gegebenes System von gelöstem Stoff mit Grenzwerten von 0,5 für stark gekräuselte und 2,0 für gestreckte Moleküle. Nach dieser Formel werden höhere Molekulargewichte als nach der STAUDINGERschen Gleichung erhalten. So ermittelte unter Benutzung dieser Formel BADGLEY für Zelluloseazetat beispielsweise Molekulargewichte bis zu 390000.

Wenn auf diesem Gebiete somit auch noch keine vollkommene Klarheit herrscht und die bisher ermittelten Polymerisationsgrade vielleicht auch nicht absolut richtig sind, so muß doch festgestellt werden, daß die STAUDINGERsche Beziehung ungemein wertvoll für vergleichende Untersuchungen ist und für die Aufklärung mancher Unklarheiten bei der Chemiefaserfabrikation große Bedeutung erlangt hat.

II. Die übermolekulare Struktur.

a) Der kristalline Bau der Zellulose.

Durch den Bau des Moleküls allein sind weder das Verhalten noch die Eigenschaften der Faserzellulosen ausreichend zu erklären. Wären in einer Zellulosefaser lediglich die einzelnen Moleküle wirksam, so müßte beispielsweise die Faser infolge der vielen über das Molekül verteilten Hydroxylgruppen wasserlöslich sein. Ihre makromolekulare Natur kann ihre Wasserunlöslichkeit nicht bedingen, da andere makromole-

[1] BADGLEY: Polymer. Bull. 1, 17 (1945).

kularen Stoffe, wie z. B. Polyvinylalkohol[1] sowie auch das chemisch der Zellulose ganz analog gebaute Lichenin[2] in Wasser löslich sind. Dies deutet darauf hin, daß die Hydroxylgruppen des Moleküls für die vom Lösungsmittel ausgehenden Solvatationskräfte nicht verfügbar sind, sondern daß sie in anderer Weise in Anspruch genommen werden.

Um diese Zusammenhänge aufzuklären, muß auf Beobachtungen zurückgegriffen werden, die schon lange zurückliegen. Bei optischen Untersuchungen von Zellulosepräparaten stellte v. NÄGELI[3] Doppelbrechung fest — die Faser ist also anisotrop (siehe S. 90) — und zog hieraus sowie aus Beobachtungen des Verhaltens der Faser bei der Quellung den Schluß, daß die Zellulosemoleküle in einer regelmäßigen kristallähnlichen Ordnung zueinander stehen. Der kristallähnliche Bau der Faserzellulose wurde von AMBRONN[4] durch genaue Messungen der Brechungsindizes bestätigt. WIENER[5] erbrachte dann den Nachweis dafür, daß die Doppelbrechung der Zellulose in der Hauptsache sogenannte „Stäbchendoppelbrechung" ist. In der Zellulose müssen daher parallel zueinander angeordnete stäbchenförmige Bauelemente angenommen werden, wie dies Abb. 19 veranschaulicht. Es wird in der Abbildung schematisch gezeigt, wie stäbchenförmige Bauelemente regelmäßig und parallel zueinander in einem Einbettungsmittel liegen. Derartig gebaute Gebilde wurden von WIENER[6] als „Mischkörper" bezeichnet. Im vorliegenden, speziellen Falle liegt ein sogenannter Stäbchenmischkörper vor[7]. Voraussetzung für das Auftreten der Doppelbrechung bei einem derartig gebauten Körper ist, daß die Stäbchen einen anderen Brechungsexponenten aufweisen als das Einbettungsmittel und daß die Abstände der Stäbchen klein sind im Vergleich zur Wellenlänge des Lichtes.

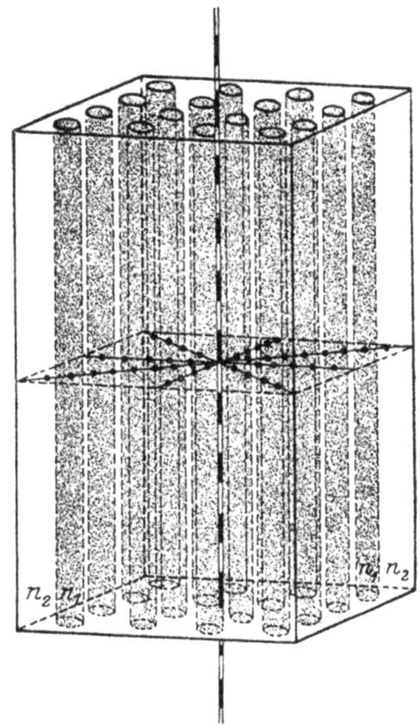

Abb. 19. Stäbchenmischkörper. n_1 Brechungsindex der (isotropen) Stäbchen; n_2 Brechungsindex des Imbibitionsmittels. (Nach AMBRONN und FREY).

Eine weitere Bestätigung der Kristallstruktur der Zellulose lieferte die Röntgenuntersuchung der Fasern: In einem Kristall liegen infolge der regelmäßigen, gitter-

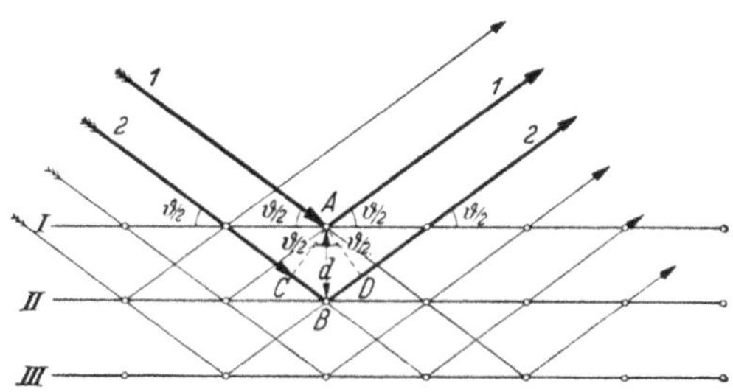

Abb. 20. Reflexion des Röntgenlichtes an einem Kristallgitter I, II, III Netzebenen; d Netzebenenabstand; 1, 2 interferierende Röntgenstrahlen; $\vartheta/2$ Reflektions- oder Glanzwinkel (halber Ablenkungswinkel). (Nach BRAGG.)

[1] LIESER, JACKS u. GLITSCHER: Liebigs Ann. Chem. **548**, 212 (1941).
[2] PERCIVAL u. GRANICHTSTÄDTEN: Nature **160**, 549 (1942).
[3] v. NÄGELI: Die Stärkekörner 1885; Die Mizellartheorie, OSTWALDS Klassiker, Bd. 227, Leipzig 1928. — [4] AMBRONN: Kolloid-Z. **18**, 90, 173 (1916).
[5] WIENER: bei AMBRONN u. FREY: Das Polarisationsmikroskop, Leipzig 1926, S. 16.
[6] WIENER: Abh. sächs. Ges. Wiss., Mathem.-naturw. Kl. **33**, 507 (1912). — [7] Näheres siehe bei FREY-WYSSLING: Die Stoffausscheidung der höheren Pflanzen, Berlin 1935, S. 61.

förmigen Bauweise die Atome auf einzelnen Netzebenen. Wird ein Kristall mit parallelem Röntgenlicht bestrahlt, so tritt an den einzelnen Netzebenen eine teilweise Reflexion des Röntgenlichtes auf, da die Wellenlänge des Röntgenlichtes in der Größenordnung der Netzebenenabstände liegt (Abb. 20). Ist nun der Gangunterschied von zwei austretenden Strahlen, von denen der eine an der Netzebene I und der andere an der Netzebene II reflektiert wird, ein Vielfaches der Wellenlänge des Röntgenlichtes, so tritt eine gegenseitige Verstärkung des reflektierten Lichtes auf, die sich als Schwärzung auf einer photographischen Platte zu erkennen gibt. Derartige Kristallinterferenzen wurden bei der röntgenographischen Untersuchung von Fasern durch NISHIKAWA und ONO[1] sowie HERZOG und JANCKE[2] eindeutig gefunden, wodurch die Beweiskette für die Kristallstruktur der Zellulosefasern geschlossen wurde.

Die oben erwähnte Unlöslichkeit der Zellulose in Wasser liegt nun in diesem kristallähnlichen Bau begründet, denn zwischen den Molekülketten sind, wie Abb. 21 erkennen läßt, Nebenvalenzkräfte wirksam, die sowohl die Hydroxylgruppen benachbarter Zelluloseketten im Gitter als auch die Brückensauerstoffatome in der Querrichtung miteinander verbinden[3]. Für die Bindung eines Lösungsmittels stehen daher die Hydroxylgruppen der Kettenmoleküle nicht zur Verfügung. Eine Überwindung dieser Molkohäsionskräfte (Gitterkräfte) und somit eine Dispergierung in Einzelmoleküle ist nur auf dem Umwege über Substitution der Hydroxylgruppen, oder über Anlagerungsverbindungen wie z. B. Verkupferung, oder nach LIESER und LECKZYCK[4] durch Behandlung mit hochmolekularen organischen Basen möglich.

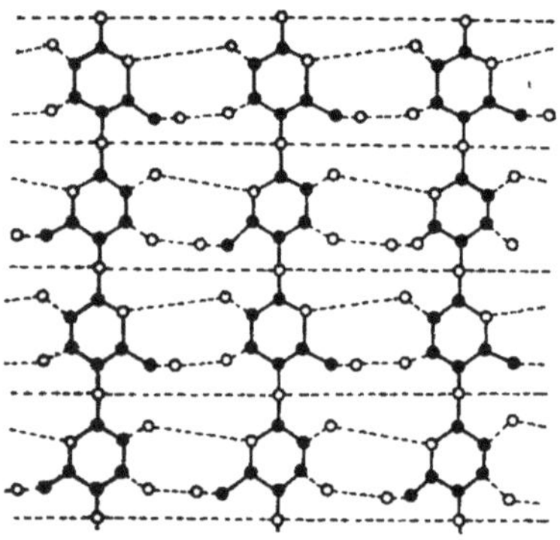

Abb. 21. Lage der Nebenvalenzen zwischen den Zellulosemolekülen im Kristallgitter. (Nach SPONSLER und DORE.)

Die Röntgenuntersuchung gestattet aber auch, genaue Messungen vorzunehmen, und zwar zunächst dadurch, daß Reflexion an den Netzebenen eines Kristallgitters nur dann auftritt, wenn die BRAGGsche Beziehung

$$2d \sin \frac{\vartheta}{2} = n \lambda$$

erfüllt ist. In der Gleichung bedeutet d den Abstand zweier benachbarter Netzebenen, ϑ den Winkel zwischen dem einfallenden und dem abgebeugten Röntgenstrahl, n die Ordnung der Reflexion und λ die Wellenlänge des einfallenden Röntgenlichtes. Da die Wellenlänge des jeweils verwendeten Röntgenlichtes bekannt ist, können die Abstände der Netzebenen und somit der Atome aus den Abständen der Interferenzen berechnet werden.

Ferner können durch die Röntgenuntersuchung auf Grund der von POLANYI gefundenen Schichtlinienbeziehung auch Aussagen über die Abmessungen der kleinsten, regelmäßig gebauten Einheit eines Kristalls, den sogenannten „Elementar-

[1] NISHIKAWA u. ONO: bei HERZOG u. JANCKE: Z. physik. Chem. (A) **139**, 235 (1928).
[2] HERZOG u. JANCKE: Ber. dtsch. chem. Ges. **53**, 2162 (1920).
[3] KARRER: Z. angew. Chem. **35**, 85 (1922). — SPONSLER u. DORE: Cellulosechemie **11**, 196 (1930). — [4] LIESER u. LECKZYCK: Liebigs Ann. Chem. **522**, 56 (1936).

körper“, gemacht werden. Aus dem Elementarkörper erhält man durch paralleles Verschieben in den drei Richtungen des Raumes den ganzen Kristall, er besitzt also die gleichen Symmetrieverhältnisse wie der ganze Kristall. Der Elementarkörper stellt ein Parallelepiped dar, das durch seine drei Kantenlängen, die man mit „Identitätsperioden“ bezeichnet, sowie durch den Winkel, den die Kanten miteinander bilden, bestimmt ist. Die Kantenlängen des Elementarkörpers entsprechen den kristallographischen Achsen. Bei der genauen Betrachtung der Lage der Interferenzpunkte eines Faserröntgenogramms stellt man fest, daß alle Punktpaare auf Hyperbeln liegen[1], die symmetrisch zum Äquator des Röntgenogramms angeordnet sind (Abb. 22). Diese Hyperbeln stellen die Schichtlinien dar. Wenn nun der einfallende Röntgenstrahl mit der Faserachse einen rechten Winkel bildet, so besteht folgende Beziehung:

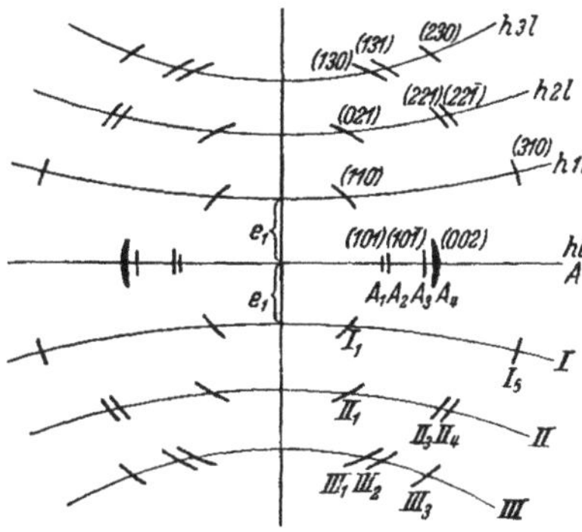

Abb. 22. Schema des Zellulosefaserdiagramms. *I*, *II*, *III* Schichtlinien ($h1l$), ($h2l$), ($h3l$); A Äquator ($h0l$); e_1 Schichtlinienabstand der 1. Schichtlinie. Die wichtigsten Interferenzpunkte sind oberhalb des Äquators mit ihren MILLERschen Indizes vermerkt, unterhalb nach der Bezeichnungsweise von R. O. HERZOG. (Nach FREY-WYSSLING.)

$$I = \frac{n\,\lambda}{\sin\mu_n}.$$

In dieser Gleichung bedeutet I die Identitätsperiode in Richtung der Faserachse, n die Ordnung der Schichtlinien, λ die Wellenlänge des Röntgenlichtes und μ_n den Öffnungswinkel der n-ten Schichtlinie. Die Identitätsperiode kann somit, da die anderen Werte der Gleichung bekannt sind, berechnet werden.

Ebenso sind nach WEISSENBERG[2] die Winkel des Elementarkörpers durch Auswertung von Röntgendiagrammen zu bestimmen.

Auf Grund dieser Zusammenhänge wurde von MEYER und MARK[3] der Elementarkörper der Zellulose berechnet. Hierbei ergab sich überraschenderweise, daß die Identitätsperiode in Richtung der Faserachse genau der Länge eines Zellobioserestes entspricht. Der Elementarkörper der Zellulose hat folgende Abmessungen:

$$a = 8{,}35\ \text{Å}$$
$$b = 10{,}3\ \text{Å}$$
$$c = 7{,}9\ \text{Å}$$

Die b-Achse entspricht der Achse des Zellobioserestes, stellt also die Faserachse dar. Die b-Kante steht senkrecht auf der Grundfläche des Parallelepipeds, der Winkel β zwischen a und c ist ein wenig kleiner als 90°.

In Abb. 23 ist der Elementarkörper der Zellulose wiedergegeben. Die eine senkrechte Kante des Parallelepipeds ist mit einem Zellobioserest besetzt. Der zweite Zellobioserest befindet sich auf der Verbindungslinie der Schnittpunkte der Diagonalen der unteren und oberen Fläche des Parallelepipeds. Dieser Zellobioserest ist in seiner

[1] Bei ebenem Röntgenfilm; bei zylindrisch angeordnetem Film liegen die Punkte auf Geraden. — Vgl. hierzu FREY-WYSSLING: Die Stoffausscheidung der höheren Pflanzen, S. 19, Berlin 1935.

[2] WEISSENBERG: Ann. Physik **69**, 409 (1922); Z. Kristallogr. **61**, 58 (1925).

[3] MEYER u. MARK: Ber. dtsch. chem. Ges. **61**, 593 (1928); Z. physik. Chem. (B) **2**, 115 (1929); (B) **4**, 431 (1929). — ANDRESS: Z. physik. Chem. (B) **2**, 380 (1929).

Höhe zum ersteren um den Betrag eines halben Glukoserestes verschoben. Abb. 24 zeigt den Elementarkörper in der Aufsicht.

Es soll bemerkt werden, daß SAUTER[1] bei neueren Untersuchungen etwas andere Abmessungen des Elementarkörpers fand, nämlich

$$a = 10{,}8\ \text{Å}$$
$$b = 10{,}4\ \text{Å}$$
$$c = 11{,}8\ \text{Å}$$

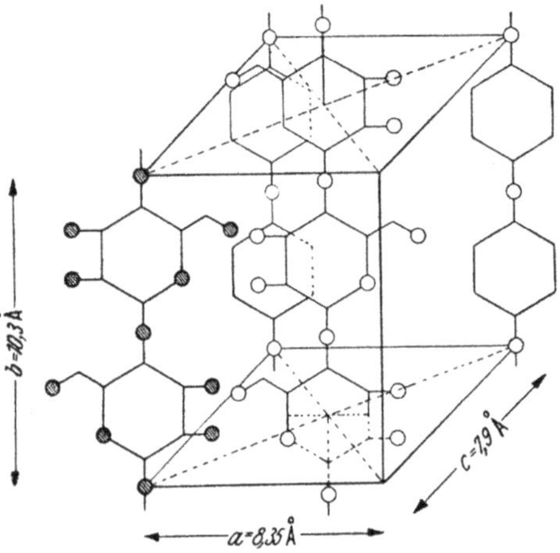

Abb. 23. Elementarkörper des Zellulosekristalls. (Nach MEYER und MARK.)

Der Winkel β zwischen a und c soll nach SAUTER 85° betragen. Neuere Messungen von GROSS und CLARK[2] sowie MEYER und MISCH[3] sprechen jedoch für die Richtigkeit der früher berechneten Werte.

b) Die verschiedenen Modifikationen der Zellulose.

Es muß an dieser Stelle gezeigt werden, daß nicht bei allen Zellulosepräparaten der Elementarkörper durch den oben geschilderten Kristallbau gekennzeichnet ist. Wie eingehende Untersuchungen ergeben haben, kommt er lediglich der *nativen* Zellulose zu. Die durch diesen Bau des Elementarkörpers bestimmte Zellulosemodifikation wird auch als Zellulose I bezeichnet und kommt z. B. in der natürlichen Baumwoll-, Ramie- oder Flachsfaser vor. Wird Zellulose I nach Überführung in Alkalizellulose oder aus Lösungen unter normalen Bedingungen regeneriert, *wie dies beispielsweise immer bei ihrer Umwandlung in Chemiefasern der Fall ist,* so erhält man stets eine andere Modifikation der Zellulose, nämlich die sogenannte *Hydratzellulose,* die auch als Zellulose II bezeichnet wird. Über die Umwandlung der nativen Zellulose in die Hydratzellulose wird Näheres noch im 9. Kapitel ausgesagt, hier soll nur der Bau ihres Elementarkörpers beschrieben werden. Nach Messungen von ANDRESS[4] ist er durch folgende Zahlen gekennzeichnet:

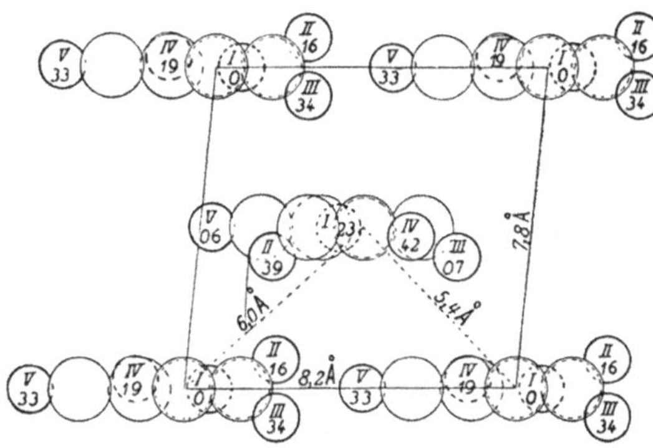

Abb. 24. Lage der Glukosereste im Gitter der nativen Zellulose. Ebene Projektion auf die a, c-Ebene (senkrecht zur Faserachse). Die römischen Ziffern bezeichnen die Sauerstoffatome. (Nach ANDRESS).

$$a = 8{,}1\ \text{Å} \qquad c = 9{,}14\ \text{Å}$$
$$b = 10{,}3\ \text{Å} \qquad \beta = 62°$$

[1] SAUTER: Z. physik. Chem. (B) **35**, 83 (1936); **36**, 427 (1937); **37**, 161 (1937).
[2] GROSS u. CLARK: Z. Kristallogr. (A) **99**, 357 (1938).
[3] MEYER und MISCH: Helv. chim. Acta **20**, 232 (1937).
[4] ANDRESS: Z. physik. Chem. (B) **4**, 190 (1929).

Der Elementarkörper der Hydratzellulose unterscheidet sich demnach vom Elementarkörper der nativen Zellulose nur wenig. Er besteht wie bei der nativen Zellulose aus Zellobioseresten, die parallel zur *b*-Achse angeordnet sind. Auch der Abstand

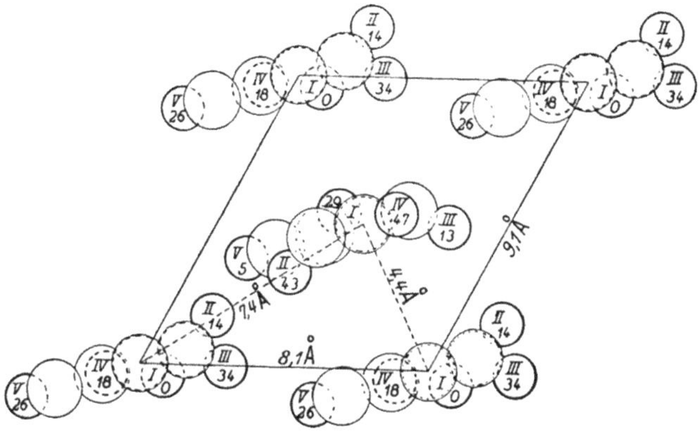

Abb. 25. Lage der Glukosereste im Gitter der Hydratzellulose. (Nach ANDRESS).

zweier benachbarter Ketten ist annähernd derselbe. Dagegen sind die einzelnen Ketten bei der Hydratzellulose um ihre Längsachse etwas verdreht, wie dies Abb. 25 zeigt, die den Elementarkörper der Hydratzellulose in der Aufsicht wiedergibt. Nach SPONSLER und DORE[1] sowie SAUTER[2] sollen im Elementarkörper der Hydrat-

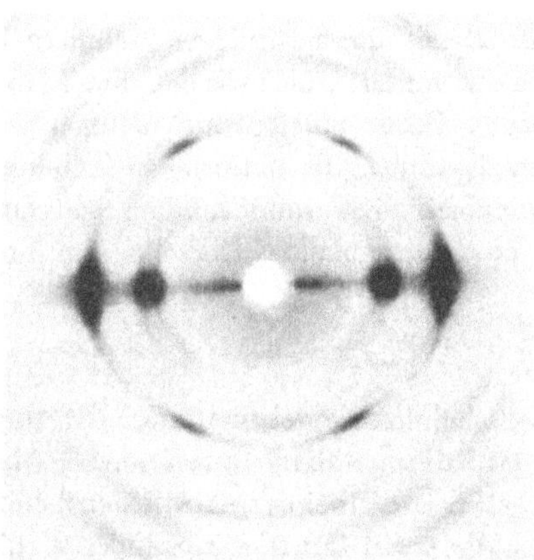

Abb. 26. Röntgendiagramm der natürlichen Ramiezellulose.

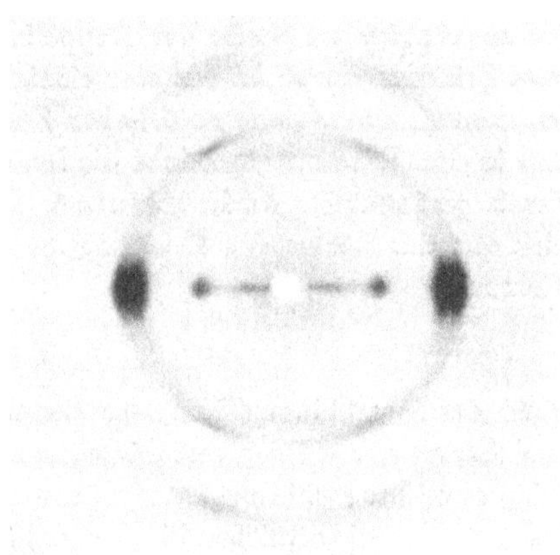

Abb 27. Röntgendiagramm der Hydratzellulose.

zellulose allerdings nicht die gesamten Hauptvalenzketten seitlich verdreht sein, sondern nur die primären Alkoholgruppen des Glukoserestes. In den Abb. 26 und 27 sind die Röntgendiagramme der natürlichen Ramiezellulose sowie der aus ihr erhaltenen Hydratzellulose wiedergegeben. Die Unterschiede in ihrem Bau kommen in den Diagrammen gut zum Ausdruck.

[1] SPONSLER u. DORE: J. Amer. chem. Soc. **50**, 1940 (1928).
[2] SAUTER: Z. physik. Chem. (B) **37**, 161 (1937).

Eine weitere Zellulosemodifikation wurde von HESS und GUNDERMANN[1] beschrieben. Sie wurde erhalten durch Regeneration einer mit Ammoniak umgesetzten Zellulose[2] und wurde mit Zellulose III bezeichnet. Ihr Elementarkörper hat annähernd folgende Abmessungen:

$$a = 15{,}50\ \text{Å}$$
$$b = 10{,}40\ \text{Å}$$
$$c = 15{,}50\ \text{Å}$$
$$\beta = 90°$$

Diese Modifikation ist insofern bemerkenswert, als sie durch Behandeln mit Wasser oder wässerigen Lösungen von Säuren oder Alkalien, namentlich bei höheren Temperaturen, teilweise in native Zellulose zurückverwandelt wird. Dies tritt in besonders hohem Maße ein, wenn die Zellulose III aus Hydratzellulose hergestellt wurde.

Es kann heute angenommen werden, daß auch noch eine vierte Zellulosemodifikation besteht. MEYER und BADENHUIZEN[3] sowie KUBO und KANAMARU[4] haben durch Erhitzen von Hydratzellulose in polaren, solvatisierenden Flüssigkeiten von kleinem Molekulargewicht[5], wie Wasser oder Glyzerin, auf Temperaturen von über 200° C eine Zellulose erhalten, die von ihnen auf Grund der Röntgendiagramme als native Zellulose angesprochen wurde. Auf diesem Wege schien somit eine direkte Regeneration der Hydratzellulose zur nativen möglich zu sein. Bei diesen Umwandlungen verschwindet im Röntgendiagramm die charakteristische Interferenz A_0 (vgl. Abb. 22) der Hydratzellulose, und es treten die die natürlichen Zellulosen kennzeichnenden Interferenzen A_1 und A_2 auf[6]. HUTINO und SAKURADA[7] haben aber darauf hingewiesen, daß die angegebenen Interferenzen des Erhitzungsproduktes der Hydratzellulose nicht genau mit denen der natürlichen Zellulosen übereinstimmen, indem nämlich an Stelle der Doppelinterferenz A_1 A_2 der natürlichen Zellulose in dem Erhitzungsprodukt nur eine einzige Interferenz auftritt, die zwischen den Interferenzen A_1 und A_2 der natürlichen Zellulose liegt. HESS und KIESSIG nehmen an, daß in dem Erhitzungsprodukt die Interferenzen A_1 und A_2 der natürlichen Zellulose durch geringfügige Änderungen der Netzebenenabstände zusammenfallen, so daß sich für das Gitter des Erhitzungsproduktes eine tetragonale Gitterzelle mit den Achsen

$$a = 7{,}95\ \text{Å}$$
$$b = 10{,}2\ \text{Å}$$

statt der monoklinen Gitterzelle der natürlichen Zellulose ergeben würde. HUTINO und SAKURADA wiesen außerdem darauf hin, daß die meridiane Interferenz II_0 im Diagramm des Erhitzungsproduktes wesentlich stärker als bei der natürlichen Zellulose auftritt. Sie schließen hieraus, daß es sich bei der zur Diskussion stehenden Modifikation nicht um natürliche Zellulose, sondern um eine weitere handelt, und sie bezeichnen sie daher mit Zellulose IV. Auch KUBO[8] fand bei neueren Arbeiten Abweichungen zwischen dem Diagramm der natürlichen und der durch Hitzebehandlung

[1] HESS u. GUNDERMANN: Ber. dtsch. chem. Ges. **70**, 1788 (1937).
[2] HESS u. TROGUS: Ber. dtsch. chem. Ges. **68**, 1986 (1935). — BARRY, PETERSON u. KING: J. Amer. chem. Soc. **58**, 333 (1936). — [3] MEYER u. BADENHUIZEN: Nature **140**, 281 (1937).
[4] KUBO u. KANAMARU: Z. physik. Chem. (A) **182**, 341 (1938).
[5] KUBO: Kolloid-Z. **96**, 41 (1941).
[6] HESS u. KIESSIG: Z. physik. Chem. (B.) **49**, 235 (1941).
[7] HUTINO u. SAKURADA: Naturwiss. **28**, 577 (1940).
[8] KUBO: Z. physik. Chem. (A) **187**, 297 (1940).

erhaltenen Zellulose. Nach gleichfalls neueren Arbeiten von HESS und KIESSIG dürfte an dem Vorhandensein der Zellulose IV kein Zweifel mehr bestehen. Sie ist identisch mit Erhitzungsprodukten fein zermahlener natürlicher Zellulose, die von HESS und KIESSIG als T-Zellulose bezeichnet wurde (Hochtemperaturmodifikation).

Es war oben erwähnt, daß aus natürlicher Zellulose durch Überführung in Alkalizellulose und anschließende Regeneration Hydratzellulose entsteht, sowie daß diese ferner durch Regeneration aus Lösungen von natürlicher Zellulose erhalten wird. Zur Vervollständigung soll hier noch mitgeteilt werden, daß nach HESS, KIESSIG und GUNDERMANN[1] auch Hydratzellulose entsteht, wenn natürliche Zellulose in einer Schwingmühle zermahlen und anschließend mit Wasser behandelt wird. Während das Mahlprodukt röntgenographisch amorph erscheint, findet beim Erhitzen mit Wasser zu etwa 30···40% Rekristallisation zu Hydratzellulose statt[2].

Eine unmittelbare Rückverwandlung der Hydratzellulose in natürliche hat sich also bisher nicht ermöglichen lassen, wohl gelingt dies, wie aus dem S. 82 stehenden Schema hervorgeht, auf dem Umwege über die Ammoniakzellulose und die Zellulose III. Die Annahme von KUBO[3] sowie von HUTINO und SAKURADA[4], wonach in einigen Zellulosearten, wie z. B. Nadelholz, Buche, Weizenstroh und Schilf, die Zellulose in der Modifikation IV vorläge, konnte von HESS und KIESSIG nicht bestätigt werden. Hier liegt bei den geringfügigen Abweichungen in den Röntgenogrammen offenbar eine durch Einlagerung von Nichtzellulosestoffen hervorgerufene Gitterstörung vor. Auf hohe Temperaturen gebrachte Hydratzellulose hat nach Beobachtungen von GÖTZE und REIFF[5] sowie in Weiterführung dieser Arbeiten durch FEUBEL und HILGERS[6] in mancher Beziehung, wie z. B. besonders in bezug auf die Quellung, immerhin Eigenschaften, die sich denen der natürlichen Zellulose stark nähern. So wurde gefunden, daß durch eine Erhitzung von Hydratzellulose in Glyzerin auf 270° C schon bei einer Dauer von nur 7···8 Sekunden die Quellfähigkeit der Faser von 104% auf 72% zurückgeht.

Es müssen nun noch zwei weitere Modifikationen der Zellulose beschrieben werden, die besonders im Hinblick auf die im 8. Kap. noch zu schildernden Vorgänge bei der Absorption von Feuchtigkeit und Wasser von Bedeutung sind.

Wenn aus Alkalizellulose, deren Entstehung im 9. Kap. noch näher geschildert wird, das Alkali in der Kälte durch Wasser wieder ausgewaschen wird, so entsteht eine weitere Zellulosemodifikation, die zuerst von SAKURADA und HUTINO[7] beschrieben und von ihnen als „Wasserzellulose" bezeichnet wurde. Sie enthält, obwohl die Glukosereste im Gitter näher zusammenliegen als bei der Alkalizellulose, im Gitter noch Wasser. Sie wurde von HERMANS[8] als Zellulosehydrat bezeichnet. Ihr Elementarkörper ist durch folgende Größen gekennzeichnet:

$$a = 10{,}03\ \text{Å} \qquad c = 9{,}98\ \text{Å}$$
$$b = 10{,}3\ \text{Å} \qquad \beta = 52°$$

---

1 HESS, KIESSIG u. GUNDERMANN: Z. physik. Chem. (B.) **49**, 64 (1941).
2 Siehe hierzu auch HERMANS u. WEIDINGER: J. Amer. chem. Soc. **78**, 2547 (1946).
3 KUBO: referiert bei HESS u. KIESSIG: Z. physik. Chem. (B.) **49**, 235 (1941).
4 HUTINO u. SAKURADA: ref. bei HESS u. KIESSIG: Z. physik. Chem. (B.) **49**, 235 (1941).
5 GÖTZE u. REIFF: Zellw.. Kunsts., Seide **45**, 368 (1940).
6 FEUBEL u. HILGERS: Melliand Textilber. **29**, 233 (1948).
7 SAKURADA u. HUTINO: Kolloid-Z. **77**, 347 (1936).
8 HERMANS: Physics and Chemistry of Cellulose Fibres S. 25.

Es wurde von HERMANS gefunden, daß dieses Zellulosehydrat u. a. auch auftritt bei frisch aus der Spinnlösung regenerierten Chemiefasern. Die Form des Zellulosehydrates erwies sich als sehr unstabil, es verliert Wasser bei längerem Lagern und bei der Trocknung.

Umwandlungsmöglichkeiten der Zellulosemodifikationen.

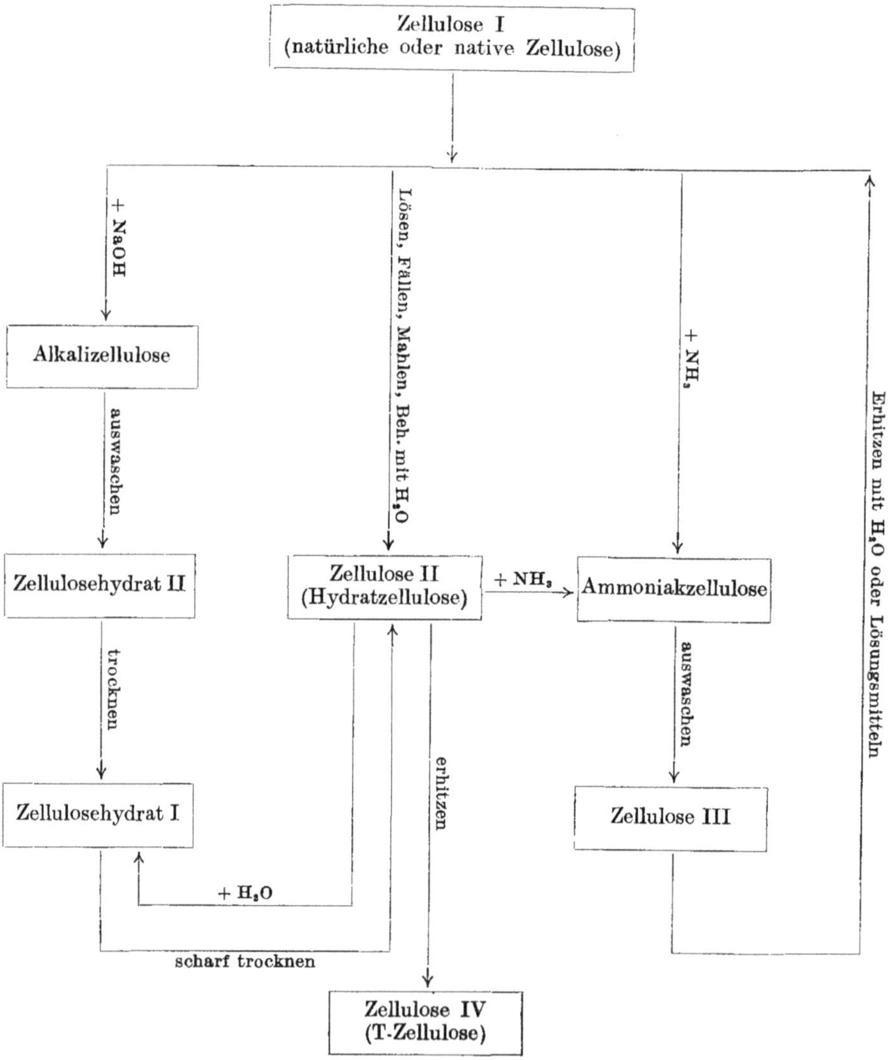

Hierbei entsteht aber nach Untersuchungen von HERMANS und WEIDINGER[1] nicht unmittelbar die Hydratzellulose (Zellulose II), sondern zunächst ein Zellulosehydrat mit geringerem Wassergehalt. Während das von SAKURADA und HUTINO beschriebene Präparat je Glukoserest $1^1/_3 \cdots 1^1/_2$ Mol Wasser enthält, besitzt das von HERMANS und WEIDINGER nach der Trocknung geprüfte Präparat je Glukose-

[1] HERMANS u. WEIDINGER: J. Colloid Sci. 1, 185 (1946).

rest $^1/_3 \cdots ^1/_2$ Mol Wasser. Sie bezeichnen diese Modifikationen als Zellulosehydrat II und Zellulosehydrat I. Das wasserärmere Zellulosehydrat I ist durch folgende Gitterkonstanten gekennzeichnet:

$$a = 8{,}58\ \text{Å}$$
$$b = 10{,}3\ \text{Å}$$
$$c = 9{,}38\ \text{Å}$$
$$\beta = 59°$$

Nur bei scharfer Trocknung verliert auch das Zellulosehydrat I sein Wasser und geht in Hydratzellulose (Zellulose II) über.

Es ist bemerkenswert, daß Zellulose II aber schon in feuchter Luft Wasser in ihr Gitter aufnimmt und sich dabei in Zellulosehydrat I verwandelt, und daß sich bei weiterer Wasserquellung das Gitter nicht weiter verändert. Das Gitter des Zellulosehydrates II kann demnach nur auf dem Umwege über die Alkalizellulose erhalten werden. Zellulose I ist demgegenüber nicht befähigt, durch dampfförmiges oder flüssiges Wasser Hydrate im Gitter zu bilden. Hierbei können nur Hydratformen an losen Ketten in den ungeordneten Bereichen entstehen, wie im 8. Kap. noch gezeigt wird.

Das vorstehende Schema soll die Umwandlungsmöglichkeiten noch einmal erläutern.

c) Der Bau der natürlichen Faserzellulose.

Der Kristallit bzw. das Mizell. Aus dem bisher Gesagten geht hervor, daß die Moleküle in der Faserzellulose in einer gittermäßigen Ordnung zueinander stehen, die, wie gezeigt wurde, je nach der vorliegenden Modifikation allerdings etwas verschieden ist. Durch Nebenvalenzkräfte (Molkohäsionskräfte) sind die Zelluloseketten bündelweise fest zu einem „koordinativen" Gebilde[1], das als „Kristallit" oder „Mizell" bezeichnet wird, zusammengeschlossen. Als Grundbaustein der festen Faserzellulose haben wir also nicht das Molekül, sondern das koordinative Molekülbündel, das Mizell, anzunehmen. Obwohl man sich heute diese Vorstellung der nebenvalenzmäßigen Querverbindungen fast allgemein zu eigen gemacht hat, bleiben jedoch bei der natürlichen Zellulose Beobachtungen bestehen, die dem zu widersprechen scheinen. So ist es z. B. KATZ und SAMWELL[2] sowie anderen Forschern nicht gelungen, aus Lösungen nativer Zellulose durch Spreitung auf Flüssigkeitsoberflächen monomolekulare homogene Filme zu erhalten. Besonders aber bei spektralanalytischen Untersuchungen an Abbauprodukten von Methylzellulose in Dioxan im UV-Licht in Verbindung mit Viskositätsmessungen von HESS und STEURER[3] gemachte Beobachtungen sind durch ausschließliche Annahme von Nebenvalenzkräften nicht zu erklären. Das gleiche gilt für Untersuchungen an Methylzellulose von FREUDENBERG und BOPPEL[4]. HESS und STEURER halten es daher für möglich, daß neben der nebenvalenzmäßigen Verknüpfung auch Vernetzungsstellen durch Hauptvalenzbrücken zwischen benachbarten Molekülen, wenn auch — wie sie aus Röntgenbefunden schließen — nur in untergeordneter Zahl vorhanden sein können. Schlußfolgerungen in der gleichen Richtung zogen KLEINERT, HINGST und SIMMLER[5]

[1] LIESER, JACKS u. GLITSCHER: Liebigs Ann. Chem. **548**, 212 (1941).
[2] KATZ u. SAMWELL: Liebigs Ann. Chem. **472**, 241 (1929); **474**, 296 (1929).
[3] HESS u. STEURER: Ber. dtsch. chem. Ges. **73**, 669 (1940).
[4] FREUDENBERG u. BOPPEL: Ber. dtsch. chem. Ges. **70**, 1542 (1937); Naturwiss. **26**, 124 (1938). — [5] KLEINERT, HINGST u. SIMMLER: Kolloid-Z. **108**, 144 (1944).

bzw. MÖSSMER[1] aus analytischen Untersuchungen von Holzzellstoffen. Diese Forscher nehmen an, daß die Makromoleküle der Zellulose durch zwischenmolekulare Fremdgruppen hauptvalenzmäßig miteinander verknüpft sind. Arbeiten der neuesten Zeit von PASCU und HILLER[2] deuten gleichfalls für native Zellulose auf eine hauptvalenzmäßige Verknüpfung der Moleküle hin. Auf Grund des Verhaltens bei Abbaureaktionen stellen sie ein Molekülmodell zur Diskussion, das etwa wie folgt aussieht: Primäre Kettenmoleküle von etwa 320 Glukoseeinheiten und abweichend gebauten Endgruppen bilden mit Hilfe von Halbazetalbindungen sekundäre Kettenmoleküle. An dieser Verknüpfung können sich „offene Moleküle" von Glukose, Zellobiose und längere Ketten beteiligen. Die sekundären Kettenmoleküle sind dreidimensional zusammengelagert und werden in ihrer Lage durch Hauptvalenzbrücken festgehalten. Die schon Seite 61 erwähnten nicht β-glukosidischen Bindungen müssen nach dieser Auffassung also in der Lage sein, nicht nur „korrekt gebaute" Kettenmoleküle in der Längsrichtung miteinander zu längeren Einheiten zu verbinden, sondern auch Verzweigungen hervorzurufen.

Berücksichtigt man in diesem Zusammenhange die Beobachtungen von GÖTZE und REIFF[3], wonach es durch Einbau nur weniger Polyoxymethylenbrücken zwischen die Moleküle der Hydratzellulose gelingt, die starke Quellung der Hydratzellulose der erheblich schwächeren der nativen Zellulose anzugleichen, so gewinnt die Annahme hauptvalenzmäßiger Vernetzungsbrücken, die auch Beobachtungen von HESS[4] bei der Endgruppenbestimmung nativer Zellulose gut erklären könnte, eine weitere Stütze.

Eine gänzlich andere Erklärung für den festen Zusammenhalt der Zellulosemoleküle stellte STAUDINGER[5] zur Diskussion. Hiernach sollen die Kettenmoleküle seilartig umeinander gewunden sein. Die Drillung sollen die Moleküle beim Wachsen der Faser erhalten. Ähnliche Erscheinungen sind von BERNAUER[6] beim Wachsen vieler Kristalle beobachtet worden, und zwar wird die Drillung durch die Einlagerung von Fremdgruppen hervorgerufen. Da auch in der gewachsenen Zellulose, wie S. 62 erwähnt, Fremdgruppen vorhanden sind, ist die STAUDINGERsche Auffassung demnach nicht ohne weiteres von der Hand zu weisen.

Man darf nun aber nicht annehmen, daß die gesamte Faser durch lückenlos aneinanderliegende Kristallite ausgefüllt sei[7]. Vielmehr ist erwiesen, daß die gittermäßige Ordnung der Moleküle nicht homogen die Faser in ihrer ganzen Länge und Breite erfüllt, sondern daß sowohl in der Längsrichtung als auch in der Querrichtung Unterbrechungen vorhanden sind. Dies ergibt sich einerseits aus der Unschärfe der Röntgeninterferenzen sowie andererseits aus der diffusen Schwärzung im Zentrum der Röntgendiagramme, die sich hauptsächlich in der Richtung des Äquators erstreckt. Die Bezirke mit gittermäßiger Ordnung in der Faser sind also begrenzt. Man spricht daher auch von „geordneten Bereichen" in der Faser an Stelle von Kristallit bzw. Mizell.

---

[1] KLEINERT, HINGST u. MÖSSMER: Kolloid-Z. **108**, 138 (1944).

[2] PASCU u. HILLER: U. S. Textile Research Inst. **16**, 243 (1946); PASCU: U. S. Textile Research Inst. **17**, 405 (1947). — Vgl. hierzu auch die kritische Betrachtung von HEUSER: Paper Trade J. **122**, T 21 (1946) sowie The Chemistry of the Cellulose, New York, S. 580ff.

[3] GÖTZE u. REIFF: Zellw., Kunsts., Seide **46**, 129, 331 (1941).

[4] HESS: Papierfabr. **36**, 333 (1938). — [5] STAUDINGER: Liebigs Ann. Chem. **474**. 267 (1929).

[6] BERNAUER: Gedrillte Kristalle, Berlin 1929.

[7] Vgl. hierzu z. B. TREITEL: J. Colloid Sci. **1**, 327 (1947).

Man hat auch den Versuch gemacht, die Größe der gittermäßig geordneten Bereiche zu ermitteln. Dies ist auf röntgenographischem und elektronenoptischem Wege möglich, ferner sind entsprechende Schlüsse auch aus dem Verhalten der Zellulose bei hydrolytischem Abbau gezogen worden. Die von mehreren Forschern nach den verschiedenen Methoden erhaltenen Werte für die Dicke der Kristallite schwanken allerdings in ziemlich weiten Grenzen. Es scheint auch, daß die Kristallitdicke in den gleichen Zellulosepräparaten recht ungleichmäßig ist. Durch Auswertung von Röntgenogrammen wurden Durchschnittswerte für die Dicke der Kristallite von 300···500 Å mit Grenzwerten von 60···750 Å ermittelt. Bei Untersuchungen im Elektronenmikroskop fand man Werte zwischen 90 und 400 Å und bei der Hydrolyse zwischen 50 und 500 Å. Lediglich bei einer Bastfaser fand man keine Kristallite, die eine größere Dicke als 60 Å aufwiesen. Die niedrigsten für die Kristallitdicke gefundenen Werte liegen somit bei 50···90Å.

In bezug auf die Länge der Kristallite gehen die Ansichten allerdings noch weiter auseinander, wie Tabelle 28 zeigt.

Tabelle 28. *Länge der Kristallite.*

Material	Autor	Länge in Å
Baumwolle	FREY-WYSSLING[1]	750
Baumwolle	SISSON[2]	500
Baumwolle	NICKERSON und HABRLE[3]	1450
Ramie	HENGSTENBERG und MARK[1]	600
Ramie	HESS, TROGUS, AKIM, SAKURADA[1]	über 1000
Ramie	K. H. MEYER[1]	1500
Ramie	HOSEMANN und CARNAP[4]	2250
Sulfitzellstoff	CARPENTER[1]	über 600
Viskosereyon	HENGSTENBERG und MARK[1]	305

Über die Form und Gestalt der Kristallite ist folgendes zu sagen: MEYER und MARK[5] haben zunächst angenommen, daß die Kristallite scharf begrenzte, etwa backsteinförmige Gebilde darstellen, die aus Bündeln parallel zueinander gelagerter Zellulosehauptvalenzketten gleicher Länge bestehen. Die Richtung der Hauptvalenzketten entspricht der Richtung der länglichen Kristallite (Abb. 28).

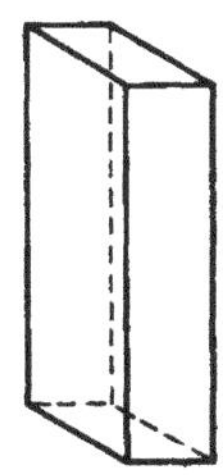
Abb. 28. Kristallit. (Nach MEYER und MARK.)

Gegen die Existenz scharf begrenzter Kristallite spricht aber u. a. der Befund STAUDINGERs, wonach die durchschnittliche Moleküllänge größer ist als die für die Kristallite ermittelte Länge.

Auch mit dem mechanischen und dem optischen Verhalten einer Faser ist die Vorstellung scharf begrenzter Kristallite nicht in Übereinstimmung zu bringen. Gestützt auf Überlegungen von GERNGROSS, HERRMANN und ABITZ[6], die im Zusammenhang mit der Aufklärung der Struktur von Gelatine, Glykogen und ähnlichen Körpern angestellt wurden,

[1] Referiert nach VALKÓ: Kolloidchem. Grundlagen der Textilveredlung, S. 46.
[2] SISSON: Cellulose and Cellulose Derivates, New York, 1943.
[3] NICKERSON u. HABRLE: Ind. Engng. Chem. **39**, 1507 (1945).
[4] HOSEMANN u. CARNAP: Naturwiss. **32**, 79 (1924).
[5] MEYER u. MARK: Die Chemie der Hochpolymeren, Dresden 1930. — MEYER: Kolloid-Z. **53**, 13 (1930). — [6] GERNGROSS, HERRMANN u. ABITZ: Z. physik. Chem. (B.) **10**, 371 (1930); Kolloid-Z. **60**, 276 (1932).

entwickelten THIESSEN[1] sowie PIERCE und andere Forscher dann zur Überbrükkung der Widersprüche die Vorstellung des sogenannten „Fransenmizells". Hierunter haben wir uns die geordneten Bereiche vorzustellen wie Abb. 29 schematisch zeigt.

Aus den geordneten Bereichen ragen hiernach Büschel von Molekülenden unregelmäßig heraus. Wie weiter unten noch gezeigt wird, lassen sich die Eigenschaften und das Verhalten einer Faser durch die Annahme eines solchen Fransenmizells recht gut erklären, so daß man sich allgemein dieser Auffassung angeschlossen hat[2].

Abb. 29. Fransenmizell. (Nach THIESSEN.)

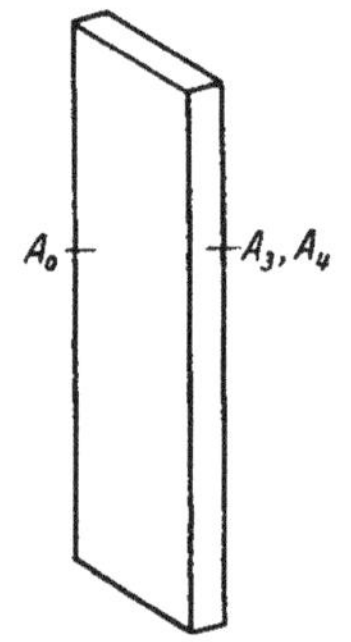

Abb. 30. Blättchenmizell. (Nach KRATKY.)

Es ist nun aber noch etwas auszusagen über die Form der Fransenmizelle. Infolge des langgestreckten Baues der Fadenmoleküle hat sich zunächst zwangsläufig die Auffassung ergeben, daß auch das ganze Mizell eine ausgesprochene Stäbchengestalt aufweise; nach einer genaueren Definition sollte es die Form eines unendlich dünnen Stäbchens haben. Später hat OKA[3] das Mizell als Teilchen von endlicher Dicke und von der Gestalt eines Rotationsellipsoides beschrieben. Beobachtungen und Rechnungen statistischer Art, die über den Deformationsmechanismus der Fasern angestellt wurden, waren aber kaum mit diesen Anschauungen zu vereinbaren. Aus der Beobachtung, daß bei Röntgendiagrammen die Interferenz A_0 durchweg eine kleinere Streuung um die Mittellage zeigt als die nächsten Äquatorinterferenzen A_3 und A_4, haben dann BAULE, KRATKY und TREER[4] den Schluß gezogen, daß die Mizelle langgestreckte *Blättchen* darstellen, wobei A_0 etwa der Blättchenebene entspricht, die parallel zur Längsrichtung verläuft. Eine solche Blättchengestalt ergibt sich auch aus röntgenographischen Untersuchungen gewalzter Zellulosefilme[5] (Abb. 30).

Die intermizellaren Räume. Betrachtet man die Faser als ein Haufwerk von Fransenmizellen, so ergibt sich, daß die zwischen den Mizellen liegenden, sogenannten intermizellaren Räume eine ungeordnete, wirre Struktur von mehr oder weniger gekrümmten Teilen von Molekülenden besitzen. Diese Räume bezeichnet man im Gegensatz zu den geordneten Bereichen als „ungeordnete" oder „amorphe Bereiche". Beobachtungen von WELTZIEN, STOLLMANN und SCHOTTE[6] bei der Einwirkung von Natronlauge auf Zellulosefasern deuten darauf hin, daß in diesem Gewirr auch einzelne Zelluloseketten verschiedener Länge enthalten sein können. Man kann nach HERMANS annehmen, daß die Kettenenden mehr oder weniger auseinandergespreizt sind, wodurch in diesen ungeordneten Bereichen auch Hohlräume entstehen. Das Vorhandensein von Hohlräumen geht auch daraus hervor, daß Unterschiede zwischen

[1] THIESSEN: Angew. Chem. **51**, 170 (1938).

[2] HERMANS: Kolloid-Z. **83**, 76 (1938). — PIERCE, MILES, NEALE u. ASTBURY: Trans. Faraday Soc. **232**, 121 (1932). — BREUER, KRATKY u. SAITO: Kolloid-Z. **80**, 144 (1937). — KUHN: Melliand Textilber. **22**, 249 (1941); Kolloid-Z. **76**, 258 (1936). — MÜLLER: Kolloid-Z. **95**, 306 (1941).

[3] OKA: Kolloid-Z. **86**, 242 (1939).

[4] BAULE, KRATKY u. TREER: Z. physik. Chem. (B.) **50**, 255 (1941).

[5] BURGENI u. KRATKY: Z. physik. Chem. (B.) **36**, 129 (1937).

[6] WELTZIEN, STOLLMANN u. SCHOTTE: Zellw., Kunsts., Seide **56**, 379 (1941).

dem wirklichen und dem scheinbaren spezifischen Gewicht der Faser bestehen. Nach Untersuchungen von BALLS[1] beträgt das wirkliche spezifische Gewicht von Baumwolle, das sich nach CLEGG und HARLAND[2] aus dem mittleren Querschnittsfläche und der Faserlänge berechnet, 1,55. Demgegenüber beträgt das scheinbare spezifische Gewicht, nach DAVIDSON[3] pyknometrisch unter Verwendung von Helium als Imbibitionsmittel ermittelt, 1,27. Hieraus muß gefolgert werden, daß z. B. die Zellwände der Baumwolle zu 20% aus lufterfüllten Hohlräumen bestehen.

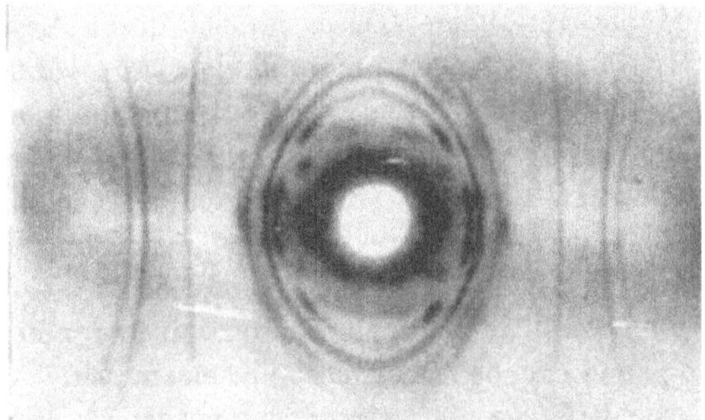

Abb. 31. Röntgendiagramm der Silberfärbung von Ramiefasern. (Nach BECKMANN, BÖHM und ZOCHER.)

Es ist auch unternommen worden, die Größe dieser intermizellaren Räume auszumessen. Hierzu wurde die von AMBRONN[4] gemachte Entdeckung herangezogen, wonach in der Faser Metallsalzlösungen reduziert und als Metall niedergeschlagen werden können. So erhält man z. B. bei der Behandlung von Fasern mit Lösungen von Goldchlorid oder Silbernitrat charakteristische Färbungen durch das reduzierte Metall. Wie BECKMANN, BÖHM und ZOCHER[5] durch röntgenographische Untersuchungen feststellten, ergeben auf diese Weise gefärbte Fasern ein Röntgenbild, in dem die Interferenzen der Faser unverändert wiederkehren, sie sind jedoch überlagert durch ein zweites Diagramm des kristallinen Metalls (Abb. 31). Hieraus muß gefolgert werden, daß die Metallsalzlösung nicht in die geordneten Gitterbereiche selbst vorgedrungen ist, sondern daß sich das Metall in kristalliner Form, aber ungeordnet, zwischen den geordneten Faserbereichen abgelagert hat, wie dies Abb. 32 schematisch zeigt. Die Größe der Metallkristallite, die man als mit der Größe der intermizellaren Räume gleich ansehen kann, ist nun aus den Abständen der Interferenzen des Metalldiagramms zu berechnen. Die Kantenlänge der Metallkristallite wurde von einer Größenordnung von 10^{-6} cm gefunden[6]. Bei einer Bastfaser, bei der der Durchmesser des ungeordneten Bereiches zu $5 \cdot 10^{-7}$ cm berechnet wurde, sind die intermizellaren Räume etwa doppelt so groß wie die der geordneten Bereiche selbst.

Abb. 32. Schematische Darstellung der Silbereinlagerung in eine Zellulosefaser. (Nach FREY-WYSSLING.)

Von größerer Bedeutung für die Beurteilung einer Faser hinsichtlich ihrer Eigenschaften im Gebrauch als die Kenntnis der Abmessungen der geordneten und ungeordneten Bereiche ist jedoch die Kenntnis des mengenmäßigen Anteils an kristalli-

---

[1] BALLS: Studies in Quality of Cotton, 71, London 1928. — Weitere Angaben über die Dichte der Zellulosefasern siehe bei MEYER u. MISCH: Helv. chim. Acta **20**, 232 (1937). — STAMM u. HANSEN: J. physik. Chem. **41**, 1007 (1937). — LYONS: J. chem. Physics **9**, 377 (1941). — Diese Forscher geben das spezifische Gewicht zu 1,582—1,585 an.

[2] CLEGG u. HARLAND: Journ. Text. Inst. Manchr. **14**, 489 (1933). — [3] DAVIDSON: Journ. Text. Inst. Manchr. **18**, 175 (1927). — [4] AMBRONN: Ber. Sächs. Ges. Wiss. **48**, 613 (1896). — [5] BECKMANN, BÖHM u. ZOCHER: Z. physik. Chem. **124**, 83 (1926).

[6] Vgl. FREY-WYSSLING: Die Stoffausscheidung der höheren Pflanzen, S. 67.

sierter und amorpher Substanz in der Faser. Es ist daher von verschiedenen Seiten versucht worden, hierüber Aufschluß zu erhalten. Erste Schätzungen auf Grund röntgenographischer Befunde führten zu der Annahme, daß in der gewachsenen Faser beide Anteile als etwa gleich groß anzunehmen seien. HERMANS[1] hat dann Dichtemessungen nach der Schwebemethode, sowie Messungen der Adsorptionswärmen und Doppelbrechung an Fasern ausgeführt und schätzt hiernach für native Fasern den Anteil an kristalliner Substanz auf etwa 70 ± 2%[2].

Auch auf andere Weise, nämlich durch Auswertung des Reaktionsverlaufs bei der Hydrolyse[3] versuchte man zu einer Aussage über die mengenmäßige Verteilung von kristallisierter und amorpher Substanz zu kommen. Man fand hierbei bei Baumwolle und Linters den kleinsten Anteil an amorpher Substanz, nämlich 5···6% und bei Zellstoff 10···12%. Bei neueren Untersuchungen von NICKERSON und HABRLE, wobei eine verfeinerte Untersuchungstechnik angewandt werden konnte, ließen sich z. B. in Linters drei Phasen unterscheiden, eine sehr ungeordnete mit einem Anteil von etwa 3%, eine nicht so stark ungeordnete mit einem Anteil von gleichfalls etwa 3% und eine hochgeordnete mit einem Anteil von etwa 94%. Bei Baumwolle wurden gleichfalls etwa 3% für den amorphen Anteil gefunden, bei mercerisierter Baumwolle waren etwa 7% amorph, bei einem Edelzellstoff etwa 3%.

Zu diesen Untersuchungen muß jedoch bemerkt werden, daß neuesten Erkenntnissen zufolge bei der Hydrolyse eine Rekristallisation eintritt, so daß die für die kristallinen Anteile ermittelten Beträge höher sein dürften als der Wirklichkeit entspricht.

PURVES und Mitarbeiter[4] gelangten allerdings auf andere Weise auch zu wesentlich anderen Ergebnissen. Sie schätzen den amorphen Anteil bei getrockneten Linters auf 0,25···0,50%, bei mit Natronlauge gequollenen Linters auf etwa 27%. MARK und Mitarbeiter[5] versuchten, aus der Geschwindigkeit des Austauschs der Wasserstoffatome der Hydroxylgruppen durch Deuterium Aussagen über dieses Problem zu machen. Hiernach wäre der amorphe Anteil in einem Edelzellstoff etwa 33%.

Tabelle 29. *Reißfestigkeit nativer Zellulosefasern, verglichen mit anderen technischen Materialien.*
(Aus FREY-WYSSLING: Stoffausscheidung, S. 9.)

Material	Festigkeit in kg/mm²
Federstahl, gehärtet	150···170
Flachs	bis 110
Ramie	bis 78
Kokosfasern	30
Holz (je mm² Wandsubstanz)	23···28,5
Flußeisen	20···40
Holz (je mm² Gesamtquerschnitt)	8···14

[1] HERMANS: Kolloid-Z. **109**, 9 (1944).
[2] HERMANS: Bei KAST u. FLASCHNER: Kolloid-Z. **111**, 15 (1948).
[3] NICKERSON u. HABRLE: Ind. Engng. Chem. **33**, 1022 (1941); **34**, 1480 (1942); **37**, 1115 (1945); **39**, 1507 (1947). — CONRAD u. SCROGGIE: Ind. Engng. Chem. **37**, 592 (1945). — PHILIPP, NELSON u. ZIJFLE: Textile Research J. **17**, 585 (1947). — NELSON u. CONRAD: Textile Research J. **3**, 149 (1948).
[4] ASSAF, HAAS u. PURVES: J. Amer. chem. Soc. **66**, 59 (1944).
[5] BADGLEY, FRILETTE u. MARK: Ind. Engng. Chem. **37**, 227 (1935).

Es ist hier aber notwendig, darauf hinzuweisen, daß nach dem gegebenen Bilde von Faseraufbau zwischen den geordneten und den ungeordneten Bereichen keine scharfen Grenzen vorhanden sind, sondern daß alle möglichen Übergangsformen angenommen werden müssen. Es ist deshalb auch wohl nicht zu erwarten, daß nach den verschiedenen Untersuchungsmethoden vollkommen übereinstimmende Werte gefunden werden.

Der Zusammenhalt der Faser. Eine Zellulosefaser zeigt einen außerordentlich festen Zusammenhalt, der nicht ohne weiteres aus dem Bild der geordneten und ungeordneten Bereiche erklärlich ist. Wie die Tabelle 29 zeigt, ist die Festigkeit einer Zellulosefaser so groß, daß sie nur noch von Stahl übertroffen wird. Aber nicht nur in festem Zustand, sondern auch in gequollenem Zustand ist der Zusammenhalt der Faser bemerkenswert. Den Zusammenhalt der Faser haben STAUDINGER und SIGNER[1] und in ähnlicher Weise auch FREY-WYSSLING[2] dadurch erklärt, daß Moleküle des einen Kristalliten in den anderen übergreifen sollen und dort am Aufbau dieses zweiten Kristalliten beteiligt sind. Abb. 33 stellt ein auf Grund dieser Annahme aufgebautes Fasermodell dar. Für diese in dem Modell dargestellte Anordnung der Kettenmoleküle wurde von STAUDINGER der Begriff „Makromolekülgitter" geprägt. Es ist dadurch gekennzeichnet, daß die das Gitter bildenden Moleküle ungleiche Länge besitzen.

Abb. 33. Fasermodell. (Nach FREY-WYSSLING.)

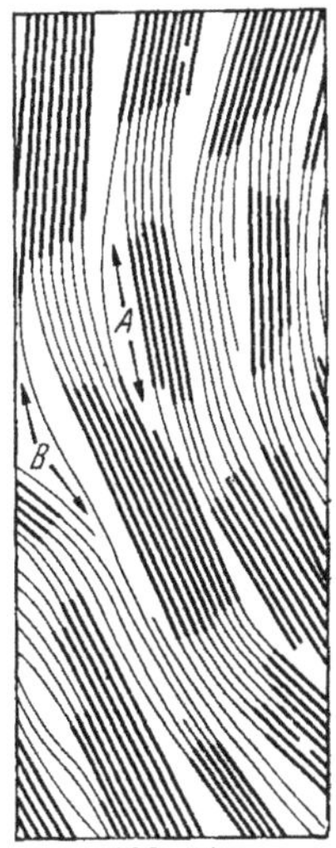

Abb. 34. Fasermodell. (Nach FREY-WYSSLING.) Stark ausgezogen Kristallite, schwach ausgezogen amorphe Bereiche. A, B Hohlräume.

Aufbauend auf diesen Überlegungen wurde von FREY-WYSSLING[3] und in ähnlicher Weise von ASTBURY[4] sowie KRATKY[5] ein weiteres Fasermodell entworfen. Es ist in Abb. 34 dargestellt und kam auf Grund von Untersuchungen an gequollenen Fasern zustande, in die Schwermetallsalze eingelagert waren. Es zeigt die unregelmäßige Ausbildung der Kristallite und läßt den Übergang des einen Kristalliten in den anderen deutlich erkennen.

Betrachtet man die in den Abbildungen wiedergegebenen Fasermodelle, so muß man zu der Annahme kommen, daß die so gebauten Fasern verhältnismäßig starre Gebilde seien, die sie jedoch in Wirklichkeit nicht sind. Ihre hohe Dehnungsmöglichkeit, ihr elastisches Verhalten, sowie besonders das Verhalten gequollener Fasern sind schlecht mit den angeführten Modellen in Einklang zu bringen, sie bedürfen daher einer Korrektur. HERMANS hat deshalb Überlegungen darüber angestellt, auf welche andere Weise der Zusammenhalt einer Faser bewirkt sein kann, und ist hierbei zu der Vorstellung gelangt, daß die Fransen der geordneten Bereiche sich in irgendeiner Weise mit Fransen benachbarter geordneter Bereiche verhaken oder ver-

[1] STAUDINGER u. SIGNER: Z. Kristallogr. **70**, 193 (1929).
[2] FREY-WYSSLING: Protoplasma (Berlin) **25**, 261 (1936); **26**, 45 (1936); **27**, 372, 563 (1937).
[3] FREY-WYSSLING: Naturwiss. **25**, 79 (1937).
[4] ASTBURY: Trans. Faraday Soc. **232** (1932). — [5] KRATKY: Kolloid-Z. **80**, 144 (1937).

knäueln können, wie dies Abb. 35 zeigt. Aus dieser Vorstellung ergibt sich ohne weiteres eine Bewegungsmöglichkeit der Fasern innerhalb der ungeordneten Bereiche, da die Verhakung „scharnierartig" angenommen werden kann. Es ist aber nicht nötig, sich für die eine oder die andere Ursache des Zusammenhaltes der Faser zu entscheiden vielmehr können sehr wohl durchgehende, aber eingefaltene und infolgedessen streckbare Hauptvalenzketten als auch derartige verhakte Fransenbüschel nebeneinander bestehen. In beiden Fällen sind somit auch in den ungeordneten Bereichen feste Haftpunkte vorhanden, die den Zusammenhalt des ganzen Fasergefüges bewirken. Eingehende Untersuchungen z. B. von KRATKY, SAUTER[1] und HOSEMANN[2] haben das Vorhandensein derartiger Faserhaftpunkte mit Sicherheit erwiesen. Über diese Verhältnisse wird im 15. Kap. bei der Schilderung der Fadenbildung im Spinnprozeß noch eingehend gesprochen.

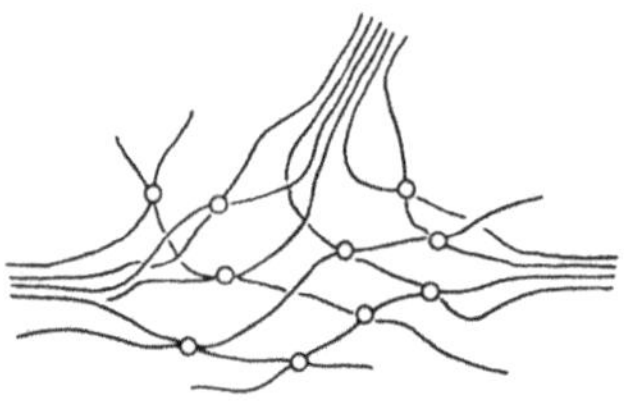

Abb. 35. Verhakung von Molekülenden in den amorphen Bereichen. Die Kreise bezeichnen die Verknüpfungsstellen. (Nach HERMANS.)

Die Orientierung. Während die geschilderten Untersuchungen und Überlegungen eine allgemeine Vorstellung über den Bau und den Zusammenhalt der Faserzellulose vermitteln können, so erklären sie auf der anderen Seite jedoch noch nicht das anisotrope Verhalten der Faser sowie ihr Verhalten bei der mechanischen Deformation. Unter Anisotropie ist zu verstehen, daß die physikalischen Eigenschaften in den verschiedenen Richtungen ungleich sind.

So verläuft beispielsweise die Quellung der Faser anisotrop: Läßt man z. B. eine Flachsfaser in Wasser quellen, so beträgt beim Quellungsmaximum die Breitenzunahme 20%, während die Längenzunahme nur 0,1% beträgt[3]. Auch die Reißfestigkeit läßt die Anisotropie erkennen, sie beträgt in der Querrichtung nur ein Zehntel von der Reißfestigkeit in der Längsrichtung[4]. Ferner ist das optische Verhalten der Faser anisotrop: Der Brechungsindex einer Zellulosefaser beträgt in der Längsrichtung 1,596, in der Querrichtung 1,525. Auch die Lichtabsorption der Zellulosefasern ist in den beiden Richtungen verschieden. Färbt man z. B. die Faser mit Chlorzinkjod und beobachtet das Präparat in linearpolarisiertem Licht, das parallel zur Faserachse schwingt, so wird es fast gänzlich absorbiert und die Faser erscheint tiefschwarz. Senkrecht zur Faserachse dagegen läßt die Faser das Licht ungehindert hindurchtreten, wodurch die Faser farblos erscheint (Abb. 36). Man nennt diese Erscheinung der verschiedenen Lichtabsorption Dichroismus.

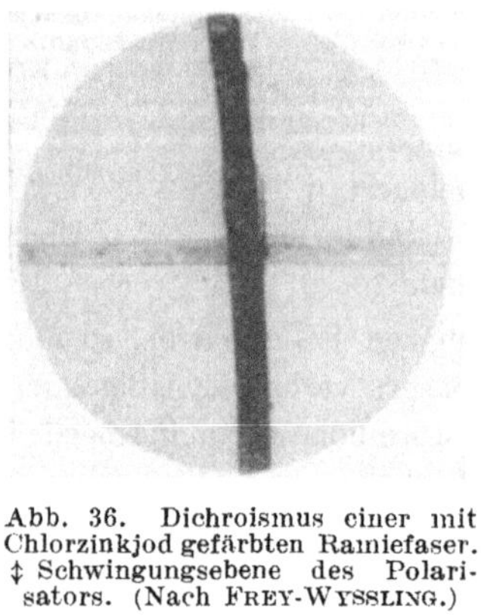

Abb. 36. Dichroismus einer mit Chlorzinkjod gefärbten Ramiefaser. ↕ Schwingungsebene des Polarisators. (Nach FREY-WYSSLING.)

Das anisotrope Verhalten der Faser kommt auch bei röntgenographischen Untersuchungen zum Ausdruck: Das schon mehrfach gezeigte punkt- oder sichelförmige Auftreten der Röntgeninterferenzen ist ein Beweis

[1] SAUTER: Z. physik. Chem. (B.) **35**, 125, 177 (1937); Melliand Textilber. **18**, 349 (1937).
[2] HOSEMANN: Z. Elektrochem. **46**, 549 (1940).
[3] HÖHNEL: Die Mikroskopie der technisch verwendeten Faserstoffe, 2. Aufl., S. 21 (1905).
[4] FREY-WYSSLING: Stoffausscheidung, S. 9.

für das Vorliegen eines anisotropen Körpers, da ein isotroper Körper demgegenüber die Interferenzen als Kreise erkennen läßt, wie z. B. Abb. 37 zeigt. Die Anisotropie ist nun dadurch zu erklären, daß die geordneten Bereiche in der Faser in ganz bestimmter Weise zueinander angeordnet sind. Durchziehen sie beispielsweise die Faser genau in der Längsrichtung, so erhält man ein besonders ausgeprägtes Punktdiagramm, und die Unterschiede in den Eigenschaften einer solchen Faser in der Längs- und Querrichtung sind besonders groß. Da aber sowohl die Röntgenogramme durchweg weniger ausgeprägte punktförmige Interferenzen ergeben, als auch die Unterschiede im Verhalten der Faser in Längs- und Querrichtung alle möglichen Beträge annehmen können, so muß man annehmen, daß die geordneten Bereiche von der Parallellage im allgemeinen mehr oder weniger stark abweichen. Die Anordnung der geordneten Bereiche nennt man die „Orientierung" der Faser.

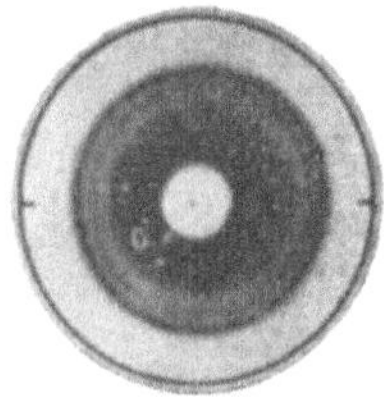

Abb. 37. Kreisdiagramm.

Unter Berücksichtigung aller bisher geschilderten Beobachtungen und Überlegungen muß man annehmen, daß die Faser wie ein *dreidimensionales Netz* gebaut ist. Die Fäden des Netzes haben wir uns als die geordneten Bereiche vorzustellen, in denen den Molekülen keine Bewegung möglich ist, die Verknüpfungsstellen werden durch die Haftpunkte in den ungeordneten Bereichen gebildet. Beim Dehnen der Faser findet dann ein Zusammenziehen des Netzes statt[1]. Es leuchtet ein, daß mit dem Zuziehen des Netzes eine Orientierung der die Maschen bildenden Glieder parallel geht, wodurch der höhere Orientierungsgrad gestreckter oder gedehnter Fasern zwangsläufig seine Erklärung findet. Auch die Befunde von HERMANS und PLATZEK, wonach mit steigenden Quellungsgraden die Dehnungsgrade abnehmen und wonach ferner die maximale Dehnbarkeit verschieden hoch gequollener Fäden, bezogen auf den trokkenen Zustand, konstant ist, sind mit der Vorstellung einer Netzstruktur ohne weiteres zu vereinbaren. Bei der Dehnung findet somit kein Fließen der Bausteine statt, wie früher angenommen wurde, sondern es handelt sich bei diesem Vorgang in der Hauptsache um ein Zuziehen des Netzes, also um die Deformation eines von vorn herein vorhandenen Gerüstes. Hierfür spricht schließlich auch die Beobachtung, daß der Deformationsvorgang durch Quellung umkehrbar ist („Aufquellungsretraktion"). Daß daneben in untergeordnetem Maßstabe auch ein Fließen, also ein Abgleiten von Teilchen stattfindet, geht daraus hervor, daß bei der Dehnung der mengenmäßige Anteil an kristalliner Substanz etwas geringer wird.

Die Orientierung ist von erheblichem Einfluß auf die Festigkeit einer Faser. So konnte MOREY[2] einen deutlichen Zusammenhang zwischen Festigkeit und Orientierung nachweisen. Hierauf wird im 15. Kap. noch näher eingegangen. MEREDITH[3] führt bei Baumwollfasern Schwankungen in der Festigkeit zu 80% allein auf Unterschiede in der Orientierung zurück.

Unter der geschilderten Faserstruktur haben wir uns einen eigenen Aggregatzustand in der Materie vorzustellen, denn die Eigenschaften eines auf diese Weise ge-

[1] HERMANS: Cellulosechem. **19**, 97, 117 (1941). — Die Vorgänge bei der mechanischen Deformation sind recht verwickelt, die obigen Ausführungen können daher nur als schematische Beschreibungen gewertet werden. Siehe hierzu HERMANS: Cellulosechem. **19**, 97 (1941).

[2] MOREY: Textile Research. J. **5**, 538 (1935).

[3] MEREDITH: J. Textile Inst. Manchr. **37**, T 205 (1946).

bauten Körpers entsprechen durchaus nicht denjenigen eines normalen, festen Körpers. Es sei in diesem Zusammenhang erwähnt, daß man neuerdings derartige Netzstrukturen auch für Flüssigkeiten annimmt[1], in denen gleichfalls (je nach Temperatur in Abhängigkeit von der Molekülgestalt und den vom Molekül ausgehenden Kräften) eine Orientierung der Teilchen gegeneinander stattfindet. Wir kommen hierauf im 15. Kap. bei der Beschreibung der Viskose noch eingehend zurück. Untersuchungen von UEBERREITER[2] haben ergeben, daß der „quasifeste" Körper, wie er beispielsweise bei der Zellulose, bei Kautschuk und bei den Kunstharzen vorliegt, Strukturen gefrorener Flüssigkeiten aufweist. UEBERREITER betrachtet daher die Zellulose als „Flüssigkeit mit eingefrorener oder fixierter Struktur".

Bauprinzipien höherer Ordnung. Bringt man eine Faser mit Kupferoxydammoniak oder Natronlauge unter das Mikroskop und quetscht sie vorsichtig durch leichten Druck auf das Deckglas, so erscheinen eigenartige Strukturen[3]. Es treten dann strangartige Gebilde auf. Abb. 38 stellt als Beispiel eine Ramiefaser dar, die nach Quellung in Natronlauge gequetscht wurde[4]. Diese strangartigen Gebilde sind in den einzelnen Faserzellulosen verschieden angeordnet, im Falle der Ramie liegen sie spiralig umeinander gewunden.

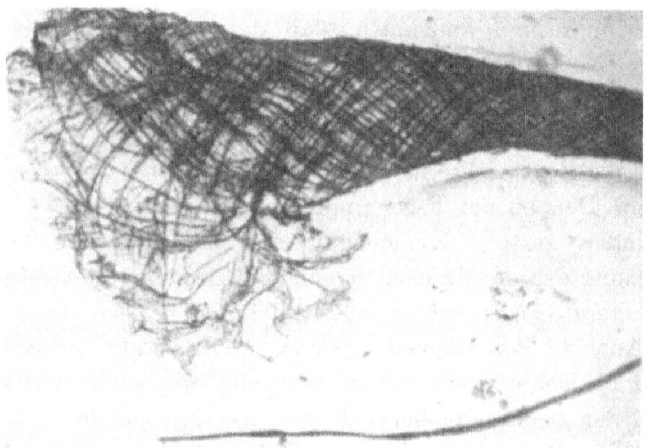

Abb. 38. Ramiefaser gequollen und gequetscht. Unten zum Vergleich nicht gequetschte Faser. (Nach KÜHN.)

Ähnliche Bilder erhält man auch, wenn man die Fasern durch Salzsäure mazeriert[5] oder nach Quellung in Kupferoxydammoniak dünne Längsschnitte herstellt[6]. Da man annahm, daß es sich bei diesen Gebilden um individuelle Struktureinheiten der Faserzellulosen handelte, wurde versucht, die Dicke dieser Faserstränge zu ermitteln[7]. Die von den einzelnen Forschern hierbei erhaltenen Ergebnisse schwankten zwischen 0,12 und 1,5 μ. FARR nahm an, daß diese Strukturelemente beim Wachsen der Zellwände entständen; FREY-WYSSLING[8] hält die Größe dieser Stränge demgegenüber jedoch nicht für Struktureinheiten, sondern für je nach der Abbaumethode zufällig erhaltene Gebilde.

[1] DEBYE: Z. Elektrochem. **45**, 174 (1939). — [2] UEBERREITER: Z. physik. Chem. (B.) **45**, 361 (1940); **48**, 197 (1941). — [3] FRANZ, MÜLLER u. WALLNER: Zellw., Kunsts., Seide **47**, 407 (1942). — EISENHUT u. KÜHN: Angew. Chem. **55**, 198 (1942). — [4] Für die Überlassung der Abbildung bin ich Herrn Dr. E. KÜHN, Berlin, zu Dank verpflichtet.

[5] FARR: J. appl. Physics **8**, 228 (1937). — KERR: Protoplasma **27**, 229 (1937).

[6] WERGIN: Protoplasma **32**, 116 (1939).

[7] ANDERSON u. KERR: Ind. Chem. Ind. **30**, 48 (1938). — BAYLEY: The Cell and Protoplasm, Lancaster 1940. — BAYLEY u. BERKELEY: Am. J. Botany **29**, 231 (1942). — BALLS u. HANCOCK: Proc. Roy. Soc. London B **93**, 426 (1922). — HOCK: J. Research Natl. Bur. Standards **29**, 41 (1942). — HOCK u. SEIFRITZ: Paper Trade J. **110**, T 53 (1939). — RITTER: Ind. Engng. Chem. **20**, 491 (1928). — ROLLINS: Textile Research J. **15**, 65 (1945). — SEIFRITZ u. HOCK: Paper Trade J. **102**, T. 250 (1936).

[8] FREY-WYSSLING: Naturwiss. **28**, 335 (1940).

Wenn man jedoch die Faserzellulosen nach chemischem Abbau[1], nach Mahlen in einer Schwingmühle[2] oder nach Zerstören der Faserstruktur durch Ultraschall[3] elektronenoptisch untersucht, so treten erheblich dünnere Strukturelemente auf, die mit den bei der Beschreibung des anatomischen Baues der Zellwände Seite 29 erwähnten Fibrillen größenordnungsmäßig annähernd übereinstimmen.

Bei näherer Untersuchung fand aber eine Reihe von Forschern[4], daß auch diese Fibrillen nicht kleinste Bauelemente darstellen, sondern sie wieder in feinere Gebilde, sogen. Grundfibrillen, aufgeteilt sind. Die Ausmessung dieser Grundfibrillen ergab eine Dicke zwischen 60 und 200 Å.

Nachdem durch WILLIAMS u. WYCKOFF[5] sowie durch HALL, JAKUS u. SCHMITT[6] neue Methoden für die Verstärkung der Kontrastwirkung bei Präparaten für das Elektronenmikroskop aufgefunden worden waren, wurden sowohl die Oberfläche als auch Trümmer naß gemahlener Faserpräparate durch KINSINGER u. HOCK[7] erneut eingehend untersucht. Aus diesen Untersuchungen stellt Abb. 39 den Abdruck der Oberfläche einer Lintersfaser dar. Man erkennt deutlich flache bandförmige Struktureinheiten, die den Eindruck gebündelter Fibrillen machen und die durch tiefe Furchen voneinander getrennt sind. Die Abstände zwischen diesen Furchen sind annähernd von der gleichen Größenordnung wie die im Lichtmikroskop aufgefundenen Fibrillen, die also offenbar Fibrillenbündel darstellen. Daß diese Auffassung zutrifft, gibt sich deutlich zu erkennen, wenn man durch nasse Mahlung erhaltene Fasertrümmer nach der neuen Methode (mit Chrom schattiert) elektronenoptisch untersucht. Abb. 40 zeigt überaus instruktiv die breiten Bündel, die sich aus zahlreichen Einzelfibrillen (Grundfibrillen) zusammensetzen. Durch Abmessen der Bündelbreite und Auszählen der Fibrillenzahl kamen KINSINGER und HOCK auf einen Durchmesser von etwa 100 Å für die Grundfibrille einer Baumwoll-Langfaser, bei Linters ergab sich eine Dicke von etwa 160 Å; Ramiefaser ließ gröbere Grundfibrillen von etwa 370 Å erkennen, während die Dicke bei einer Holzfaser etwa 90 Å betrug. Eine Einheit von 100 Å Dicke würde bedeuten, daß in dieser etwa 600 Kettenmoleküle zusammengefaßt sind.

Diese Messungen stimmen mit den röntgenographisch bei Holzfasern zu 60 bis 80 Å geschätzten Mizelldicken einigermaßen überein[8], so daß wohl angenommen werden darf, daß diese Grundfibrillen tatsächlich individuelle Bauelemente der Faser-

---

[1] RUSKA u. KRETSCHMER: Kolloid-Z. **93**, 163 (1940). — MAHL: Kolloid-Z. **96**, 7 (1941). — EISENHUT u. KÜHN: Angew. Chem. **55**, 198 (1942). — KÜHN: Melliand Textilber. **22**, 249 (1941).

[2] HESS, KIESSIG u. GUNDERMANN: Z. physik. Chem. (B) **49**, 64 (1941).

[3] WUHRMANN, HEUBERGER u. MÜHLENTHALER: Experienta **2**, 105 (1946). — FREY-WYSSLING u. MÜHLENTHALER: Textile Research J. **17**, 32 (1947).

[4] RUSKA u. KRETSCHMER: Kolloid-Z. **93**, 163 (1940). — KÜHN: Melliand Textilber. **22**, 249 (1941). — HESS, KIESSIG u. GUNDERMANN: Z. physik. Chem. (B) **49**, 64 (1941). — EISENHUT u. KÜHN: Angew. Chem. **55**, 198 (1942). — WERGIN: Kolloid-Z. **98**, 131 (1942); **100**, 436 (1942); Biol. Zbl. J. **63**, 350 (1943). — SEARS u. KREGEL: Paper Trade J. **144**, 43 (1942). — HUSEMANN: J. makromol. Chem. **1**, 16 (1943). — HERMANS: Textile Research J. **16**, 545 (1946). — [5] WILLIAMS u. WYCKOFF: J. appl. Phys. **17**, 23 (1946).

[6] HALL, JAKUS u. SCHMITT: J. appl. Phys. **16**, 459 (1945).

[7] KINSINGER u. HOCK: Ind. Engng. Chem. **40**, 1711 (1948).

[8] MARK u. MEYER: Z. physik. Chem. **67**, 213 (1941). — HESS, TROGUS, AKIM u. SAKURADA: Ber. dtsch. chem. Ges. **64**, 408 (1931). — KRATKY u. SCHLOSSBERGER: Z. physik. Chem. (B) **39**, 145 (1938). — SISSON: Cellulose and Cellulose Derivates, New York 1943.

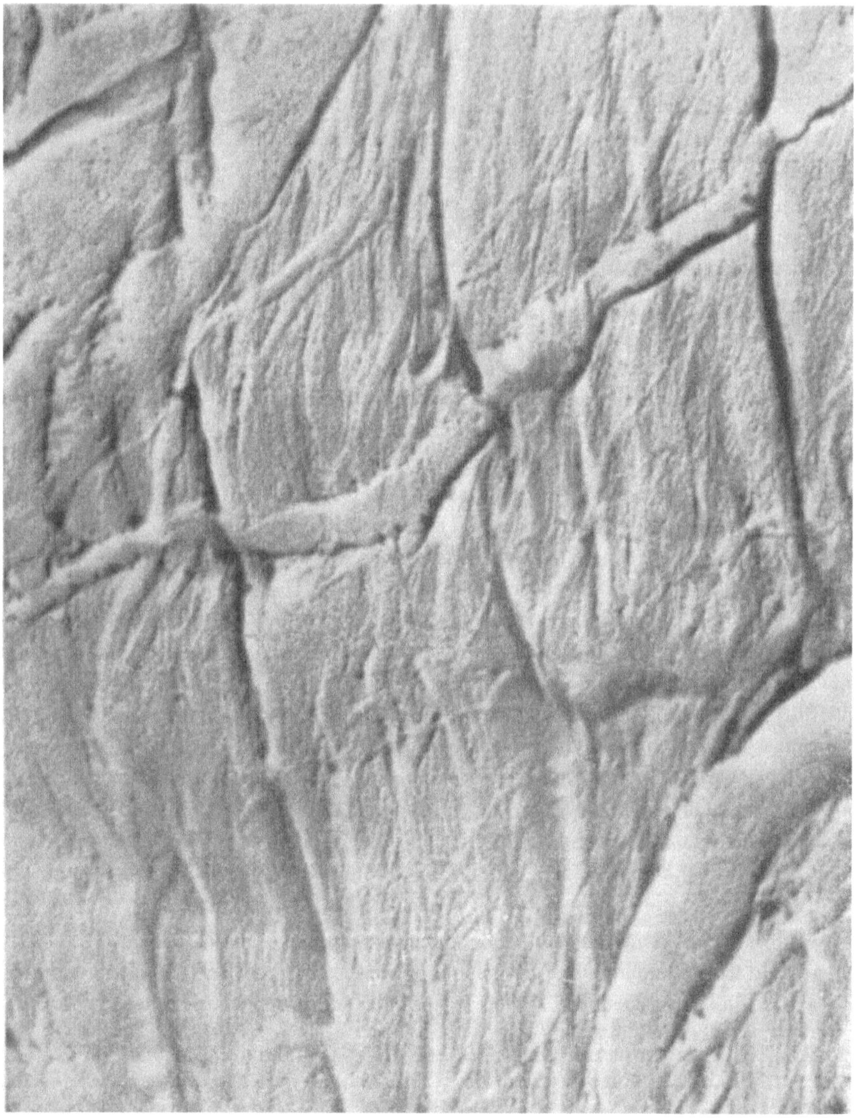

Abb. 39. Oberflächenabdruck einer Lintersfaser; elektronenmikroskopisch. Vergr. 38250 fach. (Nach KINSINGER und HOCK.)[1]

zellulosen darstellen, wie dies z. B. von WALLNER[2] sowie BARNES und BURTON[3] behauptet wurde.

Die Untersuchungen von KINSINGER und HOCK führten aber noch zu einer anderen, interessanten Beobachtung. Sowohl bei noch stärkerer Vergrößerung (110 bis 120000 ×) als auch nach Behandlung der Fasern mit Bleiazetat zeigten sich auf

[1] Die Abbildungen 39 u. 40 wurden freundlicherweise von dem Forschungslaboratorium der Hercules Powder Company, Wilmington, USA, überlassen.

[2] WALLNER: Melliand Textilber. **23**, 156 (1942).

[3] BARNES u. BURTON: Ind. Engng. Chem. **35**, 120 (1943).

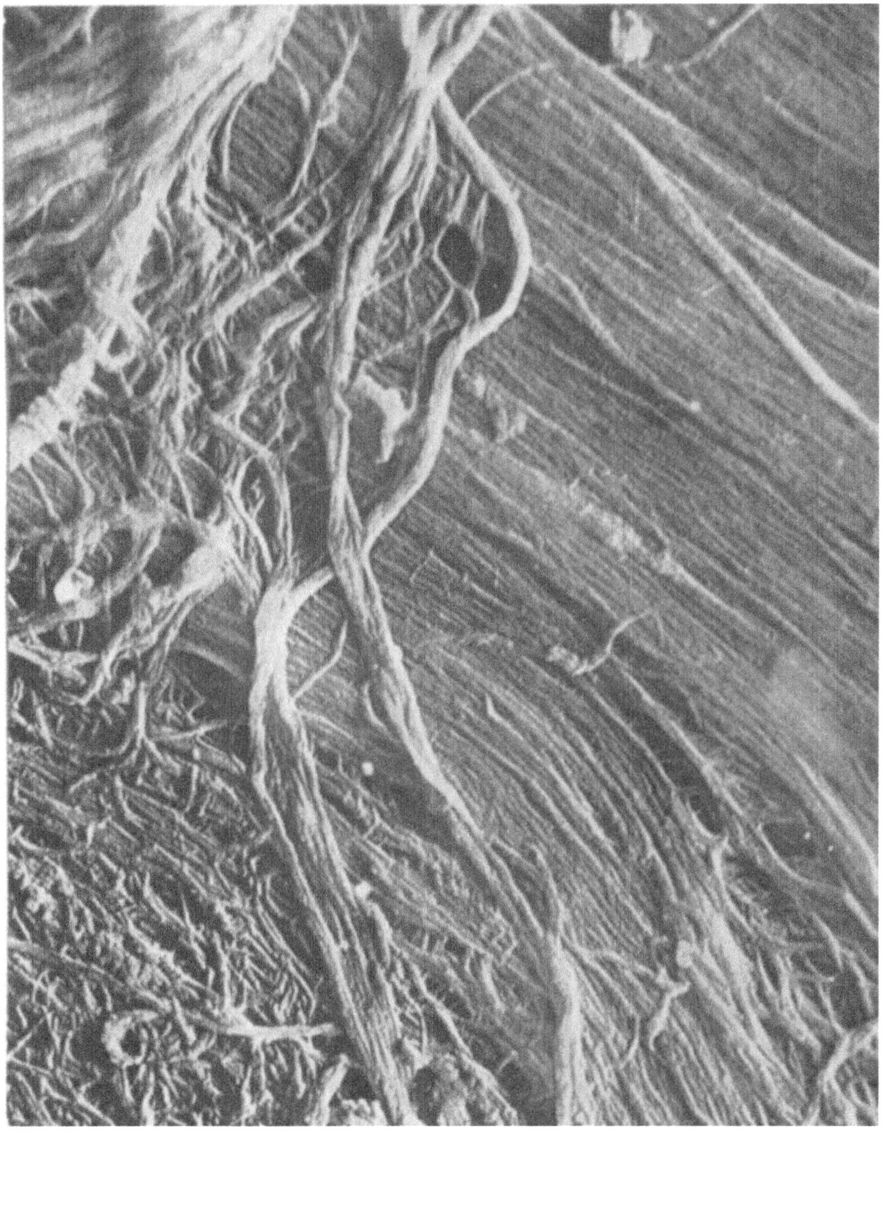

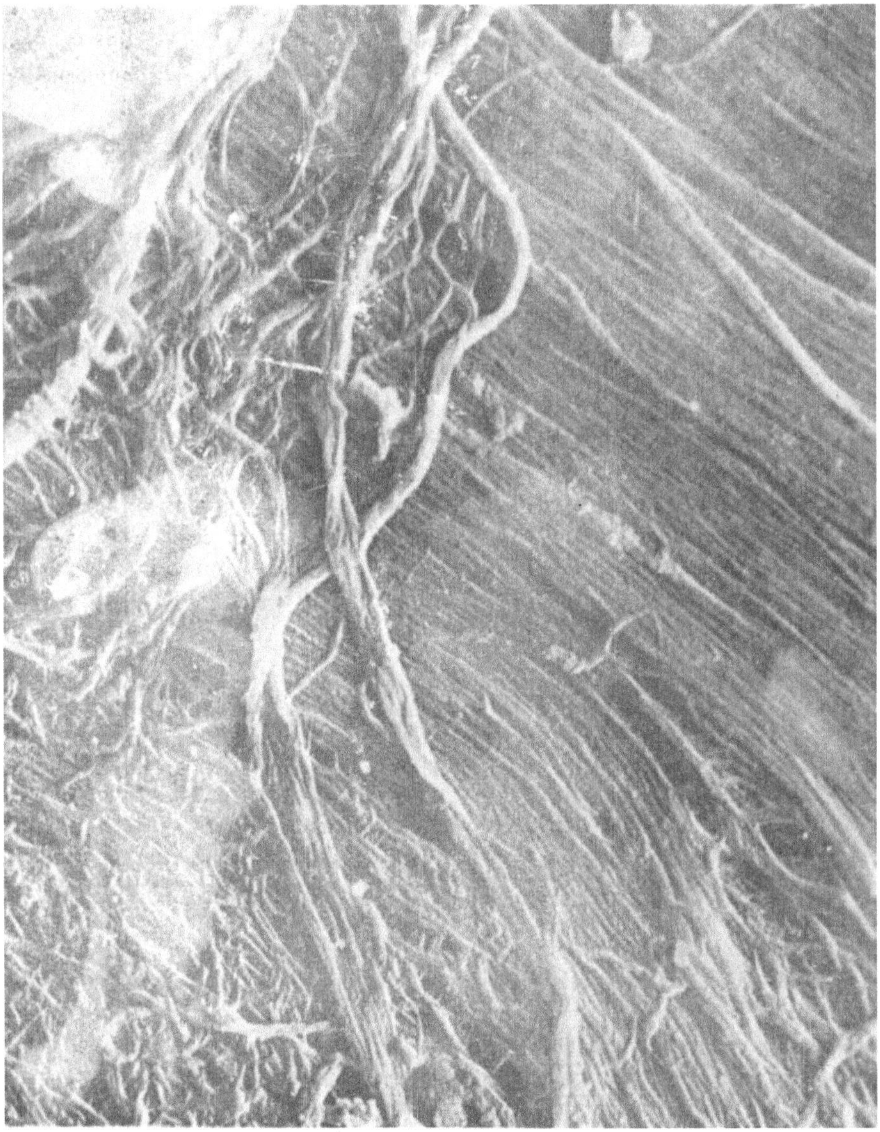

Abb. 40. Gemahlene Lintersfaser, mit Chrom schattiert; elektronenmikroskopisch. Vergr. 47000fach. (Nach KINSINGER und HOCK.)

den Fibrillenbündeln in Abständen von etwa 150 Å quer liegende, dunkle Markierungen. KINSINGER und HOCK nehmen an, daß sich hierdurch nicht oder weniger kristallisierte Bereiche zu erkennen geben, die die Kristallite begrenzen. Entsprechende Schlüsse waren von HALL, JAKUS und SCHMITT[1] sowie MUDD und ANDERSON[2] aus ähnlichen Bildern bei Muskelfasern und Bakterien gezogen worden.

---

[1] HALL, JAKUS u. SCHMITT: J. appl. Physics **16**, 459 (1945).
[2] MUDD u. ANDERSON: J. exper. Med. **76**, 103 (1942).

Im Gegensatz zu den elektronenoptisch ermittelten Dicken der Kristallite stimmen die auf diesem Wege festgestellten Kristallit-Längen, wie ein Vergleich mit Tabelle 28 auf Seite 85 zeigt, demnach nicht überein. Über die Längenausdehnung der Kristallite besteht somit noch keine Klarheit.

Die Dicken der Grundfibrillen nehmen also nach den Messungen von KINSINGER und HOCK in folgender Reihenfolge ab:

Ramie > Baumwolle > Holzfaser.

Dieser Befund deckt sich mit der Menge an kristallisierter Substanz und dem Grad der Orientierung, die bei den einzelnen Fasern nach anderen Methoden nachgewiesen wurden[1]. Außerdem gehen diese Befunde parallel mit den Festigkeits- und Dehnbarkeitseigenschaften der Fasern. So weist z. B. die Ramiefaser den höchsten Kristallisationsgrad, den höchsten Orientierungsgrad und die höchste Reißfestigkeit bei geringer Dehnbarkeit und Elastizität auf. In dieser Beziehung verhält sich die Holzfaser gerade entgegengesetzt, während die Baumwolle in bezug auf die genannten Eigenschaften zwischen den anderen Fasern liegt.

Der fibrilläre Bau der Faserzellulose ist von großer Bedeutung für den Ablauf chemischer Reaktionen, wie im 5. Kap. noch gezeigt werden wird.

Abschließend soll noch bemerkt werden, daß nach M. STAUDINGER[2] die fibrilläre Struktur eine allgemeine Eigenschaft aller makromolekularer Stoffe ist.

4. Kapitel.

Die Fabrikation der Zellstoffe.

Die Zellstoff-Fabrik hat die Aufgabe, aus den Faserzellen der verholzten Zellwände die Zelluloseanteile freizulegen. Sie muß infolgedessen die natürlichen Begleitstoffe der Zellulose so weitgehend wie möglich auflösen und entfernen.

Das Verhalten der Viskose sowie die Eigenschaften der fertigen Fasern hängen in starkem Maße von den Eigenschaften der Zellstoffe ab, jedoch sind die Zusammenhänge zwischen den Zellstoffeigenschaften, dem Verhalten der Zellstoffe bei der Viskoseherstellung sowie den Fasereigenschaften trotz zahlreicher wissenschaftlicher und technischer Studien restlos noch nicht geklärt. Sowohl chemische als auch physikalische Eigenschaften der Zellstoffe spielen hierbei eine Rolle, und die verschiedenartigen Viskoseherstellungsverfahren, wie sie in den Chemiefaserwerken gebräuchlich sind, machen die Zusammenhänge noch undurchsichtiger, so daß von einzelnen Stellen die Ansicht vertreten wird, es komme — wenigstens was die Faserqualität anbelangt — auf die Zellstoffeigenschaften weniger an[3]. Sicher ist jedoch, daß für das Verhalten der Zellstoffe bei der Viskosefabrikation physikalische, ja sogar morphologische Eigenschaften des Zellstoffs von mindestens ebenso großer Bedeutung sind wie die chemischen Eigenschaften. Wir kommen hierauf im folgenden Kapitel noch näher zurück.

Zum Verständnis der für einen Chemiefaserzellstoff erforderlichen Eigenschaften erscheint es zweckmäßig, kurz auf die bei einem Papierzellstoff geforderten Eigen-

[1] Vgl. hierzu KINSINGER u. HOCK: Ind. Engng. Chem. **40**, 1716 (1948).
[2] M. STAUDINGER: J. prakt. Chem. **160**, 203 (1942).
[3] LÖBERING: Melliand Textilber. **22**, 245 (1941).

schaften einzugehen, zumal sich die Herstellung von Chemiefaserzellstoffen aus der Papierzellstoff-Fabrikation entwickelt hat.

Der Papiermacher verlangt einen Zellstoff, der ein möglichst dichtes Papier von hoher Bogenfestigkeit ergibt. Diese Forderung wird dadurch erfüllt, daß man einen gewissen Anteil der Holzpolyosen in dem Zellstoff beläßt, denen eine verkittende Wirkung zukommt. Ferner verlangt man beim Papierzellstoff eine ziemlich weitgehende Deformierung der Faserzellen durch Quetschen, Kürzen und teilweises Zertrümmern, um einen möglichst feinen Stoffbrei zu erhalten, was durch einen mehr oder weniger starken Mahlprozeß erreicht wird. Beide Forderungen widersprechen jedoch den Ansprüchen, die an einen Chemiefaserzellstoff gestellt werden. Bei diesem müssen vielmehr folgende Bedingungen erfüllt sein:

Hoher Gehalt an reiner Zellulose (Alphazellulose),
möglichst niedriger Gehalt an organischen und anorganischen Begleitstoffen,
möglichste Erhaltung der Faserzellen.

Dazu werden bei einem Chemiefaserzellstoff verlangt:

Hohe Gleichmäßigkeit in bezug auf Aufschluß und Bleiche,
hohe Reaktionsfähigkeit,
niedrige Kupferzahl,
eine bestimmte, mittlere Viskosität,
hoher Bleichgrad,
gute Filtrierbarkeit der aus dem Zellstoff hergestellten Viskose,
möglichste Einheitlichkeit des Polymerisationsgrades.

Nach Untersuchungen von Jayme und Pfretzschner[1] bestehen zwischen einem Chemiefaser- und einem Papierzellstoff dementsprechend folgende Unterschiede: Der Chemiefaserzellstoff weist eine mittlere Viskosität auf, während der Papierzellstoff durch hohe Viskosität gekennzeichnet ist. Der Gehalt an Alphazellulose ist beim Chemiefaserzellstoff wesentlich höher als beim Papierzellstoff; Furfurolwert und Aschengehalt sind beim Chemiefaserzellstoff niedriger. Das Dickenquellvolumen ist beim Papierzellstoff höher als beim Chemiefaserzellstoff (9,02 gegen 6,12···7,2); die Festigkeit, besonders die Falzfestigkeit, liegt beim Chemiefaserzellstoff niedriger als beim Papierzellstoff. Die Kupferzahl ist beim Chemiefaserzellstoff niedriger als beim Papierzellstoff, der Weißgehalt liegt beim Chemiefaserzellstoff höher. Hiermit geht beim Chemiefaserzellstoff eine größere Reaktionsfähigkeit parallel[2]. Die Faserzellen des Holzes sind bei einem Chemiefaserzellstoff zu einem gewissen Anteil durch den Aufschluß zerstört, was allerdings mit einer geringeren Ausbeute parallel geht.

Aus dem oben Gesagten geht schon hervor, daß die Herstellung eines Chemiefaserzellstoffs ein ungleich schwierigerer technischer Vorgang ist. Obwohl eine außerordentlich große Zahl von Untersuchungen über die Beeinflussung der Faserfabrikation und der Fasereigenschaften durch den Zellstoff durchgeführt worden ist, bestehen aber noch keineswegs klare Vorstellungen über diese Zusammenhänge, so daß hinsichtlich der Zellstoffeigenschaften noch eine ziemliche Empirie herrscht, die erst teilweise in den letzten Jahren durch gesicherte Erkenntnisse ersetzt werden konnte.

Zwischen den Chemiefaserherstellern und den Zellstoff-Fabriken sind bestimmte Gütenormen für Zellstoffe ausgearbeitet worden, die in Tabelle 30 zusammengestellt sind[3] (s. S. 98).

[1] Jayme u. Pfretzschner: Papierfabr. **37**, 97, 109 (1939).
[2] Jayme u. Grögaard: Papierfabr. **38**, 93, 101, 113, 149 (1940).
[3] Müller-Clemm: Z. angew. Chem. **54**, 119 (1941).

Allgemein können diese Eigenschaften nur erreicht werden durch besonders vorsichtiges, sorgfältiges Kochen und auch Bleichen, wobei die Bleiche nicht nur für den Bleichton des Zellstoffes wichtig, sondern auch von großer Bedeutung für den Alphagehalt und die Reaktionsfähigkeit des Zellstoffes ist.

Tabelle 30. *Mindestgütebedingungen für Faserzellstoff.*

		Gruppe I	Gruppe II	Gruppe III
Alphagehalt	min. %	89	95,5	97
Kupferviskosität		150···500	150···500	150···500
Kieselsäure	max. %	0,03	0,02	0,02
Asche	max. %	0,20	0,20	0,15
Eisen	max. %	0,003	0,003	0,003
Holzgummi				
bei Buche	max. %	5,0	3,5	1,5
bei Fichte	max. %	4,5	3,0	1,25
Fett (nur bei Buche)				
alkohollöslich	max. %	0,4	0,3	0,3
dichlormethanlöslich	max. %	0,3	0,2	0,2

Nach JAYME und GRÖGAARD sind die besten Chemiefaserzellstoffe dadurch gekennzeichnet, daß sie bei höchstem Weißgehalt höchsten Gehalt an Alphazellulose und niedrige Viskosität aufweisen.

Besondere Ansprüche werden an einen Zellstoff gestellt, der für die Herstellung von Reifencord-Reyon eingesetzt werden soll. Für diesen sind Linters das geeignetste Ausgangsmaterial. Ihr hoher Preis zwingt allerdings dazu, für diesen Sonderzweck auch Holzzellstoffe zu verwenden. Auf diesem Gebiete sind in den letzten Jahren bedeutsame Fortschritte erzielt worden. So konnten aus Fichten- und Buchenholz durch besondere Behandlungen (Vorhydrolyse und Nachveredlung) Zellstoffe hergestellt werden, die in bezug auf ihre Eignung kaum noch hinter einem Linterszellstoff zurückstehen.

Die Fabrikation der Zellstoffe zerfällt in eine mechanische Vorbereitung der Ausgangsmaterialien, den chemischen Aufschlußprozeß selbst sowie in die wieder mechanische Fertigstellung. Die Auflösung der Zellulosebegleitstoffe kann sowohl durch saure als auch durch alkalische Flüssigkeiten erfolgen, und somit unterscheiden wir saure und alkalische Aufschlußverfahren.

Die Wahl des Aufschlußverfahrens ist von der Art und Beschaffenheit der einzelnen Ausgangsmaterialien abhängig. Auf Grund praktischer Erfahrungen haben sich bei den einzelnen Materialien die folgenden Aufschlußweisen herausgebildet:

Fichtenholz wird nach dem Sulfitverfahren, einem sauren Aufschlußverfahren, aufgeschlossen.

Buchenholz kann gleichfalls nach dem Sulfitverfahren aufgeschlossen werden, jedoch ist hierbei auch ein anderes saures Verfahren, das Salpetersäureverfahren, in Anwendung. Bei Buchenholz wird jedoch auch das alkalische Sulfatverfahren angewandt.

Aspenholz wird nach dem Sulfitverfahren aufgeschlossen, doch gelingt es auch, einwandfreie Aspenzellstoffe durch alkalischen Aufschluß zu erhalten[1].

Für den Aufschluß der *Tanne* hat sich ein etwas modifiziertes Sulfitverfahren durchgesetzt.

[1] DAVIES: Paper Trade J. 62, 33 (1933).

Birkenholz wird alkalisch nach dem Sulfatverfahren aufgeschlossen.

Bei *Kiefernholz* haben die sauren Aufschlußverfahren für Chemiefaserzellstoff nur dann zu brauchbaren Ergebnissen geführt, wenn mit starken Säuren gekocht wird. Nach SCHÜTZ, SARTEN und MEYER[1] treten die gleichen Schwierigkeiten auch beim Stroh und anderen Einjahrespflanzen auf, sowie bei allen vorhydrolysierten Hölzern (siehe Seite 118), bei denen der Ligningehalt durch die Vorbehandlung vermehrt erscheint. Bei diesen Rohstoffen wird fast allgemein das Sulfatverfahren angewandt.

Für *Pfahlrohr* (Arundo donax) ist das Sulfitverfahren in Anwendung.

Stroh wird im allgemeinen alkalisch, und zwar nach dem Sulfatverfahren aufgeschlossen, jedoch wird neuerdings auch ein kombiniertes alkalisch-saures Verfahren, das Natron-Chlorverfahren nach POMILIO, empfohlen, das sich auch für Strohgräser, wie z. B. *Espartogras* eignet. Für Stroh wird neuerdings auch ein reines saures Verfahren empfohlen, das in einer Behandlung mit einem Gemisch aus Schwefelsäure und einem Chlordioxyd abspaltenden Chlorat besteht[2]. Auch ein Aufschluß mit Salpetersäure ist empfohlen worden, der sich besonders für Reisstroh eignen soll[3]. Schließlich ist vorgeschlagen worden, Stroh lediglich durch Dämpfen unter Druck bei 152···158° C aufzuschließen[4].

Der Aufschluß der *Baumwolle* besteht in einer alkalischen Beuche.

Es soll ergänzend bemerkt werden, daß als weitere alkalische Verfahren das Natronverfahren und das Sodaverfahren bekannt sind, die bei Hölzern für Chemiefaserzellulose allerdings praktisch nicht angewandt werden. Das erstere ist jedoch für *Bambus* in Gebrauch und das letztere wird für den Aufschluß von *Bagasse* empfohlen[5].

Ferner sind beim Sulfitverfahren Abwandlungen eingeführt worden; so wird in Sonderfällen an Stelle von Kalziumbisulfit Natriumbisulfit herangezogen; auch ein neutrales Sulfitverfahren ist bekannt.

Als neueste Entwicklung auf dem Gebiete des Holzaufschlusses zeichnet sich eine Behandlung mit hydrotropen Lösungen ab, was zu einer schonenderen Behandlung der Zellulose und zu erhöhten Zellstoffausbeuten führen soll[6].

Der Übersichtlichkeit halber sind in Tabelle 31 die für die verschiedenen Ausgangsmaterialien gebräuchlichen Aufschlußverfahren noch einmal zusammengestellt (S. 100).

Bevor auf Einzelheiten des Aufschlusses eingegangen werden soll, sei noch bemerkt, daß nach JAYME die gesamten Eigenschaften eines Zellstoffes durch das angewandte Aufschlußverfahren beeinflußt werden. Es ist also nicht möglich, aus dem gleichen Ausgangsmaterial durch verschiedene Aufschlußverfahren zu Zellstoffen mit gleichen Eigenschaften zu kommen. Die Kochung in der Zellstoff-Fabrik muß daher stets ein Kompromiß zwischen Alphagehalt, Viskosität, Reinheit und Ausbeute bleiben.

Die Eigenschaften der Zellstoffe, insbesondere ihre Reinheit, können durch Sonderbehandlungen verbessert werden; dies kann — soweit wirtschaftlich tragbar — durch eine Nachbehandlung der erkochten Stoffe geschehen („Zellstoff-Veredlung") oder,

[1] SCHÜTZ, SARTEN u. MEYER: Angew. Chem. **60**, 115 (1948).

[2] Holl. Pat. 54124.

[3] SCHIMODA: J. Cell. Inst. Tokyo **16**, 1 (1940). — SCHIMODA u. KONO: Cellulose Ind. (Japan) **17**, 42 (1941).

[4] WILLEMOES D'OBRY: Zellstoff u. Papier **20**, 67 (1940).

[5] HAMAYUTI, MIKAYE u. ONO: Cellulose Ind. (Japan) **16**, 27 (1940). — Über den Aufschluß schnellwüchsiger Pflanzen siehe auch EGGERT: Zellw., Kunsts., Seide **47**, 711, 794 (1942).

[6] MCKEE: Ind. Engng. Chem. **38**, 382 (1946). — Brit. Pat. 560942. — Näheres bei JAYME: Das Papier **1**, 93 (1947). — HONDA u. NAKAMURA: Cellulose Ind. (Japan) **17**, 41 (1941).

wie dies neuerdings eingeführt wurde, durch eine saure Vorhydrolyse des Ausgangsmaterials vor dem Kochprozeß. Die Vorhydrolyse hat sich als besonders geeignet erwiesen, wenn sie mit einem alkalischen Aufschlußverfahren, beispielsweise dem Sulfatverfahren, kombiniert wird; sie hat bei Buchenholz, bei Stroh und bei Bagasse Eingang in die Zellstoff-Fabriken gefunden.

Tabelle 31. *Aufschlußverfahren.*

Ausgangsmaterial	Aufschlußverfahren	
	sauer	alkalisch
Fichte	Sulfitverfahren	—
Kiefer	Sulfitverfahren	Sulfatverfahren
Tanne	Sulfitverfahren	—
Buche	Sulfitverfahren, Salpetersäureverfahren	Sulfatverfahren (gegebenenfalls nach saurer Vorhydrolyse)
Aspe	Sulfitverfahren	Sulfatverfahren
Birke	—	Sulfatverfahren
Stroh	Schwefelsäure-Chlordioxydverfahren	Sulfatverfahren nach saurer Vorhydrolyse, Natron-Chlorverfahren
Pfahlrohr	Sulfitverfahren	—
Baumwolle	—	alkalische Beuche
Esparto	—	Natron-Chlorverfahren nach POMILIO
Bambus	—	Natronverfahren
Bagasse	—	Sodaverfahren (gegebenenfalls nach saurer Vorhydrolyse [1])

I. Die Vorbereitung der Ausgangsmaterialien.

Hölzer. Was den Holzzellstoff anbetrifft, so kann nur gesundes Holz verarbeitet werden; krankes Holz setzt nicht nur die Ausbeute an Zellstoff herab, sondern beeinträchtigt auch seine Qualität und damit die Eigenschaften des fertigen Reyon und der Zellwolle.

Um der Forderung nach möglichster Gleichmäßigkeit des Zellstoffs zu entsprechen, müssen die Zellstoff-Fabriken sehr große Holzläger unterhalten, um möglichst große Zellstoff-Chargen aus einem einheitlichen Ausgangsmaterial herstellen zu können.

Die für die Zellstoffherstellung bestimmten Hölzer werden der Zellstoff-Fabrik in 1 ··· 2 m langen Stempeln angeliefert [2]. Der Durchmesser schwankt nach der Art des Baumes sowie nach der Höhe des betreffenden Stückes über dem Boden und beträgt bei Fichtenholz zwischen 10 und 35 cm. Im allgemeinen sind die Stämme bereits im Walde nach dem Fällen der Bäume weitgehend entrindet worden. Abgesehen vom

[1] TASKER u. LIBBY: Paper Trade J. 75, 123 (1946).

[2] Vgl. hierzu den Abschnitt „Holzzellstoffe“ in ULLMANNS „Enzyklopädie der technischen Chemie“ sowie HOTTENROTH: Die Kunstseide, S. 56f.

Sulfatverfahren verlangt der Aufschluß aber ein vollkommen rinden- und bastfreies Holz, so daß in der Zellstoff-Fabrik ein Nachschälen der Stämme erforderlich ist.

Das Schälen kann maschinell erfolgen, wenn es sich um gerade und gleichmäßig gewachsene Stämme handelt, wie dies bei Fichten- und Kiefernholz im allgemeinen der Fall ist. Krummes und knorpeliges Holz, wie es z. B. beim Astholz der Buche vorliegt, ist nur mit der Hand einwandfrei zu entschälen. Im Frühjahr geschlagenes, saftreiches Holz läßt sich am besten schälen. Auch im Winter geschlagenes Holz wird zweckmäßig erst im Frühjahr geschält, da Kälte und Frost 20···40% mehr Zeit für das Schälen in Anspruch nehmen. Hölzer über 26 mm Durchmesser werden vor dem Schälen einmal gespalten, solche über 30 cm Durchmesser am besten zweimal. Für das mechanische Schälen sind Spezialmaschinen entwickelt worden; bei den Konstruktionen war man bestrebt, die Holzverluste, die beim mechanischen Schälen immer entstehen, möglichst niedrig zu halten. Fast allgemein in Gebrauch ist der sog. Schwenkkopfschäler der Firma *Maschinenfabrik Albert Bezner*, Ravensburg (Württemberg), der im wesentlichen aus einem Drehapparat mit dem Zubring- und Abführtisch und einer Messerscheibe besteht (Abb. 41). Das Holz wird auf ein kurzes Polster vor dem Zubringtisch abgeworfen, von dem aus bei einem Holzdurchmesser von 12···14 cm der Maschine alle 6···8 Sekunden ein Prügel zugeführt wird, was durch gezahnte Räder des Zubringetisches mechanisch erfolgt. Die Räder schieben den Prügel quer gegen einen Leitarm vor, der ihn in schräger Lage und sich drehend unter die Messerscheibe bringt. In geschältem Zustand wird das Holz vom Abführtisch weggeführt.

Abb. 41. Schwenkkopfschäler der Fa. Albert Bezner, Ravensburg.

Die kleine, flachkonische Messerscheibe ist in zwei seitlichen Blattfederpaketen so leicht schwingbar gelagert, daß sie auch bei astigem Holz der zu schälenden Oberfläche leicht tastend folgt, wodurch auch kurze Krümmungen und Vertiefungen sehr sauber und sparsam ausgeschält werden.

Die beim Schälen abfallenden Späne werden durch ein Pendelrohr abgezogen und müssen dann durch einen Exhaustor weiterbefördert werden.

Beim mechanischen Schälen, bei dem eine 2···3 mm dicke Holzschicht mit den Rindenresten abgelöst wird, ist u. U. mit einem Holzverlust bei gerade gewachsenen Hölzern von 8···15% zu rechnen. Eine Spezialmaschine von Thorne, die das Holz in Wasserbehältern durch gegenseitige Reibung entrindet (Abb. 42), soll diesen Verlust auf etwa 3···5% verringern. Diese Verluste steigern sich bei krummgewachsenen Hölzern.

Liegen knorpelige Hölzer vor, wie z. B. Buchenholz, so wird das Schälen mit der Hand durch Abklopfen mit der Axt und Bearbeitung mit dem Stoßeisen vorgenommen. Vielfach ist diese Methode jedoch nicht anwendbar, besonders bei Astwinkeln und

Wurzelanläufen. Hierfür wurden daher von JUNACK zwei besondere Messertypen entwickelt, das sog. Rindenschnitzmesser und das Muldenmesser. Bei der Bearbeitung wird das Holz zweckmäßig auf eine drehbare, eiserne Gabelstütze gelegt[1].

Abb. 42. Entrindungsmaschine nach THORNE. (Miag Vertriebsgesellschaft, Braunschweig.)

Höherer Lohnaufwand für das manuelle Schälen wird teilweise durch die nur geringfügigen Holzverluste ausgeglichen.

Wird das Rundholz von der Zellstoff-Fabrik bereits in geschältem Zustand bezogen, so ist nur noch eine Behandlung in der Waschmaschine erforderlich, um das Holz von den beim Lagern angenommenen Verunreinigungen zu befreien.

Abb. 43. Hackmaschine der Fa. J. M. Voith, Heidenheim.

Das entrindete, geschälte und gewaschene Holz wird in der Zellstoff-Fabrik durch besondere Hackmaschinen (Abb. 43) zerkleinert. Die Hackmaschine besitzt eine rotierende, mit 3···4 Messern besetzte Messerscheibe, die das Holz in schräger Richtung erfaßt. Das schräge Hacken ist aus dem Grunde wichtig, da hierdurch ein Aufblättern der Hackspäne in Lamellen erfolgt, was das Eindringen der Kochflüssigkeit begünstigt. Die in der Hackmaschine erhaltenen Hackspäne haben im allgemeinen eine Größe von 2···3 cm in der Längsrichtung, von 1···2 cm in der Breite und von 0,5···1 cm in der Dicke. Die Hackspäne werden durch besondere Maschinen, sog. Rollsichter, von Aststücken sowie von zu großen Holzstücken befreit und gelangen dann durch Transportbänder oder auf pneu-

[1] Näheres siehe bei MARSCHALLEK: Cellulosechem. **17**, 53 (1936).

matischem Wege durch weite Rohre in Silos, die dem Kocher vorgeschaltet sind. Im Kocher wird dann die Auflösung der Zellulosebegleitstoffe vorgenommen.

Abb. 44 zeigt den Rollsichter der Firma *Maschinenfabrik Albert Bezner*, Ravensburg (Württbg.). Die Sortierung geht hierbei in Sortierkästen vor sich, die zwei

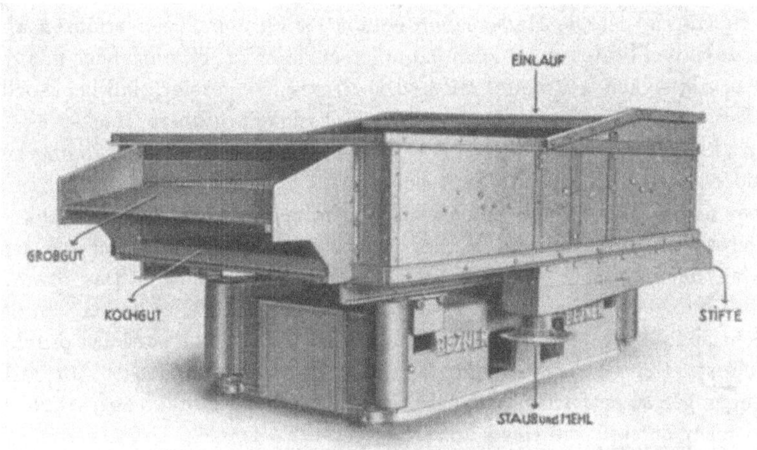

Abb. 44. Rollsichter der Fa. Albert Bezner, Ravensburg.

oder drei übereinander liegende Siebe von verschiedener Maschenweite besitzen und die durch eine im Untergestell der Maschine liegende Kurbelwelle so bewegt werden, daß das Gut einen schleifenförmigen Weg über die Siebe nimmt.

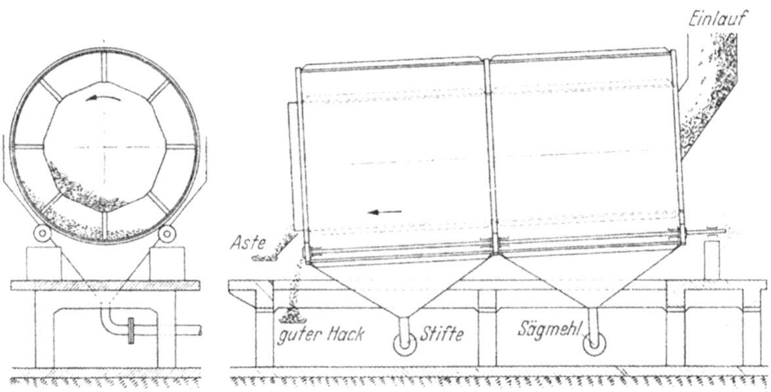

Abb. 45. Sortiertrommel der Fa. J. M. Voith, Heidenheim.

Statt eines Rollsichters kann auch eine Sortiertrommel verwendet werden, deren Wirkungsweise aus Abb. 45 erkenntlich ist.

Die geeignetste Hackspangröße ist mehrfach diskutiert worden. HÄGGLUND und BERGEK[1] sind der Auffassung, daß die Hackspäne möglichst klein sein sollten. Wenn auch bei gröberen Hackspänen im allgemeinen höhere Zellstoffausbeuten erhalten werden, so wirken sich kleinere Hackspäne jedoch günstig auf die Qualität der Zell-

[1] HÄGGLUND u. BERGEK: Holz als Roh- und Werkstoff 4, 64 (1941).

stoffe aus, insbesondere auf die Gleichmäßigkeit, worauf es bei einem Chemiefaserzellstoff in erster Linie ankommt. Es ist verständlich, daß dicke Hackspäne sich nur schwer gleichmäßig von der Kochflüssigkeit durchtränken lassen; so kann es vorkommen, daß Hackspäne außen überkocht werden, während sie im Innern nur von Wasser durchtränkt werden, das den Aufschlußmitteln vorausdiffundierte.

Nach RIETH[1] ist die Hackspangröße aber auch dem Kochverfahren anzupassen, wobei z. B. beim direkten Kochen zu unterscheiden ist, ob ohne oder mit Zirkulation der Kochflüssigkeit gearbeitet wird. Die Praxis hat gezeigt, daß bei Kochung ohne Zirkulation zur Erzielung besserer Gleichmässigkeit gröbere Hackstücke günstiger sind als kleinere. Letztere bieten aber Vorteile beim Arbeiten mit Zwangszirkulation, besonders auch hinsichtlich der Ausbeute.

Stroh und Gräser. Beim Strohzellstoff geht man zweckmäßig von unkrautfreiem, möglichst rein gewaschenem Winterroggenstroh aus. Auch Winterweizenstroh ist geeignet, liefert aber eine etwas geringere Zellstoffausbeute[2]. Das Stroh wird den Zellstoff-Fabriken mit einem Wassergehalt von 15···18% in Ballen von etwa 30 kg Gewicht angeliefert. In der Zellstoff-Fabrik wird das Stroh zunächst durch Häckseln zerkleinert. Der Häcksel gelangt dann auf ein Schüttelsortiersieb, um gröbere Verunreinigungen zu entfernen. Gleichzeitig wird hierbei der Staub abgesaugt. Bei diesen Operationen entsteht ein Gewichtsverlust von etwa 4···5%. Der so gereinigte Häcksel wird in Silos gelagert und von dort in die Kocher gegeben.

In ähnlicher Form wird auch *Espartogras* gereinigt und zerkleinert.

Stengel. Bei *Bambus*[3] geht man etwa wie folgt vor: Das eingelieferte Material wird mit harten Bürsten von groben Verunreinigungen befreit, dann etwa 10 Wochen im Freien gelagert, in Schneidmaschinen zerquetscht und dabei in Stücke von etwa 30···40 mm Länge und 8 mm Breite zerkleinert. Die Stücke werden dann mit kaltem Wasser gewaschen und gelangen anschließend mit einem Feuchtigkeitsgehalt von etwa 40% in die Kocher.

Das abgeerntete *Pfahlrohr* wird durch geeignete Maschinen in Stücke von 20 bis 25 mm Länge zerschnitten, worauf die Stengel sehr sorgfältig von den Blättern u. dgl. getrennt werden. In einer Batterie von Diffuseuren werden die sauberen Stengelabschnitte dann im Gegenstromprinzip einer Wäsche mit heißem Wasser unterzogen, wodurch die löslichen Zucker herausgelöst werden. Die mit Zucker angereicherten Lösungen werden zur Gewinnung von Alkohol vergoren[4].

Baumwolle. Die Linters kommen in Ballen gepreßt in die Zellstoff-Fabrik. Dort wird die Baumwolle zunächst einem Ballenbrecher vorgelegt. Die Wirkungsweise dieser Maschine beruht im Prinzip darauf, daß die Baumwolle zwischen Walzen hindurchgeführt wird. Hierdurch erfährt sie eine Pressung. Sie gelangt dann anschließend zwischen schnell umlaufende Walzenpaare, wodurch sie einer Streckung unterliegt. Bei diesem Arbeitsvorgang verteilt sich die dicht gepackte Baumwolle zu kleineren Flocken. Auch fallen schon gröbere Verunreinigungen heraus.

Nach dieser ersten Stufe kommt das Material in einen sog. Öffner. Als Öffner wird der sog. Vertikalöffner oder Crighton-opener (Abb. 46) bevorzugt. In diesen Maschinen wird eine mehrfache Trennung der Baumwollflocken vorgenommen. Die

---

[1] RIETH: Holzzellstoffe 1947. — [2] DÖRR: Papierfabr. **37**, 1 (1939).

[3] PIATTI: Textil-Rundschau **11**, 33 (1947).

[4] Snia Viscosa DRP. 736164. — MARIONOTTI: Chim. Ind. Agric. Biol. Realizz. **17**, 349 (1941). — COPPA ZUCCARI: Jon (Madrid) **2**, 45 (1942).

Arbeitsweise besteht darin, daß die Baumwolle durch mehrere horizontale Trommeln, die an ihrem Umfang mit Zähnen versehene Stahlschienen besitzen, bearbeitet wird. Diese Zähne greifen bei der Umdrehung der Trommeln zwischen feststehende Zähne, die an an den Deckeln der Trommeln befindlichen Zahnleisten befestigt sind. Zwischen diesen umlaufenden und feststehenden Zähnen wird die Baumwolle hindurchgezerrt,

Abb. 46. Vertikal-Öffner der Sächsischen Textilmaschinenfabrik vorm. Rich. Hartmann, Chemnitz.

wobei sich die Flocken vollkommen auflockern. Bei diesem Vorgang werden gleichzeitig die meisten Verunreinigungen, bis auf Reste von Samenschalen, aus der Baumwolle entfernt. Die Fremdkörper fallen durch einen unterhalb der Trommel befindlichen Rost, während der in dem Material enthaltene Staub durch einen kräftigen Exhaustor abgesaugt wird.

An Stelle des Vertikalöffners kann auch ein sog. Schlagwolf verwendet werden.

II. Die Aufschlußverfahren.

a) Das Sulfitverfahren.

Beim Sulfitverfahren wird das Gut durch Behandlung mit Lösungen von saurem, schwefligsaurem Kalzium (Kalziumbisulfit), die einen Überschuß an schwefliger Säure enthalten, aufgeschlossen. Während hierbei die anderen Zellulosebegleiter zu einfachen Zuckern oder anderen, später aus dem Reaktionsprodukt leicht entfernbaren Stoffen abgebaut werden, setzt sich das Lignin zu einer wasserlöslichen Sulfosäure bzw. deren Kalziumsalz um. Nach Untersuchungen von FREUDENBERG[1] muß angenommen werden, daß hierbei die zwischen den Ligningrundkörpern bestehenden Ätherbindungen gesprengt oder hydrolysiert werden. Ferner tritt auch eine Aufspaltung der sauerstoffhaltigen Ringe ein. FREUDENBERG stützt diese Annahme auf das entsprechende Verhalten der Erdmannschen Säure (I). Wird diese mit Bi-

[1] FREUDENBERG: Papierfabr. **36**, 36 (1938). — ADOLF SCHEUFELEN-Festschrift S. 84, 1937.

sulfit und schwefliger Säure behandelt, so entsteht eine wasserlösliche Sulfosäure, der die Zusammensetzung II zugeschrieben wird. Diese liefert mit Diazomethan eine Verbindung der Zusammensetzung III. Durch Verseifung mit Alkali bildet sich dann der mit IV bezeichnete Körper.

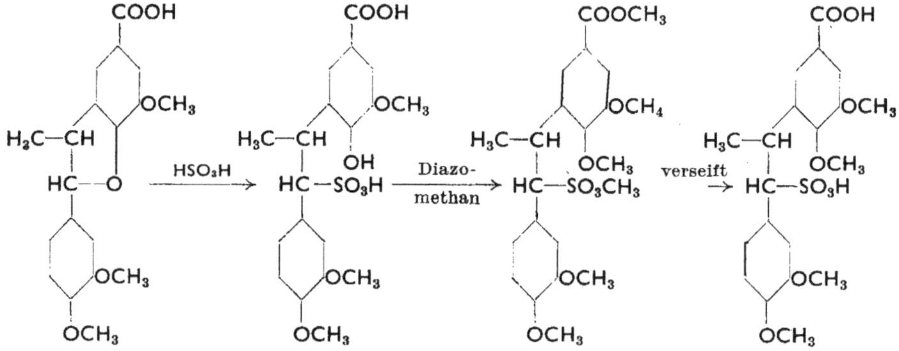

I II III IV

Bei der Oxydation ergibt diese methylierte Sulfosäure Veratrumsäure (V) und Isohemipinsäure (VI).

V **VI**

Dieselben Körper liefert bei der gleichen Behandlung die Ligninsulfosäure. Das Auftreten der Isohemipinsäure ist ein Zeichen dafür, daß auch die sauerstoffhaltigen Ringe gesprengt werden. Die Aufspaltung des Lignins führt demnach zunächst durch Aufspaltung der sauerstoffhaltigen Ringe zu den Körpern VII und VIII.

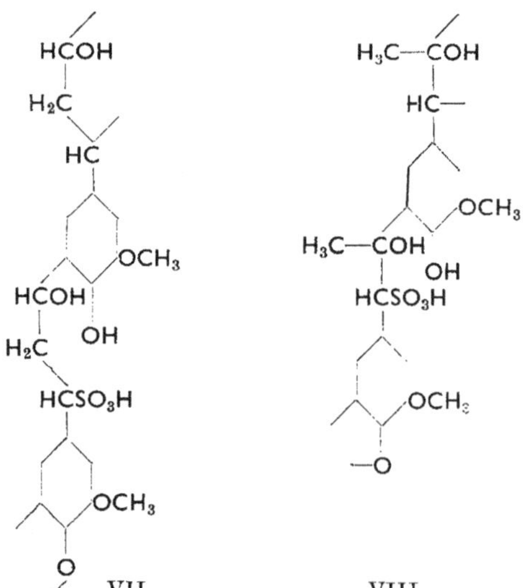

VII VIII

Die weitere Aufspaltung ergibt dann die mit IX und X bezeichneten Körper.

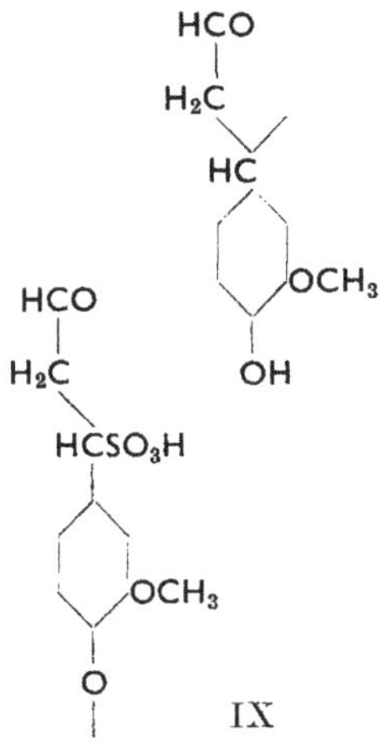

IX

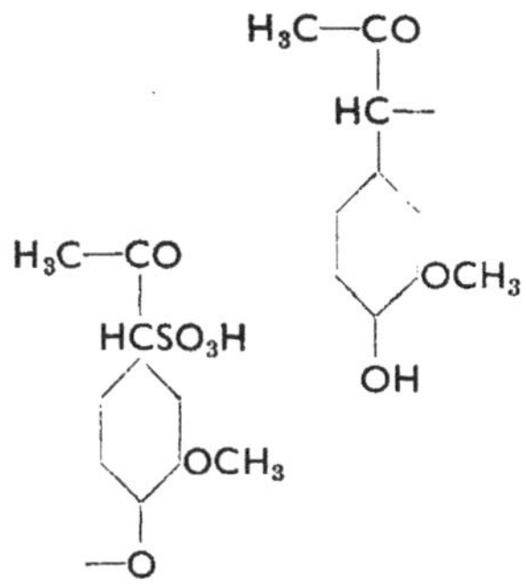

X

Wie HOLMBERG nachgewiesen hat, sind die Sulfitierungsmöglichkeiten durch die Schemata VII ··· X jedoch nicht erschöpft. Man muß annehmen, daß auch die weiteren Hydroxylgruppen durch die SO_3H-Gruppe ersetzt werden können.

Die Entfernung der inkrustierenden Substanzen durch schweflige Säure geht auf TILGHMAN[1] zurück und wurde durch MITSCHERLICH[2] zu einem technischen Großverfahren entwickelt. Später erfuhr das Aufschlußverfahren durch RITTER-KELLNER noch eine Abänderung. Beide Verfahrensweisen sind jedoch in Gebrauch und gehen oftmals ineinander über. Sie unterscheiden sich durch die Art der Beheizung durch indirekten (MITSCHERLICH) oder direkten Dampf (RITTER-KELLNER) sowie durch Abwandlungen in Temperatur, Druck und Laugenkonzentration.

Die zur Kochung erforderliche Sulfitlauge wird in der Zellstoff-Fabrik selbst hergestellt. In etwa 30 m hohe Türme, die mit Kalkstein angefüllt sind, läßt man von unten Schwefeldioxyd in 8 ··· 12proz. Röstgasen eintreten, die durch Abrösten von Schwefelkies in Öfen mit rotierenden Armen erhalten werden, während von oben Wasser auf den Kalkstein herunterrieselt. In Wäschern oder durch elektrische Naßreinigung werden die aus den Türmen entweichenden Gase möglichst weitgehend von Schwefeldioxyd befreit. Sie enthalten normalerweise nach der Reinigung weniger als 0,01% SO_2 und eine entsprechende Menge Kohlensäure.

Aus den Türmen fließt unten die sogenannte Turmlauge ab. Sie besitzt einen Gehalt von 2,5 ··· 3,5% Gesamt-SO_2. 1,0 ··· 1,3% Kalk sind als Kalziumbisulfit gebunden. Das Schwefeldioxyd liegt mit 0,3 ··· 0,8% als freie schweflige Säure vor. Die Dichte der Turmlauge beträgt etwa 5° Bé.

Ein Teil des Schwefeldioxyds wird beim Abgasen der Kocher wiedergewonnen und dient zum Verstärken der Kochlauge, die dadurch allmählich einen Gehalt an Gesamt-SO_2 von etwa 4,5% annimmt.

In einigen Zellstoff-Fabriken wird mit stärker sauren Kochflüssigkeiten gearbeitet, beispielsweise solchen von 6 ··· 8% Gesamt-SO_2. Es ist beobachtet worden, daß hierdurch eine schnellere Durchtränkung der Hackspäne erfolgt und man hierbei

[1] Brit. Pat. 2924 (1866). — [2] DRP. 4178.

mit niedrigeren Temperaturen arbeiten kann, was sich in qualitativer Beziehung sowie in bezug auf die Ausbeute günstig auswirkt. Wir kommen hierauf weiter unten noch einmal zurück.

Die Kocher sind meist große, stehende Kessel von 200···300 m³ Nutzraum, es sind jedoch auch liegende Kessel in Gebrauch. Sie bestehen aus Kesselblech und sind innen säurefest ausgemauert. Sofern die Kessel mit zwangsläufiger Zirkulation der Kochflüssigkeit arbeiten, sind sie mit besonderen Einrichtungen zur Umwälzung der Kochflüssigkeit versehen. Bei Kesseln mit direkter Beheizung ist an die Kocher eine Umwälzpumpe angebaut, während die Rohre für die Zirkulation im Kessel selbst liegen (System MORTERUD, Abb. 47). Bei indirekter Beheizung, die meist nur noch bei liegenden Kesseln angetroffen wird, arbeitet man mit einem Sammelring für eine gleichmäßige Erfassung der Lauge im Kessel und mit Vorwärmern für die einzuführende Lauge (System BROBECK, Abb. 48). Es sind auch Kocher für kombinierte, direkte und indirekte Beheizung in Gebrauch[1].

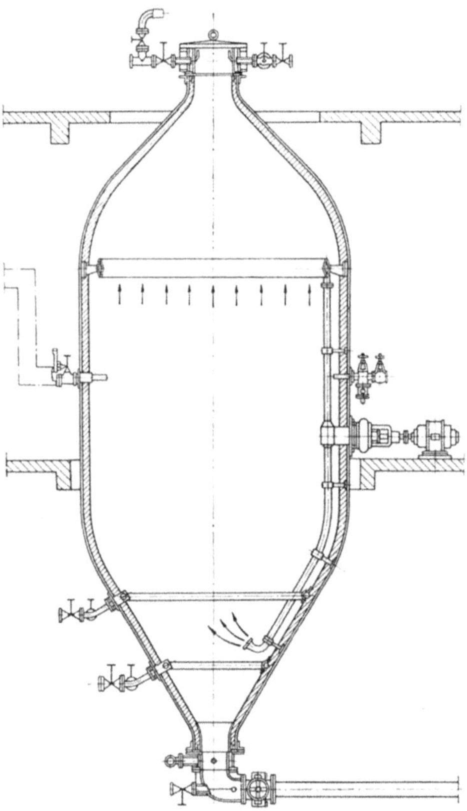

Abb. 47. Zellstoffkocher der Fa. Ewald Berninghaus, Duisburg.

Die Hackspäne werden aus über den Kochern liegenden Bunkern entnommen, wobei man sich besonderer Fülleinrichtungen bedient, um eine gleichmäßige Füllung des Kochers zu erreichen. Hier sind mechanisch arbeitende Fülleinrichtungen (nach FRESK oder nach HUNTEMÜLLER) in Gebrauch, oder man füllt die Kocher mittels Dampfdüsen (nach SVENSSON). In Abb. 49 ist gezeigt, wie sich die Kocherfüllung mit dem SVENSSON-Apparat von einer mechanischen Kocherfüllung unterscheidet. Durch die dichtere Packung wird eine um 15···35% höhere Stoffausbeute erreicht, was eine wesentliche Ersparnis an Kochflüssigkeit und Dampf mit sich bringt. Die Ablauge fällt in höherer Konzentration an, was gleichfalls wirtschaftlich von Vorteil ist. Man schaltet dem SVENSSON-Apparat, der im Bilde links unten schematisch dargestellt ist, zweckmäßig einen Zuführregler für die Holzschnitzel vor.

Sind die Kocher mechanisch gefüllt worden, so wird der Kocherinhalt vor dem Einströmenlassen der Kochlauge evakuiert und es wird ohne Druck gedämpft. Die Dämpfung ist überflüssig, wenn man die Kocher mittels Dampfdüsen gefüllt hat.

[1] Die Abbildungen 48 und 49 wurden freundlicherweise von Herrn Prof. Dr. v. LASSBERG, Ammerland, zur Verfügung gestellt.

Bei *Fichtenholz* und *Aspenholz*[1] — bei dem letzteren muß allerdings dem höheren Gehalt des Holzes an Alkohollöslichem Rechnung getragen werden — wird beim Kochprozeß etwa wie folgt gearbeitet:

Beim Kochen ohne Umwälzung bringt man den Kocher zunächst auf eine Temperatur von 110° C, was einem Druck von 3 atü entspricht (Ankochperiode). Alsdann wird der Dampf für 1 Stunde abgestellt und der Kocherinhalt sich selbst überlassen. Während dieser Zeit findet eine gleichmäßige Durchtränkung des Holzes mit der Lauge statt (Durchtränkungsperiode). Nunmehr wird auf 130···138° C hochgekocht und eventuell nach abermaliger Pause fertiggekocht.

Die Kochzeit schwankt je nach der Holzqualität und je nach dem, ob mit direkter oder indirekter Heizung gearbeitet wird, zwischen 10 und 18 Stunden bei Temperaturen zwischen 125 und 135° C und Drucken zwischen 4 und 6 atü. Abb. 50 zeigt die Zeit- und Temperaturkurve (Kochdiagramm) bei einer solchen Kochung[2]. Die Druckregulierung erfolgt während des Kochprozesses durch Abgasen. Die hierbei entweichende schweflige Säure wird zum Verstärken der Frischlauge verwendet, wie schon erwähnt wurde.

Bei Kochern mit Laugenumwälzung, die sich mehr und mehr einführen, ent-

Abb. 48. Zellstoffkocher der Fa. Aktiebolaget A. Ekströms, Stockholm.

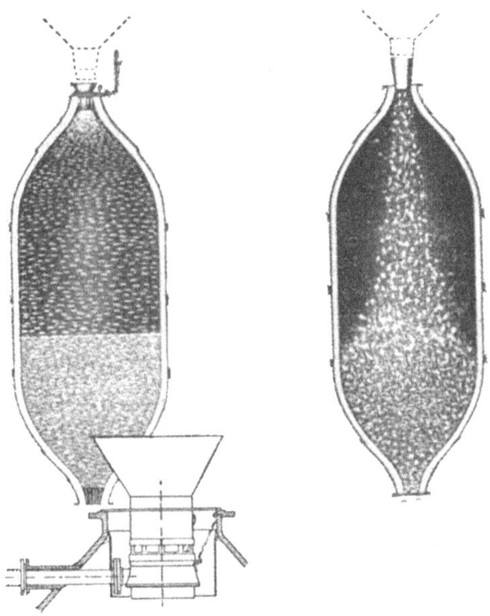

Abb. 49. Kocherfüllung nach SVENSSON (links), Aktiebolaget A. Ekströms, Stockholm.

[1] Vgl. hierzu u. a. RASSOW u. NEUMANN: Wochenbl. f. Papierfabr. **66**, Sondernummer 25 (1935); ARONOVSKY u. GORTNER: Ind. Engng. Chem. **27**, 451 (1935). — JAYME, HINDENBURG, HARDERS-STEINHÄUSER u. BRANSCHEID: Holz als Roh- u. Werkstoff **6**, 1 (1943); JAYME u. ROTHAMEL: Cellulosechem. **22**, 88 (1944). — GOVERN: Paper Trade J. **123**, 47 (1946).

[2] SCHMIDT: Papierfabr. **36**, 566 (1938).

fällt der Stillstand in der Dampfzufuhr, besonders wenn man die Lauge vorgewärmt hat, was bis auf 60° C in Druckbehältern durch die Abgase des Kochers erfolgt.

Dampfzufuhr und Abgasen während des Kochens erfolgen vorteilhaft durch automatisch gesteuerte Ventile[1].

Der Verlauf des Kochprozesses erfordert besonders gegen Ende sorgfältige Kontrolle[2]. Die Beschaffenheit der durch einen Probierhahn abzapfbaren Lauge gibt ein Bild vom Stande der Kochung. Nach beendeter Kochung gast man durch Abblasen zunächst auf einen schwachen Druck ab. Alsdann läßt man die Lauge abfließen und drückt kaltes Wasser in den Kocher, wodurch der Druck durch Abkühlung, Kondensation und Adsorption der Dämpfe aufgehoben wird und ein schwaches Vakuum entsteht. Nach dem Öffnen des oberen Kocherdeckels wird der Kocherinhalt mit Wasser in die sogenannten Stoffkästen geschwemmt, wo er fertig gewaschen werden kann. Es ist auch möglich, nur bis auf einen Druck von 1···2 Atm. abzugasen und diesen Druck dazu zu benutzen, den Kocherinhalt in die Stoffkästen auszublasen.

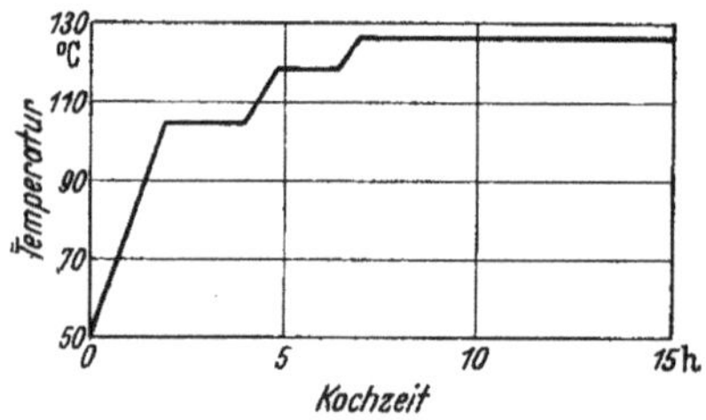

Abb. 50. Kochdiagramm für Sulfitzellstoff. (Nach SCHMIDT.)

Beim *Buchenholz* ist nach PFRETZSCHNER, GOETZ und WAIDT[3] beim Sulfitaufschluß dem höheren spez. Gewicht durch die Art der Kocherfüllung und das Säureverhältnis Rechnung zu tragen. JAYME und HEININGER[4] fanden, daß man Zellstoffe mit hohem Alphagehalt erhält, die relativ leicht bleichbar sind, daß aber normalerweise die Ausbeute mit etwa 38,5% schlecht ist.

Es scheint darauf anzukommen, der eigentlichen Kochung eine lang andauernde Durchtränkungsperiode vorausgehen zu lassen[5]. WURZ[6] gibt für den Aufschluß folgende Richtlinien an: „Als Kochverfahren kann ohne weiteres das RITTER-KELLNER-Verfahren gwählt werden. Die günstigste Kochsäure wird eine solche mit 4···5% Gesamt-SO_2 und einem CaO-Gehalt von 0,9% sein. Es ist langsam anzukochen und bei einer Temperatur gegen 100° C ein ausreichender Durchtränkungsstillstand zu geben. Beim Weiterkochen sind höhere Temperaturen mit gleichzeitig höheren Drucken zu vermeiden; das tiefere Herunterkochen, wie dies beim Fichtenholzausschluß zur Erzielung leicht bleichfähiger Stoffe gehandhabt wird, ist hier unnötig. Bei guter Durchtränkung wird die Gesamtkochzeit ungefähr jener normaler Fichtenholzkochungen entsprechen, da sich einer längeren Durchtränkung ein kürzerer Hochdruckteil anschließt. Das gute Auswaschen des Stoffes ist für eine glatte Bleiche wichtig".

Neben dieser von WURZ erprobten Arbeitsweise sind auch noch einige andere Verfahren empfohlen worden, die gleichfalls ein Kochen in mehreren Stufen vorsehen.

---

[1] BERGSON: Beiträge zur Kenntnis des Sulfitzellstoff-Verfahrens, Biberach 1937.
[2] Näheres bei HOTTENROTH: Die Kunstseide S. 64, 65.
[3] PFRETZSCHNER, GOETZ u. WAIDT: Papierfabr. **35**, 271 (1937).
[4] JAYME u. HEININGER: Holz als Roh- u. Werkstoff **3**, 150 (1940).
[5] Näheres siehe bei RESS: Die Zellstoff-Faser **32**, 97f. (1935).
[6] WURZ: Papierfabr. **27**, 495 (1929).

Hier sind Verfahren von WELLS u. STAIDL[1], RUNKEL[2] sowie RESS[3] zu erwähnen. HÄGGLUND[4] empfiehlt Kochen mit Natriumbisulfit.

Wie später noch gezeigt wird, werden die Pentosane besonders leicht durch Säuren aus dem Holz herausgelöst. Man hat daher auch versucht, mit höherer Säurekonzentration beim Sulfitverfahren zu arbeiten, um auf diesem einfachen Wege zu pentosanarmen Zellstoffen zu gelangen.

Schon im Jahre 1933 wurde ein Chemiefaserzellstoff der *Zellstoff-Fabrik Domsjö* (Schweden) beschrieben[5], der unter Verwendung einer Sulfitlauge von 6···8% hergestellt worden war und der auch von deutschen Chemiefaserwerken bevorzugt verwendet wurde. Von der *Snia-Viscosa*, Milano, wurde dann ein Zweistufenverfahren entwickelt, bei dem mit einer stark sauren und entsprechend kalkarmen Lauge vorgekocht und nach Ablassen der Lauge mit einer normalen Kalziumbisulfitlauge fertiggekocht wird[6]. Schließlich wurde von der *Zellstoff-Fabrik Aschaffenburg* in Gemeinschaft mit dem *Deutschen Zellwollring* und der *Zellstoff-Fabrik Waldhof* im Werk Stockstadt ein Kochverfahren entwickelt, bei dem eine Kochlauge von 6,1% SO_2 und 0,81% Kalzium zur Anwendung kommt. Hierbei wird ein Zellstoff mit 91% Alphazellulose erhalten, der eine bessere Viskosefiltration ergab, als ein im Zweistufenverfahren mit Vorhydrolyse erkochter Stoff[7].

Während Fichten- und Aspenzellstoffe im allgemeinen eine gut filtrierbare Viskose ergeben, machen Viskosen aus Buchenzellstoff in dieser Beziehung Schwierigkeiten. Nach Untersuchungen von KLEINE finden sich in den Filterrückständen in der Hauptsache Zellen des Markstrahlgewebes, die besonders pentosanreich sind. Der Gehalt eines Buchenzellstoffes an Markstrahlzellen kann zwischen 18 und 25% schwanken, während ein Fichtenzellstoff nur etwa 8% dieser Zellgewebsform enthält. Diese Zellen haben auch einen höheren Fett- und Aschengehalt und weisen eine höhere Quellfähigkeit sowie höhere Laugenlöslichkeit auf. Außerdem ist der Polymerisationsgrad der Markstrahlzellulose niedriger als bei den anderen Zellformen. Man kann die Markstrahlzellen zwar durch sorgfältiges Schlämmen des Stoffes weitgehend entfernen, macht dadurch aber das Verfahren durch allzu große Minderung der Ausbeute unwirtschaftlich.

Beim *Kiefernholz* machen besonders die anatomischen Unterschiede zwischen Splint- und Kernholz Schwierigkeiten. Im Kernholz sind nach Untersuchungen von WURZ[8] die Tüpfel durch den Torus fest verschlossen, wodurch die Durchtränkung des Kerns mit der Kochflüssigkeit außerordentlich erschwert wird. SCHMIDT[9] konnte zeigen, daß beim Kochprozeß das Schwefeldioxyd dem Kalk im Holz vorausdiffundiert, wodurch sich im Innern der Hackspäne eine saurere Kochlauge bildet. Da diese die Quellung des Holzes weiter erschwert, kann der Kalk noch weniger leicht Zutritt zum Holzinneren finden. Diese Verhältnisse wirken sich naturgemäß bei dem an sich schon schwer durchtränkbaren Kernholz in besonders starkem Maße aus. Man muß daher beim Sulfitaufschluß von Kiefernholz nicht nur für eine aus-

---

1 WELLS u. STAIDL: Paper Trade J. **83**, Nr. 13, S. 50.
2 RUNKEL: Chemie u. Technik der Papier- u. Zellstoff-Fabrikation Nr. 6, S. 81, 1930.
3 RESS: Diss. T. H. Dresden 1934.
4 HÄGGLUND: Jahresber. Ver. Zellstoff- u. Papierchemiker u. Ingenieure **1928**, 73.
5 BRAUNS: Kunsts. u. Zellw. **15**, 198 (1933).
6 MARPILLERO: Papierfabr. **40**, 9 (1942). — 7 SCHEPP: Das Papier **1**, 140 (1947).
8 WURZ: Papierfabr. **35**, 482 (1937). — 9 SCHMIDT: Papierfabr. **36**, 565 (1938).

reichende Durchtränkungsperiode sorgen, sondern auch eine Lauge von ausreichend hohem Kalkgehalt nehmen. Das Werk Kelheim der *Zellstoff-Fabrik Waldhof* hatte bei folgenden Bedingungen befriedigende Ergebnisse:

Ausgangslauge:	5,3% SO_2 und 1,0% CaO
Ankochzeit bis 105°C:	4 Stunden
2 Stillstände bei 105 und 120°C:	je 3 Stunden
Höchsttemperatur:	130°C
Gesamtkochzeit:	18···19 Stunden.

Bezüglich weiterer Vorschläge und Versuche zur Sulfitkochung von Kiefernholz sei auf die Literatur verwiesen[1].

Gute Ergebnisse sollen durch Aufschluß mit Ammoniumbisulfit (CROSS-ENGELSTAD-Verfahren) erzielt worden sein[2].

Bezüglich des Sulfitverfahrens bei *Pfahlrohr* sei gleichfalls auf die Literatur verwiesen[3]. Es handelt sich um eine Kochung mit Kalziumbisulfit, die sich in bezug auf die Zusammensetzung der Kocherflüssigkeit und das Kochdiagramm nicht grundsätzlich von der bei Fichtenholz angewandten Sulfitkochung unterscheidet. Es sei aber noch bemerkt, daß bei diesem Rohstoff zur Entfernung der Silikate eine Nachbehandlung erforderlich ist. Es entstehen hierbei, wie im nächsten Kapitel noch gezeigt wird, recht gute Zellstoffe. Dies ist verständlich, da die Nachbehandlung allgemein einem Veredlungsgang gleichkommt.

Für den Aufschluß von *Einjahrespflanzen* wird von KASSER und ROSSIGNOLI[4] ein neutrales Sulfitverfahren empfohlen.

b) Das Salpetersäureverfahren.

Der Gedanke, die Befreiung der Zellulose von den Inkrusten durch Salpetersäure vorzunehmen, ist an sich recht alt. PAYEN[5] hat schon im Jahre 1838 Zellulose-Präparate für wissenschaftliche Zwecke durch Salpetersäure aus dem Holzgewebe isoliert. Die sich beim Holzaufschluß mit Salpetersäure abspielenden Reaktionen sind jedoch erst viel später näher untersucht worden. So untersuchten ROUTALA und SEVON[6] die beim Holzaufschluß aus der Salpetersäure entstehenden Umwandlungsprodukte, wobei sie zu dem Ergebnis kamen, daß 6,5% der Salpetersäure in Stickoxyd, 4% in Ammoniak, 23,5% in Stickstoff und 3% in Zyanwasserstoff überführt werden. Ein Teil des Stickstoffs ist organisch gebunden. SCHAARSCHMIDT und NOWAK[7] wiesen in den Abgasen ferner Kohlendioxyd und Stickstoffdioxyd nach.

---

1 RESS: Die Zellstoff-Faser **32**, 97f. (1935). — SCHMID: Papierfabr. **36**, 137 (1938). — HÄGGLUND: Cellulosechem. **8**, 28 (1927); **9**, 39 (1928). — AF EKENSTAM: Cellulosechem. **10**, 30 (1929). — MÜLLER u. MEYER: DRP. 112449. — HÖNIG: Festschrift 1923, S. 15. — BERGSTRÖM: Papierfabr. **30**, 24, 241 (1932). — SCHWALBE u. BERNDT: Cellulosechem. **8**, 67 (1927) — BERNDT: Diss. T. H. Berlin 1926, S. 24. — USA. Pat. 1507559. — DRP. 336535. — ROUTALA u. SEVON: Cellulosechem. **10**, 108 (1929).

2 JAYME: Chemiker-Ztg. **66**, 89 (1942).

3 Z. B. Der Rohranbau zu industriellem Zweck: Raion **8**, 6 (1940). — TOBLER: Faserforsch. **15**, 41 (1940). — DUPONT u. ESCOURROU: Chim. et Ind. **45**, 207 (1941). — HORNKE: Forsch. Ber. Zellwolle u. Kunstseidering Nr. 1, 54 (1942).

4 KASSER u. ROSSIGNOLI: Papetière **70**, 279, 307, 309, 313, 346, 349 (1948).

5 PAYEN: C. R. Acad. Sci. Paris **7**, 1052 (1838).

6 ROUTALA u. SEVON: Cellulosechem. **7**, 117 (1926).

7 SCHAARSCHMIDT u. NOWAK: Cellulosechem. **13**, 143 (1932).

Das letztere wird nicht erhalten, wenn man unter Ausschluß von Luft arbeitet. Wie ROUTALA und SEVON fanden, werden etwa 30% der angewandten Salpetersäure umgesetzt. Die Inkrusten liefern bei der Salpetersäurebehandlung Oxalsäure und einfache Zucker. Der Zyanwasserstoff entsteht sekundär aus Vanillin. Die Hauptreaktion beruht auf einer Oxydation der Seitenketten des Ligninkomplexes sowie auf der Nitrierung seiner aromatischen Ringe.

Die Anregung, sich dieser Arbeitsweise in der Technik zu bedienen, geht auf KRAIS zurück. Im DRP. 391713 beschreibt KRAIS den Aufschluß von Stroh, Schilf usw. mit einer Salpetersäure enthaltenden Lösung von Kaliumnitrat. Bei 3 ⋯ 4stündiger Kochung bei gewöhnlichem Druck soll eine gute Zellulose erhalten werden. Im DRP. 395191 desselben Erfinders wird das Verfahren dahin abgeändert, daß der Aufschluß mit salpetersaurer Kaliumnitratlösung in zwei Stufen erfolgt. Der Aufschluß soll erleichtert werden, wenn man die Holzspäne zunächst mit Alkalilauge vorkocht[1]. Ein Aufschluß mit reiner Salpetersäure ist KRAIS durch das DRP. 464240 geschützt. Nach der Patentschrift werden Kiefernholzspäne mit der achtfachen Menge 7proz. Salpetersäure 6 ⋯ 8 Stunden in einem säurebeständigen Kessel bei 95 ⋯ 96° C behandelt. Die Beheizung erfolgt durch indirekten Dampf. Wie KRAIS[2] ausführt, hat sich dieses Verfahren auch bei Buchen- und anderen Laubhölzern als geeignet erwiesen. Die beim Aufschluß entstehende große Menge Stickoxyd, das mit den Abgasen abgeführt wird, bildet naturgemäß eine Verlustquelle. Es wurde deshalb von KRAIS versucht, die Bildung von Stickoxyd beim Aufschluß zu verhindern bzw. es sofort beim Entstehen wieder zu oxydieren. Dies soll durch Arbeiten unter Druck und Einblasen von Luft möglich sein[3].

Eine eingehende Bearbeitung erfuhr dieses Gebiet weiter durch die ehem. *I. G. Farbenindustrie Aktiengesellschaft*. Es wurde gefunden, daß beim Aufschließen von Holz mit Salpetersäure nach den oben angegebenen Verfahren insbesondere durch die gebildeten Stickoxyde ein Abbau der Zellulose stattfindet, der den Endstoff für empfindliche Verwendungszwecke ungeeignet macht. Nach dem DRP. 503450 wird dieser Abbau vermieden, wenn die Hölzer ohne jede Vorbehandlung mit verdünnter, kalter oder warmer Salpetersäure bei gewöhnlichem, erhöhtem oder vermindertem Druck imprägniert werden. Danach wird das Gut von der überschüssigen Säure durch Dekantieren befreit und bei gewöhnlicher oder erhöhter Temperatur, gegebenenfalls unter Anwendung von Vakuum, sich selbst überlassen. Die unerwünschte Bildung von Stickoxyden findet nicht statt, wenn man die Temperatur nicht über 60° C steigert. Im DRP. 546314 wird die Arbeitsweise dahingehend präzisiert, daß man nach dem Digerieren der Holzspäne mit der Salpetersäure die Säure ablaufen läßt und dann den Aufschluß unter Erwärmen mit Wasser oder mit schwach salpetersäurehaltigem Wasser zu Ende führt. Für die Salpetersäure wird eine Konzentration von 10% angegeben, während im DRP. 503450 von 20proz. Säure gesprochen wird. Das im DRP. 546314 beschriebene Verfahren hat den Vorzug kürzerer Behandlungszeiten und erlaubt die Wiedergewinnung der wertvollen Salpetersäure. Der Aufschluß soll in 5 ⋯ 6 Stunden durchgeführt werden können. Als noch wirtschaftlicher soll sich eine im DRP. 647025 niedergelegte Arbeitsmethode erweisen. Hiernach wird der mit Holz gefüllte Kocher zunächst evakuiert, um eine möglichst schnelle Durchtränkung mit der Säure zu erreichen. Dann werden die Hackspäne

[1] KRAIS: DRP. 395192.
[2] KRAIS: Wbl. Papierfabr. **56**, 1513 (1925). — [3] KRAIS: DRP. 468715.

mit Salpetersäure von mindestens 4% bei 60° C überschichtet. Alsdann wird das Gefäß geschlossen und unter dauerndem Umpumpen der Säure die Temperatur im Verlaufe mehrerer Stunden auf 70···90° C gesteigert, wobei der entstehende Überdruck auf der Höhe von mehreren Atmosphären gehalten wird. Hierauf wird die im Holz verbliebene restliche Säure so weit als möglich durch heißes Wasser verdrängt.

Die durch Salpetersäure aufgeschlossenen Stoffe müssen mit Alkali nachbehandelt werden, um einerseits die überschüssige Säure zu entfernen und andererseits die durch die Salpetersäurebehandlung entstandenen Reaktionsprodukte restlos zu lösen. Nach dem DRP. 647025 wird der mit Wasser gewaschene Stoff mit Natronlauge von 3,2 Vol.-% bei einer Temperatur von 80° C etwa 3 Stunden lang behandelt. Der Gehalt der Lauge geht hierbei auf etwa 0,6% Ätznatron zurück. Nach Ablaufenlassen dieser Lauge werden die Holzspäne laugenfrei gewaschen.

Diese von der ehem. *I. G. Farbenindustrie Aktiengesellschaft* entwickelten Verfahren eignen sich insbesondere für den Aufschluß von Buchenholz, aus dem ein Zellstoff von befriedigender Reinheit erhalten wird.

Als Kocher werden Gefäße verwendet, die in ihrer äußeren Form den eisernen Sulfitkochern entsprechen. Sie sind jedoch aus Edelstahl hergestellt, so daß sie sowohl den sauren als auch den alkalischen Flüssigkeiten standhalten.

Es soll noch erwähnt werden, daß der Aufschluß mit Salpetersäure auch für harzreiche Hölzer empfohlen worden ist. KIPPER beschreibt im U.S.A. Pat. 1975161 die Behandlung harzreicher Hölzer mit rauchender Salpetersäure unter Zufügung von Sauerstoff. Der Aufschluß wird zur Entfernung der Harze bei Gegenwart von Tetrachlorkohlenstoff vorgenommen.

SUIDA und SADLER[1] empfehlen den Aufschluß mit 15···25proz. Salpetersäure bei Gegenwart von Schwefelsäure, die auch von ROUTALA und SEVON[2] als günstig bezeichnet wird.

Nach SCHIMODA und KONO[3] bedient man sich des Salpetersäureverfahrens auch beim Aufschluß von Reisstroh.

c) Das Natronverfahren.

Das Natronverfahren geht auf die Beobachtung zurück, daß Natronlauge bei Temperaturen von 150···180° C in der Lage ist, die Inkrusten aufzulösen. Man hat es ursprünglich nur dazu benutzt, die Zellulose aus Stroharten freizulegen, erst später wurde es auch auf Holz ausgedehnt[4]. Im allgemeinen ist beobachtet worden, daß alkalisch aufgeschlossenes Fichtenholz eine für die Reyonfabrikation wenig brauchbare Zellulose ergibt. HOTTENROTH[5] hält es für möglich, daß das Ätzalkali bei höherer Temperatur die Zellulose in einer für die Auflösung unvorteilhaften Weise verändert und vermutet auf der anderen Seite beim sauren Aufschluß eine Depolymerisation der Zellulose, wodurch sie sich beim späteren Auflösen günstiger verhält. Da man aber durch den alkalischen Aufschluß bei harzreichen Hölzern reinere und leichter bleichbare Stoffe erhält, so hat man sich neuerdings bei Kiefern- und auch Buchenholz wieder mit dem Natronverfahren beschäftigt. Bei dem

[1] SUIDA u. SADLER: Franz. Pat. 636381.
[2] ROUTALA u. SEVON: Cellulosechem. **7**, 117 (1926).
[3] SCHIMODA u. KONO: Cell. Ind. (Japan) **16**, 37 (1940).
[4] MÜLLER: Pflanzenfaser, S. 134.
[5] HOTTENROTH: Die Kunstseide, S. 69.

letzteren wurde ein von KIENITZ entwickeltes Stufenkochverfahren in Großversuchen geprüft.

Man verwendet für das Natronverfahren Natronlaugen von 6 ··· 8%, die etwas Soda enthalten[1], und behandelt das zerkleinerte Holz in großen eisernen Behältern 3 ··· 6 Stunden bei einer Temperatur von 170 ··· 180° C und einem Druck von 7 ··· 10 Atm. Bei dieser Behandlung geht das Lignin in Ligninsäuren über, während die begleitenden Kohlehydrate Saccharinsäuren liefern. Diese sind in großer Menge in den schwarzbraun gefärbten Alblaugen enthalten.

Die Natronzellstoffkocher sind meist stehende, in der Form den Sulfitkochern ähnliche, schmiedeeiserne Behälter, die entweder zusammengenietet oder neuerdings

Abb. 51. Sturzkocher der Fa. Apparatebau Scholz u. Co., Coesfeld.

auch zusammengeschweißt sind. Im Gegensatz zu den eisernen Sulfitkochern sind sie jedoch nicht durch Mauerwerk ausgekleidet. Zuweilen werden sie auch als sog. Sturzkocher (Abb. 51) drehbar gebaut. Das Kochgut wird meist durch Einströmenlassen von direktem Dampf erhitzt, und zwar bringt man es möglichst rasch auf eine Temperatur von 170° C. Zum Aufschluß des Holzes werden 16 ··· 20% vom Holzgewicht an Alkali verbraucht, es muß jedoch ein Überschuß von 30 ··· 40% an Alkali vorhanden sein, um einen einwandfrei aufgeschlossenen Stoff zu erhalten. Bei der Verkochung von Nadelhölzern läßt man kurz vor Erreichen des Höchstdruckes durch ein am oberen Ende des Kochers befindliches Ventil Dampf austreten, den man durch Kühlschlangen leitet. Hierdurch wird das wertvolle, mit dem Wasserdampf flüchtige Terpentinöl gewonnen. Gleichzeitig hiermit erhält man bei Nadel- und Laubhölzern Methylalkohol. Nach beendeter Kochung wird bis auf einen Druck von einigen Atmosphären abgegast und mit dem verbleibenden Restdruck der erkochte Stoff in die sog. Diffuseure übergeblasen. In diesen Apparaten wird der Stoff durch Wasser von der anhaftenden Schwarzlauge befreit. Man verwendet hierzu möglichst wenig Wasser, um konzentrierte Ablaugen zu erhalten. Dies ist aus dem Grunde erforderlich, damit aus den Ablaugen auf möglichst wirtschaftliche Weise das Alkali wiedergewonnen werden kann.

[1] Vgl. hierzu ULLMANN: Enzyklopädie der techn. Chemie, S. 192.

Aus den Schwarzlaugen und den ersten Waschwässern wird das Ätzalkali wiedergewonnen. Hierfür sind mehrere Verfahren gebräuchlich, die bei ULLMANN[1] näher beschrieben sind. Die Ausbeute an Natronzellstoff aus der Fichte und Kiefer beträgt 30···40%.

Eingehende Studien über den alkalischen Aufschluß von *Laubhölzern* hat unter anderem WEDEKIND[2] durchgeführt, nachdem mehrere praktische Versuche zur Erzielung eines brauchbaren Buchenholzzellstoffes nach dem Natronverfahren fehlgeschlagen waren. Beim Studium der günstigsten Laugenkonzentration ergab sich, daß eine Konzentration von über 6% die Faser schädigt und überdies eine schlechte Ausbeute ergibt. Eine Konzentration von unter 4% ergibt nur einen unvollkommenen Aufschluß des Holzes. Erhöhung der Temperatur und Kochdauer ergeben keine Verbesserung. Als günstigste Kochbedingungen wurden von WEDEKIND die folgenden gefunden:

Konzentration der Lauge	4%
Dauer der Kochung	4 Stunden
Temperatur	160°C
Auf 100 g lufttrockenes Holz	40 g Natriumhydroxyd.

Bei *Bambus* verwendet man nach PIATTI[3] eine Natronlauge von 9···12,5° Bé in einer Menge von 1,89 l pro kg lufttrockenes Kochgut. Die Kochung erfolgt bei einem Druck von 8···9 atü und dauert 8···10½ Stunden. Anschließend werden in einem Waschholländer nichtfaserige Zellelemente bei einer Stoffdichte unter 1% mechanisch abgetrennt, die etwa einen Betrag von 12% ausmachen. Für die Erzeugung eines Chemiefaserzellstoffes ist eine Nachbehandlung erforderlich, die im Anschluß an die bei 60° C durchgeführte Wäsche erfolgt. Diese Nachbehandlung geschieht bei 60° C und einer Stoffdichte von 2% mit einer 6···7proz. Lösung von Natriumsulfit; anschließend wird wieder gewaschen und mit gasförmigem Chlor gebleicht. Man erhält auf diese Weise einen Zellstoff mit einem Aschegehalt von nur 0,08%.

d) Das Sulfatverfahren.

Das Sulfatverfahren stellt eine Modifikation des Natronverfahrens dar. An Stelle reiner oder sodahaltiger Natronlauge verwendet man beim Sulfatverfahren sulfidhaltige Natronlauge. Man stellt diese in der Zellstoff-Fabrik durch Zusatz von Natriumsulfat zur Schwarzlauge her, die man beim Natronverfahren erhalten hat. Beim Einschmelzen der mit Sulfat versetzten Schwarzlauge wird das Sulfat durch die aus den organischen Verunreinigungen durch Glühen entstandene Kohle zu Sulfid reduziert. Die Kochlauge wird auf 2···3% Natriumsulfid, 7···8% Ätznatron, 3···4% Soda und 2% Natriumsulfat eingestellt[4]. Diese so beschaffene Kochlauge ist von wesentlich milderer Wirkung als die reine ätzalkalische Lauge, wodurch man eine um rund 10% höhere Zellstoffausbeute erhält. Ein unangenehmer Nachteil des Sulfatverfahrens ist das Auftreten sehr übler Gerüche, die sowohl beim Kochprozeß als auch namentlich bei der Aufarbeitung der Ablaugen entstehen und hauptsächlich auf die Bildung von Methylmerkaptan und Methylsulfid zurückzuführen sind. Auf die vielen

---

[1] ULLMANN: Enzyklopädie der techn. Chemie, S. 194.
[2] WEDEKIND: Papierfabr. **35**, 513 (1937).
[3] PIATTI: Textil-Rundschau **11**, 330 (1947).
[4] HOTTENROTH: Die Kunstseide, S. 61.

Vorschläge, die zur Beseitigung dieses Übelstandes gemacht worden sind, kann hier nicht eingegangen werden.

Wie bereits ausgeführt, kommt das Sulfatverfahren in erster Linie für *Buchenholz* und *Stroh* in Betracht, wobei bei Stroh unter etwas anderen Bedingungen, als oben angegeben, gearbeitet wird.

e) Das Natron-Chlor-Verfahren.

Schon vor langen Jahren, u. a. auch von CROSS und BEVAN, war gefunden worden, daß Chlor zur Freilegung der Zellulose aus den Faserzellen geeignet ist. Das Lignin wird hierbei in ein lösliches Chlorlignin übergeführt. SCHACHT fand aber, daß das Chlor nur eine geringe Tiefenwirkung besitzt, daß diese aber ausreichend verbessert werden kann, wenn man der Chlorbehandlung eine alkalische Behandlung vorausschickt[1].

Von POMILIO wurde dann, in den letzten Jahren in Gemeinschaft mit der *Cellulose Development Corporation Ltd.* („*Celdecor*") für den Aufschluß von Einjahrespflanzen ein technisches Verfahren entwickelt, das besonders für Länder mit ungenügendem eigenen Kohlevorkommen von Interesse ist. In einer ersten Stufe erfolgt die alkalische Behandlung. Das gehäckselte und gut entstaubte Material wird in eine Mischvorrichtung gegeben, die nach der neuesten Konstruktion kontinuierlich arbeitet. Der Häcksel wird hierbei in einer Transportschnecke mittels besonderer Düsen mit Natronlauge besprüht, wodurch eine innige Vermischung erfolgt. Der Laugenüberschuß fließt durch ein Gitter in einen Sammelkasten bzw. zur Laugenpumpe zurück. Die Laugenkonzentration wird auf das aufzuschließende Material abgestimmt und bewegt sich um 3%. Die Lauge wird mit Dampf etwas vorgewärmt. Das Verhältnis von Häcksel und Lauge soll etwa 1:3 betragen.

Die Häcksel-Lauge-Mischung wird in einen aus Eisenblech bestehenden Turm gegeben, der nach vollständiger Füllung mit Abdampf von 0,5···1,5 atü auf eine Temperatur von etwas über 100° C gebracht wird. Die Turmhöhe beträgt 10···20 m. Der Dampf wird über radial in die Turmwand eingelassene Röhrchen eingeführt, die durch Ringleitungen gespeist werden. Über die ganze Höhe des Turmes sind 3 bis 4 solcher Ringsysteme verteilt. Die Behandlung dauert etwas mehr als 2 Stunden.

Am unteren Ende des Turmes wird das Kochgut durch eine Extraktionsvorrichtung, mit deren Hilfe man gleichzeitig die Durchlaufzeit des Gutes regeln kann, vom Turm abgenommen und einer Schneckenpresse zugeführt, in der es gewaschen und auf etwa 30% Trockengehalt abgepreßt wird.

In einer zweiten Stufe findet nun die Chlorierung statt. Zu diesem Zwecke wird das Gut in einen aus Steinzeug bestehenden zweiten Turm gegeben. Durch ein dem ersten Turm ähnliches Ringsystem wird mit Luft im Verhältnis 1:1 gemischtes Chlorgas eingeleitet. Die Einwirkungszeit wird so kurz wie möglich gehalten.

Am unteren Ende des Chlorierungsturmes, der niedriger als der Laugenturm ist, wird das chlorierte Gut wieder durch eine Extraktionsvorrichtung abgenommen und in einer Bütte mit kaltem Wasser säurefrei gewaschen. Daran schließt sich zur Lösung der Chlorlignine eine Behandlung mit Natronlauge. Anschließend folgt eine

[1] Näheres siehe bei BAARS: Das Papier **1**, 231 (1947); daselbst weitere Literaturangaben. — POMILIO: Ind. Engng. Chem. **17**, 328 (1925); **31**, 657 (1939).

Sortierung des Stoffes auf einem Schüttelsieb, einem Rollensortierer, einem Sandfang und in einer Rohrschleuder. Nunmehr wird in drei Stufen mit Kalzium- oder Natriumhypochloritlösung nach dem KAMYRsystem gebleicht. Die benötigte Natronlauge sowie das Chlor werden an Ort und Stelle durch Chlorkali-Elektrolyse gewonnen. Bezüglich weiterer Einzelheiten sei auf die Literatur verwiesen.

f) Die saure Vorhydrolyse.

Es ist seit längerer Zeit bekannt, durch Nachbehandlungen der erkochten Stoffe, die ein Herauslösen der restlichen Polyosen, der Aschebestandteile sowie von Harz- und Fettrückständen zum Ziele haben, die Zellstoffe zu veredeln und insbesondere ihren Gehalt an Alphazellulose zu erhöhen. Werden hierdurch auch hochwertige Edelzellstoffe erhalten, so gestaltet sich die Herstellung recht teuer, so daß im allgemeinen veredelte Zellstoffe nur für Sonderzwecke eingesetzt werden. Es ist hierbei zu bedenken, daß mit der Veredlung recht erhebliche Stoffverluste verbunden sein können, und daß eine weitgehende Zellstoff-Veredlung wirtschaftlich nur dann tragbar ist, wenn der veredelte Zellstoff preislich mit einem Linters-Zellstoff konkurrieren kann. In solchen Fällen, in denen nicht eine durch das Aufschlußverfahren selbst bedingte Nachbehandlung erforderlich ist, wie beispielsweise beim Salpetersäure-Aufschluß des Buchenholzes, bei dem zur Neutralisation eine alkalische Nachbehandlung angeschlossen werden muß, oder beim Pfahlrohr, bei dem die Kieselsäure entfernt werden muß, war man deshalb bemüht, andere Wege einzuschlagen, um zu pentosanarmen Zellstoffen zu kommen. Die Notwendigkeit des Einsatzes der pentosanreichen Rohstoffe wie Buchenholz und Stroh gab den Studien auf diesem Gebiete neuen Auftrieb. Gefördert wurden diese Arbeiten weiter dadurch, daß man bestrebt war, dem Sulfatverfahren gegenüber dem Sulfitverfahren größere Bedeutung zu geben, und zwar wegen der Abwasserfrage, die beim Sulfatverfahren leichter wirtschaftlich zu lösen ist[1]. Sulfatzellstoffe ergeben aber normalerweise wesentlich pentosanreichere Zellstoffe als Sulfitzellstoffe. Ein Buchensulfatzellstoff kann beispielsweise bis zu 30% Pentosan enthalten.

JAYME und SCHORNING[2] sowie unabhängig davon CORRENS[3] fanden nun, daß man verhältnismäßig leicht zu pentosanarmen Zellstoffen kommt, wenn man dem Sulfataufschluß eine Behandlung mit Säuren vorschaltet. Ausgehend von der bekannten Tatsache, daß sich ein Teil der Hemizellulosen nicht alkalisch aufschließen läßt, daß das gleiche Ausgangsmaterial aber bei der sauren Sulfitkochung genügend reine Zellstoffe liefert, wurde versucht, durch Säurebehandlung, also durch eine hydrolysierende Behandlung des Holzes vor dem alkalischen Aufschluß, die Hemizellulosen wasser- bzw. alkalilöslich zu machen, so daß sie beim anschließenden alkalischen Kochprozeß entfernt werden. JAYME zog als hydrolysierendes Agens die Schwefelsäure heran, während CORRENS Salzsäure verwendet.

[1] Näheres siehe bei JAYME: Papierfabr. **38**, 277 (1940). — SANDER: Angew. Chem. **54**, 133 (1941).

[2] JAYME u. SCHORNING: Holz als Roh- u. Werkstoff 1940, S. 273.

[3] CORRENS: Fortschrittsber. Zellw. u. Kunstseidering Heft 1, 1941, S. 51. — CORRENS u. SCHORNING: Cellulosechem. **20**, 29 (1942).

Zur Gewinnung von Furfurol aus pentosanreichen Rohstoffen war die Behandlung von Holz mit hydrolysierenden Reagenzien schon bekannt[1]; hierbei hatte sich gezeigt, daß bei dünnen Säuren eine Autoklavenbehandlung erforderlich ist, was für den vorliegenden Zweck unpraktisch erschien. JAYME und Mitarbeiter arbeiteten daher bei gewöhnlichem Druck mit entsprechend höheren Konzentrationen. Bei ausgedehnten Reihenversuchen, die sich sowohl auf die Vorhydrolyse als auch auf die anschließend auszuführende Sulfatkochung erstreckten, und wobei sich ergab, daß die Kochung den optimalen Hydrolysebedingungen angepaßt sein muß, wurde folgende Arbeitsweise als geeignetste gefunden:

Die Holzspäne werden bei 70 oder 80° C während 2 Stunden mit 20proz.Schwefelsäure behandelt. Anschließend wird eine Kochlauge verwendet, die 3% Na enthält. Hiervon sollen 80% als NaOH, 5% als Na_2CO_3 und 15% als Na_2S vorliegen. Die Menge der Behandlungslauge soll das 3,75fache des vorbehandelten Holzes sein. Wird bei einer Temperatur von 70° C vorhydrolysiert, so hält man die Sulfatlauge auf 170° C, hydrolysiert man bei 80° C, so braucht man mit der Sulfatlauge nur auf 160° C zu gehen. Die Gesamtaufschlußdauer beträgt $5^1/_2$ Stunden, wovon $1^1/_2$ Stunden bis zur Erreichung der Maximaltemperatur benötigt werden, 3 Stunden die Reaktionsdauer bei der Maximaltemperatur ausmachen und 1 Stunde für die Abkühlung vorgesehen wird.

JAYME erhält nach dieser Methode Zellstoffe mit einem Gehalt an Alphazellulose von 91,5···92%. Die Ausbeute beträgt 32,4···33,12% auf Holz gerechnet. Bei Anwendung einer Dreistufenbleiche lassen sich diese Zellstoffe bei normalem Bleichverlust von etwa 3···5% einwandfrei bleichen. Der Alphazellulosegehalt der gebleichten Stoffe liegt zwischen 91 und 92%, der Aschegehalt unter 0,34% und der Polymerisationsgrad bei 1117. Der Weißgehalt liegt bei 90,9%, bezogen auf Barytweiß. Die so erhaltenen Buchenzellstoffe sind somit einem handelsüblichen Buchensulfitzellstoff hinsichtlich des Alphazellulosegehaltes überlegen, in ihren sonstigen Eigenschaften gleichwertig.

CORRENS und Mitarbeiter studierten den Einfluß verschiedener Säuren und fanden Salzsäure wirksamer als Schwefelsäure, was sie darauf zurückführen, daß Salzsäure stärker dissoziiert ist und bekanntermaßen die beste Tiefenwirkung auf Holz zeigt.

Tabelle 32. *Einfluß der Vorhydrolyse mit verd. HCl auf die Eigenschaften eines Buchensulfatzellstoffes nach* CORRENS *(3% Na; 160° C; 4 Stunden; ungebleicht).*

	Normaler Aufschluß	Mit Vorhydrolyse
Alphazellulose	85,6%	92,8%
Alkalilösliches	14,0%	8,0%
Holzgummi	13,0%	4,8%
Pentosan	24,7%	8,5%
Ausbeute	45,4%	36,5%
Polymerisationsgrad	1235	1115

[1] RUNKEL: Cellulosechem. **21**, 115 (1943). — Holzhydrolyse A.-G., DRP. 647912. — Ateliers Pingrind u. Molley-Fonteine Réunis S. A., Franz. Pat. 847463. — MATAGSIN: La Papeterie **66**, 26, 56, 106 (1944). — PLOETZ: Cellulosechem. **21**, 14 (1943). — DÖRR: Svensk Papper Tidning **46**, 361 (1943). — LAUER: Die Chemie **56**, 296 (1943). — PLOETZ: Holz als Roh- u. Werkstoff **4**, 380 (1941). — FREUDENBERG: Cellulosechem. **20**, 119 (1942). — FREUDENBERG u. PLOETZ: Cellulosechem. **19**, 131 (1941). — RUNKEL: DRP. 574921; 576498. — RICHTER u. BROWN Co.: U. S. A. Pat. 1880048. — Zellstoff-Waldhof: La Papeterie **66**, 113 (1944); Belg. Pat. 448681.

Sie kamen bei ihren Versuchen zu dem Ergebnis, daß kochende Behandlung mit sehr verdünnten Säuren — 0,1 bis 0,3% — die günstigste ist. Eine Erhöhung der Konzentration über 0,5% brachte keine Verbesserung der Analysendaten des Zellstoffes mehr, wohl aber eine erhebliche Verringerung der Ausbeute. In der Tabelle 32 sind die Eigenschaften eines Buchensulfatzellstoffes ohne und mit Vorhydrolyse gegenübergestellt, wie sie von CORRENS gefunden wurden.

Die Tabelle läßt die günstige Wirkung der Vorhydrolyse deutlich erkennen. Durch Bleiche wird auch bei diesen Stoffen eine weitere qualitative Verbesserung erzielt.

Bezüglich weiterer Einzelheiten sei auf die Literatur verwiesen[1].

Das Verfahren der sauren Vorhydrolyse hat insbesondere für Strohzellstoff große Bedeutung erlangt, der, wie schon ausgeführt, im Anschluß an die Vorhydrolyse nach dem Sulfatverfahren fertiggestellt wird.

Wie günstig sich bei Stroh die Vorhydrolyse auswirkt, soll Tabelle 33 zeigen, die die Eigenschaften eines ohne und mit Vorhydrolyse im Sulfatverfahren erhaltenen Strohzellstoffes gegenüberstellt.

Tabelle 33. *Eigenschaften eines Strohzellstoffes nach dem Sulfatverfahren ohne und mit HCl-Vorhydrolyse.* Ref. von JENTGEN[2].

		ohne Vorhydrolyse	mit Vorhydrolyse
Alphazellulose	%	88	96
Holzgummi	%	10,0	1,0
Asche	%	0,3···0,4	0,1···0,2
Eisen	mg	7···8	4···6
Polymerisationsgrad		700···800	700···800
Xanthogenatviskosität		20	20
Cuoxamviskosität		15···20	15···20
Quellungsvermögen	%	250	200
Laugenaufnahmevermögen	%	600	550
Dichlormethanextrakt	%	0,2	0,1

Es sei ergänzend bemerkt, daß man auch versucht hat, die Vorhydrolyse mit dem Sulfitkochprozeß zu kombinieren. HÄGGLUND[3] unterteilt zu diesem Zwecke das Sulfitverfahren in zwei Stufen und erreicht in der ersten Stufe durch eine Herabsetzung des Kalkgehaltes der Kochsäure eine rasche Zuckerbildung. Diese erste Stufe wäre in der Wirkung somit einer Vorhydrolyse gleichzusetzen. JAYME und GRÖGAARD[4] haben in ähnlicher Weise Edelzellstoffe aus Fichtenholz erhalten und konnten durch eine Erhöhung der Kochtemperatur auf 170° C in sehr kurzer Koch-

[1] RICHTER u. BROWN Co.: Chem. Zbl. **1932** I, 1599; U.S.A. Pat. 1880043; 2065396. — HAMAYUTI, MIKAYE u. ONO: Cellulose Ind. (Japan) **16**, 27 (1940). — JAYME: DRP. 744868. — DÖRR: Jentgens Kunsts. u. Zellwolle **22**, 92, 278 (1940); Angew. Chem. **53**, 13, 292 (1940). — Zellstoff-Waldhof: Franz. Pat. 875279. — Thüringische Zellwolle: Franz. Pat. 876709. — Phrix-Arbeitsgemeinschaft: Schweiz. Pat. 226031. — Zellwolle Lenzing: Ital. Pat. 393810. — Soc. An. Carterie Burgo: Ital. Pat. 394603. — SIRAKOFF: Holz als Roh- u. Werkst. **4**, 205 (1941). — Henkel & Cie.: Holländ. Pat. Anm. 100536. — Phrix-Arbeitsgemeinschaft: Franz. Pat. 890647. — JAYME: Cellulosechem. **21**, 19, 122 (1943). — RUNKEL: Cellulosechem. **21**, 115, 123 (1943). — Phrix-Arbeitsgemeinschaft: Belg. Pat. 448957, 448959.

[2] JENTGEN: Kunstseide u. Zellwolle **23**, 338 (1941).

[3] HÄGGLUND: Svensk Pappersmasse Tidn. **16**, 384 (1939).

[4] JAYME u. GRÖGGAARD: Cellulosechem. **18**, 34, 42 (1940); Papierfabr. **38**, 93, 101, 113, 149 (1940).

zeit Zellstoffe von einer Reinheit erzielen, wie sie sonst nur durch alkalische Veredlung erhalten werden können.

Schließlich sei noch erwähnt, daß von CONTARDI[1] unter Verwendung von Schwefelsäure als hydrolysierendes Mittel die Herstellung von Chemiefaserzellstoff aus Maisstroh beschrieben wurde. Auch für den Aufschluß von ausgelaugtem Zuckerrohr (Bagasse) wird die Vorhydrolyse angewandt[2].

Nach Versuchen der *Zellstoff-Fabrik Waldhof*[3] kann man bei Anwendung von Druck schon bei einem p_H-Wert von 6 zu einem ausreichenden hydrolytischen Abbau der Begleitstoffe kommen. Das Holz soll bei diesem Verfahren 2 Stunden bei 150° C gekocht werden.

Die Vorhydrolyse bietet eine Reihe von Vorteilen[4]: Zunächst wurde gefunden, daß die nach einer Vorhydrolyse bei alkalischen Verfahren erkochten Stoffe wesentlich besser bleichbar sind als ohne Vorhydrolyse alkalisch aufgeschlossene Stoffe. Alsdann können die Abwässer aus der Hydrolyse in vielseitiger Weise verwendet werden. Die Gewinnungsmöglichkeit von Furfurol, das neuerdings als Ausgangsmaterial für synthetische Polyamidfasern Bedeutung erlangt hat, wurde schon erwähnt. Nach JAYME und SCHORNING ergibt sich hierbei eine Ausbeute von 210 kg Furfurol je Tonne Zellstoff. Die Salzsäurehydrolysate stellen weiter ein ideales Ausgangsmaterial für die Züchtung von Hefe oder fettanhäufenden Pilzen dar.

g) Die Aufbereitung der Zellstoffe und die Zellstoffbleiche.

Der in den Zellstoffbehältern gewaschene Stoff, der im großen und ganzen noch die Form der Holzspäne hat, wird in sog. Auflösern oder Zerfaserern (Abb. 52) aufgeschlagen und in viel Wasser (Stoffdichte etwa 1:300) suspendiert. Alsdann passiert

Abb. 52. Zellstoffzerfaserer der Fa. J. M. Voith, Heidenheim.

er die Astfänger, die im Prinzip aus geschlitzten Trommeln (Abb. 53) bestehen. An Stelle der Astfänger führen sich die mit Wuchtschüttlung arbeitenden Knotenfänger mehr und mehr ein (Abb. 54). Die Trogbewegung auf ellipsenförmiger Bahn ergibt eine besonders günstige Ausnutzung der Sortierfläche. Auf diesen Maschinen werden

[1] CONTARDI: Cellulosa 1, 1937.
[2] HAMAYUTI, MIKAYE u. ONO: Cell. Ind. (Japan) **16**, 27 (1940).
[3] Franz. Pat. 875279. — [4] Näheres bei JAYME: Chem.-Ztg. **66**, 91 (1942).

gröbere, härtere und nicht ausreichend gekochte Anteile ausgeschieden. Die Stoffmasse wird dann über große Sandfänger geleitet, in denen sich mineralische Bestandteile sowie Splitter absetzen. Zur weiteren Abscheidung feinster Verunreinigungen läßt man den Stoff dann unter weiterer Verdünnung nun durch Zentrifugalsortierer

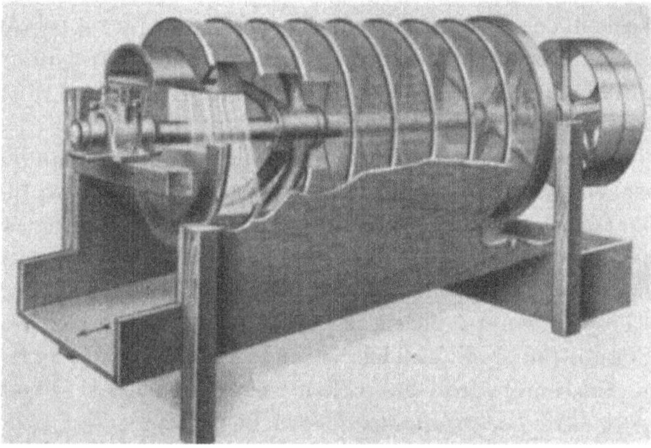

Abb. 53. Astfänger der Fa. Herm. Finckh, Reutlingen.

mit Lochweiten von 2,0 bis 1,0 mm gehen, oder man schickt ihn durch Plansortierer (Abb. 55) oder Rundsieb-Stoff-Fänger (Abb. 56), worauf er dann in Eindicktrommeln eingedickt wird (Abb. 57).

Handelt es sich um Sulfat- oder Natronstoff, so genügt das Aufschlagen in Zerfaserern nicht, da diese Stoffe der Zerfaserung erheblichen Widerstand entgegensetzen. In diesem Falle muß der Stoff erst in Kollergängen (Abb. 58) zerkleinert und anschließend in Holländern behandelt werden. Im übrigen erfolgt die Aufbereitung in der oben angegebenen Weise.

Abb. 54 Knotenfänger mit Wuchtschüttlung der Fa. O. Dörries A. G., Düren.

Der so vorbereitete Stoff kommt nunmehr zur Bleiche.

Die Bleiche soll nicht nur den Ton des Kochgutes verbessern, sondern auch gleichzeitig durch Vervollständigung des Aufschlusses eine Veredlung bewirken. So soll durch die Bleiche das restliche Lignin, das noch mit einer Menge von etwa 1% in dem Stoff enthalten ist, entfernt werden, ferner sollen bei der Bleiche die restlichen Pentosane und andere Hemizellulosen aus dem Stoff herausgelöst werden. Die Bleiche soll daher möglichst weit getrieben werden. Normale Bleichverfahren genügen zu diesem Zwecke nicht, man wendet daher bei Chemiefaserzellstoffen Mehrstufenbleichverfahren an.

Das Bleichen wurde früher allgemein in sog. Bleichholländern vorgenommen, in denen das Gut durch eine Schaufelwalze im Kreislauf bewegt wird (Abb. 59), und die im Boden in Querrichtung einen Sandfang besitzen, in denen sich Verunreinigungen absetzen. Hierbei arbeitete man mit einer Stoffdichte von 6···10%. Neuere Untersuchungen haben aber ergeben, daß man bei höheren Stoffdichten von beispielsweise 15···25% Zellstoffe mit besseren Eigenschaften erhält. Für die Behandlung bei derartig hohen Stoffdichten war die Konstruktion besonderer Maschinen erforderlich, wie sie z. B. von WOLFF und von THORNE entwickelt worden sind. Die THORNE-Bleichanlage, die von der Maschinenfabrik *Gebr. Bellmer*, Niefern (Baden) gebaut wird, besteht, wie Abb. 60 zeigt, aus einer Reihe hintereinandergeschalteter Apparate. In der ersten Stufe findet in einem Turm die Chlorierung des eingedickten Stoffes statt, der dem Turm durch eine Gasschleuse über ein Absorptionsgefäß zugeleitet wird. Nach erfolgter Chlorierung wird der Stoff, der aus dem Chlorierungsturm in eine Sammelbütte entleert wird, durch eine Pumpe dem Neutra-

Abb. 55. Plansortierer der Fa. A. Dörries A. G., Düren.

Abb. 56. Rundsieb-Stoffänger der Fa. O. Dörries A. G., Düren

Abb. 57. Eindicktrommel der Fa. O. Dörries A. G., Düren.

Abb. 58. Kollergang der Fa. O. Dörries A. G., Düren.

lisationsturm zugeführt, dem wieder ein Wasch- und Eindickapparat vorgeschaltet ist. Der neutralisierte Stoff verläßt den Turm unten und gelangt wieder in eine

Sammelbütte. Nunmehr wird er wieder hochgepumpt und weiter eingedickt. Über einen Regulierschieber wird der Stoff dann in den Dickstoffbleicher übergeführt. Nach der hier erfolgten Bleichstufe, der je nach dem gewählten Bleichverfahren noch eine Alkalisierstufe vorgeschaltet werden kann, wird der Stoff wieder in einer Sammelbütte aufgefangen, dann erneut hochgepumpt und mit Wasser gewaschen sowie verdünnt, um dann in einem Holländer fertiggebleicht zu werden. Die Bleichchargen werden schließlich in einer Großraumsammelbütte aufgefangen.

Große Bedeutung hat auf diesem Gebiete in der neuesten Zeit auch das kontinuierlich arbeitende KAMYR-Bleichsystem erlangt[1]. Die hierfür in Frage kommende Apparatur besteht im wesentlichen nur aus einem Turm, in den der Stoff von unten eingeführt wird. Im unteren Teil des Turmes wird er sechs- bis achtmal umgepumpt

Abb. 59. Holländer-Batterie der Fa. Füllnerwerke G. m. b. H., Bad Warmbrunn.

und wird dann nach oben gedrückt, wo er in gebleichter Form abfließt. Während dieses Laufs durch den Turm wird der Stoff mit den einzelnen Behandlungs- bzw. Waschflüssigkeiten in Berührung gebracht.

Die für das Bleichen anzuwendenden Chemikalien richten sich nach dem Ausgangsmaterial und nach dem Aufschlußverfahren. Im allgemeinen sind die sauer erkochten Stoffe, die eine gelblich-graue Farbe haben, leichter bleichbar als die rötlich erscheinenden alkalisch aufgeschlossenen Stoffe. Dies soll nach Untersuchungen von Mc KINNEY[2] auf die Bildung von Anhydro-Hemizellulosen während des Kochprozesses zurückzuführen sein, wodurch sich also eine Quervernetzung von Molekülen ergeben würde, die den Angriff der bleichenden Reagenzien erschwert. Beim Sulfitverfahren erwiesen sich die RITTER-KELLNER-Stoffe als leichter bleichbar als die MITSCHERLICH-Stoffe, die eine zähe und feste Beschaffenheit aufweisen.

Als bleichende Mittel werden Chlorlaugen in Form von Chlorkalk- oder Natriumhypochloritlösungen herangezogen. Als wesentlich wirksameres Agens wird neuerdings vielfach gasförmiges Chlor verwendet, das die Ligninreste in Chlorlignin überführt. Dieses ist zum Teil wasserlöslich und kann infolgedessen durch eine Waschbehandlung mit Wasser schon zum Teil entfernt werden. Der übrige Teil des Lignin-

[1] ULLMANN: Paper Trade J. **120**, 49 (1945).
[2] McKINNEY: Paper Trade J. **122**, T 36 (1946).

chlorids ist in Alkalien löslich, er wird deshalb durch eine milde Alkalibehandlung entfernt. Anschließend wird wieder gespült und schließlich mit wenig Hypochlorit fertiggebleicht.

Die Chlorierung ist verhältnismäßig teuer, man ist daher bestrebt, den Bleichprozeß in dieser Beziehung wirtschaftlicher zu gestalten, was durch Anwendung einer Mehrstufenchlorierung möglich erscheint, bei der eine Regenerierung und Wiederbenutzung noch nicht ganz erschöpfter Lösungen sowie eine Verringerung der Bleichdauer erreicht werden konnte[1].

Neuerdings ist man mit Studien beschäftigt, an Stelle von Chlor Natriumchlorit oder Chlordioxyd einzusetzen, oder mit Mischungen von Chlor und Chlordioxyd zu arbeiten. Es scheint auch, daß die Natriumsuperoxydbleiche Eingang in die Praxis finden wird. Schließlich sei noch erwähnt, daß auch Bestrebungen im Gange sind, mit Stickstoffdioxyd zu bleichen[2].

Das Bleichen ist naturgemäß mit Stoffverlusten verbunden, die in ziemlich weiten Grenzen schwanken können. Im Durchschnitt wird der Verlust mit 5···10% angegeben.

Die Bleiche wirkt sich auch auf die kolloidchemischen Eigenschaften des Zellstoffes aus. Hier kommt neben der Beeinflussung der Quellungseigenschaften eine Beeinflussung der Viskosität des Zellstoffes hinzu. Es ist daher schwer, den Bleichprozeß richtig zu leiten, insbesondere auch deshalb, weil noch die wirtschaftliche Seite bei der Bleiche zu berücksichtigen ist. JAYME und STEINMANN[3] kommen auf Grund eingehender Untersuchungen zu dem Schluß, daß bei sparsamstem Chlorverbrauch und bei dem Hinarbeiten auf besonders hohe Viskosität und hohen

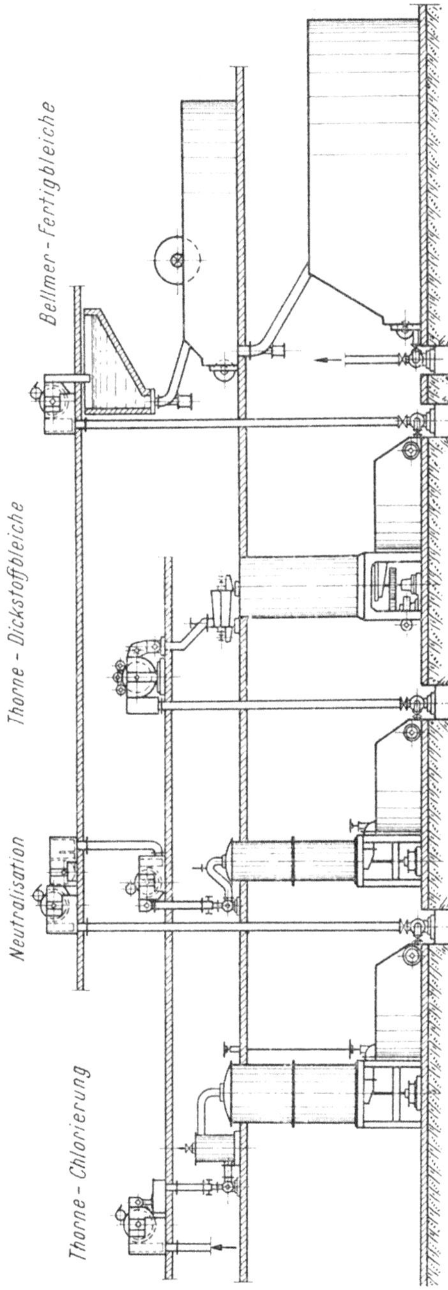

Abb. 60. THORNE-BELLMER-Bleichanlage der Fa. Gebr. Bellmer, Niefern.

[1] SPROUT u. TOOVEY: Paper Trade J. **124**, TS 89 (1947). — RICHTER: Norw. Pat. 71141.
[2] Näheres bei JAYME: Das Papier **1**, 96 (1947).
[3] JAYME u. STEINMANN: Papierfabr. **36**, 337 (1938).

Weißgrad eine wesentliche Erhöhung der Dickenquellung des Zellstoffes unvermeidlich ist. Man wird daher bei der Herstellung eines Reyon- und Zellwollzellstoffes nicht bis an die äußerste Grenze der möglichen Chlorersparnis gehen können.

Die Bleiche des Pfahlrohrzellstoffes, der stets eine Veredlung (s. S. 130) vorausgeht, wird wie folgt vorgenommen:

Das Material wird zuerst in einem Turm chloriert, alsdann gelangt es in einen Turm, in dem eine Behandlung mit Alkali vorgenommen wird. In einem dritten Turm findet schließlich noch eine Nachbleiche mit Natriumhypochlorit statt.

h) Die Baumwollbeuche.

Entsprechend der Tatsache, daß die Baumwolle nur wenige Prozent Nichtzellulosestoffe enthält, handelt es sich hierbei mehr um einen Reinigungs- als einen Aufschlußprozeß. Es handelt sich bei der chemischen Behandlung um die Zerstörung der Reste von Samenschalen, Beseitigung der Fett- und Wachsbestandteile der Kutikula sowie der Eiweißreste des Lumens. Schließlich handelt es sich um eine Zerstörung der Farbstoffe, die einigen Baumwollsorten ihre charakteristische, schwach gelbliche Farbe geben. Darüber hinaus soll die Vorbehandlung die Baumwolle für die chemischen Reagenzien, mit denen sie im Gange der Viskosefabrikation in Berührung kommt, aufnahmefreudiger machen. Diese Prozesse erfolgen bei der sog. Beuche, worunter eine alkalische Kochung unter Druck verstanden wird. Im Anschluß an die Beuche muß noch gebleicht werden.

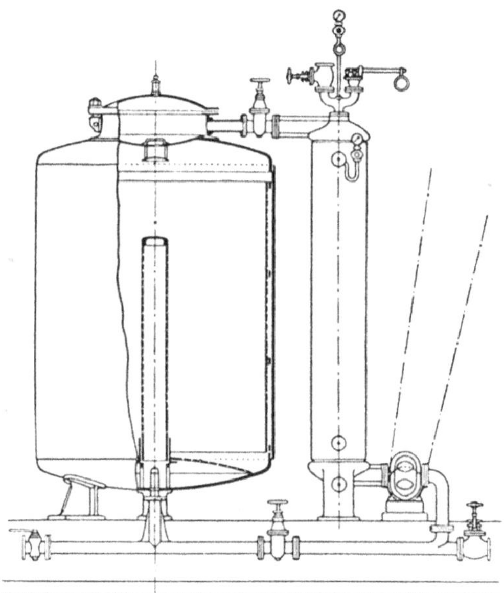

Abb. 61. Beuchkessel der Fa. Waggon- und Maschinenbau A. G., Görlitz.

Der Beuchprozeß wird in großen, stehenden Kesseln ausgeführt (Abb. 61). Als recht zweckmäßig hat sich die in der Abbildung wiedergegebene Konstruktion erwiesen. Dieser Beuchkessel besitzt einen inneren, durchlochten Mantel sowie in der Mitte ein durchlochtes Absaugerohr. Durch eine Pumpe wird die Behandlungsflüssigkeit während des Kochprozesses durch das Innenrohr abgesaugt sowie oben und seitlich wieder eingepreßt. Hierdurch wird eine sehr gute Durchdringung des Kochgutes mit der Behandlungsflüssigkeit herbeigeführt. Die Heizung erfolgt durch indirekten Dampf, um eine Verringerung der Konzentration der Behandlungsflüssigkeit zu vermeiden. Während der Zirkulation passiert die Kochlauge einen Vorwärmer, der gleichmäßige Temperatur gewährleistet. Der Deckel des Beuchkessels ist aufklappbar oder abnehmbar. Durch diese Öffnung findet die Beschickung und Entleerung des Kessels statt.

Als Kochflüssigkeit verwendet man Sodalösung oder Ätznatronlösung, oft auch Gemische beider, je nach der Beschaffenheit des Ausgangsmaterials. Die Sodalösung hat meist eine Stärke von 2···3%, die Ätznatronlösung wird in einer Stärke von 1···5% angewandt.

Als sehr zweckmäßig hat es sich erwiesen, der Beuchflotte oberflächenaktive, fettlöserhaltige Netzmittel zuzugeben. Man beschleunigt hierdurch den Beuchprozeß und macht das Kochgut reaktionsfähiger[1]. Diesen Körpern kommt gleichzeitig die Aufgabe zu, die nicht verseifbaren Anteile der Baumwollwachse durch Emulgieren in Lösung zu bringen.

Nachdem man den Kessel mit der Baumwolle gefüllt hat, läßt man bei geöffnetem Ventil die Lauge einströmen und kocht einige Minuten durch. Dies hat den Zweck, die zwischen den Fasern befindliche Luft zu entfernen, was äußerst wichtig ist, da der Luftsauerstoff während der Druckkochung eine mehr oder weniger weitgehende Oxydation der Zellulose herbeiführen würde. Der oxydative Abbau würde zu einer zu geringen Viskosität der später aus diesem Zellstoff hergestellten Viskose und somit zu schlechten Eigenschaften der Chemiefaser führen. In demselben Sinne wirkt eine zu energische Alkalieinwirkung, weshalb man nicht über 2···3 Atm. Druck geht und die Behandlungsdauer nicht über 4 Stunden ausdehnt. Auch sind Temperaturen über 140° C zu vermeiden.

Nach erfolgter Druckkochung läßt man die Lauge, die eine gelblichgraue Farbe und einen charakteristischen Geruch angenommen hat, abfließen und das Kochgut auskühlen. Alsdann wird mit weichem Wasser bis zur neutralen Reaktion gewaschen. Das Waschen kann im Beuchkessel selbst oder in einem Waschholländer vorgenommen werden.

Es soll nicht unerwähnt bleiben, daß man bei sehr sauberem Ausgangsmaterial auch mit einer offenen Kochung auskommen kann.

An das Auswaschen schließt sich das Bleichen an. Dies wird fast allgemein in Bleichholländern vorgenommen. Zum Bleichen verwendet man Chlorkalklösung oder Natriumhypochlorit. Die Bäder werden je nach der Beschaffenheit des gekochten Baumwollmaterials auf einen Gehalt von 1···3 g aktives Chlor im Liter eingestellt. Das Bleichen erfolgt in der Kälte während 2···3 Stunden. Sind die Fasern genügend aufgehellt, so läßt man die Bleichflüssigkeit abfließen und wäscht mit Wasser sorgfältig aus. Die letzten Chlorspuren zerstört man durch Absäuern mit Salz- oder Ameisensäure. Besonders kräftiges Absäuern und anschließendes Spülen ist dann erforderlich, wenn mit Chlorkalklösung gebleicht wurde, um die restlichen Kalksalze zu entfernen.

i) Die Zellstoff-Veredlung.

Es war schon erwähnt, daß man für besonders hochwertige Chemiefasern sog. Edelzellstoffe benötigt, die sich durch besondere Reinheit auszeichnen. Daß für die Zellstoff-Veredlung nur Arbeitsweisen am Platze sind, bei denen nicht gleichzeitig ein zu weitgehender Abbau des Zellulosemoleküls erfolgt, ist selbstverständlich.

Für die Stoffveredlung ist eine große Zahl von Verfahren vorgeschlagen worden[2].

---

[1] Z. B. Sultafon NRW der *Chemischen Fabrik Stockhausen & Cie.*, Krefeld.

[2] Vgl. hierzu die kritische Betrachtung der Veredlungspatente von JAYME: Papierfabr. **35** 2 (1937).

Allgemein lassen sich drei Gruppen unterscheiden:

Behandlung mit Alkalien,
Behandlung mit Säuren oder sauren Salzen,
Behandlung mit Chlor.

Die alkalische Behandlung nimmt unter den Zellstoff-Veredlungsverfahren den weitaus größten Raum ein.

Man kann auch eine Unterteilung in Heiß- und Kaltveredlung sowie in eine kombinierte Heiß-Kalt-Veredlung vornehmen.

Behandlung mit Alkalien. OPFERMANN, FRIEDMANN und die *Aktiengesellschaft für Maschinenpapierfabrikation*, Aschaffenburg, behandeln nach DRP. 219085 den Holzzellstoff mit verdünnten Lösungen von Alkalikarbonaten mit oder ohne Zusatz von Schwefelalkalien unter Druck.

SCHWALBE und BECKER[1] empfehlen Digerieren der Zellstoffe mit Lösungen der alkalischen Erden oder von Magnesiumhydroxyd[2]. Eine weitere von SCHWALBE[3] vorgeschlagene Methode besteht darin, daß der Zellstoff mit schwerlöslichen Basen und Sulfiten in Gegenwart von Kohlehydraten oder Salzen organischer Säuren, notfalls unter Druck, gekocht wird. Die ehem. *I. G. Farbenindustrie Aktiengesellschaft* schlägt im DRP. 539938 eine Druckkochung mit Natronlauge vor, der ein Digerieren mit schwacher Natronlauge vorausgeht. Dieses Verfahren soll sich insbesondere auch für die Veredlung von Buchenholzstoff eignen. Eine Reihe amerikanischer Patente der *Brown Co.* hat gleichfalls Behandlungen mit Alkalien zum Gegenstand[4]. Nach JAYME[5] ist bei Heißbehandlungen eine Laugenkonzentration von 10% NaOH noch zulässig, höhere Konzentrationen wirken zu stark abbauend auf die Zellulose. Der von SCHWALBE sowie auch von *Waldhof*[6] empfohlene Sulfitzusatz zu den alkalischen Lösungen soll eine wesentliche Aufhellung des Stoffes ergeben. An Stelle der Behandlung mit freien Basen sind auch Lösungen von Borax, Natriumphosphat und Wasserglas vorgeschlagen worden[7]. Man verspricht sich hierdurch eine schonendere Wirkung durch den Pufferungseffekt. Eine günstige Wirkung soll der Zusatz von Netz- und Dispergiermitteln haben[8]. Eine schonendere Behandlung bezweckt auch das U.S.A. Pat. 1891337 von SEAMAN, das Ammoniumsalze empfiehlt.

Nach den angeführten Patenten soll es möglich sein, bei Temperaturen von unter 100° C zu Zellstoffen mit einem α-Zellulosegehalt von 94% zu gelangen, höhere α-Zellulosegehalte verlangen Druckkochung.

Wie JAYME ausführt, ist die Art des Auswaschens der nach diesen Patenten behandelten Stoffe wichtig. Es soll günstig sein, die Reaktionen so zu leiten, daß am Ende noch ein Alkaliüberschuß vorhanden ist, so daß die Waschwässer schwach alkalisch bleiben. Heißes Waschen ist sowohl hinsichtlich des Gehalts an α-Zellulose als auch des Farbtons günstig. Der höchste α-Zellulosegehalt, der nach diesen Verfahren zu erzielen ist, wird von JAYME mit 96% angegeben. Derartig hohe Zellulosegehalte sind jedoch teuer erkauft. Die Heraufsetzung des α-Zellulosegehaltes von

[1] SCHWALBE u. BECKER: DRP. 369906.
[2] BECKER u. SCHWALBE: DRP. 371507.
[3] SCHWALBE: DRP. 418976.
[4] Siehe die Zusammenstellung bei FAUST: Zelluloseverbindungen, Bd. I, S. 70f., Berlin 1935. — [5] JAYME: Papierfabr. **35**, 3 (1937).
[6] Zellstoff-Fabrik Waldhof, U.S.A. Pat. 1991786.
[7] Z. B. Brown & Co.: U.S.A. Pat. 1729629.
[8] PALAZZO: U.S.A. Pat. 1981323; Brown & Co.: U.S.A. Pat. 1729629.

87% auf 96% soll nach JAYME mit einem Stoffverlust von 35 ··· 30% verbunden sein. Die Auswaschverluste können verringert werden, wenn man den Waschflüssigkeiten Salze, wie z. B. Natriumchlorid[1] oder Alkalikarbonat[2] zusetzt.

Man hat wegen der Stoffverluste auch versucht, auf kaltem Wege eine Veredlung der Zellstoffe durchzuführen. Wenn man eine höhere Temperatur ausschaltet, so muß man allerdings mit wesentlich konzentrierteren Behandlungsflüssigkeiten arbeiten, um den gleichen Effekt zu erhalten. Man arbeitet zweckmäßig mit Konzentrationen, die in der Nähe des Quellungsmaximums der Zellulose liegen. Da dieses bei niedrigerer Temperatur mit Laugen geringerer Konzentration zu erreichen ist, so kann man beispielsweise bei —10° C mit einer Lauge von 6 ··· 8% arbeiten. Bei 0° C liegt die optimale Laugenkonzentration bei 8 ··· 9%, während man sie bei +20° C auf 12% steigern muß. Diese Verhältnisse sind im DRP. 567332 von FAUST, HOTTENROTH und der *Zellstoff-Fabrik Waldhof* geschildert. Auch von DÖRR[3] wurde gefunden, daß die Veredlung die besten Ergebnisse mit kalten Laugen liefert. Man kann bei dieser Behandlung sowohl von ungebleichten als auch von gebleichten Stoffen ausgehen. Bei gebleichten Stoffen kann die Veredlung im allgemeinen unter milderen Bedingungen vorgenommen werden, was verständlich ist, da ein großer Teil der Verunreinigungen dem Stoff schon durch die Bleiche entzogen wird.

Es darf nicht außer acht gelassen werden, daß die mit hohen Laugenkonzentrationen arbeitenden Verfahren eine Umwandlung der Zellulose in Hydratzellulose herbeiführen, was für manche Verwendungszwecke wieder eine Aktivierung der Zellulose, z. B. durch schwache Säuren[4], erforderlich macht. Immerhin sollen auf diese Weise Zellstoffe mit 98% α-Zellulose erhalten werden können. Der Mercerisierungseffekt läßt sich dadurch umgehen, daß man die Veredlung in zwei Stufen durchführt, wobei man zweckmäßig bei der zweiten Behandlungsstufe in Temperaturbereichen arbeitet, in denen die Hydratisierung nicht eintritt[5]. Die Verfahren laufen also auf eine Imprägnierung mit kalter Lauge und anschließende Kochung heraus. Die Nachkochung kann auch mit Wasser allein vorgenommen werden, wobei man sich dann der Druckkochung bei 150° C bedient[6]. Auch auf diese Weise soll man zu Zellstoffen mit 97 ··· 98% α-Zellulose kommen. Nach dem U.S.A. Pat. 1781449 von DURCHMANN wird der Stoff zunächst mit sulfithaltiger, 2 ··· 5proz. Natronlauge gekocht und nach Zwischenbleiche mit 10- bis 14proz. Natronlauge in der Kälte nachbehandelt.

Schließlich sind noch Verfahren zu erwähnen, bei denen mit Alkalien in Gegenwart von Oxydationsmitteln gearbeitet wird. Alle diese Verfahren erstrecken sich auf eine kalte Behandlung. Als Oxydationsmittel sind Luftsauerstoff, Chlor, Natriumsuperoxyd sowie Permanganat vorgeschlagen worden[7]. Man darf bei diesen zuletzt genannten Verfahren jedoch nicht außer acht lassen, daß mit einem mehr oder weniger starken oxydativen Abbau der Zellulose zu rechnen ist, der sich insbesondere durch eine niedrigere Viskosität des Zellstoffes auswirkt. Recht gute Ergebnisse sollen

[1] WOLFF u. WEINGAND: DRP. 492063. — [2] ORIOLO: Franz. Pat. 659021.
[3] DÖRR: Kunsts. u. Zellw. **22**, 93 (1940).
[4] KRÜGER: Zelluloseazetate. Dresden und Leipzig 1933.
[5] BROWN Co.: U.S.A. Pat. 2041958 sowie mehrere Patente der I. G. Farbenindustie A. G.
[6] RICHTER u. BROWN: U.S.A. Pat. 1907201.
[7] Waldhof: DRP. 537846; Brown & Co.: Can. Pat. 341091; I. G. Farbenindustrie A. G.: U.S.A. Pat. 1967347.

jedoch durch eine kalte alkalische Veredlung in Verbindung mit einer Bleiche bei Stroh-Sulfatzellstoff erzielt worden sein[1].

Auch die mit starken Alkalien veredelten Zellstoffe dürften stets mehr oder weniger große Mengen teilweise abgebauter Zellulose enthalten, die zwar in der Analyse noch als α-Zellulose in die Erscheinung tritt, bei den nachfolgenden Bleichbehandlungen jedoch weiter zu wasserlöslichen Körpern abgebaut wird. Auch normale Bleichgänge führen daher bei den veredelten Zellstoffen zu Stoffverlusten, weshalb die Bleiche in diesen Fällen besonders schonend gestaltet werden muß. Die *Deutsche Gold- und Silberscheideanstalt*[2] empfiehlt als mildes Bleichmittel Natriumsuperoxyd in stark alkalischer Wasserglaslösung, wobei sogar der Luftsauerstoff ausgeschaltet werden soll.

Bei der alkalischen Veredlung von Fichtensulfatzellstoff hat MELLER[3] die Beobachtung gemacht, daß heiße Behandlung mit verdünnten Alkalien nicht zu dem gewünschten Erfolg führt, daß kalte Veredlung mit entsprechend höher konzentrierten Alkalilaugen zwar bessere Ergebnisse liefert, die erhaltenen Zellstoffe jedoch nicht mit kaltveredelten Sulfitzellstoffen in Wettbewerb treten können. Die Kaltveredlung erfordert zudem allgemein einen großen Aufwand an Apparaturen, Alkaliregeneration und Wäsche. MELLER empfiehlt nach eingehenden Studien eine Heißveredlung in zwei Stufen mit verschiedenen Laugenkonzentrationen, wobei gut bleichbare Zellstoffe mit 93···94% Alphazellulose und 2···3% Pentosan erhalten wurden.

Grundsätzlich wird, wie auch schon S. 128 ausgeführt, eine alkalische Veredlung bei Pfahlrohrzellstoff ausgeführt, bevor das Gut zur Bleiche kommt. Die alkalische Behandlung besteht in einer Kochung unter Druck bei 125° C mit einer Natronlauge von 7···8% während 2···3 Stunden.

Behandlung mit Säuren oder sauren Salzen. Veredlung durch eine Behandlung mit Säuren hat besonders für Strohzellstoff Interesse, wodurch nach Versuchen von JAYME und BIELFELD[4] besonders pentosanarme Zellstoffe erhalten werden. Im allgemeinen wird eine saure Behandlung mit einer alkalischen kombiniert. DREYFUS empfiehlt im U.S.A. Pat. 2041745 eine Vorbehandlung des Stoffes mit 5proz. Natronlauge und Nachkochung mit Alkalibisulfitlösungen. SCHWALBE[5] schlägt vor, den Stoff zuerst mit Salpetersäure und anschließend mit Alkali zu behandeln.

Behandlung mit Chlor. Eine Nachbehandlung mit Chlor wird besonders für alkalisch aufgeschlossene Stoffe empfohlen. Sie soll sich z. B. gut bei alkalisch aufgeschlossenem Fichtenholz bewährt haben und wurde bei der Beschreibung des POMILIO-Verfahrens schon erwähnt. Aber auch Kiefernholz, das nach dem Salpetersäureverfahren aufgeschlossen wurde, soll durch Nachbehandlung mit Chlor in einen hochwertigen Zellstoff übergeführt werden können. Der Chlorbehandlung muß stets eine alkalische Nachbehandlung folgen, da durch Chlor die Inkrusten nur in eine alkalilösliche Zustandsform übergeführt werden. Die Behandlung wird in der Weise vorgenommen, daß man den Stoff bei einer ganz bestimmten Stoffdichte gasförmigem Chlor aussetzt, ihn dann spült und mit verdünnter Alkalilauge nachbehandelt[6]. Die Einwirkung des Chlors geht nach Untersuchungen von MÜLLER und STADLER[7]

[1] PFRETZSCHNER, GOETZ u. WAIDT: Papierfabr. **35**, 271 (1937).
[2] DRP.-Anmeldung D 59231. — [3] MELLER: Paper Trade J. **123**, 219 (1946).
[4] JAYME u. BIELFELD: Papierfabr. **39**, 141 (1941).
[5] SCHWALBE: DRP. 220645. — [6] SCHMID: Papierfabr. **36**, 137 (1938).
[7] MÜLLER u. STADLER: Papierfabr. **36**, 81 (1938).

so vor sich, daß das Lignin, die Harze und die Gerbstoffe direkt chloriert werden. Die sich bei dieser Umsetzung bildende Salzsäure wirkt hydrolysierend auf die begleitenden Kohlehydrate, worauf dann eine Anlagerung von Chlor an die durch Hydrolyse entstandenen Spaltzucker erfolgt. Die *I.G. Farbenindustrie Aktiengesellschaft* empfiehlt im DRP. 557537 nach der Chlorierung eine Behandlung mit 8proz. Natronlauge in der Kälte. Diese Vorschläge spielen in das Gebiet der erwähnten Dreistufenbleiche hinein.

Bezüglich der Veredlung von *Strohzellstoff* sei auf Arbeiten von JAYME[1] verwiesen.

III. Die Fertigstellung der Zellstoffe.

Nach dem chemischen Aufschluß, der Bleiche und gegebenenfalls nach der Veredlung wird der Stoff im allgemeinen in die Form einer Pappenbahn übergeführt, sofern man nicht, wie dies bei kombinierten Zellstoff-Zellwollebetrieben der Fall ist,

Abb. 62. Zellstoff-Entwässerungs- und Trockenmaschine der Fa. J. M. Voith, Heidenheim.

den Zellstoff in flockiger Form feucht oder getrocknet unmittelbar weiterverarbeitet. Die Pappenherstellung besteht in Entziehung des Wassers aus dem Stoffbrei unter Bildung der Zellstoffbahn durch Verfilzung der Fasern.

Die Zellstoff-Entwässerungs- und Trockenmaschine stellt ein langes Maschinenaggregat (Abb. 62) dar. Die Arbeitsweise zerfällt in 3 Phasen: Entwässerung auf einem Langsieb oder Zylindersieb, Auspressen der Stoffbahn durch Walzenpressen und Trocknung der Zellstoffbahn auf heißen Zylindern oder durch Warmluftheizung.

Der von der Bleiche kommende Stoff wird in eine Stoffbütte geleitet, die mit einem Rührwerk versehen ist, damit sich der Stoff nicht absetzen kann. Durch ein Schöpfwerk oder eine Pumpe wird der Stoff, falls erforderlich, nochmals über einen oder zwei

[1] JAYME: Papierfabr. **39**, 141 (1941).

rotierende Knotenfänger geführt, um letzte Unreinheiten auszuscheiden (Abb. 63).

Viel verwendet wird als Knotenfänger der Feinsortierer der Firma *Biffar u. Jung*, Miltenberg a. M., der in Abb. 64 dargestellt ist. Es ist ein sog. Schleudersichter[1],

Abb. 63. Zwei parallel geschaltete Drehknotenfänger vor einer Zellstoff-Entwässerungs- und Trockenmaschine (Füllnerwerke G. m. b. H., Bad Warmbrunn).

Abb. 64. Feinsortierer der Fa. Biffar u. Jung, Miltenberg. (In der Mitte des Bildes.)

bei dem der Stoff mit Hilfe von Wasser von innen nach außen durch ein feststehendes, in drei Zonen unterteiltes Zylindersieb geschleudert wird.

Nunmehr gelangt der Stoff durch einen Auflaufkasten auf die Siebpartie der Entwässerungsmaschine (Abb. 65). Diese besteht aus einem endlosen Sieb (Metalltuch)

[1] DRP. 588116. Näheres bei Fr. Müller: Die Papierfabrikation und ihre Maschinen.

von 10···20 m Länge. Das Sieb wird am Stoffauflauf von der sog. Brustwalze und

Abb. 65. Siebpartie einer Zellstoff-Entwässerungs- und Trockenmaschine (J. M. Voith, Heidenheim).

am anderen Ende von der sog. unteren Gautschwalze geführt und angetrieben.

Das Sieb wird durch die Registerpartie, die aus einer größeren Zahl kleiner Walzen besteht, getragen. Die Stoffbahn wird auf beiden Seiten durch sog. Deckelriemen oder auch durch Metall-Leisten begrenzt. Am Ende des Langsiebes werden noch Saugkästen zur schnelleren Entwässerung zu Hilfe genommen.

Die auf dem Langsieb schon weitgehend entwässerte Stoffmasse gelangt am Ende des Siebes unter die Gautschpresse, die in neuerer Zeit vielfach durch eine Zellensaugwalze (Abb. 66) ersetzt ist. Diese Saugwalze erfordert im Gegensatz zur Gautschwalze keinen Gegendruck.

An Stelle der Langsiebe sind auch Zylindersiebe in Gebrauch.

Von der Gautsche bzw. Saugwalze aus gelangt der Stoff, der inzwischen

Abb. 66. Vielkammer-Saugwalze im Langsieb einer Zellstoff-Entwässerungsmaschine. (J. M. Voith, Heidenheim.)

die Form einer Stoffbahn angenommen hat, in die sog. Naßpartie der Entwässerungsmaschine (Abb. 67). Diese besteht normalerweise aus drei Walzenpressen, durch die der Stoff durch einen Mitläuferfilz geführt wird.

Die Stoffbahn enthält nach der Gautsche noch etwa 75···85% Wasser; nach dem Passieren von drei Walzenpressen ist der Wassergehalt auf etwa 50% abgesunken.

Abb. 67. Naßpartie einer Zellstoff-Entwässerungs- und Trockenmaschine. (J. M. Voith, Heidenheim.)

Abb. 68. Trockenpartie einer Entwässerungs- und Trockenmaschine. (J. M. Voith, Heidenheim.)

An die Naßpartie schließt sich die Trockenpartie an (Abb. 68), die aus einer großen Zahl (bis 30 und mehr) dampfgeheizter Zylinder von etwa 1,5 m Durchmesser besteht. In der Trockenpartie wird die Zellstoffbahn bis auf einen Wassergehalt von etwa 10% heruntergetrocknet. Verständlicherweise kann gleichmäßige Trocknung nur bei vollkommen gleicher Dicke der Stoffbahn erreicht werden, bzw. bei stets gleichem Stoffgehalt pro Quadratmeter, der meistens etwa 600 g beträgt. Zu diesem Zwecke sind die Maschinen mit Stoffreglerorganen ausgestattet.

Die Trocknung geht am Ende ziemlich langsam vor sich und erfordert daher hohe Dampftemperaturen. Hierdurch werden die Fasern leicht an ihrer Oberfläche überhitzt, wodurch eine Verhornung stattfindet, die die Reaktionsfähigkeit der Zellulose

Abb. 69. Heißluft-Trockner der Fa. Fr. Haas, Lennep.

Abb. 70. Längs- und Querschneidemaschine für Zellstoffbahnen. (J. M. Voith, Heidenheim.)

beeinträchtigt (vgl. 5. Kap.). Man ist daher in den letzten Jahren dazu übergegangen, den letzten Teil der Trocknung nicht mehr auf dampfgeheizten Zylindern, sondern in geschlossenen Kammern mit Heißluft (Abb. 69) vorzunehmen, wodurch die Zellulose mehr geschont wird.

Die getrocknete Zellstoffbahn wird durch Längs- und Querschneider in bestimmte Formate geschnitten (Abb. 70). Die so erhaltenen Zellstoffbogen werden in hydraulischen Pressen zu Ballen verpackt (Abb. 71), sofern der Zellstoff nicht in Rollenform von der Viskosefabrik benötigt wird.

5. Kapitel.

Eigenschaften und Prüfung der Zellstoffe.

I. Eigenschaften der Zellstoffe.

Eine Beschreibung der Eigenschaften eines Zellstoffes erfolgt zweckmäßig von morphologischen, chemischen und physikalischen Gesichtspunkten aus. Allerdings ist eine scharfe Trennung nicht immer exakt durchzuführen, da die Auswirkungen verschiedener Eigenschaften oftmals ineinander übergehen, zum Teil auch bei einigen Fragen noch keine restlose Klärung erfolgt ist.

Abb. 71. Pack- und Ballenpressen für Zellstofftafeln. (J. M. Voith, Heidenheim.)

Bei den *morphologischen* Eigenschaften haben wir nicht nur das äußere Bild des Zellstoffblattes sowie das Bild seines inneren Aufbaues zu betrachten, sondern auch das Bild der einzelnen Zellelemente, die das Blatt aufbauen. Mit diesen Eigenschaften stehen Fragen der Reaktionsfähigkeit, des Bleichgrades sowie der Filtrierbarkeit in engem Zusammenhang, die kolloidchemischer Natur sind. Vom *chemischen* Standpunkt aus gesehen interessieren die chemische Zusammensetzung und damit der Gehalt an Verunreinigungen bzw. Zellulosebegleitstoffen sowie das Reduktionsvermögen, das einen Rückschluß auf den Gehalt an Hemizellulosen sowie auf den Abbaugrad der Zellulose gestattet. Von den *physikalischen* Eigenschaften ist für das Verhalten eines Zellstoffs in der Viskosefabrik die Laugenlöslichkeit, die Viskosität seiner Lösungen sowie die Gleichmäßigkeit des Polymerisationsgrades von Bedeutung.

a) Morphologische Eigenschaften.

Äußeres Bild und inneres Gefüge. Die Zellstoffe stellen, wenn sie als Blätter oder Rollen fertiggestellt werden, wie dies noch in überwiegendem Maße der Fall ist, einen Filz aus den Faserzellen bzw. ihren Trümmern dar, die aus den Ausgangsmaterialien durch den Aufschlußprozeß isoliert wurden. Entsprechend dem anatomischen Bau der Ausgangsmaterialien lassen die Zellstoffe unter dem Mikroskop die verschieden-

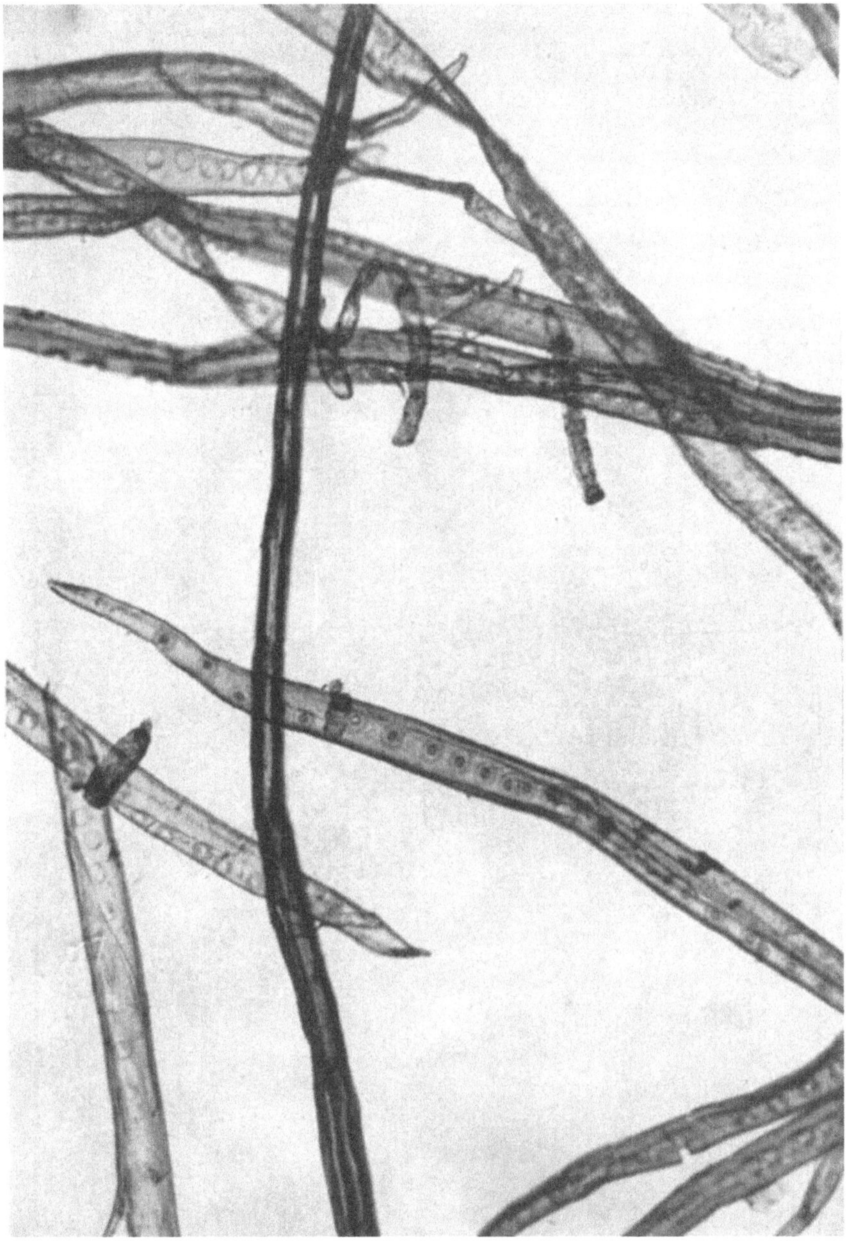

Abb. 72. Faserzellen des Fichtenholz-Zellstoffes. Vergr. 190 ×.

artigsten Zellelemente erkennen, wofür die Abb. 72 bis 76 einige Beispiele geben sollen[1].

Im Zellstoff des *Fichtenholzes* finden wir hauptsächlich die Tracheiden und nur in untergeordneter Menge Zellen anderer Bauart. Die Laubholzzellstoffe sind dem-

[1] Die Abbildungen wurden liebenswürdigerweise von Herrn Prof. Dr. G. JAYME, Darmstadt, zur Verfügung gestellt. Sie entstammen Arbeiten mit Frl. Dr. HARDERS-STEINHÄUSER.

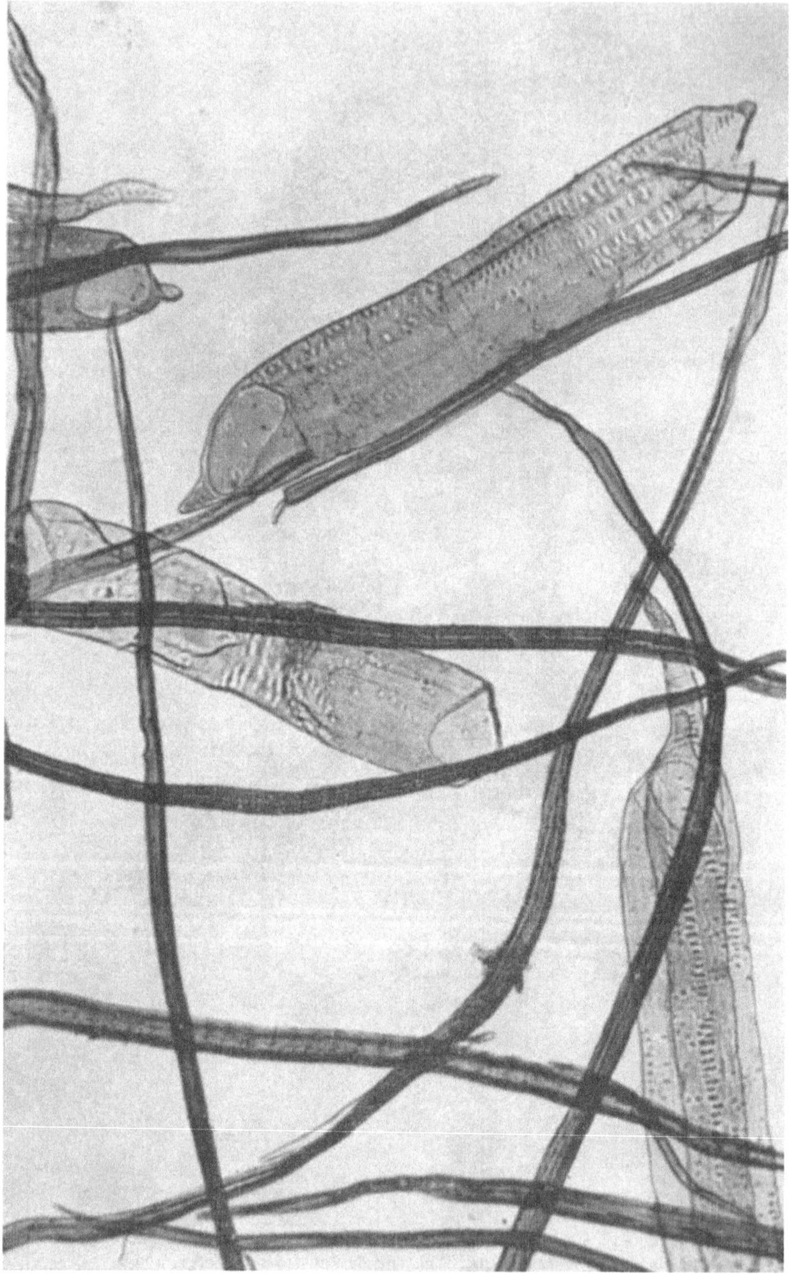

Abb. 73. Faserzellen des Buchenholz-Zellstoffes. Vergr. 190 ×.

gegenüber strukturell differenzierter. Sie lassen, wie der Zellstoff aus *Buchenholz* als Beispiel zeigt, zunächst die breiten Tracheen erkennen, daneben finden wir die aus Sklerenchymzellen bestehenden Libriformfasern sowie die kurzen Parenchymzellen, die dem Markstrahlgewebe entstammen. Besonders typische Zellformen zeigt

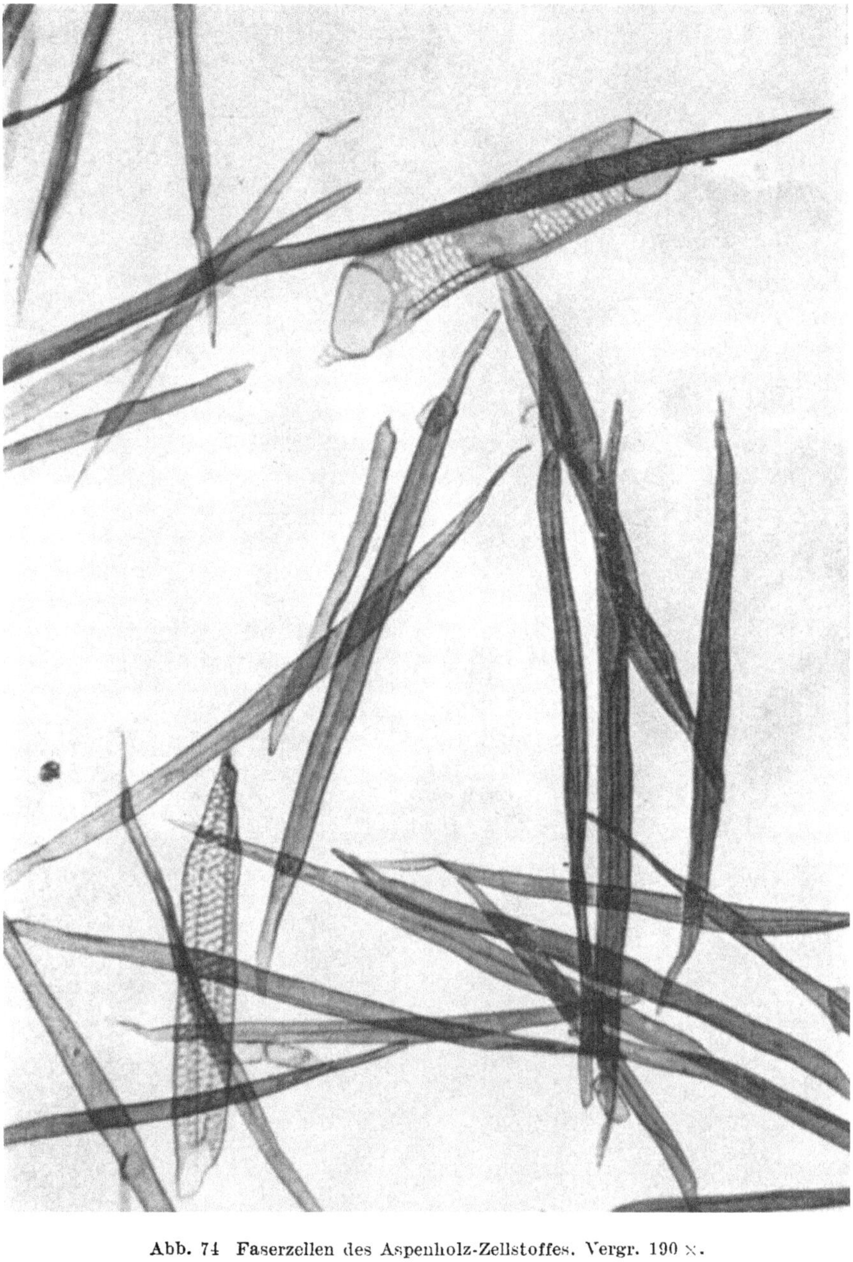

Abb. 74 Faserzellen des Aspenholz-Zellstoffes. Vergr. 190 ×.

der Zellstoff aus *Aspenholz*. Er enthält breitlumige Gefäße mit großen, in kurzen Reihen nebeneinanderliegenden Tüpfeln. Die Zellen sind recht dünnwandig und oft an einer Längenhälfte dicht mit Spalthoftüpfeln besetzt. Zellstoffe aus *Stroh* sind gekennzeichnet durch typische Epidermiszellen mit gezackter Wand. Außerdem finden wir als Sackzellen ausgebildetes Parenchym mit dunklen Kappen und dünner Wand. Das Bild wird weiter beherrscht durch langgestreckte, gerade abgeschnittene

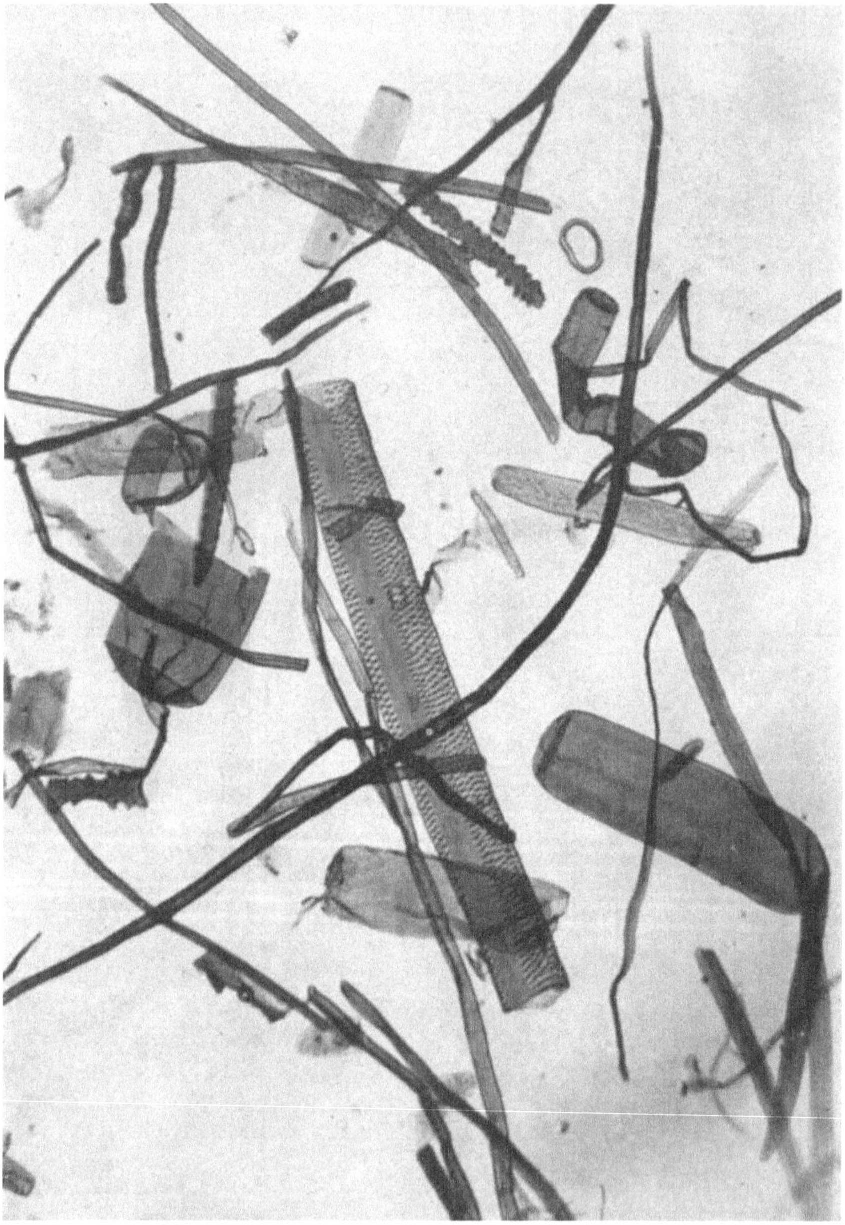

Abb 75. Faserzellen des Stroh-Zellstoffes. Vergr. 190 ×.

Gefäße mit Tüpfeln. Es sind ferner Ringgefäße, oft auch einzelne aus diesen stammende Verdickungsringe in dem Zellstoff enthalten, sowie dickwandige Fasern vom Röhrentyp. Zuweilen finden wir im Strohzellstoff noch sehr feine Faserzellen. Im Zellstoff des *Pfahlrohres* sind dickwandige, sehr lange und schmale Fasern enthalten. Der Zellstoff bietet ein ähnliches Bild wie der des Strohes, nur sind die Zellformen viel gröber ausgebildet. Wir finden daher im Zellstoff des Pfahlrohres gleichfalls Epider-

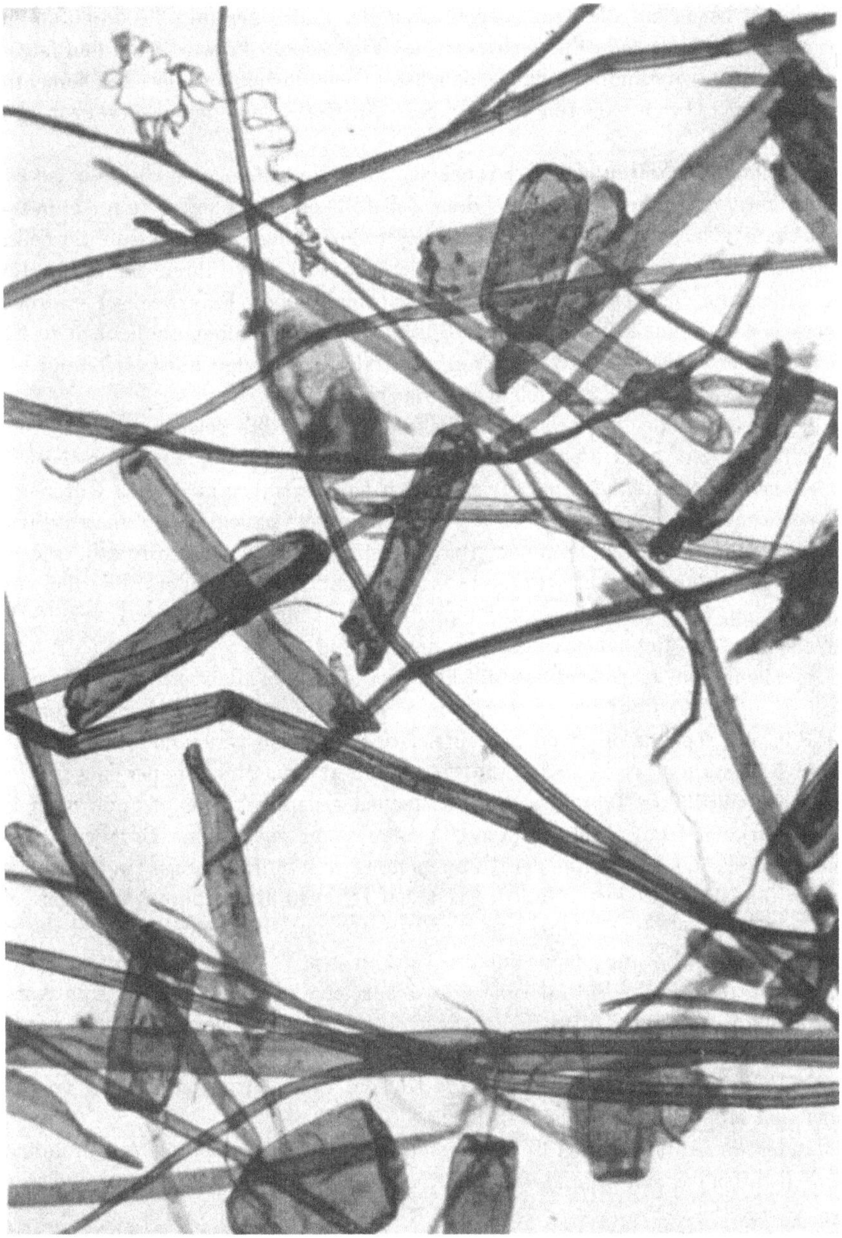

Abb. 76. Faserzellen des Pfahlrohr-Zellstoffes. Vergr. 190 ×.

miszellen mit gezackter Wand, Teile von Spiralwandverdickungen und als Sackzellen ausgebildete Parenchymzellen.

Wenn diese differenzierte Zellstruktur und Uneinheitlichkeit der Zellgrößen und -Formen in den Zellstoffen bisher auch als unabänderliche, gegebene Tatsachen hingenommen wurden, so kommt ihnen doch eine nicht zu vernachlässigende Bedeutung in bezug auf die Reaktionsfähigkeit des Zellstoffes und die damit in engem Zusammenhang stehende Filtrierbarkeit der Viskose zu. Es wird nach den folgenden Ausführungen verständlich, daß möglichste Gleichförmigkeit der Zellelemente für gleichmäßiges Durchreagieren und für gute Filtrierbarkeit der Viskose von größter Bedeutung ist.

Reaktionsfähigkeit und Filtrierbarkeit. Für den Chemiefaserbetrieb ist es von besonderer Wichtigkeit, daß aus dem Zellstoff eine möglichst klare, einwandfrei filtrierbare Viskose erhalten wird. In dieser Beziehung verhalten sich die Zellstoffe nun recht unterschiedlich. Schlecht filtrierbare Viskosen führen zu Verstopfungen der Filter und machen hierdurch einen anormal hohen Filterwechsel erforderlich, sie ergeben ein schnelles Zusetzen von Düsenlöchern und können schließlich zu Fasern mit geminderten Eigenschaften führen, da Teilchen, die den Filterrückstand bilden, auch bis in die fertige Faser gelangen können.

Die bei einer schlecht filtrierbaren Viskose auf den Filterbelägen zurückbleibenden Rückstände sind nach Beobachtungen von JAYME und anderen Forschern[1] von schleimiger Beschaffenheit und erweisen sich bei der mikroskopischen Untersuchung als hochgequollene Trümmer von Faserzellen, deren biologische Feinstruktur vollkommen oder nahezu vollkommen erhalten geblieben ist („Quellkörper"). Sie treten nach Beobachtungen von JURISCH[2] sowie KRÜGER[3] besonders deutlich in die Erscheinung, wenn die Viskose mit Titandioxyd als Mattierungsmittel (vgl. 13. Kap.) versehen ist; das Pigment dringt dann nicht in die Quellkörper ein.

Die chemische Untersuchung fördert bei den Quellkörpern, wie KLEINERT, HINGST und SIMMLER[4] zeigen konnten, einen höheren Methoxylgehalt zutage, als bei Rückständen aus einer normal filtrierbaren Viskose gefunden wird. Diese normalen Rückstände lassen nach SCHOELLER[5] unter dem Mikroskop wenig gequollene und stark fibrillierte Trümmer von Faserzellen erkennen, deren Wände nach Beobachtungen von LAUER und MANSCH[6] vielfach von zahlreichen Brüchen und Rißstellen durchsetzt sind. Bei der Untersuchung des Sulfidierungs- und Lösungsvorganges fand SAMUELSON[7], daß der sich bei schlecht filtrierbaren Viskosen in den Filtern ansammelnde Schleim von Anteilen stammt, die beim Auflösen des Xanthates zuletzt in Lösung gehen; entsprechend ist, wie VUORI[8] feststellte, ihr Zellulosegehalt höher sowie ihr Sulfidierungsgrad niedriger als bei gut filtrierbaren Anteilen. Schließlich wurde von VUORI noch gefunden, daß der Polymerisationsgrad der Zellulose in den schleimigen, schlecht filtrierbaren Anteilen durchweg erheblich höher liegt als in gut filtrierbaren Anteilen. Gleiche Beobachtungen wurden von KLEINERT und MÖSSMER gemacht[9].

Man hat das Auftreten von Filtrationsschwierigkeiten zunächst in Verunreinigungen des Zellstoffes gesucht, zumal von DÖRR und anderen Forschern[10] festgestellt wurde,

---

[1] JAYME: Das Papier **1**, 135 (1947). — KÜHNEL: Kunstseide **21**, 469 (1939). — SCHRAMEK: Cellulosechem. **19**, 5 (1941); **20**, 38 (1942). — KOCH: Cellulosechem. **19**, 15 (1941).

[2] JURISCH: Kunsts. u. Zellw. **22**, 346 (1940). — [3] KRÜGER: Kunsts. u. Zellw. **23**, 5 (1941).

[4] KLEINERT, HINGST u. SIMMLER: Kolloid-Z. **108**, 137 (1941).

[5] SCHOELLER: Diss. T. H. Darmstadt, 1942. — Vgl. hierzu auch KLAUDITZ u. BERLING: Cellulosechem. **22**, 121 (1941). — [6] LAUER u. MANSCH: Zellwolle u. Kunstseide **2**, 138 (1942).

[7] SAMUELSON: Svensk Papperstidn. **48**, 517 (1945). — [8] VUORI: Diss. Helsinki 1947.

[9] KLEINERT u. MÖSSMER: Svensk Papperstidn. **51**, 1 (1948).

[10] DÖRR: Z. angew. Chem. **27**, 13, 28, 292 (1945). — KÜHNEL: Kunstseide **21**, 369 (1939). — BARTUNEK: Cellulosechem. **22**, 56 (1944).

daß Zellstoffe, die schlecht filtrierbare Viskosen liefern, meist einen verhältnismäßig hohen Pentosangehalt aufweisen. Gleiche Beobachtungen wurden von LINDPAINTNER[1] gemacht. BARTUNEK[2] fand, daß auch Zellstoffe mit hohem Ligningehalt zu schlecht filtrierbaren Viskosen führen. Nach der Ansicht von HEUSER und SCHORSCH[3] reagiert der Schwefelkohlenstoff mit den Hemizellulosen — nach LINDPAINTNER besonders mit dem Xylan — nur schwer, so daß von diesen Körpern nur quellbare, nicht aber einwandfrei lösliche Xanthate entstehen. Spricht aber schon der Befund VUORIS, wonach die Schleimstoffe sehr hohe Polymerisationsgrade aufweisen, dagegen, daß es sich um mangelhaft sulfidierte Hemizellulosen handelt, so brachten Untersuchungen von JAYME und NIKOLIEW[4] den Beweis dafür, daß die Hemizellulosen nicht für schlechte Filtration verantwortlich gemacht werden können. Diese Forscher sulfidierten Mannan und Pentosane für sich allein, wobei sich ergab, daß diese Körper entgegen der weit verbreiteten Ansicht wesentlich schneller und besser mit Schwefelkohlenstoff reagieren als die Zellulose selbst, und zwar reagiert das Pentosan noch besser als das Mannan. Zu gleichen Ergebnissen führten Untersuchungen von LIESER und HACKL[5]. Ein hoher Pentosangehalt kann daher nicht die Ursache für schlechte Filtration sein; wenigstens dann nicht, wenn der Hemizellulosegehalt in normalen Grenzen bleibt. Geht er darüber hinaus, so können nach Beobachtungen von CASTILLO[6] sowie auch von JAYME und SCHOELLER jedoch Filtrationsschwierigkeiten auftreten. Wir kommen hierauf Seite 152 noch einmal zurück.

Auch die Harz- und Fettreste des Zellstoffs hat man für schlechte Filtration verantwortlich gemacht. Nach Untersuchungen von SCHOELLER[6] ist aber auch diese Ansicht nicht zutreffend. SCHOELLER fand nämlich, daß ein sorgfältig mit Lösungsmitteln extrahierter Zellstoff eine schlecht filtrierbare Viskose ergab. Diese wurde bemerkenswerterweise wieder gut filtrierbar, wenn man geringe Mengen Abietinsäure zusetzte. In diesem Zusammenhange sind Messungen der Filterrückstandswerte (UF-Werte; siehe S. 153) bei Zellstoffen interessant, die sorgfältig extrahiert worden waren. Sie sind in Tabelle 34 zusammengestellt.

Tabelle 34. *UF-Werte bei Zellstoffen vor und nach einer Extraktion mit Alkohol.* (Nach JAYME und GRÖGAARD.)

Zellstoff	nicht extrahiert	extrahiert
Att 5 . . .	35,2	39,2
Bu KZ . . .	31,0	32,8
KZ Fi B . .	12,7	13,3

Entsprechende Beobachtungen wurden auch in der Praxis gemacht: Wenn Zellstoffe mit sehr hohem Gehalt an Alphazellulose, also hochveredelte Zellstoffe, verarbeitet wurden, so zeigte sich oft eine schlechte Filtrierbarkeit der Viskose, die sich nach Harzzusatz wieder besserte.

Zu analogen Ergebnissen kam SAMUELSON[8]. Von diesem Forscher wurde ein normaler Sulfitzellstoff verschieden lange Zeiten mit Lösungsmitteln extrahiert, so

[1] LINDPAINTNER: Melliand Textilber. **23**, 229 (1942); daselbst weitere Literaturhinweise.
[2] BARTUNEK: Wbl. f. Papierfabr. **76**, 260 (1948).
[3] HEUSER u. SCHORSCH: Cellulosechem. **9**, 93, 109 (1928).
[4] JAYME u. NIKOLIEW: Z. angew. Chem. **60**, 15 (1948).
[5] LIESER u. HACKL: Liebigs Ann. Chem. **511**, 128 (1934).
[6] CASTILLO: Acad. ciens.-exact. fis.-quim. y nat. Saragoza **2**, 58 (1947).
[7] SCHOELLER: Diss. T. H. Darmstadt 1947.
[8] SAMUELSON: Svensk Papperstidn. **51**, 331 (1948).

daß verschiedene Harzgehalte im Zellstoff verblieben. Wie Abb. 77 zeigt, bei der der Grad der Filterverstopfung durch den sogen. K_w-Wert (siehe S. 153) ausgedrückt ist, wird die Filtrierbarkeit mit zunehmendem Harzgehalt deutlich besser, und zwar prägt sich dies besonders bei Anwesenheit geringer Harzmengen im Zellstoff aus.

Nach Beobachtungen aus der Praxis wirkt sich ein gewisser Harzgehalt im Zellstoff auch insofern günstig aus, als hierbei nicht so leicht eine milchige Faser entsteht. Diese Erscheinung tritt besonders leicht bei der Verwendung von Linters-Zellstoff auf (s. 13. Kapitel).

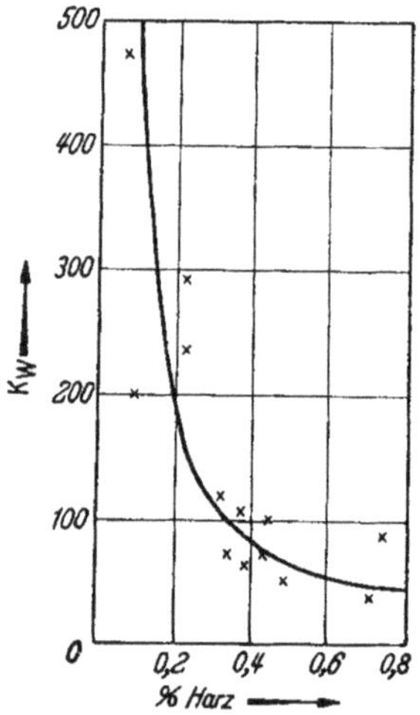

Abb. 77. Einfluß des Harzgehaltes im Zellstoff auf die Filtrierbarkeit der Viskose. (Nach SAMUELSON.)

Was den Einfluß anorganischer Verunreinigungen auf die Filtrierbarkeit anbetrifft, so wurde von VUORI[1] festgestellt, daß die Anwesenheit von Kieselsäure die Filtrierbarkeit störe. Dieses Ergebnis konnte von SAMUELSON bestätigt werden (Abb. 78). Bemerkenswerterweise ist es aber nicht die Höhe des Gehaltes an Kieselsäure, die den störenden Einfluß ausübt, als vielmehr die Form, in der sich die Kieselsäure im Zellstoff befindet; so können sich z. B. verschiedene Zellstoffe mit gleichem Kieselsäuregehalt ganz verschieden verhalten. Nach Untersuchungen von SAMUELSON und JONSÉN[2] tritt eine schlechte Filtration besonders dann auf, wenn es durch Kieselsäure in der Löselauge zu einer Abscheidung von Kalziumsilikat in der Viskose kommt, was bei Anwesenheit reichlicher Mengen Kalzium im Zellstoff möglich ist.

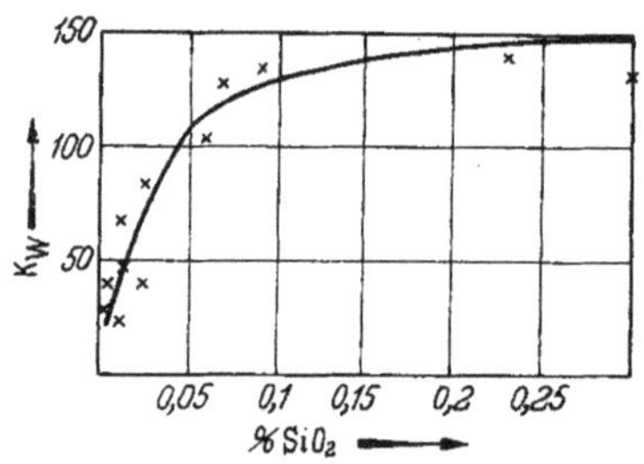

Abb. 78. Einfluß des Kieselsäuregehaltes im Zellstoff auf die Filtrierbarkeit der Viskose. (Nach SAMUELSON.)

Sieht man von dem Einfluß dieser Verunreinigungen auf die Filtrierbarkeit ab, so sprechen alle Faktoren, die bei einer *schlecht filtrierbaren* Viskose gefunden werden, dafür, daß der Zellstoff *nicht in allen seinen Teilen weitgehend genug aufgeschlossen* wurde und daß er als Folge hiervon *nicht genügend reaktionsfähig* ist. In diese Richtung zielende Zusammenhänge wurden in den letzten Jahren besonders von JAYME aufgedeckt[3].

Hierdurch wird bei der Betrachtung der morphologischen Strukturen der Faserzellen, wie sie beispielsweise die Abb. 72 bis 76 zeigten, auch verständlich, daß sich die einzelnen Zellstoffe in bezug auf die Filtrierbarkeit so verschieden verhalten können, zumal früher schon MÜHLSTEPH[4] zeigen konnte, daß gut filtrierbare Viskosen zumeist aus Zellstoffen stammen, die dünnwandige Faserzellen aufweisen, während das Ausgangsmaterial bei schlecht filtrierbaren Viskosen oftmals aus dickwandigen und englumigen Zellen besteht. Es ist ohne weiteres einzusehen, daß dünne Zellwände

[1] VUORI: Svensk Papperstidn. **49**, 95 (1946); Diss. Helsinki 1947.
[2] SAMUELSON u. JONSÉN: Svensk Papperstidn. **52**, 1 (1949).
[3] JAYME: Das Papier **1**, 139 (1947).
[4] MÜHLSTEPH: Cellulosechem. **18**, 132 (1940).

besser durchreagieren als dicke. So führt auch BARTUNEK[1] das bei Buchenzellstoff beobachtete trägere Durchreagieren auf das dickere Sklerenchym der Buchenzellwände zurück.

Bemerkenswerte Beiträge zu dieser Frage lieferte auch CENTOLA[2]. Von diesem Forscher wurde verschiedentlich beobachtet, daß sich Zellstoffe aus Splint- und Kernholz in bezug auf die Filtrierbarkeit der Viskose recht unterschiedlich verhalten, obwohl sie in ihren analytischen Kennzahlen weitgehend übereinstimmen. Im allgemeinen liefern Zellstoffe aus dem Splintholz nach Beobachtungen von CENTOLA eine besser filtrierbare Viskose. Zerlegt man nun die Zellstoffe aus dem Splint- und Kernholz in Fraktionen verschiedenen Polymerisationsgrades, so findet man, wie Abb. 79 deutlich erkennen läßt, beim Kernholz eine wesentlich größere Menge an Fraktionen von hohem Polymerisationsgrad als dies bei dem Splintholz der Fall ist. Dieser Befund, der sich, was die Filtrierbarkeit anbetrifft, mit den Ergebnissen von VUORI sowie KLEINERT und MÖSSMER deckt, besagt, daß es sehr schwer ist, das Holz gleichmäßig aufzuschließen und daß es im Holz Anteile gibt, die schwerer angreifbar sind.

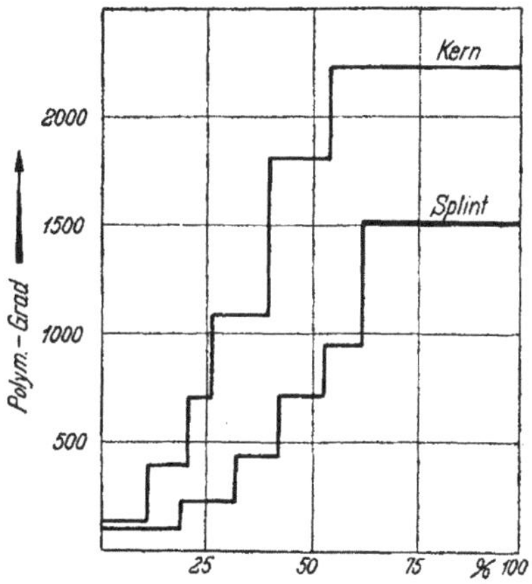

Abb. 79. Verteilung der Polymerisationsgrade der Zellulose im Zellstoff aus Splint- und Kernholz. (Nach CENTOLA u. PANCIROLLI.)

Es drängt sich hierdurch aber die Frage auf, ob die Erhaltung der Faserzellen daher überhaupt richtig oder ob es nicht besser ist, die Faserzellen zu einem in bezug auf die Teilchengröße möglichst feinen, homogenen Brei zu zermahlen, wobei dann gleichzeitig auch Zellulosketten von überdurchschnittlichem Polymerisationsgrad aufgebrochen werden würden. Auf derartigen Überlegungen fußend, hat vor einigen Jahren schon die *Süddeutsche Zellwolle A. G.*, Kelheim, ein Viskoseherstellungsverfahren entwickelt[3], bei dem der Zellstoff in einer Hammermühle zermahlen wird. Über Einzelheiten und betriebstechnische Ergebnisse liegen allerdings nur spärliche Veröffentlichungen vor, auf die im 11. Kapitel noch eingegangen werden soll.

Wenn man nun die bezüglich des Verhaltens einer Viskose gemachten Beobachtungen auf die Reaktionsfähigkeit des Zellstoffes zurückführt, so muß man sich darüber klar werden, wo und wie sich bei einem Zellstoff Reaktionen abspielen. Es ist für diese Überlegungen zweckmäßig, das Eindringen eines Reaktionsmittels in ein Zellstoffblatt zu verfolgen. Es ist dann leicht einzusehen, daß der Reaktionsablauf von drei Faktoren beeinflußt wird, nämlich

von der Ausgestaltung der kapillaren Hohlräume des Zellstoffblattes,
von der Beschaffenheit der äußeren Oberfläche der Zellelemente und
von der Beschaffenheit der inneren Oberfläche in den Zellwänden.

Es liegt also ein durchaus heterogenes Reaktionssystem vor[4]. Dies bedingt, daß der zeitliche Umsatz nicht nur von den chemischen Reaktionskonstanten abhängig

[1] BARTUNEK: Cellulosechem. **22**, 56 (1944). — BAYLEY u. BROWN: Ind. Engng. Chem. **32**, 57 (1940). — [2] CENTOLA u. PANCIROLLI: L'Industria della Carta (Milano) **2**, Heft 11 (1946). [3] Belg. Pat. 449626. — [4] Vgl. hierzu HESS: Kunsts. u. Zellw. **27**, 37 (1949).

ist, sondern vielmehr auch durch diejenigen Faktoren beeinflußt wird, die auf den Zu- und Abtransport der Reaktionsteilnehmer in die Reaktionszone bzw. aus der Reaktionszone einwirken. Da jedoch die Diffusionsgeschwindigkeit erheblich kleiner ist als die Reaktionsgeschwindigkeit, so erscheint bei Reaktionen, die sich an der Zellulose abspielen, der Reaktionsablauf oftmals als nur durch die Diffusionsgeschwindigkeit geregelt.

Was nun die Ausgestaltung der kapillaren Hohlräume im Zellstoff anbetrifft, so sind Form und Größe der kapillaren Hohlräume Eigenschaften des Zellstoffblattes und durch die Bildung des Vlieses auf der Siebpartie in der Zellstoff-Fabrik gegeben. Sie bestimmen die Geschwindigkeit der Diffusion des Reaktionsmittels in das Blatt. Für die Größe des Hohlraumvolumens ist die Bogendichte ein Maß. Sie ist weitgehend von der Art der Trocknung abhängig. Die Erfahrung hat nun gelehrt, daß die Struktur des Blattes so beschaffen sein muß, daß das Reaktionsmittel mit einer *mittleren* Geschwindigkeit einströmen kann und daß Lufteinschlüsse möglichst leicht entweichen können, da sonst die Zellstoffblätter zum Schwimmen neigen. BARTUNEK[1] hat beobachtet, daß zum Schwimmen neigende Zellstoffe leicht ungleichmäßig durchreagieren. Ein leichtes Entweichen der Luft setzt durchgehend offene Kanäle voraus. Die durch die Ausbildung der Kapillaren gegebene Saugfähigkeit des Blattes soll aber nicht allzu groß sein, da dann ebenfalls eine ungleichmäßige Reaktion stattfinden kann. In solchen Fällen kann nämlich die Reaktionsflüssigkeit so schnell eindringen, daß das Wasser den Na-Ionen vorausdiffundiert. Diese Erscheinung wird nach BARTUNEK besonders bei Buchenholzzellstoffen beobachtet. Erfahrungsgemäß ist eine gewisse, nicht aber besonders große Blattsteifigkeit für gutes und gleichförmiges Durchreagieren günstig. Im anderen Falle findet auch leicht ein Verwerfen des Blattes in der Tauchpresse statt, was zu gegenseitigem Berühren der Blätter führen kann. An den Berührungsstellen können dann die Zellstoffblätter eine gegenseitige Pressung erfahren, so daß sie auch nicht ungehindert quellen können. Ferner kann an diesen Stellen die Luft nicht entweichen. Diese Stellen geben sich nach dem Tauchen als braune Flecken zu erkennen; die Färbung ist darauf zurückzuführen, daß an diesen Stellen die Hemizellulose durch die Lauge nicht herausgelöst wird. Ferner wird von diesen Stellen beim Abpressen mit Hemizellulose angereicherte und an Ätznatron verarmte Tauchlauge aufgenommen. Die Folge ist nach Untersuchungen von MARSCHALL[2] geringerer NaOH-Gehalt und ungleichmäßige Xanthogenierung. Es konnte nachgewiesen werden, daß diese Stellen sich schlecht lösen und filtrieren lassen. Soweit durch die Beschaffenheit des Blattes bedingt ist, kann gleichmäßiges Durchreagieren nur durch weitestgehende Homogenisierung des Zellstoffbreies in der Zellstoff-Fabrik und dünnen Auflauf auf die Siebpartie der Entwässerungsmaschine herbeigeführt werden. Ungleichmäßigkeiten im Blattaufbau geben sich beim Tauchen durch Auftreten einer Wolkigkeit des Zellstoffblattes zu erkennen[3].

Diese Verhältnisse spielen bei dem Einsatz des Zellstoffes im Maisch-Alkalisierverfahren (s. 9. Kapitel) allerdings nur eine untergeordnete Rolle. Bei diesem Verfahren ist vielmehr ein großes Porenvolumen günstig.

Was nun den Einfluß der Quellung des Zellstoffblattes anbetrifft, so ist zu bedenken, daß in der Praxis durchweg eine Laugenkonzentration angewandt wird, die in der un-

[1] BARTUNEK: Wbl. f. Papierfabr. **76**, 260 (1948).
[2] MARSCHALL: Jentgens Kunsts. u. Zellw. **24**, 188 (1942).
[3] BARTUNEK: Wbl. f. Papierfabr. **76**, 261 (1948).

mittelbaren Nähe des Quellungsmaximums liegt (s. 9. Kap.). Ein anormal hohes Quellvermögen des Zellstoffs führt einerseits dazu, daß sich die feinen Kapillarräume durch die Quellung schnell zusetzen, was das Hineinströmen der Lauge in das Blatt erschwert, andererseits ergibt sich auch dadurch eine Verminderung der Reaktionsfähigkeit, als auch in den Zellwänden selbst das Wasser den Na-Ionen vorausdiffundieren kann. Die für die Umsetzung der Zellulose in Natronzellulose erforderliche Mindestkonzentration an NaOH kann im Innern des Blattes hierdurch unterschritten werden[1]. Schließlich ergibt eine hohe Quellfähigkeit infolge des begrenzten Raumes in den Tauchbehältern auch technische Nachteile durch die mit ihren Folgen oben schon geschilderte gegenseitige Berührung der Blätter, die zumeist zuerst an den Rändern stattfindet und die Alkalisierung der mittleren Blatteile, die außerdem dann auch nur mit einer bereits an Ätznatron verarmten Lauge in Berührung kommen, verzögert[2]. Ein mittleres Quellvermögen ist daher günstig.

Das Quellvermögen steht nach Untersuchungen von CENTOLA und PANCIROLLI[3] übrigens in enger Beziehung zum Polymerisationsgrad der Zellulose in den Zellstoffen. Nach ihren Untersuchungen wiesen Zellstoffe mit einem Polymerisationsgrad von etwa 1100 in 18proz. Natronlauge Quellwerte von 280···380% auf, während Zellstoffe mit einem Polymerisationsgrad von 750···900 Quellwerte bis zu 450% ergaben. Niedrigere Polymerisationsgrade haben also höhere Quellwerte im Gefolge.

Wir müssen uns nunmehr mit dem Reagieren an der äußeren und an den inneren Faseroberflächen befassen. Es ist hierbei zu berücksichtigen, daß die Umsatzzone eine Grenzfläche zwischen einer festen und einer flüssigen Phase darstellt[4]. Ist nun das Reaktionsprodukt in der flüssigen Phase löslich, so wird es abtransportiert, und die Reaktionszone bleibt bis zum Ende die Grenzfläche zwischen der festen und der flüssigen Phase. Ist das Reaktionsprodukt dagegen unlöslich, so bleibt die Grenzfläche fest-flüssig nur *scheinbar* erhalten; in Wirklichkeit verschiebt sich jedoch die Reaktionszone allmählich in das Innere des Festkörpers hinein. Wir haben in diesem Falle eine typische topochemische, ortsgebundene Reaktion vor uns. Die Umsatzgeschwindigkeit hängt dann von der Diffusionsgeschwindigkeit der flüssigen Phase durch die festen Schichten des Reaktionsproduktes hindurch zu den noch nicht umgesetzten Anteilen des Festkörpers ab.

Das auf die Zellwand auftreffende Reaktionsmittel hat, wie HESS gezeigt hat, im einzelnen folgende Stationen zu durchlaufen: Mittellamelle bzw. Kutikula → Primärwand → zwischenlamellare Schichten um die Fibrillen in der Sekundärwand → Fibrillen → Grundfibrillen → Oberfläche der kristallisierten Zellulose → Eindringen in die Tiefe des Kristalliten.

Diese Verhältnisse können eine Erklärung für den eigenartigen Reaktionsablauf geben, wie er z. B. beim Studium von Abbaureaktionen gefunden wird. So beobachtete z. B. ULMANN[5], daß, was die erhaltene Menge an Reaktionsprodukt anbetrifft, in der ersten Zeit ein allmählich verlaufender Anstieg erfolgt, der nach einer gewissen Zeit sprungartig steiler wird, um dann wieder allmählich flacher zu verlaufen (Abb. 80 S. 148).

[1] SCHRAMEK: Kolloid-Beih. **40**, 87 (1934).
[2] JAYME u. STEINMANN: Papierfabr. **1937**, ADOLF SCHEUFELEN-Festschrift S. 34f. — SEIBERLICH u. CHAO: Paper Trade J. **68**, 18 (1939).
[3] CENTOLA u. PANCIROLLI: L'Industria della carta (Milano) **1**, 63 (1947).
[4] Vgl. hierzu HESS: Kunsts. u. Zellw. **27**, 37 (1949).
[5] ULMANN: Kolloid-Z. **98**, 160 (1942).

Einen entsprechenden Reaktionsverlauf fand BARTUNEK[1] auch bei der Xanthogenierung von Zellstoff, wie Abb. 81 zeigt. Man erkennt, wie nach einer ersten Reaktionszeit von etwa 60 Minuten ein erneuter, steiler Anstieg erfolgt. Der jeweils erreichte Xanthogenierungsgrad ist als γ-Wert ausgedrückt, der im 12. Kap. erklärt werden wird. Es sei daran erinnert, daß dieser von ULMANN bei der Hydrolyse gefundene Reaktionsverlauf aber auch durch die Anwesenheit sich mit verschiedener Geschwindigkeit spaltender Bindungen in den Zelluloseketten erklärt werden kann; bei der Sulfidierung muß aber wohl diese Möglichkeit ausscheiden. Der Zusammenhang der Reaktionskinetik mit der biologischen Zellwandstruktur hat daher die größere Wahrscheinlichkeit für sich und wird infolgedessen auch von den meisten Forschern anerkannt[2].

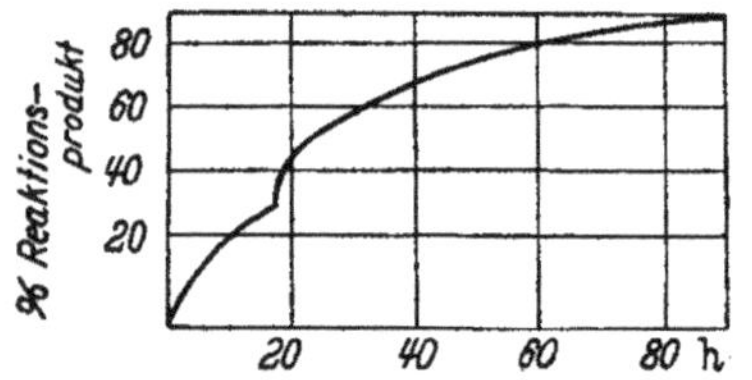

Abb. 80. Reaktionsverlauf beim hydrolytischen Abbau der Zellulose. (Nach ULMANN.)

Aus diesem Reaktionsverlauf ergibt sich, daß nach dem Überschreiten einer gewissen Reaktionsschicht die statischen Verhältnisse der Strukturelemente so weit gestört werden, daß die innere Struktur zusammenbricht, wodurch neue Reaktionsschichten freigelegt werden.

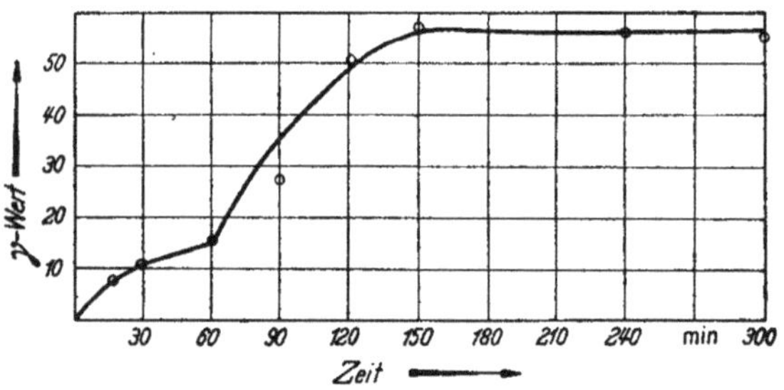

Abb. 81. Reaktionsverlauf bei der Sulfidierung. (Nach BARTUNEK).

Es ist aber weiter zu berücksichtigen, daß die Diffusionsgeschwindigkeit auch beeinflußt wird durch die Anwesenheit von Nichtzellulosestoffen, und es kann vorausgesehen werden, daß den Reagenzien der Diffusionsweg in dem Maße erleichtert wird, wie Kutikula, Primärwand und zwischenlamellare Schichten durch den Aufschlußprozeß entfernt oder geschwächt sind.

Betrachten wir zunächst die äußere Oberfläche der Zellelemente. Wie schon S. 28 ausgeführt wurde, ist nach WERGIN das Vorliegen eines Hautsystems anzunehmen, dessen chemische Natur noch nicht restlos geklärt ist. KLEINERT, HINGST und SIMMLER[3] nehmen an, daß der von ihnen in Filterrückständen gefundene methoxylreiche Körper einer solchen Haut zuzuschreiben sei, die schwer mit Lauge und Schwefelkohlenstoff reagiere. Der Gehalt an Methoxylgruppen legt den Verdacht nahe, daß diese Oberflächenschicht in naher Beziehung zum Lignin steht. Ligninreste sind aber nach Beobachtungen von SCHOELLER[4] sowie auch von BARTUNEK[5] außerordentlich störend. CENTOLA[6] nimmt an, daß in der methoxylhaltigen Haut ein Lignin vorliegt, das durch Quervernetzungen in chemischer Bindung mit der darunterliegenden Zellulose steht. Nach Untersuchungen von HESS[7] macht die Menge dieses

[1] BARTUNEK: Cellulosechem. **22**, 56 (1944).
[2] Vgl. z. B. NICKERSON u. HABRLE: Ind. Engng. Chem. **34**, 1480 (1942).
[3] KLEINERT, HINGST u. SIMMLER: Kolloid-Z. **108**, 137 (1944).
[4] SCHOELLER: Diss. T. H. Darmstadt 1945.
[5] BARTUNEK: Wbl. f. Papierfabr. **76**, 260 (1948).
[6] CENTOLA: La Chimica e l'Industria **28**, 3 (1946). — [7] HESS: Naturwiss. **22**, 473 (1934).

Hautsystems etwa 1% von der gesamten Masse aus. Eine möglichst restlose Befreiung der Faserzellen vom Lignin ist daher von der Zellstoff-Fabrik anzustreben. Man braucht hieraus aber nicht den Schluß zu ziehen, daß das Lignin selbst in allen Fällen das störende Element in bezug auf die Reaktionsfähigkeit sei. Wäre dieses der Fall, so müßte beispielsweise die Sekundärwand der Buchenholzzelle, die nach Untersuchungen von M. STAUDINGER[1] frei von Lignin ist, besonders leicht von den Reaktionsmitteln erfaßt werden, was aber nicht geschieht. Die Zusammenhänge sind hier vielmehr so, daß die Sekundärwand der Buchenholzzelle beim Kochprozeß in der Zellstoff-Fabrik intakt bleibt, während sie in den ligninreichen Fichtenholzzellen durch das Herauslösen des Lignins aufgelockert und hierdurch für die Reaktionsmittel leichter zugänglich wird.

Das Aufschließen und Auflockern von Außenhaut und Primärwand, die nach JAYME beim Zellstoffaufschluß im allgemeinen weitgehend erhalten bleiben, wird in der Zellstoff-Fabrik besonders durch die Bleiche erzielt, die deshalb so weit wie möglich zu treiben ist[2]. Aus Untersuchungen von SCHULZ und HUSEMANN[3] geht hervor, daß der sich bei der Einwirkung oxydativer und hydrolysierender Mittel abspielende Zerfall der Faserbausteine, um welche es sich bei der Bleiche handelt, nicht wahllos über die Moleküle verteilt, sondern in senkrecht zur Faserachse liegenden Ebenen verläuft, wodurch verständlicherweise später den Reaktionsmitteln das Eindringen in die Zellwand erleichtert wird. Zu weit gehende Bleiche hat jedoch auch Nachteile: Einerseits vergrößert sich mit steigendem Bleichgrad der Verlust an Reinzellulose, was zu einer Verringerung der Zellstoffausbeute führt, und andererseits wirkt sich eine starke Bleiche ungünstig auf die Gleichmäßigkeit des Polymerisationsgrades aus. In einer weitgehenden Bleiche erblickt JURISCH[4] allerdings einen Vorteil insofern, als dadurch die Reife der Alkalizellulose in der Viskosefabrik verkürzt werden kann.

Tabelle 35. *Reaktionsfähigkeit eines Papierzellstoffes nach verschiedenen Nachbehandlungen.* (Nach JAYME und GRÖGAARD.)

Behandlung	Reaktionsfähigkeit
Unbehandelt	1,83
Hypochloritbleiche 2,5% akt. Cl. . . .	4,72
Salzsäure 5%	4,21
Kombinationen zwischen Säurebehandlung und Bleiche	
I	3,05
II	5,40
III	5,70

Wie weitgehend die Bleiche oder entsprechende Nachbehandlungen die Reaktionsfähigkeit eines Zellstoffes verbessern können, soll Tabelle 35 zeigen. In dieser sind Werte für die Reaktionsfähigkeit, nach einem Vorschlag von JAYME und GRÖGAARD auf Grund folgender Beziehung errechnet

$$R_1 = \frac{\alpha\text{-Zellulosegehalt} \cdot (\text{Weißgrad})^2}{\text{Xanthogenatviskosität} \cdot 10000},$$

für einen schlecht reaktionsfähigen Papierzellstoff mit verschiedenen Nachbehandlungen zusammengestellt.

Die Oberfläche der Faserzellen wird in bezug auf die Reaktionsfähigkeit auch durch den Trocknungsprozeß in der Zellstoff-Fabrik ungünstig beeinflußt, insofern, als eine

[1] STAUDINGER: Holz als Roh- und Werkstoff 5, 193 (1947).

[2] SCHOELLER: Diss. T. H. Darmstadt 1945. — [3] SCHULZ u. HUSEMANN: Z. f. Naturforschg. 1, 268 (1946). — [4] JURISCH: Kunsts. u. Zellw. 23, 266 (1941).

Verhornung eintritt, die die Diffusion erschwert. Wie stark dieser Einfluß des Trockenvorganges ist, zeigt Tabelle 36, die die Quellwerte nach verschiedener Trocknung wiedergibt.

Tabelle 36. *Einfluß des Trocknens auf den Quellwert eines ungebleichten Sulfitzellstoffes.* (Nach JAYME[1].)

Zustand des Stoffes	Trockengehalt %	Quellwert nach 10 Min. Quelldauer	Irreversible Verhornung %	Quellwert nach 60 Min. Quelldauer	Irreversible Verhornung %
Feucht, nie getrocknet	30,19	159,1	—	159,1	—
luftgetrocknet	91,58	107,3	32,56	112,5	29,29
getrocknet 6 Std. bei 70°C	98,60	98,7	37,94	103,6	34,88

Diese Verhältnisse haben sich Chemiefaserwerke, denen eine eigene Zellstoff-Fabrik vorgeschaltet ist, zunutze gemacht, indem sie den Zellstoff nicht erst trocknen, sondern ihn unmittelbar in feuchtem Zustand auf Viskose weiter verarbeiten. Diese Arbeitsweise braucht aber nicht in allen Fällen eine Verbesserung mit sich zu bringen. Es ist hierbei nämlich zu bedenken, daß dann die Na-Ionen auf bereits mit Wasser erfüllte Hohlräume stoßen und nur durch Diffusion in das Innere gelangen können. Die hierbei durch das Konzentrationsgefälle in den Kapillarräumen entstehenden Nachteile waren bereits geschildert.

Ob es sich bei dieser Verhornung der Faseroberfläche lediglich um die Ausbildung einer Oberflächenschicht von größerer Dichte, hervorgerufen durch stärkere Wasserabgabe, oder um eine tiefergehende Ursache chemischer Art handelt, ist noch nicht geklärt. STAMM und HANSEN[2] vertreten die Ansicht, daß eine durch Wasseraustritt verursachte Quervernetzung benachbarter Moleküle durch den Trockungsprozeß erfolge.

Was die äußere Oberfläche anbetrifft, so kommt es beim Zellstoffaufschluß und mehr noch bei der Bleiche also darauf an, die Außenhaut möglichst zu entfernen oder wenigstens so weitgehend wie möglich zu verletzen. Bevor nun aber auf die sich im Innern der Zellwände abspielenden Reaktionen eingegangen werden kann, muß untersucht werden, wie sich überhaupt Reaktionen mit der Zellulose vollziehen. Es liegen für das Reaktionsschema folgende, von SCHOELLER[3] zusammengsstellte Möglichkeiten vor:

1. *Intermizellare Reaktionen.* Hierunter sind solche zu verstehen, die sich nur in den ungeordneten Bereichen abspielen. Hierbei können wieder unterschieden werden:
   a) topochemische Reaktionen, gekennzeichnet durch kleine Diffusionsgeschwindigkeit und verhältnismäßig hohe Reaktionsgeschwindigkeit,
   b) quasi-permutoide Reaktionen, gekennzeichnet durch große Diffusionsgeschwindigkeit und kleine Reaktionsgeschwindigkeit.
2. *Intramizellare Reaktionen.* Hierbei spielen sich die Reaktionen auch in den geordneten Bereichen ab. Sie lassen sich weiter aufteilen in
   a) permutoide Reaktionen, gekennzeichnet durch hohe Diffusionsgeschwindigkeit und kleine Reaktionsgeschwindigkeit,

[1] JAYME: Das Papier **1**, 135 (1947). — JAYME u. FROUNDJIAN: Cellulosechem. **18**, 9 (1940).
[2] STAMM u. HANSEN: Ind. Engng. Chem. **29**, 831 (1937).
[3] SCHOELLER: Diss. T. H. Darmstadt 1945.

b) topochemische Reaktionen, gekennzeichnet durch langsame Diffusion und schwache Affinität der Reaktionspartner. Hierbei lassen sich noch folgende Möglichkeiten unterscheiden:

α) makroheterogene Reaktionsweise. Hierbei werden die äußeren Schichten vollständig umgesetzt, ehe in die nächst inneren überhaupt Reaktionsmittel eindringt,

β) mikroheterogene Reaktionsweise. Hierbei schreiten die Reaktionen von außen nach innen netzebenenweise fort.

Wie der Reaktionsverlauf im einzelnen ist, hängt, wie schon erwähnt, davon ab, ob das Reaktionsprodukt im Reaktionsmittel löslich ist oder nicht. Was die Umsetzung der Zellulose mit Natronlauge anbetrifft, so haben wir eindeutig ein topochemisches Reagieren vorliegen, und zwar liegt nach HESS und TROGUS[1] eine mikroheterogene Reaktionsweise vor. Anders liegen die Verhältnisse jedoch bei der Umsetzung der Natronzellulose mit Schwefelkohlenstoff. Hierbei dürfte es sich um makroheterogene Reaktionsweise handeln.

Was diese Verhältnisse so unübersichtlich macht, ist der Umstand, daß die Gesamtoberfläche der Grundfibrillen so außerordentlich groß ist, sie macht nach Berechnungen von MEYER und MARK[2] etwa die Hälfte der gesamten Zellulosemasse aus. Infolgedessen spielen sich die Zellulosereaktionen in großem Umfang als Oberflächenreaktionen ab, so daß der Reaktionsablauf wie in einem homogenen System erscheint. Erst wenn nach Umsatz der Oberflächen die Reaktion ins Innere fortschreitet, tritt der heterogene Reaktionsablauf deutlich zutage[3].

Die außerordentlich zahlreichen Untersuchungen zur Festlegung der tatsächlich vorliegenden Reaktionsweise haben noch keine völlige Klarheit gebracht. Es ist vielmehr mit LORAND und GEORGI[4] anzunehmen, daß die Zellulosereaktionen nicht einem einzigen Typus folgen.

Für den Zellstoff bedeutet dies, daß sich je nach dem morphologischen Bau der Faserzellen bei der Umsetzung immer neue spezifische Oberflächen ausbilden, die für die Filtrierbarkeit der Xanthogenatlösung von Bedeutung sind. Je größer nun diese Oberflächen sind, um so schlechter ist nach Untersuchungen von SCHOELLER[5] aber die Filtrierbarkeit. Es erscheint dies zunächst als ein Widerspruch, da große Oberflächen im allgemeinen Reaktionen erleichtern. Man kann sich dies aber so erklären, daß sich bei großen Oberflächen beim Sulfidieren Xanthogenatgebilde von geringem Zusammenhang ausbilden, die sich wohl noch dispergieren, nicht aber vollkommen lösen lassen, wodurch hochgequollene Partikel in schlecht filtrierbarem Zustand entstehen. Umgekehrt können so Zellstoffe, die bei der Umsetzung nur kleine Oberflächen ausbilden und infolgedessen im ganzen wenig reaktionsfähig sind, dennoch gut filtrierbare Viskosen ergeben. Es spielen also, gerade was die intramizellaren Reaktionen anbetrifft, die Morphologie der Faserzellen, ihr Feinbau sowie das Verhältnis von kristallisierter und amorpher Substanz in bezug auf die Filtrierbarkeit eine große Rolle, so daß es den Zellstoff-Fabriken kaum möglich sein wird, durch Änderungen des Aufschlußverfahrens jeweils optimale Verhältnisse zu schaffen, zumal schon in den Hölzern selbst Ungleichmäßigkeiten vorliegen. So zerfallen z. B. nach Beobachtungen von RITTER[6] beim chemischen Abbau die Faserzellen des Früh-

[1] HESS u. TROGUS: Z. physik. Chem. **15**, 157 (1932).
[2] MEYER u. MARK: Der Aufbau der Hochpolymeren, 1930, S. 125.
[3] Vgl. hierzu HESS: Melliand Textilber. **24**, 289, 333 (1943).
[4] LORAND u. GEORGI: J. Amer. chem. Soc. **59**, 1166 (1937).
[5] SCHOELLER: Diss. T. H. Darmstadt 1945. — [6] RITTER: Paper Trade J. **64**, 92 (1935).

holzes anders als diejenigen des Spätholzes, wobei die ersteren bandähnliche, die letzteren röhrenförmige Gebilde ergeben. Ähnliche Unterschiede liegen, wie KLAUDITZ und STEGMANN[1] zeigen konnten, bei den Markstrahlzellen und den übrigen Zellen des Buchenholzes vor. Auch bei den Markstrahlzellen zeigt sich trotz kleinerer spezifischer Oberfläche eine bessere Reaktionsfähigkeit und entsprechend leichtere Filtrierbarkeit.

Nachdem so gezeigt ist, daß die Filtrierbarkeit in engem Zusammenhang mit der Reaktionsfähigkeit steht, kann auch eine Erklärung für die auf Seite 143 erwähnte von SCHOELLER gemachte Beobachtung gegeben werden, wonach harzfreie, schlecht filtrierbare Viskose nach Zusatz von Abietinsäure wieder gut filtriert: Die Abietinsäure bildet mit der Natronlauge Harzseife, die erfahrungsgemäß ein Dispergiermittel von hoher Oberflächenaktivität ist. Ihre Anwesenheit wird die Reaktionspartner schnell in enge Berührung miteinander bringen. Gleiche Effekte werden auch mit anderen oberflächenaktiven Mitteln erzielt, worauf im 9. Kapitel noch näher eingegangen wird.

Diese Betrachtungen dürfen aber nicht abgeschlossen werden, ohne auf den Einfluß des Hemizellulosegehaltes der Tauchlauge auf die Reaktionsfähigkeit und Filtrierbarkeit eines Zellstoffes noch einmal einzugehen. Nach Untersuchungen von SCHOELLER[2], von BARTUNEK[3] sowie auch von MARSCHALL[4] erhöhen sich mit steigendem Hemizellulosegehalt der Tauchlauge die Rückstandsmengen auf den Filtern. SCHOELLER stellt hierfür folgende Ursachen zur Diskussion:

Der erhöhte Hemigehalt der Lauge setzt ihre Lösekraft herunter; hierdurch bleiben OH-Gruppen des Zellulosemoleküls blockiert, was einen erhöhten Schwefelkohlenstoffverbrauch zur Folge hat;

die gelösten Hemizellulosen verbrauchen selbst Schwefelkohlenstoff, so daß für das Reagieren der Zellulose weniger Schwefelkohlenstoff zur Verfügung steht;

die höhere Konzentration der Tauchlauge an Hemizellulose setzt den Diffusionswiderstand herauf[5];

ein Teil der Hemizellulose wird vom Zellstoff aufgenommen und führt entweder durch Eigenverbrauch oder durch Blockierung zu vermehrtem Schwefelkohlenstoffbedarf[6].

JAYME sowie LIESER und HACKL haben sich für die Auffassung entschieden, daß die Hemizellulosen selbst Schwefelkohlenstoff verbrauchen, wie auch schon auf S. 143 erwähnt war. HEUSER und SCHORSCH glauben die Erscheinung durch eine Verminderung der Diffusionsgeschwindigkeit deuten zu können. Als sicher ist jedoch anzunehmen, daß Hemizellulose aus der Tauchlauge vom Zellstoff absorbiert wird und insofern spielt wieder das Blattgefüge eine Rolle, da von ihm die Absorptionsfähigkeit abhängt. Hierdurch wird es auch verständlich, daß die Zellstoffe sich hinsichtlich ihrer Empfindlichkeit für den Hemigehalt der Tauchlauge sehr verschieden verhalten können. Wir kommen hierauf im 9. Kap. noch einmal zurück. BARTUNEK[7] fand, daß der Einfluß der Hemizellulose von der Art des Zellstoffs und

[1] KLAUDITZ u. STEGMANN: Cellulosechem. **22**, 20 (1944).
[2] SCHOELLER: Diss. T. H. Darmstadt, 1945.
[3] BARTUNEK: Cellulosechem. **22**, 56 (1944).
[4] MARSCHALL: Jentgens Kunsts. u. Zellw. **24**, 188 (1942). — MARSCHALL u. STAUCH: Kolloid-Z. **108**, 132 (1944). — [5] HEUSER u. SCHORSCH: Cellulosechem. **9**, 93 (1928).
[6] KOCH: Zellw., Kunsts., Seide **46**, 44 (1941).
[7] BARTUNEK: Cellulosechem. **22**, 62 (1944).

ihrer eignen Art abhängig ist, sowie noch mehr von ihrem kolloidchemischen Zustand (Alter usw.) in der Tauchlauge. Sie können eine mehr oder minder starke Verstopfung des feinen Kapillarsystems in den Zellelementen bewirken, was eine verringerte Reaktionsfähigkeit zur Folge hat. Dies fand auch GAEBEL[1] bestätigt. Nach seinen Beobachtungen wirkt fremde Hemizellulose, also solche, die aus der Lauge früherer Tauchungen stammt und die vom Zellstoff absorbiert wurde, in höherem Maße störend als Hemizellulose aus dem gleichen Zellstoff. Hierauf sind die in der Praxis vielfach nach einem Wechsel des Zellstoffes beobachteten Schwierigkeiten zurückzuführen.

Wie die Ausführungen gezeigt haben, liegen die Verhältnisse also recht verwickelt. Es ist daher leicht einzusehen, daß es durch Untersuchung des Zellstoffes sehr schwer ist, eine Aussage über das voraussichtliche Verhalten eines Zellstoffes in bezug auf seine Filtrierbarkeit zu machen.

In der Praxis werden hierfür zwei Methoden angewandt, nämlich die Bestimmung der Filterrückstandswerte (sogen. UF-Werte) nach JAYME und die Bestimmung der Filtrationskonstante (sogen. K_w-Werte) nach HERMANS und BREDÉE. Im ersteren Falle werden die bei der Filtration erhaltenen Rückstände ermittelt, die bei Anwendung steigender Mengen Schwefelkohlenstoff auf dem Filter bleiben, während man beim K_w-Wert die Durchflußmenge nach bestimmten Zeiten feststellt. Bei der Bestimmung der UF-Werte erhält man bei guten Zellstoffen niedrige UF-Werte und ein ausgeprägtes Maximum der Filtrierbarkeit bei steigenden Schwefelkohlenstoff-Zusätzen[2], das um so eher erreicht wird, je günstiger sich der Zellstoff verhält[3]. Schlechte Filtrierbarkeit ist nach JAYME zu erwarten:

Bei abnorm niedriger Reaktionsfähigkeit, gekennzeichnet durch hohe UF-Werte bei bestimmter CS_2-Menge,

bei Anwesenheit eines deutlich ausgeprägten Minimums der Filtrierbarkeit in Abhängigkeit vom UF-Wert,

bei abnorm schlechter Filtrierbarkeit im gesamten Gebiet des Filterrückstandes.

Was die K_w-Werte anbetrifft, so sollen diese bei einem gut filtrierbaren Zellstoff möglichst niedrig liegen. Von SAMUELSON[4] wurden recht bemerkenswerte Zusammenhänge zwischen dem K_w-Wert und den Eigenschaften der Viskose aufgedeckt. Hierbei ergab sich, daß der Grad der Filterverstopfung von der Viskosität abhängig ist: höhere Viskosität entspricht höheren K_w-Werten. Dies bedeutet, daß eine Abhängigkeit des K_w-Wertes von der Vorreifedauer besteht, und zwar insofern, als mit Steigerung der Vorreifedauer, entsprechend also dem Abbau des Zellulosemoleküls, der Grad der Filterverstopfung abnimmt. In bezug auf die Reaktionsfähigkeit besagt dies, daß kleinere Moleküle besser durchreagieren als große, was verständlich ist. Entsprechend ergibt sowohl eine Erhöhung der Alkalikonzentration in der Viskose als auch eine Erhöhung der bei der Sulfidierung angewandten Schwefelkohlenstoffmenge eine besser filtrierbare Viskose.

Der unmittelbare Zusammenhang zwischen der Reaktionsfähigkeit und dem Verhalten bei der Filtration ergibt sich nach den Untersuchungen von SAMUELSON besonders aus dem Befund, daß eine mechanische Unterstützung des Lösevorganges

[1] GAEBEL: Kunsts. u. Zellw. 27, 307 (1949).
[2] KLAUDITZ u. BERLING: Cellulosechem. 22, 121 (1944). — KLEINERT u. MÖSSMER: Svensk Papperstidn. 51, 1 (1948).
[3] KLEINERT: Das Papier 3, 280 (1949).
[4] SAMUELSON: Svensk Papperstidn. 52, 1 (1949).

bei der Viskoseherstellung den Grad der Filterverstopfung erheblich herabsetzt. Es findet dann beim Lösen noch ein weitgehendes Nachreagieren statt. In dieser Beziehung liegt eine Parallele vor zu der Beobachtung, daß auch nach Zusatz von oberflächenaktiven Stoffen zur Viskose (vgl. 13. Kap.) die Filtration der Viskose deutlich verbessert wird. Während im ersteren Falle die Reaktion mechanisch intensiviert wird, liegt im letzteren Falle eine Aktivierung der Reaktionspartner durch Herabsetzung der Grenzflächenspannung vor.

Nach Untersuchungen von KLEINERT und MÖSSMER[1] sind die Zusammenhänge zwischen Reaktionsfähigkeit und Filtrierbarkeit allerdings nicht ganz so eindeutig, wie oben beschrieben. Schon KLAUDITZ und BERLING[2] hatten darauf hingewiesen, daß die Bestimmung der Filterrückstandswerte allein nicht genügt, um allgemeingültige Aussagen über die zu erwartende Filtrierbarkeit der Viskose zu machen. KLEINERT und MÖSSMER fanden bei einer ganzen Reihe von Zellstoffen, die sich im Betriebe hinsichtlich der Filtration gut verhielten, trotzdem auch bei großen Schwefelkohlenstoffzusätzen hohe Filterrückstandsmengen. Die eingehende Untersuchung derartiger Zellstoffe ergab, daß diese in starkem Maße polymolekular waren, entsprechend zeigten die Filterrückstände bei der Fraktionierung hohe Anteile an hochmolekularer Zellulose. Möglichste Gleichmäßigkeit des Polymerisationsgrades ist daher gleichfalls Vorbedingung für eine einwandfrei filtrierbare Viskose.

BARTUNEK hat für die Beurteilung der Reaktionsfähigkeit und Filtrierbarkeit der Viskose die Bestimmung der Filterrückstände bei unzureichender Sulfidierung und zu geringer Laugenkonzentration vorgeschlagen („Mercerisier- und Sulfidierwiderstand“).

Ergänzend soll noch bemerkt werden, daß nach EISENHUT[3] die Reaktionsfähigkeit des Zellstoffes auch durch die Lagerzeit des Holzes beeinflußt wird, und zwar insofern, als länger gelagertes Holz reaktionsfähigere Zellstoffe ergibt.

Um unter Umständen falsche Schlußfolgerungen zu vermeiden, muß noch darauf hingewiesen werden, daß auch die Art des Filterbelages auf die Filtrierbarkeit der Viskose von Einfluß sein kann. Hierüber wurden Untersuchungen von SAMUELSON[4] durchgeführt. So kann bei der zweiten Filterung der Viskose noch eine erhebliche Verstopfung durch ein Zuquellen des Filters auftreten. Aber auch die Viskose selbst kann auch nach der ersten Filtration noch filterverstopfende Quellkörper aufweisen, besonders dann, wenn die erste Filtration mit hohem Druck durchgeführt wurde. Im allgemeinen verläuft auch die zweite Filtration schlecht, wenn die erste schlecht war. Schließlich sei noch erwähnt, daß sich die Filtration mit zunehmender Reife der Viskose verschlechtert.

b) Chemische Eigenschaften.

Die chemische Zusammensetzung. Chemisch stellt der Zellstoff ein Gemisch aus Zellulose und den Resten der Zellulose-Begleitstoffe aus den Faserzellen dar. Die Menge dieser Stoffe ist abhängig vom Ausgangsmaterial und vom Aufschluß- bzw. Veredlungsverfahren. Im folgenden sollen für die chemische Zusammensetzung einige Beispiele gegeben werden. Zunächst sind in Tabelle 37 die Werte für einen

---

[1] KLEINERT u. MÖSSMER: Svensk Papperstidn. **51**, 1 (1948).
[2] KLAUDITZ u. BERLING: Cellulosechem. **22**, 121 (1944).
[3] EISENHUT: Cellulosechem. **19**, 45 (1941).
[4] SAMUELSON: Svensk Papperstidn. **52**, 1 (1949).

normalen *Fichten-Sulfit-Zellstoff* aus verschiedenen Herstellungsjahren zusammengestellt, um die — insbesondere durch die Einführung der Mehrstufenbleiche — erzielten Fortschritte der Zellstoff-Fabriken zu zeigen.

Tabelle 37. *Chemische Zusammensetzung von Fichte-Sulfit-Zellstoffen aus verschiedenen Jahren.* (Nach MÜLLER-CLEMM[1].)

	1925	1929	1930
Alphazellulose . . . . %	85,0	86,5	87,6
Alkalilösliches . . . . %	15,2	13,8	12,7
Asche . . . . %	0,30	0,26 ··· 0,30	0,26 ··· 0,30
Harz (Alkoholextrakt) . . . . %	1,0	0,95	0,72
Holzgummi . . . . %	5,5	4,8	4,5
Kupferzahl	2,5	2,5	1,8

Die Zusammenstellung zeigt, wie der Gehalt an Alphazellulose beständig angestiegen, der Gehalt an Holzgummi und Harz entsprechend geringer geworden ist. Auffallend ist auch die zunehmende Alkaliresistenz. Die qualitative Verbesserung der Zellstoffe gibt sich auch in der Abnahme der Kupferzahl zu erkennen.

Die *Zellstoff-Fabrik Waldhof* gab 1950 für einen normalen Fichtensulfitzellstoff folgende Daten an:

Alphazellulose	89,0 ··· 91,0%
Alkalilösliches	11,4 ··· 9,4%
Asche	unter 0,10%
Harz (Dichlormethanextrakt) .	0,30 ··· 0,40%
Holzgummi	4,5 ··· 3,5%
Kupferzahl	1,0 ··· 1,5
Cu-Viskosität (Millipoisen) . . .	200 ··· 300

Tabelle 38 bringt eine Übersicht über die Zusammensetzung zweier nach dem Sulfitverfahren hergestellter Laubholzstoffe, nämlich der *Buche* und *Aspe*.

Wie ein Vergleich der Tabelle 38 mit Tabelle 37 zeigt, sind die angeführten Laubholzzellstoffe den Fichtensulfitzellstoffen recht ähnlich. Auffallend hoch ist allerdings das Alkohollösliche im Aspenholzzellstoff, der sich aber im allgemeinen in der Viskosefabrik gut verarbeiten läßt.

Tabelle 38. *Chemische Zusammensetzung von Buchen- und Aspen-Sulfitzellstoff.* (Nach MÜLLER-CLEMM.)

	Buche %	Aspe %
Alphazellulose	89,2	89,2
Alkalilösliches	11,1	11,2
Asche	0,18	0,16
Harz (Alkoholextrakt) . .	0,35	1,18
Holzgummi	5,9	4,7

Für *Buchen-Sulfat-Zellstoff* war schon auf S. 119 ein Beispiel gegeben worden. Vergleicht man den dort angegebenen Wert mit den Werten in Tabelle 38 für Buchen-Sulfit-Zellstoff, so stellt man bei dem Sulfatzellstoff einen wesentlich höheren Gehalt an Holzgummi fest. Entsprechend liegt auch beim Sulfatzellstoff der Alphazellulosegehalt niedriger.

Ähnliche Verhältnisse zeigt in dieser Beziehung ein auf normale Weise hergestellter *Stroh-Sulfat-Zellstoff*, für den auf S. 120 ein Beispiel gegeben war.

[1] MÜLLER-CLEMM: Angew. Chem. **54**, 122 (1941).

In beiden Fällen konnte, wie im vorigen Kapitel gezeigt worden war, eine wesentliche Verbesserung durch die Vorhydrolyse erzielt werden.

Nunmehr sollen in Tabelle 39 einige Beispiele für *veredelte Zellstoffe* gegeben werden.

Tabelle 39. *Chemische Zusammensetzung veredelter Zellstoffe.* (Nach MÜLLER-CLEMM.)

Provenienz	Feldmühle	I.G.Wolfen	Zellstoff Waldhof			
Ausgangsmaterial	Fichte	Buche	Kiefer I	Kiefer II	Buche I	Buche II
Aufschlußverfahren	Sulfit %	Salpetersäure %	Sulfit %	Sulfit %	Sulfit %	Sulfit %
Alphazellulose	97,0	98,2	94,6	98,0	99,0	96,1
Alkalilösliches	4,0	1,7	4,6	3,0	2,0	4,3
Asche	0,14	0,12	0,18	0,13	0,12	0,20
Harz[1]	0,21[2]	?	0,01	0,01	0,02	0,03
Holzgummi	2,0	0,58	1,6	0,7	0,5	1,9
Pentosan	4,3	1,40	3,9	2,8	2,9	5,1
Mannan	1,2	?	4,8	0,0	0,0	0,0

Die *Westfälische Zellstoff A. G. „Alphalint“*, Wildshausen, gibt für ihre durch alkalische bzw. Heißbehandlung veredelten Buchenzellstoffe die in der Tabelle 40 zusammengestellten Analysendaten an (1950):

Tabelle 40. *Veredelte Buchenzellstoffe der Westfälischen Zellstoff A. G., Wildshausen.*

Marke	α-Zellulose %	Holzgummi %	Asche %
Alphalint-Normal	95,8 ··· 96,3	1,0 ··· 1,5	0,05 ··· 0,08
Alphalint-Spezial	92,0 ··· 93,0	2,5 ··· 3,0	0,05 ··· 0,08
Alphalint KZB extra	90,5 ··· 91,0	3,5 ··· 4,0	0,05 ··· 0,08

Von der *Zellstoff-Fabrik Waldhof* wurden 1950 für einen veredelten Zellstoff folgende Daten genannt:

Alphazellulose	92,0 ··· 96,0%
Alkalilösliches	8,3 ··· 4,3%
Asche	unter 0,10%
Harz (Dichlormethanextrakt)	0,25 ··· 0,35%
Holzgummi	3,0 ··· 2,0%
Kupferzahl	0,8 ··· 1,2
Cu-Viskosität (Millipoisen)	200 ··· 300

Seiner Herstellungsmethode nach ist auch der Zellstoff aus Pfahlrohr zu den veredelten Zellstoffen zu rechnen. Die *Snia Viscosa* gibt für Pfahlrohrzellstoff folgende Daten an:

α-Zellulose	95%	CaO	0,05%
β-Zellulose	3%	SiO_2	0,08%
γ-Zellulose	2%	Alkohol-Benzolextrakt	0,28%
Pentosane	2,3%	Kupferzahl	1,5
Asche	0,15%	Viskosität	20 Cp.
Eisen	0,5 mg auf 100 g Zellstoff		

[1] Dichlormethanextrakt — [2] Alkoholextrakt

Die Zusammenstellungen zeigen deutlich den wesentlich höheren Alphazellulosegehalt bei den veredelten Zellstoffen. Diese sind insbesondere weiter gekennzeichnet durch einen erheblich niedrigeren Gehalt an Holzgummi, Harz und Asche.

Es sei auch noch auf die Werte des veredelten Buchen-Zellstoffs, nach dem Salpetersäure-Verfahren hergestellt, hingewiesen. Bei diesem ist der außerordentlich niedrige Gehalt an Alkalilöslichem sowie an Holzgummi und Pentosan bemerkenswert.

Es soll an dieser Stelle noch eine kurze Übersicht über die allgemeinen Unterschiede zwischen einem Sulfit- und einem Sulfatzellstoff gegeben werden, wie sie von JAYME und GRÖGAARD dargestellt wurden.

Danach besitzt ein Sulfatzellstoff höhere Festigkeit und weist einen geringeren durchschnittlichen Polymerisationsgrad auf. Entsprechend ist der Abfall der durch die Vorreife bedingten Viskosität geringer als beim Sulfitzellstoff. Der Sulfatzellstoff ist im allgemeinen reaktionsträger als der Sulfitzellstoff. Dies ist auf das weitgehende Erhaltenbleiben der Primärwand beim Aufschluß zurückzuführen, weshalb beim Sulfatzellstoff eine energischere Bleiche notwendig ist, was den niedrigeren Polymerisationsgrad der Zellulose verursacht.

Für gebleichte *Linters* bzw. *Linterszellstoff* gibt die Firma *Peter Temming, Aktiengesellschaft*, Glückstadt, die in Tabelle 41 zusammengestellten Eigenschaften an (1950).

Tabelle 41. *Eigenschaften von Linterszellstoff der Peter Temming Aktiengesellschaft.*

α-Zellulose	99,6%
in 10,7proz. NaOH löslich	0,6%
Asche	0,04%
Eisen	0,0001%
Benzol-Alkohol-Extrakt	0,04%
Dichlormethanextrakt	0,01%
Kupferzahl	0,15%
Viskosität: nach Wahl des Verbrauchers	
Farbe: hochweiß	
Form: Flocken, Pappe oder Krepp	

Die Asche eines Zellstoffs enthält neben Eisen, Mangan und Kupfer, die auf die Vorreife und Nachreife von Einfluß sind sowie ein Zuwachsen der Düsenlöcher herbeiführen können, Kalzium und Silizium. Nach Untersuchungen von WULTSCH[1] findet sich das Mangan hauptsächlich in dem sog. Mehlstoff der ungebleichten Zellstoffe, der dem Markstrahlgewebe entstammt. Der Mangangehalt kann hierbei etwa 0,28 mg auf 100 g Zellstoff betragen, was schon einen deutlichen Einfluß auf die Vorreife ausübt. Durch Auswaschen des Mehlstoffs sinkt der Mangangehalt rapide ab. Der Mehlstoff gebleichter Zellstoffe besteht demgegenüber hauptsächlich aus Trümmern der Tracheiden, deren Mangangehalt nicht besonders groß ist.

In Tabelle 42 ist die Zusammensetzung der Asche eines Fichten-Sulfit-Zellstoffes wiedergegeben.

Tabelle 42. *Aschenbestandteile von Fichten-Sulfit-Zellstoff.* (Nach *Feldmühle A.-G.*)

CaO	0,05···0,15%
SiO_2	0,01···0,05%
$Fe_2O_3 + Al_2O_3$	0,005···0,015%
Fe	0,001···0,003%

(berechnet auf trockenen Zellstoff).

Störend kann das Kalzium sein, da es zur Bildung des schwerlöslichen Doppelsalzes

$$CaCO_3 \cdot Na_2CO_3 \cdot 6H_2O$$

führen kann, das die Abscheidung schleimiger Substanzen auf den Filterbelägen fördert. In dieser Beziehung ist auch, wie Seite 144 schon erwähnt, Kalziumsilikat

[1] WULTSCH: Papierfabr. **10**, 354 (1944).

störend. Es kann nach CASTILLO[1] durch Zugabe von Natriumhexametaphosphat $(NaPO_2)_6$ zur Viskose in eine lösliche Form gebracht werden.

Reduktionsvermögen. Hemizellulosen und abgebaute Zellulose geben sich infolge ihres Gehaltes an aldehydischen Endgruppen durch ihr Reduktionsvermögen zu erkennen. Infolgedessen liefert die Bestimmung des Reduktionsvermögens ein Bild über die Beschaffenheit des Zellstoffs hinsichtlich seines Gehaltes an reiner Zellulose. Gemessen wird das Reduktionsvermögen durch Bestimmung der Kupferzahl, in einigen Betrieben auch der Silberzahl. Möglichst niedrige Werte hierfür werden bei den Zellstoffen angestrebt. Die Kupferzahl war im Vorstehenden bei einigen Zellstoffen angegeben.

c) Physikalische Eigenschaften.

Laugenlöslichkeit. Bevor über die Laugenlöslichkeit gesprochen wird, müssen die Begriffe α-, β- und γ-Zellulose erklärt werden. Die in den Zellstoffen enthaltene Zellulose ist, wie schon mehrfach ausgeführt wurde, ein Gemisch aus polymerhomologen Zellulosen[2]. Für die Faserausbeute wichtig ist nur der Gehalt an hochpolymerer Zellulose von einem Polymerisationsgrad über 200. Sie ist in Natronlauge von 17,5 Gew.-% unlöslich und wird mit α-Zellulose bezeichnet. Diese Konzentration hat man deshalb gewählt, weil der Zellstoff im Gange der Chemiefaserherstellung mit Natronlauge dieser oder annähernd dieser Konzentration in Berührung kommt. Die stärker abgebauten Zellulosen haben ihre für das Endprodukt wichtigen physikalischen Eigenschaften verloren, sie sind ferner in der Tauchlauge, teilweise sogar in Wasser löslich und werden mit der Tauchlauge abgeführt. Allerdings ist nicht gesagt, daß nun bei der weiter unten noch zu beschreibenden Methode der Bestimmung der α-Zellulose das gesamte in 17,5proz. Lauge gefundene Unlösliche reine α-Zellulose darstellt; nach Untersuchungen von KOCH[3] kann diese nämlich noch größere Mengen Pentosan inkludiert enthalten. Die Reinheit der α-Zellulose ist somit vom Zellstoff abhängig. Hierdurch findet manche Divergenz zwischen gefundenem α-Zellulosegehalt und der erhaltenen Ausbeute eine Erklärung.

Die in der Tauchlauge löslichen Zelluloseanteile werden mit β- und γ-Zellulose bezeichnet. Ihre Polymerisationsgrade liegen unter 200; für die γ-Zellulose, für die auch der Ausdruck „Glukan“ gebräuchlich ist[4], nimmt STAUDINGER Polymerisationsgrade von unter 10 an. β- und γ-Zellulose unterscheiden sich ferner dadurch, daß die erstere aus der Alkalilösung durch Ansäuern wieder ausfällbar ist. Wie oben schon bei der α-Zellulose gesagt wurde, darf man auch bei der β- und γ-Zellulose nicht annehmen, daß es sich hierbei um reine Zellulosebausteine handle, vielmehr gehen auch alle niedermolekularen Begleitstoffe, sofern sie noch im Zellstoff enthalten sind, mit in Lösung. Dies ist nach KOCH[5] besonders bei Zellstoffen aus schnellgewachsenen und wenig abgelagerten Hölzern sowie bei Zellstoffen aus Stroh und anderen Einjahrespflanzen zu berücksichtigen.

Während die Bestimmung der α-Zellulose für die Chemiefaserfabrik von Bedeutung für die Ausbeuteberechnung ist, ist die Kenntnis des Gehaltes eines Zellstoffes an β-

---

[1] CASTILLO: Res. Acad. cienc. exact., fis.-quim. y. nat. Saragoza **2**, 58 (1947).
[2] STAUDINGER u. FEUERSTEIN: Liebigs Ann. Chem. **526**, 93 (1936).
[3] KOCH: Papierfabr. **39**, 46 (1941).
[4] LINDPAINTNER: MelliandTextilber. **23**, 229 (1942).
[5] KOCH: Zellw., Kunsts., Seide **46**, 44 (1941).

und γ-Zellulose nur von mittelbarem Wert. Sie läßt einige Schlüsse auf die Vorgeschichte des Zellstoffes zu und kann nur als Unterlage für eine allgemeine Beurteilung des Zellstoffes gewertet werden. Wir kommen hierauf weiter unten noch einmal zurück.

Es war schon erwähnt worden, daß die α-Zellulose durch Pentosangehalt einen zu hohen Wert ergeben kann. In diesem Falle ist also die Ausbeute an Chemiefasern zu niedrig. Es kann aber auch der umgekehrte Fall eintreten, daß sich nämlich eine etwas höhere Chemiefaserausbeute ergibt als dem gefundenen α-Zellulosegehalt entspricht. Diese Differenz soll nach VIEWEG[1] bis zu 2% betragen können.

VIEWEG erklärt diese Differenz aus dem Löslichkeitsverhältnis der Zellulose in Natronlauge von verschiedener Konzentration. Es ist von LOTTERMOSER und RADESTOCK[2], in eingehenden Untersuchungen auch von WELTZIEN[3] sowie ferner von NEALE[4] festgestellt worden, daß die Alkalilöslichkeit der Zellulose in hohem Grade von der Laugenkonzentration abhängig ist. Von WELTZIEN wurden z. B. für einige Zellstoffe die in Abb. 82 dargestellten Werte für die Löslichkeit in Natronlauge verschiedener Konzentration gefunden.

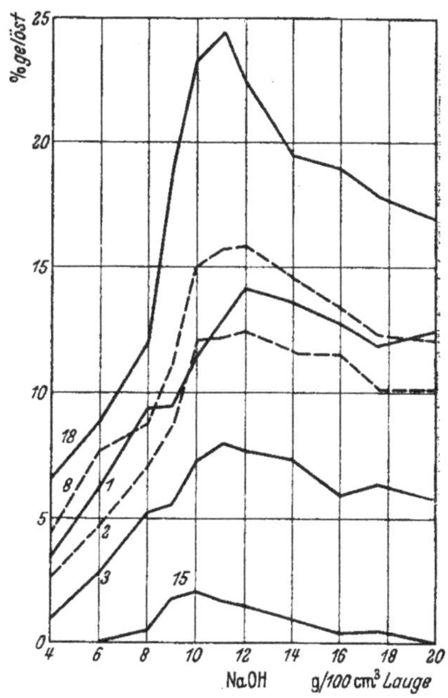

Abb. 82. Löslichkeit von Zellstoffen in Natronlaugen verschiedener Konzentration. *2* Reyonzellstoff, *3* Reyonzellstoff spezial, *15* α-Fiberzellstoff, *18* Papierzellstoff. (Nach WELTZIEN.)

Aus dem Kurvenbild geht hervor, daß die Löslichkeit der Zellulose in Natronlaugen steigender Konzentration ein deutlich ausgeprägtes Maximum durchläuft, das bei einer Konzentration von 10···12% liegt[5]. Beim Auswaschen des mit 17,5proz. Natronlauge behandelten Stoffkuchens bei der α-Zellulosebestimmung wird nun durch die Verdünnung der Lauge zwangsläufig die Konzentration, bei der das Löslichkeitsmaximum liegt, durchlaufen, wodurch die Möglichkeit besteht, daß aus dem Stoffkuchen noch weitere Zellulose herausgelöst wird. VIEWEG nimmt an, daß aus diesem Grunde bei der α-Zellulosebestimmung zu niedrige Werte gefunden werden. Er empfiehlt daher bei der α-Zellulosebestimmung Auswaschen mit Salzlösungen. Die hierdurch entstehende Differenz ist von der Beschaffenheit des verwandten Zellstoffes abhängig, was aus Abb. 82 ohne weiteres hervorgeht. Bei den Kurven ist ferner noch die wesentlich andere Beschaffenheit eines für die Herstellung von Papier bestimmten Zellstoffes einerseits sowie eines hochwertigen Spezial-Zellstoffes andererseits bemerkenswert.

[1] VIEWEG: Papierfabr. **36**, 181 (1938). — STEUDTE: Kunstseide **21**, 122 (1939).
[2] LOTTERMOSER u. RADESTOCK: Z. angew. Chem. **40**, 1506 (1927).
[3] WELTZIEN: Papierfabr. Festheft **1918**, 115.
[4] NEALE: J. Text. Inst. Manchr. **20**, 373 (1929).
[5] Das wahre Löslichkeitsmaximum dürfte ziemlich genau bei 10% liegen.

Da die löslichen Anteile in der Tauchlauge verbleiben, dürfte eine fertige Chemiefaser theoretisch nichts Alkalilösliches enthalten. Hierzu ist aber zu bemerken, daß man in der Praxis einen gewissen Anteil Hemizellulose in der Tauchlauge aus wirtschaftlichen Gründen beläßt, ferner ist zu berücksichtigen, daß durch die Reife der Alkalizellulose neue lösliche Anteile entstehen. Eine Chemiefaser ist daher gleichfalls teilweise in Alkali löslich. Der Grad der Löslichkeit ist dabei auch von der Art des eingesetzten Zellstoffes abhängig; so ergibt z. B. eine Chemiefaser aus Buchenholzzellstoff eine um 8···12% größere Laugenlöslichkeit als eine solche aus Fichtenholzzellstoff[1].

Es muß der Vollständigkeit halber noch bemerkt werden, daß die Alkalilöslichkeit einer Chemiefaser auch durch ihren Aufbau, der, wie im 15. Kap. noch gezeigt wird, vom Spinnverfahren weitgehend abhängig ist, beeinflußt wird.

Viskosität. Die Zustandsform, in der die Zellulose im Zellstoff vorliegt, findet ihren Ausdruck in der Zähigkeit oder Viskosität einer Lösung des Zellstoffes. In Anlehnung an den Spinnprozeß ermittelt man beim Viskoseverfahren meist die Viskosität einer Zellulosexanthogenat-Lösung, aber auch die Bestimmung der Kupferoxydammoniak-Viskosität ist in Gebrauch. Ein Zusammenhang der Werte dieser beiden Viskositätsbestimmungsmethoden kann aber nicht erwartet werden[2]. Es ist hierbei zu bedenken, daß die Bestimmung der Cuoxamviskosität am Ausgangszellstoff vorgenommen wird, während man die Xanthogenatviskosität an der Xanthogenatlösung mißt. Dazwischen liegt aber die Vorreife der Alkalizellulose, bei der nicht nur, wie später noch eingehend gezeigt wird, ein oxydativer Abbau des Zellulosemoleküls stattfindet, sondern auch strukturelle Veränderungen vor sich gehen[3]. Es sei eingeschaltet, daß SKARK glaubt, durch zweimalige Bestimmung der Cuoxamviskosität, nämlich einmal im Ausgangszustand und einmal nach der Alkalisierung, und daraus erfolgende Berechnung einer „Differenzviskosität" annähernd genaue Aussagen über die Filtriereigenschaften einer Lösung des Zellstoffs machen zu können[4]. Zwischen dieser Differenzviskosität und der Xanthogenatviskosität sollen nun auch gewisse Zusammenhänge bestehen, und zwar insofern, als die Differenzviskosität der Xanthogenatviskosität annähernd entspricht.

Es sei an dieser Stelle noch erwähnt, daß neuerdings an Stelle der Cuoxamviskosität die Ermittlung der Kupfer-Äthylendiamin-Viskosität sehr empfohlen wird, da sie schneller und einfacher durchzuführen ist und genauere Werte ergeben soll[5].

Die Viskosität einer Zellstofflösung ist nun aber nicht nur von der Zustandsform der Zellulose abhängig, sie wird vielmehr auch durch die im Zellstoff enthaltenen Verunreinigungen beeinflußt. So kommt bei der Viskositätsmessung stets nur ein Mittelwert zustande, der sich aus der gegenseitigen Beeinflussung der Viskositäten der Zellulose und der einzelnen gelösten Zellulosebegleitstoffe ergibt. Diese wirken sich nicht nur nach der Art, sondern auch nach ihrer im Zellstoff enthaltenen Menge in der Viskosität aus.

Besonders unübersichtlich sollen diese Verhältnisse bei den veredelten Zellstoffen liegen, worauf von STEINSCHNEIDER, SCHEPP und WULTSCH[6] hingewiesen wird.

[1] KOCH: Zellw., Kunsts., Seide **46**, 44 (1941).
[2] Vgl. hierzu SKARK: Diss. Breslau-Brünn 1944/45; Das Papier **2**, 4 (1948).
[3] LAUER, HANSEN u. FRANKE: Kolloid-Z. **108**, 119 (1944). — [4] SKARK: Wbl. f. Papierfabr. **75**, 147 (1947). — [5] STRAUS u. LEVY: Paper Trade J. **111**, 23 (1942).
[6] STEINSCHNEIDER, SCHEPP u. WULTSCH: Papierfabr. **36**, 36 (1938).

Nach ihnen ist die Viskositätsmessung, selbst wenn sie im STAUDINGERschen Sinne, also in sehr verdünnter Lösung vorgenommen wird, keineswegs ausreichend, um sich ein genaues Bild von dem Zustand eines Zellstoffes zu machen. Diese Forscher fanden, daß die Viskosität durch die Verunreinigungen des Zellstoffes, und zwar vornehmlich durch diejenigen der Polysaccharidgruppe, zum Teil erheblich herabgesetzt wird. Um die Viskositätsbestimmungen daher auswerten zu können, wird eine genaue Untersuchung der chemischen Beschaffenheit und Menge der Begleitstoffe als erforderlich erachtet. Über die Art der Begleitstoffe gibt die Hydrolyse des Zellstoffes ein Bild. Die Methodik der Hydrolyse ist von HÄGGLUND und PROFFE[1] beschrieben worden. Die Bestimmungsmethoden für die einzelnen Bestandteile des Hydrolysenproduktes wurden von HÖPNER[2] ausgearbeitet. Die Kenntnis der Art und Menge der im Zellstoff enthaltenen Verunreinigungen läßt einen sicheren Schluß auf die durch Viskositätsmessung gefundene Beschaffenheit der Zellulose zu, d. h. also, in welchem Maße der Viskositätswert der Zellulose selbst zuzuschreiben oder durch andere mehr oder weniger hochpolymere Körper beeinflußt ist.

Nach Untersuchungen von KOCH[3] soll sich diese Totalhydrolyse aber bei Fichtenzellstoff aus gut abgelagertem, langsam gewachsenem Holz erübrigen, dessen Zuckergemisch nahezu ganz aus Glukose besteht.

In der Praxis werden Viskositätsmessungen in Konzentrationsgebieten durchgeführt, die oberhalb der sog. Grenzkonzentration liegen. Es wird also ein Konzentrationsbereich angewandt, in dem die Zellulosemoleküle nicht frei beweglich und teilweise assoziiert sind. Die praktisch ermittelten Viskositätswerte lassen daher keinen Schluß auf den Polymerisationsgrad der Zellulose zu. Da seine Kenntnis aber für die Beurteilung des Zellstoffes und für die zu erwartenden physikalischen Eigenschaften der fertigen Fasern von einiger Bedeutung ist, hat STAUDINGER mit Nachdruck den Standpunkt vertreten, daß die Viskositätsmessungen unterhalb der Grenzkonzentration durchgeführt werden sollten. Diese Anregung hat sich jedoch in der Praxis bisher nur durchgesetzt, wenn man sich ein Bild von der Molekülgröße der Zellulose im Zellstoff machen will[4]. Infolge der in dem hohen Konzentrationsbereich vorliegenden unübersichtlichen Verhältnisse wird auch die in der Praxis gemachte Beobachtung verständlich, daß Zellstoffe der gleichen Viskosität sich im Gange der Viskosefabrikation ganz verschieden verhalten können. Dies kann allerdings — wie nach den obigen Ausführungen verständlich erscheint — auch auf den morphologischen Zustand zurückzuführen sein.

Es war schon erwähnt, daß eine mittlere Viskosität von den Chemiefaserwerken vorgezogen wird. Zwischen der Eigenviskosität eines Zellstoffs und der Spinnviskosität der daraus hergestellten Viskose bestehen nach JAYME und KUO-FU CHEN[5] keine direkten Zusammenhänge. Es ist hierbei zu berücksichtigen, daß die Eigenviskosität des Zellstoffs in der Hauptsache durch den Polymerisationsgrad der Zellulose bestimmt ist, daß dagegen die Viskosität der Viskose — abgesehen von der Vorreife — durch die Reaktionsfähigkeit des Zellstoffs sowie auch durch den Gehalt an Verunreinigungen, wie Eisen, Mangan sowie Harze, Fette und Wachse, beeinflußt wird.

[1] HÄGGLUND u. PROFFE: Wbl. Papierfabr., Sondernummer **1933**, 17.
[2] HÖPFNER: Wbl. Papierfabr. **1935**, 399.
[3] KOCH: Zellw., Kunsts., Seide **46**, 44 (1941).
[4] Vgl. hierzu NOLL: Papierfabr. **33**, 377 (1935).
[5] JAYME u. KUO-FU CHEN: Zellw., Kunsts., Seide **48**, 47 (1943).

Es muß jedoch betont werden, daß niedrig viskose Zellstoffe in der Viskosefabrik im allgemeinen genau so gut verarbeitet werden können wie hochviskose Zellstoffe, nur ist insbesondere bei der Einstellung der Vorreifebedingungen auf diese besondere Eigenschaft des Zellstoffes Rücksicht zu nehmen.

Sollen Zellstoffe im Betriebe gemischt werden, so ist darauf zu achten, daß sie in ihrer Viskosität möglichst einander gleich sind, da sonst Schwierigkeiten zu erwarten sind. Ein Mischen sollte aber nach Möglichkeit vermieden werden.

Polymerisationsgrad. In jüngster Zeit ist versucht worden, dadurch ein Bild über die Beschaffenheit eines Zellstoffes zu erhalten, daß man die Zellulose in einzelne Fraktionen von Molekülen unterschiedlicher Kettenlänge zerlegt. Die Polymolekularität ist nach Untersuchungen von SAMUELSON[1] bei normalen Zellstoffen erheblich. Durch den Bleichprozeß wird die Polymolekularität noch wesentlich gesteigert. Wenn auch die Vorreife der Alkalizellulose in dieser Beziehung einen gewissen Ausgleich mit sich bringt, so zeigten Untersuchungen von RATH, von DOLMETSCH und REINECKE[2] sowie KLEINERT und MÖSSMER[3], daß ein guter Zellstoff möglichst nur Zellulose von annähernd dem gleichen Polymerisationsgrad enthalten soll. Schwankt der Polymerisationsgrad stark, so können beim Filtrieren der Viskose durch zu ungleichmäßiges Durchreagieren, wie schon gesagt, in anormaler Höhe schleimige Stoffe auftreten, die die Filtration erschweren[4]. Auch soll die aus einem solchen Zellstoff hergestellte Faser bei alkalischen Waschgängen größere Substanzverluste aufweisen als eine Faser, die aus einem Zellstoff von gleichmäßig großer Kettenlänge hergestellt ist.

Nach Untersuchungen von DÖRR[5], SCHIEBER[6] sowie EISENHUT[7] soll die Gleichmäßigkeit des Polymerisationsgrades von besonderer Wichtigkeit für hochfeste Fasern sein, die nach den Streckspinnverfahren hergestellt werden.

Die Reyon- und Zellwollfabriken verlangen aus qualitativen Gründen einen nicht zu niedrigen Polymerisationsgrad. Dies ist nicht allein für das Endprodukt, sondern auch für das Herstellungsverfahren selbst von Bedeutung. Es ist nämlich zu bedenken, daß während der Herstellung der Viskose schon beim Zerfasern der Alkalizellulose ungewollt ein Abbauprozeß stattfindet, der sich nicht verhindern läßt. Geht man von einem hochpolymeren Zellstoff aus, so hat man eine gewisse Reserve und man kommt in bezug auf den Abbau der Zellulose bei dieser Operation nicht schon auf eine Zustandsform, die die Weiterverarbeitung der Viskose betrieblich erschwert. Im allgemeinen wird im Anschluß an das Zerfasern noch absichtlich durch die sog. Vorreife ein weiterer Zelluloseabbau herbeigeführt, um auf Viskositätswerte der Viskose zu kommen, die den Spinnprozeß erleichtern. Bei einem hochpolymeren Zellstoff kann man nun irgendwelche unbeabsichtigte Schwankungen der Betriebsbedingungen leichter auffangen und korrigieren, als wenn man von einem Zellstoff ausgeht, der sich hinsichtlich des Polymerisationsgrades bereits an einer unteren, kritischen Grenze befindet.

---

[1] SAMUELSON: Svensk Kem. Tidskr. **50**, 105 (1947).

[2] DOLMETSCH u. REINECKE: Zellwolle **5**, 219 (1939). — Vgl. hierzu auch SCHIEBER: Papierfabr. **37**, 245 (1939).

[3] KLEINERT u. MÖSSMER: Svensk Papperstidn. **51**, 1 (1948).

[4] VUORI: Diss. Helsinki 1947.

[5] DÖRR: Angew. Chem. **53**, 13, 292 (1940).

[6] SCHIEBER: Angew. Chem. **52**, 56 (1939).

[7] EISENHUT: Angew. Chem. **52**, 568 (1939).

II. Prüfung der Zellstoffe.

Was die Prüfung der Zellstoffe anbetrifft, so interessieren den Chemiefaserhersteller weniger die Untersuchungsmethoden, wie sie zur Betriebsüberwachung in den Zellstoff-Fabriken angewandt werden, als vielmehr solche qualitative und quantitative Prüfungsmethoden, aus deren Ergebnissen sich das Reyon- und Zellwollwerk ein möglichst genaues Bild von der Güte, der Beschaffenheit und dem Verhalten eines Zellstoffes machen kann. Während man in der Zellstoff-Fabrik über einige wenige, aber schnell durchführbare Methoden verfügen muß, kann die Zellstoffprüfung im Chemiefaserwerk sich auf weitere Einzelheiten erstrecken. KLAUDITZ[1] hält für die Betriebskontrolle in der Zellstoff-Fabrik die Bestimmung des Aufschlußgrades, der Alkalilöslichkeit, des α-Zellulosegehaltes und der Kupferoxydammoniak-Viskosität für ausreichend und hat dafür schnell auszuführende Bestimmungsmethoden beschrieben. Den Chemiefaserhersteller interessiert darüber hinaus aber eine Reihe weiterer Einzelheiten, wie z. B. die Filtriereigenschaften der aus dem Zellstoff hergestellten Xanthogenatlösung, der Wassergehalt, der Bleichgrad, der Gehalt an α-, β- und γ-Zellulose, gewisse Quellungskriterien sowie der Gehalt an Nebenprodukten wie Lignin, Harz, Asche usw.

Man ist in den letzten Jahren bestrebt gewesen, für diese Prüfungsmethoden bestimmte Normen aufzustellen, da in den einzelnen Werken vielfach nach recht unterschiedlichen Methoden gearbeitet wurde, bei denen untereinander vergleichbare Werte meist nicht erhalten wurden.

Zunächst wurde innerhalb des Vereins der Zellstoff- und Papier-Chemiker und -Ingenieure eine Faserstoff-Analysen-Kommission (FAK) ins Leben gerufen, die genormte Analysenmethoden als Merkblätter veröffentlichte[2]. Darüber hinaus wurden Prüfungsmethoden durch die Fachgruppe Chemische Herstellung von Fasern (FaChem-Fa-Methoden) genormt. Beide sind im folgenden mit berücksichtigt.

a) Chemische Prüfungen.

Bestimmung des Aschegehaltes nach FAK-Merkblatt 4. 5 g geraspelter Zellstoff werden in einen Porzellantiegel von etwa 57 mm Höhe und 43 mm oberem Durchmesser eingewogen, über einer nicht rußenden Bunsenflamme zunächst vorsichtig verascht (verkokt), und dann noch heiß in einem zuvor angeheizten, bereits glühenden elektrischen Tiegelofen $^1/_2$ Stunde geglüht. Der Glührückstand wird nach dem Erkalten im Exsikkator gewogen. Von der Gewichtskonstanz überzeugt man sich durch Nachwiegen nach einer weiteren 1-stündigen Glühdauer.

Bestimmung des Ligningehaltes nach FAK-Merkblatt 3. Bei der Bestimmung des Ligningehaltes von Zellstoffen wird nach ungebleichtem und gebleichtem Zellstoff unterschieden, da der Ligningehalt im ungebleichten Zellstoff erheblich höher ist. Man setzt zwei Parallelbestimmungen an und verwendet als Ausgangsmaterial einen zu Pulver zerraspelten Zellstoff, den man noch durch ein Sieb von 2 mm Maschenweite gegeben hat. Das Zellstoffpulver wird bei 100° C getrocknet.

Bei ungebleichtem Zellstoff wägt man zweimal je 1 g des trockenen Zellstoffpulvers in kleine Bechergläser von 100 cm³ ein und drückt das Pulver mit einem stampferförmigen Glasstab etwas zusammen. Das Pulver wird dann mit je 5 cm³ reinem

[1] KLAUDITZ: Papierfabr. **38**. 213 (1940).
[2] Zu beziehen durch den Verlag Dr. J. Kirsch, Aschaffenburg.

Dimethylanilin befeuchtet und nach 3···4 Minuten mit je 25 cm^3 78proz. Schwefelsäure übergossen. Es beginnt hierdurch die Verzuckerung der Zellulose, die nach mehrmaligem Umrühren mit dem Glasstab in etwa 10 Minuten beendet ist.

Nach Verlauf dieser Zeit prüft man die Vollständigkeit der Verzuckerung in dem Parallelansatz mittels der „Dextrinprobe", die nötigenfalls mehrmals im Verlaufe je einiger Minuten auszuführen ist. Sie besteht darin, daß man etwa $^1/_2$ cm^3 der Lösung in einem Reagenzglas mit wenig Wasser verdünnt, evtl. filtriert und etwa die 20fache Menge Alkohol zugibt. Tritt nach gutem Umschütteln eine weißliche Trübung der Flüssigkeit bzw. Abscheidung heller Flocken auf, so war die Verzuckerung noch nicht vollständig. Die Schwefelsäurebehandlung ist dann so lange fortzusetzen, bis die Lösung keine Dextrinreaktion mehr gibt.

Ist dieser Zustand erreicht, so gießt man die Reaktionsmasse des Hauptansatzes in ein 500 cm^3 fassendes Becherglas, verdünnt mit 200 cm^3 heißem Wasser und kocht 3 Minuten auf, wobei sich das Lignin in braunflockiger Form abscheidet. Man läßt etwa 1 Stunde auf dem Wasserbad absitzen und filtriert dann durch ein einfaches, vorher getrocknetes und gewogenes Papierfilter. Der Niederschlag wird auf dem Filter mit heißem Wasser säurefrei gewaschen, wobei besonders auch darauf zu achten ist, daß der Filterrand säurefrei wird. Sodann wird das Filter mit dem Lignin bei 100° C getrocknet und gewogen. Infolge der Hygroskopizität des Lignins hat das Wägen sehr rasch zu erfolgen. Zur festgestellten Gewichtsdifferenz sind als Ausgleich für den erlittenen Auswaschverlust das Filters noch 0,003 g zu addieren. Dieser Befund ergibt dann Lignin plus Asche. Das getrocknete Filter wird sodann verascht und der Aschegehalt in Rechnung gesetzt. Die endgültige Befundangabe erfolgt konventionell in „Prozent Lignin".

Bei gebleichtem Zellstoff setzt man gleichfalls zwei Parallelversuche an, jedoch mit einer Einwaage von je 3 g. Das Zellstoffpulver wird nach dem Feststampfen mit je 8 cm^3 Dimethylanilin befeuchtet und mit 35 cm^3 78proz. Schwefelsäure versetzt. Ist der Hauptteil nach einigen Minuten gelöst, so wird das Becherglas $^3/_4$ Stunden in ein Wasserbad von 50° C eingestellt. Nach dieser Zeit beginnt man mit der Vornahme der Dextrinproben. Ist kein Dextrin mehr nachweisbar, so wird mit 300 cm^3 Alkohol verdünnt und auf dem Wasserbad zwecks klarer Abscheidung der Ligninflocken einige Zeit erwärmt. Die Erwärmung muß bei einigen Zellstoffen bis auf 2···3 Stunden ausgedehnt werden. Man läßt dann absitzen und filtriert durch einen gewogenen Glasfiltertiegel. Während des Filtrierens ist die Flüssigkeit warm zu halten und der Tiegel nicht leerlaufen zu lassen. Der Niederschlag wird im Tiegel zunächst mit heißem Alkohol und sodann mit heißem Wasser gründlich ausgewaschen. Der Tiegel mit dem Niederschlag (Lignin plus Asche) wird bei 100° C getrocknet und ist nach etwa 3···4 Stunden gewichtskonstant. Sodann wird verascht, wobei man den Tiegel in ein Glühschälchen stellt, und nach erfolgter Rückwägung durch Subtraktion des Aschebetrages der Wert für aschefreies Lignin gefunden.

Bestimmung der Pentosane[1]. Der Zellstoff wird mit Salzsäure gekocht, wobei Furfurol entsteht. Dieser wird überdestilliert und im Destillat mit Phloroglucin und Salzsäure gefällt.

Nach Untersuchungen von Jayme und Sarten[2] soll diese Bestimmungsmethode jedoch manche Unsicherheitsfaktoren in sich bergen. Eine quantitative Umwandlung

[1] Zart: Kunstseide u. Stapelfaser, S. 243.
[2] Jayme u. Sarten: Naturwiss. 28, 822 (1940).

von Xylose und Arabinose in Furfurol soll demgegenüber durch Bromwasserstoffsäure möglich sein.

Nachweis der Harze nach FAK-Merkblatt 15. Unter „Harz" faßt man bei Nadelholzzellstoffen üblicherweise ein Gemisch von Harz- und Fettbestandteilen auf. Bei Laubholzzellstoffen versteht man unter dem Begriff „Harz" ein Gemisch von Wachs- und Fettstoffen neben nur verhältnismäßig wenig Harz. Man kann diese Stoffe, die sich im wesentlichen in den Markstrahlzellen vorfinden, durch Anfärbung und mikroskopische Untersuchung feststellen. Es ist eine ganze Reihe derartiger Färbemethoden vorgeschlagen worden. Die von HERZOG[1] angegebene Zyaninfärbung ist bei ungebleichten Zellstoffen aber nicht eindeutig, da Lignin und Ligninsulfosäure für den basischen Farbstoff als Beize wirken und so eine Anfärbung der gesamten Tracheiden herbeigeführt wird. KLEMM[2] empfahl die Anfärbung mit dem roten harz- und lipoidlöslichen Farbstoff Sudan III (Amidoazobenzol-azo-Betanaphthol). Diese Methode ist ursprünglich dafür gedacht gewesen, harzarme Natronzellstoffe von den harzreicheren Sulfitzellstoffen zu unterscheiden. Sie ist jedoch heute als Unterscheidungsreaktion nicht mehr zuverlässig, da veredelte Sulfitzellstoffe auf dem Markt sind, die in ihrem Harzgehalt nicht höher sind als die Natronzellstoffe. Trotzdem verschafft diese Anfärbungsreaktion aber schnell ein allgemeines Bild über den Harzgehalt eines Zellstoffes. NOLL und HAHN[3] haben nun unter Heranziehung anderer Farbstoffe Untersuchungsmethoden ausgearbeitet, die einen eindeutigen Nachweis bei gebleichten und ungebleichten Zellstoffen ermöglichen.

Als Farbstoffe werden Sudanorange RR, Indophenol (ein Kondensationsprodukt aus p-Nitrosodimethylanilin und Alphanaphthol) sowie Sudanschwarz B verwendet. Die beiden letzteren eignen sich auch für Untersuchung bei künstlichem Licht. Zur Herstellung der Reagenzlösungen wägt man 0,1 g Farbstoff ab und gibt diese in 50 cm³ eines Gemisches aus 20 cm³ 96proz. Alkohol, 20 cm³ Glyzerin 31° Bé und 10 cm³ Wasser. Die Farbstofflösung wird unter Umschwenken bis zum eben beginnenden Sieden gebracht. Dann wird abgekühlt und die auf Zimmertemperatur gekühlte Lösung von ungelösten Farbstoffteilchen abfiltriert. Die filtrierte Lösung wird in gut verschlossener Flasche aufbewahrt. Bei Indophenol ist zu beachten, daß der Farbstoff sehr säureempfindlich ist und durch Reduktion leicht zerstört wird. Bei der Untersuchung von Zellstoffen mit Pilz- oder Bakterienbefall ist daher bei Indophenol Vorsicht geboten.

Der zu prüfende Zellstoff wird im Reagenzglas mit Wasser aufgeschlagen. Eine kleine Probe wird auf dem Objektträger mit der Präpariernadel fein zerteilt. Das an den Fasern haftende Wasser muß vorsichtig von der Seite her mit einem Streifen Filterpapier so weit als irgend möglich abgesaugt werden. Auf die so vorbereitete Probe wird ein Tropfen der Farbstofflösung gegeben. Sodann wird das Deckglas aufgelegt. Die Faserzellen bleiben farblos, während die Harzpartikel je nach dem angewandten Farbstoff eine deutliche Anfärbung liefern. Bei den drei genannten Farbstoffen ist die Anfärbung wie folgt:

Sudanorange RR .	rot
Indophenol	blau
Sudanschwarz B . .	schwarz.

---

[1] HERZOG: Melliand Textilber. **12**, 121, 181 (1932).
[2] KLEMM: Wbl. Papierfabr. **48**, 2159 (1917).
[3] NOLL u. HAHN: Papierfabr. **34**, 193 (1936), sowie NOLL, unveröffentlicht.

Bestimmung des Harz- und Fettgehaltes nach FAK-Merkblatt 5. Die Harze und Fette werden aus dem Zellstoff durch Extraktion mit organischen Lösungsmitteln isoliert. Da die gefundenen Werte je nach dem angewandten Lösungsmittel schwanken, so ist bei der Mitteilung der Ergebnisse stets die Art des Lösungsmittels anzugeben. Am besten verzichtet man überhaupt auf den Begriff „Harzgehalt" oder „Fettgehalt" und spricht nur von „Alkoholextrakt" usw. Nach FAK wird als Lösungsmittel das von JONAS[1] vorgeschlagene Dichlormethan verwendet. Das Dichlormethan muß in brauner Flasche aufbewahrt werden, es muß vollkommen farblos sein und darf beim Abdestillieren nur einen Rückstand hinterlassen, der unter 0,001% liegt. Ferner muß es gegen Lackmus neutral reagieren. Näheres über die Prüfung des Dichlormethans findet sich in Merkblatt 5. Der zur Untersuchung kommende Zellstoff wird geraspelt. Als Extraktionsapparate können nur solche verwendet werden, bei denen die Probe mit dem siedenden Lösungsmittel in Berührung kommt. Im einzelnen geht die Bestimmung des Dichlormethanextraktes wie folgt vor sich:

10g des lufttrocken geraspelten Zellstoffes werden im Extraktionsapparat unter Zugabe einiger Siedesteinchen 3 Stunden auf dem Wasserbad behandelt. Nach erfolgter Extraktion wird der Extrakt durch ein Filter gegossen und mit frischem Lösungsmittel nachgewaschen. Der filtrierte Extrakt nebst der Waschflüssigkeit wird bis auf einen kleinen Rest abdestilliert und das Konzentrat unter Nachspülen in ein kleines Bechergläschen von 50 cm^3 Inhalt übergeführt. Der Inhalt wird zunächst auf dem Wasserbad zur Trockne eingedampft und der Rückstand bei 100° C im Trockenschrank zur Konstanz getrocknet. Gewichtskonstanz ist meist nach 2···4 Stunden erreicht. Nach dem Erkalten im Exsikkator wird gewogen und das Resultat auf trockenen Zellstoff als „Prozent Dichlormethanextrakt" berechnet.

Auf die vom FAK vorgeschlagenen Bestimmungsmethoden für unverseifbare Harzbestandteile, Fettsäuren und Harzsäuren (Merkblatt 6) sei hier nur verwiesen.

Bestimmung der Karboxylgruppen. Für Sonderzwecke kann es erforderlich sein, die Anzahl der Karboxylgruppen im Zellulosemolekül zu bestimmen.

WILSON[2] beschreibt für diese Bestimmung folgende Möglichkeiten: Messung der Adsorption von basischem Farbstoff, wie Methylenblau oder Kristallviolett, Messung der CO_2-Entwicklung beim Kochen mit verdünnter Salzsäure und direkte oder indirekte Titration der sauren Gruppen. Die Bestimmung mit Hilfe der CO_2-Entwicklung hat sich jedoch als ungenau erwiesen, da man bei der gleichen Behandlung auch aus Glukose CO_2 erhält. Als brauchbar hat sich die direkte Titration erwiesen, wenn man in einem p_H-Bereich von 7···8 arbeitet, was man durch Puffern mit einer Lösung von 0,1 n Natriumazetat oder Kalziumazetat erreicht. Die Titration wird so vorgenommen, daß man die Zellulose mit einer Mischung von 0,01 n Natriumkarbonat- und 0,1 n Natriumchloridlösung behandelt und mit 0,01 n Salzsäure gegen Methylrot zurücktitriert.

Bestimmung der Kupferzahl nach FAK-Merkblatt 8. Die Faserstoff-Analysenkommission hat für die Bestimmung der Kupferzahl die Methode von SCHWALBE-HÄGGLUND[3] gewählt, die sich nicht nur als recht genau, sondern auch als rasch und einfach auszuführen erwiesen hat. 40 cm^3 FEHLINGscher Lösung (s. unten) werden

[1] JONAS: Wbl. Papierfabr. **61**, Festheft 25 A. 97 (1930).
[2] WILSON: Svensk Papperstidn. **51**, 45 (1948).
[3] SCHWALBE u. HÄGGLUND: Cellulosechem. **11**, 1—4 (1930).

in einem 150 cm^3 fassenden Jenaer Becherglas von hoher Form zum Sieden erhitzt. Hierauf wird 1 g geraspelter, lufttrockener Zellstoff von bekanntem Feuchtigkeitsgehalt in die siedende Flüssigkeit eingetragen und genau (Stoppuhr) 3 Minuten in starkem Sieden erhalten. Das Becherglas steht dabei auf einem Stativring mit Asbestdrahtnetz. Die Temperatur, die durch ein eingehängtes Thermometer kontrolliert wird, soll dabei 100···101° C betragen. Nach Ablauf der Kochdauer wird der mit Kupferoxydul beladene Faserbrei sofort auf einer mit Filter (Nr. 597 von Schleicher & Schüll) versehenen Porzellannutsche von 8 cm Durchmesser sorgfältig vom Filtrat getrennt und mit je $^3/_4$ Liter destilliertem Wasser, zuerst heiß, dann kalt, erschöpfend gewaschen. Der gut abgesaugte Faserfilz wird mit dem Filter vorsichtig zusammengerollt, in das vorher quantitativ nachgespülte Kochgefäß zurückgegeben und mit 25 cm^3 einer kalten Lösung von Ferrisulfat-Schwefelsäure (50 g Ferrisulfat und 200 g = 10,8 cm^3 Schwefelsäure vom spezifischen Gewicht 1,84) übergossen. Die Ferrisulfatlösung ist vorher durch Zugabe einiger Tropfen n/10 Kaliumpermanganatlösung auf eventuell vorhandenes Ferrosulfat zu prüfen und es ist soviel n/10 Kaliumpermanganatlösung zuzugeben, bis gerade der Farbumschlag nach rosa eintritt. Erst dann ist die Ferrisulfatlösung gebrauchsfertig. Die schwefelsaure Ferrisulfatlösung läßt man bis zur vollkommenen Lösung des Kupferoxyduls auf den Faserbrei einwirken, wobei man die Probe mit einem Glasstab durchrührt, um sich davon zu überzeugen, ob auch eine vollkommene Lösung erfolgt ist.

Die Umsetzung spielt sich nach folgender Gleichung ab:

$$Cu_2O + Fe_2(SO_4)_3 + H_2SO_4 = 2CuSO_4 + 2FeSO_4 + H_2O\,.$$

Nach vollkommener Lösung wird der Stoffbrei wieder auf einem Filter (gleiches Filter wie oben) abgesaugt, mit weiteren 25 cm^3 Ferrisulfatlösung übergossen und mit etwa $^1/_2$ Liter kaltem, destilliertem Wasser erschöpfend ausgewaschen. Das hellgrün gefärbte Filtrat wird dann mit n/10 Kaliumpermanganatlösung bis zum Auftreten der Rosafärbung titriert. Die verbrauchten Kubikzentimeter n/10 Kaliumpermanganatlösung geben die Menge des von 1 g lufttrockenem Zellstoff abgeschiedenen Kupfers an, wobei 1 cm^3 n/10 $KMnO_4$-Lösung = 0,00636 g Cu entspricht. Die stets auf 100 g absolut trockenen Zellstoff bezogene Kupferzahl errechnet sich dann wie folgt:

$$\text{Kupferzahl} = \frac{n \cdot 100 \cdot 0{,}00636}{a} = \frac{0{,}636 \cdot n}{a}\,.$$

In der Gleichung bedeuten n die verbrauchten Kubikzentimeter n/10 $KMnO_4$-Lösung und a die angewandte Zellstoffmenge in Gramm absolut trockenen Zellstoffes.

Herstellung der Fehlingschen Lösung. Es werden folgende Lösungen hergestellt: I. 60 g reinstes Kupfersulfat im Liter, II. 200 g reinstes Seignettesalz und 100 g reinstes Natriumhydroxyd im Liter. Beide Lösungen werden zu gleichen Teilen miteinander gemischt.

Bestimmung der Silberzahl nach GÖTZE[1]. In 1 Liter einer 1proz. Silbernitratlösung werden 7 g Natriumazetat gelöst. Das hierbei in geringen Mengen ausfallende Silberazetat wird durch Filtrieren entfernt (1000 cm^3 Wasser lösen bei 20° C 10,4 g

[1] GÖTZE: Melliand Textilber. 8, 624, 696 (1927).

Silberazetat). 0,5 g geraspelter Zellstoff werden in einem 500 cm³ fassenden Rundkolben mit kurzem, weitem Hals mit 20 cm³ destilliertem Wasser 3 Minuten gekocht. Dann entfernt man die Flamme und gibt 50 cm³ Silberreagenzlösung zu. Man stellt nun den Kolben genau $^1/_2$ Stunde auf ein siedendes Wasserbad. Während dieser Zeit schüttelt man öfters um oder rührt den Kolbeninhalt mit einem Rührwerk langsam durch. Der Faserbrei wird dann abgesaugt und so lange mit heißem und kaltem destilliertem Wasser gewaschen, bis das ablaufende Filtrat keine Silberreaktion mehr gibt. Der braungefärbte Faserbrei wird dann in ein Becherglas gebracht und mit verdünnter Salpetersäure versetzt. Hierbei geht das auf dem Fasermaterial abgeschiedene Silber in Lösung. Der Inhalt des Becherglases wird, sobald die Fasern rein weiß geworden sind, wieder auf eine Nutsche gegeben, wobei man den Inhalt des Becherglases quantitativ in die Nutsche spült. Nach dem Absaugen wäscht man mit heißem und kaltem destilliertem Wasser bis zum Verschwinden der sauren Reaktion. Im Saugkolben titriert man dann nach Zugabe von 10 cm³ Eisenammonalaunlösung als Indikator das Silber mit n/100 Ammonrhodanidlösung. Der gefundene Silberwert wird auf 100 g absolut trockenen Zellstoff umgerechnet. Bezüglich Fehlerquellen und Genauigkeit der Kupfer- und Silberzahl sei auf eine Arbeit von RATH[1] verwiesen.

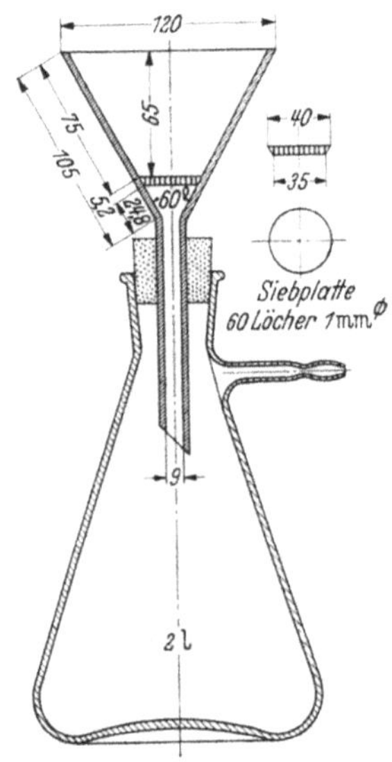

Abb. 83. Genormte Apparatur zur Bestimmung der α-Zellulose.

Bestimmung der Alpha-Zellulose. a) Nach FAK-Merkblatt 7. Für die Bestimmung der α-Zellulose werden 3,5 g lufttrockener Zellstoff in einem 100 cm³ fassenden Duranglasbecher mit 50 cm³ mittels Pipette entnommener Ätznatronlösung von 17,5 Gew.-%, deren Temperatur genau auf 20° C eingestellt ist, übergossen und mit einem abgeflachten Glasstab während 1 Minute gleichmäßig und vorsichtig durchmischt. Übermäßig starkes Rühren und Kneten ist hierbei zu vermeiden. Das Becherglas wird dann mit einem Uhrglas bedeckt und bei 20° C in einen Thermostaten eingestellt, in dem es genau 45 Minuten belassen wird. Danach wird der Stoffbrei nach nochmaligem Durchmischen auf einen mit Porzellansiebplatte versehenen, genormten Trichter, den sog. „Alphatrichter" (Abb. 83) gebracht und die Lauge schwach abgesaugt. Das Filtrat wird zur Vermeidung von Faserverlusten nochmals auf den Trichter gegeben. Der Stoffkuchen wird mittels eines stampferartig verbreiterten Glasstabes am Rande des Trichters leicht angedrückt. Hierauf wird mit 400 cm³ Natronlauge von 8,0 Gew.-%, die gleichfalls genau auf 20° C eingestellt ist, nachgewaschen. Das Absaugen wird so eingestellt, daß von seinem Beginn an die Durchlaufzeit der 8proz. Lauge genau 5 Minuten beträgt. Nach vollkommenem Durchlaufen dieser Lauge wird noch zweimal mit je 100 cm³ Wasser gewaschen. Das faserfreie Filtrat („Alphafiltrat") wird in einen 500 cm³ fassenden Meßkolben gebracht, wobei die Saugflasche mit 10···20 cm³ Wasser nachgespült wird. Die Lösung wird bis zur Marke aufgefüllt und für die Bestimmung des Gesamtalkalilöslichen sowie der β- und γ-Zellulose verwandt.

[1] RATH: Melliand Textilber. **22**, 422 (1941).

Auf die entleerte Saugflasche wird nun wieder der Alphatrichter mit dem Stoffkuchen aufgesetzt. Dieser wird mit $1^1/_2$ Liter destilliertem Wassers ausgewaschen. Dann werden 100 cm³ Essigsäure (10 Vol.-%) zu der Fasermasse gegeben, innerhalb 3 Minuten abgesaugt und mit 2 Liter destilliertem Wasser vollkommen neutral gewaschen. Bei dieser Operation ist darauf zu achten, daß der Stoffkuchen immer mit Flüssigkeit bedeckt ist. Nach dem Auswaschen wird scharf abgesaugt und der Stoffkuchen fest ausgepreßt. Darauf gibt man 25 cm³ Alkohol (96 Vol.-%) auf den Preßkuchen, saugt schwach an und läßt den restlichen Alkohol 5 Minuten ohne Saugen über dem Faserfilz stehen. Dann saugt man ab und trocknet den Faserfilz in einem Wägeglas bei 100···103° C. Wägung erfolgt bis zur Gewichtskonstanz nach Einstellen in den Exsikkator. Der auf diese Weise ermittelte Befund an α-Zellulose wird auf absolut trockenen Zellstoff berechnet.

b) Nach DOERING[1]. Es war schon Gelegenheit, darauf hinzuweisen, daß die oben wiedergegebene Untersuchungsmethode keine exakte Auskunft über den effektiven Alphazellulosegehalt des Zellstoffs gibt, vielmehr nur die Menge an Anteilen angibt, die gegenüber 17,5proz. Natronlauge bei 20° C resistent sind. DOERING gibt die folgende Vorschrift an, die zu einwandfreien Ergebnissen führen soll. Das kennzeichnende Merkmal besteht darin, daß das Auswaschen des von der Lauge durch Absaugen und Abpressen befreiten Zellstoffes mit Natriumsulfatlösung vorgenommen wird.

Etwa 10 g Zellstoff werden in dest. Wasser mit einem Quirl aufgeschlagen und auf einer Nutsche von etwa 16 cm Durchmesser über einem feinmaschigen Nickeldrahtsieb abgesaugt. Hierbei entsteht ein Zellstoffblatt, das an der Luft (nicht über 50° C) getrocknet wird. Der getrocknete Zellstoff wird mit der Hand zerzupft und 2,5 g dieses lufttrockenen Zellstoffs werden auf 1 mg genau eingewogen. Der Trockengehalt wird getrennt bestimmt.

Die Einwaage wird in einem 100 cm³ fassenden Becherglas von hoher Form mit 30 cm³ Natronlauge von 17,5 Gew.-% und genau 20° C übergossen. Die Natronlauge soll praktisch karbonatfrei sein. Das Becherglas wird in ein Wasserbad gestellt, dessen Temperatur auf 20° C gehalten wird. Dann wird die Masse mit einem Glasstab mit abgeplattetem Ende vorsichtig ausgedrückt und 30 Min. bei 20° C stehen gelassen.

Der Stoffbrei wird darauf in eine gewogene Glasfrittennutsche (Jena 11 G 3) gebracht und die Natronlauge scharf abgesaugt. Die Fritte wird dann mit 50···100 cm³ 10proz. Natriumsulfatlösung, mit der man das Becherglas vorher ausgespült hat, gefüllt und die Lösung langsam durch den Stoffkuchen hindurchgesaugt. Darauf wird zuerst mit etwas dest. Wasser, dann mit verd. Schwefelsäure (man verwendet etwa 100 cm³ 1···2 n Schwefelsäure, die man langsam durchsaugt) und schließlich mit dest. Wasser so lange ausgewaschen, bis blaues Lackmuspapier nicht mehr gerötet wird.

Die Glasfrittennutsche mit der Alphazellulose wird im Trockenschrank bei 100 bis 105° C bis zur Gewichtskonstanz getrocknet und nach dem Erkalten im Exsikkator gewogen.

---

[1] DOERING: Das Papier **2**, 359 (1948). — Eine weitere Bestimmungsmethode wurde von WAHLBERG [Svensk Pappers Tidn. **32**, 236 (1929)] angegeben. — Eine Zusammenstellung der bisher bekannten Methoden wurde von TYDÉN [Ing. Vetenskaps. Akad. Handl. **175**, 1 (1943)] gegeben.

Bestimmung des Gesamtalkalilöslichen nach FAK-Merkblatt 7. Aus dem 500 cm³ fassenden, mit Alphafiltrat angefüllten Meßkolben nimmt man mit der Pipette 50 cm³ heraus und bringt diese Menge in einen Erlenmeyerkolben von 500 cm³ Inhalt. Dazu läßt man aus einer Bürette 6 cm³ einer Kaliumbichromatlösung fließen, die man durch Auflösen von 90,0 g reinster Substanz in 1 Liter Wasser hergestellt hat. Nach gutem Umschwenken werden in dieses Gemisch vorsichtig mittels einer Pipette 50 cm³ Schwefelsäure (spezifisches Gewicht 1,84) gegeben. Hierbei tritt starke Erwärmung ein. Nunmehr wird das Gemisch auf einem Asbestdrahtnetz über der Bunsenflamme genau 3½ Minuten (Stoppuhr) zu ruhigem, gleichmäßigem Sieden erhitzt. Man läßt dann ½ Stunde erkalten, gibt den Kolbeninhalt unter Nachspülen mit 50 cm³ Wasser verlustlos in eine weiße Porzellanschale und titriert in dieser das unverbrauchte Kaliumchromat mit Ferroammonsulfatlösung zurück. Als Indikator dient die Tüpfelprobe mit Ferrizyankalium auf Filtrierpapier.

Über die Herstellung der Ferroammonsulfatlösung siehe Merkblatt 7.

Die Oxydation der Zellulose durch Kaliumbichromat verläuft nach folgender Gleichung:

$$C_6H_{10}O_5 + 4K_2Cr_2O_7 + 16H_2SO_4 = 6CO_2 + 4K_2SO_4 + 4Cr_2(SO_4)_3 + 21H_2O.$$

Demnach entsprechen 4 Mol Bichromat (4 · 294,5) 1 Mol Zellulose (162,1) oder 4 · 294,5 = 1177 Gewichtsteile Bichromat 162,1 Gewichtsteilen Zellulose; $\frac{162,1}{1177} =$ 0,1375 g Zellulose entsprechen demnach also 1 g Bichromat.

Bestimmung der γ-Zellulose nach FAK-Merkblatt 7. 50 cm³ des Alphafiltrats werden mit konzentrierter Essigsäure zunächst neutralisiert und dann durch Zugabe eines weiteren Kubikzentimeters Essigsäure angesäuert, wozu etwa 10 cm³ Essigsäure gebraucht werden. Die *β*-Zellulose fällt hierbei in fein verteilter Form aus. Zur besseren Koagulation des Niederschlages erwärmt man nun ½ Stunde auf dem Wasserbad, filtriert durch ein Papierfilter und wäscht den Filterrückstand 5···6mal mit heißem Wasser in der Weise aus, daß man das Filter jeweils zur Hälfte füllt und vollständig leerlaufen läßt. Zu dem so erhaltenen Gesamtfiltrat (einschließlich Waschwasser) läßt man in einem Erlenmeyerkolben von 500 cm³ Inhalt aus einer Bürette genau 4 cm³ der eben beschriebenen Kaliumbichromatlösung zufließen. Nach Zusatz von 50 cm³ Schwefelsäure (spezifisches Gewicht 1,84) wird genau 3½ Minuten gekocht und wie bei der Bestimmung des Gesamtalkalilöslichen nach dem Erkalten mit Ferroammonsulfat zurücktitriert. Auch die *γ*-Zellulose wird auf absolut trockenen Zellstoff berechnet.

Bestimmung der β-Zellulose nach FAK-Merkblatt 7. Als *β*-Zellulosegehalt des Zellstoffes wird die Differenz zwischen dem Gesamtalkalilöslichen und der *α*-Zellulose angegeben.

Der Wunsch, für die *Bestimmung des Gesamtalkalilöslichen* sowie der Beta- und Gammazellulose über eine Schnellmethode zu verfügen, hat LEA[1] veranlaßt, sich eingehend mit dieser Frage zu beschäftigen. Es wurde gefunden, daß Filtrierpapier erhebliche Mengen Gammazellulose absorbiert. LEA empfiehlt daher grundsätzlich ein Arbeiten mit einem Gooch-Tiegel mit Asbesteinlage. Das Alphafiltrat wird in einem Meßkolben auf 1000 cm³ aufgefüllt. Von dieser Lösung gibt man 100 cm³ in einen 500 cm³ fassenden Philipps-Becher. Nach Zugabe von 50 cm³ Kaliumbichromatlösung (90 g im Liter) wird genau 10 Minuten gekocht. Nach Zugabe von 150 cm³

[1] LEA: Paper Trade J. **122**, 61 (1946).

Wasser kühlt man auf 20° C ab. Alsdann gibt man 15 cm³ 85proz. Phosphorsäure und 8 Tropfen einer Lösung von Natrium-Diphenylaminsulfonat (Herstellung: 3,17 g Barium-Diphenylaminsulfonat werden mit 5,0 g Natriumsulfat in 1000 cm³ Wasser gut durchgeschüttelt, über Nacht stehen gelassen und filtriert) als Indikator zu und titriert mit Ferroammonsulfatlösung (150,9 g im Liter) bis zur Grünfärbung. Auf diese Weise erhält man das Gesamtalkalilösliche.

Zur Bestimmung der Gammazellulose werden 400 cm³ des auf 1000 cm³ aufgefüllten Alpha-Filtrates mit 20 cm³ Essigsäure 50proz. angesäuert und auf dem Dampfbad 30 Minuten erwärmt. Dann kühlt man auf 20° C ab und filtriert durch einen Gooch-Tiegel. 105 cm³ des Filtrates (5 cm³ entsprechen der zugegebenen Menge Essigsäure) werden wie oben angegeben titriert.

Bestimmung des Wassergehaltes nach FAK-Merkblatt 7. Der Zellstoff wird für die Bestimmung des Wassergehaltes, sowie auch für die Vornahme anderer Untersuchungen, zunächst durch Raspeln vorbereitet. Hierfür dient eine von der Zellstoff-Fabrik Waldhof entwickelte Raspelvorrichtung, die die Zellstoffproben bis zur Größe von Haferkörnern zerkleinert. An den so vorbereiteten Proben wird der Wassergehalt durch Trocknen bei 100···103° C bis zur Gewichtskonstanz ermittelt. Das Wägen hat nach dem Erkaltenlassen in einem mit Chlorkalzium und Kaliumhydroxyd beschickten Exsikkator in verschlossenen Wägegläsern zu erfolgen. Die Gewichtskonstanz gilt als erreicht, wenn bei einer Einwaage von 5 g nach weiterer 1stündiger Erhitzung kein größerer Gewichtsverlust als 3 mg eintritt.

Es soll hierzu bemerkt werden, daß man durch diese Methode nicht den gesamten Wassergehalt erfaßt.

Die Bestimmung des Wassergehaltes ist unter anderem auch für die Berechnung der Ausbeute an Reyon und Zellwolle aus dem eingesetzten Zellstoff wichtig, ferner auch für die Einstellung der Tauchlaugenkonzentration.

Prüfung des Bleichgrades. JENTGEN[1] gibt für die Prüfung des Bleichgrades folgende Vorschrift an, die auf KLEMM zurückgeht. Man stellt eine gesättigte wässerige Lösung von Malachitgrün her, die 2% Essigsäure enthält. Mit dieser Lösung werden Zellstoffstreifen ausgefärbt. Die gefärbten Streifen werden mit Wasser solange ausgewaschen, bis das Waschwasser keine Färbung mehr annimmt. Hierauf trocknet man den Zellstoff und beurteilt den Grad der Anfärbung. Gut gebleichte Zellstoffe geben allen Farbstoff wieder an das Waschwasser ab, halbgebleichte erscheinen himmelblau, ungebleichte sind tiefgrün angefärbt.

Die Prüfung beruht darauf, daß nur die im Zellstoff enthaltenen Verunreinigungen durch den sauren Farbstoff angefärbt werden.

Bestimmung des Kupfer- und Eisengehaltes[2]. Man wägt 10,0 g absolut trockenen Zellstoff ab und verascht diese Menge restlos in einem Porzellantiegel (Rosenthal 102—5). Der Rückstand wird mit einigen Tropfen eisenfreier konz. Salzsäure mit Hilfe eines 8 cm langen Glasstäbchens digeriert, die freie Säure vorsichtig zur Trockne verdampft. Ein Glühen des Tiegels ist hierbei zu vermeiden, weil hierdurch das Eisen wieder unlöslich wird.

Der Rückstand wird nun mit 2 cm³ n-Salzsäure versetzt und mit einem Glasstäbchen verrührt. Darauf werden noch 20 cm³ dest. Wasser und je 4 cm³ 10proz. Natrium-

---

[1] JENTGEN: Laboratoriumsbuch für die Kunstseide- und Ersatzfaserstoff-Industrie, S. 44, Halle 1923. — [2] Diese Methode wurde von Herrn K. RIETH, Bad Godesberg, freundlichst zur Verfügung gestellt.

azetatlösung (siehe unten) und 25proz. Kaliumjodidlösung (siehe unten) hinzugegeben. Man rührt um, läßt den Tiegel 5 Minuten lang zugedeckt stehen und titriert darauf nach Zusatz von etwas frischer Stärkelösung das vom Kupfer ausgeschiedene Jod mit Hilfe einer Mikrobürette, die auf $^1/_{100}$ cm³ graduiert ist, mit n/200 Natriumthiosulfatlösung (siehe unten) auf Farblosigkeit. Die verbrauchten Kubikzentimeter Thiosulfatlösung ergeben mit 3,18 multipliziert die in der eingewogenen Menge Zellstoff enthaltenen mg Kupfer.

Zu der titrierten Flüssigkeit gibt man nun 1 cm³ 6,5 n-Salzsäure, wodurch das Eisen in Freiheit gesetzt wird. Die Lösung färbt sich wieder; sie wird nach Ablauf von 1 Minute mit der Thiosulfatlösung wieder auf farblos titriert. Die verbrauchten Kubikzentimeter Thiosulfatlösung ergeben mit 2,79 multipliziert den Eisengehalt in Milligramm.

Herstellung der Natriumazetatlösung. In einer 10proz. Natriumazetatlösung werden 0,1% Natriumphosphat nach SÖRENSEN ($Na_2HPO_4 \cdot 2\ H_2O$) gelöst. Alsdann wird ein Körnchen Thymol hinzugegeben.

Herstellung der Kaliumjodidlösung. 300 cm³ einer 25proz. Kaliumjodidlösung werden mit 0,5 cm³ n-Natronlauge schwach alkalisch gemacht.

Herstellung der Thiosulfatlösung. Zu einem Liter n/200 Thiosulfatlösung wird 1 cm³ n-Natronlauge gegeben. Die Lösung wird gegen eine n/200 Kaliumjodatlösung eingestellt.

b) Physikalische Prüfungen.

Bestimmung der Xanthogenatviskosität. a) Nach FAK-Merkblatt 11. Unter Viskosität versteht man in der Betriebskontrolle der Reyon- und Zellwollfabriken gewohnheitsmäßig die *relative* Viskosität. Man führt also eine einfache Relativitätsmessung durch, z. B. im Vergleich zu Wasser von 15° C als Bezugskonstante. Als Kapillarviskosimeter kann ein von UBBELOHDE[1] entwickelter Apparat verwandt werden, der auf dem Prinzip des hängenden Niveaus beruht und dem eine ausreichende Genauigkeit zukommt. Für die Betriebskontrolle genügt jedoch ein einfaches Relativviskosimeter nach OST, das deshalb auch von der Faserstoff-Analysenkommission verwendet wird. Die Bestimmung wird wie folgt ausgeführt: 5 g geraspelter lufttrockener Zellstoff werden in einem Duranglasbecher mit 25 cm³ Natronlauge[2] von 17,5 Vol.-% und genau 20° C versetzt, mit einem abgeflachten Glasstab gut durchgemischt und 1 Stunde bei 20° C im Thermostaten stehen gelassen. Die Alkalizellulose wird dann auf eine auf einem graduierten Saugzylinder befestigte feingelochte Spezialnutsche gegeben und mit einem Glasstab gleichmäßig ohne Pressung verteilt. Die Lauge wird schwach abgesaugt und nochmals auf den Stoffkuchen zurückgegeben. Der Stoffkuchen wird nun leicht angedrückt und, erst nachdem der größte Teil der Lauge abgesaugt ist, mit dem flachen Boden einer Glasflasche stärker gepreßt. Das Absaugen der Lauge erfolgt während genau 10 Minuten. Die dabei anfallende Preßlauge (meist 11,5 ··· 12,5 cm³) wird gemessen. Der Preßkuchen wird sodann mit einem Nickelspatel gut zerkleinert und alsdann in eine Weithalsflasche („Sulfidierflasche") gefüllt. Diese Flasche muß einen absolut dichten Schliff besitzen, ferner ist sie mit einem Ventilstopfen versehen.

[1] UBBELOHDE: Angew. Chem. **46**, 226 (1933).

[2] Die Natronlauge muß vollkommen eisenfrei sein.

In dieser Flasche bleibt die Alkalizellulose zum Zwecke der Vorreife genau 22 Stunden bei genau 30° C in einem Brutschrank stehen. Alsdann läßt man die Flasche 5 Minuten bei Zimmertemperatur stehen und setzt 3,6 cm³ = 4,6 g Schwefelkohlenstoff zu. Die Mischung wird dann mit der gut verschlossenen Flasche $4^3/_4$ Stunden in ein genau 15° C gehaltenes Wasserbad gestellt. Während dieser Zeit wird die Flasche öfters geschüttelt. Nach Ablauf dieser Zeit wird die Sulfidierflasche an die Saugpumpe angeschlossen, und der überschüssige Schwefelkohlenstoff abgesaugt. Die sulfidierte Masse wird dann mit 17,5 Vol.-proz. Natronlauge versetzt, und zwar mit 2 cm³ mehr als vorher abgepreßt wurde. Dann wird Wasser bis zu einem Gesamtvolumen von 120 cm³ zugegeben, die Flasche verschlossen und 2 Stunden auf einer mit Wasserkühlung versehenen Schüttelmaschine bei 20···22° C bis zur vollkommenen Auflösung der Masse geschüttelt. Nachdem die Temperatur nochmals kontrolliert ist, spült man die gelöste Viskose mit gekühltem Wasser in einen Meßkolben von 500 cm³ Inhalt, füllt mit Wasser von 15° C bis zur Marke auf und bestimmt bei genau 15° C die Viskosität in der so erhaltenen 1proz. Lösung mit dem Ostschen Viskosimeter, indem man den Wasserwert des Instrumentes gleich 1 setzt. Die Berechnung erfolgt nach folgender Gleichung:

$$\frac{\text{Auslaufzeit der Viskose in Sek. } (15^\circ\,\text{C})}{\text{Auslaufzeit des Wassers in Sek. } (15^\circ\,\text{C})} = X\text{-Viskosität.}$$

Es ist darauf zu achten, daß die Lösung frei von Luftblasen ist. Dies wird am besten dadurch erreicht, daß man etwa 100 cm³ Viskose in einen Erlenmeyerkolben gibt, die Temperatur nochmals einstellt und die Lösung vorsichtig in das auf 15° C gekühlte Viskosimeter gießt, wobei man das Steigrohr mit dem Finger verschließt. Man überzeugt sich dann, daß sich am Ende der Kapillare keine Luftblase befindet. Sollte dies der Fall sein, so muß diese durch leichtes Schwenken des Viskosimeters beseitigt werden. Besonders ist darauf zu achten, daß das Viskosimeter stets mit der gleichen Flüssigkeitsmenge gefüllt wird.

Die Abb. 84 zeigt die Anordnung des Viskosimeters im Thermostaten. Das Viskosimeter soll zwischen den beiden Strichmarken 25 cm³ fassen, sein Wasserwert soll 27 bis höchstens 30 Sekunden betragen. Es werden stets mehrere Parallelbestimmungen ausgeführt. Die erhaltenen Einzelergebnisse werden zunächst gemittelt. Als Befund werden nur ganze Zahlen angegeben, wobei die Dezimalstellen bis zu fünf nach unten und über fünf nach oben abgerundet werden.

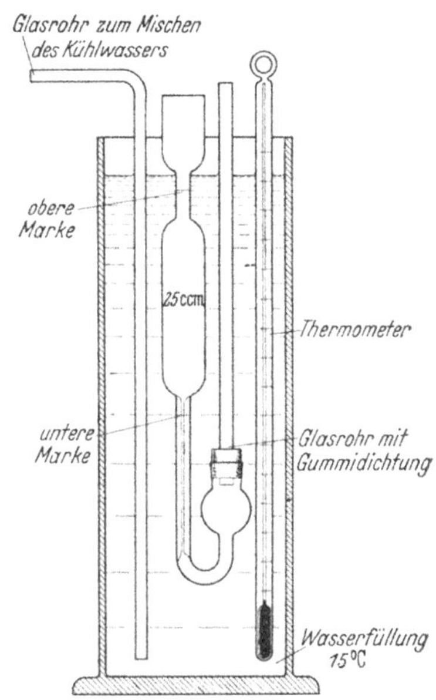

Abb. 84. Viskosimeter zur Bestimmung der Xanthogenatviskosität. (Nach FAK-Merkblatt 11.)

b) Nach Zart. Es soll erwähnt werden, daß in den Reyon- und Zellwollfabriken oft einfacher auszuführende Methoden in Gebrauch sind. So gibt z. B. Zart folgende Vorschrift an: Man nimmt 10 g lufttrockenen Zellstoff, zerschneidet ihn in kleine Streifen und übergießt ihn im Becherglas mit 200 cm³ 18proz. Natronlauge. Während der Behandlungszeit von 1 Stunde zerkleinert man den Zellstoff mit einem Glasstab zu einem Brei. Dieser wird abgesaugt und der Kuchen in einer Hülle von Nesselstoff und Barchent in einer Kopierpresse auf 33 g abgepreßt. Man läßt dann 72 Stunden bei 24° C liegen, füllt in eine Pulverflasche von 200 cm³, gibt 4 cm³ Schwefelkohlenstoff hinzu und schüttelt die verschlossene Flasche 2 Stunden bei 25° C. Dann saugt man den überschüssigen Schwefelkohlenstoff ab und löst den Inhalt der Flasche unter Schütteln in 22 cm³ Natronlauge von 11% und 53 cm³ Wasser von 25° C. Nach 10 Stunden wird die Viskosität durch Kugelfall gemessen.

c) Nach FaChemFa Zst 5. 1 kg konditionierter Zellstoff wird in einer 1-kg-Tauchpresse alkalisiert, wobei als Tauchlauge eine 18-gewichtsprozentige hemizellulosefreie Ätznatronlauge dient, die unter Verwendung von chemisch-reinem Ätznatron und dest. Wasser hergestellt ist. Die Tauchdauer beträgt eine Stunde bei 18° C. Bei Vorliegen des Zellstoffs in Flockenform bzw. in geraspelter Form wird die gleiche Zellstoffmenge in 4 einzelne Portionen unterteilt und in je 5 Liter der beschriebenen Lauge getaucht. Der dabei erhaltene Brei wird am Ende der Tauchzeit in vier Arbeitsgängen in einem in die Tauchwanne einzusetzenden Preßzylinder auf einen Zellulosegehalt von 30,0 bis 31,0% abgepreßt. Dabei ist es zweckmäßig, eine einfache Nessellage auf den Boden des Preßzylinders zu legen, um ein Hindurchtreten des Breis durch die Bohrungen zu vermeiden. Erfolgt der Preßvorgang unterteilt, so sind sämtliche Teile gemeinsam zu zerfasern. Der Alkaligehalt der abgepreßten Alkalizellulose soll 15,0 bis 16,0% betragen.

Die Alkalizellulose wird zwei Stunden bei 20° C in einem Zerfaserer von 1 kg Fassungsvermögen zerfasert, wobei der Zerfaserer so eingestellt sein soll, daß der zwischen Flügelzahn und Sattelzahn befindliche Raum 0,3 mm beträgt. Anschließend wird die Alkalizellulose durch ein Sieb aus V2A-Stahl von 5 mm Lochweite gesiebt. Der Siebrückstand wird verworfen. Es wird vorausgesetzt, daß der Siebrückstand nicht über 5% der Gesamtmenge beträgt. Trifft dies nicht zu, so muß die Zerfaserungszeit entsprechend verlängert werden.

Die zerfaserte und gesiebte Alkalizellulose läßt man in einer 20-Liter-Enghalsflasche mit eingeschliffenem Stöpsel in einem Wasserthermostaten bei normalviskosen Zellstoffen 55 Stunden, bei niedrigviskosen Zellstoffen 35 Stunden und bei hochviskosen Zellstoffen 75 Stunden bei 20° C vorreifen.

Nach Beendigung der Vorreife wird die Alkalizellulose unter Zusatz von 35% Schwefelkohlenstoff (bezogen auf den Zellulosegehalt der Alkalizellulose) $2^1/_2$ Stunden im Luftbad unter Drehen der Flasche mit 30 Umdrehungen je Minute sulfidiert. Der Schwefelkohlenstoff wird zu Beginn der Sulfidierung in einem Strahl auf die Oberfläche der Alkalizellulose aufgegossen und die Flasche sofort verschlossen, wobei der eingeschliffene Stopfen am oberen Rande leicht mit Hahnfett eingefettet und durch eine Schraubvorrichtung am Lockern gehindert wird. Die Sulfidiertemperatur wird während der Sulfidierzeit gleichmäßig von 20° C auf 28° C gesteigert.

Nach dem Sulfidieren wird das Xanthogenat in eine 20-Liter-Weithalsflasche oder in einen entsprechenden Glasstutzen nach Auflockerung mit einem Glasstab umgefüllt und die am Boden und an den Wandungen haftenden Reste des Xanthogenats mit der zum Lösen berechneten Menge reiner hemizellulosefreier Natronlauge nachgespült. Die Auflösung folgt in einer bestimmten Apparatur mit Rührer, wobei mit einer Tourenzahl von 90 Umdrehungen je Minute gerührt wird. Die Viskose erhält die Zusammensetzung: 7,9···8,1% Zellulose und 6,9···7,1% Alkali. Die Lösezeit beträgt 5 Stunden bei 20° C. Anschließend läßt man die Viskose 19 Stunden bei 20° C nachreifen und zugleich durch Anschluß an das Vakuum entlüften.

Von dem Viskoseansatz wird nach Beendigung der Nachreife viermal hintereinander in möglichst kurzer Zeitspanne die Viskosität nach der Kugelfall-Methode bestimmt. Man benutzt hierfür $^1/_8''$ Stahlkugeln (Durchmesser $3{,}160 \pm 0{,}005$ mm), deren Gewicht zwischen 129 und 131 mg liegen muß und mißt bei einer Kugelfallhöhe von 200 mm und einer Temperatur von 20° C.

Bestimmung der Kupferamminviskosität. a) Nach FAK-Merkblatt 12. Es sei daran erinnert, daß die Xanthogenatviskosität und die Kupferamminviskosität jede für sich Zellstoffkriterien von spezifischer Eigenart darstellen, die nicht zueinander in irgendeiner Beziehung stehen. Eine Umrechnung der nach der einen Methode gefundenen Werte mit Hilfe eines Faktors auf Ergebnisse, die nach der anderen Methode erhalten würden, ist daher nicht möglich. Bezüglich der Herstellung der Kupferoxydammoniaklösung sowie der Reinigung des Stickstoffgases, das für die Bestimmung verwendet wird, sei auf Merkblatt 12 verwiesen. Es ist bei der Ausführung peinlichst zu vermeiden, daß die Zelluloselösung mit Luftsauerstoff in Berührung kommt, deshalb wird die Auflösung der Zellulose sowie die Viskositätsmessung in einer Stickstoffatmosphäre ausgeführt.

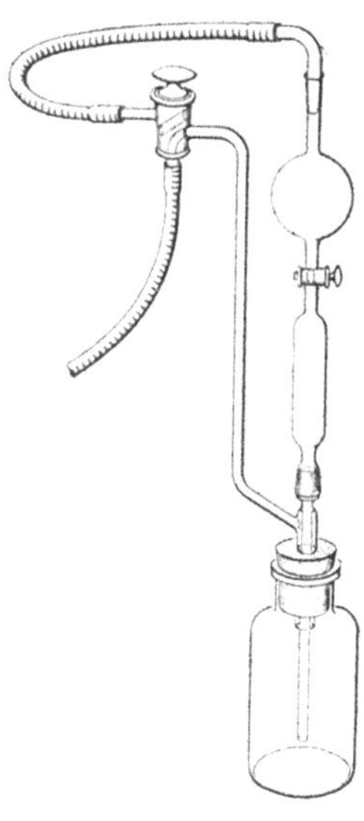

Abb. 85. Viskosimeter zur Bestimmung der Kupferammin-Viskosität. (Nach FAK-Merkblatt 12.)

Das Viskosimeter ist in Abb. 85 dargestellt. Das auf der Abbildung links sichtbare Schlauchende steht mit der Stickstoffbombe in Verbindung. Der Stickstoff wird aus der Bombe kommend zunächst durch eine Sicherheitsflasche und sodann durch drei hintereinander geschaltete, mit Antizon (s. Merkblatt 12) beschickte Waschflaschen geleitet. Vor der Bestimmung wird die ganze Apparatur durch 10 Minuten langes Durchleiten von Stickstoff gereinigt.

Der in lufttrockener Pappenform (etwa 6% H_2O) zur Untersuchung kommende Zellstoff wird in der Weise vorbereitet, daß man aus ihm zunächst mittels der Pulverraspel ein völlig knötchenfreies, wolliges Stoffpulver (Absieben durch 2-mm-Sieb) herstellt. Von diesem wägt man 0,53 g (= 0,5 g abs. tr.) ab und schüttelt das Pulver in einer passenden Stöpselflasche zunächst mit 100 cm³ Wasser gleichmäßig durch. Den dünnen Faserbrei saugt man auf einer kleinen Glasfilternutsche ab, wäscht zweimal mit 50 cm³ 25proz. Ammoniak aus, um den Stoff durch diese Peptisierung leichter löslich zu machen, und bringt ihn dann durch Abpressen auf 2,5 g.

Alsdann gibt man den kleinen, feuchten Zellstoffkuchen in das inzwischen mit Stickstoff ausgespülte braune Lösegefäß der Apparatur und setzt schnell den Stopfen wieder auf. Die während des kurzen Öffnens etwa eingedrungene geringe Luftmenge wird durch weiteres kurzes Einleiten von Stickstoff ($^1/_2$ Minute) wieder vollends entfernt. Hierauf wird der Absperrhahn geschlossen, der Schliff oberhalb der Kugel geöffnet und der Vierweghahn so gestellt, daß der Stickstoff ins Freie tritt. Man mischt nun 2,5 cm³ mittels Pipette abgemessene 10proz. Rongalitlösung mit 5 cm³ 5proz. Natronlauge (mit Pipette abzumessen) und läßt das Gemisch durch die obere Kugel in das Lösegefäß fließen, indem man nach dem Schließen des Glasschliffes den

Vierweghahn so stellt, daß die gesamte Apparatur nunmehr in sich abgeschlossen ist, und öffnet dann den Absperrhahn unterhalb der Füllkugel. Um eine gute Verteilung des Fasermaterials zu erreichen, wird das Lösegefäß kurz geschüttelt. Nach Schließen des Absperrhahnes öffnet man den Schliff oberhalb der Füllkugel und füllt dieselbe bis zur Marke (40 cm³) mit der Kupferlösung. Nach Wiederschließen des Schliffes läßt man die Lösung (durch Öffnen des Absperrhahnes) innerhalb $^1/_2$ Minute in das Lösegefäß fließen und schüttelt sofort, indem man den hierbei nur locker am Stativ befestigten Apparat mit der einen Hand oben festhält und mit der anderen die Schüttelbewegung ausführt. Der Stoff löst sich meist schon nach wenigen Schüttelbewegungen, so daß der Lösevorgang in etwa $^1/_2$ Minute beendet ist.

Nun wird die ganze Apparatur in eine geräumige, mit Wasser von 20° C gefüllte Glaswanne gebracht, nach etwa 8 Minuten langem Stehenlassen (zwecks Temperaturausgleiches) wieder herausgenommen und nochmals gut geschüttelt, um dann endgültig zur Viskositätsmessung ins Wasserbad gestellt zu werden. Das Viskosimeter wird soweit heruntergeschoben, daß das Kapillarrohr genügend tief in der Lösung steht, und letztere dann durch entsprechende Verstellung des Vierweghahnes in das eigentliche Viskosimeter hochgedrückt. Wenn der Flüssigkeitsspiegel den Absperrhahn erreicht hat, wird die Apparatur wieder in sich geschlossen und das Viskosimeterrohr etwa 3 cm über die Flüssigkeit im Lösegefäß hochgezogen. Die zum Durchfluß des 20 cm³ fassenden Meßgefäßes benötigte Zeit wird in Sekunden angegeben. Der Wasserwert des Viskosimeters soll genau 12 Sekunden betragen. Die Berechnung der Viskosität geschieht wie folgt:

$$\frac{\text{Ausflußzeit der Zellstofflösung in Sek. (bei } 20^\circ \text{C)}}{\text{Ausflußzeit des Wassers in Sek. (bei } 20^\circ \text{C)}} = K\text{-Viskosität.}$$

Während 10 Minuten nach dem Lösen des Zellstoffes noch nicht ganz konstante Werte erhalten werden, ist nach längstens 30 Minuten praktisch kein Absinken der Viskosität mehr festzustellen, weshalb stets die nach Ablauf dieser Zeit festgestellten Werte anzugeben sind.

Da es sich um eine Konventionsmethode handelt, sind alle Einzelheiten der Vorschrift genauestens zu beachten, um reproduzierbare Ergebnisse zu erhalten. Die Fehlergrenze der Methode beträgt etwa $\pm$ 1%. Die endgültige Befundangabe (Mittelwert aus mehreren Einzelbestimmungen) erfolgt in ganzen Zahlen, wobei Dezimalstellen bis zu 5 nach unten und solche über 5 nach oben auf ganze Zahlen abgerundet werden. Wird z. B. die Viskosität eines Zellstoffes bei zwei Einzelbestimmungen zu 38,8 bzw. 39,4 gefunden, so ergibt das zunächst gewonnene Mittel 39,1. Dieser Wert wird dann auf 39 abgerundet.

b) Nach EGGERT[1]. Hiernach soll die oben beschriebene Methode Fehlerquellen in sich bergen. EGGERT hat daher eine neue Apparatur zur Bestimmung der Kupferamminviskosität entwickelt, der folgende Vorteile zukommen: Für die Viskositätsbestimmung werden nur 50 cm³ Cuoxamlösung benötigt, die gesamte Zellstoff-Cuoxam-Lösung wird zur Messung benutzt; die Lösung des Zellstoffes erfolgt in kleinen, handlichen Gefäßen, der Lösungsprozeß wird mechanisch mit einer Schüttelmaschine durchgeführt, die mehrmalige Wiederholung der Messung ist einfach und schnell, und zwar nur durch Betätigung von Hähnen auszuführen. Außerdem soll bei der EGGERTschen Methode der Sauerstoffausschluß so vollständig sein, daß auch eine 24stündige Auf-

[1] EGGERT: Zellw., Kunsts., Seide **46**, 127 (1941).

bewahrung der Zelluloselösung im Viskosimeter oder in dem Lösegefäß die Viskosität nicht beeinflussen. Bezüglich weiterer Einzelheiten sei auf die Originalarbeit verwiesen.

c) Nach FaChemFa ZSt 4: Es wird die Viskosität einer Zellstofflösung gemessen, die man durch Auflösen von 1 g Zellulose, auf Trockensubstanz berechnet, in 100 cm^3 Cuoxamlösung erhält. Wichtig ist der vollständige Ausschluß von Luftsauerstoff. Die Ausflußzeit durch eine Kapillarpipette wird in Millipoise umgerechnet und stellt die sogenannte „Kupferviskosität" dar. Die erforderliche Apparatur ist in Abb. 86 (Seite 178) dargestellt.

Die Cuoxamlösung enthält im Liter 200 g NH_3, 13,0 g Cu und 1,0 g reinen Traubenzucker. Man stellt die Cuoxamlösung in folgender Weise her:

265 g $CuCO_4 \cdot 5H_2O$ werden in 5 Liter Wasser gelöst und aus der siedendheißen Lösung das basische Kupfersalz $CuSO_4 \cdot 3CuO$ mit der theoretischen Menge Ammoniak (z. B. 540 cm^3 25,0 vol.-proz. Ammoniaklösung) gefällt. Durch Dekantation wird das basische Salz unter Vermeidung von Verlusten gewaschen, bis das Waschwasser praktisch frei von SO_4-Ionen ist. Den Niederschlag läßt man auf etwa 1000 cm^3 absitzen, hebert die überstehende Flüssigkeit möglichst vollständig ab und bringt die Salzsuspension in einen 5-Liter-Meßkolben, dem weiterhin 4 Liter 25proz. Ammoniakwasser und 5,0 g reiner Traubenzucker zugesetzt werden. Der Kolben wird bis zur Marke mit Wasser gefüllt.

Zur Kontrolle des Ansatzes, der gemäß der Analyse unter Umständen noch etwas korrigiert werden muß, werden 50 cm^3 Lösung auf 500 cm^3 verdünnt und davon 25 cm^3 mit $^1/_1$ n-HCl titriert (Methylorange). Der HCl-Verbrauch wird auf NH_3 umgerechnet, so daß das basische Kupfer als NH_3 mitberechnet wird. Ein etwaiger Überschuß von Ammoniak im Ansatz wird in eine Vorlage abgesaugt, welche die dem Überschuß äquivalente Menge Salzsäure und etwas Methylorange enthält. Das Kupfer wird in 100 cm^3 der zur NH_3-Bestimmung verdünnten Lösung oder auch in 10 cm^3 der Cuoxamlösung titrimetrisch bestimmt, nachdem vorher das NH_3 durch Eindampfen entfernt und der Rückstand in verdünnter Schwefelsäure wieder aufgelöst worden ist. Es werden 0,2 g Jodkalium und anschließend 50 cm^3 25proz. Salzsäure unter Kühlung zugesetzt, weiterhin 20 cm^3 10proz. Rhodankaliumlösung, worauf das freie Jod mit n/10 Thiosulfatlösung titriert wird.

Der SO_4-Gehalt, der theoretisch 0,51% beträgt, wird in 200 cm^3 der verdünnten Lösung bestimmt. Nach Zusatz von 5 cm^3 5proz. NaOH wird zur Trockne eingedampft. Der Rückstand wird mit heißem Wasser aufgenommen und das Kupferoxyd abfiltriert. Im salzsauren Filtrat wird das quantitativ aus dem Filter ausgewaschene SO_4 mit $BaCl_3$ gefällt.

Der von Hand in kleine Stücke gerissene Stoff wird in einem Stutzen mit dest. Wasser in etwa 1proz. Stoffdichte mittels eines schnellaufenden Elektrorührers (U = 1700···2000) so lange aufgeschlagen, bis eine gleichmäßige noppenfreie Faseraufschwemmung erhalten ist (Zeitdauer etwa 20···30 Minuten). Die Fasern werden entweder auf einem Büchnertrichter mit untergelegtem Filtrierpapier oder einer Glasfilternutsche möglichst locker abgesaugt und der nicht zu dicke Zellstoffkuchen bei 50···55° C im Trockenschrank getrocknet. Der trockene Zellstoffkuchen wird von Hand zu einer lockeren Fasermasse zerrieben.

Nachdem der Zellstoff im Wägeraum mindestens 1 Stunde an der Luft in dünner Schicht aufgelegt worden ist, wird er in eine Weithals-Glasstopfenflasche gebracht und eine Probe davon einer Trockenbestimmung bei 110° C unterworfen.

Der benötigte Stickstoff wird einer Bombe mit Reduzierventil entnommen und tritt durch eine Absorptionsbatterie (1) in die Apparatur ein, die von dem an einer WOULFFschen Flasche (4) liegenden Vakuum luftleer gemacht worden ist. Die Flasche (2) dient dabei als Stickstoffreservoir und die Veränderung des Innendrucks wird an einem Manometer (3) beobachtet.

Man beginnt damit, daß man die braune Pulverflasche (7), welche die Substanz enthält und die mit einem mit Hahn großen Lumens versehenen Tulpenaufsatz verschlossen ist, an den Gummistopfen des unteren Endes der nach unten geöffneten,

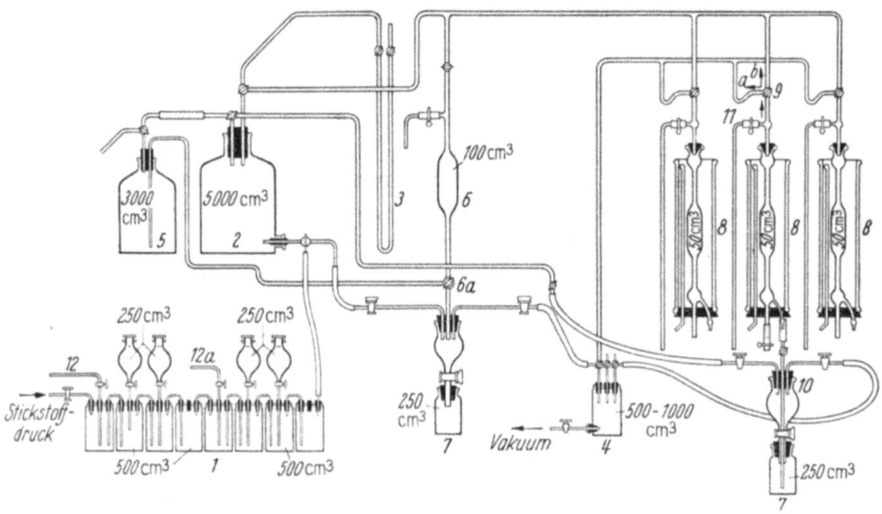

Abb. 86. Apparatur zur Bestimmung der Kupferamminviskosität. (Nach FaChemFa ZSt. 4.)

nach oben aber geschlossenen Pipette (6) steckt, dann durch wechselseitiges Öffnen und Schließen der davon rechts und links befindlichen Hähne abwechselnd evakuiert und Stickstoff einströmen läßt. Nach Wiederherstellung von etwas Unterdruck bewirkt man durch eine Drehung am Dreiweghahn (6a) einen Abschluß der Pipette gegen die darunter hängende Tulpenflasche und eine gleichzeitige Öffnung der Cuoxamflüssigkeitsleitung von Flasche (5), die man von vornherein unter Stickstoffüberdruck hält. Die gefüllte Pipette, die von Hahn (6a) bis zur Marke 100 cm³ faßt, wird durch Rückdrehung von (6a) und Öffnung des oberen Hahnes durch die Tulpe in die Substanzflasche entleert, wobei diese Löseflasche zum Schutze gegen eindringende Luft einen Stickstoffüberdruck erhält.

Nach Schließung des großen Hahnes entfernt man die Löseflasche vom oberen Gummistopfen und nimmt den Lösevorgang bei einer Temperatur von 20° C vor, den man durch geeignetes Schwenken oder Schütteln der Flasche in einer Spezialapparatur beschleunigen kann. Nach Beendigung des Lösevorganges steckt man die Tulpenflasche an das Zwischenstück (10) und entfernt durch wechselseitiges Öffnen und Schließen der rechts und links befindlichen Hähne den Sauerstoff aus der Tulpe. Dies ist die Vorbedingung dafür, daß der große Tulpenhahn geöffnet werden kann, um das Steigrohr des Zwischenstückes durch den Hahn bis auf den Flaschenboden zu schieben, wobei Glyzerin als Gleitmittel verwendet wird.

Nun schiebt man das Aggregat auf das Einfüllrohr der Kapillarpipette, wobei das untere Ende der Kapillare durch einen Quetschhahn verschlossen wird, entfernt die Luft aus der Kapillarpipette, indem man den Dreiwegehahn (9) abwechselnd in Richtung (a) und (b) stellt, wodurch Vakuum und Stickstoffzufuhr betätigt werden, und drückt schließlich die Zelluloselösung mittels Stickstoffdruckes bei linksseitiger Hahnöffnung des Zwischenstückes (10) in die Kapillarpipette ein, indem man den in der Pipette vorhandenen Gasdruck durch Quetschhahn (11) vorsichtig abläßt. Vermittels des vorhandenen Wassermantels wird die gefüllte Kapillarpipette, die das Viskosimeter vorstellt, 10 Minuten genau bei 20° C gehalten, dann wird der Quetschhahn des seitlichen Ansatzstückes (11) geöffnet, und durch den Glasaufsatz Stickstoff durchgeleitet, ohne daß Druck im Viskosimeter entsteht. Die Messung wird vorgenommen, indem das Schlauchstück am unteren Ende der Kapillare abgezogen und die Ausflußzeit von Marke zu Marke mit der Stoppuhr in Sekunden ermittelt wird.

Das Reinigen des Viskosimeters kann durch Einsaugen von geeigneten Flüssigkeiten durch das seitliche Ansatzstück (11) vorgenommen werden.

Das Umfüllen der Absorptionsbatterie läßt sich ohne Demontage der Zusammenstellung ausführen. Man saugt die verbrauchten Flüssigkeiten der beiden hintereinander geschalteten Teilbatterien durch die Hähne (12) und (12a) ab, führt durch die Tropftrichter zunächst die wässerige Lösung der Absorptionssubstanz und darauf den vorgelösten Alkalizusatz in der Weise zu, daß ein Eintritt von Luft in die Apparatur vermieden wird, welcher einen beträchtlichen Teil der neuaufgefüllten Substanz unwirksam machen würde. Für die Ausführung der Bestimmung wird soviel luftfeuchter Zellstoff aus der Glasstopfenflasche abgewogen, daß dessen Trockenmenge genau 1,000 g beträgt.

Die als Lösegefäß verwendete braune Pulverflasche hat einen Inhalt von 250 cm³. Die Einhaltung einer bestimmten Lösezeit für den Zellstoff ist nicht erforderlich, da die Viskosität der vor Licht und Luft geschützten Lösung sich innerhalb eines größeren Zeitraumes nicht ändert. So ist es z. B. gleichgültig, ob die Viskositätsmessung 6 Stunden oder 1 Stunde nach Lösebeginn erfolgt. Die Ausführung der Analyse erfordert einige Übung im Gebrauch der Apparatur, ist dann aber sehr einfach. Die Fehlergerenze beträgt $\pm$ 2%.

Zur Sauerstoffabsorption dient eine alkalische Natriumhyposulfitlösung folgender Zusammensetzung:

Lösung A:	Wasser	4000 cm³	Lösung B:	Wasser	1000 cm³
	Natriumhyposulfit	333 g		KOH	430 g.

Man stellt A und B getrennt her und gibt innerhalb der Absorptionsgefäße unter Stickstoff zusammen.

Die äußeren Dimensionen der Viskosimeter, wie sie aus Abb. 86 hervorgehen, müssen eingehalten werden. Die Länge des kapillaren Teiles beträgt 200 mm. Der Durchmesser der Kapillaren wird je nach beabsichtigtem Meßgebiet verschieden gewählt unter Beachtung der weiter unten erwähnten Richtlinien.

Die Einstellung der Kapillaren erfolgt mit Hilfe von Flüssigkeiten, deren Viskosität und spez. Gewicht bei 20° C ermittelt worden ist. Man benutzt dazu Glykol, Glyzerin-Wasser-Mischungen, Dibutylphthalat oder ähnliche neutrale viskose Flüssigkeiten, deren Viskosität in Millipoise bei 20° C man mit Hilfe eines Höppler-Viskosimeters nachprüft. Die für eine Kapillare benutzte Einstellflüssigkeit darf darin nicht unter 150 Sekunden Ausflußzeit zeigen.

Ist η die genaue Viskosität der Einstellflüssigkeit in Millipoise, z. B. für Dibutylphthalat $\eta = 204$,
s deren spez. Gewicht, z. B. für Dibutylphthalat $s = 1{,}049$,
t deren Ausflußzeit an der einzustellenden Kapillare, z. B. für Dibutylphthalat $t = 155$ Sek.,
so ergibt sich der zu ermittelnde Kapillarfaktor zu

$$f = 0{,}94 \frac{\eta}{s \cdot t} \qquad \text{z. B.} \quad f = 1{,}255,$$

wobei 0,94 das vorausgesetzte spez. Gewicht der Cuoxamlösung bei 20° C darstellt.

Erfahrungsgemäß besteht zwischen Kapillarfaktor und Kapillardurchmesser ungefähr folgende Beziehung:

Faktor	Kapillardurchmesser
1	ca. 2,0 mm
2	ca. 2,4 mm.

Im Prinzip kann man mit einem einzigen Viskosimeter auskommen, dessen Kapillarengröße dadurch festgelegt wird, daß es bei dem zu messenden niedrigstviskosen Zellstoff keine geringere Ausflußzeit als 150 Sekunden zeigen soll. Praktisch arbeitet man aber mit 2 oder mehreren Viskosimetern, die bei verschiedener Dimensionierung der Kapillaren stufenweise aneinander angeschlossen sind. Dadurch kann man bei der Prüfung höherviskoser Zellstoffe allzu lange Ausflußzeiten umgehen. Durch Hinzunahme noch engerer Kapillaren läßt sich das Meßgebiet auch in Richtung niedriger Teilchengröße erweitern. Hierdurch kann z. B. die Messung des reinen Lösungsmittels diesem System angeschlossen werden. Dabei wird zur Vermeidung von Turbulenz die Weite jeder Kapillare stets so gewählt, daß die niedrigstviskose mit ihr zu messende Lösung eine Ausflußzeit von nicht unter 150 Sekunden zeigt.

Die mit der Kapillare gemessenen Ausflußzeiten der Zellstofflösungen müssen mit dem bei der Einstellung für die betreffende Kapillare ermittelten Faktor f multipliziert werden, um die Kupferviskosität in Millipoise zu erhalten:

Kupferviskosität = Ausflußzeit in Sekunden × Kapillarfaktor f

Beispiel: Ausflußzeit der Zellstofflösung = 205 Sek.
Kapillarfaktor f . . . . . . = 1,255
Kupferviskosität . . . . . . = 257 Millipoise.

Bestimmung der Kupfer-Äthylendiamin-Viskosität nach STRAUS und LEVY[1]; (ref. von MOHRBERG[2]).

Herstellung des Lösungsmittels. Cupri-Hydroxyd. 250 g $CuSO_4 \cdot 5H_2O$ werden in 3 Liter dest. Wasser, das mit 0,5 cm³ konz. Schwefelsäure angesäuert ist, bei 80···90° C gelöst. Die Lösung wird auf 50° C abgekühlt und mit soviel (etwa 105 cm³) konz. Ammoniak (spez. Gew. 0,90) versetzt, bis das basische Sulfat quantitativ ausgefallen ist. Ein evtl. kleiner Überschuß an Ammoniak ist mit Schwefelsäure zu neutralisieren. Der Niederschlag wird mit dest. Wasser sorgfältig ausgewaschen und mit 850 cm³ einer 20proz. Natronlauge versetzt. Um die Bildung von Kupferoxyd zu vermeiden, soll bei der Zugabe der Natronlauge die Temperatur 25° C nicht übersteigen. Das abgeschiedene blaue Kupferhydroxyd wird durch Dekantieren solange mit dest. Wasser gewaschen, bis es von OH'- und SO_4''-Ionen frei ist.

Kupfer-Äthylendiamin-Lösung. Das vom überschüssigen Wasser befreite Kupferhydroxyd wird in einem 5-Liter-Rundkolben mit 150 cm³ einer 70proz. Äthylen-

[1] STRAUS u. LEVY: Paper Trade J. **111**, 23 (1942).
[2] MOHRBERG: Das Papier **2**, 22 (1948).

diaminlösung übergossen. Diese Lösung läßt man 12···15 Stunden unter Stickstoff stehen und filtriert dann das überschüssige Kupferhydroxyd ab. Für die Bereitung einer brauchbaren Lösung ist es sehr wesentlich, daß die Lösung diese Zeit über Kupferhydroxyd steht, denn die Lösekraft der Kupferäthylendiamin-Lösung sinkt in einem erstaunlichen Maße, wenn ein Überschuß an Äthylendiamin (über die erforderlichen 2 Mole pro 1 Mol Kupfer) vorhanden ist. Der Einwirkung des atmosphärischen Sauerstoffs ausgesetzt, hält sie sich 12 Stunden unverändert, dann scheidet sich allmählich Kupfer(I)-Oxyd ab; darum soll die Lösung stets in einer besonderen Flasche unter Stickstoff aufbewahrt werden, aus der jederzeit beliebige Mengen entnommen werden können, ohne daß die Lösung mit der Luft in Berührung kommt.

Das Einstellen der Lösung. Die vollständige Zersetzung des Kupfer-Äthylendiamin-Komplexes erfolgt bei einem p_H von 3,5, doch steht in diesem Gebiet kein passender Indikator zur Verfügung, darum muß man die Einstellung der Lösung durch *elektrometrische* Titration wie folgt vornehmen:

10 cm³ der filtrierten Lösung werden mit etwa 500 cm³ dest. Wasser verdünnt und mit n/1 Schwefelsäure titriert. Die Titrationskurve läßt zwei deutliche Knickpunkte erkennen, welche durch folgende Reaktionen bedingt sind:

1. Für mit Kupferhydroxyd gesättigte Lösung:

$$Cu(en)_2(OH)_2 + H_2SO_4 \rightarrow Cu(en)_2SO_4 + 2H_2O \quad \text{(1. Knickpunkt)}$$
$$Cu(en)_2SO_4 + 2H_2SO_4 \rightarrow CuSO_4 + 2(en)H_2SO_4 \quad \text{(2. Knickpunkt).}$$

2. Für Lösungen, die einen Überschuß an Äthylendiamin enthalten:

$$Cu(en)_2(OH)_2 + X(en) + H_2SO_4 \rightarrow Cu(en)_2SO_4 + 2H_2O + X(en) \quad \text{(1. Knickpunkt)}$$
$$Cu(en)_2SO_4 + X(en) + (X+2)H_2SO_4 \rightarrow CuSO_4 + (X+2)(en)H_2SO_4 \quad \text{(2. Knickpunkt).}$$

Die bis zum ersten Knickpunkt verbrauchte Säuremenge ist nicht nur ein Maß für die Kupferkonzentration, sondern gleichzeitig auch ein solches für die Konzentration des Kupfer-Äthylendiamin-Komplexes, vorausgesetzt, daß die Lösung mit Kupferhydroxyd gesättigt ist. Ist die Lösung nach obiger Vorschrift bereitet, so ist sie auf Kupfer gerechnet ca. 1,3 molar.

Die Ausführung der Bestimmung. Bevor die hergestellte Lösung zur Viskositätsbestimmung benutzt wird, muß sie noch mit Wasser verdünnt werden. Für die Viskositätsbestimmung hat sich eine auf Kupfer bezogene 0,5 molare-Lösung als brauchbar erwiesen. Zelluloselösungen zeigen binnen 3···4 Stunden selbst in Berührung mit Luft keine Viskositätsänderung, erst bei längerer Einwirkung macht sich allmählich ein Abfall der Viskosität bemerkbar; wird aber unter Luftabschluß gearbeitet, so kann die Lösung 72 Stunden ohne Änderung der Viskosität aufbewahrt werden. Aus diesem Grunde kann die Auflösung der Zellulose (die 30 Minuten dauert) unter dauerndem Rühren im offenen Gefäß vorgenommen werden, ohne daß ein Abbau zu befürchten ist. Um eine 1proz. Zelluloselösung zu erhalten, die eine Viskosität von weniger als 500 Centipoisen ergibt, genügen 30 Minuten, für höher viskose Zellulosen wird eine Auflösungsdauer von 1 Stunde empfohlen. Je höher der Kupfergehalt der Lösung, um so größer ist auch ihre Lösekraft. So löst eine auf Kupfer gerechnete 1 molare Lösung eine hochviskose Zellulose schon in 30 Minuten, doch ist diese gegen Luftsauerstoff nicht so stabil; darum soll nach Möglichkeit eine 0,5 molare Lösung benutzt und bei hochviskosen Zellulosen die Lösungsdauer entsprechend verlängert werden.

Eine zerfaserte Zellulose ist einer unzerfaserten vorzuziehen, denn die Zerfaserung hat auf die Viskosität keinen Einfluß, wenn sie nicht anormal heftig erfolgt. Die Messungen erfolgen bei 25° C.

Die Löslichkeit der Zellulose in Kupfer-Äthylendiamin steigt etwas mit sinkender Temperatur.

Im einzelnen vollzieht sich die Bestimmung wie folgt: Eine zerfaserte lufttrockene Zellstoffprobe (entsprechend 50 mg atro) wird in ein Lösungsgefäß nach RUSSELL und WOODBERRY[1] eingewogen. Mit Hilfe einer automatischen Pipette werden 10 cm^3 der Kupferäthylendiaminlösung hinzugegeben, 30 Minuten mit einem Rührer aus Elektrolytkupfer gerührt und dann in ein Viskosimeter nach CANNON und FENSKE[2] gebracht. Die Auslaufzeit wird mit einer Stoppuhr gemessen und der Mittelwert aus mehreren Messungen zur Berechnung der Viskosität herangezogen.

Der benutzte Thermostat besteht aus einem 5 Gallonen fassenden Pyrex-Gefäß, das von der Firma Eastern Engineering Company, New Haven, Connecticut, mit einem Präzisions-Temperaturregulator (für Genauigkeiten bis zu $\pm$ 0,05° C) ausgestattet, geliefert wird.

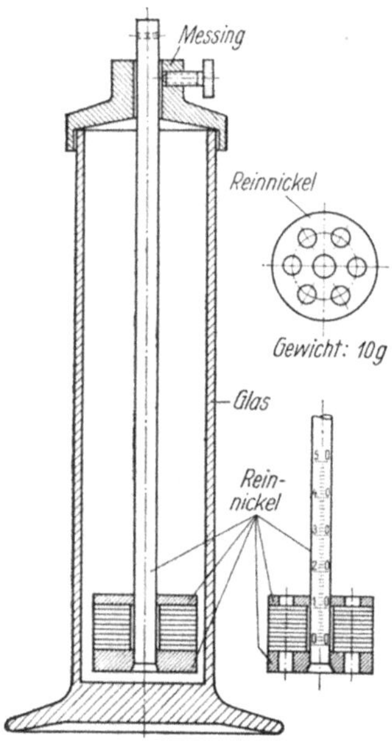

Abb. 87. Apparat zur Bestimmung der Dicke, des Quadratmetergewichtes, der Quellung und der Laugenaufnahme. (Nach FaChemFa Zst 3.)

Bestimmung der Dicke nach FaChemFa Zst 3. Für die Bestimmung der Dicke sowie der weiter unten noch zu beschreibenden Größen, nämlich des Quadratmetergewichts, der Quellung und der Laugenaufnahme von Zellstoff wurde ein besonderes Gerät entwickelt, das in Abb. 87 dargestellt ist[3]. Aus dem lufttrockenen Zellstoff werden mit Hilfe eines Locheisens Ringe von 30 mm äuß. und 8 mm inn. Durchmesser (6,57 cm^2 Oberfläche) gestanzt. Es ist vor der Bestimmung darauf zu achten, daß die Ringe flach und sauber sind. Man wägt den trockenen Zellstoffträger des Gerätes mit der Deckplatte am Haken einer Waage hängend auf genau 0,01 g ab. Das Gewicht sei b Gramm. Nun legt man 10 Zellstoffringe auf den Träger, bedeckt sie mit der 10 g schweren Deckplatte und belastet den Träger mit einem Gesamtdruck von 10 kg. Unter diesem Druck mißt man mittels eines Schubmaßes mit Nonius die Gesamtdicke der 10 Ringe auf genau 0,1 mm; ist diese Gesamtdicke e, so ist die mittlere Dicke der Zellstoffbogen:

$$D = 0{,}1 \cdot e \text{ mm}.$$

Bestimmung des Quadratmetergewichtes nach FaChemFa Zst 3. Man wägt den Träger mit dem Zellstoff und der Deckplatte zurück. Das Gewicht sei a Gramm. Das Quadratmetergewicht, bezogen auf den absolut trockenen Zellstoff, ist dann

$$G = 1{,}52\,(a - b)\,(100 - f)\text{ g},$$

---

[1] RUSSEL u. WOODBERRY: Ind. Engng. Chem. Anal. Ed. **12**, 151 (1940).
[2] CANNON u. FENSKE: Ind. Engng. Chem. Anal. Ed. **10**, 297 (1938).
[3] Der Apparat ist zu beziehen durch die Firma Fritz Kühn, Frankfurt a. Main.

worin f den gesondert bestimmten Feuchtigkeitsgehalt des lufttrockenen Zellstoffs darstellt.

Eine weitere Bestimmungsmethode ist in Merkblatt 10 der FAK angegeben.

Bestimmung der Quellung. a) Nach FaChemFa Zst 3. Wie von JAYME und STEINMANN[1] ausgeführt, ist die Kenntnis des Dickenquellvolumens eines Zellstoffs für die Feststellung wichtig, ob der Zellstoff in der zur Verfügung stehenden Tauchpresse die Möglichkeit hat, sich bei der Berührung mit der Tauchlage genügend auszudehnen. Unter der Quellung wird die Dickenzunahme von lufttrockenen Zellstoffbogen ausgedrückt in Prozent ihrer ursprünglichen Dicke, beim Tauchen in 17,5 gewichtsprozentiger Natronlauge von 20° C unter einem Druck von 1,5 g pro cm^2 verstanden. Man bringt 50 cm^3 17,5 gewichtsprozentige Natronlauge von 20° C in den Zylinder und taucht darin den Zellstoffträger mit dem Zellstoff und der Deckplatte, wobei die Temperatur möglichst auf 20° C gehalten wird. Nach $4^1/_2$ Minuten liest man die Gesamtdicke der gequollenen Zellstoffringe am Stab des Trägers auf 1 mm genau ab, während sich der Zellstoff noch in der Lauge befindet; die abgelesene Dicke sei d mm. Die Quellung ist dann:

$$Q = \frac{100\,(d-e)}{e}\,\%.$$

Eine ähnliche Bestimmungsmethode ist in Merkblatt 10 der FAK angegeben.

b) Nach SCHWALBE und FISCHER: Es sei weiter noch auf die Methode von SCHWALBE und FISCHER[2] verwiesen. Hiernach taucht man 8 cm lange und 4 cm breite lufttrockene Zellstoffstreifen 2 Stunden in 18proz. Natronlauge, läßt zwei Minuten abtropfen, tupft mit Fließpapier ab und wiegt. Das Ergebnis wird als „Quellzahl" angegeben. Ist das Ausgangsgewicht des lufttrockenen Zellstoffs a und das Gewicht nach der Quellung b, so ist die

$$\text{Quellzahl} = 100 \cdot \frac{a}{b}.$$

c) Nach ZART. Die Quellfähigkeit kann ferner auch durch die Verdrängung von Quecksilber durch den quellenden Zellstoff bestimmt werden, wozu man sich der in Abb. 88 dargestellten Apparatur bedient. Die Quellzahl ist hierbei gleich dem Quellvolumen dividiert durch das Anfangsvolumen.

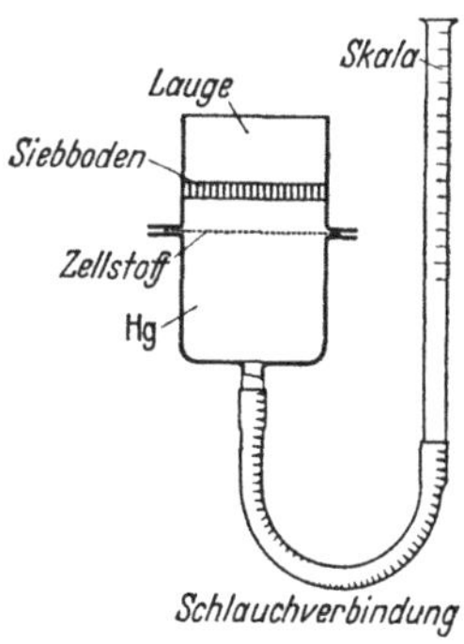

Abb. 88. Apparat zur Bestimmung der Quellung. (Nach ZART.)

Bestimmung der Laugenaufnahme nach FaChemFa Zst 3. Unter der Laugenaufnahme versteht man die Gewichtszunahme in Gramm von 100 g lufttrockenem Zellstoff nach dem Tauchen in 17,5 gewichtsprozentige Natronlauge von 20° C und unter einem Druck von 1,5 g pro cm^2. Dieses Gewicht ist auf lufttrockenen Zellstoff umzurechnen. Eine halbe Minute nach der oben erwähnten Ablesung der Dicke hebt man den Zellstoffträger ganz aus der Lauge heraus und läßt ihn einfach 5 Minuten lang abtropfen. Dann setzt man ihn einen Augenblick auf ein Lintersblättchen, entfernt den Deckel des Glaszylinders und wägt den Zellstoffträger mit dem ge-

[1] JAYME u. STEINMANN: Papierfabr. **35**, 337 (1937).

[2] SCHWALBE u. FISCHER: Ref. bei ZART: Die Herstellung der Kunstseide und Stapelfaser, S. 242.

quollenen Zellstoff und der Deckplatte auf 0,01 g genau zurück. Dieses Gewicht ist c Gramm. Die Laugenaufnahme ist dann:

$$L = \frac{10000}{100 - f} \cdot \frac{c \cdot a}{a - b}.$$

Die Bestimmung wird ebenso wie die Bestimmung der Dicke, des Quadratmetergewichts und der Quellung 5mal ausgeführt; aus den erhaltenen Zahlen wird der Mittelwert errechnet.

Eine ähnliche Bestimmungsmethode ist in Merkblatt 10 der FAK angegeben.

Bestimmung der Saughöhe nach FAK-Merkblatt 10. Aus dem lufttrockenen Zellstoff werden in Längs- und Querrichtung je 5 genau 15 mm breite und ungefähr 20 cm lange Streifen geschnitten und jeder Streifen mit einem als Nullmarke dienenden Bleistiftstrich versehen, der 5 mm von einem Ende des Streifens entfernt ist. Die Streifen werden dann senkrecht in geeigneter Weise nebeneinander so aufgehängt, daß die unteren, mit der Nullmarke versehenen Enden eine gerade waagerechte Linie bilden. Die Streifen werden dann gleichzeitig bis zur Nullmarke in Wasser von 20° C getaucht. Um Verdunstung zu vermeiden, setzt man das ganze unter eine Glasglocke. Nach genau 10 Minuten markiert man mit Bleistift auf den Streifen die Steighöhe. Dasselbe geschieht nach 60 Minuten. Während dieser Stunde ist das Wasser auf genau 20° C zu halten. Die Art der Auswertung geht aus Tab. 43 hervor.

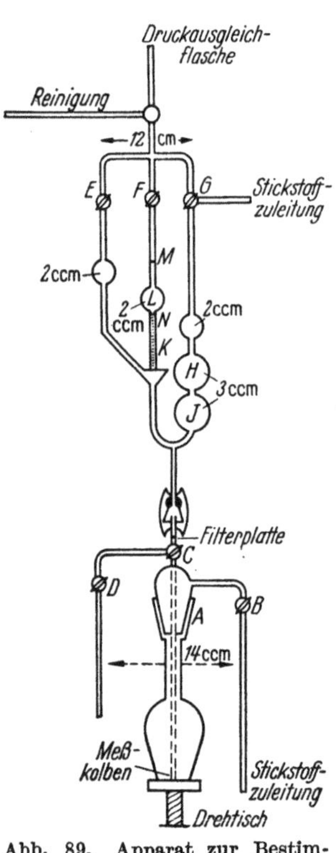

Abb. 89. Apparat zur Bestimmung des Polymerisationsgrades. (Nach STAUDINGER.)

Tabelle 43. *Auswertung der Saughöhenbestimmung.*

Versuchsdauer in min	Saughöhe in mm		Mittlere Saughöhe
	Mittel aus je 5 Einzelmessungen		
	Längsstreifen	Querstreifen	
10	36	34	35
60	98	92	95

c) Kolloidchemische Prüfungen.

Bestimmung des Polymerisationsgrades nach FaChemFa, Merkblatt FChem 2. Zur schnellen, serienweisen Bestimmung des Polymerisationsgrades dient eine von STAUDINGER entwickelte Anordnung des Viskosimeters, wie sie Abb. 89 zeigt. Der Polymerisationsgrad berechnet sich in einfacher Weise aus der Einwaage und den Durchlaufzeiten der Lösung sowie des Lösungsmittels gemäß folgender Gleichung:

$$P = \frac{227}{c} \cdot \frac{\eta - \eta_0}{\eta_0}.$$

Es bedeuten

η_0 die Durchlaufzeit des Lösungsmittels in Sekunden

η die Durchlaufzeit der Lösung in Sekunden

c die Konzentration in %, d. h. in Gramm auf 100 cm³ Lösung.

227 ist ein Faktor, der sich aus der Km-Konstante und dem Feuchtigkeitsgehalt der Zellulose ergibt, der mit 12% angenommen ist.

Weicht der Feuchtigkeitsgehalt wesentlich von 12% ab, so muß statt 227 ein anderer Faktor errechnet werden, indem man 20000 dividiert durch den Gehalt des Materials an absolut trockener Zellulose.

Bei der Einwaage darf die Grenzkonzentration nicht überschritten werden. Die möglichen Höchsteinwaagen an Zellulose sind in Tab. 44 zusammengestellt.

Tabelle 44. *Höchsteinwaagen an Zellulose in Gramm.*

Pol.-Grad	für 50-cm³-Meßkolben	für 100-cm³-Meßkolben
100	0,235	0,470
150	0,155	0,310
200	0,115	0,230
250	0,094	0,188
300	0,078	0,156
350	0,067	0,134
400	0,058	0,116
450	0,052	0,104
500	0,047	0,094
550	0,043	0,085
600	0,039	0,078
650	0,036	0,072
700	0,0335	0,067
750	0,0310	0,062
800	0,0290	0,058
850	0,0275	0,055
900	0,0260	0,052
950	0,0245	0,049
1000	0,0235	0,047
1050	0,0220	0,044
1100	0,0210	0,042
1150	0,0200	0,040
1200	0,0195	0,039
1250	0,0185	0,037
1300	0,0180	0,036
1400	0,0165	0,03
1500	0,0155	0,0313
1600	0,0145	0,029

Die zur Messung kommenden Zellulosen werden 24 Stunden in einen konditionierten Raum bei 20° C und 65% rel. Luftfeuchtigkeit ausgelegt und dann eingewogen. Alsdann wird getrennt hiervon eine Wasserbestimmung ausgeführt, die zur Errechnung des Faktors benutzt wird.

Von den so vorbereiteten Proben wird die nach der Tabelle festzusetzende Menge in braune 50-cm³- oder 100-cm³-Meßkolben mit Schliff eingewogen. Da der oxydative Abbau der Zellulose in Lösung durch Licht beschleunigt wird, müssen unbedingt braune Meßkolben verwendet werden; in die Kolben wird zur Vermeidung des oxydativen Abbaues eine Spatelspitze Kupferchlorür, etwa 0,05 bis 0,1 g gegeben. Präparate von Merck und von Schering-Kahlbaum haben sich bewährt. Weiter wird der 50-cm³-Kolben mit 0,5 g, der 100-cm³-Kolben mit 1,0 g Kupferhydroxyd beschickt. Das Kupferhydroxyd muß glatt in Ammoniak löslich sein und wird am besten selbst hergestellt nach der unten angeführten Vorschrift. Sodann wird der Kolben bis zur Marke mit etwa 20- bis 24proz. wässeriger Ammoniaklösung aufgefüllt und mit dem im oberen Teil leicht eingefetteten Schliffstopfen verschlossen. Der Stopfen wird durch um den ganzen Kolben herumgelegte Gummibänder oder durch eine Klammer gesichert. Zur schnelleren Lösung der Zellulose wird der Kolben auf einer langsam rotierenden Welle oder einem Rad befestigt. Je nach Polymerisationsgrad der Zellulose dauert der Lösungsvorgang verschieden lange; nach etwa 10 Stunden ist er in allen Fällen beendet. Am besten wird die Lösung am Abend angesetzt und ist dann am nächsten Morgen zur Messung fertig.

Die Bauart des Viskosimeters ist aus der Abbildung ersichtlich. Zwei Viskosimeter befinden sich in einem durch Wärmeregulator und Propeller- oder Druckluft-Blasenrührer auf 20° C ± 0,1° gehaltenen Wasserbad, da die Viskosität abhängig von der Temperatur ist. Am besten wird die Viskositätsapparatur in einem thermokonstanten Raum aufgestellt. Sollte die Temperatur des Raumes über 20° C betragen, so muß die Temperatur des Wasserbades durch eine Kühlschlange reguliert werden. Die Einführung der Meßlösung erfolgt durch ein im unteren Bogen des Viskosimeters angesetztes Rohr, das, in einem Gummistopfen sitzend, durch einen Schliff die Verbindung zu der unterhalb des Thermostaten befindlichen Einfüllvorrichtung herstellt. Die Hähne *E*, *F*, *G* beider Viskosimeter sind gemeinsam angeschlossen an eine 250-cm³-Gaswaschflasche nach MUENCKE, die bis etwa 1 cm über die innere Austrittsöffnung mit Wasser beschickt ist. Dadurch sind die Viskosimeter gegen Luft abgeschlossen, und gleichzeitig ist ein dauernder Ausgleich auf Atmosphärendruck gegeben.

Die Viskositätsmessung geht folgendermaßen vor sich: Nach Entfernen des Stopfens wird der Kolben durch den unteren Schliff *A* bei geschlossenen Hähnen *B*, *C*, *D*, *E* mit der Apparatur verbunden und auf das in der Höhe einstellbare Stativ gestellt. Das Aufnahmerohr für die Lösung reicht bis zum Boden des Kolbens. Der Hahn *B* wird geöffnet, aus einer Bombe entnommener Stickstoff tritt in den Kolben ein. Durch Öffnung des Hahnes *C* wird die Lösung in das Viskosimeter hinaufgedrückt. Nach Füllung der beiden unteren rechten Kugeln *H* und *J* wird der Hahn *C* geschlossen, der Hahn *E* kurz geöffnet und wieder geschlossen. Durch den Dreiwegehahn *G* wird die Lösung in die Kugel *L* gedrückt, bis oberhalb der oberen Marke *M*; Der Dreiwegehahn *G* wird wieder in die Ausgangsstellung zurückgebracht, der Stickstoffzustrom ist dadurch unterbunden, der Überdruck im Viskosimeter entweicht. Die Flüssigkeitssäule reißt am unteren Kapillarenaustritt ab, die Lösung oberhalb der Kapillare beginnt durch die Kapillare zu strömen. Mit der Stoppuhr wird die Zeit gemessen vom Augenblick, wo der untere Meniskus der Flüssigkeit die obere Marke *M* durchläuft bis zum Augenblick, wo er durch die untere Marke *N* eintritt.

Nach Beendigung der Messung wird die Lösung durch Öffnen des Hahnes *D* aus dem Viskosimeter abgelassen. Ein neuer Kolben wird bei *A* angeschlossen und das Viskosimeter mit der neuen Lösung in der gleichen Weise durchgespült wie die Messung nach der obigen Vorschrift ausgeführt wurde. Diese Spülflüssigkeit wird ebenfalls durch Hahn *D* abgelassen und nun das Viskosimeter mit der neuen Lösung zur Messung gefüllt. Ebenso erfolgt die Messung der Durchlaufzeit des reinen Lösungsmittels, also der Lösung von Kupferchlorür und Kupferhydroxyd in Ammoniakwasser.

Eine hin und wieder erforderliche gründliche Reinigung des Viskosimeters wird in gleicher Weise durchgeführt, nur, daß aus dem Kolben statt der Lösung Chromschwefelsäure und anschließend Wasser durch das Viskosimeter gedrückt werden, die durch die oberen Hähne *E*, *F*, *G* und einen zwischen diesen und der Druckausgleichflasche befindlichen Dreiwegehahn abgesogen werden.

Die Abmessungen des Viskosimeters gehen aus der Abbildung hervor. Die Maße der Kapillare sind 5 cm Länge und 0,3 ··· 0,4 mm Weite. Das Viskosimeter selbst kann aus gewöhnlichem Glas hergestellt werden. Geliefert wird die ganze Apparatur von der Firma *Greiner & Friedrichs G.m. b. H.*, Stützerbach i. Thür.

Herstellung des Kupferhydroxyds: 250 g reines Kupfersulfat werden in einem 2-Liter-Becherglas in 1250 cm³ Wasser gelöst und zum Sieden gebracht. Unter Umrühren läßt man aus einem Tropftrichter konzentrierte Ammoniaklösung in die siedende Lösung tropfen, bis die über dem gebildeten grünen Niederschlag stehende Lösung einen violetten Farbton annimmt; es werden ungefähr 150 cm³ verbraucht. Der Niederschlag wird abfiltriert und mit Wasser gründlich gewaschen. Es wird dann mit Wasser von 30° C (nicht höher) angeteigt und mit einer ebenfalls 30° warmen Lösung von 60 g Ätznatron in 800 cm³ Wasser verrührt. Man läßt die Mischung unter häufigem Rühren 10 Minuten stehen, filtriert dann ab und wäscht mit Wasser alkalifrei; zum Schluß wird mit Aceton durchgewaschen und bei Temperaturen nicht über 40° C im Vakuumtrockenschrank oder im Exsikkator getrocknet. Das Produkt wird durch ein Kupferdrahtnetz hindurchgetrieben.

Messung der Filterverstopfungskonstante (k_w-Konstante) nach FaChemFa Zst 1. Nach HERMANS und BREDÉE[1] besteht bei der ersten Filtration einer normalen Viskose unter der Voraussetzung eines konstanten Filterdruckes zwischen der Filtrationszeit t und der zugehörigen Filtratmenge M die Beziehung

$$\frac{k_w}{2} \cdot t = \frac{t}{M} - \frac{1}{S_0}. \tag{1}$$

S_0 bedeutet dabei die Anfangsgeschwindigkeit der Filtration, während k_w die sog. Verstopfungskonstante darstellt.

Diese Verstopfungskonstante k_w ist das Maß für die Zunahme der Verstopfung während der Filtration und praktisch unabhängig von der zufälligen allgemeinen Filtrationsgeschwindigkeit, die von Viskoseviskosität und Filtrationsdruck beeinflußt wird. Dagegen ist die Verstopfungskonstante abhängig von der Art des verwendeten Filterbelages und von der Größe der verwendeten aktiven Filterfläche, die deshalb beide für die Zwecke der vergleichsweisen Viskoseprüfung genormt sind.

Als Filterstütze und Filterfläche gilt eine kreisrunde Eisenplatte oder rostfreie Edelstahlplatte von 3 mm Dicke. Diese Platte ist mit 124 Bohrlöchern von 3 mm Durchmesser im jeweiligen Abstand von 2 mm und ringartiger Anordnung versehen. Das entspricht einer aktiven Filterfläche von 8,77 cm³, was aber für die Berechnung unberücksichtigt bleibt. Es gilt diese konventionelle Filterfläche als Einheit.

Die Filtration wird mit 2,0 atü Druck ausgeführt. Für die Ermittlung der Verstopfungskonstanten bestimmt man

1. die Viskosemenge P_1 in Gramm, die in der Filtrationszeit 0 bis 20 Minuten ausfließt,

2. die Viskosemenge P_2 in Gramm, die in der Filtrationszeit 20 bis 60 Minuten ausfließt.

Daraus errechnet sich die Verstopfungskonstante nach der Formel

$$k_w = 100\,000 \cdot \frac{\left(2 - \frac{P_2}{P_1}\right)}{P_2 + P_1}. \tag{2}$$

Der Faktor 100000 dient dazu, der Verstopfungskonstante k_w eine handliche Größenordnung zu geben. Dadurch stimmt die nach Gl. (2) errechnete Konstante k_w mit der in Gl. (1) auftretenden Konstanten k_w nur dann überein, wenn in Gl. (1) M in Doppelzentnern gemessen wird. Hierdurch wird jedoch die Prüfmethode nicht berührt, für die nur die Formel (2) Verwendung findet. Die Formel (2) läßt sich für alle Fälle anwenden, in denen $t_1 : t_2$ gleich 1:3 gewählt ist. Für beliebige Werte

[1] HERMANS u. BREDÉE: Rev. Trac. chim. Pays-Bas 54, 680 (1935).

t_1 und t_2 lautet die Berechnungsformel

$$k_w = 200\,000 \cdot \frac{\frac{t_2}{P_2 + P_1} - \frac{t_1}{P_1}}{t_2 - t_1} \tag{3}$$

Die Zeiten t_1 und t_2 zählen dabei beide vom Nullpunkt ab.

Die Gl. (3) kommt nur in Anwendung für den Fall, daß bei der Messung die vorgeschriebene Abnahmezeit von 20 bis 60 Minuten nicht genau innegehalten worden ist und man die Messung nicht wiederholen will. Die Wahl der Zeiteinheit, ob Minuten oder Sekunden, ist dabei bei Gl. (3) gleichgültig. Im Normalfall benutzt man dagegen ausschließlich die äußerst einfache und handliche Formel (2). Die in Gl. (1) auftretende Größe S_0, die Anfangsgeschwindigkeit der Filtration, läßt sich aus den Meßdaten P_1 und P_2 errechnen nach der Formel

$$S_0 = \frac{P_1}{P_2} \cdot \frac{P_1 + P_2}{30} \text{ g/Min.} \tag{4}$$

Da diese Größe aber lediglich von dem Widerstand des hier verwendeten Filterbelages, dem Filtrationsdruck und der Viskosität abhängt, hat sie für die Bewertung des Zellstoffs selbst keine Bedeutung.

Der Filterapparat besteht aus einem 2,5 Liter fassenden Eisenrohr mit 85 mm lichter Weite, an dessen unterer Verschraubung die Filterplatte festgehalten wird, während durch die oben aufgeschraubte Kappe die Zuführung des Druckes stattfindet.

Da für jeden Viskoseansatz eine Reinigung und Trocknung des Apparates notwendig ist, wurde bei der Konstruktion ausdrücklich Wert auf geringes Gewicht, leichte Zerlegbarkeit und gute Zugänglichkeit aller Teile gelegt, was sich durch die glatte Zylinderform und die angewendete Überwurfverschraubung am besten verwirklichen läßt. Deshalb wurde davon abgesehen, Manometer, Sicherheitsventil und Entlüftungshahn am Druckgefäß selbst anzubringen. Diese Gegenstände sind vielmehr in den Druckzuleitungsschlauch (Gummi mit Gewebeeinlage, 10 mm lichte Weite) eingeschaltet und auf diese Weise vor Viskose und Befeuchtung geschützt. Bei der Konstruktion der Verschraubung für die Filterplatte wurde besondere Aufmerksamkeit darauf gelegt, daß sich die Filterplatte samt Filter beim Anschrauben der Überwurfmutter nicht mitdrehen kann, deshalb die Trennung in Überwurfmutter und Auslauftrichter, dessen oberer Teil das direkte Anpressen der Filterplatte besorgt und durch zwei in Vorsprünge eingreifende Aussparungen eine Drehbewegung verhindert.

Bevor man das Filtergefäß in Kopfstandlage mit Viskose füllt, wird eine kleine Verschlußkappe auf die Druckeintrittsöffnung von Hand aufgedreht. Der für die Filtration notwendige Filtrationsdruck von 2,0 atü wird zweckmäßig einer Stickstoffbombe mit Reduzierventil entnommen. Angebracht ist der Einbau eines zweiten Reduzierventils in die Leitung, dem man durch das erste Reduzierventil eine konstante Vorspannung von 4 atü gibt. Hinter diesen Reduzierventilen sind Manometer, Sicherheitsventil und Entlüftungshahn und nach etwa 150 cm Schlauchleitung der Filtrierapparat selbst angeordnet. Falls die örtlichen Verhältnisse es zweckmäßig erscheinen lassen, kann selbstverständlich das Apparategestell so konstruiert werden, daß ein Öffnen des Filtrierapparates direkt an dem im Gestell sitzenden Apparat vorgenommen werden kann.

Da sich während der Bestimmung die Viskosität der zu prüfenden Viskose nicht ändern darf, müssen Viskosetemperatur und Prüfungstemperatur übereinstimmen.

Das unten geöffnete Filtriergefäß, dessen Druckluft-Eintrittsöffnung im oberen Deckel durch die kleine Verschlußkappe verschlossen wurde, wird in Kopfstandstellung in einen Schraubstock eingespannt und mit der zu prüfenden Viskose gefüllt. Nun wird die auf der Filterplatte plan liegende und zurechtgeschnittene Filterkomposition samt Filterplatte aufgelegt, der Andrücktrichter darauf gestülpt und so lange von Hand angedrückt, bis die Überwurfmutter von Hand so weit zugedreht ist, daß beim Loslassen kein Verrutschen des Filters stattfinden kann. Schließlich wird die Überwurfmutter mit einem Hebelschlüssel straff festgedreht, der Apparat vom Schraubstock entfernt, in die normale Lage gebracht, die obere Verschlußkappe entfernt und der Anschluß an die Druckleitung hergestellt.

Das Einschalten des Druckes nehme man nicht schlagartig, sondern langsam innerhalb von etwa 5 Sekunden vor. Die Messung beginnt, wenn der erste Tropfen Viskose im Auffanggefäß erscheint. Man stellt die Ausflußmenge für 0 bis 20 Minuten und für 20 bis 60 Minuten Filtrationsdauer fest. Die Zeiten sollen auf Sekunden eingehalten werden (Stoppuhr). Andernfalls ist die Abweichung zu notieren und an Stelle der Formel (2) die Formel (3) anzuwenden.

Kürzere Meßzeiten als die angegebenen zu benutzen, erweist sich als untunlich, da alle aus Zellulose bestehenden Filter die Eigenschaft haben, erst nach etwa $^1/_4$ Stunde Filtrationsdauer ihre endgültige Porengröße zu erreichen[1].

Die Messung wird stets an einer genormten Viskose ausgeführt, die nach der S. 174 gegebenen Vorschrift hergestellt wird.

Bestimmung der Filterrückstandswerte (U. F. Werte nach JAYME und SCHOELLER[2]). Der Zellstoff wird mit einem Messer fein geschabt, und die groben Stücke werden aussortiert. Vom lufttrockenen Stoff wird eine Menge ausgewogen, die 4,24 g atro Alpha-Zellulose entspricht. Diese wird mit 50 cm³ 17,5 gewichtsprozentiger Natronlauge von 20° C übergossen, gut durchmischt und eine halbe Stunde im Thermostaten von 20° C stehengelassen. Während dieser Zeit wird eine 11 G 2-Fritte tariert und der Hahn des Zweiweghahn-Zugabegerätes mit fettfreiem Schmiermittel abgedichtet. Nach Ablauf der halben Stunde wird die Lauge durch die 11 G 2-Fritte abfiltriert, und der Stoff gleichmäßig mit der flachen, gut passenden Flasche gepreßt und gleichzeitig die hemihaltige Lauge abgesaugt, bis das gewünschte Preßgewicht auf $\pm$ 0,05 g erreicht ist. (Bei 26 g etwa 32 cm³ Filtrat.) Der Faserkuchen wird mit einem Spatel fein zerteilt und in das Xanthogenierungsgefäß gefüllt. Dieses wird mit dem Zugabeaufsatz verschlossen und evakuiert. Nun gibt man den Schwefelkohlenstoff zu. Der Aufsatz gestattet es, den Schwefelkohlenstoff aus einer Mikrobürette in das Aufsatzrohr einzufüllen, das mit dem Finger nach dem Zugeben verschlossen wird. Durch Drehung des Zweiwegehahns wird der Schwefelkohlenstoff in das vorher evakuierte Gefäß eingelassen und der Finger abgehoben. Die in das Gefäß einströmende Luft spült den evtl. noch im Aufsatzrohr vorhandenen CS_2 in das Xanthogenierungsgefäß Nach dem Druckausgleich wird der Hahn verschlossen. Die Zeit vom Beginn des Absaugens der Lauge bis zum Einlassen der Luft in die Flasche soll 35···45 Minuten betragen. Die Flasche wird in einen Thermostaten gestellt, in dem sie je nach der Xanthogenierungsdauer unter Temperaturkontrolle bleibt. Unter Berücksichti-

[1] Die Apparatur wird gebaut von der Firma Emil Blaschke, Berlin-Tegel.

[2] SCHOELLER Diss. T. H. Darmstadt **1945**, S. 98.

gung des noch in der Faser verbliebenen Alkalis wird eine verdünnte titrierte Natronlauge bereitgestellt, die nach Zugabe zum Xanthogenat insgesamt 450 cm³ 4- bzw. *x*proz. Natronlauge ergibt. Nach Beendigung der Xanthogenierung wird der Hahn geöffnet und der noch nicht verbrauchte Schwefelkohlenstoff an einer Wasserstrahlpumpe — in der Regel genügen 10 Minuten — weggesaugt (Kontrolle durch Geruchsprobe). Jetzt nimmt man den Aufsatz ab und füllt das Xanthogenat in eine vorher tarierte 1-Liter-Pulverflasche. 450 cm³ Lauge und das Xanthogenat werden im Thermostaten bei 20° C bis zur homogenen Fasersuspension gerührt, der Rührer wird mit 50 cm³ Lauge abgespült, die Flasche mit der Viskose wird auf ± 3,0 g gewogen, verschlossen, gut durchgeschüttelt, und ca. 130 ··· 150 g Viskose werden in ein vorher tariertes Zentrifugenglas auf ± 0,1 g eingewogen. Die Lösung wird 10 Minuten bei ca. 2500 Umdrehungen pro Minute zentrifugiert, und die überstehende Lösung abgegossen; der Rückstand wird mit 80 cm³ Lauge aufgerührt, nochmals 10 Minuten zentrifugiert, und dieser Vorgang je nach Fasermenge mehrmals wiederholt. Anschließend wird mit ca. 60 cm³ Wasser so oft zentrifugiert, bis beim Ansäuern und Erwärmen der abdekantierten Lösung kein Schwefel mehr ausfällt. Dann wird mit 50 cm³ 5 volproz. Essigsäure zentrifugiert. Alle abgegossenen Lösungen werden durch eine vorher konstant gewogene Glasfritte 2 G 3 filtriert; sollte sich eine Fritte festsaugen, nimmt man eine zweite, um die Versuchsdauer abzukürzen. Nach dem Abgießen der Essigsäure wird der faserige Rückstand auf die Fritte gegeben, mit ca. 1 Liter Wasser ausgewaschen, mit ganz wenig Bikarbonat, in Wasser gelöst, übergossen, angesaugt, 5 Minuten stehengelassen, abgesaugt, mit Wasser abgespült, mit Methylorange auf Neutralisation geprüft und mit 1 Liter Wasser nachgewaschen. Zum Abschluß wird der Faserkuchen 5 Minuten lang mit 96proz. Alkohol stehengelassen. Der Rückstand wird in der Fritte bis zur Gewichtskonstante bei 105° C getrocknet. Es berechnet sich U.F. in % zu:

$$\text{U. F. \%} = \frac{100 \times \text{g ungelöste Fasern} \times \text{g Gesamtviskose}}{\text{g atro Alpha-Zellulose} \times \text{g Einwaageviskose}}.$$

Messung des Mercerisier-Widerstandes nach BARTUNEK[1]. Der Messung liegt folgender Gedanke zugrunde: Der Zellstoff wird bei einer zur vollständigen Mercerisierung unzureichenden Natronlaugen-Konzentration (85 g/l) alkalisiert und zugleich mit überschüssigem CS_2 (250%) sulfidiert. Der Faserrückstand wird mit Natronlauge gleicher Konzentration durch Zentrifugieren ausgewaschen und bestimmt.

Ausführung. 0,500 g Zellstoff (atro gerechnet), in Stückchen von 5 × 5 mm geschnitten, werden im 50-cm³-Weithals-Lösezylinder mit 50 cm³ Natronlauge (85 g/l) versetzt, der Rührkörper eingebracht, der Zylinder mit 1,00 cm³ CS_2 beschickt und mit Gummibandsicherung verschlossen. Der Zellstoff wird durch wenige Schüttelbewegungen von Hand in knötchenfreie Suspension gebracht. Der Lösezylinder wird 6 Stunden in der Sturzmühle bei 20 ± 1° in Bewegung gehalten (10 ··· 15 Umdrehungen pro Minute) und über Nacht bei gleicher Temperatur stehen gelassen. — Dann wird mit Natronlauge von 85 g/l und 20° in ein 150 cm³ Schleuderglas gespült, nach dem Umrühren 5 Minuten abgeschleudert und das klare Zentrifugat verworfen. Der Rückstand im Schleuderglas wird so oft mit der Natronlauge von 85 g/l verdünnt, verrührt und abgeschleudert, bis das Zentrifugat farblos ist. Ein 5 ··· 6 maliges Dekantieren genügt meistens. Nach dem letzten Dekantieren wird der Rückstand

[1] BARTUNEK: Cellulosechem. **22**, 56 (1944).

im Schleuderglas mit 50 cm^3 10proz. Salzsäure angesäuert und in einen Porzellan-Filtertiegel gespült, mit etwa 25 cm^3 1proz. Ammoniak-Lösung neutralisiert und ausgewaschen. Der Filtertiegel samt Rückstand wird bei 105° getrocknet, gewogen, geglüht und nochmals gewogen. Der Mercerisier-Widerstand wird in % ungelöster Fasermenge angegeben.

In Sonderfällen kann auch mit Natronlauge höherer oder tieferer Konzentration alkalisiert werden; dann wird die Konzentration als Index der Angabe beigefügt, z. B. M.-W. 75.

Die bei verschiedenartigen Chemiefaser-Zellstoffen erzielten Werte liegen zwischen 1 und 85%, die von normalen guten Fichtensulfit-Zellstoffen bei etwa 10%.

Messung des Sulfidier-Widerstandes nach BARTUNEK: Der Zellstoff wird bei einer zur Mercerisation ausreichenden Natronlaugen-Konzentration (200 g/l) alkalisiert, aber mit einer zur vollständigen Sulfidierung nicht ausreichenden CS_2-Menge (25%) sulfidiert. Gelöst wird bei einer Natronlaugen-Konzentration von 100 g/l. Der Faserrückstand wird mit Natronlauge gleicher Konzentration (100 g/l) durch Zentrifugieren ausgewaschen und bestimmt.

Ausführung. 0,500 g Zellstoff (atro gerechnet), in Stückchen von 5 × 5 mm geschnitten, werden im 50-cm^3-Weithals-Lösezylinder mit 0,7 cm^3 H_2O und anschließend mit 16,7 cm^3 Natronlauge (300 g/l) übergossen, nach Einführung des Rührkörpers mit 0,10 cm^3 CS_2 aus einer Mikrobürette versetzt, wie oben verschlossen und aufgeschlagen. Die Zylinder laufen 5 Stunden bei 20 ± 1°, werden mit 25 cm^3 H_2O aufgefüllt und eine weitere Stunde laufen gelassen. — Die Rückstand-Bestimmung wird wie beim Mercerisier-Widerstand durchgeführt, aber das Auswaschen mit Natronlauge von 100 g/l vorgenommen. Der Sulfidier-Widerstand wird in % ungelöster Fasermenge angegeben.

In Sonderfällen kann auch mit größeren und kleineren CS_2-Mengen gearbeitet werden, dann wird die SC_2-Menge der Angabe beigefügt, z. B. S.-W. 15.

Messung des Viskosier-Widerstandes. Unter dieser Bezeichnung wird von BARTUNEK der Mittelwert aus Mercerisier- und Sulfidier-Widerstand verstanden.

6. Kapitel.

Allgemeine technische Grundlagen der Reyon- und Zellwollspinnerei.

Unter „Spinnen" versteht man im klassischen, technologischen Sinne die Vereinigung vieler natürlicher Fasern zu einem Garn. Der Vorgang, der nach verschiedenen Arbeitsweisen vorgenommen werden kann, beruht auf einem Gleichrichten, Verziehen und Zusammendrehen der Fasern. Demgegenüber ist das Spinnen von Reyon und Zellwolle ein gänzlich anders verlaufender Prozeß. Hier handelt es sich darum, die Zellulosefasern oder chemische Umwandlungsprodukte derselben in geeigneten Lösungsmitteln aufzulösen und durch Verdunstenlassen der Lösungsmittel oder durch Ausfällen aus ihrer Lösung die Zellulose bzw. die Umwandlungsprodukte in Fadenform wieder abzuscheiden. Die Herstellung dieser Fäden erfolgt also in gänzlich anderer Weise als bei der einleitend erwähnten klassischen Spinnerei. Während jedoch der Begriff „Spinnen" beim Reyon eindeutig ist und stets in der richtigen Weise verstanden wird, läßt er bei der Zellwolle Verwechslungen zu. Hier kann Spinnen sowohl die chemische Herstellung der Fasern als auch die Garnbildung aus ihnen in der mechanischen Spinnerei bedeuten.

Die Herstellung von Reyon und Zellwolle nach dem Viskoseverfahren gliedert sich in drei Phasen: Die erste umfaßt die Herstellung der Spinnlösung, der „Viskose". Der Teil des Werkes, in dem dieser Prozeß vorgenommen wird, wird mit „Viskosefabrik" bezeichnet. Die zweite Phase stellt die eigentliche „Spinnerei" dar; in diesem Betriebsteil geht die Faden- bzw. Faserbildung aus der Viskose vor sich. Die gesponnene Faser wird durch eine chemische Nachbehandlung gereinigt und dann getrocknet. Die dritte Phase endlich umschließt die Überführung des Materials in den verkaufs- und verarbeitungsfähigen Zustand. Der Werksteil, dem diese Aufgabe zufällt, wird mit „Textilbetrieb" bezeichnet. Er fehlt in der Zellwollfabrik, da hier die geschnittene Faserflocke höchstens noch einen Öffner passiert, bevor sie in Ballen gepackt wird.

I. Die Herstellung der Viskose.

Die Herstellung der Viskose geht im einzelnen so vor sich, daß der Zellstoff zunächst in die Alkalizellulose übergeführt wird. Dies geschieht durch Behandlung mit Natronlauge einer ganz bestimmten Konzentration. Man nennt die Natronlaugenbehandlung „Tauchen". Der getauchte Zellstoff wird von der überschüssigen Lauge abgepreßt und im Anschluß daran vermahlen oder zerfasert, wodurch eine weiße, krümelige Masse entsteht. Die zerfaserte Alkalizellulose wird mit Schwefelkohlenstoff behandelt, wodurch sich das rötlich braune Natriumzellulosexanthogenat, oder kurz Xanthogenat oder auch Xanthat genannt, bildet. Diesen Vorgang nennt man „Sulfidieren". Das Xanthogenat ist in verdünnter Natronlauge löslich. Die Lösung des Xanthogenates in Natronlauge stellt die Spinnlösung, die „Viskose" dar. Wenn die Sulfidierung unmittelbar an der frisch zerfaserten Alkalizellulose vorgenommen wird, so wird die Viskose außerordentlich zähflüssig. Um sie dann unter normalen Drucken spinnen zu können, muß man mit Spinnlösungen von geringem Zellulosegehalt arbeiten. Da dies unwirtschaftlich wäre, setzt man in den weitaus meisten Fällen die Zähflüssigkeit der Viskose künstlich herunter. Zu diesem Zwecke läßt man die zerfaserte Alkalizellulose längere Zeit in geeigneten Gefäßen ruhig stehen. Hierbei findet eine Alterung der Alkalizellulose statt, wodurch nach dem Lösen in Natronlauge eine dünnflüssigere Viskose erhalten wird. Diesen Vorgang bezeichnet man mit „Reife der Alkalizellulose" oder „Vorreife".

Das Auflösen des Xanthogenates in der Natronlauge nennt man „Lösen". Die Spinnlösung wird dann zur Beseitigung von Fremdstoffen mehrmals durch Filterpressen filtriert, sodann entlüftet und eine bestimmte Zeit bei niedriger Temperatur aufbewahrt. Dieser Prozeß wird mit „Reife der Viskose" oder „Nachreife" bezeichnet. Durch ihn erhält die Viskose eine bessere Spinnbarkeit. Sobald die Viskose eine bestimmte Zustandsform erreicht hat, wird sie den Spinnmaschinen zugeführt.

Diese Vorgänge sind bei der Reyon- und Zellwollfabrik grundsätzlich die gleichen. (Siehe Schema I, S. 193.)

In neuer Zeit wird die Alkalisierung vielfach an bereits zerfasertem Zellstoff oder an flockenförmigem Zellstoff vorgenommen. In diesem Falle nennt man die Behandlung des Zellstoffes mit der Natronlauge „Maischen". Der Werdegang der

Viskose vollzieht sich dann wie Schema II zeigt. An das Abpressen des mit Natronlauge behandelten Zellstoffes muß sich in diesem Falle noch ein Mahlprozeß anschließen, um den abgepreßten Brei für die Reife und die Sulfidierung vorzubereiten.

I. Arbeitsgänge in der Viskosefabrik.
(Altes Verfahren)

Tauchen des Zellstoffes
↓
Abpressen
↓
Zerfasern
↓
Reife der Alkalizellulose
↓
Sulfidieren
↓
Lösen
↓
Reife der Viskose
↓
Spinnlösung

II. Arbeitsgänge in der Viskosefabrik.
(Neues Verfahren)

Zerfasern des Zellstoffes
↓
Maischen
↓
Abpressen
↓
Mahlen
↓
Reife der Alkalizellulose
↓
Sulfidieren
↓
Lösen
↓
Reife der Viskose
↓
Spinnlösung

In diesem Falle geschieht die Herstellung der Alkalizellulose meist in einem kontinuierlichen Arbeitsgang. Hierbei sind zwei Verfahren möglich, die sich dadurch voneinander unterscheiden, daß in dem einen Falle die Reife der Alkalizellulose vor dem Zerfasern vorgenommen wird, während sie in dem anderen Falle nach dem Zerfasern erfolgt.

II. Das Spinnen.

Die Spinnlösung wird durch Düsen mit verschiedener Lochzahl in das „Spinnbad", auch „Fällbad" genannt, gedrückt. In diesem entstehen die Fäden. Die nassen, noch plastischen Fäden werden dabei von verschiedenartigen Aufnahmeorganen abgezogen und gesammelt. Beim Reyon geschieht dies auf Walzen, auf Spulen oder in kleinen Zentrifugen. Man unterscheidet dementsprechend

Walzenverfahren,
Spulenverfahren,
Zentrifugenverfahren.

Das letztere wird zuweilen auch Topfspinnverfahren genannt. Man spricht auch von „Spinntopf" an Stelle von „Spinnzentrifuge". Bei der Zellwolle wird das frische Fadenbündel meist auf einem aus Gummi bestehenden Transportband gesammelt, auf dem es weitergeführt wird. Man kann es auch in einer Rinne durch eine strömende Flüssigkeit fortführen.

Die frischen Fäden führen eine größere Menge des sauren Spinnbades mit sich, sie müssen daher vor der weiteren Verarbeitung zunächst entsäuert werden. Dies geschieht durch eine ausreichende Wäsche mit Wasser. Beim Walzen- und Spulenverfahren verbleibt das Reyon während dieser Behandlung auf den Walzen bzw. Spulen. Beim Zentrifugenverfahren wird der in der Zentrifuge entstandene Fadenwickel, den man „Spinnkuchen" nennt, vor dem Waschen aus dem Spinntopf herausgenommen und noch in saurem Zustand in den Strang übergeführt. Die Säure wird dann erst durch Waschen des Stranges entfernt. Das Entsäuern des Reyon und der Zellwolle kann auf verschiedene Weise vorgenommen werden.

Die neutral gewaschenen Gespinste werden nunmehr in Trockenschränken oder Trockenkanälen getrocknet, wobei sie im Falle des Walzen- und Spulenverfahrens gleichfalls wieder auf diesen Aufnahmeorganen verbleiben. Werden beim Zentrifugenspinnverfahren die Stränge noch sauer gehaspelt, so nimmt man nach dem Entsäuern der Stränge keine Trocknung vor, sondern schließt die übrigen, noch notwendigen Bäder gleich an den Entsäuerungsvorgang an.

Das Fadenbündel bei der Zellwolle wird nach dem Entsäuern gleichfalls nicht getrocknet, sondern ebenfalls gleich den weiteren Behandlungsbädern zugeführt. Es kann auch in saurem Zustand schon in kleine Teile, sog. „Stapel" zerschnitten werden. In diesem Falle geschieht die Entsäuerung und weitere Nachbehandlung „in der Flocke" oder „im Vlies".

Es soll der Vollständigkeit halber erwähnt werden, daß man Viskose auch ohne Benutzung eines Spinnbades, also trocken verspinnen kann, wie dies bei dem Azetatreyon üblich ist. Diese Verfahren haben aber praktisch keine Bedeutung erlangt[1].

III. Die Textilbetriebe.

Die weitere Behandlung des Reyon richtet sich nun nach dem Spinnverfahren. Zunächst unterscheiden sich die nach den verschiedenen Spinnverfahren erhaltenen Reyonfäden insofern grundsätzlich dadurch voneinander, als das nach dem Walzen- und Spulenverfahren erhaltene Reyon aus parallel zueinander liegenden, also „ungedrehten" Einzelfädchen besteht, während beim Zentrifugenverfahren der frische Faden schon beim Auffangen durch die Zentrifuge eine Drehung erhält. Da ungedrehtes Reyon nur in Sonderfällen verwendbar ist, muß nach dem Walzen- und Spulenverfahren erhaltenes Reyon nachträglich gedreht werden. Dies geschieht auf den Zwirnmaschinen. Da die Walzen wegen ihrer Größe und ihrer Gewichte aber nicht auf die Spindeln der Zwirnmaschinen aufgesteckt werden können, so muß das Reyon beim Walzenverfahren von den Walzen erst auf kleinere Spulen oder Bobinen umgespult werden. Wir haben also beim Walzenverfahren einen zusätzlichen Umspulprozeß. Beim Spulenspinnverfahren werden die getrockneten Spinnspulen unmittelbar den Zwirnmaschinen vorgelegt.

Das gezwirnte Reyon wird auf den Zwirnmaschinen von den „Zwirnspulen" aufgenommen. Diese gelangen jetzt in die Haspelei, der die Herstellung der Stränge obliegt. Von den senkrecht aufgestellten Zwirnspulen werden die Fäden nach oben „über Kopf" von dem Haspel abgezogen.

Der Spinnkuchen wird gleichfalls über Kopf gehaspelt, und zwar wird das Haspeln, wie schon erwähnt, am sauren Kuchen ausgeführt.

Die gehaspelten Stränge werden auf dem Haspel aufliegend mit bunten Unterbändern („Fitzbändern") versehen, die man an mehreren Stellen quer durch den Strang zieht. Man nennt diesen Arbeitsvorgang „fitzen". Diese Unterbindung ist aus dem Grunde erforderlich, damit der Strang sich bei den nun folgenden Behandlungen sowie später bei der Weiterverarbeitung beim Verarbeiter nicht verwirrt

---

[1] Näheres siehe bei HOFFMANN: Papierfabr. **39**, 14 (1941); Zellw., Kunsts., Seide **46**, 87 (1941).

und nach Lösen und Entfernen der Fitzbänder einwandfrei abgearbeitet werden kann. Da beim Zentrifugenverfahren das Fitzen am nassen, sauren Material geschieht, muß es mit besonderer Sorgfalt geschehen, damit die zarten Einzelfädchen nicht beschädigt werden.

Die gefitzten Stränge werden nunmehr entschwefelt und chemisch fertiggestellt. Zu diesem Zwecke werden sie der Behandlung in einer Reihe von Bädern unterworfen.

III. Arbeitsgänge in der Reyonfabrik.

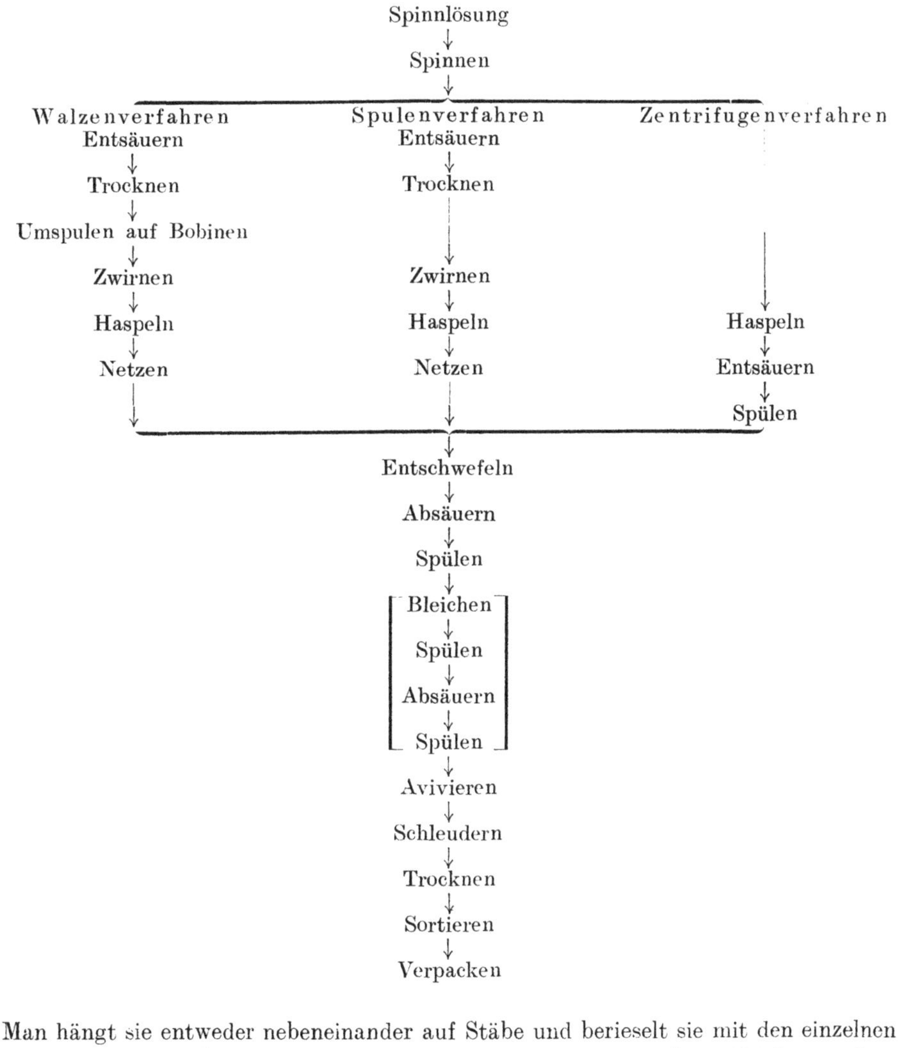

Man hängt sie entweder nebeneinander auf Stäbe und berieselt sie mit den einzelnen Behandlungsflüssigkeiten, oder man zieht sie mechanisch wie beim Färbeprozeß in den Behandlungsbädern um. Walzen- und Spulenreyon wird zunächst mit Wasser genetzt. Dann gelangt es in das Entschwefelungsbad. Zentrifugen-Reyon wird vor dem Eingehen in das Entschwefelungsbad erst durch Wasser entsäuert. An das Entschwefelungsbad schließt sich, wenn nötig, ein Bleichbad an. Zuletzt werden die Stränge in ein Avivagebad gegeben, damit ihnen der erforderliche Griff verliehen wird. Die Zahl der Bäder ist recht groß, da nach jedem Bad wieder ausreichend gespült werden muß. Im Falle der Bleiche muß so zunächst das Bleichbad abgespült werden, dann muß abgesäuert oder ein Antichlorbad gegeben werden. Schließlich muß die Säure oder das Antichlor wieder restlos ausgewaschen werden. Zwischen den einzelnen Bädern läßt man einige Zeit abtropfen.

Die avivierten Stränge werden zu Paketen zusammengefaßt, durch Ausschleudern von dem überschüssigen Avivagebad befreit, dann auf Stäbe gehängt und in Trockenkanälen getrocknet.

Nunmehr erfolgt die Sortierung. Jeder Strang wird auf Fehler durchgesehen und entsprechend klassifiziert.

Die sortierten Stränge werden nach Qualitätsklassen getrennt verpackt.

Die gleiche chemische Behandlung macht die Zellwolle durch, und zwar entweder in Form der Flocke oder in Form des noch unzerschnittenen Fadenbündels. Im letzteren Falle wird erst das avivierte, noch nasse Fadenbündel auf Stapel geschnitten. Das nasse Fasermaterial wird durch Schleudern oder Abquetschen so weit als möglich entwässert und in besonders konstruierten Trockenkanälen getrocknet. Hierbei entsteht ein ziemlich klumpiges Material, das zweckmäßig vor dem Packen mechanisch etwas geöffnet wird.

Der besseren Übersicht halber sind die einzelnen Behandlungsweisen von Reyon und Zellwolle gleichfalls noch einmal schematisch wiedergegeben (siehe Schema III und IV).

IV. Arbeitsgänge in der Zellwollfabrik.

Spinnlösung
↓
Spinnen

Schneiden	
↓	↓
Entsäuern	Entsäuern
↓	↓
Spülen	Spülen
↓	↓
Entschwefeln	Entschwefeln
↓	↓
Spülen	Spülen
↓	↓
Absäuern	Absäuern
↓	↓
Spülen	Spülen
↓	↓
Avivieren	Schneiden
↓	↓
	Avivieren

Trocknen
↓
(Öffnen)
↓
Verpacken

IV. Direkte oder abgekürzte Spinnverfahren.

Wie ein Blick auf das S. 195 wiedergegebene Schema für die Herstellung des Reyon zeigt, ist eine Vielzahl von Operationen erforderlich. Man hat sich daher schon lange mit der Frage beschäftigt, ob dieser lange Herstellungsweg nicht abzukürzen sei.

Insbesondere ist die bei Walzen- und Spulenreyon erforderliche zweimalige Trocknung unwirtschaftlich. Es kommt hinzu, daß die lang andauernde Behandlung des Reyon in Strangform mit den verschiedenen chemischen Bädern eine unvermeidliche qualitative Schädigung mit sich bringt. Ferner mußte man erkennen, daß der Strang für viele Zwecke der Weiterverarbeitung keine sehr geeignete Aufmachungsform darstellt. Fast für alle Zweige der Weiterverarbeitung ist der Strang unzweckmäßig, er muß daher von dem Verarbeiter wieder auf Spulen gebracht werden. Es ergab sich für die Reyonindustrie daher als logisches Ziel, den Strang zu umgehen und das Reyon gleich in Form eines geeigneten Spulkörpers an die Verbraucher zu liefern. Schließlich muß in diesem Zusammenhang noch erwähnt werden, daß der Strang stets nur ein bestimmtes Höchstgewicht und somit auch nur eine beschränkte Fadenlänge aufweisen kann, da er sonst nicht mehr verarbeitungsfähig ist. Dies führt zwangsläufig dazu, daß in die Fertigwaren verhältnismäßig viele Knoten hineinkommen. Alle diese Faktoren veranlaßten die Reyonfabriken dazu, nach Änderungen der alten Spinnmethoden zu suchen, wobei das Ziel war, unter Umgehung der Strangform unmittelbar Spulen mit möglichst großem Fassungsvermögen herzustellen. Die zur Erreichung dieses Zieles eingeschlagenen Wege führten zu den sog. „abgekürzten“ oder „direkten“ Spinnverfahren.

Die Lösung der oben aufgezeigten Aufgabe erwies sich aber als überaus schwierig, und es mußte in jahrelanger Arbeit eine ungeheure Mühe aufgewandt werden, um zu befriedigenden Lösungen zu kommen.

Die Hauptschwierigkeit, die sich bei der Verwirklichung dieses Zieles ergab, beruht auf den Folgen der eigenartigen Schrumpfungsverhältnisse des frischen Reyonfadens. Der beispielsweise auf eine Spule aufgesponnene frische Faden erfährt zunächst beim Entsäuern eine Kontraktion. In noch stärkerem Maße tritt eine Verkürzung des Fadens beim ersten Trocknungsprozeß, also bei der ersten Entquellung, ein. Die Entsäuerung und erste Trocknung erfolgt aber beim Walzen- und Spulenverfahren auf den Fadenaufnahmeorganen, also auf einer unnachgiebigen Unterlage. Dies hat zur Folge, daß der Faden in den unteren Lagen des Gespinstes, die also auf der Spule oder Walze aufliegen, nicht schrumpfen kann. Er trocknet daher unter Spannung. Wird nunmehr der Faden in Strangform gebracht und als Strang durch die chemischen Behandlungsbäder gegeben, so wird bei dem erneuten Netzen die Spannung ausgelöst, und der Faden schrumpft nunmehr ungehindert. Hierdurch gelangt das Reyon in einen stabilen Zustand, an dem sich später nichts mehr ändert. Wenn in der Reyonfabrik nun das Reyon aber auf den Walzen bzw. Spulen vollkommen fertiggestellt wird, so gelangt es in nicht ausgeschrumpftem, labilem Zustand in die Hände des Verarbeiters, und es findet erst im Laufe der Weiterverarbeitung der Spannungsausgleich statt, der sich sonst schon bei der Strangwäsche in der Reyonfabrik vollzogen hätte. In solchen Fällen, in denen das Reyon zunächst in die Strangfärberei kommt, spielen diese Verhältnisse keine Rolle. Die Schrumpfung setzt hier sofort beim Naßmachen des Reyon ein, und der Färber liefert ein einwandfrei ausgeschrumpftes Reyon ab.

Ganz anders liegen diese Verhältnisse aber, wenn das so hergestellte Reyon nicht in Strangform gefärbt wird, sondern wenn es gleich in rohem Zustand zu Wirk- und Webwaren verarbeitet wird, die dann erst im fertigen Stück gefärbt werden. Dann tritt die Schrumpfung des Reyon erst beim Färben der Stücke auf. Es ist nun zu bedenken, daß die Schrumpfung innerhalb des Reyonfadens keineswegs gleichmäßig vor sich gehen kann, und zwar aus dem Grunde, weil nur die der unnachgiebigen Spule am nächsten liegenden Fadenlagen unter Spannung getrocknet sind, während die weiter nach außen liegenden mehr oder weniger stark schrumpfen konnten, da sie auf den in etwa nachgiebigen unteren Fadenlagen auflagen. Die Folge dieser ungleichmäßigen Schrumpfungsverhältnisse im Gewebe ist das Auftreten von Spannfäden, die einen erhöhten Glanz aufweisen. Ferner werden durch die Schrumpfung einzelner Fäden im Gewirk oder Gewebe die neben diesen Spannfäden liegenden Gewebeteile mit zusammengezogen, sie werden daher wellig, eine Erscheinung, die man in der Weberei mit „boldern" bezeichnet. Diese Fehler machen die Ware unverkäuflich. Verliefe die Schrumpfung gleichmäßig über die ganzen Fadenlängen, so würde sich die Erscheinung so auswirken, daß die Gewebe in der Länge und Breite um einen gewissen Betrag eingehen. Dies ließe sich durch entsprechend losere Einstellung der Waren ausgleichen. Diese Verhältnisse spielen bei den im 22. Kapitel noch zu beschreibenden kontinuierlichen Spinnverfahren eine Rolle.

Der Gedanke lag nun nahe, daß das nach dem Zentrifugenverfahren hergestellte Reyon den Fehler nicht zeigen würde, da ja hier keine feste, unnachgiebige Unterlage vorhanden ist, die die freie Schrumpfung behindern kann. In der Tat erwies sich ein in Form von Spinnkuchen getrocknetes Reyon in dieser Beziehung als einwandfrei. Dies gilt — und darauf muß ausdrücklich hingewiesen werden — aber nur für verhältnismäßig dünne Spinnkuchen mit geringer Fadenlänge und unter der Voraussetzung, daß die Kuchen bei möglichst niedriger Temperatur, also möglichst langsam getrocknet wurden. Bei dicken Spinnkuchen mit großer Fadenlänge, wie sie heute aus wirtschaftlichen und qualitativen Gründen hergestellt werden, zeigt sich überraschenderweise dieselbe Erscheinung wie bei solchem Reyon, das auf Walzen oder Spulen getrocknet wird. Dies hat seinen Grund darin, daß die nassen Fadenlagen im Spinnkuchen so fest und kompakt sind, daß sie genau wie ein unnachgiebiges Spulenmaterial wirken. Gewirke und Gewebe aus einem auf diese Weise hergestellten Zentrifugenreyon werden daher genau so fehlerhaft wie solche aus direkt hergestelltem Walzen- und Spulenreyon.

Die Wege, die man eingeschlagen hat, um diesen Fehler auszumerzen, sind mannigfaltig:

Zunächst hat man versucht, die Fäden schon beim Spinnprozeß so zu beeinflussen, daß sie nach der Trocknung auf der Spule in bezug auf ihre Spannungsverhältnisse gleichmäßig sind. Das Verfahren hat sich nicht in die Praxis eingeführt.

Alsdann sind Spinnspulen konstruiert worden, die — sei es durch Zusammenklappen oder auf andere Weise — der Schrumpfung des Reyonfadens beim Entsäuern und Trocknen nachgeben können. Die so gesponnenen Spulen lassen sich aber nicht einwandfrei zwirnen, da die Fadenlagen zu weich und locker werden. Dies gilt wenigstens für die Etagenzwirnmaschine, bei der die Spule mit dem Reyon auf die sich drehenden Zwirnspindeln gesetzt wird. Auf der Ringzwirnmaschine, bei der der Faden von der ruhenden Spule „tangential" abgerollt oder über Kopf abgezogen werden kann, müßte diese Arbeitsweise theoretisch möglich sein. Offenbar wird aber auch nach diesem Verfahren in der Praxis nicht gearbeitet.

Der dritte Weg ist der, das fertige Reyon auszuschrumpfen. Sofern noch die Strangform hergestellt werden soll, werden die Stränge in einem Avivagebad noch einmal kurze Zeit genetzt und dann wieder getrocknet. Dieser Weg ist gangbar und wird in der Praxis angewandt, erfordert aber wie die alten Verfahren eine zweimalige

Trocknung. Soll die Strangform in der Reyonfabrik umgangen werden, so ist das nachträgliche Ausschrumpfen schwierig. Die Arbeitsweise, zu der man beim Spulenverfahren schließlich gekommen ist, besteht darin, daß man das auf den Spulen fertig gewaschene Reyon auf Etagen- oder Doppeldrahtzwirnmaschinen zwirnt, auf diesen Zwirnmaschinen aber keine feste Zwirnspule herstellt, sondern den Faden auf eine Manschette aus Blech oder dgl. auflaufen läßt, die man nach dem Zwirnen aus den Fadenlagen herausziehen kann. Man erhält auf diese Weise einen spinnkuchenähnlichen „Zwirnwickel". Dieser wird dann erneut genetzt und — teilweise nach in bestimmter Form vorgenommener Deformation — getrocknet. Auf diese Weise kann man eine Ausschrumpfung erhalten. Es ist hierbei zu berücksichtigen, daß durch den Umspulprozeß beim Zwirnen die zuvor unten auf der Spinnspule liegenden Fadenlagen nunmehr die oberen Lagen des Zwirnwickels sind, was für die Ausschrumpfung günstig ist. Nach diesem Verfahren wird in großem Maßstabe in der Praxis gearbeitet. Das Verfahren erfordert aber auch eine zweimalige Trocknung.

Ein weiterer Weg, der von einigen Reyonfabriken beschritten wird, besteht darin, daß man die Gespinste teilt und die unteren Fadenlagen sowie die oberen getrennt aufspult und verkauft. Diese Lösung kann nur als Notbehelf angesprochen werden und ist auch insofern nicht einwandfrei, als immer noch geringe Schrumpfungsdifferenzen in den Fäden vorhanden sind. Die Arbeitsweise erschwert außerdem die Übersichtlichkeit des Betriebes und belastet die Lagerhaltung.

Gleichfalls als Notbehelf muß die Arbeitsweise angesprochen werden, die darin besteht, daß man auf die Spulen eine ziemlich dicke Schicht Reyon aufspinnt und dann erst auf diese den frischen Faden auflaufen läßt. Der untere Fadenfilz wirkt dann gleichsam wie eine nachgiebige Spule, und die eigentlichen Gespinste gleichen dann den Außenteilen bei getrennten Gespinsten. Gegen irrtümliches Mitabzwirnen dieser Unterlage kann man sich dadurch schützen, daß man für die Herstellung der unteren Fadenschicht eine mit echten Farbstoffen angefärbte Viskose verwendet.

Bei dem Zentrifugenreyon kommt man, wenn man die Schrumpfungsdifferenzen bei dicken Spinnkuchen ausgleichen will, zwangsläufig zu folgenden Überlegungen: Da der Fehler dadurch zustande kommt, daß die äußeren Fadenlagen auf dem unnachgiebigen Filz der Innenlagen trocknen, müßte der Trockenprozeß so geleitet werden, daß die Trocknung ganz systematisch von innen nach außen erfolgt.

Nachdem also die erste Innenlage getrocknet und somit eingeschrumpft ist, könnte die nächste Lage beim Trocknen schrumpfen usw. Diese Leitung des Trockenprozesses ist technisch schwierig, wird aber praktisch angewandt und läßt sich am leichtesten im Vakuum durchführen. In neuester Zeit erlangt für diesen besonderen Zweck auch die Hochfrequenztrocknung sowie die Infrarot-Trocknung Bedeutung.

Ferner hat man empirisch festgestellt, daß man einwandfrei ausgeschrumpfte Kuchen erhalten kann, wenn man die Kuchen, notfalls unter Deformation, mehrfach netzt und trocknet. Ein vollständiges Netzen durch Eintauchen des Kuchens ist nicht immer unbedingt erforderlich. Es genügt teilweise auch, die Kuchen in Kammern nach einem bestimmten, durch Versuche festgelegten Rhythmus abwechselnd zu befeuchten und zu trocknen. Diese Methoden sind aber umständlich und führen auch nicht sicher zu einwandfreien Ergebnissen.

Schließlich können auch Spinnkuchen in Innen- und Außenlagen der Gespinste getrennt zur Ablieferung gebracht werden.

Aus dieser Zusammenstellung geht hervor, daß die direkten Spinnverfahren, über die Einzelheiten im 21. Kapitel gebracht werden, keine wesentliche Abkürzung des Arbeitsganges mit sich gebracht haben. Wenn in ihnen trotzdem ein wirtschaftlicher und technischer Fortschritt liegt, so beruht das darauf, daß es auf diesen Wegen möglich ist, viel längere Gespinste ohne Knoten herzustellen sowie eine höhere Ausbeute an einwandfreiem Reyon zu erzielen, da die schädlichen Strangbehandlungsprozesse in Fortfall kommen.

Im vorstehenden ist gezeigt worden, worauf es bei den direkten oder abgekürzten Spinnverfahren ankommt, und es soll nunmehr auf diese selbst eingegangen werden. Das Kennzeichnende an den direkten oder abgekürzten Spinnverfahren ist, daß die bei den alten Verfahren in Strangform vorgenommenen chemischen Behandlungen, wie Entschwefelung, Bleiche und Avivage (vgl. das Schema auf S. 200) schon auf den Spinnspulen bzw. im Spinnkuchen unmittelbar im Anschluß an die Entsäuerung durchgeführt werden. Das gesponnene Material verbleibt also während dieser ganzen Behandlungsgänge unberührt auf den Walzen bzw. Spulen sowie in der Form des Spinnkuchens. Es ist einleuchtend, daß auf diese Weise eine größtmögliche Schonung des empfindlichen Fadenmaterials gewährleistet ist. Die Verlegung der Waschgänge auf die Walze oder Spule setzt allerdings einen außerordentlich präzisen Aufbau der Spulkörper voraus, da sonst leicht Ungleichmäßigkeiten bei den einzelnen Behandlungen entstehen können, die meist zu färberischen Schwierigkeiten führen.

Das in Form des Spinnkuchens bzw. beim Walzen- und Spulenverfahren in Form des Zwirnwickels getrocknete Material kann durch Umspulprozesse in alle möglichen Aufmachungsformen übergeführt werden. Bevorzugt werden zylindrische und konische Kreuzspulen, die unmittelbar weiterverarbeitet werden können. Beim Zentrifugenverfahren hat sich teilweise auch der direkte Versand der Spinnkuchen eingeführt, die entweder von besonderen kleinen Häspeln tangential oder durch Anwendung besonderer Spulvorrichtungen über Kopf abgezogen werden können. Auf dieselbe Weise können auch Zwirnwickel verarbeitet oder unmittelbar versandt werden.

Für manche Zwecke ist nach wie vor der Strang erforderlich. In diesem Falle werden die getrockneten, ausgeschrumpften Zwirnwickel bzw. die ausgeschrumpften Spinnkuchen zu Strängen gehaspelt.

Das nachstehende Schema V (s. S. 201) erläutert die bei den direkten Spinnverfahren erforderlichen Arbeitsgänge.

V. Kontinuierliche Spinnverfahren.

Wie schon angedeutet, zeichnet sich als neueste Entwicklung auf dem Gebiete der Reyonherstellung die Ausarbeitung kontinuierlicher Spinnverfahren ab. Wie im 22. Kap. noch näher geschildert wird, sind Versuche, Reyon in einem fortlaufenden Arbeitsgang zu spinnen, schon verhältnismäßig früh aufgenommen worden. Die außerordentliche Schwierigkeit der Materie ließ jedoch zahlreiche Versuche scheitern, und es konnten bis jetzt beim Viskosereyon lediglich drei Verfahren bis zur Betriebsreife durchentwickelt werden, nämlich die von der *Industrial Rayon Comp.* und der Fa. *Oscar Kohorn u. Co.* geschaffenen amerikanischen Verfahren und das britische „Nelson-Verfahren“.

V. Arbeitsgänge bei einem direkten Spinnverfahren in der Reyonfabrik.

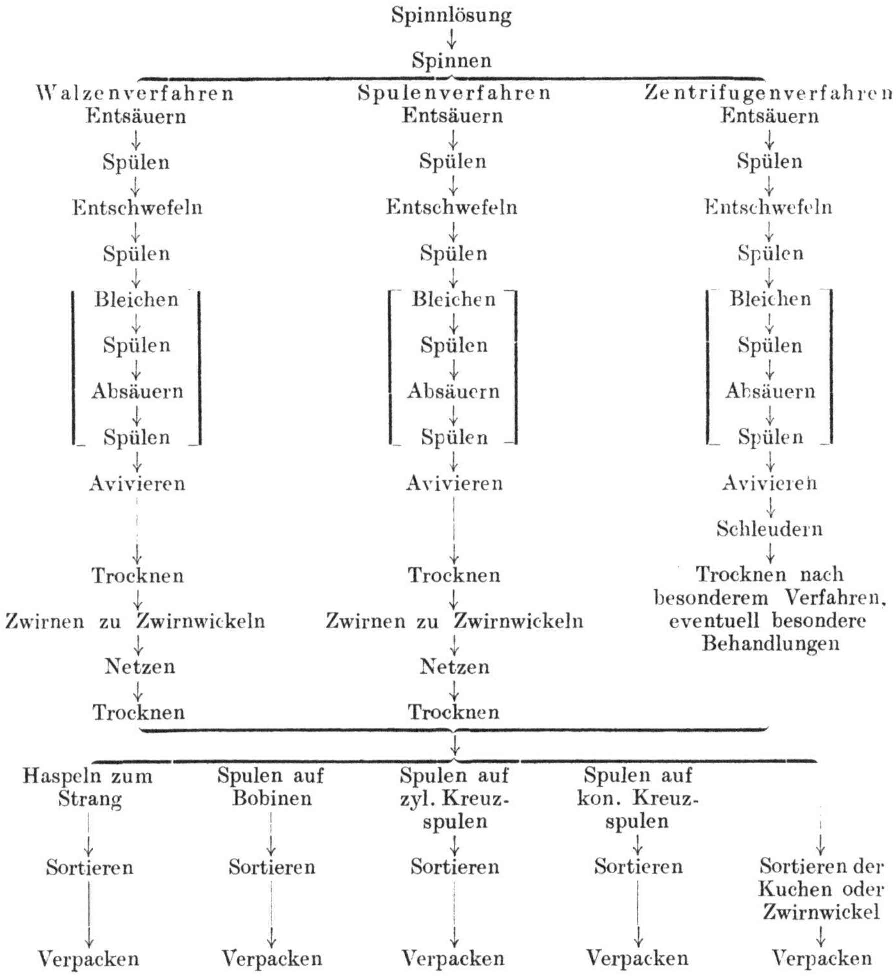

Den kontinuierlichen Spinnverfahren liegt der Gedanke zugrunde, alle Arbeitsgänge, also das Waschen, Trocknen und Zwirnen, nacheinander an einem fortlaufenden Faden durchzuführen. Es leuchtet ein, daß hierdurch eine ganz erhebliche Ersparnis an Raum, Maschinen und Löhnen erzielt, und daß der Faden noch weitgehender als bei einem abgekürzten Spinnverfahren geschont wird.

Aber auch bei den kontinuierlichen Verfahren macht die restlose Beseitigung der Schrumpfung noch Schwierigkeiten, und es kann hier schon der eingehenden Beschreibung vorweggenommen werden, daß die völlige Beseitigung der Schrumpfung bisher nicht gelungen ist. Ein grundlegender Unterschied zwischen einem abgekürzten und einem kontinuierlichen Spinnverfahren auf diesem Gebiete liegt aber darin, daß die Schrumpfung bei einem kontinuierlichen Spinnverfahren über die ganze Fadenlänge *gleichmäßig* erfolgt, daß also in der Fertigware keine Fehler durch ungleichmäßige Schrumpfung entstehen können. Aus nicht ausgeschrumpftem, kontinuierlich gewonnenem Reyon hergestellte Waren schrumpfen daher bei Naßprozessen völlig gleichmäßig, und der Verarbeiter kann bei der Einstellung des Gewebes oder Gewirkes die Größe des Schrumpfungsbetrages berücksichtigen.

Die Notwendigkeit, Reyon so wirtschaftlich wie möglich herzustellen, läßt die einschlägige Industrie in allen Ländern an der weiteren Ausbildung der kontinuierlichen Spinnverfahren arbeiten, so daß gewiß weitere Erfolge zu erwarten sind.

7. Kapitel.

Die Herstellung und Regenerierung der Natronlaugen.

Für die Herstellung der Alkalizellulose sowie für die Auflösung des Xanthogenates werden in der Viskosefabrik große Mengen Natronlauge benötigt. Diese kommt in zwei verschiedenen Konzentrationen zur Anwendung. Die Alkalisierung der Zellulose wird, wenn lufttrockener Zellstoff zum Einsatz kommt, fast allgemein mit Natronlauge von einer Konzentration von etwa 18% durchgeführt. In manchen Betrieben, besonders in solchen, in denen nach dem Maische-Alkalisierungsverfahren gearbeitet wird, wird mit einer etwas höheren Laugenkonzentration gearbeitet. Auch bei Buchenzellstoff hat sich eine etwas höhere Konzentration als 18% als zweckmäßig erwiesen.

Das Auflösen des Xanthogenates erfolgt in einer Natronlauge von 4%.

Die Wirtschaftlichkeit des Betriebes macht eine möglichst weitgehende Regenerierung der für die Herstellung der Alkalizellulose benutzten Lauge erforderlich. Die Herstellung der Laugen, ihre Einstellung auf die richtige Konzentration sowie die Regenerierung der Ablaugen erfolgt in einem besonderen Betriebsteil, den man mit „Laugenstation“ bezeichnet.

I. Die Stark- oder Frischlauge.

Die Natronlauge wird in neuerer Zeit durchweg in Kesselwagen bezogen, während man sie früher in den Chemiefaserwerken durch Auflösen von Ätznatron selbst bereitete. Sie enthält 50···55% Ätznatron. Meist unterhalten die Werke jedoch aus Sicherheitsgründen ein kleines Lager in festem Ätznatron in eisernen Trommeln.

Zur Auflösung werden die Ätznatrontrommeln zunächst an mehreren Stellen mit einem starken Beil aufgeschlagen. Es ist jedoch besser, den Trommelinhalt vollständig von dem Eisenmantel zu befreien, da auf diese Weise weniger Schmutz in die Lauge gelangt. Mit Hebezeugen wird die Trommel bzw. der Ätznatronkern dann in das Lösegefäß eingelegt. Die Lösegefäße können verschiedene Formen haben. Sie werden teils mit zylindrischem, teils mit quadratischem oder rechteckigem Querschnitt gebaut. Praktischer sind die quadratischen oder rechteckigen Gefäße dann, wenn man das Ätznatron mehrerer Trommeln gleichzeitig lösen will, man kann dann die Trommeln nebeneinander in das Lösegefäß einlegen. Um ein möglichst schnelles Auflösen des Ätznatrons zu erreichen, ist unterhalb des oberen Drittels des Gefäßes ein Rost oder ein mit runden Löchern versehener Zwischenboden angebracht, auf den man die Ätznatrontrommeln legt. Alsdann füllt man das Gefäß soweit mit Wasser, bis das Ätznatron vollkommen bedeckt ist. Das Gefäß wird nunmehr durch einen Deckel verschlossen, um die atmosphärische Luft abzuschließen. Auf diese Weise wird verhütet, daß zuviel Karbonat entsteht. Die Apparatur wird dann sich selbst überlassen.

Die Ätznatronlösegefäße arbeiten alle nach dem gleichen Prinzip: Das Lösewasser reichert sich in der Nähe der Trommel zunächst mit Ätznatron an, und die entstandene Natronlauge sinkt infolge ihres höheren spezifischen Gewichtes nach unten. Das dort befindliche Wasser wird durch die Lauge nach oben gedrängt und kommt jetzt seinerseits mit dem Ätznatron in Berührung. Auf diese Weise entsteht ein Kreislauf der Flüssigkeit, die die Auflösung des Ätznatrons wesentlich beschleunigt. Unmittelbar auf den Rost bzw. Siebboden kann man eine Dampfschlange legen, um den Lösungsvorgang einzuleiten. Eine dauernde Erwärmung ist nicht erforderlich, da bei der Auflösung des Ätznatrons eine beträchtliche Wärmemenge frei wird.

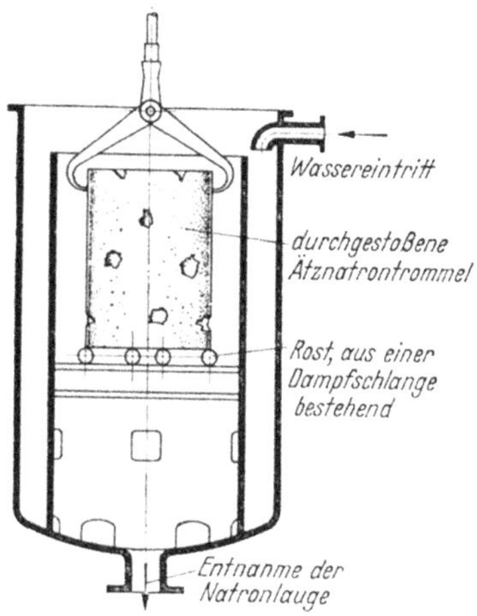

Abb. 90. Apparat zum Auflösen von Ätznatron. (Nach WISMER.)

In der Abb. 90 ist ein Beispiel für eine einfache Ätznatronauflöseapparatur gegeben[1]. Die Wirkungsweise geht ohne weiteres aus der Abbildung hervor.

Sehr gut bewährt haben sich auch die Ätznatronauflöser in der Form, wie sie von der *Salge-Bühler-Gesellschaft m. b. H.*, Berlin W 62, gebaut werden. Sie beruhen gleichfalls auf dem oben geschilderten Prinzip, weisen aber einige konstruktive Eigenarten auf[2]. Ein solcher Apparat zur Aufnahme einer Ätznatrontrommel ist in Abb. 91 dargestellt. Eine Zufuhr von Dampf kann bei dieser Konstruktion vollkommen unterbleiben.

Wie aus der Abbildung ersichtlich ist, besitzt das die beiden Behälter verbindende Rohr einen Mantel, der mit einem Mantel des Auflösebehälters in Verbindung steht, während das innere Rohr unmittelbar mit dem Innenraum des Lösegefäßes gekoppelt ist. Die Natronlauge, die sich zunächst im Löseraum gebildet hat, sinkt durch das innere Rohr nach unten und drückt das Wasser bzw. später die dünnere Lauge durch das äußere, vom Mantel gebildete Rohr nach oben in das Lösegefäß, wodurch der Kreislauf zustande kommt. Der zu lösende Block wird also immer wieder von neuem mit Lauge bespült. Die Umlaufgeschwindigkeit der Lauge kann durch ein Regelorgan eingestellt werden, das durch einen auf dem unteren Behälter angebrachten Hebel betätigt werden kann. Für die Auflösung einer Ätznatrontrommel von 300 kg Gewicht benötigt man bei dieser Apparatur nur eine Zeit von $1^1/_2$ bis 2 Stunden.

Abb. 91. Ätznatronlöser der Fa. Salge-Bühler-Gesellschaft m. b. H., Berlin.

[1] Die Überlassung dieser Konstruktionsskizze verdanke ich Herrn H. WISMER, Techn. Büro, Zürich, dem ich auch für viele andere technische Hinweise zu Dank verpflichtet bin.
[2] DRP. 414852; DRP. 449986.

Die bezogenen oder selbst bereiteten Laugen enthalten Verunreinigungen, die in der Hauptsache aus abgeschiedenen Karbonaten sowie Hydroxyden bestehen. Von diesen muß die Lauge befreit werden. Zu diesem Zwecke stellt man sie zweckmäßig durch Verdünnen mit Wasser auf einen Ätznatrongehalt von etwa 30% ein und pumpt sie in einen zylindrischen, stehenden Dekantierkessel, in dem man sie längere Zeit absitzen läßt. Das Absitzen der Verunreinigungen geht bei dieser Konzentration verhältnismäßig schnell vonstatten, während Lauge höherer Konzentration in dieser Beziehung Schwierigkeiten macht. Das Dekantiergefäß geht zweckmäßig unten in einen konischen Teil über, in dem sich der Schlamm sammelt, der von Zeit zu Zeit abgestoßen wird. Die so geklärte Lauge kann durch Zentrifugieren einer weiteren Reinigungsoperation unterzogen werden.

Für das Zentrifugieren stehen mehrere Apparaturen zur Verfügung, von denen der Alfa-Laval-Separator, die Westfalia-Klärschleuder und die Cepa-Zentrifuge erwähnt werden sollen. Die beiden erstgenannten sind sog. Vielkammerschleudern. Bezüglich ihrer Wirkungsweise siehe WEIGEL[1].

Der Alfa-Laval-Separator wird von der *Bergedorfer Eisenwerke Aktiengesellschaft*, Hamburg-Bergedorf, gebaut. Sein Hauptmerkmal ist der völlige Luftabschluß und die Vermeidung einer Berührung der zu klärenden Flüssigkeit mit dem die Trommel umgebenden Medium. Die zu klärende Lauge wird von unten durch die hohle Welle der Trommel zugeführt und somit der Schleuderkraft ausgesetzt, ohne vorher in Wirbelung versetzt zu werden. In ähnlicher Weise erfolgt der Austritt der geklärten Lauge vom Oberteil der Trommel aus. Die Leistung beträgt bis zu 12000 l je Stunde. Man läßt die zu behandelnde Lauge mit einem Druck von etwa 3 kg/cm^2 eintreten; die geklärte Lauge verläßt den Separator mit dem gleichen Druck. Ist ein höherer Druck erforderlich, so kann in den Separator eine Zulaufpumpe eingebaut werden, die die Erzielung eines Druckes bis zu 6 kg/cm^2 gestattet. Abb. 92 zeigt den Alfa-Laval-Separator, Abb. 93 die Westfalia-Klärschleuder der Firma *Ramesohl u. Schmidt*, Ölde.

Bei der von der Firma *Carl Padberg*, Düsseldorf, gebauten Schnellzentrifuge (Abb. 94) erfolgt die Klärung der Flüssigkeit in einem sich mit 15···45000 Touren in der Minute drehenden, langen, zylindrischen Rohr von nur geringem Durchmesser.

Die so durch Zentrifugieren gereinigte Lauge wird in große Vorratskessel (Abb. 95) gepumpt. Sie führt den Namen „Starklauge“ oder „Frischlauge“.

II. Die Tauchlauge bzw. Maischlauge.

Zur Alkalisierung des Zellstoffes wird aus der Starklauge die „Tauchlauge“ bzw. beim Maischalkalisierverfahren die „Maischlauge“ bereitet. Dies geschieht durch Verdünnen der Starklauge mit Wasser und aus dem Betrieb zurückkommender Gelblauge bzw. Sieblauge oder Regeneratlauge (s. weiter unten) auf die erforderliche Konzentration und wird in einem besonderen Behälter vorgenommen, der mit dem Starklaugenbehälter durch eine Rohrleitung verbunden ist.

Die Förderung der Laugen geschieht durch eiserne Kreiselpumpen. Die Pumpen müssen für den dauernden Betrieb in der Reyon- und Zellwollfabrik bestimmten Ansprüchen genügen. Neben großer Betriebssicherheit wird vor allem verlangt, daß sie weder im Betrieb noch beim Stillstand Flüssigkeit austreten lassen. Außerdem

[1] WEIGEL: Zellw., Kunsts., Seide **56**, 144 (1941).

muß Vorsorge getroffen werden, daß die Pumpe keine Luft saugt. Diese Forderungen haben zum Bau von Sonderkonstruktionen geführt.

Um eine innige Durchmischung der Starklauge mit dem zur Verdünnung zugeleiteten Wasser bzw. der Gelb-, Sieb- oder Regeneratlauge zu erzielen, kann der Behälterinhalt am Boden des Gefäßes abgesaugt und von oben wieder eingepumpt werden. Alle Pumpen sind zweckmäßig tiefer als die Behälter selbst anzuordnen, damit die Flüssigkeiten durch das eigene Gefälle in die Pumpen fließen können. Von dem Mischbehälter aus leitet man die auf die richtige Konzentration eingestellte Lauge in Vorratsbehälter. Es sind stets mehrere Behälter für Tauchlauge bzw. Maischlauge vorhanden, damit immer ein genügender Laugenvorrat vorhanden ist und auch durch die Einstellung der richtigen Konzentration kein Aufenthalt im laufenden Betrieb entsteht.

Abb. 92. Alfa-Laval-Separator der Bergedorfer Eisenwerke, Hamburg-Bergedorf.

Abb. 93. Westfalia-Klärschleuder der Fa. Ramesohl u. Schmidt, Oelde/Westf.

Die Einstellung der richtigen Temperatur erfolgt zweckmäßig durch Einbau von Wärmetauschern in die Zuflußleitung zu den Vorratsbehältern. Entsprechend wird der Raum, in dem die Vorratsbehälter stehen, temperiert.

III. Die Gelblauge.

Die nach dem Tauchen des Zellstoffes aus den Tauchbehältern abfließende Lauge führt den Namen „Gelblauge". Die Änderungen, die die Tauchlauge durch die Berührung mit dem Zellstoff erleidet, bestehen einerseits in der Abnahme der Alkalikonzentration um etwa 1···2%. Dieses Alkali wird zur Bildung der Natronzellulose der Lauge entzogen. Andererseits belädt sich die Tauchlauge während der Berührung mit dem Zellstoff mit Verunreinigungen anorganischer und organischer Natur. Die anorganischen Verunreinigungen bestehen in der Hauptsache aus Rostteilchen aus den Tauchwannen und Rohrleitungen. Als organische Verunreinigungen sind in der Tauchlauge Fasern aus dem Zellstoff enthalten, die beim Tauchprozeß mechanisch abgelöst werden, sowie ein Teil der alkalilöslichen Zelluloseanteile sowie andere alkalilösliche Körper aus dem Zellstoff, die in der Technik unter dem Namen „Hemizellulose" zusammengefaßt werden. Außer diesen genannten Verunreinigungen enthält die Ablauge Karbonat, da beim Tauchprozeß die Lauge mit der atmosphärischen Luft in Berührung kommt.

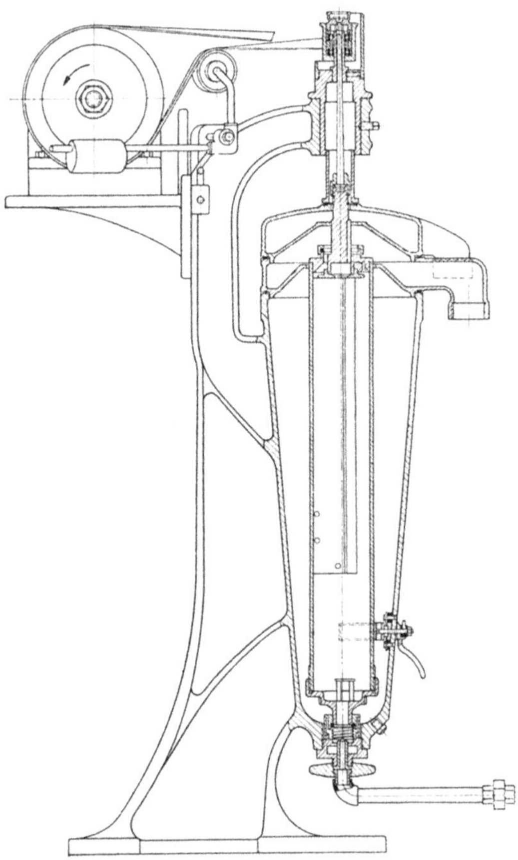

Abb. 94. Cepa-Schnellzentrifuge der Fa. Carl Padberg, Düsseldorf.

Die Gelblauge wird in großen Behältern gesammelt und nach Absitzenlassen zum Ansetzen neuer Tauchlauge verwendet, indem man sie mit Starklauge wieder auf die erforderliche Ätznatronkonzentration einstellt. Hierbei ist zu beachten, daß durch die Wiederverwendung der Gelblauge Hemizellulose in das Tauchsystem gelangt. Der Gehalt der Tauchlauge oder Maischlauge an Hemizellulose darf aber eine bestimmte, durch Erfahrung ermittelte Größe nicht übersteigen. Ein zu großer Betrag an Hemizellulose ergibt eine schlechte Filtration der Viskose, wie schon im 5. Kap. ausgeführt wurde, — und zwar besonders dann, wenn bei einem Wechsel des Zellstoffes noch erhebliche Mengen artfremder Hemizellulose vorhanden sind — und eine Chemiefaser mit schlechten Festigkeitswerten, was sich hauptsächlich in der Naßfestigkeit sowie noch mehr nach alkalischen Kochungen zu erkennen gibt, mit deren Vornahme in der Färberei später gerechnet werden muß. Außerdem bewirkt ein hoher Gehalt an Hemizellulose im fertigen Faden ein anderes Verhalten den Farbstoffen gegenüber, was gleichfalls als unerwünscht zu bezeichnen ist. Der Gehalt an Hemizellulose soll im allgemeinen nicht höher als 1···2% sein. Besser ist es jedoch, bei einem niedrigeren Hemizellulosegehalt zu bleiben.

Übersteigt der Gehalt an Hemizellulose in der Lauge das zulässige Maß, so ist beim Tauchen dafür zu sorgen, daß weniger Gelblauge anfällt bzw. daß bei der Maischalkalisierung weniger Sieblauge (siehe weiter unten) zurückgenommen wird. Dies geschieht dadurch, daß man einen entsprechend größeren Teil Ablauge zur Regeneration gehen läßt.

Die in das Tauchsystem zurückzuführende Gelblauge wird zweckmäßig durch ein Filter gegeben. Neben organischen Verunreinigungen, die beim Tauchen in die Lauge geraten sind, werden hierdurch faserige Verunreinigungen des Zellstoffs zurückgehalten, was sich günstig auf die Viskosefiltration auswirkt.

Die Filtration der kolloiden Hemizellulosen ist praktisch nur mit Hilfe der sog. Anschwemmfilter zu erreichen, wie sie z. B. von den *Seitz-Werken*, Bad Kreuznach, gebaut werden[1]. Auch die

Abb. 95. Vorratsbehälter für Frischlauge. Ansicht aus einem Werk der Vereinigte Glanzstoff-Fabriken A. G.

Abb. 96. Anschwemmfilter der Fa. Seitz-Werke, Bad Kreuznach.

Filter der Firma *Fritz Scheibler*, Wuppertal, sind als Anschwemmfilter zu verwenden. Das Prinzip dieser Filter beruht auf der Verwendung eines faserigen Filter-

[1] Näheres siehe bei Meyer: Zellw., Kunsts., Seide **46**, 172 (1941); Monatsschr. f. Textilind. **1942**, Fachheft 2, S. 56.

materials, das durch Anschwemmung in der zu filtrierenden Flüssigkeit zu Beginn der Filtration in Form papierdünner Schichten innerhalb des Filters niedergeschlagen wird, wodurch sich das filternde Medium bildet. Durch Auswahl des Filtermaterials kann der Durchlässigkeitsgrad somit dem jeweiligen Verwendungszweck weitgehend angepaßt werden. Bei der Klärung von Natronlauge hat sich als Anschwemm-Material zerfaserte Alkalizellulose gut bewährt.

Wie die Abb. 96 zeigt, besteht das Anschwemmfilter der Seitzwerke aus einem mit seitlicher Tür versehenen Filtergehäuse, in dem sich in senkrechter Anordnung einzelne herausnehmbare Filterzellen befinden. Diese Filterzellen sind plattenförmige Hohlkörper, die beiderseits mit feinem Gewebe oder Tuch überzogen sind. Die Filterzellen werden durch Exzenterhebel an der Türfront angepreßt und dadurch abgedichtet.

Zum Anschwemmen der Filterschichten (es werden je m^2 Filterfläche 150 g Filtermaterial benötigt) dient ein Mischgefäß und eine Kreiselpumpe. Man stellt zunächst in dem Mischgefäß durch mehrmaliges Rundpumpen eine homogene Mischung von Filtermaterial und Flüssigkeit her und pumpt diese Mischung durch das Filter, wodurch sich die Filterschicht bildet und die Flüssigkeit klar abläuft. Nunmehr ist das Filter betriebsbereit. Die zu filtrierende Flüssigkeit tritt durch die Außenarmaturen in das Filtergehäuse ein, durchfließt die Filterschicht, gelangt dann in Sammelkanäle und wird von dort in geklärter Form nach außen geleitet. Man arbeitet am besten mit hydrostatischem Druck von 5···10 m Wassersäule oder entsprechendem Pumpendruck.

Die gänzlich anders konstruierten Scheibler-Filter werden im Kap. 17 näher beschrieben. Bei der Laugenfiltration mit diesen Filtern wurde bei einer Laufzeit von 14 Tagen eine Filtermengenleistung zwischen 400 und 750 l je m^2 Filterfläche und Stunde erzielt.

IV. Die Preßlauge.

Die beim Abpressen des Zellstoffs anfallende Lauge führt den Namen „Preßlauge“. Sie enthält große Mengen an Hemizellulose. Das Herausgelöste kann je nach dem verwendeten Zellstoff bis zu 5···6% der eingesetzten Zellulose ausmachen[1]. Die Menge schwankt jedoch in ziemlich weiten Grenzen und ist von der Qualität des eingesetzten Zellstoffes abhängig. Die Preßlauge kann daher nicht mehr in das Tauchsystem zurückgenommen werden, sie wird vielmehr der Regeneration zugeführt. Dieser Anteil macht im allgemeinen pro 100 kg Alkalizellulose eine Menge von bis zu 100 kg Lauge aus. Die regenerierte Lauge wird nach der Einstellung auf die richtige Konzentration zum Ansatz der Tauchlauge, zum Lösen des Ätznatrons oder zum Lösen des Xanthogenates verwendet.

V. Die Sieblauge.

Bei der Maischealkalisierung fallen Gelblauge und Preßlauge nicht getrennt an, vielmehr werden die von dem Sieb abtropfende Lauge und die unter den Pressen anfallende Ablauge gemeinsam aufgefangen und als „Sieblauge“ bezeichnet. Je nach dem im Tauchsystem gewünschten Hemigehalt gibt man eine entsprechende Menge

[1] Zart: Herstellung und Eigenschaften der Kunstseide und Stapelfaser, S. 246. Leipzig 1935.

Sieblauge in die Alkalisierlauge zurück, während man den Rest der Regenerierung zuführt. Den in die Alkalisierung zurückgehenden Anteil läßt man, wie bei der Gelblauge, zweckmäßig ein Anschwemmfilter passieren.

VI. Die Regenerierung der Preßlauge bzw. Sieblauge.

Die Abscheidung der Hemizellulose aus der Preß- bzw. Sieblauge ist nicht leicht. Man hat unter anderem versucht, sie durch Fällungsreaktionen aus der Lauge abzuscheiden. Durch Kupfersalze bilden sich komplexe Kupferalkaliverbindungen, die in konzentrierten Alkalien unlöslich sind. Obwohl die Reaktion ohne Anwendung von Wärme verläuft und auch das Kupfer ziemlich mühelos regenerierbar ist[1], haben sich diese Vorschläge[2] nicht in die Praxis eingeführt. Die hiergegen sprechenden Gründe sind die, daß die Verschleppung von Kupferspuren durch die gereinigte Lauge in die Alkalizellulose sich nicht mit Sicherheit verhüten läßt. Einerseits würde dies aber, wie schon erwähnt, durch katalytische Wirkung den Ablauf der Reife auf unkontrollierbare Weise beeinflussen und andererseits würde sich in der Viskose Schwefelkupfer bilden, was zu einer Verfärbung des Reyon führen würde[3].

Eine andere Möglichkeit der Entfernung der Hemizellulose aus der Preßlauge ist durch die verhältnismäßig leichte Oxydierbarkeit gegeben, auf der auch ihre analytische Bestimmungsmethode beruht. Jedoch hat auch dieser Weg keine praktische Bedeutung erlangt.

Bemerkenswerterweise führte eine andere, auf den ersten Blick als betrieblich schwierig durchzuführen erscheinende Methode zum Erfolg: Diese besteht in der Abtrennung der Hemizellulose durch Dialyse, wobei es sich jedoch als zweckmäßig erwiesen hat, die Lauge vorher eine gewisse Zeit absitzen zu lassen. Ein praktisch brauchbares Verfahren wurde zuerst von der Firma *Fr. Küttner A. G.*[4] entwickelt. Das Verfahren beruht auf der Beobachtung, daß Elektrolyte die Eigenschaft haben, durch semipermeable Membranen hindurchzudiffundieren, während Kolloide und hochmolekulare Stoffe durch die Membran zurückgehalten werden. Die Diffusionsgeschwindigkeit der Elektrolyte durch die Membran ist abhängig von ihrer Durchlässigkeit, von dem Konzentrationsgefälle auf beiden Seiten der Membran, sowie von der Temperatur. Der schwierigste Punkt besteht demnach in der Auffindung einer geeigneten Membran, da die anderen Faktoren beliebig eingestellt werden können. KÜTTNER arbeitet mit einer Membran aus Pergamentpapier[5]. Um eine möglichst hohe Diffusionsgeschwindigkeit zu erreichen, müßte also möglichst dünnes Pergamentpapier verwendet werden, jedoch sind der Auswahl des Papiers Grenzen gesetzt, die in der Lebensdauer des Papiers liegen. Infolgedessen muß man ein etwas dickeres Papier wählen und auf einen Teil der Diffusionsgeschwindigkeit verzichten. Die Grundlage des Verfahrens besteht darin, daß man die verunreinigte Lauge in Kammern bringt, deren Wände aus Pergamentpapier bestehen, die von außen durch reines Wasser umspült werden. Die apparative Seite dieses Gedankens wurde von der Maschinenfabrik *A. L. G. Dehne,* Halle, gelöst (System Barneveld). Die Apparatur ist äußerlich einer Filterpresse ähnlich (Abb. 97). Sie besteht

[1] ZART u. MÖNKEMEYER: DRP. 406497.
[2] DRP. 252179; Schw. Pat. 58424; Brit. Pat. 1573; Franz. Pat. 449457.
[3] HOTTENROTH: Die Kunstseide, S. 316. Leipzig 1926.
[4] DRP. 287092. — [5] STEUDE: Melliand Textilber. **13**, 318 (1932).

aus etwa 40 Eisenrahmen von 20 mm Dicke und 1000 × 800 mm Größe (Abb. 98). Zwischen die Rahmen werden die Pergamentpapierbogen gelegt. Die Rahmen sind mit sechs Bohrungen versehen, die genau aufeinander passen; sie bilden so durch die ganze Presse sechs durchlaufende Kanäle, die zur Fortleitung des Wassers und der Lauge sowie der Entlüftung der Kammern dienen. Wie aus Abb. 98 hervorgeht, stehen bei den ungeradzahligen Rahmen 1, 3, 5 usw. die Bohrungen A und C in Verbindung mit dem Inneren der Kammern. Durch den Kanal A wird die Tauchablauge zugeführt, die demnach nur in die Kammern 1, 3, 5 usw. eintreten kann. Sie steigt in diesen zwischen den Pergamentmembranen hoch und läuft durch den Kanal C vom Ätznatron befreit ab. Das reine Wasser

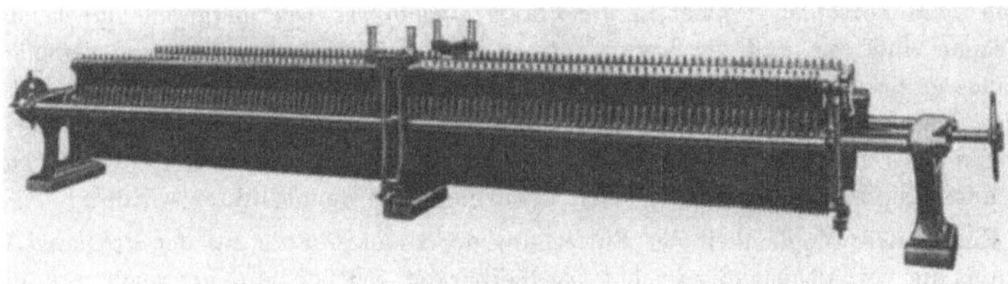

Abb. 97. Dialysier-Apparat System BARNEVELD der Fa. Dobson u. Barlow, Bolton, England.

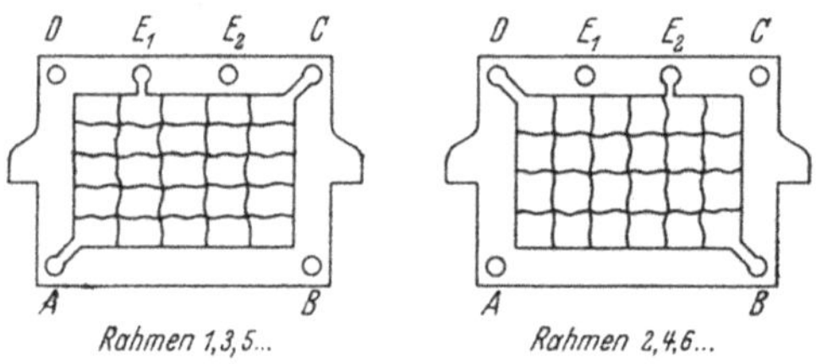

Abb. 98. Rahmen des Dialysierapparates System BARNEVELD.

tritt durch den Kanal D in die geradzahligen Kammern 2, 4, 6 usw. ein, um sie, mit Ätznatron beladen, durch den Kanal B zu verlassen. An der Stirnseite ist ein Rohr hochgeführt, das oben erweitert ist, um zur Kontrolle der Alkalikonzentration ein Aräometer aufnehmen zu können. Dieses Rohr steht mit dem Kanal B in Verbindung und dient gleichzeitig zur Abführung der Regeneratlauge. Die Kanäle E_1 und E_2 dienen zum Abführen der Luft beim Füllen des Apparates. Das zwischen die Rahmen eingelegte Papier muß sechs Löcher besitzen, die genau zu den Löchern der Rahmen passen. Zur Stützung des Papieres sind im Inneren der Kammer Drahtgeflechte angebracht. Der Einfluß der Lauge erfolgt von unten, der Einfluß des Wassers von oben, und zwar an den beiden entgegengesetzten Enden der Apparatur, so daß der Apparat also nach dem Gegenstromprinzip arbeitet. Dementsprechend befinden sich auch die Abflüsse für die Regeneratlauge und die Abwässer an den entgegengesetzten Enden.

Der Forderung, daß eine schnelle Diffusion ein starkes Konzentrationsgefälle haben muß, kommt der Umstand entgegen, daß in der Chemiefaserfabrik eine 4proz. Lauge ohnehin zur Lösung des Xanthogenates benötigt wird. Infolgedessen kann auf die Gewinnung einer hochkonzentrierten Lauge verzichtet werden. Das Konzentrationsgefälle beträgt zwischen der 16···17proz. Preßlauge und der 4proz. Löselauge $16{,}5 - 4 = 12{,}5\%$, was für die Diffusion äußerst günstige Voraussetzungen sind. Die meisten Fabriken leiten allerdings die Dialyse so, daß eine etwa 8proz.

Regeneratlauge anfällt. Durch Erwärmen der Flüssigkeiten auf 40···50° C lassen sich erfahrungsgemäß mit einer Apparatur täglich 200 kg Ätznatron in Form einer 4proz. Lauge zurückgewinnen. Die Maschinenfabrik Sangerhausen gibt für ihre Apparatur als günstigste Arbeitstemperatur 18···20° C an. Günstig bei dem Dialysierverfahren ist weiter noch der Umstand, daß das Ätznatron schneller diffundiert als das Karbonat, so daß die Regeneratlauge karbonatärmer ist als die Preßlauge. Die Ausbeute an Ätznatron soll bei dieser Arbeitsweise etwa 90% der zugeführten Menge betragen, der Rest geht als braunschwarze, etwa 1,5···2% Hemizellulose enthaltende „Schwarzlauge" ab und kann zur Neutralisation der sauren Abwässer aus der Spinnerei verwendet werden. Der Anfall an Regeneratlauge übersteigt meist die für das Lösen des Xanthats benötigte Menge. In diesem Falle kann der Überschuß zum Auflösen des Ätznatrons, also zur Bereitung von Frischlauge, verwendet werden.

In Amerika ist vielfach eine Apparatur in Gebrauch, deren Plattenform sich insofern von dem beschriebenen Dialysator unterscheidet, als die Dialysierelemente nicht nahezu quadratisch sind, sondern hochstehende Rechtecke darstellen. Sie sind als Webcell-Dialysatoren bekannt. Sie sind wesentlich leichter gebaut und haben einen geringeren Platzbedarf. Die rechteckige Form hat den Vorteil, daß die Membranen besser gehalten werden[1].

Die meisten Fabriken bedienen sich seit einigen Jahren der auf der gleichen Grundlage beruhenden Apparatur von Cerini. Diese Apparatur, die von der S. I. R. S. I. (*Società Italiana Regenerazione Soluzioni impure*, Castellanza[2]) zuerst gebaut wurde, besteht aus einzelnen Dialysierelementen in Sackform, die nebeneinander in die zu reinigende Preßlauge tauchen. Das Innere der Säcke wird mit reinem Wasser gespeist. Sowohl der Wasserzulauf als auch der Ablauf der regenerierten Lauge werden automatisch reguliert und können in weiten Grenzen nach Belieben eingestellt werden. Eine gleichbleibende Belastung der Apparate, auch bei schwankendem Laugedruck und wechselnder Preßlaugendichte, ist von ausschlaggebender Bedeutung für die Lebensdauer der Membranen. Aus 1 m^3 Preßlauge erhält man ungefähr 2 m^3 Regeneratlauge mit einem Ätznatrongehalt von 7···9%. Die Ausbeute beträgt je nach der Belastung der Apparate 90···97%.

Die Membran besteht nicht, wie bei der oben beschriebenen Arbeitsweise, aus Papier, sondern aus einem besonderen Baumwollgewebe („Stöwa-Tuch" der Firma *Tameling u. Stöwe*, Varel, oder „Telasü-Gewebe" der Firma *Mechanische Weberei Süssen*. Dieses ist durch eine chemische, in mehreren Stufen verlaufende Behandlung mechanisch und chemisch sehr widerstandsfähig gemacht worden. Außerdem erhält es durch diese Behandlung die für die Dialyse erforderlichen physikalischen Eigenschaften, wie die vollständige Undurchlässigkeit für Kolloide. Die Dialyse selbst geht in vertikaler Schichtung vor sich. Die schwerere Ätznatronlösung sinkt fortwährend nach dem Unterteil der Säcke, wo sie mit höchster Konzentration gleichmäßig abfließen kann. Hierdurch ergibt sich folgende Wirkungsweise: Im unteren Teil des Apparates befindet sich im Inneren der Säcke eine Reinlauge und außerhalb der Säcke eine Preßlauge von höchster Dichte. Die osmotische Spannung

[1] Eine vergleichende Gegenüberstellung der verschiedenen Apparatetypen findet sich in Kunsts. u. Zellw. **28**, 127 (1950).

[2] Die Apparate werden in Deutschland von der Maschinenfabrik Venuleth u. Ellenberger, Darmstadt, gebaut.

ist daher hier recht groß. Im oberen Teil der Apparate, wo die Preßlauge außerhalb der Säcke fast erschöpft ist und wo daher ohne diese vertikale Schichtung keine Osmose stattfinden würde, ist innerhalb der Säcke reines Wasser. Dieser Umstand bringt es mit sich, daß auch im oberen Teil des Apparates eine beträchtliche osmotische Spannung herrscht. So ist also die ganze Oberfläche der Dialysierelemente gleichmäßig am Osmosevorgang beteiligt, wodurch die Leistung der Apparate sehr groß ist.

Kamai, Nishida und Jkade[1] gelangten allerdings zu der Auffassung, daß auf die Membran lediglich der hydrostatische Druck wirke, demgegenüber der osmotische Druck verschwindend klein sei.

Abb. 99. Dialysier-Apparat nach Cerini.

Gegenüber den Dialysierapparaten, die nach Art der Filterpressen arbeiten, hat die Arbeitsweise nach Cerini den Vorteil, daß die einzelnen Dialysierelemente einzeln und unabhängig voneinander arbeiten. Bei einer Beschädigung kann also jedes Element einzeln abgeschaltet werden, ohne daß die ganze Apparatur außer Betrieb gesetzt zu werden braucht.

Durch Ausschaltung aller bewegten Teile und infolge des Fehlens von Antriebskraft und Wärme gestaltet sich der Betrieb der Cerini-Anlagen äußerst wirtschaftlich. Die Lebensdauer der Membran ist sehr groß, sie beträgt durchschnittlich über 12 Monate.

Ein Apparat mit beispielsweise 30 Dialsyierelementen von insgesamt 180 m^2 wirksamer Oberfläche leistet in 24 Stunden 120···150 kg 100proz. Ätznatron. Die Abb. 99 zeigt das Äußere eines Cerini-Dialysierapparates.

VII. Die Löselauge.

Die für das Auflösen des Xanthogenats benötigte „Löselauge" kann sowohl aus der Frischlauge als auch, wie schon erwähnt, aus der regenerierten Preßlauge durch Verdünnen bereitet werden.

VIII. Untersuchung des Ätznatrons bzw. Analyse der Laugen.

Untersuchung des Ätznatrons bzw. der Natronlauge. Bei Ätznatron ist für die Analyse die richtige Probenahme wichtig[2]. Es ist zu bedenken, daß das Ätznatron flüssig in die Trommeln gefüllt wird und infolgedessen ungleichmäßig in ihnen erstarrt. Die Verunreinigungen reichern sich dabei in den länger flüssig bleibenden

[1] Kamai, Nishida u. Jkade: J. Soc. Chem. Ind. (Japan) **42**, 412 (1939).

[2] Vgl. hierzu Jentgen: Laboratoriumsbuch S. 46.

Anteilen an. Man muß daher an möglichst vielen Stellen der Trommel Proben entnehmen, wobei mit Karbonat verkrustete zu verwerfen sind.

Der Ätznatron- und Karbonatgehalt wird durch Titration mit Säure bestimmt. Nach JENTGEN wägt man in einem verschlossenen Wägeglas etwa 50 g Ätznatron ab und löst diese in 1 Liter Wasser. 50 cm^3 dieser Lösung, also etwa 2,5 g Einwaage, titriert man mit n-Schwefelsäure möglichst kalt unter Zusatz von Phenolphthalein als Indikator. Die Farbe verschwindet, sobald alles Ätznatron neutralisiert und in Natriumbisulfat umgewandelt ist. Dann setzt man einige Tropfen Methylorange zu und titriert weiter bis zum Farbumschlag von Gelb nach Rot. Hierdurch wird auch das Bikarbonat in Bisulfat übergeführt. Auf diese Weise wird also die Gesamtalkalität gefunden. Die Anzahl der Kubikzentimeter bei der ersten Titration vermindert um die Anzahl der Kubikzentimeter, die bei der zweiten Titration zusätzlich verbraucht werden, ergibt den Gehalt an Ätznatron. Die doppelte Anzahl der Kubikzentimeter der zweiten Titration entspricht dann dem Sodagehalt.

Zur Bestimmung des Wassergehaltes werden nach einer bei JENTGEN angegebenen Methode von BÖCKMANN etwa 5 g Ätznatron in ein Erlenmeyerkölbchen gegeben, das vorher mit einem aufgesetzten Trichter tariert war. Das Kölbchen soll bei einer Höhe von 14···15 cm etwa 250 cm^3 fassen. Das Ätznatron wird nun mit dem Kölbchen auf dem Sandbade bei 150° C getrocknet, wozu etwa 3···4 Stunden erforderlich sind. Hierauf läßt man erkalten und wägt zurück. Der Gewichtsverlust entspricht dem Wassergehalt.

Wird die Natronlauge als Elektrolytlauge fertig bezogen, so ist sie auf Kupfer und Chlor zu prüfen. Beide sind in elektrolytisch hergestellter Lauge öfters vorhanden. Die Anwesenheit von Kupfer ist aus dem Grunde gefährlich, weil das Kupfer katalytisch den Reifevorgang der Viskose beeinflußt und Spinnstörungen hervorrufen kann.

Analyse der Gelb- bzw. Sieblauge. Die Untersuchung der Natronlauge auf ihren Ätznatron- und Karbonatgehalt wurde oben schon geschildert. Für die Untersuchung der Tauchablauge kommt noch die Bestimmung des Gehaltes an gelöster Hemizellulose („Hemi-Gehalt") hinzu. Nach JENTGEN[1] kann man den Hemigehalt kolorimetrisch prüfen, da mit zunehmender Anreicherung an Hemizellulose eine zunehmende Gelbfärbung der Lauge verbunden ist. Man kann daher die gebrauchte Tauchlauge mit einem Laugenmuster vergleichen, das einer Lauge entnommen wurde, die sich gerade noch für die Tauchung eignet. Ist die zu prüfende Lauge heller oder gleich tief gefärbt wie das Vergleichsmuster, so kann sie noch verwendet werden, ist sie dunkler, so ist weniger Gelblauge in das System zurückzunehmen.

Die genaue Bestimmung des Hemigehaltes kann in Anlehnung an JENTGEN[2] wie folgt vorgenommen werden: Die Tauchlauge wird mit konzentrierter Schwefelsäure angesäuert. Sobald die hierdurch entstandenen Zelluloseabbauprodukte vollkommen gelöst sind, gibt man allmählich 2 g genau abgewogenes Kaliumbichromat hinzu und erhitzt allmählich $^1/_2$ Stunde bis zum beginnenden Sieden. Hierauf läßt man abkühlen, verdünnt mit Wasser und titriert mit Ferroammonsulfatlösung zurück. Als Indikator wird Kaliumferrizyanid verwendet, mit dem getüpfelt wird. Durch Kaliumbichromat werden die Abbauprodukte in saurer Lösung zu Kohlensäure und Wasser oxydiert. 1 Teil Zellulose entspricht 4 Teilen Kaliumbichromat.

[1] JENTGEN: Laboratoriumsbuch S. 25.
[2] JENTGEN: Laboratoriumsbuch S. 42.

8. Kapitel.

Das Verhalten der Zellulose gegenüber Wasser.

Im Gange der Reyon- und Zellwollherstellung kommt die Zellulose mit wässerigen Flüssigkeiten der mannigfachsten Art in Berührung. Bevor daher auf die erste in der Viskosefabrik erfolgende Naßbehandlung der Zellulose, nämlich ihre Überführung in die Alkaliverbindung, näher eingegangen wird, ist es zweckmäßig, das Verhalten der Zellulose gegenüber Wasser und verdünnten Elektrolytlösungen zu beschreiben.

I. Das Verhalten gegenüber Wasserdampf.

a) Sorption und Desorption.

Sorption. Zellulosefasern sind hygroskopisch, d. h. sie nehmen aus der sie umgebenden Atmosphäre Feuchtigkeit auf. Diese Eigenschaft ist nicht nur von wissenschaftlichem Interesse, sondern sie hat auch erhebliche praktische Bedeutung, wie weiter unten noch gezeigt wird.

Es ist nun bemerkenswert, daß beim Einbringen von Zellulose in eine Wasserdampfatmosphäre nur so viel Wasserdampf von der Zellulose aufgenommen wird, bis sich ein Gleichgewichtszustand eingestellt hat, mit anderen Worten, die Zellulose nimmt stets nur einen bestimmten Betrag an Wasserdampf aus der sie umgebenden Luft auf. Die jeweils aufgenommene Menge ist vom Dampfdruck, und in untergeordnetem Maßstabe von der Temperatur, abhängig. Man bezeichnet die Wasserdampfaufnahme als „Sorption".

Für die Messung der jeweils aufgenommenen Wassermenge stehen zwei Methoden zur Verfügung.

Nach der einen Methode bringt man die Zellulose in einen luftdicht verschlossenen Raum, in dem man eine Atmosphäre von bestimmtem Dampfdruck herstellt. Dies ist durch Einstellen eines Gefäßes mit Schwefelsäure entsprechender Konzentration leicht zu erreichen. Jeder Schwefelsäurekonzentration entspricht ein bestimmter Dampfdruck, wie Tabelle 45 zeigt.

Tabelle 45. *Dampfdrucke von Schwefelsäure-Wassergemischen*[1].

Spezifisches Gewicht bei 15° C	Schwefelsäuregehalt in %	Wasserdampfdruck bei 0° C und 760 mm
1,746	81,2	0,020
1,659	73,7	0,048
1,559	65,1	0,122
1,479	57,8	0,208
1,426	52,7	0,306
1,374	47,4	0,420
1,329	42,5	0,525
1,289	38,0	0,620
1,242	32,4	0,718
1,202	27,5	0,793
1,162	22,5	0,857
1,113	16,1	0,915
1,052	7,8	0,965

Man beläßt nun die Zellulose so lange in dem betreffenden Raum, bis sich das Gleichgewicht eingestellt hat, d. h. also, bis sich ihr Gewicht nicht mehr verändert. Die Gewichtszunahme der Zellulose nach der Einstellung des Gleichgewichtes ist das Maß für die aufgenommene Wassermenge.

[1] Aus WELTZIEN: Technologie der Kunstseiden, Leipzig 1930, S. 77.

In der Praxis rechnet man meist nicht nach dem Dampfdruck, sondern nach dem relativen Feuchtigkeitsgehalt der Luft. Hierunter ist das Verhältnis des in der Luft wirklich vorhandenen Feuchtigkeitsgehaltes zu demjenigen zu verstehen, bei welchem die Luft mit Feuchtigkeit gesättigt wäre. Es soll daher auch noch eine Tabelle gegeben werden, aus der die relativen Luftfeuchtigkeitsgehalte über Schwefelsäure verschiedener Konzentration hervorgehen (Tab. 46).

Tabelle 46. *Relative Luftfeuchtigkeit über Schwefelsäuren verschiedener Konzentration*[1].

Schwefelsäure in %	Relative Luftfeuchtigkeit in %
0	100
10	95
20	87
30	76
40	57
50	35
60	18
70	7
80	2

Nach der anderen Methode evakuiert man einen Raum, in dem sich eine abgewogene Menge Zellulose befindet, und läßt eine bestimmte Menge Wasserdampf einströmen. Es findet dann eine Druckabnahme des Dampfes statt, die an einem Manometer verfolgt werden kann. Wenn das Volumen des Raumes bekannt ist, läßt sich die Wasseraufnahme der Zellulose aus der Druckänderung bis zum Eintritt des Gleichgewichtes berechnen.

Die Zellulosefasern nehmen nun je nach ihrer Art verschieden große Mengen Feuchtigkeit auf, und zwar die Naturfasern am wenigsten, die auf Zellulosegrundlage beruhenden Chemiefasern am meisten. Etwas unterschiedlich verhalten sich in dieser Beziehung die regenerierten Zellulosefasern auch untereinander. Unter normalen Bedingungen (65% rel. Luftfeuchtigkeit) beträgt der Wassergehalt bei den nativen Fasern etwa 6% und bei den Viskosefasern etwa 12%.

Nach Untersuchungen von HERMANS und anderen Forschern[2] sind die amorphen Faserbereiche in erster Linie die Träger der wasserbindenden Kraft. Die in ihnen nicht im Kristallgitter durch Gitterkräfte abgesättigten Hydroxylgruppen haben das Bestreben, Wasser anzuziehen und sich mit einer Wasserhülle zu umgeben. Insofern ist die Größe der Wasserdampfaufnahme eine Funktion des mengenmäßigen Anteils der Faser an amorpher Substanz.

Es kommt nach den Untersuchungen von HERMANS bei der Wasserdampfaufnahme zur Umwandlung der Zellulose in der Form der Seite 81 geschilderten Zellulosehydrate. Sofern es sich um native Fasern (Zellulose I) handelt, findet diese Umwandlung nur in den amorphen Bereichen statt; wird dagegen Hydratzellulose (Zellulose II) der Einwirkung von Feuchtigkeit ausgesetzt, so kommt es auch zur Bildung von Zellulosehydraten im Gitter.

Bei einer Atmosphäre von 65% rel. Luftfeuchtigkeit verteilt sich der Wassergehalt in den kristallisierten und amorphen Faserbereichen nach Untersuchungen von HERMANS wie folgt:

Native Faser		*Wassergehalt* %
60% kristallisierter Anteil	. . . .	0,0
40% amorpher Anteil	Zellulosehydrat I	1,5
	Zellulosehydrat II	4,4
		5,9

[1] REGNAULT: Ann. Chim. Physique **15**, 129 (1845).
[2] HERMANS: Kolloid-Z. **97**, 326 (1941). — Siehe hierzu u. a. auch TAKADA: Z. physik. Chem. A **184**, 179 (1939); **186**, 1 (1940).

Regenerierte Faser		*Wassergehalt %*
25% kristallisierter Anteil	Zellulosehydrat I	0,9
72% amorpher Anteil	Zellulosehydrat I	2,8
	Zellulosehydrat II	8,4
		12,1

In der normalen Atmosphäre liegt das Wasser entsprechend den Seite 82 angegebenen Molverhältnissen somit durchweg als chemisch gebundenes Hydratwasser vor.

Mit der Hydratbildung ist die Wasserdampfaufnahme jedoch nicht erschöpft, es findet vielmehr bei höheren Gehalten der Luft an Feuchtigkeit in den feinen Hohlräumen der Faser eine zusätzliche Wasseraufnahme durch Kapillarkondensation statt, wofür VAN DER WAALSsche Kräfte verantwortlich zu machen sind.

URQUHARD und WILLIAMS[1] drückten die wasserbindende Kraft der Fasern durch den Quotienten aus der absorbierten Wassermenge einer Faser und der durch native Baumwolle bei der gleichen relativen Luftfeuchtigkeit absorbierten Wassermenge aus. Hierbei ergeben sich die in Tab. 47 zusammengestellten Zahlen.

Tabelle 47. *Wasserbindende Kraft verschiedener Zellulosefasern.* (Nach HERMANS[2].)

Faser	Wasserbindende Kraft
Native Baumwolle	1,00
Merzerisierte Baumwolle	1,48
norm. Viskosereyon	1,99
Viskosereyon mit 70% Streckung . . .	1,91
Lilienfeldreyon	1,95

Hieraus lassen sich nach HERMANS zahlenmäßige Vergleiche über den Gehalt einer Faser an amorpher Substanz ableiten. Sie dürften sich bei nativer, merzerisierter und regenerierter Zellulose verhalten wie 1 : 1,5 : 2.

Desorption. Es war schon geschildert worden, daß die Wasserdampfaufnahme durch Zellulose zu einem Gleichgewichtszustand führt. Demnach gibt die Zellulose wieder Wasser an die Atmosphäre ab, wenn man sie in eine Atmosphäre mit einem geringeren Feuchtigkeitsgehalt bringt. Es wird noch gezeigt werden, daß die Wasserabgabe schwieriger erfolgt als die Wasseraufnahme. Besonders die letzten Reste von Wasser werden von der Faser hartnäckig festgehalten, so daß auf übliche Weise[3] bis zur Gewichtskonstanz getrocknete Fasern stets noch einen bestimmten Feuchtigkeitsgehalt besitzen, der mit etwa 0,5% angegeben wird.

Absorptions- und Desorptionsisotherme. Trägt man die bei steigenden Dampfdrucken von der Faser aufgenommenen Wassermengen graphisch auf, so erhält man eine charakteristische Kurve, die „Absorptionsisotherme". Wie aus den Abb. 100 und 101 hervorgeht, besitzt die Kurve eine ausgesprochen S-Form. Dies ist auffallend, da Sorptionskurven normalerweise eine parabolische oder hyperbolische Gestalt haben,

[1] URQUHARD u. WILLIAMS: J. Text. Inst. Manchr. **15**, 138 (1924); **16**, 135, 155 (1928).
[2] HERMANS: Physics and Chemistry of Cellulose Fibres, S. 184.
[3] OST u. WESTHOFF: Chem.-Ztg. **33**, 197 (1909). — KATZ: Kolloid-Beih. **9**, 47 (1916). — NELSON u. HULLET: Ind. Engng. Chem. **12**, 40 (1920). — HERMANS: Contribution of the Physics of Cellulose Fibres, S. 201.

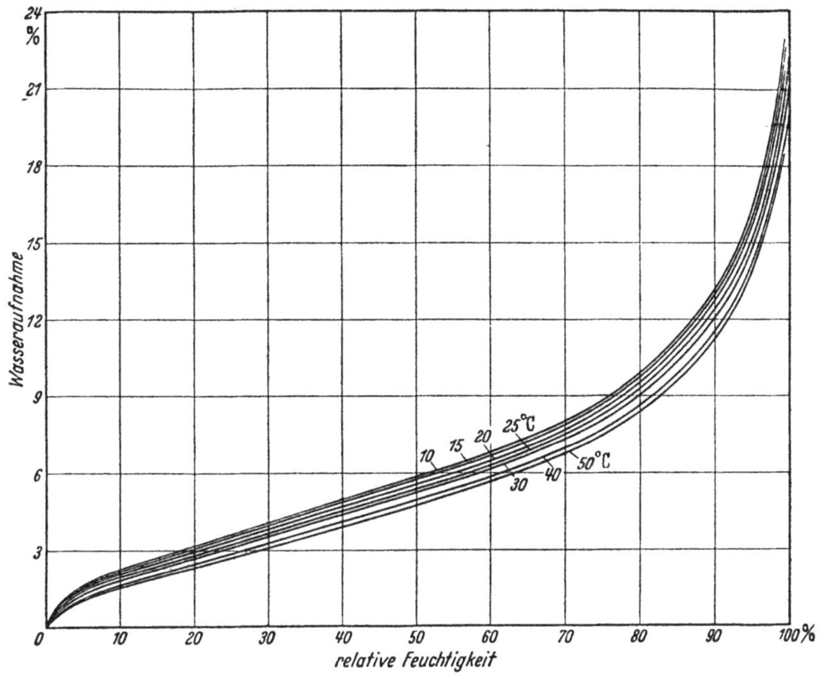

Abb. 100. Absorptionsisotherme für gebeuchte Baumwolle bei Temperaturen von 10 ··· 50° C. (Nach URQUHART u. WILLIAMS.)

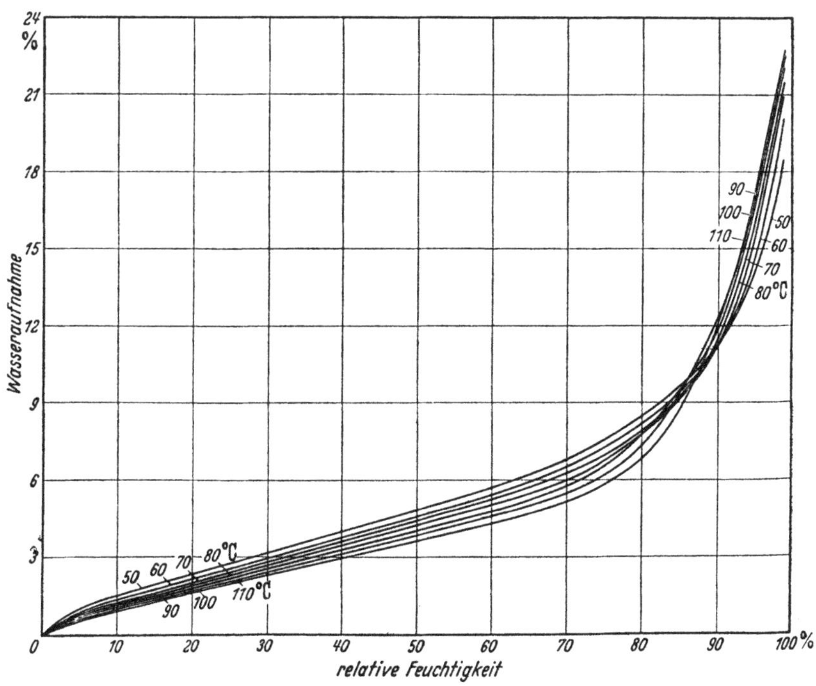

Abb. 101. Absorptionsisotherme für gebeuchte Baumwolle bei Temparaturen von 50 ··· 110° C. (Nach URQUHART u. WILLIAMS.)

wie LANGMUIR gezeigt hat. Die LANGMUIRsche Kurvenform kommt im Falle der Fasern lediglich im Gebiete mittlerer relativer Luftfeuchtigkeiten zum Ausdruck. Dies kann nur damit zusammenhängen, daß im Gebiete niedriger und hoher relativer Luftfeuchtigkeiten für die Wasseraufnahme durch Fasern Verhältnisse vorliegen, die die Gesetzmäßigkeiten einer normalen Kondensation in Kapillaren stören.

Über diese Abweichungen sind zahlreiche Theorien aufgestellt worden[1], von denen die bemerkenswertesten hier erwähnt werden sollen:

PURVES und Mitarbeiter[2] glauben, daß der erste steilere Anstieg der Isotherme vorwiegend eine Funktion der primären Hydroxylgruppen der Glukosereste sei, denen eine stärkere wasserbindende Kraft zukomme als den sekundären Hydroxylgruppen. Sie sollen daher begieriger und schneller Wasser aufnehmen.

Einleuchtender ist jedoch die Auffassung von HERMANS[3]. Hiernach liegt der Grund für die charakteristische S-Form der Isotherme darin, daß sich zunächst die Zellulosehydrate bilden, das erste Wasser sozusagen chemisch gebunden wird. Erst wenn die Hydratbildung in den amorphen Faserbereichen — und bei Vorliegen regenerierter Zellulose auch im Gitter — abgeschlossen ist, tritt in der zweiten Phase Wasserdampfabsorption durch VAN DER WAALSsche Kräfte ein, die zur Ausbildung monomolekularer Wasserschichten führt. Bei hohen Gehalten der Luft an Feuchtigkeit werden dann schließlich dickere Wasserschichten gebildet, was durch das Steilerwerden der Kurve im dritten Teil der Isotherme zum Ausdruck kommt. Wie Untersuchungen von HERMANS und VERMAAS[4] zeigen konnten, geht die Diffusion von Wasser in Zellulose schneller vor sich, wenn schon ein bestimmter Betrag an Wasser in dem Material vorhanden ist.

Von gewisser Bedeutung ist die Tatsache, daß die Wasserdampfaufnahme durch die Fasern auch von der Temperatur der Atmosphäre abhängig ist, wie dies auch schon aus den Abb. 100 und 101 hervorging. Man erkennt, daß bei Temperaturen unter 50° C die Wasserdampfaufnahme mit zunehmender Temperatur geringer wird. Geht man aber mit der Temperatur über 50° C hinaus, so nimmt der Wassergehalt der Fasern von einer relativen Feuchtigkeit von etwa 85% an mit steigender Temperatur zu. Eine Erklärung für diese eigenartige Umkehr der Temperaturabhängigkeit kann darin gesehen werden, daß die erhöhte Temperatur eine Abnahme der zwischen den Zelluloseketten herrschenden Molkohäsionskräfte herbeiführt (größere Wärmebewegung), wodurch weitere Hydroxylgruppen reaktionsfähig werden.

Wenn man feuchte Zellulose in Atmosphären mit niedrigerem Gehalt an relativer Feuchtigkeit bringt und auch die hierdurch erhaltenen Werte graphisch aufträgt, so kommt man zur „Desorptionsisotherme". Entsprechend der schon mitgeteilten Tatsache, daß die Wasserabgabe schwieriger vonstatten geht als die Wasseraufnahme, kommt man bei gleichen relativen Luftfeuchtigkeiten nicht zum selben Gleichgewicht, der Wassergehalt der Fasern bleibt vielmehr bei der Desorption höher. Man nennt diese Erscheinung „Sorptionshysteresis".

[1] URQUHARD u. WILLIAMS: J. Text. Ind. **15**, 138 (1924); **16**, 135, 155 (1925). — PIERCE: J. Text. Inst. Manchr. **20**, 133 (1929). — SHEPPARD u. NEWSONE: Ind. Engng. Chem. **26**, 285 (1934). — HAILWOOD u. HORROBIN: Trans. Faraday Soc. **42**, 84 (1946).

[2] ASSAF, HAAS u. PURVES: J. Amer. chem. Soc. **66**, 59 (1944).

[3] HERMANS: Physics and Chemistry of Cellulose-Fibres, S. 187.

[4] HERMANS u. VERMAAS: J. Polymer Sci. **1**, 149 (1946).

Sorptionshysteresis. Abb. 102 zeigt diese Erscheinung am Beispiel von gebeuchter Baumwolle. Es ist deutlich zu erkennen, wie bei der Desorption die Wasserabgabe zurückbleibt. Diese Erscheinungen zeigen, wie VAN BEMMELEN[1] feststellte, alle gelartigen Körper.

Absorptions- und Desorptionsisothermen liegen bei allen Zellulosefasern ziemlich nahe beieinander, wie HERMANS[2] gezeigt hat. Baumwolle liegt hinsichtlich der

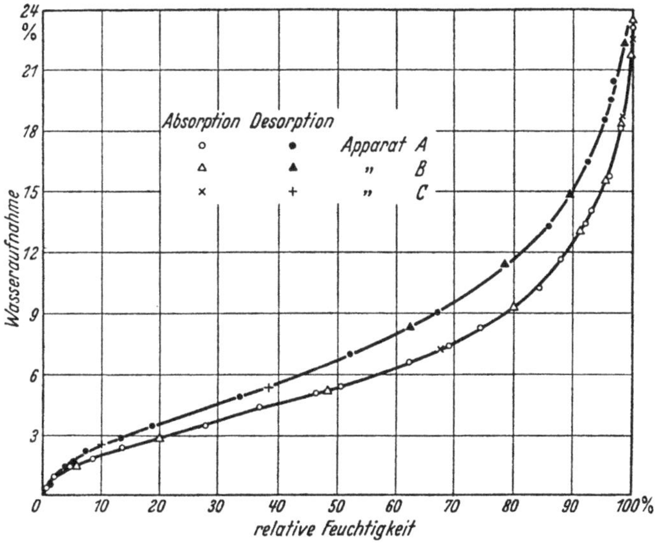

Abb. 102. Absorptions- und Desorptionsisotherme von gebeuchter Baumwolle (nach URQUHART und WILLIAMS).

Sorption am niedrigsten, eine vollkommen unorientierte Modellfaser, über die im 15. Kap. noch eingehend gesprochen wird, am höchsten. Alle anderen bisher untersuchten Zellulosefasern liegen zwischen diesen Werten.

Für die Hysteresiserscheinung sind mehrere Erklärungen gegeben worden:

URQUHARD[3] sieht die Ursache für dieses eigenartige Verhalten darin, daß es nicht allen Hydroxylgruppen der Zellulose, die bei der Sorption Wasser aufgenommen hatten, gelingt, sich bei der Desorption wieder nebenvalenzmäßig mit Hydroxylgruppen benachbarter Zellulosemoleküle abzusättigen, und macht hierfür die Trägheit der großen Moleküle verantwortlich.

HAMM und PATRIK[4] glauben die Verzögerung bei der Wasserabgabe durch die Anwesenheit von Luft in den Faserhohlräumen erklären zu können. Nach ihren Versuchen bleibt die Hysteresiserscheinung aus, wenn bei völliger Abwesenheit von Luft gearbeitet wird. Diese Beobachtungen decken sich jedoch nicht mit Untersuchungen von SHEPPARD[5], wobei die Hysteresis auch beim Arbeiten im Vakuum gefunden wurde.

[1] VAN BEMMELEN: Z. anorg. allg. Chem. **13**, 233 (1896).

[2] HERMANS: Physics and Chemistry of Cellulose Fibres, S. 183.

[3] URQUHARD: J. Text. Inst. Manchr. **18**, 55 (1927); **20**, 117, 125 (1925).

[4] HAMM u. PATRICK: Text. Res. J. **6**, 40 (1936).

[5] SHEPPARD: Trans. Faraday Soc. **29**, 77 (1933). — SHEPPARD u. NOWSON: J. physic. Chem. **39**, 143 (1935).

HERMANS[1] bringt die Hysteresiserscheinung mit der Existenz der Zellulosehydrate in Verbindung. Es war im 3. Kap. schon geschildert worden, daß zwei Hydratformen der Zellulose bestehen, von denen eines (Zellulosehydrat I) etwa 3,7% = $^1/_3$ Mol Wasser und eines (Zellulosehydrat II) etwa 14,8% = $1^1/_3$ Mol Wasser enthält. Während nun das Zellulosehydrat II sehr unstabil ist und bei der Desorption das gebundene Wasser wieder abgibt, ist Zellulosehydrat I bei der Desorption zunächst beständig, bis es schließlich bei schärferer Trocknung in Hydratzellulose (Zellulose II) übergeht, der, wie schon gezeigt war, eine stärkere wasserbindende Kraft zukommt und die infolgedessen beim Gleichgewichtszustand mehr Wasser enthält. Der Einwirkung von Feuchtigkeit ausgesetzt gewesene Zellulose ist also nach dem Wasserentzug zu einem kleinen Betrag in Hydratzellulose übergegangen. Hierdurch findet die Hysteresiserscheinung eine recht gute Erklärung, sie konnte durch Messung der Wärmetönung bei der Sorption und Desorption gestützt werden.

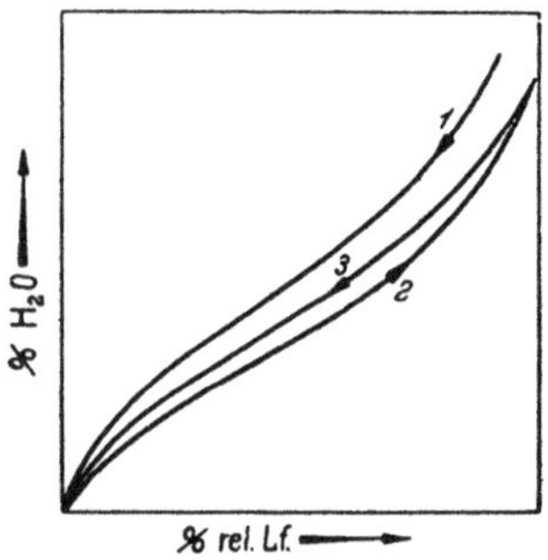

Abb. 103. 1 = Desorptionsisotherme eines frisch gesponnenen Viskosenreyon; 2 = Absorptionsisotherme bei der ersten Befeuchtung; 3 = Desorptionsisotherme bei der Trocknung nach der ersten Befeuchtung. (Nach HERMANS.)

Es ist noch darauf hinzuweisen, daß die Lage der Isothermen auch in starkem Maße von der Vorgeschichte der Zellulose abhängig ist. In dieser Beziehung ist besonders die Desorption eines frischen Zellulosegels interessant. Hierbei liegt die erste Desorptionsisotherme wesentlich höher als die nach der Trocknung am gleichen Material erneut aufgenommenen Isothermen, wie Abb. 103 zeigt. Es ist dies die Folge einer bleibenden strukturellen Veränderung des Zellulosegels bei der ersten Trocknung, worüber im 19. Kap. noch gesprochen werden wird.

Sorptionswärme. Die Wasseraufnahme durch Zellulose ist mit einer positiven Wärmetönung verbunden. Die bei völliger Durchfeuchtung von 1 g Zellulose sich entwickelnde Wärme beträgt bei nativer Baumwolle und Ramie 10···11 cal/g[2], bei Viscosereyon 22···24 cal/g und bei Zellstoff-Fasern 12···14 cal/g[3]. Diese Zahlen laufen ziemlich parallel mit den bei den Fasern gemessenen Sorptionsverhältnissen, so daß nach HERMANS auch aus der Sorptionswärme Rückschlüsse auf die Anteile einer Faser an amorpher Substanz erlaubt sind.

Bestimmt man die Wärmetönung dadurch, daß man von einer überschüssigen Menge Zellulose 1 g Wasser aufnehmen läßt, so findet man, daß die Aufnahme der ersten Wassermengen mit einer besonders ausgeprägten Wärmetönung verbunden ist. Mit zunehmender Durchfeuchtung der Zellulose nähert sich dann der Wärmeeffekt asymptotisch dem Nullpunkt. Die hierbei ermittelten Wärmemengen betragen nach ARGUE und MAAS[4] bei Baumwolle 230···240 cal je g Wasser. Eigenartigerweise wurden von HERMANS[5] bei Viskosefasern Werte der gleichen Größenordnung gefunden. Dies deckt sich mit der Annahme, daß in der ersten Phase der Sorption eine chemische Bindung von Wasser durch Hydratbildung erfolgt.

[1] HERMANS: Physics and Chemistry of Cellulose Fibres S. 183.
[2] ROSENBOHM: Kolloid-Beih. **6**, 117 (1914). — KATZ: Kolloid-Beih. **9**, 64 (1914).
[3] HERMANS: Physics and Chemistry of Cellulose Fibres, S. 185.
[4] ARGUE u. MAAS: Canad. J. of Research **12**, 564 (1935).
[5] HERMANS: Contribution of the Physics of Cellulose Fibres, S. 188.

b) Trockenquellung.

Mit der Wasserdampfaufnahme durch Zellulosefasern ist eine geringfügige Volumenzunahme (Quellung) verbunden, die man im Gegensatz zu der im folgenden Abschnitt noch zu beschreibenden Quellung der Faser in flüssigem Wasser auch als „Trockenquellung" bezeichnet. Nach Untersuchungen von WELTZIEN, FAUST und PYRRH[1] treten jedoch erst bei höheren Feuchtigkeitsgraden meßbare Volumenänderungen auf. Hinsichtlich des Verlaufes der Trockenquellung wurde im einzelnen kein Parallelgehen mit der Quellung in Wasser gefunden.

c) Technische Bedeutung der Sorption.

Die Fähigkeit der Fasern, Wasser aus der Atmosphäre aufzunehmen, bringt für das Verhalten der Fasern bei der Verarbeitung und im Gebrauch Vorteile und Nachteile mit sich.

Der Vorteil liegt darin, daß in die Fasern eingelagertes Wasser ihnen eine Geschmeidigkeit verleiht, die ihre Verarbeitung erst ermöglicht. Trockene Fasern sind demgegenüber spröde und neigen insbesondere bei Biegungsbeanspruchung zum Brechen. Nach Untersuchungen von HERMANS[2] wird die maximale Geschmeidigkeit erhalten, wenn die Zellulosemoleküle mit einer monomolekularen Wasserschicht umgeben sind. Dies entspricht einem Wassergehalt, der bei den meisten Fasern bei etwa 25% liegt. Wie ein Blick auf Abb. 100 zeigt, ist dieser Wert allerdings unter normalen Bedingungen durch Dampfabsorption nicht zu erreichen, man müßte vielmehr die Fasern zur Erzwingung dieser Wasseraufnahme mit flüssigem Wasser in Berührung bringen. Immerhin reicht die unter Normalbedingungen (65% rel. Luftfeuchtigkeit) aufgenommene Wassermenge für die Praxis vollkommen aus.

Der Nachteil der Sorptionsfähigkeit liegt darin, daß durch die Wasseraufnahme Festigkeit und Dehnung der Faser ungünstig beeinflußt werden. Während mit zunehmendem Feuchtigkeitsgehalt der Fasern die Reißfestigkeit ständig abnimmt, steigt die Dehnbarkeit an. Dies ist verständlich, da sich bei der Wasseraufnahme Wassermoleküle zwischen die Zelluloseketten einschieben. Diese Erscheinung zeigt sich in gleicher Weise bei allen Zellulosematerialien, und es soll daher hier eine Tabelle gebracht werden, die den Einfluß der Wasserdampfabsorption auf die Reißfestigkeit von Papier zeigt. Wie sich diese Zusammenhänge bei Chemiefasern auswirken, wird im 24. Kap. noch gezeigt werden (Tab. 48).

Recht deutlich prägt sich die Verringerung des Faserzusammenhaltes durch Wasserabsorption auch durch die Abnahme des Elastizitätsmoduls aus, wie Tab. 49 zeigt.

Es wird hierdurch verständlich, daß die Reißfestigkeit und Bruchdehnung einer Faser von der relativen Luftfeuchtigkeit abhängt, bei der die Messungen erfolgen. Untereinander vergleichbare Ergebnisse werden daher nur dann erhalten, wenn bei der gleichen Luftfeuchtigkeit gearbeitet wird.

Tabelle 48. *Abnahme der Festigkeit in Abhängigkeit vom Quellungsgrad.* (Nach HERZBERG.)

Gramm Wasser pro 1 g trockener Substanz	Kraft bei Bruch kg
0,023	6,1
0,046	5,7
0,056	5,3
0,066	4,9
0,070	4,3
0,127	2,9
0,179	2,1

[1] WELTZIEN, FAUST u. PYRRH: Zellw., Kunsts., Seide **45**, 149 (1940).
[2] HERMANS: Die Kunstseide **16**, 173 (1934).

Während sich im allgemeinen die Verringerung der Reißfestigkeit durch erhöhte Wasserdampfaufnahme in der Praxis nicht störend bemerkbar macht, kann die Vergrößerung der Dehnbarkeit demgegenüber empfindliche Schäden verursachen, insbesondere dann, wenn die Fasern ungleichmäßige Feuchtigkeitsgehalte besitzen. Bei der Verarbeitung, bei der sie stets unter einer gewissen Spannung stehen, werden dann die feuchteren Fadenstrecken stärker gereckt als die trockeneren. Beim Nachlassen der Spannung in der Fertigware haben die stärker gedehnten Fäden das Bestreben, sich wieder zusammenzuziehen. Wo die Art der Bindung ihnen dies erlaubt, zwingen sie dann den benachbarten normalen Fäden eine Wellenform auf („Boldrige Reyonware"), wo ihnen die Kontraktion nicht erlaubt ist, treten sie in der Fertigware als glänzendere Spannfäden in die Erscheinung.

Tabelle 49. *Abnahme des Elastizitätsmoduls in Abhängigkeit vom Quellungsgrad.* (Nach REINKE[1].)

Wassergehalt	Elastizitätsmodul
Lufttrocken	430
40 Gew.-% Wasser mehr	24,5
90 „ „ „	9,0
140 „ „ „	3,0
230 „ „ „	1,7
350 „ „ „	1,5

Allgemein findet bei der Verarbeitung durch die an die Fäden anzulegende Spannung eine Längung statt, die mit zunehmender Feuchtigkeit größere Beträge annimmt. Diese Längung wird durch Trocknung vorerst in der Ware fixiert, gleicht sich aber bei Waschgängen in der Fertigware wieder aus, wodurch die unerwünschte Schrumpfung der Waren aus Reyon ihre Erklärung findet, und die besonders dann größere Beträge annimmt, wenn die Längung in nassem Zustand erfolgt ist, wie dies besonders beim Schlichten der Ketten der Fall ist, wenn nicht mit modernen, möglichst spannungslos arbeitenden Maschinen gearbeitet wird. Man ist daher schon lange bestrebt gewesen, die Wasseraufnahmefähigkeit der Viskosefasern der geringeren der Baumwolle anzugleichen, was man durch Einlagerung von Kunstharzen sowie durch Formalisierung zu erreichen versucht. Die ausgearbeiteten Verfahren sind aber, obwohl bereits großtechnisch angewandt, noch Verbesserungen bedürftig.

Auch die Sorptionshysteresis wirkt sich in der Praxis nachteilig aus, insofern, als Wasserflecken durch Trocknung nicht restlos zu beseitigen sind.

II. Das Verhalten gegenüber flüssigem Wasser.

Wasseraufnahme. Die Zellulosefasern nehmen auch flüssiges Wasser in ihre Hohlräume auf. Wie schon nach dem bei der Sorption Gesagten verständlich ist, verhält sich die Zellulose beim Eintauchen in Wasser nicht wie ein normaler, poröser Körper, sie kann vielmehr mehr Wasser aufnehmen als dem vorgebildeten Hohlraumvolumen entspricht.

Entsprechend dem schon gegebenen Bild von der Wasserdampfaufnahme verläuft auch die Aufnahme von flüssigem Wasser in verschiedenen Phasen[2]. In der ersten Phase entstehen die Zellulosehydrate, in der zweiten bilden sich in den amorphen Faserbereichen monomolekulare Wasserhüllen um die Kettenmoleküle aus und schließlich werden dickere Wasserschichten gebildet. Während des Ablaufs

[1] REINKE: Hansteins bot. Anhandl. **4**, 1 (1879).
[2] HERMANS: Physics and Chemistry of Cellulose Fibres, S. 192.

dieser letzten Phase folgt die Wasseraufnahme den Gesetzmäßigkeiten der Kapillarkondensation.

Die Wasseraufnahme durch Zellulosefasern ist begrenzt. Die Annahme liegt nahe, daß die Wasseraufnahmefähigkeit wie bei der Dampfabsorption eine Funktion des Gehaltes der Faser an amorpher Substanz sei. Dies ist aber, worauf HERMANS hinweist, nicht der Fall, die Verhältnisse liegen nämlich insofern bei der Aufnahme von flüssigem Wasser verwickelter, als hierbei die gesamte Struktur der Faser hineinspielt. Es war im 3. Kap. gezeigt worden, daß die Faser wie ein Netzwerk mit festen, aber in sich beweglichen Haftpunkten gebaut ist. Die Wasseraufnahmefähigkeit hängt nun auch davon ab, wie weit die Maschen des Netzes dem jeweiligen strukturellen Bau entsprechend in der Lage sind, sich zu öffnen und damit dem Wasser Eintritt zu verschaffen. Da alle Fasern Abweichungen in ihrer Struktur aufweisen, so ist es verständlich, daß alle Fasern andere Mengen Wasser aufzunehmen in der Lage sind.

Es ist in diesem Zusammenhange darauf hinzuweisen, daß auch die Wasseraufnahme von der Vorgeschichte der Faser abhängt. Schon bei der Beschreibung der Zellstoff-Fabrikation war gezeigt worden, wie durch die Art der Trocknung die nachfolgende Wasseraufnahme beeinflußt wird. Dies ist bei den Fasern in gleichem Maße der Fall und hat für die Fertigstellung der Chemiefasern auch technische Bedeutung.

Quellung. Mit der Wasseraufnahme durch die Faser geht eine Volumenzunahme parallel, die man mit Quellung bezeichnet. Dies bedeutet, daß das Wasser nicht nur in der Lage ist, in vorgebildete Hohlräume der Faser einzudringen, sondern daß es darüber hinaus vermag, die Bausteine der Faser auseinanderzudrängen und dadurch größere Hohlräume selbst zu schaffen. Durch die Quellung wird hierbei ein beträchtlicher Druck erzeugt, den man mit Quellungsdruck bezeichnet. Entsprechend der schon mitgeteilten Tatsache, daß die Fasern je nach ihrem Feinbau ganz verschiedene Wassermengen aufnehmen können, kann auch die Quellung alle möglichen Beträge annehmen, und da die Wasseraufnahme begrenzt ist, kann auch die Volumenzunahme nur bis zu einem bestimmten Quellungsgrad gehen. Man bezeichnet die Wasserquellung der Zellulose daher auch als „begrenzte Quellung".

Entsprechend dem schon bei der Wasserdampfabsorption geschilderten Geschehen spielt sich auch die Wasseraufnahme bei nativen Zellulosefasern in den amorphen Faserbereichen ab. Das Röntgenogramm ergibt daher auch keine nennenswerte Änderung, wie von KATZ[1] gezeigt wurde. Da die geordneten Bereiche somit bei der natürlichen Zellulose an der Quellung nicht teilnehmen, bezeichnet man die Wasserquellung als „intermizellare Quellung". Neuere Untersuchungen von SPONSLER und DORE[2], SAKURADA und HUTINO[3] sowie HERMANS und WEIDINGER[4] führten jedoch zur Auffindung der schon mehrfach erwähnten Zellulosehydrate, die sich, wie gleichfalls schon erwähnt, bei Fasern aus regenerierter Zellulose auch im Gitter bilden. In diesem Falle spricht man von „intramizellarer Quellung".

Über den Mechanismus der Quellung kann man sich folgendes, von HERMANS[5] gegebene Bild machen: Durch das Eindringen des Wassers in die amorphen Faserbereiche werden die dort befindlichen aus Molekülen und Molekülenden bestehenden

[1] KATZ: Ref. in HESS: Die Chemie der Zellulose und ihrer Begleiter, S. 605f.
[2] SPONSLER u. DORE: Coll. Symp. Mon. **4**, 198 (1926). — [3] SAKURADA u. HUTINO: Kolloid-Z. **77**, 346 (1936). — [4] HERMANS u. WEIDINGER: J. Colloid Sci. **1**, 185 (1946).
[5] HERMANS: Kolloid-Z. **83**, 74 (1938).

Fransen auseinandergespreizt, wodurch das ganze Gefüge der Faser auseinandergedrängt wird, die Maschen des Netzes erfahren eine Erweiterung. Dies soll durch Abb. 104 veranschaulicht werden.

Da entsprechend dem Feinbau (Form und Gestalt des Netzes) der einzelnen Fasern verschiedene Wassermengen aufgenommen werden können, ist auch das Quellungsvermögen der einzelnen Fasern verschieden groß. Es bedeutet dies unter anderem, daß die einzelnen Zellulosepräparate und -Gebilde im praktischen Gebrauch dem Wasser gegenüber verschieden empfindlich und widerstandsfähig sind.

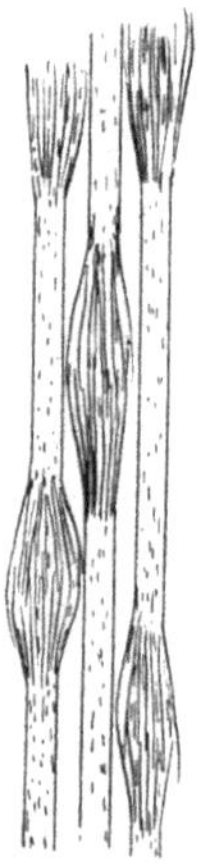

Abb. 104. Schema der Wasserquellung einer (vollständig orientierten) Zellulosefaser. (Nach HERMANS.)

Entquellung. Wird einer in Wasser gequollenen Faser durch Trocknung, durch Ausschleudern oder durch Verdrängen mit Lösungsmitteln das Wasser wieder entzogen, so findet wieder eine Volumenabnahme statt. Nach dem vom Quellungsmechanismus gegebenen Bilde müssen wir uns bei der Entquellung vorstellen, daß die durch Quellung auseinandergedrängten Kettenbüschel wieder zusammenklappen. Die Wasserquellung der Zellulose ist demnach ein reversibler Vorgang; man nennt die Wasserquellung daher auch „reversible Quellung".

Diese Vorstellung bedarf allerdings auf Grund neuerer Untersuchungen einer Einschränkung insofern, als durch die Bildung der Hydrate ein kleiner Teil des absorbierten Wassers auch nach der Entquellung gebunden bleibt. Dies macht sich nach FREY[1] auch durch eine geringfügige Änderung der Doppelbrechung bemerkbar und zeigt sich praktisch darin, daß Hydratzellulosefasern nach dem Aufbringen von Wassertropfen und nach deren Verdunsten Flecken auf der Ware zurücklassen, die durch eine andere Lichtbrechung verursacht sind.

Quellungsanisotropie. Im 3. Kap. war schon kurz erwähnt worden, daß die Zellulosefasern anisotrop quellen, d. h. also, daß die durch die Quellung verursachte Ausdehnung der Faser in den verschiedenen Richtungen ungleich ist. Diese Erscheinung ist eine Folge der Orientierung der geordneten Bereiche. Betrachtet man Abb. 104, die eine vollkommen parallel orientierte Faser im gequollenen Zustand veranschaulicht, so ist leicht einzusehen, daß durch das Auseinanderspreizen der Kettenbüschel lediglich eine Verbreiterung der Faser erfolgen kann; die Quellung verläuft in diesem Falle also ausschließlich in der Richtung senkrecht zur Faserachse. Die Länge der Faser muß in diesem speziellen Falle eine Verkürzung erfahren. Nun liegen aber in jeder Faser die geordneten Bereiche anders, d. h. also, sie weichen von der Parallellage mehr oder weniger ab. Je stärker diese Abweichung ist, um so weniger kann dementsprechend die Faser in der Breite quellen und um so mehr wird sie bei der Quellung eine Verlängerung erfahren.

Wie im 15. Kap. noch gezeigt werden wird, kann daher aus der Größe der Quellungsanisotropie ein unmittelbarer Schluß auf die Orientierung gezogen werden, über die im allgemeinen sonst nur die Röntgenanalyse Auskunft gibt.

Die Anisotropieerscheinungen bei der Quellung der Zellulose liegen oftmals recht verwickelt. So erleidet z. B. ein Baumwollhaar bei der Quellung eine erhebliche

[1] FREY: Ber. dtsch. bot. Ges. **46**, 444 (1928).

Verkürzung. Dies ist auf die schraubenförmige Anordnung der geordneten Gitterbereiche in der Faser zurückzuführen. Die Kristallite liegen in diesem Falle wie um eine Zylinderfläche gewunden. Die Quellung verursacht dann eine Vergrößerung des Durchmessers des Zylinders, was zwangsläufig zu einer Verkürzung des Zylinders führen muß.

In Tab. 50 sind für die Quellungsanisotropie der Chemiefasern einige Beispiele gegeben. Ihre Größe ist, wie im 15. Kap. noch gezeigt wird, weitgehend vom Spinnverfahren abhängig[1].

Tabelle 50. *Quellungsanisotropie künstlicher Fasern.* (Nach A. HERZOG.)

Faserart	Längenzunahme in %	Lineare Querschnittszunahme in %	Quadratische Querschnittszunahme in %	Volumenzunahme in %
Kupferreyon	3,7	32	62	68
Nitroreyon	0,8	10	45	46
Viskosereyon	4,8	29	66	74
Azetatreyon	0,14	0,6	5,7	6,0

Volumkontraktion. Bei der Quellung der Zellulose in Wasser wird die eigenartige Beobachtung gemacht, daß das Volumen der gequollenen Faser kleiner ist als die Summe der Volumina der trockenen Faser und des aufgenommenen Wassers. Dies ist nur durch die Annahme zu erklären, daß das Volumen des Quellungswassers eine Kontraktion erleidet. Eine Erklärung dieser Erscheinung liefert die Dipoltheorie[2].

Nach ihr besitzen Wassermoleküle einen elektropositiven und einen elektronegativen Pol. Durch die Anordnung der positiven Wasserstoffatome und der zweifach negativ geladenen Sauerstoffatome ist eine ungleichmäßige Verteilung der elektrischen Ladungen im Molekül bedingt (vgl. die schematischen Zeichnungen in Abb. 105). Gelangt nun in das Wasser ein negativ geladenes Hydroxylion, so wenden sich ihm die positiven Ladungen der dieses Hydroxylion umgebenden Wasserdipole zu und das Hydroxylion umgibt sich mit einem Schwarm elektrostatisch angezogener Wassermoleküle. Diese Verhältnisse haben wir auch bei der Zellulose vorliegen, da die Zelluloseketten mit negativ geladenen Hydroxylgruppen besetzt sind. Diese Hydroxylgruppen ziehen die positiv geladene Seite der in ihre Nähe gelangenden Wasserdipole an, die hierdurch festgelegt werden. Die festgelegten Wasserdipole wirken richtend auf weitere Wasserdipole, so daß sich auch hier ein Schwarm von gerichteten Wassermolekülen an die Hydroxylgruppen der Zellulose legt. Die Volumkontraktion des Quellungswassers erklärt sich nun daraus, daß gerichtete Moleküle in ihrer freien Beweglichkeit gehindert sind, sie beanspruchen daher einen kleineren Wirkungsbereich als frei bewegliche Moleküle.

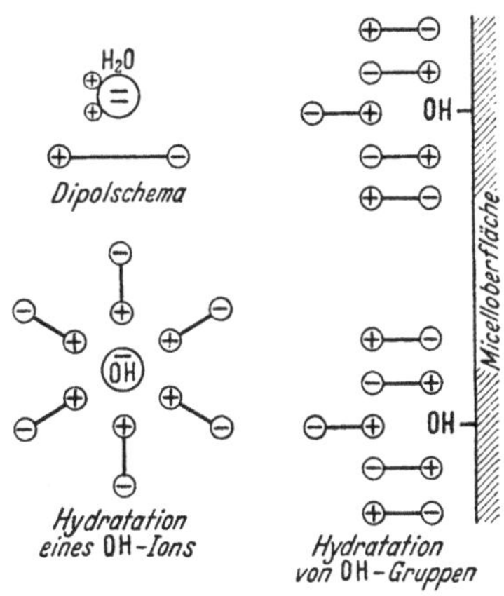

Abb. 105. Schema zur Dipoltheorie. (Nach FREY-WYSSLING.)

[1] SCHRAMEK: Zellw., Kunsts., Seide **46**, 86 (1941); Monatsschr. f. Textilind. **56**, 103 (1941). — [2] Vgl. hierzu FREY-WYSSLING: Stoffausscheidung, S. 110.

Genaue Messungen über die Kontraktion bei der Wasseraufnahme durch Zellulose führte DAVIDSON[1] durch. Die von ihm an verschiedenen Zellulosen ermittelten Werte sind in der Tab. 51 zusammengestellt:

Tabelle 51. *Kontraktion bei der Wasseraufnahme durch Zellulose.* (Nach DAVIDSON.)

	Kontraktion in cm^3	Wasseraufnahme in g	Spezifisches Volumen des Sorptionswassers
	je g Zellulose		
Am. Upland-Baumwolle gebeucht . . .	0,017	0,23	0,929
Am. Upland-Baumwolle merzerisiert . .	0,023	0,36	0,939
Sea-Island-Baumwolle gebeucht	0,019	0,23	0,921
Sea-Island-Baumwolle merzerisiert . . .	0,023	0,32	0,931
Sakellaridis-Baumwolle gebeucht . . .	0,018	0,23	0,926
Sakellaridis-Baumwolle merzerisiert . .	0,022	0,30	0,930
Viskose-Reyon	0,025	0,45	0,948
Kupfer-Reyon	0,028	0,43	0,936
Nitro-Reyon	0,029	0,44	0,936

Demnach beträgt die Gesamtkontraktion bei der maximalen Wasseraufnahme der Zellulose rund 2···3 cm^3 je 100 g Zellulose. Die Dichte des aufgenommenen Wassers erscheint um 5···7% höher als diejenige des freien Wassers[2]. Die Volumkontraktion des Quellungswassers ist also verhältnismäßig groß.

Eigenschaften des Quellungswassers. Das durch die Hydroxylgruppen der Zellulose festgelegte Wasser hat bemerkenswerterweise andere Eigenschaften als freies Wasser, die sich hauptsächlich durch eine andersgeartete Lösefähigkeit zu erkennen geben. Wenn man einen Elektrolyten in dem System Wasser-Zellulose auflöst, so stellt sich heraus, daß das Quellungswasser in der Mengeneinheit weniger von dem gelösten Stoff aufnimmt, als die übrige wässerige Lösung enthält, wobei sich zwischen der im Quellungswasser gelösten Menge Stoff und der in der übrigen Flüssigkeit befindlichen Menge ein Gleichgewichtszustand einstellt. Die Menge an Quellungswasser, die ein gequollener Körper enthält, ist in den meisten Fällen jedoch nicht genau anzugeben. Infolgedessen macht man bei der Angabe des Verteilungsgleichgewichts die Annahme, daß eine bestimmte Menge des Quellungswassers gar nicht in der Lage ist, einen Stoff aufzulösen, während der andere Teil des Quellungswassers genau so viel von dem zu lösenden Stoff aufnimmt wie das übrige nicht als Quellungswasser anzusprechende Wasser. Für die Berechnung der Menge an nichtlösendem Wasser im Quellungswasser macht man die weitere Annahme, daß keine Bindung zwischen dem quellenden Körper und dem gelösten Stoff erfolgt. Ist in dem System ein Stoff anwesend, der mit dem quellenden Körper eine Bindung eingeht, so nimmt der scheinbare Betrag an nichtlösendem Wasser mit der Konzentration des gelösten Stoffes entsprechend dem Massenwirkungsgesetz ab. Diese Verhältnisse sind zum Verständnis der Alkalizellulosebildung von Bedeutung (vgl. S. 230). Messungen über die bei der Wasseraufnahme der Zellulose entstehende Menge an nichtlösendem Wasser sind von CHAMPETIER[3] ausgeführt worden. Die Ergebnisse sind in Tab. 52 zusammengestellt.

[1] DAVIDSON: J. Text. Inst. Manchr. **18**, 175, 275 (1927).
[2] Vgl. VALKÓ: Kolloidchemische Grundlagen der Textilveredlung, S. 95.
[3] CHAMPETIER: C. R. Acad. Sci., Paris **195**, 280 (1932).

Die in der Tabelle wiedergegebenen Zahlen besagen, daß die von den Fasern als nichtlösend gebundene Wassermenge verhältnismäßig groß ist. Weiter ist bemerkenswert, daß die Wasserbindung der merzerisierten Zellulose etwa doppelt so groß ist wie die der nativen Fasern. Dies ist darauf zurückzuführen, daß durch die Merzerisierung eine Aufweitung des Raumgitters der Zellulose erfolgt, wodurch eine größere Menge von Molkohäsionskräften, die zwischen den Zelluloseketten eine gegenseitige Absättigung erfahren hatten, für die Wasserbindung frei wird.

Tabelle 52. *Nichtlösendes Wasser in Zellulosefasern.* (Nach CHAMPETIER[1].)

Zellulose	Mol nichtlösendes H_2O je Mol $C_6H_{10}O_5$
Lintersbaumwolle	0,55
,,	0,56
,,	0,45
Ramie	0,46
Linters, merzerisiert mit 15% NaOH	1,13
,, ,, ,, 15% ,,	0,96
,, ,, ,, 15% ,,	0,95
,, ,, ,, 23% ,,	0,98
,, ,, ,, 34% ,,	1,24
,, ,, ,, 40% ,,	1,12
Ramie, ,, ,, 15% ,,	1,08

III. Das Verhalten gegenüber verdünnten Salzlösungen.

Gegenüber verdünnten Elektrolytlösungen zeigt die Zellulose ein ähnliches Verhalten wie gegenüber Wasser. Es wurde jedoch von BRAUNER[2] die wichtige Wahrnehmung gemacht, daß der *Quellungsgrad der Zellulose in Salzlösungen geringer ist als in reinem Wasser.* Dies ist darauf zurückzuführen, daß von den Hydroxylgruppen der Zelluloseketten die mit dem Wasser in die Faser hineindiffundierenden Ionen zum Teil adsorbiert werden, wodurch das Wasserbindevermögen dieser Hydroxylgruppen aufgehoben wird. Da die Ionen der einzelnen Elemente von den Hydroxylgruppen der Zellulose verschieden stark adsorbiert werden, so ist demnach das Wasserbindevermögen und somit das Quellungsvermögen der Zellulose in Lösungen verschiedener Elektrolyte verschieden groß. Das unterschiedliche Adsorptionsvermögen der einzelnen Ionen ist auf das verschiedene Volumen, das diese Ionen einnehmen, zurückzuführen. Wie JENNY[3] zeigen konnte, besteht zwischen dem Ionenradius und dem Adsorptionsvermögen ein ausgesprochener Zusammenhang, und zwar werden die Ionen mit größerem Volumen schwächer festgehalten als Ionen mit kleinerem Volumen. Nach Berechnungen von GOLDSCHMIDT[4] besitzen z. B. die Erdalkalimetalle im Kristallgitter die in Tab. 53 wiedergegebenen Ionenradien.

Die Quellung der Zellulose in Lösungen, die diese Ionen enthalten, nimmt also in folgender Reihenfolge zu:

$$Cs > Rb > NH_4 > K > Na > Li.$$

Da die Adsorptionskraft der Zellulose für die einzelnen Ionen also verschieden groß ist, so ist es auch möglich, nach obiger Reihenfolge die an die Zellulose adsorbierten Ionen zu verdrängen. Diese Erscheinung ist unter Umständen beim Auswaschen frisch gesponnener Chemiefasern von Bedeutung.

Tabelle 53. *Ionenradien.* (Nach GOLDSCHMIDT.)

Art	Radius in Å
Li	0,78
Na	0,98
K	1,33
NH_4	1,45
Rb	1,46
Cs	1,66

[1] Aus VALKÓ: Kolloidchemische Grundlagen der Textilveredlung, S. 110.
[2] BRAUNER: Jahrb. Bot. **73**, 513 (1920). — [3] JENNY: Diss. E. T. H. Zürich 1927.
[4] GOLDSCHMIDT: ref. bei FREY-WYSSLING: Stoffausscheidung, S. 199.

9. Kapitel

Die Alkalizellulose.

Wie schon erwähnt wurde, ist die erste Behandlung der Zellulose in der Viskosefabrik ihre Überführung in die Alkalizellulose. Dies geschieht durch Tauchen des Zellstoffs in Natronlauge bzw. durch Vermaischen des Zellstoffs mit Natronlauge.

I. Die Aufnahme von Natronlauge durch Zellulose.

Die Zellulose nimmt aus der Tauchflüssigkeit Ätznatron auf, wobei sich je nach den vorliegenden Bedingungen verschiedene Modifikationen von Alkalizellulose bilden.

Die Feststellung der Menge des von der Zellulose aufgenommenen Ätznatrons kann entweder dadurch erfolgen, daß man die Verarmung der Tauchlauge an Ätznatron ermittelt, oder daß man die getauchte Zellulose nach Abschleudern oder Abpressen der überschüssigen Lauge oder nach Verdrängen der Lauge durch absoluten Alkohol analysiert[1].

Nach allen Methoden ist die Alkaliaufnahme durch Zellulosefasern mehrfach untersucht worden[2]. Trägt man die bei steigender Alkalikonzentration von der Zellulose aufgenommenen Mengen Ätznatron graphisch auf, so erhält man eine charakteristische Kurve, wie Abb. 106 zeigt, der die Ergebnisse von VIEWEG und einigen anderen Forschern zugrunde liegen.

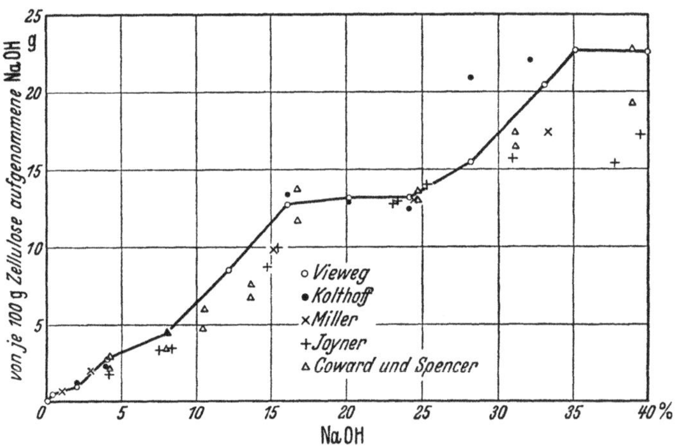

Abb. 106. NaOH-Bindung der Baumwolle nach verschiedenen Forschern; zusammengestellt von CLIBBENS.

[1] GLADSTONE: Ref. bei LIESER, HENRICH u. FICHTNER: Liebigs Ann. Chem. **538**, 99 (1930).

[2] VIEWEG: Ber. dtsch. chem. Ges. **40**, 3876 (1907). — KARRER u. NISHIDA: Cellulosechem. **5**, 69 (1924). — HEUSER, NIETHAMMER u. BARTUNEK: Z. angew. Chem. **37**, 1010 (1924); Cellulosechem. **6**, 13, 19 (1925). — DEHNERT u. KÖNIG: Cellulosechem. **5**, 107 (1924); **6**, 1 (1925). — SCHRAMEK, SCHUBERT u. VELTEN: Cellulosechem. **12**, 126 (1931). — D'ANS u. JÄGER: Cellulosechem. **6**, 137 (1925). — RASSOW u. WADEWITZ: J. prakt. Chem. **106**, 270 (1923). — LIEPATOFF: Kolloid-Z. **36**, 148 (1925).

Die Ergebnisse besagen, daß die von der Faser aufgenommene Menge Ätznatron von der Laugenkonzentration abhängig ist. Wie die Abbildung erkennen läßt, nimmt jedoch die Alkaliaufnahme mit steigender Laugenkonzentration nicht stetig zu; die Kurve besitzt vielmehr einen horizontalen Teil, der in dem Konzentrationsgebiet zwischen 15 und 24 Gew.-% liegt. Dieser Befund ist insofern von Bedeutung, als aus ihm geschlossen werden muß, daß es sich bei der Alkalibindung durch Zellulose nicht um einen einfachen Adsorptionsvorgang handelt; es muß sich vielmehr eine tiefergehende Umwandlung bei der Alkaliaufnahme vollzogen haben. Dies geht auch aus einer Reihe weiterer Beobachtungen hervor, die weiter unten noch diskutiert werden sollen.

Es ist nun von Wichtigkeit festzustellen, wie groß die von der Faser bei den einzelnen Konzentrationen aufgenommenen Mengen Ätznatron sind. Diese Feststellung ist schwierig, da von der Faser aus der Lauge gleichzeitig Wasser aufgenommen wird, und es nicht ohne weiteres bekannt ist, ob dieses Quellungswasser genau so viel Alkali enthält wie die Außenflüssigkeit oder ob dieses Wasser ganz oder teilweise als nichtlösendes Wasser angesprochen werden muß, m. a. W. ob dieses Wasser weniger Alkali enthält als die Außenflüssigkeit.

VIEWEG und die meisten der anderen Forscher berechneten die Alkaliaufnahme unter der Annahme, daß die Quellungsflüssigkeit die gleiche Konzentration an Ätznatron besitze wie die Außenflüssigkeit. Unter dieser Annahme würde das Molverhältnis im horizontalen Kurventeil — der, wie später noch gezeigt wird, von technischem Interesse ist —

$$NaOH : 2C_6H_{10}O_5$$

betragen. Infolge der aufgezeigten Unsicherheit kann dieses Verhältnis aber nur als „scheinbare Alkaliaufnahme" gewertet werden.

COWARD und SPENCER[1] ermittelten neben der Gewichtszunahme auch den Wassergehalt und den Alkaligehalt der in Laugen verschiedener Konzentration getauchten Fasern, nachdem sie von der überschüssigen Lauge durch sorgfältiges Ausschleudern befreit waren. Die Ergebnisse sind in Abb. 107 dargestellt. Betrachtet man die Gewichtszunahme, so findet man wieder ein horizontal verlaufendes Kurvenstück, etwa bei einer Konzentration von 14% beginnend. In dieser Beziehung stimmt das Ergebnis mit dem von VIEWEG und den anderen Forschern gefundenen überein. Demgegenüber geht aber aus den Ergebnissen von COWARD und SPENCER hervor, daß der Alkaligehalt der getauchten Faser mit der Laugenkonzentration stetig ansteigt, während der Wassergehalt ein deutlich ausge-

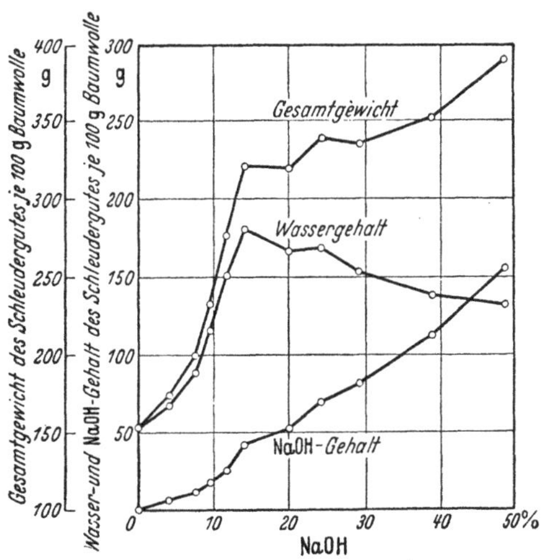

Abb. 107. Gesamtgewicht, Wassergehalt und NaOH-Gehalt der Baumwolle nach Zentrifugieren in Abhängigkeit von der Konzentration des Quellungsbades bei Zimmertemperatur. (Nach COWARD u. SPENCER.)

[1] COWARD u. SPENCER: J. Text. Inst. Manchr. **14**, 28, 32 (1925). — Vgl. hierzu auch SAITO: J. Soc. chem. Ind. Japan **43**, 133 (1941).

prägtes Maximum besitzt, das bei derjenigen Laugenkonzentration liegt, bei der der horizontale Kurventeil der Gewichtskurve beginnt.

Was die aufgenommene Menge Ätznatron anbetrifft, so nahmen COWARD und SPENCER an, daß die Quellungsflüssigkeit kein Ätznatron gelöst enthielte, sie kamen daher für die von der Faser gebundene Ätznatronmenge zu einem Vielfachen der von VIEWEG errechneten Werte. Wir werden weiter unten sehen, daß auch diese Beobachtung den tatsächlich vorliegenden Verhältnissen nicht gerecht wird.

Aussagen über die tatsächlich von der Faser aufgenommene Ätznatronmenge sind nach dem oben Gesagten erst möglich, wenn man die Menge an nichtlösendem Wasser in der Quellungslauge genau kennt. SCHWARZKOPF[1] hat es daher unternommen, die Menge an nichtlösendem Wasser zu bestimmen. Bezüglich der Methodik sei auf VALKÓ[2] verwiesen.

Die von SCHWARZKOPF erhaltenen Ergebnisse sind in Abb. 108 wiedergegeben. Man erkennt, daß die Kurve für die Alkaliaufnahme tatsächlich einen Knick be-

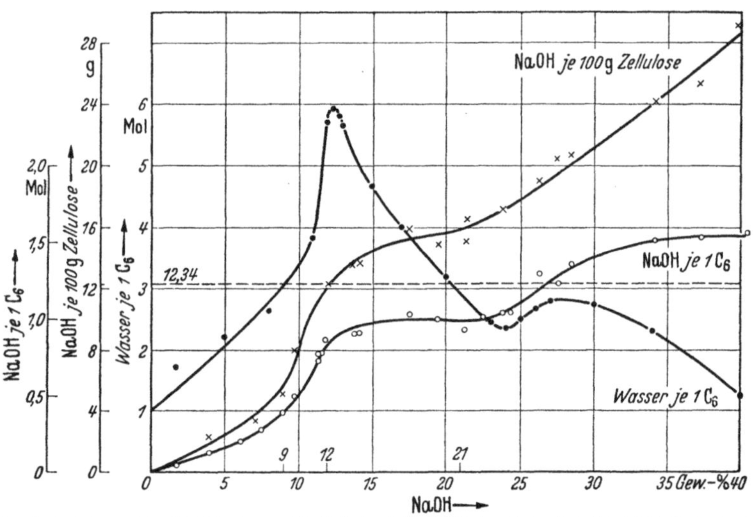

Abb. 108. Scheinbare NaOH-Bindung (NaOH je 100 g Zellulose), wahre NaOH-Bindung (NaOH je 1 C_6) und nichtlösendes Wasser (Wasser je 1 C_6) von Ramie in Abhängigkeit von der Konzentration des Quellungsbades bei 20,5° C. Gestrichelte Linie: Stelle des VIEWEGschen Horizontalstückes (scheinbare NaOH-Bindung). (Nach SCHWARZKOPF.)

sitzt, und zwar beginnt der horizontale Kurventeil, wenn man nunmehr die wahre Alkalibindung zugrunde legt, bei einer Laugenkonzentration von 12,5 Gew.-%. In diesem Bereich entspricht die Alkalibindung durch die Zellulose dem Molverhältnis

$$NaOH : C_6H_{10}O_5.$$

Unter Berücksichtigung des nichtlösenden Wassers kommt man somit zu einer doppelt so großen Alkalibindung als von VIEWEG und den anderen genannten Forschern angenommen wurde.

Es ist nunmehr noch zu untersuchen, ob es sich bei der Alkalizellulose um eine salzartige oder eine Molekülverbindung handelt, nachdem schon früh bewiesen werden konnte, daß kein einfaches Alkoholat vorliegt. Beides ist zufolge der chemischen

[1] SCHWARZKOPF: Z. Elektrochem. **38**, 353 (1932).
[2] VALKÓ: Kolloidchemische Grundlagen der Textilveredlung, S. 178f.

Natur der Zellulose möglich. NEALE[1] nimmt an, daß eine salzartige Verbindung vorliege. Nach seiner Auffassung reagiert die Zellulose wie eine schwache Säure mit der Alkalilauge, wobei sich ein völlig in Ionen dissoziiertes Salz bilden soll. Diese Annahme hat NEALE auch dazu benutzt, das Molverhältnis zwischen Zellulose und Ätznatron noch einmal zu berechmen. Hierbei machte er die weitere Annahme, daß die Zellulosefaser wie eine semipermeable Membran wirke und sich die Außenflüssigkeit sowie die in die Faser hineindiffundierte Flüssigkeit gemäß der DONNANschen Theorie der Membrangleichgewichte verhalte. Unter diesen Voraussetzungen findet NEALE, daß die höchstmögliche Alkalibindung 1 Mol NaOH auf 1 Mol $C_6H_{10}O_5$ betrage. LIESER[2] berechnete später eine etwas höhere Alkalibindung und nimmt das Molverhältnis $3\,NaOH:2\,C_6H_{10}O_5$ an.

Nach SAKURADA und OKAMURA[3] ist die Alkalizellulose eine Molekülverbindung, die gleichzeitig noch Wasser enthält. Sie stützen ihre Ansicht auf röntgenographische Befunde, über die weiter unten noch zu sprechen sein wird.

Es muß noch erwähnt werden, daß die Kurve für die Alkaliaufnahme einen anderen Verlauf nimmt, wenn bei hohen Laugentemperaturen gearbeitet wird. Hierauf braucht jedoch nicht näher eingegangen zu werden, da in der Praxis der Viskosefabrikation normalerweise bei Temperaturen gearbeitet wird, die der Raumtemperatur annähernd entsprechen und unter welcher Bedingung auch die in Abb. 106 wiedergegebene Kurve aufgenommen wurde. Es soll nur festgehalten werden, daß die Größe der Alkaliaufnahme mit fallender Temperatur ansteigt, jedoch wird bei verschiedenen Zellstoffen eine gleiche Alkaliaufnahme bei verschiedenen Temperaturen erreicht.

Mit der Bildung von Natronzellulose gehen andere chemische Reaktionen einher. Dies tritt äußerlich dadurch in Erscheinung, daß die Zellulose eine gelbliche Farbe annimmt und daß ein schwacher, aber charakteristischer Geruch auftritt. Über diese Fragen haben WELTZIEN, STOLLMANN und SCHOTTE[4] Überlegungen angestellt. Nach Ansicht dieser Forscher lösen sich beim Tauchen Anteile von Zellulose aus den amorphen Faserbereichen heraus. Hierauf wird S. 240 noch näher eingegangen. Diese gelösten Zellulose-Anteile sollen nun unter der Einwirkung der Lauge nicht nur gewisser innermolekularer Umsetzungen befähigt sein, sondern es sollen sich auch Spaltungsprodukte bilden können. Nach LOBRY DE BRUYN ist die Bildung folgender epimerer Formen der Kohlehydrate bekannt, die in alkalischer Lösung miteinander im Gleichgewicht stehen:

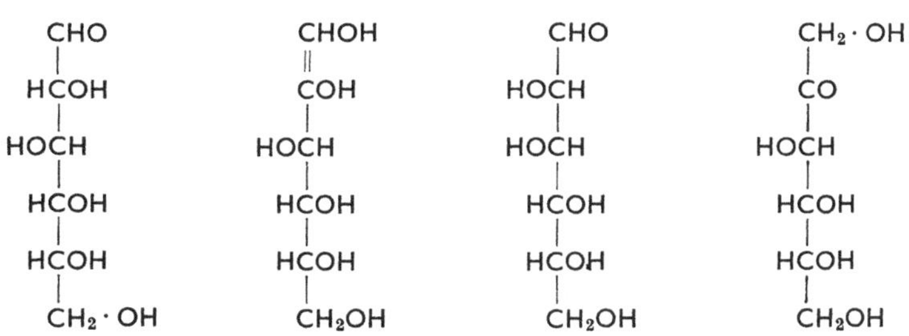

[1] NEALE: J. Text. Inst. Manchr. **20**, 373 (1929); **21**, 225 (1930); **22**, 320, 349 (1931).
[2] LIESER: Liebigs Ann. Chem. **538**, 99 (1939).
[3] SAKURADA u. OKAMURA: J. Soc. chem. Ind. (Japan) **40**, 424 (1937).
[4] WELTZIEN, STOLLMANN u. SCHOTTE: Zellw., Kunsts., Seide **46**, 379, 425, 481 (1941).

Nach MICHEEL[1] bilden sich aus diesen Hexosen mit konzentrierten Laugen unter Sauerstoffausschluß zunächst Triosen, aus denen Glyzerinaldehyd und Dioxyazeton entstehen, die sich ineinander umwandeln und unter Wasserabspaltung in Methylglyoxal übergehen:

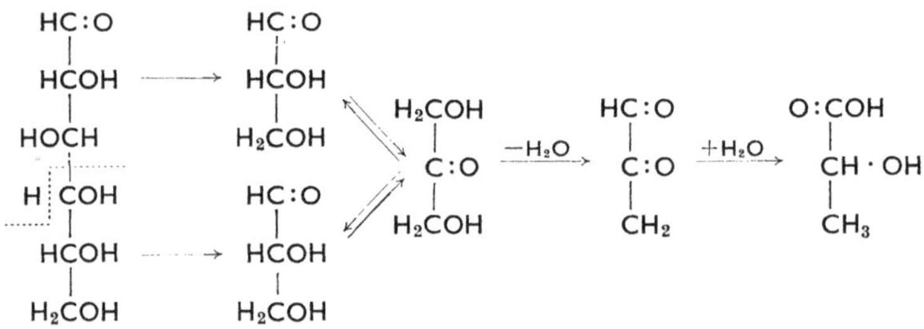

Die Entstehung der gelben Farbe dürfte auf die Bildung des Diketons zurückzuführen sein; Diketone sind nach KARRER allgemein durch eine gelbe Farbe gekennzeichnet.

In der Tauchlauge lassen sich daneben noch niedermolekulare Körper nachweisen wie z. B. Ameisensäure, 2,4-Dioxybuttersäure, Formaldehyd u. a., und zwar sei noch einmal ausdrücklich darauf hingewiesen, daß sich diese Reaktionen auch bei Abwesenheit von Sauerstoff abspielen.

Die Tiefe der Gelbfärbung ist in starkem Maße von der Laugentemperatur abhängig; während sie bei 20° C nur gering ist, tritt sie bei 40···50° C schon deutlich in Erscheinung und nimmt mit steigender Temperatur noch weiter zu. Bei hohen Temperaturen wurde beobachtet, daß sich die Zellstoffe sehr ungleichmäßig färben.

II. Der kristalline Bau der Alkalizellulose.

Nach Beobachtungen von JAYME und ROTHAMEL[2] deutet die Untersuchung der Quellungsvorgänge in Laugen steigender Konzentration von einer Laugenkonzentration von 4 Gew.-% an darauf hin, daß sich eine Umwandlung der Zellulose vollzieht. Die röntgenographische Untersuchung, die von mehreren Forschern durchgeführt wurde[3], läßt demgegenüber bis zu einer Laugenkonzentration von 9% keine Einwirkung der Lauge auf die Faser erkennen. Oberhalb dieser Konzentration ändert sich jedoch das Röntgenogramm, ein Teil der Zellulose wird in eine Modifikation umgesetzt, die man mit Natronzellulose I bezeichnet. Dementsprechend ist das Röntgenogramm ein Mischdiagramm aus Natronzellulose I und unveränderter Zellulose (Abb. 109). Von einer Ätznatronkonzentration von 12% ab verschwindet dann das Diagramm der natürlichen Zellulose und man erhält das Diagramm der Natronzellulose I rein (Abb. 110); es bleibt bis zu einer Ätznatronkonzentration von 20% erhalten. Die Natronzellulose I bildet sich also in dem Konzentrationsbereich, das durch den horizontalen Teil der VIEWEG-Kurve gekennzeichnet ist.

Geht man mit der Ätznatronkonzentration über 20% hinaus, so erscheinen neue Interferenzen, die auf eine weitere Zellulosemodifikation hindeuten. Ähnlich wie

---

[1] MICHEEL: Chemie der Zucker u. Polysaccharide, Leipzig 1939, S. 53.

[2] JAYME u. ROTHAMEL: Das Papier **2**, 7 (1948).

[3] KATZ u. MARK: Z. physik. Chem. (A) **115**, 385 (1925). — v. SUSICH u. WOLFF: Z. physik. Chem. (B) **8**, 221 (1930). — HESS u. TROGUS: Z. physik. Chem. (B) **11**, 381 (1930); **15**, 157 (1931); **21**, 349 (1933); Z. Elektrochem. **42**, 696 (1936). — SCHRAMEK: Kolloid-Z. **80**, 129 (1937). — SOBUE, KIESSIG u. HESS: Z. physik. Chem. (B) **43**, 312 (1939).

beim Übergang von nativer Zellulose in Natronzellulose I, so erhält man zunächst wieder Mischdiagramme von Natronzellulose I mit einer neuen Modifikation, die man mit Natronzellulose II bezeichnet. Die Mischdiagramme treten hier jedoch nur in dem engen Konzentrationsintervall von 20···22% auf. Zwischen 22 und 45% Ätznatron erhält man das Diagramm der reinen Natronzellulose II.

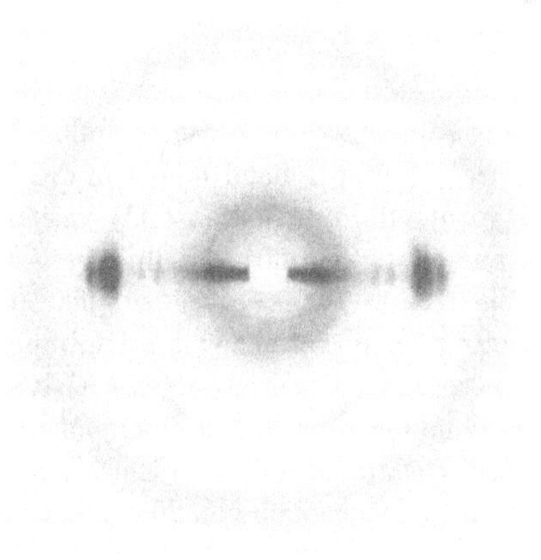

Abb. 109. Röntgen-Misch-Diagramm aus nativer Zellulose und Natronzellulose I[1].

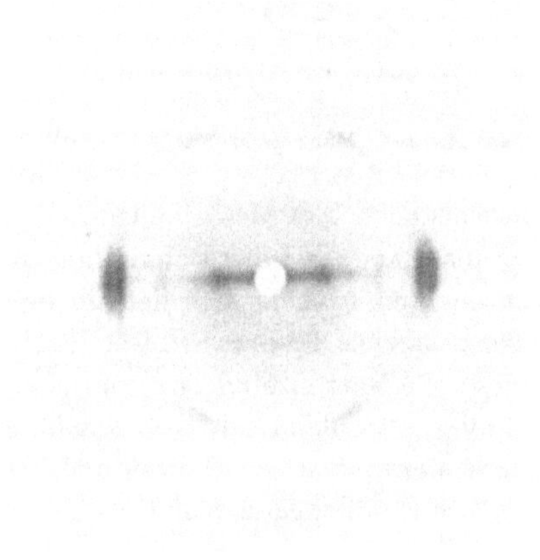

Abb. 110. Röntgendiagramm von Natronzellulose I.

Sobue, Kiessig und Hess[2] fanden, daß noch zwei weitere Natronzellulosen bestehen, nämlich eine Natronzellulose III und eine Natronzellulose V. Sie werden bei der Einwirkung bestimmter Laugenkonzentrationen bei bestimmten Temperaturen erhalten. Die Bedingungen, unter denen sich die verschiedenen Natronzellulose-Modifikationen bilden, gehen aus Abb. 111 hervor. Eine ursprünglich mit Natronzellulose IV bezeichnete Modifikation erwies sich später nicht als eine Natronzellulose, sie ist vielmehr identisch mit dem von Hutino und Sakurada aufgefundenen, S. 81 beschriebenen Zellulosehydrat.

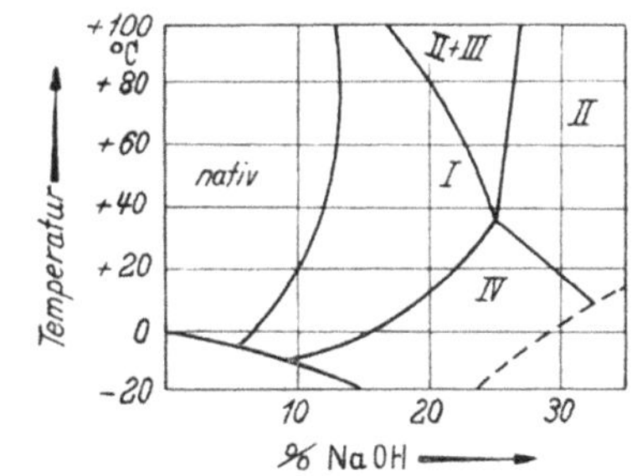

Abb. 111. Bildungsmöglichkeiten der verschiedenen Natronzellulosemodifikationen. (Nach Sobue, Kiessig, und Hess.)

Tab. 54 gibt eine Übersicht über die verschiedenen Natronzellulosen, ihre wahrscheinliche stöchiometrische Zusammensetzung, sowie die Länge ihrer Faserperiode (*b*-Achse des Elementarkörpers).

Für die Viskosefabrikation ist nur die Natronzellulose I wichtig, und nur aus ihr werden betrieblich brauchbare Viskosen erhalten. Sie soll daher kurz näher beschrieben werden. Abb. 112 zeigt einen schematischen Querschnitt durch ihren Ele-

Tabelle 54. *Die verschiedenen Natronzellulose-Modifikationen.* (Nach Sobue, Kiessig u. Hess.)

Natronzellulose	Zusammensetzung	Faserperiode
I	$C_6H_{10}O_5 \cdot NaOH \cdot 3H_2O$	20,5 Å
II	$C_6H_{10}O_5 \cdot NaOH \cdot H_2O$	15,4 Å
III	$C_6H_{10}O_5 \cdot NaOH \cdot 3H_2O$	20,5 Å
V	$C_6H_{10}O_5 \cdot NaOH \cdot 5H_2O$	15,3 Å

[1] Die Abbildungen 109, 110 u. 114 wurden von Herrn Prof. Schramek zur Verfügung gestellt. — [2] Sobue, Kiessig u. Hess: Z. physik. Chem. (B) **43**, 312 (1939).

mentarkörper. Es ist daraus ersichtlich, daß eine seitliche Verschiebung der Ketten stattgefunden hat und daß die Ketten auseinandergerückt sind, um das Ätznatron zwischen sich aufzunehmen. Der Elementarkörper der Natronzellulose I ist durch folgende Größen gekennzeichnet:

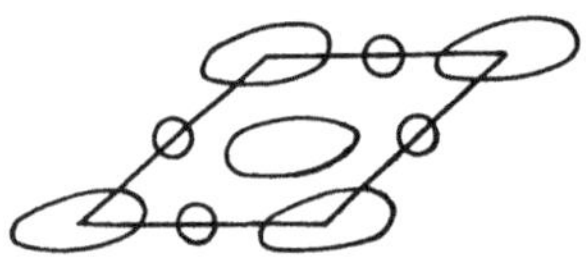

Abb. 112. Lage der Glukosereste im Gitter der Natronzellulose I; die Kreise bezeichnen die Lage der Na-Atome. (Nach HERMANS.)

$a = 12{,}8$ Å
$b = 20{,}5$ Å
$c = 13{,}2$ Å
$\beta = 40°$.

Die bisher geschilderten Beobachtungen und Befunde bezogen sich auf native Zellulose (Zellulose I) als Ausgangsmaterial. Entsprechend dem von dieser abweichenden Bau des Elementarkörpers der Hydratzellulose (Zellulose II) verhält sich diese auch bei der Behandlung mit Laugen anders als die native Zellulose. Auf Einzelheiten braucht hier jedoch nicht eingegangen zu werden, es sei lediglich erwähnt, daß bei Hydratzellulose die Laugenkonzentrationen, bei denen die Umwandlung in die Natronzellulose I und II erfolgt, durchweg höher liegen als bei der nativen Zellulose. So bleibt bei Hydratzellulose das Röntgendiagramm bis zu einer höheren Laugenkonzentration erhalten und die Umwandlung von Natronzellulose I in Natronzellulose II vollzieht sich erst in einem Laugenkonzentrationsbereich von 26···28 Gew.-Proz. Bemerkenswert ist ferner, daß sich bei der Behandlung von Hydratzellulose mit Laugen steigender Konzentration kein Knickpunkt in der Alkaliaufnahmekurve ergibt, sondern daß die Alkaliaufnahme mit der Konzentration stetig ansteigt, wie von HESS, TROGUS und SCHWARZKOPF[1] gefunden wurde. Diese Verhältnisse sind in Abb. 113 dargestellt. Ergänzend sei bemerkt, daß auch bei nativer Zellulose sich kein Knick einstellt, wenn man die Behandlung bei hohen Temperaturen ausführt.

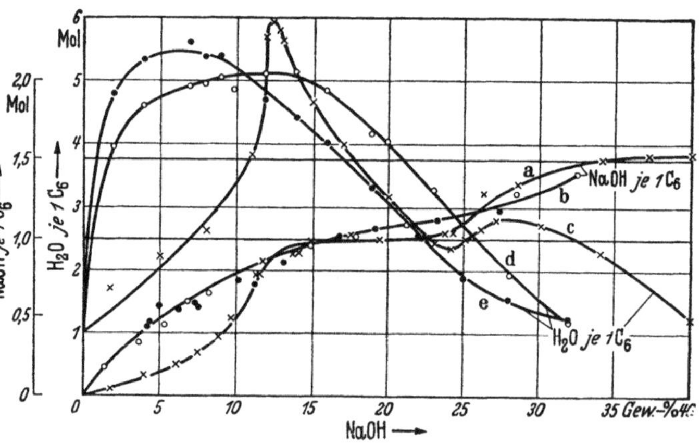

Abb. 113. Wahre NaOH-Bindung und nichtlösendes Wasser von Ramie und Kupferreyon in Abhängigkeit von der Konzentration des Qellungsbades. *a* Wahre NaOH-Bindung durch natürliche Ramie; *b* wahre NaOH-Bindung durch Kupferreyon (Kreise) und merzerisierte Ramie (Punkte); *c* nichtlösendes Wasser von natürlicher Ramie; *d* nichtlösendes Wasser von Reyon; *e* nichtlösendes Wasser von merzerisierter Ramie (20,5° C). (Nach HESS, TROGUS und SCHWARZKOPF.)

Die Röntgenanalyse gibt uns aber nur Auskunft über die Umwandlungen, die sich in den gitterförmigen Faserbereichen abgespielt haben, und sie gibt keine Auskunft

[1] HESS u. TROGUS: Z. physik. Chem. (B) **11**, 381 (1930); **15**, 157 (1931); **21**, 349 (1933). — HESS u. SCHWARZKOPF: Z. physik. Chem. (A) **162**, 187 (1932).

über das Geschehen in den amorphen Bereichen. STÖCKLY[1] weist darauf hin, daß sich auch in den amorphen Bereichen Natronzellulose bilden muß, was an sich verständlich ist. Eine genaue Kenntnis dieser Vorgänge wäre aber von großer Bedeutung für das Verständnis des Sulfidier- und Löseprozesses. STÖCKLY nimmt an, daß von der Sulfidierung nur die amorphe Natronzellulose erfaßt und daß erst beim Lösen des Xanthogenates auch die gitterförmige Natronzellulose sulfidiert würde. Bei ihrer Umwandlung würde es sich danach lediglich um ein Nachsulfidieren handeln. Die gleiche Ansicht wurde von KRATKY[2] ausgesprochen.

III. Die Umwandlung von Natronzellulose in Hydratzellulose.

Nachdem in der beschriebenen Weise mit allmählichen Übergängen bei steigender Laugenkonzentration aus nativer Zellulose zunächst Natronzellulose I und dann Natronzellulose II entstehen, sollte man annehmen, daß der gleiche Vorgang auch rückwärts verläuft, wenn man aus Natronzellulose II das Alkali wieder entfernt. Dies ist jedoch nicht der Fall.

Es war schon an anderer Stelle erwähnt worden, daß man durch Auswaschen des Alkalis nicht die Zellulose I wieder erhält. Bringt man die Natronzellulose in Laugen geringerer Konzentration, so bildet sich nach Untersuchungen von HESS und TROGUS sowie von SCHRAMEK[3] aus Natronzellulose II mit fallender Laugenkonzentration nicht unmittelbar die Natronzellulose I, vielmehr bleibt die Natronzellulose II bis zu einer Laugenkonzentration von etwa 11 Gew.-% stabil. Erst unterhalb dieser Laugenkonzentration tritt eine teilweise Umwandlung in Natronzellulose I ein. Unübersichtlicher liegen die Verhältnisse beim Behandeln von Natronzellulose I mit schwächeren Laugen. Hierbei zeigen sich zunächst in dem Konzentrationsbereich von 14···6% unscharfe Interferenzen, die eine nähere Identifizierung nicht zulassen. Im Konzentrationsbereich von 6···1% finden sich die Interferenzen des Zellulosehydrates, schließlich ergibt sich das Röntgenogramm der Hydratzellulose. Geht man von einer in Lauge von einer Konzentration zwischen 9 und 12% erhaltenen partiell in Natronzellulose I umgewandelten Zellulose aus, wie sie durch das in Abb. 109 wiedergegebene Röntgenogramm gekennzeichnet war, so erhält man nach Auswaschen des Alkalis bemerkenswerterweise ein Mischdiagramm, das die Interferenzen der natürlichen und der Hydratzellulose nebeneinander enthält (Abb. 114).

Abb. 114. Röntgen-Mischdiagramm aus natürlicher Zellulose und Hydratzellulose.

Es ist also festzustellen, daß die Umwandlung von natürlicher Zellulose in Alkalizellulose kein umkehrbarer Vorgang ist; die Veränderungen, die die Zellulose bei ihrer Umwandlung in Alkalizellulose erleidet, sind also bleibend, und es muß festgehalten werden, daß auch schon durch Zerlegung der Alkalizellulose die Hydratzellulose entsteht, deren Bau schon Seite 78 beschrieben

[1] STÖCKLY: Kolloid-Z. **105**, 197 (1943).
[2] KRATKY: Zellw., Kunsts., Seide **46**, 256 (1941).
[3] SCHRAMEK: Z. physik. Chem. (B) **20**, 209 (1931); Kolloid-Z. **80**, 129 (1937).

war und die auch durch Regenerierung des Zellulosexanthogenates aus der Spinnlösung erhalten wird. *Reyon und Zellwolle bestehen daher aus Hydratzellulose.*

IV. Wärmetönung.

Bei der Alkalizellulosebildung entwickelt sich eine erhebliche Wärmemenge. Im Hinblick auf die Tatsache, daß diese bei der Reyon- und Zellwollfabrikation eine gewisse Rolle spielt, soll hierauf etwas näher eingegangen werden[1]. Geht man von einer Baumwolle mit 5,1% Wassergehalt aus und bringt diese in Natronlauge steigender Konzentration, so findet man nach BARRAT und LEWIS[2] schon bei einer Laugenkonzentration von 7,4% eine Wärmeentwicklung von 6,7 cal, während bei der Wasserquellung nur 3,6 cal je Gramm Zellulose frei werden. Wie Abb. 115 zeigt, steigt die Wärmeentwicklung mit steigender Konzentration an Natronlauge erst rasch, dann langsamer an. Die Wärmetönung bei den höheren Laugenkonzentrationen dürfte auf das Auftreten von Verdünnungswärme zurückzuführen sein, da der Natronlauge Ätznatron durch die Bindung an die Zellulose entzogen wird.

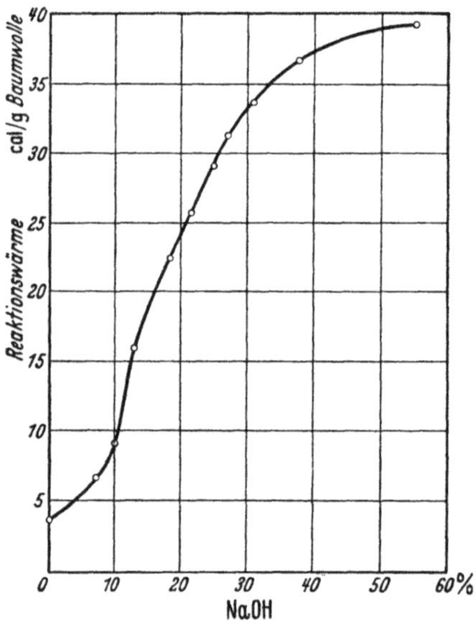

Abb. 115. Wärmetönung bei der Einwirkung von Natronlauge steigender Konzentration auf Zellulose. (Nach BARRAT und LEWIS.)

V. Die Quellung der Natronzellulose.

Durch Einbringen in Natronlauge erleiden die Zellulosefasern eine Vergrößerung ihres Volumens, die von der Konzentration der Lauge abhängig ist und ein Maximum durchläuft. Im Gegensatz zur Quellung in Wasser ist die Quellung in Natronlauge aber nicht reversibel, es handelt sich vielmehr um „irreversible“ Quellung. Da sich bei der Alkalibehandlung die Röntgendiagramme geändert haben, muß die Alkalilauge in die geordneten Gitterbereiche selbst eingedrungen sein. Man bezeichnet diese Art der Quellung daher als „intramizellare“ Quellung.

Die intramizellaren Quellungsvorgänge kann man in zwei Gruppen unterteilen, und zwar in solche, bei denen nach der Quellung im Röntgenbild die Faserstrukturen verschwinden und das Objekt amorph erscheint, sowie in solche, bei denen das Röntgenogramm auf das Entstehen einer neuen kristallisierten Verbindung schließen läßt. Diesen Sonderfall der intramizellaren Quellung bezeichnet man mit „permutoider“ Quellung. Er liegt bei der Natronlaugequellung der Zellulose vor.

Bei der Alkaliquellung ist zunächst festzustellen, daß der Quellungsgrad der Zellulose viel höher ist als bei der Wasserquellung. Nach den Vorstellungen von HERMANS[3] kommt der stark gequollenen Faser das in Abb. 116 wiedergegebene Strukturbild

[1] Vgl. hierzu VALKÓ: Kolloidchemische Grundlagen der Textilveredelung, S. 207.
[2] BARRAT u. LEWIS: J. Text. Inst., Manchr. **13**, 113 (1922).
[3] HERMANS: Kolloid-Z. **83**, 75 (1938).

zu. Die stark hydratisierten Stellen der Zelluloseketten in den ungeordneten Bereichen treiben, unterstützt durch BROWNsche Bewegung, die Kettenbüschel weit auseinander. Man kann sich vorstellen, daß hierbei auch die geordneten Bereiche von den Stirnflächen her mit eingerissen werden, wodurch der Zusammenhalt des ganzen Gefüges immer lockerer wird. Daß die Natronlauge mit steigender Konzentration allmählich immer weiter in die geordneten Gitterbereiche hinein fortschreitet, geht eindeutig aus dem röntgenographischen Befund hervor, wonach sich oberhalb einer Konzentration von 9% erst Mischdiagramme ausbilden, bis die Umsetzung zu Natronzellulose I und zu den weiteren Modifikationen vollkommen erfolgt ist. Die Natronlauge ist jedoch unter keinen Bedingungen in der Lage, eine völlige Überwindung aller Gitterkräfte herbeizuführen, sie erreicht stets nur eine Aufweitung des Gitters. Durch diese Gitteraufweitung werden aber weitere Hydroxylgruppen mobilisiert, was für das Verständnis der Xanthogenatreaktion (s. 11. Kap.) von Wichtigkeit ist. Verwendet man als Quellmittel an Stelle von Natronlauge dagegen eine Base von hohem Molekulargewicht[1] und hohem Hydratationsvermögen, so ist diese Base in der Lage, die zwischen den Zelluloseketten herrschenden Molkohäsionskräfte so weit aufzuheben, daß die Zellulosemoleküle vollständig hydratisieren und in Lösung gehen. Verdrängt man die Natronlauge durch Wasser, so ist es nach dem oben Gesagten verständlich, daß nach dieser weitgehenden Deformation nicht alle Ketten und Kettenenden wieder in ihre vorher eingenommene Lage zurückgelangen, der Vorgang ist demnach nicht reversibel. Immerhin wird sich bei der Entquellung wieder eine gewisse Ordnung einstellen, und zwar werden die Teilchen sich vorzugsweise so aneinander lagern, daß sich an den Berührungsstellen möglichst viele und lange Kettenabschnitte einander parallel lagern, was zugleich eine Parallelrichtung der Teilchenachsen zur Folge hat. Die Kettenbüschel haben sich aber bei der Laugenquellung so weit ineinandergeschoben, daß eine gewisse Spreitung bleibt. Die geordneten Bereiche bleiben daher auch nach der Entquellung etwas voneinander entfernt und die amorphen Bereiche sind größer als bei der Faser vor der Quellung. Dementsprechend besitzt die gequollen gewesene Faser auch einen größeren Betrag an zur Solvatation befähigten Hydroxylgruppen.

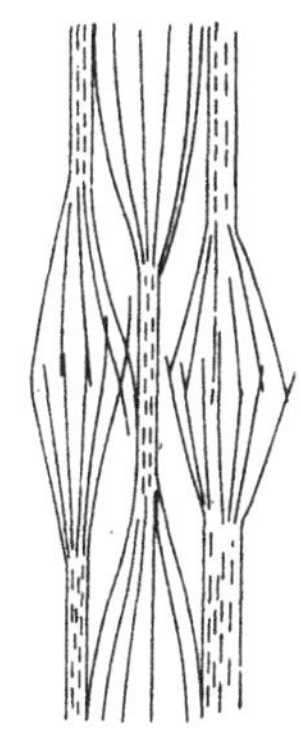

Abb. 116. Modell einer in Natronlauge gequollenen Zellulosefaser. (Nach HERMANS.)

Die Gitteraufweitung und Zunahme der amorphen Anteile gibt sich auch durch eine weitgehende Vergrößerung der inneren Oberfläche zu erkennen. So fand PURVES[2] bei getrockneten Linters eine Oberfläche von etwa 8 m^2 je g Zellulose, während in Natronlauge gequollene Linters nach Verdrängen der Lauge durch Methanol und Trocknen eine innere Oberfläche von 300···400 m^2 aufweisen. Bei der Einwirkung von Natronlauge auf Zellulose muß es also zu einer erheblichen Trennung gegenseitig gebundener Zellulosemoleküle gekommen sein.

Bei der Beschreibung der intermizellaren Quellung der Fasern durch Wasser war ausgeführt worden, daß diese durch die Betätigung von Solvatationskräften eingeleitet wird, was aus thermodynamischen Daten geschlossen wurde. Die Entscheidung, ob die gleichen Kräfte für die intramizellare Quellung in Natronlauge maßgebend

[1] LIESER u. LECKZYCK: Liebigs Ann. Chem. **522**, 56 (1936).
[2] PURVES: Ref. Textil-Rundschau **4**, 428 (1949).

sind, ist schwierig, weil die durch die Quellung entstehende Wärmetönung durch die zwischen der Zellulose und dem Natriumhydroxyd entwickelte Reaktionswärme in hohem Maße überlagert wird. Unter Berücksichtigung vieler Beobachtungen wird man aber nicht fehlgehen, wenn man auch die Natronlaugequellung auf molekulare Anziehungskräfte zurückführt.

Eingehende Untersuchungen über die Quellung der Zellulose in Natronlauge liegen unter anderem von HEUSER und BARTUNEK[1] sowie COLLINS und WILLIAMS[2] vor. Diese Forscher ermittelten die Quellung durch Messung der Vergrößerung der Breite einer Baumwollfaser in Laugen verschiedener Konzentration. Quellungsmessungen führten ferner WELTZIEN und ZUM TOBEL[3] aus. Von diesen Autoren wurde die Quellung durch Bestimmung des Gewichtes von der Lauge abgepreßter Fasern festgestellt. Die Untersuchungen führten zu dem Ergebnis, daß mit steigender Laugenkonzentration zunächst die Quellung ansteigt, um bei einer Laugenkonzentration von etwa 15% ein deutlich ausgeprägtes Maximum zu durchlaufen. Oberhalb dieser Laugenkonzentration nimmt der Quellungsgrad dann allmählich wieder ab (Abb. 117 und 118). Dieses Ergebnis ist insofern bemerkenswert, als das Quellungsmaximum mit derjenigen Laugenkonzentration zusammenfällt, bei der die Umwandlung zur Natronzellulose I erfolgt. Die von HEUSER und BARTUNEK sowie von WELTZIEN und ZUM TOBEL ermittelten Werte weichen allerdings insofern voneinander ab, als die letzteren Forscher von einer Konzentration von etwa 25% ab wieder eine leichte Zunahme der Quellung fanden. Auch ist das Quellungsmaximum nicht so ausgeprägt.

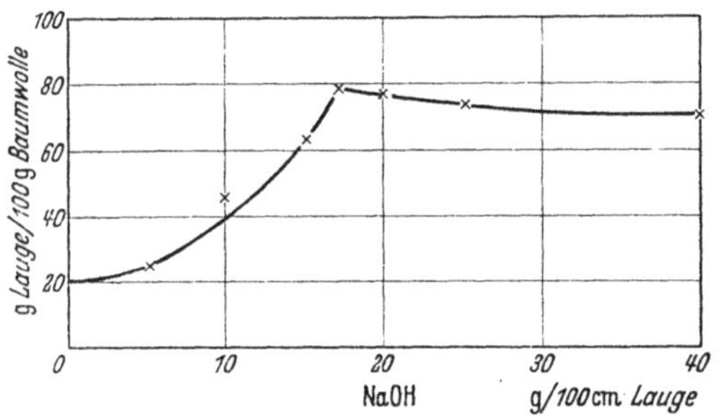

Abb. 117. Quellung von Baumwolle in Natronlaugen steigender Konzentration. (Nach HEUSER u. BARTUNEK.)

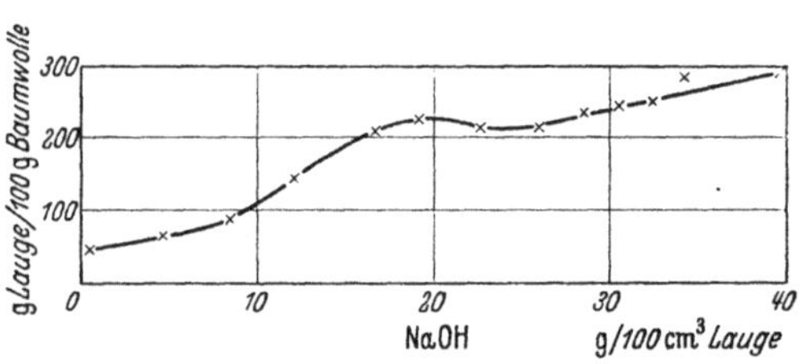

Abb. 118. Quellung von Baumwolle in Natronlaugen steigender Konzentration. (Nach WELTZIEN u. ZUM TOBEL.)

Besonders eingehende Studien über die Quellung der Zellulose in Natronlauge wurden auch von SAITO[4] durchgeführt, wobei im wesentlichen die Ergebnisse der genannten Forscher bestätigt werden konnten. Nach SAITO liegt das Quellungsmaximum bei 2···3 molaren Lösungen, jedoch hängt die Lage des Quellungsmaximums in starkem Maße von der Natur der jeweils vorliegenden Zellulose ab.

Die Größe der Quellung ist auch von der Laugentemperatur abhängig, und zwar insofern, als die Quellung mit steigender Temperatur geringer wird.

---

[1] HEUSER u. BARTUNEK: Cellulosechem. **6**, 19 (1925).

[2] COLLINS u. WILLIAMS: J. Text. Inst., Manchr. **15**, 149 (1924).

[3] WELTZIEN u. ZUM TOBEL: Ref. in WELTZIEN: Chemische und physikalische Technologie der Kunstseide, S. 85.

[4] SAITO: Kolloid-Beih. **49**, 365 (1939); J. Chem. Ind. Japan **43**, 126, 170, 227 (1940).

Die Bildung des Quellungsmaximums ist nach VALKÓ[1] das Ergebnis eines Wettstreites zwischen der Alkalizellulose einerseits und der überschüssigen Lauge andererseits um das Hydratwasser: Solange mit steigender Laugenkonzentration die Alkalibindung durch die Zellulose zunimmt, steigt auch die Hydratation der Zellulose. Im Gebiete höherer Konzentrationen überwiegt die dehydratisierende Wirkung der überschüssigen Lauge.

Mit der Volumenzunahme der Zellulose gehen eigenartige Längenänderungen der Faser parallel, die durch die Orientierung der geordneten Bereiche bedingt sind. Diese Verhältnisse sind äußerst verwickelt und bei der Laugenquellung ausgeprägter als bei der Wasserquellung. Die Alkaliquellung verläuft verständlicherweise wie die Wasserquellung anisotrop.

Für die Viskosefabrik ist die Quellung technischer Zellstoffe in Natronlauge wichtig. Auf die allgemeine Bedeutung der Quellungsverhältnisse der Zellstoffe für die Viskoseherstellung war schon S. 146 näher eingegangen worden. LOTTERMOSER und RADESTOCK[2] untersuchten drei Zellstoffe in bezug auf ihre Quellfähigkeit, und zwar sowohl in Abhängigkeit von der Laugenkonzentration als auch von der Zeit. Die Tab. 55 sowie die Abb. 119 berichten über die Ergebnisse. Der Quellungsgrad ist als „Quellzahl" angegeben. Hierunter ist zu verstehen, wieviel mal so groß das Quellvolumen als das Anfangsvolumen ist.

Tabelle 55. *Quellungsgrad verschiedener Zellstoffe in Abhängigkeit von der Laugenkonzentration.* (Nach LOTTERMOSER und RADESTOCK.)

Laugenkonzentration in Mol	Quellzahl – Zellstoff A	C	I
0,2	2,00	1,70	1,65
0,7	3,14	2,71	2,60
1,5	3,82	3,44	3,30
2,2	5,30	4,53	4,30
3,2	6,62	5,20	4,80
3,8	5,75	4,82	4,70
4,5	5,08	4,40	4,31
5,3	5,06	4,40	4,30
6,0	5,00	4,38	4,30
6,8	4,92	4,30	4,20
7,5	4,64	4,31	4,00
8,0	4,31	3,80	3,70
9,0	4,15	3,36	3,43
9,8	3,83	2,83	2,90
10,5	3,57	2,45	2,30
11,2	3,52	2,40	2,30
12,1	3,52	2,40	2,26
12,8	3,50	2,40	2,25

Aus den aufgeführten Ergebnissen geht hervor, daß die Quellzahl der Zellstoffe nach der Berührung mit Natronlaugen verschiedener Konzentration erst stärker, dann langsamer, aber stetig zunimmt, bis bei einer Ätznatronkonzentration von etwa 3,2 Mol = 12,5% ein Maximum erreicht wird. Hiernach fällt die Quellzahl rasch bis zu einer Konzentration von etwa 4,5 Mol ab, um dann bis 6,8 Mol nahezu konstant zu bleiben. Bis zu einer Konzentration von 10,5 Mol tritt dann ein weiterer Abfall der Quellzahl auf, um darauf eine

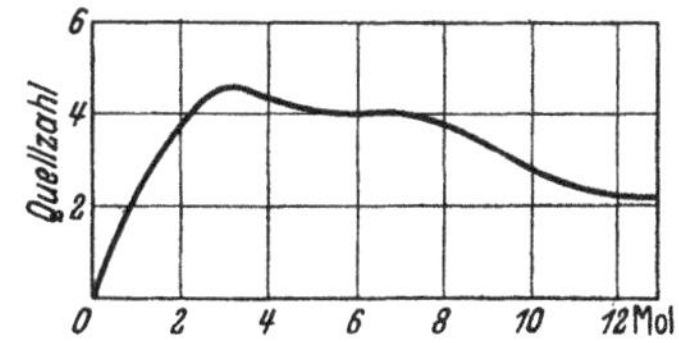

Abb. 119. Quellungsgrad des Zellstoffes I in Abhängigkeit von der Laugenkonzentration. (Nach LOTTERMOSER u. RADESTOCK.)

[1] Vgl. hierzu VALKÓ: Kolloidchemische Grundlagen der Textilveredelung, S. 200.
[2] LOTTERMOSER u. RADESTOCK: Z. angew. Chem. **40**, 1510 (1927).

zweite Ruhelage zu durchlaufen. Die normale Tauchlaugenkonzentration von 17,5% liegt also jenseits des Quellungsmaximums.

Wie Abb. 120 zeigt, ist die Quellgeschwindigkeit der Zellstoffe in den ersten Minuten nach dem Einbringen der Zellstoffe in die Lauge sehr groß, aber schon nach wenigen Minuten hat sich ein Gleichgewichtszustand eingestellt. In der ersten Stunde ändern sich diese Verhältnisse nicht. Hierauf findet innerhalb eines Zeitraumes von 12···15 Stunden wieder ein langsamer Anstieg bis zu einem Maximum statt, das für etwa 8 Stunden gehalten wird. Nach 20···24 Stunden ist der Ausgangswert wieder erreicht.

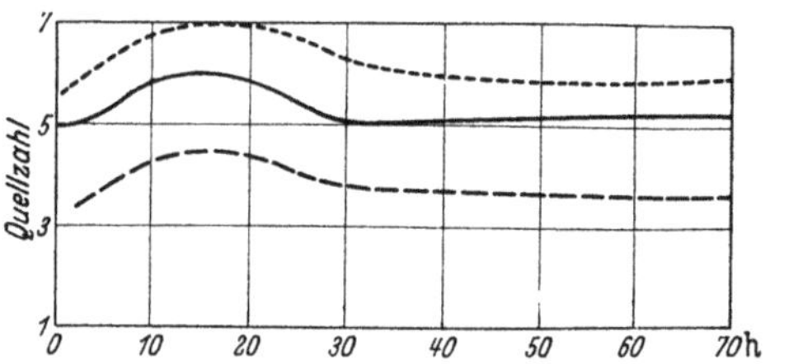

Abb. 120. Quellgeschwindigkeit technischer Zellstoffe. (Nach LOTTERMOSER u. RADESTOCK.)

Sehr eingehende Untersuchungen über die Quellung technischer Zellstoffe wurden auch von RICHTER und GLIDDEN[1] durchgeführt. Hiernach ist das Verhalten der Zellstoffe in bezug auf die Quellung in starkem Maße von der Herstellungsweise des Zellstoffs abhängig.

Wie weiter unten noch gezeigt wird, geht diese Charakteristik des Quellungsverlaufes mit den Gewichtsverlusten parallel, den die Zellstoffe bei verschieden langen Tauchzeiten erleiden.

VI. Die Alkalilöslichkeit der Zellulose.

Von technischer Bedeutung ist die Tatsache, daß die Zellulose in Natronlauge teilweise löslich ist. Das Verhalten verschiedener Zellstoffe in dieser Beziehung wurde u. a. von WELTZIEN[2] untersucht. Die Ergebnisse waren in der Abb. 82 (S. 159) schon gezeigt worden. Wie aus der Abbildung hervorging, durchläuft die Löslichkeit ein ausgesprochenes Maximum, das bei etwa 10proz. Natronlauge liegt. Das Kurvenbild zeigte, daß Zellulose in Laugen über 12% mit steigender Laugenkonzentration immer unlöslicher wird. Es war gleichfalls schon darauf hingewiesen worden, daß verschiedene Zellstoffe eine verschieden große Löslichkeit besitzen.

Ergänzend sollen noch einige Messungen über die Löslichkeit technischer Zellstoffe in Natronlaugen steigender Konzentration mitgeteilt werden, die von LOTTERMOSER und RADESTOCK[3] an verschiedenen Zellstoffen gefunden wurden. Man sieht auch an Abb. 121, daß die Zellstoffe sich hinsichtlich ihrer Löslichkeit ganz verschieden verhalten. Das Löslichkeitsmaximum

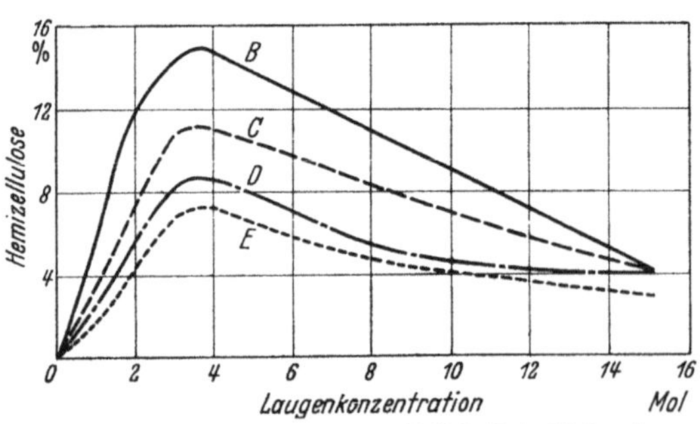

Abb. 121. Löslichkeit technischer Zellstoffe in Natronlaugen steigender Konzentration. (Nach LOTTERMOSER u. RADESTOCK.)

[1] RICHTER u. GLIDDEN: Ind. Engng. Chem. **32**, 480 (1940).

[2] WELTZIEN: Papierfabr. Festheft **1928**, 115.

[3] LOTTERMOSER u. RADESTOCK: Z. angew. Chem. **49**, 1510 (1927).

wurde von LOTTERMOSER und RADESTOCK bei einer Laugenkonzentration von 3,2 Mol = 12,5% gefunden.

Die Alkalilöslichkeit der Zellstoffe setzt sich aus zwei Komponenten zusammen, nämlich aus der Löslichkeit der Zellulose und aus der Löslichkeit der im Zellstoff als Verunreinigung enthaltenen Polysaccharide oder Hemizellulosen. Je höher der Gehalt eines Zellstoffes an α-Zellulose ist, um so geringer ist die Löslichkeit in Natronlauge. Entsprechend sind auch die Verluste beim Tauchen geringer. Der weitaus größte Betrag an Alkalilöslichem ist bei den Zellstoffen demnach auf die Verunreinigungen zurückzuführen. Behandelt man einen Zellstoff mehrmals hintereinander mit Laugen, so ist festzustellen, daß durch Natronlauge von 17,5% bei einer normalen Tauchlaugentemperatur von 20° C keine Anteile des Zellstoffes mehr in Lösung gehen. Wird also eine Zellulose, die schon einmal mit Natronlauge behandelt war, in Alkalizellulose übergeführt, so erhält man eine vollkommen hemifreie Tauchlauge. Man hat sich in der Praxis diese Beobachtungen zunutze gemacht. Wir kommen deshalb später noch einmal auf diese Verhältnisse zurück.

Was die Löslichkeit der Zellulose selbst anbetrifft, so ist von WELTZIEN, STOLLMANN und SCHOTTE[1] die sehr bemerkenswerte Feststellung gemacht worden, daß nicht nur Zellulose niedrigen Polymerisationsgrades, die man mit β- und γ-Zellulose bezeichnet, durch die Tauchlauge gelöst wird, sondern daß auch Anteile hochmolekularer Zellulose, also Anteile der α-Zellulose, in Lauge löslich sind. Die Versuche wurden unter peinlichstem Ausschluß von Sauerstoff ausgeführt, so daß also kein Molekülabbau durch Oxydation erfolgen konnte. Die genannten Forscher nehmen an, daß durch die Quellung aus den amorphen Bereichen einzelne Zelluloseketten, die nicht fest mit anderen verknüpft waren, soweit beweglich werden, daß sie mit der Lauge aus dem Faserverband herausgeschwemmt werden können. Der lösliche Anteil hochmolekularer Zellulose ist verständlicherweise je nach dem Faserbau starken Schwankungen unterworfen; er beträgt beim Stillstand der Reaktion etwa 10% und erreicht seinen höchsten Wert bei Laugenkonzentrationen von 15···24 Vol.-%. Die Höhe des löslichen Anteils ist von der Laugentemperatur unabhängig, sofern nicht bei ganz tiefen Temperaturen gearbeitet wird. Hohe Temperatur beschleunigt jedoch den Lösungsvorgang.

Bemerkenswerterweise erleidet der Polymerisationsgrad bei der Lösung eine Erniedrigung, wie eindeutig nachgewiesen werden konnte. Es ist noch nicht geklärt, ob es sich hierbei um eine alkalische Hydrolyse oder lediglich um eine mechanische Schädigung der einzelnen Zellulosemoleküle handelt. Nach WELTZIEN soll das letztere der Fall sein; gegen die Annahme einer alkalischen Hydrolyse spricht der Umstand, daß die Erniedrigung des Polymerisationsgrades mit der Erhöhung der Tauchtemperatur abnimmt.

Der Einfluß der Tauchdauer auf die Menge an Alkalilöslichem wurde von LOTTERMOSER und RADESTOCK[2] untersucht. Es wurde von ihnen gefunden, daß die Hemizellulosewerte bis zu einer Zeit von 12···16 Stunden um 1···2,5% zunehmen, sie bleiben dann bis etwa 8 Stunden konstant und nehmen nach 20···24 Stunden um denselben Betrag ab, um bei Zeiten über 30 Stunden wieder konstant zu werden (Abb. 122).

[1] WELTZIEN, STOLLMANN u. SCHOTTE: Zellw., Kunsts., Seide **46**, 379, 425, 481 (1941).
[2] LOTTERMOSER u. RADESTOCK: Z. angew. Chem. **40**, 1506 (1927).

Von technischer Bedeutung ist weiter der Einfluß der Tauchlaugentemperatur auf die Löslichkeit der alkalisierten Zellstoffe. LOTTERMOSER und RADESTOCK fanden die in Tab. 57 wiedergegebenen Werte. Die Tabelle zeigt, daß mit steigender Laugentemperatur steigende Mengen Hemizellulosen in Lösung gehen. Die Alkalilöslichkeit der Hemizellulosen ist demnach keine Funktion der Quellung. Bei höherer Temperatur dürfte vielmehr hierbei in zunehmendem Maße alkalische Hydrolyse sowie ein oxydativer Abbau der Zellulose eintreten. Die Kenntnis dieser Zusammenhänge ist wichtig für die Bestrebungen, die Vorreife durch Erhöhung der Tauchlaugentemperatur zu ersetzen. Wir kommen hierauf noch zurück.

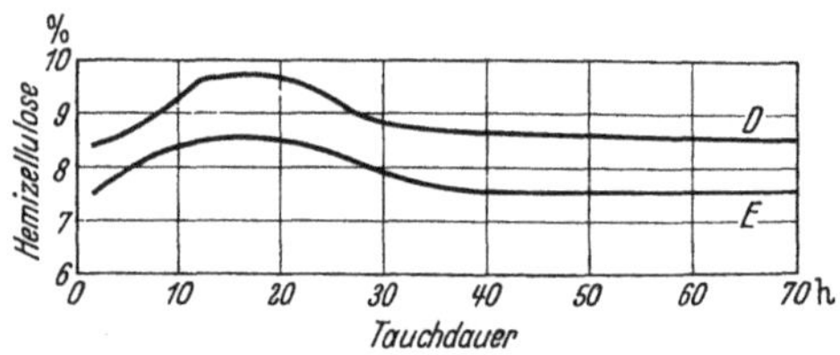

Abb. 122. Einfluß der Tauchdauer auf die Löslichkeit von Zellstoffen in Natronlauge. (Nach LOTTERMOSER u. RADESTOCK).

Tabelle 57. *Einfluß der Tauchlaugentemperatur auf die Löslichkeit der Zellstoffe.* (Nach LOTTERMOSER und RADESTOCK.)

Temperatur einer Natronlauge von 3,2 Mol in °C	% in Lösung gegangene Hemizellulose — Zellstoff								
	A	B	C	D	E	F	G	H	J
20	11,9	14,6	11,3	8,4	7,5	14,9	10,0	22,4	9,1
30	13,8	16,9	13,2	9,3	8,1	17,0	11,8	24,8	10,7
45	15,7	19,5	15,5	10,4	8,8	20,1	13,8	27,1	12,5
60	17,8	22,9	17,4	11,5	9,3	24,4	16,1	29,7	14,3
80	20,0	26,5	19,4	12,9	10,0	28,7	18,8	32,4	16,1
100	23,2	30,1	21,7	14,0	11,2	33,1	21,0	35,0	18,0

VII. Das Verhalten der Zellulose gegenüber anderen Alkalien.

Die vorstehenden Ausführungen bezogen sich auf Ätznatron als Alkali. Analoge Untersuchungen sind auch mit anderen Alkalien durchgeführt worden. Die hierbei beobachteten Effekte hängen mit dem Hydratationsgrad der betreffenden Ionen zusammen und nehmen demzufolge nach R. O. HERZOG und BECK[1] in folgender Reihenfolge ab:

$$H > Li > Na > K > Rb > Cs > [NH_4].$$

VIII. Die technische Herstellung der Alkalizellulose.

Bei der Herstellung der Alkalizellulose beginnt sich hinsichtlich der Arbeitsweisen ein Wandel zu vollziehen. Man geht meistens von Zellstoff aus, der in Form von zurechtgeschnittenen Tafeln von den Zellstoff-Fabriken angeliefert wird. Der Zellstoff wird dann in Form dieser Tafeln mit der Tauchlauge in Berührung gebracht. Die meisten Fabriken arbeiten zur Zeit noch nach dieser Arbeitsweise. Es war aber schon mehrfach Gelegenheit, darauf hinzuweisen, daß das Tauchen des Zellstoffes in Blattform gewisse Schwierigkeiten mit sich bringt, die in der Hauptsache mit den Quellungskriterien des Zellstoffes in Zusammenhang stehen und die zu einer ungleichmäßigen Viskose führen können. Diese Schwierigkeiten werden behoben, wenn

[1] HERZOG u. BECK: Z. physik. Chem. **111**, 287 (1920).

man die Alkalisierung des Zellstoffes nicht in Form von Blättern vornimmt, sondern in Form eines zerfaserten oder flockigen Zellstoffes. Arbeitet man diesen durch geeignete Rührwerke und Knetmaschinen mit der Natronlauge intensiv durch, so ist leicht einzusehen, daß auf diese Weise leichter eine homogene Alkalizellulose erhalten wird, als wenn man ruhende Zellstoffblätter der Einwirkung von Natronlauge aussetzt. Vorschläge so zu arbeiten, sind schon sehr früh gemacht worden, man hat jedoch erst in den letzten Jahren bei einigen Betrieben hierauf zurückgegriffen. Daß man erst so spät wieder auf diese Arbeitsweise zugekommen ist, hat seinen Grund darin, daß sowohl das Zerfasern als auch das gleichmäßige Abpressen des Alkalizellulosebreies gewisse technische Schwierigkeiten bereitete. Erst in der jüngsten Zeit ist die Konstruktion geeigneter Maschinen gelungen. Die Alkalisierung von flockigem Zellstoff ist besonders in solchen Fällen zweckmäßig, in denen der Reyon- oder Zellwollfabrik am gleichen Ort eine Zellstoff-Fabrik zur Verfügung steht. Man kann dann so arbeiten, daß man den Zellstoff erst gar nicht vollkommen fertigstellt, sondern ihn gleich als flockigen, zum größten Teil entwässerten Stoff der Alkalisierung zuleitet. Abb. 123 zeigt einen Flockenzellstoff. Ein Verlassen der althergebrachten Arbeitsweisen ist auch durch die Bestrebungen, möglichst kontinuierlich zu arbeiten, eingeleitet worden.

Abb. 123. Flockenzellstoff der Phrix-Ges. m. b. H., Hamburg.

a) Diskontinuierliche Verfahren.

Die Zellstoffblätter werden den Spinnwerken in Form von Ballen angeliefert. Die Ballen sind durch starkes Packpapier oder Zellstoffbahnen, meist der gleichen Qualität wie die Zellstoffblätter des Ballens selbst, verpackt und durch Bandeisen kreuzweise zusammengehalten. Durch große aufgedruckte Buchstaben sind sie mit der Markenbezeichnung, (z. B. „DKS/Y“) sowie mit der Ballen- und Chargennummer („Bleicher-Nummer“) gekennzeichnet.

In den vorhergehenden Kapiteln ist unter anderem gezeigt worden, daß die Zellulosen und noch mehr die Zellstoffe der Lauge gegenüber sich ganz unterschiedlich verhalten können. Es ist verständlich, daß diese Unterschiede sich auch bei der Fabrikation von Reyon und Zellwolle und auch noch in den Eigenschaften der fertigen Chemiefasern auswirken werden. Aus diesem Grunde ist die Vorbedingung für die Herstellung gleichmäßiger Endprodukte die Verwendung eines einheitlichen, gleichmäßigen Zellstoffes. Von seiten der Verarbeiter wird vom Reyon und von der Zellwolle die Konstanz ihrer Eigenschaften in größeren Lieferungen, auch wenn diese zeitlich auseinander liegen, verlangt. Ebenso sind Umstellungen der Arbeitsbedingungen in der Viskosefabrik, die durch abweichende Eigenschaften des Zellstoffes bedingt sind, höchst unerwünscht. Die Reyonfabrik und die Zellwollfabrik verlangen daher auch von den Zellstoff-Fabriken die Belieferung mit einem stets gleichmäßigen und einheitlichen Zellstoff. Ebenso wie sich die Zellstoff-Fabrik vor Schwankungen in der qualitativen Beschaffenheit der Hölzer durch Einlagerung großer Holzmengen sichert, so unterhält auch die Reyon- und Zellwollfabrik daher normalerweise ein sehr großes Zellstofflager, das für eine längere Produktionsperiode ausreicht (Abb. 124).

Abb. 124. Zellstofflager der Spinnfaser Aktiengesellschaft, Kassel.

Dem hygroskopischen Verhalten der Zellulose entsprechend enthält der angelieferte Zellstoff einen bestimmten Betrag an Feuchtigkeit. Der von den Zellstoff-Fabriken versandte Zellstoff wies früher recht unterschiedliche Gehalte an Feuchtigkeit auf. Es war daher erforderlich, den Zellstoff in der Viskosefabrik vor dem Tauchen zu trocknen und zu konditionieren. Inzwischen ist es den Zellstoff-Fabriken aber gelungen, den Zellstoff mit einem ausreichend gleichmäßigen Feuchtigkeitsgehalt abzuliefern. Es hat sich auch gezeigt, daß das Packmaterial den Balleninhalt während des Transportes vor Feuchtigkeitsänderungen ausreichend schützt. Hierdurch fällt in der Viskosefabrik das lästige Nachtrocknen der Zellstoffe fort. Es wird hierdurch aber andererseits erforderlich, daß das Zellstofflager stets mit einer Luft von gleichmäßigem Feuchtigkeitsgehalt erfüllt ist. Diese Bedingung ist durch die hochentwickelten, meist automatisch arbeitenden Klimaanlagen aber in hohem Maße zu erfüllen. Der Feuchtigkeitsgehalt des Zellstoffes beträgt normalerweise 8···10% und muß bei der Einstellung der Konzentration der Tauchlauge berücksichtigt werden.

Eins große Lagerhaltung ist aber noch keine ausreichende Sicherung gegen qualitative Schwankungen. Es werden daher in der Viskosefabrik für einen Einsatz stets zahlreiche Ballen von verschiedenen Bleichern geöffnet und jedem Ballen eine gleich große Anzahl Blätter entnommen, die dann miteinander gemischt werden. Dann wird die für einen Einsatz erforderliche Menge abgewogen. Nunmehr werden aus den abgewogenen Blättern Pakete gemacht. Dies geschieht durch Abzählen der Blätter. Es werden jeweils so viele Blätter zu einem Paket zusammengefaßt, wie in eine Zelle einer Tauchpresse passen. Die Pakete eines Einsatzes werden schräg oder kreuzweise übereinandergelegt. Auf das oberste Blatt eines Einsatzes wird die Nummer des Einsatzes geschrieben. In einer Reyonfabrik beträgt ein Einsatz pro Tauchcharge meistens 200···250 kg, in einer Zellwollfabrik kann man in entsprechend größeren Pressen bis auf 500 und 1000 kg gehen.

Tauchen und Abpressen. Die Herstellung der Alkalizellulose verläuft in zwei Phasen. In der ersten wird der Zellstoff getaucht, in der zweiten wird er von der überschüssigen Lauge auf ein bestimmtes Preßgewicht abgepreßt. Als Tauchlauge verwendet man unter Berücksichtigung des Feuchtigkeitsgehaltes des Zellstoffes eine Natronlauge von 17···18,6 Gew.-%. In manchen Betrieben ist es üblich, mit einer etwas höheren Laugenkonzentration zu arbeiten. Diese höhere Alkalikonzentration ist dann erforderlich, wenn mit höheren Laugentemperaturen gearbeitet wird. Wir kommen hierauf bei der Besprechung der kontinuierlichen Arbeitsweisen zurück. Der Ätznatronverbrauch erfährt hierdurch insgesamt keine Erhöhung, da die Löselauge dann auf eine entsprechend geringere Konzentration eingestellt werden kann. Man benötigt für das Tauchen etwa das 10fache Raumgewicht des Zellstoffes an Natronlauge. Während des Tauchens ist die Temperatur der Tauchlauge genau zu überwachen. Abweichungen über 1,5° sind als unzulässig zu bezeichnen.

Die Dauer des Tauchens beträgt in der Praxis durchschnittlich 60···80 Minuten. Diese verhältnismäßig lange Zeit ist erforderlich, um der Lauge die Möglichkeit zu geben, den Zellstoff vollkommen gleichmäßig zu durchdringen. Nicht oder nicht ausreichend mit Lauge benetzte Zelluloseteilchen führen, wie schon an anderer Stelle (s. S. 146) ausgeführt, zu erheblichen Betriebsschwierigkeiten. Für das langsame und ungleichmäßige Eindringen der Lauge in den Zellstoff ist zum Teil auch die Anwesenheit der Luft in den Zellstoffblättern verantwortlich zu machen. In dem DRP. 352182 von STULEMEYER wird daher die Alkalisierung in einem geschlossenen Apparat unter Evakuieren empfohlen. Auf diese Weise ist es möglich, die Tauchzeit auf ein Drittel zu verkürzen. Das Verfahren hat sich jedoch nicht in die Praxis eingeführt. Die Entlüftung des Zellstoffes hat allerdings für die kontuinierliche Herstellung der Alkalizellulose in Blatt- oder Rollenform (s. S. 260) Bedeutung.

Es ist vielfach der Vorschlag gemacht worden, das Durchdringen des Zellstoffes mit der Lauge auch dadurch zu beschleunigen, daß man der Tauchlauge kleine Mengen eines Netzmittels, wie z. B. Sultafon T, zusetzt[1]. Eine entsprechende Wirkung soll durch Propylnaphthalinsulfosäure[2] sowie Mischungen aus Phenolen mit anderen organischen Körpern erreicht werden[3]. Nach Untersuchungen von KOBLITZ[4] soll

---

[1] Hersteller: Chemische Fabrik Stockhausen & Cie., Krefeld.

[2] I. G. Farbenindustrie Aktiengesellschaft, Franz. Pat. 642220.

[3] Chemische Werke vorm. Sandoz: Franz. Pat. 624174 und Zusatzpatente 836872, 638915, 639219. Vgl. ferner hierzu die Patente der I. G. Farbenindustrie Aktiengesellschaft: DRP. 446996, 545190, Brit. Pat. 354946, Franz. Pat. 713664; Farb- und Gerbstoffwerke C. Flesch: Franz. Pat. 699871; N. V. J. A. Carp's Garnfabrieken: USA. Pat. 1851795; Du Pont de Nemours: USA. Pat. 2114605. Alle diese Patente haben Textilhilfsmittel als Zusatz zu den Merzerisierlaugen zum Gegenstand.

[4] KOBLITZ: Das Papier 4, 69 (1950).

dies allerdings auf die evtl. Neigung der Zellstoffblätter zum Schwimmen keine Vorteile mit sich bringen.

Der Zusatz oberflächenaktiver Stoffe zur Tauchlauge wird aber neuerdings wieder sehr empfohlen, nachdem die Zusammenhänge zwischen der Reaktionsfähigkeit eines Zellstoffes und dem Verhalten der Viskose näher bekannt geworden sind[1]. Man ist auch dazu übergegangen, Zellstoffe mit oberflächenaktiven Mitteln imprägniert auf den Markt zu bringen, jedoch sind die Ansichten über das Verhalten derartiger Zellstoffe in der Praxis noch sehr geteilt. Tatsache ist jedoch, daß man bei Anwesenheit oberflächenaktiver Verbindungen in der Tauchlauge eine lockerere Alkalizellulose und eine wesentlich homogenere Viskose erhält. Dies gibt sich deutlich durch eine Verbesserung der Filtrierbarkeit zu erkennen, wie Tab. 58 zeigt. Die Filtrierbarkeit ist durch den K_w-Wert ausgedrückt. Bei den Versuchen wurde mit Absicht nicht der Vorschrift entsprechend ausreichend sulfidiert, um die Unterschiede besonders deutlich in die Erscheinung treten zu lassen.

Tabelle 58. *Einfluß von Sultafon T (3 g im Liter) in der Tauchlauge auf die Filtrierbarkeit der Viskose.* (Nach ELÖD und WANNOW[2].)

Zellstoff		Alkalizellulose		Viskose		Filtrationswert K_w
		% α-Zell.	% NaOH	Viskosität sec. Kugelf.	Reife nach HOTTENROTH	
A	ohne	30,8	16,6	98	27,0	3420
	mit	30,8	16,6	65	25,5	777
B	ohne	31,7	16,9	—	14,5	1926
	mit	32,0	16,8	117	15,0	1099
C	ohne	31,5	16,7	74	11,2	222
	mit	30,7	16,7	63	12,0	157

Um das Tauchsystem nicht mit den oberflächenaktiven Stoffen zu belasten, sind einige Werke auch dazu übergegangen, das Netzmittel dem Zellstoff im Zerfaserer zuzugeben oder es vor der Sulfidierung in der Baratte oder dem Kneter der zerfaserten Alkalizellulose zuzusetzen.

Ein moderner Viskosebetrieb bedient sich zum Tauchen und Abpressen einer einheitlichen Apparatur, der sog. Tauchpresse; das früher übliche Tauchen und Abpressen in getrennten Apparaturen ist allgemein verlassen worden. Die Tauchpresse besteht aus einer rechteckigen Tauchwanne, die durch senkrecht stehende, durchlochte Eisenbleche in schmale Zellen unterteilt ist. Die Eisenbleche stehen bei einigen Konstruktionen durch Kettenglieder, bei einer neuartigen Ausführungsform durch Scherenscharniere, damit Verklemmungen und Brüche vermieden werden, miteinander in Verbindung. An die Apparatur ist auf der einen Seite der Stempel einer horizontal liegenden hydraulischen Presse angebaut. Die Zellstoffblätter werden in der Größe, wie sie von der Zellstoff-Fabrik kommen, senkrecht in die Zellen der Tauchpresse eingesetzt. Man geht auch bei dieser Arbeitsweise von einer Einsatz-

[1] SCHLOSSER, FAIRWEATHER, GRAY u. a.: Brit. Pat. 575138 der Rayonier Incorporated. In diesem Patent wird ein Zusatz von 0,01—0,02% (auf Zellstoff bezogen) Lauryl-methyl-pyridiniumbromid empfohlen. Das amer. Pat. 2428387 beschreibt einen Zusatz von Äthyl-sulfonium-methylsulfat. Man soll hierdurch auch mit weniger Schwefelkohlenstoff bei der Sulfidierung und mit einer kürzeren Nachreifezeit auskommen.

[2] ELÖD u. WANNOW: Unveröffentlicht.

menge von etwa 200 kg Zellstoff aus, sofern man nicht, wie dies in den Zellwollfabriken meist üblich ist, die doppelte oder eine noch weit größere Menge Zellstoff in einer entsprechend größer gebauten Tauchpresse von doppelter Arbeitsbreite unterbringt. Die Zellstoffblätter haben meist von der Verpackung herrührend eine etwas konkave Form. Sie werden zweckmäßig so in die Tauchpresse eingesetzt, daß das eine Zellstoffblatt mit seiner Einbuchtung nach rechts, das andere nach links zu stehen kommt. Auf diese Weise wird vermieden, daß mehrere benachbarte Blätter sich so eng zusammenlegen, daß die Benetzung der ganzen Blattfläche mit der Natronlauge ungleichmäßig erfolgt.

Ist die Tauchpresse mit Zellstoff beschickt, so läßt man von unten die Tauchlauge zufließen. Es ist hierbei darauf zu achten, daß alle Blätter ganz unter der Lauge bleiben. Etwa nach oben kommende Blätter werden mit einem eisernen Haken wieder unter die Lauge gedrückt. Die Temperatur schwankt beim Arbeiten mit Tauchpressen normalerweise in den einzelnen Werken zwischen 17 und 21° C und ist, wie schon gesagt, auf etwa 1,5° C konstant zu halten. Dementsprechend ist die Luft des Tauchraumes dieser Temperatur anzupassen.

Es ist zweckmäßig, während des Tauchprozesses die Tauchlauge in der Wanne umzupumpen. Die von unten beim Einströmen langsam hochsteigende Lauge kommt naturgemäß zuerst mit den unteren Teilen der Zellstoffblätter in Berührung. Sie reagiert dort mit der Zellulose und verarmt entsprechend an Ätznatron. Durch das Nachströmen weiterer Lauge wird hierdurch eine in ihrer Konzentration schwächere Lauge nach oben gedrückt, so daß die oberen Teile der Zellstoffblätter mit schwächerer Lauge alkalisiert werden[1].

Ringström und Apler[2] empfehlen, die Tauchlauge so schnell in die Tauchwanne einströmen zu lassen, daß in den senkrecht stehenden Zellstoffblättern keine Lauge dem steigenden Laugenspiegel vorausdiffundieren könne. Im anderen Falle nimmt nach Untersuchungen dieser Forscher die Ätznatronkonzentration nach oben zu meßbar ab. Zwar sei dies bei schwer saugfähigen Zellstoffen schwer zu erreichen.

Bei Zellstoffen, die zum Schwimmen neigen, empfiehlt Koblitz[3] dagegen, die Lauge möglichst langsam einströmen zu lassen, damit die Luft aus den Blättern entweichen könne.

Zur Erleichterung des Umpumpens der Lauge wird von der Firma *Du Pont de Nemours Co.* empfohlen, den Boden der Tauchwanne V-förmig auszubilden[4].

Man ist verständlicherweise bestrebt, die Tauchdauer abzukürzen. Dies ist nach einem Vorschlag der *Riordon Corp.* möglich, wenn man die Laugentemperatur erhöht und die hierdurch bedingte geringere Quellung durch Steigerung der Laugenkonzentration ausgleicht. Die Erhöhung der Laugentemperatur hat für den praktischen Betrieb jedoch Vorteile und Nachteile im Gefolge. Ein Vorteil tritt dadurch zutage, daß man weniger Lauge auszupressen hat und daß die Verluste an Hemizellulose geringer werden. Die Ausbeute soll etwa 1% höher liegen. Dem stehen jedoch die Nachteile eines höheren Energieaufwandes für das Anheizen der Tauchlauge, der allerdings durch den Wegfall der Kühlung ausgeglichen wird, und einer stärkeren Verfärbung der Alkalizellulose gegenüber. Eine Erhöhung der Tauchlaugen-

[1] Dörr: Kunsts. u. Zellw. **22**, 96 (1940).
[2] Ringström u. Apler: Svensk Papperstidn. **51**, 501 (1948).
[3] Koblitz: Das Papier **4**, 70 (1950). — [4] USA. Pat. 1999043.

temperatur auf 40···45° C soll jedoch tragbar sein, wodurch man etwa 30 Minuten Tauchzeit einsparen kann.

Nach beendeter Tauchung öffnet man das Ventil für die Tauchablauge (Gelblauge) und läßt diese abfließen. Gleichzeitig beginnt man mit dem Pressen, wobei sich die alkalisierten Zellstoffblätter mit den eisernen Zwischenblechen zusammenschieben. Es wird zunächst auf etwa $^3/_4$ des erforderlichen Preßgewichtes abgepreßt. Dann wird das Ventil für die Gelblauge geschlossen und die Rohrleitung für die Aufnahme der Preßlauge geöffnet. Nunmehr preßt man bis zum Erreichen des erforderlichen Preßgewichtes ab. Im Verlaufe von etwa 20 Minuten wird das gewünschte Preßgewicht erreicht. Um die richtige Einstellung des Preßgewichtes zu erleichtern, kann man an der Tauchwanne Markierungen anbringen. Sobald die vom Stempel der Presse in die Wanne hineingedrückte Druckplatte die Markierung erreicht hat, unterbricht man das Pressen. Bei modernen Tauchpressen erfolgt das Abstellen automatisch.

Man preßt auf ein Gewicht ab, das dem Verhältnis 1:2,8 bis 1:3,3 entspricht. Dieses Verhältnis nennt man den Preßfaktor. Es wird ein möglichst niedriger Preßfaktor angestrebt, da die Reife der Alkalizellulose um so schneller und gleichmäßiger verläuft, je weiter die Zellulose von der Natronlauge befreit ist. Die Einstellung des richtigen Preßfaktors hat sich auch nach der Beschaffenheit des Zellstoffs zu richten; hierbei ist besonders auf die Dicke der Zellstoffblätter Rücksicht zu nehmen[1].

Die Alkalizellulose enthält normalerweise 15···16 Gew.-% Ätznatron und 30 bis 34 Gew.-% Zellulose.

Der abgepreßte Zellstoff befindet sich jetzt mit den eisernen Zwischenblechen auf einen engen Raum zusammengedrückt an dem Ende der Tauchwanne, das dem Kolben der Presse gegenüberliegt. Es ist nun erforderlich, die Alkalizellulose aus den Tauchwannen zwischen den Eisenblechen herauszuholen. Für diese Operation ist eine Reihe konstruktiver Lösungen gefunden worden. Die Entleerung geschieht durch einen aushebbaren Sammelkorb, durch eine Bodenausstoßklappe, oder die Pressen besitzen automatische Rückzugentleerung. Bei anderen Pressen findet die Entleerung durch Entfernen der Stirnwand der Tauchpresse statt.

Bei der erstgenannten Konstruktion[2] schiebt der Preßstempel das Material samt den Zwischenblechen in einen aus der Tauchwanne herausnehmbaren Sammelkasten. Es werden dann die Kettenglieder, die die Zwischenbleche miteinander verbinden, von der Druckplatte des Preßstempels gelöst. Hierauf kann der Sammelkasten durch einen Flaschenzug aus der Tauchwanne herausgehoben werden. Er wird dann über einen Transportwagen gefahren, der die Alkalizellulose aufnehmen soll. Alsdann wird der Bodenschieber des Sammelkastens herausgezogen. Die abgepreßten Zellstoffblätter fallen dadurch heraus. Nunmehr wird der Bodenschieber wieder geschlossen, der Sammelkasten in die Tauchwanne eingesetzt und die Zugketten werden an die Druckplatte gehakt. Durch den Preßkolbenrückgang gelangen dann die Zwischenbleche wieder in ihre Ausgangsstellung, und die Tauchpresse ist zur erneuten Aufnahme von Zellstoff bereit (Abb. 125).

Bei den mit Bodenaustoßklappe versehenen Tauchpressen ist der Boden der Tauchwanne am letzten Ende der Tauchwanne abklappbar. Die Zwischenbleche ruhen auf seitlichen Führungsschienen. Nach erfolgtem Abpressen wird die Bodenklappe

[1] Fuju: J. Soc. chem. Ind. Japan **42**, 406 (1939).
[2] Häusser: DRP. 270618.

geöffnet und der Kolbenrückzug eingeschaltet. Dadurch löst sich der Stapel und die Alkalizellulose fällt nach unten aus der Tauchwanne heraus in einen untergefahrenen Transportwagen oder unmittelbar durch einen Schacht in die ein Stockwerk tiefer aufgestellten Zerfaserer (Abb. 126).

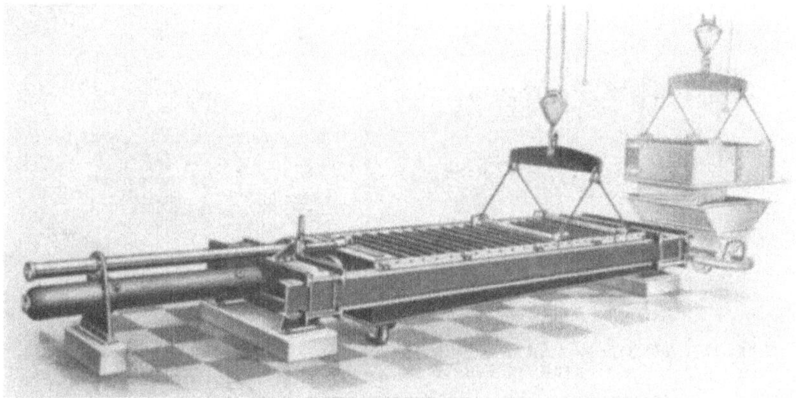

Abb. 125. Tauchpresse mit aushebbarem Sammelkorb der Fa. M. Häusser (Inh. W. Dützmann), Neustadt a. d. H.

Abb. 126. Tauchpresse mit Bodenausstoßplatte der Fa. M. Häusser (Inh. W. Dützmann). Neustadt a. d. H.

Die Presse mit automatischer Rückzugentleerung besitzt am Boden der Tauchwanne nur einen schmalen, verschließbaren Spalt, der sich unter der ersten Zelle des abgepreßten Zellstoffes befindet. Nach erfolgter Pressung wird der Bodenspalt geöffnet und der Kolbenrückgang eingeschaltet. Hiermit beginnt sofort die selbsttätige Entleerung, da die erste Zelle sich gerade über dem Bodenspalt befindet. Beim Rückzug fällt der Inhalt jeder Zelle, sobald sie über den Spalt gelangt, nach unten heraus. Es findet bei dieser Presse also nur nach und nach die Entleerung statt. Dies ist besonders dann zweckmäßig, wenn die Alkalizellulose unmittelbar dem Zerfaserer zugeführt wird. Auf diese Weise wird ein Festlaufen des Zerfaserers vermieden (Abb. 127).

Bei Pressen, bei denen die Entleerung an der Stirnseite erfolgt, kann die Druckplatte sowohl mechanisch als auch hydraulisch entfernt werden.

Die von der Firma *Wegelin und Hübner A. G.*[1] gebaute Presse arbeitet bei der Entleerung so, daß die dem Preßstempel gegenüberliegende Stirnfläche der Tauchwanne

[1] Vgl. hierzu: WURZ: Zellwolle 4, 56 (1938).

horizontal in der Richtung der Plungerachse von der Tauchwanne wegrollt (Abb. 128). Durch erneutes Ingangsetzen des Preßstempels werden dann die Zwischenbleche mit dem abgepreßten Zellstoff aus der Wanne herausgedrückt, wobei die Zwischenbleche durch seitliche Schienen gehalten werden. Der abgepreßte Zellstoff fällt nach unten

Abb. 127. Tauchpresse mit automatischer Rückzugentleerung der Fa. M. Häusser (Inh. W. Dützmann), Neustadt a. d. H.

Abb. 128. Zum Entleeren geöffnete Stirnseite einer Tauchpresse der Fa. Wegelin u. Hübner A. G., Halle.

aus den Zellen heraus, sei es in einen Transportwagen oder sei es unmittelbar in einen zum Zerfaserer führenden Schacht.

Als weitere konstruktive Eigenarten weist die Tauchpresse der *Wegelin und Hübner A.G.* eine automatische Steuerung auf, durch die die Presse nach Erreichen des einmal eingestellten Preßgewichtes selbsttätig ausrückt. Um ein schnelleres Abfließen der Tauchlauge herbeizuführen, sind die Preßplatten perforiert und hohl ausgebildet.

Bei den Konstruktionen von *Dobson u. Barlow Ltd.*, Bolton, sowie der *Hydraulic Press Manufacturing Company*, Mount Gilead, Ohio, wird die Stirnwand durch eine hydraulische Vorrichtung nach oben aus der Tauchwanne herausgehoben (Abb. 129 und 130).

Pressen mit hydraulischer Entfernung der Stirnwand werden jetzt auch in Deutschland von der Firma *M. Häusser*, Neustadt a. d. H., gebaut. Abb. 131 zeigt die konstruktiven Einzelheiten dieser Presse. Die Zwischenplatten sind aus doppeltem, gelochtem Eisenblech gefertigt und enthalten eine Drahtgittereinlage, wodurch beim Abpressen ein besonders schnelles Abfließen der Lauge stattfinden kann. Der Boden der Tauchwanne ist als Rost ausgebildet, auf dem beim Pressen die Zellstoffblätter hinweggleiten. Die Lauge kann während des Tauchens umgewälzt werden. In diesem Falle wird sie in eine längs der Wannenkante angeordnete Überlaufrinne geleitet, von der aus sie der Umwälzpumpe zuläuft. Nach erfolgtem Abpressen läuft die Schieberplatte an der Stirnseite der Tauchwanne automatisch hoch und die Druckplatte schiebt den Alkalizellulosestapel zusammen mit den seitlich auf Füh-

Abb. 129. Tauchpresse der Fa. Dobson u. Barlow Ltd., Bolton.

Abb. 130. Tauchpresse der Fa. The Hydraulic Press Manufacturing Comp., Mount Gilead, Ohio.

rungsschienen gleitenden Zwischenplatten durch die Holmöffnung nach außen. Eine hier angeordnete Halterung trägt die Zwischenplatten, während die Alkalizellulosepakete nach unten herausfallen. Abb. 132 läßt die nach erfolgtem Abpressen außerhalb der Wanne befindlichen Zwischenplatten sowie ihre Konstruktion deutlich erkennen.

Nach Einleitung des Rückzugsvorganges zieht die Preßplatte die durch Scherenscharniere verbundenen Zwischenplatten durch die Öffnung im Gegenholm in die

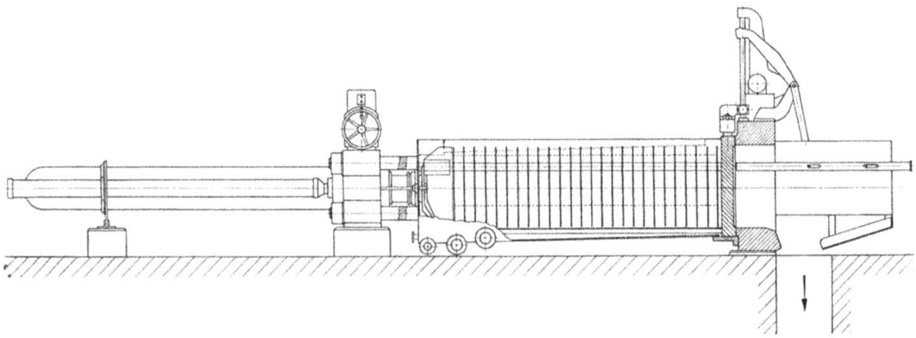

Abb. 131. Tauchpresse mit hydraulischer Entfernung der Stirnwand der Fa. M. Häusser (Inh. W. Dützmann), Neustadt a. d. H.

Abb. 132. Tauchpresse mit hydraulischer Entfernung der Stirnwand. Stellung nach erfolgtem Abpressen. (M. Häusser, Inh. W. Dützmann, Neustadt a. d. H.)

Tauchpresse zurück, bis sich sämtliche Zwischenbleche wieder in ihrer Ausgangsstellung befinden. Die Schieberplatte senkt sich dann selbsttätig ab, um die Tauchwanne wieder zu verschließen.

Sämtliche an der Tauchpresse ablaufenden Arbeitsvorgänge werden von einem auf dem Preßzylinderholm aufgebauten Steuergerät aus eingeleitet und laufen daraufhin selbsttätig ab.

Abb. 133 zeigt den Pressensaal eines Werkes der *American Viscose Corp.* Es handelt sich um Pressen der Firma *The Hydraulic Press Company*, und zwar um Pressen mit doppelter Arbeitsbreite.

Abb. 133. Pressensaal eines Werkes der American Viscose Corp.

Der für die Betätigung des Preßstempels erforderliche Druck wird durch sog. Preßpumpen erzeugt (Abb. 134). Für das Abpressen des Zellstoffs wird ein Druck von etwa 85 Atü benötigt.

Das Arbeiten mit Tauchpressen stellt noch keine ideale Lösung des Alkalisierprozesses dar, und insofern ist die Maischalkalisierung günstiger. HOFFMANN[1] faßt die Nachteile der Tauchpresse wie folgt zusammen: Es können nur begrenzte Chargen eingesetzt werden, der Platzbedarf ist verhältnismäßig groß und die zum Bau benötigten Eisen- und Stahlmengen sind sehr groß. Die Tauchpresse erfordert nach wie vor viel Handarbeit durch das Wenden und Einsetzen der Zellstoffbogen und das oft notwendige Nachhelfen beim Entleeren.

Abb. 134. Preßpumpe der Fa. M. Häusser (Inh. W. Dützmann), Neustadt a. d. H.

[1] HOFFMANN: Kunsts. u. Zellw. **26**, 8 (1948).

Diskontinuierliches Zerfasern. Der alkalisierte Zellstoff stellt schwach gelbliche, sich trocken anfühlende Tafeln dar. Sie werden nunmehr zerkleinert. Dies geschieht in den sog. Zerfaserern. Die Zerfaserer sind meist so dimensioniert, daß sie jeweils den halben Stapel einer Tauchpresse aufnehmen. Sie sind also in den Zellwollfabriken entsprechend größer. Um Transportwege und somit Lohnkosten zu sparen, stellt man, wie schon erwähnt, die Zerfaserer zweckmäßig ein Geschoß tiefer auf als die Tauchpressen, so daß der abgepreßte Zellstoff direkt durch Schächte in die Zerfaserer fallen kann. Es haben sich mehrere Zerfaserertypen in die Praxis eingeführt, die jedoch nach dem gleichen Prinzip arbeiten. Der wirksame Teil eines Zerfaserers besteht aus zwei Z-förmig gebogenen Schaufeln, die an ihrem äußeren Ende mit Zähnen besetzt sind. Die Schaufeln drehen sich gegeneinander und greifen in zwei

Abb. 135. **Zerfaserer der Fa.** Werner u. Pfleiderer, Stuttgart-Bad Cannstatt.

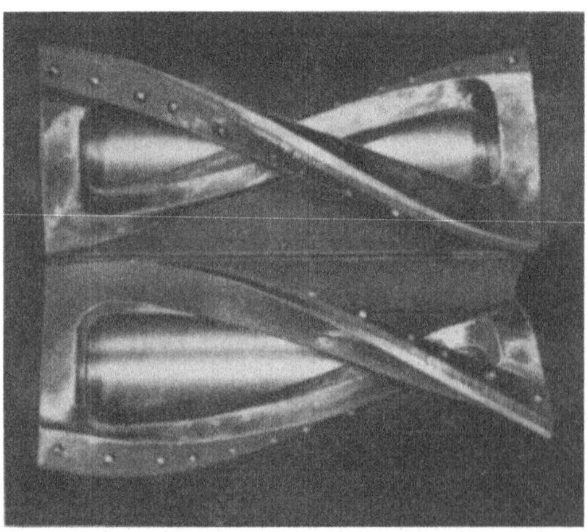

Abb. 136. Duplex-Schaufeln im Zerfaserer.

gleichfalls mit Zähnen ausgestattete Sättel des Zerfasererttroges ein. Abb. 135 zeigt einen für einen Reyonbetrieb gebauten Zerfaserer für 200 kg Eintrag. Die Zerfaserungsdauer schwankt in den einzelnen Werken zwischen $2^1/_2$ und 3 Stunden. Man ist bestrebt, die Zerfaserungsdauer abzukürzen, was durch besondere Konstruktion der Schaufeln („Duplex-Schaufeln") auch gelungen ist (Abb. 136). Bei dieser Sonderausführung genügt eine Zerfaserungszeit von etwa 75 ··· 90 Minuten.

Zur Verkürzung der Zerfaserungsdauer sind einige Werke auch dazu übergegangen, eine kontinuierliche Vorzerkleinerung der Alkalizellulose vorzunehmen. Man bedient sich hierfür der Apparaturen, die später noch beschrieben werden.

Für eine schnelle und gleichmäßige Durchxanthogenierung der zerfaserten Alkalizellulose ist es erforderlich, daß das Gut bei der Zerfaserung einen ganz bestimmten Zustand annimmt, und zwar muß die Alkalizellulose ein vollkommen lockeres Gefüge besitzen. Dieser Zustand wird nach einem bestimmten Zeitpunkt erreicht. Zerfasert man die Alkalizellulose über diesen Zeitpunkt hinaus, so wird sie in ungünstiger Weise verändert. Es ist daher erforderlich, für jeden Zerfaserertyp die günstigste Zeitdauer zu ermitteln.

Ein Urteil über die Zustandsform der zerfaserten Alkalizellulose gewinnt man durch die Bestimmung des „Litergewichtes", auch „Schüttgewicht" genannt. Man stellt fest, wieviel Gramm 1 Liter zerfaserte Alkalizellulose wiegen. Das Litergewicht ist also ein Volumgewicht. Je kleiner das Litergewicht ist, um so lockerer ist die zerfaserte Alkalizellulose. Das Litergewicht beträgt bei einer in günstiger Weise zerfaserten Alkalizellulose 140···200 g. Es ist hierbei zu berücksichtigen, daß das Litergewicht temperaturabhängig ist. Die Prüfungen müssen daher stets bei der gleichen Temperatur vorgenommen werden. Höhere Temperatur bewirkt ein niedrigeres Litergewicht. Dies ist darauf zurückzuführen, daß die Alkalizellulose Lufteinschlüsse enthält und daß die Luft sich mit zunehmender Temperatur ausdehnt.

Beim Studium des Einflusses der Zerfaserungszeit auf das Litergewicht findet man, daß das Litergewicht ein Minimum durchläuft. Abb. 137 zeigt diese Verhältnisse für vier verschiedene Zerfaserertypen.

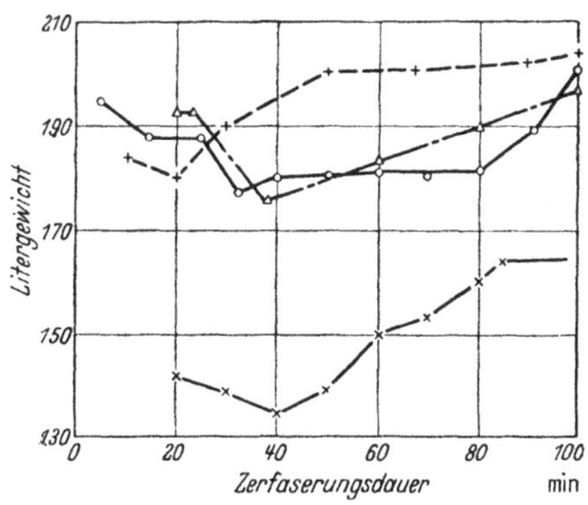

Abb. 137. Einfluß der Zerfaserungsdauer auf das Litergewicht der Alkalizellulose. (Nach PAKSCHWER u. BUNIN.)

Nach PAKSCHWER und BUNIN[1] spielen sich beim Zerfasern drei Vorgänge ab, die gleichzeitig verlaufen. Der eine Vorgang ist ein Zerkleinern. Er dauert so lange an, wie der Zerfaserer in Tätigkeit ist. In der ersten Laufzeit des Zerfaserers besteht dieses Zerkleinern in einem ausgesprochenen Zerfasern. Dieser zweite Vorgang ist der wichtigste, denn er ergibt die erforderliche Lockerheit des Alkalizellulosegefüges. Werden dann die Alkalizelluloseteilchen durch längeren Lauf des Zerfaserers kleiner, so rutschen sie durch die Zähne hindurch und werden an ihren Kanten abgeschliffen. Dieser dritte Vorgang, das Abschleifen oder Abrunden der Teilchen, führt wieder zu einer Erhöhung des Litergewichtes. Dieser Zustand ist ungünstig, da für den Endzustand nicht die Teilchengröße, sondern ihre wirksame Reaktionsfläche von Bedeutung ist.

SCHERER und IKENBERRY[2] kamen demgegenüber zu der Auffassung, daß der Zerkleinerungszustand der Alkalizellulose ohne Einfluß auf die Sulfidierung sei. Sie zerfaserten eine Alkalizellulose durch verschieden lange Zeiten auf Litergewichte von 285 und 190 und fanden keine Unterschiede zwischen beiden in bezug auf den Ablauf der Sulfidierung, vielmehr wurde in beiden Fällen unter den gleichen Be-

[1] PAKSCHWER u. BUNIN: Kunstseide 15, 74 (1933).
[2] SCHERER u. IKENBERRY: Rayon 21, 529 (1940).

dingungen derselbe Xanthogenierungsgrad erreicht. Dies würde bedeuten, daß die Sulfidierung unabhängig von der wirksamen Oberfläche verläuft. Hierzu muß aber bemerkt werden, daß der Sulfidierungsgrad allein kein Kriterium für den Verlauf der Sulfidierung darstellt, wie aus den Ausführungen im 11. Kap. noch deutlich wird.

Weiter wurde von SCHERER und IKENBERRY gefunden, daß das Litergewicht *bei extrem langen* Zerfaserungszeiten keine Änderung mehr erfährt.

Die Schaufeln des Zerfaserers sind in ihrer Drehungsrichtung zu ändern. Sie wird während des Zerfaserns von Zeit zu Zeit automatisch umgestellt. Beim Eintragen der Alkalizellulose läßt man den Zerfaserer rückwärts laufen, damit er sich nicht festläuft.

Die Zerfaserer sind mit einem Mantel umgeben, durch den Wasser oder Kühlsole geleitet werden kann, um die beim Zerfasern auftretende Wärme abzuleiten und die Temperatur des Gutes konstant zu halten. Die Temperatur soll, wenn eine Vorreife angeschlossen wird, nicht über 25° C ansteigen, zweckmäßig bleibt man aber bei einer Temperatur von 19···20° C. Wie später noch ausgeführt wird, tritt durch Temperaturerhöhung ein Abbau der Zellulose ein.

Man ist neuerdings in einigen Werken dazu übergegangen, die Vorreife ganz oder teilweise entfallen zulassen. Es wird später an anderer Stelle noch gezeigt werden, daß man den erforderlichen Molekülabbau durch intensives Mahlen der Alkalizellulose sowie durch Zusatz von Oxydationsmitteln zur Tauchlauge herbeiführen kann. An dieser Stelle muß jedoch erwähnt werden, daß man den erforderlichen Molekülabbau, wie die Praxis gezeigt hat, auch dadurch erhalten kann, daß man die Zerfaserungstemperatur auf 50···55° C erhöht[1]. Man kommt dann mit einer normalen

Abb. 138. Zerfaserer in Kippstellung.

Zerfaserungszeit aus. Bei dieser Arbeitsweise kann es jedoch ratsam sein, die zerfaserte Alkalizellulose wieder abzukühlen, um Kondensation in der Sulfidiertrommel zu vermeiden. Dies kann beispielsweise in einem zweiten Zerfaserer erfolgen, in dem man

[1] Das Verfahren wurde von der Firma Oscar Kohorn u. Co. Ltd. ausgearbeitet.

die Alkalizellulose kurze Zeit unter Kühlung durcharbeitet, oder kontinuierlich durch ein gekühltes Drehrohr[1].

Nachdem die richtige Korngröße der Alkalizellulose erreicht ist, setzt man den Zerfaserer still. Er wird dann in Kippstellung gebracht und entleert (Abb. 138). Die Alkalizellulose liegt nunmehr in einer weißen, trockenen, krümeligen Form vor (Abb. 139).

Abb. 139. Zerfaserte Alkalizellulose.

Kontinuierliches Zerfasern. Das Zerfasern kann auch kontinuierlich vorgenommen werden. Hierfür steht eine Reihe von Maschinentypen zur Verfügung.

Zunächst ist hier ein von der Firma *Maschinenfabrik Gustav Eirich*, Hardheim, entwickeltes kombiniertes Aggregat zu nennen, das aus einer Schneidmaschine (Häcksler) und dem eigentlichen Zerfaserer besteht (Abb. 140). Der Häcksler zerschneidet die alkalisierten Zellstoffblätter zunächst in Streifen von etwa 20 cm Breite, die automatisch an den Zerfaserer abgegeben werden (links in der Abbildung). In diesem werden die Streifen zwischen einer feststehenden und einer umlaufenden Platte zerrieben, wodurch Litergewichte von 140···150 g erreicht werden.

Abb. 140. Aggregat zur kontinuierlichen Zerkleinerung der Alkalizellulose der Fa. Gustav Eirich, Hardheim.

Ein anderes Gerät wurde von der Firma *Condux-Werk Herbert A. Merges K.-G.*, Wolfgang bei Hanau, entwickelt (Abb. 141). Die Wirkung dieses Gerätes beruht auf

[1] HUZII: J. Soc. chem. Ind. Japan **43**, 191 (1940).

Reibscheiben. Die eigentlichen Zerkleinerungselemente sind Zähne mit doppeltscherenartiger Wirkung, die auf den Innenflächen der Mahlscheiben in konzentrischen Ringen angeordnet sind. Die Größe der Zähne nimmt nach der Peripherie hin ab, ihre Anzahl dagegen zu. Eine Mahlscheibe ist feststehend, während die andere rotiert, wobei die Zähne ineinandergreifen. Der Zerkleinerungsgrad kann reguliert werden. Zu hohe Erwärmung der Mahlscheibe wird durch Wasserkühlung verhindert.

Ein weiterer Maschinentyp ist der Scheibenzerfaserer der Firma *Werner u. Pfleiderer*, Stuttgart-Bad Cannstatt (Abb. 142). Auch bei dieser Maschine findet die Zerkleinerung zwischen Reibscheiben statt. Bei einer Leistung von 3000 kg Alkalizellulose in der Stunde erhält man bei dieser Konstruktion Litergewichte zwischen 120···150 g, die sich durch Verstellen der Reibscheiben weitgehend verändern lassen.

Abb. 141. Maschine zur kontinuierlichen Zerkleinerung der Alkalizellulose der Fa. Condux-Werk, Wolfgang bei Hanau.

Abb. 142. Scheibenzerfaserer der Fa. Werner u. Pfleiderer. Stuttgart-Bad Cannstatt.

Eine Neuentwicklung der Firma *Werner u. Pfleiderer* stellt der Kammerzerfaserer (Abb. 143) dar. Die Maschine besteht aus einem Zylinder, dessen Ober- und Unterteil aus vier einzelnen, zusammengeschraubten Schüssen bestehen. Der obere Teil des Zylinders ist abhebbar, der innere Mantel gezahnt. Ein Doppelmantel sorgt

Abb. 143. Kammerzerfaserer der Fa. Werner u. Pfleiderer, Stuttgart-Bad Cannstatt.

für ausreichende Kühlung. Im Zylinder bewegt sich eine Transportschnecke, die durch Taschen so unterteilt ist, daß aus jedem Schneckengang zwei getrennte Kammern entstehen. An der Peripherie trägt die Schnecke vier gezahnte Leisten, die in Verbindung mit der Zahnung des Innenmantels die Zerfaserung des Materials während des Weitertransportes bewirken. Die Trennwände sind gleichfalls kühlbar.

Durch diese Sonderausführung der Schnecke erfolgt der Weitertransport des Materials im Pilgerschritt, da die Alkalizellulose von einer Kammer in die nächste nur gelangen kann, wenn sie den entsprechenden Zerkleinerungsgrad erreicht hat, um durch den eingestellten Spalt in die nächste Kammer hindurchzugelangen. Das Zerzerfaserungsspiel kann innerhalb von 0,5 und 10,0 mm, je nach den Ansprüchen, reguliert werden.

Der Durchmesser des Zylinders beträgt etwa 800 mm, die nutzbare Länge 2 m. Die Leistung beträgt je nach Einstellung mindestens 1 t, auf trockene Zellulose berechnet, in der Stunde.

Die Umdrehungszahl der Schnecke beträgt 150···250 Touren in der Minute. Der Kraftbedarf liegt bei 50 PS. Die Maschine liefert eine besser aufgeschlossene Faser als der Scheibenzerfaserer und ergibt eine gute Homogenisierung des Fasergutes.

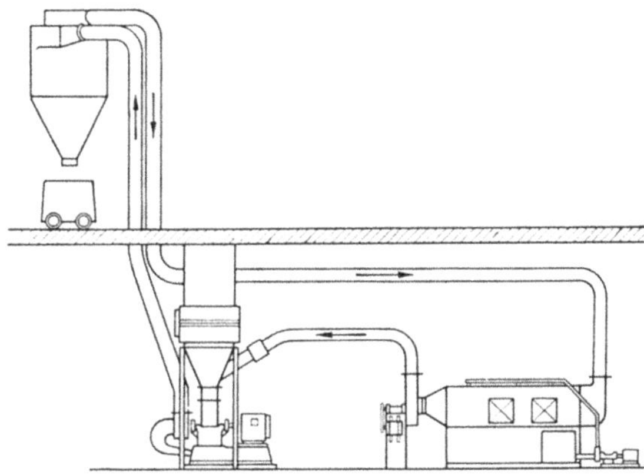

Abb. 144. Hochleistungs-Desintegrator für Alkalizellulose der Firma Dobson u. Barlow Ltd., Bolton. Der Einwurf der alkalisierten Zellstoffblätter erfolgt oben rechts unterhalb des Zyklons. Darunter Vorbrecher und Desintegrator. Rechts unten Klimaanlage.

Bei einer Konstruktion der Firma *Dobson u. Barlow Ltd.*, Bolton, wird die Zerkleinerung der Alkalizellulose in einem Desintegrator vorgenommen[1].

In Abb. 144 ist ein Schema dieser Anlage gegeben. Hiernach werden die abgepreßten Zellstoffblätter in einen Schacht abgeworfen. Sie gelangen von dort in einen Vorbrecher, in dem sie zerrissen werden. Von hier aus fällt der zerkleinerte Zellstoff in einen Desintegrator, der nach dem Prinzip der Hammermühle arbeitet. Er ist in Abb. 145 gesondert dargestellt. Der Zellstoff passiert diese Maschine mit hoher Geschwindigkeit, so daß er nur ganz kurze Zeit mit den Zerkleinerungsorganen in Berührung bleibt. Für den Durchsatz von 100 kg Zellstoff (Trocken-

Abb. 145. Desintegrator der Fa. Dobson u. Barlow Ltd., Bolton.

[1] Platts Bulletin 6, 163 (1949).

gewicht) wird eine Zerkleinerungszeit von 18 Minuten benötigt. Da die umlaufenden Hämmer an keiner Stelle Kontakt mit dem Trog der Maschine haben, findet kein Quetschen der Zellstoffasern statt, der zerfaserte Zellstoff fällt vielmehr in einer lockeren, faserigen Form, wie sie für die Vorreife und die Sulfidierung günstig ist, an. Das Litergewicht beträgt 140···160 g.

Der Weitertransport der zerfaserten Alkalizellulose erfolgt auf pneumatischem Wege. Sie wird mit Hilfe eines durch einen kräftigen Ventilator erzeugten Luftstromes durch ein Rohr hochgeführt, durch einen Cyclon abgeschieden, und gelangt in einen Transportwagen, der sie in die Vorreife führt.

Abb. 146. Verdichter für Alkalizellulose der Fa. Gustav Eirich, Hardheim.

Zur Vermeidung von Karbonatbildung arbeitet die Apparatur mit Umluft. Zu diesem Zwecke wird die Luft durch die Leitung zurückgenommen, sie gelangt in einen Klima-Apparat und wird von dort durch die Leitung dem Desintegrator erneut zugeführt. In dem Klima-Apparat wird die Luft von Kohlendioxyd befreit und wieder auf den richtigen Feuchtigkeitsgehalt und die richtige Temperatur gebracht.

Zur Regulierung des Litergewichtes kann man, falls erforderlich, den Zerfaserern sog. Verdichter nachschalten. Hierfür haben sich z. B. Einrichtungen der *Maschinenfabrik Gustav Eirich* bewährt. Es handelt sich hierbei im Prinzip um Gegenstrom-Mischkneter, in die Kollerläufer eingebaut sind. Die Koller haben einen exzentrischen Lauf, der gegen die Laufrichtung der Mahlfläche geführt ist. Hierdurch entsteht neben der reinen Druck- und Quetschwirkung eine intensive ziehende und reibende Wirkung, die auch quer zur Mahlspur auftritt (Abb. 146).

b) Kontinuierliche Verfahren.

Für die kontinuierliche Herstellung der Alkalizellulose sind zwei Wege beschritten worden. Bei dem einen Weg nimmt man die Alkalisierung wie beim diskontinuierlichen Verfahren an Zellstoff-Blättern vor; bei dem anderen Weg bringt man den Zellstoff in Form von Flocken oder in zerfaserter Form mit der Natronlauge in Berührung. Die letztere Arbeitsweise nennt man „Naßalkalisierung“ oder besser „Maischalkalisierung“.

Blattalkalisierung. Bei der Alkalisierung in Blattform wird der Zellstoff in Form einer von Rollen kommenden Bahn oder in Form einzelner, auf einem Transportband ruhender Blätter durch die Natronlauge geführt und anschließend kontinuierlich abgepreßt und zerfasert. Dieser Gedanke kam erstmalig im DRP. 335563 von SCHÜLKE zum Ausdruck. SCHÜLKE schlägt die Verwendung eines flachen Behälters für die Lauge vor. Der Zellstoff, von Rollen kommend, wird auf einem Transportband aus Eisendrahtgewebe gehalten. Bei der Anwendung von Zellstoffblättern empfiehlt SCHÜLKE den Einbau zweier Transportbänder, zwischen die die Zellstoffblätter gelegt werden. Nachdem der Zellstoff den Laugenbehälter passiert hat, wird die überschüssige Lauge durch geeignete Vorrichtungen von dem Zellstoff abgestreift oder durch Walzen mit geringem Druck abgepreßt. Die überschüssige Lauge fließt wieder in den Tauchbehälter zurück. Der von der überschüssigen Lauge befreite Zellstoff fällt in einen kontinuierlich arbeitenden Zerfaserer. Wie in der Patentschrift erwähnt wird, soll der Zellstoff mit Absicht nicht auf das richtige Preßgewicht abgepreßt werden, damit die Lauge noch während des Zerfaserns die Masse gleichmäßig durchdringen kann. Durch diese Bemerkung ist aber zugleich schon die Schwäche des Verfahrens aufgezeigt, die darin liegt, daß keine homogene Alkalizellulose erhalten wird. Es kann hier gleich vorweggenommen werden, daß die gleichmäßige Durchdringung des Zellstoffes mit der Lauge wohl der schwierigste Punkt bei der kontinuierlichen Alkalisierung des Zellstoffes in Band- oder Blattform ist und daß für die Beseitigung dieser Schwierigkeit außerordentlich viel Mühe aufgewandt worden ist. Diese Schwierigkeit wächst in dem Maße, wie die Anzahl der übereinandergelegten Zellstoffbahnen steigt. Eine Tauchung mehrfach übereinandergelegter Bahnen ist aber erforderlich, um eine genügend große Leistung der Apparatur zu erhalten.

Im Gegensatz zu SCHÜLKE sieht das Brit. Pat. 247 307 von BRANDWOOD das Abpressen des getauchten Zellstoffes auf das richtige Preßgewicht vor. BRANDWOOD geht von Zellstofftafeln aus, die auf einem Transportband durch die Lauge geführt werden. Das Transportband führt die alkalisierten Zellstoffblätter unter eine hydraulische Presse, die absatzweise die Pressung vornimmt. Entsprechend dieser Arbeitsweise wird der Zellstoff auch absatzweise durch den Laugentrog geleitet. Die schrittweise Betätigung der Apparatur erfolgt durch eine Nockenscheibe.

An Stelle der diskontinuierlich arbeitenden hydraulischen Presse ist im Franz. Pat. 643903 von LAMASSIAUDE eine Walzenpresse beschrieben, durch die der alkalisierte Zellstoff in gleichmäßigem Lauf geführt wird. Hierbei ist aber zu bedenken, daß ein gleichmäßiger Preßgrad durch eine Walzenpresse nur erreicht wird, wenn die Zellstoffbahnen vollkommem gleich dick sind, und diese Voraussetzung ist bei dem Zellstoff nicht immer gegeben. Dickere Zellstoffteile erhalten durch die Walzenpresse zwangsläufig einen höheren Preßgrad als dünnere. Die Folge davon ist eine ungleichmäßige Viskose.

Von dem Gedanken ausgehend, daß der Preßeffekt der Walzenpresse den Dickenverhältnissen der Zellstoffbahn angepaßt sein muß, wurde von der *I.G. Farbenindustrie Aktiengesellschaft*[1] eine sinnreiche Vorrichtung entwickelt. Hiernach wird der in ein oder mehrfacher Lage durch den Laugentrog geführte Zellstoff nicht durch eine, sondern durch mehrere Walzen stufenweise abgepreßt. Durch eine feine Tastvorrichtung wird die Dicke der Zellstoffbahn nach dem Passieren des Laugenbehälters abgetastet. Die Regulierung des Preßeffektes der Walzen erfolgt dann automatisch über ein Zeitrelais, das die Zeit berücksichtigt, die zwischen dem Abtasten

[1] I. G. Farbenindustrie Aktiengesellschaft: DRP. 513203.

und dem Eintreffen der Zellstoffbahn an den Preßwalzen liegt. Bei ordnungsgemäßem Funktionieren dieser empfindlichen Einrichtung ist somit eine Sicherheit für einen gleichmäßigen Preßeffekt bei Dickenschwankungen des Zellstoffes gegeben. Die Apparatur ist aber nur wirksam, wenn die Dicke der Zellstoffbahn in ihrer ganzen Breite schwankt, unregelmäßig über die Breite der Zellstoffbahn verteilte Dickenschwankungen werden von der Apparatur nicht erfaßt, und somit kann auch diese Lösung nicht als restlos befriedigend angesprochen werden.

Während die beschriebenen Verfahren ausschließlich die Alkalisierung zum Gegenstand haben, geht das DRP. 604015 von STEIMMIG[1] einen Schritt weiter, indem auch die Vorreife der Alkalizellulose in den kontinuierlichen Arbeitsgang einbezogen wird. Nach dem Vorschlag von STEIMMIG soll die Alkalizellulose auch in Form einer Bahn gereift werden. Die Alkalisierung und das Abpressen lehnen sich an die schon genannten Verfahren an, es wird also die Alkalisierung ebenfalls durch Hindurchführen der Zellstoffbahn in einer oder mehreren Lagen, durch ein Rollenpaar geführt, durch einen Laugentrog vorgenommen. Das Abpressen erfolgt zwischen drei Paaren von Quetschwalzen. Die Anlage wird von der Firma *Kunstseiden-Maschinen und Apparate, Emil Blaschke*, Berlin-Tegel, gebaut. Bei einer Durchführungsgeschwindigkeit von 1 m in der Minute soll die Tauchwanne 10···12 m lang sein, um eine vollkommene Durchdringung des Zellstoffes mit der Lauge zu gewährleisten. Es ist aber auch möglich, die Zellstoffbahn im Laugentrog umkehren zu lassen und so mehrfach hin- und herzuführen. Die Tauchzeit ist im Mittel auf 24 Minuten bemessen (Abb. 147 und 148). Nach dem in drei Stufen mit zunehmendem Preßdruck

Abb. 147 Apparatur zur kontinuierlichen Alkalisierung von Zellstoff der Fa. Emil Blaschke, Berlin-Tegel.

erfolgten Abpressen wird die Zellstoffbahn durch einen Schaber von der Preßwalze abgelöst, worauf sie auf ein zweites Transportband fällt, das sie durch einen Schlitz in eine Kammer führt. Diese Kammer ersetzt den Reiferaum bei der üblichen, diskontinuierlichen Alkalizellulosereife. Die Abb. 149 zeigt die Seitenansicht dieser

[1] Vgl. hierzu auch das Brit. Pat. 385291 der Algemeene Kunstzijde Unie.

Kammer. Es ist bei dieser Einrichtung nicht möglich, die Alkalizellulose mehrere Tage reifen zu lassen. Deshalb wird in der Kammer die Reife durch Temperaturerhöhung beschleunigt. Dadurch, daß die Alkalizellulose mit der warmen Luft in Form einer gleichmäßigen Schicht in Berührung kommt, soll die Reife besonders gleichmäßig vor sich gehen. Schließlich ist bei dieser Arbeitsweise die Möglichkeit gegeben, die Reifung durch Einbringen der Alkalizellulosebahn in eine Kühlzone plötzlich zu unterbrechen. Die Zeitdauer der Passage durch die Reifekammer und die zur Anwendung kommende Temperatur werden dem gewünschten Reifegrad angepaßt. Die Alkalizellulose verbleibt im allgemeinen während 6 Stunden in der Reifekammer, deren Temperatur im Mittel 43° C beträgt. Um ein Austrocknen der Alkalizellulosebahn während der Passage durch die Reifekammer zu verhindern, kann die Luft der Reifekammer auf einen bestimmten Feuchtigkeitsgehalt eingestellt werden. Nötigenfalls kann die Reifekammer auch mit kohlensäurefreier Luft beschickt werden, um eine zu große Karbonatbildung zu verhüten. Bei diesem Verfahren findet also die Vorreife vor dem Zerfasern statt.

Abb. 148. Dreiwalzenpresse zum kontinuierlichen Abpressen von alkalisiertem Zellstoff. (Emil Blaschke, Berlin-Tegel.)

Abb. 149. Reifekammer für kontinuierliche Reife von alkalisiertem Zellstoff der Fa. Emil Blaschke, Berlin-Tegel.

Auf dem gleichen Prinzip fußend, hat die *Maschinenfabrik Imperial*, München, in Gemeinschaft mit SCHIEBER von der *Thüringischen Zellwolle A. G.*, Schwarza, eine Apparatur entwickelt, und zwar für die Bewältigung großer Zellstoffmengen. Die Apparatur verarbeitet gleichzeitig 26 Zellstoffrollen von je 1,50 m Breite. Die Zellstoffrollen befinden sich auf einem Gatter, und zwar zu je 13 Rollen übereinander und zu

Abb. 150. Gatter zur Aufnahme von Zellstoffrollen. Ansicht aus der Thüringischen Zellwolle A. G., Schwarza.

2 Rollen nebeneinander (Abb. 150). Von dem Gatter rollen die Zellstoffbahnen ab und gelangen auf ein Transportband, das sie durch die Tauchwanne („Rinne“) führt (Abb. 151). Es laufen also 13 Lagen Zellstoff übereinander und 2 Lagen nebeneinander durch die Rinne, die eine Breite von 3,30 m und eine Länge von etwa 25 m hat. Mit diesem Kontinueverfahren hat SCHIEBER eine Zellstoffveredlung kombiniert. Diese besteht darin, daß man die Zellstoffbahnen zuerst in eine Natronlauge von 10% einlaufen läßt. Diese Konzentration entspricht nahezu dem Löslichkeitsmaximum für abgebaute Zellulose sowie die Zellulosebegleitstoffe. Es werden demnach durch diese Natronlauge die im Zellstoff enthaltenen alkalilöslichen Anteile

Abb. 151. Blick auf die Alkalisierungsrinne. Ansicht aus der Thüringischen Zellwolle A. G., Schwarza.

gelöst. Ein normaler Sulfitzellstoff mit 87···88% α-Zellulose soll in dieser Apparatur auf einen α-Zellulosegehalt von etwa 99% gebracht werden. Von einem normalen Zellstoff ausgehend, erhält man so für die Chemiefaser ein außerordentlich hochwertiges Ausgangsmaterial, das sich durch einen hohen Polymerisationsgrad der Zellulose auszeichnet, was wieder den Beständigkeitseigenschaften der fertigen Faser zugute kommt. Es sind durch die *Maschinenfabrik Imperial* technische Einzelheiten entwickelt worden, die für eine schnelle und gleichmäßige Benetzung des Zellstoffes mit der Lauge Sorge tragen. Dies wird durch Entlüftung des Zellstoffes erreicht sowie dadurch, daß jede Zellstofflage einzeln mit der Lauge in Berührung gebracht wird. Bereits nach einem Ablauf von einer Minute soll eine vollkommene Durchdringung des Zellstoffes mit der Lauge erfolgt und eine vollkommen gleichmäßige Quellung eingetreten sein.

Am anderen Ende der Rinne gelangen die Zellstoffbahnen in eine Walzenpresse. Die abgepreßte Lauge fließt in die Rinne zurück. Die Walzenpresse ist auch bei diesem Verfahren als Mehrstufenpresse ausgebildet, wobei der Preßdruck von Stufe zu Stufe gesteigert wird. Dies hat sich als notwendig zur Erzielung eines genügend gleichmäßigen Preßgrades erwiesen.

Die Lauge reichert sich in der Rinne mit Hemizellulose an. Sie wird nach einer bestimmten Zeit nach dem Dialysierverfahren gereinigt, worauf sie, auf die richtige Konzentration eingestellt, in die Rinne zurückgeleitet wird. Infolge des hohen Hemigehaltes ist die Regenerierung dieser Veredlungslauge sehr wirtschaftlich.

Es darf allerdings nicht verschwiegen werden, daß auch diese Apparatur noch einige Schwächen aufweist: So ist die Diffusion der Lauge in den verhältnismäßig dicken und breiten Zellstoffbahnen noch nicht ganz gleichmäßig, so daß nicht an allen Stellen des Zellstoffes gleich große Mengen Hemizellulose herausgelöst werden. Der theoretisch mögliche α-Zellulosewert dürfte daher nicht vollkommen erreicht werden und auch gewissen Schwankungen unterworfen bleiben. Auch die Pressen lassen noch Wünsche offen. Im allgemeinen wird beobachtet, daß der Preßdruck an den Seiten der Presse etwas höher ist als nach der Mitte zu.

Nach dem Abpressen gelangen die Zellstoffbahnen in eine zweite, der ersten gleich konstruierten Rinne, in der nun die eigentliche Alkalizellulosebildung vor sich geht. Da der Zellstoff mit Lauge durchfeuchtet in die Tauchlauge gelangt, ist die Konzentration der Tauchlauge entsprechend höher einzustellen. Auf Grund des Umstandes, daß ein vollkommen reiner Zellstoff in die Tauchlauge einfährt, ist eine Regenerierung nicht erforderlich. Die Tauchlauge bleibt vielmehr lange Zeit verwendbar. Der Ätznatronverlust durch die Alkalizellulosebildung wird laufend ergänzt.

Nach dem Passieren des zweiten Natronlaugebades gelangen die Zellstoffbahnen wieder in eine Walzenpresse, wo sie, wie im Anschluß an die Vorlaugierung, mit steigendem Druck stufenweise abgepreßt werden,

Auch bei diesem Verfahren schließt sich an die Alkalisierung unmittelbar die Vorreife der Alkalizellulose an. Die Zellstoffbahnen werden aber nicht, wie beim Steimmig-Verfahren, als solche durch die Reifekammer gefahren, sondern sie werden unmittelbar nach der Abnahme von der letzten Preßwalze zu Rechtecken zerschnitten. Die rechteckigen Zellstoffblätter fallen in taschenförmige Drahtkörbe, die an Transportketten hängend durch die Reifekammer geführt werden. Die Führung geschieht nach der Art des Imperial-Zickzack-Trockners. Beim senkrechten Herunterfallen der geschnittenen Zellstoffblätter in die Körbe teilen sich die von den 13 Bahnen stammenden Blätter von selbst auf und stellen sich lose nebeneinander in die Körbe. Hierdurch wird erreicht, daß an allen Zellstoffteilen schnell eine gleichmäßige Erwärmung in der Reifekammer erfolgt, so daß die Reife in allen Zellstoffteilen sehr gleichförmig verläuft. In der Reifekammer verbleibt der Zellstoff 4 Stunden und durchwandert dann während einer weiteren Stunde eine Kühlzone.

Die gereiften Alkalizelluloseblätter werden nun in einer der Seite 257 ff. beschriebenen Maschinen kontinuierlich zerfasert.

Maischalkalisierung. Soweit die Herstellung der Alkalizellulose kontinuierlich erfolgt, wird heute der Maischalkalisierung überall der Vorzug gegeben.

Die erste Stufe bei der Maischalkalisierung besteht in einem Zerkleinern des Zellstoffs, sofern man nicht aus einer vorgeschalteten Zellstoff-Fabrik den Zellstoff in Flocken erhält. In diesem Falle gelangt er feucht durch Rohrleitungen auf pneumatischem Wege in die Alkalisierung.

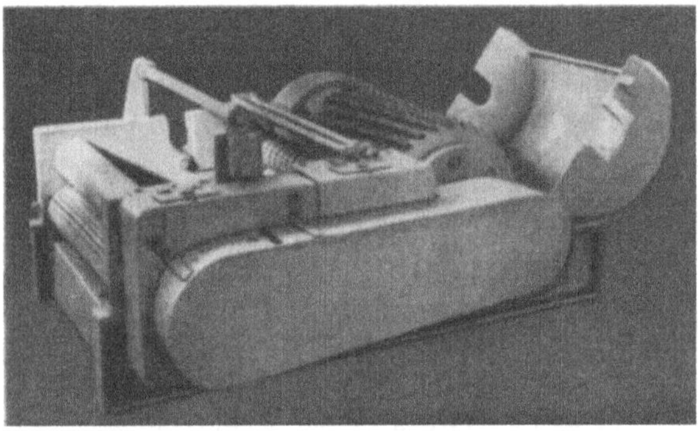

Abb. 152. Zellstoff-Reißer der Fa. Andr. Nik. Breuers, Düsseldorf-Reisholz.

Im anderen Falle kann man sowohl von Zellstoffrollen als auch von Zellstoffblättern ausgehen. Für die Zerkleinerung steht z. B. der Maschinentyp der Firma *Andr. Nik. Breuers*, Düsseldorf-Reisholz, zur Verfügung.

Abb. 152 stellt die Ansicht der Zerkleinerungsmaschine dar. Vor dem Einlauf der Zellstoffbahn wird diese durch Bespritzen mit Natronlauge durchfeuchtet. Sie wird dann, auf einem sich vorschiebenden Rost aufliegend, durch eine gezahnte Rolle erfaßt und der eigentlichen Reißwalze zugeführt, von der sie zu handlichen Stückchen zerrissen wird, die in Lauge schnell zerfallen und das Reaktionsmittel begierig aufnehmen. Die Reißwalze hat ein Gewicht von 650 kg und läuft auf SKF-Pendelrollenlagern schwerer Bauart. Die Maschine wird in fünf Größen für Leistungen von 300···4000 kg Zellulose (Trockengewicht) je Stunde gebaut. Der Kraftbedarf ist gering. Der zerrissene Zellstoff fällt nach unten aus der Maschine heraus.

Abb. 153. Blattaufgeber der Fa. Andr. Nik. Breuers, Düsseldorf-Reisholz. Ansicht aus der Rheinische Kunstseide A. G., Krefeld.

Geht man von Zellstoffblättern aus, so müssen die Blätter manuell einzeln der Maschine vorgelegt werden. Durch eine neu entwickelte Maschine der Firma *Andr. Nik. Breuers* kann aber auch dieser Vorgang mechanisch erfolgen. Die Wirkungsweise der Maschine geht aus Abb. 153 hervor. Die von der Verpackung befreiten Zellstoffballen werden auf ein kurzes endloses Band gestellt, das den Packen schräg an die Maschine bringt. Nockenräder heben ein Blatt nach dem anderen hoch. Es wird dann zwischen endlosen, schmalen Bändern weitergeführt und gelangt so auf den Zubringerost der Zerreißmaschine. Die zuverlässig arbeitende Maschine ist von einfachster Bauart und hat nur einen Kraftbedarf von 1···2 PS, sie leistet je nach Geschwindigkeit 500···4000 kg Zellulose in der Stunde und kann mit fester Antriebszahl oder — besser — mit regelbarer Drehzahl geliefert werden.

Es ist nunmehr erforderlich, den zerrissenen Zellstoff gleichmäßig mit der Maischlauge durchzuarbeiten. Dies kann auf verschiedene Art geschehen. Nach einem von den *Phrix-Werken* ausgearbeiteten Verfahren geschieht dies in einem Mischholländer, dem man die Lauge, mit einem Rota-Messer genau dosiert, zuführt. Zum Zwecke einer innigen Vermischung ist der Holländer mit einem vierteiligen Rührflügel ausgerüstet, der die Zellstoff-Laugenmischung noch einer Zerreiberwalze zuführt, wo eine besonders gute Durcharbeitung stattfindet. Abb. 154 zeigt den ersten Teil der

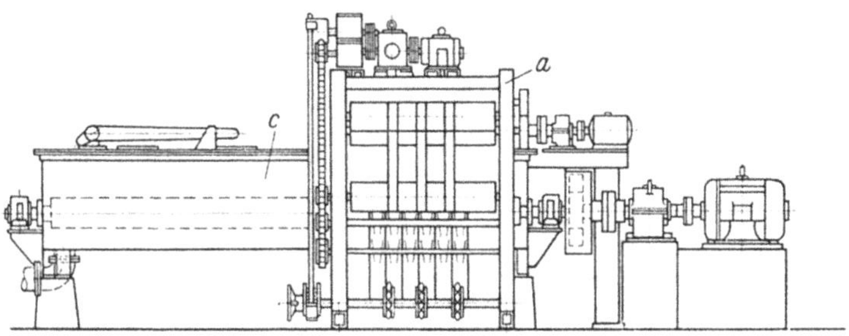

Abb. 154. Mischholländer (c) mit vorgebautem Blattaufgeber (a). Der Zellstoffbrei fließt unten links durch ein Rohr ab.

Alkalisierstraße, die von der Firma *A. u. C. Kosik G. m. b. H.*, Kelheim, und von der *Neumünsterschen Maschinenfabrik A.G.*, Neumünster, gebaut wird.

Die einzustellende Stoffdichte im Laugenbad richtet sich nach der zur Verfügung stehenden Apparatur. Sie kann zwischen 1:15 und 1:40 schwanken. Bei der Anwendung von Siebpressen liegt die Stoffdichte mit 1:15 bis 1:20 günstiger als bei der Anwendung von Saugzellenfiltern. Hierbei sind Stoffdichten von 1:30 bis 1:40 erforderlich. Berücksichtigt man, daß diese große Laugenmenge je nach dem eingesetzten Zellstoff bis auf 40° C erwärmt werden muß, um eine einwandfreie Vliesbildung zu ermöglichen, so erscheint demnach das Arbeiten mit Siebpressen wirtschaftlicher.

Der Alkalizellulosebrei wird aus dem Mischholländer mittels einer Schraubenradpumpe zu einer Condux-Mühle gefördert, die oberhalb eines großen Rührwerkbehälters aufgestellt ist. In diesem Kessel, der gleichzeitig als Puffer dient, erfolgt nochmals eine intensive Mischung des Stoffbreies. Diese Vorgänge sind durch Abb. 155 erläutert, die den zweiten Teil der Alkalisierstraße darstellt.

Der Alkalizellulosebrei muß nunmehr so weitgehend wie möglich von der überschüssigen Natronlauge befreit werden. Dies kann entweder durch Filtern und anschließendes Abpressen oder durch Sieben und Pressen erfolgen. Eine Behandlung in Schneckenpressen, was an sich das Einfachste wäre, hat sich bisher nicht recht bewährt.

Bei der Konstruktion der *Phrix-Werke* erfolgt die Befreiung der Alkalizellulose von der überschüssigen Lauge durch ein horizontales, endloses Metallsieb, ähnlich der Siebpartie bei der Zellstoff-Entwässerungsmaschine. Wie aus Abb. 156 hervorgeht, die den dritten Teil der Alkalisierstraße darstellt, wird der Stoffbrei aus dem Rührwerksbehälter mit einer Schraubenradpumpe zu der Alkalisierpresse geleitet. Zur genauen Regelung der Stoffmenge ist die Pumpe mit einem Regelgetriebe versehen. Ferner ist zwischen Pumpe und Presse ein Dickstoffregler eingeschaltet, damit die Stoffbreizusammensetzung genau dosiert werden kann. Hiermit wird das Stoffbreiverhältnis eingestellt, um eine genaue Zusammensetzung der Alkali-Zellulose zu erzielen. Die Apparatur enthält ein Untersieb und ein Obersieb mit einer Arbeitsbreite von 1 m. Die Aufschwemmung des Alkalizellulosebreis erfolgt auf das Untersieb durch einen Schwemmkasten. Abb. 157 zeigt eine Ansicht der Siebpresse.

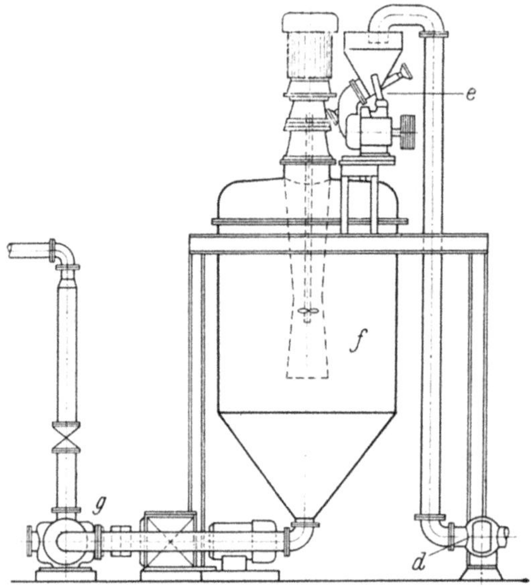

Abb. 155. Maischekessel. d Schraubenradpumpe; e Condux-Mühle; f Rührwerksbehälter; g Schraubenradpumpe.

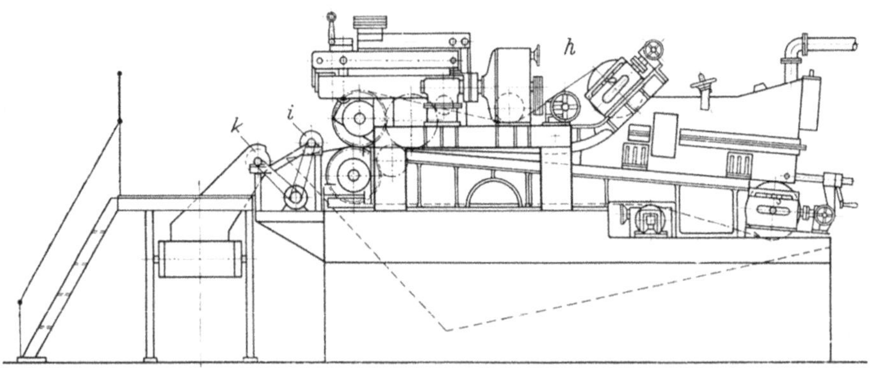

Abb. 156. Siebpresse. h Führungswalze für das Obersieb, davor rechts Schwemmkasten; i Scheibenmesser zum Beschneiden der Vliesränder; k Abschlagswalze.

Nach weitgehender Befreiung des Breies von der Lauge zwischen den Siebbändern wird das Vlies zwischen Walzen abgepreßt, und zwar auf einen Zellulosegehalt von $25 \cdots 28\%$.

Die entstehenden nassen Vliesränder, die sich auch bei stärkster Abpressung nicht vermeiden lassen, werden mittels Scheibenmesser abgetrennt. Die feuchten Ränder werden mit der abgepreßten Lauge über Filter wieder in den Rührwerksbehälter zurückgefördert.

Abb. 157. Siebpresse.

Abb. 158. Auslauf des Alkalizellulosevlieses aus der Siebpresse und Beschneidung der Vliesränder. Ansicht aus der Rheinische Kunstseide A. G., Krefeld.

Abb. 158 läßt deutlich erkennen, wie das Alkalizellulosevlies die Alkalisierpresse verläßt und wie die Ränder abgeschnitten werden.

Zur Erzielung eines niedrigeren Preßfaktors kann man noch eine Hochdruck-Walzenpresse, eine sog. Ringpresse, nachschalten.

Die Alkalizellulose verläßt die Presse als ziemlich trockenes Vlies, das nunmehr durch eine mit Zähnen versehene Abschlagswalze wieder zerrissen wird. Sie kann von mehreren parallel montierten Straßen auf einem in Querrichtung verlaufenden Transportband gesammelt werden.

Um der Alkalizellulose die für die Vorreife erforderliche Zustandsform zu geben, wird sie nunmehr noch einmal zerkleinert. Für diesen Vorgang haben sich besonders die Zerfaserer Typ U. Sch. F. der Firma *Hermann Bauermeister G.m.b.H.*, Hamburg-Altona, bewährt (Abb. 159). Sie arbeiten nach dem Prinzip der Schlagkreuzmühlen. Besonders sinnreich ist bei dieser Konstruktion das Problem der Luftführung gelöst. Schlagkreuzmühlen saugen im allgemeinen mit dem Gut größere Luftmengen ein, die mit dem zerkleinerten Material wieder ausgestoßen werden. Zur Trennung waren bisher besondere Aspirationsvorrichtungen mit Filtern erforderlich. Diese konnten bei der Konstruktion der Firma *Bauermeister* dadurch umgangen werden, daß die Maschine mit Umluft arbeitet. Um einen drucklosen Auslauf der Alkalizellulose zu erreichen, ist unten in den Auslaufkanal ein Zellenrad eingebaut. Hierdurch wird der Ausstoß von Luft auf einfachste Art verhindert, sie wird vielmehr oberhalb des Zellenrades durch einen Umlaufkanal wieder in den saugenden Einlauf des Zerfaserers geführt. Die eigentliche Mühle ist durch eine ausschwenkbare Tür verschlossen, so daß sie jederzeit gut gereinigt werden kann. Die Maschine wird in vier Größen mit einer Leistung von 300···1500 kg (Trockengewicht) je Stunde gebaut. Die Umluftführung ist auch zur Vermeidung von Karbonatbildung sowie in bezug auf die Einhaltung der Temperatur günstig.

Bei der Konstruktion der *Maschinenfabrik Buckau-Wolf*, Magdeburg, und in ähnlicher Weise auch der *Maschinenfabrik Imperial*, München, erfolgt die Abtrennung der Lauge durch ein sog. Saugzellenfilter. Ein solches besteht aus einer großen liegenden Siebtrommel, die unter Vakuum steht. Der Alkalizellulosebrei verteilt sich beim Einlauf in die Maschine über die ganze Maschinenbreite und wird an die Trommel angesaugt. Durch eine Anzahl Preß-Walzen, um die ein Mitläufertuch geleitet ist, wird die immer weiter von der Lauge befreite Alkalizellulose unter steigendem Druck auf der Trommel gehalten, auf der sie so ein zusammenhängendes Vlies bildet. Die abgesaugte Lauge fließt aus der Trommel ab. Das Vlies gelangt nach Verlassen des Filters, von dem es durch einen Schaber abgenommen wird, nacheinander unter zwei Preßwalzen, durch die noch die restliche, der Alkalizellulose anhaftende Lauge entfernt wird. Aus Abb. 160 ist die Anordnung dieser Anlage gut zu erkennen.

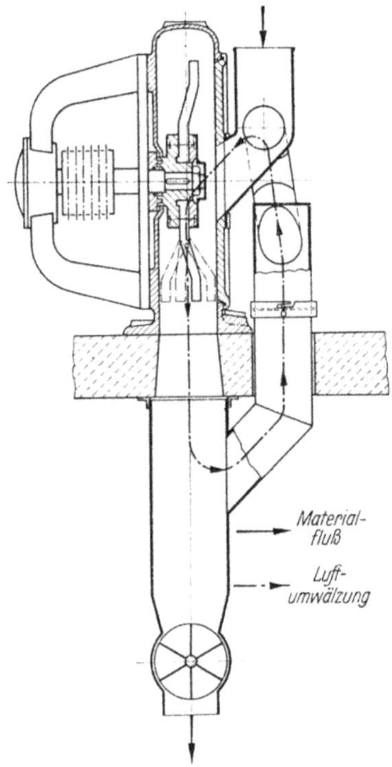

Abb. 159. Zerfaserer Typ U. Sch. F. der Fa. Hermann Bauermeister G. m. b. H., Hamburg-Altona.

Die Maischalkalisierung hat gegenüber der diskontinuierlichen Alkalisierung in Tauchpressen manche Vorteile. Es leuchtet zunächst ein, daß die Alkalisierung gleichmäßiger erfolgt, da die Lauge in gleicher Konzentration an jede Faser gelangen kann. In gleicher Weise erfolgt das Herauslösen der Hemizellulose aus dem Zellstoff sehr gleichmäßig. Entsprechend der feineren Verteilung der Zellulose in der Lauge wird bei der Maische dem Zellstoff mehr Hemizellulose entzogen als beim Arbeiten mit Tauchpressen. Die Homogenität bei der Maischalkalisierung kommt deutlich

Abb. 160. Saugzellenfilter mit Abpresswalzen der Fa. Maschinenfabrik Buckau-Wolf, Magdeburg.

dadurch zum Ausdruck, daß Lauge und Alkalizellulose nach ihrer Trennung gleiche Hemizellulosegehalte besitzen, während bei der Blattalkalisierung bei verschiedenen Preßgraden Laugen von verschiedenen Hemigehalten ablaufen. Der Hemigehalt stellt sich auf eine Höhe ein, die sich aus der mit dem Zellstoff eingebrachten Hemizellulosemenge und der in der zur Dialyse zu bringenden Sieblauge enthaltenen Menge ergibt.

Die Laugenwirtschaft ist beim Maischalkalisierverfahren einfacher als beim Arbeiten mit Tauchpressen. Man benötigt praktisch neben der Starklauge nur noch eine Betriebslauge, die zum Alkalisieren verwendet und als Teil der Sieblauge nach Auffrischen mit Starklauge wieder in die Maische zurückgenommen wird.

Gewisse Schwierigkeiten macht bei der Maischalkalisierung die Vliesbildung bzw. das Abpressen des Vlieses. Es hängt dies in starkem Maße vom Zellstoff ab, wobei sich allgemein ein langfaseriger Zellstoff besser verhält als ein kurzfaseriger Zellstoff. Insbesondere fällt bei Buchenzellstoff das Vlies leicht auseinander bzw. es bilden sich Löcher und Narben, bei denen dann beim Abpressen der Preßdruck geringer ist. Dies hängt mit dem Quellvermögen des Zellstoffes zusammen, da sich allgemein Zellstoffe mit höherem Quellvermögen bei diesen Operationen ungünstiger verhalten. Man kann dem aber dadurch entgegenwirken, daß man die Temperatur der Maischlauge auf 40 und noch mehr Grad erhöht und hierdurch eine übermäßige Quellung des Zellstoffs verhindert. Die geringere Quellung hat zwar auch eine geringere Alkaliaufnahme im Gefolge, weshalb man in diesem Falle die Laugenkonzentration entsprechend erhöhen muß.

Eine weitere Schwierigkeit besteht, wie schon angedeutet, in der Unmöglichkeit der Erzielung eines ausreichend niedrigen Preßfaktors. In dieser Beziehung muß noch die Konstruktion wirkungsvollerer Pressen abgewartet werden. Auch macht die Erreichung eines für die Vorreife optimalen Litergewichtes der Alkalizellulose noch gewisse Schwierigkeiten. Hier hat man aber günstige Ergebnisse durch Nachschalten eines Verdichters für Alkalizellulose erhalten.

IX. Untersuchung der Alkalizellulose.

Die Betriebskontrolle in der Reyon- und Zellwollfabrik umfaßt auch eine Untersuchung der Alkalizellulose. Diese erstreckt sich auf die Feststellung des Zellulosegehaltes, des Gehaltes an Alkali, sowie des Litergewichtes. Man prüft ferner noch die Gleichmäßigkeit der Alkalizellulose.

Die Alkalizellulose soll mindestens 2,5 Mol NaOH auf 1 $C_6H_{10}O_5$ enthalten[1].

Bestimmung des Zellulosegehaltes. Der Zellulosegehalt wird wie folgt ermittelt[2]: 5 g Alkalizellulose werden in einem Wägeglas abgewogen und quantitativ in ein Becherglas gespült. Dann gibt man 200 cm³ warmes destilliertes Wasser zu und läßt 15 Minuten stehen. Hierauf filtriert man durch ein feines Leinenfilter auf einem BÜCHNERschen Trichter und wäscht solange aus, bis das Waschwasser nicht mehr alkalisch reagiert. Der Filterrückstand wird bei 100° C getrocknet und die Zellulose, die sich in Vliesform leicht von dem Leinenfilter abheben läßt, in einem verschlossenen Wägeglas erkalten gelassen und gewogen.

---

[1] ZART: Die Herstellung der Kunstseide u. Stapelfaser.
[2] JENTGEN: Laboratoriumsbuch, S. 52—53.

Bestimmung des Alkaligehaltes. Den Alkaligehalt bestimmt man im Waschwasser durch Titration mit Säure. Man wendet n-Schwefelsäure an und gibt zunächst als Indikator Phenolphthalein zu. Dann titriert man bis zum Verschwinden der Rotfärbung. Hierauf gibt man Methylorange zu und titriert weiter, bis die Lösung sich ganz schwach rosa anfärbt.

Bestimmung der Gleichmäßigkeit. Die Gleichmäßigkeit der Alkalizellulose prüft man nach ZART wie folgt: Zu einer Aufschlämmung von 10 g Alkalizellulose in Wasser gibt man 20 cm³ Phenolphthaleinlösung (1:100), rührt rasch durch und versetzt mit 50 cm³ n-Schwefelsäure. Dabei werden die roten Fasern entfärbt. Schlecht zerfaserte Alkalizelluloseteilchen behalten ihre rote Farbe längere Zeit bei. Die Zahl der länger rotbleibenden Flocken sowie die Dauer ihrer Entfärbung geben einen Anhalt für den Grad der Ungleichmäßigkeit.

Bestimmung des Litergewichtes. Die Bestimmung des Litergewichtes wurde bereits S. 255 beschrieben.

10. Kapitel.

Die Reife der Alkalizellulose (Vorreife).

Wenn eine bei den meist üblichen niedrigen Temperaturen hergestellte Alkalizellulose anschließend sofort sulfidiert und in Viskose übergeführt wird, so wird eine Spinnlösung von hoher Anfangsviskosität erhalten, die unter normalen Bedingungen nicht verspinnbar ist. Wie weiter unten noch gezeigt wird, hängt dies in erster Linie mit dem Polymerisationsgrad der Zellulose zusammen. Er liegt normalerweise zu hoch und muß infolgedessen erniedrigt werden. Dies kann auf verschiedene Art und Weise geschehen.

Die bis vor wenigen Jahren allgemein übliche Methode zur Erzielung einer ausreichend niedrigen Viskosität der Viskose bestand darin, daß man die zerfaserte Alkalizellulose längere Zeit, beispielsweise 72 Stunden, bei niedrigen Temperaturen sich selbst überließ. Man wendet heute vielfach andere Maßnahmen an, um gleichzeitig auch die Reifezeit abzukürzen, was besonders für die kontinuierlichen und abgekürzten Verfahren notwendig ist. Diese Maßnahmen können darin bestehen, daß man bei hohen Temperaturen zerfasert, daß man die Reifetemperatur bei niedrigen Wärmegraden zerfaserter Alkalizellulose erhöht oder daß man der Tauch- bzw. Maischlauge Oxydationsmittel zusetzt. Schließlich muß noch erwähnt werden, daß man versucht, den Reifeeffekt durch weitgehendes Zermahlen des Zellstoffes oder der Alkalizellulose herbeizuführen. Das Arbeiten mit erhöhter Temperatur beim Zerfasern sowie das Reifen in Kammern bei höherer Temperatur waren im vorigen Kapitel schon kurz erwähnt.

Es soll vorweggenommen werden, daß einige Reyon- und Zellwollqualitäten ohne oder nur mit ganz geringer Vorreife hergestellt werden. Hierbei handelt es sich insbesondere um Reyon für Reifencord und Treibriemen.

Man kann den Verlauf der Vorreife auf zweierlei Weise studieren, nämlich durch Untersuchung der Alkalizellulose selbst bzw. der aus ihr regenerierten Hydratzellulose sowie durch Untersuchung der aus ihr hergestellten Viskose. Der Übersichtlichkeit halber sollen in diesem Kapitel aber nur die durch die Vorreife bedingten Eigenschaften der aus der Alkalizellulose regenerierten Zellulose beschrieben werden; auf den Einfluß der Vorreife auf die Eigenschaften der Viskose kommen wir im 12. Kapitel zurück.

I. Der Einfluß der Vorreife auf die Viskosität von Lösungen der regenerierten Zellulose.

Der Einfluß der Vorreife gibt sich in der Hauptsache dadurch zu erkennen, daß Zelluloselösungen, die aus der Alkalizellulose hergestellt werden, je nach der Intensität der Vorreife andere Viskositätswerte liefern. Die Viskositätswerte können dadurch ermittelt werden, daß man die Vorreife nach verschieden langen Zeiten unterbricht, die Alkalizellulose durch Sulfidieren in Viskose überführt und diese viskosimetriert. Nach dieser Methode ist der Verlauf der Vorreife von RASSOW und WADEWITZ[1] sowie WAENTIG[2] verfolgt worden. Ein weiterer Weg der Untersuchung besteht darin, daß man nach verschieden langen Vorreifezeiten das Alkali auswäscht und die erhaltene Zellulose in Kupferoxydammoniak löst, worauf dann diese Lösung viskosimetrisch untersucht wird. Dieser Methode bedienten sich HEUSER und SCHUSTER[3]. Schließlich kann man die durch Auswaschen des Alkalis erhaltene Zellulose in Derivate, beispielsweise Nitrozellulose, überführen und an den Lösungen des Derivates die Viskosität ermitteln. Dieser Weg wurde von R. O. HERZOG und KRÜGER[4] eingeschlagen.

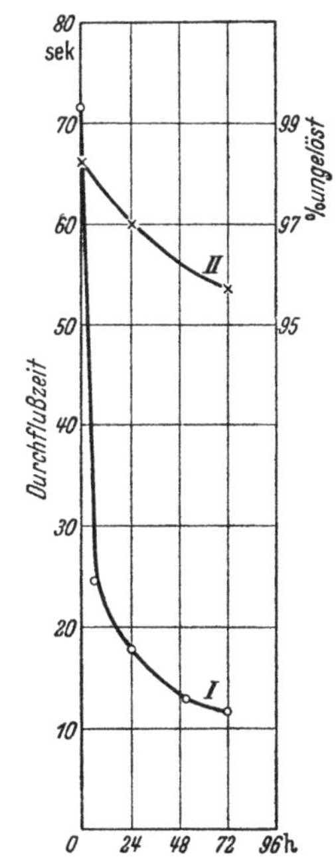

Abb. 161. *I* Abhängigkeit der Viskosität von der Dauer der Vorreife; *II* Abhängigkeit der Löslichkeit der Alkalizellulose von der Dauer der Vorreife. (Nach HEUSER und SCHUSTER.)

Die Untersuchungen führten übereinstimmend zu dem Ergebnis, daß mit zunehmender Vorreifedauer eine steigende Vikositätserniedrigung der Zelluloselösungen stattfindet. Diese Viskositätserniedrigung findet ihren Ausdruck in einer charakteristischen Kurve, die in Abb. 161 wiedergegeben und den Arbeiten von HEUSER und SCHUSTER entnommen ist. Wie die Abbildung zeigt, prägt sich der Viskositätsabfall in den ersten Stunden besonders stark aus, um dann allmählich geringer zu werden. Ein Stillstand bei einer bestimmten Vorreifezeit konnte nicht festgestellt werden: HEUSER und SCHUSTER setzten die Beobachtungen über fünf Monate fort und fanden schließlich eine Zähigkeitszahl von 1,53, also eine nur wenig höhere Zahl, als sie Wasser ergibt.

NAKASHIMA[5] konnte für die Abhängigkeit der Viskosität von der Vorreifezeit eine mathematische Beziehung ableiten: Ist η die Viskosität und A die Alterungsdauer der Alkalizellulose in Tagen, so besteht zwischen log η und log A ein gerad-

[1] RASSOW u. WADEWITZ: J. prakt. Chem. **106**, 266 (1923).
[2] WAENTIG: Kolloid-Z. **41**, 154 (1927).
[3] HEUSER u. SCHUSTER: Cellulosechem. **7**, 17 (1926).
[4] HERZOG u. KRÜGER: Naturwiss. **13**, 1140 (1925); Cellulosechem. **8**, 1 (1927).
[5] NAKASHIMA: J. Soc. chem. Ind. Japan Suppl. **35**, 335 V (1932).

liniger Zusammenhang, und zwar ist $\log \eta - \log A$ eine Gerade. Je nach der Dauer der Vorreife hat sie eine verschiedene Lage, sie ist aber fast gleichwertig hinsichtlich der Neigung.

II. Der Einfluß der Vorreife auf die Löslichkeit der Zellulose.

Vorgereifte Alkalizellulose liefert ein besser lösliches Xanthogenat. Auch dies ist mit ein Grund dafür, daß die Reyon- und Zellwollfabriken im allgemeinen eine Vorreife durchführen. Die größere Löslichkeit der Alkalizellulose nach einer Vorreife gibt sich aber nicht nur durch die leichtere Löslichkeit des Xanthogenates zu erkennen, sondern die Alkalizellulose selbst besitzt nach einer Vorreife auch eine erhöhte Löslichkeit in Natronlauge. Diese Verhältnisse wurden von HEUSER und SCHUSTER[1] eingehend studiert. Die Ergebnisse sind in der Abb. 161 enthalten. Es wurde gefunden, daß mit zunehmender Vorreifezeit steigende Mengen an alkalilöslicher Zellulose entstehen. In den vorhergehenden Kapiteln war mehrfach angeführt worden, daß für die Eigenschaften einer Chemiefaser ein möglichst hoher Gehalt an α-Zellulose wichtig ist und daß man deshalb von einem Zellstoff mit möglichst hohem α-Zellulosegehalt ausgehen soll. Es war auch schon darauf hingewiesen worden, daß Verfahren in Anwendung sind, bei denen der Zellstoff vor dem Tauchen durch eine Alkalibehandlung von den alkalilöslichen Hemizellulosen befreit wird. Da durch die Vorreife wieder alkalilösliche Anteile neu entstehen, so liegt in ihrer Anwendung eigentlich ein Widersinn. Hierzu ist aber zu bemerken, daß die Praxis die Vorreife in solchen Grenzen hält, daß eine schädliche Einwirkung auf die Eigenschaften einer normalen Viskosefaser noch nicht stattfindet.

Die in der Praxis entstehenden Mengen alkalilöslicher Zellulose sind von der Beschaffenheit des Zellstoffes abhängig. Dies ist verständlich, wenn man berücksichtigt, daß der Zellstoff aus einem Gemisch von Zellulosen des verschiedensten Polymerisationsgrades besteht und daß die Anteile von hohem und niedrigem Polymerisationsgrad verschieden leicht in die alkalilösliche Form übergeführt werden können. ZART[2] gibt für zwei Zellstoffe vor und nach einer unter normalen Betriebsbedingungen durchgeführten Vorreife die in Tab. 59 wiedergegebenen Mengen an alkalilöslicher Zellulose an.

Tabelle 59. *Alkalilösliche Anteile der Alkalizellulose vor und nach der Vorreife.* (Nach ZART.)

Zellstoff	Vor der Vorreife %	Nach der Vorreife %
A	11,36	15,64
H	15,77	16,5

Es ist aus der Tabelle ersichtlich, daß es Zellstoffe gibt, bei denen während der Reife nur geringe Mengen Alkalilösliches entstehen, während bei anderen sich die Menge an Alkalilöslichem beträchtlich erhöht. Bei beiden angeführten Zellstoffen handelt es sich aber nicht um besonders hochwertige Zellstoffqualitäten, da der Gehalt an Alkalilöslichem vor der Vorreife schon einen verhältnismäßig hohen Wert besitzt. Hierbei muß allerdings berücksichtigt werden, daß der Einfluß der Vorreife schon im Augenblick des Zerfaserns beginnt und während des Zerfaserungsprozesses schon voll zur Geltung kommt, so daß auch bei sorgsamstem Arbeiten bei

[1] HEUSER u. SCHUSTER: Cellulosechem. 7, 17 (1926).
[2] ZART: Die Herstellung der Kunstseide und Stapelfaser, S. 254.

dieser Operation ein Vorreifeeffekt nicht zu umgehen ist. Ein hoher Gehalt einer Alkalizellulose an alkalilöslichen Bestandteilen läßt daher allein keinen eindeutigen Schluß auf die Beschaffenheit des Zellstoffs zu.

III. Die Veränderungen der Alkalizellulose durch die Reife.

Die Erniedrigung der Viskosität sowie die Erhöhung der Alkalilöslichkeit deuten darauf hin, daß die Alkalizellulose bei der Reife erhebliche Veränderungen erleidet. Über den Ablauf des Geschehens besteht allerdings trotz zahlreicher Untersuchungen noch keine restlose Klarheit. Es konnte jedoch festgestellt werden, daß es sich bei der Reife um zwei Vorgänge handelt, die gleichzeitig verlaufen, und zwar um

eine Depolymerisation der Zellulosemoleküle und
eine Strukturzerstörung allgemeiner Art.

Für die Depolymerisation der Zellulosemoleküle ist der Luftsauerstoff verantwortlich zu machen[1].

a) Die Depolymerisation der Zellulose.

Mißt man nach verschieden langen Vorreifezeiten die Polymerisationsgrade der aus der Alkalizellulose regenerierten Zellulose, so findet man mit zunehmender Zeit eine ständige Verkleinerung der Polymerisationsgrade. Hierfür bringt Abb. 162 ein Beispiel aus Arbeiten von LOTTERMOSER und WULTSCH[2].

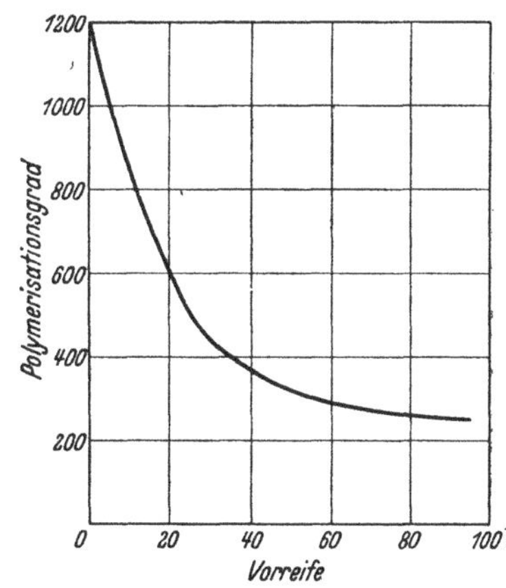

Abb. 162. Einfluß der Dauer der Vorreife auf den Polymerisationsgrad der Zellulose. (Nach LOTTERMOSER u. WULTSCH.)

Das Bild der Kurve könnte zu der Annahme verleiten, daß die Zerfallsgeschwindigkeit von der Größe des Ausgangspolymerisationsgrades abhänge. Dies ist aber nicht der Fall. Die Kurve zeigt nämlich stets das gleiche Bild, und zwar ganz unabhängig vom Polymerisationsgrad, von dem man ausgeht. Dies bedeutet, daß der Molekülabbau nicht nach einer bestimmten Zeitdauer zum Stillstand kommt, sondern unabhängig von der Reifezeit ungestört weiter fortschreitet. Dieses Verhalten wurde von MATTHES[3] eindeutig bewiesen.

Nach EISENHUT[4] verläuft die Kurve für die Depolymerisation streng hyperbolisch und sie nähert sich asymptotisch der Zeitabszisse. Die Reaktionsgeschwindigkeit ist somit konstant und unabhängig von der Molekülgröße. Die Spaltungsgeschwindigkeit ist somit lediglich abhängig von der Anvahl der spaltungsfähigen Bindungen in den Molekühlen in dem jeweils vorliegenden System. Es gelang EISENHUT auf Grund dieser Erkenntnisse, eine Gleichung aufzufinden, die die Größe des Polymerisationsgrades nach Ablauf verschiedener Reifezeiten zu berechnen gestattet.

[1] STAUDINGER u. JURISCH: Zellst. u. Pap. **1938**, Heft 12.
[2] LOTTERMOSER u. WULTSCH: KZ. **83**, 180 (1938).
[3] MATTHES: Kolloid-Z. **98**, 319 (1942).
[4] EISENHUT: Melliand Textilber. **20**, 625 (1939); J. prakt. Chem. **157**, 338 (1941).

Die Reaktionsgeschwindigkeit wird in starkem Maße von der Temperatur beeinflußt, und zwar nimmt die Spaltungsgeschwindigkeit mit steigender Temperatur zu. Einen nicht unerheblichen Einfluß übt auch die Tauchlaugenkonzentration auf die Abbaugeschwindigkeit aus, wie Abb. 163 zeigt. Der verhältnismäßig geringe Abbau einer in 11proz. Lauge getauchten Zellulose dürfte darauf zurückzuführen sein, daß sich bei dieser Laugenkonzentration noch nicht durchgehend die Zellulose-Alkali-Verbindung gebildet hat.

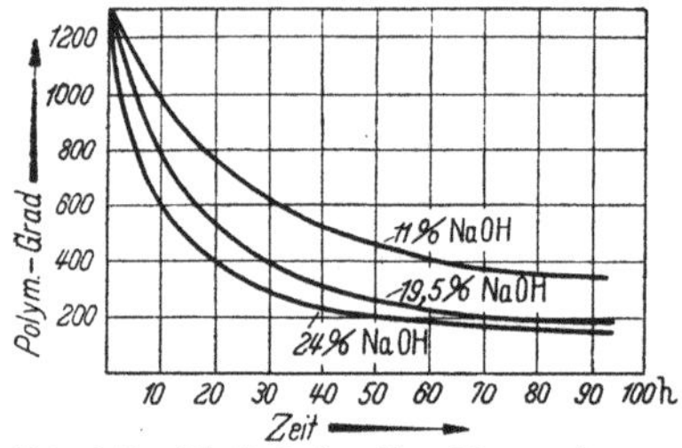

Abb. 163. Einfluß der Tauchlaugenkonzentration auf den Polymerisationsgrad der Zellulose bei der Vorreife.

Die Abbaugeschwindigkeit ist auch vom Abpreßgrad abhängig: Je stärker eine alkalisierte Zellulose abgepreßt ist, um so schneller findet der Abbau der Moleküle statt.

Von erheblicher technischer Bedeutung, besonders im Hinblick auf die kontinuierlichen Arbeitsweisen, ist die Frage der Gleichmäßigkeit der durch die Vorreife bedingten Polymerisationsgrade. Es ist zu berücksichtigen, daß das Ausgangsmaterial ein Gemisch polymerhomologer Zellulosen darstellt, und es ist durch die Vorreife eine Vergleichmäßigung der Polymerisationsgrade anzustreben. Nach Untersuchungen von JURISCH[1] wirkt sich eine Vorreife in dieser Beziehung allerdings nicht aus. Wie Abb. 164 erkennen läßt, bei der die Polymerisationsgrade gegen die Prozentzahl aufgetragen sind, in der sie in dem Material vorkommen, wird durch die Vorreife nur ganz allgemein eine Senkung der Polymerisationsgrade erzielt, ohne daß sich die mengenmäßige Verteilung der Polymerisationsgrade wesentlich ändert.

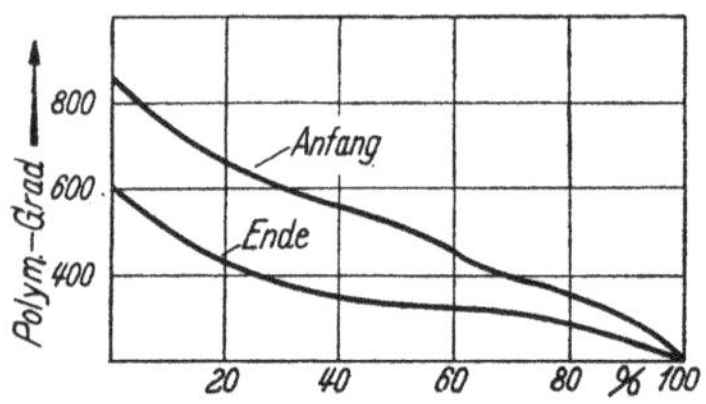

Abb. 164. Verteilung der Polymerisationsgrade der Zellulose in der Alkalizellulose am Anfang und Ende der Vorreife. (Nach JURISCH.)

Die Abbaugeschwindigkeit kann nun durch verschiedene Mittel in der Viskosefabrik beeinflußt werden, um die Vorreife zu beschleunigen oder sie zu verzögern.

Eine *Beschleunigung* der Depolymerisation findet, wie schon erwähnt war, durch Erhöhung der Reifetemperatur statt[2]. Alsdann ist es möglich, die Depolymerisation durch Zusatz von Alkalisulfiden zur Tauchlauge zu beschleunigen[3]. Nach Untersuchungen von SEKI, KOBINATA und ISHIKAWA[4] wirkt das Alkalisulfid offenbar katalytisch auf den Oxydationsvorgang ein, da ein Effekt nicht auftritt, wenn die Reife unter Sauerstoffauschluß durchgeführt wird. Diese Befunde sind von Wichtigkeit für die Bemühungen, Viskose in einem Arbeitsgang fertigzustellen (Direktviskose; vgl. 11. Kap. IV, c).

Katalytisch wirken auch die Oxyde des Eisens, Nickels, Kobalts, Zers und Vanadiums beschleunigend auf den Abbau der Zellulosemoleküle ein. Diese Beobach-

[1] JURISCH: Chemiker-Ztg. **64**, 269 (1940); Jentgens Kunsts. u. Zellw. **23**, 266 (1941). — Vgl. hierzu auch SCHIEBER: Papierfabr. **37**, 249 (1939).

[2] INOUE: Cellulose Ind. Tokyo **15**, 89 (1939).

[3] SUCHIRO u. KOBINATA: Chem. Zbl. **1937**, II, 894. — DRP. 526480 der I. G. Farbenindustrie Aktiengesellschaft.

[4] SEKI, KOBINATA u. ISHIKAWA: J. Soc. chem. Ind. Japan **40**, 382 (1937).

tung ist Gegenstand von Patenten der Firma *Courtaulds Ltd.*[1] In der gleichen Richtung wirkt verständlicherweise auch Mangan. Nach Untersuchungen von WULTSCH[2] zeigt die Anwesenheit von 0,28 mg Mangan in 100 g Zellstoff schon einen deutlichen Effekt. Wie stark sich die Anwesenheit von Eisen auswirkt, das aus Rohrleitungen, Tanks und Armaturen leicht in die Alkalizellulose gelangen kann, zeigt Abb. 165, die Arbeiten von LOTTERMOSER und WULTSCH[3] entnommen ist.

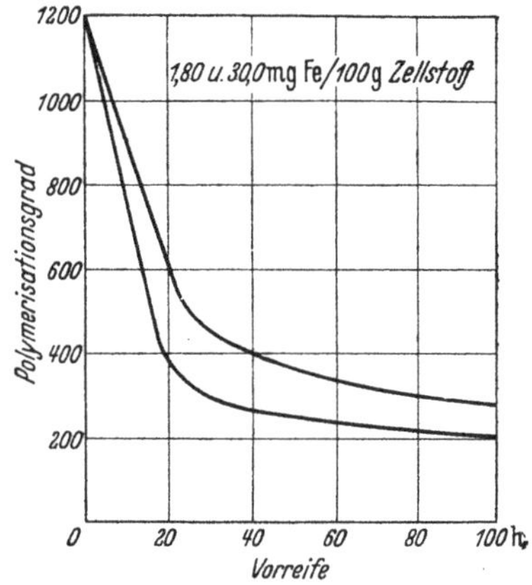

Abb. 165. Einfluß des Eisengehaltes des Zellstoffes auf den Polymerisationsgrad der Zellulose bei der Vorreife. (Nach LOTTERMOSER u. WULTSCH.)

Mit steigendem Eisengehalt im Zellstoff ist bei gleicher Vorreifezeit also ein steigender Abbau des Zellulosemoleküls festzustellen. Schon eine Erhöhung des Eisengehaltes von 0,0018 auf 0,030% führt nach einer Vorreifezeit von 25 Stunden zu einem Polymerisationsgrad, der um 63% tiefer liegt. Ein Zellstoff mit einem Eisengehalt von 0,030% liefert eine Alkalizellulose, deren Polymerisationsgrad nach einer Vorreifezeit von 22 Stunden in der gleichen Größenordnung liegt wie ein Zellstoff mit 0,0018% Eisen nach einer Vorreifezeit von 50 Stunden. Das besagt, daß diese Erhöhung des Eisengehaltes in der Lage ist, die Vorreifezeit um über 50% abzukürzen. Aus den Untersuchungen geht also hervor, daß Eisen den Abbau des Zellulosemoleküls während der Vorreife in starkem Maße beschleunigt. Um daher eine gleichmäßige Viskose zu erhalten, ist sorgfältig darauf zu achten, daß das Eisen ferngehalten wird bzw. daß keine Schwankungen im Eisengehalt vorkommen. Wir werden später noch sehen, daß auch das Verhalten der Viskose bei der Nachreife durch einen Eisengehalt beeinflußt wird. Bemerkenswerterweise konnte ein Einfluß von Kupfer von LOTTERMOSER und WULTSCH bei der Vorreife nicht beobachtet werden, wohl wirkt sich die Anwesenheit dieses Metalls bei der Nachreife aus.

Um die Vorreifezeit abzukürzen, ist ferner noch der Vorschlag gemacht worden, die Vorreife unter Druck durchzuführen[4]. Durch diese Maßnahme wird in erster Linie die Sauerstoffeinwirkung auf die Alkalizellulose verstärkt werden.

Die Depolymerisation *verzögernd* wirkt ein Zusatz von Natriumsulfit zur Tauchlauge[5]. Dieser Effekt ist offenbar auf die reduzierende Wirkung dieses Körpers zurückzuführen. In gleichem Sinne wirkt die Fernhaltung von Sauerstoff bei der Reife. *La Soie de Châtillon*[6] empfiehlt daher, die Vorreife unter einem indifferenten Gas, wie z. B. Leuchtgas, Wasserstoff oder Stickstoff in geschlossenen Gefäßen vorzunehmen. DREAPER[7] schlägt vor, die Vorreife im Vakuum durchzuführen. LOTTERMOSER und SCHWARZ[8] haben gefunden, daß die Viskosität der unter Sauerstoffausschluß gereiften Alkalizellulose durch Zusatz aliphatischer Verbindungen mit

[1] DRP. 323784; 323785. — [2] WULTSCH: Papierfabr. **10**, 354 (1944).
[3] LOTTERMOSER u. WULTSCH: Kolloid-Z. **83**, 180 (1938).
[4] Vereinigte Glanzstoff-Fabriken A. G.: DRP. 604015.
[5] HESSE u. RATHERT: Brit. Pat. 240717. — [6] La Soie de Châtillon: Franz. Pat. 613252.
[7] DREAPER: DRP. 439844; vgl. hierzu auch Chem. Zbl. **1935**, I, 501.
[8] LOTTERMOSER u. SCHWARZ: Ref. bei LOTZE: Kunstseide **15**, 231 (1933).

mindestens zwei OH-Gruppen zur Tauchlauge erniedrigt werden kann. Auf diese Weise sollen unter normalen Bedingungen spinnbare Viskosen erhalten werden, ohne daß das Zellulosemolekül übermäßig stark abgebaut ist.

Es wird weiter unten noch gezeigt werden, daß die Abbaugeschwindigkeit auch vom Hemigehalt der Tauchlauge abhängig ist.

b) Die Einwirkung von Sauerstoff auf die Alkalizellulose.

Nach Beobachtungen von KLEIN[1] nimmt Alkalizellulose beträchtliche Mengen Sauerstoff aus der atmosphärischen Luft auf. Die Aufnahme von reinem Sauerstoff durch die Alkalizellulose wurde von WELTZIEN und ZUM TOBEL[2], von SAITO[3] sowie MATTHES[4] eingehend quantitativ studiert. Einen weiteren wertvollen Beitrag hierzu lieferte EISENHUT[5]. WELTZIEN und ZUM TOBEL verwendeten als Untersuchungsobjekte Baumwolle und Kupferreyon, die mit verschieden konzentrierten Natronlaugen behandelt und abgepreßt waren. Es konnte auf diese Weise der Einfluß der Vorreifezeit und der Einfluß der auf der Faser befindlichen Natronlaugenkonzentration gleichzeitig untersucht werden. Die für Baumwolle erhaltenen Ergebnisse sind in Abb. 166 wiedergegeben. Demnach wurde gefunden, daß mit zunehmender Vorreifedauer steigende Mengen Sauerstoff aufgenommen werden, und zwar ist die Sauerstoffaufnahme in den ersten Stunden besonders groß, um dann allmählich abzuklingen. Jedoch verhalten sich in dieser Beziehung die mit verschieden großen Mengen Ätznatron beladenen Fasern unterschiedlich. Bei einer Konzentration von 50% ist z. B. ein gleichmäßiger Anstieg der Sauerstoffaufnahme zu verzeichnen.

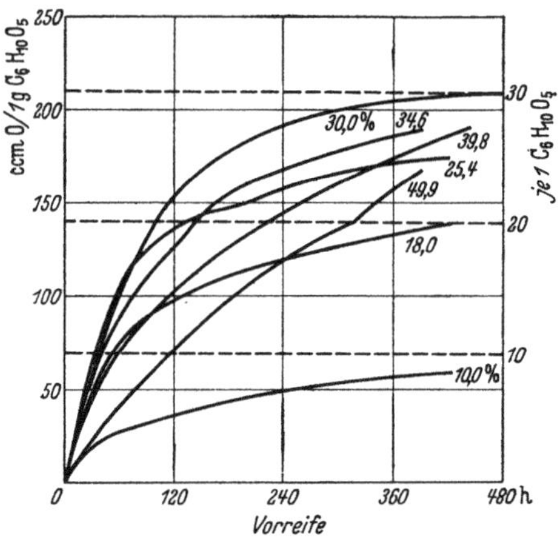

Abb. 166. Sauerstoffaufnahme von Alkalizellulose aus Baumwolle nach verschieden langen Vorreifezeiten bei verschiedenen Quellungsgraden. (Nach WELTZIEN u. ZUM TOBEL.)

Betrachtet man die in den ersten Stunden bei den verschiedenen Natronlaugenkonzentrationen aufgenommenen Sauerstoffmengen, so ergibt sich, daß bei einer Natronlaugenkonzentration auf der Faser von 23,8% ein deutlich ausgeprägtes Maximum der Sauerstoffaufnahme vorliegt, was sich noch schärfer ausprägt, wenn man an Stelle der Baumwolle Kupferreyon nimmt (Abb. 167 und 168). Das unterschiedliche Verhalten der Baumwolle und des Kupferreyon bei der Sauerstoffaufnahme dürfte auf das größere Quellvermögen der Hydratzellulose zurückzuführen sein. Es geht hieraus aber auch hervor, daß verschiedene Zellstoffe sich hinsichtlich der Sauerstoffaufnahme verschieden verhalten müssen, wie dies bezüglich der Entstehung alkalilöslicher Anteile schon gezeigt wurde. Das Verhalten der mit verschiedenen Laugenkonzentrationen beladenen Fasern deutet darauf hin, daß bei der

[1] KLEIN: Kolloid-Z. **7**, 41, 372 (1927).

[2] WELTZIEN u. ZUM TOBEL: Ber. dtsch. chem. Ges. **60**, 2024 (1927).

[3] SAITO: Mh. Chem. **67**, 191 (1936). — [4] MATTHES: Kolloid-Z. **98**, 319 (1942).

[5] EISENHUT: J. prakt. Chem. **157**, 338 (1941).

Sauerstoffaufnahme auch der Preßgrad eine Rolle spielt, und somit gewinnen diese Untersuchungen auch praktisches Interesse. WELTZIEN und ZUM TOBEL haben daher auch die Sauerstoffaufnahme von Baumwolle, die mit der gleichen Natron-

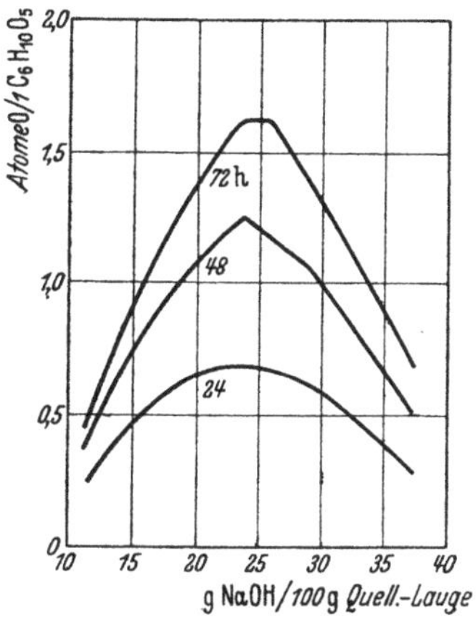

Abb. 167. Sauerstoffaufnahme durch alkalisierte Baumwolle in Abhängigkeit von der Natronlaugenkonzentration auf der Faser. (Nach WELTZIEN u. ZUM TOBEL.)

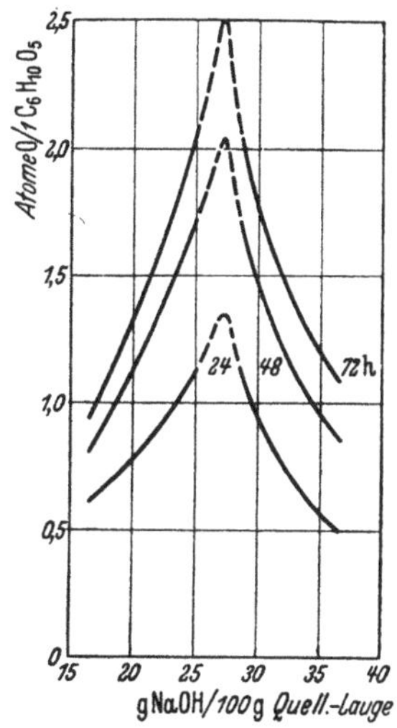

Abb. 168. Sauerstoffaufnahme durch alkalisiertes Kupferreyon in Abhängigkeit von der Natronlaugenkonzentration auf der Faser. (Nach WELTZIEN u. ZUM TOBEL.)

lauge gequollen, aber verschieden stark abgepreßt war, untersucht. Die Ergebnisse sind in Tab. 62 zusammengestellt.

Tabelle 62. *Sauerstoffaufnahme bei einer Tauchlaugenkonzentration von* 30,0 *Vol.-% und verschiedenen Quellungsgraden.* (Nach WELTZIEN u. ZUM TOBEL.)

Quellungsgrad	200	246	270	470
Berechnete Anzahl Moleküle Quellungs-NaOH auf der Faser	1, 9	2,35	2,58	4,59
Konzentration der Natronlauge auf der Faser in Gew.-%	28,8	27,7	26,3	25,7
Aufgenommene Sauerstoffmenge in Atomen auf $1C_6H_{10}O_5$ nach 24 Stunden	0,695	0,650	0,651	0,376
,, 48 Stunden	1,17	1,23	1,13	0,650
,, 72 Stunden	1,55	1,60	1,60	0,867
,, 360 Stunden	2,27	2,67	2,88	1,92

Aus der Tabelle geht hervor, daß bei einem hohen Quellungsgrad die Sauerstoffaufnahme bei gleichen Zeiten erheblich geringer ist als bei niedrigeren Quellungsgraden. Diese Befunde decken sich mit Beobachtungen von RASSOW und WADEWITZ[1] sowie WAENTIG[2], wonach bei nicht abgepreßter Alkalizellulose ein Reifeeffekt kaum festzustellen ist. WELTZIEN und ZUM TOBEL sehen den Grund hierfür darin, daß bei einer stark gequollenen Zellulose die Poren durch Natronlauge

[1] RASSOW u. WADEWITZ: J. prakt. Chem. **106**, 266 (1923).

[2] WAENTIG: Kolloid-Z. **51**, 154 (1927).

verstopft sind, so daß der Sauerstoff nicht in das Innere der Zellulosefaser eindringen kann. Demnach dürfte beim Tauchprozeß selbst eine Einwirkung des Luftsauerstoffes nicht stattfinden.

Da somit die dem Sauerstoff zur Verfügung stehende Oberfläche für die Einwirkung von großer Bedeutung ist, so ist es verständlich, daß auch das Litergewicht der Alkalizellulose bei dem Vorreifeeffekt eine Rolle spielt. Bei einem hohen Litergewicht ist die Sauerstoffaufnahme geringer. Auch in diesem Falle wird der Luftsauerstoff einen schwierigeren Zugang zu allen Teilen der Alkalizellulose vorfinden. Dies fanden WELTZIEN und ZUM TOBEL bestätigt: Wenn die gequollene Faser nach dem Abpressen ohne Auflockerung in das Reaktionsgefäß gegeben wurde, so erwies sich die Sauerstoffaufnahme als bedeutend geringer, als wenn die Reaktionsmasse zuvor durch Zerzupfen aufgelockert wurde.

Schließlich muß noch festgehalten werden, daß die Sauerstoffaufnahme mit steigender Temperatur zunimmt. So wurden z. B. nach Ablauf von drei Tagen bei gewöhnlicher Temperatur von 1 $C_6H_{10}O_5$ 0,0369 Atome Sauerstoff aufgenommen, bei 60° C dagegen 1,2 Atome.

EISENHUT konnte den Nachweis dafür erbringen, daß der Sauerstoffverbrauch in der Zeiteinheit über eine lange Beobachtungszeit konstant ist und daß der Verbrauch lediglich abhängt vom Sauerstoff-Partialdruck. Wie schon bei der Besprechung der Depolymerisation der Zellulosemoleküle bei der Vorreife gezeigt wurde, ist der Sauerstoffverbrauch somit auch unabhängig von der Molekülgröße und steht nur in Beziehung zu der Anzahl der in dem Material vorhandenen oxydablen Bindungen. Wie aus der Größe des Sauerstoffverbrauchs geschlossen werden kann, ist die Gesamtzahl der bei der Vorreife gesprengten Bindungen in den Zellulosemolekülen allerdings verhältnismäßig klein. LAUER, HANSEN und FRANKE[1] fanden, daß die Reaktionsgeschwindigkeit asymptotisch abnimmt, wofür sie die Zunahme niedermolekularer Abbauprodukte verantwortlich machen. Im übrigen wurden von ihnen die Ergebnisse von EISENHUT bestätigt.

Mit der Spaltung der oxydablen Bindungen der Zellulosemoleküle geht eine chemische Veränderung der Moleküle selbst parallel. Dies gibt sich dadurch zu erkennen, daß bei der Behandlung gereifter Alkalizellulose mit Salzsäure in reichlicher Menge Kohlensäure entsteht. Es müssen sich also Abbauprodukte von saurem Charakter gebildet haben.

STAUDINGER und JURISCH[2] konnten zeigen, daß bei der Einwirkung von Sauerstoff auf Zellstoff zwei Vorgänge ablaufen, nämlich ein oxydativer Abbau der im Zellstoff enthaltenen Begleitstoffe und eine chemische Veränderung der Zellulosemoleküle selbst. Was die Begleitstoffe anbelangt, so reagieren sie allerdings verschieden leicht mit Sauerstoff, wie von KOCH[3] festgestellt wurde. Während z. B. das Xylan verhältnismäßig schnell bis zu löslichen Produkten abgebaut wird, widersteht das Mannan der Sauerstoffeinwirkung bei der Vorreife in ziemlich starkem Maße.

Infolge dieser Verhältnisse ist der Hemizellulosegehalt des Tauchsystems auch von Bedeutung für den Verlauf der Vorreife. Nach Beobachtungen von JURISCH wirkt die in der Tauchlauge bzw. der Maischlauge verteilte Hemizellulose als Sauer-

[1] LAUER, HANSEN u. FRANKE: Kolloid-Z. **108**, 113 (1944).
[2] STAUDINGER u. JURISCH: Papierfabr. **35**, 459 (1937).
[3] KOCH: Zellw., Kunsts., Seide **46**, 50 (1941).

stoffakzeptor. Steigende Hemizellulosegehalte wirken daher in zunehmendem Maße verzögernd auf die Vorreife, da ein Teil des in die Alkalizellulose gelangenden Sauerstoffs für die Oxydation der Hemizellulosen verbraucht wird, die zu löslichen Produkten abgebaut werden. Wie groß der Einfluß der Hemizellulosen ist, geht aus Tab. 63 hervor. Es wurde der gleiche Zellstoff einmal mit hemizellulosehaltiger Betriebslauge und das andere Mal mit reiner Natronlauge getaucht. Nach verschieden langen Reifezeiten wurden Proben sulfidiert und in Viskose übergeführt, deren Anfangsviskosität gemessen wurde. Wie die Tabelle zeigt, liegen die Viskositätswerte der in reiner Lauge getauchten Proben wesentlich niedriger, ein Zeichen dafür, daß bei den hemihaltigen Proben der Sauerstoff in erster Linie für die Oxydation der Hemizellulosen verbraucht wurde.

Tabelle 63. *Einfluß des Hemizellulosegehaltes der Tauchlauge auf die Geschwindigkeit der Vorreife.* (Nach JURISCH.)

Vorreifezeit in h	27		37	
Tauchlauge	hemihaltig	rein	hemihaltig	rein
Viskosität	31	15	10	4

Welche Veränderungen im einzelnen die Zellulosemoleküle bei der Einwirkung von Sauerstoff und anderer Oxydationsmittel erleiden, ist noch nicht restlos geklärt. Infolge der Vielzahl der über das Molekül verteilten reaktionsfähigen Gruppen ist die Möglichkeit für zahlreiche Umwandlungen gegeben. Grundsätzlich sind hierbei zwei Vorgänge zu unterscheiden, nämlich solche, bei denen bei der Oxydation die Länge des Kettenmoleküls erhalten bleibt und es nur zu Veränderungen an den Ringsystemen kommt, und solche, bei denen ein Bruch der Kettenmoleküle und somit eine Verringerung des Polymerisationsgrades erfolgt. Diese letzteren Reaktionen vollziehen sich in überwiegendem Maße, wenn das Oxydationsmittel in alkalischem Medium auf die Zellulose zur Einwirkung kommt, wie dies bei der Reife der Alkalizellulose der Fall ist, und somit hat diese Form des Reaktionsverlaufes für den Reifevorgang die größte Bedeutung.

Was zunächst die Oxydationsvorgänge anbetrifft, bei denen kein Abbau der Ketten herbeigeführt wird, so kann auf Grund des Formelbildes vorausgesehen werden, daß die Hydroxylgruppe am C-Atom 6 der Oxydation besonders leicht zugänglich ist. Wie von YACKEL und KENYON[1] sowie von MAURER und REIFF[2] nachgewiesen werden konnte, geht diese $-CH_2 \cdot OH$-Gruppe durch Oxydation leicht in die Karboxylgruppe über. Durch Stickstofftetroxyd konnten so Präparate von hohem Molekulargewicht erhalten werden, die 25% Karboxylgruppen am C-Atom 5 trugen.

Nach UNRUH und KENYON[3] sowie STAUDINGER und SOHN[4] ist aber auch eine Oxydation an den C-Atomen 2 und 3 möglich, wodurch es in einer ersten Stufe zur Bildung von Diketonen kommt, denen das folgende Formelbild zugeschrieben werden kann:

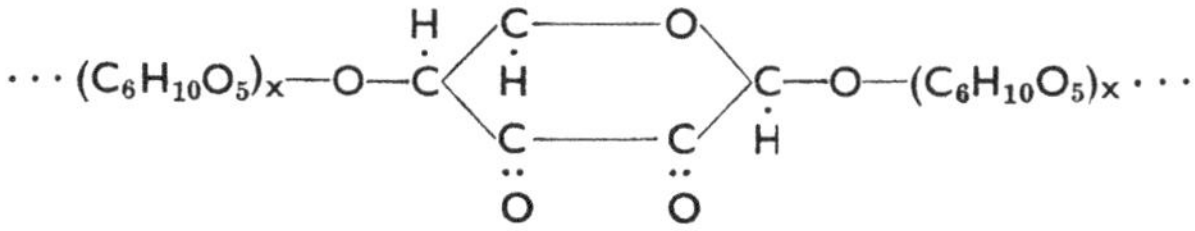

[1] YACKEL u. KENYON: J. Amer. chem. Soc. **64**, 121, 127 (1942). — [2] MAURER u. REIFF: J. makrom. Chem. **1**, 27 (1943). — [3] UNRUH u. KENYON: Textile Research J. **16**, 1 (1946). — [4] STAUDINGER u. SOHN: J. prakt. Chem. **155**, 177 (1940).

Durch weitere Oxydation entstehen dann Dikarbonsäuren:

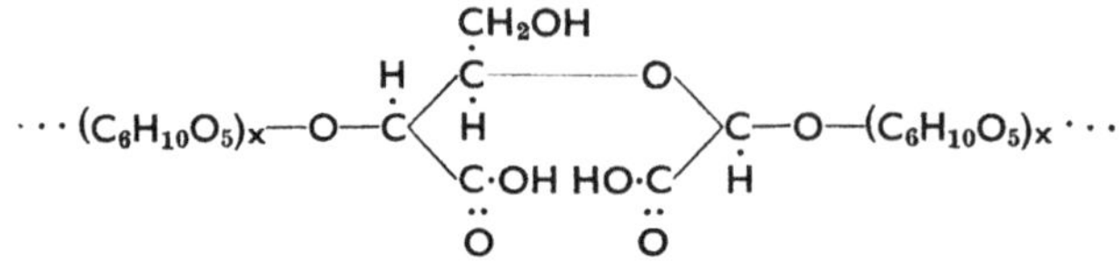

Schließlich kann Oxydation zu Kohlensäureestern erfolgen:

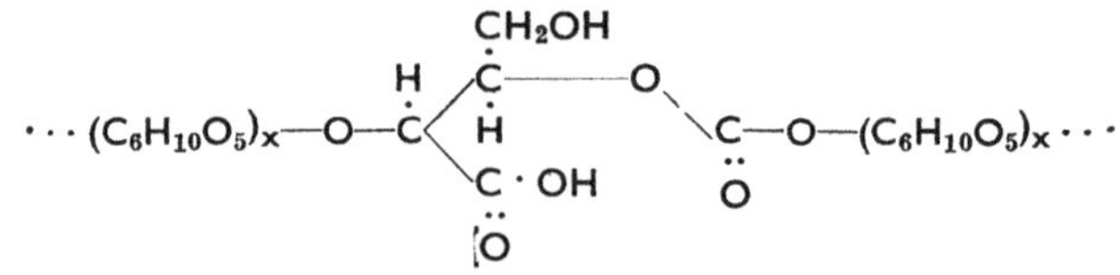

Diese Reaktionen leiten zu den Reaktionen der zweiten Art hinüber, bei denen also ein Abbruch der Ketten stattfindet; denn durch Alkali tritt eine Verseifung des Esters ein, wobei neben einem Zelluloserest mit aldehydischer Endgruppe ein Körper mit einer karboxylhaltigen Endgruppe

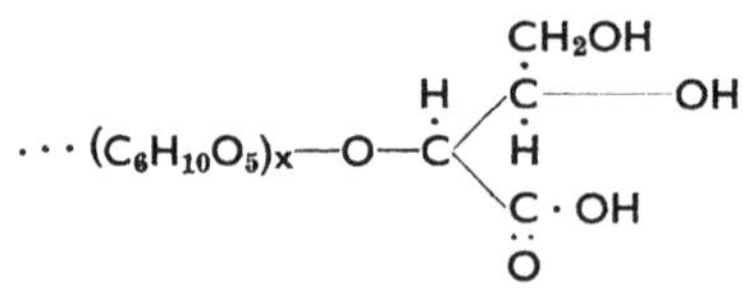

entsteht.

Das Vorliegen aldehydischer Gruppen in oxydierten Zellulosepräparaten kann bei Gegenwart von Alkali auch nach der CANNIZARROschen Reaktion unmittelbar zu einer Aufspaltung der Ketten unter Bildung karboxylhaltiger Endgruppen führen, worauf von HERMANS[1] hingewiesen wurde.

Nach Untersuchungen von PASCU[2] können ferner unter bestimmten Bedingungen leicht an den C-Atomen 2 und 3 unmittelbar Aldehydgruppen unter Kettenspaltung entstehen, was aus dem analogen Verhalten mancher Di-alkohole geschlossen wird:

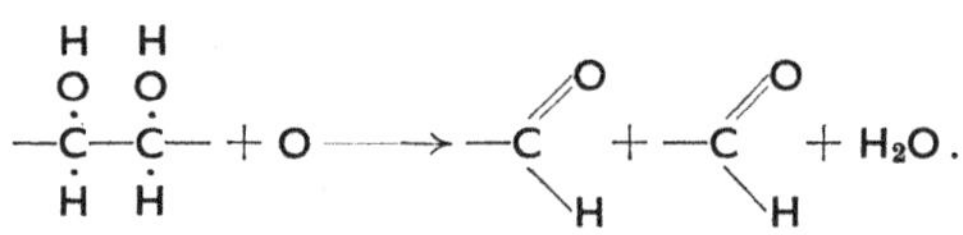

Die Ringspaltung kann auch durch Hydrolyse erfolgen, und zwar besonders leicht dann, wenn die Aldehydgruppen bereits zu Karboxylgruppen weiteroxydiert waren.

Es sei eingeschaltet, daß die von STAUDINGER und SOHN aufgefundenen Kohlensäureester („Esteroxyzellulosen“) bei der Nitrierung zu polymerhomologen Produkten führen, während bei der Auflösung in Cuoxam durch Verseifung Kettenspaltung stattfindet, so daß bei derartigen Präparaten bei der viskosimetrischen Molekulargewichtsbestimmung in Cuoxam niedrigere Werte gefunden werden als bei der Viskosimetrierung der Nitrate.

Die durch Oxydation von Zellulose erhaltenen Präparate wurden früher als Oxyzellulosen bezeichnet. Nachdem nunmehr aber ihre Struktur weitgehend aufgeklärt

[1] HERMANS: Physics and Chemistry of Cellulose Fibres S. 136.

[2] PASCU: Textile Research J. **15**, 354 (1945).

werden konnte, bürgert sich für karboxylhaltige Präparate die Bezeichnung „Zelluronsäuren" mehr und mehr ein.

Es soll ergänzend bemerkt werden, daß derartige Präparate in der letzten Zeit mehrfach in beständiger Form dargestellt werden konnten[1] und daß sie praktische Bedeutung zu gewinnen scheinen[2]. Daß bei weitgehender Oxydation auch niedermolekulare Abbauprodukte, wie Glykuronsäure[3], Zuckersäure, Isosaccharinsäure, Weinsäure, Dioxybuttersäure, Oxalsäure und Kohlendioxyd[4] entstehen, wurde teilweise schon erwähnt.

Eigenartigerweise gelang es ANT-WUORINEN[5] bei neueren Untersuchungen nicht, Karboxylgruppen in Zellulosepräparaten nachzuweisen, die in stark alkalischem Medium mit Sauerstoff oxydiert waren.

c) Die Zerstörung der Struktur der Alkalizellulose.

Schon verhältnismäßig früh wurden Beobachtungen gemacht, die darauf schließen ließen, daß die durch oxydativen Abbau erfolgende Depolymerisation der Zellulosemoleküle den Vorreife-Effekt allein nicht bedingen könne. So wurde von HEUSER und SCHUSTER[6] gefunden, daß zwischen der Viskosität einer Zelluloselösung aus verschieden lange vorgereifter Alkalizellulose und der Menge an alkalilöslichen Bestandteilen kein eindeutiger Zusammenhang besteht, auch zeigte unter vollkommenem Luftausschluß vorgereifte Alkalizellulose einen gewissen Alterungseffekt, der sich im Verlaufe der Viskositätsänderungen der Viskose bei der Nachreife zu erkennen gab. WELTZIEN und ZUM TOBEL[7] fanden, daß auch bei einer unter Sauerstoffausschluß durchgeführten Vorreife alkalilösliche Anteile entstehen, wenn deren Menge auch geringer ist als bei einer Reife unter normalen Bedingungen. Es war schon erwähnt worden, daß WELTZIEN, STOLLMANN und SCHOTTE dies auf ein Herausschwemmen von Zelluloseketten aus dem Faserverband zurückführen, der somit eine Auflockerung erfahren haben muß. MEYER und MARK[8] nehmen an, daß bei der Vorreife eine Zerlegung von geordneten Gitterbereichen in Spaltstücke kleinerer Kettenbündel erfolge. Sie machen hierfür gleichfalls den Luftsauerstoff verantwortlich, dem nach STAUDINGER jedoch eine solche Wirkung nicht zukommt. KLEIN[9] hat beobachtet, daß in einer Wasserstoffatmosphäre hergestellte und gelagerte Alkalizellulose ein Benzoat liefert, dessen Lösungen mit zunehmender Lagerzeit abnehmende Viskositätswerte lieferten. Auch diese Beobachtung deutet auf eine strukturelle Änderung im Sinne einer Teilchenverkleinerung hin. Schließlich muß erwähnt werden, daß man dem Vorreifeeffekt entsprechende Eigenschaften bei der Alkalizellulose auch erhält, wenn man die Alkalizellulose Mahlprozessen unterwirft.

---

[1] MARK u. SIGGIA: Brit. Pat. 578067. — HIATH: USA. Pat. 2256391. — UNRUH u. KENYON: J. Amer. chem. Soc. **64**, 121 (1942). — YACKEL u. KENYON: J. Amer. chem. Soc. **64**, 121 (1942). — MAURER u. REIFF: J. makrom. Chem. **1**, 27 (1943). — JAYME u. HANKE: Papierfabr. **1944**, 295.

[2] Vgl. hierzu Ind. Engng. Chem. **37**, 5 (1945); Chem. a. Engin. News **24**, 703 (1946).

[3] KALB u. v. FALKENHAUSEN: Ber. dtsch. chem. Ges. **60**, 2515 (1927).

[4] v. FABER u. TOLLENS: Ber. dtsch. chem. Ges. **32**, 2585 (1899).

[5] ANT-WUORINEN: Ref. Das Papier **4**, 216 (1950).

[6] HEUSER u. SCHUSTER: Cellulosechem. **7**, 17 (1926).

[7] WELTZIEN u. ZUM TOBEL: Ber. dtsch. chem. Ges. **60**, 2024 (1927).

[8] MEYER u. MARK: Ber. dtsch. chem. Ges. **61**, 593 (1928); Z. physik. Chem. (B) **2**, 115 (1929). — [9] KLEIN: Kolloid-Z. **7**, 372 (1927).

Hierauf wurde zuerst von WAENTIG hingewiesen. Es wird noch gezeigt werden, daß diese Beobachtung praktisches Interesse gewinnt. ROGOWIN[1] konnte zeigen, daß auch schon der Zerfaserungsprozeß im Sinne einer Strukturzerstörung wirkt. Es wurden von ihm vor und nach dem Zerfasern Viskositätsmessungen durchgeführt, wobei sich ergab, daß die Viskosität einer aus zerfasertem Material hergestellten Viskose wesentlich niedriger war, und zwar erwies sich der durch die Zerfaserung bedingte Viskositätsabfall als wesentlich größer als eine durch entsprechend lange Vorreife bewirkte Viskositätserniedrigung. LIEPATOFF und WINETZKAJA[2] fanden auch bei Nitrozellulose einen Alterungseffekt bei Abwesenheit von Sauerstoff.

Bemerkenswerte Untersuchungen wurden in diesem Zusammenhange von SKARK[3] ausgeführt. SKARK baute einen Fichtenzellstoff durch 2proz. Schwefelsäure bei 65° C ab und führte zum Vergleich hiermit einen Abbau durch alkalische Vorreife herbei.

Von den jeweils nach verschieden langen Behandlungszeiten erhaltenen Präparaten wurde dann die Sorptionswärme, das Quellvermögen und die Farbstoffaufnahme bestimmt. Die Ergebnisse sind in Tab. 64 zusammengestellt.

Tabelle 64. *Eigenschaften sauer und alkalisch abgebauter Zellulose.* (Nach SKARK.)

Behandl.-Dauer i. h		2		24		48	
Behandlungsart	Ausgangsstoff	alk.	sauer	alk.	sauer	alk.	sauer
Polymerisationsgrad	685	620	640	415	440	350	370
Sorptionswärme	2,2	2,93	1,8	2,75	2,05	2,6	2,0
Quellung . . .	75	82	63	84	63	86	64
Farbstoffaufnahme . . .	0,06	0,1	0,07	0,1	0,06	0,11	0,06

Die Tabelle zeigt, daß durch die alkalische und saure Behandlung nach verschieden langen Zeiten ungefähr gleiche Abbaugrade erreicht wurden, was aus den Werten für die Durchschnittspolymerisationsgrade hervorgeht. Die gefundenen Werte für die Sorptionswärme, Quellung und Farbstoffaufnahme sind also recht gut miteinander vergleichbar. Die Versuche lehren, daß aber die Eigenschaften, gekennzeichnet z. B. durch Sorptionswärme, Quellvermögen und Farbstoffaufnahme, sich bei den verschiedenen Behandlungsarten wesentlich unterscheiden, und zwar liegen sie bei den durch Vorreife abgebauten Präparaten beträchtlich höher als bei sauer abgebauten Präparaten von annähernd gleichem Polymerisationsgrad. Diese Versuche sind somit ein eindeutiger Beweis dafür, daß der Vorreifeeffekt nicht ausschließlich in einer Verkleinerung des Polymerisationsgrades begründet liegt, wie eine solche beispielsweise durch saure Hydrolyse herbeigeführt wird.

Unterschiede zwischen den alkalisch und sauer abgebauten Präparaten fanden sich auch unter dem Mikroskop. So ließen die alkalisch abgebauten Präparate eine Schrumpfung, Abrundung der Faserenden und eine Knäuelung erkennen, die die sauer abgebauten Präparate nicht zeigten. Schließlich zeigten die alkalisch abge-

[1] ROGOWIN: Kunstseide **15**, 374 (1933).
[2] LIEPATOFF u. WINETZKAJA: Melliand Textilber. **14**, 355 (1923).
[3] SKARK: Diss. T. H. Brünn 1944; Das Papier **2**, 186 (1948).

gebauten Präparate ein ganz anderes Verhalten bei der Sedimentation. Wie auch von KILPPER[1] beobachtet wurde, fand hierbei ein Zusammenballen und Absetzen statt, was bei den sauer abgebauten Präparaten nicht der Fall war.

MARSCHALL[2] konnte feststellen, daß ein oxydativer Abbau alkalilösliche Anteile schneller entstehen läßt als ein hydrolytischer Abbau.

Aus diesen Beobachtungen muß man den Schluß ziehen, daß die alkalische Vorreife eine Veränderung der inneren Oberfläche der Faserzellulose im Sinne einer Oberflächenvergrößerung zur Folge hat, und daß es somit zu einer ziemlich weitgehenden Zerstörung der biologischen Feinstruktur bei der Vorreife kommt. Diese Ansicht war auch von LAUER und MANSCH[3] schon einmal ausgesprochen worden.

IV. Die Vorreife durch Oxydationsmittel (Chemische Vorreife).

Wie schon kurz angedeutet war, kann der Vorreifeeffekt auch durch Zusatz von Oxydationsmitteln zur Tauch- oder Maischlauge erzielt werden. Hierüber liegen Untersuchungen von DÖRR[4] sowie JURISCH[5] vor. Diese Forscher sehen den Vorteil einer Alkalisierung in Gegenwart von Oxydationsmitteln — abgesehen von dem durch den Wegfall der üblichen Vorreife erzielten Zeitgewinn — darin, daß das Oxydationsmittel sehr gleichmäßig in die Zellstoff-Fasern hineingetragen wird und daß man durch Dosierung den Vorreifeverlauf unter Kontrolle bringen kann. So kann man durch Anwendung bestimmter Mengen Oxydationsmittel ganz bestimmte Abbaugrade erreichen. Diese Verhältnisse sollen durch Abb. 169 veranschaulicht werden. Es wurden Natronlaugen von 18% mit Wasserstoffsuperoxyd versetzt und zum Anmaischen von Zellstoff verwendet. Die Versuche wurden bei Temperaturen von 20 und 40° C ausgeführt. Nach verschieden langen Zeiten wurden die Polymerisationsgrade bestimmt.

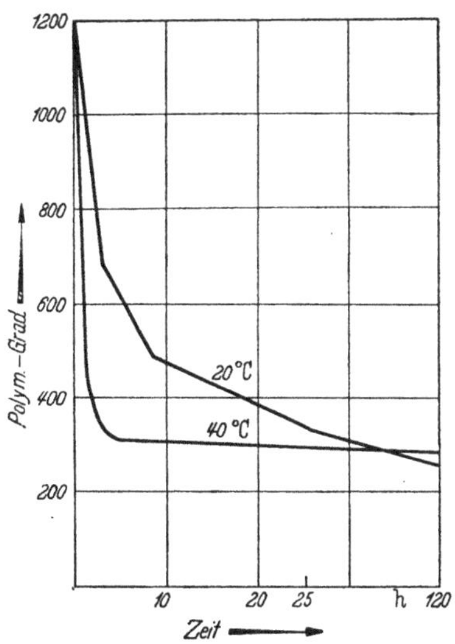

Abb. 169. Verlauf der Vorreife, gekennzeichnet durch die Polymerisationsgrade der Zellstoffe, bei Anwesenheit von Oxydationsmitteln in der Tauchlauge bei verschiedenen Temperaturen. (Nach DÖRR.)

Betrachten wir zunächst die bei 20° C durchgeführten Versuche, so ergibt sich aus der Abbildung, daß ein Molekülabbau erfolgt, der in den ersten Stunden schnell und dann allmählich langsamer verläuft.

Ein wesentlich anderes Bild zeigen aber die bei 40° C durchgeführten Versuche. Hierbei findet spontan ein weitgehender Molekülabbau statt, der nach wenigen Stunden zum Stillstand kommt. Der Abbau verläuft demnach im Gegensatz zur nor-

[1] KILPPER: Das Papier **1**, 182 (1947).
[2] MARSCHALL: Zellw. u. Kunsts. **48**, 117 (1943).
[3] LAUER u. MANSCH: Jentgens Kunsts. u. Zellw. **35**, 138 (1944).
[4] DÖRR: Kunsts. u. Zellw. **22**, 99, 278 (1940); Ang. Chem. **53**, 13, 292 (1940); Wbl. f. Papierfabr. **72**, 363, 373 (1941).
[5] JURISCH: Angew. Chem. **54**, 305 (1941); Kunsts. u. Zellw. **23**, 266 (1941).

malen Vorreife bis zu einem konstanten Endwert. Die Temperatur ist also von großem Einfluß auf den Abbaugrad. Wie weitere Untersuchungen zeigten, ist verständlicherweise der Molekülabbau bei höheren Konzentrationen an Oxydationsmitteln größer.

Für die Praxis bedeuten diese Ergebnisse, daß man zweckmäßig bei höheren Temperaturen, beispielsweise bei 40° C, arbeitet.

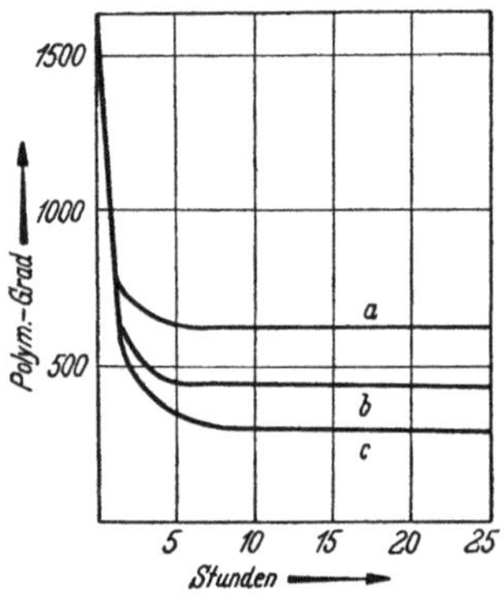

Abb. 170. Oxydative Alkalisierung. *a* ungebleichter Zellstoff in Betriebslauge; *b* gebleichter Zellstoff in Betriebslauge; *c* gebleichter Zellstoff in reiner Natronlauge. (Nach DÖRR.)

Die Versuche wurden in reiner Natronlauge durchgeführt. Bemerkenswerterweise ergab sich ein geringerer Abbau, wenn an Stelle von Reinlauge hemizellulosehaltige Tauchlauge verwendet wurde, wie dies aus Abb. 170 hervorgeht.

Dies bedeutet, daß auch bei der oxydativen Alkalisierung Sauerstoff durch die Hemizellulose verbraucht wird. Entsprechend zeigt sich auch ein Einfluß der Beschaffenheit des Zellstoffs. So zeigt Abb. 170, daß bei gebleichtem Zellstoff ein stärkerer Abbau erfolgt ist als bei ungebleichtem. Der ungebleichte Zellstoff hat demnach entsprechend seinem höheren Gehalt an Hemizellulose mehr Sauerstoff verbraucht.

An Stelle von Wasserstoffsuperoxyd kann man auch andere Oxydationsmittel verwenden, beispielsweise Natriumhypochlorit. So wurden die in Abb. 169 wiedergegebenen Versuche hiermit durchgeführt, und zwar wurde der Gehalt der Tauchlauge auf 5% aktives Chlor eingestellt. Man gibt aber in der Technik dem Wasserstoffsuperoxyd den Vorzug, weil sich bei ihm keine störenden Nebenprodukte bilden können.

Tabelle 65. *Osmometrisch bestimmte Polymerisationsgrade bei luft- und chemisch gereifter Alkalizellulose; prozentuale Verteilung der Kettenlängenfraktionen.* (Nach WANNOW und FEICKERT.)

Polym.-Grad	Luftreife %	Chem. Reife %
100	15	15
200	33	33
300	50	47
400	64	59
500	75	69
600	85	78
700	94	88

Die Tatsache, daß die Hemizellulosen Sauerstoff verbrauchen, bedeutet für die Praxis, daß wesentlich mehr Oxydationsmittel eingesetzt werden muß als der Theorie entspricht, und daß somit mit erheblichen Verlusten an Oxydationsmitteln gerechnet werden muß. Man hat daher auch versucht, als Oxydationsmittel Luft zu verwenden, die durch geeignete Vorrichtungen in die Maischlauge geblasen wird. Hierüber liegen jedoch noch keine Veröffentlichungen vor.

Von DÖRR[1] sowie JURISCH[2] ist die Ansicht vertreten worden, daß eine Vorreife durch Oxydationsmittel zu einer gleichmäßigeren Verteilung der Kettenlängen in der Zellulose führe, die chemische Vorreife somit einen Ausgleich der Kettenlängendifferenzen herbeiführe. Diese Frage wurde daher von WANNOW und FEICKERT[3] eingehend studiert. Die Forscher konnten zunächst die Ergebnisse von

[1] DÖRR: Kunsts. u. Zellw. **22**, 99 (1940).
[2] JURISCH: Kunsts. u. Zellw. **23**, 266 (1941).
[3] WANNOW u. FEICKERT: Kolloid-Z. **108**, 103 (1944).

JURISCH bestätigen. daß durch chemische Reife ein sehr schneller Molekülabbau erfolgt, der nach Verbrauch des Oxydationsmittels zum Stillstand kommt, während dieser Abbau bei der Luftreife viel langsamer verläuft. Die sehr sorgfältig durchgeführten fraktionierten Polymerisationsgradbestimmungen ließen jedoch, wie Tab. 65 zeigt, praktisch keine Unterschiede zwischen der Luftreife und der chemischen Reife erkennen.

V. Die Auswirkung der Vorreife auf den Viskoseprozeß und die Fasereigenschaften.

Es wurde schon erwähnt, daß die Vorreife durchgeführt wird, um eine Viskositätserniedrigung der Viskose herbeizuführen. Darüber hinaus hat aber die Vorreife auch noch andere Auswirkungen.

Zunächst kann festgestellt werden, daß sich vorgereifte Alkalizellulose leichter sulfidieren läßt als nicht oder nur wenig vorgereifte Alkalizellulose. Da mit der Vorreife eine Zerstörung der Faserstruktur im Sinne einer Vergrößerung der inneren, reaktionsfähigen Oberfläche Hand in Hand geht, ist diese Beobachtung verständlich.

Die leichtere Sulfidierung müßte sich durch eine Verringerung des Gehaltes der Viskose an Quellkörpern und dementsprechend einer besseren Filtrierfähigkeit der Viskose zu erkennen geben. Hierüber liegen Untersuchungen von JAYME und Mitarbeitern vor. Es wurden drei verschiedene Zellstoffe alkalisiert und verschieden lange Zeiten vorgereift; alsdann wurden nach der Sulfidierung und Herstellung der Viskose die sogenannten UF-Werte gemessen. Die Ergebnisse sind in Tab. 66 zusammengestellt.

Tabelle 66. *Einfluß der Vorreife-Dauer auf die Filtrierbarkeit der Viskose.* (Nach JAYME.)

Zellstoff	UF-Werte nach Vorreife von		
	40 Min.	1 Tag	3 Tagen
Att S . . .	35,2	—	26,9
Bu KZ . .	31,0	29,6	29,5
KZ Fi B .	12,7	11,2	10,5

Wie die Tabelle zeigt, ist die Auswirkung der Vorreife auf die Filtrierbarkeit der Viskose durchweg positiv, wenn der Einfluß bei den einzelnen Zellstoffen auch recht verschieden groß ist, so daß nicht bei allen Zellstoffen ins Gewicht fallende Unterschiede auftreten. Diese Ergebnisse decken sich mit den praktischen Erfahrungen, wie sie beispielsweise von FAUST[1] mitgeteilt wurden. In derselben Richtung liegen Beobachtungen von INOUE[2]. Hiernach ergeben bei verschieden hohen Temperaturen vorgereifte Alkalizellulosen mit steigender Reifetemperatur, also mit zunehmendem Reifeeffekt, besser lösliche Xanthogenate.

Was die Auswirkung der Vorreife bzw. der hierdurch bedingten Beeinflussung des Polymerisationsgrades auf die Fasereigenschaften anbelangt, so ist diese nach den ersten Veröffentlichungen von STAUDINGER über angeblich zwischen Polymerisationsgrad und Faserfestigkeit bestehende Zusammenhänge zunächst überschätzt worden. STAUDINGER und REINEKE[3] fanden die in Abb. 171 zusammengestellten Verhältnisse. Sie zogen hieraus den Schluß, daß Reißfestigkeit und Knickbruchfestigkeit vom Polymerisationsgrad abhängen und zwar insofern, als diese Eigen-

---

[1] FAUST: Ber. dtsch. chem. Ges. **62**, 2567 (1929).
[2] INOUE: Cell. Ind. (Japan) **15**, 89 (1939).
[3] STAUDINGER u. REINEKE: Kunstseide **21**, 280 (1939).

schaften bis zu einem Polymerisationsgrad von etwa 700⋯800 bessere Werte annehmen, während bei höheren Polymerisationsgraden keine weitere Verbesserung der genannten Eigenschaften mehr erzielt wird. Diese Untersuchungen haben sich jedoch in der Praxis nicht bestätigt. Es ist hierbei zu bedenken, daß für die Fasereigenschaften eine große Reihe von Faktoren verantwortlich ist, von denen der Polymerisationsgrad nur einen unter vielen darstellt. Die Praxis hat vielmehr gezeigt, daß die anderen Faktoren, wie Orientierung und Packungsdichte, für die Fasereigenschaften eine wesentlich größere Rolle spielen. Hierüber wird noch im 15. Kapitel Gelegenheit sein, eingehend zu sprechen. Vorweggenommen werden soll hier nur, daß es unter Berücksichtigung aller hierfür in Frage kommenden Arbeitsbedingungen durchaus möglich ist, auch aus einer Zellulose von niedrigem Polymerisationsgrad eine brauchbare und gute Faser zu spinnen. Diese Beobachtung ist aus dem Grunde wichtig, weil für die Fasereigenschaften eine möglichst hohe Zellulosekonzentration in der Viskose günstig ist, und eine solche bei den gegenwärtigen betrieblichen Einrichtungen nur möglich ist, wenn man die Zellulose entsprechend weit abbaut. Selbstverständlich darf hieraus nicht der Schluß gezogen werden, daß es in bezug auf den Polymerisationsgrad keine untere Grenze gäbe. So wurde von LAUER und DÖDERLEIN[1] gefunden, daß die physikalischen Eigenschaften der Faser bei einem Polymerisationsgrad unter 200⋯220 deutlich abnehmen, allerdings erwiesen sich Viskosen dieses Polymerisationsgrades auch als kaum zu verspinnen. Im übrigen fanden die genannten Forscher bei Polymerisationsgraden über 220 keinerlei Einfluß auf die Festigkeit. SCHWARZ und WANNOW[2] führten entsprechende Untersuchungen aus. Hierbei wurde bei verschieden langen Vorreifezeiten ein schwach ausgeprägtes Maximum der Faserfestigkeit bei einer Vorreifedauer von 45 Stunden gefunden. SCHWARZ und WANNOW sind der Ansicht, daß ein an sich günstiger Einfluß höherer Polymerisationsgrade auf die Faserfestigkeit von Faktoren in ungünstiger Beziehung überlagert wird, die sich bei Viskosen von hohem Polymerisationsgrad zwangsläufig einstellen.

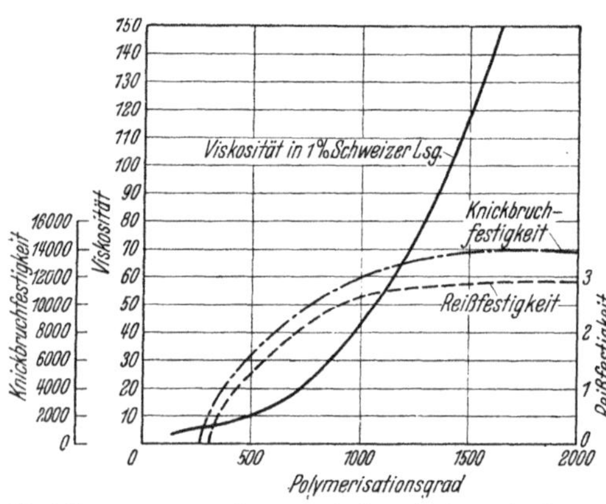

Abb. 171. Zusammenhang zwischen Polymerisationsgrad und physikalischen Fasereigenschaften. (Nach STAUDINGER u. REINEKE.)

LAUER und DÖDERLEIN untersuchten auch noch den Einfluß des Polymerisationsgrades auf die sog. Schlingenfestigkeit (s. 24. Kapitel), die Alkalilöslichkeit und das Quellvermögen der Faser.

Entgegen der Erwartung fanden sie ein schwaches Ansteigen des Quellvermögens mit zunehmendem Polymerisationsgrad. Dies deutet darauf hin, daß große Moleküle infolge ihrer größeren Trägheit das Zustandekommen einer dichten Packung verzögern.

[1] LAUER u. DÖDERLEIN: Zellw., Kunsts., Seide 48, 123 (1943).
[2] SCHWARTZ u. WANNOW: Kolloid-Z. 97, 193 (1941).

In bezug auf die Alkalilöslichkeit der Faser konnte kein Zusammenhang mit dem Polymerisationsgrad festgestellt werden, ebensowenig wie sich ein Einfluß auf die Schlingenfestigkeit zeigte.

Schließlich ließen auch praktische Tragversuche mit Fertigware keinen eindeutigen Einfluß des Polymerisationsgrades erkennen.

VI. Die technische Durchführung der Vorreife.

a) Diskontinuierliche Verfahren.

Bei der meist noch durchgeführten diskontinuierlichen Vorreife bringt man die aus dem Zerfaserer kommende Alkalizellulose in einen Raum, in dem sie längere Zeit sich selbst überlassen bleibt.

Der Raum wird zweckmäßig baulich so angelegt, daß er gegen Temperatureinflüsse von außen möglichst weitgehend geschützt ist. Man benützt für die Anlage des Vorreiferaumes daher am besten ein Kellergeschoß. Es ist sorgfältig darauf zu achten, daß an allen Stellen des Raumes stets die gleiche Temperatur herrscht. Die genaue Einhaltung der Temperatur kann auf verschiedene Weise erfolgen. Man kann, was die einfachste — aber ungenaueste — Methode darstellt, im Reiferaum Heiz- und Kühlrohre anbringen, die jeweils von Hand reguliert werden. An Stellen, die zu kühleren Temperaturen neigen, kann man durch elektrische Heizung geringe Schwankungen in der Temperatur ausgleichen. Viel zweckmäßiger und sicherer ist es jedoch, die Temperatur des Raumes durch eine vollautomatisch wirkende Klimaanlage zu regeln. Die Luft wird hierbei ständig umgewälzt, indem sie durch feine Spalte am Boden des Raumes abgesaugt und unterhalb der Decke aus ebensolchen, in die Seitenwände eingelassene Spalte, auf die richtige Temperatur eingestellt, wieder eingeblasen wird. An mehreren Stellen des Raumes werden in verschiedener Höhe Thermometer angebracht, die stündlich abgelesen werden müssen und die Bruchgrade abzulesen gestatten. Zweckmäßig ist die Anbringung von Thermographen.

Die Temperatur des Vorreiferaumes wird auf die Endtemperatur des Zerfaserers abgestimmt. Diese Temperatur liegt je nach der Arbeitsweise zwischen 19 und 24° C.

Zur Aufnahme der Alkalizellulose aus dem Zerfaserer dienen meist runde oder rechteckige Büchsen aus Eisen, die mit einem Deckel verschließbar sind. Die Grundfläche der Büchsen beträgt etwa 50×25 cm, ihre Höhe $50 \cdots 60$ cm. Die runden Büchsen haben einen Durchmesser von etwa $35 \cdots 46$ cm. Die leeren Büchsen werden vor den gekippten Zerfaserer gefahren. Das Füllen der Büchsen kann man dadurch vereinfachen, daß man jeweils mehrere gleichzeitig durch einen Trichter mit mehreren Schächten füllt. Sind die Büchsen mit Alkalizellulose angefüllt, so wird die Alkalizellulose durch ein Zellstoffblatt oder eine Gummiplatte abgedeckt, damit keine Rostteilchen des Deckels hineinfallen können, und die Büchse durch den Deckel verschlossen. Die gefüllten Büchsen werden dann in den Vorreiferaum gebracht. Dies kann durch Anhängen an eine Transportkette oder durch einen Wagen erfolgen.

Alle Büchsen sind mit Nummern versehen, damit die eingesetzten Partien durch die ganze Viskosefabrik hindurch verfolgt werden können.

Der Reiferaum ist gegen das Einströmen von Außenluft durch eine doppelte Tür (Luftschleuse) gesichert. Er ist mit eisernen oder hölzernen Regalen ausgestattet, auf die die Reifebüchsen gestellt werden.

Diese Arbeitsweise macht es erforderlich, daß die Alkalizellulose in viele einzelne Posten von verhältnismäßig geringer Menge aufgeteilt werden muß. Die verhältnismäßig kleinen Kästen sind nötig, um eine gleichmäßige Temperatur innerhalb des gesamten Gutes zu gewährleisten. Das Abfüllen in die Kästen sowie der Transport und das Stapeln der vielen kleinen Einheiten ist lästig und unwirtschaftlich. Man hat daher angestrebt, hier eine Vereinfachung zu finden. Als recht praktisch hat sich die folgende Arbeitsweise erwiesen:

Zur Aufnahme der zu reifenden Alkalizellulose dienen Wagen mit einem kastenförmigen Aufbau. Der Kasten ist so dimensioniert, daß er den gesamten Inhalt eines Zerfaserers aufnehmen kann. Um auch bei dieser Anordnung eine vollkommen gleichmäßige Temperatur innerhalb der ganzen Füllung sicherzustellen, sind in dem Kasten Luftkanäle angebracht, die den Kasten in mehrere Räume unterteilen. Der Boden des Kastens ist abklappbar, so daß die Entleerung von unten selbsttätig erfolgen kann (Abb. 172). Die Kastenwagen werden auf Schienen vor den Zerfaserer gefahren, der seinen Inhalt unmittelbar in den Kasten entleert. Dann wird der Deckel auf den Wagen gelegt. Der gefüllte Wagen wird nunmehr in einen Aufzug gebracht, der ihn in das Geschoß trägt, in dem der Reiferaum liegt. Der rechteckige Reiferaum enthält mehrere Geleise, die ihn in seiner Längsrichtung durchziehen und auf denen die Reifewagen die vorgesehene Zeit abgestellt werden. Nach Ablauf der Reifezeit wird der Wagen aus dem Reiferaum herausgefahren und gelangt in die Sulfidierung. Nachdem er hier entleert ist, fährt er an die Zerfaserer zurück und ist zur Aufnahme neuer Alkalizellulose bereit.

Abb. 172. **Kastenwagen für die Reife von Alkalizellulose.**

Es sei hier eingeschaltet, daß man in Kastenwagen die Vorreife auch kontinuierlich gestalten kann. Man kann den Reiferaum so groß dimensionieren, daß die Reifewagen während einer langsamen Durchfahrt durch den Reiferaum eine für die Reife ausreichende Zeit in dem Raum verweilen können. Dieser Vorschlag wurde von LAMASSIAUDE[1] gemacht.

Die eben beschriebenen Arbeitsweisen erfordern eine verhältnismäßig große Anzahl von transportablen Reifewagen. Man kann daher auch so vorgehen, daß man die Reifung in ortsfesten Silos vornimmt. Man bringt dann etwa in einer Höhe von

[1] LAMASSIAUDE: Franz. Pat. 643902.

2,5 m im Reiferaum eine Zwischendecke an. Damit hierdurch aber die Luftbewegung im ganzen Raum nicht behindert wird, besteht diese lediglich aus einer Eisenkonstruktion mit eisernem Gitterwerk als Laufstege. An diese Eisenkonstruktion wird die erforderliche Anzahl Reifekästen, die dieselbe Form haben können wie die Kästen der eben beschriebenen Reifewagen, eingehängt (Abb. 173). Diese Anordnung zeichnet sich besonders durch große Übersichtlichkeit aus. Man benötigt hierbei nur zwei Transportwagen, einen zur Überführung der Alkalizellulose vom Zerfaserer in den Silo und einen zur Überführung der gereiften Alkalizellulose in die Sulfidierung. Beide Wagen sind wieder mit abklappbaren Böden versehen. Der mit Alkalizellulose gefüllte Wagen wird unmittelbar über den Silo gefahren, der zur Aufnahme der Alkalizellulose bestimmt ist, der leere Wagen nimmt nach Beendigung der Vorreife unterhalb des Silos die gereifte Alkalizellulose auf und bringt sie über einen Trichter, durch den das Gut in die Sulfidiertrommel fällt. Die mit Alkalizellulose beschickten Silos werden durch Auflegen eines hölzernen Deckels verschlossen.

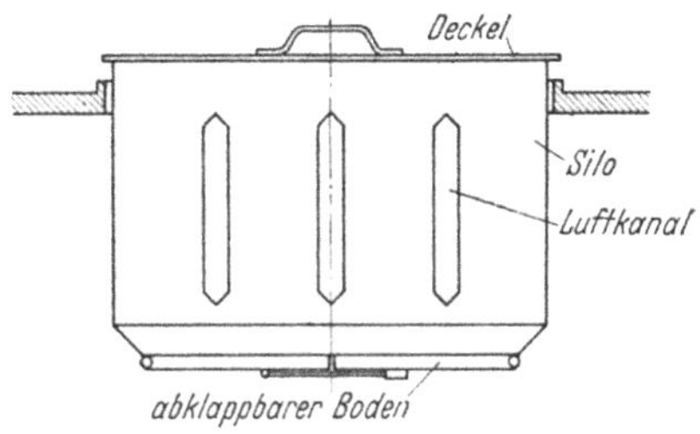

Abb. 173.
Silo für die Reife von Alkalizellulose.

b) Kontinuierliche Verfahren.

Die kontinuierliche Vorreife alkalisierter Zellstoffblätter oder -bahnen durch Hindurchfahren durch Kammern bei erhöhter Temperatur war bereits im 9. Kapitel im Anschluß an die kontinuierliche Alkalisierung von Zellstoffblättern oder -bahnen erwähnt worden. Diese Arbeitsweise hat sich allerdings nicht recht bewährt und ist wohl überall aufgegeben worden. Dagegen hat sich die kontinuierliche Vorreife zerfaserter Alkalizellulose vielfach eingeführt. Es sind drei Verfahren in Anwendung, nämlich

Abb. 174. Becherwerk zur kontinuierlichen Förderung zerfaserter Alkalizellulose. Ansicht aus der Rheinische Kunstseide A. G., Krefeld.

die Vorreife nach der Konstruktion der Firma *A. Stotz A.G.*, Stuttgart-Kornwestheim,

die Vorreife nach der Konstruktion der Firma *Büttner-Werke A. G.*, Krefeld-Uerdingen und

die Vorreife im Drehrohr, die von der ehem. *I.G. Farbenindustrie Aktiengesellschaft* ausgearbeitet wurde[1].

[1] DRP.-Anm. J 56402 IV c/12 o (6) vom 20. 11. 36.

Die Stotz-Vorreife. Bei dieser Arbeitsweise wird die zerfaserte Alkalizellulose zunächst in einem Bunker gesammelt. Unterhalb dieses Bunkers liegt der Vorreiferaum, in den die Alkalizellulose zweckmäßig durch ein Becherwerk (Abb.174) gebracht wird. Der Reiferaum besteht aus einer langgestreckten Kammer von 5···6 m Höhe und 60···70 m Länge (Abb. 175). Die Vorreife findet auf Transportbändern

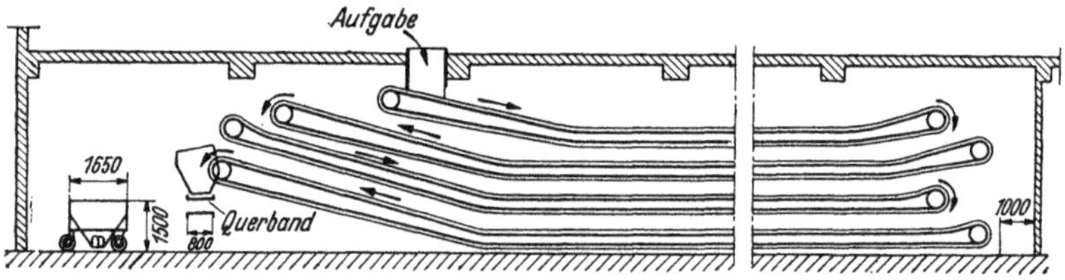

Abb. 175. Förderbänder zur kontinuierlichen Reife von Alkalizellulose. A. Stotz A. G., Stuttgart.

statt, die aus dicht aneinanderschließenden Eisenplatten bestehen. Die seitliche Begrenzung dieser Plattenbänder wird durch senkrecht stehende Eisenbleche bewirkt. Die Breite der Plattenbänder beträgt normalerweise 3 m. Es sind aber auch Anlagen mit 5 m breiten Plattenbändern gebaut worden. Im allgemeinen werden 3···4 Plattenbandförderer untereinander angeordnet. Aus dem Bunker gelangt die Alkalizellulose auf das oberste Band, von dem sie, am anderen Ende angelangt, auf das zweite, darunterliegende, fällt. Nachdem sie auf diesem ruhend bis zum anderen Ende gefördert ist, fällt sie auf das dritte Band usw. Nachdem die Alkalizellulose alle Bänder passiert hat, fällt sie entweder direkt in einen Bunker oder einen Bunkerwagen, von wo aus sie in die Sulfidierung gelangt. Sie kann von dem letzten Band auch auf ein Querband fallen (Abb. 176), das sie einem Bunkerwagen oder der Sulfidierung zuführt. Diese Anordnung ist besonders dann zweckmäßig, wenn die Vorreifeanlage aus mehreren parallelen Förderanlagen besteht. Die Abmessungen der Förderanlage sowie ihre Laufgeschwindigkeit werden nach den vorliegenden Betriebsverhältnissen eingestellt. Von Bedeutung bei dieser Art der Vorreife ist die Schichthöhe der Alkalizellulose auf den Bändern. Man arbeitet im allgemeinen mit einer Schichthöhe von 30 cm. Es wird jedoch in einigen Werken mit einer wesentlich größeren Schichthöhe gearbeitet, beispielsweise von 1 m bis 1,50 m. Dies hat gewisse Vorteile, und zwar insofern, als hierbei weniger Karbonat entsteht und man meist mit nur einem Transportband auskommt. Dem steht jedoch der Nachteil gegenüber, daß man die Alkalizellulose wegen der hohen Schichtdicke schlecht temperieren kann. Man muß sie daher gegen Ende des Zerfaserungsprozesses auf die für die Vorreife vorgesehene Temperatur bringen. Die Karbonatbildung kann man verringern, wenn man die Transportbänder einkapselt oder die Luft des Reiferaumes durch eine Klimaanlage kohlensäurefrei hält. Schwierigkeiten können bei der Stotz-Anlage auch dadurch entstehen, daß sich bei der hohen Luftfeuchtigkeit des Reife-

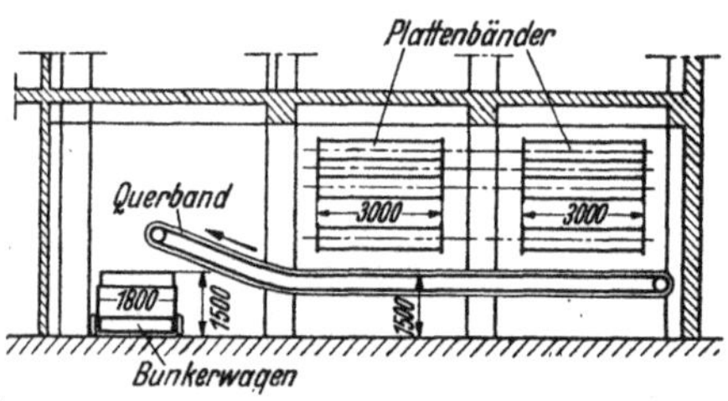

Abb. 176. Querband zur kontinuierlichen Förderung von Alkalizellulose, die von zwei parallel geschalteten Förderbändern gesammelt wird. A. Stotz A. G., Stuttgart.

raumes, die etwa 80% relativ beträgt, in der Nähe des Einfüllschachtes Schwitzwasser bildet.

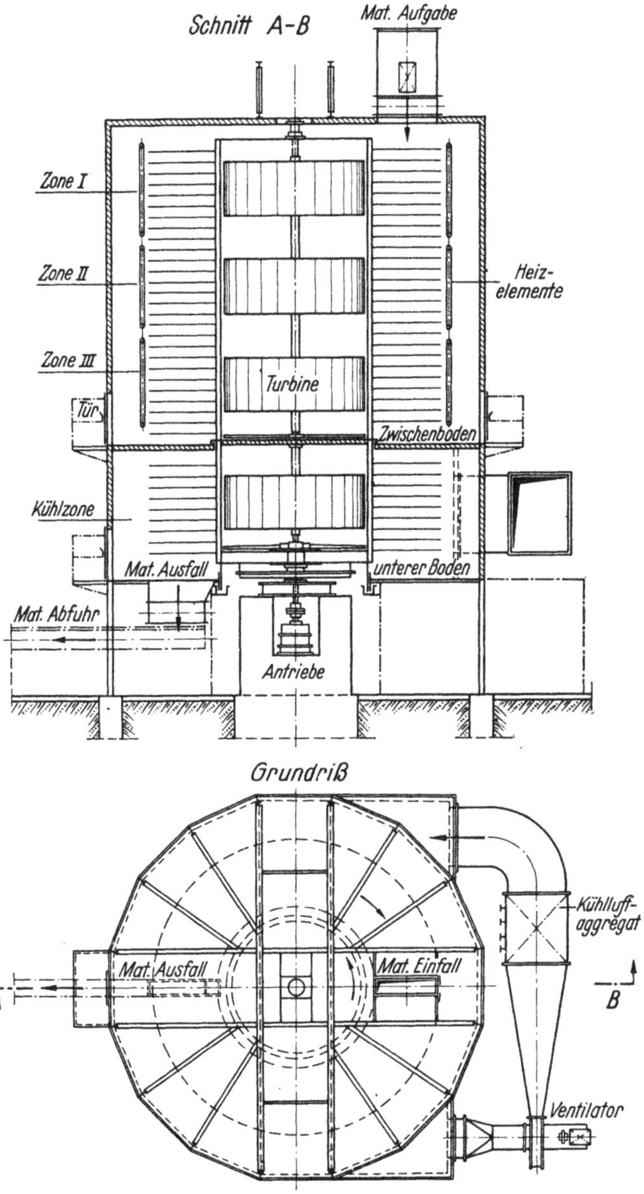

Abb. 177. Apparatur zur kontinuierlichen Reife von Alkalizellulose der Fa. Büttner-Werke A. G., Krefeld-Uerdingen.

Die Büttner-Vorreife. Bei der Büttner-Vorreife handelt es sich um eine durch höhere Temperatur abgekürzte Vorreife, die in einer zylindrischen Reifekammer durchgeführt wird. Wie Abb. 177 zeigt, besitzt die Reifekammer in der Mitte ihres Querschnittes, an einer senkrechten Achse befestigt, Turbinen, die die Luftführung bewerkstelligen. Diesen Turbinen werden wir im 19. Kapitel bei der Beschreibung der Turbinentrockner wieder begegnen. Ringförmig um diese Turbinen bewegen sich in horizontaler Bahn Teller, die aus Kreissegmenten bestehen. Die Alkalizellulose wird durch den oberen Abschluß der Reifekammer auf die Segmente des obersten Tellerringes gegeben; zwischen zwei Segmenten hindurchfallende Alkalizellulose wird von Tellern des zweiten Ringes, die zu den Tellern des ersten Ringes versetzt angeordnet sind, aufgefangen. Auf den Tellern bildet sich eine Alkalizellulosehäufung von dreieckigem Querschnitt (Abb. 178). Die Höhe dieses Dreiecks beträgt 12 mm. Nach ungefähr einer Umdrehung des Tellerringes wird die Alkalizellulose von den Tellern abgestreift und fällt auf die Teller des zweiten Ringes. Dieses Spiel wiederholt sich, bis die Alkalizellulose auf dem untersten Tellerring angelangt ist, von wo aus sie durch Abstreifer und eine Transportschnecke aus der Reifekammer herausgeleitet wird.

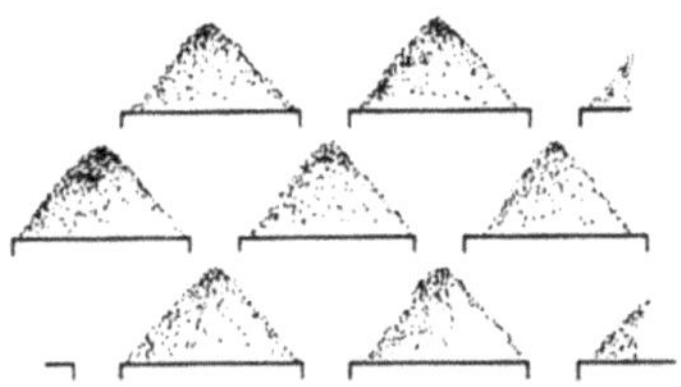

Abb. 178. Beschichtung der Teller mit Alkalizellulose bei der Reife-Apparatur der Fa. Büttner-Werke A. G., Krefeld-Uerdingen.

Die Heizelemente befinden sich wie bei den später noch zu beschreibenden Trocknern als Rohre zwischen der Kammerwand und den Tellerringen.

Für eine Aufnahme von 110 m^3 Alkalizellulose wird die Anlage mit 42 Tellerringen gebaut. Zwischen dem 32. und dem 33. Tellerring befindet sich eine waagerechte Trennwand aus Kork, wodurch nach unten von der Kammer eine aus 10 Tellerringen bestehende Kühlzone abgeschlossen wird. Um Kondensation zu vermeiden, sind die Elemente für die Kühlung (kaltes Wasser oder Sole) im Gegensatz zu den Heizelementen außen an der Kammerwand angebracht.

Die Kammer ist zur Vermeidung von Karbonatbildung vollkommen geschlossen. Die Zugabe und Entnahme der Alkalizellulose erfolgt deshalb auch durch eine Schleuse, und der Tragkörper für die Tellerringe dreht sich in einem Wasserverschluß. Er wird durch einen Zahnkranz über ein stufenlos regulierbares Getriebe angetrieben.

Der Durchsatz der Alkalizellulose beträgt insgesamt $5^1/_2$ Stunden, einschließlich der Kühlung. Es hat sich als zweckmäßig erwiesen, die Reifung bei einer Temperatur von 53° C vorzunehmen, und die Temperatur der Kühlzone auf 29···30° C einzustellen.

In der Reifekammer stellt sich ein relativer Luftfeuchtigkeitsgehalt von 88···90% ein, der eingehalten werden muß. Beim Anfahren ist deshalb erforderlich, Dampf einzublasen.

Die Erfahrung hat gelehrt, daß die Vorreife recht gleichmäßig verläuft, was durch das häufige Umschütten des Gutes begünstigt wird.

Die Apparatur ergibt einen Durchsatz von 3 t Alkalizellulose in der Stunde, entsprechend etwa 1 t Zellulose.

Gegenüber der Stotz-Apparatur hat diese Apparatur den Vorteil großer Raum- und Materialersparnis. Der Kraftbedarf ist mit 30 PS gering, ebenso die für die Heizung benötigte Dampfmenge, die 250 kg/h bei einem Druck von 2 Atü beträgt.

Die Veränderung des Litergewichtes der Alkalizellulose während der Reife ist unbedeutend.

Die Drehrohr-Vorreife. Auch bei dieser Art der Vorreife handelt es sich um eine Schnellreife bei erhöhter Temperatur. Als Vorreifekammer dient hierbei ein schwach geneigt liegendes, weites Rohr, das um seine Längsachse langsam gedreht wird (Abb. 179). Die Anordnung entspricht dem sog. Drehrohrofen. Die Alkalizellulose wird an der erhöht liegenden Seite in das Rohr hineingegeben, wird im Innern des

Abb. 179. Drehrohr zur kontinuierlichen Reife der Alkalizellulose.

Rohres auf höhere Temperatur gebracht und verläßt das Rohr an seinem unteren Ende mit dem richtigen Vorreifegrad.

Die Drehrohr-Reife hat sich im allgemeinen gut bewährt. Sie hat gegenüber der Stotz-Anlage gleichfalls den Vorteil großer Raumersparnis, ergibt aber eine wesentlich geringere Durchsatzmöglichkeit, so daß mehrere Drehrohre benötigt werden. Auch bei dieser Apparatur ist die Verweilzeit der Alkalizellulose nur gering.

11. Kapitel.

Das Xanthogenat und die Herstellung der Viskose.

Die Alkalizellulose wird — falls sie gereift wurde, nach Beendigung der Vorreife — durch Behandlung mit Schwefelkohlenstoff in das Xanthogenat übergeführt.

I. Der Schwefelkohlenstoff.

In der Viskosefabrik werden große Mengen Schwefelkohlenstoff benötigt: Für die Erzeugung von 1000 kg fertiger Faser muß man etwa 345 kg Schwefelkohlenstoff rechnen. Er kommt, wie im 17. Kapitel noch gezeigt wird, im Laufe des Herstellungsganges in den verschiedensten Formen wieder zur Abscheidung.

Der Schwefelkohlenstoff, der eine leichtbewegliche, stark lichtbrechende Flüssigkeit vom spezifischen Gewicht 1,297 darstellt, wurde im Anfang von den Chemiefaserfabriken selbst hergestellt, dann aber in Kesselwagen bezogen. Die großen Mengen Schwefelkohlenstoff, die eine moderne Zellwollfabrik benötigt, haben dazu geführt, daß diese Fabriken den Schwefelkohlenstoff teilweise wieder selbst herstellen[1].

Schwefelkohlenstoff bildet sich beim Zusammentreffen von dampfförmigem Schwefel und glühender Holzkohle. Die Reaktion wird unter Luftausschluß in Retorten durchgeführt. Man läßt den Schwefel in stets gleichmäßigem Strahl in die Retorte einfließen und gibt die Holzkohle portionsweise zu. Die Kohle wird durch die Abgase des Heizofens für die Retorte vorgetrocknet. Aus der Retorte entweicht dampfförmiger Schwefelkohlenstoff, der sich in einer gekühlten Vorlage verflüssigt. Von hier aus gelangt der rohe Schwefelkohlenstoff in Lagerkessel. Es wird nunmehr durch Destillation und Waschen gereinigt.

Gase und Dämpfe, die in der Vorlage nicht zur Verdichtung gekommen sind, sowie Abgase aus den Retorten und der Destillation, werden durch Öltürme geschickt, durch die der in den Gasen noch vorhandene Schwefelkohlenstoff herausgewaschen wird. Aus den schwefelkohlenstoffhaltigen Abgasen wird der Schwefel als solcher zurückgewonnen.

Das Arbeiten mit Schwefelkohlenstoff in der Reyon- und Zellwollfabrik ist in mehrfacher Hinsicht unangenehm: Schwefelkohlenstoff ist leicht flüchtig; seine relative Flüchtigkeit ist 1,8 (Äther = 1). Da seine Dämpfe giftig sind — sie wirken besonders auf das Nervensystem —, so sind besondere Vorsichtsmaßnahmen bei seiner Anwendung erforderlich. Es kommt hinzu, daß die Schwefelkohlenstoffdämpfe mit dem Luftsauerstoff höchst explosive Gemische bilden. Die Explosionsgrenzen bei gewöhnlicher Temperatur liegen bei 2···5 Vol.-% bzw. 81,3···200 g pro Kubikmeter. Die Dämpfe neigen dazu, sich beim Strömen in Rohrleitungen oder beim Schwanken in Gefäßen elektrisch aufzuladen. Ein Spannungsausgleich durch Funkenbildung kann leicht zur Entzündung führen. Deshalb müssen alle Apparaturen und Leitungen, die mit Schwefelkohlenstoff gefüllt werden, ausreichend durch Erdung gesichert sein[2]. Die Lagerung des Schwefelkohlenstoffes hat in unterirdisch angelegten Tanks zu erfolgen. Abb. 180 zeigt eine Einrichtung, wie sie in den Viskosefabriken für die Lagerung und das Abfüllen des Schwefelkohlenstoffes gebräuchlich ist. 11 stellt den unterirdischen Tank dar, der durch das Ventil 4 gefüllt wird. Durch den Diffusionsverschluß 10, der Luftzutritt in den Tank sowie Dampfaustritt aus ihm verhütet, gelangt der Schwefelkohlenstoff durch eine Rohrleitung zu dem Zapfventil 3 oder unmittelbar in die Sulfidierung. In diese Leitung ist bei 14 noch eine Schutzvorrichtung eingebaut, die bei einer etwa erfolgten Explosion ein Zurückschlagen der Stichflamme in den Kessel verhütet. Der jeweilige Tankinhalt wird durch einen Inhaltsanzeiger 8 angezeigt, der durch einen Schwimmer 9 gesteuert wird. Die Rohrleitungen sind doppelwandig; das innere Rohr besteht aus Eisen, das äußere aus Blei. Der zwischen den Rohrwänden befindliche Hohlraum steht mit dem Kesselinhalt in Verbindung. Der über dem Flüssigkeitsspiegel befindliche Raum, und somit auch die Hohlräume der Rohrleitungen, sind mit einem Schutzgas, auch Sperrgas genannt, gefüllt, das eine Berührung des Schwefelkohlenstoffes mit der Luft verhütet. Dasselbe Sperrgas liefert auch den Druck zur Entnahme von Flüssigkeit aus dem Kessel. Als Sperrgas wird Kohlensäure oder Stickstoff verwendet, die in Bomben bezogen werden. Manche Fabriken verwenden als Sperrgas auch

[1] Vgl. hierzu ZAHN: Zellwolle **4**, 51 (1938).
[2] Vgl. hierzu WENZEL: Zbl. Gewerbehyg. u. Unfallverhütung **25**, 218 (1938).

die Auspuffgase eines kleinen Explosionsmotors, die in einem Reiniger gereinigt und durch einen Kompressor auf die erforderliche Gebrauchsspannung verdichtet werden[1].

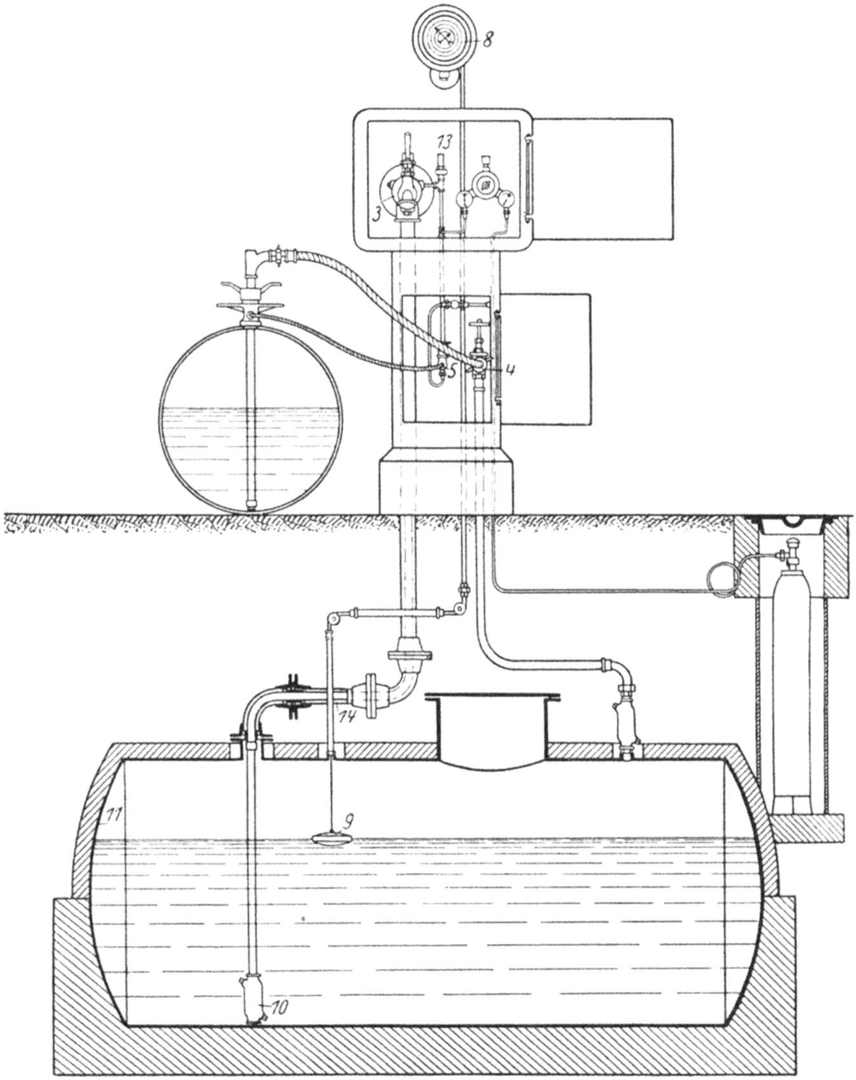

Abb. 180. Tankanlage für Schwefelkohlenstoff; gebaut von der Fa. Hermann Hoffmann, Apparatebau-Ges. m. b. H., Frankfurt a. M.

II. Die Xantogenatreaktion.

Schwefelkohlenstoff setzt sich mit alkoholischer Alkalilauge zum Alkalisalz einer Xanthogensäure um, z. B.

$$C_2H_5OH + CS_2 + NaOH = C\begin{cases} O \cdot C_2H_5 \\ = S \\ SNa \end{cases} + H_2O$$

Äthylxanthogensaures Natrium
(Natriumäthylxanthogenat)

[1] Vgl. GAEBEL: Technologie der Textilfasern, Bd. 7. Berlin 1927.

Diese Verbindung ist als Abkömmling der Sulfthiokohlensäure

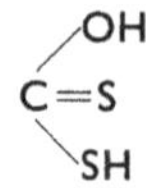

aufzufassen. Sie wird in der Praxis auch Dithiokohlensäure genannt, obwohl diese Bezeichnung unrichtig ist; unter Dithiokohlensäure haben wir vielmehr einen Körper von folgender Konfiguration zu verstehen:

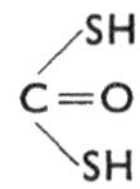

Die Alkalizellulose ragiert in der gleichen Weise mit Schwefelkohlenstoff. Demnach schreibt man dem Natriumzellulosexanthogenat das folgende Formelbild zu:

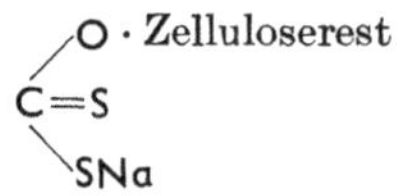

Der Xanthogenatrest lagert sich also an eine Hydroxylgruppe der Zellulose an.

Zum Verständnis der sich bei der Xanthogenierung abspielenden Vorgänge muß hier vorweggenommem werden, daß die xanthogensauren Salze wenig beständig sind und daß die Xanthogenatreaktion als Gleichgewichtsreaktion verläuft, die durch folgende Gleichung veranschaulicht werden kann[1]:

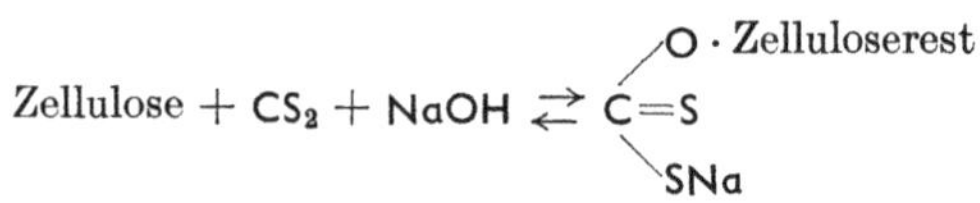

Die Xanthogenatgruppen können sich also wieder abspalten.

Für das Studium der Sulfidierungsreaktion ist die Feststellung der jeweils vorliegenden Xanthogenierungsstufe wichtig. Man kann diese dadurch ausdrücken, daß man das Molverhältnis zwischen dem Schwefelkohlenstoff und den monomeren Resten angibt, also z. B. durch den Ausdruck $CS_2:C_6H_{10}O_5$, $CS_2:2\,C_6H_{10}O_5$ usw. Diesen als Beispiel angegebenen Molverhältnissen entspricht die andere, in der Praxis zuweilen gebrauchte Ausdrucksweise „C_6-Produkt", „C_{12}-Produkt" usw. Diese Ausdrucksweise bedeutet also, daß auf je einen oder zwei Glukosereste ein Xanthogenatrest entfällt.

Neuerdings drückt man das Molverhältnis vielfach durch den Xanthogenierungsgrad aus, der nach einem Vorschlag von FINK, STAHN und MATTHES[2] auch als „γ-Wert" bezeichnet wird. Hierunter ist zu verstehen, wieviel Mol Schwefelkohlenstoff von 100 Glukose-Einheiten als Sulfthiokarbonat gebunden sind.

Die Molverhältnisse können aber nicht als stöchiometrische Verhältnisse gewertet werden, sie sind vielmehr nur pseudostöchiometrische Verhältnisse. So besagt z. B. das Molverhältnis $CS_2:2\,C_6H_{10}O_5$ keineswegs, daß jeder zweite Glukoserest in den Molekülen einen Xanthogenatrest tragen würde; vielmehr kann entsprechend dem weiter unten noch zu beschreibenden Reaktionsverlauf das Molverhältnis nur so verstanden werden, daß in der ganzen Reaktionsmasse Schwefelkohlenstoff und Glu-

---

[1] RAGG: Chem.-Ztg. **32**, 630, 654, 677, 730 (1908); **34**, 82 (1910). — GEIGER: Helv. chim. Acta **13**, 281 (1930). — [2] FINK, STAHN u. MATTHES: Angew. Chem. **47**, 602 (1934).

koseeinheiten dem angegebenen Verhältnis entsprechend verteilt sind; es können also sowohl Zelluloseketten vorliegen, die gar keine oder nur sehr wenige Xanthogenatgruppen tragen, als auch solche, die in starkem Maße mit Xanthogenatgruppen besetzt sind.

Der jeweils enthaltene Xanthogenierungsgrad ist von der zur Anwendung kommenden Schwefelkohlenstoffmenge und von der Sulfidierungsdauer abhängig.

Mit Hilfe der Bestimmung des γ-Wertes wurde die Aufnahme von Schwefelkohlenstoff durch Alkalizellulose in Abhängigkeit von der zugegebenen Schwefelkohlenstoffmenge von SCHRAMEK und ZEHMISCH[1] untersucht. Es ergaben sich hierbei die in Abb. 181 graphisch dargestellten Werte. Danach ist festzustellen, daß mit steigender Menge zur Reaktion gebrachten Schwefelkohlenstoffs der Xanthogenierungsgrad ansteigt. Die Kurve verläuft jedoch bei höheren Schwefelkohlenstoffmengen zusehends flacher und geht bei einem Xanthogenierungsgrad von etwa 100 in die Horizontale über[2].

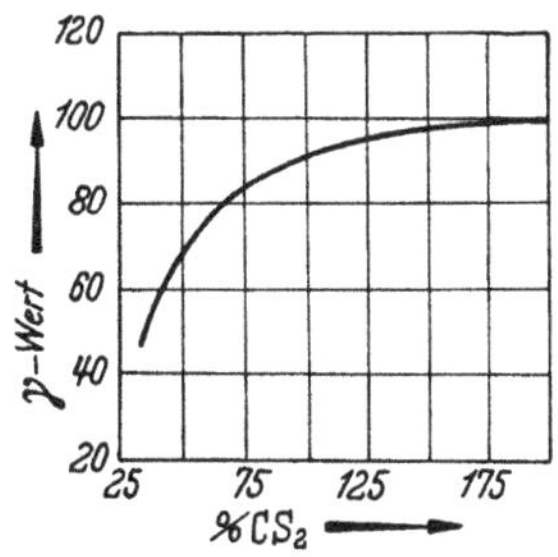

Abb. 181. Zusammenhang zwischen dem Xanthogenierungsgrad, ausgedrückt als γ-Wert, und der angewandten Menge Schwefelkohlenstoff. (Nach SCHRAMEK und ZEHMISCH.)

Zu entsprechenden Ergebnissen kam BREDÉE[3]. Von ihm wurde eine den betrieblichen Verhältnissen entsprechende Alkalizellulose, enthaltend 15% NaOH und 29,6% Zellulose (entsprechend einem Molverhältnis von 1 $C_6H_{10}O_5$:2 NaOH) mit steigenden Mengen Schwefelkohlenstoff sulfidiert, wobei als höchster Xanthogenierungsgrad genau der Wert 100, also ein Molverhältnis von 1 CS_2:1 $C_6H_{10}O_5$ erhalten wurde. In der Praxis bringt man auf 100 kg Zellulose 32···36 kg Schwefelkohlenstoff zur Anwendung. Dies bedeutet, daß auf einen monomeren Glukoserest 0,68···0,75 Mole Schwefelkohlenstoff zur Einwirkung kommen. Die Analyse der Xanthogenate ergibt, daß hierbei 0,50···0,55 Mole Schwefelkohlenstoff als Sulfithiokarbonat von der Zellulose gebunden werden. Der Rest wird durch das Ablaufen von Nebenreaktionen verbraucht, auf die später noch eingegangen wird. Man sulfidiert in der Praxis also bis zu einem Xanthogenierungsgrad von etwa 50, entsprechend einem Molverhältnis von CS_2:2 $C_6H_{10}O_5$, wobei man ausreichend lösliche Xanthogenate erhält.

Von LIESER und LECKZYCK[4] wurde der Nachweis erbracht, daß man unter bestimmten Bedingungen auch höhere Xanthogenierungsgrade als 100 erhalten kann, wenn man dafür sorgt, daß die Zellulose in stärker dispergierter Form dem Schwefelkohlenstoff dargeboten wird. Zwar gelingt dies nicht unter Anwendung von Natronlauge. Wendet man jedoch eine hochmolekulare organische Base, die gleichzeitig für Zellulose ein Lösungsmittel ist, wie z. B. Tetraäthylammoniumhydroxyd, an, so gelingt es, die Zellulose bis zum Trixanthogenat zu sulfidieren. Wendet man dagegen lediglich größere Mengen Natronlauge an, was man z. B. dadurch erreichen kann, daß man die Alkalizellulose weniger stark abpreßt, so kommt auch in diesem Falle die Reaktion bei einem Xanthogenierungsgrad von 100 zum Stillstand; der Überschuß an Alkali wird vielmehr durch Nebenreaktionen verbraucht.

[1] SCHRAMEK u. ZEHMISCH: Kolloid-Beih. **48**, 100 (1938).
[2] Vgl. hierzu auch FAUST: Ber. dtsch. chem. Ges. **62**, 2572 (1929).
[3] BREDÉE: Kolloid-Z. **94**, 81 (1941).
[4] LIESER u. LECKZYCK: Liebigs Ann. Chem. **511**, 137 (1934); **522**, 56 (1936).

Die von mehreren Forschern übereinstimmend festgestellte Tatsache, daß bei einer normalen Natronzellulose durch erschöpfende Sulfidierung ein maximaler Xanthogenierungsgrad von 100 erreicht wird, hat zu zahlreichen und heftig diskutierten Spekulationen über den Reaktionsablauf geführt, und es sind manche Theorien zur Erklärung dieses Molverhältnisses aufgestellt worden. LIESER[1] hat — allerdings noch unter Berücksichtigung der früher allgemein gemachten Annahme, daß der höchste erreichbare Xanthogenierungsgrad 50 sei — den Standpunkt vertreten, daß sich das Molverhältnis aus dem Verhältnis der Oberfläche eines geordneten Gitterbereiches zu seinem Inhalt erklären läßt. Nach seiner Auffassung würde sich die Umwandlung der Alkalizellulose in das Xanthogenat ausschließlich an der Oberfläche der geordneten Bereiche, also an der Mizelloberfläche, abspielen. LIESER stützt seine Ansicht auch auf die Beobachtung von SCHRAMEK und KÜTTNER, wonach Xanthogenate noch Röntgeninterferenzen von Zellulose erkennen lassen, sowie auf die röntgenographische Untersuchung von Methylzellulosen, die gleichfalls noch Zellulose-Interferenzen zeigen. Für den Ablauf der Reaktion würde dies bedeuten, daß es sich um eine permutoide Reaktionsweise handeln würde.

Nach sehr exakten Untersuchungen von BREDÉE[2] ist das höchst erreichbare Molverhältnis von CS_2:$C_6H_{10}O_5$ jedoch anders zu erklären, nämlich dadurch, daß für eine weitergehende Sulfidierung in der Alkalizellulose kein Ätznatron mehr zur Verfügung steht. BREDÉE hat berechnet, daß von den insgesamt je Glukoserest gebundenen 2 Molen NaOH 1,8 Mole für die Xanthogenierung der Zellulose und der geringfügige Rest für Nebenreaktionen verbraucht werden. Eine höhere Xanthogenierung ist demnach mangels Reaktionsmittels nicht möglich.

Ist hierdurch auch eine sehr einleuchtende Erklärung für die sich bei der Sulfidierung ergebenden stöchiometrischen Verhältnisse gegeben, so ist jedoch die Frage nach dem Reaktionstyp noch nicht entschieden. In diese Verhältnisse haben aber Beobachtungen von CENTOLA[3] Licht bringen können.

Nach CENTOLA setzt die Sulfidierungsreaktion zuerst in den amorphen Faserbereichen ein, die als weitgehend dispergierte Alkalizellulose angesprochen werden können. Diese Reaktionsphase verläuft rein topochemisch. Es können nun unter den in der Technik üblichen Bedingungen in diesen Bezirken leicht Xanthogenate gebildet werden, die einem wesentlich höheren Xanthogenierungsgrad als 50 entsprechen. Entsprechend den in diesem Zustand noch vorhandenen unveränderten kristallinen Bereichen zeigt das Röntgendiagramm noch die Interferenzen der Natronzellulose, was sich mit den Befunden von SCHRAMEK und KÜTTNER deckt. Bei fortschreitender Sulfidierung, insbesondere aber erst später beim Lösen des Xanthogenates, beginnt sich dann der Charakter der Sulfidierungsreaktion als Gleichgewichtsreaktion auszuwirken, indem nämlich von den „übersulfidierten" Zelluloseketten der amorphen Bereiche Schwefelkohlenstoff wieder abgegeben wird, der dann mit den Ketten der geordneten Bereiche nach und nach fortschreitend in Reaktion tritt. Diese Reaktionsphase verläuft dann mizellarheterogen.

Zu der gleichen Auffassung kam KRATKY[4], der gleichfalls bei der Sulfidierung kein Verschwinden der Alkalizellulose-Interferenzen fand, sondern lediglich ein

[1] LIESER: Liebigs Ann. Chem. **483**, 132 (1930).
[2] BREDÉE: Kolloid-Z. **94**, 81 (1941).
[3] CENTOLA: Atti X. Congr. intern. chim. Roma Vol. IV, **117**, 121, 138, 722, 728 (1938).
[4] KRATKY: Zellw., Kunsts., Seide **46**, 256 (1941).

Unschärferwerden, woraus er bei fortschreitender Reaktion auf einen Verlust des Systems an kristalliner Substanz von etwa 30% schloß. Erst bei einem Xanthogenierungsgrad von 30···40 werden die Interferenzen unscharf und beginnen, auf ein amorphes System schließen zu lassen. Die technische Sulfidierung bricht nach den Beobachtungen von KRATKY ab, wenn noch deutlich wahrnehmbare Interferenzen der Natronzellulose vorhanden sind. Erst beim späteren Lösen des Xanthogenates, bei dem also aus den amorphen Bereichen wieder Xanthogenatgruppen abgespalten werden und Schwefelkohlenstoff an noch nicht sulfidierte Ketten abgegeben wird, verschwinden dann die Interferenzen der Natronzellulose und das Präparat erscheint amorph. Dieser Vorgang geht aber verhältnismäßig langsam vonstatten, was sich dadurch zu erkennen gibt, daß auch frisch bereitete Xanthogenatlösungen noch für längere Zeit Alkalizellulose-Interferenzen erkennen lassen. Das Verschwinden der Röntgeninterferenzen beim Lösen wurde auch von SCHRAMEK[1] beobachtet.

Auch STÖCKLY[2] sieht den Sulfidierungsmechanismus im Sinne des von CENTOLA gegebenen Bildes.

Einen weiteren Beitrag zu diesen Fragen lieferten HESS und HEPP[3]. Von diesen Forschern, die sich gleichfalls im großen und ganzen den von CENTOLA und KRATKY gegebenen Vorstellungen vom Reaktionsablauf anschließen, wird jedoch darauf hingewiesen, daß bei der Sulfidierung auch die biologische Feinstruktur der Zellwände berücksichtigt werden müsse. Nach ihrer Auffassung kann die Sulfidierung der geordneten Bereiche erst beginnen, wenn der Schwefelkohlenstoff durch Diffusion die zwischen den Mizellen befindlichen interkristallinen Räume durchlaufen hat. Die Reaktion beginnt dann als mizellarheterogen verlaufende Reaktion an der Mizelloberfläche und dringt nach schichtweise erfolgtem Umsatz allmählich in die Tiefe der Kristallite vor. Eine quasihomogene Reaktionsweise, wie sie z. B. von KRÜGER, LÜDTKE und OBERLIES[4] bei der Azetylierung gefunden wurde, ist somit bei der Sulfidierung nicht möglich, da, wie geschildert, die reaktionsfähigen Oberflächen erst durch die Reaktion selbst geschaffen werden müssen. Wird dagegen die biologische Struktur und der feste Zusammenhalt in den Kristalliten mechanisch, beispielsweise durch Mahlen, zerstört, so kann die Sulfidierung durchaus auch als quasihomogene Reaktion verlaufen, wie von HESS, KIESSIG und GUNDERMANN[5] gezeigt wurde. Auf die Bedeutung der biologischen Struktur für den Ablauf der Sulfidierungsreaktion wurde auch von SCHRAMEK[6] aufmerksam gemacht.

Das Endergebnis bei der unter praktischen Verhältnissen durchgeführten Sulfidierung ist nach dem oben Gesagten somit keine wohldefinierte chemische Verbindung, sondern die Xanthogenatgruppen sind vollkommen wahllos und unregelmäßig über die Moleküle verteilt[7]. SCHERER und PHILLIPPS[8] untersuchten diese Frage genauer, wobei sie das Reaktionsprodukt in Fraktionen verschiedener Kettenlänge zerlegten. Sie fanden jedoch bei keiner Fraktion irgendwelche Regelmäßigkeit in

---

1 SCHRAMEK: Kolloid-Z. **94**, 92 (1941); Z. physik. Chem. **50**, 298 (1942).
2 STÖCKLY: Kolloid-Z. **106**, 197 (1943).
3 HESS u. HEPP: Melliand Textilber. **24**, 343 (1948).
4 KRÜGER, LÜDTKE u. OBERLIES: Angew. Chem. **47**, 806 (1934).
5 HESS, KIESSIG u. GUNDERMANN: Z. physik. Chem. (B) **49**, 64 (1941).
6 SCHRAMEK: Cellulosechem. **20**, 38 (1942); Z. physik. Chem. **50**, 298 (1942).
7 LIESER: Chem.-Ztg. **60**, 387 (1936).
8 SCHERER u. PHILLIPPS: Rayon Synthetic Text. **30**, 45, 53 (1949).

bezug auf die Verteilung der Xanthogenatgruppen; insbesondere konnte keine Häufung bei bestimmten Kettenlängen nachgewiesen werden.

Aus Untersuchungen über die Aufnahme von Kohlendioxyd durch Alkalizellulose zog SAMUELSON[1] gleichfalls den Schluß, daß sich beim Sulfidieren die Umwandlung in das Xanthogenat lediglich in den amorphen Faserbereichen vollziehe, während sich an der Kristallitoberfläche ein gelförmiger Mantel aus Zellulosexanthogenat ausbilde, der die im Innern der Kristallite liegenden Zelluloseketten vor der Einwirkung des Schwefelkohlenstoffs schützt. Die Kristallite können somit erst beim beginnenden Lösungsvorgang angegriffen werden.

Bezüglich der Reaktionskinetik fand JUNG[2], daß sich der Schwefelkohlenstoff bei der Sulfidierung so verhält, als wenn er in der Natronlauge des Reaktionssystems aufgelöst wäre. Die in der Alkalizellulose nicht gebundene, freie Natronlauge, die sich an der Oberfläche und im Hohlraumsystem der Zellstoff-Fasern befindet, dient gewissermaßen als Transportmittel.

Bevor nun auf die Vorgänge eingegangen wird, die sich beim Lösen des Xanthogenates abspielen und die weiter oben teilweise schon vorweggenommen wurden, soll kurz noch etwas über die technischen Voraussetzungen für einen einwandfreien Verlauf der Sulfidierungsreaktion ausgesagt werden.

ATSUKI und KUVAHARI[3] haben gefunden, daß man nur dann lösliche Xanthogenate erhält, wenn das Tauchen der Zellulose bei der Alkalizelluloseherstellung mit einer Natronlauge vorgenommen wird, deren Konzentration zwischen 12 und 35% liegt. LOTTERMOSER und RADESTOCK[4] geben einen Konzentrationsbereich von 18···25% an. SCHRAMEK und KÜTTNER[5] haben auf Grund eingehender röntgenographischer Untersuchungen die Feststellung gemacht, daß nur dann einwandfrei lösliche Xanthogenate entstehen, wenn die zur Sulfidierung kommende Alkalizellulose hinsichtlich ihres Alkaligehaltes der Natronzellulose I entspricht.

Für die Bildung ausreichend löslicher Xanthogenate ist auch die Sulfidierungstemperatur von Bedeutung. RASSOW und WADEWITZ[6] fanden, daß hohe Xanthogenierungsgrade bei höherer Temperatur schneller erreicht werden. So wurde bei einer Sulfidierungstemperatur unter 10° C bei normaler Sulfidierungsdauer noch kein lösliches Xanthogenat erhalten; lösliche Xanthogenate ergaben sich erst bei Temperaturen von über 20° C.

Die Vorreife spielt für die Sulfidierungsreaktion demgegenüber nur eine untergeordnete Rolle. Von FAUST[7] wurde nämlich bei nichtgereifter und normal gereifter Alkalizellulose annähernd der gleiche Verlauf der Sulfidierung gefunden. Eigenartigerweise nahm bei diesen Versuchen die gereifte Alkalizellulose bis zu einer angewandten Schwefelkohlenstoffmenge von etwas über 100% etwas weniger Schwefelkohlenstoff auf als die ungereifte, während sich diese Verhältnisse bei noch größeren Schwefelkohlenstoffmengen umkehrten.

Verständlicherweise ist auch die Sulfidierungsdauer von Einfluß, insofern, als länger sulfidierte Alkalizellulosen besser lösliche Xanthogenate ergeben. Dies zeigt sich z. B. auch deutlich an der Filtrierbarkeit der Viskose, wie aus Tab. 67 hervorgeht.

[1] SAMUELSON: Svensk Kem. Tidsk. **1946**, 287. — [2] JUNG: Kolloid-Z. **108**, 120 (1944).
[3] ATSUKI u. KUVAHARI: Cell. Ind. (Japan) **7**, 47 (1931).
[4] LOTTERMOSER u. RADESTOCK: Z. angew. Chem. **42**, 1152 (1929).
[5] SCHRAMEK u. KÜTTNER: Kolloid-Beih. **42**, 336 (1935).
[6] RASSOW u. WADEWITZ: J. prakt. Chem. **106**, 266 (1923).
[7] FAUST: Ber. dtsch. chem. Ges. **62**, 2572 (1929).

Was die Löslichkeit der bei steigender Sulfidierungsdauer erhaltenen Xanthogenate anbetrifft, so fand SAKURADA[1], daß sich für die Löslichkeit des Xanthogenates in Abhängigkeit von der Sulfidierdauer eine S-förmige Kurve ergibt; d. h. also, die Löslichkeit nimmt anfangs nur langsam zu, steigt dann nach einer gewissen Zeit schneller an, um schließlich wieder langsamer zuzunehmen.

In der Praxis arbeitet man mit einer $1^1/_2 \cdots 3$stündigen Sulfidierung.

Tabelle 67. *Einfluß der Sulfidierungsdauer auf die Filtrierbarkeit der Viskose.* (Nach JAYME.)

Zellstoff	UF-Werte bei einer Sulfidierungsdauer von	
	2^h	4^h
BuKZ . .	31,0	28,9
KZFiB . .	12,7	5,47

Den größten Einfluß auf den Xanthogenierungsgrad hat verständlicherweise die Menge des eingesetzten Schwefelkohlenstoffs. Von CROSS und BEVAN[2] wurde bei Auffindung der Xanthogenatreaktion die Ansicht vertreten, daß auf Zellulose in der Alkalizellulose berechnet 47% Schwefelkohlenstoff für eine einwandfreie Sulfidierung erforderlich seien. Die von CROSS und BEVAN angegebene Menge würde ungefähr dem Molverhältnis $SC_2:C_6H_{10}O_5$ entsprechen.

Weitere Untersuchungen haben aber ergeben, daß eine derartig große Menge nicht erforderlich ist.

Auch HEUSER und SCHUSTER[3] fanden, daß man praktisch mit wesentlich geringeren Mengen auskommt. Es war schon erwähnt worden, daß heute allgemein mit etwa 35% Schwefelkohlenstoff sulfidiert wird. Diese Menge ist allerdings immer noch wesentlich größer als theoretisch erforderlich ist. Es ist aber hierbei zu bedenken, daß der Schwefelkohlenstoff infolge seiner hohen Dampfspannung nur teilweise mit der Alkalizellulose in Reaktion treten kann.

Von der Möglichkeit, mit geringeren Schwefelkohlenstoffmengen zu arbeiten, ist in Notzeiten bei der Herstellung der sog. Sparviskosen[4], die auch weniger Alkali enthielten, Gebrauch gemacht worden. Die Verfahren haben sich jedoch nicht bewährt, da sie erhebliche betriebliche Schwierigkeiten im Gefolge hatten. Insbesondere traten Schwierigkeiten in bezug auf die Filtrierbarkeit der Viskose auf, wie auch schon aus Tab. 67 abgeleitet werden kann. KÜHNEL[5] sowie JURISCH[6] fanden übereinstimmend, daß sich in einer nicht ausreichend sulfidierten Viskose in übermäßiger Zahl Quellkörper und schleimige Anteile vorfinden, die auf die Filtrierbarkeit und die Verspinnbarkeit der Viskose von ungünstigem Einfluß sind.

Aber auch ein zu großer Überschuß von Schwefelkohlenstoff ist schädlich, er ergibt eine milchige Faser; wir kommen hierauf im 14. Kapitel noch einmal zurück.

Es muß noch bemerkt werden, daß mit der Sulfidierung eine Depolymerisation der Zellulose verbunden ist. Es handelt sich hierbei um einen oxydativen Abbau, hervorgerufen durch die Anwesenheit von Luft in der Alkalizellulose. Der Vorreifeeffekt setzt sich also beim Sulfidieren noch fort. In Anbetracht des Umstandes, daß die Sulfidierungsdauer im Vergleich zu einer normalen Vorreife nur kurz ist, kommt diesem Vorgang aber nur eine untergeordnete Bedeutung zu.

[1] SAKURADA u. HUTINO: Sci. Inst. phys. chem. Res. **17**, 249 (1932).
[2] CROSS u. BEVAN: DRP. 92520. — [3] HEUSER u. SCHUSTER: Cellulosechem. **7**, 17 (1926).
[4] DRP.-Anm. V 36009 IV c/29 b vom 24. 6. 39.
[5] KÜHNEL: Kunsts. u. Zellw. **21**, 369, 394 (1941).
[6] JURISCH: Kunsts. u. Zellw. **21**, 346 (1941).

Es soll der Vollständigkeit halber erwähnt werden, daß sich die Zellulose bei der Xanthogenierung anders verhält als niedermolekulare Alkohole. Bei ihnen wird die Xanthogenierung mit zunehmender Hydroxylgruppenzahl immer schwieriger. Schon Glykol ist nur unter Druck zu xanthogenieren und von Glyzerin wurde überhaupt kein Xanthogenat erhalten. Wie BERL und BITTER[1] fanden, zeigen mehrwertige Alkohole ihre höchste Reaktionsfähigkeit, wenn alle Hydroxylgruppen bis auf eine durch andere Gruppen blockiert sind: Glykolmonomethyläther und Glyzerindimethyläther konnten leicht in Xanthogenate umgewandelt werden. Überträgt man diese Verhältnisse auf die Zellulose, so müßte sich also z. B. Dimethylzellulose besonders leicht xanthogenieren lassen, da sie nur noch eine freie Hydroxylgruppe besitzt. Untersuchungen von BERL und BITTER führten aber zu dem überraschenden Ergebnis, daß die Zellulose ihre höchste Reaktionsfähigkeit aufweist, wenn noch zwei Hydroxylgruppen frei sind: Monomethylzellulose war besonders leicht zu xanthogenieren. Für dieses abweichende Verhalten der Zellulose hat man noch keine befriedigende Erklärung gefunden. Man nimmt im allgemeinen an, daß die Zellulose infolge der ihr durch die Natronlauge erteilten Quellung reaktionsfähiger ist als die niedermolekularen, nicht quellbaren Alkohole[2].

Über den Reaktionsverlauf ist noch zu sagen, daß unter normalen Bedingungen nach LIESER zuerst die zweiständige Hydroxylgruppe des Zelluloserestes von der Sulfidierung erfaßt wird.

III. Nebenreaktionen.

Da chemisch reines Zellulosexanthogenat eine nahezu weiße Farbe besitzt, so deutet schon die rötlich-gelbe Farbe des Reaktionsproduktes darauf hin, daß das Zellulosexanthogenat der Praxis kein einheitlicher Körper ist, sondern daß sich bei seiner Bildung Nebenreaktionen abspielen.

Die Nebenreaktionen lassen sich in zwei Gruppen unterteilen, nämlich in solche, die sich zwischen Schwefelkohlenstoff und Natronlauge abspielen, und solche, bei denen auch die Zellulose an der Reaktion teilnimmt. Die Zahl der Reaktionen, die zwischen Schwefelkohlenstoff und Natronlauge möglich sind, ist recht groß. Zunächst müssen hier zwei von BERZELIUS[3] aufgefundene Reaktionen genannt werden:

$$CS_2 + 4\,NaOH = Na_2CO_3 + 2\,NaHS + H_2O \tag{1}$$

$$3\,CS_2 + 6\,NaOH = 2\,Na_2CS_3 + Na_2CO_3 + 3\,H_2O\,. \tag{2}$$

Es bildet sich unter anderem also Natriumtrithiokarbonat. Auf diesen Körper ist die charakteristische Färbung des Xanthogenates zurückzuführen. Nach CROSS und BEVAN bildet sich aus Schwefelkohlenstoff und Natronlauge jedoch auch Schwefelwasserstoff:

$$2\,CS_2 + 4\,NaOH = Na_2CO_3 + Na_2CS_3 + H_2S + H_2O\,. \tag{3}$$

LEUCHS[4] gibt noch die folgende Reaktion an:

$$5\,CS_2 + 12\,NaOH = Na_2S + Na_2CO_3 + 3\,Na_2CS_3 + 6\,H_2O\,. \tag{4}$$

Diese Reaktion soll aber nur dann eintreten, wenn nicht so viel Schwefelkohlenstoff anwesend ist, daß eine Reaktion nach Gl. (2) möglich ist. Nur unter diesen

---

[1] BERL u. BITTER: Cellulosechem. **7**, 137 (1926); vgl. hierzu auch HEUSER u. SCHUSTER: Cellulosechem. **7**, 17 (1926). — [2] Vgl. hierzu auch VIEWEG: Papierfabrikant **37**, 269 (1939).
[3] BERZELIUS: Gilberts Ann. **48**, 159. — [4] LEUCHS: Kunstseide **7**, 286 (1925).

Verhältnissen nimmt LEUCHS die Bildung von Schwefelnatrium an. Eine Entstehung von Schwefelnatrium halten KITA und TOMIHISA[1] bei der in der Praxis geübten Arbeitsweise nicht für möglich. Nach ihren Befunden halten sich die bei der Xanthogenierung entstehenden Mengen Schwefelkohlenstoff und Schwefelwasserstoff die Waage, so daß nach der Umsetzung nur Natriumtrithiokarbonat und Natriumkarbonat gefunden werden. BERNHARDT[2] hat bei seinen Untersuchungen gleichfalls kein Schwefelnatrium nachweisen können. Es scheint aber so, als ob sich das Schwefelnatrium bei diesen Untersuchungen der Analyse entzogen hätte, denn, wie ECKERT und HAUAN[3] durch potentiometrische Titrationen gefunden haben, ist in der frischen Xanthogenatlösung doch Schwefelnatrium anwesend. Nach der Ansicht von BERNHARDT ist auch eine direkte Umsetzung von Schwefelkohlenstoff mit Natronlauge, wie sie durch die Gleichungen (1)···(4) zum Ausdruck kamen, nicht möglich. Bei der Reaktion soll sich vielmehr als Zwischenstufe Kohlenoxysulfid und Natriumdioxysulfokarbonat bilden, von denen das erstere durch Wasser zu Schwefelwasserstoff und Kohlendioxyd gespalten wird:

$$CS_2 + H_2O = COS + H_2S \quad (5)$$

$$COS + 2\,NaOH = Na_2CO_2S + H_2O \quad (6)$$

$$COS + H_2O = H_2S + CO_2 \quad (7)$$

Der Schwefelwasserstoff soll sich nach BERNHARDT mit Schwefelkohlenstoff zu der leicht zersetzlichen Trithiokohlensäure umsetzen:

$$CS_2 + H_2S = H_2CS_3\,, \quad (8)$$

die dann mit Natronlauge Trithiokarbonat liefert.

Zwischen Kohlenoxysulfid und Natronlauge ist auch noch die folgende Umsetzung möglich:

$$COS + 4\,NaOH = Na_2CO_3 + Na_2S + 2\,H_2O\,. \quad (9)$$

Trithiokarbonat setzt sich nach EGGERT[4] mit Natronlauge wie folgt um:

$$2\,Na_2CS_3 + 6\,NaOH = 6\,NaHS + 2\,Na_2CO_3\,. \quad (10)$$

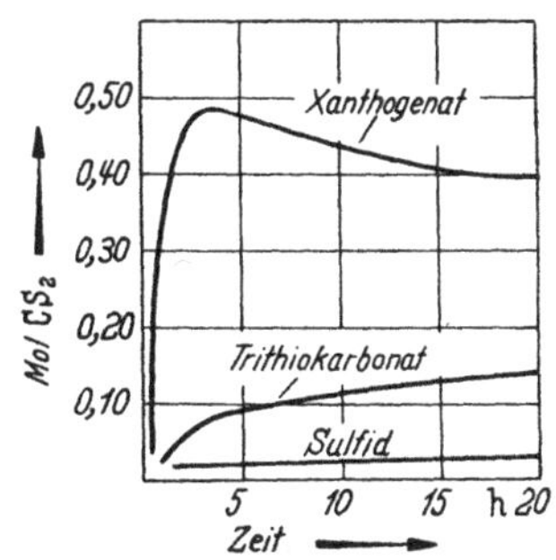

Abb. 182. Anteil des zur Anwendung gebrachten Schwefelkohlenstoffs an der Xanthogenatreaktion und an der Bildung von Trithiokarbonat und Sulfid in Abhängigkeit von der Reaktionszeit. (Nach SAMUELSON.)

Diese Reaktionsschemen besagen, daß nur ein Teil des zur Reaktion gebrachten Schwefelkohlenstoffs für die Xanthogenatbildung verbraucht wird. Nach VIEWEG hängt der Reaktionsverlauf davon ab, wieviel Wasser die Alkalizellulose enthält, wie weit sie gereift wurde und wieviel Schwefelkohlenstoff bereits von der Zellulose gebunden ist. Bei normalen Betriebsbedingungen enthält die Alkalizellulose 27% Zellulose, 15% Ätznatron und 58% Wasser. Bei einer solchen Alkalizellulose gehen $^3/_4$ des angewandten Schwefelkohlenstoffs in die Xanthogenatreaktion und $^1/_4$ in die Nebenreaktionen[5].

[1] KITA u. TOMIHISA: J. Cell. Ind. Tokyo 2, 26, 28, 30 (1926).
[2] BERNHARDT: Kunstseide 8, 173 (1926).
[3] ECKERT u. HAUAN: Klepzigs Textil-Z. 41, 205 (1938).
[4] EGGERT: Herstellung und Verarbeitung der Viskose, 2. Aufl., S. 58. 1932.
[5] Vgl. hierzu auch BERNHARDT: Kunstseide 8, 316 (1926).

Diese Verhältnisse wurden in letzter Zeit von SAMUELSON[1] genauer untersucht. Es wurde hierbei gefunden, daß die Menge des für die Entstehung des Xanthogenates, des Trithiokarbonates und des Sulfids in Anspruch genommenen Schwefelkohlenstoffs von der Reaktionsdauer abhängig ist. Die Ergebnisse sind in Abb. 182 wiedergegeben. Es ist interessant, daß die Menge an gebildetem Sulfid praktisch konstant bleibt und daß die Trithiokarbonatmenge schwach mit der Sulfidierungszeit ansteigt. Bemerkenswerterweise geschieht dies auf Kosten des Zellulosexanthogenates, von dem schon nach etwa 2,5 Stunden wieder Schwefelkohlenstoff abgegeben wird, der dann mit der Natronlauge zur Bildung von Trithokarbionat in Reaktion tritt.

Die Reaktionen der zweiten Gruppe sind insbesondere von RAGG[2] untersucht worden. RAGG hat folgende Umsetzungen erfassen können:

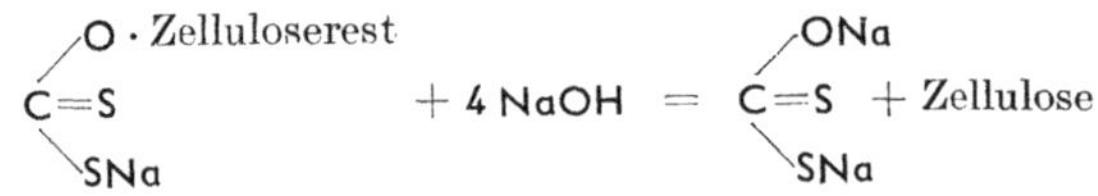
(11)

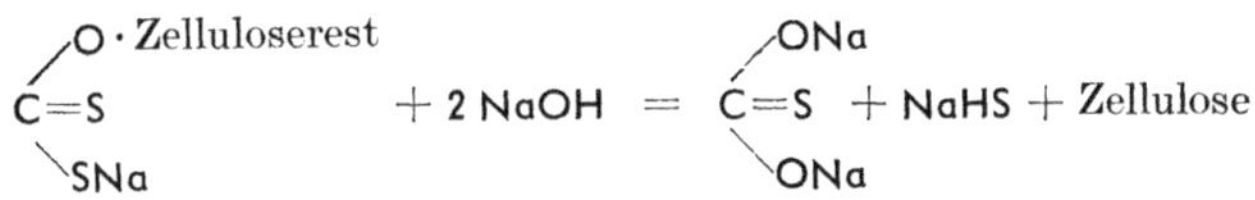
(12)

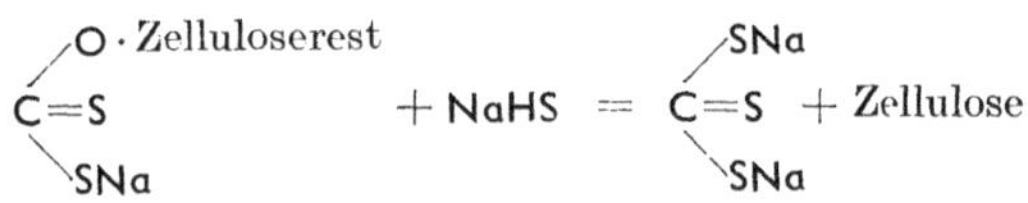
(13)

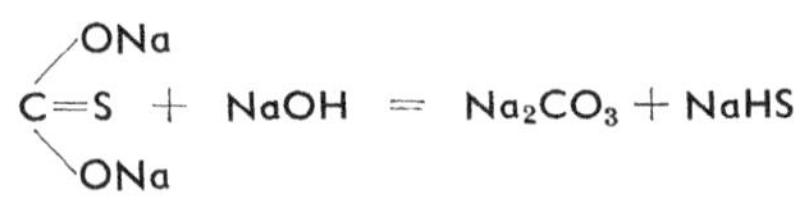
(14)

Die Reaktionen (11)···(14) sind eine Folge der Instabilität des Xanthogenates.

Wie aus dieser Zusammenstellung hervorgeht, ist die Xanthogenatreaktion recht verwickelt. Die geschilderten Nebenreaktionen gehören zum Teil aber schon in das Gebiet der Viskosereife, das im nächsten Kapitel näher besprochen werden soll.

IV. Die Herstellung der Viskose.

Bezüglich der Sulfidierung sind zwei Arbeitsweisen in Anwendung. Bei der älteren und wohl meist noch durchgeführten Arbeitsweise wird das Sulfidieren und das Auflösen des Xanthogenates in zwei getrennten Apparaturen vorgenommen. Die Bestrebungen, den Viskoseprozeß so weitgehend wie möglich abzukürzen und zu vereinfachen, haben inzwischen jedoch zu Arbeitsweisen geführt, bei denen das Sulfidieren und das Lösen des Xanthogenates in einer einheitlichen Apparatur vorgenommen wird.

Schließlich müssen die Bestrebungen genannt werden, die darauf abzielen, die Sulfidierung und das Lösen in den gleichen Apparaturen vorzunehmen, in denen auch die Alkalisierung des Zellstoffs erfolgte („Direkt-Viskose"). Diese Verfahren sind jedoch noch in den ersten Anfängen.

Die Sulfidierung wird wegen der explosiven Eigenschaften der Schwefelkohlenstoff-Luftgemische in einem besonderen Gebäude oder Gebäudeteil vorgenommen,

---

[1] SAMUELSON: Cellulosa och Papper **1948**, 295ff.

[2] RAGG: Chem.-Ztg. **32**, 630, 677, 730 (1908); **34**, 82 (1910).

in dem für ausreichende Entlüftung Sorge zu tragen ist. Auch bei der elektrischen Ausrüstung des Raumes ist auf die Explosionsgefahr in der üblichen Weise Rücksicht zu nehmen.

a) Getrenntes Sulfidieren und Lösen.

Die Sulfidierung. Die Sulfidierung der Alkalizellulose wird hierbei im allgemeinen in horizontal liegenden, runden oder sechseckigen Trommeln vorgenommen. Man nennt diese Sulfidiertrommeln „Baratten“. Ihre Größe ist in einer Reyonfabrik etwa 1 m Durchmesser bei 1,5 m Länge. In einer Zellwollfabrik sind sie entsprechend größer. An Stelle der liegenden Trommeln sind auch stehende, zylindrische Kessel in Gebrauch, die um eine Querachse drehbar sind („Taumeltrommeln“).

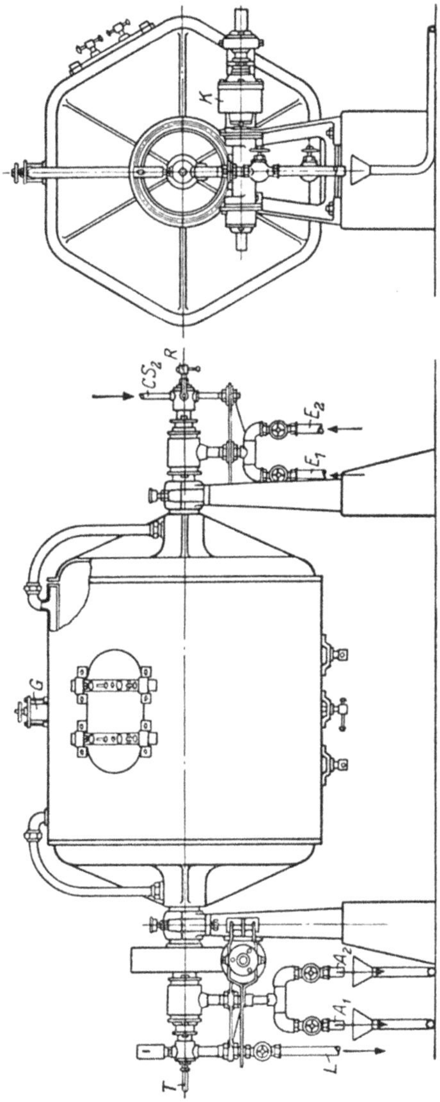

Abb. 183. Sulfidiertrommel der Fa. Maschinenfabrik Maurer, Breslau.

Der Trommelmantel ist doppelwandig ausgebildet. In den Hohlraum kann zur genauen Temperaturregelung warmes Wasser oder Kältesole geleitet werden. Die Sulfidierung ist ein exotherm verlaufender Vorgang, so daß im allgemeinen gekühlt werden muß. Man hält die Temperatur, je nach den Betriebsbedingungen, zwischen 20 und 30° C. Neuerdings geht man vielfach auf eine Temperatur von 35° C, da sich gezeigt hat, daß die Sulfidierung bei erhöhter Temperatur glatter verläuft. Die Temperaturkontrolle erfolgt durch ein seitlich in die Stirnwand eingebautes Thermometer bzw. einen fernschreibenden Thermographen. Abb. 183 zeigt die konstruktiven Einzelheiten einer Baratte mit sechseckigem Querschnitt der Firma *Maschinenfabrik Maurer*, Breslau.

Abb. 184 zeigt eine Batterie von Sulfidiertrommeln der Firma *Dobson & Barlow*, Bolton (England). Sie haben einen runden Querschnitt und sind mit angebauten Meßgefäßen für Schwefelkohlenstoff versehen.

Der Zusatz des Schwefelkohlenstoffes erfolgt durch die Achse der Trommel, die sich 2···3mal in der Minute dreht. An einer Wand des Sulfidierraumes oder an der Sulfidiertrommel selbst sind Meßgefäße für den Schwefelkohlenstoff angebracht, und zwar steht jede Baratte mit einem Meßgefäß in Verbindung. An Stelle der Meßgefäße kann man auch Durchflußzähler in die Rohrleitung einbauen. Solche werden z. B. von der Firma *Scheidt u. Bachmann*, Rheydt, gebaut und gestatten ein ausreichend genaues Dosieren. Sie sind in Großbetrieben gewerbepolizeilich vorgeschrieben. Die gleichen Ansprüche erfüllen die Sakomaten der Firma *Martini und Huneke*, Salzkotten, bei denen jeder Kolbenhub eine bestimmte Menge Schwefelkohlenstoff fördert.

Abb. 184. Sulfidiertrommeln der Fa. Dobson u. Barlow, Ltd., Bolton.

In den Vereinigten Staaten von Nordamerika ist auch noch eine andere Form von Sulfidiertrommeln gebräuchlich. Sie bestehen hier aus zwei an ihrem größten Durchmesser zusammengesetzten konischen Behältern. In diesen Apparaturen kann im Anschluß an die Sulfidierung das Xanthogenat mit Natronlauge durchgearbeitet werden, d. h. also, die erste Phase des Lösungsvorganges kann in die Sulfidiertrommel verlegt werden.

Der Schwefelkohlenstoff wird aus dem unterirdischen Tank durch das Sperrgas in das Meßgefäß bzw. die Baratte gedrückt. Diese Apparaturen sind luftdicht verschlossen und ihr Abzugsrohr führt ins Freie.

Die Füllung der Baratten durch Alkalizellulose erfolgt durch den abgenommenen Deckel der Baratte, und zwar wird diese nach der Entleerung der voraufgegangenen Charge so weit gedreht, daß die Einfüllöffnung oben ist. Die Reifekästen mit Alkalizellulose bzw. die Reifewagen oder andere Transportwagen werden dann über die geöffnete Baratte gefahren und entleert. Schächte oder aufgesetzte eiserne Einfülltrichter erleichtern das verlustfreie Füllen. Arbeitet man noch mit Reifekästen, so nimmt eine Baratte etwa den Inhalt von 20 Kästen auf. Nach beendeter Füllung wird der Deckel sorgfältig aufgeschraubt. Dann mißt man im Meßgefäß oder an der Meßuhr die zur Sulfidierung erforderliche Menge Schwefelkohlenstoff ab und läßt diesen in die Baratte fließen. Der Zufluß erfolgt durch die Achse der Baratte. Während dieses Vorganges, der 10···15 Minuten dauert, ist das an der Baratte befindliche Überdruckventil geöffnet. Die Baratten werden schon vor der Schwefelkohlenstoffzugabe in Drehung versetzt.

Die Sulfidierung ist nach etwa $1^1/_2 \cdots 2$ Stunden beendet, ihr Verlauf kann durch ein Schauglas verfolgt werden.

Nach ausreichender Sulfidierung werden die Baratten stillgesetzt, und zwar in dem Augenblick, in dem der Deckel schräg unten angelangt ist. Alsdann wird durch eine Vakuumleitung etwa 10 Minuten lang Frischluft durch die Trommel gesaugt, damit vor dem Öffnen alle feuergefährlichen und gesundheitsschädlichen Gase entfernt sind. Darauf wird der Deckel entfernt und das Xanthogenat in eiserne Wagen übergeführt. Die Innenwände der Trommel werden mit einem großen Spachtel gesäubert. Der mit Xanthogenat gefüllte Wagen wird über Schächte gefahren, die das Xanthogenat in die Löser fallen lassen. Zu diesem Zwecke kann in dem Boden der Wagen eine Klappe geöffnet werden.

Das Xanthogenat. Das fertige Xanthogenat ist also das Natriumsalz der Zellulose-Sulfthiokohlensäure. Es enthält noch unveränderte Natronzellulose sowie adsorptiv gebundenes Natriumhydroxyd. Bei der Herstellung beobachtet man eine zunehmende Gelbfärbung, die immer mehr ins Rötliche übergeht. Wie schon erwähnt, ist dieser Farbton auf die Entstehung des Trithiokarbonates zurückzuführen. Mit zunehmendem Sulfidierungsgrad verschwindet allmählich die faserige Beschaffen-

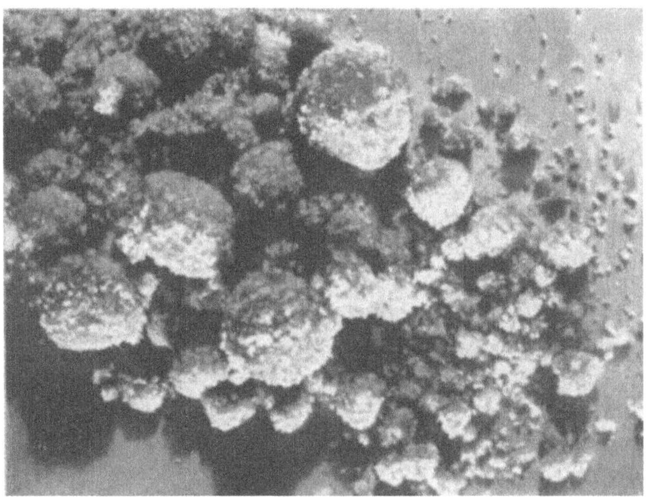

Abb. 185. Xanthogenat.

heit des Reaktionsgemisches und es tritt Quellung ein. Die Flocken werden klebrig und ballen sich zu Knollen zusammen, die man zerkrümeln, aber auch kneten kann[1] (Abb. 185). In der Praxis wird die Knollenbildung nicht gerne gesehen, da sie die rasche Auflösung des Xanthogenates erschwert.

Infolge der entstandenen Schwefelverbindungen hat das Xanthogenat einen charakteristischen Geruch.

Die Prüfung des Xanthogenates. Im allgemeinen wird das fertige Xanthogenat in der Viskosefabrik keiner besonderen, analytischen Untersuchung unterzogen. Man

[1] Vgl. hierzu ZART: Die Herstellung der Kunstseide u. Stapelfaser, S. 256.

beschränkt sich in der Regel auf die Bestimmung des Farbtons und xanthogeniert solange, bis ein bestimmter, durch Erfahrung ermittelter Farbton erreicht ist[1].

In besonderen Fällen kann es notwendig sein, den vorliegenden Xanthogenierungsgrad zu bestimmen. Man arbeitet dann zweckmäßig nach einer von BREDÉE[2] angegebenen Methode. Etwa 1 g Xanthogenat werden in einer zylindrischen Stöpselflasche mit flachem Boden mit etwa 50 cm³ kalter (± 5° C) gesättigter Chlorammoniumlösung versetzt und mittels eines Glasstabes mit abgeplattetem Ende zerknetet und zerdrückt. Nach genau 2 Minuten Kneten wird die Chlorammonlösung durch einen Glasfiltertiegel abgegossen. Das Auswaschen durch Kneten wird hiernach noch dreimal 2 Minuten mit frischer Chlorammonlösung wiederholt, nachdem man die in den Glasfiltertiegel geratenen Xanthogenatbröckchen wieder in die Stöpselflasche gespült hatte. Dann wird das ausgewaschene Xanthogenat, das nunmehr von Trithiokarbonat befreit ist, auf dem Glasfilter gesammelt und die Chlorammonlösung abgesaugt, wobei nur wenig Luft durchgesaugt werden darf.

Das Xanthogenat wird hierauf in 50 cm³ 0,5n Natronlauge gelöst. Man neutralisiert mit 1,5n Essigsäure auf Phenolphthalein. Die Lösung wird darauf unter kräftigem Rühren in ein Becherglas gegossen, worin man eine bekannte Menge 0,1n Jodlösung (Überschuß) mit ca. 10 cm³ 1,5 n Essigsäure in ± 250 cm³ dest. Wasser vorgelegt hat. Unter Verwendung von Stärkelösung titriert man mit 0,1n Natriumthiosulfatlösung zurück. Nach dem Entfärben setzt man einen bekannten Überschuß 0,1n Natriumthiosulfatlösung zu und titriert wieder mit 0,1n Jodlösung bis zur bleibenden Blaufärbung. 1 J entspricht 1 Xanthogenatgruppe, gemäß der Gleichung

$$2\,J + R{-}O{-}CS\cdot SNa \rightarrow R{-}O{-}CS{-}SS{-}CS{-}O{-}R + 2\,NaJ$$

(R bedeutet den Zelluloserest)

Das Auflösen des Xanthogenates. Die Viskose entsteht durch Auflösen des Xanthogenates in Natronlauge. Das Xanthogenat ist wasserlöslich, man könnte daher als Lösungsmittel Wasser verwenden, jedoch erhält man auf diese Weise keine spinnbare Lösung, da eine wässerige Xanthogenatlösung infolge rasch eintretender Hydrolyse zu unbeständig ist. Meist wird die Natronlauge in einer Konzentration von 4% angewandt, so daß sich in der fertigen Lösung unter Berücksichtigung des Ätznatrongehaltes eine Alkalikonzentration von etwa 7% einstellt.

Über den Lösungsvorgang des Xanthogenates hat man in der letzten Zeit ziemlich klare Vorstellungen, nachdem sich die frühere Auffassung, es handle sich um eine chemische Verbindung mit dem Lösungsmittel, als nicht haltbar erwiesen hat[3]. Vielmehr hat sich die schon früh von BERL und BITTER[4], MIRLAS[5], ECKERT und HAUAN[6] sowie anderen Forschern vertretene Auffassung durchsetzen können. Hiernach handelt es sich beim Lösungsvorgang des Xanthogenates in Natronlauge um eine unbegrenzte Quellung. Zu dieser Frage haben KÜHNEL[7], JURISCH[8], SCHRAMEK und SCHWARZ[9], BREDÉE[10], STÖCKLY[11] und andere Forscher wertvolle Beiträge geliefert.

[1] JENTGEN: Laboratoriumsbuch, S. 53. — [2] BREDÉE: Kolloid-Z. **94**, 85 (1941).

[3] RASSOW u. ÄHNELT: Cellulosechem. **11**, 169 (1929). — [4] BERL u. BITTER: Cellulosechem. **7**, 137 (1926). — [5] MIRLAS: Kunstseide **16**, 348—351 (1935).

[6] ECKERT u. HAUAN: Klepzigs Textil-Z. **41**, 205 (1938).

[7] KÜHNEL: Kunsts. u. Zellw. **21**, 369, 394 (1941).

[8] JURISCH: Kunsts. u. Zellw. **22**, 346 (1941).

[9] SCHRAMEK u. SCHWARZ: Monatsschr. f. Textilind. **56**, 11 (1941).

[10] BREDÉE: Kolloid-Z. **94**, 81 (1941). — [11] STÖCKLY: Kolloid-Z. **104**, 197 (1943).

Verfolgt man die Viskosität einer Viskoselösung in Abhängigkeit von ihrem Alter, so findet man, wie im nächsten Kapitel noch näher ausgeführt wird, in der ersten Zeit einen steilen Viskositätsabfall. Es wurde beobachtet, daß die Viskosität noch schneller abfällt, wenn mit größeren Mengen Schwefelkohlenstoff sulfidiert oder wenn der Lösungsvorgang mechanisch unterstützt wurde. Nach CENTOLA[1] kann dieser Befund nur durch eine Dispergierung von Molekülen erklärt werden. Diese Dispergierung wird dadurch ermöglicht, daß sich das Reaktionsgleichgewicht insofern verschiebt, als sich aus den in den amorphen Faserbereichen vorliegenden stärker sulfidierten Molekülen Schwefelkohlenstoff abspaltet, der dann in dem schon kurz angedeuteten Sinne beginnt, sich mit noch nicht oder nicht ausreichend sulfidierten Molekülketten aus geordneten Gitterbereichen umzusetzen, wodurch auch bei diesen Ketten die Hydrophilie bis zur Löslichkeit erhöht wird. CENTOLA konnte dies dadurch beweisen, daß er einer mit einem Überschuß an Schwefelkohlenstoff sulfidierten Viskose Alkalizellulose (aus Hydratzellulose hergestellt) zusetzte. Er fand hierbei, daß die nicht sulfidierte Alkalizellulose in der Viskose allmählich löslich wurde.

Eingeleitet wird diese Reaktion, die man auch als Nachsulfidierung bezeichnen könnte, dadurch, daß sich in dem frisch bereiteten Xanthogenat immer ein kleiner Betrag an freiem Schwefelkohlenstoff befindet. Nach HERMANS[2] kann dies dadurch nachgewiesen werden, daß man ein indifferentes Gas durch die frische Viskose leitet und daß dieses Gas nach dem Durchleiten kleine Mengen Schwefelkohlenstoff enthält. Allerdings reagiert dieser Schwefelkohlenstoff auch mit der Natronlauge in der Seite 304 geschilderten Weise, doch fand WEELDENBURG[3], daß auch die sich zwischen Schwefelkohlenstoff und Natronlauge abspielenden Nebenreaktionen als Gleichgewichtsreaktionen aufzufassen sind, so daß also auch aus diesen Reaktionen Schwefelkohlenstoff für die „Nachsulfidierung" zur Verfügung steht. Dieser Befund ist wichtig für das Verständnis der Reifeerscheinungen bei der Viskose, auf die im nächsten Kapitel näher eingegangen wird.

STÖCKLY schildert den Lösungsvorgang in seiner ersten Phase als ein ausgedehntes Quellen. Die Auflösung der geordneten Gitterbereiche durch ausgleichende Sulfidierung ist nach STÖCKLY aber an die vorausgegangene Alkalisierung gebunden, und zwar insofern, als eine Lösung nur möglich ist, wenn die Alkalikonzentration in dem System oberhalb einer bestimmten Grenzschwelle liegt, was in technischen Viskosen aber der Fall ist. Die Nachsulfidierung erfolgt längs der einzelnen Ketten, die dadurch nach und nach ihren Zusammenhalt verlieren und sich weiter voneinander entfernen. Hierbei lagern sie nach Maßgabe des zur Verfügung stehenden Lösungsmittels fortgesetzt Wasser an. Der im 15. Kap. noch zu beschreibende strukturelle Zustand der Viskose zwingt hierbei zu der Annahme, daß die Ketten aus den gitterförmigen Bereichen aber vorerst ihre Orientierung beibehalten. Sie können nach erfolgter Umhüllung mit Solvatwasser somit auch als Molekülassoziationen („Kettenmischkörper" nach STÖCKLY) aufgefaßt werden. Ihre weitere Dispergierung kann dann nach STAUDINGER[4] auch auf einer Entladung der Xanthogenationen durch die Lauge beruhen.

[1] CENTOLA: Atti X. Congr. intern. chim. Roma, Vol. IV, **117**, 129, 138, 722, 728 (1938).
[2] HERMANS: Physics and Chemistry of Cellulose Fibres, S. 339.
[3] WEELDENBURG: Diss. Delft 1927; Rec. trav. chim. Pays-Bas **47**, 496 (1928); **49**, 1180 (1930). — [4] STAUDINGER: Ref. bei BREDÉE: Kolloid-Z. **94**, 81 (1941). — STAUDINGER u. ZAPF: J. prakt. Chem. **156**, 261 (1940).

Die geschilderte Auffassung vom Lösungsvorgang des Xanthogenates in Natronlauge läßt sich auch mikroskopisch verfolgen. So fanden SCHRAMEK[1] sowie auch JURISCH[2] beim Lösen des Xanthogenates charakteristische Quellungsbilder, die stark an die Quellung von Baumwolle, beispielsweise in Kupferoxydammoniak, erinnern, und wobei auch die biologische Struktur der Zellwände noch eine Rolle spielt. SCHRAMEK fand in der ersten Phase spiralige Quellungsbilder, die von den bandförmig angeordneten Zellulosefibrillen in der Zellwand herrühren. Bei schlecht reaktionsfähigen Zellstoffen sowie nicht ausreichender Sulfidierung treten die gefürchteten Quellkörper auf, die die Filtrationsschwierigkeiten der Viskose verursachen. Bei einem ausreichend sulfidierten Xanthogenat schwindet demgegenüber in der ersten Phase des Lösungsvorganges die biologische Struktur gleichmäßig fortschreitend, wie von EISENHUT[3] sowie KÜHNEL[4] gezeigt wurde.

Der Dispergierungsvorgang, der durch Rühren noch beschleunigt werden kann, setzt sich solange fort, bis das durch die Sulfidierungsgleichung auf Seite 298 zum Ausdruck gebrachte Reaktionsgleichgewicht im ganzen System erreicht ist. Die höchst mögliche Dispergierung der Moleküle ist durch den tiefsten Punkt der im nächsten Kapitel noch näher zu beschreibenden Viskositätskurve gekennzeichnet.

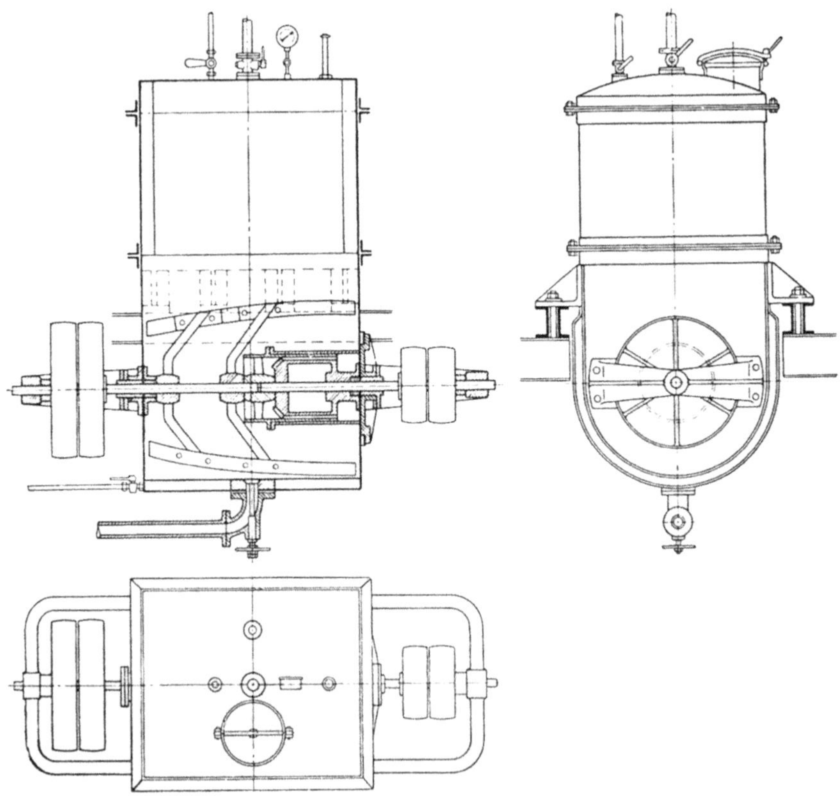

Abb. 186. Xanthogenatlöser mit liegendem Rührwerk der Fa. Maschinenbauanstalt Pirna.

[1] SCHRAMEK: Cellulosechem. **20**, 38 (1947).
[2] JURISCH: Jentgens Kunsts. u. Zellw. **22**, 346 (1940).
[3] EISENHUT: Cellulosechem. **19**, 45 (1941). — [4] KÜHNEL: Cellulosechem. **19**, 52 (1941).

Die Auflösung des Xanthogenates in der Natronlauge wird auch in der Praxis mechanisch unterstützt. Zu diesem Zwecke sind die Lösegefäße mit Rühr- oder Knetwerken ausgestattet. Es sind verschiedene Konstruktionen im Gebrauch. Abb. 186 gibt ein Beispiel für einen Löser mit horizontal wirkendem Rührwerk, Abb. 187 zeigt einen solchen mit vertikal arbeitendem Rührwerk. Abb. 188 zeigt eine Batterie von Lösern in einem großen Zellwollwerk. Für die Zellwollfabriken werden heute besondere „Großlöser" gebaut. Sie haben normalerweise ein Fassungsvermögen von 60···70 m³. Es handelt sich sowohl um liegende als auch stehende Apparaturen. Bei einer Konstruktion der Firma *Wegelin u. Hübner A.G.* handelt es sich z. B. um stehende Kessel mit kräftigem Boden, der die Rührwerkseinrichtung trägt. Die Rührwirkung wird durch nahe übereinanderliegende Armkreuze mit je 4 Armen, von denen 2 bis nahezu an die Innenwand reichen, bewirkt. Das oberste Rührkreuz liegt 50 mm unter dem Flüssigkeitsspiegel. Die Drehzahl beträgt 15···25 in der Minute. An der Behälterwand sind stillstehende Rechen angebracht, die zwischen die Armkreuze greifen und die als Knollenbrecher wirken. Der Behälter geht unten in einen konischen Teil über, der gleichfalls von dem Rührwerk erfaßt wird.

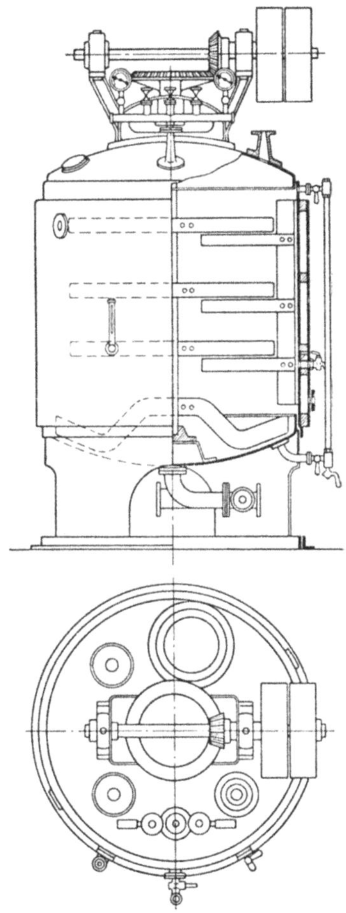

Abb. 187. Xanthogenatlöser mit stehendem Rührwerk der Fa. Maschinenbauanstalt Pirna.

Ebenso wie die Zerfaserer und Baratten sind auch die Löser mit einer doppelten Wandung ausgestattet, damit durch Kühlwasser die beim Auflösen entstehende Wärme abgeführt werden und die Temperatur während der ganzen Lösedauer konstant gehalten werden kann. Man arbeitet meist so, daß man die Löser mit der erforderlichen Menge Natronlauge füllt und dann das Xanthogenat unter Rühren einträgt. Vorher wird die Natronlauge auf 3···4° unter die vorgeschriebene Anfangstemperatur heruntergekühlt. Beim Eintragen des Xanthogenates stellt sich dann die richtige Temperatur ein. Bei gereifter Alkalizellulose wird soviel Alkalizellulose zugefügt, daß die Konzentration der Zellulose in der Viskose 7···8% beträgt. Bei ungereifter oder nur kurz gereifter Alkalizellulose muß man zur Erzielung einer brauchbaren Spinnviskosität auf 5···4% heruntergehen.

Das Auflösen des Xanthogenates hat sehr sorgfältig zu erfolgen, damit keinerlei Teilchen in die Viskose gelangen, die nur teilweise gelöst sind. Im allgemeinen ist nach einer halben Stunde die Hauptmenge des Xanthogenates gelöst. Es ist dann noch für eine gleichmäßige Mischung des Löserinhaltes Sorge zu tragen. Zu diesem Zwecke saugt man durch eine Zahnradpumpe (Abb. 189 und 190) das Gemisch am Boden des Lösers ab und pumpt es oben wieder ein. Zum Rühren kommt also noch

Abb. 188. Batterie von Lösern (Mischern). Ansicht aus einem Werk der Snia Viscosa.

Abb. 189 Viskoseförderpumpe der Fa. Fr. August Neidig Söhne, Mannheim.

Abb. 190. Viskoseförderpumpe der Fa. Fr. August Neidig Söhne, Mannheim.

ein Fließen der Lösung hinzu. Um den Lösungsvorgang zu beschleunigen, kann man in die Rohrleitung, die zur Zirkulation der Lösung dient, hinter der Pumpe sog. Viskose-Zerreiber einbauen. Abb. 191 zeigt einen mit einer Pumpe gekuppelten Zerreiber. Der Zerreiber der Fa. *August Neidig Söhne*, Mannheim, besteht im wesentlichen aus einigen mit verschieden großen Lochungen versehenen Mahlplatten, hinter denen ein unter stärkerem Federdruck stehender Reibteller angeordnet ist. Während der Reibteller ständig umläuft, rotieren die Mahlplatten nur zeitweise. Die Federbelastung des Reibtellers läßt erst dann durch einen bei ruhender Maschine dicht geschlossenen Spalt Viskose austreten, wenn die Viskose durch die Zubringerpumpe oder durch Vordruck des Entnahmekessels mit einem Druck von $1^1/_2$ bis 3 Atm. in den Zerreiber gepreßt wird. Hierdurch lüftet sich der Teller um Bruchteile eines Millimeters. Der Ringspalt läßt also nur noch Knöllchen dieser Abmessung hindurchtreten. Die durchgetretenen Teilchen werden dann aber noch durch den sich drehenden Teller zwischen den Flächen des Ringspaltes vollständig zerrieben, so daß eine homogene Lösung entsteht.

Abb. 192 zeigt die Xanthatmühle der Fa. *Maschinenfabrik Gustav Eirich*, Hardheim, die denselben Zwecken dient. Auch diese Apparatur wird in die Zirkulationsleitung eingeschaltet. Sie besteht aus einem senkrecht stehenden, flachen, zylindrischen Gehäuse, in dem sich ein Schaufelrad dreht, das die seitlich in der Mitte eingeführte Lösung nach außen schleudert, wo sie zwischen den Rändern des Schaufelrades einen am Gehäuse angebrachten Zahnkranz zu passieren hat. Die Apparatur hat sich gut bewährt und ist vielfach in Gebrauch.

Um einen schnelleren Fluß der zu lösenden Viskose durch den Betrieb herbeizuführen, hat es sich als zweckmäßig erwiesen, die Lösung nicht, wie oben beschrieben, nach Passieren der Mühle wieder in den gleichen Mischer zu pumpen, sondern die Mischer gruppenweise zusammenzustellen. Es ergibt sich dann folgende Arbeitsweise: Das Xanthogenat wird in einem ersten Mischer (Vormischer) gelöst, wozu eine Zeit von $^1/_4$ Stunde ausreichend ist. Dann fördert man die Lösung in die Mühle und leitet sie von dort in eine zweite, gleich gebaute

Abb. 191. Zahnradpumpen-Zerreibergruppe Typ Mana 5/2W der Fa. Fr. August Neidig Söhne, Mannheim.

Abb. 192. Xanthatmühle der Fa. Gustav Eirich, Hardheim.

Abb. 193. Turbomixer der Fa. Dobson und Barlow Ltd., Bolton.

Mischergruppe (Nachmischer), die entsprechend größer dimensioniert wird, um sie hier noch längere Zeit durch Rühren zu homogenisieren. Hierfür wird eine Zeit von $1^3/_4$ Stunden benötigt. Man bekommt auf diese Weise die erste Mischergruppe schnell wieder für einen neuen Ansatz frei.

Durch das Einschalten der Zerreiber bzw. der Xanthatmühlen kann somit die Gesamtlösezeit von 4···5 Stunden auf 2 Stunden verkürzt werden.

Eine Kombination zwischen Zerreiber und Lösegefäß stellen die sog. „Turbomixer" der Firma *Dobson und Barlow Ltd.*, Bolton, dar. Sie sind in Abb. 193 dargestellt. Bei dieser Apparatur ist die Zerreiber-Vorrichtung unterhalb des Lösegefäßes angebaut und das mit Lauge versetzte Xanthogenat wird durch dieses Aggregat hindurchgepreßt.

b) Sulfidieren und Lösen in einheitlichen Apparaturen.

Für diese Arbeitsweise haben sich zwei Maschinentypen eingeführt, nämlich

der Vakuum-Xanthat-Kneter und
die Simplex-Xanthat-Maschine.

Beide Apparaturen werden von der Maschinenfabrik *Werner und Pfleiderer*, Stuttgart-Feuerbach, gebaut.

Der Vakuum-Xanthat-Kneter. Die Maschine (Abb. 194) besteht aus einem viereckigen Trog, der in seiner unteren Hälfte als zwei Halbzylinder ausgebildet ist, in

Abb. 194. Vakuum-Xanthatkneter der Fa. Werner u. Pfleiderer, Stuttgart.

denen sich zwei horizontale Knetflügel drehen. Die Knetflügel ähneln den bei den üblichen Zerfaserern verwendeten, besitzen jedoch keine Zähne. Sie sind in ihrer Drehrichtung umkehrbar, was durch automatische Steuerung erreicht wird. Der vordere Knetflügel macht etwa 23, der hintere 16 Umdrehungen in der Minute. Der Trog ist durch einen Deckel abgeschlossen, von dem ein Teil zum Einfüllen der Charge hochgeklappt werden kann, oder der einen Stutzen trägt, an den eine Rohrleitung für pneumatischen Transport der Alkalizellulose angeschlossen ist. Der Deckel trägt ein Druck- und Vakummanometer sowie einen Entlüftungsstutzen, der an einen Exhaustor angeschlossen werden kann. Im Inneren befindet sich oberhalb des Sattels zwischen den beiden Halbzylindern der Schaft eines Fernregistrierthermometers. Oberhalb der Knetflügel ist ein vertikal arbeitendes Rührwerk angeordnet, das durch einen auf dem Deckel des Apparates sitzenden Motor angetrieben wird.

Das Rührwerk kann während des Betriebes gehoben und gesenkt werden, so daß in allen Schichten eine gute Homogenisierung und Durchmischung gewährleistet ist. Die Tourenzahl des Rührwerkes beträgt etwa 100 in der Minute.

Die gemahlene und vorgereifte Alkalizellulose wird bei einer Temperatur von 21···23° C in die mit Sole gekühlte Maschine eingetragen und auf etwa 16···18° C heruntergekühlt. Hierbei wird der Apparat evakuiert. Nach etwa 10 Minuten läßt man bei nach innen laufenden Schaufeln den Schwefelkohlenstoff zufließen. Hierfür wird eine Zeit von 10 Minuten benötigt. Nunmehr wird sulfidiert, wobei die Knetflügel jeweils 13 Minuten nach innen und 2 Minuten nach außen laufen. Die Kühlung durch die Sole wird hierbei abgestellt. Die Sulfidierungsdauer beträgt etwa 1 Stunde und 30 Minuten. Während dieser Zeit steigt die Temperatur auf 28° C an. Den Endpunkt der Sulfidierung stellt man durch Kontrolle der Zeit und Temperatur fest. Nach dem Sulfidieren wird die Kühlung wieder angestellt und die Apparatur zur Entfernung des überschüssigen Schwefelkohlenstoffes entlüftet. Dann läßt man Luft einströmen. Das Ent- und Belüften dauert etwa 10 Minuten. Nunmehr erfolgt die Auflösung des Xanthogenates. In diesem Falle arbeitet man jedoch nicht mit Löselauge, sondern mit Wasser und entsprechend konzentrierter Natronlauge, beispielsweise solcher von der Konzentration der Tauch- bzw. Maischlauge, und zwar läßt man stets zuerst das Wasser zufließen. Das unmittelbare Auflösen in Natronlauge hat sich nicht bewährt, da hierdurch im Kneter eine schleimige Reaktionsmasse entsteht, die nur schwer in Lösung geht. Bei einem Einsatz von 230 kg Zellulose (entsprechend 710 kg Alkalizellulose) benötigt man 350 Liter Natronlauge von 18,5% und 1550 Liter Wasser. Zur Vermeidung von Knollenbildung läßt man die Lauge und das Wasser während eines Zeitraumes von 3 Stunden portionsweise zufließen.

Es ist aber auch eine andere Arbeitsweise in Gebrauch: Hiernach sulfidiert man nicht trocken bis zur Beendigung der Reaktion, sondern man gibt etwa nach der halben Reaktionszeit schon etwas Wasser und Lauge zu und sulfidiert auf diese Weise naß fertig („Naß-Sulfidierung"). Man erhält bei dieser Arbeitsweise gegen Ende der Sulfidierungszeit allerdings ein teigförmiges Reaktionsprodukt, das schwer knetbar ist. Es entsteht jedoch hierbei ein besseres Xanthat.

Während des Lösens wird auf die Temperatur gekühlt, bei der die Viskose zur Reife kommen soll. Während des Lösens ist auch das vertikale Rührwerk in Betrieb. Nach beendeter Lösung und Homogenisierung wird ein am Boden des Apparates befindliches Ventil geöffnet, durch das die Viskose mit Hilfe einer Zahnradpumpe weggepumpt wird.

Beim Arbeiten mit dem Kneter ist es hin und wieder zu Explosionen gekommen. Sie können durch Funkenbildung entstehen, wenn Eisenteile mit der Alkalizellulose in den Kneter geraten sind. Eine Explosion kann dann in dem Augenblick erfolgen, wenn der Teig so zähe geworden ist, daß er nicht mehr den Trog des Kneters vollkommen ausfüllt. Aus Sicherheitsgründen läßt man die in den Kneter zu gebende Alkalizellulose daher stets über einen Magnetscheider laufen.

Die Simplex-Xanthat-Maschine. Diese Neukonstruktion hat gegenüber dem Xanthatkneter eine Reihe von Vorteilen. Neben einer erheblich leichteren Konstruktion ist der Kraftbedarf wesentlich geringer. Er beträgt für eine Maschine von

8,5 m^3 Fassungsvermögen, was einem Eintrag an trocken gedachter Zellulose von etwa 660 kg entspricht, nur 15 kW, während der Xanthatkneter bei einer annähernd entsprechenden Leistung allein für den Antrieb des horizontalen Knetwerkes einen Motor von 90 kW benötigt. Außerdem ist das Misch- und Rührorgan so ausgebildet, daß eine homogenere Viskose entsteht. Nachdem sich beim Arbeiten mit dem Kneter gezeigt hat, daß es wesentlich günstiger ist, die Reaktionspartner innig durchzumischen, statt die Alkalizellulose mit dem Schwefelkohlenstoff durchzukneten, ist das Rührorgan bei der Xanthatmaschine in erster Linie auf eine intensive Mischwirkung eingestellt. Trotzdem wird die Alkalizellulose während der Sulfidierung locker und gasdurchlässig gehalten, so daß Gewähr für eine gründliche Sulfidierung eines jeden Zelluloseteilchens gegeben ist.

Die Sulfidierung ist normalerweise in etwa 60 Minuten beendet. Dann wird das Wasser-Lauge-Gemisch sehr rasch zugegeben und das Xanthogenat bei erhöhter Drehzahl des Mischwerkes zu einer homogenen Maische aufgeschwemmt.

Diese Maische wird nun aus der Xanthatmaschine abgezogen und durch eine Passierzentrifuge geleitet. Es handelt sich hierbei um ein besonders wirksames Zerkleinerungsgerät. Die Maische fließt in die sich horizontal drehende Zentrifuge, in die drei Reib- und Siebeinsätze sowie Stoffdurchtreiber eingebaut sind. Sie wird durch einen unten hängenden Motor von etwa 40 kW angetrieben, der jedoch mit dieser Leistung nur zu Anfang des Passiervorganges in Anspruch genommen wird. In dieser Passierzentrifuge wird die Mischung zerrieben und kontinuierlich homogenisiert. Der Passiervorgang nimmt für die ganze Füllung der Xanthatmaschine höchstens 10 Minuten in Anspruch, so daß auf eine Passierzentrifuge mehrere Xanthatmaschinen geschaltet werden können.

Abb. 195. Simplex-Xanthat-Maschine der Fa. Werner u. Pfleiderer, Stuttgart.

Von der Passierzentrifuge gelangt die Mischung in einen üblichen Blender, in dem eine Nachlösung stattfindet, für die eine Zeit von 30 ··· 45 Minuten genügt. Der Gesamtarbeitsvorgang einschließlich Füllen, Evakuieren, Sulfidieren, Aufschwemmen und Passieren nimmt höchstens 2 Stunden in Anspruch, so daß täglich zahlreiche Ansätze durchgeführt werden können.

Abb. 195 zeigt die Ansicht einer Simplex-Xanthat-Maschine, Abb. 196 eine etwas kleinere Apparatur mit zwei davorgebauten Passierzentrifugen.

c) Alkalisieren, Sulfidieren und Lösen in einem Arbeitsgang („Direkt-Viskose").

Vorschläge, Viskose in einer einheitlichen Apparatur herzustellen, sind schon sehr früh gemacht worden. Nach TILMANY[1] soll in einer Apparatur, die den normalen

[1] TILMANY: DRP. 328035.

Zerfaserern ähnelt, Zellstoff mit Natronlauge vermahlen werden. Nach genügender Zermahlung wird bei höherer Temperatur Schwefelkohlenstoff zugegeben. Das fertige Xanthogenat soll in der gleichen Apparatur anschließend in Natronlauge gelöst weden.

LECLAIRE[1] beschrieb einen Kessel mit besonders wirksamen Knet- und Mischwerken, in denen der Zellstoff zermahlen und gleichzeitig mit Natronlauge und Schwefelkohlenstoff in das Xanthogenat übergeführt werden soll, das dann anschließend in der gleichen Apparatur gelöst wird.

Abb. 196. Xanthatmaschine mit vorgebauten Passierzentrifugen der Fa. Werner u. Pfleiderer, Stuttgart.

LILIENFELD[2] hat gefunden, daß man in einer einheitlichen Apparatur eine brauchbare Viskose erhält, wenn man die Behandlung der Zellulose bei sehr niedriger Temperatur vornimmt. Nach der Patentschrift wird Zellulose zunächst mit verdünnter Natronlauge und dann mit Schwefelkohlenstoff ($^2/_3$ Mol auf 1 $C_6H_{10}O_5$) bei Temperaturen zwischen 0 und —25° C durchgeknetet. Schon nach etwa 30 Minuten soll ein lösliches Xanthat erhalten werden. Ein ähnliches Verfahren beschreibt KLEIN[3]. Hiernach soll die Temperatur jedoch bis zu $\pm 5°$ C betragen können.

Diese Verfahren haben sich nicht bewährt, da sie nicht die Gewähr für die Erzielung einer einwandfrei spinnbaren Viskose boten. Ein Grund dafür liegt darin, daß der Polymerisationsgrad der Zellulose zu hoch liegt, da die Verfahren keine Vorreife in sich schließen.

Bemerkenswerterweise wurde dies schon von TILMANY erkannt, der deshalb vorschlug, die erste Phase, also die Alkalisierung, in Gegenwart Sauerstoff abgebender Substanzen, beispielsweise Peroxyden, durchzuführen. In dieselbe Richtung deutet eine Patentschrift der *Vereinigte Glanzstoff-Fabriken A.G.*[4], in der ausgeführt wird, daß nur verspinnbare Viskosen erhalten würden, wenn es sich um sehr energisch gebleichte Zellstoffe handle. Bei diesen Verfahren wird also eine chemische Vorreife empfohlen, wie sie schon in einem anderen Zusammenhang geschildert war.

Ohne Kenntnis der Polymerisationsgrade der Zellulose und der Wirkung des Abbaues bei der Vorreife wurde von PLAUSON[5] sowie von der *Dispersoid Syndicate Ltd.*[6] gefunden, daß man zu brauchbaren Viskosen kommen kann, wenn man die Zellulose sehr fein, beispielsweise in einer Kolloidmühle, zermahlt.

---

[1] LECLAIRE: Franz. Pat. 402804; Brit. Pat. 20593. — [2] LILIENFELD: DRP. 523271.
[3] KLEIN: Franz. Pat. 677442. — Vgl. hierzu auch das Franz. Pat. 685911 der I. G. Farbenindustrie Aktiengesellschaft. — [4] Vereinigte Glanzstoff-Fabriken A.-G., Brit. Pat. 351401.
[5] PLAUSON: Brit. Pat. 184533. — [6] Dispersoid Syndicate Ltd.: Franz. Pat. 579048.

Aus den genannten Verfahren schälen sich somit zwei Arbeitsweisen heraus, die Aussicht auf Erfolg versprechen, nämlich eine Alkalisierung unter weitgehender mechanischer Zerkleinerung und eine oxydative Alkalisierung. Beide Wege sind bis auf den heutigen Tag weiterverfolgt worden. Es kann noch nicht gesagt werden, welcher Arbeitsweise der Vorzug zu geben ist. Auf den ersten Blick erscheint die letztere wirtschaftlicher und auch zweckmäßiger, da sie wesentlich weniger Kraft benötigt und auch einfachere Apparaturen beansprucht.

Mechanische Depolymerisation. Das Mahlen der Zellulose kann sowohl trocken als auch naß in den verschiedenartigsten Aggregaten vorgenommen werden. Je nach Art der Mahlung erhält man die verschiedensten Formen des Mahlgutes, die sich wesentlich durch ihre Eigenschaften unterscheiden. Die weitestgehende Veränderung erfährt nach Untersuchungen von HESS, STEURER und FROMM[1] die Zellulose durch Behandlung in einer Schwingmühle. Es erfolgt hierbei in einer ersten Phase eine Aufspaltung der Zellulose in Fibrillen und bei längerer Mahldauer eine völlige Zerstörung des Gitterbaues, wie röntgenographische Untersuchungen zeigten[2]. Daneben findet aber auch eine Veränderung statt, die derjenigen durch Hydrolyse, Oxydation und Erhitzung weitgehend entspricht.

Verfolgt man die Viskosität von Lösungen des Mahlgutes nach verschieden langen Zeiten, so findet man in den ersten Stunden einen steil abfallenden Rückgang der Viskosität, der bis auf etwa die Hälfte geht. Nach einer Mahldauer von 20 Stunden wird hinsichtlich der Zerkleinerung ein Endzustand erreicht. Die mechanische Zertrümmerung bewirkt eine erhebliche Zunahme der Quellbarkeit und Löslichkeit des Mahlgutes.

Bei der mikroskopischen und röntgenographischen Verfolgung des Mahlvorganges zeigt sich in den ersten Phasen eine weitgehende Zerstörung der biologischen Faserstruktur und schließlich eine vollkommene Aufhebung der Gitterstruktur. Beim nassen Mahlen gibt sich das Röntgenogramm der Hydratzellulose zu erkennen.

Was die Veränderung der Polymerisationsgrade anbetrifft, so fanden HESS und Mitarbeiter, daß bei der Trockenmahlung in der Schwingmühle ein Abbau von 1000 auf etwa 250 erfolgt. Der Abbau ist also sehr weitgehend. Bei nasser Mahlung ist die Wirkung geringer; hierbei wurde ein Abbau bis auf einen Polymerisationsgrad von etwa 400 gefunden.

Diese Versuche haben somit erwiesen, daß es durch mechanische Zertrümmerung möglich ist, einen Zellstoff hinsichtlich des Polymerisationsgrades für die Xanthogenatreaktion hinreichend vorzubereiten.

Die der Praxis zur Verfügung stehenden Mahlgeräte sind nun aber verständlicherweise nicht so wirkungsvoll wie eine Schwingmühle. Nach Untersuchungen von LÖBERING[3] führen Mahlungen mit technischen Geräten bei einer Stoffdichte von 8% und einer Mahldauer von 4 Stunden zu einem Abfall des Polymerisationsgrades von etwa 1100 auf etwa 900. JUNG[4] fand bei drei Zellstoffen die in Tab. 68 wiedergegebenen Werte.

Demnach wird durch die bisher der Technik zur Verfügung stehenden Mahlgeräte durchschnittlich ein Molekülabbau von etwa 60% des Ausgangspolymerisations-

[1] HESS, STEURER u. FROMM: Kolloid-Z. **98**, 148 (1942).
[2] HESS, KIESSIG u. GUNDERMANN: Z. physik. Chem. (B) **49**, 64 (1941).
[3] LÖBERING: Kolloid-Z. **98**, 186 (1942).
[4] JUNG: Kolloid-Z. **98**, 192 (1942).

grades erreicht. Die Teilchen werden hierbei bis auf eine Größe von 20 μ zerkleinert; sie lassen keine biologische Struktur mehr erkennen.

Nach LÖBERING soll diese Mahlung aber ausreichend sein, um mit Schwefelkohlenstoff und Natronlauge gemischt eine verspinnbare Viskose zu geben. Bei dem hierauf fußend entwickelten Viskoseherstellungsverfahren[1] wird die Zellulose mit der für die Viskose erforderlichen Menge Natronlauge naß vermahlen, wobei nur diejenige Konzentration angewandt wird, die der Alkalikonzentration der fertigen Viskose entspricht. Dann wird Schwefelkohlenstoff zugegeben, worauf man nach genügendem Vermischen die fertige Viskose erhält. Als zweckmäßig hat es sich erwiesen, den Schwefelkohlenstoff in Natronlauge emulgiert[2] dem Alkalizellulosebrei zuzugeben.

Tabelle 68. *Einfluß der Mahlung auf den Polymerisationsgrad. Stoffdichte* 8%; *Mahldauer* 4h. (Nach JUNG.)

Zellstoff	Polymerisationsgrad vorher	Polymerisationsgrad nachher
I	1500	990
II	1050	610
III	350	250

Chemische Depolymerisation. Die von LÖBERING mitgeteilten Beobachtungen sind insofern auffallend, als die Bildung einer einwandfreien Xanthogenatlösung im allgemeinen einen weitergegangenen Abbau des Zellulosemoleküls voraussetzt. Es ist allerdings nichts darüber veröffentlicht, ob nicht bei dem oben geschilderten Verfahren doch chemische Mittel gleichzeitig zu Hilfe genommen worden sind. Eine Reihe von Werken beschäftigt sich daher zur Zeit mit Versuchen, die Wirkung des Mahlvorganges durch chemische Mittel zu unterstützen, sowie weitergehend durch Zusatz chemischer Mittel den Mahlvorgang überflüssig zu machen. Nach Lage der Dinge kommen Oxydationsmittel in Frage, die dem Alkalizellulosebrei zugesetzt werden. Diese Versuchsrichtung läuft auf die chemische Vorreife hinaus, die an anderer Stelle beschrieben war. Veröffentlichungen über diesen Gegenstand sind bisher nicht erfolgt.

Für die praktische Durchführung dieser Verfahren eignet sich z. B. auch der Xanthatkneter. Nach BADER und KÖNIG kann man wie folgt arbeiten:

Lufttrockene Zellstoffblätter werden in einem Zellstoffreißer, wie er beispielsweise von der Firma *Nik. Andr. Breuer*, Düsseldorf, gebaut wird, zu handtellergroßen Stücken zerrissen und unmittelbar in einen Xanthatkneter gebracht. Es wird, wenn nicht gleichzeitig chemisch gereift wird, ein Zellstoff verwendet, der schon in der Zellstoff-Fabrik auf einen Polymerisationsgrad von 420···450 abgebaut war. Während des Füllens läßt man das Knetwerk auseinanderlaufen.

In einem geschlossenen Gefäß mit einem zentral eingebauten Propeller- oder Turborührwerk, das bis unmittelbar auf den Boden des Gefäßes reicht, wird während der Füllung des Kneters eine Schwefelkohlenstoff-Emulsion hergestellt. Dies geschieht auf folgende Weise: Man gibt zunächst in das Gefäß einen geeigneten Emulgator, beispielsweise Praestabitöl V, und zwar eine Menge, die 1% der einzusetzenden Menge α-Zellulose entspricht. Bei laufendem Rührwerk läßt man dann 38% Schwefelkohlenstoff (auf α-Zellulose berechnet) in ziemlich starkem Strahl zulaufen, wobei sich eine beständige, schaumige Paste bildet.

[1] Süddeutsche Zellwolle A.G., Kelheim, Belg. Pat. 449631; 449626.

[2] Ein geeigneter Emulgator wurde u. a. von der Chemischen Fabrik Stockhausen & Cie., Krefeld, entwickelt.

In ein zweites, wesentlich größeres Mischgefäß, das ebenfalls mit einem Intensiv-Rührwerk ausgestattet ist, wird soviel geklärte Starklauge gegeben, wie Ätznatron für die gesamte Viskosepartie notwendig ist. Man rechnet mit einem Molverhältnis von $NaOH:C_6H_{10}O_5$ von 0,95:1. Dazu gibt man soviel Wasser, daß aus der vorgelegten Lauge eine Alkalikonzentration von 18% entsteht, wobei das im Zellstoff enthaltene Wasser zu berücksichtigen ist. Die Lauge wird nach gründlichem Mischen auf etwa 18° C heruntergekühlt. Ein kleiner Teil dieser Lauge wird nun in das Mischgefäß, das die Schwefelkohlenstoffpaste enthält, herübergepumpt. Es entsteht durch Rühren eine weiße Schwefelkohlenstoff-Emulsion, die nunmehr in das große Laugenmischgefäß bei laufendem Rührwerk gegeben wird. In diesem verteilt sich nun der Schwefelkohlenstoff zu einer homogenen Emulsion.

Der mit Zellstoff beschickte Kneter wurde inzwischen geschlossen und evakuiert. Durch eine im Kneterdeckel angebrachte Brause läßt man nun das gesamte Lauge-Schwefelkohlenstoff-Öl-Gemisch so zufließen, daß die gesamte Menge in etwa 10 bis 15 Minuten eingelaufen ist. Das Knetwerk wird jetzt in seiner Laufrichtung nach innen umgestellt. Es setzt nun die Sulfidierung gleichzeitig mit der Alkalisierung ein, was sich durch ein Ansteigen der Temperatur zu erkennen gibt. Nach etwa 30 Minuten ist eine Temperatur von 30° C erreicht. Eine weitere Temperatursteigerung wird durch Kühlen verhindert. Das Xanthogenat liegt nun in einer zähen, teigigen Form vor, die sich durch portionsweises Zugeben von Lösewasser in einem Zeitraum von etwa 90 Minuten vollkommen löst. Eine Kneterpartie läßt sich somit einschließlich Füllen, Entleeren und Reinigen der Apparatur in etwa $2^1/_2$ Stunden fertigstellen.

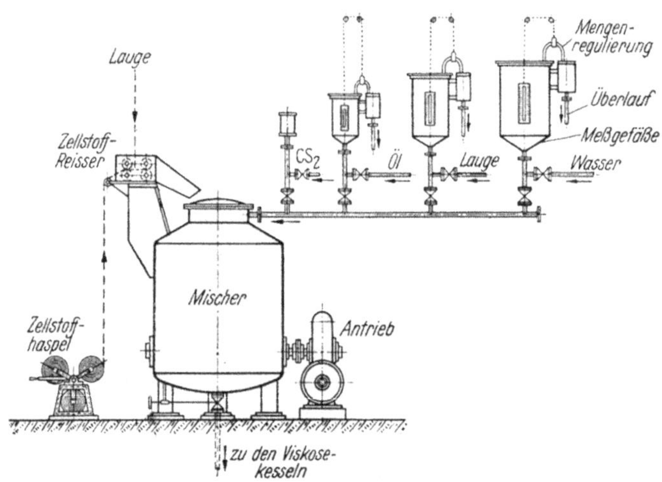

Abb. 197. Apparatur der Fa. A. u. C. Kosik, Kehlheim, zur Herstellung von Direkt-Viskose.

Nachteile dieser Arbeitsweise sind das unwirtschaftliche Alkaliverhältnis von 0,95···1,0:1 sowie die verhältnismäßig große Menge des Emulgators für den Schwefelkohlenstoff. Sie werden jedoch wettgemacht durch folgende Vorteile: Keine umlaufende Alkalisierlauge und infolgedessen auch keine Dialyse, keine Alkalisierpressen, keine Zerfaserer und fast doppelte Leistung der Xanthatmaschinen.

Die beim Bader-König-Verfahren beschriebenen Zusatzapparate zum Kneter werden von der Maschinenfabrik *A. u. C. Kosik*, Kelheim, gebaut. Von der gleichen

Firma wird auch eine komplette Apparatur angeboten, die in Abb. 197 dargestellt ist. Es handelt sich hierbei um einen intensiv wirkenden Mischer, in den die einzelnen Ingredienzien ohne irgendwelche Vormischung gegeben werden sollen.

Von BADER wurden in der letzten Zeit noch wesentliche Verbesserungen erzielt, über die aber noch keine Veröffentlichungen vorliegen.

Faßt man die bisher vorliegenden Beobachtungen zusammen, so sind zwei Probleme zu lösen: Es muß ein technisch zuverlässig und wirtschaftlich wirkendes Mahlgerät entwickelt werden, das zu einem genügend weitgehenden Molekülabbau führt und bzw. oder es muß die oxydative Zerkleinerung so durchgeführt werden, daß ausreichend gleichmäßige Reaktionsprodukte entstehen.

V. Die Prüfung der Xanthogenatlösung.

Bevor die Viskose an die Viskosekessel abgegeben wird, wird eine Probe entnommen. Die Prüfung erstreckt sich auf die Gleichmäßigkeit der Lösung sowie auf ihre Viskosität. Die Zustandsform der Lösung wird auf die Weise festgestellt, daß man einen Tropfen auf eine Glasplatte bringt und ihn durch eine zweite Glasplatte zerdrückt. Es entsteht so zwischen den Glasplatten eine sehr dünne Viskoseschicht, in der ungelöste, faserige Teile sowie Quellkörper gut zu sehen sind. Man kann die Schicht auch unter Vergrößerung betrachten.

Die Viskosität wird mit dem Kugelfallviskosimeter ausreichend genau ermittelt. Man füllt die Viskose in einen Glaszylinder von bestimmter Höhe und läßt eine Stahlkugel von bestimmtem Gewicht durch die Viskoseschicht fallen. Die Fallzeit der Kugel zwischen zwei am Zylinder befindlichen Marken wird mit der Stoppuhr gemessen und ist ein Maß für die Viskosität der Lösung. Bezüglich der Abmessungen der Apparatur siehe Seite 175.

Wenn die Xanthogenatlösung den richtigen Zustand erreicht hat, setzt man die Löser still und fördert die Lösung in die erste Kesselgruppe, die die Viskose aufnimmt.

12. Kapitel.

Die Reife der Viskose (Nachreife).

Frisch hergestellte Viskose ist in dem Zustand, in dem sie den Löser verläßt, unter normalen Bedingungen nicht spinnbar. Sie muß noch einen Reifeprozeß durchmachen. Die Notwendigkeit dieses Reifevorganges bildet für das Viskoseverfahren ohne Zweifel eine erhebliche Erschwerung, da sie durch betriebliche Maßnahmen ganz genau geregelt werden muß, um Abweichungen in der Spinnbarkeit der Viskose und den Eigenschaften der fertigen Faser zu verhüten[1].

Wie bei der Reife der Alkalizellulose, so verlaufen auch bei der Reife der Viskose chemische und kolloidchemische Vorgänge nebeneinander, so daß auch hier die Verhältnisse recht unübersichtlich sind. Es kommt hinzu, daß sich auch bei der Viskosereife Nebenreaktionen in großer Zahl abspielen.

[1] Vgl. ZART: Die Herstellung der Kunstseide- und Stapelfaser. S. 259.

I. Chemische Vorgänge bei der Reife.

Die sich bei der Viskosereife abspielenden Vorgänge sind chemisch dadurch gekennzeichnet, daß sich das Verhältnis von Zellulose und von ihr gebundenem Schwefelkohlenstoff mit zunehmender Reifezeit verschiebt, und zwar zugunsten der Zellulose. Es tritt also während der Reife eine zunehmende Verarmung des Reaktionsproduktes an Sulfthiokarbonatresten und eine Anreicherung an Zellulose ein.

Es ist mehrfach versucht worden, den Reaktionsverlauf in Abhängigkeit von der Reifezeit genauer festzulegen. Die ersten Untersuchungen über diesen Gegenstand sind von HEUSER und SCHUSTER[1] durchgeführt worden. Die Analyse der durch Alkohol nach verschiedenen Reifezeiten aus der Viskose gefällten Produkte bestätigt eindeutig die auch schon von CROSS und BEVAN gemachte Beobachtung, wonach mit zunehmender Reifezeit immer zellulosereichere Produkte gefunden werden. So förderte die Analyse nach 7 Reifetagen ein Produkt zutage, bei dem das Verhältnis $CS_2 : C_6H_{10}O_5 = 1:2$ lag, nach 14 Reifetagen wurde ein Verhältnis von 1:4 gefunden. Bemerkenswerterweise enthält aber eine schließlich koagulierte Viskose immer noch reichlich Schwefel und Alkali. Eine vollkommene Abspaltung der Sulfthiokarbonatreste findet also, wenn man die Viskose sich selbst überläßt, nicht statt.

Dem Reifeverlauf schreibt BERNHARDT[2] das folgende Schema zu:

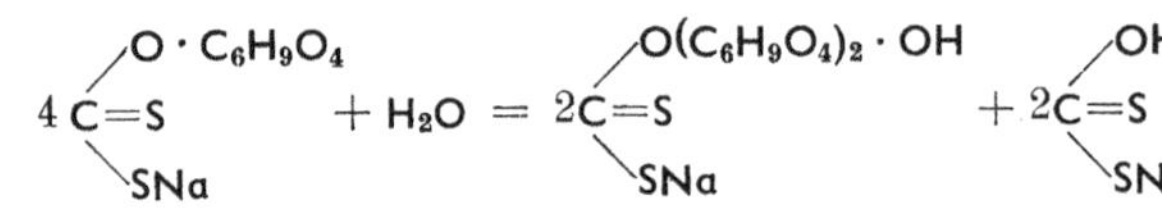

Aus beispielsweise vier „Monozellulosexanthogenat-Molekülen" sollen so zwei „Dizellulosexanthogenat-Moleküle" entstehen, die dann unter der Einwirkung von Wasser in ein „Tetrazellulosexanthogenat" übergehen sollen usw.:

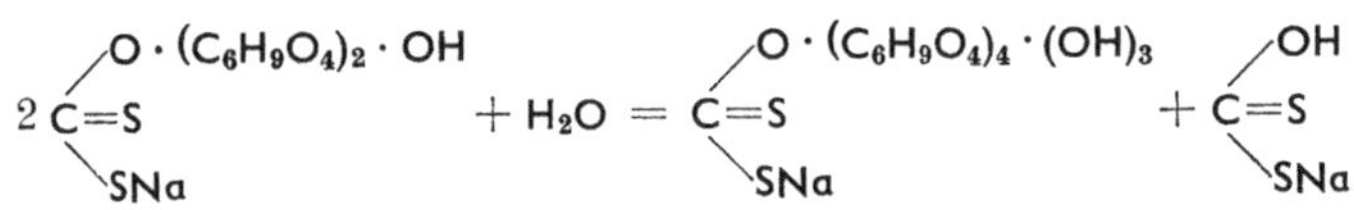

Diese Auffassung vom Reifevorgang hat zu der Ansicht verleitet, daß es sich dabei um eine Polymerisation der Zellulose handle. Die Vertreter dieser Polymerisationstheorie stützen sich in der Hauptsache auf die weiter unten noch zu besprechende Beobachtung, daß die Viskosereife durch ein Ansteigen der Viskosität gekennzeichnet ist. Es würde sich nach dieser Ansicht in der Viskose also ein synthetischer Aufbau des Zellulosemoleküls vollziehen. Auf die Unhaltbarkeit dieser Annahme wurde zuerst von BERL und LANGE[3] hingewiesen. Diese Forscher fällten das Xanthogenat nach verschieden langen Reifezeiten aus, zersetzten es und reinigten die so erhaltene Hydratzellulose sorgfältig durch Dialyse. Die Hydratzellulose wurde dann nitriert. Alsdann wurde die Viskosität der Lösungen dieser Nitrate in Azeton gemessen. Hierbei wurde gefunden, daß die Viskositätswerte bei der Reifung konstant bleiben, sofern man von einem steilen Viskositätsabfall ganz im Anfang absieht. Es muß aus diesen Befunden geschlossen werden, daß eine Veränderung der Molekülgröße der Zellulose während der Reife nicht erfolgt. Nachdem von STAUDINGER die Beziehung zwischen Viskosität und Polymerisationsgrad gefunden worden war, haben LOTTERMOSER und

[1] HEUSER u. SCHUSTER: Cellulosechem. 7, 17 (1926).
[2] BERNHARDT: Kunstseide 8, 169 (1928).
[3] BERL u. LANGE: Cellulosechem. 7, 145 (1926).

WULTSCH[1] es unternommen, die Polymerisationsgrade der Zellulose in der Viskose nach verschieden langen Reifezeiten zu bestimmen. Die Ergebnisse sind in Tab. 69 zusammengestellt.

Aus diesen Zahlen geht eindeutig hervor, daß bei der Viskosereife keinerlei Veränderung der Molekülgröße der Zellulose, also keine Polymerisation vor sich geht. *Chemisch handelt es sich bei der Viskosereife vielmehr lediglich um ein allmähliches Abspalten der über das Zellulosemolekül verteilten Sulfthiokarbonatreste.* Je mehr Sulfthiokarbonatreste abgespalten sind, um so schwerer löslich wird das Xanthogenat.

Tabelle 69. *Polymerisationsgrade der Zellulose in der Viskose nach verschiedenen Reifezeiten.* (Nach LOTTERMOSER und WULTSCH.)

Nachreife in Stunden	Polymerisationsgrad
0	328
2	332
4	325
8	325
18	336
32	337

Die allmähliche Abspaltung der Sulfthiokarbonatreste läßt sich durch die Bestimmung der γ-Werte nach verschieden langen Reifezeiten gut verfolgen. Abb. 198 gibt Ergebnisse wieder, die von FINK, STAHN und MATTHES[2] gefunden wurden. Die Abbildung läßt die Verschiebung des Verhältnisses Schwefelkohlenstoff: Zellulose in Abhängigkeit von der Zeit bei der im Betriebe üblichen Temperatur von 18° C deutlich erkennen. Der Verlauf der Abspaltung der Sulfthiokarbonatreste aus der Zellulose ist nach diesen Befunden also recht gleichmäßig, was auch von D'ANS und JÄGER[3] auf andere Weise schon nachgewiesen werden konnte.

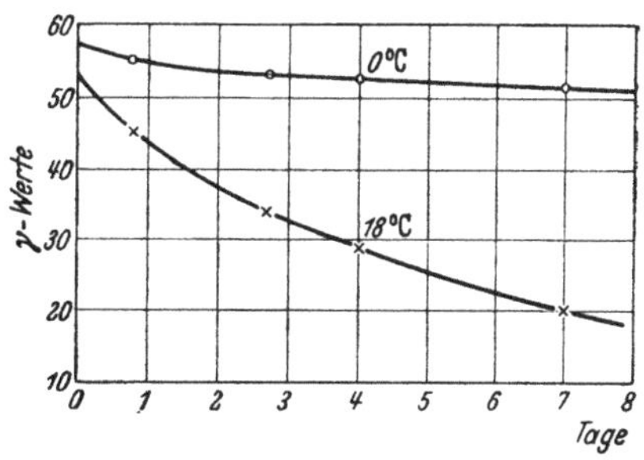

Abb. 198. Abspaltung der Sulfthiokarbonatreste, gekennzeichnet durch die γ-Werte, in Abhängigkeit von der Reifezeit bei verschiedenen Temperaturen. (Nach FINK, STAHN und MATTHES.)

Es ist die Frage zu klären, worin chemisch die Abspaltung der Sulfthiokarbonatgruppen besteht. Hierfür sind zwei Erklärungen gegeben worden. Nach der einen erfolgt die allmähliche Veränderung des Xanthogenates durch Hydrolyse. Es läßt sich ihr folgendes Schema zugrunde legen[4]:

$$3\,C{=}S\begin{cases}O\cdot\text{Zelluloserest}\\ SNa\end{cases} \xrightarrow{3\,H_2O} 3\,C{=}S\begin{cases}O\cdot\text{Zelluloserest}\\ SH\end{cases} + 3\,NaOH. \qquad (1)$$

Es entsteht auf diese Weise also zunächst die freie Zellulosexanthogensäure, die infolge ihrer Unbeständigkeit wie folgt zerfällt:

$$3\,C{=}S\begin{cases}O\cdot\text{Zelluloserest}\\ SH\end{cases} \longrightarrow 3\,CS_2 + 3\,\text{Zelluloserest}\cdot OH. \qquad (2)$$

Der freiwerdende Schwefelkohlenstoff kann sich dann mit der Natronlauge gemäß der folgenden Gleichung umsetzen:

$$3\,CS_2 + 6\,NaOH \rightarrow 2\,Na_2CS_3 + Na_2CO_3 + 3\,H_2O. \qquad (3)$$

[1] LOTTERMOSER u. WULTSCH: Kolloid-Z. **83**, 189 (1938).
[2] FINK, STAHN u. MATTHES: Angew. Chem. **47**, 62 (1934).
[3] D'ANS u. JÄGER: Kunstseide **8**, 18 (1926).
[4] Vgl. hierzu KLAUDITZ: Zellwolle **5**, 3 (1939).

Als schwefelhaltiges Endprodukt entsteht so Natriumtrithiokarbonat.

Eine Stütze für die Hydrolysentheorie ist die in der Praxis gemachte Beobachtung, wonach durch zusätzliches Ätznatron die Menge Xanthogensäure verringert und somit der Zerfall des Xanthogenates verlangsamt wird.

Nach der anderen Ansicht ist der Zerfall des Natriumzellulosexanthogenates eine einfache Ester-Verseifung, für die das folgende Schema angegeben werden kann:

$$3\,C{=}S\begin{matrix}\diagup O\cdot \text{Zelluloserest}\\ \diagdown SNa\end{matrix} \xrightarrow{3\,H_2O} 3\,C{=}S\begin{matrix}\diagup OH\\ \diagdown SNa\end{matrix} + 3\,\text{Zelluloserest}\cdot OH \qquad (4)$$

$$3\,C{=}S\begin{matrix}\diagup OH\\ \diagdown SNa\end{matrix} \xrightarrow{3\,NaOH} 2\,Na_2CS_3 + Na_2CO_3 + 3\,H_2O \qquad (5)$$

oder

$$C{=}S\begin{matrix}\diagup OH\\ \diagdown SNa\end{matrix} \xrightarrow{5\,NaOH} 2\,Na_2S + Na_2CO_3 + 3\,H_2O. \qquad (6)$$

Bei der Verseifung würden sich als schwefelhaltige Endprodukte sowohl Natriumtrithiokarbonat als auch Natriumsulfid bilden können.

Eine Stütze für das Vorliegen einer Verseifung sieht FRENKEL[1] darin, daß durch Zusatz dispergierter Hydratzellulose zu dem System das Gleichgewicht in der Richtung des weiteren Zerfalls verschoben wird.

Zur Feststellung, ob die Abspaltung der Sulfthiokarbonatreste aus dem Xanthogenat durch Hydrolyse oder durch Verseifung erfolgt, sind von KLAUDITZ[2] eingehende Untersuchungen zunächst an einem einfachen Xanthogenat durchgeführt worden.

Das Entstehen verschieden gearteter schwefelhaltiger Endprodukte bei der Hydrolyse und bei der Verseifung gibt die Möglichkeit, diese Frage zu entscheiden sowie gegebenenfalls den Anteil beider Vorgänge an der Reaktion festzulegen.

Es wurden 0,25 n Lösungen von Kaliumäthylxanthogenat in Wasser sowie in Kaliumhydroxydlösungen von einer Konzentration von 0,5 n bis 3 n bei 24° C während 27 Tagen gereift. Bei diesen Untersuchungen ergab sich, daß die Abspaltung der Sulfthiokarbonatreste aus dem Xanthogenat bei der Reife in wässeriger Lösung ein reiner hydrolytischer Vorgang ist. Als schwefelhaltige Endprodukte bilden sich bei der Reife in wässeriger Lösung Trithiokarbonat und Schwefelkohlenstoff:

$$6\,C{=}S\begin{matrix}\diagup O\cdot C_2H_5\\ \diagdown SK\end{matrix} \xrightarrow{3\,H_2O} 2\,K_2CS_3 + K_2CO_3 + 6\,C_2H_5\cdot OH + 3\,CS_2.$$

Die Untersuchungen von KLAUDITZ an den in Kaliumhydroxydlösung gereiften Proben ergaben, daß mit steigendem Gehalt der Lösung an Kaliumhydroxyd die Hydrolyse mehr und mehr zurückgedrängt wird und daß der Zerfall des Xanthogenates in steigendem Maße durch Verseifung hervorgerufen wird. Als schwefelhaltiges Endprodukt entsteht bei der Verseifung nicht, wie durch Gl. (5) veranschaulicht, Trithiokarbonat, sondern Sulfid [gemäß Gl. (6)].

[1] FRENKEL: Cellulosechem. **9**, 35 (1928).
[2] KLAUDITZ: Papierfabrikant **37**, 251 (1939).

Aus diesen Untersuchungen geht also hervor, daß bei der Reife des Kaliumäthylxanthogenates bei Gegenwart von Alkali Hydrolyse und Verseifung gleichzeitig verlaufen. Für den Anteil der Hydrolyse am Zerfall des Xanthogenates wurden die in Tab. 70 wiedergegebenen Werte gefunden.

Tabelle 70. *Zerfall von 0,25 n Kaliumäthylxanthogenatlösungen nach 12 Tagen Reife bei 24° C.* (Nach KLAUDITZ.)

Lösung	Xanthogenat zersetzt %	Davon durch hydrolytische Spaltung zersetzt %
H_2O	25,2	100
0,5n KOH	23,6	45
1,0n KOH	27,2	35
1,5n KOH	32,8	22,5
2,0n KOH	39,2	17,5
2,5n KOH	45,2	12,5
3,0n KOH	53,6	7,5

Diese Versuchsanordnung wurde nun auf Viskose übertragen, und es wurde die Reife der Viskose mit steigendem Gehalt der Lösung an Ätznatron verfolgt. Hierbei wurde gefunden, daß die Abspaltung der Sulfthiokarbonatreste bei normal zusammengesetzten Viskosen ganz vorwiegend durch Hydrolyse erfolgt. Erst bei Viskosen von einem Ätznatrongehalt von 17···18% ab wird mehr als $^1/_3$ des Xanthogenates durch Verseifung zersetzt.

Die durch Abspaltung der Sulfthiokarbonatreste frei werdenden Hydroxylgruppen der Zellulose bleiben nicht als solche erhalten, sondern sie lagern Natrium aus der die Zellulose in der Viskose umgebenden Natronlauge an. Die durch die Zellulose gebundene Natriummenge muß daher mit dem Grade der Xanthogenatspaltung und somit mit der Reifedauer ansteigen. Dementsprechend muß die in der Viskose enthaltene Menge an freiem Ätznatron ständig abnehmen[1]. Der Natriumgehalt der Zellulose steigt, wie FINK, STAHN und MATTHES[2] zeigen konnten, direkt proportional mit dem Absinken des γ-Wertes an. Wird der Ätznatrongehalt der Zellulose mit v bezeichnet, so ist der Ausdruck

$$\frac{v}{100-\gamma}$$

nahezu konstant. Abb. 199 zeigt den Natriumgehalt der Zellulose in Abhängigkeit von der Reifezeit.

In frischer Viskose wurde ein v-Wert gefunden, der $^1/_5$ Mol NaOH pro $C_6H_{10}O_5$ entspricht. Das Xanthogenat enthält also in frischem Zustand bedeutend weniger Ätznatron als von CROSS und BEVAN angenommen wurde, die auf 1 Mol NaOH pro $C_6H_{10}O_5$ geschlossen hatten.

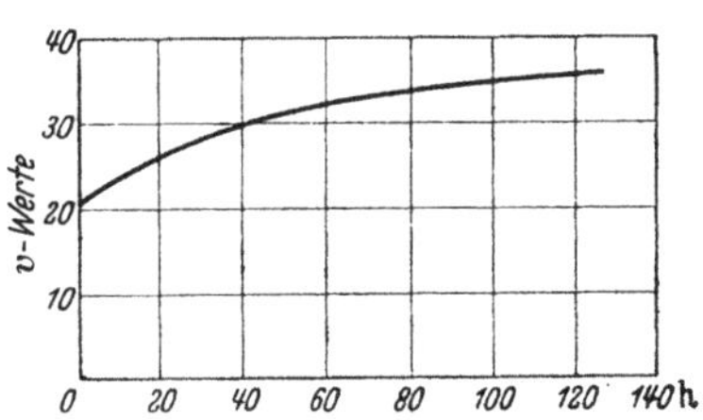

Abb. 199. Zunahme des an Zellulose gebundenen Natriums, gekennzeichnet durch den v-Wert, in Abhängigkeit von der Reifezeit. (Nach FINK, STAHN und MATTHES.)

Die Geschwindigkeit des Zerfalls des Xanthogenates ist von einer Reihe von Faktoren abhängig, die auch technisches Interesse haben.

Zunächst ist die Temperatur von großem Einfluß. Durch zunehmende Reifetemperatur wird der Zerfall beschleunigt. Dies geht aus der Abb. 198 hervor, die die für 0° und 18° C gefundenen Werte enthält. Hierauf ist in der Viskosefabrik Rücksicht zu nehmen, weshalb nicht nur die Temperatur bei der Reife vollkommen konstant gehalten, sondern die Reife auch bei einer niedrigen

[1] KITA u. TOMIHISA: Cell. Ind. Tokyo **2**, 26, 28, 30 (1926).
[2] FINK, STAHN u. MATTHES: Angew. Chem. **47**, 62 (1934).

Temperatur durchgeführt werden muß, um eine zu schnelle Zersetzung des Xanthogenates zu verhindern. Es wird allerdings später noch gezeigt werden, daß man neuerdings auch Viskose bei höheren Temperaturen reift, um die Reifedauer abzukürzen.

Einen verzögernden Einfluß auf die Reifegeschwindigkeit hat, wie schon erwähnt, die Erhöhung der freien Alkalimenge in der Viskose. Schon bei einem Gehalt von 6···8% freiem Alkali in der Viskose ist dies deutlich zu beobachten[1]. Allerdings wird die Zersetzungsgeschwindigkeit der Viskose durch Zusatz zu großer Mengen Ätznatron wieder erhöht[2], die Verseifungsreaktion tritt dann stark in den Vordergrund. HEUSER und SCHUSTER fanden ein deutlich ausgeprägtes Maximum der Haltbarkeit der Viskose bei einer Konzentration an freiem Ätznatron von 8% (Abb. 200). Die Zersetzung hemmend wirkt ferner die Anwendung eines Überschusses an Schwefelkohlenstoff bei der Sulfidierung. Da hierdurch eine höher xanthogenierte Zellulose entsteht, so ist diese Wirkung verständlich, denn es wird eine gewisse Zeit länger dauern, bis die größere Anzahl Sulfthiokohlensäurereste abgespalten ist. Zusätzlichen Schwefelkohlenstoff und damit eine durch Nachsulfidierung verursachte Reifeverzögerung kann man auch aus dem als Nebenprodukt in der Viskose enthaltenen Natriumtrithiokarbonat gewinnen, wenn man der Viskose nach einer Beobachtung von HOLLIHAN und MOSS[3] Acrylnitril zusetzt. Dieser Körper reagiert mit dem Natriumtrithiokarbonat wie folgt:

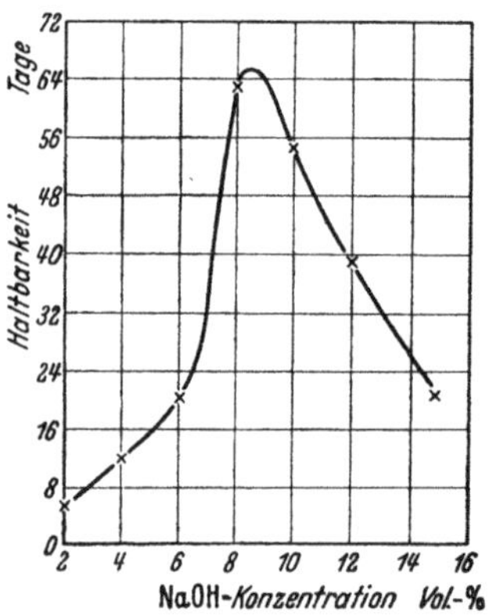

Abb. 200. Haltbarkeit der Viskose in Abhängigkeit von der NaOH-Konzentration. (Nach HEUSER u. SCHUSTER.)

$$Na_2CS_3 + 2\,CH_2{:}CHCN + H_2O = 2\,NaOH + (CNCH_2CH_2)_2\,S + CS_2\,.$$

Bemerkenswert ist auch die bereits erwähnte Beobachtung, wonach man bereits gereifte Viskose durch Zusatz von Schwefelkohlenstoff „verjüngen“ kann[4]. Man kann annehmen, daß hierdurch erneut Sulfthiokohlensäurereste eingeführt werden, was dadurch erleichtert wird, daß sich die Zellulose in der Viskose in einer fein dispergierten Form befindet.

STÖCKLY[5] weist allerdings darauf hin, daß diese Verjüngung nicht mit einer Neuxanthogenierung von Zellulose identisch sei. Dies ist insofern richtig, als in diesem Falle nicht mehr Zellulose, sodern bereits Hydratzellulose mit dem Schwefelkohlenstoff zur Reaktion kommt, die wesentlich reaktionsfähiger ist und zu ihrer Xanthogenierung eine wesentlich geringere Ätznatronkonzentration (5···7%) benötigt. Die durch Verjüngen erhaltene Viskose unterscheidet sich von einer frischen weiter dadurch, daß sie mehr Salze enthält, die durch die Nebenreaktionen bei der vorgängigen Reife entstanden sind. Sie wirken sich verständlicherweise auf die

---

[1] SCHRAMEK u. KÜTTNER: Kolloid-Beih. **42**, 331 (1935).
[2] OST, WESTHOFF u. GESSNER: Liebigs Ann. Chem. **382**, 349 (1911).
[3] HOLLIHAN u. MOSS: Ind. Engn. Chem. **39**, 222 (1947).
[4] VITALE: Giorn. Chim. Ind. Appl. **13**, 476 (1931).
[5] STÖCKLY: Kolloid-Z. **105**, 197 (1943).

Reife der verjüngten Viskose aus, die einfolgedessen schneller verläuft. Nach HERMANS kann man beim Verjüngen von Viskose leicht zu einem Xanthogenierungsgrad von rund 170 kommen.

Man kann von dieser Beobachtung in der Praxis Gebrauch machen, um Restviskosen aus den Spinnkesseln so weit zu regenerieren, daß sie wieder versponnen werden können. Für anspruchslose Verwendungszwecke, wie z. B. die Herstellung von Fitzgarnen u. dgl., ist eine so behandelte Viskose zu verwenden. Auf diese Weise ist der in der Viskosefabrik zwangsläufig anfallende Abfall an Viskose zu verringern. Wie im DRP. 421506 der *N. V. Nederlandsche Kunstzijdefabriek*, Arnheim, ausgeführt wird, kann eine Viskose von einer Chlorammonreife von 9,6 (s. S. 356) durch Zusatz von 0,5% Schwefelkohlenstoff wieder auf einen Reifegrad von 20,4 gebracht werden.

Abgesehen von der Variation der Alkali- und Schwefelkohlenstoffmengen ist der Reifeverlauf der Viskose aber auch durch Zuschläge fremder Stoffe, von denen oben schon das Acrylnitril erwähnt war, zu beeinflussen. Dies soll weiter unten geschildert werden.

II. Nebenreaktionen.

Wie aus dem auf S. 325 gezeigten Schema hervorgeht, entsteht bei der Abspaltung der Sulfthiokarbonatreste Schwefelkohlenstoff. Es spielen sich daher bei der Viskosereife alle die zwischen Schwefelkohlenstoff und Natronlauge möglichen Reaktionen ab, die schon im vorhergehenden Kapitel besprochen worden waren. Der in der Viskose entstehende Schwefelkohlenstoff, für dessen Auftreten früher ausschließlich der Zerfall des Xanthogenates verantwortlich gemacht wurde[1], rührt zum Teil auch vom Zerfall des Natriumtrithiokarbonates her. Das Verhältnis des aus dem Xanthogenat und dem Trithiokarbonat entstehenden Schwefelkohlenstoffs

Tabelle 71. *Verhältnis des aus dem Xanthogenat stammenden Schwefelkohlenstoffs zum Gesamtschwefelkohlenstoff in Abhängigkeit von der Reifezeit.* (Nach TANEMURA.)

Reifezeit in Tagen	Gesamt-CS_2 %	Xanthogenat-CS_2 %
0	1,85	1,33
1	1,79	1,33
3	1,91	1,26
6	1,52	0,90
9	1,57	—
10	1,61	0,70
12	1,45	0,75

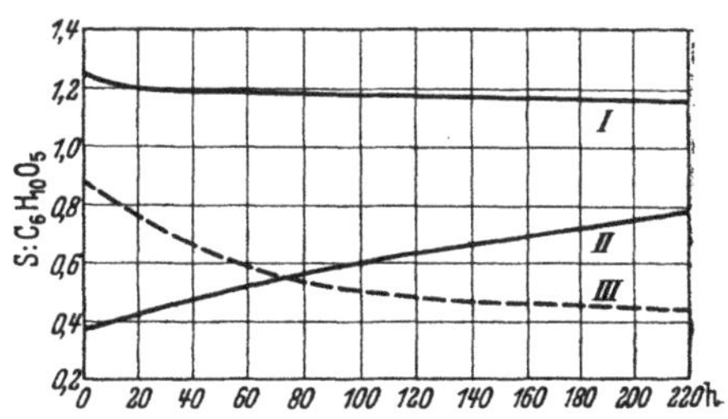

Abb. 201. *I* Gesamtschwefel, *II* Thiokarbonatschwefel, *III* Xanthogenatschwefel in der Viskose in Abhängigkeit von der Reifezeit. (Nach TANEMURA.)

ändert sich nach Untersuchungen von TANEMURA[2] mit der Reifezeit in der Weise, daß in der ersten Zeit der aus dem Xanthogenat stammende Schwefelkohlenstoff überwiegt (Tab. 71). Abb. 201 zeigt den Anteil an Thiokarbonat- und Xanthogenatschwefel am Gesamtschwefel in der Viskose nach verschieden langen Reifezeiten.

[1] Zum Beispiel LEUCHS: Chem.-Ztg. **47**, 801 (1923). — ZART u. MÖNKEMEYER: Chem.-Ztg. **48**, 192 (1924). — DE WYSS: Ind. Engng. Chem. **17**, 1043 (1925).

[2] TANEMURA: Journ. Soc. chem. Ind. (Japan) Suppl. **33**, 184 B (1930).

III. Die Änderungen der Viskosität bei der Reife.

Die Viskositätsänderungen, die die Viskose bei der Reife erleidet, finden ihren Ausdruck in einer zuerst stark abfallenden, dann wieder langsam ansteigenden Kurve, die nach einer gewissen Reifezeit erneut einen steilen Anstieg zeigt. In diesem Bereich findet eine schnelle Erstarrung der Viskose zu einem Gel statt. Abb. 202 gibt diese Kurve wieder, die Arbeiten von HEUSER und SCHUSTER[1] entnommen ist.

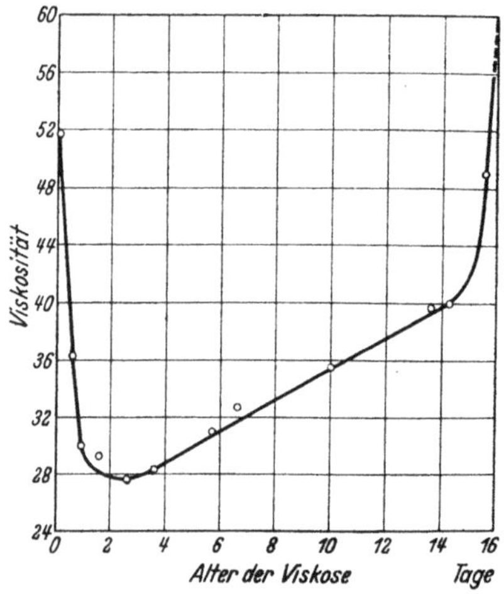

Abb. 202. Viskosität der Viskose in Abhängigkeit von der Reifezeit. (Nach HEUSER u. SCHUSTER.)

Bei dem ersten, durch ein starkes Absinken der Viskosität gekennzeichneten Teil der Kurve handelt es sich noch um eine Fortsetzung des Lösevorganges, der zu einer Dispergierung der Teilchen führt. Wie schon im vorigen Kapitel geschildert, wird aus den „übersulfidierten" Zelluloseketten der amorphen Bereiche sowie durch die Verschiebung des Reaktionsgleichgewichtes bei den Nebenreaktionen Schwefelkohlenstoff frei, der mit noch nicht ausreichend von der Sulfidierung erfaßten Zelluloseketten in Reaktion tritt. Diese werden dadurch hydrophiler, sie quellen und gehen schließlich in Lösung, was seinen Ausdruck in einem raschen Viskositätsabfall findet. Dieser Viskositätsabfall kommt zum Stillstand, wenn im ganzen System in bezug auf die Verteilung der Xanthogenatgruppen ein Gleichgewichtszustand eingetreten ist.

Alsdann beginnen aber nach Untersuchungen von WEELDENBURG[2] die Nebenreaktionen größere Bedeutung zu gewinnen. In dem nun zwischen der Zellulose und der Natronlauge beginnenden Wettstreit um den freiwerdenden Schwefelkohlenstoff reagiert die Natronlauge schneller, und es kommt so in zunehmendem Maße zur Bildung von Natriumtrithiokarbonat, das nach und nach die Dispergierung der in Lösung gehenden Xanthogenatmoleküle abbremst. Bei Vorliegen eines genügend großen Salzgehaltes in der Viskose werden die Xanthogenatmoleküle, die gleichzeitig an Xanthogenatresten immer mehr verarmen, gezwungen, sich zu größeren Gebilden zu assoziieren; es kommt so zu einem Wachsen der Molekülaggregate. Diese Erscheinung spielt sich im zweiten Teil der Viskositätskurve ab. Dieser Vorgang konnte auf mehrfache Weise bewiesen werden: Zunächst zeigte BERNHARDT[3], daß bei der Ultrafiltration von Viskose mit zunehmender Reifezeit immer größere Partikelchen gefunden werden. SIGNER und MEYER[4] konnten die bei der Reife zunehmende Aggregierung der Moleküle durch Messung der Strömungsdoppelbrechung nachweisen. Schließlich fand CENTOLA[5] die zunehmende Teilchenvergrößerung durch dilatometrische Messungen bestätigt. Hiermit steht auch in Zusammenhang, daß

[1] HEUSER u. SCHUSTER: Cellulosechem. **7**, 17 (1926).
[2] WEELDENBURG: Chem. Weekbl **30**, 47 (1933).
[3] BERNHARDT: Kunstseide **7**, 169 (1925).
[4] SIGNER u. MEYER: Helv. chim. acta **28**, 325 (1945).
[5] CENTOLA: Boll. Sci. Fac. Chim. ind. Bologna **1**, 1946 (1942).

Viskose aus einem Zellstoff mit hohem Polymerisationsgrad schneller reift und früher Synärese zeigt als eine Viskose aus niedrigmolekularem Zellstoff. Die großen Moleküle neigen in stärkerem Maße zur Assoziation[1]. Aus CENTOLAS Untersuchungen ist noch bemerkenswert, daß auch die Dichte der Viskose ein Minimum durchläuft. Dieses Minimum der Dichte fällt aber nicht mit dem Minimum der Viskosität zusammen, vielmehr stellt sich das Minimum der Dichte erst später ein. Diese Beobachtung lehrt gleichfalls, daß zuerst eine Dispergierung und dann allmählich wieder eine Aggregation von Teilchen stattfindet.

Während des Anwachsens der Teilchen findet allmählich die Ausbildung einer Struktur der Viskose statt. Dies geht daraus hervor, daß die Viskosität durch Rühren wieder absinkt, um im Ruhezustand den vorher innegehabten Wert wieder anzunehmen (Thixotropie).

Der dritte Teil der Viskositätskurve, also das steile Ansteigen der Viskosität, ist durch eine Ausflockung der gelösten Xanthogenatteilchen im Gel verursacht. Diese beginnt, wenn die Salzbildung eine bestimmte Grenzschwelle überschritten hat.

Wie D'ANS und JÄGER[2] sowie LOTTERMOSER und WULTSCH[3] gefunden haben, ist der Verlauf der Viskosität bei der Viskosereife, ebenso wie die Zersetzungsgeschwindigkeit des Xanthogenates, von einer Reihe von Faktoren abhängig. Zunächst zeigt sich ein deutlicher Einfluß des Zellulosegehaltes der Viskose. Hierüber gibt Abb. 203 Auskunft.

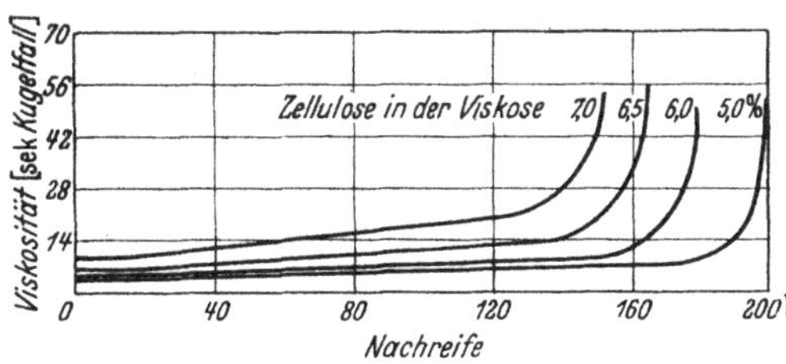

Abb. 203. Einfluß des Zellulosegehaltes der Viskose auf den Verlauf der Viskosität bei der Nachreife. (Nach LOTTERMOSER u. WULTSCH.)

Die Messungen wurden an einer Viskose durchgeführt, die unter folgenden Bedingungen hergestellt war:

Vorreifezeit	48 Stunden
Tauchlaugenkonzentration	17,5%
Vorreife-Temperatur	25°C
$CS_2 : C_6H_{10}O_5$	1 : 2
Laugenkonzentration in der Viskose	7%

Die Ergebnisse besagen, daß die Viskosität mit steigender Konzentration an Zellulose in der Viskose stetig ansteigt. Entsprechend wird die Zeit bis zur vollständigen Koagulation mit zunehmender Zellulosekonzentration verkürzt. Wenn diese Ergebnisse auch naheliegend sind, so ist doch der starke Einfluß schon geringer Zellulosekonzentrationsänderungen auf den Viskositätsverlauf bemerkenswert.

Von noch größerem Einfluß als die Zellulosekonzentration ist die Alkalikonzentration der Viskose auf den Viskositätsverlauf. Hierüber gibt Abb. 204 Auskunft. Wie aus der Abbildung hervorgeht, sinkt die Viskosität der Viskose mit steigendem Natronlaugegehalt.

Neben den geschilderten Faktoren spielt auch die Vorgeschichte des gelösten Xanthogenates eine große Rolle in bezug auf den Verlauf der Viskosität bei der Nach-

[1] WESTHOFF: Diss. T. H. Hannover 1911.
[2] D'ANS u. JÄGER: Kunstseide 8, 17, 43, 57 (1926).
[3] LOTTERMOSER u. WULTSCH: Kolloid-Z. 83, 180 (1938).

reife. Es soll zuerst der Einfluß der beim Sulfidieren angewandten Schwefelkohlenstoffmenge betrachtet werden. Der Einfluß der Schwefelkohlenstoffmenge ist, wie Abb. 205 zeigt, allerdings nur gering.

Die Viskosität der Viskose sinkt demnach mit zunehmendem Schwefelkohlenstoffgehalt. Von Interesse ist die geringe Differenz im Verlauf der Viskositätskurven bei 40···60% Schwefelkohlenstoff. Man kann aus diesem Befund schließen, daß die Anwendung einer höheren Schwefelkohlenstoffmenge als 40% keine Verbesserung der spinntechnischen Eigenschaften der Viskose mit sich bringt.

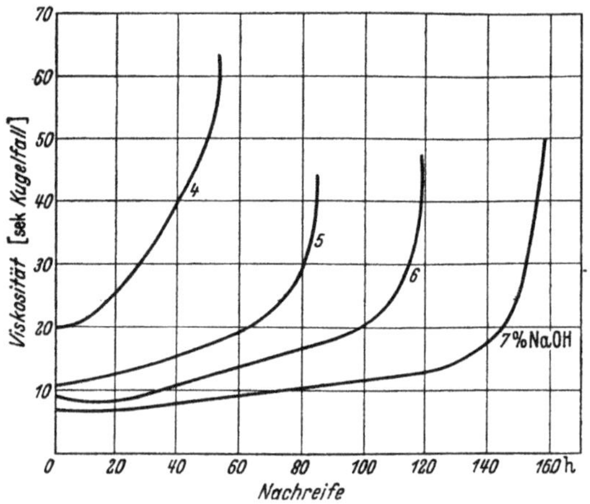

Abb. 204. Einfluß der Alkalikonzentration der Viskose auf den Verlauf der Viskosität bei der Nachreife. (Nach LOTTERMOSER u. WULTSCH.)

Besondere Bedeutung kommt den Arbeitsbedingungen bei der Vorreife der Alkalizellulose für den Viskositätsverlauf bei der Nachreife zu.

Wie schon erwähnt wurde, wird durch die Vorreife die Anfangs-

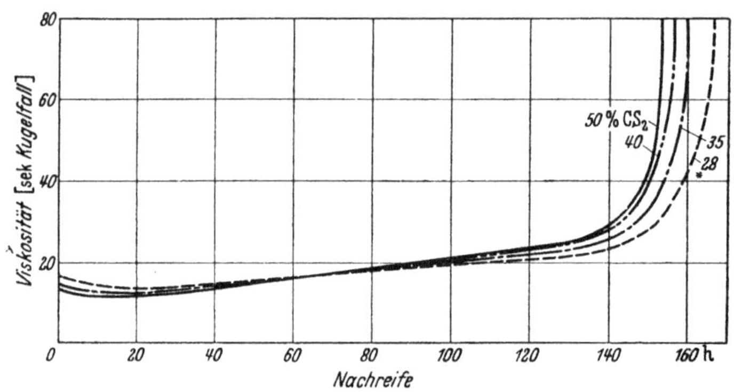

Abb. 205. Einfluß der angewandten Schwefelkohlenstoffmenge auf den Verlauf der Viskosität bei der Nachreife. (Nach LOTTERMOSER u. WULTSCH.)

viskosität der Viskose herabgesetzt. Da durch die Vorreife eine Verkleinerung der Molekülgröße der Zellulose erfolgt, so kann bei der Nachreife erwartet werden, daß mit zunehmender Vorreifedauer eine Verlängerung der Koagulationszeit, mithin also eine Verzögerung der Nachreife stattfindet. Wie Abb. 206 zeigt, ist dies auch tatsächlich der Fall.

Auch die Vorreifetemperatur wirkt sich verständlicherweise auf die Viskosität bei der Nachreife aus, und zwar sinkt die Viskosität mit zunehmender Vorreifetemperatur. Dies ist erklärlich, da durch Erhöhung der Vorreifetemperatur eine stärkere Schädigung des Zellulosemoleküls in Gestalt einer Verkürzung der Kettenmoleküle erfolgt. Abb. 207 gibt über den Einfluß der Vorreifetemperatur auf die Viskosität bei der Nachreife Auskunft.

Bei der Besprechung der Alkalizellulose war schon gezeigt worden, daß die Anwesenheit gewisser Verunreinigungen, wie beispielsweise Eisen, zu einer Veränderung des Vorreifeverlaufs führen. Bei Kupfer konnte eine Einwirkung auf den Verlauf der Vorreife nicht festgestellt werden. Es ist nun von praktischem Interesse, den Einfluß dieser Fremdkörper auch auf die Nachreife zu studieren. Was zunächst Eisen anbetrifft, so haben LOTTERMOSER und WULTSCH gefunden, daß mit steigendem Eisengehalt ein Absinken der Viskosität bei der Nachreife stattfindet (Abb. 208).

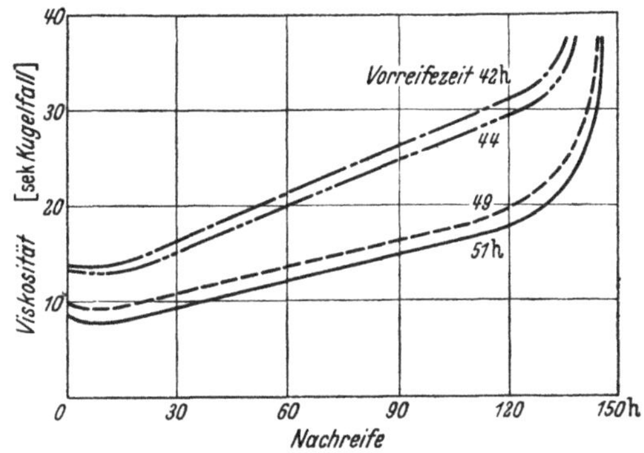

Abb. 206. Einfluß der Vorreifedauer auf den Verlauf der Viskosität bei der Nachreife. (Nach LOTTERMOSER u. WULTSCH.)

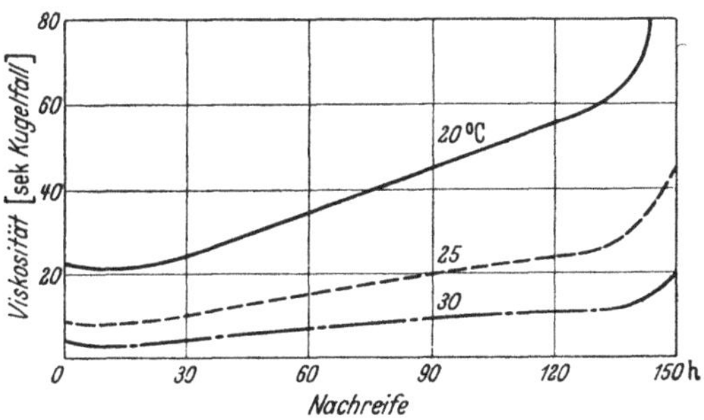

Abb. 207. Einfluß der Vorreifetemperatur auf den Verlauf der Viskosität bei der Nachreife. (Nach LOTTERMOSER u. WULTSCH.)

Die durch die verschiedenen Eisengehalte des Zellstoffes verursachte Viskositätserniedrigung ist durch den Abbau verursacht, den das Zellulosemolekül durch den Eisengehalt bei der Vorreife erleidet, denn, wie Tab. 72 zeigt, wirkt sich der Eisengehalt bei der Nachreife auf das Zellulosemolekül nicht aus.

Bemerkenswerterweise verhält

Tabelle 72. *Einfluß des Eisengehaltes auf den Polymerisationsgrad der Zellulose bei der Nachreife.* (Nach LOTTERMOSER und WULTSCH.)

Nachreife	Hydratzellulose in Kupferoxydammoniak gelöst und Polymerisationsgrad bestimmt		Nachreife	Hydratzellulose in Kupferoxydammoniak gelöst und Polymerisationsgrad bestimmt	
Stunden	1,2 mg Fe	30,0 mg Fe	Stunden	1,2 mg Fe	30,0 mg Fe
9	352	248	28	356	246
4	358	248	49	360	254
12	348	256	72	350	248

sich Kupfer ganz anders als Eisen. Während Kupfer die Vorreife im Gegensatz zu Eisen nicht beeinflußt, bringt seine Anwesenheit im Zellstoff bei der Nachreife eine Erhöhung der Viskosität hervor. Wie aus Abb. 209 hervorgeht, erhöhen steigende Kupfermengen die Viskosität.

Durch die Anwesenheit von Kupfer wird also der Verlauf der Nachreife beschleunigt. Dies kann nur damit erklärt werden, daß das Kupfer eine verstärkte Ausflockung der Zellulose aus dem gelösten Xanthogenat verursacht. Es würde dies die Beobachtung der Praxis erklären, wonach es bei Anwesenheit von Kupfer leicht zu Filtrationsschwierigkeiten bei der Viskose und Düsenverstopfungen beim Spinnen kommt.

Ebenso wie bei der Vorreife, wirkt sich auch bei der Nachreife das Kupfer nicht nachteilig auf den Polymerisationsgrad der Zellulose aus (Tab. 73).

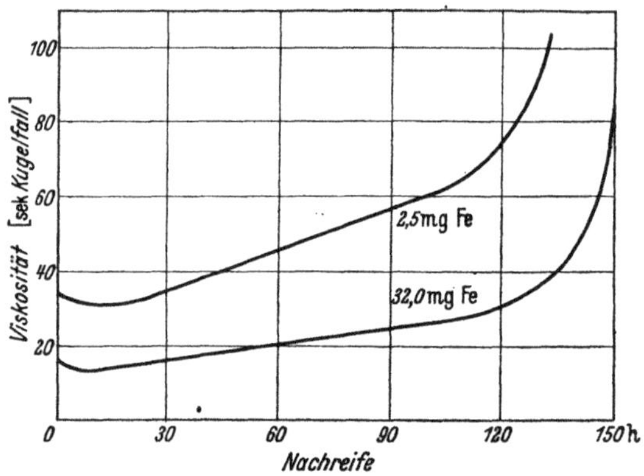

Abb. 208. Einfluß des Eisengehaltes eines Zellstoffes auf den Verlauf der Viskosität bei der Nachreife. (Nach LOTTERMOSER u. WULTSCH.)

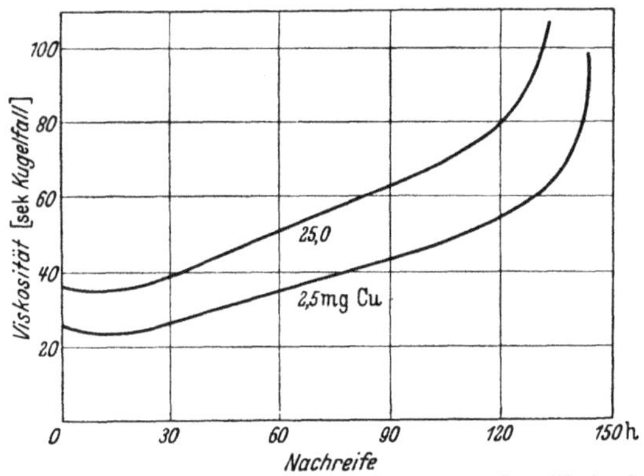

Abb. 209. Einfluß des Kupfergehaltes auf den Verlauf der Viskosität bei der Nachreife. (Nach LOTTERMOSER u. WULTSCH).

Tabelle 73. *Einfluß des Kupfergehaltes auf den Polymerisationsgrad der Zellulose bei der Nachreife.* (Nach LOTTERMOSER und WULTSCH.)

Nachreife	Polymerisationsgrad der Zellulose bei mg Kupfer in 100 g Zellstoff	
Stunden	1,6	23,0
0	340	346
5	336	354
10	344	347
22	348	343
43	337	352
67	349	346

Schließlich soll noch gezeigt werden, ob der Luftsauerstoff eine Veränderung der Viskosität bewirkt. Es war bei der Besprechung des Verlaufes der Vorreife gesagt worden, daß unter der Einwirkung von Luftsauerstoff eine Verkürzung der Kettenmoleküle erfolgt, wodurch die Viskosität der Lösungen der Reaktionsprodukte stetig herabgesetzt wird. LOTTERMOSER und WULTSCH haben während des Reifens Luft durch die Viskose geleitet und nach verschiedenen Zeiten die Polymerisationsgrade der Zellulose bestimmt. Die Ergebnisse sind in Tab. 74 zusammengestellt.

Nach diesen Ergebnissen ist bei der Nachreife der Luftsauerstoff wirkungslos. LOTTERMOSER und WULTSCH sehen den Grund hierfür darin, daß das Molekül durch das umgebende Dispersionsmittel vor dem Zutritt des Sauerstoffs geschützt sei oder daß die in der Viskose vorliegende Alkalikonzentration für eine Oxydation durch Luftsauerstoff nicht ausreiche.

Es konnte aber durch SAMUELSON bewiesen werden, daß beim technischen Lösen des Xanthats je nach der Beschaffenheit der Rührwerke doch ein Molekülabbau durch Sauerstoffeinwirkung stattfindet, wenn dieser auch in geringen Grenzen bleibt. So wurde bei einer Betriebsviskose nach einer Lösezeit von 16 Stunden eine Erniedrigung des Polymerisationsgrades um 11% gefunden.

Es ist in diesem Zusammenhang nicht ohne Interesse, die Veränderungen des Polymerisationsgrades der Zellulose während der gesamten Zeit, die sie für die Umwandlung in spinnfähige Viskose benötigt, noch einmal zu verfolgen. Die Änderungen sind in Abb. 210 dargestellt. Der Abbau des Moleküls hört demnach praktisch im Augenblick des Reifens auf.

Verfolgen wir auf die gleiche Weise die Viskosität, so ergibt sich folgendes: Wir finden einen Viskositätsabfall bei der Vorreife, einen weiteren bei der Sulfidierung,

Tabelle 74. *Einfluß von Luftsauerstoff auf den Polymerisationsgrad bei der Nachreife.* (Nach LOTTERMOSER und WULTSCH.)

Nachreife Stunden	Polymerisationsgrad Viskose ohne Luft	Polymerisationsgrad Viskose mit Luft
0	328	328
2	332	326
4	325	330
8	325	330
18	336	323
32	337	333

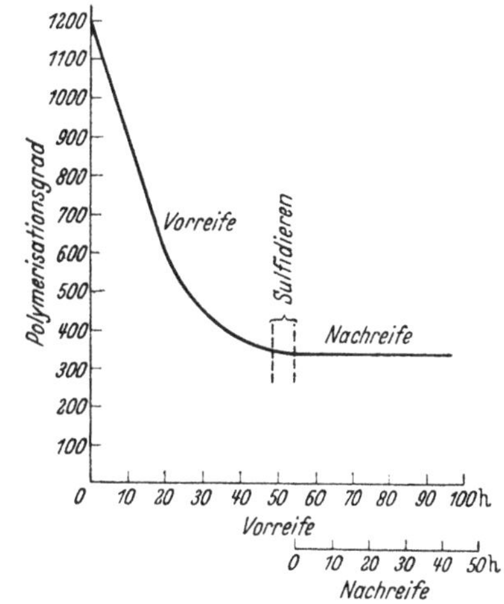

Abb. 210. Veränderung des Polymerisationsgrades der Zellulose während der Herstellung der Viskose. (Nach LOTTERMOSER u. WULTSCH.)

worauf dann beim Lösen des Xanthogenates nach einem kurzen, weiteren schnellen Abfall ein allmähliches Ansteigen beginnt, das kurz vor der Gelatinierung sehr steil wird.

Es muß noch darauf hingewiesen werden, daß der chemische und kolloidchemische Verlauf der Viskosereife nicht miteinander übereinzustimmen brauchen. Hierüber wird noch Näheres S. 351 ausgeführt.

IV. Die Spinnbarkeit der Viskose[2].

Es ist bisher über eine Eigenschaft der Viskose noch nicht gesprochen worden, nämlich ihre Spinnbarkeit. Hierunter soll nach ERBRING die Eigenschaft einer Flüssigkeit verstanden werden, beim Ausfließenlassen aus einem geneigten Gefäß oder einer Pipette einen flüssigen Faden zu bilden, der eine bestimmte Länge annimmt, um dann abzureißen und um einen Teil seiner früheren Länge zurückzuschnellen. Die gleiche Erscheinung zeigt sich bei spinnbaren Flüssigkeiten auch darin, daß ein in sie hineingetauchter Körper, wie z. B. ein Glasstab, beim Herausnehmen aus dieser Flüssigkeit einen flüssigen Faden hinter sich her zieht. Auf dieser Beobachtung fußend, hat JOCHIMS[3] eine Apparatur entwickelt, um die Spinnbarkeit messend zu verfolgen. Der Apparat beruht im Prinzip darauf, daß ein in eine Flüssigkeit eingetauchter Glasstab durch einen plötzlichen Stromimpuls mit konstanter Geschwindigkeit aus der Flüssigkeit herausgehoben wird. Die Länge, bei der der mit herausgenommene flüssige Faden abreißt, kann an einer Skala abgelesen werden und stellt ein Maß für die Spinnbarkeit dar[4]. Man bezeichnet die Spinnbar-

[1] SAMUELSON: Svensk Papperstidn. **24**, 1 (1944).
[2] Von ERBRING [Kolloid-Beih. **44**, 171—235 (1936)] sind über die Eigenschaft der Spinnbarkeit eingehende Untersuchungen durchgeführt worden, die wegen ihrer grundsätzlichen Wichtigkeit hier ausführlich referiert werden sollen.
[3] JOCHIMS: Kolloid-Z. **43**, 361 (1927).
[4] Näheres über die Apparatur bei WELTZIEN: Technologie der Kunstseiden, S. 172.

keit auch als Spinnfähigkeit oder Fadenziehvermögen. *Das Fadenziehvermögen einer Flüssigkeit ist die Voraussetzung dafür, daß aus der Flüssigkeit feste Fäden hergestellt werden können.*

Es ist aber nötig, darauf hinzuweisen, daß Spinnbarkeit und Fadenziehvermögen im praktischen Sinne nicht das gleiche sind[1]. Unter Spinnbarkeit versteht man in der Praxis das allgemeine spinntechnische Verhalten, das nicht allein vom Zustand der Viskose abhängig ist. Besseres Fadenziehvermögen braucht somit mit besserer Spinnbarkeit nicht parallel zu gehen.

Man hat lange Zeit hindurch geglaubt, die Eigenschaft einer Lösung, flüssige Fäden liefern zu können, sei eine Eigenschaft bestimmter chemischer Stoffe. Untersuchungen von OSTWALD[2] haben aber zu der Erkenntnis geführt, daß es sich bei der Spinnfähigkeit nicht um eine konstitutive Eigenschaft des gelösten Stoffes handelt, sondern um einen physikalisch-chemischen Zustand, den die spinnfähigen Flüssigkeiten unter bestimmten Bedingungen annehmen können. Es war ein naheliegender Gedanke, die Spinnbarkeit mit der Viskosität einer Lösung in Zusammenhang zu bringen, und es ist mehrfach versucht worden, diesen Zusammenhang aufzufinden. In diese Richtung zielende Versuche von TAMMAN und JENKEL[3], RÖDIGER[4], AGAZOTTI[5], WEBER[6] sowie JOCHIMS[7] führten jedoch zu widersprechenden Ergebnissen und konnten einen eindeutigen Zusammenhang zwischen Viskosität und Spinnbarkeit nicht erweisen. Das ganze Gebiet wurde dann von ERBRING[8] einer sehr eingehenden Bearbeitung unterzogen, dem wir wertvolle Aufschlüsse über diese interessante Eigenschaft verdanken.

Es wurde von ERBRING zunächst der Beweis dafür erbracht, daß die Spinnbarkeit nicht als Funktion der Viskosität aufgefaßt werden kann (Tab. 75).

Tabelle 75. *Viskosität und Spinnbarkeit von Flüssigkeiten.* (Nach ERBRING.)

Flüssigkeit	Ziehgeschwindigkeit	Viskosität	Länge des flüssigen Fadens in mm
Glyzerin-Wasser . .	9,6	27,4	5
Glyzerin	9,6	65,0	5···10
Mineralöl I	9,6	48,4	5···10
Paraffinöl	9,6	56,8	5···10
Mineralöl II . . .	9,6	396,4	15
Baumwollgelb (0,8%)	9,6	etwa 4	65

Wie aus der Tabelle hervorgeht, liefert eine Flüssigkeit mit einem relativen Viskositätswert von nahezu 400 noch keinen Faden, andererseits ist die Spinnbarkeit der Baumwollgelblösung mit einer Viskosität von etwa 4 ganz beträchtlich.

Neben der Viskosität hat man die Oberflächenspannung für die Spinnbarkeit verantwortlich gemacht (FAUST[9]). Aber auch in dieser Hinsicht konnte ERBRING keinen Zusammenhang feststellen, wie aus Tab. 76 hervorgeht.

Wie die Tabelle zeigt, nimmt die Spinnbarkeit einsinnig zu, während die Oberflächenspannung ein Minimum durchläuft. Ein direkter Zusammenhang zwischen Oberflächenspannung und Spinnbarkeit kann daher nicht bestehen. Wohl kommt

[1] HUBERT: Disk.-Bem. Klepzigs Textilzeitschr. **44**, 1246 (1941).
[2] OSTWALD: Kolloid-Z. **61**, 136 (1932).
[3] TAMMAN u. JENKEL: Z. anorg. allg. Chem. **191**, 122 (1930).
[4] RÖDIGER: Kolloid-Z. **65**, 17 (1933). — [5] AGAZOTTI: Arch. fisiol. **120**, 3 (1922).
[6] WEBER: Protoplasma (Berl.) **6**, 159 (1929). — [7] JOCHIMS: Kolloid-Z. **43**, 362 (1927).
[8] ERBRING: Kolloid-Beih. **44**, 171—235 (1936).
[9] FAUST: Kolloid-Z. **61**, 257 (1932).

jedoch, wie später noch gezeigt werden wird, der Oberflächenspannung in einer anderen Beziehung eine Bedeutung zu.

Tabelle 76. *Oberflächenspannung und Spinnbarkeit. Ziehgeschwindigkeit* 15 *cm/Sek.* (Nach ERBRING.)

System	Oberflächenspannung in dyn/cm	Spinnbare Fadenlänge in mm
2 g Leinsamen extrahiert mit 100 cm^3 Wasser	62,7	10
4 g Leinsamen extrahiert mit 100 cm^3 Wasser	56,63	27
8 g Leinsamen extrahiert mit 100 cm^3 Wasser	61,48	59

Grundlegend wichtig ist zunächst der Befund von ERBRING, wonach die Größe der Spinnbarkeit einer Lösung auch von der Geschwindigkeit, mit der der flüssige Faden hergestellt wird, abhängig ist. Über diese Zusammenhänge berichtet Abb. 211. Die Abbildung zeigt, daß die Kurve des weniger konzentrierten Systems (8 g) durch die Kurve für das konzentriertere System (12 g) geschnitten wird und daß bei der größeren angewandten Spinngeschwindigkeit die Fadenlänge wieder abgenommen hat. Es ergibt sich also ein Maximum der Fadenlänge bei einer mittleren Spinngeschwindigkeit. Dies hängt damit zusammen, daß bei einer extrem hohen Spinngeschwindigkeit nicht genügend Substanz für die Fadenbildung nachgeliefert werden kann. Dieser Nachlieferungsvorgang wird nun von der Oberflächenspannung der strömenden Flüssigkeit beeinflußt, so daß dieser bei der Fadenbildung doch eine, wenn auch sekundäre Rolle, zukommt.

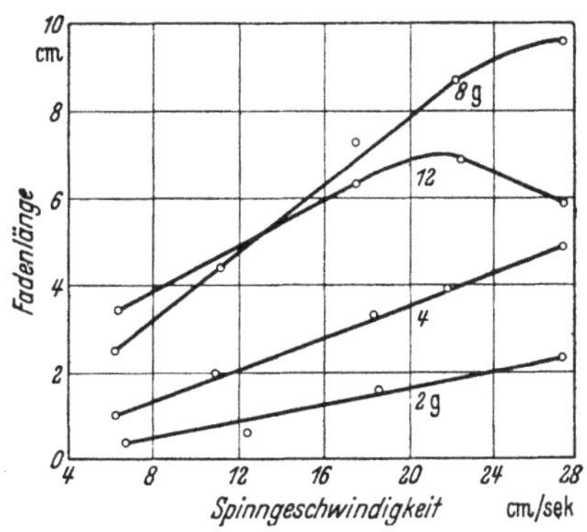

Abb. 211. Abhängigkeit der Spinnbarkeit von Leinsamenschleimlösungen verschiedener Konzentration von der Spinngeschwindigkeit. (Nach ERBRING.)

Es war einleitend als Charakteristikum der Fäden bildenden Flüssigkeiten erwähnt, daß der gebildete Faden nach dem Abreißen wieder zurückschnellt. Diese Beobachtung weist auf starke elastische Eigenschaften der spinnbaren Flüssigkeiten hin [1], die wieder durch das Vorliegen von Strukturviskosität bei diesen Flüssigkeiten bedingt ist. ERBRING hat gefunden, daß die spinnbaren Flüssigkeiten in Konzentrationsgebieten, in denen sie spinnbar sind, ausgesprochene Strukturviskosität besitzen, die mit zunehmender Konzentration ansteigt. Daß auch Viskose Strukturviskosität zeigt, war schon insofern erwähnt worden, als bei der Viskose ein Abnehmen der Viskosität nach starkem Rühren stattfindet und daß der alte Zustand nach einer ausreichenden Ruhezeit wieder eintritt. Das Vorliegen von Strukturviskosität erwies sich nun auch bei anderen Flüssigkeiten als Voraussetzung für das Annehmen eines spinnbaren Zustandes.

Es ist aber noch eine weitere Voraussetzung für die Eigenschaft der Spinnbarkeit einer Lösung notwendig. OSTWALD und AUERBACH [2] fanden bei der Viskosimetrie

[1] Vgl. auch TOCCO: Arch. internat. Pharmacodyn. u. Ther. **27**, 363 (1923).
[2] OSTWALD u. AUERBACH: Kolloid-Z. **41**, 112 (1927).

von Lösungen gewisser technischer Farbstoffe deutliche Strukturviskosität, wenn eine bestimmte Konzentration erreicht war. Für Baumwollgelb-Sole verschiedener Konzentration gibt ERBRING das in Tab. 77 wiedergegebene Beispiel.

Tabelle 77. *Thixotrope Strukturzerstörung von Baumwollgelb-Solen durch mehrmaliges Fließen im Viskosimeter.* (Nach ERBRING.)

	Konzentration in %					
	0,3	0,5	0,75	1,0	1,25	1,50
Fließzeit im Viskosimeter bei hintereinander ausgeführten Messungen, in Sekunden	18,3	22,6	31,2	41,0	39,4	35,0
	17,9	22,0	30,0	39,8	39,0	34,0
	17,1	21,4	28,8	38,4	38,6	33,0
	16,7	20,9	27,8	36,8	37,0	31,6
	16,3	20,3	26,8	35,0	35,0	31,0
	16,1	19,5	25,8	33,5	—	29,2
	—	—	24,9	33,0	—	28,2
	—	—	24,3	32,4	—	28,0
	—	—	—	31,8	—	27,8

Nach OSTWALD und AUERBACH ist diese Strukturzerstörung auf einen Entmischungsvorgang zurückzuführen, der sich in der Farbstofflösung abspielt. Durch die Erhöhung der Farbstoffkonzentration werden gleichzeitig Elektrolyte in das System hereingebracht, die der Solvatation des Farbstoffes entgegenwirken. Die Solvatation durchläuft somit ein Maximum und nimmt wieder ab, wenn die Farbstoffteilchen durch zunehmende Desolvatation beginnen zu flocken. Man erkennt bei Konzentrationssteigerung der Farbstofflösung zunächst eine deutliche Trübung, dann entstehen schließlich Suspensionen, die desolvatisierte Farbstoffteilchen in hochdisperser Form enthalten. Da, wie schon erwähnt wurde, Baumwollgelb-Sole einen spinnbaren Zustand annehmen können, so lag es nahe, diese Eigenschaft mit dem Entmischungsvorgang in Verbindung zu bringen. Untersuchungen von ERBRING konnten diesen Zusammenhang bestätigen. Bei der Messung der Spinnbarkeit der Baumwollgelb-Sole macht sich dies schon in 0,3proz. Lösungen bemerkbar. Die Fadenlänge stieg mit der Konzentration (Tab. 78).

Tabelle 78. *Spinnbarkeit technischer Baumwollgelb-Sole.* (Nach ERBRING.)

Konzentration %	Spinngeschwindigkeit in cm/s	Fadenlänge in cm	Konzentration %	Spinngeschwindigkeit in cm/s	Fadenlänge in cm
0,3	4,9	1,0	0,75	4,9	2,5
	9,1	1,5		9,1	3,5
	14,3	2,0		14,3	5,5
	17,0	2,5	1,0	4,9	3,0
				9,1	5,0
				14,3	6,5
0,5	4,9	2,0			
	9,1	3,0	1,25	9,1	3,0
	14,3	4,3		14,3	5,5
	17,0	2,5	1,5	14,3	5,5

Wie die Tabelle zeigt, durchläuft die Spinnbarkeit der Baumwollgelb-Sole bei hohen Spinngeschwindigkeiten ein Maximum. Es konnte weiter gezeigt werden, daß die Spinnbarkeit der Baumwollgelb-Sole durch Änderungen des Elektrolytgehaltes deutlich beeinflußt wird. Diese Befunde sprechen dafür, daß der Entmischungsvorgang an der Herbeiführung des spinnbaren Zustandes beteiligt ist.

Auch bei der Reife der Viskose haben wir Entmischungszustände anzunehmen. Nach den bisher aufgeführten Beispielen müßte die Spinnbarkeit bei den verschiedenen Entmischungsstadien verschieden sein. Es konnte erwartet werden, daß die Spinnbarkeit mit zunehmendem Alter der Viskose ansteigt, um bei Überreife wieder abzunehmen. Es ist also bei einem mittleren Reifezustand ein Maximum der Spinnbarkeit vorauszusehen. Ein solches Verhalten der Viskose wurde von ERBRING in der Tat gefunden, wie Tab. 79 und Abb. 212 zeigen.

Tabelle 79. *Spinnbarkeit von Viskose in Abhängigkeit vom Reifegrad*[1]. (Nach ERBRING.)

Tag	Spinngeschwindigkeit in cm/s	Fadenlänge in cm
30. 11.	Viskosität: 16 Sek. Fallzeit (20 cm Fällstrecke)	Reifegrad: 26 cm³ NH_4-Verbrauch (10proz. Lösung)
	5,7	2,8
	11,2	5,5
	17,9	8,5
3. 12.	Viskosität: 22 Sek.	Reifegrad: 23,1 cm³
	5,7	4,2 · · · 4,5
	11,2	7,7 · · · 8,0
	17,9	etwa 12,5
4. 12.	Viskosität: 22,1 Sek.	Reifegrad: 21 cm³
	5,7	5,0 · · · 5,3
	11,2	8,5
	17,9	13,7
5. 12.	Viskosität: 22,2 Sek.	Reifegrad: 18,9 cm³
	5,7	5,3
	11,2	8,5 · · · 9,0
	17,9	14,0
6. 12.	Viskosität: 23,2 Sek.	Reifegrad: 16,65 cm³
	5,7	5,5 · · · 6,0
	11,2	10,0
	17,9	15,0
7. 12.	Viskosität: 23,2 Sek.	Reifegrad: 14,42 cm³
	5,7	6,0
	11,2	10,0
	17,9	14,0 · · · 16,0
8. 12.	Viskosität: 23,5 Sek.	Reifegrad: 13,15 cm³
	5,7	6,0
	11,2	10,0 · · · 10,5
	17,9	16,0
10. 12.	Viskosität: 30,4 Sek.	Reifegrad: 10,9 cm³
	5,7	6,5
	11,2	11,0
	17,9	etwa 16,0
12. 12.	Viskosität: 31 Sek.	Reifegrad: 7,35 cm³
	17,9	etwa 16,5
17. 12.	Viskosität: 51 Sek.	Reifegrad: 2,45 cm³
	5,7	9,0
	11,2	12,0
	17,9	etwa 15,5

[1] Über die Definition des Reifegrades s. S. 356.

Betrachtet man das Verhalten der Viskose bei einer Ziehgeschwindigkeit von 17,8 cm/s, so ist festzustellen, daß die Spinnbarkeit während der ersten Reifeperiode stark ansteigt. Wie die Viskositätswerte zeigen, war bei Beginn der Messungen der erste steile Viskositätsabfall bereits überschritten. Bei einem Reifegrad, dem in der Technik eine HOTTENROTH-Zahl von etwa 7 entspricht, wurde das Optimum der Spinnbarkeit festgestellt. Die Spinnbarkeit nimmt also oberhalb des Reifegrades, bei dem man praktisch eine Viskose als spinnreif bezeichnet, noch etwas zu, so daß man also in der Technik aus betrieblichen Gründen die Viskose etwas unterhalb des optimalen Grades für die Spinnbarkeit verspinnt. Die Abnahme der Spinnbarkeit jenseits des Maximums kann klar gezeigt werden, wenn man die Gelatinierung der Viskose durch Zusatz von Ammonchlorid beschleunigt. ERBRING fand dann die in Tab. 80 zusammengestellten Werte.

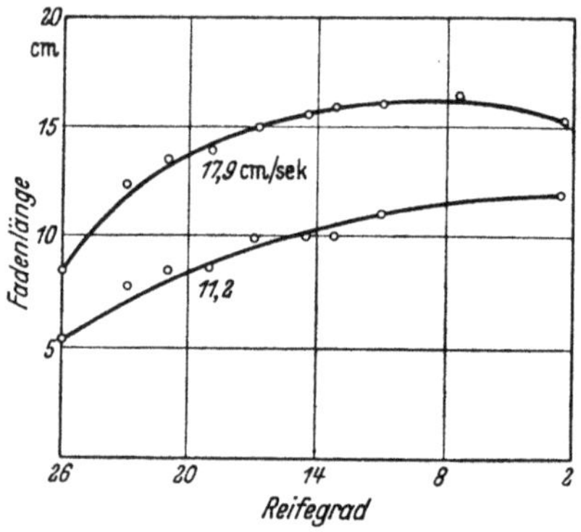

Abb. 212. Abhängigkeit der Spinnbarkeit von Viskose bei verschiedenen Ziehgeschwindigkeiten vom Reifegrad. (Nach ERBRING.)

Tabelle 80. *Spinnbarkeit der Viskose im Verlaufe der Koagulation. Spinngeschwindigkeit: 11,2 cm/Sek.* (Nach ERBRING.)

Ammonchlorid		Fadenlänge in cm
Ausgangssystem	(10proz.) zu 50 g Viskose	10,0
3 cm³		11,5
5 cm³		11,5
10 cm³		6,5
12 cm³		3,0 · · · 4,0
14,5 cm³		—

Überblickt man die bisher aufgeführten Befunde und Beobachtungen, so kann folgendes zusammenfassend ausgesagt werden:

Die Spinnbarkeit ist keine konstitutive Eigenschaft eines Körpers, sondern ein Zustand, in den gewisse Systeme übergeführt werden können.

Ergänzend sei bemerkt, daß dieser Zustand besonders oft bei Lösungen von lyophilen Kolloiden angetroffen wird.

Die Spinnbarkeit kann mit der Viskosität der Lösung parallel gehen, sie braucht es jedoch nicht, da zwischen beiden kein unmittelbarer Zusammenhang besteht.

Voraussetzung für das Eintreten eines spinnfähigen Zustandes ist das Vorhandensein von Strukturviskosität, die auf eine Entmischung des Systems unter Neu- oder Rückbildung von Strukturen zurückzuführen ist. Hierzu ist noch zu bemerken, daß Systeme mit fadenförmigen Teilchen für die Einnahme eines spinnbaren Zustandes besonders prädestiniert sind, da sie besonders leicht durch Assoziation neue Strukturen bilden können.

Eine weitere Voraussetzung für das Entstehen fester Fäden ist die Bildungsmöglichkeit flüssiger Fäden aus der betreffenden Lösung.

Die Spinnbarkeit setzt schließlich voraus, daß die Oberflächenspannung der Lösung so beschaffen ist, daß dem spinnbaren Faden genügend Substanz nachgeliefert werden kann.

Die Spinnbarkeit der Viskose durchläuft ein Maximum, das kurz vor der Gelatinierung wieder abnimmt. Mit der Gelatinierung ist jedoch die Entmischung noch nicht beendet. Dies geht daraus hervor, daß die Viskose leicht die Erscheinung der Synärese zeigt, worunter der extreme Fall der Gallertentmischung zu verstehen ist. Die Spinnbarkeit ist also an bestimmte Stadien der Entmischung gebunden, sie ist am ausgeprägtesten bei einem mittleren Entmischungszustand.

V. Reife und Reinigung der Viskose im Betrieb.

Die Behandlung der Viskose bei der Reife in den Reyon- und Zellwollfabriken weicht von der Reife der Alkalizellulose insofern ab, als die Viskose bei der Reife im Gegensatz zur Alkalizellulose nicht ruhig sich selbst überlassen bleibt. Mit der Reife der Viskose werden vielmehr Reinigungsoperationen verbunden, damit später keine Spinnschwierigkeiten entstehen können.

Die aus den Lösern kommende Viskose enthält eine Reihe von Verunreinigungen, die sorgsam entfernt werden müssen. Zunächst läßt es sich nicht vermeiden, daß die Viskose noch einige nicht vollkommen gelöste Zellulosefasern, teils in Form von Quellkörpern, enthält. Neben Fremdkörpern aus den Apparaturen und Rohrleitungen können in der Viskose auch Salze vorhanden sein, von denen das schwer lösliche Kalzium-Natriumkarbonat, das aus einem zu hohen Kalziumgehalt des Zellstoffs stammen kann, sowie das Kalziumsilikat, durch kieselsäurehaltige Verunreinigungen der Natronlauge verursacht, die unangenehmsten sind. Die Anwesenheit dieser Salze in der Viskose kann, wie schon im 5. Kapitel erwähnt, die Filtration erschweren und das Zuwachsen der Düsenlöcher fördern.

Die Verunreinigungen können auch eine Trübung der Viskose bewirken. Es muß jedoch darauf hingewiesen werden, daß nicht jede trübe Viskose eine schlechte Filtration sowie Spinnschwierigkeiten im Gefolge zu haben braucht. Es kommt hierbei vielmehr darauf an, in welcher Form die Verunreinigungen in der Viskose vorliegen. Sind sie von kristalliner Beschaffenheit, so stören sie im allgemeinen nicht, da sie dann leicht durch die Filter zurückgehalten werden.

Neben Verunreinigungen anorganischer Natur enthält die Viskose aber auch organische Verunreinigungen. Hierzu müssen Harz- und Fettbestandteile aus dem Zellstoff genannt werden, wenn sie in größeren Mengen in der Viskose vorhanden sind. Wie schon an anderer Stelle gezeigt wurde, sind demgegenüber geringe Harzreste aus dem Zellstoff nicht nur nicht schädlich, sie wirken sich vielmehr günstig auf die Reaktionsfähigkeit aus. Es wird im nächsten Kapitel noch gezeigt werden, daß es durch Zusatz oberflächenaktiver Stoffe zur Viskose gelingt, trübe Viskose weitgehend zu klären.

Zu den organischen Verunreinigungen muß auch durch Überreife koagulierte Viskose genannt werden, die sich aus Armaturen und Winkeln von Rohrleitungen losgerissen hat und durch die Viskose mitgeführt wurde. Rohrleitungen für Viskose sind daher im Durchmesser möglichst weit zu halten und möglich kurz und ohne starke Krümmungen zu verlegen.

Schließlich muß als störende Verunreinigung in der Viskose Luft genannt werden, die sich bei der Auflösung des Xanthogenates mehr oder weniger fein in der Viskose verteilt hat.

Zur Befreiung der Viskose von ihren Verunreinigungen ist der Vorschlag gemacht worden, das Xanthogenat durch Säuren[1], Salze[2], organische Lösungsmittel[3] oder durch Erwärmen[4] aus der Lösung auszufällen und erneut zu lösen. Ferner ist empfohlen worden, die Viskose durch Dialyse zu reinigen[5] oder sie mit Wasser auszuwaschen[6]. Die Praxis hat aber gezeigt, daß derartig komplizierte Maßnahmen nicht nötig sind. Bei einer ausreichend sauber hergestellten Viskose genügen vielmehr Filtrationsvorgänge, um eine spinnsichere Viskose zu erhalten.

Was die Entlüftung anbelangt, so kann diese, was neuerdings vielfach geschieht, auch kontinuierlich an einem fließenden Viskosestrom ausgeführt werden. Meist verbindet man hiermit eine Schnellreifung durch Erhitzen (Thermische Reife). Wir kommen hierauf weiter unten zurück.

Die Filtration. Man kann die Viskose auf zweierlei Weise fördern, nämlich durch Druckluft sowie durch Pumpen. Im allgemeinen gibt man der Druckluftförderung den Vorzug und wendet die Pumpenförderung nur an, wenn die Viskose von bestimmten Maschinen abgesaugt werden muß. Bei Anwendung von Druckluft ist ein Druck von 2···6 Atm. erforderlich. Die Rohrleitungen für die Viskose werden in Kanälen verlegt, die bequem begehbar sein müssen. Durch die in manchen Werken vorliegende Notwendigkeit, mehrere verschiedenartige Viskosen in wechselnder Menge zu verarbeiten (vgl. 13. Kapitel), ist oft das Neuverlegen von Viskoseleitungen erforderlich, und zwar muß diese Arbeit, um Betriebsstörungen zu vermeiden, in kürzester Zeit durchgeführt werden können. Dies ist nur dann möglich, wenn bei der Verlegung der Rohrleitungen die Rohrkanäle leicht und bequem zugänglich sind.

Ebenso wie die Reife der Alkalizellulose wird auch die Reife der Viskose normalerweise bei vollkommen konstanter, tiefer Temperatur durchgeführt. Deshalb befinden sich auch die Anlagen für die Reinigung und Reife der Viskose meist in Kellergeschossen. Die Räume sind, wie bei der Reifestation für Alkalizellulose, sorgfältig gegen äußere Temperatureinflüsse isoliert. Für die Einstellung der richtigen Temperatur sorgen Heiz- und Kühlaggregate. Der Zustand der Viskose wird durch Probenahme aus den Kesseln ständig überwacht und kann durch geringe Temperaturerhöhung bzw. Temperaturerniedrigung beeinflußt werden. Die richtige Behandlung der Viskose erfordert große praktische Erfahrung.

Für die Behandlung der Viskose sind im allgemeinen drei Stationen vorhanden, die man mit A-, B- und C-Keller bezeichnet. Bringt man die drei Stationen in verschiedenen Räumen unter, so hat man die Möglichkeit, die Viskose durch verschiedene Temperaturen in den drei Stationen zu beeinflussen. Die Unterbringung der drei Stationen in verschiedenen Räumen ist jedoch nicht notwendig, man kann sie vielmehr auch in einem gemeinsamen Viskosekeller zusammenfassen. Zur Aufnahme der Viskose dienen große eiserne, zylindrische Kessel, die dem anzuwendenden Atmosphärendruck standhalten müssen. Es sind sowohl stehende als auch liegende Kessel in Gebrauch. Die stehenden Kessel gehen an ihrem unteren Teil etwas konisch zu, damit sie gut entleert werden können. Dies ist bei liegenden Kesseln etwas schwieriger. Sie haben aber den Vorzug, daß sie wegen der größeren Oberfläche der Viskose schneller zu entlüften sind. Um sie genau so weit leer spinnen zu können wie stehende

---

[1] Viscose Syndicate Ltd., London: DRP. 133144.

[2] Vereinigte Kunstseidenfabriken A. G. DRP.: 200023. — [3] Lynke: DRP. 237261.

[4] Société de la Viscose Suisse, Emmenbrücke: DRP. 187369.

[5] Becker: DRP. 234861. — [6] Bernstein: USA. Pat. 1121605.

Kessel, kann man sie etwas nach vorne geneigt aufbauen. Die Neigung darf aber, besonders bei den im C-Keller befindlichen Kesseln, nicht zu stark sein, weil hierdurch die Entlüftung der Viskose wieder erschwert wird.

In den modernen Zellwollwerken faßt man im Viskosekeller meist 4 ⋯ 6 Auflösechargen in einem Viskosekessel von etwa 70000 l Fassungsvermögen zusammen. Da es bei derartig großen Kesselinhalten schwer ist, die Viskose überall genau zu temperieren, so müssen diese Kessel mit besonders wirksamen Rührwerken ausgestattet sein. Man verwendet meist liegende Kessel mit einem zweiteiligen Mischwerk. Die Mischwerke bestehen aus einer Vierkantwelle mit aufgeschraubten, versetzt angeordneten Rührarmen. Diese sind ihrerseits wieder mit Naben und Armen versehen, die aus Profileisen bestehen. Die Rührarme sind durch spiralförmig gebogene Flacheisen untereinander verbunden. Diese Konstruktion gewährleistet eine ausreichend gleichmäßige Mischung innerhalb der zur Verfügung stehenden Zeit[1]. Abbildung 213 zeigt eine Batterie moderner, mit Rührwerken versehener Viskosekessel in der Viskosestation eines großen Zellwollwerkes.

Abb. 213. Batterie von Viskosekesseln mit Rührwerk. Ansicht aus dem Vistra-Betrieb Wolfen.

Die Kessel werden in den einzelnen Kellern an beiden Längsseiten aufgestellt und durch eine Ringleitung miteinander verbunden, aus der die Viskose an die nächste Station abgegeben wird. Auf diese Weise wird ein beliebiges Zusammenschalten der Kessel ermöglicht.

Die Kessel sind mit Wasserstandsgläsern ausgerüstst, damit man jederzeit sehen kann, wieweit der Kessel mit Viskose gefüllt ist.

Im einzelnen geht die Behandlung der Viskose wie folgt vor sich: Die Viskose wird vom Löseraum an die Kesselgruppe des A-Kellers abgegeben, die man mit A-Kesseln bezeichnet. Aus den A-Kesseln gelangt die Viskose in Filterpressen („A-Pressen“). Die Filterpressen sind zu Gruppen parallel zusammengeschaltet. Nach dem Passieren der A-Pressen wird die Viskose in die B-Kessel des B-Kellers gefördert. Von hier aus gelangt sie durch die B-Pressen in den C-Keller, in dem die

[1] Derartige Großmischer werden z. B. von der Firma Wegelin & Hübner A.G. gebaut.

eigentliche Reife der Viskose vor sich geht. In den im C-Keller befindlichen C-Kesseln wird sie auch entlüftet, was dadurch geschieht, daß man die C-Kessel längere Zeit unter Vakuum setzt. Dann erfolgt eine nochmalige Filtration durch die C-Pressen, worauf die Viskose an die Spinnkessel des Spinnkellers, der sich unmittelbar unter der Spinnerei befindet, abgegeben wird. Abb. 214 zeigt eine Batterie von Spinnkesseln in einem Zellwollwerk.

Abb. 214. Batterie von Spinnkesseln. Ansicht aus der Rheinische Kunstseide A. G., Krefeld.

Als Filterpressen kann man Rahmenpressen und Kammerpressen benutzen (Abb. 215). Man wandte früher die Rahmenpressen bevorzugt an, weil bei ihnen die Viskoseverluste geringer sind als bei den Kammerpressen. Diesen Nachteil der Kammerpressen hat man aber dadurch beheben können, daß man bei ihnen die Hohlräume der Kammern soweit mit Eisen ausgießt, daß nur kleine Räume für die Viskose verbleiben, so daß bei ihnen gleichfalls der Viskoseverlust gering ist.

Die Filterbeläge bei den A-, B- und C-Pressen sind verschieden. Bei der A-Filtration holt man nur

Abb. 215. Filterpressen.

die gröbsten Verunreinigungen aus der Viskose heraus und filtriert sie erst in den B-Filtern klar. Die C-Filtration ist als Sicherheitsfiltration anzusprechen.

Die A-Filter erhalten als Filterschicht einen doppelten Flanellbelag. Bei den B-Filtern verpackt man die Kammer zunächst mit einem Flanelltuch, dann folgt eine dicke Schicht Filterwatte und zum Schluß ein Nesseltuch. Die C-Pressen werden wie die B-Pressen verpackt, jedoch legt man zweckmäßig unter den Flanell noch ein Nesseltuch.

Früher hat man zuweilen vor jede Spinnmaschine noch eine kleine „Spinnpresse" aufgestellt. Hiervon ist man aber abgekommen.

Die Viskose wird mit einem Druck von 3···4 Atm. durch die Pressen gedrückt. Beim Ausfallen einer Presse durch Verstopfung wird die Viskose unter entsprechend höherem Druck durch die restlichen Pressen der Pressengruppe geschickt.

Die Filterbeläge werden periodisch gewechselt. Bei einer einwandfreien Viskose sind für 1000 Liter durchfließende Viskose bei der A-Presse etwa 9,5···3 m^2 neuer Filterbelag erforderlich. Unter Verwendung von Pigmenten hergestellte Mattviskose (s. 13. Kapitel) kann bis zu über 5 m^2 Filterbelag benötigen. Die Beläge der B-, C- und der eventuell vorhandenen Spinnpressen brauchen weniger oft erneuert zu werden. Der Verlust an Viskose bei der Filtration beträgt normalerweise 0,2···0,5% und kann bei Buchenzellstoff bis zu 0,3···1,0% betragen. Die gebrauchten Filtertücher werden durch sorgfältiges Waschen wieder verwendbar gemacht. Sie haben jedoch nur eine beschränkte Lebensdauer. Beim Waschen ist darauf zu achten, daß weiches Wasser verwendet wird oder Zusätze von Schutzkolloiden gegeben werden, da sonst durch die Einlagerung von Kalkseife die Gewebeporen verstopft und für die Viskose zu schwer durchlässig werden. Die Filtration der Viskose ist stets eine unsichere Angelegenheit, da sich nicht rechtzeitig feststellen läßt, ob alle Pressen einer Gruppe einwandfrei arbeiten. Man hat daher schon lange nach Möglichkeiten gesucht, die Filtration zu umgehen.

Es ist vor einigen Jahren der Vorschlag gemacht worden, die Viskose durch Zentrifugieren zu reinigen, und es wurde eine von SHARPLES konstruierte Spezialzentrifuge für diesen Zweck auf den Markt gebracht. Hierbei sollte die A- und B-Filtration durch Zentrifugieren ersetzt werden, während die C- bzw. die Spinnfiltration bestehen bleiben sollte. Soweit dem Verfasser bekannt ist, haben sich die Zentrifugen trotz jahrelanger Versuche nicht eingeführt. Ihren Vorteilen, wie Einsparung von Filtermaterial, Verringerung der Viskoseverluste und sauberes Arbeiten stehen Nachteile entgegen, die in einer geringeren Leistung sowie in der Notwendigkeit einer nach jeder Zentrifugierung erforderlichen Entlüftung der Viskose bestehen, da sie beim Zentrifugieren eine erhebliche Menge Luft aufnimmt[1].

Die Entlüftung. Die Luft ist in der Viskose in Form kleiner Bläschen enthalten, die aber ein ganz verschiedenes Volumen haben können. Im allgemeinen enthält die Viskose nicht nur Luft von sichtbarer Blasengröße, sondern auch Luft in so feinverteilter Form, daß man sie als in der Viskose gelöst ansprechen kann. Diese feinverteilte Luft macht bei der Entlüftung besondere Schwierigkeiten.

Die Anwesenheit von Luft in der Viskose kann zwei Schwierigkeiten ergeben. Einerseits führt die Anwesenheit gröberer Luftblasen zu einem Abreißen von Einzelfädchen an der Spinndüse, wodurch sowohl ein flusiger Faden als auch harte Gebilde, sog. Spinnhäkchen entstehen können. Dies kommt daher, daß der durch die Luftblase unterbrochene Faden die der Blase folgende Viskose nicht mehr abzieht, sie

[1] Vgl. hierzu BOEGLIN: Kunstseide **19**, 238 (1937), sowie FÜRST: Franz. Pat. 542763 und GARBADINI: DRP. 553098.

also frei ins Spinnbad strömt. Das hakenartige Gebilde wird nach einiger Zeit von dem spinnenden Faden wieder mitgenommen und eingesponnen. Ist die Luftblase feiner als der Querschnitt des Düsenloches, so bleibt sie auch im fertigen Faden erhalten. Dieses Fädchen erhält hierdurch eine andere Lichtbrechung, was, besonders in dunkel gefärbten Waren, zu Glitzerstellen führt. Abb. 216 zeigt einen Querschnitt durch einen Faden, der lufthaltige Einzelfädchen enthält, Abb. 217 die Längsansicht einer Faser mit eingeschlossener Luftblase. Diese Erscheinung kann auch auftreten, wenn eine Spinnpumpe durch Undichtigkeit Luft saugt. Es sei ergänzend bemerkt, daß ein ganz ähnliches Bild entsteht, wenn eine Spinnpumpe nicht ganz ölfrei war und ein Öltröpfchen mit der Viskose fördert.

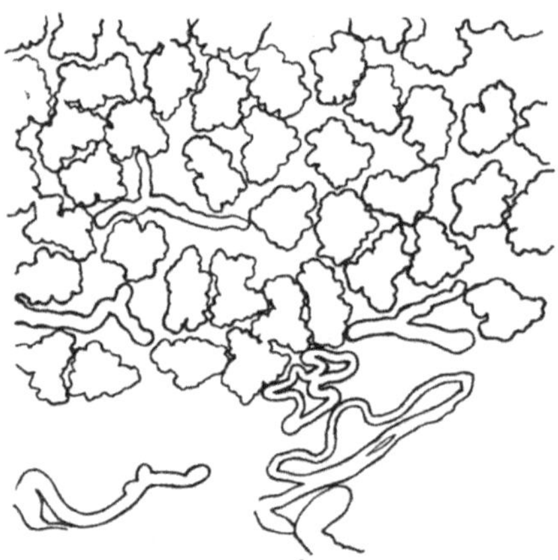

Abb. 216. Querschnitt durch ein Reyongarn mit lufthaltigen Einzelfädchen.

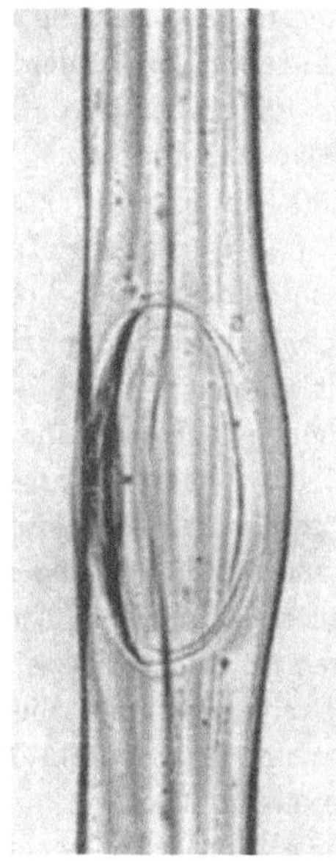

Abb. 217. Mikroskopisches Bild einer Viskosefaser mit Luftblase. (Nach A. HERZOG.)

Beim normalen Arbeiten wird das Entlüften dadurch vorgenommen, daß man den C-Kessel längere Zeit unter Vakuum setzt.

Die Entlüftung kann durch Zusatzmittel sowohl verzögert als auch beschleunigt werden. Eine Verzögerung bzw. Erschwerung der Entlüftung erfolgt allgemein bei pigmenthaltiger Viskose (s. folgendes Kapitel). Die Luftblasen haben die Neigung, sich in diesem Falle an die Pigmentteilchen anzulagern. Eine Beschleunigung bzw. Erleichterung der Entlüftung erfolgt durch Ölzusatz zur Viskose. Dies ist verständlich, weil durch den Ölzusatz die Oberflächenspannung der Viskose herabgesetzt wurde.

Ölhaltige Viskose neigt aber wieder leichter zum Schäumen bei der Entlüftung, was gleichfalls auf die verringerte Oberflächenspannung zurückzuführen ist. In solchen Fällen können aber Schaumverhütungsmittel, wie beispielsweise Etingal[1], helfen, die in ganz geringen Mengen auf die Oberfläche der schäumenden Viskose gebracht werden können.

[1] Hersteller: Farbenfabriken Bayer A.G., Leverkusen.

Im allgemeinen macht die Entlüftung von Viskose, die grobe Luftblasen enthält, keine Schwierigkeiten, während eine mit gelöster Luft versehene Viskose manchmal zu ernsten Schwierigkeiten führen kann. In solchen Fällen kann man sich aber meist dadurch helfen, daß man die Viskose noch einmal durch Umpumpen oder Rühren mechanisch bewegt oder daß man Luft in grobverteilter Form einbläst. In beiden Fällen reißen dann die entstehenden groben Luftblasen die feiner verteilte Luft mit hoch. Die Entlüftung hat bei ölhaltiger Viskose so langsam wie möglich zu erfolgen.

Je gröber die Luftblasen sind, um so leichter geht auch die Entschäumung vor sich, da die Blasen dann leichter zerplatzen. Es ist aber sehr schwer, die Größe der sich ausbildenden Luftblasen zu beeinflussen.

Die Entlüftung kann auch kontinuierlich an einem fließenden Viskosestrom vorgenommen werden. Hierfür sind mehrere Apparaturen vorgeschlagen worden, von denen hier einige erwähnt werden sollen.

Nach dem Canad. Pat. 461530 der Firma *Oscar Kohorn & Co., Ltd.*, wird die Entlüftung in einem rechteckigen Behälter vorgenommen, der im Querschnitt in Abb. 218 dargestellt ist. Der Behälter besitzt in seinem Inneren eine Anzahl schräg angeordneter Bleche. Die Viskose tritt durch mehrere Rohrstutzen oben in den Apparat ein und fließt in dünner Schicht das oberste Blech abwärts. Von dort gelangt sie, wie aus der Abbildung ohne weiteres verständlich ist, auf das zweite schräge Blech, auf dem sie in entgegengesetzter Richtung abwärts fließt. Dieses Spiel wiederholt sich so lange, bis die Viskose auf dem untersten Blech angelangt ist, von wo aus sie den Behälter entlüftet verläßt. Sie wird von dort durch eine Zahnradpumpe weitergefördert.

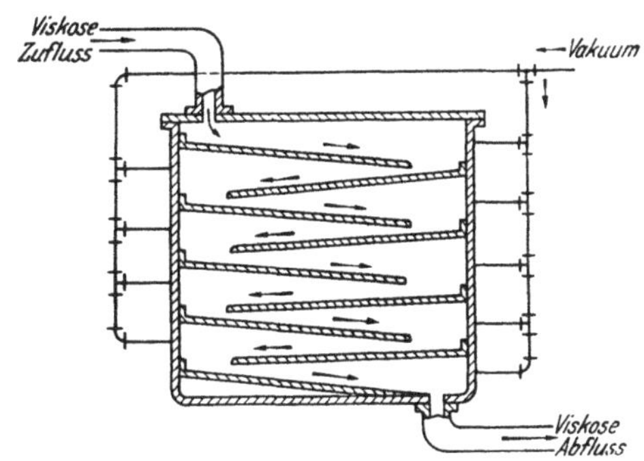

Abb. 218. Apparatur zur kontinuierlichen Entlüftung von Viskose nach dem Canad. Pat. 461 530.

Der Behälter steht unter Vakuum, und zwar hat es sich als zweckmäßig erwiesen, die Vakuumleitung beidseitig zwischen je zwei Blechen in den Behälter einzuführen.

An Stelle der Behälter können auch, wie aus der gleichen Patentschrift hervorgeht, einzelne, schräg angeordnete, weite Rohre verwendet werden, an die das Vakuum angelegt wird.

Eine kontinuierliche Entlüftung findet auch in dem von *Dipl.-Ing. R. Etzkorn*, Murg (Baden), konstruierten sog. Spinnturm statt. Hiervon zeigt Abb. 219 einen ganz schematischen Querschnitt. Wie die Abbildung zeigt, besteht die Apparatur aus einem zylindrischen Kessel, in den in Form flacher Kegel Bleche eingebaut sind. Je nach der gewünschten Leistung kann die Zahl dieser Bleche variiert werden. An diesen Kessel ist unten ein langes, weites Rohr angebaut, das als barometrisches Fallrohr dient und aus dem die Viskose unten weggepumpt wird. Der Kessel steht unter Vakuum.

Die Viskose tritt oben in der Mitte des Kessels ein und gelangt auf die Spitze des obersten Kegelbleches, auf dem sie in dünner Schicht abwärts fließt. Sind in dem

Kessel mehrere derartiger Bleche angebracht, so gelangt die Viskose von dem ersten Kegelblech auf nach innen geneigte, an der Kesselwand angebrachte Ringbleche, die die Viskose auf ein zweites Kegelblech führen. Die entlüftete Viskose sammelt sich in dem Fallrohr.

Das Fallrohr dient für die durch den Betrieb fließende Viskose gleichzeitig als Puffer. Die Apparatur wird vor den Spinnkessel geschaltet. Durch Spinnregleranlagen, die von der gleichen Firma gebaut werden, wird der Viskosezufluß durch die Filter und in den Spinnturm je nach der Höhe der Entnahme aus dem Spinnkessel durch elektrische Fernsteuerung genau geregelt und kann durch Signallampen überwacht werden.

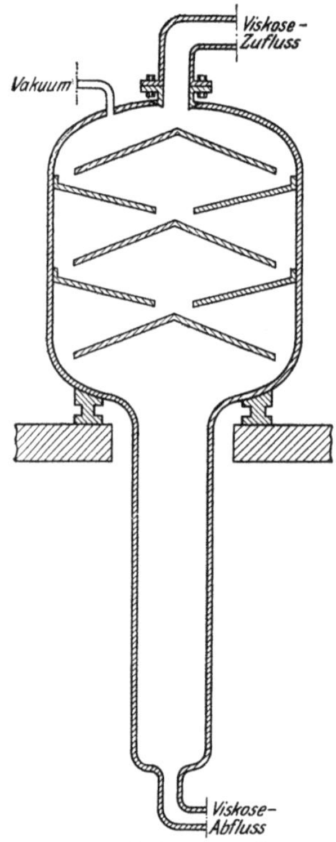

Abb. 219. Spinnturm der Fa. Dipl.-Ing. R. Etzkorn, Murg (Baden).

Bei der Beschreibung der thermischen Reife (S. 350) werden wir noch eine weitere Apparatur kennenlernen, in der die Entlüftung kontinuierlich vorgenommen wird.

Die Reifedauer. Die Dauer der Viskosereife, während welcher Zeit also auch die Filtration und Entlüftung vorgenommen wird, richtet sich nach der Arbeitsweise der betreffenden Fabrik. Sie kann zwischen 50 und 80 Stunden schwanken. Normalerweise wird eine Reife von etwa 72 Stunden durchgeführt. Im allgemeinen wird die Viskose mit einer Chlorammonreife von 7···11 an die Spinnerei abgegeben.

Es kommt zuweilen vor, daß die Spinnreife trotz Einhaltung aller Betriebsbedingungen Abweichungen, die u. U. erheblich sein können, zeigt, ebenso wie auch die Spinnviskosität schwanken kann. Es ist außerordentlich schwer, hierfür nachträglich die Ursache zu finden. Verschiedentlich ist beobachtet worden, daß derartige Erscheinungen einige Wochen nach einem Zellstoffwechsel auftreten. Es dürfte dies mit dem Hemizellulosegehalt der Alkalisierlauge zusammenhängen. Es ist zu bedenken, daß nach einem Zellstoffwechsel fremde Hemizellulose von früheren Tauchungen her im Tauchsystem enthalten ist, die vom Zellstoff absorbiert und erst nach und nach durch die eigene Hemizellulose des Zellstoffs verdrängt wird. Wie schon an anderer Stelle gezeigt wurde, verbraucht die Hemizellulose Sauerstoff bei der Vorreife, so daß je nach Art und Menge die Vorreife anders verläuft. Schließlich kann sie aber auch den Verlauf der Viskose-Nachreife beeinflussen.

Im praktischen Betrieb kann unter Umständen der Wunsch bestehen, den Reifevorgang zu verlangsamen oder auch zu beschleunigen. Im allgemeinen verläuft die Reife auch gleichmäßiger, wenn sie langsamer vonstatten geht. Was zunächst die Maßnahmen zur Verlangsamung des Reifeverlaufs anbetrifft, so sei daran erinnert, daß es durch Anwendung eines Überschusses an Schwefelkohlenstoff (s. S. 332) möglich ist, die Reife zu verzögern. Im U.S.A. Pat. 1952604 der *Du Pont de Nemours* wird vorgeschlagen, eine normale Viskose mit einer solchen, die unter Anwendung eines Überschusses an Schwefelkohlenstoff hergestellt ist, zu mischen. In der gleichen Richtung wirkt, wie ebenfalls schon erwähnt, ein gewisser Überschuß an Ätznatron in der Viskose. Abgesehen hiervon ist es aber möglich, den Reifeverlauf durch Zusätze fremder Stoffe zur Viskose zu beeinflussen. So wirkt z. B. nach LINKMEYER und HOYERMANN[1] ein Zusatz organischer Stoffe verzögernd, die Amid- oder Imidgruppen enthalten. Eine auf diese Weise hergestellte Viskose soll nach Ablauf von Wochen noch einwandfrei verspinnbar sein. Eine Verzögerung des Reifeverlaufs will die *Chemische Fabrik von Heyden A.G.* beobachtet haben, wenn der Viskose Ammoniak zugegeben wurde. Man kann auch einen Teil des Alkalis der Viskose durch Ammoniak ersetzen[2]. Im U.S.A. Pat. 1955239 der *I.G. Farbenindustrie Aktiengesellschaft* wird der Vorschlag gemacht, der Viskose aliphatische Verbindungen mit zwei oder mehr Hydroxylgruppen, wie z. B. Glukose, Glykol u. dgl. zuzusetzen. Es ist beobachtet worden, daß durch den Zusatz dieser Stoffe die Viskosität der Spinnlösung heruntergesetzt wird, wodurch die Spinnbarkeit verbessert und die Koagulation der Viskose hinausgezögert wird. Schon durch Mengen von 1···3% dieser Stoffe soll ein deutlich wahrnehmbarer Effekt erzielt werden. Eigenartigerweise ist jedoch auch die Beobachtung gemacht worden, daß ein Zusatz von Glyzerin die Reife *beschleunigt*. Die Möglichkeit, die Reife durch Zusatz von Acrylnitril zu verzögern, wurde schon erwähnt.

Es ist auch schon verschiedentlich erwähnt worden, daß es betrieblich schwierig ist, eine vollkommen gleichmäßig gereifte Viskose zu erhalten. Man hat daher versucht, auch durch die Auffindung geeigneter Zusatzmittel zur Viskose die Herstellung einer vollkommen gleichmäßig gereiften Viskose zu erleichtern, mit anderen Worten die Viskose gegen die Einflüsse von Temperatur und Zeit unempfindlicher zu machen. Nach dem U.S.A. Pat. 1011227 der *Du Pont de Nemours* soll dies durch Zusatz von Körpern möglich sein, die als Anion die CN-Gruppe enthalten. ELSSNER[3] von der *American Glanzstoff-Corporation* empfiehlt für diesen Zweck Salze des Dithiokarbonsäurebutylesters.

Ebenso, wie man durch geeignete Zusätze den Reifeverlauf bei der Viskose verzögern kann, ist auch eine Beschleunigung der Reife durch bestimmte Zusätze möglich. Nach dem DRP. 270051 der *Soie de Chardonnet* werden der Viskose solche Mengen an Neutralsalzen zugesetzt, daß unmittelbar nach der Lösung des Xanthogenates bereits die Viskose den spinnreifen Zustand annimmt. Die Wirkung der Neutralsalze auf die Viskose ist ohne weiteres verständlich, es wird, wie auch bei der Titration der Viskose mit Chlorammonium nach HOTTENROTH, die Gerinnung künstlich herbeigeführt. Die *Deutschen Textilwerke*[4] halten es für zweckmäßiger, sich bei dem Zusatz dieser Salze in mäßigen Grenzen zu halten und die Reifezeit nur abzukürzen, nicht aber sie ganz entfallen zu lassen. Auf der Beobachtung fußend, wonach das freie Ätznatron der Viskose den Reifeverlauf verzögert, schlägt die *Soc. Soie de St. Chamond* im Schweiz. Pat. 71312 vor, das Ätznatron durch Alkalikarbonat, Alkalibisulfit oder Alkaliphosphat abzustumpfen.

Die genannten Verfahren haben sich in der Praxis nicht durchgesetzt. Wohl wird häufiger eine Viskose versponnen, der Natriumsulfit zugesetzt wird[5]. Neben einer deutlichen Verzögerung des Reifeverlaufs und somit Erniedrigung der Viskosität

---

[1] LINKMEYER u. HOYERMANN: DRP. 312392.
[2] DRP. 337984. — [3] U.S.A. Pat. 1937110. — [4] DRP. 339050.
[5] Canadian International Paper Corp.: U.S.A. Pat. 1857948. — Vgl. auch das DRP. 492663 der Firma Herminghaus u. Co.

soll hierdurch ein besonders gutes Spinnen der Viskose erreicht und ein besonders gleichmäßiger Faden von guten Festigkeitseigenschaften erhalten werden.

Nach dem DRP. 454680 der *Vereinigte Glanzstoff-Fabriken A.G.* ist dies darauf zurückzuführen, daß die aus dem Sulfit durch die Säure des Spinnbades entstehende schweflige Säure mit dem aus der Viskose stammenden Schwefelwasserstoff in Reaktion tritt und Schwefel abscheidet. Dieser umhüllt die feinen Einzelfäden wie ein schützender Film und verhindert ihr Zusammenkleben.

Die thermische Reife. Unter thermischer Reife haben wir eine Arbeitsweise zu verstehen, die die normalerweise lange Reifezeit auf wenige Minuten abzukürzen gestattet. Die Veränderungen, die die Viskose bei der Reife erleidet, sind, wie schon angedeutet war, in starkem Maße von der Reifetemperatur abhängig. Eine Viskose reift um so schneller, je höher die Temperatur ist. Es lag daher nahe, zur Abkürzung der Reifedauer die Reifetemperatur wesentlich zu erhöhen. Nun hat es sich aber als außerordentlich schwierig erwiesen, den Inhalt eines Viskosekessels gleichmäßig auf eine hohe Temperatur zu bringen. Selbst wenn man ihn mit einem hochwirksamen Rührwerk ausstattet, ist es nicht möglich, an allen Stellen dem Kesselinhalt die gleiche Temperatur zu erteilen. Diese Unmöglichkeit zwang dazu, andere Wege zu beschreiten.

Die Methode, zu der man schließlich gekommen ist, arbeitet im Prinzip so, daß man die Viskose in dünner Schicht über geheizte Platten leitet. Man arbeitet also kontinuierlich. Die durch erhöhte Temperatur auf diese Weise gereifte Viskose wird dann durch Fließen über gekühlte Platten wieder auf die erforderliche Spinntemperatur abgekühlt. Durch Arbeiten im Vakuum kann man hierbei gleichzeitig eine kontinuierliche Entlüftung herbeiführen. Für diese Operationen haben sich die sog. Plattenapparate der Firma *Bergedorfer Eisenwerk A.G., Astra-Werke*, Hamburg-Bergedorf, als gut geeignet erwiesen.

Abb. 220. Plattenapparat der Fa. Bergedorfer Eisenwerke A. G., Astra-Werke, Hamburg-Bergedorf.

Wie Abb. 220 zeigt, besteht die Apparatur aus einem Gestell, das Platten trägt, zwischen die Viskose und Heizflüssigkeit geleitet werden. Im Prinzip handelt es sich also um einen allerdings besonders wirksamen Wärmetauscher. Wie Abb. 221 im Schnitt zeigt, entstehen durch die sinnreiche Prägung der Platten Kanäle, durch die die Flüssigkeit als flache Bänder fließt, die normalerweise 3 mm Schichtdicke besitzen. Die durch die Prägung gebildeten Kanäle werden durch flache Zwischenbleche abgeschlossen. Die Fließrichtung der Viskose ist aus Abb. 222 ersichtlich. Es geht hieraus hervor, daß ein zweimaliger Richtungswechsel erfolgt, so daß die Viskose somit insgesamt dreimal die Länge der Platte passiert. Durch verschieden angeordnete Lochung der Zwischenbleche werden die Kanalplatten eine über die andere mit Viskose und Heizflüssigkeit versorgt. Die Abdichtung der Platten gegeneinander erfolgt Metall auf Metall und festes Anpressen der an Tragstangen aufgehängten Platten an das Stativ der Apparatur.

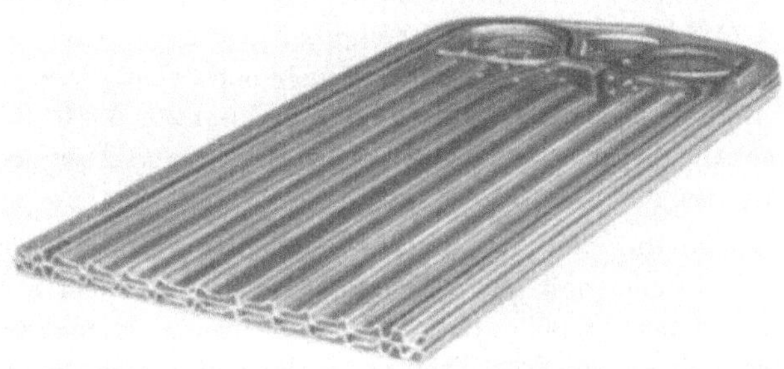

Abb. 221. Schnitt durch die zusammengesetzten Platten des Plattenapparates.

Als Heizflüssigkeit verwendet man heißes Wasser, als Kühlflüssigkeit in der zweiten Apparatur Kältesole.

Beim Abkühlen wird gleichzeitig entlüftet, und zwar durch Anlegen von Hochvakuum. Es ist hierbei zu beachten, daß gleichzeitig Wasser aus der Viskose verdampft, worauf bei der Dimensionierung der Hochvakuumpumpe Rücksicht zu nehmen ist.

Man kann die Apparatur auch lediglich zum Entlüften der Viskose verwenden. In diesem Falle bringt man die Viskose unter Anlegung eines schwachen Vakuums kurz zum Aufsieden und kühlt anschließend schnell ab. Nach Untersuchungen der *Vereinigte Glanzstoff-Fabriken A.G.*[1] ist die in der Viskose enthaltene Luft — auch die gelöste — restlos entfernt, wenn von 1000 kg Viskose zwischen 5 und 20 kg Wasser verdampft sind. Diese ergeben zwischen 6000···24000 l Wasserdampf, das sind 1000···4000mal mehr Dampf als Luft in der Viskose enthalten ist. Der aus der Viskose hierbei austretende Wasserdampf nimmt die Luft restlos mit.

Ölhaltige Viskose läßt sich, wie die Erfahrung gelehrt hat, in der Astra-Apparatur wegen der Schaumbildung allerdings nur sehr schwer entlüften. In diesem Falle ist es erforderlich, das Öl erst nach der Entlüftung der Viskose einzuverleiben.

Abb. 222. Profilierung der Platten des Plattenapparates.

VI. Untersuchung und Prüfung der Viskose.

Die Überlagerung chemischer und kolloidchemischer Reaktionen bei der Viskosereife sowie der Ablauf der Nebenreaktionen macht die Kennzeichnung des nach be-

[1] DRP.-Anm. 29b/3/20 p 4470 D.

stimmten Zeiten in der Viskose jeweils vorliegenden Zustandes durch Analyse recht schwierig. Die Untersuchung kann sich sowohl auf den chemischen Zustand als auch auf den kolloidchemischen Zustand beziehen. Der chemische Zustand ist im Prinzip gekennzeichnet durch den Gehalt des Zellulosexanthogenates an Zellulose und an Sulfthiokarbonatresten, die an die Zellulose gebunden sind. Der kolloidchemische Zustand der Viskose ist gekennzeichnet einerseits durch die Viskosität und andererseits durch eine Angabe, wie weit die jeweils vorliegende Viskose noch von der Gerinnung entfernt ist.

Was eine Aussage über den jeweils vorliegenden Reifezustand besonders schwierig macht, ist die Tatsache, daß der chemische Zustand mit dem kolloidchemischen nicht übereinzustimmen braucht, bzw. im allgemeinen nicht übereinstimmt. Wird also durch eine kolloidchemische Prüfungsmethode der kolloidchemische Zustand einer Viskose ermittelt, so kann daraus nicht ein bestimmter chemischer Zustand abgeleitet werden, d. h. also, es kann daraus nicht geschlossen werden, wie das Molverhältnis zwischen Zellulose und Sulfthiokarbonat ist. Daß in dieser Beziehung keine Übereinstimmung besteht, ist auf das Entstehen von Salzen bei den Nebenreaktionen zurückzuführen, deren Menge sowohl von der nicht im Xanthogenat gebundenen Natronlauge sowie dem jeweils vorhandenen Schwefelkohlenstoff abhängig ist.

Über die Zusammenhänge zwischen dem chemischen und kolloidchemischen Verlauf der Nachreife wurden Untersuchungen von SAMUELSON[1] durchgeführt. Es wurde hierbei versucht, Viskosität, Salzpunkt und Xanthogenierungsgrad miteinander in Beziehung zu bringen.

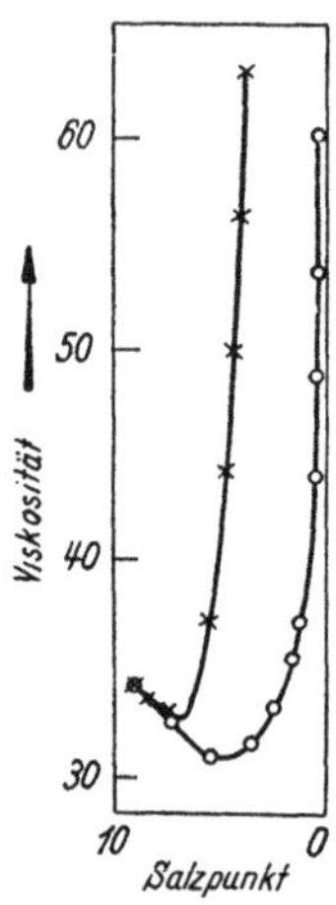

Abb. 223. Zusammenhang zwischen Salzpunkt und Viskosität bei verschiedenen Temperaturen. x = 0° C; o = 25° C. (Nach SAMUELSON.)

Diese Untersuchungen zeigten eindeutig, daß nach verschiedenen Reifezeiten einer bestimmten Viskosität weder ein bestimmter Salzpunkt noch ein bestimmter Xanthogenierungsgrad entspricht.

Wenn man Viskosen bei verschiedenen Temperaturen reift, so erhält man gleiche Viskositätswerte bei verschiedenen Salzpunkten, wie aus Abb. 223 hervorgeht, und zwar besitzen Viskosen, die bei niedriger Temperatur gereift sind, hohe Viskositätswerte bei hohen Salzpunkten. Das heißt also, wenn man eine Viskose bei niedriger Temperatur reift, so bleibt sie trotz Anstiegs der Viskosität weiter vom Gerinnungszustand entfernt als wenn man bei höheren Temperaturen reift.

In Abb. 224 ist der Zusammenhang zwischen Viskosität und Xanthogenierungsgrad für Viskosen zusammengestellt, die bei verschiedenen Temperaturen gereift waren. Auf Grund dieser Ergebnisse zeigt sich, daß bei niedriger Reifetemperatur weniger Xanthogenatgruppen abgespalten werden brauchen, um eine hohe Viskosität zu erreichen.

Stellt man Xanthogenierungsgrad und Salzpunkt gegenüber, wie dies in Abb. 225 geschehen ist, so zeigt sich, daß bei konstantem Xanthogenierungsgrad die Aussalzung um so leichter erfolgt, je niedriger die Nachreifetemperatur gehalten wurde.

[1] SAMUELSON: Cellulosa och Papper 1948, S. 295ff.

Diese Untersuchungen lehren also, wie unübersichtlich die Verhältnisse bei der Nachreife der Viskose liegen. Wenn man aus den von SAMUELSON erhaltenen Ergebnissen Schlüsse ziehen will, so kann man sagen, daß die kolloidchemischen Eigenschaften einer Viskose, die sich durch Viskosität und Salzpunkt kennzeichnen lassen, in hohem Maße von der Nachreifetemperatur beeinflußbar sind. SAMUELSON ist der Ansicht, daß diese Zusammenhänge mit der sich in der Viskose bei der Reife ausbildenden Struktur in Verbindung stehen, für deren Ausbildung in erster Linie

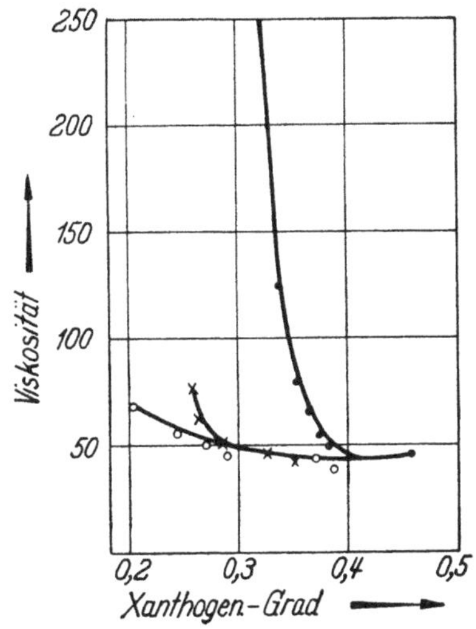

Abb. 224. Zusammenhang zwischen Xanthogenierungsgrad und Viskosität bei verschiedenen Temperaturen. • = 0° C, x = 20° C, ○ = 25° C. (Nach SAMUELSON.)

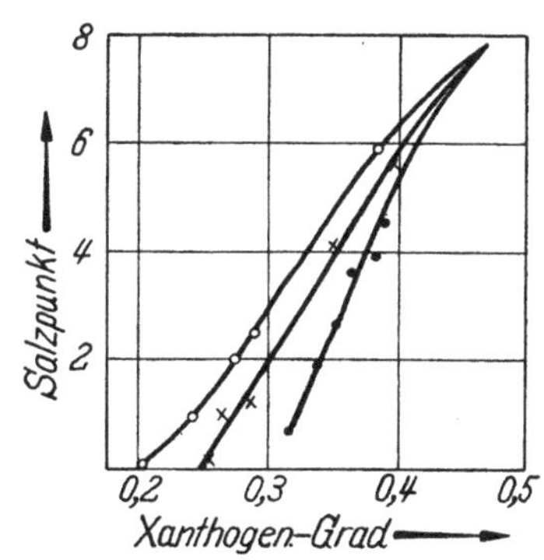

Abb. 225. Zusammenhang zwischen Salzpunkt und Xanthogenierungsgrad bei verschiedenen Temperaturen. • = 0° C, x = 20° C, ○ = 25° C. (Nach SAMUELSON.)

die Reifetemperatur von Bedeutung ist. Je mehr nun diese Struktur ausgebildet ist, desto höher ist die Viskosität und desto niedriger ist der Salzpunkt.

SAMUELSON hat dann untersucht, welche Eigenschaften eine Viskose annimmt, die erst bei niedriger Temperatur und dann bei höherer Temperatur gereift wird. Hierbei zeigte sich, daß eine Viskose, die nur ganz kurze Zeit bei niedriger Temperatur und anschließend bei höherer Temperatur nachgereift wurde, einen Viskositätsverlauf zeigt, als wenn sie während der ganzen Zeit auf niedriger Temperatur gehalten worden wäre. Ebenso zeigt eine Viskose, die man bei niedriger Temperatur so lange reift, bis die Viskosität deutlich ansteigt, und die man dann erst bei höherer Temperatur nachreift, einen Viskositätsverlauf, als wenn sie gleichfalls die ganze Zeit bei niedriger Temperatur gereift wäre. Diese Beobachtungen deuten darauf hin, daß die sich bei niedriger Temperatur ausbildende Struktur in der Viskose recht beständig sein muß.

Zur Kennzeichnung des Reifezustandes der Viskose ist es aus diesen Gründen erforderlich, eine eingehende Untersuchung vorzunehmen.

Zur Charakterisierung des *chemischen* Zustandes bestimmt man den Zellulosegehalt einerseits sowie den Gehalt an Sulfthiokarbonat andererseits. Aus beiden Größen kann dann das Molverhältnis zwischen Zellulose und Schwefelkohlenstoff errechnet werden.

Die Festlegung der Menge gebundenen Sulfthiokarbonates kann durch Bestimmung des Xanthogenatalkalis, des Schwefelgehaltes, des γ-Wertes und des Xanthogenierungsgrades nach BREDÉE erfolgen.

In *kolloidchemischer* Beziehung ist die Viskosität sowie das Maß festzulegen, wie weit die Viskose noch von der Gerinnung entfernt ist. Dies kann durch Ermittlung der Reife nach HOTTENROTH[1] oder durch Ermittlung des Salzpunktes geschehen.

Zellulosegehalt (nach JENTGEN). 2···4 g Viskose werden mit Hilfe eines Glasstabes aus einer abgewogenen Menge Viskose herausgenommen und auf einer 9 × 12 cm großen Glasplatte möglichst gleichmäßig ausgebreitet. Dann wird die Viskose mit dem Glasstab zurückgewogen, um die herausgenommene Menge genau festzustellen. Die mit der Viskose bestrichene Glasplatte wird bei 60···70° C getrocknet. Alsdann bringt man die Glasplatte mit dem Film in einer flachen Schale in eine konzentrierte Kochsalzlösung und läßt sie so lange darin liegen, bis der Film frei von rostbraunen Flecken ist. Hierauf zieht man das Häutchen vorsichtig von der Glasplatte ab und bringt es sofort in eine 2proz. Salzsäurelösung. Nach etwa 5···10 Minuten ist der ursprüngliche Xanthogenatfilm in einen Hydratzellulosefilm umgewandelt worden. Er wird mehrfach mit Wasser gewaschen, bei 90···95° C getrocknet und gewogen.

Gesamtalkali (nach JENTGEN). 25 g Viskose werden in einem Wägeglas möglichst genau abgewogen und alsdann in einen 250 cm³ fassenden Meßkolben gebracht, der mit destilliertem Wasser bis zur Marke aufgefüllt wird. Von dieser auf das 10fache verdünnten Viskoselösung werden 25 cm³ herauspipettiert und in einem gewöhnlichen Kolben mit 500 cm³ Wasser verdünnt. Dann gibt man einige Tropfen Methylorange zu. Hierauf säuert man die Lösung mit n-Schwefelsäure an, die man aus einer Bürette ausfließen läßt. Hierbei wird die Lösung trübe durch ausgeschiedene Hydratzellulose. Alsdann wird mit n-Natronlauge zurücktitriert. Aus der Differenz der verbrauchten Anzahl Kubikzentimeter bei den beiden Titrationen wird der Gehalt an Alkali in 2,5 g Viskose berechnet.

Xanthogenatalkali. Von CROSS und BEVAN ist die Möglichkeit beschrieben worden, die Menge des gebundenen Sulfthiokarbonates durch Bestimmung des Xanthogenatalkalis zu ermitteln. Die von den beiden Forschern ausgearbeitete Methode beruht darauf, daß die Natriumatome der Sulfthiokarbonatreste sich mit Jod unter Bildung von Natriumjodid umsetzen. Es wird dabei die Annahme gemacht, daß je zwei Moleküle Xanthogenat miteinander polymerisieren und so zwei Moleküle Natriumjodid bilden. Zur Durchführung der Titration muß das Xanthogenat vorher mit Säure zersetzt werden. Bei der Zersetzung mit Mineralsäure zerfallen auch die in der Viskose vorhandenen Nebenprodukte, wobei Körper entstehen, die gleichfalls Jod verbrauchen. Essigsäure soll jedoch nur die Nebenprodukte zersetzen. Bei der Titration der mit Essigsäure zersetzten Viskose entsteht allerdings ein Fehler durch den Thiosulfatgehalt der Viskose, für dessen Anwesenheit von TANEMURA[2] sowie FINK, STAHN und MATTHES[3] der Nachweis erbracht wurde. Die Methode ist daher nur als Konventionsmethode zu werten; sie hat im Laufe der Zeit mehrfache Änderungen erfahren[4]. Die besten Werte werden nach einer von GEIGER[5]

[1] HOTTENROTH: Chemiker-Ztg. **39**, 119 (1915).
[2] TANEMURA: J. Soc. chem. Ind. (Japan) **33**, 50—54 (1930).
[3] FINK, STAHN u. MATTHES: Angew. Chem. **47**, 602 (1934).
[4] Vgl. hierzu FAUST, GRAUMANN u. FISCHER: Cellulosechem. **7**, 165 (1926); BERL u. DILLENIUS: Cellulosechem. **13**, 5 (1932). — [5] GEIGER: Helv. chim. Acta **13**, 281 (1930).

empfohlenen Methode erhalten, an die sich auch JENTGEN[1] anlehnt. JENTGEN beschreibt die Ausführung der Methode wie folgt: Man verdünnt die Viskose zunächst mit Wasser auf das 10fache. Je 25 cm^3 dieser verdünnten Viskoselösung bringt man in zwei Flaschen von 3 l Fassungsvermögen und vermischt sie mit 2 l Wasser. Der Flasche I setzt man 25 cm^3 n-Schwefelsäure zu und schüttelt kräftig, damit sich die ausgefällte Zellulose zusammenballt. Zu dem Inhalt der Flasche II fügt man 25 cm^3 n-Essigsäure. Es darf hierbei keine Trübung entstehen, auch ist darauf zu achten, daß kein Schwefelwasserstoff entweicht. Nach Ablauf von 10···15 Minuten wird der Inhalt jeder Flasche mit n/10 Jodlösung titriert, wobei als Indikator Stärke dient.

Die Berechnung geht wie folgt vor sich: Ist x cm^3 der Jodverbrauch bei Flasche I und y cm^3 bei Flasche II, so besteht folgende Beziehung:

$$\%\ \text{NaOH in der Viskose} = (x - y) \cdot 0{,}004 \cdot 40.$$

Es besteht dann weiter die Beziehung:

$$\%\ \text{NaOH in der Zellulose} = \frac{\%\ \text{NaOH in der Viskose}}{\%\ \text{Zellulose in der Viskose}}.$$

JENTGEN gibt dann noch eine weitere Analysenmethode für die Bestimmung des an das Xanthat gebundenen Ätznatrons an, die aber nur angenäherte Werte gibt: Man übergießt möglichst schnell 12 Glasplatten (9×12) mit Viskose und fällt das Xanthogenat als Film durch Eintauchen der Glasplatten in konzentrierte Kochsalzlösung. Die Filme werden mit Fließpapier möglichst trocken abgepreßt. Darauf werden je etwa 5 g Film abgewogen. Die abgewogene Menge Film wird mit Wasser übergossen, dann mit einem Überschuß an Mineralsäure versetzt und auf 90° C erhitzt. Nach dem Abkühlen auf Zimmertemperatur titriert man mit n-Natronlauge zurück. Die ausgeschiedene Zellulose wird mit heißem Wasser gewaschen, getrocknet und gewogen. Man erhält so einen angenäherten Wert für das gefundene Ätznatron sowie für die Zellulose. Das prozentuale Verhältnis kann hieraus leicht berechnet werden.

γ-Werte (nach FINK, STAHN und MATTHES). Sehr genaue Ergebnisse werden durch die Bestimmung des schon erwähnten γ-Wertes nach FINK, STAHN und MATTHES erhalten. Die Bestimmung beruht auf der von LILIENFELD[2] aufgefundenen Möglichkeit, das Xanthogenat zu Halogenfettsäurederivaten umzusetzen. 100 g Viskose werden mit 300···500 cm^3 Wasser verdünnt, unter kräftigem Rühren mit n/2-Essigsäure neutralisiert (Phenolphthalein) und mit 20···25 cm^3 Diäthylchlorazetamid versetzt. Nach der Ausflockung wird der Niederschlag, der keine gelatinösen Klumpen enthalten darf, noch eine Zeitlang gerührt und dann abfiltriert. Er wird dann mehrere Male mit Wasser aufgeschlämmt und gewaschen, schließlich mehrfach in Methanol bzw. Methanol-Äther aufgeschlämmt, mit Äther gewaschen und getrocknet. Der so entstandene Körper hat folgende Zusammensetzung:

$$\text{Zelluloserest} \cdot O \cdot CS_2 \cdot CH_2 \cdot CO \cdot N\,(C_2H_5)_2.$$

Hierin wird der Stickstoff nach KJELDAHL bestimmt. Der Inhalt des KJELDAHL-Kolbens wird mit n/10-Salzsäure titriert. Jedes Atom Stickstoff entspricht je einer in der Viskose vorhandenen gewesenen Sulfthiokarbonatgruppe. Auf den Zellulosegehalt der Viskose umgerechnet, ergibt sich hieraus der Veresterungsgrad der Zellulose. Die Anzahl Mol Schwefelkohlenstoff, die von 100 $C_6H_{10}O_5$-Einheiten

[1] JENTGEN: Laboratoriumsbuch S. 55. — [2] LILIENFELD: DRP. 448984.

als Sulfthiokarbonat gebunden sind, wird als γ-Wert bezeichnet. Die Berechnung erfolgt nach der Gleichung:

$$\gamma = \frac{16208 \cdot c}{10000\,E - 189{,}14\,c}.$$

In dieser-Gleichung ist E die Einwaage und c die Anzahl verbrauchter Kubikzentimeter n/10-Salzsäure.

Xanthogenierungsgrad (nach BREDÉE). Man kann für die Untersuchung von einem Xanthogenatfilm ausgehen, den man wie oben bei der Bestimmung des Zellulosegehaltes beschrieben hergestellt hat, oder man fällt das Xanthogenat aus der Viskose durch Chlorammonium aus. Die Bestimmnugsmethode selbst wurde schon Seite 310 beschrieben.

Xanthogenatschwefelgehalt (nach JENTGEN). Man bringt die für die Bestimmung des Zellulosegehaltes hergestellten Filme in einen 250 cm³ fassenden Meßkolben und setzt 100 cm³ 2- bis 3proz. schwefelfreie Natronlauge zu. Alsdann fügt man einen Überschuß an Brom zu und erhitzt so lange auf dem Wasserbad, bis das überschüssige Brom entfernt ist. Nach dem Abkühlen wird mit Salzsäure angesäuert und auf 250 cm³ verdünnt. Durch ein trockenes, quantitatives Filter filtriert man 200 cm³ ab und versetzt das Filtrat mit Chlorbariumlösung. Das ausgefallene Bariumsulfat wird abgefiltert, gewaschen, getrocknet, im Platintiegel geglüht und gewogen. Man berechnet dann den Schwefelgehalt aus der Menge gefundenen Bariumsulfates.

NUMA[1] gibt für die Bestimmung des Schwefelgehaltes folgende Vorschrift an: Das Xanthogenat wird mit verdünnter Essigsäure und konzentrierter Kochsalzlösung behandelt, die 5% freies Chlor enthält. Danach wird mit Salzsäure vom spezifischen Gewicht 1,069 zersetzt und nach 10 Minuten der Schwefel als Bariumsulfat gefällt.

Viskosität. Neben den geschilderten chemischen Untersuchungen kann der jeweils vorliegende Reifezustand der Viskose durch Ermittlung physikalischer Größen festgestellt werden. Es ist S. 330 gezeigt worden, daß die Viskose bei der Reife ihre Viskosität in charakteristischer Weise ändert. Es kann daher aus dem Viskositätswert auf den Reifezustand geschlossen werden. In der Viskosefabrik wird allgemein zur Bestimmung der Viskosität die Kugelfallmethode ausgeführt, die am einfachsten vorzunehmen ist. Wie auch schon S. 175 geschildert, läßt man eine Stahlkugel von bestimmtem Gewicht durch eine Viskoseschicht von bestimmter Höhe hindurchfallen und gibt als Viskositätswert die Fallzeit zwischen zwei Marken an. Diese Methode ist allerdings nur als Konventionsmethode zu werten, für wissenschaftliche Untersuchungen ist sie nicht genau genug. Man verwendet für solche Zwecke besser ein Auslaufviskosimeter.

Chlorammonreife (nach HOTTENROTH). Die Bestimmung der HOTTENROTH-Zahl, auch „Chlorammonreife" genannt, beruht auf der Beobachtung, daß die Koagulationsgeschwindigkeit mit dem Reifegrad zunimmt und daß das freie Alkali in der Viskose durch das Ammoniumchlorid neutralisiert wird. Setzt man einer Viskose koagulierende Salze, wie beispielsweise Chlorammonium zu, so wird eine junge Viskose mehr Chlorammonium für die Koagulation benötigen als eine solche, die durch längere Reife dem Koagulationspunkt schon nähergerückt ist. Die Menge Chlorammonium, die eine Viskose zur Koaguation benötigt, stellt somit ein Maß für den Reifezustand

[1] NUMA: Kunstseide **9**, 57 (1927).

dar. 20 g Viskose werden in einem Becherglas mit 30 cm³ dest. Wasser verdünnt. Alsdann setzt man aus einer Bürette unter ständigem Umrühren so lange eine 10proz. Chlorammoniumlösung zu, bis die Viskose zu koagulieren beginnt, was man daran erkennen kann, daß die Viskose innerhalb 20 Sekunden von dem Rührstab nicht mehr abtropft. Die Anzahl der bei der Titration verbrauchten Kubikzentimeter Chlorammonlösung stellen den Reifegrad dar. Tab. 81 zeigt die Veränderung der Chlorammonreife mit dem Alter der Viskose.

Tabelle 81. *Chlorammonreife.* (Nach HOTTENROTH.)

Reifezustand der Viskose	Chlorammonreife
1. Schwach reif . . .	13,1
2. Schwach reif . . .	12,5
3. Fast reif	11,2
4. Fast reif	10,1
5. Fast reif	9,6
6. Fast reif	8,2
7. Reif	7,8
8. Reif	6,7
9. Überreif	5,2
10. Überreif	4,7
11. Überreif	3,8
12. Bereits koaguliert .	—

Dieser so einfach erscheinenden Methode haften jedoch Schwierigkeiten an, da der Koagulationspunkt nur schwer genau festzustellen ist. Wird die Methode von verschiedenen Personen ausgeführt, so kommen meist Differenzen heraus, da jeder den Koagulationspunkt anders sieht. Vergleichbare Werte werden daher nur erhalten, wenn die Ausführenden sich gegenseitig eingearbeitet haben. Zum Vorlegen der verdünnten Viskose benutzt man zweckmäßig einen Hartglasbecher von 250 cm³ Fassungsvermögen. Während des Zufließens der Chlorammonlösung wird mit einem Glasstab gerührt. Gegen Ende der Titration nimmt man öfters das Glas unter der Bürette fort und betrachtet es in Augenhöhe, wobei man die Viskose durch Neigen des Becherglases an der Gefäßwand herunterfließen läßt. Man kann so einen bestimmten Viskositätsgrad annehmen, den man als Koagulationspunkt bezeichnen will. Um diese Ungenauigkeiten auszuschließen, hat MUKOYAMA[1] die Methode dahin abgeändert, daß man die Viskositäten jeweils sofort nach Zusatz bestimmter Mengen Chlorammonlösung unter den von HOTTENROTH angegebenen Konzentrationsverhältnissen ermittelt.

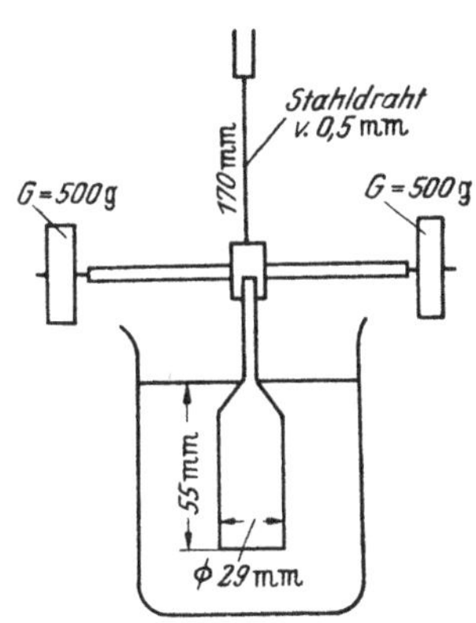

Abb. 226. Apparat zur Bestimmung der Reife. (Nach GERNERT.)

Ein ähnlicher Vorschlag stammt von GERNERT[2], der die Elastizität der koagulierten Viskose zu messen empfiehlt. Nach GERNERT werden 100 g Viskose mit 150 cm³ dest. Wasser in einem Becherglas gut durchgerührt. Alsdann bringt man das Glas, wie Abb. 226 zeigt, unter einen metallenen Tauchzylinder von 29 mm Durchmesser, den man in seiner ganzen Höhe (55 mm) in die verdünnte Viskose eintauchen läßt. Der Tauchzylinder hängt an einem 170 mm langen und 0,5 mm dicken Stahldraht, der mit seitlichen Schwingungsbalken versehen ist. Diese werden durch leichtes Anblasen in Schwingung versetzt. Nun läßt man langsam die Chlorammoniumlösung einfließen. Bei einem bestimmten Zusatz tritt eine plötzliche Verringerung der Schwingungsdauer ein. Die bis zu dieser Veränderung der Schwingungsdauer benötigte Menge an Chlorammonlösung dividiert durch 5 wird mit Ko-

[1] MUKOYAMA: Kolloid-Z. **43**, 349 (1927).

[2] GERNERT: Jentgens Kunsts. u. Zellw. **23**, 80 (1941).

agulationspunkt (KP) bezeichnet und stellt das Maß für die Chlorammonreife dar. Die Änderung der Schwingungsdauer erfolgt zu dem Zeitpunkt, in dem das System beginnt, elastische Eigenschaften anzunehmen.

Wie Tab. 82 zeigt, stimmen HOTTENROTH-Zahl und KP-Wert nicht überein, vielmehr setzt die wirkliche Koagulation schon wesentlich früher ein als bei der HOTTENROTH-Zahl.

Tabelle 82. *Vergleich zwischen* HOTTENROTH-*Zahl und Koagulationspunkt.* (Nach GERNERT.)

HOTTENROTH-Zahl	5,6	9	15,1	36,2
Koagulationspunkt	4	6	9,4	12,8

Abb. 227 zeigt einen Vergleich der HOTTENROTH-Zahlen und der KP-Werte für verschiedene Reifezeiten und Temperaturen. Danach fallen die KP-Werte von Anfang an geradlinig ab und erreichen die Abszisse genau im Zeitpunkt der freiwilligen Gerinnung ohne Chlorammonzusatz. Die Abb. 227 läßt weiter erkennen, daß die HOTTENROTH-Zahlen besonders bei sehr jungen und bei stark gealterten Viskosen kein genaues Maß für den vorliegenden Reifezustand darstellen.

Ein weiterer Abänderungsvorschlag für die Bestimmung der HOTTENROTH-Reife stammt von BAURIEDEL[1]. Hiernach wird die Messung in einem besonderen Glasapparat vorgenommen.

Salzpunkt. Unter Salzpunkt versteht man diejenige Kochsalzkonzentration, bei der die Viskose nicht mehr koaguliert, sie darf jedoch von der Kochsalzlösung auch nicht gelöst werden. Zur Bestimmung des Salzpunktes läßt man Viskose in Kochsalzlösungen fallender Konzentration eintropfen.

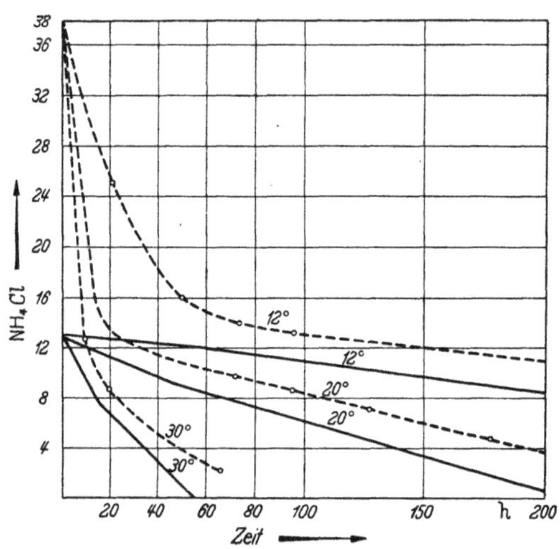

Abb. 227. HOTTENROTH-Zahlen und Koagulationspunkte bei verschiedenen Reifezeiten. --- HOTTENROTH-Zahlen, —— Koagulationspunkte. (Nach GERNERT.)

Wie Tab. 83 zeigt, ist die HOTTENROTHsche Methode schärfer.

Tabelle 83. *Chlorammonreife und Salzpunkte.* (Nach LOTZE.)

Chlorammonreife	Salzpunkte
272,2	8,0
22,2	7,0
19,5	6,5
10,0	4,0
8,8	3,5
8,0	3,0
7,2	2,5
6,4	2,0
2,5	0,5

Gerinnungsdauer. Der Vollständigkeit halber soll erwähnt werden, daß man den Reifezustand einer Viskose auch durch die Zeit angeben kann, die sie zur freiwilligen Gerinnung benötigt. Diese Methode hat nur wissenschaftliches Interesse.

[1] BAURIEDEL: DRP.-Anm. S 137259 IX/b v. 30. 5. 39.

13. Kapitel.

Die Herstellung von Viskosen mit Zusätzen für besondere Zwecke.

Schon bei der Besprechung der möglichen Maßnahmen zur Beeinflussung des Reifeverlaufs der Viskose sowie zu ihrer Klärung waren Stoffe genannt worden, die der Viskose zugesetzt werden können. Durch Zusatz bestimmter Stoffe zur Viskose ist es darüber hinaus möglich, der fertigen Chemiefaser ganz bestimmte Eigenschaften zu verleihen. So können durch Zusätze zur Viskose sowohl die physikalischen als auch die chemischen Eigenschaften der Chemiefasern mehr oder weniger stark beeinflußt werden. Hinsichtlich der physikalischen Eigenschaften sind folgende Effekte zu nennen, die durch Zusätze zur Viskose ausgelöst werden können:

Verbesserung der Reißfestigkeit,
Erhöhung der Weichheit,
Erhöhung der Knitterfestigkeit,
Erhöhung der Wärmehaltung und Fülligkeit,
Herabsetzung des Glanzes,
Anfärben der Faser in der Spinnlösung (Spinnfärben),
Herabsetzung des Quellungsvermögens (Hydrophobieren).

In chemischer Beziehung ist es durch Zusätze zur Viskose möglich, der Faser ein Aufnahmevermögen für Wollfarbstoffe zu erteilen (Animalisieren).

I. Änderung der physikalischen Eigenschaften.

a) Verbesserung der Reißfestigkeit.

Es ist immer angestrebt worden, die Reißfestigkeit der Chemiefasern zu erhöhen. Wie die Erfahrung gelehrt hat, ist dies auf mehrfache Weise möglich: Es wurde im 5. Kapitel schon erwähnt, daß die Grundlage für die Erzielung einer festen Faser die Verwendung einer Zellulose von möglichst hohem Durchschnittspolymerisationsgrad ist. Aus diesem Grunde wird für hochfeste Fasern Linterszellstoff bevorzugt angewandt. Im 15. Kapitel wird noch gezeigt werden, daß es auch durch Anwendung besonderer Spinnbedingungen (Streckspinnen, gegebenenfalls mit zwischengeschaltetem heißem Wasserbad) gelingt, die Trocken- und Naßreißfestigkeit der Faser zum Teil ganz wesentlich zu erhöhen. Abgesehen hiervon aber ist eine Reihe von Vorschlägen gemacht worden, diesen Effekt durch Zusätze bestimmter Stoffe zur Spinnlösung zu erreichen. Es muß jedoch vorausgeschickt werden, daß die Wirkung solcher Zusätze bei Beibehaltung der sonstigen Spinnbedingungen verhältnismäßig gering ist. Die Erhöhung der Festigkeit allein durch Zusätze hat daher praktisch keine Bedeutung erlangt, wohl jedoch sind Zusatzmittel aufgefunden worden, die die Viskose stärker streckfähig machen. Durch stärkere Verstreckung wird dann auch eine höhere Festigkeit erreicht. Wir kommen weiter unten hierauf zurück.

Nach dem Brit. Pat. 409247 der *Viscose Company* soll eine größere Naß- und Trockenreißfestigkeit durch Zusatz aromatisch substituierter aliphatischer Alkohole zur Viskose erhalten werden. Der aromatische Rest darf jedoch nicht an das alkoholische Hydroxyl gebunden sein. Als Beispiel ist in der Patentschrift Anisylalkohol angegeben.

Die *Deutsche Hydrierwerke A.G.* gibt im Franz. Pat. 816621 als Zusatzmittel Furfurol, seine Homologen sowie aromatische Hydroxylverbindungen an. Nach dem Brit. Pat. 489234 soll die Wirkung dieser Stoffe dadurch noch gesteigert werden können, daß man sie in sulfoniertem Naphthol oder Kresol dispergiert.

MONDEN[1] empfiehlt für den gleichen Zweck Igepon T.

Nach LILIENFELD[2] wirkt ein Zusatz von Zelluloseäthern zur Viskose günstig. Diese können zuvor in Alkalilauge gelöst, können der Viskose aber auch als Paste zugegeben werden. Neben einer Erhöhung der Festigkeit soll sich dieser Zusatz auch günstig auf die Dehnbarkeit der Fasern auswirken.

PASELLA[3] schlägt im Ital. Pat. 341785 einen Zusatz von Glukose sowie Latex vor.

Die Firma *Böhme Fettchemie G.m.b.H.* empfiehlt im DRP. 582900 Zusätze von Sulfonierungsprodukten des Rizinusöles sowie anderer Fette, die in Gegenwart von Säurechloriden oder Anhydriden gemäß Franz. Pat. 624425 hergestellt werden.

Nach dem USA.-Pat. 2085868 der *Viscose Company* soll die Naßfestigkeit einer Chemiefaser um 35% erhöht werden können, wenn man der Viskose alkylierte Phenole, wie beispielsweise Thymol oder Alkyläther von Phenolen zusetzt.

Große praktische Bedeutung hat, wie oben schon angedeutet, die Zugabe von Produkten erlangt, die die Verstreckfähigkeit des plastischen Fadens verbessern. Hier kommen in erster Linie Produkte auf der Grundlage von sulfoniertem Rizinusöl in Frage. Derartige Verfahren sind im DRP. 542813 und 544098 der *Glanzstoff-Courtaulds G.m.b.H.* beschrieben. Die Produkte werden in Mengen von 0,2···3,0 g pro Liter der Viskose einverleibt. Man bringt sie in der Praxis zweckmäßig erst kurz vor Beendigung des Lösevorganges in die Viskose.

In größtem Maßstab wird als Viskosezusatzöl das Monopolbrillantöl[4] verwendet, das ein in besonderer Weise hergestelltes Türkischrotöl darstellt und gegenüber diesem höhere Beständigkeitseigenschaften, insbesondere gegenüber Natronlauge, aufweist.

Wird dieses Öl der Viskose zugesetzt, so beobachtet man ein Klarwerden der Viskose; ihre Lichtdurchlässigkeit, im Pulfrich-Photometer gemessen, wird beispielsweise von 55% auf 85% heraufgesetzt. Gleichzeitig wird das Fadenziehvermögen der Viskose ganz erheblich gesteigert. Entsprechend steigert sich die Verstreckbarkeit des plastischen Fadens, so daß durch Anwendung stärkerer Verstreckungsgrade festere Fasern erhalten werden können. Dies ist insbesondere für Cordreyon und Fasern für Treibriemen von Bedeutung. Im Franz. Pat. 887760 der *Courtaulds Ltd.* ist außerdem gesagt, daß eine ölhaltige Viskose weniger leicht zur Verstopfung von Düsenlöchern führt.

Was die eigentliche Wirkungsweise des Monopolbrillantöles anbetrifft, so besteht noch keine restlose Klarheit. Einerseits handelt es sich um eine Auflösung (Peptisierung) von Harz- und Fett-Teilchen aus dem Zellstoff; denn eine unter Ölzusatz gesponnene Faser ist, mit Viktoriablau 4 R angefärbt, unter dem Mikroskop optisch vollkommen leer, während eine normale Faser je nach dem eingesetzten Zellstoff mehr oder weniger von gefärbten Partikelchen durchsetzt ist (Abb. 228). Hieraut

---

[1] MONDEN: Ref. Chem. Zbl. **1937** I, 469. — [2] LILIENFELD: Brit. Pat. 470747.
[3] Vgl. hierzu auch das Franz. Pat. 550142.
[4] Hersteller: Chemische Fabrik Stockhausen & Cie., Krefeld.

kann die klärende Wirkung allein aber nicht beruhen, denn auch die Lichtdurchlässigkeit einer Viskose aus extrahiertem Zellstoff wird durch Zusatz von Monopolbrillantöl erhöht. Bei systematischen Untersuchungen von GÖTZE und BRASSELER[1] wurde weiter gefunden, daß auch trübe, kolloide Lösungen von Modellkörpern durch Zusatz von Monopolbrillantöl aufgehellt und klarer werden.

Das Monopolbrillantöl wirkt somit nicht nur peptisierend auf fettartige Verunreinigungen, sondern allgemein homogenisierend und dispergierend auf das ganze System.

Von Bedeutung ist ferner die Oberflächenaktivität des Monopolbrillantöles. Durch den Zusatz dieses Öles wird die Oberflächenspannung der Viskose ganz wesentlich herabgesetzt. Hierauf ist sowohl das bessere Fadenziehvermögen der Viskose zurückzuführen, als auch ihre größere Verstreckbarkeit. Es wird beim Spinnen schneller Viskose nachgeliefert, wodurch höhere Verstreckungsgrade möglich sind.

Die gesteigerte Oberflächenaktivität kommt aber auch schon bei dem Verhalten der Viskose zur Geltung. Es wurde gefunden, daß eine ölhaltige Viskose sich in bezug auf die Filtrierbarkeit besser verhält als eine ölfreie. Dies ist darauf zurückzuführen, daß die Nachsulfidierung intensiver verläuft, wodurch weniger Quellkörper und andere nicht ausreichend sulfidierte Teilchen entstehen.

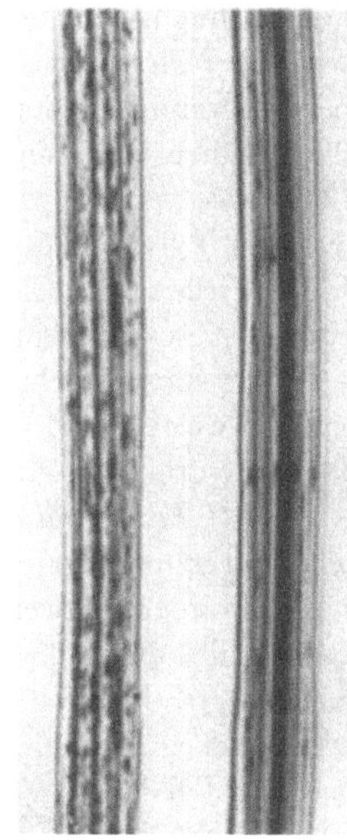

Abb. 228. Ohne (links) und mit (rechts) Zusatz von Monopolbrillantöl gesponnene Viskosefaser.

Bemerkenswerterweise ergeben hochsulfonierte Öle vom Typ des Praestabitöl nicht in dem gleichem Maße die höhere Verstreckbarkeit. Wohl sind sie in bezug auf die klärende Wirkung dem Monopolbrillantöl überlegen und sie werden bevorzugt dort angewandt, wo bei der Verwendung besonders harzarmer Zellstoffe das Entstehen milchiger Fasern verhindert werden soll. Da das Monopolbrillantöl aber eine größere Oberflächenaktivität als Praestabitöl aufweist, so ist der Schluß erlaubt, daß es in erster Linie die Oberflächenaktivität ist, die das günstige spinntechnische Verhalten bei der ölhaltigen Viskose hervorruft. Wohl wirkt sich die Klärung der Viskose günstig auf die Filtration und die Sauberkeit der Düsenkanäle aus.

Recht interessant sind auch Beobachtungen von SCHRAMEK[2]. Von ihm wurde gefunden, daß beim Verspinnen von Zellulose von hohem Polymerisationsgrad die Festigkeit oberhalb eines bestimmten Polymerisationsgrades wieder absinkt. Setzt man nun solchen Viskosen Monopolbrillantöl zu, so erhält man wieder bessere Festigkeitswerte. Dies ist von besonderer Bedeutung für das Verspinnen von Viskose aus Linters-Zellstoff.

Für die Praxis ist schließlich noch wichtig, daß eine klare Viskose einen geringeren Düsenwechsel erfordert als eine trübe Viskose; infolgedessen brauchen auch weniger Düsen angesponnen zu werden, was sich wieder günstig auf die Zahl der augen-

[1] GÖTZE u. BRASSELER: Unveröffentlicht.

[2] SCHRAMEK; Unveröffentlichte Privatmitteilung.

kranken Spinner auswirkt, wie eingehende statistische Untersuchungen in großen Spinnereibetrieben gezeigt haben.

b) Erhöhung der Weichheit.

Auch die Weichheit der Chemiefasern kann durch Zusätze zur Viskose verbessert werden. Meistens ist hiermit eine geringe Glanzerhöhung verbunden. So hat man beispielsweise gefunden, daß durch Zusatz von Monopolbrillantöl und Praestabitöl V, die in einem anderen Zusammenhange schon erwähnt wurden, die Weichheit der Chemiefaser erhöht wird. Dieser Effekt kann bei einigen Chemiefasern so stark sein, daß das Avivagebad auf eine niedrigere Konzentration eingestellt werden kann. Diese Wirkung der Öle ist insofern überraschend, als den Produkten selbst nur eine geringe Avivagewirkung zukommt.

Lilienfeld beschreibt in den Österr. Patenten 135318 und 135319 die Herstellung weicher und glänzender Fäden durch Zusatz von Halogenhydrinen, wie z. B. Dichlorhydrin oder Äthylenchlorhydrin, zur Viskose.

Die *I.G. Farbenindustrie Aktiengesellschaft* empfiehlt im DRP. 655359 den Zusatz von Umsetzungsprodukten von Äthylenoxyd mit Oxyalkylamiden höherer aliphatischer, hydroaromatischer oder gemischt aromatisch-aliphatischer Säuren. Griff und Glanz sollen durch diese Produkte in gleicher Weise günstig beeinflußt werden. Nach dem Österr. Pat. 140452 derselben Erfinderin sollen der Viskose Xanthate eines aromatischen Alkohols, wie z. B. des Borneols oder Naphthenalkohols zugesetzt werden. Im DRP. 630607 wird als Beispiel noch das Natriumxanthat des Phenyläthylalkohols angegeben. Wie in der Patentschrift ausgeführt, sollen sich diese Zusätze besonders bei wenig gereifter Viskose günstig erweisen. In diesem Falle nimmt der Faden auch einen ausreichenden Glanz an, während erfahrungsgemäß wenig gereifte Viskose unter normalen Bedingungen leicht milchig-trübe Fasern liefert. Zur Erhöhung der Weichheit empfiehlt die *Böhme Fettchemie G.m.b.H.* im Brit. Pat. 449792 den Zusatz von Fettalkoholsulfaten zur Viskose.

Nach DRP. 615414 von *Henkel & Co.* können an Stelle eines Fettalkoholsulfates perhydrierte Diarylmethanderivate, die nur eine Hydroxylgruppe enthalten, verwendet werden.

c) Erhöhung der Knitterfestigkeit.

Es ist ein allgemein beobachteter Mangel künstlich hergestellter Zellulosefasern, daß ihre elastischen Eigenschaften verhältnismäßig gering zu bewerten sind. Wenn im allgemeinen die geringe Elastizität in der Längsrichtung der Faser (Zugelastizität, elastischer Dehnungsanteil) sich auch nicht besonders nachteilig im praktischen Gebrauch auswirkt, so ist dies aber in starkem Maße bei der Biegungselastizität der Fall. Quer zur Faserrichtung umgebogene Fasern zeigen das Bestreben, in der Form, in die sie durch die Biegung gebracht worden sind, zu verharren und nur langsam und dann auch nur mehr oder weniger unvollkommen ihren früheren Zustand wieder einzunehmen. Dies wirkt sich bei Geweben dadurch aus, daß Druckfalten nicht von selbst wieder aus der Ware herausgehen, sondern stets ausgebügelt werden müssen. Noch unangenehmer ist diese Erscheinung bei Reyon- oder Zellwoll-Samten, die durch Druck auf den Flor Preßstellen erhalten. Man hat zwar inzwischen gelernt, diesen Nachteil der Waren weitgehend durch die Bindungstechnik in der Weberei sowie durch Spezialappreturen zu verringern. Es wäre jedoch ohne Zweifel ein gewaltiger Fortschritt, wenn diese unangenehme Eigenschaft schon den Viskosefasern bei der Herstellung genommen werden könnte. In dieser Richtung liegen jedoch bisher nur Ansätze vor und auch diese sind noch nicht sehr erfolgversprechend. Sie sollen im folgenden, soweit versucht worden ist, diesen Mangel durch Zusätze zur Viskose zu beheben, kurz erwähnt werden:

DREYFUS empfiehlt im Canad. Pat. 357217 der Viskose oxydierte, nichttrocknende Öle, wie z. B. Olivenöl oder Erdnußöl, zuzugeben.

Von KATAKURA SEISHI BOSEKI[1] wird ein Zusatz von Lecithin oder ähnlichen Lipoiden empfohlen. Dieser Zusatz soll gleichzeitig die Viskose beständiger machen und die Wärmehaltung der Fasern erhöhen.

Nach dem DRP. 523204 der *Vereinigte Glanzstoff-Fabriken A.G.* wird eine Chemiefaser von erhöhter Knitterfestigkeit erhalten, wenn man der Viskose Kautschuk oder Latexkonzentrate zusetzt, die mit Schutzkolloiden stabilisiert sind.

Die hohe Elastizität, die einigen Harzkörpern innewohnt, hat dazu geführt, daß auch derartige Harzstoffe als Zusatzmittel zur Viskose versucht worden sind. So empfiehlt die *Deutsche Bekleidungsindustrie* im Franz. Pat. 790171 allgemein den Zusatz von Harzkörpern zur Viskose. Von Harz geht auch das U.S.A. Pat. 2067220 der *Celanese Corporation of America* aus, jedoch sollen nach der Patentschrift Abkömmlinge von Harzsäuren, wie z. B. das Triäthanolaminsalz der Abietinsäure, geeigneter sein. Besonders günstige Effekte sollen erzielt werden, wenn diese Produkte mit geringen Mengen von Weichmachern, wie z. B. Olivenöl, Spermöl u. dgl., gemeinsam angewandt werden.

Auch Kunstharze sind für die Erhöhung der Knitterfestigkeit empfohlen worden. So wird z. B. von v. BONIN[2] vorgeschlagen, der Viskose Anfangskondensationsprodukte von Kunstharzen zuzusetzen. Das Kunstharz wird dann durch Erhitzen der fertigen Faser erzeugt und somit in der Faser in unlöslicher Form festgehalten. Das Brit. Pat. 484901 der *Tootal Broadhurst Corp.* beschreibt den Zusatz von Mischungen von Dimethylolharnstoff[3] mit Laurylalkoholsulfat und Weinsäure. Die letztere wirkt als Kondensationskatalysator. Es muß hierzu erwähnt werden, daß im allgemeinen durch den Zusatz von Harzkörpern oder Kunstharzen der Glanz der fertigen Faser mehr oder weniger stark gedrückt wird (s. S. 371).

Überblickt man die aufgeführten Verfahren, so kann man feststellen, daß zwei Wege zur Verbesserung der Knitterfestigkeit der Chemiefasern eingeschlagen worden sind. Der eine besteht im Zusatz ölartiger Körper zur Viskose, der andere im Zusatz von Stoffen, die eine hohe Eigenelastizität besitzen. Die Wirkung der ölartigen Stoffe dürfte darin zu suchen sein, daß sie in der Faser gleichsam als Gleitmittel wirken, wodurch ein leichteres Verschieben der Faserbausteine ermöglicht wird.

Die Einlagerung von Harzen und harzartigen Körpern, die auch in der letzten Zeit bei Nachbehandlungsverfahren bei fertigen Zellulosefasern Bedeutung erlangt hat, stellt nach den bisher gemachten Beobachtungen nicht gerade eine Ideallösung des aufgezeigten Problems dar. Man hat vielfach die Beobachtung gemacht, daß die Einlagerung derartiger Stoffe die allgemeine Gebrauchstüchtigkeit von Fertigwaren

---

[1] KATAKURA SEISHI BOSEKI: Japan. Pat. Anm. 13573/35.
[2] v. BONIN: DRP.-Anm. U 12094.
[3] Von der I. G. Farbenindustrie Aktiengesellschaft unter den Namen „Kaurit" im Handel.

herabsetzt, was sich besonders durch ein mehr oder weniger starkes Absinken der Scheuerfestigkeit zu erkennen gibt.

Den Zusatz von Harzkörpern, insbesondere auch von Kunstharzen, kann man auch dazu benutzen, den Fasern eine ganz bestimmte Form zu geben. Man macht hiervon z. B. bei der Zellwolle Gebrauch, um der Faser eine bleibende Kräuselung zu verleihen. Wie noch an anderer Stelle ausgeführt werden wird, ist bei der Zellwolle eine gewisse, den natürlichen Fasern ähnliche Kräuselung erwünscht, um ihr im Laufe der mechanischen Verspinnung eine größere Haftfähigkeit zu verleihen sowie ein voluminöseres Garn zu erhalten. Fügt man der Spinnlösung z. B. ein vorkondensiertes Phenolformaldehydgemisch zu und unterwirft die gesponnene Chemiefaser bei Temperaturen von 80···160° C einer mechanischen Behandlung, wie beispielsweise einer Prägung, so tritt die vollständige Kondensation der zugesetzten Körper ein und die Faser behält die ihr durch die Prägung erteilte Form bei. Auf diese Weise wird die „Artilana-Faser“[1] hergestellt. In der Patentschrift ist als Zusatzmittel zur Viskose ein Gemisch angegeben, das aus 50 Teilen Phenol, 50 Teilen Formaldehyd und 3 Teilen wässerigen Ammoniaks besteht. Dieses Gemisch wird soweit vorkondensiert, daß es in der Viskose noch eben löslich ist. Von dem so vorkondensierten Gemisch setzt man 1···6% der Spinnlösung zu (berechnet auf den Zellulosegehalt der Viskose). Den gesponnenen Faden läßt man durch geheizte Riffelwalzen laufen. Hierdurch wird die Faser gekräuselt. Die Beheizung der Walzen bewirkt gleichzeitig die Kondensation und somit die Fixierung des gekräuselten Zustandes.

d) Erhöhung der Wärmehaltung und Fülligkeit (Luftfasern).

Ein Reyonfaden stellt gegenüber einem mechanisch aus Naturfasern gesponnenen Garn ein kompaktes, wenig voluminöses Gebilde dar. In der Erkenntnis, daß eine Reihe wertvoller Eigenschaften der gesponnenen Garne gerade in der größeren Fülligkeit dieses Textilmaterials begründet liegt, hat man schon lange nach Mitteln und Wegen gesucht, auch dem Reyon diese Eigenschaft zu verleihen. Eine größere Fülligkeit wirkt sich in Geweben und Gewirken auch dahin aus, daß die Waren eine bessere und geschlossenere Decke aufweisen. Aus demselben Grunde ist man in den letzten Jahren auch dazu übergegangen, die schwach gedrehten und daher etwas voluminöseren Schußgarne als Kette in der Weberei zu verwenden. Im praktischen Gebrauch zeigt sich ein weiterer Vorteil eines fülligeren Fadens in seinem erhöhten Wärmehaltungsvermögen, das insbesondere eine solche Faser für die Herstellung von Unterwäsche angenehmer macht. Da bei einem mechanisch aus Einzelfasern gesponnenen Garn die zwischen den Einzelfasern eingeschlossene Luft für die angeführten günstigen Eigenschaften verantwortlich zu machen ist, so ist es verständlich, daß man auch versucht hat, in den Reyonfaden Luft einzuschließen; man hat also angestrebt, den Reyonfaden hohl und röhrenförmig zu gestalten.

Der nächstliegende Gedanke, hohles, röhrenförmiges Reyon zu erzeugen, ist der, in der Viskose Luft oder ein anderes indifferentes Gas zu dispergieren. Dieser Vorschlag stammt von Drut und wurde durch das DRP. 346830 geschützt. Wie Brandenberger im U.S.A. Pat. 1394270 beschreibt, sollen sich auf diese Weise hergestellte Reyonfäden leicht und warm anfühlen und das Aussehen von Wolle haben.

[1] Österr. Pat. 145179 der Deutsche Bekleidungsindustrie G.m.b.H.

Die Emulgierung von Luft in der Viskose ist aber technisch außerordentlich schwierig durchzuführen. Es ist zu bedenken, daß eine ungleichmäßige Verteilung der feinen Luftbläschen in der Viskose nicht nur einen unterschiedlichen Faden ergeben kann, sondern daß auch Spinnschwierigkeiten durch Abreißen der Fäden an der Düsenöffnung entstehen können. Deshalb wird, wie bereits erwähnt, normalerweise die Viskose sorgfältig entlüftet. Um diese Schwierigkeiten zu umgehen, hat ROUSSET im DRP. 370471 vorgeschlagen, der Viskose nicht Luft, sondern solche Stoffe einzuverleiben, die sich mit der Säure des Spinnbades unter Gasentwicklung zersetzen. Auf diese Weise braucht also das Gas als solches nicht die feinen Düsenkanäle zu passieren, sondern entsteht erst im Verlauf der Zersetzung in einem Augenblick, wenn sich bereits eine feine, feste Außenhaut um den frischen Faden gebildet hat. Nach dem U.S.A. Pat. 1427330 desselben Erfinders eignet sich als Zusatzmittel besonders gut ein Alkalikarbonat oder Alkalibikarbonat, das sich dann mit der Säure des Spinnbades unter Entwicklung von gasförmigem Kohlendioxyd zersetzt.

Die drei Patente von BRANDENBERGER, DRUT und ROUSSET sind zur Auswertung in eine besondere Gesellschaft eingebracht worden, die *Alsa S.A.*, Basel, die dem auf diese Weise hergestellten Reyon den Namen „Celta" gab. Jedoch erwies sich die Durchführung der Verfahren betrieblich als recht schwierig. Man kann nach diesen Spinnverfahren tatsächlich Fäden, die einem schlauchförmigen Gebilde gleichkommen, erhalten, wie der in Abb. 229 dargestellte Querschnitt zeigt. In den meisten Fällen bildet die Luft im Innern des Fadens aber kleine, durch Zwischenwände unterteilte Kammern (Abb. 230).

Nach STÖCKLY[1] ist die Ausbildung kleiner Kammern mit möglichst geringem Lufteinschluß aber sogar anzustreben. Es hat sich gezeigt, daß derartige Fäden weniger leicht zusammenfallen als Fäden mit durchgehenden Hohlräumen und großen Lufteinschlüssen. Die Fülligkeit der Faser hat einen um so besseren Bestand, je geringer der Grad an freiem Luftraum und je größer entsprechend die Wandstärke der Faser ist. Auch verhüten die Trennwände zwischen den Kammern das Zusammenfallen.

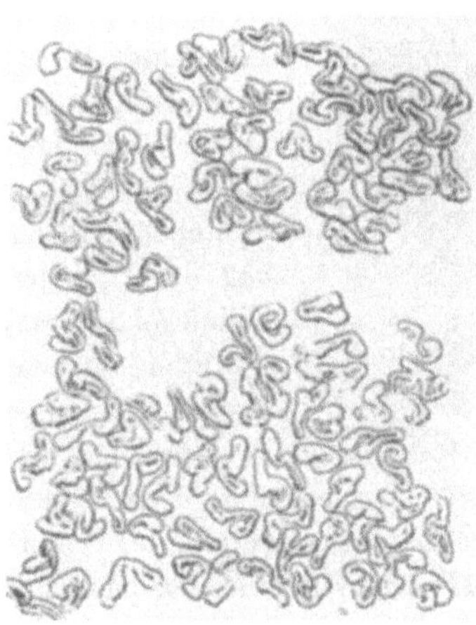

Abb. 229. Querschnitt durch einen Luftreyonfaden mit teilweise schlauchförmigen Einzelfädchen.

Abb. 230. Luftreyonfaden mit Kammerbildung (Dunkelfeld).

Verständlicherweise wirken sich die Lufteinschlüsse auf das scheinbare spez. Gewicht der Faser aus. Unter Berücksichtigung des oben Gesagten ist bei der Herstellung ein spez. Gewicht von 1,1···1,4 anzustreben. Wie Tab. 84 zeigt, würde

[1] STÖCKLY: Zellw., Kunsts., Seide **47**, 205 (1942).

eine Faser mit einem spez. Gewicht von beispielsweise 0,8 nur zu 52,7% aus Zellulose bestehen.

Entsprechend dem Zellulosegehalt der Faser ändert sich auch ihre Festigkeit.

Tabelle 84. *Spezifische Gewichte von Luftreyon.* (Nach STÖCKLY.)

Spez. Gewicht	Vol.-% Luft	Vol.-% Zellulose
1,52	0,0	100,0
1,40	7,9	92,1
1,30	14,5	85,5
1,20	21,0	79,0
1,10	27,6	72,4
1,00	34,2	65,8
0,9	40,8	59,2
0,8	47,3	52,7

Große Hohlräume wirken sich auch nachteilig auf den Trockenvorgang aus, insofern als mit der Größe des Luftvolumens das Wasserrückhaltevermögen ansteigt. Dies ist aber nicht nur für den Herstellungsgang selbst, sondern auch für den praktischen Gebrauch von Bedeutung.

Wie zahlreiche Patente[1] besagen, ist es betrieblich schwierig, in bezug auf ihre Eigenschaften optimale Fasern zu erhalten. Wenn es aber auch nicht immer gelingt, Fasern mit ausgesprochenen Kammern zu erhalten, so sind doch auch Fasern, die durch Zusammenfallen der Wände einen bändchenförmigen Querschnitt ergeben, wie dies Abb. 231 zeigt, von Interesse. Derartige Fasern zeichnen sich durch eine besonders hohe Deckfähigkeit aus, sie sind infolgedessen ein recht brauchbares Material für Samte und Plüsche. Eine Zeitlang waren sie auch wegen ihres dezenten Glanzes ein wichtiges Ausgangsmaterial für Damenstrümpfe.

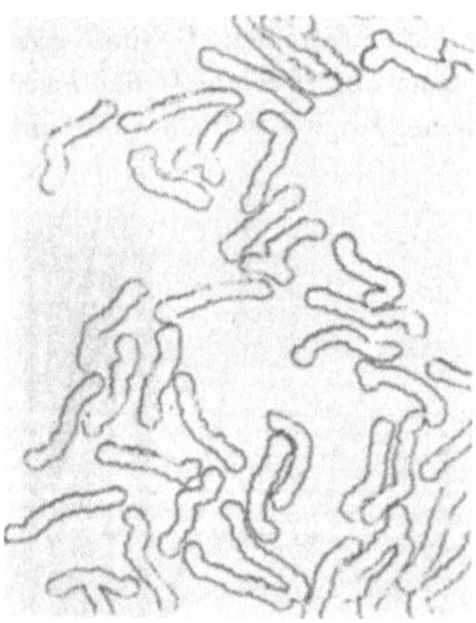

Abb. 231. Querschnitt durch einen Luftreyonfaden mit bändchenförmigen Fasern.

Die Celta wurde in Deutschland von der *Deutschen Celta A.G.*, einem dem Glanzstoff-Konzern gehörigen Unternehmen, im Werk Petersdorf im Riesengebirge hergestellt; sie hat heute keine praktische Bedeutung mehr.

Die schwierige Herstellungsweise der Celta-Faser hat zu verschiedenen Variationen der Spinnbedingungen geführt. Man hat gefunden, daß durch Änderung der Reifezeit sowie der Zellulosekonzentration in der Viskose die erwähnten Schwierigkeiten zum Teil behoben werden können. Der Reifegrad wird, wie das Franz. Pat. 577369 der *Alsa* aussagt, zweckmäßig dem zu spinnenden Titer angepaßt: Je feiner der Titer, um so niedriger soll der Reifegrad sein. Auch wurde verschiedentlich eine Änderung in der Zusammensetzung der Spinnbäder vorgenommen. Es liegt eine Reihe von Patenten vor, die diese Änderungen zum Gegenstand hat. Nach dem Brit. Pat. 253477 der *Nederl. Kunstzijde Fabriek N. V.*, Arnheim, soll man von wenig vorgereifter Viskose ausgehen und die Viskose, um eine ausreichend niedrige Spinnviskosität zu erhalten, auf einen Zellulosegehalt von nur 5% einstellen. Das Fällbad muß so beschaffen sein, daß die Koagulation ziemlich schnell erfolgt. Die Patentschrift führt als Beispiel ein Spinnbad der folgenden Zusammensetzung an: 15%

[1] DRP. 471458; 485324; 449117; 521055; 701646; 705144; 712391. Vgl. ferner hierzu DYES: Kunstseide **11**, 5 (1929) und MAHLO: Melliand Textilber. **22**, 557 (1941). — Siehe auch LIEWALD u. SCHRAMEK: DRP.-Anm. D 76395.

Natriumsulfat, 5% Magnesiumsulfat, 3% Zinksulfat und 12% Schwefelsäure. Im Brit. Pat. 259954 von COURTAULDS, HEGAN und BAYLEY wird als Zellulosekonzentration 6% angegeben. Dieser Gehalt deckt sich mit dem Brit. Pat. 289796 der *Alsa*, die aber im Spinnbad hohe Mengen (10···35%) Zinksulfat empfiehlt, das teilweise durch Natriumsulfat und andere Salze, oder durch Glukose, ersetzt werden kann.

Besonders ausführliche Anleitungen für die Herstellung einer lufthaltigen Viskosefaser enthalten die Brit. Pat. 273506 von *Courtaulds Ltd.*, sowie 253953 und 253954 von COURTAULDS, SCHRIVENER und GARDENER: Die Vorreifezeit beträgt 3 Tage. Das Spinnbad enthält 8% Schwefelsäure, 5% Zinksulfat, 14% Natriumsulfat und 9% Glukose. Die Badtemperatur soll 45° C betragen. Bei der Herstellung gröberer Titer wird die Säuremenge im Spinnbad erhöht. Das Natriumsulfat kann teilweise durch Ammonium-, Magnesium-, Eisen-, Aluminium- oder Chromsulfat ersetzt werden. Bei einer Abzugsgeschwindigkeit von 45 m pro Minute soll die Badstrecke (s. 15. Kapitel) 45 cm betragen.

Überlegt man sich die Art der Entstehung der Hohlräume in der Faser, so werden die in den Patenten angegebenen Spinnbedingungen verständlich: Es ist während der Entstehung der Faser darauf Rücksicht zu nehmen, daß die im Inneren der werdenden Faser entstehenden Gase nicht nach außen entweichen können. Aus diesem Grunde muß dafür gesorgt werden, daß der Kern des frischen Fadens möglichst lange weich bleibt, damit es zur Ausbildung möglichst großer Hohlräume kommen kann. Andererseits muß an der äußeren Zone der in das Spinnbad strömenden Viskose eine feste, für das Gas undurchdringliche Haut gebildet werden, was durch Fällbäder von hoher Koagulationskraft erreicht wird. Dies kann durch Verspinnen einer Viskose aus wenig gereifter Alkalizellulose noch gefördert werden, da durch diese gleichfalls ein festeres Gebilde entsteht.

Im Brit. Pat. 253954 wird das Spinnen in zwei Bädern empfohlen.

Von KITA und SUDA[1] ist versucht worden, die Luft in Form von kleinen Bläschen emulsionsartig in der Faser zu verteilen. Bei diesen Versuchen hat sich gezeigt, daß man bei geeigneter Wahl der Spinnbedingungen mit Sicherheit Emulsionen von Gasbläschen in der Faser erhalten kann und zwar ganz gleichgültig, ob man Natriumkarbonat oder ein organisches Lösungsmittel als Gasentwicklungsmittel anwendet. Es kommt darauf an, mit möglichst kleinen Mengen des Gasentwicklungsmittels zu arbeiten sowie den Fällungsprozeß so zu leiten, daß die Gasbläschen in möglichst feiner Verteilung bleiben. Für eine mit Petroläther herzustellende Luftfaser wird folgendes Beispiel angegeben: 2% Petroläther werden der Viskose einverleibt; die Zellulosekonzentration in der Viskose beträgt 7,6%, die Alkalikonzentration der Löselauge 6,4···6,7%, die Reife soll 10° HOTTENROTH betragen. Bei einer Spinngeschwindigkeit von 65 m soll folgendes Spinnbad geeignet sein: 135 bis 150 g H_2SO_4, 260···280 g Na_2SO_4 und 45···50 g $ZnSO_4$ im Liter.

Für eine mittels Natriumkarbonat herzustellende Luftfaser sollen sich folgende Spinnbedingungen eignen:

Zellulosegehalt der Viskose	7,5···7,7%	Spinnbad	190···195 g H_2SO_4
Natriumkarbonatgehalt	1,3···1,8%		260···290 g Na_2SO
Konzentration der Löselauge ...	5,7···6%		53··· 60 g $ZnSO_4$
Reifegrad nach HOTTENROTH ...	11°	Spinngeschwindigkeit ..	über 70 m

[1] KITA u. SUDA: J. Soc. Chem. Ind. (Japan) **41**, 421f. (1938); Papierfabr. **1938**, 276.

Besonders günstige Ergebnisse sollen erhalten werden, wenn man der Viskose noch 0,1···0,15% Igepon T, 0,4···1% Türkischrotöl oder 0,1···0,15% Leinöl zusetzt.

Einen gänzlich anderen Weg für die Erzeugung von lufthaltigem Reyon beschreibt die *Erste Böhmische Kunstseidenfabrik A.G.* in Theresienthal im Brit. Pat. 252582. Hiernach werden der Viskose organische Substanzen zugesetzt, die in Wasser unlöslich sind. Diese Stoffe verbleiben während des Spinnens im Faden und werden aus dem fertigen Faden durch besondere Lösungsmittel wieder entfernt, wodurch dann die Hohlräume entstehen. Nach dem Zusatzpatent 282687 sollen solche Stoffe der Viskose zugesetzt werden, die durch Erhitzen der fertigen Fäden im Vakuum entfernt werden können.

Bemerkenswert ist noch ein Vorschlag der *Deutschen Textilwerke* (DRP. 467241). Hiernach wird das Gas in der Viskose unmittelbar vor dem Verspinnen durch Elektrolyse erzeugt.

Celta-Faser ist sowohl als Reyon als auch als Zellwolle hergestellt worden. Die meist große Glätte der lufthaltigen Faser ließ es ratsam erscheinen, die Zellwolle leicht mit Titandioxyd zu pigmentieren, was auch ihrem Aussehen zugute kam.

Der Vollständigkeit halber soll an dieser Stelle noch erwähnt werden, daß man auch versucht hat, dem Faden ein fülliges Aussehen durch mechanisches Aufrauhen zu erteilen. Zu diesem Zwecke kann z. B. der Ring einer Ringzwirnmaschine mit feinem Schmirgel[1] oder Bimssteinpulver[2] überzogen werden. Durch die Ballonbildung (s. 20. Kapitel) beim Zwirnen wird der Faden dann mit dem Schmirgel in Berührung gebracht, wodurch er an der Oberfläche Beschädigungen erleidet. Ein auf diese Weise hergestellter Faden hat bei oberflächlicher Betrachtung Ähnlichkeit mit einem Zellwollgarn. Die aufrauhende Wirkung wird erhöht, wenn man die Behandlung an dem frisch gesponnenen, noch plastischen Faden vornimmt[3]. Das U.S.A. Pat. 1796421 beschreibt das Aufrauhen einer noch plastischen Faser durch Behandlung mit hochgespanntem Dampf.

e) Herabsetzung des Glanzes (Mattfasern, Tiefmattfasern).

Auf normale Weise gesponnenes Reyon besitzt einen lebhaften Glanz, dem schließlich das Reyon auch zunächst seinen Namen verdankt („Glanzstoff"). Die schon seit längerer Zeit geänderte Moderichtung ließ diesen Glanz für viele Verwendungszwecke aber als zu aufdringlich erscheinen, weshalb man nach Mitteln suchte, diesen Glanz etwas zu drücken. Es ist heute möglich, Reyon und Zellwolle jeden beliebigen Glanzgrades herzustellen, und zwar wird dies durch Zusatz bestimmter Stoffe zur Viskose erreicht.

Die Verfahren sind in fünf Klassen zu unterteilen, je nach Art des Mattierungsmittels, das zur Herstellung der matten Faser herangezogen wird. Diese Mattierungsmittel können sein:

Flüssigkeiten, — duktile Körper, — organische Pigmente, — anorganische Pigmente, Gemische und Körper von verschiedener Art.

Mattieren mit Flüssigkeiten. Durch Flüssigkeiten kann man eine Mattierung auf verschiedene Weise erreichen. Einerseits kann man solche Flüssigkeiten der Viskose einverleiben, die infolge ihres niedrigen Siedepunktes bei der Fadenbildung ent-

[1] DRP. 342223. — [2] Brit. Pat. 328257. — [3] U.S.A. Pat. 2097034.

weichen und auf diese Weise Hohlräume in der Faser hinterlassen. Andererseits kann man Flüssigkeiten der Viskose zufügen, die durch die allgemein übliche oder durch eine besondere chemische Nachbehandlung wieder aus dem noch plastischen Faden herausgelöst werden. Mit diesen beiden Arten von Flüssigkeiten wird demnach dasselbe erreicht, als wenn man Luft in ganz fein verteilter Form in der Viskose emulgiert. Schließlich können solche Flüssigkeiten angewandt werden, die infolge eines hohen Siedepunktes oder infolge ihrer Unlöslichkeit im fertigen Faden in Form von feinen Tröpfchen verbleiben. Solche im Faden verbleibenden Körper sind demnach als sog. „titerbildende" Substanz anzusprechen und bei der Berechnung der Ausbeute an Chemiefaser aus dem eingesetzten Zellstoff zu berücksichtigen.

Zu den für die Mattierung geeigneten Flüssigkeiten gehört auch, wie schon in einem anderen Zusammenhange erwähnt war, der Schwefelkohlenstoff. CROSS, BEVAN und BEADLE[1] haben als erste darauf hingewiesen, daß man durch Anwendung eines Überschusses an Schwefelkohlenstoff eine matte Viskosefaser erhält. Eine auf diese Weise hergestellte Mattseide ist mehrfach Gegenstand von Patenten geworden. Bezüglich der Schwefelkohlenstoffmengen gehen die Angaben allerdings recht weit auseinander. CROSS, BEVAN und BEADLE geben 30···40% Schwefelkohlenstoff an, PELLERIN[2] hält 70% Schwefelkohlenstoff für günstig, während SORDELLI[3] schon 20% für ausreichend hält. Die großen Unterschiede in diesen Angaben sind darauf zurückzuführen, daß die Erfinder jeweils unter anderen Spinnbedingungen gearbeitet haben (vgl. hierzu auch S. 379). Neben reinem Schwefelkohlenstoff sind auch Gemische von Schwefelkohlenstoff mit Alkoholen oder Kohlenwasserstoffen[4], besonders Petroleum[5], in Vorschlag gebracht worden.

Praktische Bedeutung hat der Zusatz von halogensubstituiertem Benzol erlangt[6]. Durch Zusatz von etwa 3% Chlorbenzol zur Viskose (auf den Zellulosegehalt bezogen) erhält man einen Faden von mildem und mattem Glanz. Der Effekt wird gesteigert, wenn mehrere Halogenatome in den aromatischen Kohlenwasserstoff eingeführt sind[7]. Nach VERTIJNEN[8] liefert Tetrachlorkohlenstoff besonders gute Ergebnisse. Recht gute Matteffekte werden auch erhalten, wenn man der Viskose die flüssigen Rückstände der katalytischen Alkoholgewinnung oder Produkte ähnlicher Zusammensetzung zufügt[9]. Auch der Zusatz von Pine-Oil oder bestimmter Fraktionen des Terpentinöles hat sich für die Erzeugung einer halbmatten Chemiefaser ausgezeichnet bewährt. Der *Vereinigte Glanzstoff-Fabriken A.G.* ist der Zusatz von Terpenen und terpenartigen Körpern geschützt[10]. Auch durch Zusatz von Kohlenwasserstoffen zur Viskose wird eine Faser von mildem Glanz erhalten. So wird z. B. Benzol[11], aber auch Toluol und Xylol verhältnismäßig oft verwendet. Häufig angewandt wird auch Paraffinöl[12], Petroleum[13], sowie andere hochsiedende Kohlenwasserstoffe[14]. Nach dem U.S.A.Pat. 2070031 der *Eastman Kodak* soll sich eine Petroleumfraktion besonders gut eignen, die zwischen 150 und 200° C siedet. Auch hydrierte Kohlenwasserstoffe[15] können zum Mattieren verwendet werden. Die

[1] Brit. Pat. 8700. — [2] Brit. Pat. 15752. — [3] Franz. Pat. 778947.
[4] Kunstseidenfabrik Tomaszow: Poln. Pat. 24423.
[5] SORDELLI: Brit. Pat. 273647 der Borvisk Syndicate Ltd.
[6] BONWITT: Franz. Pat. 640644. — [7] Du Pont de Nemours: U.S.A. Pat. 2070699.
[8] Brit. Pat. 333977. — [9] I. G. Farbenindustrie Akt. Ges. Franz. Pat. 815288.
[10] DRP. 529653. — [11] VERTIJNEN: Brit. Pat. 333977.
[12] Courtaulds Ltd.: DRP. 628837. — [13] Courtaulds Ltd.: Brit. Pat. 273286.
[14] Du Pont de Nemours: U.S.A. Pat. 2107668. — [15] SORDELLI: Brit. Pat. 432328.

Du Pont de Nemours empfiehlt im U.S.A. Pat. 2077670 Dekachlcrdiphenol. Pyridin und seine Homologen sowie Schweröle aus der Teerdestillation werden im Franz. Pat. 706288 der *Société Lyonaise de Soie Artificielle* genannt. *La Soie de Châtillon* ist durch das U.S.A. Pat. 1923495 der Zusatz von Milch als Mattierungsmittel geschützt. Im DRP. 588698 der *Kunstseidenfabrik Steckborn* werden zum Mattieren einfache oder gemischte Äther, wie z. B. Chlorphenyläthyl-Äther in Vorschlag gebracht. Auch Dibenzyläther oder deren Halogenderivate[1] eignen sich zum Mattieren. Zur besseren Verteilung dieser Körper in der Viskose wird in der Patentschrift empfohlen, sie zuvor mit sulfonierten Fettalkoholen zu emulgieren.

Das Mattieren durch nachträgliches Herauslösen von Körpern, die der Viskose einverleibt werden, beschreiben STÖCKLY und WITTE im U.S.A. Pat. 1867188. Hiernach werden in der Viskose Petroleum, Paraffinöl, Knochenöl oder pflanzliche Öle mit Hilfe eines Schutzkolloides emulgiert. Durch Behandlung der fertigen Faser mit geeigneten Lösungsmitteln werden diese Körper dann wieder herausgelöst, wodurch in der Faser Hohlräume entstehen. Der Vollständigkeit halber soll erwähnt werden, daß man die Hohlräume auch durch Herauslösen fester organischer Körper aus der fertigen Faser erhalten kann[2].

Betrachtet man Fasern, die durch Einverleibung von Luftbläschen oder Flüssigkeitströpfchen mattiert sind, im Querschnitt unter dem Mikroskop, so stellt man fest, daß das Mattierungsmittel auf die ganze Querschnittsfläche gleichmäßig verteilt sein kann, daß es aber auch überwiegend in der Randzone unmittelbar unter der Außenhaut des Fadens angereichert sein kann (Abb. 232···233). Diese Erscheinung dürfte mit einer unterschiedlichen Dichte des Faserkernes und Fasermantels (SCHRAMEK, s. 15. Kapitel) zusammenhängen. Bei einem gleichmäßig dichten Gefüge des Faserkernes und Fasermantels ist auch eine gleichmäßige Verteilung des Mattierungsmittels zu erwarten. Ist dagegen die Dichte ungleichmäßig, und zwar nach außen zu größer, so bleiben die feinen Bläschen, die das Bestreben haben, nach außen zu entweichen, in der Randzone stecken.

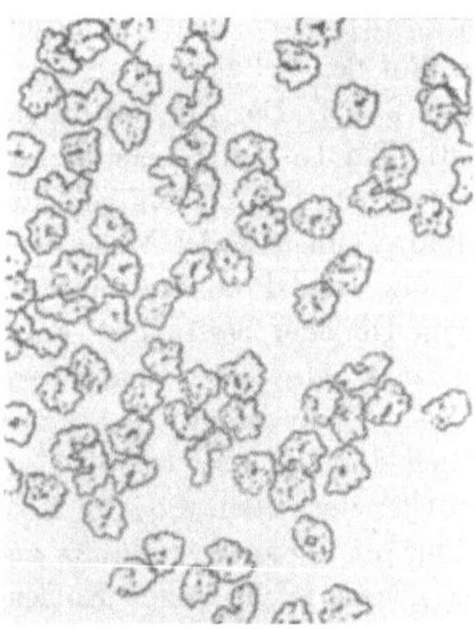

Abb. 232. Querschnitt durch einen Reyonfaden, mit einer Flüssigkeit mattiert. Gleichmäßige Verteilung der Einschlüsse.

Mattieren mit duktilen Körpern. Das U.S.A. Pat. 2042944 der *Du Pont de Nemours* empfiehlt folgende höhermolekulare Alkohole: Stearylalkohol, Fenchylalkohol oder Hexylalkohol neben Körpern, die allgemein mehr als vier C-Atome und eine Hydroxylgruppe besitzen. Auch das Schweiz. Pat. 164803 der *Feldmühle* beschreibt das Mattieren mit höheren Fettalkoholen. Sulfonierte Fettalkohole als Mattierungsmittel sind von der *North American Rayon Corp.* in dem schon erwähnten Brit. Pat. 419477 sowie im DRP. 617851 der *Deutsche Hydrierwerke A.G.* genannt.

Die *American Rayon Corp.* empfiehlt im U.S.A. Pat. 1981643 Salze aliphatischer Ester der Monothiokarbonsäuren, wie beispielsweise das Kaliumsalz des Monothio-

[1] North American Rayon Corp.: Brit. Pat. 419477.
[2] Vereinigte Glanzstoff-Fabriken A.G. DRP. Anm. V 25176.

karbonsäure-o-isobutylesters. Nach ANDEN[1] sind zum Mattieren die Zitronensäure- oder Maleinsäureester niederer Alkohole geeignet. Die Ester müssen im Schmelzpunkt über 150° C liegen. Das DRP. 591427 der *Kunstseidenfabrik Feldmühle* emp-

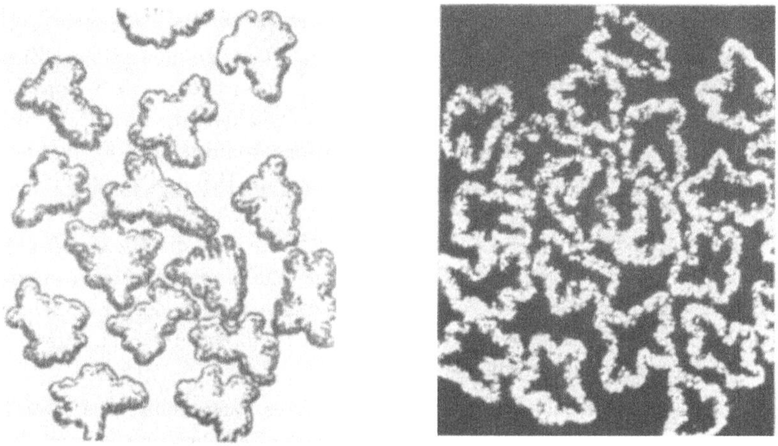

a b

Abb. 233. Querschnitt durch einen mit einer Flüssigkeit mattierten Reyonfaden. Mattierungsmittel in der Randzone angereichert. a Hellfeld, b Dunkelfeld.

fiehlt als Mattierungsmittel Ölsäuren, die zuvor mit Schwefelchlorür behandelt wurden.

Einige Patente haben das Mattieren mit festen oder duktilen Körpern, in geeigneten Lösungsmitteln gelöst, zum Gegenstand. So empfiehlt die *Erste Österr. Glanzstoff-Fabrik* St. Pölten[2] Lösungen von Ozokerit oder Japanwachs in Benzol. Die *Nederlandsche Kunstzijdefabriek* Arnheim[3] schlägt Wollfett, in Terpentinöl, Pine-Oil, Benzol oder Tetrachlorkohlenstoff gelöst, vor. Auch hydriertes Baumwollsaatöl, in Mineralöl gelöst, ist empfohlen worden[4]. Nach Patenten der *American Glanzstoff Corporation* soll eine Lösung von Diphenyl[5] oder Naphthalin[6] in Pine-Oil oder Benzol zum Mattieren geeignet sein. *Courtaulds Ltd.* beschreibt im DRP. 628837 das Mattieren mit Weichparaffin, in Petroleum oder Paraffinöl gelöst.

Mattieren mit organischen Pigmenten. Es wurde schon erwähnt, daß als Fehlererscheinungen bei unbeabsichtigt milchig-matt gewordenen Viskosefasern unveränderte Zellulose in fein verteilter Form in der Faser nachgewiesen werden konnte. Auf dieser Beobachtung fußend, hat FURNESS[7] vorgeschlagen, matte Fasern dadurch zu erzeugen, daß man der Viskose feingemahlene Zellulose einverleibt. Auch Zellulosederivate sind für den gleichen Zweck geeignet. So wurden DREYFUS[8] Zellulosebenzoate, insbesondere die Dibenzoylzellulose, als Mattierungsmittel geschützt. Der gleiche Erfinder beschreibt in den U.S.A. Pat. 2039301 ··· 303 allgemein die Mattierung der Fasern durch Zusatz fein verteilter organischer Körper, wie Anthrachinon, Derivate des Diamido-diphenyls sowie feingemahlene Kunstharze. Der *Kunstseidefabrik Steckborn* ist durch das DRP. 610424 Beta-Naphthol als Mattierungsmittel

[1] U.S.A. Pat. 2040971. — [2] U.S.A. Pat. 1902529.
[3] U.S.A. Pat. 1958949; DRP. 584876. — [4] Tubize-Châtillon: U.S.A. Pat. 2060016.
[5] U.S.A. Pat. 1922903. — [6] U.S.A. Pat. 1922910.
[7] FURNESS: U.S.A. Pat. 1822416. — [8] DREYFUS: U.S.A. Pat. 2039307.

geschützt. Mehrfach sind auch Zuckerarten und ihre Derivate als Mattierungsmittel empfohlen worden, so z. B. von DREYFUS[1] Stärke, Glykogen, Lichenin sowie andere Di- oder Polysaccharide, von der *Celanese Ltd.*[2] chlorbehandelte Stärke oder verzuckerte Kartoffelstärke[3], von der *North American Rayon Corp.*[4] das Kalzium-, Barium- oder Strontiumsalz des Dithiokarbonsäure-Stärke-Esters.

Der Zusatz von Kunstharzen zur Viskose wurde schon in einem anderen Zusammenhange erwähnt. Besondere Kunstharze sind im Russ. Pat. 49018 von LOTAREW (Kondensationsprodukte aus β-Naphthol und Formaldehyd), sowie im Brit. Pat. 392621 der *Celanese Ltd.* genannt (Kondensationsprodukte aus Formaldehyd und Azeton). Die *North American Rayon Corp.* schlägt im U.S.A. Pat. 2025025 fein gemahlenen Hydrokautschuk und im U.S.A. Pat. 2060786 Chlorkautschuk mit einem Chlorgehalt von 65···66% vor. Recht gute Effekte hat die *Glanzstoff-Courtaulds G.m.b.H.*[5] durch Styrol oder Polystyrol erhalten, das in organischen Lösungsmitteln gelöst wird. Es ist beobachtet worden, daß durch diesen Zusatz gleichzeitig die Festigkeit etwas verbessert wird. Auch soll die Viskosefaser durch diesen Zusatz gegen Feuchtigkeit unempfindlicher werden.

Man kann die organischen Pigmente auch in der Faser selbst aus zwei Komponenten erzeugen, indem man der Viskose die eine Komponente zugibt und die fertige Faser mit der anderen Komponente nachbehandelt. Dieser Weg ist von DREYFUS im U.S.A. Pat. 2039306 beschrieben worden. Auf diese Weise wird in der Faser Diazetylbenzidin oder Dibenzoylbenzidin erzeugt. Nach dem DRP. 570973 der *Feldmühle* gibt man der Viskose Faktis zu und vulkanisiert sie in der fertigen Faser durch Behandlung mit Schwefelchlorür. Durch das Spinnbad, dem eventuell besondere Substanzen zugesetzt werden können, können Anthrahydrochinon, Isoamylalkohol und saure Phthalsäureester in der Faser gefällt werden[6].

Mattieren mit anorganischen Pigmenten. An Stelle der organischen Pigmente können auch anorganische für die Mattierung herangezogen werden. Man kann allgemein sagen, daß durch Zusatz anorganischer Pigmente zur Viskose ein besonders tiefer Matteffekt erhalten wird. Es sind zahlreiche Körper als Zusatzmittel vorgeschlagen worden, neben komplizierter zusammengesetzten Körpern handelt es sich hierbei in der Hauptsache um Oxyde und Sulfate. Die weitaus größte praktische Bedeutung hat das Titandioxyd erlangt, das in vielen Fällen sowohl für sich allein, als auch mit anderen Stoffen gemischt (s. S. 376) angewandt wird. Von den übrigen Oxyden sind zu nennen Zinkoxyd[7], Magnesiumoxyd[8], Antimonoxyd[9], Zirkonoxyd[10] und Zeroxyd[11].

Unter den vorgeschlagenen Sulfaten haben das Bariumsulfat und das Bleisulfat[12] eine gewisse Bedeutung erlangt. An Stelle von Bariumsulfat wird von der *North British Rayon Corp.* im Brit. Pat. 413087 Bariumpersulfat empfohlen. Dieses soll

---

[1] DREYFUS: Brit. Pat. 404933. — [2] Celanese Ltd.: Brit. Pat. 443060.
[3] Celanese Ltd.: U.S.A. Pat. 2116062.
[4] North American Rayon Corp.: U.S.A. Pat. 2000887.
[5] Glanzstoff-Courtaulds G. m. b. H.: Brit. Pat. 435948.
[6] Steckborn Kunstseide AG.: DRP. 516573.
[7] SINGMASTER: U.S.A. Pat. 1725742, Snia Viscosa, Ital. Pat. 290995.
[8] SINGMASTER: U.S.A. Pat. 1725742. — [9] British Celanese Ltd., Brit. Pat. 377486.
[10] SINGMASTER: U.S.A. Pat. 2000671. — [11] BUDDING: Belg. Pat. 424259.
[12] Soc. Chim. des Usines du Rhone: Brit. Pat. 294623. — SINGMASTER: U.S.A. Pat. 1725742.

sich bei der Reife allmählich umsetzen, wodurch eine besonders gleichmäßige Verteilung des Pigmentes in der Viskose herbeigeführt werden soll. Nach dem Brit. Pat. 389484 der *British Celanese Ltd.* wird eine matte Faser durch Zusatz von Zinnsalzen, wie z. B. Zinnphosphat erhalten. DREYFUS[1] hat von den Zinnsalzen das Karbonat als besonders geeignet gefunden. Schließlich sollen noch das Bariumhydroxyd[2] sowie das Antimonchlorid und Antimonsulfid[3] genannt werden.

Die bisher genannten Pigmente sollen in einer unterhalb 0,8···1,0 μ liegenden Teilchengröße angewandt werden. Es sind jedoch auch pigmentförmige Stoffe in Vorschlag gebracht worden, die in ihrer Teilchengröße gröber sind. Dies hat den Vorteil, daß man mit wesentlich geringeren Mengen schon einen ausreichend tiefen Mattgrad erhält. Dem Vorteil stehen jedoch Nachteile gegenüber. Abgesehen von leicht auftretenden Filtrationsschwierigkeiten bei der Viskose ist es bei Pigmenten von gröberer Körnung viel schwieriger, eine vollkommen gleichmäßige Verteilung des Pigmentes in der Viskose zu erreichen. Ungleichmäßig verteilte Pigmente führen aber zu einer Faser unterschiedlichen Mattgrades. Ferner sinkt die Faserfestigkeit mit zunehmender Teilchengröße, da ein Teil des Faserquerschnittes von dem Pigmentteilchen beansprucht wird. Auch ist bei groben Teilchen ein schnelles Verstopfen der Düsenlöcher zu erwarten.

Von den Stoffen mit gröberer Körnung sind Asbest[4] sowie Kieselgur, Infusorienerde und Porzellanerde[5] vorgeschlagen worden.

Es hatte vorübergehend den Anschein, als ob die Infusorienerde als Zusatzmittel an Bedeutung gewönne, und zwar bei der Zellwolle. Sie soll hier zwar nicht dazu verwendet werden, die Faser zu mattieren, sondern soll ihr vielmehr eine rauhere Oberfläche verleihen, die bei der Zellwolle zur Erzielung einer ausreichenden Haftfestigkeit der Kardenbänder, Kammzüge oder Faservliese erwünscht ist. Die aus der Außenhaut der Faser teilweise herausragenden Pigmentteilchen führen diesen Effekt in hohem Grade herbei.

Zu diesen Vorschlägen ist zu sagen, daß sie wohl nur bei groben Titern durchführbar sein werden. Beim Spinnen feiner Titer aus engen Düsenlöchern dürften praktisch zu schnell Verstopfungen eintreten und zu niedrige Festigkeiten erhalten werden.

Tabelle 85. *Brechungsindizes von weißen Pigmenten.* (Nach GARDNER[6].)

Pigment	Brechungsindex
Titandioxyd	2,76
Bleiweiß	1,94···2,09
Zinkweiß	2,10···2,02
Lithopone	1,84
Zinksulfid	2,37
Antimonoxyd . . .	2,09···2,29
Bariumsulfat . . .	1,64
Kalziumsulfat . . .	1,59

Es soll nunmehr auf das *Mattieren mit Titandioxyd* selbst näher eingegangen werden. Titandioxyd bietet vor den anderen anorganischen Pigmenten große Vorteile: Es steht hinsichtlich seines Brechungsindex unter den weißen Pigmenten an erster Stelle, wie Tab. 85 zeigt. Das bedeutet, daß man schon mit verhältnismäßig kleinen Mengen Pigment einen äußerst kräftigen Matteffekt erhält. 2···3% Titandioxyd, berechnet auf den Zellulosegehalt der Viskose, lassen schon eine tiefmatte Faser entstehen. Der durch Titandioxyd erhaltene Matteffekt zeichnet sich vor dem mit ölartigen Körpern oder mit Kohlenwasserstoffen erhaltenen dadurch aus, daß die Faser nicht speckig erscheint, was bei den

[1] DREYFUS: Brit. Pat. 389518. — [2] BORZYKOWSKI: Österr. Pat. 132548.
[3] PINEL: Brit. Pat. 466550. — [4] Wolff u. Co.: DRP.-Anm. W 73077.
[5] Deutsche Bekleidungs-Ind., Österr. Pat. 146181.
[6] GARDNER: Physic. and chem. Examinations of Paints, p. 12. 1933.

anderen Körpern leicht eintritt, wenn man eine Faser ausreichend tief mattieren will. Um mit einem ölhaltigen Körper auf einen Matton zu kommen, wie man ihn mit Titandioxyd erhalten kann, sind Zusätze von 10% und mehr erforderlich. Diese große Menge wirkt sich aber ungünstig auf die Festigkeitswerte der Faser aus. In dieser Beziehung verhält sich Titandioxyd noch besonders günstig, da seine Teilchengröße äußerst fein ist, sie beträgt im Mittel 0,5···0,6 μ, bei Schwankungen zwischen 0,1···0,8 μ. Diese außerordentlich feine Korngröße hat ferner zur Folge, daß das Pigment die Poren der Viskosefilter gut passiert, so daß bei sachgemäßer Arbeitsweise Filtrationsschwierigkeiten kaum zu erwarten sind.

Um die vollkommen gleichmäßige Verteilung des Pigmentes in der Viskose zu erleichtern, ist von der *I. G. Farbenindustrie Aktiengesellschaft* vorgeschlagen worden, das Pigment schon in der Zellstoff-Fabrik dem Zellstoff einzuverleiben[1]. Die *American Enka Corporation* empfiehlt zu demselben Zweck, das Titandioxyd vor der Vorreife zuzugeben, also zweckmäßig während des Zerfaserns der Alkalizellulose[2]. Dieses letztere Verfahren wird in der Praxis vielfach angewandt. Wie aber weiter unten noch ausgeführt wird, ist auch eine durchaus genügend gleichmäßige Verteilung zu erreichen, wenn man das Pigment erst der fertigen Viskose zugibt.

Den Vorteilen des Titandioxyds stehen allerdings auch Nachteile gegenüber: Wie viele andere anorganische Stoffe, die eventuell zum Mattieren herangezogen werden können, ist Titandioxyd verhältnismäßig hart und mehr oder weniger scharfkantig. Diese Eigenschaft bringt sowohl in der Chemiefaserfabrik als auch bei der Verarbeitung gewisse Schwierigkeiten mit sich. Die Härte des Pigmentes bewirkt ein verhältnismäßig schnelles Undichtwerden der Hähne in den Rohrleitungen für die Viskose, da eine pigmentierte Viskose in den Hähnen wie eine Schleifpaste wirkt. Auch Fadenführer und Abzugsrollen an den Spinnmaschinen werden durch pigmentmattierte Fäden verhältnismäßig schnell eingeschnitten und müssen infolgedessen öfters durch neue ersetzt werden. Dieselbe Erscheinung zeigt sich bei der Verarbeitung von pigmentmattiertem Reyon und von Zellwolle in der Wirkerei. Platinen und Nadeln der Wirkmaschinen müssen häufiger ausgewechselt werden, als dies bei der Verarbeitung normaler Fäden erforderlich ist.

Man hat indessen versucht, das Pigment weniger scharfkantig herzustellen. Nach dem Franz. Pat. 807257 der *I. G. Farbenindustrie Aktiengesellschaft* soll ein solches Pigment erhalten werden, wenn man eine Titanverbindung hydrolysiert und bei Temperaturen von 80···125° C trocknet. Nach dem Österr. Pat. 150994 derselben Erfinderin sollen sich farblose Titanate von Zink, Aluminium, Magnesium, Beryllium oder Zinn hinsichtlich der Beschädigung der Fadenführer u. dgl. günstiger verhalten als Titandioxyd.

Ein spezieller Nachteil des Titandioxyds liegt in seiner Aktivität begründet. Man hat die Beobachtung gemacht, daß viele substantive Farbstoffe auf der Faser in feuchtem Zustand schon in verhältnismäßig kurzer Zeit bei Anwesenheit von Titandioxyd als Mattierungsmittel mehr oder weniger stark ausgebleicht werden. Für das Anfärben von titanmattierten Fasern dürfen daher nur Farbstoffe verwendet werden, die gegen Titandioxyd nicht besonders empfindlich sind. Eine Liste solcher Farbstoffe ist im folgenden wiedergegeben:

[1] DRP.-Anm. J 53344.
[2] U.S.A. Pat. 1940602.

Gegen Titandioxyd wenig empfindliche Farbstoffe:

Siriuslichtgelb 5G
Siriuslichtgelb R extra
Siriuslichtgelb FRR
Siriusgelb GG
,, G
,, RK
Benzoviskosegelb 5GL
,, GGL
Brillantreingelb 6G extra
Dianilgelb 3G
Chrysophenin G
Baumwollgelb R
Toluylengelb RL
Stilbengelb 3GX, GX
Chloramingelb M
Diaminechtgelb A
Direktgelb R extra

Siriuslichtorange 7G
,, 5G
,, GG
,, 3R
Siriusorange F3G
Benzoviskoseorange RL
Diaminorange G
Benzoechtorange F3R
Pyraminorange RF
Benzoechtorange S
,, WS
Chloraminorange G

Siriuslichtscharlach B
,, GG
Diaminechtscharlach GFF
Benzoechtscharlach 4BS
Diaminbrillantscharlach S
Benzoechtscharlach 8BS

Siriuslichtrot 5B
,, 4BL
Siriusrot BB
,, 4B
Siriusbordo 5B
Benzoviskoserot BL
Thiazinrot R
Benzolichteosin BL
Erika GN
Naphthaminechtbordo BR
Chloraminrot 8BS
Benzorhodulinrot B
Diaminrosa BD

Brillantgeranin B
Benzoechtrot 9BL

Siriuslichtrubin RB
Siriusrubin R

Siriuslichtrotviolett RL
Siriusrotviolett B
Siriuslichtviolett FFR
Siriuslichtviolett BL
,, F3B
Siriusviolett BB
,, 3B
Benzoviskoseviolett BL
Heliotrop BB
Brillantbenzoviolett B

Siriuslichtblau 3R
,, F3GL
,, BRR
,, BR
,, B
,, BL
,, G
,, 6G
,, FBG
,, FF2GL

Siriuslichttürkisblau G
Siriusblau F3R
,, FG
,, GR
,, GG
Benzoviskoseblau BB
,, RL
,, 3GFL
Brillantkongoblau 5R
Diaminbrillantblau G
Brillantazurin B
Dianilblau B
Benzochromschwarzblau B
Diaminschwarz BH
Diaminschwarzblau B
Dianilblau G
Diaminreinblau FF
Diaminstahlblau L
Siriuslichtgrün BB
,, BL
,, CL
,, GT
,, 6BL
,, GGL

Siriuslichtoliv GL
Siriusgrün B
Benzoviskosegrün BL
Benzodunkelgrün B
Diamingrün B
Siriuslichtbraun G, BR
,, R
,, 3R
,, GR
,, BRL
,, T
Diaminbronzebraun PE
Pegubraun G
Benzolichtbraun GL
Toluylenechtbraun 3G
Diaminechtbraun G
,, GB
Benzolichtbraun STR
Benzochrombraun R
Diaminbraun M
Benzobraun BA
Benzotiefbraun BR
Benzolichtbraun RL
Naphthaminbraun BTL
Naphthaminbraun 4G extra
Chloraminbraun G
Thiazinbraun R
Diaminkatechin B
Benzochrombraun B

Siriuslichtgrau GG
,, VGL
,, R
Siriusgrau BM

Direktschwarz VT
,, AT
Cotonerol VS
Plutoschwarz RB
Kunstseidenschwarz A
,, G
,, MG
Direkttiefschwarz E extra
Direkttiefschwarz EW extra
Direkttiefschwarz RW extra
Columbiaschwarz FF extra

Die Aktivität des Titandioxyds wirkt sich auch so aus, daß feuchte Chemiefasern am Licht nachbleichen. Da das Licht stets ungleichmäßig auf die Spulen, Stränge.

Spinnkuchen usw. auftrifft, so nehmen die Gespinste einen ungleichen Bleichton an. Bei der chemischen Nachbehandlung der frischen Gespinste aus titanhaltiger Viskose muß man daher Sorge tragen, daß sie in nassem und feuchtem Zustand keinem zu hellen Licht ausgesetzt sind.

Man kann die Aktivität des Titandioxyds durch besondere Maßnahmen bei seiner Herstellung verringern. Nach dem DRP. 643995 der *Imperial Chemical Industries Ltd.* soll die Aktivität beseitigt werden, wenn man das Titandioxyd 1 Stunde bei 85···95° C mit einer 1proz. Lösung von Kalium- oder Natriumbichromat oder -fluorid behandelt. Auch Zuschläge von fein verteiltem Chromhydroxyd oder Chromoxyd zum Titandioxyd sollen günstig sein. Dieselbe Wirkung sollen nach dem Brit. Pat. 455642 derselben Erfinderin lösliche oder unlösliche Verbindungen des Wolframs, Molybdäns oder Urans ausüben.

In Anbetracht der großen Bedeutung, die das Mattieren mit Titandioxyd erlangt hat, soll kurz etwas über die Herstellung des Pigmentes ausgesagt werden: Ausgangsmaterial ist das Mineral Ilmenit, das sich besonders in Norwegen in mächtigen Lagern findet und in der Hauptsache aus Titaneisenoxyd $FeTiO_3$ besteht. Das Erz enthält im Urzustand etwa 20 % Titandioxyd. Durch Aufbereitung an Ort und Stelle wird der Gehalt auf etwa 50% erhöht. Das so konzentrierte Erz gelangt in körnigem Zustand in die Titanfabrik. Hier wird der körnige Ilmenit fein gemahlen, getrocknet und durch Schwefelsäure aufgeschlossen. Das Eisen geht hierbei in Eisensulfat, das Titandioxyd in Titansulfat über. Beim Kochen der Sulfatlösung mit Wasser bildet sich durch Hydrolyse Titandioxyd, das als unlöslicher Körper ausfällt, während das Eisensulfat weiter in Lösung bleibt.

Das ausgefallene, weiße Titandioxyd wird abfiltriert, gewaschen, in einem Drehrohrofen geglüht, gemahlen und windgesichtet.

Für die Reyon- und Zellwollfabriken werden Spezialqualitäten hergestellt, die kalkfrei sein sollen und deren wässerige Aufschlämmungen einen bestimmten p_H-Wert haben. Geringe Spuren von Kalk können ein Zusammenballen der feinen Titanteilchen in der Viskose bewirken und so zu Filtrationsschwierigkeiten und ungleichmäßig mattierten Fasern führen. Der p_H-Wert soll bei 6,5 liegen. Auch dies ist für den Verteilungsgrad des Pigmentes in der Viskose wichtig.

In Deutschland sind zwei zum Mattieren geeignete Titanmarken im Handel, nämlich das Titandioxyd „S 1310“ der *Titangesellschaft m. b. H.*, Leverkusen, und das Luxanthol-Mattweiß CR der *Badischen Anilin- & Sodafabrik.* Letzteres enthält Dispergier- und Stabilisiermittel (sog. Stellmittel), die eine gleichmäßige Dispergierung in der Viskose begünstigen sollen. Bei den normalen Titanmarken hat es sich als zweckmäßig erwiesen, das Pigment mit Monopolbrillantöl oder mit Praestabitöl V anzuteigen.

Die *American Enka Corporation* hat beobachtet, daß das Titandioxyd in der Viskose weniger leicht zusammenballt, wenn man es mit geringen Mengen von fein verteiltem Bariumsulfat mischt[1]. Nach SEKLATWALLA-DUNN[2] neigt Titanphosphat weniger zum Zusammenballen als Titandioxyd. Phosphorsaure Titansalze werden auch von der *American Rayon Corporation*[3] empfohlen, und zwar besonders als metallorganische Verbindungen, z. B. als $(C_2H_5)_2 \cdot TiO \cdot PH_3O_4$. Auch Titanoxalat[4] und Titanphthalat[5] sind in Vorschlag gebracht worden.

[1] U.S.A. Pat. 2044432. — [2] U.S.A. Pat. 1953777. — [3] U.S.A. Pat. 1987095.
[4] American Rayon Corp.: U.S.A. Pat. 1969689. — [5] GARDNER: U.S.A. Pat. 2038837.

Abb. 234 zeigt einen Querschnitt durch einen mit Titandioxyd mattierten Reyonfaden. Die gleichmäßige Verteilung des Pigmentes ist deutlich zu erkennen. In Abb. 235 ist dieselbe Faser in der Längsansicht dargestellt.

In der Praxis wird Titandioxyd oft mit anderen Körpern gemeinsam angewandt.

Abb. 234. Querschnitt durch einen mit Titandioxyd mattierten Reyonfaden.

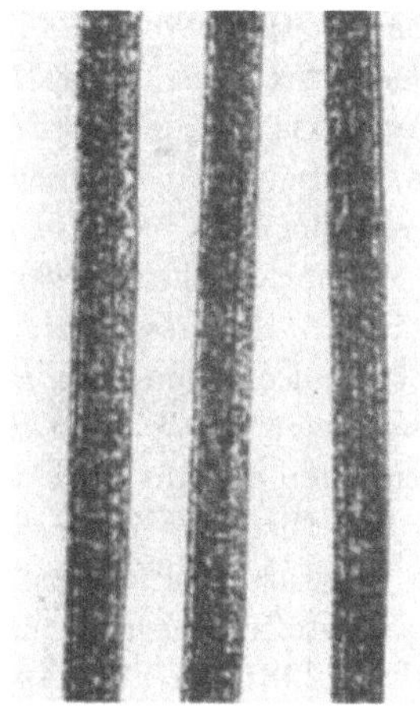

Abb. 235. Längsansicht eines mit Titandioxyd mattierten Reyonfadens.

Man arbeitet besonders gern auf diese Weise, wenn es sich darum handelt, keine ausgesprochen tief matte Faser zu erzeugen, sondern eine Faser, deren Glanz nur schwach gedrückt werden soll. Geringe Zusätze von Titandioxyd zu den anderen Mattierungskörpern verhindern dann das Speckigwerden des Glanzes, das bei ausschließlicher Anwendung flüssiger Mattierungsmittel leicht eintritt. Mischungen mit Titandioxyd sind in den folgenden Patenten beschrieben:

Im Brit. Pat. 341897 der *British Celanese Ltd.* wird empfohlen, Titandioxyd Türkischrotölen zuzusetzen. An Stelle von Türkischrotöl verwendet die Kunstseidenfabrik *Feldmühle*[1] Paraffin, Petroleum oder Pinen. Nach dem U.S.A. Pat. 2012232 der *Du Pont de Nemours* erhält man eine halbmatte Faser durch Mischung von Titandioxyd mit Weißöl. Durch Zusatz von Natriumpyrophosphat soll die Verteilung gleichmäßiger werden. Die *American Enka Corporation* empfiehlt im U.S.A. Pat. 1979268 Pine-Oil mit Titandioxyd. An Stelle von Titandioxyd ist in der Patentschrift auch Zinnoxyd oder Bariumsulfat angegeben. Im Brit. Pat. 409521 sind Mischungen von Diphenylchlorid mit Titandioxyd beschrieben, im DRP. 622764 der *Feldmühle* Lösungen von Faktis in Phenol und Terpenen mit Titandioxyd. Das U.S.A. Pat. 1938312 der *Tubize* beschreibt allgemein das Mattieren mit Mischungen von niedrig viskosen Körpern mit Titandioxyd. Noch allgemeiner ist das DRP. 542813 der *Glanzstoff-Courtaulds* gefaßt, das Mischungen aus unlöslichen Stoffen mit sulfonierten, fetten Ölen zum Gegenstand hat. An Stelle von Titandioxyd können auch andere Oxyde[2], insbesondere Zirkonoxyd[3] oder auch Zinnoxyd, Zinnphosphat oder Zinnoxychlorid[4] verwendet werden.

[1] Österr. Pat. 143303; vgl. hierzu auch das U.S.A. Pat. 2009110 der du Pont Rayon Corp., sowie das U.S.A. Pat. 1875894 von SINGMASTER. — [2] HEYMANN: Österr. Pat. 137206; DRP. 625902. — [3] SINGMASTER: U.S.A. Pat. 200671.

[4] British Celanese Ltd.: Brit. Pat. 389484.

Während bei den eben genannten Verfahren flüssige Körper mit Titandioxyd gemischt wurden, ist auch vorgeschlagen worden, feste Körper mit Titandioxyd zu mischen. So empfiehlt GARDNER im Brit. Pat. 391632 Mischungen von Polymerisationsprodukten von Aldehyden oder anderen Kunstharzen mit Titandioxyd.

Mattieren mit Gemischen und Körpern verschiedener Art. Hier ist noch eine Reihe von Patenten anzuführen, die das Mattieren durch Körper und Gemische verschiedener Art zum Gegenstand hat. Die *American Viskose Corp.* empfiehlt im U.S.A. Pat. 2111449 das Mattieren mit Mischungen aus Petroleum, Paraffin oder ähnlichen Körpern mit chlorierten Diphenylverbindungen. Durch das U.S.A. Pat. 2060210 sind der *Du Pont Rayon* Dispersionen organischer Stoffe, wie z. B. Äthylenglycol-di-3-naphthyläther in wässerigen Suspensionen von Monopolbrillantöl, azetylierter Stärke u. dgl. geschützt. Das U.S.A. Pat. 2014343 der *American Enka Corp.* beschreibt Gemische von Zinnoxyd mit Pine-Oil, Fenchylalkohol oder Terpenhydrat. Die *North American Rayon Corporation* empfiehlt aliphatische Thiocarbonsäureester oder deren Alkali- oder Erdalkalisalze[1], metallorganische Verbindungen wie Derivate des Disilans, ferner Triphenylstibin oder Triphenylbismutin[2] sowie Mischungen aus wasser- und alkaliunlöslichen Phenyl- oder Diphenylnaphthalinen mit Kohlenwasserstoffen, gegebenenfalls unter Mitverwendung von Pigmenten[3]. Nach dem RDP. 612487 der *Soc. An. de Soie Artificielle de Tomaszow* erhält man eine matte Faser durch Naphthen- und Terpenkohlenwasserstoffe mit Zusätzen von Borsäure oder Boraten.

Wie aus dem oben Gesagten hervorgeht, ist die Zahl der als Mattierungsmittel in Vorschlag gebrachten Stoffe äußerst groß. Für die Praxis wird die Auswahl jedoch dadurch erheblich eingeschränkt, daß sich gezeigt hat, daß nur solche Stoffe sich einwandfrei verspinnen lassen, deren spezifisches Gewicht annähernd gleich dem der Viskose ist. Körper mit niedrigerem spezifischen Gewicht steigen in der Viskose hoch, was zu ungleichmäßig mattierten Fasern führt.

f) Matte Viskosefasern als Fehlererscheinung.

In der Praxis kann es vorkommen, daß Viskosefasern unbeabsichtigt matt oder milchig werden, und zwar kann die Faser durchgehend matt sein, sie kann jedoch auch nur in mehr oder weniger langen Fadenstrecken milchig erscheinen.

Diese gefürchtete Erscheinung kann mehrere Ursachen haben, deren Aufklärung recht schwierig ist.

Nach dem oben Gesagten ist die Herabsetzung des Glanzes einer Chemiefaser stets ein Zeichen dafür, daß die Faser an der matten Stelle optisch unhomogen zusammengesetzt ist. Der Glanz der Faser kommt durch Rückspiegelung des auf sie treffenden Lichtes zustande, und zwar findet diese Rückspiegelung nicht nur an der Oberfläche, sondern auch im Innern statt, soweit das Licht in die Faser hineindringen konnte. Ist nun die Faser nicht gleichförmig, so findet die Rückspiegelung des Lichtes in diffuser Form statt, da der Lichtstrahl an der Grenzfläche der sich optisch verschieden verhaltenden Körper diffus abgebeugt wird.

Die in die Faser eingelagerten Stoffe können Gasbläschen, Flüssigkeiten oder feste Körper sein; in der Wirkung sind alle gleich. Sie unterscheiden sich jedoch

[1] U.S.A. Pat. 1981643. — [2] U.S.A. Pat. 2030736 und 2030740.
[3] U.S.A. Pat. 2060787.

durch den Grad der Glanzbeeinflussung, wobei allerdings nicht nur die Art der Einlagerung, sondern auch die Teilchengröße eine Rolle spielt.

Ähnlich wie Einlagerungen wirken auch Auflagerungen auf die Oberfläche der Fasern.

Nach KLING und SCHWERDTNER[1] sind zwei Arten von Mattstreifigkeit zu unterscheiden, nämlich eine solche, die durch Auflagerungen und solche Einlagerungen bedingt ist, die sich durch eine Nachbehandlung der Faser verringern oder entfernen lassen, und eine Mattstreifigkeit, die nicht mehr rückgängig zu machen ist. Diese letztere Art wird von KLING und SCHWERDTNER als „echte" Mattstreifigkeit bezeichnet.

Die erste Art der Mattstreifigkeit ist verhältnismäßig leicht durch eine Analyse aufzuklären. Es kann sich hierbei um Salze des Spinnbades handeln, die durch die Wäsche nicht restlos entfernt wurden. Meistens handelt es sich dann um Zinksalze. Es kann hier schon erwähnt werden, daß derartige Salze besonders dann hartnäckig von der Faser festgehalten werden, wenn mit kationaktiven Stoffen im Spinnbad gearbeitet wurde. Der Matteffekt kann dabei u. U. noch eine Verstärkung erfahren, wenn sich mit bestimmten Avivagemitteln Metallsalze bilden.

Zu der ersten Art von Matteffekten gehört auch eine Mattstreifigkeit, die durch unvollkommene Entschwefelung der Viskosefaser entsteht. In diesem Falle bleiben Reste von Schwefel in mehr oder weniger kolloider Form in der Faser zurück. Nach Untersuchungen von KLING und SCHWERDTNER läßt sich in diesem Falle eine Abschwächung des Effektes durch eine Behandlung mit Wasser-Äthanol herbeiführen, während eigenartigerweise eine Behandlung mit Schwefelkohlenstoff keine Verbesserung mit sich bringt. Daß durch Auswaschen des Schwefels der Matteffekt nicht vollkommen verschwindet, ist verständlich, da nach dem Herauslösen des Schwefels entsprechende Hohlräume in der Faser zurückbleiben. Demgegenüber hat die noch nicht getrocknet gewesene Faser bei der betrieblichen Entschwefelung noch die Möglichkeit, zusammenzufallen.

Untersucht man den Querschnitt einer echte Mattstreifigkeit aufweisenden Viskosefaser unter dem Mikroskop im Dunkelfeld, so findet man nach KLING und SCHWERDTNER eine ausgesprochen schwammartig gebaute Zone zwischen Faserkern und Fasermantel. In diesen Fällen liegt also eine tiefgehende Inhomogenität der Faser vor, und es ist daher verständlich, daß dieser Fehler nicht mehr durch eine Nachbehandlung abgeschwächt oder beseitigt werden kann.

Es ist nun zu untersuchen, worauf die Ausbildung der schwammartigen Struktur zurückzuführen ist[2].

Von mehreren Forschern ist festgestellt worden, daß die beim Sulfidieren angewandte Menge Schwefelkohlenstoff einen Einfluß auf den Glanz der fertigen Faser ausübt[3], und zwar neigt eine Viskose, die mit einem Überschuß an Schwefelkohlenstoff hergestellt wurde, in starkem Maße zu Milchigkeit. So hat SPITAL'NUII[4] nachweisen können, daß ein milchiger, mit einem Überschuß an Schwefelkohlenstoff hergestellter Faden nicht nur mikroskopisch kleine Hohlräume, sondern auch noch feine Schwefelkohlenstofftröpfchen enthielt. Nach Untersuchungen von SSOKOLOWA[5] beginnt die Milchigkeit, wenn 20% Schwefelkohlenstoff mehr angewandt

[1] KLING u. SCHWERDTNER: Melliand Textilber. **23**, 333 (1942).

[2] Vgl. hierzu SEIBERLICH: Rayon Textile Monthly **19**, 477 (1938).

[3] Zum Beispiel ATSUKI: Cell. Ind. Japan **2**, 218 (1926).

[4] SPITAL'NUII: Chem. Abstr. **1936**, 3838. — [5] SSOKOLOWA: Ind. Text. **52**, 255 (1935).

werden als zur Sulfidierung erforderlich sind. Wie die *Glanzfäden Aktiengesellschaft*[1] gefunden hat, ist dieser überschüssige Schwefelkohlenstoff besonders dann schwer aus dem Faden zu entfernen, wenn eine nur kurze Zeit vorgereifte Viskose versponnen wird. Zur restlosen Entfernung des Schwefelkohlenstoffes ist dann eine wesentlich höhere Menge an freiem Alkali im Entschwefelungsbade erforderlich, als sie normalerweise angewandt wird. Jedoch sind auch die Spinnbedingungen auf die Milchigkeit von Einfluß. Durch Anpassen des Spinnbades war es KITA[2] möglich, auch aus einer Viskose mit 50···150% zu viel Schwefelkohlenstoff eine normal glänzende Faser zu erhalten. Dieser Widerspruch dürfte darin seine Erklärung finden können, daß Schwefelkohlenstoff im Faden nur dann zurückbleibt, wenn durch die angewandten Spinnbedingungen die frische Faser eine besonders feste Außenhaut erhalten hat, durch die der normalerweise beim Trocknen der Faser verdampfende Schwefelkohlenstoff zurückgehalten wird.

Der Einfluß der Zusammensetzung des Spinnbades auf den Glanz der Viskosefaser wurde von TANEMURA[3] untersucht. Dieser Forscher fand, daß ein zu schnelles Koagulieren und Zersetzen der Viskose durch zu hohe Säure- und Salzgehalte der Spinnbäder die Milchigkeit fördern.

In diesem Falle bildet sich zu schnell eine äußere, undurchlässige Haut. Durch die sich in der durch diese Haut eingeschlossenen noch flüssigen Viskose bei der Zersetzung bildenden Gase wird die Haut zerrissen und narbig, wodurch der fertige Faden ein milchig-mattes Aussehen annimmt.

Infolge dieser Zusammenhänge spielt auch die Reife der Viskose eine Rolle. Durch die Reife kann zufällig ein Zustand in der Viskose entstehen, der im Zusammenspiel mit den übrigen Spinnbedingungen ein Mattwerden des Fadens begünstigt. Liegt man so in bezug auf das Entstehen matter Fäden in einem kritischen Gebiet, so ist ein Zusatz von Praestabitöl V zur Viskose sehr zu empfehlen. Die Erfahrung hat gelehrt, daß hierdurch das Mattwerden weitgehend verhütet werden kann.

Das Vorliegen von kolloidal in der Viskosefaser verteilter Zellulose in einem milchigen Faden wurde von NUMA[4] nachgewiesen. Die Entstehung dieser anders brechenden Zellulose wird von NUMA darauf zurückgeführt daß bei der Sulfidierung die der Alkalizellulose zugefügte Schwefelkohlenstoffmenge zu gering war, um sie ausreichend weit genug in Xanthogenat umzuwandeln. Es ergibt sich demnach also, daß ein Zuviel und ein Zuwenig an Schwefelkohlenstoff die Entstehung eines milchigen Fadens fördern können.

g) Spinnfärben.

Wenn man der Viskose gefärbte Körper zusetzt, erhält man gefärbte Chemiefasern. Von dieser Möglichkeit wird in zunehmendem Maße Gebrauch gemacht. So sind heute recht beachtliche Mengen von spinngefärbtem Reyon und von spinngefärbter Zellwolle auf dem Markt.

Abgesehen von der hohen Echtheit der Spinnfarben hat die Verarbeitung spinngefärbter Reyonstränge den Vorzug einer sehr glatten Verarbeitung, da der Strang keine Behandlung in der Färberei durchzumachen braucht, durch die immer die Windbarkeit mehr oder weniger stark beeinträchtigt wird. Es ist aber auch spinngefärbtes Reyon auf Kreuzspulen im Handel, das insbesondere von den Fabrikanten

[1] Brit. Pat. 187982. — [2] KITA: Cell. Ind. Japan **6**, 8 (1930).
[3] TANEMURA: Cell. Ind. Japan **11** (1935). — [4] NUMA: Kunstseide **9**, 597 (1927).

gewebter und gewirkter Wäschestoffe gern verarbeitet wird. Auch spinngefärbte Zellwolle erfreut sich steigender Beliebtheit; sie ist besonders begehrt für Wolle-Melangen.

Es ist verständlich, daß die Herstellung von spinngefärbtem Reyon und von spinngefärbter Zellwolle für den Reyon- und Zellwollbetrieb nur dann lohnend ist, wenn große Mengen in wenigen Standardfarben abgenommen werden können. Aus diesem Grunde werden beim Reyon in erster Linie die für Wäscheartikel in Frage kommenden rötlichen, hellblauen und hellgrünen Pastelltöne hergestellt. Bei der Zellwolle ist die Herstellung brauner und grauer Farbtöne sowie schwarz wirtschaftlich, die in großer Menge in der Tuchindustrie benötigt werden.

Mit Versuchen, gefärbte Viskosefasern herzustellen, ist schon verhältnismäßig früh begonnen worden. Entsprechend der Entwicklung der Farbstoffindustrie zog man zuerst Farbstoffe heran, die in der Viskose löslich waren. Die Auswahl derartiger Farbstoffe ist verständlicherweise aber sehr beschränkt, da nur solche Farbstoffe in Frage kommen, die nicht nur gegenüber dem hohen Alkaligehalt der Viskose und der Säurekonzentration des Spinnbades genügend beständig sind, sondern auch durch die Nachbehandlungsprozesse nicht in starkem Maße ausgewaschen werden. Diese Bedingungen werden nur von wenigen substantiven Farbstoffen[1] sowie einigen Schwefelfarbstoffen[2] erfüllt.

Einen großen Schritt vorwärts kam man, als Küpenfarbstoffe zur Verfügung standen. Zunächst verwendete man die löslichen Leukoverbindungen dieser Farbstoffe, die auf übliche Weise mit Lauge und Hydrosulfit hergestellt wurden[3]. Später zog man die Indigosole heran, worunter lösliche Estersalze von Küpenfarbstoffen zu verstehen sind. Von DOSNE wurden in der *Soierie de Strasbourg* unter dem Namen „Strascolor" beachtliche Mengen von auf diese Weise hergestelltem Reyon fabriziert[4]. Zur vollkommenen Entwicklung der Färbung mußten die fertigen Gespinste allerdings einer sauren Oxydation unterworfen werden; einige Farbstoffe entwickelten sich jedoch bereits durch Luftoxydation im sauren Spinnbad[5]. Zur Vermeidung hin und wieder auftretender kristalliner Abscheidungen wurden nach DRP. 622809 der *I. G. Farbenindustrie Aktiengesellschaft* besondere Indigosole hergestellt, indem die Farbpigmente mit Aminen, Ammonium- und Phosphoniumbasen gefällt wurden.

Die *Gesellschaft für chemische Industrie*, Basel, empfahl neben den Küpenfarbstoffen dann auch die Verwendung von Naphtholfarbstoffen und stellte lösliche Körper durch Veresterungsmittel her[6].

Das Färben mit löslichen Körpern ist inzwischen aufgegeben worden; man arbeitet heute ausschließlich mit Pigmentfarbstoffen.

Die zum Zwecke des Spinnfärbens brauchbaren Pigmente können anorganischer sowie organischer Natur sein. Von geeigneten anorganischen Pigmenten sind zunächst Verbindungen zu nennen, die durch Glühen von Titandioxyd mit Nickel-, Kobalt-, Eisen- oder Kupfersalzen entstehen. Derartige Körper sind im Franz. Pat. 807230 der *I. G. Farbenindustrie Aktiengesellschaft* genannt. SINGMASTER beschreibt im U.S.A. Pat. 1725742 das Spinnfärben mit Eisenoxyd. Der *Allgemeene Kunstzijde Unie N. V.* ist durch das Brit. Pat. 403349 ein blaues Pigment für das Spinnfärben geschützt, das durch Niederschlagen von Kobaltblau auf Bariumsulfat erhalten wird.

---

[1] Franz. Pat. 817623. — [2] Franz. Pat. 782232. — [3] Franz. Pat. 818328.
[4] DRP. 623118 u. 624710; vgl. hierzu auch LEPAGE: Melliand Textilber. **18**, 647 (1937).
[5] Franz. Pat. 760350. — [6] Brit. Pat. 487275.

Organische, gefärbte Pigmente als Zusatzmittel zur Viskose wurden zuerst allgemein im Österr. Pat. 143626 der *Ersten Österreichischen Glanzstoff-Fabrik*, St. Pölten, genannt. Am einfachsten ist die Schwarzfärbung, die mit Ruß herbeigeführt werden kann. Es kommt jedoch nur einigen Sorten der blaustichige Ton zu, der bei Schwarzfärbungen erwünscht ist. Praktische Bedeutung haben in der letzten Zeit Küpenfarbstoffe erlangt, nachdem es gelungen war, sie in äußerst fein verteilte Form zu bringen, wie sie beispielsweise in den sog. Pulverfein-Marken vorliegen. Die Verwendung feiner Küpenfarbstoffe wurde zuerst von LOCKHART im U.S.A. Pat. 1865701 beschrieben. Die gleiche Arbeitsweise ist ferner im DRP. 782232 der *I. G. Farbenindustrie Aktiengesellschaft* niedergelegt. In der Viskose tritt eine teilweise Reduktion des Küpenfarbstoffes zur Leukoverbindung ein. Bei der Nachbehandlung der Gespinste erscheint jedoch der ursprüngliche Farbton durch Oxydation. Es genügt für die Oxydation in den weitaus meisten Fällen der Luftsauerstoff, so daß sich eine zusätzliche Behandlung mit Oxydationsmitteln erübrigt.

Von einigen Farbenfabriken werden heute verhältnismäßig vielfarbige Sortimente von geeigneten Farbstoffen für die Spinnfärbung auf den Markt gebracht. Sie werden teils in Pulverform, teils in Teigform hergestellt. Die feinst dispersen Farbstoffe sind im allgemeinen unlösliche Azofarbstoffe auf der Grundlage von β-Naphthol oder Naphtholen der AS-Reihe, Küpenfarbstoffe oder Farbstoffe mineralischer Natur[1]. Die durchschnittliche Teilchengröße liegt bei etwa 1 μ.

Das Sortiment der *Badischen Anilin- und Sodafabrik* umfaßt zur Zeit folgende Farbstoffe:

Luxantholgelb FG	Luxantholkamelbraun G	Luxantholmarineblau T
Luxantholgelb RR	Luxantholrot R	Luxantholgrün FGN
Luxantholorange 4 R	Luxantholrot 4 B	Luxantholgrün GT
Luxantholbraun G	Luxantholbordo R	Luxantholgrün 3 G
Luxantholbraun BT	Luxantholblau B	Luxanthololiv B
Luxantholrotbraun B	Luxantholblau 3 B	Luxantholgrau B
Luxantholrotbrann 3 G	Luxantholblau FG	Luxantholschwarz G

Wie das Seite 376 erwähnte Luxantholmattweiß CR enthalten auch diese Luxantholfarbstoffe, die je nach der Nuance und je nach der gewünschten Tiefe des Farbtones in einer Menge von 1⋯10% (berechnet auf den Zellulosegehalt) der Viskose zugegeben werden, Dispergier- und Stabilisiermittel.

Die Firma *J. R. Geigy A.G.*, Basel, stellt folgende Spinnfarbstoffe her, die in Teigform mit einem Farbstoffgehalt von 16⋯20% vorliegen:

Tinofilgelb G Teig 20%	Tinofilbrillantblau BL Teig 20%
Tinofilbrillantgelb 10 G Teig 20%	Tinofilmarineblau BB Teig 17%
Tinofilorange G Teig 20%	Tinofilbrillantgrün GL Teig 20%
Tinofilrot G Teig 16%	Tinofilschwarz BD Teig 20%

Die anzuwendende Menge beträgt 0,5⋯17% auf Zellulose berechnet.

In Teigform liegen auch Farbstoffe der Firma *Ciba A.G.*, Basel, vor; es ist jedoch beabsichtigt, diese Farbstoffe demnächst auch als Pulvermarken herauszubringen. Das Sortiment der *Ciba* umfaßt zur Zeit die folgenden Farbstoffe:

Mikrosolgelb G Teig	Mikrosolbraun R Teig	Mikrosolblau BG Teig
Mikrosolorange GR Teig	Mikrosolrot B Teig	Mikrosolmarineblau BR Teig
Mikrosolorange R Teig	Mikrosolbrillantblau G Teig	Mikrosolschwarz B Teig

[1]) Kunstseide u. Zellwolle **28**, 405 (1950).

h) Hydrophobieren.

Es war schon mehrmals Gelegenheit, darauf hinzuweisen, daß eine künstliche, aus Hydratzellulose bestehende Faser in stärkerem Maße hydrophil ist als eine native Zellulosefaser, sie zieht infolgedessen mehr Feuchtigkeit aus der Luft an, nimmt beim Eintauchen in Wasser eine größere Menge Quellungswasser auf und zeigt somit ein erhöhtes Quellungsvermögen. Die hiermit zusammenhängenden Nachteile waren S. 221 schon erwähnt worden. Hier soll noch nachgetragen werden, daß die verstärkte Hydrophilie sich auch in einer geringeren Gebrauchstüchtigkeit ausdrückt. Insbesondere zeigt eine Viskosefaser nach Waschprozessen eher eine etwas aufgerauhte Oberfläche als eine native Zellulosefaser. Der Wunsch, die Viskosefaser in ihrer Hydrophilie der natürlichen Faser anzugleichen, ist daher verständlich.

Bevor auf die Methoden, die die Erreichung dieses Zieles zum Gegenstand haben, eingegangen wird, ist es erforderlich, auf den Begriff der Hydrophobierung selbst näher einzugehen, da hierüber noch Unklarheiten herrschen. Vielfach wird unter Hydrophobierung das Wasserabweisendmachen verstanden[1], womit gemeint ist, daß die behandelte Faser keine oder nur noch eine sehr beschränkte Netzfähigkeit gegenüber Wasser aufweist, mit anderen Worten, daß auf die Faser aufgebrachtes Wasser abperlt, ohne die Faser zu netzen. Diese Auffassung ist jedoch nicht richtig und kann höchstens mit „Pseudohydrophobierung" bezeichnet werden. Bringt man eine so behandelte Faser in eine Wasserdampfatmosphäre, so stellt man fest, daß sie trotz der Behandlung Wasserdampf aufnimmt, wenn auch unter Umständen die Dampfabsorption etwas langsamer erfolgt. Zwingt man eine „pseudohydrophobierte" Faser aber durch Untertauchen zur Wasseraufnahme, so nimmt die behandelte Faser gleichfalls Wasser auf und zeigt somit auch alle charakteristischen Quellungserscheinungen. Der Sinn der wahren Hydrophobierung ist demgegenüber der, nicht die Benetzung der Faser zu verhindern, sondern die Wasseraufnahmefähigkeit lediglich mengenmäßig zu verringern, und zwar nach Möglichkeit so weit, daß die Wasseraufnahme nur den Wert annimmt, der den nativen Zellulosefasern entspricht.

Berücksichtigt man den Umstand, daß die Hydrophilie der Zellulosefasern auf die Anwesenheit freier Hydroxylgruppen in den ungeordneten Bereichen der Faser zurückzuführen ist, so ergibt sich, daß die Hydrophobierungsverfahren darauf hinauslaufen müssen, diese Hydroxylgruppen zu inaktivieren. Dies ist theoretisch auf drei Wegen möglich:

Leitet man den Spinnprozeß so, daß sich im Augenblick des Entstehens der Faser ein größerer Betrag an Zellulosekettenmolekülen durch nebenvalenzmäßige Absättigung zu größeren und dichteren geordneten Gitterbereichen verbindet, so bleibt der Anteil an ungeordneten Bereichen in der Faser und somit an freien Hydroxylgruppen entsprechend geringer, die Faser wird dadurch weniger hydrophil. Soweit Erfahrungen vorliegen, kann die Ausbildung größerer geordneter Gitterbereiche durch eine höhere Zellulosekonzentration in der Viskose, durch Streckspinnen sowie durch hohe Schwefelsäurekonzentration im Spinnbad (LILIENFELD, vgl. 15. Kapitel) herbeigeführt werden. Das Streckspinnen bewirkt eine Gleichrichtung der Zellulosehauptvalenzketten, wodurch mehr Moleküle in den Wirkungsbereich der von benachbarten Ketten ausgehenden Nebenvalenzkräfte gelangen, was zu dickeren Bündeln führt. Das Spinnen in ein konzentriertes Säurebad wird beim Spinnen einen Wettstreit

[1] Vgl. hierzu auch CHWALA: Melliand Textilber. **19**, 905 (1938).

zwischen den Zelluloseketten und der Schwefelsäure um das Hydratwasser bewirken. Ihrer Solvathülle beraubte Hydroxylgruppen der Zellulose werden sich nebenvalenzmäßig mit benachbarten Ketten abzusättigen versuchen, was gleichfalls zur Ausbildung dickerer Kettenbündel führen wird. Schließlich scheint das Verspinnen einer sehr weitgehend gereiften Viskose in der gleichen Weise günstig zu wirken. Es ist möglich, daß die bei der Lanusafaser beobachtete geringere Quellbarkeit hiermit in Zusammenhang steht. Die Verwendung einer Zellulose von großer Kettenlänge dürfte den Effekt dagegen nicht verbessern. Man kann sich vorstellen, daß großen Molekülen die Parallelrichtung wegen des größeren Trägheitsmomentes schwerer wird.

Daß diese Überlegungen nicht abwegig sein können, geht aus der Beobachtung hervor, daß Streckspinnseiden sowie in konzentrierter Schwefelsäure gesponnene Viskosefasern in der Standardatmosphäre von 65% relativer Luftfeuchtigkeit 1···2% Wasserdampf weniger aufnehmen als normale Viskosefasern.

Diese Überlegungen führen zwangsläufig zu dem Gedanken, daß die Herstellung einer Viskosefaser mit nicht so ausgeprägt hydrophilen Eigenschaften auch dadurch möglich sein muß, daß man Viskose in ein wasserfreies Fällbad spinnt (vgl. 15. Kapitel).

Der zweite theoretisch mögliche Weg der Hydrophobierung ist gleichfalls ein physikalischer: Man kann in die Faser Substanzen einlagern, die die feinen Poren des Fasergefüges verstopfen und so dem Quellungswasser mechanisch den Zutritt zu den hydrophilen Hydroxylgruppen verwehren. Eine entsprechende Beobachtung scheint die *Glanzstoff-Courtaulds G.m.b.H.* gemacht zu haben, da im Brit. Pat. 435948, das den Zusatz von Polystyrol zur Viskose zum Gegenstand hat, die verminderte Wasseraufnahme ausdrücklich erwähnt wird. Da die einzulagernden Stoffe bis in die unmittelbar die Hydroxylgruppen umgebenden Räume vordringen müssen, wenn ihnen eine Wirkung zukommen soll, so kommen nur Stoffe von einem kleinen Molekulargewicht in Frage. Diese müssen aber unlöslich in der Faser fixiert werden. Es leuchtet daher ein, daß ein Erfolg nur solchen Körpern beschieden sein kann, die auf irgendeine Weise in der Faser zu unlöslichen hochmolekularen Stoffen umgewandelt werden können. Diese Eigenschaft kommt den löslichen Vorkondensaten von Kunstharzen zu. So soll die Einlagerung eines Harnstoff- oder Phenol-Formaldehydvorkondensates gemäß dem Österr. Pat. 145179 (*Artilana*) die Faser weniger quellbar machen.

Daß den in der Faser fertig kondensierten Kunstharzen die Eigenschaft einer Verringerung der Quellung zukommt, wurde von ELÖD und ETZKORN[1] bewiesen. Wie Tab. 86 und 87 zeigen, nehmen mit Kunstharz imprägnierte Fasern mit steigender Menge Kunstharz fallende Mengen Wasserdampf auf.

Tabelle 86. *Kunstharz aus Harnstoff und Formaldehyd.* (Nach ELÖD und ETZKORN[1].)

% Kunstharz in der Faser	Bei 75 % relativer Luftfeuchtigkeit aufgenommene Wasserdampfmenge in % ($t = 25°$ C)
40,0	9,0
28,1	10,1
22,0	10,7
14,2	12,2
9,8	12,4

Tabelle 87. *Kunstharz aus Thioharnstoff und Formaldehyd.* (Nach ELÖD und ETZKORN.)

% Kunstharz in der Faser	Bei 75 % relativer Luftfeuchtigkeit aufgenommene Wasserdampfmenge in % ($t = 25°$ C)
42,8	6,0
30,0	7,3
23,8	8,8
15,8	10,6
10,4	11,8

[1] ELÖD u. ETZKORN: Angew. Chem. **51**, 45 (1938).

Die mitgeteilten Ergebnisse wurden allerdings an Fasern erhalten, die nachträglich mit den Vorkondensaten imprägniert wurden, es ist aber anzunehmen, daß eine entsprechende Wirkung auch eintritt, wenn die Vorkondensate der Viskose einverleibt werden.

Die Wirkung der Kunstharze sehen ELÖD und ETZKORN allerdings nicht nur darin, daß lediglich die Poren im Gefüge der Faser verstopft werden, sondern daß die Kunstharze offenbar auch nebenvalenzmäßig mit der Zellulose selbst in Wechselwirkung treten.

Ein Patent von LILIENFELD[1] beschreibt den Zusatz von Halogenderivaten organischer Körper, die mit der Zellulose ragieren können, wie z. B. Halogenolefine und Halogenalkylamine.

Der dritte Weg kann in einer Veresterung der freien Hydroxylgruppen bestehen. Daß hierdurch eine Verringerung der Quellbarkeit hervorgerufen wird, geht gleichfalls aus den Versuchen von ELÖD und ETZKORN hervor. Tab. 88 zeigt den Vergleich in der Feuchtigkeitsaufnahme zwischen Viskose-, Kupfer- und Azetatreyon.

Tabelle 88. *Feuchtigkeitsaufnahme von Viskose-, Kupfer- und Azetatreyon bei 75% relativer Luftfeuchtigkeit und 25° C.* (Nach ELÖD und ETZKORN.)

	Aufgenommene Menge Wasserdampf		
	Viskose %	Kupfer %	Azetat %
Nach 10 Minuten .	12,4	11,4.	5,6
Nach 20 Minuten .	14,4	13,7	6,9
Nach 30 Minuten .	15,2	14,4	7,4
Nach 60 Minuten .	15,8	14,7	7,9
Nach 90 Minuten .	16,0	14,7	7,9

Zusammenfassend muß zu diesem Gegenstand gesagt werden, daß keine der angegebenen Möglichkeiten bisher Eingang in die Praxis gefunden hat. Wohl sind jedoch Fasern mit verringertem Quellvermögen hergestellt worden, die durch Nachbehandlung erhalten wurden. Wir kommen hierauf im 23. Kapitel zurück.

II. Änderung der chemischen Eigenschaften.

a) Animalisieren.

Der Wunsch, den Hydratzellulosefasern in färberischer Beziehung das Verhalten der Wollfasern zu erteilen, wurde durch die Notwendigkeit wach, Mischgespinste aus Wolle und Zellwolle farbtongleich färben zu müssen. Das zweibadige Färben sowie das Färben mit Halbwollfarbstoffen bringt eine Verteuerung des Färbeprozesses mit sich. Hydratzellulosefasern können durch Nachbehandlung, durch Behandlung des unzersetzten, aber schon koagulierten Xanthogenates, sowie durch Zusätze zur Viskose animalisiert werden. Zu dem letzteren Punkt sind folgende Verfahren zu nennen:

Nach *Thomson Houston Co.*[2] werden Wollabfälle, Haare oder Hornspäne mit wässeriger oder alkoholischer Natronlauge imprägniert, nach dem Trocknen zu Pulver zerrieben und der Viskose zugesetzt. Auch Hautabfälle sind empfohlen worden[3]. Derselbe Effekt wird durch Casein erreicht[4]. Umwandlungsprodukte von Casein mit Ammoniak oder Aminen beschreibt das Brit. Pat. 166098 der *I. G. Farbenindu-*

[1] Österr. Pat. 137300. — [2] Brit. Pat. 444626. — [3] GUINET: Franz. Pat. 758336.
[4] Soc. d. Soie Art. Valenciennes: Franz. Pat. 762096.

strie Aktiengesellschaft. An Stelle von Casein kann auch Leim oder Gelatine verwendet werden. Nach der Japan. Pat.-Anm. 13363/36 von FUKAICHI soll das Casein mit sulfitierten, fetten Ölen emulgiert zur Anwendung gelangen. Im Franz. Pat. 786659 der *I. G. Farbenindustrie Aktiengesellschaft* werden Kondensationsprodukte aus Casein oder Albumin mit Formamid oder Acetamid empfohlen. Nach DONAGEMMA[1] sollen Casein, Leim, Gelatine oder andere Eiweißkörper tierischen oder pflanzlichen Ursprungs mit Lösungen von Sulfiden oder Schwefelkohlenstoff bei Gegenwart von Alkalien behandelt werden. Die so erhaltenen Reaktionsprodukte werden dann der Viskose zugesetzt.

Der Zusatz von Proteinen und von Gerüsteiweiß ist in mehreren Patenten beschrieben worden[2]. MECHEELS[3] hat gefunden, daß als animalisierendes Zusatzmittel ein Eiweißkörper besonders geeignet ist, der den Fischen entstammt („Wiking-Eiweiß"). Der hohe Polymerisationsgrad dieses Eiweißes kommt der Faserfestigkeit zugute. Wie in dem Brit. Pat. 438199 der *I. G. Farbenindustrie Aktiengesellschaft* ausgeführt wird, können die Proteine in der Faser durch Behandeln mit Formaldehyd nachgehärtet werden.

Auch Zusätze von Kunstharzen von der Art der Aminoplaste führen zu der Anfärbbarkeit der Chemiefaser mit Wollfarbstoffen (Artilana). Hierzu gehört auch ein Kunstharz aus Polyvinylalkohol und Bromäthylamin[4].

Im folgenden sollen noch einige Produkte komplizierterer Zusammensetzung genannt werden:

Die *I. G. Farbenindustrie Aktiengesellschaft* beschreibt im DRP. 665359 Umsetzungsprodukte von Äthylenoxyd mit Oxyalkylamiden höhermolekularer aliphatischer, hydroaromatischer oder aromatisch-aliphatischer Säuren. Körper der Äthylenoxydreihe sind auch im Brit. Pat. 465105 der *Aceta G.m.b.H.* genannt. Die Körper sollen durch organische Basen substituiert sein. Im Franz. Pat. 789331 der *I. G. Farbenindustrie Aktiengesellschaft* werden Amine oder Ammoniumbasen, die mindestens einen aliphatischen Rest haben, empfohlen. Als Beispiel sind Stearylamin sowie Stearylpyridiumverbindungen angeführt. *Du Pont de Nemours* sind Körper geschützt, die die CN-Gruppe im Anion enthalten.

Der Vollständigkeit halber soll hier erwähnt werden, daß die Animalisierung in der Zellwollfabrik auch durch Nachbehandlung der Xanthogenatfaser vorgenommen werden kann. So sollen z. B. nach DRP. 644925 und 657742 der *I. G. Farbenindustrie Aktiengesellschaft* Xanthogenatfasern, die durch Einspinnen in koagulierend wirkende Spinnbäder gewonnen sind, mit ringförmigen Iminen zu Thiazolidinabkömmlingen der Zellulose umgesetzt werden können. Als Beispiel ist in der Patentschrift Äthylenimin angegeben, das in Lösung oder gasförmig zur Einwirkung kommen kann. Es brauchen nicht alle Xanthogenatgruppen der Faser noch vorhanden sein, vielmehr genügt auch ein Teil von ihnen. Dies besagt, daß man auch mit sauren Spinnbädern arbeiten kann, sofern man durch geeignete Maßnahmen, wie beispielsweise kurze Bad- und Luftstrecken oder Anwendung eines Waschbades hinter dem Spinnbad, dafür sorgt, daß eine ausreichende Anzahl umsetzungsfähiger Xanthogenatgruppen erhalten bleibt.

---

[1] DONAGEMMA: Ital. Pat. 345931. — [2] BORZYKOWSKI: U.S.A. Pat. 2057323; I. G. Farbenindustrie A.G.: Österr. Pat. 144017; Allg. Elektrizitäts-Ges.: DRP.-Anm. A 71186.

[3] MECHEELS: Melliand Textilber. **21**, 1 (1938).

[4] I. G. Farbenindustrie A.G.: Franz. Pat. 792453.

Zu dem Gebiet der Animalisierung künstlicher Zellulosefasern muß gesagt werden, daß die Entwicklung noch im Fluß ist, wenn auch in den letzten Jahren sich keine bemerkenswerten neuen Gesichtspunkte ergeben haben.

b) Verschiedenes.

Die Möglichkeit, Stoffe der verschiedensten Art der Viskose zusetzen zu können, hat man sich auch für einige etwas abseits liegende Spezialzwecke zunutze gemacht. So soll z. B. Titanphthalat in der Faser eine fungizide Wirkung haben[1], und kolloide Metalle in Form von Organosolen sollen bakterizid sein[2].

Ein interessanter Vorschlag ist von FATTINGOR-HAAS[3] gemacht worden. Hiernach werden der Viskose radioaktive Substanzen, z. B. 0,001% Radiumsulfat, zugesetzt. Aus dieser Chemiefaser hergestellte Gewebe sollen zu Heilzwecken Verwendung finden.

III. Die praktische Herstellung von mit Zusätzen versehenen Viskosen.

Das Zusetzen der verschiedenen, im vorstehenden aufgeführten Stoffe zur Viskose muß unter dem Gesichtspunkte erfolgen, daß in der Viskose eine vollkommen gleichmäßige Verteilung der zugesetzten Stoffe erfolgt. Hieraus geht hervor, daß es das Zweckmäßigste ist, die Stoffe der Viskose im Löser zuzusetzen. Der dispergierte Stoff muß dann die Mischungsoperation mitmachen, wodurch eine gleichmäßige Verteilung auch der Zusatzstoffe erwartet werden kann. Sofern die zuzusetzenden Körper Flüssigkeiten darstellen, können sie ohne weiteres in den Mischer gegeben werden. Bei Pigmenten muß man jedoch anders vorgehen, um eine ausreichend gleichmäßige Verteilung zu erhalten. Pigmente werden vor dem Zusatz zur Viskose in einem geeigneten Dispersionsmittel verteilt und in dieser Form der Viskose einverleibt. Man verwendet als Dispersionsmittel am besten Natronlauge, und zwar hat es sich als günstig erwiesen, Preßlauge zu verwenden. Die in der Preßlauge enthaltene Hemizellulose ist ein ausgezeichnetes Dispergierungsmittel für das Pigment. Es wird auf diese Weise ein Zusammenballen des Pigmentes zu größeren Agglomeraten und ein zu schnelles Absitzen verhindert. Hierdurch gelangt zwar Hemizellulose in die Viskose; die zum Dispergieren erforderliche Menge Lauge ist aber so gering, daß das Hineingelangen der Hemizellulose in die Viskose praktisch das erlaubte Maß nicht überschreitet. Die Möglichkeit, das Pigment auf diese Weise zu dispergieren, macht das Zusetzen auch betrieblich einfacher. Man kann so aus einer genau abgewogenen Menge Pigment und einem genau abgemessenen Volumen Lauge eine Stammlösung herstellen, von der man gleiche Volumina für mehrere Chargen entnehmen kann. Als günstig hat es sich erwiesen, Farbstoffe zunächst mit einem oberflächenaktiven Mittel, wie z. B. Monopolbrillantöl oder Praestabitöl V, in wenig Natronlauge gelöst, anzuteigen. Bei Luxantholmattweiß CR und den Luxantholfarbstoffen ist dies allerdings nicht nötig, da diese Körper bereits Dispergiermittel enthalten.

Die Verteilung des Pigmentes in der Lauge erfolgt zweckmäßig auf mechanischem Wege. Man kann für die Herstellung der Dispersion einen kleinen Zerfaserer ver-

---

[1] GARDNER: U.S.A. Pat. 2038836.
[2] North American Rayon Corp.: U.S.A. Pat. 2072808. — [3] U.S.A. Pat. 1956948.

wenden, in dem man die Aufschlämmung einige Zeit durcharbeitet. Zweckmäßig ist die Anwendung von Spezialapparaten, von denen sich unter anderem der Petzholdt-Kreiselmischer (Abb. 236) gut bewährt hat. Die wirksamen Elemente dieses Mischers sind ein schnellaufender Kreisel mit Einzug- und Auswurfschaufeln sowie ein System von langsam in ihm rotierenden Armen und Abstreichern. Durch diese sinnreiche Konstruktion wird eine äußerst gleichmäßige Dispersion schon in kurzer Zeit herbeigeführt. Zu grobe Pigmentteilchen werden durch die Filtration der Viskose zurückgehalten. S. 374 war schon ein Patent erwähnt worden, wonach man das Pigment vor dem Zerfasern zusetzt. Es kann hier noch nachgetragen werden, daß sich diese Arbeitsweise praktisch recht gut bewährt hat.

Abb. 236. Kreiselmischer der Fa. I. S. Petzholdt, Freital bei Dresden.

Farbstoffe oder gefärbte Pigmente gibt man der Viskose nicht gern schon im Löser zu, da man auf diese Weise die Rohrleitungen, Kessel und Filter mit Farbstoff verschmutzt. In diesem Falle geht man am besten so vor, daß man die Körper in Viskose in möglichst hoher Konzentration dispergiert und die Dispersion unmittelbar an den Spinnmaschinen in gleichmäßigem Strahl in die Viskoseleitung hineindrückt, wozu man zweckmäßig eine Zahnradpumpe, die mit der Pumpenwelle der Spinnmaschine gekoppelt ist, verwendet. Eine Gewähr für gleichmäßige Verteilung der gefärbten Pigmente in der Viskose ist hierbei aber nur gegeben, wenn zusätzlich komplizierte Mischwerke in die Viskoseleitung eingebaut werden.

14. Kapitel.

Die Spinnbäder und ihre Regenerierung.

I. Die Zusammensetzung der Spinnbäder.

Die Spinnbäder bezwecken die Ausfällung des Gels aus der Xanthogenatlösung und seine Zersetzung zur Hydratzellulose. Diese Wirkung wird durch Säuren ausgelöst. Die Praxis hat jedoch gezeigt, daß durch bloße Anwendung von Säure normalerweise keine brauchbaren Spinnbedingungen geschaffen und keine hochwertigen Fasern erhalten werden können. Säuren führen eine zu schnelle Koagulation und Zersetzung des Xanthogenates herbei. Die dabei aus der Viskose entstehenden gasförmigen Reaktionsprodukte bewirken bei der ausschließlichen Anwendung von Säure einen narbigen und matten Faden von wenig dichtem Gefüge. Man ist daher zunächst dazu übergegangen, die Fäden aus der Spinnlösung durch Salze als Xanthogenat zu fällen und den Xanthogenatfaden nachträglich durch ein Säurebad zu zersetzen. Zu diesem Zwecke ließ man die den durch Salz gefällten Faden aufwickelnde Spule in einem Säurebad umlaufen, das man mit „Oberbad" bezeichnete. Als Salze können anorganische und organische[1] verwendet werden. Praktische Anwendung haben hauptsächlich das Ammoniumchlorid und Ammonsulfat gefunden. Ammonsulfat ist besser als Ammonchlorid, da es die Quellung des frischen Fadens stärker zurückdrängt. Auch als Säuren für das Oberbad sind anorganische und organische[2] verwendet worden. Das Arbeiten mit zwei Bädern hat sich aber auf die Dauer nicht als zweckmäßig erwiesen. Abgesehen davon, daß auch bei diesen Verfahren keine qualitativ hochwertigen Fasern erhalten werden, ist diese Arbeitsweise bei Anwendung von Ammonsalzen infolge des Verdampfens des Ammoniaks durch die Natronlauge der Viskose unwirtschaftlich. In mühsamer Arbeit sind daher Spinnbäder entwickelt worden, in denen die Koagulation und Zersetzung in einem Säurebad soweit verzögert wird, daß die schädliche Einwirkung der Säure unterbleibt. Dies ist durch Zusatz von Salzen zur Säure möglich.

Bemerkenswerterweise wird in neuester Zeit in besonderen Fällen wieder mit zwei Bädern gearbeitet. Die Verfahren haben zur Erzielung bestimmter Effekte eine gewisse Bedeutung erlangt. Wir kommen hierauf im 15. Kapitel zurück.

Das erste Salz und Säure enthaltende, einheitliche Spinnbad für normale Spinnzwecke war das von Koppe[3] ausgearbeitete sog. Müller-Bad I, das aus Schwefelsäure und einem Sulfat bestand. Als Sulfat wurden Ammonium- oder Natriumsulfat verwandt. Die Säuremenge ist beim Müller-Bad I so bemessen, daß ein Überschuß an Säure vorhanden ist, mithin das gesamte Salz als saures Salz vorliegt. Je nach dem Reifezustand der Viskose sowie ihrer Alkalität mußte man das Spinnbad in seiner Zusammensetzung variieren, ebenso die Temperatur des Bades. Das Spinnbad konnte jedoch im praktischen Betrieb noch nicht befriedigen, da unpassend gewählte Verhältnisse oft zu Fäden führten, die in bezug auf Weichheit und Glanz noch Wünsche offen ließen.

Man hat erkannt, daß das Spinnbad gegenüber Abweichungen in der Viskose unempfindlicher wird, wenn man die verzögernde Wirkung des Salzes weiter steigert. Dies kann dadurch geschehen, daß man die Salzmenge so bemißt, daß gegenüber der Säure ein Überschuß an Neutralsalz im Bade enthalten ist. Diese grundlegende Erkenntnis führte zu dem von Hottenroth aufgefundenen sog. Müller-Bad II, das der *Vereinigte Glanzstoff-Fabriken A.G.* unter dem DRP. 287955 geschützt wurde. Dieses Spinnbad hat bis heute im Prinzip seine Bedeutung behalten. Die günstigste Badtemperatur wird in der Patentschrift mit 45···50° C angegeben.

Es ist beobachtet worden, daß mit steigendem Neutralsalzüberschuß die Fasern in zunehmendem Maße füllig und weich werden. Die Patentschrift gibt als Beispiel 160 g Schwefelsäure (Monohydrat) und mehr als 240, also z. B. 320 g neutrales Natriumsulfat im Liter an. Die Wirkung des Salzes im Spinnbad beruht darauf, daß durch das Salz eine Außenhaut aus koaguliertem Xanthogenat um die strömende Viskose gebildet wird. Die Zersetzung des ganzen Fadens durch die Säure kann erst allmählich durch Diffusion der Säure durch die Haut hindurch erfolgen. Die

[1] Im Franz. Pat. 357056 von Pissarew werden Salze des Anilins, Naphthylamins und Pyridins genannt.

[2] Die Vereinigte Kunstseidenfabriken A.G., Frankfurt, hat sich durch das DRP. 254525 Ameisensäure schützen lassen. — [3] Koppe: DRP. 187947.

Haut ist aber nicht so fest, wie dies bei der Anwendung von Säure allein als Fällmittel der Fall ist. Infolgedessen ist es den sich durch die Diffusion nur langsam bildenden gasförmigen Zersetzungsprodukten noch möglich, durch die Haut zu entweichen, ohne dort Störungen in der Struktur zu hinterlassen. Näheres wird über die Theorie der Fadenbildung noch im 15. Kapitel ausgeführt.

Das Müller-Bad II erlaubt durch Variation seiner Zusammensetzung, insbesondere durch Änderung der Säurekonzentration, das Spinnen von Fäden mit verschiedener Einzeltitergröße. So hat man gefunden, daß man beim Spinnen feinerer Titer den Gehalt des Bades an Säure heraufsetzen muß[1]. Der für den jeweils zu spinnenden Titer richtige Säuregehalt wurde zunächst empirisch ermittelt.

Eggert[2] gibt folgende Beispiele für den Säuregehalt bei verschiedenen Einzeltitern an:

Für einen Faden vom Einzeltiter 4 Denier 145 g Schwefelsäure,
für einen Faden vom Einzeltiter 2 Denier 180 g Schwefelsäure,
für einen Faden vom Einzeltiter 1 Denier 240 g Schwefelsäure

im Liter.

Um die mühsamen empirischen Versuche zur Auffindung des richtigen Säuregehaltes für das Spinnen verschiedener Fadenstärken zu umgehen, sind von Bronnert eingehende Studien durchgeführt worden, die ihren Niederschlag in einer Reihe von Patenten fanden. Es ist Bronnert gelungen, eine einfache Beziehung zwischen der Fadenfeinheit einerseits und der günstigsten Säuremenge andererseits aufzufinden. Diese Beziehung findet ihren Ausdruck in dem sog. „Quadratwurzelgesetz". Bei einem reinen Säurebad besagt dieses, daß die Konzentration der Säure, die bei einer bestimmten groben Fadenstärke ein einwandfreies Spinnen zuläßt, sich zu der gesuchten Säurekonzentration für eine gewählte feinere Fadenstärke umgekehrt verhält wie der angenäherte Wert der Quadratwurzeln aus den zwei Fadenstärken[3]. Bei einem aus Ammonsulfat und Schwefelsäure bestehenden Bad für Fäden unter 6 Denier soll die Summe aus dem Gewicht der freien Schwefelsäure und dem halben Gewicht des Ammonsulfates umgekehrt proportional sein dem angenäherten Wert der Quadratwurzeln aus den Fadenstärken.

Es muß erwähnt werden, daß man mit den angegebenen Spinnbädern nicht in allen Fällen ausreichend zersetzte Fasern erhielt. Besonders gröbere Titer machten eine Nachbehandlung in einem Oberbad mit Säure erforderlich.

Die Unempfindlichkeit des Spinnbades gegenüber Schwankungen im Reifegrad der Viskose soll nach Bronnert[4] dadurch gesteigert werden können, daß man die Schwefelsäure teilweise durch eine Oxykarbonsäure, wie z. B. Milchsäure, ersetzt.

Wenn so auch durch das Quadratwurzelgesetz ein Anhalt für die Einstellung der Spinnbäder gegeben war, so hat doch die Folgezeit gelehrt, daß die auf diese Weise eingestellten Spinnbäder bei weitem nicht in allen Fällen ein günstiges Spinnen und die Erzielung einer einwandfreien Faser gewährleisten. Man hat gelernt, die Wirkung des Spinnbades auf die Fadenbildung noch feiner abzustufen, als dies lediglich durch Änderung des Verhältnisses von Salz zu Säure oder durch Änderung der Badtemperatur möglich war. Insbesondere erforderten Streckspinnfasern von feinem Einzeltiter noch andere Spinnbäder. Es zeigte sich besonders, daß mit fallen-

[1] Vereinigte Glanzstoff-Fabriken: DRP. 308427.
[2] Eggert: Die Herstellung und Verarbeitung der Viskose, S. 116. Berlin 1931.
[3] Bronnert: Brit. Pat. 166931. — [4] Bronnert: Brit. Pat. 170322.

der Fadenfeinheit härtere und mattere Gebilde erhalten wurden. Daher mußte nach anderen Mitteln zur Verlangsamung des Koagulationsverlaufes gesucht werden. BRONNERT[1] hat dann gefunden, daß bei Einhaltung der durch das Quadratwurzelgesetz annähernd festgelegten Konzentrationen Fäden mit guten Eigenschaften erhalten werden, wenn man dem Spinnbad mehrwertige Alkohole, wie beispielsweise Glukose, zusetzt. Es genügen Mengen von etwa 20···100 g im Liter. Bemerkenswerterweise führte dieser Zusatz dazu, daß sich auch Schwankungen im Reifegrad der Viskose zwischen 6···12° nach HOTTENROTH beim Spinnen weniger stark auswirken. Auch die Temperatur des Spinnbades führt bei dieser Spinnbadzusammensetzung kaum zu einem wesentlich anderen Verhalten des spinnenden Fadens. Dieses „Glukosebad" hat große Bedeutung erlangt und wird, hauptsächlich beim Spinnen nach dem Zentrifugenverfahren, heute noch manchmal angewandt. Nach Untersuchungen von SSOKOLOWA[2] beruht die die Koagulation verzögernde Wirkung der Glukose darauf, daß die Glukose aus dem Spinnbad verhältnismäßig schnell in die Viskose hineindiffundiert, wodurch die in umgekehrter Richtung verlaufende Diffusion aus der Viskose in das Spinnbad gehemmt wird. Die Anwendung von Glukose macht aber leicht das Spinnbad etwas trüb, was an sich nicht erwünscht ist, auch soll man durch Glukosebäder kompliziertere Querschnittsformen bei den fertigen Viskosefasern erhalten. Demgegenüber besteht ein großer Vorteil der Glukose darin, daß sie das Auskristallisieren des Spinnbades verringert (s. 15. Kapitel)[3], was besonders für das Spinnen in Zentrifugen von Bedeutung ist.

Eine Möglichkeit, die Glukose zu umgehen, ist dadurch gegeben, daß die Sulfate verschiedener Metalle eine verschieden stark verzögernde Wirkung auf die Koagulation der Viskose ausüben. Man kann daher das Natriumsulfat durch andere Sulfate ganz oder teilweise ersetzen. Die größte Bedeutung haben in der Praxis die Sulfate des Zinks sowie des Magnesiums erlangt, die oft gemeinsam angewandt werden. So gibt das Brit. Pat. 239254 von DREAPER als Beispiel für ein zink- und magnesiumhaltiges Bad das folgende an: 4···10% Zinksulfat, 18···32% Magnesiumsulfat, der Rest bis zu 32% Gesamtsalzgehalt Natriumsulfat; die Schwefelsäurekonzentration soll 9···14% betragen. Die verzögernde Wirkung von Zink- und Magnesiumsulfat ist ferner in den Brit. Pat. 211140 und 216125 sowie im Franz. Pat. 584869 von VAN BERGEN beschrieben. In dem letzteren Patent wird ausdrücklich betont, daß sich diese Salze hauptsächlich für das Spinnen feiner Titer eignen.

Über den Grad der verzögernden Wirkung der einzelnen Sulfate liegen Untersuchungen von MATTHAES sowie SHIN ICHIRO HASE[4] vor. Hiernach nimmt die die Koagulation verzögernde Wirkung in folgender Reihenfolge zu:

$$\mathrm{Al} < \mathrm{Mg} < \mathrm{Na} < (\mathrm{NH_4}) < \mathrm{Fe} < \mathrm{Zn} < \mathrm{K}.$$

Glukose nimmt ungefähr die Stelle des Ammoniums ein. Nach MATTHAES[5] fällt das Zink etwas aus dem Rahmen heraus, und zwar insofern, als es die Schrumpfungsverhältnisse des frischen Fadens sowie seine Querschnittsform stark beeinflußt. Die Wirkungsweise des Zinks beruht einerseits darauf, daß es mit dem entstehenden Schwefelwasserstoff unter Bildung von Zinksulfid reagiert, das den spinnenden Faden

[1] BRONNERT: Schweiz. Pat. 94419; Vereinigte Glanzstoff-Fabriken A.G.: DRP. 240846.
[2] SSOKOLOWA: Ref. Chem. Zbl. **1935** II, 1991.
[3] Société Pinel Frères: Franz. Pat. 400577.
[4] SHIN ICHIRO HASE: Ref. Chem. Zbl. **1933** I, 1543.
[5] MATTHAES: Kunstseide **18**, 334 (1936).

mit einer Haut umgibt, die das Vordringen des Spinnbades in das Fadeninnere erschwert. Das Zinksulfid löst sich aber allmählich im Spinnbad wieder auf, wobei es in Schwefelwasserstoff und Zinksulfat übergeht. Es übernimmt so im Spinnbad gleichsam die Rolle eines Schwefelwasserstoffüberträgers und verhindert auf diese Weise die Entstehung gasförmigen Schwefelwasserstoffs im Innern der Faser. Andererseits hat POZNANSKI[1] nachgewiesen, daß das Zink mit der Viskose unter Bildung eines Zink-Natrium-Xanthogenates chemisch reagiert, das den Fadenkern umgibt. Es findet bei der Koagulation in kurzer Zeit ein Austausch von Na-Ionen statt, bis sich ein für den vorliegenden Reifegrad und das angewandte Spinnbad charakteristisches Gleichgewicht zwischen den beiden Ionen der Außenhaut des Fadens und im Spinnbad einstellt. Das Zinkxanthogenat wird durch die Säure des Spinnbades langsamer zersetzt als das Natriumxanthogenat. Der Austausch der Zink-Ionen des Fadens erfolgt um so langsamer, je höher der Zinkgehalt des Spinnbades ist.

Bemerkenswert ist die Beobachtung, daß die verzögernde Wirkung von Sulfatgemischen größer ist als der Summe der einzelnen Sulfate entspricht. Man wendet daher in der Praxis vielfach Gemische von Natrium-, Magnesium- und Zinksulfat an.

Bei eingehenden Untersuchungen über die Wirkung der einzelnen Kationen im Spinnbad konnte HORIO[2] die Kationen in vier Gruppen einteilen, die sich verschieden verhalten. Diese sind

I. Li^+, Na^+, K^+, NH_4^+, Mg^{++}, Ca^{++};
II. Zn^{++}, Fe^{++};
III. Al^{+++}, Ce^{+++}, Th^{++++};
IV. H^+.

In bezug auf die Wirkung wurde gefunden, daß sich Kationen der Gruppe I in ihrer Wirkung addieren; Mischungen von Kationen der Gruppe IV mit Kationen einer anderen Gruppe schwächen sich ab; ebenso schwächen sich Mischungen von Kationen der Gruppen I und III ab.

Aus dem bisher Gesagten geht hervor, daß die Spinnbäder dem Reifegrad der Viskose sowie besonders der zu spinnenden Fadenstärke angepaßt sein müssen. Was die letztere anbetrifft, so hat es sich gezeigt, daß es zweckmäßig ist, die Säurekonzentration auch der Düsenlochweite anzupassen. Nach im Schweiz. Pat. 94421 niedergelegten Versuchen von BRONNERT ist es zweckmäßig, Säurekonzentration und Düsenlochweite annähernd so einzustellen, wie dies aus Tab. 89 hervorgeht.

Tabelle 89. *Düsenlochweite und Säurekonzentration.* (Nach BRONNERT.)

Durchmesser des Düsenloches mm	Bei 7 den g H_2SO_4 im Liter	Bei 4 den g H_2SO_4 im Liter	Bei 2 den g H_2SO_4 im Liter
0,08	80	105	150
0,10	125	165	235
0,13	210	280	390
0,15	280	370	520

Die Variierungsmöglichkeiten der Spinnbäder sind also recht mannigfaltig, und die geschickteste Zusammensetzung des Spinnbades erfordert große praktische Erfahrung.

Sieht man von den für besondere Zwecke ausgearbeiteten Spinnbädern ab, so kann man nach der Ansicht von PELLAT[3] zusammenfassend drei Typen erkennen, die sich durch wechselnde Gehalte von Säure und Salz unterscheiden. Sie sind in Tab. 90 zusammengestellt.

[1] POZNANSKI: Przemysl Chem. **22**, 463 (1938).
[2] HORIO: Textile Research J. **20**, 363 (1950). — [3] Vgl. hierzu PINCASS: Melliand Textilber. **13**, 202 (1932) sowie PELLAT: Viscose Rayon Production. London 1931.

Bei dieser Zusammenstellung fällt allerdings die verhältnismäßig geringe Schwefelsäurekonzentration auf.

Im folgenden sollen noch einige Spinnbäder aufgeführt werden, die zur Erreichung besonders fester Fäden dienen sollen: Nach DRP. 649082 der *I. G. Farbenindustrie Aktiengesellschaft* sollen beim Streckspinnverfahren hochfeste Fasern erhalten werden, wenn man mindestens 30° C warme Spinnbäder mit mehr als 30 Gewichtsprozenten und weniger als 40 Gewichtsprozenten freier Schwefelsäure verwendet, in denen mehr als 20 Gewichtsprozente Ammoniumbisulfat allein oder in Mischung mit anderen wasserlöslichen anorganischen Sulfaten, wie z. B. Zinksulfat, Aluminiumsulfat usw. gelöst ist.

Tabelle 90. *Gebräuchliche Spinnbadtypen.* (Nach PELLAT.)

Zusammensetzung %	Typ I	Typ II	Typ III
Schwefelsäure . . .	8	11	10
Natriumsulfat . . .	13	24	12
Zinksulfat	1	0,5	0,5
Magnesiumsulfat .	—	—	5
Glukose	10	—	—
Wasser	68	74···75	72···73

LILIENFELD gibt im DRP. 643543 ein Spinnbad an, das 45···55% Schwefelsäure, allein oder im Gemisch mit Salzsäure, Salpetersäure oder Phosphorsäure, sowie neutrale oder saure Salze enthält. Wir kommen hierauf im 15. Kapitel noch einmal zurück.

Weiter ist gefunden worden, daß man besonders feste Fäden erhält, wenn man mit wasserfreien Spinnbädern arbeitet. So beschreibt das DRP. 612635 von *Wolff & Co.*, Walsrode, ein Spinnbad folgender Zusammensetzung: 15···30% Methylalkohol und 70···85% Schwefelsäure. Dieses Spinnbad setzt eine wenig vorgereifte Alkalizellulose voraus. Geht man von vorgereifter Alkalizellulose aus, so soll ein Bad günstig sein, das aus 200 g Schwefelsäure und 50 g Ammonsulfat in 1 l Methylalkohol besteht.

Die *I. G. Farbenindustrie Aktiengesellschaft* empfiehlt im DRP. 694419 als Spinnbad Methylschwefelsäure.

II. Die Herstellung und Behandlung der Spinnbäder.

Die Herstellung der Spinnbäder und ihre weitere Aufbereitung erfolgt in besonderen Räumen, die meistens seitlich an den Spinnsaal angebaut sind und zwei Stockwerke umfassen oder die entsprechende Anzahl Bühnen enthalten. Sie sind aus säurefestem Material zu erstellen. Besonders etwa vorhandene Eisenkonstruktionen erfordern sorgsamste Pflege, um sie vor Korrosion zu schützen.

In unmittelbarer Nähe dieser Spinnbadanlage befinden sich auch die Lagerräume für die Salze sowie die Tanks für die Schwefelsäure.

Die für die Spinnerei erforderliche Menge Spinnbad ist recht beträchtlich, sie beträgt bei sehr wirtschaftlich geleiteten Betrieben etwa $^1/_2$ l pro Spinnstelle und Minute. Die umlaufende Menge ist auch vom Titer des zu spinnenden Fadens abhängig, und zwar benötigen gröbere Titer eine größere Spinnbadmenge, so daß man im Durchschnitt mit einer umlaufenden Menge von 40 l Spinnbad je Spinnstelle und Stunde rechnen kann. Das Vorratsvolumen ist so zu bemessen, daß zweimal in der Stunde eine Umwälzung vorgenommen werden kann.

Das Spinnbad durchläuft den Betrieb in einem Kreislauf: In der Spinnbadanlage frisch bereitetes Bad wird in die Spinnerei geführt. Es fließt dort durch die Wannen der Spinnmaschinen hindurch und gelangt dann wieder in die Spinnbadanlage zurück, wo es gereinigt und regeneriert wird, um dann erneut der Spinnerei zugeführt zu werden.

Im Erdgeschoß der Spinnbadanlage findet die Herstellung der erforderlichen Lösungen statt. Zum Auflösen der Salze dienen große, offene Bottiche. Kalzinierte Salze sind oftmals schwierig zu lösen, insbesondere Bittersalz, das deshalb früher allgemein in kristallisierter Form bezogen wurde. Durch Aufstellung geeigneter, geschlossener und mit Rührwerken versehener, heizbarer Kessel bereitet aber die Auflösung von kalziniertem Bittersalz heute keine Schwierigkeiten mehr. Die gelösten Salze werden, falls erforderlich, nach ausreichendem Absitzen, in die im Kellergeschoß befindlichen Spinnbadgruben gelassen, in die man auch die erforderliche Menge Schwefelsäure, die einem Meßgefäß entnommen wird, einfließen läßt. Die Salze werden auf einer Waage abgewogen. Die Zugabe frischer Lösungen erfolgt etwa stündlich.

Das aus der Spinnerei zurückfließende Bad wird durch Sammelgruben aufgenommen. Gröbere Verunreinigungen setzen sich hier allmählich zu Boden und können von Zeit zu Zeit abgelassen werden. Das geklärte Bad fließt durch Kanäle in die Spinnbadgruben. Vielfach wird auf das Aufstellen getrennter Sammel- und Spinnbadgruben verzichtet, und man legt nur die Spinnbadgruben an, in die man dann auch die Zusätze der betreffenden Chemikalien gibt. Damit unter Umständen noch nicht völlig gelöstes Salz zurückgehalten wird, muß das Spinnbad vor dem Einlaufen in die Badgruben ein grobes Sieb aus Blei passieren. Durch eine Ausbreitung des Kanals sorgt man für ruhigen Zufluß des Spinnbades in dünner Schicht.

Aus der Spinnbadgrube pumpt man das Spinnbad in das oberste Stockwerk, wo es gefiltert wird. Zur Förderung dienen Kreiselpumpen aus Blei, die im Kellergeschoß stehen und das Spinnbad zunächst durch eine Steigleitung in Sammelkästen im obersten Stockwerk befördern. In diesen Sammelkästen kann man das Spinnbad wieder auf die für die Spinnerei richtige Temperatur einstellen. Man legt dann auf den Boden des Sammelkastens eine Dampfschlange aus Bleirohr. Von diesen Sammelkästen aus fließt das Spinnbad in die Filter.

Die Spinnbadfiltration hat sehr sorgfältig zu erfolgen. Das Bad enthält als Verunreinigungen in der Hauptsache Schwefel, der sich beim Spinnen gebildet hat, sowie Zelluloseteilchen von unregelmäßig arbeitenden Spinnstellen her. Es sind mehrere Filtertypen in Gebrauch. Die älteste und einfachste Art der Filterung besteht in offenen Kiesfiltern. Der zur Anwendung kommende Kies muß vor dem Einfüllen in die Filter durch Säure gewaschen werden, damit er keine Fremdstoffe an das Spinnbad abgeben kann. Die Kiesfilter bestehen aus rechteckigen, mit Blei ausgeschlagenen Bottichen. Auch der Siebboden ist aus Blei. Die unterste Filterschicht besteht aus Kies von einer Korngröße von etwa 3 ··· 5 mm. Die oberste Schicht stellt feinen Sand von etwa 1 ··· 2 mm Korngröße dar. Die Filter werden periodisch durch Rückspülung mit Wasesr gereinigt. Hierdurch erleidet das zunächst zur Filtration kommende Bad eine Verdünnung. Der zuerst das gereinigte Filter passierende Spinnbadanteil muß daher abgestoßen werden.

Neuerdings hat sich eine Sonderkonstruktion der Firma *Wabag-Wasserreinigungsbau*, Kulmbach, für die Spinnbadfiltration gut eingeführt. Auch die Wabagfilter sind Kiesfilter. Sie stellen jedoch geschlossene Apparate dar (Abb. 237).

Die Filtration erfolgt hierbei in geschlossenem Kreislauf unter einem Druck von 3···4 m Wassersäule. Die Filtergeschwindigkeit beträgt, je nach der Art des zu filtrierenden Spinnbades, 5···12 m³ pro Stunde. Die Filter werden in Abmessungen von 8000···3000 mm Durchmesser gebaut.

Abb. 237. Spinnbad-Filterbatterie der Fa. Wabag-Wasserreinigungsbau, Kulmbach.

Die Filterschicht besteht auch bei dieser Apparatur aus einem Kiesbett, das von oben nach unten durchströmt wird. Die Rückspülung des verschlammten Kiesbettes wird aber nicht mit Wasser, sondern mit Reinsäure, und zwar unter Anwendung von Druckluft bewirkt. Die Filtration in einem geschlossenen Apparat hat gegenüber der offenen eine Reihe von Vorteilen. Diese sind: völlig geschlossene Arbeitsweise, Wegfall von Abzugsanlagen, keine Geruchsbelästigung, geringer Temperaturabfall der warmen Spinnbäder, hohe Filtergeschwindigkeit, geringe Filterabmessungen und somit geringer Platzbedarf, dauernd gleichbleibende Filtration und bequeme Bedienungsmöglichkeit. Der Verbrauch an Spülsäure ist gering.

Das Kiesbett ist 800···1000 mm hoch geschüttet. Der gleichmäßig gekörnte, säurefeste Quarzkies besitzt eine Korngröße von 1···1,5 mm. Getragen wird das Kiesbett von einem durchgehenden Zwischenboden. Die Filterkessel sind aus Schmiedeeisen erstellt und innen durch Gummierung vor Korrosion geschützt.

Für die Abführung der Reinsäure aus dem Kiesbett sind in den Filterzwischenboden pro Quadratmeter 80···90 Polsterrohrdüsen, aus Hartblei und Hartporzellan bestehend, eingeschraubt. Die Polsterrohrdüsen bestehen aus einem seitlich feingeschlitzten Düsenkopf und einer am unteren Ende geschlitzten Rohrverlängerung, die durch den Zwischenboden hindurchragt.

Bei Vornahme der Filterwäsche wird Druckluft unter den Filterboden eingeführt und gleichzeitig Spülsäure in die Reinsäurekammer geleitet. Die Druckluft bildet dann ein Luftpolster, das sich nach unten bis an die Schlitze gleichmäßig ausdehnt. Sobald die Druckluft die Schlitze erreicht, wird jeder Düse zwangsläufig die gleiche Luftmenge zugeführt. Gleichzeitig wird die Reinsäure durch die untere Rohröffnung hindurchgepreßt. Aus den seitlich geschlitzten Düsenköpfen tritt ein homogenes Druckluft-Säuregemisch in das Kiesbett ein. Die Düsen selbst sitzen so eng, daß sich das Druckluft-Säuregemisch gegenseitig überschneidet und tote Stellen sowie Kanalbildungen mit Sicherheit vermieden werden.

Die eigentliche Waschwirkung wird von der Druckluft ausgeübt. Die Spülsäure hat nur den Zweck, den von der Druckluft losgelösten Schlamm abzuführen. Die Abführung der Schlammsäure über dem Kiesbett erfolgt durch eine Abzugsglocke, die auf einem Zentralrohr angeordnet ist und jegliche Kiesverluste vermeidet. Durch das Zentralrohr erfolgt auch während der Filtration die Zuführung der Rohsäure.

Die Filterwäsche nimmt einen Zeitraum von etwa 5···7 Minuten in Anspruch und ist, je nach der Art der Verschlammung des Spinnbades, in 1···3 Tagen einmal erforderlich.

Nach einem gänzlich anderen Prinzip arbeiten die sog. Anschwemmfilter der Firma *Seitzwerke G.m.b.H.* in Kreuznach, die schon bei der Laugenfiltration erwähnt wurden. Bei diesen Filtern wird als filtrierendes Medium ein feinfaseriges, auf bestimmte Weise präpariertes Asbestmaterial verwandt, das an eine für die zu filtrierende Flüssigkeit durchlässige Wand in dünner Schicht angeschwemmt wird.

Als Filterwand haben sich in neuester Zeit Gewebe aus PeCe-Faser sehr bewährt. Das Filtermaterial wird zuvor in einem dem Inhalt des Filters entsprechenden Teil des Spinnbades durch Rühren oder Umpumpen suspendiert. Diese Aufschlämmung wird dann in das Filter gepumpt, wonach sofort ein klares Filtrat abfließt. Als Werkstoff ist Schmiedeeisen verwendet, das mit einer 3 mm dicken Hartgummiauflage versehen ist. Da das Filter als Niederdruckfilter wirkt, genügt schon ein Druck von 4···5 m Wassersäule zum Betreiben des Filters. Seine Leistung beträgt bei Spinnbad pro Quadratmeter Filterfläche 500···700 Liter je Stunde. Die Reinigung des Filters geht so vor sich, daß man nach Öffnung des Filterkastens die Filterelemente herausnimmt. Der erschöpfte Filterschichtbelag wird abgezogen oder durch einen scharfen Wasserstrahl abgespritzt. Eine Reinigung des Spinnfilters ist nach 24···36 Stunden erforderlich.

Neuerdings werden vielfach auch Scheibler-Filter für die Spinnbadfiltration angewandt, die im 17. Kapitel bei der Besprechung der Waschflüssigkeiten für die fertige Faser eingehend beschrieben werden. Als Filtermaterial wird auch bei diesen Filtern bei der Spinnbadfiltration PeCe-Gewebe verwendet.

Das durch das Filter gereinigte Spinnbad muß, wenn es in den Sammelkästen nicht aufgeheizt wurde, durch Vorwärmer fließen, in denen es auf die für die Spinnerei erforderliche Temperatur gebracht wird. Es sind Röhrenvorwärmer und Spiralwärmetauscher in Gebrauch. Das gefilterte Bad gelangt in einen Sammelbottich, von dem aus es den einzelnen Spinnmaschinen zugeleitet wird. Von den Spinnmaschinen fließt das Bad in die Sammelgrube des Kellers, womit der Kreislauf geschlossen ist.

III. Die Regenerierung der Spinnbäder.

Auf dem Wege durch die Spinnmaschinen erleidet das Spinnbad Veränderungen: Die Viskose bringt große Mengen Ätznatron und Wasser in das Bad. Es entsteht hierdurch in reichlicher Menge Natriumsulfat. Durch das eingeschleppte sowie das Reaktionswasser erfolgt eine starke Verdünnung des Bades, die allerdings zu einem Teil durch die natürliche Verdampfung des Bades aufgehoben wird. Ein weiterer Teil des Spinnbades wird dem Kreislauf dadurch entzogen, daß es von den spinnenden Fäden mitgenommen wird. Das gebrauchte Spinnbad enthält im ganzen zu viel

Wasser und zu viel Natriumsulfat, dagegen zu wenig Schwefelsäure. Werden neben Natriumsulfat Zink- und Magnesiumsulfat mitverwendet, so ist im gebrauchten Spinnbad auch die Konzentration dieser Chemikalien zu gering.

STAVENHAGEN[1] gibt das in Tab. 91 wiedergegebene Beispiel für die Veränderungen, die ein Spinnbad durch den Spinnprozeß erleidet.

Tabelle 91. *Veränderungen eines Spinnbades durch den Spinnprozeß.* (Nach STAVENHAGEN.)

Vorgang	Gewichte in kg			
	H_2SO_4	Na_2SO_4	H_2O	$ZnSO_4$
Aus der Viskose eingeschlepptes Wasser . . .			+12000	
Durch Neutralisation entstanden	—1085	+1570	+ 398	
Vom Faden mitgeschleppt	— 200	— 608	— 1675	—19
Veränderung insgesamt	—1285	+ 962	+10723	—19

Dem gegebenen Beispiel wurde eine Viskose zugrunde gelegt, die 7,0% Zellulose, 2,63% Schwefelkohlenstoff und 6,2% Ätznatron enthielt, während das Spinnbad wie folgt zusammengesetzt war:

Schwefelsäure . . .	105 g im Liter,
Natriumsulfat . . .	320 g im Liter,
Zinksulfat	10 g im Liter.

Um nun das veränderte Spinnbad wieder auf seine ursprüngliche Zusammensetzung einzustellen, muß man die der Volumenzunahme entsprechende Badmenge abstoßen, das wären in diesem Falle also 10723 kg Wasser. Hiermit gehen aber, wie Tab. 92 zeigt, beträchtliche Mengen wertvoller Spinnbadchemikalien verloren. In der Praxis ist die abzustoßende Badmenge noch etwas größer als der Theorie entspricht, da die zur Ergänzung benötigte Schwefelsäure wasserhaltig ist; sie vergrößert sich weiter, wenn bei zinkhaltigen Bädern eine Auffrischung mit Zinksulfat erfolgt, das 7 Mole Kristallwasser enthält. Es ist daher zweckmäßiger, das verbrauchte Bad mit Zinkoxyd aufzufrischen; allerdings wird hierdurch Schwefelsäure verbraucht, von der somit bei der Regeneration eine etwas größere Menge zugegeben werden muß. Man kann für die Regeneration auch metallisches Zink verwenden, jedoch ist hierbei auf die beim Lösen erfolgende Wasserstoffentwicklung Rücksicht zu nehmen.

Tab. 92 soll nun zeigen, wie durch Abstoßen des errechneten Badvolumens und Zugabe der hierdurch verlorengegangenen Chemikalien die ursprüngliche Badzusammensetzung wiederhergestellt werden kann.

Tabelle 92. *Spinnbadregeneration durch Abstoßen des überschüssigen Badvolumens.* (Nach STAVENHAGEN.)

Vorgang	Gewichte in kg			
	H_2SO_4	Na_2SO_4	H_2O	$ZnSO_4$
a) Abstoßen des Bades	—1316	—4015	—11027	—125
b) H_2SO_4-Korrektion mit 93proz. Säure . . .	+2601		+ 195	
c) Na_2SO_4-Korrektion		+3053		
d) $ZnSO_4$-Korrektion (mit 7 aq.)			+ 109	+144
	+1285	— 962	—10723	+19

[1] STAVENHAGEN: Kunsts. u. Zellw. **26**, 2 (1948). — Vgl. hierzu auch die ausführliche Arbeit von WEHRUNG: Chem. Apparatur **28**, 119, 132 (1941).

Tab. 92 lehrt, daß zur Auffrischung das Bades somit beträchtliche Mengen Chemikalien benötigt werden. Diese Arbeitsweise ist also mit erheblichen Verlusten verbunden und daher für einen wirtschaftlichen Betrieb nicht tragbar, wenn sich die Verluste auch dadurch etwas verringern lassen, daß man mit Zinkoxyd auffrischen kann.

Die Möglichkeit, wirtschaftlicher zu arbeiten ist dadurch gegeben, daß die Verdünnung des Bades stärker ansteigt, als der Steigerung der Konzentration an Natriumsulfat entspricht. Man kann daher einen großen Teil des Wassers durch Verdampfen entfernen und braucht dann nur eine entsprechend geringere Menge Spinnbad abzustoßen.

In Tab. 93 ist für diese Arbeitsweise gleichfalls ein Beispiel gegeben.

Tabelle 93. *Spinnbadregeneration durch Verdampfung.* (Nach STAVENHAGEN.)

Vorgang	Gewichte in kg H_2SO_4	Na_2SO_4	H_2O	$ZnSO_4$
a) Abstoßen des Bades	— 316	—962	— 2640	—30
b) H_2SO_4-Korrektion mit 93proz. Säure	+1601		+ 120	
c) $ZnSO_4$-Korrektion (mit 7 aq.)			+ 38	+49
d) Verdampfung			—8241	
	+1285	—962	—10723	+19

Wie ein Vergleich von Tab. 93 mit Tab. 92 zeigt, werden bei dieser Arbeitsweise somit erheblich geringere Chemikalienmengen für die Regeneration benötigt.

In modernen Betrieben geht man jedoch noch einen erheblichen Schritt weiter; Man dampft nämlich das gesamte überschüssige Badvolumen ein und entfernt den Überschuß an Natriumsulfat durch Auskristallisieren aus dem Badsystem.

Wie Tab. 94 zeigt, werden in diesem Falle zum Auffrischen des Bades nur noch geringe Mengen Schwefelsäure und Zink benötigt.

Tabelle 94. *Spinnbadregeneration durch Verdampfung und Natriumsulfatkristallisation.* (Nach STAVENHAGEN.)

Vorgang	Gewichte in kg H_2SO_4	Na_2SO_4	H_2O	$ZnSO_4$
a) Auskristallisieren des Natriumsulfates (mit 10 aq.)		—962	— 1220	
b) H_2SO_4-Korrektur mit 93proz. Säure	+1285		+ 97	
c) $ZnSO_4$-Korrektur (mit 7 aq.)			+ 15	+19
d) Verdampfen			— 9615	
	+1285	—962	—10723	+19

Für eine so weitgehende Regeneration sind Verdampfer und Kristallisatoren erforderlich. Die Arbeitsweisen, die in der Praxis angewandt werden, sind jedoch recht unterschiedlich. Sie richten sich nach der ganzen Art des Betriebes, nach der Zusammensetzung des verwendeten Spinnbades und auch nach den Möglichkeiten der Fortführung des Abwassers. Somit wird die Arbeitsweise auch durch gewerbepolizeiliche Vorschriften beeinflußt. Vielfach wird auch so gearbeitet, daß man nur einen Teil des aus der Spinnerei zurückfließenden Spinnbades der Verdampfung und/oder der Kristallisation zuführt. Auch sind Arbeitsweisen gebräuchlich, bei denen man das von den Gespinsten abtropfende Bad, das sog. Tropfbad, getrennt auffängt und nur dieses in die Verdampfer oder Kristallisatoren nimmt. Man geht dann so vor, daß man es nach Passieren eines Filters zunächst auf etwa 8···12° C abkühlt, wodurch das Natriumsulfat zur Kristallisation kommt. Die Temperatur richtet sich hierbei nach der Konzentration an Magnesiumsulfat; kühlt man tiefer ab, so entstehen Verluste an diesem Salz. Die Mutterlauge wird dann eingedampft und ergibt das sog. Dickbad, das zum Auffrischen verwendet wird. Bei der Aufarbeitung des gesamten, gebrauchten Spinnbadvolumens wird meist vor der Kristallisation eingedampft.

Sowohl für die Verdampfung als auch für die Kristallisation sind zahlreiche Apparaturen entwickelt worden, von denen hier einige als Beispiele erwähnt werden sollen[1].

Verdampfer. Als einfachste Verdampfapparaturen müssen Wannen und Pfannen genannt werden. Vielfach werden rechteckige, mit Blei ausgekleidete Holzbarken verwendet, in die am Boden Heizschlangen aus Bleirohr eingelegt sind. Die Barken sind mit einer verbleiten Haube versehen. Durch einen kräftigen Ventilator wird ein schwaches Vakuum über der Spinnbadoberfläche erzeugt, wodurch die Verdampfung beschleunigt wird. In die vom Ventilator abgesaugten Brüden spritzt man zur Kondensation Wasser ein (Mischkondensation).

Wenn auch mehrere derartiger Apparate nebeneinandergeschaltet werden können, so ist die Leistung dieser einfachen Anlagen doch nicht ausreichend, um soviel Wasser zu entfernen, daß nennenswerte Einsparungen an Spinnbadchemikalien gemacht werden können. In dieser Beziehung sind Apparaturen, die mit sog. Field-Röhren arbeiten, günstiger. Diese Apparaturen haben den Vorteil eines höheren Wärmeüberganges und damit kleinerer Heizflächen. Infolge eines großen Flüssigkeits- und Brüdenraumes ist der Apparat, wie er beispielsweise von der *Permutitgesellschaft*, Berlin, gebaut wird, gegenüber vorübergehenden Konzentrationsschwankungen ziemlich unempfindlich. Die Brüden werden in einem Oberflächenkondensator niedergeschlagen, sie werden neutralisiert und dem Abwasserkanal zugeleitet. Die Verdampfungstemperatur liegt infolge des Verlustes an Vakuum im Neutralisator und wegen der verhältnismäßig hohen Kühlwasser-Austrittstemperatur allerdings ziemlich hoch, und zwar bei etwa 70° C.

Eine wirtschaftlich arbeitende Verdampfungsanlage wird auch von der Fa. *Lurgi, Ges. f. Chemie- u. Hüttenwesen m.b.H.*, Frankfurt a.M., geliefert[2]. Auch diese Apparatur arbeitet unter Verwendung von Vakuum. Als Verdampfer dient ein Kessel aus Hartblei. Die Beheizung erfolgt indirekt durch Heizschlangen mittels Abdampf, durch den das Spinnbad auf eine Temperatur von 60···70° C gebracht wird. Nach Passieren eines Neutralisationsgefäßes für mitgerissene Säurenebel gelangen die Brüden in hochgestellte Kondensatoren, in denen sie durch Kühlwasser niedergeschlagen werden.

Bei einem in Italien entwickelten Verfahren nach MOLINARO und GABARDINI wird die Vakuum-Verdampfung in einem sog. GAILLARD-Turm vorgenommen. Zur

---

[1] Vgl. hierzu BUSATH: Kunsts. u. Zellw. **25**, 284 (1947); **28**, 297 (1950) sowie WEHRUNG: Chem. Apparatur **28**, 132 (1941).

[2] Kunstseide **14**, Achema-Heft 32 (1932).

Heizung dienen Verbrennungsgase, die unten in den Turm eintreten und denen von oben das Spinnbad in fein verteilter Form entgegenströmt.

Vielfach verwendet wird ein nach dem VOGELBUSCH-Prinzip arbeitender Verdampfer der Firma *Kühnle, Kopp und Kausch*, Frankenthal[1]; er ist in Abb. 238 gezeigt.

An einem aufrecht stehenden Brüdenkörper ist im unteren Teil ein waagerechter Heizkörper angebracht, an den sich ein weiterer, schräg liegender Heizkörper anschließt. Das einzudampfende Spinnbad tritt links unten ein und gelangt in das waagerechte Heizrohr. Hier wird es durch einen Dampfmantel bis nahe an die Siedetemperatur vorgewärmt, wobei die Siedetemperatur durch Anlegen von Vakuum herabgedrückt wird. Das vorgeheizte Spinnbad gelangt dann in den schrägen Heizkörper, der eine große Zahl enger Siederohre enthält, die von Dampf umspült werden. Infolge der Beheizung bilden sich im Innern der Siederohre Dampfblasen, die aufsteigen und dabei das Spinnbad mit hochreißen. Dadurch entsteht im Innern des Apparates ein dauernder Umlauf des einzudampfenden Spinnbades. Das Spinnbad, das durch die Dampfblasen aus dem schrägen Heizkörper herausgedrückt wird, tritt in den Brüdenkörper ein. Hier trennt sich die Flüssigkeit von dem dampfförmigen Teil. Die Brüden werden durch eingebaute Vorrichtungen von mitgerissenen Tropfen befreit und gelangen dann zum Kondensator, wo sie im Vakuum kondensiert werden. Die Flüssigkeit fällt nach unten und gelangt von dort wieder in den waagerechten Heizkörper, womit der Kreislauf geschlossen ist. Das konzentrierte Bad wird unten abgelassen.

Abb. 238. Spinnbad-Verdampfer der Fa. Kühnle, Kopp u. Kausch, Frankenthal. Ansicht aus der Rheinische Kunstseide A. G., Krefeld.

Weiter ist der KESTNER-Verdampfer zu nennen[2]. Die zu verdampfende Flüssigkeit wird hierbei in langen, stehenden Rohren in die Höhe geführt. Die Röhren sind durch einen Dampfmantel geheizt. Die Verdampfung wird in den Röhren durch Vakuum beschleunigt.

In den Vereinigten Staaten ist vielfach ein Langrohr-Verdampfer in Gebrauch mit außenliegendem, senkrecht angeordnetem Heizkörper, der keinen besonderen Brüdenraum besitzt. Abb. 239 bringt hiervon eine schematische Skizze. Der kleine Dampfraum oberhalb des oberen Rohrbodens mündet in ein Brüdenrohr, wo eine grobe Trennung von Flüssigkeit und Brüdendampf erfolgt. Die Brüdendämpfe passieren dann einen Zentrifugalabscheider, wo sie von der restlichen Flüssigkeit befreit werden. Verhältnismäßig hohes Vakuum hält die Eindampfungstemperatur auf etwa

[1] SCHIBBE-HOFFMANN: Der Chemiefacharbeiter S. 97, Leipzig.
[2] Kunstseide **14**, Achema-Heft 33 (1932).

54° C. Vom Zentrifugalabscheider aus gelangen die Brüden in einen Mischkondensator, in dem sie durch Einspritzen von Wasser niedergeschlagen werden.

Schließlich soll noch der von DREYER und HOLLAND-MERTEN entwickelte Verdampfer der Firma *Deutsche Vakuumapparate G.m.b.H.*, Sangerhausen, genannt werden. Hierbei wird das gebrauchte Spinnbad gleichfalls zunächst in einem Zirkulationsheizkörper durch Dampfrohre erhitzt. Die Zuführung des Dampfes sowie die Ableitung des Kondenswassers erfolgen vom Boden des Heizkörpers aus. Zur schnellen Beseitigung etwaiger Schäden sind die Rohre einzeln herausnehmbar. Das aufgeheizte Spinnbad wird durch eine Speisepumpe in den eigentlichen Verdampfer übergeführt, in dem durch eine Spezial-Vakuumpumpe ein kräftiges Vakuum erzeugt wird.

Nimmt man die Niederschlagung der Brüden in den Verdampfern in Oberflächenkondensatoren vor, so können diese Apparaturen als Wärmetauscher für das Erwärmen von Wasser für die Reyonwäsche oder zur Spinnbad-Vorwärmung verwendet werden.

Auf eine Neutralisation von Brüden kann bei Anwendung von Mischkondensatoren in den meisten Fällen verzichtet werden.

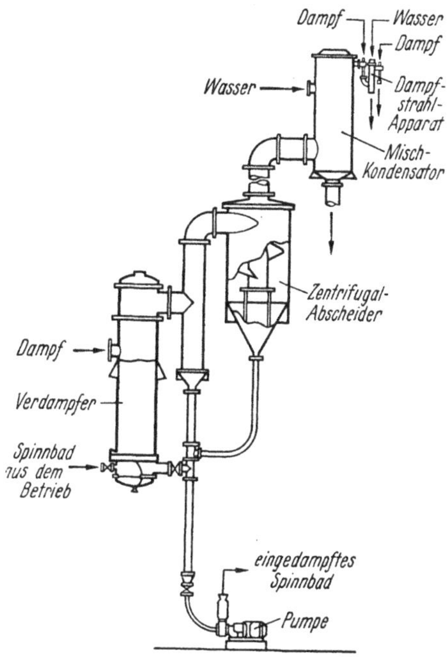

Abb. 239. Amerikanischer Langrohr-Verdampfer für Spinnbad. (Nach BUSATH.)

Bei den Verdampfern spielt die Werkstoff-Frage eine besonders große Rolle, da die Apparaturen stärkster Korrosion ausgesetzt sind. Die Korrosionsbeständigkeit der Werkstoffe ist daher für jede Spinnbadart genauestens zu prüfen. Bewährt haben sich Nickel, Graphit und teilweise auch gummiertes Eisen. Allgemein kann die Korrosionsgefahr dadurch verringert werden, daß man durch möglichst kräftiges Vakuum die Verdampfungstemperaturen so niedrig wie möglich hält. Allerdings sind dem durch die Leistungsfähigkeit der Vakuumpumpen Grenzen gesetzt. Als zweckmäßig hat es sich erwiesen, zur Verbesserung des Vakuums zusätzlich Dampfstrahlgebläse zu verwenden.

Die zur Verdampfung kommenden Wassermengen sind außerordentlich groß. Bei einem Einsatz von beispielsweise 12000 kg Zellulose täglich werden rund 100 m³ Wasser in das Spinnbad gebracht. Den Verdampfanlagen kommt daher eine große Bedeutung zu.

Kristallisatoren. Auch für die Kristallisation des Natriumsulfates sind mehrere Typen von Apparaten im Gebrauch. Vielfach wird den eigentlichen Kristallisatoren noch ein Vorkühler vorgeschaltet. Ein solcher kann beispielsweise aus einem stehenden zylindrischen Kessel bestehen, der mit Sole gekühlt wird. Man läßt das Spinnbad senkrecht von oben einfließen und leitet es durch eine kegelförmige Prallfläche an die Kesselwand, an der es herabfließt.

Für die Kristallisation kann man einen liegenden, gleichfalls durch eine doppelte Wandung mit Sole gekühlten Kessel verwenden, der in vier oder fünf Zonen unterteilt ist, die das Spinnbad der Reihe nach durchfließt. Es bilden sich hierbei allmählich Natriumsulfatkristalle aus, die mit dem Konzentrat aus der letzten Zone abfließen. Zur Vermeidung vorzeitiger Kristallisation hält man die Flüssigkeit zweckmäßig durch Einblasen von Luft in Bewegung (Abb. 240).

Vielfach werden für die Kristallisation sog. Walzenkristallisatoren verwendet. Sie bestehen aus rechteckigen Trögen, in denen sich gekühlte Walzen drehen, in deren Nähe das auskristallisierte Natriumsulfat zur Abscheidung kommt. Es wird durch Schaber von den Walzen abgenommen, soweit der konzentrierte Salzbrei nicht durch die nachströmende Flüssigkeit aus den Trögen herausgespült wird.

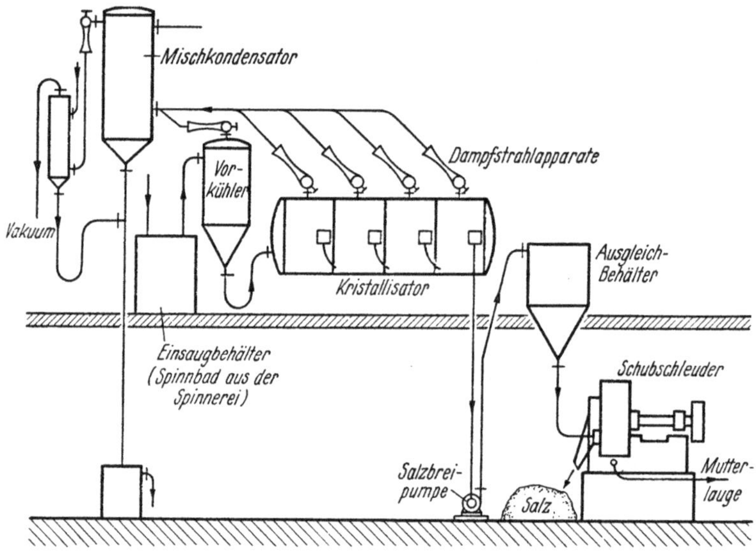

Abb. 240. Kristallisier-Anlage für Spinnbad mit liegendem Kristallisator. (Nach BUSATH.)

Bei dem Verfahren der *Deutsche Vakuumapparate G.m.b.H.* gelangt das konzentrierte Bad gleichfalls zunächst in einen Vorkühler, in dem es im Gegenstromprinzip durch Kühlwasser vorgekühlt wird. An Stelle von Wasser kann hierbei frisches Spinnbad genommen werden, so daß auf diese Weise eine sehr wirtschaftliche Erwärmung des frischen Bades möglich ist. Nachdem die Lösung bis nahe an den Sättigungspunkt vorgekühlt ist, fließt sie in einen Nachkühler und anschließend in den Kristallisationsapparat (Abb. 241). In diesem erfolgt eine weitere Kühlung durch Sole. Der Vorkühler ist einem Dialysator ähnlich konstruiert, wird jedoch stehend gebaut. Der Kristallisationsapparat ist als Kaltrührer ausgebildet und mit einem doppelten Mantel versehen. Der Kühler ist ständig mit Lösung gefüllt. Das Spinnbad durchfließt den Kühler von oben nach unten. Das ausgekühlte Konzentrat tritt mit den ausgeschiedenen Kristallen unten entweder in ein Abscheidegefäß oder in eine Maische ein. Der Kaltrührer ist mit einem Schleifrührwerk ausgestattet, damit die Kühlflächen immer frei von Kristallkrusten gehalten werden.

Mit einem stehenden Vakuumkristallisator wird auch in den Vereinigten Staaten vielfach gearbeitet. Auch hierbei wird das Vakuum durch Dampfstrahlapparate erzeugt (Abb. 242). Durch eingebaute Propeller-Rührer wird die Salzlösung in Bewegung gehalten. Sie wird nach Erreichung der für die Konzentrierung notwendigen Endtemperatur nach unten abgelassen. Die Brüden werden in einem Mischkondensator oder einem Oberflächenkondensator kondensiert.

Die Abtrennung des Sulfates im Salzbrei von der Mutterlauge erfolgt zweckmäßig mit Hilfe einer Schubschleuder der Firma *Escher Wyss*, Ravensburg. Diese leistungsfähige Apparatur erlaubt eine kontinuierliche Zentrifugierung. In der sich um eine horizontale Achse drehenden Trommel scheidet sich das Natriumsulfat an der Trommelwand ab, an deren vorderen Ende es durch Schaber abgenommen wird. Es fällt auf ein Transportband

Abb. 241. Kristallisier-Apparat der Fa. Deutsche Vakuumapparate G. m. b. H., Sangerhausen.

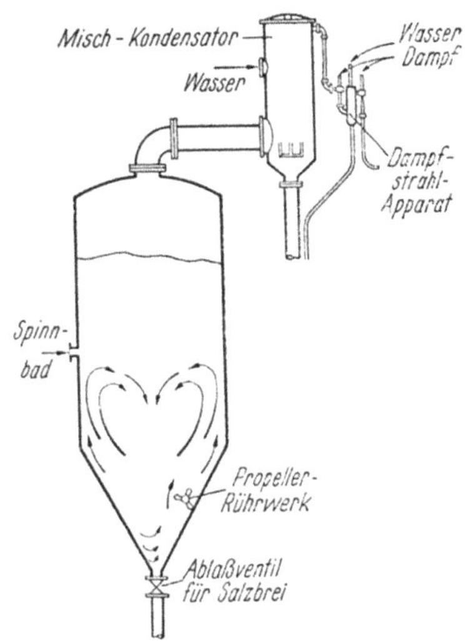

Abb. 242. Amerikanischer Vakuum-Kristallisator für Spinnbad. (Nach BUSATH.)

und wird von diesem weggeführt. An Stelle von Schubschleudern sind auch Vakuum-Drehfilter in Gebrauch.

Wenn das abgeschiedene Natriumsulfat nicht in den Vorfluter geleitet werden kann, sondern anderweitig verwendet werden soll, so ist es empfehlenswert, es zu kalzinieren. Dies kann beispielsweise gleichfalls in einer Apparatur der *Deutsche Vakuumapparate G.m.b.H.* geschehen. Hierbei wird das Sulfat zunächst in einem besonderen Verdampfungapparat entwässert und anschließend geschmolzen. Diese Anlage ist in Abb. 243 dargestellt.

Ein besonders schwieriges Problem ist in manchen Ländern die Unterbringung des bei der Kristallisation anfallenden Natriumsulfates. Bei der als Beispiel genannten Tagesproduktion von 12000 kg werden 10000 kg Ätznatron an das Spinnbad abgegeben, wodurch 18000 kg Natriumsulfat entstehen. Man hat sich mit dem Größerwerden der Reyon- und vor allen Dingen der Zellwollbetriebe daher intensiv mit dieser Frage beschäftigt. Nach KRÜGER[1] sind vier Wege einer wirtschaftlichen Verwendung des Natriumsulfates möglich:

1. Die Natriumsulfatlösung wird in stehenden oder liegenden Zellen der Elektrolyse unterzogen. Beim sog. Amalgamverfahren läßt sich das Natriumsulfat hierbei in Natronlauge und Schwefelsäure spalten.

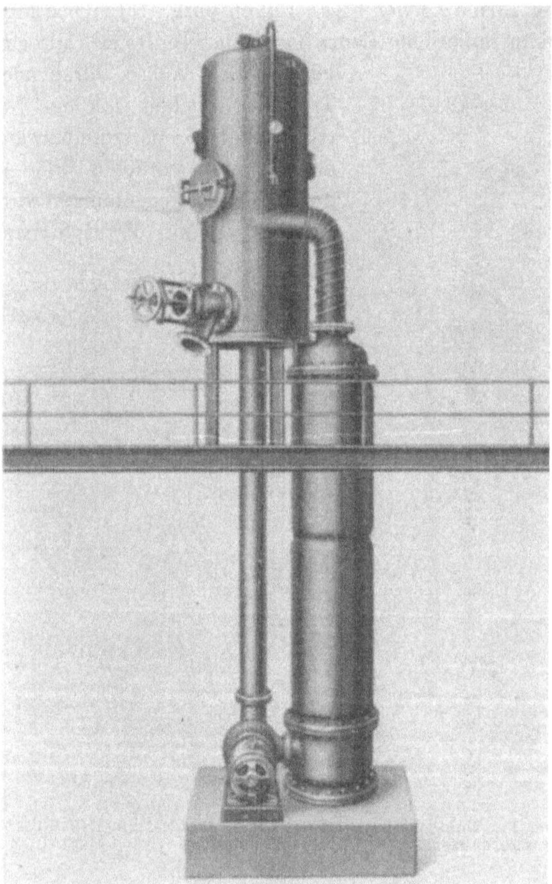

Abb. 243. Kalzinierapparat für Natriumsulfat der Fa. Deutsche Vakuumapparate G. m. b. H., Sangerhausen.

Die anfallende Lauge enthält etwa 50% Ätznatron und kann ohne weiteres in der Laugenstation verwendet werden.

Die anfallende Schwefelsäure ist mit Glaubersalz verunreinigt. Ihre Zusammensetzung ist etwa 20% H_2SO_4 und 10% Na_2SO_4. Da die Spinnbäder ohnehin Natriumsulfat enthalten, kann auch diese Schwefelsäure im Betrieb selbst wieder Verwendung finden.

2. Die anfallenden Spinnbäder werden mit Salzsäuregas behandelt, wodurch das Natriumsulfat in Natriumchlorid umgewandelt wird, während die Schwefelsäure in Lösung bleibt. Das Natriumchlorid scheidet sich dabei in fester Form ab.

Die Schwefelsäure wird durch Zusatz von konzentrierter Säure verstärkt, wobei sie vollständig von Salzsäuregas befreit wird. Sie kann nach bekannten Verfahren weiter konzentriert und in den Betrieb zurückgenommen werden.

Das Natriumchlorid wird abfiltriert und in üblicher Weise elektrolysiert. Hierbei entsteht Natronlauge, die in den Betrieb zurückgeht, und Chlor, das zu Salzsäuregas verbrannt wird. Es dient für die Behandlung weiterer Spinnbadmengen.

3. Das Natriumsulfat wird mit Ammoniak und Kohlensäure nach dem Leuna-Verfahren in Soda umgewandelt. Hierbei entsteht als Nebenprodukt Ammonsulfat, das als Düngemittel verkauft werden kann.

Die sulfathaltige Soda kann in der Glasindustrie sowie für die Herstellung von Waschmitteln verwendet werden. Es ist auch möglich, sie durch Kaustifizieren in Ätznatron umzuwandeln.

[1] KRÜGER: Kunsts. u. Zellw. 28, 74 (1950).

4. Aus dem Glaubersalz läßt sich in verhältnismäßig einfacher Weise ein Körper herstellen, der in der Emaille-Industrie als Austausch für Soda und Borax Verwendung finden kann („Sothal-Verfahren").

Soweit bekannt, haben die Aufbereitungsverfahren für das bei der Spinnbadregeneration anfallende Glaubersalz jedoch noch keine großtechnische Anwendung gefunden.

IV. Analyse der Spinnbäder.

Bestimmung des spezifischen Gewichtes. Das spezifische Gewicht wird durch Eintauchen eines Aräometers bestimmt.

Bestimmung der freien Säure. Es werden etwa 10 cm³ Fällbad der Dichte *d* abgewogen und in einem Erlenmeyerkolben mit 100 cm³ Wasser verdünnt. Nach Zugabe von Methylrot (1proz. alkoholische Lösung) als Indikator wird mit n-Natronlauge bis zum Verschwinden der Rotfärbung titriert. Bezeichnet man die Anzahl der verbrauchten Kubikzentimeter mit *s*, so ist der Prozentgehalt des Bades an Schwefelsäure

$$\frac{s \cdot 0{,}49}{d}.$$

Bestimmung des Gesamtsalzes (nach BERL-LUNGE[1]). 1 cm³ Fällbad wird vorsichtig in einem kleinen Porzellantiegel über kleiner Flamme eingedampft und so lange geglüht, bis der Rückstand weiß geworden ist. Bei Anwesenheit von Glukose werden die anwesenden Sulfate ganz oder teilweise zu Sulfiden reduziert. In diesem Falle gibt man nach dem Abkühlen des geglühten Tiegelinhaltes einige Tropfen konzentrierte Salpetersäure zu, raucht ab und glüht nochmals.

Bestimmung des Sulfatgehaltes (nach JENTGEN[2]). Das Fällbad wird filtriert und 10 g des Filtrates mit Wasser auf 200 cm³ verdünnt. Die Lösung wird erhitzt und mit heißer Chlorbariumlösung gefällt. Der Niederschlag besteht aus dem Bariumsulfat von der freien Schwefelsäure und den Sulfaten stammend. Der Gehalt an Sulfat ergibt sich aus der Differenz zwischen Gesamtsulfat und dem Sulfat der freien Säure.

Etwa vorhandenes *Ammonsulfat* muß für sich bestimmt werden. Zu diesem Zwecke verdünnt man 10 g Fällbad in einem KJELDAHL-Kolben mit 150 cm³ Wasser, macht mit Natronlauge stark alkalisch und destilliert etwa 50 cm³ ab. Das Destillat fängt man in einer Vorlage auf, die genau 20 cm³ n-Schwefelsäure enthält. Die Vorlage wird mit n-Natronlauge unter Verwendung von Methylorange als Indikator titriert.

Bestimmung der Glukose. Die Glukose kann maßanalytisch bestimmt werden[3]. Zu diesem Zwecke versetzt man das Fällbad mit Ammoniak im Überschuß und filtriert. 25 cm³ des Filtrates werden in einem Erlenmeyerkolben von 250 cm³ Fassungsvermögen mit einer Mischung von gleichen Teilen Kupfersulfat- und Seignettesalzlösung 5 Minuten zum Sieden erhitzt. Das Erhitzen erfolgt auf einem Asbestdrahtnetz, dessen Astbestschicht eine der Bodenfläche des Kolbens entsprechende Aussparung besitzt. Das Reaktionsgemisch wird rasch auf 25° C abgekühlt, mit 3 g Kaliumjodid und 100 cm³ 25proz. Schwefelsäure versetzt. Man titriert dann mit

[1] BERL-LUNGE: Chemisch-Technische Untersuchungsmethcden, 8. Aufl., S. 746.
[2] JENTGEN: Laboratoriumsbuch, S. 58.
[3] MERCK: Chemisch-technische Untersuchungsmethoden für die Textilindustrie, 1939, S. 106.

n/10-Natriumthiosulfatlösung, bis die Flüssigkeit hellbraun geworden ist. Dann gibt man Stärkelösung zu und titriert bis zur Entfärbung. Die verbrauchten Kubikzentimeter Thiosulfatlösung entsprechen den in Tab. 95 angegebenen Mengen Glukose.

Tabelle 95. *Umrechnung von Thiosulfat in Glukose.* (Nach SCHOORL[1].)

n/10 Thiosulfatlösung cm^3	Traubenzucker $C_6H_{12}O_6$ mg	n/10 Thiosulfatlösung cm^3	Traubenzucker $C_6H_{12}O_6$ mg	n/10 Thiosulfatlösung cm^3	Traubenzucker $C_6H_{12}O_6$ mg
1	3,2	10	32,3	19	63,3
2	6,3	11	35,7	20	66,9
3	9,4	12	39,0	21	70,7
4	12,6	13	42,4	22	74,5
5	15,9	14	45,8	23	78,5
6	19,2	15	49,3	24	82,6
7	22,4	16	52,8	25	86,6
8	25,6	17	56,3	26	90,7
9	28,9	18	59,8	27	94,8

Die Glukose kann auch mit dem Polarisationsapparat bestimmt werden.

Zur **Bestimmung des Zinksulfates** versetzt man die für die Untersuchung auf Säure verwendete Probe nach der Titration mit Phenolphthalein und titriert mit n-Natronlauge weiter, bis Rotfärbung auftritt. Hierbei fällt das Zink als Hydroxyd aus. Aus der Anzahl der verbrauchten Kubikzentimeter n-Natronlauge berechnet sich der Prozentgehalt des Spinnbades an Zinksulfat nach der Formel

$$\frac{z \cdot 0{,}8072}{d}.$$

Zur **Bestimmung des Magnesiumsulfates** werden 10 cm^3 Spinnbad der Dichte *d* bei 40° C in einen Meßkolben gebracht, mit 60 cm^3 n-Natronlauge versetzt und auf 100 cm^3 aufgefüllt. Alsdann wird geschüttelt, absitzen gelassen und filtriert. Hierauf werden 50 cm^3 des Filtrates mit n-Säure unter Verwendung von Methylrot als Indikator zurücktitriert. Werden hierbei c cm^3 verbraucht, so berechnet sich der Prozentgehalt an Magnesiumsulfat nach der Formel

$$\frac{0{,}6 \cdot (60 - s - 2\,c)}{d}.$$

Ist im Spinnbad neben Magnesiumsulfat Zinksulfat anwesend, so wird der Prozentgehalt an Magnesiumsulfat nach der folgenden Formel berechnet:

$$\frac{0{,}6 \cdot (60 - s - z - 2c)}{d}.$$

[1] SCHOORL: Z. angew. Chem. **12**, 633 (1899).

15. Kapitel.

Der Spinnvorgang und die Bildung der Faserstruktur.

I. Der Spinnvorgang.

a) Das Anspinnen.

Die aus den feinen Düsenöffnungen austretende Viskose nimmt im Spinnbad feste Form an. Die Abzugsvorrichtungen der Spinnmaschinen sorgen dafür, daß die Erstarrung der Viskose in Fadenform geschieht. Läßt man die Viskose, ohne den erstarrten Faden abzuziehen, in das Spinnbad eintreten, so entstehen krause, unregelmäßige Gebilde. Es war schon erwähnt worden, daß diese auch entstehen, wenn Fädchen vor den Abzugsvorrichtungen reißen; sie müssen aus der Spinnbadwanne entfernt werden, damit sie das Spinnen der benachbarten Spinnstellen nicht stören.

Das Anspinnen der Spinnmaschinen geht wie folgt vor sich: Nachdem die Spinnpumpen tariert sind (siehe S. 428), wird der Spinnstutzen mit der Düse durch das Gelenk der Filterbrücke in die Spinnbadwanne eingeschwenkt. Man nimmt dann unmittelbar an der Düse die austretende Viskose ab und führt den hierdurch entstehenden, in seiner Dicke zunächst noch unrichtigen Faden den Aufnahmeorganen zu. Bei normalen Walzen- und Spulenspinnmaschinen ist dieser Arbeitsvorgang sehr einfach: Der Faden wird auf die Walze oder Spule aufgelegt und nunmehr von dieser mitgenommen. Dann wird er in den Schlitz des Fadenführers gelegt. Bei Streckspinnverfahren erfordert das Anspinnen je nach der Anordnung der Streckwerke oft große Übung und Geschicklichkeit, und es gelingt nicht immer beim ersten Male, den Faden in der richtigen Weise um alle Abzugsorgane herumzuführen[1]. Beim Zentrifugenspinnverfahren legt man den Faden um die abziehende Galette. Den dann von der Galette herunterlaufenden Faden ergreift man mit der linken Hand, wodurch er eine Schlinge bildet. Diese wird darauf mit der rechten Hand mit Spinnbad, das man aus einem kleinen Becher ausgießt, in den Spinntrichter gespült. Es ist notwendig, hierfür Spinnbad und nicht etwa Wasser zu verwenden, da zunächst im Spinntopf verbleibende Wasserreste den Faden in bezug auf seine färberischen Eigenschaften ungünstig beeinflussen würden.

Die Abzugsgeschwindigkeit und entsprechend auch die Pumpenförderung werden so hoch wie möglich eingestellt, um eine möglichst hohe Leistung aus den Spinnmaschinen herauszuholen. Sie hat jedoch ihre Grenzen. Einerseits setzt der Changiermechanismus der Abzugsgeschwindigkeit Schranken. Andererseits hängt die Wahl der Abzugsgeschwindigkeit aber auch von der Beschaffenheit des frischen Fadens ab, der je nach den gewählten Betriebsbedingungen mehr oder weniger empfindlich sein kann. Feine Titer werden im allgemeinen besser mit niedrigerer Abzugsgeschwindigkeit gesponnen als grobe. Es ist verständlich, daß man im Laufe der Zeit mit dem zunehmenden Fortschritt der Technik die Abzugsgeschwindigkeit immer mehr erhöht hat. Während früher normalerweise mit 40 oder 60 m Abzug pro Minute ge-

---

[1] Zur Erleichterung des Anspinnens bei Spulenwechsel wurde von der Firma Hamel ein besonderes Gerät entwickelt (DRP.-Anm. H 152685; Kl. 29a).

sponnen wurde, geht man heute auf 80 oder 100 m. Es ist oft empfohlen worden, mit noch höherer Abzugsgeschwindigkeit zu spinnen, jedoch tut man gut daran, sie nicht zu übersteigern. Eine in vernünftigen Grenzen gehaltene Abzugsgeschwindigkeit kommt der Lebensdauer der Spinnmaschinen sowie der Qualität des Gespinstes zustatten.

Beim Auswechseln der Spinnspulen bzw. der Spinntöpfe geht man wie folgt vor: Spulenspinnmaschinen sind normalerweise so eingerichtet, daß für jede Spinnstelle zwei Spinnspulen vorhanden sind. Nachdem die Wechselspule in Betrieb gesetzt ist, schlägt man den noch auf die besponnene Spule auflaufenden Faden ab und legt ihn auf die leere Spule auf, die nunmehr den Faden aufnimmt. Bei Galettenmaschinen läßt man beim Wechsel den Faden auf die Galette auflaufen. Nach Wiedereinsetzen des Fadenaufnahmeorgans wird das auf die Galette aufgelaufene Gespinst abgenommen. Man bezeichnet es als „Ringgespinst“. Es wird gesammelt, auf besonderen Apparaten gewaschen und dient als Ausgangsmaterial für Stapelfaser. Auch beim Auswechseln der Spinntöpfe läßt man den Faden während des Topfwechsels auf eine Galette auflaufen.

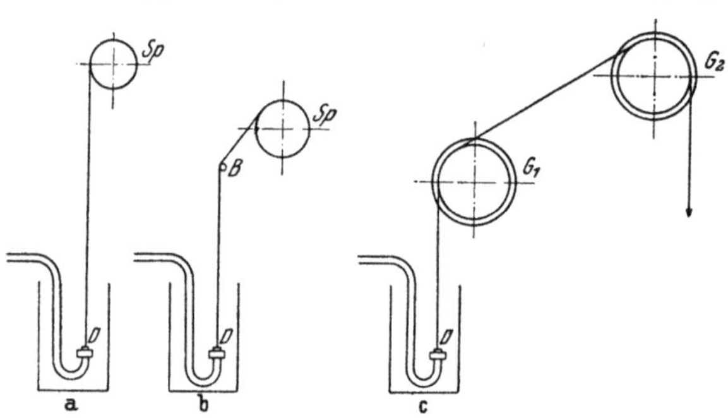

Abb. 244. Möglichkeiten für die Fadenführung beim Spinnen.

Der Spinnvorgang geht im Prinzip so vor sich, daß mit Hilfe der Spinnpumpe die Viskose durch die feinen Bohrungen der Spinndüse in das Spinnbad gedrückt wird. In diesem bildet sich zunächst ein flüssiger Faden, der durch die Einwirkung des Bades eine allmählich fortschreitende Koagulation und Zersetzung erfährt, wodurch er schließlich die Form eines plastischen, stark gequollenen, jedoch in sich festen Gels annimmt. In diesem Zustand wird der Faden durch die Abzugsvorrichtung erfaßt und entweder auf dieser selbst gesammelt oder von dieser besonderen Fadenaufnahmeorganen zugeführt. Auf dem Wege von der Düse zum Abzugsorgan befindet er sich in dem ersten Teil seiner Länge unterhalb der Badoberfläche, in seinem zweiten Teil in der Luft. Die im Bade befindliche Strecke nennt man „Badstrecke“, „Tauchstrecke“ oder „Schlepplänge“, während man die in der Luft befindliche Strecke „Luftstrecke“ nennt.

Diesen Vorgang soll Abb. 244 ganz schematisch veranschaulichen. Die Abbildung erfordert einige Erläuterungen: Betrachtet man Teil a) der Abbildung, so stellt man fest, daß der von der Düse *D* kommende Faden ohne jede weitere Maßnahme von der Spule *Sp* aufgenommen wird. Es ist dies die einfachste Form des Spinnens.

Man kann nun die Viskose mit verschiedenen Geschwindigkeiten aus der Düse austreten lassen, man kann somit verschiedene „Austrittsgeschwindigkeiten“ haben. Ebenso kann man den entstandenen Faden mit verschiedenen Geschwindigkeiten abziehen oder aufwickeln. Man nennt diese Geschwindigkeit „Abzugsgeschwindigkeit“ oder „Spinngeschwindigkeit“. Wenn die Abzugsgeschwindigkeit größer ist als die Austrittsgeschwindigkeit, so wird der Faden zwischen Düse und Abzugsvorrichtung ausgezogen. Man nennt dies „Spinnen unter Verzug“. Statt Verzug ist auch der Ausdruck „Spinnstreckung“ gebräuchlich.

Es leuchtet nun ohne weiteres ein, daß ein Verzug den Faden an seiner schwächsten Stelle am stärksten beanspruchen muß; diese schwächste Stelle liegt in unmittelbarer Nähe der Düse oder, genauer ausgedrückt, bereits im Düsenkanal selbst. Bei zu starkem Verzug würde es an dieser Stelle zum Abreißen des Fadens kommen.

Dem kann man nun in einfachster Weise dadurch entgegenwirken, daß man den Lauf des spinnenden Fadens etwa in seinem letzten Drittel abbremst. Es kann dies z. B. dadurch geschehen, daß man ihn über einen feststehenden Stab *B*, der als „Bremse" wirkt, führt, wie dies in Teil b) der Abbildung gezeigt ist. Die Fadengeschwindigkeit ist dann hinter der Bremse etwas größer als vor der Bremse, mit anderen Worten, der Verzug wird in Richtung auf das Abzugsorgan verlagert. Es wird hierdurch dem Faden Gelegenheit gegeben, sich schon etwas mehr zu verfestigen, bevor er der Wirkung des Verzuges unterliegt. Die Größe des Verzuges zwischen Düse und Abzugsorgan wird durch das Einschalten einer Bremse nicht verändert, wohl jedoch gerät der Faden hierdurch in eine gewisse „Spannung".

Derartige Spinnverfahren nennt man „normale Spinnverfahren".

Nun kann man aber auch so spinnen, wie dies Teil c) der Abbildung zeigt. Für eine derartige Spinnanordnung ist kennzeichnend, daß der Faden zunächst auf übliche Weise, wie bei a) gezeigt, abgezogen wird, und zwar in diesem Fall durch eine Galette G_1, von dieser aber einer zweiten Galette G_2 zugeführt wird, die den Faden mit einer größeren Geschwindigkeit abzieht, als er von der Galette G_1 geliefert wird. In diesem Falle wird der Faden zwischen G_1 und G_2 „verstreckt". Man spricht dann von „Verstreckung" oder „Nachstreckung" (zum Unterschied von Spinnstreckung) und nennt ein solches Spinnverfahren ein „Streckspinnverfahren".

Das Maß für die Dicke des jeweils erhaltenen Fadens ist der „Titer".

Mit diesen kurzen Erläuterungen sind die in der Chemiefaserindustrie so wichtigen Begriffe wie Verzug, Fadenbremsung, Spannung, Verstreckung und Titer schon klargestellt. Die leicht miteinander verwechselbaren Begriffe Verzug und Verstreckung lassen sich also eindeutig trennen, wenn man unter Verstreckung lediglich das Ausziehen eines bereits ziemlich fertigen, allerdings noch plastischen Fadens versteht.

Wie jedoch von Rauch und Harms[1] erläutert wurde, ist eine exakte Trennung der Begriffe Verzug und Verstreckung außerordentlich schwierig. Da z. B. beim Einschalten eines Bremsstabes ein Ausziehen des Fadens zum größten Teil erst erfolgt, nachdem er schon ziemlich weitgehend koaguliert und zersetzt ist, so müßte man in diesem Fall streng genommen schon von Verstreckung sprechen. Dies würde voraussetzen, daß man den Begriff Verzug auf das Ausziehen eines noch flüssigen Viskosefadens beschränkt.

Bevor nun auf die genannten Begriffe näher eingegangen wird, ist es erforderlich, Ausführungen über einen weiteren Begriff zu machen, nämlich über die „Schrumpfung".

b) Die Schrumpfung.

Unter Schrumpfung versteht man die Eigenschaft des frischen Fadens, sich während der Koagulation, Zersetzung und Trocknung zusammenzuziehen.

Es ist zweckmäßig, *Vorschrumpfung* und *Nachschrumpfung* zu unterscheiden. Die erstere findet während der Koagulation und Zersetzung im Spinnbade statt, man

---

[1] Rauch u. Harms: Zellw., Kunsts., Seide **47**, 282 (1942).

nennt sie daher auch Badschrumpfung. Die letztere erfolgt während des Trocknungsprozesses. Die Schrumpfung während der Nachbehandlung des frischen Fadens kann nach Untersuchungen von HERMANS vernachlässigt werden.

Zur Klarstellung sei ausdrücklich bemerkt, daß sich die in diesem Kapitel gemachten Ausführungen ausschließlich auf die Vorschrumpfung, also die Schrumpfung durch das Spinnbad, beziehen.

Die Schrumpfung stellt eine nicht zu vernachlässigende Größe dar; sie beträgt beim Spulenspinnverfahren normalerweise 7···8% und kann beim Zentrifugenspinnverfahren Beträge bis zu 15% annehmen.

Nach Untersuchungen von SCHRAMEK[1] schrumpfen nach dem Streckspinnverfahren hergestellte Viskosefasern in besonders hohem Maße. Die Schrumpfung verläuft sowohl in der Längs- als auch in der Querrichtung des frischen Fadens. Da der spinnende Faden nur ganz kurze Zeit im Spinnbade verbleibt — bei einer Spinngeschwindigkeit von 50 m je Minute und einer Badstrecke von 18 cm beispielsweise nur 0,21 Sekunden —, so findet die endgültige Koagulation und Zersetzung des Fadens außerhalb des Bades, zum Teil erst auf bzw. in den Fadenaufnahmeorganen statt. Der Vorgang kann Stunden in Anspruch nehmen. Während der ganzen Zeit erfolgt auch eine Schrumpfung; auf den Spulen bzw. im Spinnkuchen allerdings nur, soweit deren Aufbau eine Schrumpfung zuläßt.

Da der Faden während des Spinnens unter einer gewissen Spannung steht, so erfolgt nach Untersuchungen von ROSE und GRIFFITHS[2] die Schrumpfung während des Spinnverlaufs in der Hauptsache in der Querrichtung des Fadens, während sich die Längskontraktion erst später vollzieht. Die Schrumpfung verläuft also anisotrop.

Die Schrumpfung bewirkt, daß der Titer des gesponnenen Fadens *gröber* wird. Dies bedingt Korrekturen bei der Titereinstellung. Zur Erzielung des gewünschten Titers muß man daher die Zelluloseförderung etwas herabsetzen oder die Abzugsgeschwindigkeit erhöhen. So muß bei normalen Bedingungen z. B. eine Faser von 4,63 den. gesponnen werden, wenn ein Titer von 5 den. erhalten werden soll. Entsprechend muß beispielsweise mit einer Abzugsgeschwindigkeit von 54 m in der Minute gearbeitet werden, um eine tatsächliche Spinngeschwindigkeit von 50 m zu erhalten.

Die Größe der Schrumpfung ist abhängig von der Zusammensetzung der Viskose und mehr noch von der Zusammensetzung der Spinnbäder.

Was die Zusammensetzung der Viskose anbetrifft, so nimmt die Schrumpfung mit Abnahme des Zellulosegehaltes zu. Dies ist leicht einzusehen, da bei geringerem Zellulosegehalt die faserbildenden Bausteine im austretenden Viskosestrahl weiter auseinander liegen und infolgedessen bei der Verfestigung des Fadens in stärkerem Maße zusammenrücken müssen, als wenn der Viskosestrahl dichter mit Zellulosebausteinen besetzt wäre.

Nicht ohne weiteres verständlich ist dagegen der Einfluß der Spinnbadzusammensetzung auf die Schrumpfung. In dieser Beziehung sind Art und Konzentration an Salz und Säure von Bedeutung.

Was die Art der Salze anbetrifft, so fand MATTHAES[3] hinsichtlich der Schrumpfung folgende Reihenfolge:

$$Al_2(SO_4)_3 > MgSO_4 > Na_2SO_4 > (NH_4)_2SO_4 > ZnSO_4 > K_2SO_4 .$$

[1] SCHRAMEK: Zellw., Kunsts., Seide **46**, 86 (1941). — [2] ROSE u. GRIFFITHS: J. Text. Inst. Manchr. **39**, 265 (1948). — [3] MATTHAES: Kunstseide **18**, 334 (1936).

Hieraus ergibt sich, daß die höherwertigen Kationen den Faden stärker zum Schrumpfen bringen als die einwertigen. Das Zinksulfat nimmt jedoch eine Sonderstellung ein insofern, als es nur eine geringe Schrumpfung bewirkt. Man nimmt an, daß das Zink sich mit dem Zellulosexanthogenat zu einer besonders schwerlöslichen Verbindung umsetzt, während die anderen Salzkationen leichter lösliche Körper ergeben[1].

Nach Untersuchungen von LOTTERMOSER und SCHIEL[2] ist die Schrumpfung eine Folge osmotischer Kräfte. Die koagulierte Außenhaut des frischen Fadens wirkt wie eine semipermeable Membran. Wir haben so beim Spinnen einen mit Viskose gefüllten Schlauch vor uns. Unter dem koagulierenden Einfluß des Fällungsmittels, das durch die Haut in das flüssige Innere diffundiert, sinkt der osmotische Druck im Innern der Membran. Der hohe osmotische Druck des Spinnbades verursacht eine Wanderung von Flüssigkeit aus dem Schlauchinneren nach außen, was ein Zusammendrücken des Schlauches bewirkt. Da mit steigendem Sulfatgehalt des Spinnbades sein osmotischer Druck steil ansteigt, so ist es verständlich, daß der Unterdruck im Viskoseschlauch und somit die Zusammenpressung der Haut sich um so stärker auswirkt, je mehr Sulfat das Spinnbad enthält. Dieser Vorgang wird noch dadurch begünstigt, daß die Durchlässigkeit des Schlauches mit höherem Sulfatgehalt des Spinnbades größer wird.

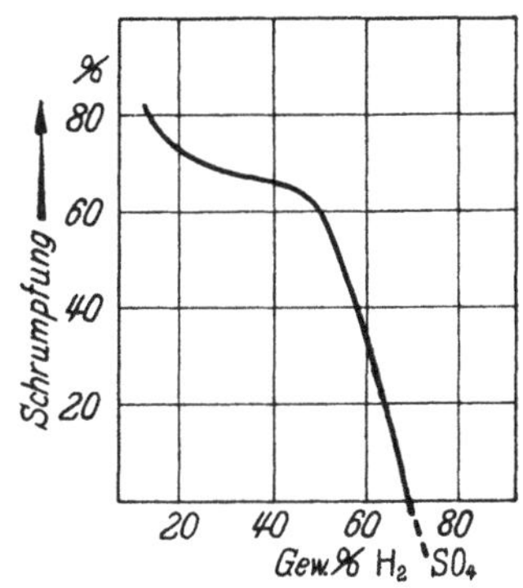

Abb. 245. Einfluß der Schwefelsäure-Konzentration im Spinnbad auf die Schrumpfung. (Nach MATTHAES.)

Infolge der Festigkeit der Außenhaut muß sich der Schlauch bei der Schrumpfung in Falten legen, wodurch die charakteristischen Querschnittsformen der Chemiefasern entstehen. Hierauf wird S. 445 noch näher eingegangen.

In bezug auf den Einfluß der Konzentration an Salzen im Bad auf die Schrumpfung wurde von MATTHAES festgestellt, daß die Schrumpfungsbeträge mit ansteigender Salzkonzentration zunehmen.

Recht eigenartig wirkt sich der Säuregehalt des Spinnbades auf die Schrumpfung aus. Es wurde gefunden, daß die Schrumpfung zwischen Schwefelsäurekonzentrationen von 10···20% schwach abnimmt. Bei Konzentrationen von 20···40% hält sich die Schrumpfung auf gleicher Höhe. Dann nimmt die Schrumpfung bei 55% steil ab und fällt bis 70%. Bei dieser Konzentration hört die Schrumpfung ganz auf und es beginnt eine Verlängerung des Fadens (Abb. 245).

Die Schrumpfung ist verständlicherweise auf die Dicke des Fadens von Einfluß. Sie bestimmt ferner auch den Quellungsgrad des frischen Fadens und damit die Menge des mitgeführten Spinnbades. Wenn durch die Art des Spinnbades die Quellung herabgedrückt wird, steigert sich entsprechend die Schrumpfung[3]. Bäder, die also eine schwache Schrumpfung ergeben, liefern demnach eine stark gequollene Faser und umgekehrt.

Der Quellungsgrad ist nun wieder verantwortlich zu machen für das Fassungsvermögen der Aufwickelorgane. Von stark gequollener Faser kann z. B. eine Spule

[1] KAWATA: Cellulose Ind. **17**, 27 (1941). — [2] LOTTERMOSER u. SCHIEL: Z. angew. Chem. **43**, 80 (1930). — [3] MATTHAES: Kunstseide **18**, 334 (1936).

bei einer bestimmten Bewicklungsdicke nur eine kleinere Menge aufnehmen als von einer schwach gequollenen Faser. Somit wirkt sich das Spinnbad auch auf das Fassungsvermögen der Fadenaufnahmeorgane aus.

c) Der Verzug.

Die Größe des Verzuges ist bestimmt durch das Verhältnis der Austrittsgeschwindigkeit zur Abzugsgeschwindigkeit des ersten Fadenaufnahme- oder Fadenabzugsorgans[1].

Betrachtet man den aus der Düse austretenden Viskosestrahl als eine Säule vom Durchmesser der Summe aller Düsenlöcher, und wickelt das Aufnahmeorgan genau diese Säule auf, ohne einen Zug auf sie auszuüben, so liegt ein Grenzfall vor. Es ist in diesem Falle die Aufwickelgeschwindigkeit gleich der Austrittsgeschwindigkeit, und der Verzug hat dann den Wert 1. Wird bei gleichbleibender Austrittsgeschwindigkeit die Aufwickelgeschwindigkeit größer, so nimmt der Verzug Werte über 1 an; sinkt die Aufwickelgeschwindigkeit unter die Austrittsgeschwindigkeit, so ergibt der Verzug Werte unter 1. Man spricht in diesem Falle von „negativem Verzug" oder von „Stauchung".

Infolge dieser Wechselwirkung zwischen Austritts- und Abzugsgeschwindigkeit kann der Verzug sowohl durch Änderung der Austrittsgeschwindigkeit als auch der Abzugsgeschwindigkeit verändert werden.

Was die Abzugsgeschwindigkeit anbetrifft, so kann sie allerdings nicht beliebig groß gewählt werden, da mit zunehmender Abzugsgeschwindigkeit bei gleichem Verzug die Fällungszeit immer kürzer wird. Praktisch wird, wie schon gesagt, mit Abzugsgeschwindigkeiten von 80···100 m je Minute gearbeitet. Das Maximum dürfte nicht über 140 m liegen[2].

Während nun die Abzugsgeschwindigkeit durch das Produkt aus Tourenzahl und Umfang des Abzugs- bzw. Aufwickelorgans bestimmt ist, hängt die Austrittsgeschwindigkeit von der Förderleistung der Spinnpumpe in der Zeiteinheit sowie dem Gesamtquerschnitt der Düsenlöcher ab, denn durch diese Faktoren wird die Länge der in der Zeiteinheit austretenden Viskosesäule verändert. Den Begriff Austrittsgeschwindigkeit kann man somit auch als die Länge der in der Zeiteinheit austretenden Viskosesäule definieren.

So findet eine Verlängerung der Viskosesäule statt, wenn in der Zeiteinheit mehr Viskose gefördert wird. Mit steigender Viskoseförderung wird somit bei gleicher Abzugsgeschwindigkeit der Verzug kleiner. Eine Verlängerung der Viskosesäule wird ferner dadurch erzielt, daß man bei gleicher Fördermenge den Gesamtquerschnitt der Düsenlöcher verringert. Auch diese Maßnahme verringert daher den Verzug. Der Verzug ist somit der Querschnittsänderung der Düsenlöcher proportional.

Nach Untersuchungen von KÄMPF[3] ist es jedoch für die Eigenschaften der erhaltenen Chemiefaser nicht gleichgültig, ob man den gleichen Verzug durch verschiedene Abzugs- und dieser entsprechenden Austrittsgeschwindigkeiten einstellt. Auf diese Weise erhaltene Fasern unterscheiden sich hinsichtlich Griff, Glanz, Anfärbevermögen sowie Festigkeit und Dehnbarkeit. D. h. also, daß für den Vorgang der Fadenbildung auch die absoluten Größen der Austritts- und Abzugsgeschwindigkeit eine Rolle spielen.

[1] Vgl. hierzu KÄMPF: Kunstseide **9**, 361, 419 (1927). — [2] JÄGER: Kunstseide u. Zellwolle **26**, 138 (1948). — [3] KÄMPF: Kunstseide **9**, 364 (1927).

Ergänzend sei bemerkt, daß der Verzug auch von der Schrumpfung beeinflußt wird, und zwar insofern, als eine Kontraktion des Fadens zwischen Düse und Abzugsorgan den Verzug verständlicherweise vergrößert. Hat man Austritts- und Abzugsgeschwindigkeit demnach so eingestellt, daß sich theoretisch ein Verzug von 1 ergeben würde, so liegt unter der Wirkung der Schrumpfung dennoch ein gewisser positiver Verzug vor. Insofern beeinflussen alle Faktoren, die die Schrumpfung verändern, auch den Verzug, und zwar in gleichem Sinne.

Ein positiver Verzug bewirkt, daß die Viskosesäule aus den Kanälen der Spinndüsen herausgezogen wird. Es ergibt sich dies einerseits aus dem Druckabfall, den die Viskose bei freiem Ausfließen in das Spinnbad und nach Einschalten des Abzugsorgans erleidet.

Tab. 96 bringt hierfür Beispiele für verschiedene Düsenlochweiten.

Tabelle 96. *Druckabfall in der Viskoseleitung beim Spinnen.* (Nach WEHRUNG.)

Düse mit 40 Loch; mm Bohrung	Druck bei freiem Ausfliessen atü	Druck beim Spinnen atü	Druckabfall atü
0,09	1,4	1,1	0,3
0,08	2,1	1,7	0,4

Andererseits zeigt sich die Tatsache des Ausziehens des Viskosestrahls aus der Düse in gewissen Erscheinungen, die betriebliche Schwierigkeiten durch ein Zuwachsen der Düsenlöcher hervorrufen können. Dies beruht im Prinzip darauf, daß beim Ausziehen der Viskose aus dem Düsenkanal Spinnbad in die Bohrungen eintreten kann, wodurch es zur Koagulation schon im Düsenkanal kommt. Der Verzug kann daher nicht willkürlich gesteigert werden. Nach Untersuchungen von RAUCH und HARMS[1] liegt der höchstmögliche Verzug bei 2,2···2,5.

Andererseits darf man, um brauchbare Fasern zu erhalten, aber auch nicht zu weit in das Stauchungsgebiet gehen. In dieser Beziehung liegt die Grenze bei etwa 0,1. Darunter ist kein einwandfreies Spinnen mehr möglich.

Da man bei normalen Spinnverfahren immer mit Verzug spinnt — man erhält hierdurch höhere Reißfestigkeitswerte der Fasern und erleichtert durch Anwendung von Verzug das Spinnen feiner Titer —, so ist es von Wichtigkeit, diejenigen Faktoren zu kennen, die den Verzug günstig beeinflussen. In dieser Beziehung sind die Alkalikonzentration in der Viskose, die Zusammensetzung der Spinnbäder sowie die Beschaffenheit der Viskose von Bedeutung.

Was die Alkalikonzentration in der Viskose anbetrifft, so wurde gefunden, daß höherer Alkaligehalt der Viskose die Verzugsfähigkeit des spinnenden Fadens verbessert.

Hinsichtlich der Spinnbadzusammensetzung ist zu berücksichtigen, daß der Verzug eine erhebliche Beanspruchung des spinnenden Fadens darstellt. Es ergibt sich hieraus, daß man ihn bei steigendem Verzug in stärkerem Maße durch das Spinnbad verfestigen muß. Dies kann in erster Linie durch Anpassung des Säuregehaltes des Spinnbades an den Verzug geschehen, während die Salzkonzentration in diesem Zusammenhange von geringerer Bedeutung ist. Bei stärkerem Verzug muß man somit die Säurekonzentration heraufsetzen. Hierbei ist allerdings auch die Düsenloch-

[1] RAUCH u. HARMS: Zellw., Kunsts., Seide **47**, 282 (1942).

weite zu berücksichtigen. So wurde von BRONNERT[1] gefunden, daß man bei kleineren Lochweiten bei steigendem Verzug mit einer geringeren Erhöhung der Säurekonzentration auskommt als bei größeren Lochweiten. Bei gleicher Austrittsgeschwindigkeit ergeben sich bei steigendem Verzug unter Verwendung verschiedener Lochweiten die in Tab. 97 dargestellten Verhältnisse (in der Tabelle ist der ansteigende Verzug durch die Verfeinerung des erhaltenen Titers ausgedrückt).

Tabelle 97. *Säurekonzentration für steigenden Verzug bei verschiedenen Düsenlochweiten.* (Nach BRONNERT.)

Durchmesser des Düsenlochs in mm	g H_2SO_4 im Liter bei 7 den	bei 4 den	bei 2 den
0,08	80	105	150
0,10	125	165	235
0,13	210	280	390
0,15	280	370	520

Von besonderer Wichtigkeit für die Erleichterung des Verzuges ist aber die Beschaffenheit der Viskose. Daß vollkommene Sauberkeit der Viskose und insbesondere die Abwesenheit von Eisen- und Kalkverbindungen den Verzug erleichtern, ist schon lange bekannt. Größte Bedeutung hat aber die Entdeckung erlangt, daß man die Viskose klären und ihr Fadenziehvermögen bzw. ihre Verziehbarkeit erheblich verbessern kann, wenn man ihr oberflächenaktive Mittel zusetzt. Als solche haben insbesondere zwei Produkte Bedeutung erlangt, nämlich Praestabitöl V[2] und Monopolbrillantöl[3], von denen man 0,3···2,0 g im Liter der Viskose zusetzt. Näheres hierüber brachte das 13. Kapitel.

Eine Verbesserung der Verzugsmöglichkeit wird nach DRP. 447208 auch dadurch erzielt, daß man die Düsenkanäle in den ersten beiden Dritteln ihrer Länge konisch gestaltet und sie erst im letzten Drittel zylindrisch bohrt. Es wird hierdurch, ebenso wie durch Ölzusatz zur Viskose, ihr Nachfließen erleichtert.

d) Fadenbremsung und Spannung.

Wie bereits S. 409 geschildert, bewirkt die Fadenbremsung eine Verlagerung des Verzugs von der Düse nach dem Abzugsorgan hin, ohne eine Änderung der Größe des Verzugs auf der gesamten Fadenstrecke selbst herbeizuführen. Als Fadenbremsen verwendet man feststehende Stäbe oder Ösen sowie durch den spinnenden Faden selbst angetriebene Bremsröllchen. Die Anwendung von Bremsstäben wurde erstmalig von ERNST im U.S.A. Pat. 808148 beschrieben.

Durch das Einschalten einer Bremse gerät der Faden, wie gleichfalls schon erwähnt, in eine gewisse Spannung, die jedoch auf die Ausbildung des Titers ohne Einfluß ist. Das Anlegen einer Spannung an den spinnenden Faden durch die Fadenbremse bewirkt aber die Entstehung eines Fadens von höherer Festigkeit bei gleichem Titer. Wichtig ist, daß man die Bremse erst dann anlegt, wenn der Faden einen ganz

[1] BRONNERT: Franz. Pat. 510813, 542098; Schweiz. Pat. 87533, 94421.

[2] Brit. Pat. 363908 der N. V. Algemeene Kunstzijde Unie, Arnhem. Hergestellt von der Chemischen Fabrik Stockhausen & Cie., Krefeld.

[3] DRP. 542813 und 544098 der Glanzstoff-Courtaulds G.m.b.H., Köln-Merheim. Ein Türkischrotöl von ausreichender Beständigkeit wird unter dem Namen „Monopolbrillantöl" von der Chemischen Fabrik Stockhausen & Cie., Krefeld, hergestellt.

bestimmten Zustand angenommen hat. Dies ist je nach den Fällbedingungen etwa im letzten Drittel oder Viertel seiner Länge der Fall. Für die Erzeugung der Spannung genügen sehr geringe Kräfte. Besonders günstig ist es für die Erzielung guter Festigkeitswerte, wenn man bei geringem Verzug eine hohe Spannung anlegt. Zweckmäßig wendet man bei hoher Spannung milde wirkende Fällbäder an, jedoch wird der spinnende Faden dadurch empfindlicher und man muß gegebenenfalls die Spinngeschwindigkeit verringern[1].

Was die Bremsstäbe u. dgl. anbetrifft, so werden an ihre Härte durch den darüberlaufenden Faden große Ansprüche gestellt. Sie werden leicht im Laufe der Zeit durch den Faden eingeschnitten. Glas und Porzellan haben nur eine recht beschränkte Lebensdauer. Dagegen haben sich Bremsstäbe aus Sinterkorund der Firma *Degussa* gut bewährt. Das Hinübergleiten des Fadens über einen Bremsstab nennt man „Schlupf".

Zur Erzeugung einer Bremswirkung kann man auch die Reibung zwischen dem Spinnbad und dem spinnenden Faden, die sog. „Badreibung" benutzen. Das Spinnen mit langer Badstrecke kommt in der Wirkung einem Spinnen unter Verwendung von Bremsstäben recht nahe. Es kommt hierbei allerdings hinzu, daß der Faden durch das längere Verweilen im Spinnbad schon mehr verfestigt wird, so daß auch aus diesem Grunde der Verzug den Faden in seinem ersten Teil nicht ganz so stark beansprucht.

Die nach diesen Schemen erhältlichen physikalischen Eigenschaften der Viskosefaser liegen in bezug auf die Festigkeit zwischen 140 und 180 g pro 100 Denier. Die Bruchdehnung schwankt zwischen 20% und 35%. Die Festigkeiten sind bei diesen einfachen Spinnverfahren in besonderem Maße abhängig von der Zusammensetzung des Spinnbades. Schnell wirkende Bäder, wie z. B. reine Natriumsulfat- und Säurebäder, ergeben eine höhere Festigkeit, dafür aber eine niedrigere Bruchdehnung. Umgekehrt ergeben Bäder mit verzögernden Zusätzen beim normalen Spinnen niedrigere Festigkeitswerte, aber hohe Werte für die Bruchdehnung.

e) Die Verstreckung.

Die Verstreckung verfolgt den Zweck einer Erhöhung der Festigkeitseigenschaften der Chemiefasern. Die Möglichkeit, durch Nachstreckung zu festeren Fäden zu kommen, wurde zuerst von Borzykowsky im DRP. 384205 beschrieben[2]. Im Jahre 1928 wurde der *Vereinigte Glanzstoff-Fabriken A.G.* das DRP. 673475 erteilt, das ein Strecken eines koagulierten, teilweise oder ganz zersetzten Fadens außerhalb des Bades um 25% zum Gegenstand hat.

Die Streckspinnverfahren haben große Bedeutung erlangt.

Wie schon angedeutet war, beruhen die Streckspinnverfahren im Prinzip darauf, daß man den plastischen Faden zwischen geeigneten Vorrichtungen verstreckt.

Für die Größe der Verstreckung gilt wie bei dem Verzug das Verhältnis der Geschwindigkeiten, mit denen der Faden von dem ersten Abzugsorgan geliefert (beim Verzug = Austrittsgeschwindigkeit) und von dem folgenden Organ abgezogen wird. Arbeitet man mit üblichen Spinnbädern, so ist es zweckmäßig, die erste Galette

[1] Jäger: Kunsts. u. Zellw. **26**, 138 (1948).

[2] Vgl. hierzu auch Kämpf: Die Kunstseide **5**, 361, 409 (1927) sowie Bartram: Die Kunstseide **11**, 136 (1933).

möglichst nahe an das Spinnbad heranzubringen, die Koagulations- bzw. Zersetzungszeit vor dem ersten abziehenden Organ also möglichst kurz zu halten. Ferner ist es empfehlenswert, beim Auffangen des Fadens auf eine Spinnspule den Faden durch Anpassung der Aufwickelgeschwindigkeit an die Abzugsgeschwindigkeit der zweiten Galette entspannt auf die Spule auflaufen zu lassen, damit der Fadenwickel nicht zu fest wird. Beim Zentrifugenspinnverfahren kann dieses Moment vernachlässigt werden, da sich hierbei die Spannung des Fadens zwischen der zweiten Galette und dem Spinntopf von selbst reguliert[1].

Für die Streckspinnverfahren sind zwei Dinge im Hinblick auf die Erzielung günstiger Festigkeits- und Dehnbarkeitswerte von besonderer Bedeutung, nämlich das Verhältnis, in welchem die Größe der Verstreckung zum Verzuge vor dem Streckwerk steht, und die Zusammensetzung des Spinnbades.

Was den Einfluß des Verzuges anbetrifft, so ist schon in der deutschen Patentanmeldung Kl. 29 b, J 39014[2] darauf hingewiesen, daß man um so bessere Fäden erhält, je geringer der Verzug in der ersten Phase gehalten wird.

Diese Verhältnisse wurden von RAUCH und HARMS[3] näher studiert. Es wurde eine Viskose mit 8,5% Zellulose, 7% Alkali und einer Viskosität von 36,5 verwendet, die mit einer Reife von 10,5° HOTTENROTH versponnen wurde. Als Spinnbad diente ein Müllerbad folgender Zusammensetzung: 135 g Schwefelsäure, 300 g Natriumsulfat und 8 g Zinksulfat im Liter. Die Spinnbadtemperatur betrug 45° C und die Tauchstrecke 45 cm. Es wurde eine Viskoseförderung von 6,92 cm^3 je Minute, eine Düsenlochzahl von 100 und eine Abzugsgeschwindigkeit der ersten Galette von 15 m je Minute gewählt. Der Verzug wurde durch Änderung der Düsenlochweite von 0,05 bis 0,12 mm variiert. Hierbei ergaben sich Verzüge von 0,425···2,45. Darüber hinaus war kein einwandfreies Spinnen mehr möglich. Die Geschwindigkeiten der zweiten Galette wurden so eingestellt, daß vier verschiedene Verstreckungsgrade erhalten wurden.

Es wurde zunächst untersucht, in welchem Maße man die bei verschiedenen Verzügen erhaltenen Fäden verstrecken konnte. Die hierbei erhaltenen Ergebnisse sind in Tab. 98 zusammengestellt.

Tabelle 98. *Einfluß des Verzuges auf die Bruchverstreckung.* (Nach RAUCH und HARMS.)

Düsenloch-bohrung in	Verzug		Bruchverstreckung
μ	Grad	%	%
50	0,426	— 57,4	86,7
70	0,834	— 16,6	79,4
90	1,378	+ 37,8	73,1
120	2,451	+145,1	70,0

Aus der Tabelle geht hervor, daß die Verstreckbarkeit einen Maximalwert annimmt, wenn ein negativer Verzug vorliegt. Berücksichtigt man die schon erwähnte Tatsache, daß bei einem Verzug von etwa 0,1, also bei einer sehr starken Stauchung, kein einwandfreies Spinnen möglich ist, so kann man somit feststellen, daß die maximale Verstreckbarkeit bei starker Stauchung gering ist, dann aber bei geringer wer-

[1] Vgl. hierzu JÄGER: Kunsts. u. Zellw. **26**, 138 (1948).
[2] I. G. Farbenindustrie Aktiengesellschaft.
[3] RAUCH u. HARMS: Zellw., Kunsts., Seide **47**, 282 (1942).

dender Stauchung sehr stark ansteigt, um bei positivem Verzug wieder abzufallen. Dieser Befund ist insofern bemerkenswert, als er bedeutet, daß die durch die Gesamtverstreckung sich ergebende Festigkeitserhöhung nicht als Summe des aus Verzug und Verstreckung sich ergebenden Festigkeitsgewinnes aufzufassen ist, sondern daß bei derartigen Streckspinnverfahren im Gegenteil auf einen Festigkeitsgewinn durch Verzug verzichtet werden muß.

Interessant sind auch die von RAUCH und HARMS durchgeführten Untersuchungen über den Einfluß des Verzuges bei steigender Verstreckung auf die Festigkeit und Dehnbarkeit der erhaltenen Fäden. Wie aus Tab. 99 hervorgeht, steigen Festigkeit und Dehnbarkeit bei Streckspinnverfahren mit fallendem Verzug an. Optimale Verhältnisse stellten sich bei einem Verzug von 0,6 ein. Kommt man weiter in das Stauchungsgebiet, so nehmen die physikalischen Eigenschaften wieder ab. RAUCH und HARMS sind der Ansicht, daß die günstigsten Verhältnisse bei einem praktischen Verzug von annähernd 1 vorliegen. Dieser Wert dürfte bei einem theoretischen Verzug von 0,6 erreicht werden.

Tabelle 99. *Einfluß des Verzuges bei Nachstreckung auf die Festigkeit und Dehnbarkeit.* (Nach RAUCH und HARMS.)

Verzug		ohne Verstreckung				mit 40 % Verstreckung			
		Festigkeit in Reißkilometer		Dehnbarkeit in %		Festigkeit in Reißkilometer		Dehnbarkeit in %	
Grad	%	trocken	naß	trocken	naß	trocken	naß	trocken	naß
0,426	— 57,4	11,7	6,6	43,6	64,5	22,2	10,9	14,6	21,3
0,613	— 38,7	14,8	7,0	45,3	72,6	22,5	10,5	14,5	22,4
0,834	— 16,6	15,7	7,1	48,6	80,3	21,9	10,1	14,2	12,3
1,089	+ 8,93	12,7	6,8	44,8	66,3	—	—	—	—
1,378	+ 37,8	11,3	6,4	45,1	54,0	20,9	9,9	13,9	21,7
1,701	+ 70,1	11,8	5,4	48,2	69,7	19,9	9,6	14,6	22,5
2,451	+145,1	11,5	5,0	48,0	52,0	18,8	7,9	11,8	15,9

Diese Ergebnisse sind insofern bemerkenswert, als im allgemeinen Festigkeit und Dehnbarkeit in einem reziproken Verhältnis zueinander stehen. Beim Verstrecken zwischen Galetten erfolgt also die Zunahme der Festigkeit mit kleiner werdendem Verzug nicht auf Kosten der Dehnbarkeit, sondern sie ist überraschenderweise mit einem Zuwachs an Dehnbarkeit verbunden.

Dagegen vermindert bei gleichem Verzug steigende Verstreckung die Dehnbarkeit, wie aus Tab. 100 hervorgeht.

Tabelle 100. *Einfluß der Verstreckung auf Festigkeit und Dehnbarkeit.* (Nach RAUCH und HARMS.)
Verzugsgrad 0,834 = — 16,6 %

Streckung %	Titer	Festigkeit in Reißkilometer		Dehnbarkeit in %	
		trocken	naß	trocken	naß
0	4,84	15,3	7,1	48,6	80,3
20	4,15	14,7	6,4	30,6	40,1
40	3,43	21,9	10,1	14,2	22,3
54	3,33	22,6	13,2	13,4	18,7
66,6	2,90	25,1	7,1	7,1	8,9

Dies besagt also, daß man bessere Fasern nicht durch bloßes Strecken erhalten kann. Auf Kosten der Dehnbarkeit erkaufte Festigkeitserhöhung bringt somit, wie auch eingehende Untersuchungen von STOLL und RATH[1] gezeigt haben, keine Steigerung des Gebrauchswertes der Fasern mit sich.

Was die Spinnbäder anbetrifft, so haben sich bei den Streckspinnverfahren inzwischen drei Arbeitsweisen herausgebildet, nämlich

Anwendung eines besonders zusammengesetzten Spinnbades,
Anwendung mehrerer Spinnbäder und
Verstreckung des Fadens in heißem Wasser.

Anwendung eines besonderen Spinnbades. Beim Arbeiten mit einem speziellen Spinnbad hat das Zinksulfat insofern besondere Bedeutung erlangt, als durch seine Anwesenheit wesentlich höhere Dehnbarkeitswerte erhalten werden. Hohe Dehnbarkeit ist aber die Voraussetzung dafür, daß der Faden weitgehend gestreckt werden kann. ENTWISTLE[2] fand die in Tab. 101 zusammengestellten Werte für den günstigen Einfluß des Zinksulfates auf die Dehnbarkeit.

Tabelle 101. *Einfluß des Zinksulfates im Spinnbad auf die Dehnbarkeit.* (Nach ENTWISTLE.)

Zinksulfat %	Festigkeit g je den.	Dehnbarkeit %
0	1,0	15
1	2,0	19
2	2,1	23
4	2,1	28

Demgegenüber zeigt die Tab. 102 deutlich, in welch starkem Maße beim Strecken die Dehnbarkeit zurückgeht, wenn man mit zinkfreien Bädern arbeitet.

Tabelle 102. *Einfluß der Verstreckung auf die Festigkeit und Dehnbarkeit bei zinkfreien Bädern.* (Nach ROSE[3].)

Verstreckung %	trocken		naß	
	Festigkeit g/den.	Dehnbarkeit %	Festigkeit g/den.	Dehnbarkeit %
Viskose A 0	1,4	21	0,59	34
30	2,05	14	0,92	17
50	2,42	12	1,09	12
70	2,63	8	1,30	8
Viskose B 10	1,85	24	0,93	35
50	2,49	16	1,40	20
80	3,13	12	1,92	13
120	3,46	10,5	2,22	12

Die in der Tabelle angegebenen Viskosen *A* und *B* unterscheiden sich dadurch, daß Viskose *B* eine höhere Alkalikonzentration besitzt. Dies ist insofern, wie die Tabelle zeigt, besser, als sich hierdurch bei den Streckspinnfasern ein günstigeres Verhältnis zwischen Trocken- und Naßfestigkeit ergibt. Bei normalen Viskosen beträgt die Naßfestigkeit etwa die Hälfte der Trockenfestigkeit, und dieses Verhältnis wird, wie die Werte für Viskose *A* zeigen, auch bei höheren Streckungsgraden beibehalten. Vergrößert man jedoch die Alkalikonzentration, so steigen die Werte für die Naßfestigkeit auch bei hohen Streckungsgraden über dieses Verhältnis hinaus an, wie eindeutig aus den Werten für Viskose *B* hervorgeht.

Anwendung mehrerer Spinnbäder. Wie S. 389 schon erwähnt war, hatte man schon zu Beginn der Chemiefaserfabrikation mit zwei Bädern gearbeitet, nämlich

[1] STOLL u. RATH: Melliand Textilber. **29**, 783 (1939).
[2] ENTWISTLE: J. Soc. Dyers Col. **62**, 261 (1946).
[3] ROSE: J. Soc. Dyers Col. **61**, 113 (1945).

einem Koagulations- und einem Zersetzungsbad, jedoch war zu jener Zeit die Möglichkeit der Verstreckung unter Anwendung besonderer Spinnbäder noch nicht bekannt. Es sei eingeschaltet, daß man vor einigen Jahren versucht hat, durch Anwendung von drei Bädern besondere Effekte zu erzielen, jedoch hat sich dies nicht als notwendig erwiesen. Eine solche Arbeitsweise ist beispielsweise im DRP. 749264 der *I. G. Farbenindustrie Aktiengesellschaft* beschrieben. Hiernach wird der Faden in einem Müllerbad koaguliert und dann in einem alkalischen, zink- oder magnesiumhaltigen Bad zum Quellen gebracht. Die gequollenen Fäden werden dann in diesem Bade oder anschließend in der Luftstrecke verstreckt und schließlich mit Säure zu Ende zersetzt.

Ein ähnliches Dreibad-Verfahren wurde von GÖRG[1] beschrieben: Hiernach soll das erste Bad ein normales Müllerbad sein, das als Zersetzungsbad dient. Der Faden wird dann durch Abquetschen von überschüssigem Bad befreit und in ein Plastifizierungsbad geführt, das aus Alkali und Natriumsulfat besteht. Anschließend folgt als drittes Bad wieder ein Müllerbad. GÖRG hat beobachtet, daß bei auf diese Weise gewonnenen Fasern ein besonders günstiges Verhältnis zwischen Trocken- und Naßfestigkeit besteht. So sollen Fasern mit einer Naßfestigkeit von 88% der Trockenfestigkeit erhalten worden sein.

Das Prinzip des Streckspinnens unter Verwendung zweier Spinnbäder beruht auf der Beobachtung, daß ein vorkoagulierter, noch nicht weitgehend zersetzter Xanthogenatfaden in beträchtlichem Maße plastisch und verstreckbar ist, wobei, wie später noch gezeigt werden wird, die Faserbausteine eine solche Anordnung annehmen, daß eine besonders feste Faser entsteht[2]. Es liegt hier eine Parallele zum Azetatzellulosefaden vor, der gleichfalls in gequollenem Zustand außerordentlich streckbar ist. So soll die amerikanische „Fortisan"-Faser beispielsweise so hergestellt werden, daß man eine Azetatzellulosefaser unter starker Streckung in Hydratzellulose zurückverwandelt[3]. Auch bei den synthetischen Polyamidfasern (Nylon, Perlon) wird die hohe Festigkeit dadurch erhalten, daß man den zuerst noch plastischen Faden stark verstreckt.

Der Gedanke, den Xanthogenatfaden vor der Zersetzung zu verstrecken, ist bereits im DRP. 308427 der *Vereinigte Glanzstoff-Fabriken A.G.* niedergelegt. Hiernach soll der Faden zuerst ein Koagulationsbad durchlaufen, während in einem zweiten Bade nach zwischengeschalteter Verstreckung die Zersetzung vorgenommen wird. *Courtaulds Ltd.* beschreiben im USA. Pat. 2192074 ein Zweibadverfahren, bei dem das erste Koagulationsbad 9,5% Schwefelsäure, 15···24% Natriumsulfat und 2,5 bis 4% Zinksulfat enthält. Das zweite Bad, in dem die Verstreckung vorgenommen wird, soll 1,5% Schwefelsäure, 3% Natriumsulfat und 0,4% Zinksulfat enthalten. Die Wirkung dieses an sich schwachen Bades wird dadurch erhöht, daß man es auf eine Temperatur von 60° C bringt.

LILIENFELD gibt im DRP. 665679 als Beispiele für ein Koagulationsbad folgende Zusammensetzung an:

250···300	Gew.-Teile Ammonsulfat,
76	Gew.-Teile Schwefelsäure 66° Bé
587	Gew.-Teile Wasser

[1] GÖRG: Zellw., Kunsts., Seide **46**, 360 (1941).
[2] HERMANS: Cellulosechem. **19**, 122 (1941).
[3] Silk and Rayon **22**, 11 (1948).

oder

500 Gew.-Teile Natriumsulfat
76 Gew.-Teile Schwefelsäure 66° Bé
587 Gew.-Teile Wasser

oder

180 Gew.-Teile Natriumsulfat
60 Gew.-Teile Ammonsulfat
15 Gew.-Teile Zinksulfat
135 Gew.-Teile Glukose
128 Gew.-Teile Schwefelsäure 66° Bé
982 Gew.-Teile Wasser.

Die Temperatur des Koagulationsbades ist in der Patentschrift mit 50° C angegeben.

Als Zersetzungsbäder sollen folgende geeignet sein:

Schwefelsäure von 45···55° Bé

oder

13,3 Gew.-Teile Ammonsulfat
120 Gew.-Teile Schwefelsäure 50···55° Bé
90 Gew.-Teile Schwefelsäure 66° Bé.

Als Koagulationsbad kann man auch Alkohol verwenden. So wird im Brit. Pat. 482280 der *I. G. Farbenindustrie Aktiengesellschaft* 90proz. Methylalkohol, im Franz. Pat. 826230 derselben Erfinderin 80proz. Methylalkohol angegeben. Als zweites Bad wird kalte, 2proz. Schwefelsäure empfohlen. Ähnliche Effekte erhält man nach den angegebenen Patenten, wenn man an Stelle von Schwefelsäure eine auf 103° C erhitzte Natriumsulfat- oder Ammoniumsulfatlösung nimmt. Die verhältnismäßig milde fällende Wirkung des Methylalkohols macht es allerdings erforderlich, daß man von einer sehr weitgehend gereiften Viskose (Salzpunkt 0,5) ausgeht.

Die *Vereinigte Glanzstoff-Fabriken A.G.* gibt im DRP. 737562 ein saures, eisenhaltiges Bad als Primärbad an und empfiehlt als Sekundärbad ein gleichfalls Salz und Säure enthaltendes Bad bei Temperaturen von über 60° C.

Weiter wird von der *Vereinigte Glanzstoff-Fabriken A.G.*[1] als Primärbad ein auf 55° C erwärmtes Müllerbad folgender Zusammensetzung beschrieben:

130 g/l Schwefelsäure
280 g/l Natriumsulfat
70 g/l Magnesiumsulfat
18 g/l Zinksulfat.

Als Sekundärbad wird ein auf 75° C erhitztes Bad folgender Zusammensetzung angegeben:

15 g/l Schwefelsäure
Spuren von Natrium- und Zinksulfat.

In diesem zweiten Bad soll eine Streckung um 70% erfolgen.

Besonders gute Fäden sollen erhalten werden, wenn eine mit einem Überschuß an Schwefelkohlenstoff (bis zu 60%) sulfidierte Viskose versponnen wird.

Über die technische Einrichtung beim Spinnnen mit zwei Spinnbädern hat Wurz[2] berichtet.

Recht interessant sind neuere Beobachtungen der *Vereinigte Glanzstoff-Fabriken A.G.*, wonach Fasern mit besonders guten Torsionseigenschaften erhalten werden sollen,

[1] DRP.-Anm. 29b, 3/20 p 4450 D. — [2] Wurz: Zellw. u. Kunsts. 48, 122 (1943).

wenn auf diese Weise hergestellte Fasern in fertigem, nassem oder lufttrockenem Zustand noch um 4···15%, oder allgemein um mindestens 30% der Bruchdehnung[1], nachgestreckt werden.

Verstreckung in heißem Wasser. Besondere Bedeutung für die Erzielung hochfester Fasern mit auch in sonstiger Beziehung guten Eigenschaften, wie sie z. B. für die Herstellung von Reifencord und Treibriemen erforderlich sind, haben aber Verfahren der dritten Art erlangt, bei denen also die Verstreckung in heißem Wasser vorgenommen wird. Es hat sich gezeigt, daß ein nicht vollständig zersetzter, also noch weitgehend im Xanthogenatzustand vorliegender Faden in heißem Wasser außerordentlich stark quillt und plastisch wird, so daß er in diesem Zustand sehr weitgehend streckbar ist.

Nach Angaben von PRESTON[2] kann man normalerweise einen Faden zwischen zwei Galetten um Beträge von 10···50% verstrecken, während man ihn durch Einschalten eines heißen Wasserbades um 70···90% ohne Bruch verstrecken kann.

Das DPR. 696520 der *I. G. Farbenindustrie Aktiengesellschaft* beschreibt beispielsweise ein solches Verfahren. Hiernach wird der in einem Koagulationsbad gesponnene Faden in einem Wasserbad von 80° C gestreckt und anschließend in einem zweiten Bade zersetzt. Die *American Viscose Corp.* sowie *Courtaulds Ltd.* geben für das Wasserbad eine Temperatur von 90° C an[3]. Letztere Firma erzeugt nach diesem Prinzip das „Tenasco"-Reyon, die *Vereinigte Glanzstoff-Fabriken A.G.*, die „RT-Faser".

Man kann diese Verfahren nun in weiten Grenzen variieren; so ist es z. B. nicht erforderlich, unbedingt mit zwei Bädern zu arbeiten, den Vorgang der Fadenbildung unter Zwischenschaltung der Streckung also exakt in die beiden Teilvorgänge der Koagulation und Zersetzung zu zerlegen, man erhält vielmehr auch gleich gute Fasern, wenn man als Spinnbad ein normales Müllerbad mit hohen Zusätzen an verzögernden Mitteln wie beispielsweise Zinksulfat nimmt, und anschließend während des Streckens den Faden nur kurz durch heißes Wasser führt. Der Faden bringt hierbei soviel Säure in das Wasserbad mit, daß — besonders auch durch die hohe Temperatur — seine endgültige Zersetzung auf normale Weise auf der Spule oder in der Zentrifuge vonstatten geht. Die Möglichkeit, diese Verfahren so zu vereinfachen, ist dadurch gegeben, daß nach Untersuchungen von ROSE, ENTWISTLE sowie PRESTON nicht nur ein koagulierter, sondern ein auch schon ziemlich weitgehend zersetzter Faden durch heißes Wasser noch außerordentlich stark aufgequollen und dadurch plastisch wird und in diesem Zustand eine erhebliche Verstreckung verträgt. Das Vorliegen eines bestimmten Koagulations- und Zersetzungsgrades in dem Augenblick, in dem die Verstreckung einsetzt, ist hierbei aber von höchster Wichtigkeit. Soweit bekannt ist, werden die eben erwähnten Spezialfasern heute auf diese Weise, also ohne ein besonderes Zersetzungsbad, gesponnen.

Im folgenden soll an Tab. 103 gezeigt werden, wie durch verschiedene Streckungsgrade unter Verwendung von Zinksulfat im Spinnbad und Einschaltung eines heißen Wasserbades die Festigkeitswerte der Fasern ansteigen. Beachtlich ist hierbei auch wieder die durch das Zinkbad hervorgerufene Verbesserung der Dehnbarkeitswerte.

---

[1] DRP. 800689. — [2] PRESTON: J. Soc. Chem. Ind. **33**, 199.

[3] Weitere Verfahren dieser Art sind in folgenden Brit. Patenten beschrieben: 424229, 443971, 450257, 451860, 481513, 502199, 509572, 512471. — Siehe ferner auch DRP. 702248 der I. G. Farbenindustrie Aktiengesellschaft, sowie HALL: Am. Dyestuff Rep. **29**, 307 (1940).

Tabelle 103. *Einfluß des Spinnverfahrens auf Festigkeits- und Dehnbarkeitswerte.* (Nach ROSE.)

Spinnbad	Verstreckung	Festigkeit g/den.	Dehnbarkeit %
normal	mäßig	2,0	19
	maximal	2,4	11
zinkhaltig	mäßig	2,1	30 ··· 32
	maximal	2,7	20 ··· 22
Wasserbad	maximal	3,6 ··· 4,0	17

Das Spinnbad kann etwa wie folgt zusammengesetzt werden:

10% Schwefelsäure,
20% Natriumsulfat,
4% Zinksulfat.

Hinsichtlich des Ermüdungswiderstandes besonders günstige Cordfäden sollen nach dem Brit. Pat. 603131 der *Canadian International Paper Co.* erhalten werden, wenn man Viskose mit einem Zellulosegehalt von unter 6,5% bei normaler Spinnviskosität aus sehr engen Düsenlöchern verspinnt. Es soll ein stark saures Spinnbad mit über 2,5% Zinksulfat angewandt werden.

Bemerkenswerterweise findet während des Nachstreckens auch noch eine Schrumpfung des Fadens statt, wie Untersuchungen von ROSE und GRIFFITHS[1] gezeigt haben.

Es war schon erwähnt, daß nach dem Streckspinnverfahren unter Einschaltung eines heißen Wasserbades erhaltene Viskosefasern ein ausgezeichnetes Ausgangsmaterial für Reifencord darstellen. In diesem Zusammenhang sind Mitteilungen von HALL[2] interessant, daß sich Reifencord aus Viskosereyon besonders bei Reifen aus synthetischem Kautschuk bewährt haben. Dieser erzeugt durch Druckschwankungen eine erheblich größere Wärme als Naturkautschuk, der Baumwollcord nicht gewachsen ist. In den Vereinigten Staaten gehen 40% des erzeugten Reyons gleich 120000 t in die Reifenindustrie.

Über die Eigenschaften der Tenasco-Faser sowie ihre besondere Eignung für Reifencord liegen Untersuchungen von ROSE[3] vor, wobei bemerkt werden soll, daß die hier mitgeteilten Tatsachen in gleicher Weise auch für die RT-Faser und die anderen Viskosecordfäden gelten. Hiernach liegt die Orientierung zwischen einer normalen Viskosefaser und dem später noch zu beschreibenden LILIENFELD-Reyon. Die Naßfestigkeit der Tenasco beträgt 60% der Trockenreißfestigkeit; dieser Wert liegt somit um etwa 10% höher als bei normalem Viskose-Reyon. Vergleicht man normale Fasern von gleicher Dehnbarkeit mit der Tenasco-Faser hinsichtlich der Knotenfestigkeit, so findet man bei der Tenasco höhere Werte, ein Zeichen für ihre besseren elastischen Eigenschaften in der Querrichtung. Diese Erscheinung tritt besonders bei feinen Titern zutage.

Im Vergleich zu Baumwolle verhält sich Tenasco-Cord im Reifen günstiger, wenn es sich um mindere Baumwollqualitäten handelt; im Vergleich zu diesen hat Tenasco-Cord eine größere Lebensdauer, was besonders bei hohen Temperaturen, wie sie bei hohen Laufgeschwindigkeiten der Reifen auftreten, in die Erscheinung tritt. Messungen haben ergeben, daß sich die Reifen auf 100 und 130° C erwärmen können.

[1] ROSE u. GRIFFITHS: J. Textile Inst. Manchr. **39**, 265 (1948).
[2] HALL: Das Papier **1**, 64 (1947). — [3] ROSE: J. Soc. Dyers Col. **61**, 113 (1945).

Bei gleicher Beanspruchung bleibt die Reifentemperatur bei Einlagen aus Tenasco-Cord etwa 30% niedriger als bei Baumwollcord.

Für das Verhalten in Reifen ist wichtig, daß Tenasco-Cord durch Erwärmung nicht so stark austrocknet wie Baumwollcord, und daß daher die Elastizität des Fasermaterials besser erhalten bleibt. Bei einem Absinken der relativen Luftfeuchtigkeit von 65% auf 0% beträgt der Feuchtigkeitsverlust nur 20%. Hierbei nimmt die Reißfestigkeit um 25···35% zu, Baumwollcord verliert demgegenüber mehr Feuchtigkeit und wird daher in stärkerem Maße spröde; außerdem neigt der gesponnene Baumwollfaden beim Austrocknen zum Abgleiten der Einzelfasern, wodurch das Garn an Festigkeit verliert.

Besonders gut, teilweise bis um den doppelten Betrag besser sind die Torsionseigenschaften eines Cordzwirnes aus Tenasco. Dies ist aber in starkem Maße von der Art der Zwirnung abhängig. Hohe Drallgebung, beispielsweise 19···20 Z/10···13 S, liefert besonders gute Torsionseigenschaften, setzt aber die Querelastizität herunter, was sich durch ein Absinken der Knotenfestigkeit äußert. Man geht daher einen Mittelweg und zwirnt etwa nach der Formel 16 Z/11 S.

Ein besonderer Vorteil des Reyoncordes besteht aber darin, daß man infolge der geschilderten günstigen Eigenschaften, die sich insgesamt in einer längeren Lebensdauer des Reifens äußern, den Reifen für eine gleiche Lebensdauer entsprechend leichter bauen kann, hierdurch lassen sich 5···10% Kautschuk einsparen.

Abschließend soll noch darauf hingewiesen werden, daß man bei Streckspinnverfahren besonders gern mit kationaktiven Stoffen im Spinnbad arbeitet, um das Zuwachsen der Düsenlöcher sowie Schwefelabscheidungen an den Streckwerken zu vermeiden. Daß man ferner auf die klärende und auch die Verstreckung begünstigende Wirkung oberflächenaktiver Mittel in der Viskose nicht verzichtet, ist verständlich. Es hat sich gezeigt, daß man bei Anwesenheit von beispielsweise Monopolbrillantöl in der Viskose einen weiteren Festigkeitsgewinn von 5···15% erhalten kann.

Die Streckung das Fadens wirkt sich in starkem Maße auf die Anfärbbarkeit mit substantiven Farbstoffen aus, und zwar in dem Sinne, daß mit steigender Streckung die Farbstoffaufnahme abnimmt[1]. Es ist dies eine Folge des geringeren Quellungsvermögens der unter Streckung gesponnenen Fasern. Wie zahlreiche Untersuchungen[2] gezeigt haben, geht das Quellungsvermögen mit der Farbstoffaufnahme parallel. Wie stark diese Beeinflussung ist, soll Tab. 104 für drei verschiedene substantive Farbstoffe zeigen.

Tabelle 104. *Einfluß der Streckung auf das Farbstoffaufnahmevermögen für substantive Farbstoffe.* (Nach ECKERT, RIEDEL u. CATZIN-BESSERER[3].)

Streckung %	Farbstoffaufnahme in %		
	Diamin-schwarz BH	Benzogrün G	Benzobraun C
8,0	41,0	51,7	33,4
12,0	35,3	45,0	27,2
16,5	26,1	38,4	25,0
21,7	25,5	32,3	24,5
26,7	25,0	31,9	19,4
32,5	24,6	26,3	15,5
39,0	21,8	25,5	10,0

[1] DAHLENVORD: Melliand Textilber. **6**, 739, 823 (1925). — HALL: J. Soc. Dyers Col. **45**, 98 (1929). — LINKMEYER: Monatsh. Seide, Kunsts. **43**, 366 (1938). — JÄGER: Die Kunstseide **11**, 2 (1933).

[2] RISCH: Melliand Textilber. **13**, 209, 589 (1932); **14**, 87, 198, 604 (1933); **15**, 75 (1934). — WELTZIEN u. BUCHKRAEMER: Monatsh. Seide, Kunsts. **40**, 183, 259 (1935). — WELTZIEN u. FROITZHEIM: Monatsh. Seide, Kunsts. **44**, 44 (1939).

[3] ECKERT, RIEDEL u. CATZIN-BESSERER: Zellw., Kunsts., Seide **45**, 33 (1940).

f) Der Titer.

Mit Titer bezeichnet man, wie schon erwähnt, die Dicke des ersponnenen Fadens[1]. Die Summe der Dicken aller aus einer Düse heraustretenden Fäden nennt man „Gesamttiter", im Gegensatz zum „Einzeltiter", worunter man die Dicke eines aus einem einzigen Düsenloch austretenden Fadens zu verstehen hat. Seine Größe ist somit der Quotient aus Gesamttiter und Düsenlochzahl.

Die Einheit des Titers ist das Denier (abgekürzt den.). Ein Faden hat den Titer von 1 den., wenn 9000 m des Fadens 1 g wiegen. Diesen Titer nennt man den legalen Titer. Es gibt auch einen metrischen Titer; bei diesem ist die der Einheit entsprechende Fadenlänge 10000 m. Seine Anwendung ist aber in der Chemiefaserindustrie ungebräuchlich. Wohl jedoch hat man in neuerer Zeit in Deutschland versucht, das metrische Nummernsystem einzuführen. Bei diesem wird die Dicke des Fadens ausgedrückt durch die Anzahl Meter, welche 1 g wiegen.

Tab. 105 bringt einen Vergleich der legalen Titer mit den metrischen Nummern.

Für die Umrechnung des in Deniers ausgedrückten Titers in die metrische Nummer und umgekehrt bestehen folgende Beziehungen:

$$\mathrm{Nm} = \frac{9000}{\mathrm{Titer}}$$

und

$$\mathrm{Titer} = \frac{9000}{\mathrm{Nm}}.$$

Der Titer eines Fadens ist von einer ganzen Reihe von Faktoren abhängig, die alle in wechselseitiger Beziehung zueinander stehen, nämlich:

vom Zellulosegehalt der Viskose,
von der Zellulosemenge, die die Spinnpumpe in der Zeiteinheit fördert,
von der Größe des Verzuges und der Verstreckung,
von der Abzugsgeschwindigkeit und
von der Größe der Schrumpfung.

Dies soll im folgenden näher erläutert werden[2].

Einfluß des Zellulosegehaltes der Viskose. Bei Konstanthaltung aller übrigen Bedingungen ändert sich der Titer bei Variation des Zellulosegehaltes in der Viskose in der Weise, daß er mit Zunahme des Zellulosegehaltes gröber, mit Abnahme des Zellulosegehaltes feiner wird. Dies ist ohne weiteres verständlich, da bei steigendem Zellulosegehalt der Querschnitt des austretenden Viskosestrahls steigende Mengen Zellulosemoleküle enthält und umgekehrt. Will man bei Beibehaltung des Titers die Zellulosekonzentration ändern, so ist man gezwungen, gleichzeitig die Fördermenge der Spinnpumpe zu ändern, und zwar in der Weise, daß man bei geringerem Zellulosegehalt in der Zeiteinheit mehr Viskose, bei höherem Zellulosegehalt entsprechend weniger Viskose fördert. Diese Maßnahme hat aber eine Änderung des Verzuges im Gefolge: Größere Viskoseförderung verringert den Verzug, geringere Viskoseförderung vergrößert ihn. Dies kann man jedoch durch Auswahl der Düsen-

---

[1] Diese Begriffsbestimmung ist im streng wissenschaftlichen Sinne nicht korrekt, da der Titer durch das Gewicht einer bestimmten Fadenlänge ausgedrückt wird und insofern in bezug auf die Größe des Faserquerschnitts auch das spez. Gewicht des jeweils vorliegenden Fadens eine Rolle spielt.

[2] Siehe hierzu auch Kämpf: Die Kunstseide 9, 363 (1927).

Tabelle 105. *Legale Titer und metrische Nummern.*

Titer in deniers: Gewicht in g je 9000 m	Metrische Nr.: Länge in m je g	Titer in deniers: Gewicht in g je 9000 m	Metrische Nr.: Länge in m je g
10	900	180	50
20	450	187,50	48
30	300	190	47,37
40	225	195,65	46
45	200	199,29	45,16
50	180	200	45
53	169,81	204,04	44
60	150	214,28	42
66,5	135,34	221,46	40,64
70	128,57	225	40
75	120	236,84	38
80	112,50	241,61	37,25
88	102,27	250	36
90	100	264,70	34
91,83	98,01	265,72	33,87
93,75	96	281,25	32
95,74	94	295,28	30,48
97,82	92	300	30
99,66	90,31	321,42	28
100	90	332,23	27,09
102,02	88,22	346,15	26
104,65	86	350	25,71
106,30	84,67	375	24
107,14	84	400	22,50
109,75	82	409,09	22
110	81,82	450	20
112,50	80	500	18
113,90	79,02	531,60	16,93
115,38	78	562,50	16
118,42	76	600	15
120	75	642,85	14
121,62	74	664,21	13,55
125	72	750	12
128,52	70	797,17	11,29
130	69,23	885,83	10,16
132,35	68	900	10
132,88	67,73	1000	9
136,36	66	1062,57	8,47
140	64,29	1125	8
140,62	64	1200	7,50
145,16	62	1488,10	6,05
148,81	60,48	1500	6
150	60	1800	5
155,17	58	2250	4
159,46	56,44	2657,20	3,39
160	56,25	2980,13	3,02
160,71	56	4500	2
166,66	54	5316	1,69
170	53	7971,66	1,13
173,07	52	9000	1
175	51,43	14881	0,61
177,17	50,80		

lochweite ausgleichen, indem man bei gesteigerter Förderung größere Lochweiten nimmt und umgekehrt. Dieser Variation sind aber durch Beeinflussung der Festigkeitswerte durch den Verzug Grenzen gesetzt. In der Praxis bedient man sich zur Titeränderung deshalb auch nicht der Variation des Zellulosegehaltes, vielmehr ändert man die Viskoseförderung und — um gleichen Verzug zu erhalten — entsprechend die Abzugsgeschwindigkeit. Eine Änderung des Zellulosegehaltes ist einerseits unpraktisch, da man dann für jeden Titer eine andere Viskose herstellen müßte; andererseits sind einer weitgehenden Erhöhung der Zellulosekonzentration dadurch Grenzen gesetzt, daß die Viskosität der Viskose so stark ansteigen würde, daß zu hohe Spinndrucke erforderlich würden.

Einfluß der Zellulosemenge. Hält man alle übrigen Bedingungen konstant und ändert man die von der Spinnpumpe geförderte Zellulosemenge, ändert man also die Viskoseförderung, so ändert sich der Titer in der Weise, daß eine Steigerung der Viskoseförderung eine Vergröberung, eine Verringerung der Viskoseförderung eine Verfeinerung des Titers zur Folge hat. Hiermit ist wieder zwangsläufig eine Änderung des Verzuges verbunden, die man wieder durch die Lochweiten ausgleichen kann. Bei Beibehaltung des Titers muß bei einer Änderung der Viskoseförderung gleichzeitig der Zellulosegehalt in der Viskose oder die Abzugsgeschwindigkeit entsprechend geändert werden.

Einfluß des Verzuges. Der Verzug beeinflußt den Titer insofern, als größerer Verzug den Titer feiner macht und umgekehrt. Man kann jedoch auch bei gleichem Titer den Verzug ändern, was bei gleicher Abzugsgeschwindigkeit und gleicher Viskoseförderung durch Änderung der Düsenlochweite geschieht, in dem Sinne, wie schon S. 414 beschrieben.

Der Änderung des Verzuges bedient man sich auch in der Praxis beim Spinnen feiner Einzeltiter, und zwar insofern, als man diese zweckmäßig mit dem höchstmöglichen Verzug spinnt. Bei Anwendung geeigneter Fadenbremsen hat man hierdurch gleichzeitig den Vorteil des Entstehens besserer Festigkeitseigenschaften der feinen Fäden.

Theoretisch könnte man die Verfeinerung des Titers bei gleicher Abzugsgeschwindigkeit auch durch Verringerung der Förderleistung bei gleichzeitiger Verringerung der Düsenlochweiten erreichen, sowie durch Herabsetzung des Zellulosegehaltes in der Viskose, wobei die Viskositätserniedrigung durch kürzere Vorreifezeiten ausgeglichen werden könnte[1], jedoch haben beide Verfahren Nachteile:

Eine Verringerung der Düsenlochweite kann schneller zum Verstopfen der Lochkanäle führen, und bei einer Viskose mit geringerem Zellulosegehalt gelangt mehr Wasser ins Spinnbad, was die Kosten für die Verdampfung erhöht[2].

Infolge der Beeinflussung der Austrittsgeschwindigkeit durch die Düsenlochweite gibt es für jede Lochweite bei gleicher Abzugsgeschwindigkeit einen bestimmten Einzeltiter, bei dem der Verzug den Wert 1 annimmt. Selbstverständlich gilt dies jeweils nur für Viskosen mit dem gleichen Zellulosegehalt. Diese Titer bezeichnet man mit Grenztiter; sie sind für eine Reihe von verschiedenen Zellulosegehalten in Tab. 106 zusammengestellt.

Einfluß der Abzugsgeschwindigkeit. Bei Konstanthaltung sämtlicher übrigen Bedingungen ändert eine Variierung der Abzugsgeschwindigkeit den Titer in der

[1] DRP. 389394 der Glanzfäden A.-G.
[2] WEHRUNG: Chem. Apparatur **28**, 119 (1941).

Tabelle 106. *Grenztiter in den.* (Nach JÄGER[1].)

% Zell. i. Visk.	Spez. Gew. (18° C)	Lochdurchmesser in mm					
		0,05	0,06	0,07	0,08	0,09	0,1
10	1,171	2,29	3,28	4,50	5,88	7,44	9,18
9,0	1,154	2,04	2,93	3,99	5,21	6,58	8,15
8,5	1,145	1,91	2,74	3,75	3,89	6,19	7,64
8,0	1,137	1,78	2,56	3,50	4,56	5,81	7,13
7,5	1,128	1,66	2,38	3,26	4,25	5,39	6,64
7,0	1,120	1,54	2,21	3,01	3,94	4,98	6,15
6,0	1,103	1,30	1,87	2,54	3,32	4,21	5,19
5,0	1,086	1,07	1,52	2,09	2,73	3,45	4,26

Weise, daß mit steigender Abzugsgeschwindigkeit der Titer feiner wird und umgekehrt. Es ist dies eine Folge der durch die Abzugsänderung zwangsläufig bedingten Verzugsänderung. Will man zur Erzielung höherer Spinnleistungen die Abzugsgeschwindigkeit erhöhen, so muß man auch die von der Pumpe zu fördernde Viskosemenge erhöhen, um den gleichen Titer zu erhalten.

Einfluß der Verstreckung. Die Verstreckung beeinflußt den Titer in der gleichen Weise wie der Verzug.

Einfluß der Schrumpfung. Wie schon erwähnt war, wird der Titer durch die Schrumpfung vergröbert. Der Titer wird daher durch alle Faktoren beeinflußt, die auch die Schrumpfung verändern.

g) Rechnerisches.

Im folgenden soll eine Zusammenstellung von Gleichungen gegeben werden, mit deren Hilfe die im Vorstehenden beschriebenen Größen ermittelt werden können[2]. In den Gleichungen werden folgende Abkürzungen benutzt:

- Tg Gesamttiter des Fadens in den;
- Te Einzeltiter des Fadens in den;
- a Zellulosegehalt der Viskose in %;
- Q geförderte Viskosemenge in cm³ je Minute;
- v geförderte Viskosemenge in g je Minute;
- l Förderleistung der Spinnpumpe in cm³ je Umdrehung;
- c geförderte Zellulosemenge in g je Minute;
- s spez. Gewicht der Viskose;
- x Tourenzahl der Pumpenwelle;
- V_1 Austrittsgeschwindigkeit der Viskose in m je Minute;
- V_2 Abzugs-, Aufwickel- oder Spinngeschwindigkeit in m je Minute;
- η Verzug bzw. Verstreckung;
- Z Anzahl der Düsenlöcher;
- d Durchmesser der Düsenlöcher in mm;
- F Summe aller Lochquerschnitte einer Düse;
- f Faktor für die Schrumpfung;
- h Faktor für den Feuchtigkeitsgehalt der Faser.

Titereinstellung. Gegebene Größen sind der Zellulosegehalt der Viskose, ihr spezifisches Gewicht, die Leistung der Spinnpumpe in cm³ je Umdrehung, der gewünschte Titer und die Abzugsgeschwindigkeit.

Es muß nun zunächst berechnet werden, wieviel g Zellulose in der Zeiteinheit von der Spinnpumpe gefördert werden müssen. Für die zu fördernde *Zellulose*menge in g je Minute besteht folgende Beziehung:

$$c = \frac{Tg \cdot V_2}{h \cdot f \cdot 9000} \text{ g/min}. \qquad (1)$$

[1] JÄGER: DRP. 490961 der Spinnstoff-Fabrik Zehlendorf A.G.

[2] Vgl. hierzu BARTRAM: Kunstseide **15**, 136 (1933). — KÄMPF: Kunstseide **9**, 361 (1927). — WEHRUNG: Kunstseide u. Zellwolle **27**, 195 (1940).

Hieraus ergibt sich die zu fördernde *Viskose*menge in g je Minute wie folgt:

$$v = \frac{100}{a} \cdot c \text{ g/min}. \tag{2}$$

Die von der Pumpe zu fördernde Anzahl cm³ Viskose je Minute ergeben sich unter Berücksichtigung des spez. Gewichtes der Viskose nach der Gleichung:

$$Q = \frac{v}{s} \text{ cm}^3/\text{min}. \tag{3}$$

Da bei der Spinnpumpe die Förderleistung in cm³ je Umdrehung bekannt ist, ergibt sich die einzustellende Tourenzahl der Pumpen wie folgt:

$$x = \frac{Q}{l}. \tag{4}$$

Nach Einstellung der Tourenzahl der Pumpenwelle wird zur Kontrolle noch eine Tarierung der Pumpen vorgenommen. Dies geschieht dadurch, daß man an die Spinnstutzen tarierte Kölbchen anhängt und nach der Stoppuhr eine bestimmte Zeit hindurch Viskose in die Kölbchen einfließen läßt. Die aufgefangene Viskose wird gewogen; evtl. falsche Pumpen werden ausgewechselt.

Berechnung des Titers. Aus der Zusammensetzung der Viskose, der geförderten Viskosemenge und der Abzugsgeschwindigkeit läßt sich nach folgender Gleichung der Titer berechnen:

$$Tg = \frac{Q \cdot s \cdot a \cdot 9000 \cdot f \cdot h}{100 \cdot V_2} \text{ den}. \tag{5}$$

Der Titer läßt sich ferner aus der Austritts-, der Abzugsgeschwindigkeit und dem Düsenlochdurchmesser errechnen, und zwar nach folgender Gleichung:

$$Tg = \frac{V_1 \cdot f \cdot h \cdot 9000 \cdot a \cdot s \cdot d^2 \cdot \pi \cdot z}{V_2 \cdot 100 \cdot 4} \text{ den}. \tag{6}$$

Berechnung des Faktors für die Schrumpfung. Bei einer Schrumpfung von beispielsweise 8% schrumpft der Faden auf 9000 m um 720 m. (Bei 100 m um 8 m, bei 1000 m um 80 m, bei 9000 m um 720 m.) Wenn also ein Titer von 5 den gesponnen werden soll, ist, da der Titer durch die Schrumpfung entsprechend gröber wird, das Gewicht dieser 720 m Faden zu dem theoretischen Titerwert hinzuzuschlagen. Wenn also 9000 m Faden 5 g wiegen, dann wiegen 720 m 0,4 g. Es ergibt sich somit ein effektiver Titer von 5,4 den.

Der Faktor f ist nun der Quotient aus dem effektiven Titer und dem theoretischen Titer, also

$$f = \frac{5{,}4}{5} = 1{,}08. \tag{7}$$

Berechnung des Faktors für den Feuchtigkeitsgehalt. Dieser Faktor berechnet sich auf Grund der gleichen Überlegungen wie der Faktor für die Schrumpfung. Bei einem Feuchtigkeitsgehalt von beispielsweise 11% würde einem theoretischen Titer von 100 den ein effektiver Titer von 111 den entsprechen. Daraus ergibt sich

$$h = \frac{111}{100} = 1{,}11. \tag{8}$$

Berechnung der Austrittsgeschwindigkeit. Diese berechnet sich aus der geförderten Viskosemenge in cm³, der Zahl der Düsenlöcher und ihrem Durchmesser nach folgender Gleichung:

$$V_1 = \frac{Q \cdot 4}{Z \cdot d^2 \cdot \pi} \text{ m/min}. \tag{9}$$

Die Gleichung vereinfacht sich, wenn man die Summe aller Lochquerschnitte einsetzt, zu:

$$V_1 = \frac{Q}{F}\ \text{m/min}. \qquad (10)$$

Dies besagt, daß die Austrittsgeschwindigkeit gleich dem Quotienten aus geförderter Viskosemenge und der Summe der Düsenlochquerschnitte ist.

Die Austrittsgeschwindigkeit läßt sich auch aus der Abzugsgeschwindigkeit und dem Verzug berechnen. Es besteht hierfür folgende Beziehung:

$$V_1 = \frac{V_2}{\eta}\ \text{m/min}. \qquad (11)$$

Sie läßt sich ferner berechnen aus der Abzugsgeschwindigkeit, dem Titer und dem Düsenlochdurchmesser nach folgender Gleichung:

$$V_1 = \frac{V_2 \cdot Tg \cdot 100 \cdot 4}{h \cdot f \cdot 9000 \cdot a \cdot s \cdot d^2 \cdot \pi \cdot z}\ \text{m/min}. \qquad (12)$$

Berechnung der Abzugsgeschwindigkeit. Ihre Berechnung setzt die Kenntnis der Viskosezusammensetzung, der Förderleistung und des Titers voraus. Es besteht dafür folgende Beziehung:

$$V_2 = \frac{Q \cdot s \cdot a \cdot h \cdot f \cdot 9000}{100 \cdot Tg}\ \text{m/min}. \qquad (13)$$

Berechnung des Verzuges bzw. der Verstreckung. Da der Verzug bzw. die Verstreckung das Verhältnis von Abzugs- zu Austrittsgeschwindigkeit bzw. der Geschwindigkeiten der zweiten zur ersten Galette ist, so besteht folgende Beziehung:

$$\eta = \frac{V_2}{V_1}. \qquad (14)$$

Setzt man gemäß den Gln. (12) und (13) die anderen Größen für V_2 und V_1 ein, so wandelt sich die Gleichung um in

$$\eta = \frac{V_2 \cdot z \cdot d^2 \cdot \pi}{Q \cdot 4}. \qquad (15)$$

und weiter in

$$\eta = \frac{z \cdot d^2 \cdot \pi \cdot f \cdot h \cdot a \cdot s \cdot 9000}{Tg \cdot 100 \cdot 4}. \qquad (16)$$

Statt des Verzuges kann man auch den Verzugs- bzw. Verstreckungsgrad in % angeben; es ist dann

$$\text{Verzugsgrad in } \% = \frac{(V_2 - V_1) \cdot 100}{V_1}. \qquad (17)$$

Entsprechend ergibt sich bei negativem Verzug, also bei Stauchung:

$$\text{Stauchungsgrad in } \% = \frac{(V_1 - V_2) \cdot 100}{V_1}. \qquad (18)$$

Rose und Griffiths[1] halten es, da der Faden auch hinter der zweiten Galette noch schrumpft, für richtiger, den prozentualen Verstreckungsgrad aus den Titern nach der ersten und zweiten Galette zu berechnen, also nach der Gleichung:

$$\%\ \text{Effektive Verstreckung} = 100 \cdot \frac{\text{Titer n. d. 1. Galette}}{\text{Titer n. d. 2. Galette}} - 100. \qquad (19)$$

Durch die Auswirkung der Schrumpfung, die der Faden noch hinter der zweiten Galette erleidet, ist die effektive Streckung niedriger als die angewandte Streckung.

[1] Rose u. Griffiths: J. Textile Inst. Manchr. **39**, 265 (1948).

Berechnung des Düsenlochdurchmessers. Der Düsenlochdurchmesser läßt sich einerseits aus der geförderten Viskosemenge in cm^3 je Minute und der Austrittsgeschwindigkeit als auch aus dem Verzug und der Abzugsgeschwindigkeit berechnen. Es bestehen hierfür folgende Beziehungen:

$$d = 2 \cdot \sqrt{\frac{Q}{V_1 \cdot \pi \cdot z}}\ \text{mm} \tag{20}$$

und

$$d = 2 \cdot \sqrt{\frac{\eta \cdot Q}{V_2 \cdot \pi \cdot z}}\ \text{mm}\,. \tag{21}$$

II. Spinnschemen.

Die Art der Fadenführung an den Spinnmaschinen nennt man „Spinnschema“ oder „Spinnanordnung“. Für die gebräuchlichsten Schemen sollen im folgenden einige Beispiele beschrieben werden.

a) Spinnen ohne Bremsung.

Das einfachste Spinnschema ist ein Spinnen ohne Bremsung. Hierbei wird, wie Abb. 246 zeigt, der von der Düse kommende Faden so über den Fadenführer der Spule zugeführt, daß er auf seinem Wege nirgendwo eine Knickung erfährt. Beim Spinnen in Zentrifugen wird der Faden mehrmals um die abziehende Galette gelegt, damit kein Schlupf entstehen kann, und von dort unmittelbar der Zentrifuge zugeleitet.

Abb. 246. Spinnen ohne Bremsung.

Die nach derartigen einfachen Schemen erhältlichen physikalischen Eigenschaften der Viskosefasern liegen in bezug auf die Festigkeit zwischen 120···140 g je 100 Denier. Die Bruchdehnung schwankt zwischen 22 und 35%. Wegen dieser ungünstigen Daten sind diese einfachen Schemen heute größtenteils aufgegeben worden. Sie sind jedoch in Ausnahmefällen noch angebracht, so z. B. für die Herstellung eines Reyon für die Fabrikation von Kreppgarnen, bei der eine hohe Dehnbarkeit Voraussetzung für ein einwandfreies Kreppgarn ist.

Bei der Herstellung von Zellwolle kommen derartige Spinnschemen praktisch nicht in Betracht, da schon die Führung des Faserbündels auf das Transportband oder in die Schwemmrinne Knicke verursacht, die eine mehr oder weniger große Fadenbremsung hervorrufen.

Abb. 247. Spinnen mit Bremsung durch Knick am Fadenführer.

b) Spinnen mit Bremsung.

Beim Walzen- und Spulenspinnverfahren nimmt man die Fadenbremsung am einfachsten in der Weise vor, daß man den Fadenführer so anbringt, daß der darüberlaufende Faden einen Knick bildet, wie dies Abb. 247 zeigt.

Das Spinnen mit einem Knick am Fadenführer erfordert aber zweckmäßigerweise eine besondere Konstruktion des Changiermechanismus. Es entsteht ein periodisch fehlerhafter Faden, wenn der Fadenführer so angeordnet ist, daß der einen Kreisbogen beschreibende Fadenführer den Faden nach den Rändern der Wicklung hin hebt, wie dies bei der Pendelchangierung normalerweise der Fall ist. Hierdurch erleidet der Faden nach den Rändern zu eine Streckung[1]. Dieser Fehler kann dadurch vermieden werden[2], daß man den Fadenführer senkrecht an einer oberhalb der Spule in einem Kreisbogen schwingenden Schubstange anbringt. Durch diese Anordnung kann gegebenenfalls sogar eine Entspannung des Fadens nach den Rändern der Spule zu erreicht werden.

Die Bremswirkung läßt sich verstärken, wenn man in den Fadenlauf zwei Bremsstäbe einschaltet, die gegeneinander versetzt angeordnet sind, wie dies beispielsweise Abb. 248 zeigt. Dieses Spinnschema ist für das Walzen-, Spulen- und Zentrifugenverfahren in gleicher Weise geeignet. Ein Nachteil dieses Spinnschemas liegt darin, daß es kaum möglich ist, die Reibungs- und somit die Bremsverhältnisse bei allen Spinnstellen gleich groß zu halten. Man erhält auf diese Weise leicht Gespinste, die färberisch voneinander abweichen.

Nach dem DRP. 517324 der Firma *Herminghaus & Co.* wird die Bremsung durch eine ganze Reihe senkrecht übereinander angeordneter Bremsstäbe bewirkt, um die der Faden geführt wird.

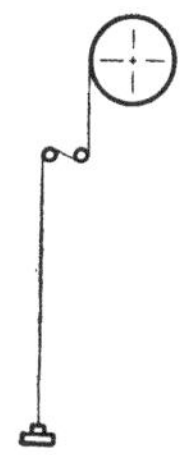

Abb. 248. Spinnen mit Bremsung durch versetzt angeordnete Bremsstäbe.

Abb. 249. Spinnschema für das Zentrifugenverfahren mit Bremsung durch Bremsstab unter der Galette.

Für das Zentrifugenverfahren ist das einfachste Spinnschema dieser Art das durch Abb. 249 veranschaulichte. Hierbei wird unter der Galette ein Bremsstab angebracht. Man schlingt den von der Düse kommenden Faden zunächst einmal um die Galette, führt ihn dann unter den Bremsstab durch und schlingt ihn erneut um die Galette, von wo aus er dann in den Spinntrichter geleitet wird. Ein entsprechendes Spinnschema ist auch beim Spulenspinnverfahren möglich und wird hierbei zuweilen angewandt. In diesem Falle wird die Spule lediglich Fadenaufnahmeorgan, während die Galette den Faden abzieht. Durch diese Spinnanordnung kann man die Fadenspannung stets gleichhalten, und man kann den Faden durch Anpassung der Abzugsgeschwindigkeit an die Fadenaufnahmegeschwindigkeit in entspanntem Zustand auf die Spule auflaufen lassen, wodurch die durch die Changierung bedingten Unregelmäßigkeiten verringert werden. Die Verhältnisse sind aber so zu wählen, daß ein für den Wasch- und Zwirnprozeß genügend fester Gespinstaufbau erhalten wird.

Wählt man bei diesem Spinnschema eine konische Galette, wie dies z. B. im DRP. 689065 der *Vereinigte Glanzstoff-Fabriken A.G.* beschrieben ist, und verschiebt man den Faden allmählich auf dieser Galette, so kann man hierdurch die Unterschiede zwischen Spinnanfang und Spinnende ausgleichen.

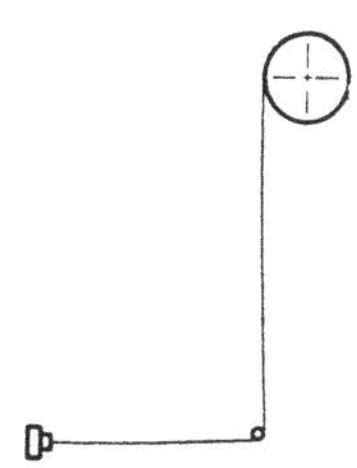

Abb. 250. Spinnen mit Bremsung durch Badreibung in flacher Wanne.

Bei der Zellwolle wirken, wie bereits erwähnt, die Fadenführer, die das Kabel auf das Transportband oder in die Schwemmrinne leiten, als Bremsorgane.

Zur Bremsung des Fadens kann man auch die Reibung zwischen dem Spinnbad und dem spinnenden Faden, die sogen. „Badreibung", benutzen. Spinnen aus sehr tiefer Wanne oder Spinnen aus flacher Wanne mit einer langen Badstrecke zwischen

[1] LEHNER: Kunstseide **14**, 256 (1932).

[2] Nach einer Konstruktion der Firma Carl Hamel A.G., DRP. 614441 und 635062.

Düse und dem Fadenführer, der den Faden aus dem Bade herausführt, gehören zu diesen Verfahrenstypen (Abb. 250). Es ist hierbei zweckmäßig, den Fadenführer unterhalb der Badoberfläche anzubringen, da ein außerhalb des Bades angebrachter Fadenführer durch Kristallisation des Spinnbades zum Versalzen neigt, wodurch die Reibung des Fadens und somit seine Bremsung erhöht wird, was zu abweichender Anfärbbarkeit führt.

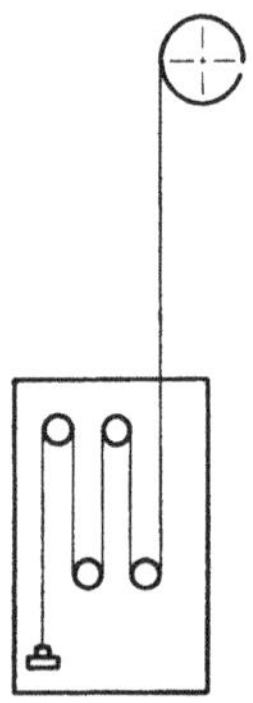

Abb. 251. Spinnen mit Bremsung durch Badreibung. Lange Badstrecke durch Umlenkröllchen im Bade.

Die Badstrecke kann man dadurch noch vergrößern, daß man im Bad mehrere Umlenkröllchen anbringt, über die der Faden mehrmals hin- und hergeführt wird (Abb. 251). Am einfachsten geschieht dies in der Weise, daß man neben der Düse ein dem Querschnitt der Spinnbadwanne entsprechendes perforiertes Blech aus Blei oder Kunststoff anbringt. In einigen der Löcher werden kurze Stäbe befestigt, die als Achsen für kleine Röllchen dienen. Der Nachteil dieses Spinnschemas liegt darin, daß die Röllchen an den Achsen verschieden starke Bremsung haben können. Hierdurch können Spannungen in den Faden gelangen, die zu ungleichmäßiger Anfärbung der Gespinste führen. Außerdem bereitet das Anspinnen bei diesem Schema Schwierigkeiten.

Bei der Verwendung von Fadenbremsen kommt man zu Festigkeitswerten von etwa 180 g je 100 den bei Bruchdehnungen von etwa 20···25%.

c) Spinnen mit Verstreckung.

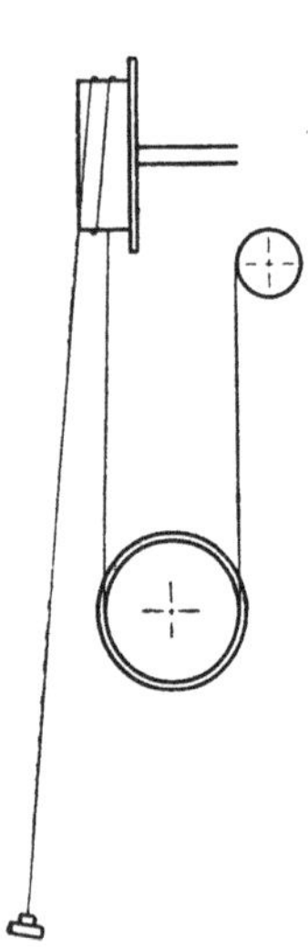

Abb. 252. Spinnen mit Verstreckung zwischen zwei Galetten. Spulenspinnverfahren.

Normale Streckspinnverfahren. Am einfachsten und übersichtlichsten nimmt man, wie schon S. 408 geschildert, die Verstreckung zwischen zwei Galetten vor, die mit verschiedener Drehzahl laufen. Man kann allerdings auch so arbeiten, daß man bei gleicher Drehzahl der zweiten Galette einen größeren Durchmesser erteilt.

Die Galetten können in der verschiedensten Weise an der Spinnmaschine angebracht sein. Zunächst können sie sowohl senkrecht zur Maschinenachse als auch parallel zu ihr angeordnet werden. Da es sich bei senkrechter Anordnung zur Vereinfachung des Antriebs empfiehlt, sie auf einer durchgehenden Achse anzubringen, wird hierbei allerdings das Anspinnen schwieriger; der Faden muß in diesem Falle hinter der durchgehenden Achse weitergeführt werden.

Beim Spulenspinnverfahren sind zwei weitere Variationen dadurch möglich, daß man entweder beide Galetten unterhalb der aufnehmenden Spinnspule oder die erste Galette unterhalb und die zweite oberhalb der Spule anbringt. Die Drehzahl der Spinnspule wird bei diesen Spinnanordnungen wieder so eingestellt, daß zwischen der zweiten Galette und der aufnehmenden Spule keine weitere Verstreckung des Fadens mehr erfolgt. Normalerweise wendet man bei der Verstreckung zwischen Galetten zusätzlich Bremsstäbe unterhalb der Galetten an, wie dies Abb. 249 zeigte.

Daß man die erste Galette möglichst nahe an das Spinnbad heranbringt, war schon erwähnt.

Für das Streckspinnen über zwei Galetten beim Spulenverfahren bringt Abb. 252 ein Beispiel.

Bezüglich des Streckspinnens über zwei Galetten beim Zentrifugenverfahren sei auf die Abb. 253 verwiesen. Die Anordnung des Streckwerks bei der dort gezeigten Zentrifugen-Spinnmaschine ist auf der Abbildung deutlich zu erkennen.

Eine zweite Galette kann man bei Streckspinnverfahren dieser Art umgehen, wenn man eine sogenannte Stufengalette anwendet, was die Spinnmaschine naturgemäß vereinfacht und verbilligt. Eine Stufengalette stellt auf der gleichen Achse befindliche Rollen mit verschiedenem Durchmesser dar, und man wendet sowohl zweistufige als auch dreistufige Galetten an.

Abb. 253. Spinnen mit Verstreckung über zwei Galetten beim Zentrifugenverfahren.

Bei derartigen Stufengaletten wird der von der Düse kommende Faden zuerst der Galettenstufe mit dem kleineren Durchmesser zugeführt, dann unter ein unterhalb der Galette befindliches Umlenkröllchen geführt und von dort der Galettenstufe mit dem größeren Durchmesser zugeleitet. Von hier aus gelangt der Faden dann auf die Spinnspule oder in den Spinntopf. Zwischen den zwei Galettenstufen erfährt der Faden eine den verschiedenen Umfangsgeschwindigkeiten entsprechende Verstreckung. Abb. 254 bringt für eine derartige Spinnanordnung ein Beispiel für eine dreistufige Galette.

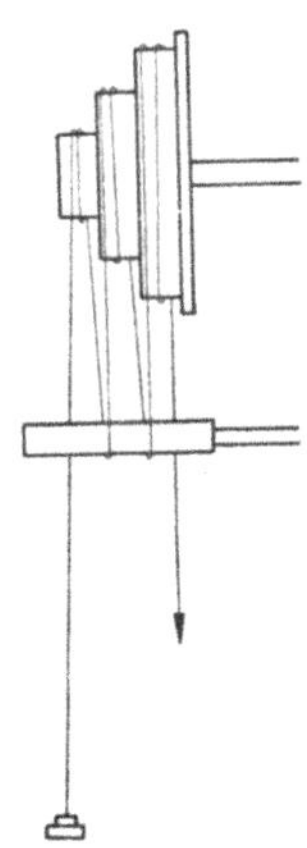

Abb. 254. Spinnen mit Verstreckung über eine Stufengalette.

Bei den bisher beschriebenen Streckvorrichtungen wurden die Streckwerke maschinell angetrieben. Man kann nun aber auch in der Weise arbeiten, daß man das Streckwerk durch den spinnenden Faden selbst antreibt. Hierdurch kann man beim Spulenspinnverfahren beide Galetten und beim Zentrifugenspinnverfahren die erste Galette einsparen. Eine solche Anordnung ist beispielsweise im DRP. 625352 der *Algemeene Kunstzijde Unie* beschrieben („Seilscheibenschema"). Man verwendet zwei Röllchen, die je drei Führungsrillen für den Faden haben. Die Röllchen sind als Stufenröllchen ausgebildet. Die Röllchen werden zweckmäßig an einem Steg angebracht, der an den Spinnstutzen angeklemmt oder angeschraubt werden kann. Beim Anspinnen schwenkt man den Spinnstutzen nur so weit in das Spinnbad ein, daß die Badstrecke eben zur Fadenbildung ausreicht. Der Faden kann dann außerhalb des Bades in der vorgesehenen Weise um die Röllchen gelegt werden. Ist dies geschehen, so taucht man den Spinnstutzen vollends in das Bad ein. Das obere Röllchen befindet sich dann außerhalb des Bades, während das untere Röllchen in das Bad eintaucht. Da sich die Röllchen wegen ihres kleinen Durchmessers sehr schnell drehen, verspritzt das obere Röllchen viel Spinnbad, wogegen man sich durch Anbringung geeigneter Spritzbleche schützen kann (DRP. 642341 der *Vereinigte Glanzstoff-Fabriken A.G.*). Die Streckung geht bei diesem Schema so vor sich, daß, wie Abb. 255 erkennen läßt, der durch eine Spule oder Galette abgezogene Faden das zweite Röllchen an seinem größten Umfang antreibt. Da man nun den von der Düse kommenden Faden zuerst um den kleinsten Umfang des ersten Röllchens legt und ihn von dort aus über den kleinsten Umfang des zweiten Röllchens dem mittleren Umfang des ersten Röllchens zuführt, ihn dann dem mittleren Umfang des zweiten Röllchens und von dort dem größtem Umfang des ersten Röllchens wieder zuleitet, so findet zwischen den beiden Röllchen eine allmählich gleichmäßig zunehmende Verstreckung statt.

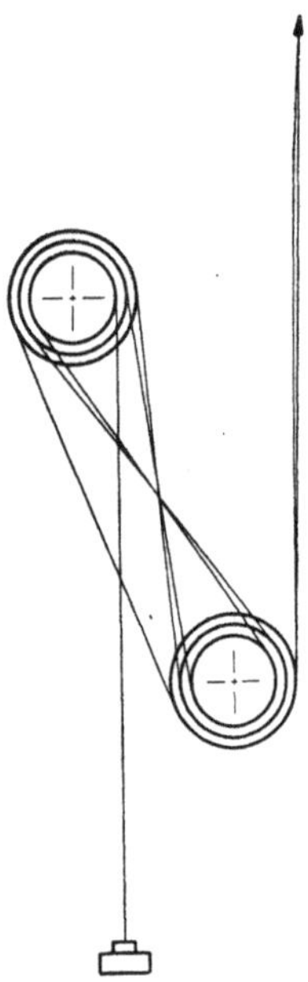

Abb. 255. Spinnen mit Verstreckung über stufenförmige Bremsröllchen (Seilscheibenschema).

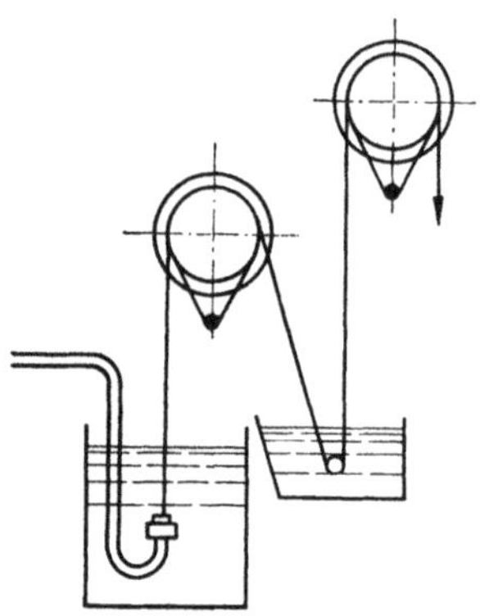

Abb. 256. Spinnen mit Verstreckung über zwei Galetten. Spinnanordnung mit zwei Spinnbädern bzw. mit einem heißen Wasserbad.

Die Gefahr des Entstehens ungleichmäßiger Fadenspannungen ist auch bei diesem Spinnschema gegeben. Besonders das obere, außerhalb des Bades befindliche Röllchen kann leicht infolge Versalzens der Achse bremsend wirken. Es gelingt aber durch geschickte Anbringung des erwähnten Spritzblechs, die Achse genügend naß zu halten.

Die Patentliteratur enthält zahllose Beispiele für Streckspinnschemen, weshalb hier nur einige charakteristische herausgegriffen werden konnten. Derartige Streckspinnschemen führen bei Beibehaltung der sonstigen üblichen Arbeitsweisen zu Festigkeiten von 190···220 g je 100 den. Die Bruchdehnung kann dabei bis auf etwa 17% zurückgehen.

Spinnen mit zwei Spinnbädern. Für diese Arbeitsweise gibt Abb. 256 ein schematisches Beispiel. Der von der Düse kommende Faden wird zunächst der ersten Galette zugeführt, wobei man ihn wieder wie üblich über einen unterhalb der Galette befindlichen Bremsstab führt. Von der ersten Galette aus führt man ihn herunter in das zweite, meist etwas höher als das erste angeordnete Spinnbad, wobei man sich eines oder zweier Umlenkröllchen oder Hakenfadenführer bedient. Von dort läuft der Faden über die zweite, nomalerweise wieder mit Bremsstab ausgebildete Galette in die Zentrifuge oder auf die Spule.

Spinnen mit heißem Wasser. In der Praxis wird heute allgemein nur mit einem einzigen Spinnbad gearbeitet. Die Spinnanordnung ist die gleiche wie eben für das Arbeiten mit zwei Spinnbädern angegeben war, nur daß das zweite Bad ausschließlich aus heißem Wasser besteht. Als Fadenführer im Wasserbad wird meist nur ein einziger Umlenkhaken verwendet. Um die Verdampfung des heißen Wassers so weit wie möglich einzuschränken, wendet man meist keine durchgehende Badrinne, sondern einzelne Wasserkästen für jede Spinnstelle an.

An Stelle der ersten Galette kann man auch über Seilscheiben spinnen, wie S. 434 beschrieben war.

III. Die Fadenbildung.

Bei der Fadenbildung spielt sich eine ganze Reihe der verschiedenartigsten Vorgänge ab, die zum größten Teil gleichzeitig verlaufen. Eine Schilderung des Gesamtvorganges ist daher recht schwierig und kann nur so geschehen, daß die einzelnen Teilvorgänge nacheinander eine Beschreibung erfahren.

Streng genommen beginnt die Ausbildung der Faserstruktur bereits während des Reifens der Viskose, und zwar insofern, als sich dabei in der Flüssigkeit eine Struktur ausbildet, die die Grundlage für die spätere Faserstruktur darstellt. Infolgedessen soll hierüber zuerst gesprochen werden.

Bei der eigentlichen Fadenbildung im Spinnbad und bei der Nachbehandlung liegen dann folgende Teilvorgänge vor:

Entstehung eines Xanthogenatgels durch die koagulierende Wirkung des Spinnbades,
Abspaltung der Xanthogenatgruppen unter der Einwirkung der Spinnbadsäure,
Deformation des zunächst entstandenen, mehr oder weniger zersetzten Gels unter dem Einfluß der Zugkräfte und schließlich
Entwässerung und Trocknung des Gels.

Der letztgenannte Vorgang soll jedoch erst im 19. Kapitel behandelt werden.

a) Lösungszustand der Viskose.

Im 12. Kap. war gezeigt worden, daß sich bei der Reife die Viskose insofern chemisch verändert, als in zunehmendem Maße Xanthogenatgruppen abgespalten werden. Dies ist insofern von Bedeutung, als dadurch die Hydrophilie der gelösten Moleküle abnimmt; sie werden in zunehmendem Maße ihrer die Vereinigung verhütenden Wasserhüllen beraubt und erhalten dadurch die Fähigkeit, näher zusammenzurücken, teilweise in einen gegenseitigen Anziehungsbereich zu gelangen und durch die Betätigung von Nebenvalenzen Assoziate zu bilden. Darüber hinaus bildet sich in der Viskose ein bestimmter Ordnungszustand der Moleküle aus.

Es ist zweckmäßig, zunächst den Lösungszustand einer extrem verdünnten Lösung zu betrachten, wenn auch die technische Viskose weit oberhalb der Grenzkonzentration liegt und ihre Konzentration während des Herstellungsganges auch niemals die Grenzschwelle nach unten überschritten hat.

In einer extrem verdünnten Lösung haben wir nach P. H. Hermans, J. J. Hermans und Vermaas[1] Einzelmoleküle in ungeordneter, wirrer Lage anzunehmen, die sich in lebhafter Brownscher Bewegung befinden. Beobachtungen von Matthes[2] sowie Philipoff[3] haben gelehrt, daß die Makromoleküle mehr oder weniger geknäuelt in der Lösung vorliegen. Die Knäuel sind jedoch keine starren Gebilde, vielmehr sind sie nach Untersuchungen von Guth und Mark[4] einer ständigen Wandlung ihrer Gestalt unterworfen. Nach Untersuchungen von Gralén[5] dürfte die Länge der durch Einrollen der Enden verknäuelten Moleküle bei einem Polymerisationsgrad von etwa

---

[1] P. H. Hermans, J. J. Hermans u. Vermaas: Kolloid-Z. **105**, 199 (1943).
[2] Matthes: Angew. Chem. **54**, 517 (1941). — [4] Philipoff: Kolloid-Z. **98**, 90 (1942).
[3] Guth u. Mark: Monatsh. **65**, 93 (1934). — [5] Gralén: Diss. Uppsala 1944.

500 und einer Zellulosekonzentration von 7% im Durchschnitt etwa die Hälfte der Länge in gestrecktem Zustand betragen. Demnach haben wir uns die Gestalt der Moleküle etwa so vorzustellen, wie Abb. 257 schematisch zeigt. Extrem verdünnte Lösungen werden wir also als eine Dispersion mehr oder weniger geknäuelter, ihre Form ständig verändernder Makromoleküle anzusehen haben, die sich in BROWNscher Bewegung befinden.

Abb. 257. Gestalt eines Zellulosemoleküls in extrem verdünnter Lösung. (Nach MATTHES.)

Bei höheren Konzentrationen, wie sie in der technischen Viskose vorliegen, liegen diese Verhältnisse wie folgt Hier liegen die Moleküle so nahe zusammen, daß sie in eine gegenseitige Beeinflussung geraten. Es kommen zwischen ihnen, wie BREDÉE und DE BOOYS[1] gezeigt haben, Kraftwirkungen zur Geltung, die durch die über das Molekül verteilten polaren Gruppen verursacht sind. Dies setzt natürlich voraus, daß genügend derartiger Gruppen vorhanden sind, was aber in einer weitgehend genug gereiften Viskose, bei der also genügend Xanthogenatgruppen abgespalten sind, der Fall ist, abgesehen davon, daß ja auch bei der Sulfidierung nur ein Teil der Hydroxylgruppen durch Anlagerung von Sulfthiokarbonatgruppen blockiert wurde. Die Kraftwirkungen verursachen, daß Moleküle, die in den gegenseitigen Anziehungsbereich gelangen, näher zusammenrücken und daß sie sich mehr und mehr geradestrecken. Schließlich erhalten die Moleküle hierdurch die Neigung, sich parallel zueinander zu orientieren[2]. Gleichzeitig nimmt die BROWNsche Bewegung ab. Wie aus Raumerfüllungsverhältnissen geschlossen werden kann, muß schon bei mäßigen Konzentrationen die Molekularbewegung durch gegenseitige Beeinflussung der Moleküle erheblich gestört sein.

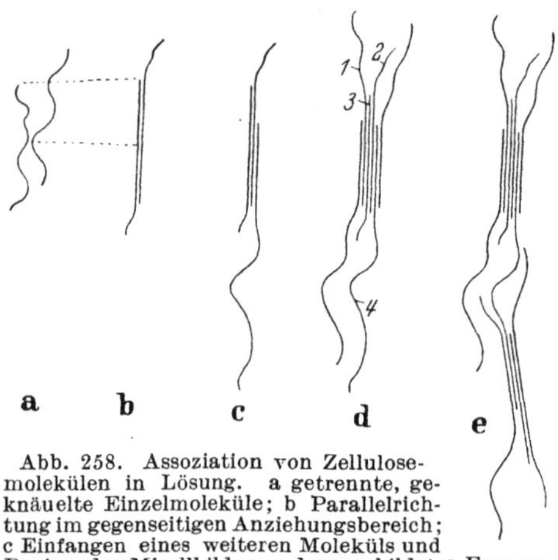

Abb. 258. Assoziation von Zellulosemolekülen in Lösung. a getrennte, geknäuelte Einzelmoleküle; b Parallelrichtung im gegenseitigen Anziehungsbereich; c Einfangen eines weiteren Moleküls und Beginn der Mizellbildung; d ausgebildetes Fransenmizell; 1, 2 nicht zur Assoziation gekommene Fransen, 3 in das Mizell eingefangenes Molekül, 4 eingefangene Moleküle aus der Nachbarschaft des gebildeten Mizells; e eingefangenes benachbartes Mizell. (Nach BAULE, KRATKY u. TREER.)

Bei genügender Annäherung der Moleküle und genügender Anzahl freier, polarer Gruppen können sich an geeigneten Stellen Haftpunkte zwischen den Molekülen bilden, wodurch es zu einer gegenseitigen Verknüpfung und zur Ausbildung von Assoziationen kommt. Für die Verknüpfung sind nach einer Ansicht von HERMANS[3] nebenvalenzmäßige Wasserstoffbindungen verantwortlich zu machen. Dieses Verhalten der Moleküle soll durch Abb. 258 veranschaulicht werden.

Die Assoziate sind jedoch keine stabilen Gebilde, vielmehr stellen sie nur Gleichgewichtszustände dar, d. h. also, es werden ständig Assoziationsbindungen disso-

[1] BREDÉE u. DE BOOYS: Kolloid-Z. **99**, 172 (1942).

[2] KRATKY: Kolloid-Z. **96**, 301 (1941). — STÖCKLY: Kolloid-Z. **105**, 190 (1943). — TAKAI: Kolloid-Z. **106**, 30 (1944). — [3] HERMANS: Cellulosechem. **18**, 97 (1940). — FREUDENBERG: Ber. dtsch. chem. Ges. **73**, 609 (1944).

ziiert und andere wieder neu gebildet, wie von ERBRING[1] und TAKAI[2] gezeigt wurde. Die Haftpunkte sind also zeitbedingt. Dies ist der Grund dafür, daß der flüssige Zustand des Systems erhalten bleibt.

Zunehmende Zahl und Lebensdauer der Haftpunkte bewirken nun eine Verzögerung der Bewegung der Assoziate und eine Einengung ihres Wirkungsvolumens. Die Haftpunkte werden so allmählich zu Kristallisationskeimen, an die sich weitere Moleküle gerichtet anlagern. Infolge ihrer inzwischen eingenommenen Parallellage nehmen diese assoziierten Teilchen Kristalleigenschaften an, sie werden zu geordneten Bereichen.

Es werden aber immer Molekülteile übrig bleiben, die infolge eines zu großen Abstandes nicht mehr in den Anziehungsbereich eines benachbarten Moleküls oder Assoziates gelangen; diese können aber an einigen Punkten mit einem Molekülteil aus einem anderen geordneten Bereich in Berührung kommen und an dieser Berührungsstelle eine Verknüpfung erfahren, wodurch weitere Haftpunkte in dem System entstehen. Derartige Molekülteile können auch in einen anderen geordneten Bereich eingefangen werden.

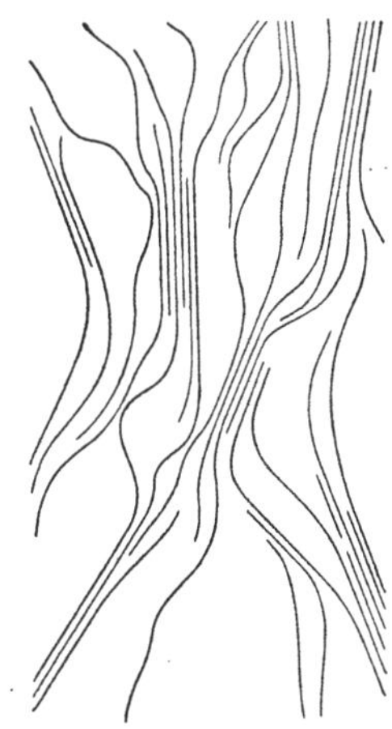

Abb. 259. Netzstruktur der Moleküle in der Viskose. (Nach HERMANS.)

Auf diese Weise kommt es nach und nach in dem System zu einer durchgehenden netzartigen Struktur in der Viskose, wie dies Abb. 259 schematisch zeigt.

Unter Berücksichtigung der durch die noch vorhandenen Xanthogenatgruppen bedingten Wasserbindung der Moleküle definiert STÖCKLY[3] das in der Viskose vorliegende System als einen sog. „Kettenmischkörper". Ein solcher soll in seinem allgemeinen Bau einem Stäbchenmischkörper (vgl. S. 75) entsprechen, nur sind an Stelle der Mizellstäbchen Molekül-Assoziate zu denken, die im einzelnen aus parallel zueinander liegenden Molekülen mit adhärierenden Wasserschichten — auch zwischen den Ketten — bestehen.

Wir sind nun bei der Betrachtung des Lösungszustandes der Viskose von der Voraussetzung ausgegangen, daß die Assoziate aus dispergierten Einzelmolekülen entstanden seien. Diese rein makromolekulare Betrachtungsweise wird von vielen Forschern als richtig anerkannt, von ebenso vielen aber zugunsten der mizellaren Betrachtungsweise abgelehnt. Es kann hier aber nur auf die vorliegende Literatur verwiesen werden[4]. Es ist daher aber notwendig, auch den Lösungszustand der Viskose

[1] TAKAI u. ERBRING: Kolloid-Z. **95**, 207, 322 (1941).

[2] TAKAI: Kolloid-Z. **106**, 80 (1944). — [3] STÖCKLY: Kolloid-Z. **105**, 190 (1943).

[4] Vgl. hierzu bes.: BREDÉE: Kolloid-Z. **94**, 81 (1941). — LIESER: Cellulosechem. **18**, 73 (1940); Kolloid-Z. **81**, 234 (1937); Liebigs Anm. Chem. **464**, 43 (1928); **470**, 104 (1929); **483**, 132 (1930). — SCHRAMEK: Papierfabr. **36**, 226 (1938); Kolloid-Z. **94**, 92 (1941) — SCHRAMEK u. KÜTTNER: Kolloid-Beih. **42**, 331 (1935). — STAUDINGER u. DAUMILLER: Ber. dtsch. chem. Ges. **71**, 1995 (1938) — STAUDINGER u. ZAPF: J. prakt. Chem. **156**, 261 (1940). — WEELDENBURG: Chem. Weekbl. **30**, 47 (1933). — Nach Untersuchungen von CENTOLA ist der Dispersionsgrad in starkem Maße von der Art des Lösungsmittels abhängig [Atti del X. Congr. Intern. di Chimica, Roma IV, 117 (1939)]. — LIESER ist es gelungen, auf folgendem Wege molekulardisperse Lösungen von Zellulose herzustellen: Tri-tetraäthylammonium-trixanthogenat wird in einer Verdünnung von 1:1000 der Dialyse unterworfen, bis alle Xanthogenatgruppen abgespalten sind. Nach Entfernen der Umsetzungsprodukte und der überschüssigen Base liegt dann die Zellulose in molekularer Verteilung vor. Die Lösung ist in der Kälte wochenlang haltbar [Kolloid-Z. **98**, 142 (1942)].

zu schildern, wenn sich bei der Sulfidierung ausschließlich oder nahezu ausschließlich eine topochemische Reaktion an den Mizellen unter weitgehender Erhaltung ihrer Gestalt abgespielt hätte, es also nicht zu einer Dispergierung bis zu Einzelmolekülen gekommen wäre. Es wird sich ergeben, daß dadurch keine grundlegenden Unterschiede entstehen.

Man darf annehmen, daß sich auch bei einer topochemisch verlaufenden Reaktion an den Begrenzungsflächen der Kristallite soviel Reaktionsmittel einschiebt, daß es zu einer wesentlichen Aufspaltung und Auflockerung der Mizellenden kommt, wie dies beispielsweise Abb. 260 zeigt. Auf diese Weise entstandene Teilchen unterscheiden sich von neu gebildeten Sekundärassoziaten nur unwesentlich. Beide Gebilde sind dadurch gekennzeichnet, daß aus ihren kristallinen Bezirken Kettenenden oder Büschel von Kettenenden fransenartig herausragen.

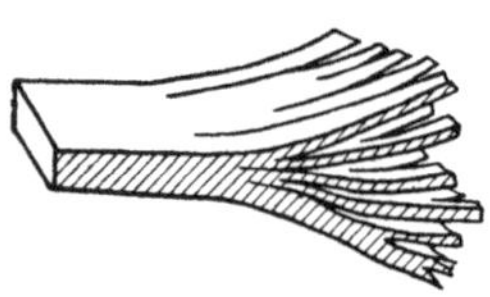

Abb. 260. Laminare Aufsplitterung eines Kristalliten an der Stirnseite. (Nach HERMANS.)

Diese Fransen verhalten sich nun genau so wie die eben geschilderten, aus einem neu entstandenen geordneten Bereich herausragenden Molekülenden; d. h. also, auch sie können sich mit Fransen eines anderen geordneten Bereichs verknüpfen oder in einen anderen geordneten Bereich eingefangen werden.

In der letzten Zeit sind nun von LAUER, WILDE und DOBBERSTEIN[1] bemerkenswerte Beobachtungen bei Untersuchung der Wärmetönung beim Verdünnen von Viskose gemacht worden. Würden in einer Viskose lediglich neu gebildete Molekülaggregate vorliegen, so müßten beim Verdünnen durch Dispergierung der Assoziate stetig gleiche Energiemengen freiwerden. Dies ist jedoch nicht der Fall, vielmehr ergeben sich bei Viskosen verschiedener Alkalizellulosevorreife zwischen 48 und 60 Stunden Vorreife deutliche Sprünge in der Wärmetönung. Die Forscher sind der Ansicht, daß man hieraus schließen müsse, daß in der Viskose außer neu gebildeten Assoziationen noch in erheblicher Zahl Teilchen vorliegen, die den ursprünglichen im Zellstoff vorhanden gewesenen Mizellen entsprechen[2].

Dies würde bedeuten, daß hinsichtlich der Reaktionsweise der Zellulose beim Xanthogenieren sowohl die makromolekulare als auch die mizellare Betrachtungsweise ihre Berechtigung haben, und daß die spinnreife Viskose demnach als eine Mischung gelöster Primärteilchen und durch Neubildung entstandener sekundärer Assoziationen aufzufassen wäre. Diese Ansicht wird u. a. auch von BERKEK und OUCHTERLONY[3] vertreten. Nach BREDÉE stammen die Sekundärassoziate in erster Linie aus Ketten, die sich aus den amorphen Enden der ursprünglichen Kristallite gelöst haben. BREDÉE nimmt an, daß darüber hinaus in der Viskose auch noch in erheblicher Zahl Einzelmoleküle vorhanden seien, die nicht zur Assoziation gekommen sind.

Das Vorhandensein von geordneten Zelluloseteilchen in der Viskose, seien es nun Primär- oder Sekundärteilchen, erklärt insbesondere gut die Tatsache, daß sich in der Faser unmittelbar nach dem Austritt aus dem Düsenkanal schon kristalline Anteile nachweisen lassen, was von einigen Forschern als „Erinnerungsvermögen" bezeichnet wurde[4].

---

[1] LAUER, WILDE u. DOBBERSTEIN: Kolloid-Z. **112**, 16 (1949).
[2] Vgl. hierzu auch COMPTON: Ind. Engng. Chem. **31**, 1250 (1939). — [3] BERGEK u. OUCHTERLONY: Svensk Papperstidn. **49**, 470 (1947). — [4] Z. B. LIESER: Liebigs. Ann. Chem. **528**, 276; **532**, 95 (1937); **483**, 132; **522**. 56 (1936); **511**, 128 (1934).

b) Ordnungszustand der Teilchen in der Viskose.

Seite 331 war schon erwähnt worden, daß die Viskose ausgesprochene Strukturviskosität besitzt. Dies bedeutet, daß der Viskose eine Struktur eigen sein muß, die Teilchen also in einer bestimmten Weise angeordnet sein müssen. Zur Aufklärung dieser Struktur wurden von HERMANS[1] in Anlehnung an frühere Versuche von BUNGENBERG DE JONG Xanthogenatfäden hergestellt, die ohne jeden Verzug erhalten wurden, und eingehend untersucht.

Auf Grund der Tatsache, daß beim Spinnprozeß die Koagulation in Bruchteilen einer Sekunde erfolgt und daß der Nachweis dafür erbracht werden konnte, daß das Volumen eines ohne jeden Verzug gewonnenen Xanthogenatfadens annähernd gleich dem Volumen eines entsprechenden Viskosesols ist, nimmt HERMANS an, daß sich die Struktur der Viskose bei einer spannungslosen Koagulation nicht in nennenswertem Maße ändert, so daß also in diesem speziellen Falle ein Rückschluß aus der Faserstruktur auf die Struktur der Viskose erlaubt ist.

Es zeigte sich zunächst, daß ein solcher Faden bei einem Quellungsgrad von 1200% noch um 100% dehnbar war. Die Tatsache dieser bemerkenswerten Festigkeit in hochgequollenem Zustand stellt einen eindeutigen Beweis für das Vorliegen einer netzartigen, durchgehenden Struktur mit festen Haftpunkten dar.

Zur Aufklärung des vorliegenden Ordnungszustandes kann man nun die Quellungsverhältnisse des Gelfadens studieren, sowie optische und röntgenographische Untersuchungen an ihm durchführen.

Was die Quellung anbetrifft, so darf man annehmen, daß die geordneten Bereiche anisotrop quellen, und zwar in der Breite wesentlich mehr als in der Länge. Die Quellung des Gels erwies sich demgegenüber aber als völlig isotrop, d. h. also, es quillt nach allen Richtungen des Raumes hin in gleichem Maße. Hieraus muß man aber den Schluß ziehen, daß die kristallisierten Bereiche vollständig regellos in dem Gel vorliegen. Die Addierungen der Werte für die Breitenquellung der einzelnen Teilchen wirken sich also nach allen Richtungen des Raumes in gleichem Maße aus. Die gleiche Schlußfolgerung muß aus optischen Untersuchungen gezogen werden; das Gel ist nämlich nicht doppelbrechend. Auch eine röntgenographische Untersuchung läßt keinen Anhaltspunkt für einen Ordnungszustand erkennen. Aus dem negativen Röntgenbefund muß weiter geschlossen werden, daß die geordneten Bereiche sehr klein oder die Kettenmoleküle nur über verhältnismäßig kurze Strecken zu einer parallelen Assoziation gekommen sind.

Streckt man jedoch einen solchen isotropen Xanthogenatfaden und bestimmt im Ausgangszustand sowie im gestreckten Zustand das spezifische Gewicht, so findet man annähernd die gleichen Beträge. Dies kann aber nicht möglich sein, wenn die Kristallite völlig regellos in dem ungestreckten Gel vorliegen; in diesem Falle müßten nämlich bei der gedehnten Faser wesentlich höhere Werte gefunden werden, da regel-

[1] Nach HERMANS und DE LEEUW können derartige Xanthogenatfäden auf folgende Weise hergestellt werden: Ein senkrecht gestelltes Rohr (Höhe 60 cm, lichte Weite 2,5 cm) enthält unten angeschmolzen eine 10 mm lange Kapillare von 1,2 mm lichter Weite. Dieses Rohr wird mit spinnreifer Viskose gefüllt und in einen großen Glasbehälter getaucht, der 2 n Ammonsulfatlösung enthält. Das Niveau der Viskose wird durch Nachfüllen möglichst konstant gehalten. Es bildet sich so beim Ausfließen der Viskose aus der Kapillare ein Xanthogenat-Faden, der sich am Boden des Behälters in Schlingen ansammelt und nach etwa 3h für die Untersuchung geeignet ist [Kolloid-Z. **81**, 321 (1937)].

los liegende Kristallite einen verhältnismäßig großen Raum beanspruchen und die Faser sich beim Dehnen dann stark verdichtet haben müßte. Es sei daran erinnert, daß die Viskose Strukturviskosität zeigt; auch dieser Zustand zwingt zu der Annahme, daß in ihr ein Ordnungszustand der Teilchen vorhanden sein muß. Diesen Widerspruch zu den Folgerungen aus den Quellungsmessungen, der optischen und röntgenographischen Untersuchung löste HERMANS durch die Hypothese vom Vorliegen einer „Ordnung in kleinen Bereichen", wie sie KRATKY definiert hat.

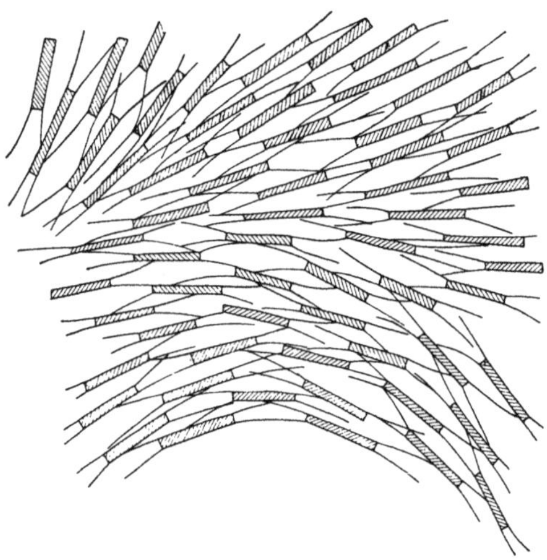

Abb. 261. Anordnung von Teilchen nach dem Prinzip der Ordnung in kleinen Bereichen. (Nach HERMANS.)

Hierunter ist folgendes zu verstehen: Die Teilchen sind so angeordnet, daß benachbarte Teilchen ziemlich parallel zueinander liegen, ihre Abweichung von der Parallellage also nicht groß ist. Diese kleinen Verwerfungen addieren sich aber beim Fortschreiten von einem kristallinen Bereich zum anderen, so daß ein größerer Raum als ungeordnet erscheint. Abb. 261 gibt ein schematisches Bild dieses speziellen Ordnungszustandes. Es leuchtet ein, daß ein solches System nicht doppelbrechend ist und auch anisotrop quillt; auch ein vom Röntgenlicht durchstrahlter Bereich ist so groß, daß er sich den Strahlen gegenüber nur wie ein amorpher Körper verhalten kann. Nach KRATKY[1] soll allerdings die diffuse Schwärzung in der Umgebung des Zentralflecks im Röntgenogramm eine Folge der Ordnung in kleinen Bereichen sein („Kleinwinkelstreuung"). Abgesehen von Ergebnissen, die beim Studium des Deformationsvorganges von Xanthogenatgelen erhalten wurden, und worüber später noch gesprochen wird, sieht HERMANS aber in der Beobachtung, daß die Bestimmung des spezifischen Gewichtes einer Xanthogenatfaser in ungestrecktem und in gestrecktem Zustand keine großen Unterschiede ergibt, einen eindeutigen Beweis für den Ordnungszustand in kleinen Bereichen. Nach diesem Prinzip können sowohl kristalline Anteile als auch Einzelmoleküle angeordnet sein.

Was die anteilmäßige Verteilung von gelöstem Stoff und Lösungsmittel in einem solchen System anbetrifft, so berechnete HERMANS für eine Viskose mit einem Gehalt von 8% Zellulose und einem Polmerisationsgrad von etwa 300 eine Ausdehnung der Teilchen von etwa 300 $\mu\mu$ in der Länge bei einer Dicke von 1 $\mu\mu$, während die durch Lösungsmittel erfüllten Zwischenräume etwa 3 $\mu\mu$ groß sein sollen. Die Lösungsmittel-Moleküle werden sich in diesen Zwischenräumen in BROWNscher Bewegung befinden, so daß angenommen werden kann, daß auch die Ketten hierdurch zu einer ständigen Vibration angeregt werden. Die Abstände zwischen den Teilchen werden sich hierdurch dauernd ändern, wodurch auch die im folgenden zu beschreibenden Vorgänge verständlich werden.

[1] KRATKY: Angew. Chem. **53**, 153 (1940).

c) Vorgänge im Düsenkanal.

Von ENTWISTLE[1] wurde die Abhängigkeit der Durchflußmenge einer Viskose durch eine Kapillare vom angewandten Druck untersucht. Es ergab sich hierbei, wie aus Abb. 262 hervorgeht, daß die durchfließende Menge schneller ansteigt als dem zunehmenden Druck entspricht. Aus dieser Erscheinung, die eine Folge der der Viskose eigenen Strukturviskosität ist, muß gefolgert werden, daß die eben beschriebene Struktur der Lösung beim Durchfließen durch Kapillaren gestört wird. Im Vergleich zu anderen viskosen Flüssigkeiten, wie beispielsweise einer Lösung von Natriumalginat, deren Verhalten zum Vergleich in der Abbildung gleichfalls dargestellt ist, ist die thixotrope Strukturzerstörung bei der Viskose durch das Strömen allerdings nicht besonders groß. Dies ist für die Annahme von Bedeutung, daß sich die Struktur der Lösung durch die Gelbildung beim Spinnen nicht nennenswert ändert. Immerhin aber nimmt die Viskositätserniedrigung beim Strömen der Viskose durch den Düsenkanal beachtliche Beträge an, worauf zuerst von PHILIPOFF[2] sowie KRÜGER[3] aufmerksam gemacht wurde. Diese Forscher sagten voraus, daß infolge der Strukturviskosität beim Spinnen mit einer 20···50fach niedrigeren Viskosität gerechnet werden müsse, als bei der spinnreifen Viskose nach der Kugelfallmethode gemessen wurde.

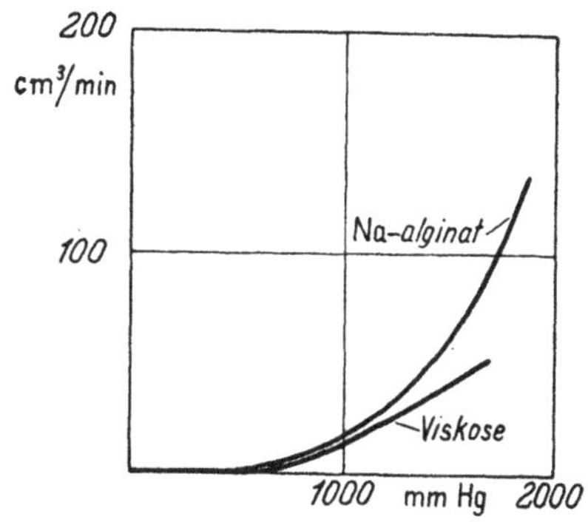

Abb. 262. Abhängigkeit der Durchflußmenge viskoser Flüssigkeiten vom Druck. (Nach ENTWISTLE.)

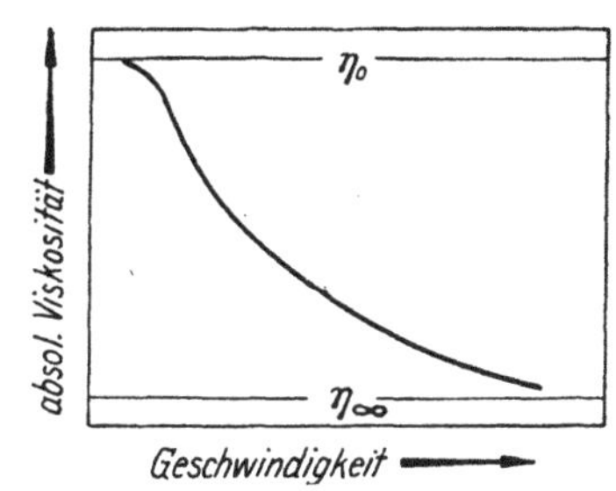

Abb. 263. Abhängigkeit der absoluten Viskosität von der Strömungsgeschwindigkeit in Kapillaren. (Nach WO. OSTWALD.)

Nach Messungen von WO. OSTWALD[4] zeigt die Viskosität bei kleinen und kleinsten Strömungsgeschwindigkeiten einen konstanten Wert η_0. Dieser sinkt bei wachsenden Geschwindigkeiten graduell ab, um bei sehr hohen Schergeschwindigkeiten wieder einem kleineren, konstanten Endwert η_∞ zuzustreben. Dieses Verhalten ist in Abb. 263 graphisch dargestellt.

BREDÉE und DE BOOYS[5] studierten diese Verhältnisse bei Viskose unter technischen Bedingungen. Sie fanden durch Auswertung von Druckmessungen, daß die Viskosität der Viskose im Düsenkanal eine Zehnerpotenz und mehr niedriger liegt, als nach der Kugelfallmethode gemessen wird. Messungen in einem Kapillarviskosimeter ergeben noch niedrigere Werte, da die größere Länge der Kapillare eine entsprechend noch größere Abweichung von der rein laminaren Strömung ergibt.

Die Untersuchungen ergaben weiter, daß der durch die Strukturviskosität bedingte Viskositätsabfall im Düsenkanal bei hochviskosen, wenig abgebauten Zellstoffen erheblich größer ist als bei niedrigviskosen Zellstoffen. Infolgedessen bringt die Struktur-

---

[1] ENTWISTLE: J. Soc. Dyers and Col. **62**, 261 (1946).
[2] PHILIPOFF: Kolloid-Z. **71**, 1 (1935); **75**, 142, 155 (1936); **83**, 163 (1938).
[3] KRÜGER: Kolloid-Z. **88**, 215 (1939). — [4] WO. OSTWALD: Kolloid-Z. **36**, 99 (1925).
[5] BREDÉE u. DE BOOYS: Kolloid-Z. **96**, 24 (1941).

viskosität hinsichtlich der Viskosität der Viskose einen gewissen Ausgleich. Was den Einfluß des zu spinnenden Titers anbetrifft, so wurde gefunden, daß der durch Strukturviskosität bedingte Viskositätsabfall bei niedrigen Gesamttitern stärker ausgeprägt ist als bei groben Gesamttitern.

Diese Beobachtungen bedeuten, daß die Struktur der Viskoselösung während des Durchfließens durch den Düsenkanal immerhin ziemlich weitgehend geändert ist. Es war schon erwähnt worden, daß die zwischen den Molekülen entstandenen Haftpunkte zu einem großen Teil zeitbedingt sind und daß die Moleküle sich als in einer gewissen Bewegung befindlich anzunehmen sind. Beim Strömen findet dann ein mehr oder weniger großes Abgleiten der Moleküle aus dem Assoziationsverband statt.

Dieser Vorgang wird jedoch durch einen anderen teilweise überlagert: Es ist nämlich mehrfach beobachtet worden, daß Viskose beim Strömen doppelbrechend wird, d. h. also, daß die isotrope Lösung anisotrop wird. Eine Anzahl Teilchen nimmt also unter dem Einfluß des Druckes, der die Lösung in dem engen Kanal zusammenpreßt, eine Orientierung an, die Teilchen ordnen sich in der Strömungsrichtung[1]. Diese Parallelrichtung bewirkt ihrerseits wieder eine neue Ausbildung geordneter Bereiche, deren Längsachse mit der Strömungsrichtung zusammenfällt.

Man kann diesen Vorgang auch so deuten, daß beim Strömen eine Verzerrung des isotropen Systems in die Strömungsrichtung erfolgt. Hierdurch wird aber ein Teil der durch die Strukturviskosität bedingten Viskositätserniedrigung wieder aufgehoben, da orientierte Teilchen viskositätserhöhend wirken („Orientierungsviskosität"). Den gleichen Einfluß hat das Anlegen von Zugspannung an eine fadenziehende Flüssigkeit, wie von NITSCHMANN und SCHRADE[2] festgestellt wurde[3].

d) Die Ausbildung des Xanthogenatgels.

Bevor nun auf die Struktur des im Spinnbad entstehenden Gels näher eingegangen werden kann, ist es notwendig, die chemischen Vorgänge zu beschreiben, die sich unter der Einwirkung der Spinnbadsäure abspielen. Die chemische Veränderung der in das Spinnbad eintretenden Viskose ist nämlich in starkem Maße an der Ausbildung der Faserstruktur mitbeteiligt. Der Übergang vom Solzustand der Viskose in den Gelzustand des Fadens vollzieht sich unter Ablauf chemischer und kolloidchemischer Prozesse.

Was die *chemischen* Prozesse anbetrifft, so setzt sich im Spinnbad der schon bei der Viskosereife beginnende Prozeß der Abspaltung von Sulfthiokarbonatresten fort, nur daß dieser Vorgang unter der Einwirkung des Spinnbades viel rascher verläuft als bei der Reife der Viskose, und daß im Spinnbad unter der Einwirkung der Säure eine reine Hydrolyse stattfindet, die man durch folgende Gleichungen veranschaulichen kann:

$$RO \cdot CS \cdot SNa + H^{\cdot} \rightarrow RO \cdot CS \cdot SH + Na^{\cdot}$$

$$RO \cdot CS \cdot SH \rightarrow ROH + CS_2.$$

---

[1] Vgl. hierzu LÖBERING: Papierfabr. **37**, 9 (1939). — HERMANS: Kolloid-Z. **105**, 199 (1943). — [2] NITSCHMANN u. SCHRADE: Helv. chim. acta **31**, 297 (1948).

[3] Der Erscheinung der Strömungsorientierung in Kapillaren liegen einige Patente der Rheinische Zellwolle Aktiengesellschaft zugrunde, nach denen bessere Fasern erhalten werden sollen, wenn aus langen und sehr engen Düsenkanälen gesponnen wird. Der erforderliche Spinndruck soll hierbei 40 Atü betragen. Franz. Pat. 843473; Brit.Pat. 509375; Belg. Pat. 430302.

Unter Bildung von Schwefelkohlenstoff werden somit die Hydroxylgruppen der Zellulose wieder freigelegt, wobei intermediär die freie, unbeständige Zellulosexanthogensäure entsteht. Nach HERMANS[1] geht die durch die erste Gleichung gekennzeichnete Reaktion mit außerordentlicher Geschwindigkeit vor sich, während die zweite messend verfolgt werden kann.

Die Reaktionsgeschwindigkeit ist abhängig von der Säurekonzentration des Spinnbades, von seiner Temperatur und besonders von der Art der Salze. Dies hängt damit zusammen, daß die Säure, die zuerst mit der Viskose in Berührung kommt, schnell durch das Alkali der Viskose neutralisiert wird, wodurch sich an den äußeren Teilen des flüssigen Viskosefadens eine neutrale oder alkalische Salzzone bildet, die schnell eine Koagulation hervorruft. Die weitere Säure kann dann erst durch Diffusion in das Fadeninnere gelangen. Die Diffusionsgeschwindigkeit wird nun in starkem Maße von der Art der Salze beeinflußt. Daß Zinksulfat eine besonders stark verzögernde Wirkung hat, wurde schon an anderer Stelle erwähnt. In diesem Falle kommt noch hinzu, daß sich nach Untersuchungen von POZNANSKI[2] und KAWATA[3] ein Zinkxanthogenat bildet, das gegenüber H-Ionen außerordentlich beständig ist und durch Säure nur langsam zersetzt wird.

Infolge dieser Verhältnisse ist es verständlich, daß die in der Viskose enthaltenen Nebenprodukte durch die Einwirkung des sauren Spinnbades wesentlich schneller zersetzt werden als das Natriumzellulosexanthogenat selbst. Um den Zusammenhang zu wahren, sollen diese Nebenreaktionen hier kurz eingeschaltet werden.

Das bei der Sulfidierung und Nachreife entstandene Natriumtrithiokarbonat zerfällt unter der Einwirkung der Schwefelsäure wie folgt:

$$Na_2CS_3 + H_2SO_4 = Na_2SO_4 + H_2S + CS_2.$$

Neben Schwefelkohlenstoff, der, wie gezeigt wurde, auch beim Zerfall des Zellulosexanthogenates entsteht, bildet sich also auch Schwefelwasserstoff. Der Schwefelkohlenstoff stammt demnach aus zwei Quellen.

Durch Wechselwirkung zwischen dem Schwefelkohlenstoff und der Natronlauge der Viskose entsteht ferner Natriumkarbonat:

$$6\,NaOH + 3\,CS_2 = 2\,Na_2CS_3 + Na_2CO_3 + 3H_2O.$$

Wie aus der Gleichung hervorgeht, wird bei dieser Reaktion erneut Natriumtrithiokarbonat gebildet, das durch Säure wieder nach der weiter oben angegebenen Gleichung zerfällt.

Aus dem Natriumkarbonat bildet sich durch die Einwirkung der Säure Kohlendioxyd und Natriumsulfat:

$$Na_2CO_3 + H_2SO_4 = Na_2SO_4 + CO_2 + H_2O.$$

Neben diesen Reaktionsprodukten entstehen Sulfide, Hydrosulfite, Sulfite und Thiosulfate, die durch unübersichtliche Reaktionen in Schwefelwasserstoff, schweflige Säure und molekularen Schwefel übergehen. Hierbei ist der Luftsauerstoff maßgeblich beteiligt.

Das Auftreten gasförmiger Reaktionsprodukte ist dafür verantwortlich zu machen, daß im Faserquerschnitt meist kleine bläschenförmige Hohlräume vorhanden sind. Nimmt ihre Zahl durch unsachgemäße Leitung des Spinnprozesses überhand, so ent-

[1] HERMANS: Physics and Chemistry of Cellulose Fibres, S. 344.
[2] POZNANSKI: Ref. Z. angew. Chem. **51**, 768 (1938).
[3] KAWATA: J. Cellulose Ind. (Japan) **17**, 27 (1941).

steht, wie schon an anderer Stelle erwähnt war, eine milchige Faser, die ihren Wert erheblich mindert.

Wir wollen uns nunmehr wieder den *physikalischen* Vorgängen zuwenden, die zur Ausbildung des Gels im Spinnbad führen, und wobei zuerst wieder die theoretische Voraussetzung gemacht werden soll, daß keinerlei Zug auf die in das Spinnbad einfließende Viskose ausgeübt wird. Beim Verlassen des Düsenkanals wird die Viskosität der Viskose spontan wieder den Betrag annehmen, den sie vor Eintritt in den Düsenkanal gehabt hatte, und damit wird die Viskose ihre frühere Struktur wieder annehmen. Wie weit hierbei auch geordnete Bereiche, die sich durch den Einfluß der Strömungsorientierung im Düsenkanal neu gebildet haben, wieder zerfallen, ist nicht bekannt. Dies ist aber für das Verständnis der sich bei der Fadenbildung abspielenden Vorgänge auch unwesentlich.

Nach HERMANS[1] müssen wir uns die Gelbildung aus einer Lösung als den umgekehrten Vorgang einer unbegrenzten Quellung vorstellen. Ebenso wie dort aus einem Gelsystem die kristallisierten Anteile zuletzt in Lösung gehen, bilden sich bei der Entstehung eines Gels zuerst kristallisierte Anteile. Wir haben bei der Beschreibung des Lösungszustandes der Viskose gesehen, daß in ihr kristallisierte Bestandteile (primärer oder sekundärer Herkunft) enthalten sind. Demnach finden sich auch im entstehenden Gel solche geordneten Bereiche wieder. Nach Untersuchungen von BREDÉE[2], von HERMANS, KRATKY und PLATZEK[3] sowie von SAMUELSON[4] ist der mengenmäßige Gehalt des frischen Gels an geordneten Bereichen zunächst allerdings nur klein. Immerhin ist ihre Anzahl genügend groß, um als Kristallisationskeime zu wirken, an die sich weitere Moleküle oder kleinere Assoziate gerichtet anlagern können. Die Gelbildung ist somit als ein Kristallisationsvorgang aufzufassen. Dieser Vorgang geht nicht besonders schnell vonstatten, da die langen Kettenmoleküle nur zu wesentlich trägeren Bewegungen befähigt sind als kleine Moleküle.

Im einzelnen geht der Prozeß der Gelbildung so vor sich, daß durch die Abspaltung der Xanthogenatgruppen mehr polare Hydroxylgruppen längs der Zelluloseketten oder Assoziate frei werden, die zu einem Zusammenschluß bzw. zur Ausbildung von Haftpunkten befähigt sind. Im gegenseitigen Anziehungsbereich strecken sich die Ketten oder Kettenteile mehr und mehr. Durch die osmotische Wirkung des Spinnbades findet eine allmählich zunehmende Entwässerung des Systems statt[5]. Dies ist nach KRATKY die Voraussetzung dafür, daß die Faserbausteine näher zusammenrücken können und daß Lösungsmittel in die internen Räume ausgepreßt wird. Da die Größe des osmotischen Druckes von der Zusammensetzung des Spinnbades abhängt, ist es verständlich, daß dieser Vorgang je nach dem angewandten Spinnbad mit verschiedener Geschwindigkeit verläuft[6]. Bei genügend engem Zusammensein und ausreichender Anzahl freier Hydroxylgruppen vergrößern sich so die vorgebildeten geordneten Bereiche durch Anlagern weiterer Ketten mehr und mehr; zwischen den aus geordneten Bereichen überstehenden Kettenenden bilden sich neue Haftpunkte aus. So wird der Anteil an kristallisierter Substanz mit zunehmendem Alter allmählich größer, was sich durch ein Schärferwerden der Röntgeninterferenzen zu er-

---

[1] HERMANS: Physics and Chemistry of Cellulose Fibres. S. 74ff.
[2] BREDÉE: Kolloid-Z. **94**, 81 (1941).
[3] HERMANS, KRATKY u. PLATZEK: Kolloid-Z. **86**, 245 (1939).
[4] SAMUELSON: Svensk Papperstidn. **48**, 517 (1945). — [5] STÖCKLY: Kolloid-Z. **105**, 190 (1943). — [6] LOTTERMOSER u. SCHIEL: Z. angew. Chem. **43**, 80 (1930).

kennen gibt. Die Lösung geht dabei unter Synärese in die Gelform über[1]. Die Zunahme der Menge an kristallisierter Substanz konnte durch KRATKY[2] bewiesen werden, der einen eindeutigen Zusammenhang zwischen dem Quellungsgrad eines Gels und seinem Gehalt an kristallisierter Substanz feststellte.

Der beim Reifen der Viskose bereits im flüssigen Medium einsetzende Prozeß der Ausbildung geordneter Bereiche wird also unter der Einwirkung des Fällungsmittels in beschleunigtem Tempo fortgesetzt. Es kommt so schließlich eine Struktur zustande, wie sie durch Abb. 264 veranschaulicht wird.

Aus der schon erwähnten Tatsache, daß das Volumen des frischen Gels annähernd dem Volumen der entsprechenden Xanthogenatlösung entspricht, muß man den Schluß ziehen, daß in dem zuerst entstandenen Gel, da bei seiner Bildung ein großer Teil des Lösungsmittels ausgepreßt wird und andererseits umfangreichere kristallisierte Bezirke gebildet werden, die nach dem Prinzip der Ordnung in kleinen Bereichen vorliegende Orientierung allerdings etwas aufgelockert ist, d.h. also, die Abstände zwischen den Molekülassoziaten müssen etwas größer sein als sie in der spinnreifen Viskose waren. Im einzelnen sind zahlreiche Möglichkeiten für den Bau des Gelgerüstes gegeben, die durch die Konzentration und Temperatur der Lösung, durch die Zusammensetzung des Lösungsmittels sowie die Art und Temperatur des koagulierenden Mediums bedingt sind[3].

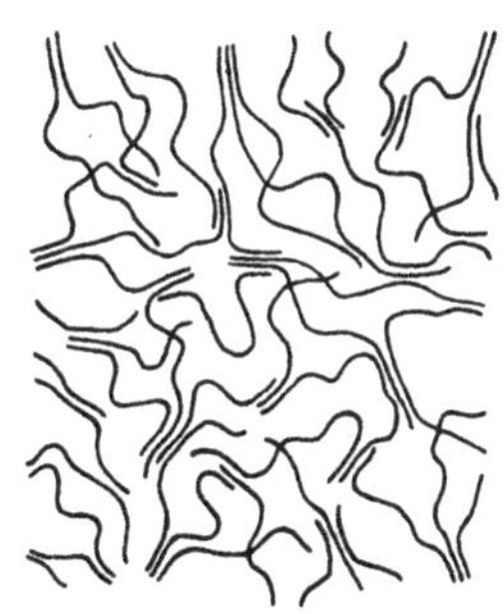

Abb. 264. Struktur eines ohne Streckung gesponnenen (isotropen) Xanthogenatgels. (Nach HERMANS.)

Das Ergebnis der Koagulation ist schließlich ein hochgequollenes, teilweise schon zersetztes Xanthogenatgel, dessen Bausteine in Anlehnung an die Struktur der Viskose wieder ein Netz bilden, das Haftpunkte sowohl in den geordneten Bereichen als auch in den Berührungspunkten der Fransen besitzt.

Mit der durch die Osmose bedingten Entwässerung ist verständlicherweise eine Schrumpfung des Koagulates verbunden. Diese findet ihren Ausdruck in einer Einfaltung des Systems, die sich durch charakteristische Querschnittsformen der Faser je nach den angewandten Spinnbedingungen äußert. Hierfür bringt Tabelle 107 einige Beispiele, die einer Arbeit von A. HERZOG[4] entstammen.

Es soll ergänzend hierzu noch eingeschaltet werden, daß die Querschnittsform verständlicherweise auch von anderen Umständen abhängig ist. SCHRAMEK und ZEHMISCH[5] fanden, daß mit viel Schwefelkohlenstoff sulfidierte Viskosen bändchen- oder hantelförmige Querschnitte liefern. Sie erklären diese Erscheinung dadurch, daß sich hierbei zunächst ein gasgefüllter Schlauch bilde, der unter der Einwirkung des Abzuges zusammenfalle. Gleiche Querschnittsformen liefern infolgedessen auch die sogen. Luftfasern. Da die Größe der Gasentwicklung auch vom Reifegrad der Viskose abhängt, so ist auch dieser auf die Querschnittsform von Einfluß. Nach SCHRAMEK und ZEHMISCH sollen sehr junge und sehr alte Viskosen einen bändchenförmigen

[1] HERMANS: Kolloid-Z. **81**, 143, 300 (1947). — ROSENVAERE, WALLER u. WILSON: Text. Research J. **18**, 114 (1948). — [2] KRATKY: Zellw., Kunsts., Seide **46**, 256 (1941).

[3] HERMANS: Physics and Chemistry of Cellulose Fibres, S. 377.

[4] HERZOG, A.: Text. Forschg. **8**, 87 (1926).

[5] SCHRAMEK u. ZEHMISCH: Kolloid-Beih. **48**, 118 (1930). — Im Gegensatz hierzu fand JÄGER [Kunstseide **13**, 325 (1931); **15**, 2, 38, 122, 164 (1933)] keinen Einfluß der angewandten Schwefelkohlenstoffmenge auf die Querschnittsform.

Querschnitt liefern. Das Spinnverfahren als solches ist insofern auf den Querschnitt von Einfluß, als Streckspinnverfahren im allgemeinen glattere, völligere und einfachere Querschnittsformen liefern als normale Spinnverfahren. Bei den letzteren

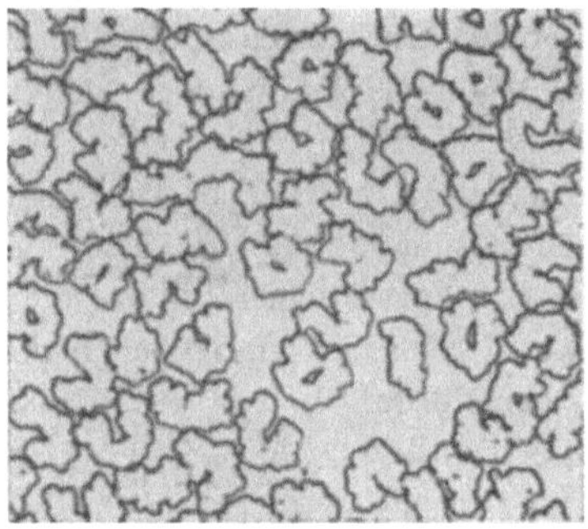

Abb. 265. Glanzstoff VK. 250 ×.

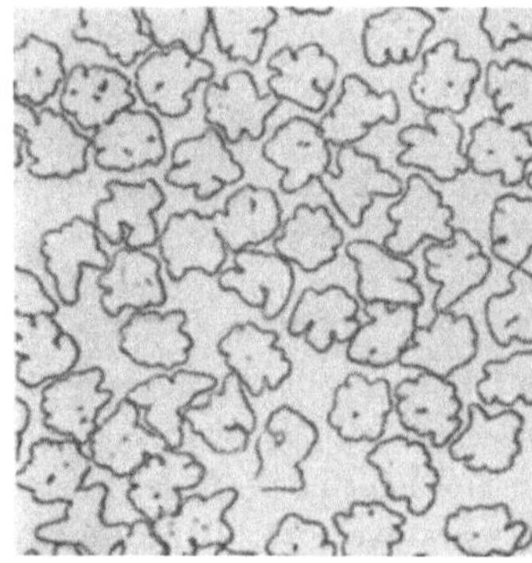

Abb. 266. Glanzstoff „Mira". 250 ×.

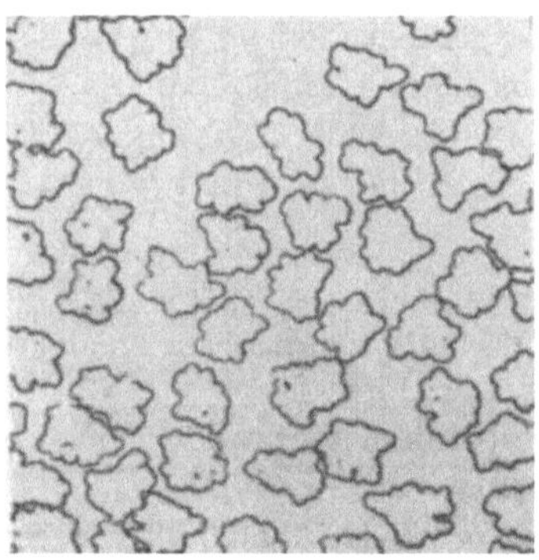

Abb. 267. Glanzstoff V. 250 ×.

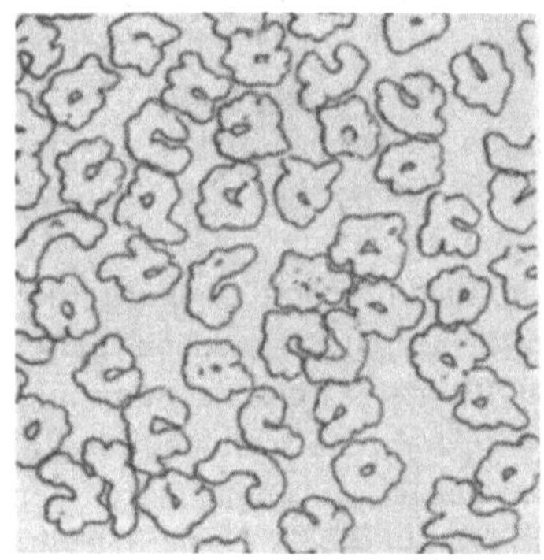

Abb. 268. Agfa (normalfädig). 250 ×.

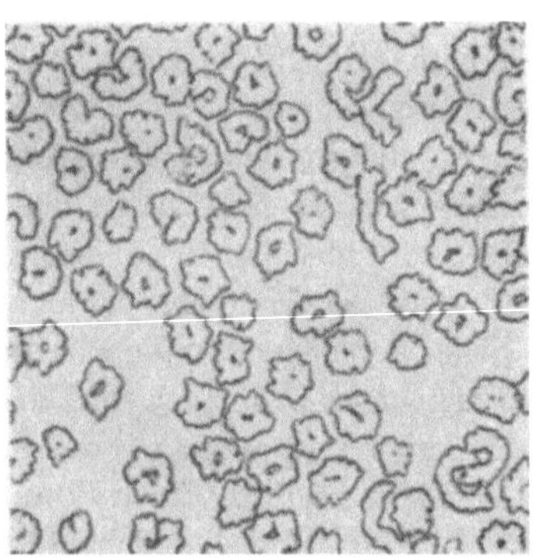

Abb. 269. Glanzstoff VMff. 250 ×.

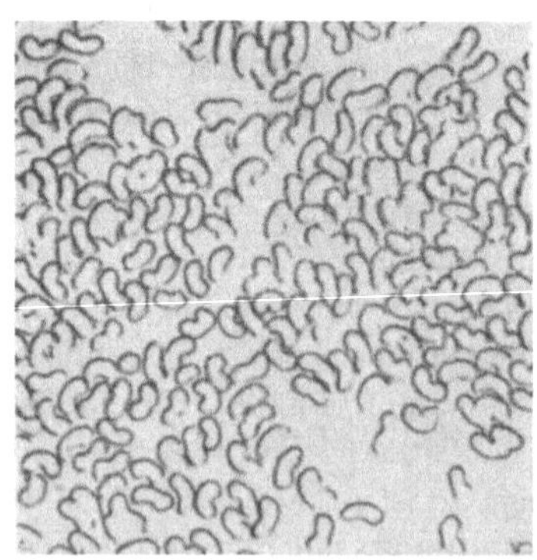

Abb. 270. Agfa „Travis". 250 ×.

liegt normalerweise bereits eine verhältnismäßig dicke Haut von Koagulat um den Faden vor, bevor der Streckvorgang einsetzt. Da alle Reyon- und Zellwollwerke unter etwas anderen Bedingungen arbeiten, so unterscheiden sich die Erzeugnisse der einzelnen Firmen mehr oder weniger durch die Querschnittsform. Die Abb. 265 bis 270 bringen hierfür einige charakteristische Beispiele.

Tabelle 107. *Einfluss der Spinnbadzusammensetzung auf die Querschnittsform* (Nach A. HERZOG.)

Versuch	Spinnbad	Konzentration in %	Spez. Gewicht $t = 50°$ C	Querschnittsform
1	Chlorammonium	19	1,057	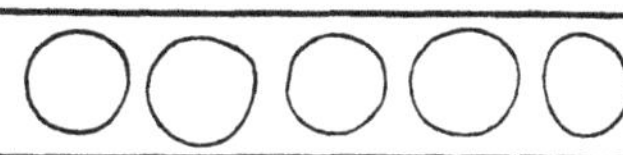
2	Schwefelsäure . Magnesiumsulfat	10,04 14,82	1,210	
3	Schwefelsäure . Magnesiumsulfat	10,02 28,80	1,364	
4	Schwefelsäure .	9,95	1,053	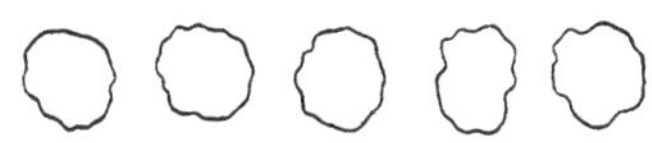
5	Schwefelsäure . Natriumsulfat .	10,13 5,35	1,098	
6	Schwefelsäure . Natriumsulfat .	9,97 8,87	1,130	
7	Schwefelsäure . Natriumsulfat .	10,05 14,21	1,173	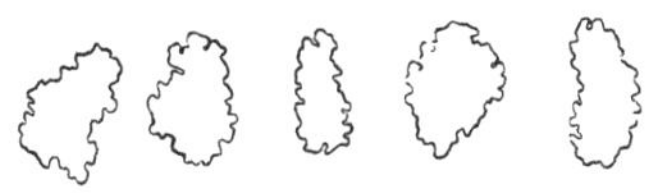
8	Schwefelsäure . Natriumsulfat .	10,09 24,47	1,299	
9	Schwefelsäure . Natriumsulfat .	9,82 29,38	1,364	
10	Schwefelsäure . Natriumsulfat .	12,05 1,21	1,082	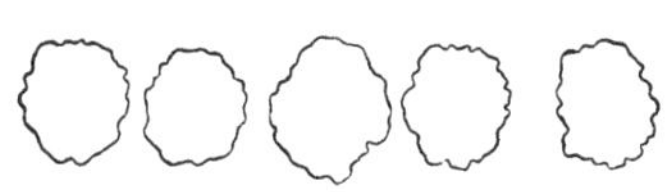
11	Schwefelsäure . Natriumsulfat .	12,00 5,69	1,119	
12	Schwefelsäure . Natriumsulfat .	12,03 11,70	1,170	
13	Schwefelsäure . Natriumsulfat .	11,94 16,13	1,220	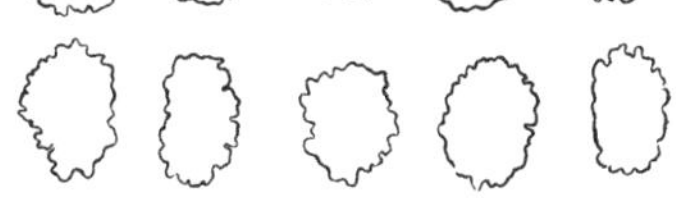
14	Schwefelsäure . Natriumsulfat .	11,93 24,89	1,316	
15	Schwefelsäure . Natriumsulfat .	11,83 31,09	1,416	

e) Die Deformation des Gels durch Verzug und Streckung.

Wir haben bis zu dieser Stelle die zur Gelbildung führenden Vorgänge unter der Voraussetzung betrachtet, daß auf den sich bildenden Faden keinerlei Zugkräfte einwirken. Beim praktischen Spinnen unterliegt jedoch das entstehende Gel stets der Einwirkung des Verzuges oder der Streckung, d. h. also, das entstehende Gel wird in der Faserrichtung ausgezogen.

Zur Veranschaulichung der sich hierbei abspielenden Vorgänge sei auf Abb. 271 verwiesen. Teil a der Abbildung soll das Netz veranschaulichen, das ohne Anwendung von Verzug entstanden ist; Teil b zeigt das Netz nach einer mittleren Streckung, Teil c schließlich nach einer starken Streckung.

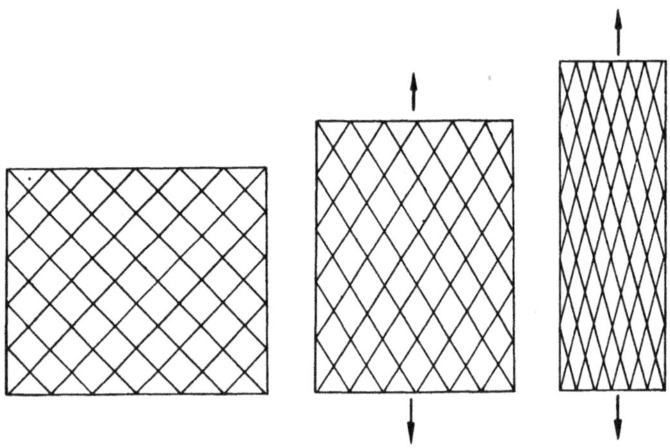

a b c

Abb. 271. Schema des Zuziehens einer Netzstruktur. a ungestreckter, isotroper Gelfaden; b schwach gestreckt; c stark gestreckt. (Nach HERMANS.)

Man erkennt, wie das Netz durch die Zugbeanspruchung zusammengezogen wird, es wird länger und schmaler, jedoch bleiben die Verknüpfungspunkte erhalten. Die Streckung erfolgt somit nach dem Prinzip einer „affinen Verzerrung". Es geht aus der Abbildung weiter hervor, wie durch die zunehmende Streckung die Teilchen sich in zunehmendem Maße parallelisieren, die Orientierung in der Faserrichtung steigt somit an[1]. Das Optimum der Orientierung fällt mit der maximalen Verstreckungsmöglichkeit zusammen.

Selbstverständlich kann dieses vom Streckungsvorgang des frischen Gels gegebene Bild nur schematisch gewertet werden, denn in der Praxis haben wir es nicht mit einem so regelmäßig gebauten Gebilde zu tun, wie dies Abb. 271 wiedergibt. Es muß insbesondere darauf hingewiesen werden, daß die Maschen des Netzes nicht so regelmäßig ausgebildet sein können; Form und Dicke der Assoziate weichen erheblich voneinander ab, die in den Fransen gebildeten weiteren Verknüpfungspunkte sind gleichfalls nicht regelmäßig in dem System verteilt und schließlich haben auch die Maschen durch den Ordnungszustand in kleinen Bereichen alle möglichen Formen. Wie eingehende Untersuchungen von HERMANS und anderen Forschern gezeigt haben, bildet die Auffassung vom Streckungsvorgang als einer affinen Verzerrung jedoch eine

[1] HERMANS: Kolloid-Z. **81**, 143 (1937); **83**, 71 (1938). — HERMANS u. DE LEEUW: Kolloid-Z. **81**, 300 (1937).

der Wirklichkeit sehr nahekommende Annahme von den Vorgängen, die sich beim Strecken abspielen müssen.

Was zunächst die durch das Strecken verursachte Orientierung anbetrifft, so kann dazu folgendes ausgesagt werden, wobei zuerst wieder versucht werden soll, ein möglichst anschauliches Bild von den Vorgängen zu geben. Zu diesem Zwecke sollen zwei Abbildungen gebracht werden. Abb. 272 soll den Ordnungszustand der Teilchen im frisch entstandenen Gel vor der Streckung darstellen. Wir erkennen wieder die Ordnung in kleinen Bereichen. In der Abbildung sind nun die Teilchen, die zufällig annähernd parallel zueinander liegen, durch eine punktierte Linie miteinander verbunden; es entsteht hierdurch z. B. eine Kette etwa von der Form, wie sie in Abb. 273 wiedergegeben ist[1]. Wirkt nun eine Zugkraft auf das System ein, so wird diese Kette nach beiden Seiten in der Pfeilrichtung ausgezogen; sie verlängert sich, und die einzelnen Glieder werden schließlich zu einer durchgehenden Linie. Überträgt man diesen Vorgang auf das vorliegende Gel, so ist die Vorstellung erlaubt, daß sich auch die anderen, mehr oder weniger weit von dieser Linie entfernt liegenden Teilchen in der Zugrichtung ausrichten, wodurch allgemein die Orientierung des Systems in der Faserrichtung ansteigt.

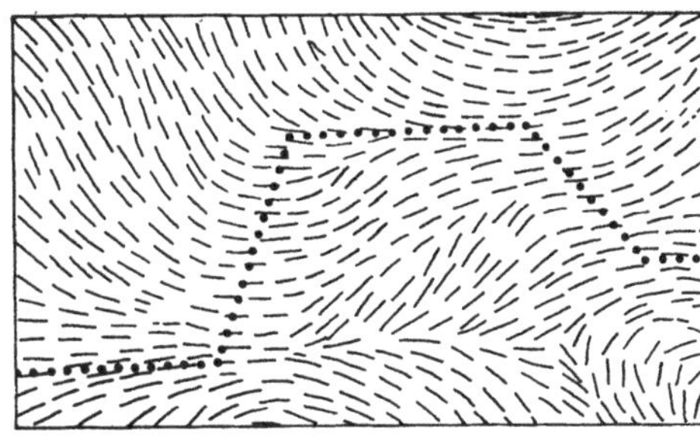

Abb. 272. Teilchenanordnung nach dem Prinzip der Ordnung in kleinen Bereichen. (Nach HERMANS.)

Einen tiefergehenden Einblick in den Deformationsmechanismus bei der vorliegenden Netzstruktur lieferten eingehende Studien von HERMANS[2], auf die aber hier nicht näher eingegangen werden kann. Diese Untersuchungen lehrten, daß der Deformationsvorgang sich in Wirklichkeit aus zwei nacheinander verlaufenden Teilvorgängen zusammensetzen muß. Nach HERMANS bestehen diese Teilvorgänge

Abb. 273. Verzerrung eines nach dem Prinzip der Ordnung in kleinen Bereichen vorliegenden Systems in die Dehnungsrichtung. (Nach KRATKY.)

1. in einer Dehnung und Verdichtung der die Mizelle miteinander verbindenden amorphen Bereiche, wobei ein großer Teil des Quellungswassers ausgepreßt wird. Dieser Vorgang ist durch Aufquellung größtenteils wieder umkehrbar. Die bei der Verdichtung zwischen den Ketten gebildeten neuen Berührungsstellen werden durch die Aufquellung also größtenteils wieder gelöst („Aufquellungsretraktion“);

2. in einem Zuziehen der eigentlichen mizellaren Netzstruktur, bei dem die kristallinen Bereiche in die Dehnungsrichtung ausgerichtet werden. Dieser Vorgang verläuft rein plastisch und die damit einhergehende weitere Volumenabnahme ist durch Quellung nicht mehr umkehrbar.

Zu entsprechenden Überlegungen kam SCHRAMEK[3] bei Schrumpfungsmessungen an unter Verzug und unter Verstreckung gewonnenen Fäden. Hierbei erwiesen sich unter Verstreckung erhaltene Fäden in viel stärkerem Maße durch Quellungsmittel schrumpfend. SCHRAMEK glaubt daher, daß bei Verzug nur ein Fließen der Teilchen stattfände, was wohl mit einer Verdichtung der amorphen Bereiche gleichgesetzt

[1] KRATKY: Kolloid-Z. **60**, 347 (1934). — HERMANS: Kolloid-Z. **83**, 71 (1938); **88**, 172 (1939). — [2] HERMANS u. DE LEEUW: Kolloid-Z. **81**, 143, 300 (1937).
[3] SCHRAMEK: Zellw., Kunsts., Seide **46**, 86 (1941).

werden kann. Bei stärkerer Verstreckung soll demgegenüber dem System jedoch ein zunächst irreversibler Zwangszustand aufgeprägt werden, der erst durch Quellung in starken Alkalien soweit aufgelockert werden kann, daß eine Rückfederung stattfindet.

Die zunehmende Orientierung beim Strecken wurde von HERMANS[1], von KRATKY[2], PLATZEK[3], BAULE[4], SEKORA sowie TREER und anderen Forschern in eingehenden Untersuchungen röntgenographisch verfolgt. Für die Auswertung der Röntgenogramme gibt es verschiedene Methoden[5]; die einfachste, aber ausreichend genaue Methode besteht in der Bestimmung des Winkels, dessen Scheitelpunkt im Zentralfleck liegt und dessen einer Schenkel der Äquator darstellt, während der andere Schenkel durch diejenige Stelle der A_0-Interferenz geht, bei der die Intensität der Interferenz auf die Hälfte der Maximalintensität abgesunken ist („Halbwertsbreite"). Man bezeichnet diesen Winkel mit α_h. Zur Bestimmung dieses Winkels legt man vom Zentralfleck ausgehend ansteigende Winkel durch den rechten oberen Quadranten des Röntgenogramms, wie dies Abb. 274 zeigt. An den Schnittpunkten der Schenkel mit dem Kreis, auf dem die Interferenz A_0 liegt, photometriert man dann die Intensität der Schwärzung. Man erhält hierdurch charakteristische Kurven, wenn man in einem Koordinatensystem die Intensitäten gegen die Winkelgrade aufträgt, wie dies Abb. 275 als Beispiel für einen Streckungsgrad von $v = 1{,}89$ zeigt. Aus dem Diagramm ist dann der Winkel α_h abzulesen. Zunehmende Orientierung ergibt kleinere Werte für den Winkel α_h. Tab. 108 enthält die Abnahme der Winkel α_h bei den verschiedenen Streckungsgraden, die mit v bezeichnet sind.

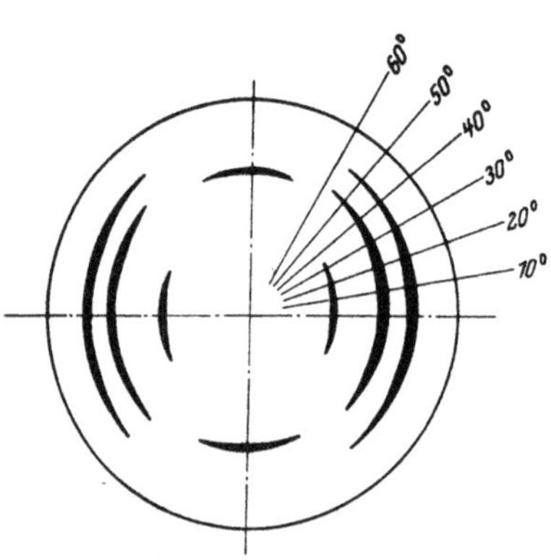

Abb. 274. Auswertung eines Faserröntgenogramms. (Nach HERMANS.)

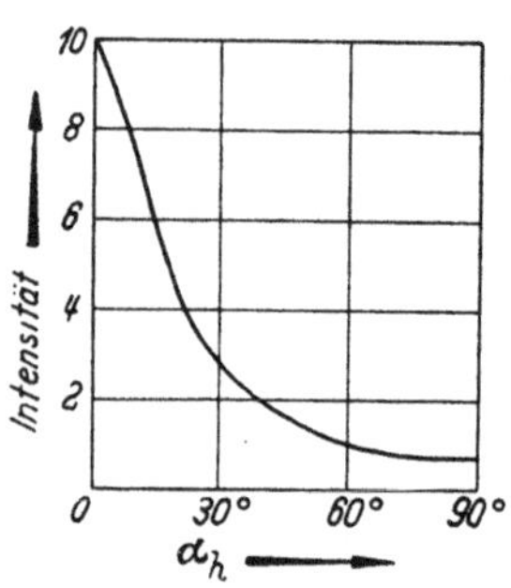

Abb. 275. Verlauf der Intensitäten in einem Röntgenogramm entlang einer Interferenz von $\alpha_h = 0°$ bis $\alpha_h = 90°$. (Nach HERMANS.)

Tabelle 108. *Streckungsgrade v und Orientierungswinkel α_h für steigende Streckungsgrade.* (Nach BAULE, KRATKY u. TREER[6].)

Versuch No.	Streckungsgrad v	Orientierungswinkel α_h
a	1,17	75°
b	1,41	48°
c	1,63	31°
d	1,89	27,5°
e	1,96	22,5°
f	2,05	22,5°

[1] HERMANS: Naturwiss. **28**, 223 (1940).
[2] HERMANS, KRATKY u. TREER: Kolloid-Z. **96**, 30 (1941).
[3] HERMANS u. PLATZEK: Kolloid-Z. **87**, 296; **88**, 172; **89**, 344, 359 (1939).
[4] KRATKY, BAULE, SEKORA u. TREER: Kolloid-Z. **96**, 301 (1941).
[5] Siehe z. B. bei HERMANS: Physics and Chemistry of Cellulose Fibres, S. 378ff.
[6] BAULE, KRATKY u. TREER: Z. phys. Chem. (B) **50**, 255ff. (1941).

Mit der Zunahme der Orientierung ist, wie schon S. 422 ausgeführt, eine Erhöhung der Reißfestigkeit der Faser verbunden[1]. Dies geht deutlich aus Abb. 276 hervor, die den Zusammenhang zwischen Halbwertsbreite und Reißfestigkeit wiedergibt. Die Untersuchungen wurden von KAST, FLASCHNER und WINKLER[2] durchgeführt. Bei der Untersuchung der Zusammenhänge zwischen Orientierungsgrad und Reißfestigkeit wurde nun gefunden, daß mit zunehmender Streckung schon verhältnismäßig schnell ein Punkt erreicht wird, an dem die durch den Winkel α_h gekennzeichnete Orientierung einen Maximalwert annimmt. Dieser Punkt wird bei einer Streckung um etwa 50% erreicht. Trotzdem nimmt aber nach Untersuchungen von KREBS[3] die Reißfestigkeit bei steigenden Streckungsgraden noch weiter zu. Diese Verhältnisse wurden daher von KAST und PRIETZSCHK[4] genauer untersucht.

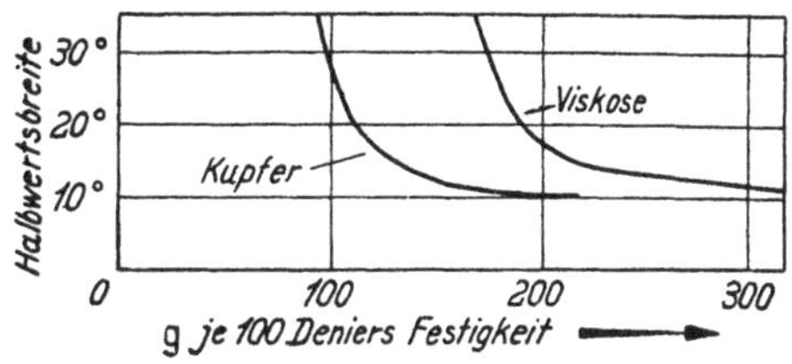

Abb. 276. Zusammenhang zwischen Reißfestigkeit und Halbwertsbreite bei Viskose- u. Kupferreyon. (Nach KAST, FLASCHNER u. WINKLER.)

Man suchte für diese eigenartige Beobachtung zunächst die Erklärung in der Annahme, daß bei noch höheren Streckungsgraden eine zusätzliche Orientierung in den amorphen Faserbereichen stattfinde. KAST kam bei seinen Untersuchungen jedoch zu einer anderen Schlußfolgerung. Es wurde von ihm beobachtet, daß bei hohen Streckungsgraden bei fokussiertem Röntgenlicht und Durchleuchtung in einem bestimmten Winkel im Röntgenogramm meridionale Interferenzen an den Polen des Diagramms auftreten. Demnach muß sich die Orientierung bei der Streckung aus zwei Vorgängen zusammensetzen. KAST nimmt an, daß durch den Winkel α_h, der an der äquatorialen Interferenz gemessen wird, die Größe der Orientierung der blättchenförmigen Kristallite gekennzeichnet ist, und daß gleichzeitig eine Orientierung der Achsen dieser Blättchen selbst stattfindet, die sich durch die meridionalen Interferenzen zu erkennen gibt. Wie Abb. 277 zeigt, bleibt die Blättchenorientierung besonders in der letzten Phase des Streckungsvorganges mehr und mehr gegenüber der Achsenorientierung der Mizellflächen zurück. Hiernach orientieren sich also die Blättchen beim Strecken so, daß zunächst ihre großen Flächen in Ebenen bzw. Zylinderflächen parallel zur Faserachse zu liegen kommen. Die Längsachse der Blättchen kann hierbei aber verständlicherweise in diesen Ebenen bzw. Zylinderflächen mit der Faserachse noch alle möglichen Winkel bilden (Abb. 278). In der zweiten Phase drehen sich dann bei noch weitergehender Strekkung die Blättchen so, daß auch eine Orientierung der Blättchenachsen in die Faserrichtung erfolgt. Diese Achsenorientierung der Blättchen gibt sich nach KAST durch die meridionalen Interferenzen zu erkennen. Aus der Intensität dieser Inter-

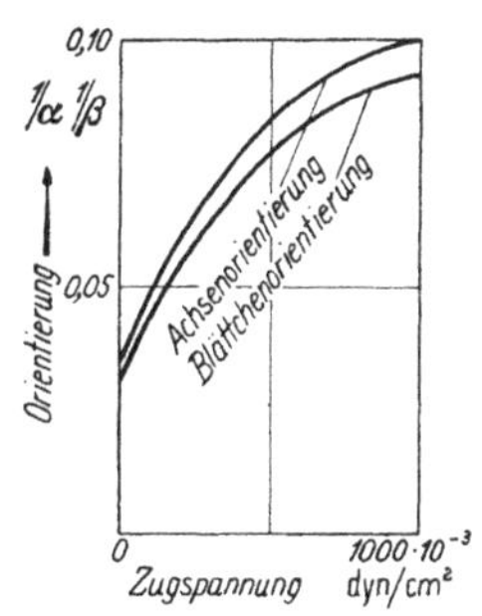

Abb. 277. Verlauf der Achsen- und Blättchenorientierung während des Streckungsvorganges. (Nach KAST u. PRIETZSCHK.)

[1] R. O. HERZOG: Z. phys. Chem. (A) **139**, 235 (1928). — PRESTON: Trans. Faraday Soc. **29**, 65 (1933). — MOREY: Text. Research J. **4**, 538 (1935).
[2] KAST, FLASCHNER u. WINKLER: Kolloid-Z. **111**, 1 (1948).
[3] KREBS: Kolloid-Z. **98**, 200 (1942).
[4] KAST u. PRIETZSCHK: Kolloid-Z. **114**, 23 (1949).

ferenzen kann man entsprechend dem Winkel α_h einen Winkel β_h für die Achsenorientierung bestimmen. KAST drückt die Güte der Orientierung einer Faser durch den Quotienten

$$\frac{\alpha_h}{(\beta_h)^2}$$

aus und fand eine verhältnismäßig gute Übereinstimmung mit der textilen Güte, wenn man diese als das Produkt aus Reißfestigkeit und Bruchdehnung definiert.

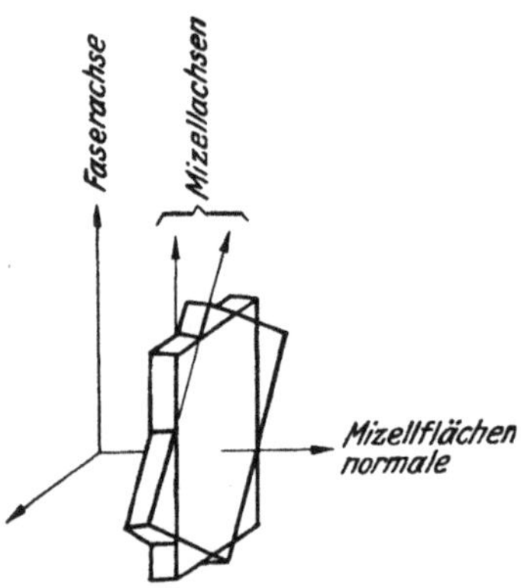

Abb. 278. Mögliche Lage eines Blättchenmizells bei Anordnung des Blättchens parallel zur Faserachse. (Nach KAST u. PRIETZSCHK.)

Die Zunahme der Orientierung bei steigenden Streckungsgraden gibt sich auch in einem Ansteigen der Doppelbrechung zu erkennen. Bezüglich der Meßmethoden sei auf HERMANS[1] verwiesen. Eine besonders einfache Methode wurde von PRESTON und FREEMAN[2] ausgearbeitet. PRESTON und BATH[3] berechneten den Orientierungsfaktor f_0 wie folgt:

$$f_0 = \frac{\Delta_n}{\Delta_{n_0}}.$$

In dieser Gleichung bedeutet Δ_n die Doppelbrechung des jeweils vorliegenden Materials und Δ_{n_0} die Doppelbrechung einer optimal orientierten Faser.

Stellt man die Werte für den Streckungsgrad v den Werten für den Orientierungsfaktor gegenüber, so findet man, wie Tab. 109 zeigt, mit steigenden Streckungsgraden einen zunehmenden Orientierungsfaktor.

Tabelle 109. *Orientierung und Doppelbrechung.* (Nach HERMANS[4].)

Versuch No.	Streckungsgrad v	Orientierungsfaktor f_0
a	1,25	0,03
b	1,50	0,27
c	1,75	0,61
d	2,00	0,79
e	2,25	0,90

Schließlich läßt sich die durch steigende Verstreckung zunehmende Orientierung durch Messen der Quellungsanisotropie nachweisen. Da mit zunehmender Orientierung die anisotrop quellenden Kristallite sich mehr und mehr in der Richtung der Faserachse ordnen, so muß durch die Addition der Breitenquellung der Blättchen die ganze Faser in zunehmendem Maße in der Breite quellen. Unter der Quellungsanisotropie versteht man das Verhältnis der linearen Querquellung einer Faser zu ihrer Längsquellung. Bezeichnet man dieses Verhältnis mit Q, so läßt sich nach PRESTON und BATH ein Quellungsfaktor f_a wie folgt berechnen:

$$f_a = \frac{2\,(Q-1)}{2\,(Q+1)}.$$

HERMANS[5] fand für den Zusammenhang des Streckungsgrades mit dem Quellungsfaktor die in Tab. 110 zusammengestellten Werte.

[1] HERMANS: Physics and Chemistry of Cellulose Fibres S. 214. — [2] PRESTON u. FREEMAN: J. Text. Inst. Manchr. **34**, 19 (1943). — [3] PRESTON u. BATH: J. Text. Inst. Manchr. **39**, 211 (1948). — [4] HERMANS: Physics and Chemistry of Cellulose Fibres S. 255. — [5] HERMANS: Physics and Chemistry of Cellulose Fibres S. 450.

Die durch Strecken erfolgende Zunahme der Orientierung ist nun von einer ganzen Reihe von Faktoren beim Spinnprozeß abhängig, die im folgenden kurz beleuchtet werden sollen.

Tabelle 110. *Streckungsgrad und Quellungsanisotropie.* (Nach HERMANS.)

Versuch No.	Streckungsgrad v	Quellungs-anisotropie f_a
a	1,25	1,04
b	1,50	1,15
c	1,75	1,61
d	2,00	3,8
e	2,25	7,4

Die Orientierung geht beim Spinnen mit bemerkenswerter Geschwindigkeit vor sich. So fand KREBS[1], daß schon im Abstand von 10 cm von der Spinndüse eine mittlere Orientierung von 48° erreicht wird.

Von besonderer Wichtigkeit für den Spinnprozeß ist die Tatsache, daß die Orientierung beim Strecken um so leichter erfolgt, je höher der Quellungsgrad des Gels ist. Alle Faktoren, die bei der Herstellung chemischer Fasern einen hohen Quellungsgrad des primären Gels bewirken, verbessern daher die Orientierung. Es ist daher wichtig, diese Faktoren kennen zu lernen. Hierüber liegen eingehende Untersuchungen von HERMANS[2] vor.

Was die Zusammensetzung des Spinnbades anbetrifft, so fand HERMANS bereits vorliegende Untersuchungen von HUBERT, MATTHES und WEISBROD[3] bestätigt, wonach bei gleicher Säurekonzentration mit zunehmender Salzkonzentration der Quellungsgrad allmählich abnimmt. Abb. 279 bringt ein Beispiel für ein Natriumsulfat enthaltendes Spinnbad.

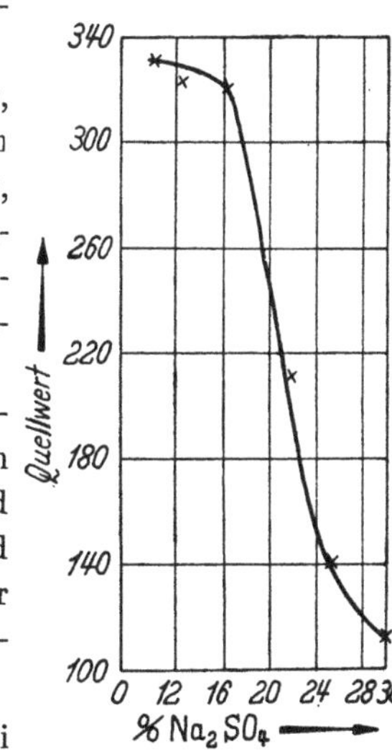

Abb. 279. Einfluß des Salzgehaltes des Spinnbades auf den Quellungsgrad der Faser. (Nach HUBERT, MATTHES und WEISBROD.)

Ändert man die Säurekonzentration bei gleichem Salzgehalt, so findet man eine Kurve, die durch ein Maximum und ein Minimum verläuft. Über diesen Gegenstand sind aber noch weitere Untersuchungen erforderlich. Sie sind aus dem Grunde kompliziert, weil sich der Einfluß der Salzkonzentration und der Säurekonzentration überschneiden.

Bezüglich der Zellulosekonzentration in der Viskose bei gleichem Polymerisationsgrad fand HERMANS eine starke Abnahme des Quellungsgrades mit steigender Zellulosekonzentration. Abb. 280 zeigt diesen Zusammenhang für drei verschiedene Polymerisationsgrade.

Die gleiche Abbildung läßt erkennen, daß auch der Polymerisationsgrad von Einfluß auf die Quellung ist, und zwar sinkt bei gleicher Zellulosekonzentration der Quellungsgrad mit steigendem Polymerisationsgrad. Dieser Effekt wird bei hohen Zellulosekonzentrationen deutlicher.

Der Einfluß der Alkalikonzentration in der Viskose auf den Quellungsgrad des frischen Gels erwies sich als unbedeutend.

[1] KREBS: Kolloid-Z. **98**, 200 (1942).
[2] HERMANS: Physics and Chemistry of Cellulose Fibres, S. 426ff.
[3] HUBERT, MATTHES u. WEISBROD: Kolloid-Z. **98**, 193 (1942).

Dagegen hat der Xanthogenierungsgrad einen erheblichen Einfluß, wie Abb. 281 zeigt. Aus hier nicht näher zu beschreibenden Gründen ist in der Abbildung der Quellungsgrad als Quotient aus der Quellung eines isotropen Zellulosegels V_f und der Quellung des entsprechenden Xanthogenatgels V_x dargestellt.

Die Abbildung läßt deutlich erkennen, daß der Quellungsgrad mit ansteigendem Xanthogenierungsgrad abfällt, d. h. also, daß der Quellungsgrad mit Zunahme der Viskosereife ansteigt.

Fassen wir noch einmal zusammen, so kann also festgestellt werden, daß die Orientierung durch folgende Umstände erleichtert wird:

Erniedrigung der Salzkonzentration im Spinnbad;
Einhaltung einer bestimmten Säurekonzentration im Spinnbad;
Erniedrigung der Zellulosekonzentration in der Viskose;
Erniedrigung des Polymerisationsgrades, also steigende Vorreife;
Erniedrigung des Xanthogenierungsgrades, also zunehmende Nachreife.

Die Zusammenstellung zeigt, daß die Orientierung der Faser also durch eine ganze Reihe von Faktoren bei der Herstellung beeinflußt werden kann.

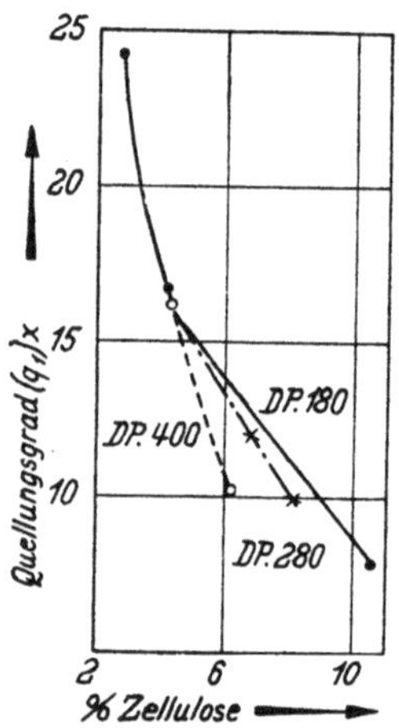

Abb. 280. Abhängigkeit des Quellungsgrades der Faser von der Zellulosekonzentration der Viskose bei drei verschiedenen Polymerisationsgraden. (Nach HERMANS.)

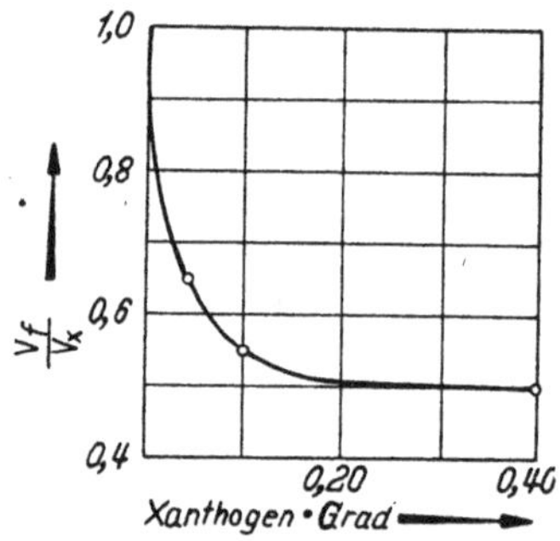

Abb. 281. Abhängigkeit des Quellungsgrades einer Faser vom Xanthogenierungsgrad der Viskose. (Nach HERMANS.)

f) Die Packungsdichte.

Im Zusammenhange mit der Orientierung müssen wir uns nunmehr einem Begriff zuwenden, den man mit „Packungsdichte" bezeichnet. Die Packungsdichte hat eine noch größere Bedeutung für die Güteeigenschaften einer Faser als der Orientierungsgrad. Unter der Packungsdichte ist das Verhältnis von kristallisierter zu amorpher Substanz im Faden zu verstehen. Je mehr kristallisierte Substanz ein Faden besitzt, um so größer ist seine Packungsdichte.

Betrachten wir noch einmal Abb. 271 auf Seite 448, die den Mechanismus des Zuziehens einer Netzstruktur darstellt, so erkennt man, daß die die Maschen des Netzes bildenden Glieder sich mit steigender Streckung unter Parallelisierung einander nähern. Es kann ohne weiteres angenommen werden, daß dadurch mehr Teilchen in einen gegenseitigen Anziehungsbereich kommen. Die Folge davon ist, daß die Kristallite sich verbreitern, wodurch der Anteil an amorpher Substanz zurücktritt. Zunehmende Orientierung bewirkt somit gleichzeitig eine Erhöhung der Packungsdichte[1].

Die Zunahme der Packungsdichte beim Strecken kann durch die Bestimmung des spez. Gewichtes der Faser nachgewiesen werden. So wurde von HERMANS bei einer mit geringer Streckung gesponnenen Faser ein spez. Gewicht von 1,518 gefunden, während die Messung des spez. Gewichtes einer unter starker Streckung gesponnenen Faser einen Wert von 1,525 ergab. Zum Vergleich sei eingeschaltet, daß auf Grund

[1] HERMANS: Cellulosechem. 18, 97 (1941).

theoretischer Berechnungen sich für den kristallinen Anteil selbst der Wert von 1,56···1,59 ergibt.

Nach Untersuchungen von KAST, FLASCHNER und WINKLER[1] wird die beim Spinnen entstehende Packungsdichte entscheidend beeinflußt durch die implosionsartige Wirkung der Überführung des Xanthogenates in die Hydratzellulose. Nach Studien der gleichen Autoren ist beim Spinnen vor der eigentlichen Strukturausbildung bereits eine beachtliche Packungsdichte erreicht, bevor die Orientierung einsetzt. Diese Schlußfolgerung wurde aus dem Zusammenhang zwischen der Faserfestigkeit und der azimutalen Halbwertsbreite der A_0-Interferenz gezogen.

Nach einer von KAST angegebenen Methode (Vergleich der Schwärzung der Interferenz A_0 mit der Untergrundschwärzung) kann die Packungsdichte auch röntgenographisch ermittelt werden[2]. In Übereinstimmung mit HERMANS[3] fanden KAST und FLASCHNER[4] bei einer normalen Viskosefaser etwa 40% kristalline Substanz. Die hohe Packungsdichte der natürlichen Faser von etwa 70% ist also bei den Viskosefasern noch nicht erreicht worden.

Mit der Packungsdichte steigt verständlicherweise die Resistenz der Faser gegenüber chemischen Angriffen, was zuerst von MARSCHALL[5] beobachtet wurde. Insbesondere steigt mit zunehmender Packungsdichte die Alkaliresistenz der Faser. ECKERT, RIEDEL und EDER[6] studierten daher den Einfluß der Spinnbedingungen auf die Alkaliresistenz. Hierbei wurde gefunden, daß die Alkalilöslichkeit einer Faser mit steigender Vorreife zunimmt. Steigende Nachreife sowie steigende Streckung wirken sich günstig auf die Alkaliresistenz aus. Zu entsprechenden Ergebnissen führten Untersuchungen von LAUER und MANSCH[7], während SCHWARZ und WANNOW[8] nicht so eindeutige Zusammenhänge fanden.

Es fällt hier aber ein Widerspruch auf zwischen diesen Befunden und den Ergebnissen von HERMANS, wonach steigende Vorreife die Orientierung und somit die Ausbildung einer hohen Packungsdichte erleichtert. Die Zusammenhänge sind also nicht ganz so einfach. Es ist aber einleuchtend, daß Packungsdichte und Orientierung nicht den gleichen Einfluß auf die Fasereigenschaften zu haben brauchen. Wenn auch durch die Orientierung die Ausbildung einer hohen Packungsdichte begünstigt wird, so kann aber auch eine hohe Packungsdichte bei schlechter Orientierung vorliegen, in dem Falle nämlich, wenn es zur Ausbildung mächtiger Kristallite gekommen ist, die weitgehend regellos in dem Gel vorliegen. Über den Einfluß dieser Umstände auf die Reißfestigkeit und Bruchdehnung liegen Beobachtungen vor. So ergaben sich folgende Zusammenhänge:

Struktur	*Festigkeit*	*Bruchdehnung*
gute Orientierung	hoch	niedrig
geringe Orientierung	niedrig	hoch
gute Kristallisation	hoch	sehr niedrig
geringe Kristallisation	niedrig	hoch

[1] KAST, FLASCHNER u. WINKLER: Kolloid-Z. **111**, 1 (1948).
[2] Über die Bestimmung der Packungsdichte aus der Hydrolysengeschwindigkeit war schon S. 88 berichtet worden. — [3] HERMANS: Kolloid-Z. **109**, 9 (1944).
[4] KAST u. FLASCHNER: Kolloid-Z. **111**, 6 (1948); Naturwiss. **34**, 2, 56 (1947).
[5] MARSCHALL: Zellw., Kunsts., Seide **47**, 739 (1942).
[6] ECKERT, RIEDEL u. EDER: Zellw., Kunsts., Seide **47**, 739 (1942).
[7] LAUER u. MANSCH: Zellw. u. Kunsts. **48**, 39 (1943).
[8] SCHWARZ u. WANNOW: Kolloid-Z. **99**, 190 (1942).

Die Zusammenstellung zeigt, daß man zur Erzielung guter Fasern also entweder gute Kristallisation bei geringer Orientierung oder geringe Kristallisation bei guter Orientierung anstreben sollte. Die Zusammenhänge zwischen Faserstruktur und den textilen Eigenschaften sind also recht verwickelt, und es wird trotz der vorliegenden, umfangreichen Zahl gesicherter Erkenntnisse noch intensiver Forschungsarbeit bedürfen, eindeutige Zusammenhänge zwischen den verschiedensten Herstellungsmöglichkeiten und den Eigenschaften aufzudecken.

Die schon erwähnte Möglichkeit, hohe Packungsdichte durch höhere Zellulosekonzentration zu erreichen, regte STAUDINGER, HERRBACH und STOCK[1] zu entsprechenden Versuchen an. Diese Versuche führten besonders hinsichtlich der für die Fasergüte wichtigen Knickbruchfestigkeit zu bemerkenswerten Ergebnissen, wie Tab. 111 zeigt.

Tabelle 111. *Einfluß der Zellulosekonzentration in der Viskose auf die Fasereigenschaften bei gleichem Polymerisationsgrad.* (Nach STAUDINGER, HERRBACH u. STOCK.)

Polym.-Grad	Zellulose i. d. Viskose %	Titer den	Reißfestigkeit trocken g je den	Knickbruchfestigkeit n
420	1,5	5,9	0,4	10
	3	4,0	0,8	150
	6	5,7	0,9	550
	9	5,2	1,0	1350

Die Tabelle zeigt, daß es durch Steigerung der Zellulosekonzentration gelingt, die Knickbruchfestigkeit ganz erheblich zu steigern. Die in der Tabelle enthaltenen Werte für die Reißfestigkeit lassen erkennen, daß bei diesen Versuchen kaum mit Streckung gearbeitet wurde. Ob allerdings bei Anwendung von Streckung, die, wie die Werte für die Festigkeit lehren, in der Praxis erforderlich wäre, die dann erhaltene höhere Orientierung sich nicht wieder ungünstig auf die Knickbruchfestigkeit auswirken würde, bleibt vorerst ungeklärt. Wie weiter unten noch ausgeführt wird, besteht ein solches umgekehrtes Verhältnis zwischen diesen beiden Größen. Außerdem ist es schwer, ohne wesentliche Änderung der Apparatur mit so hohen Spinndrucken in der Praxis zu arbeiten, wie sie die hohe Zellulosekonzentration erforderlich machen würde. Immerhin sind durch diese Zusammenhänge Hinweise gegeben, auf welchen Wegen sich Studien zu einer weiteren Verbesserung der Faserqualität bewegen müssen. Hierauf ist insbesondere mehrfach von ELÖD hingewiesen worden.

g) Die Ungleichförmigkeit der Querschnittsfläche.

Setzt man die verschiedenen, die Orientierung kennzeichnenden Faktoren, wie die Quellungsanisotropie, die Halbwertsbreite sowie die Doppelbrechung in Beziehung zueinander, so findet man, daß die einzelnen Faktoren nicht in genau dem gleichen Sinne eine Funktion der Orientierung darstellen. Insbesondere ergeben sich auch gewisse Divergenzen, wenn man das spez. Gewicht in Beziehung zu der auf Grund des Orientierungsgrades zu erwartenden Packungsdichte setzt, wie dies z. B. von MOLL[2] geschehen ist. Diese Widersprüche können aber durch die Annahme erklärt werden, daß die Packungsdichte nicht überall über den ganzen Querschnitt der Faser

[1] STAUDINGER, HERRBACH u. STOCK: J. makromol. Chem. **1**, 60 (1937).
[2] MOLL: Ref. in Zellw., Kunsts., Seide **47**, 736 (1942).

verteilt die gleiche ist. Auf diese Möglichkeit wurde zuerst von HALL[1] hingewiesen.

Untersucht man den Querschnitt unter bestimmten Bedingungen gefärbter Fasern, so findet man, daß der Farbstoff nicht über den ganzen Querschnitt gleichmäßig verteilt ist, sondern daß in bezug auf die Anfärbung drei Zonen zu unterscheiden sind[2]. Man findet an der äußeren Faserperipherie eine ganz dünne, vom Farbstoff angefärbte Haut, darunter eine mehr oder weniger mächtige Schicht, die keinen oder nur wenig Farbstoff aufgenommen hat, und darunter einen Faserkern, der wieder tief angefärbt ist. Die schwach oder nicht angefärbte Schicht pflegt man mit Fasermantel zu bezeichnen. Diese Erscheinung einer ungleichmäßigen Anfärbbarkeit im Querschnitt zeigen alle aus einem Müllerbad gesponnenen Viskosefasern, während Kupferoxydammoniakfasern oder nach dem Trichterverfahren gesponnene Viskosefasern (weit vorgeschrittene Reife und milde Fällungsbedingungen) diese Inhomogenität nicht aufweisen[3]. Wir kommen hierauf S. 464 noch einmal zurück (Abb. 282 und 283).

Abb. 282. Faser mit dünner Mantelschicht.

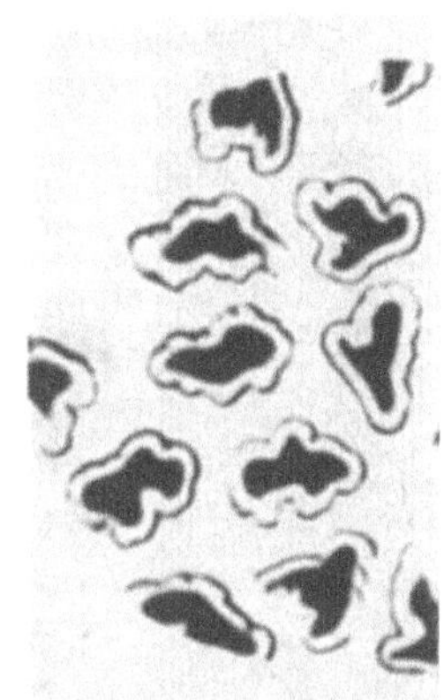

Abb. 283. Faser mit dicker Mantelschicht.

Dieses eigenartige Verhalten bei der Farbstoffaufnahme deutet darauf hin, daß in den einzelnen Schichten eine verschiedene Packungsdichte vorliegt und daß die Orientierung in der Randzone größer ist als im Faserkern. Die erwähnte dünne Außenhaut besteht allerdings nicht bei allen Müllerbadfasern, vielmehr dürfte sie nur unter ganz bestimmten, ungünstigen Spinnbedingungen entstehen. So ist z. B. auch beobachtet worden, daß unter bestimmten Bedingungen eine sich im ersten Augenblick der Koagulation bildende dünne Außenhaut im weiteren Verlaufe des Spinnprozesses wieder zerstört und abgetragen werden kann. Diese Erscheinung scheint auch mit dem Hemizellulosegehalt der Viskose in Zusammenhang zu stehen.

Den ersten Beweis dafür, daß die Randzone dichter gepackt ist als der Faserkern, brachte RUSKA[4] durch elektronenoptische Untersuchungen. Einen gleichen Schluß zogen SCHRAMEK und ZEHMISCH[5] auf Grund von Studien über die Quellung von Faserquerschnitten.

Bringt man auf einen Faserquerschnitt ein Quellungsmittel wie beispielsweise Kupferoxydammoniak oder Natronlauge, so beobachtet man, daß innerhalb einer kaum gequollenen Randschicht der Faserkern nach oben herausquillt. Nach Untersuchungen von MOREHEAD und SISSON[6] sowie von PRESTON[7] quillt der Faserkern etwa 40% stärker als der Fasermantel.

[1] HALL: J. Soc. Dyers and Col. **45**, 99 (1929). — [2] PRESTON: J. Soc. Chem. Ind. **50**, 199 (1931) — MOREHEAD u. SISSON: Text. Research. J. **15**, 443 (1945) — OHARA: Sci. Papers Inst. Tokyo **25**, 152 (1934). — [3] KÜHNEL: Cellulosechem. **19**, 52 (1941).

[4] RUSKA: Kolloid-Z. **92**, 276 (1940). — [5] SCHRAMEK u. ZEHMISCH: Kolloid-Beih. **48**, 93 (1938). — [6] MOREHEAD u. SISSON: Textile Research J. **15**, 443 (1945).

[7] PRESTON: Ref. bei HERMANS: Physics and Chemistry of Cellulose Fibers S. 362.

PRESTON fand weiter, daß der Faserkern im Gegensatz zum Fasermantel nicht oder nahezu kaum doppelbrechend ist.

Über den Effekt der Mantelbildung liegt ein umfangreiches Beobachtungsmaterial vor, auf das aber hier nur hingewiesen werden kann[1].

Exakte Messungen über den Dichteunterschied zwischen Fasermantel und Faserkern wurden erstmalig von ELÖD und FRÖHLICH[2] durchgeführt. Diese Forscher azetylierten Viskosefasern topochemisch unter Erhaltung der Struktur während verschieden langer Zeiten. Alsdann lösten sie die anazetylierten Anteile mit einem geeigneten Lösungsmittelgemisch. Im Ausgangszustand und im behandelten Zustand wurde dann die Dichte der Faser (nach der Schwebemethode) und die Quellung in Wasser ermittelt. Hierbei wurde gefunden, daß die Dichte der Restfaser mit zunehmender Azetylierungsdauer immer geringer wurde und daß die Quellung (nach der Schleudermethode bestimmt) immer mehr zunahm.

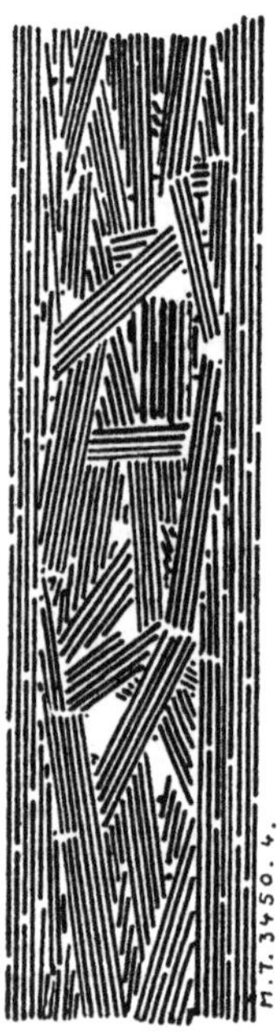

Abb. 284. Anordnung der geordneten Bereiche in einer Viskosefaser. (Nach STAUDINGER.)

In diesem Zusammenhange sind auch Beobachtungen von SIEBOURG[3] erwähnenswert, wobei gefunden wurde, daß der Fasermantel chemischen Angriffen gegenüber resistenter ist als der Faserkern.

Die Untersuchungen lehren, daß eine in einem Müllerbad erhaltene Faser orientierungsmäßig so gebaut ist, wie dies Abb. 284 schematisch zeigt. In einer Mantelschicht liegen die Kristallite wohlgeordnet in der Faserrichtung, während sie im Kern verhältnismäßig ungeordnet liegen.

Während aber die färberischen und optischen Untersuchungen eine ziemlich deutliche Grenze zwischen Fasermantel und Faserkern vermuten lassen, fand sich bei den Untersuchungen von ELÖD und FRÖHLICH kein scharf begrenzter Wechsel im Verhalten der beiden Schichten, vielmehr ergab sich hierbei ein kontinuierlicher Übergang.

Diese Inhomogenitäten in der Querschnittsfläche sind eine Folge ungleichförmiger Strömung der Viskose im Düsenkanal, der Schrumpfung des frischen Fadens sowie der unter ungleichen Bedingungen verlaufenden Koagulation und Zersetzung. Dies soll weiter unten näher erläutert werden. Es soll hier zuerst noch das Ergebnis von Schrumpfungsuntersuchungen erwähnt werden, die von SISSON[4] durchgeführt wurden. Hierbei ergab sich, daß die radiale und tangentiale Schrumpfung eines zylinderförmigen Fadens, dessen Länge konstant gehalten wird (was unter dem Einfluß der Streckung beim Spinnen der Fall ist), sich in erster Linie in einer Orientierung der Struktureinheiten in Richtung der Faserachse äußert und daß hierbei allgemein

---

[1] PRESTON: J. Soc. Chem. Ind. **1931**, 199. — KLAUS: Die Kunstseide **15**, 9, 357 (1933). — OHARA: Sci. Papers Inst. Phys. Chem. Res. Tokyo **25**, 152 (1934). — POZNANSKI: Ref. Z. angew. Chem. **51**, 768 (1938). — SUCCOLOWSKY: Mitt. d. Forsch.-Inst. Dresden **1**, 6 (1935). — SCHRAMEK u. HELM: Kolloid-Z. **85**, 291 (1938). — WELTZIEN u. WINDECK-SCHULZE: Zellw., Kunsts., Seide **44**, 399 (1939). — KOCH: Zellw., Kunsts., Seide **46**, 51 (1941). — MOREHEAD u. SISSON: Textile Res. J. **15**, 443 (1945).

[2] ELÖD u. FRÖHLICH: Textil-Rundschau **1949**, 117.

[3] SIEBOURG: Zellw., Kunsts., Seide **46**, 215 (1941).

[4] SISSON: J. physic. Chem. **44**, 513 (1940).

die Orientierung an der Oberfläche der Faser einem Maximalwert zustrebt, während sie im Innern der Faser bis zum Wert 0 absinken kann.

Wir wollen uns nunmehr wieder den Ursachen für das Entstehen der Ungleichförmigkeiten in der Querschnittsfläche zuwenden. Zu diesem Zwecke muß zuerst die Strömung der Viskose im Spinnbad betrachtet werden. Hierüber wurden von SCHRAMEK und ZEHMISCH[1] Überlegungen angestellt. Hiernach kann man annehmen, daß die Viskose vor dem Eintritt in den Düsenkanal über den ganzen Querschnitt verteilt überall eine gleichförmige Beschleunigung aufweist. Dieses Bild ändert sich aber im Düsenkanal insofern, als an der Wandung des Kanals Reibungen auftreten, die die Fließgeschwindigkeit vermindern. Das Ergebnis ist, daß die aus der Düse aus-

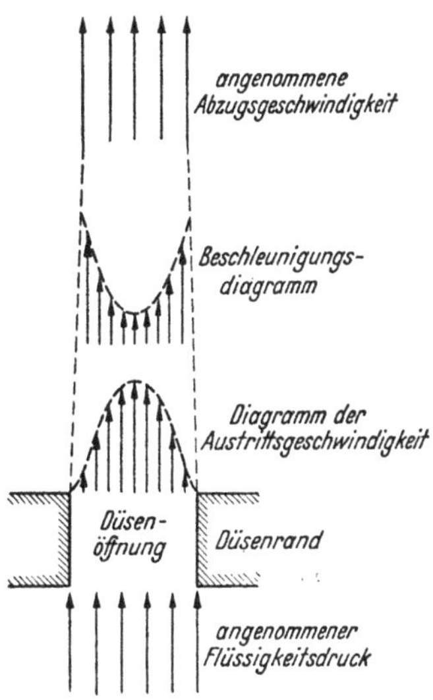

Abb. 285. Strömungsdiagramm der Viskose. (Nach SCHRAMEK und ZEHMISCH.)

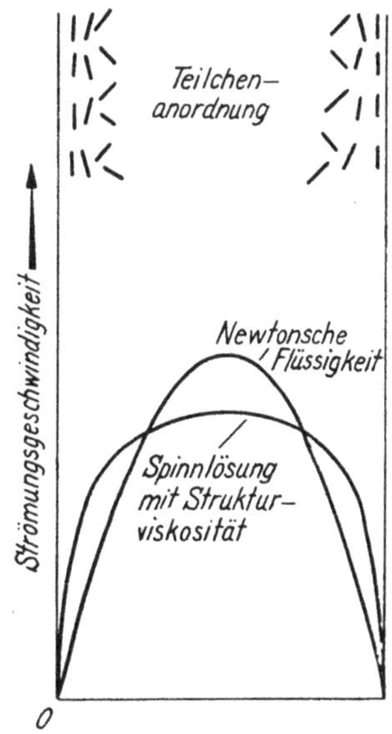

Abb. 286. Strömungsdiagramm der Viskose. (Nach ENTWISTLE.)

tretende Viskose in der Mitte des Strahles eine größere Geschwindigkeit aufweist als am Rand des Strahles. Unter der Einwirkung von Verzug und Streckung wandelt sich das Bild der Strömung dann erneut. Die auf den gesamten Querschnitt des Strahles einwirkende Zugkraft kann man als gleichmäßig groß ansprechen. Da nun aber die Strömungsgeschwindigkeit in der Mitte des Strahles am größten ist, muß hierdurch in einiger Entfernung von der Spinndüse eine völlige Umkehr des Beschleunigungsdiagramms der strömenden Viskose erfolgen; die Fließgeschwindigkeit wird unter der Einwirkung von Zugkräften somit an der Faserperipherie größer als im Innern des Strahles. Diese Verhältnisse soll Abb. 285 veranschaulichen.

Das Vorhandensein von Strukturviskosität in der Viskose erfordert nach ENTWISTLE[2] allerdings noch eine geringfügige Korrektur des von SCHRAMEK und ZEHMISCH gegebenen Bildes, wenigstens soweit es sich auf den Bereich kurz nach dem Verlassen des Düsenkanals bezieht. Nach den Beobachtungen von ENTWISTLE weichen die Strömungsverhältnisse, die bei einer normalen NEWTONschen Flüssigkeit ein parabolisches Geschwindigkeitsdiagramm liefern, bei der spinnreifen Viskose

[1] SCHRAMEK u. ZEHMISCH: Kolloid-Beih. 48, 118 (1939).
[2] ENTWISTLE: J. Soc. Dyers and Col. 62, 261 (1946).

insofern von dem gegebenen Bilde ab, als die Fließgeschwindigkeit der Randzone nicht so stark gegenüber dem Innern zurückbleibt. Das wahre Strömungsdiagramm nimmt vielmehr die in Abb. 286 wiedergegebene Form an.

Es ist verständlich, daß sich diese unterschiedlichen Fließgeschwindigkeiten auf den Faserbau auswirken, und zwar wird durch die größere Geschwindigkeit in der Randzone die Orientierung besser, womit nach dem schon S. 454 Gesagten auch die Packungsdichte in der Randzone zunimmt.

Von noch größerer Bedeutung für die Ungleichmäßigkeiten im Faserbau ist aber der Umstand, daß Faserperipherie und Faserinneres nicht gleichzeitig koagulieren und zersetzt werden. Da das Spinnbad zuerst außen mit dem Viskosestrahl in Berührung kommt, bildet sich hier zunächst eine Haut von Xanthogenat, während das Innere des Strahles noch flüssig bleibt. Die Hautbildung beginnt nach HERMANS schon in einer Entfernung von nur 0,02 mm von der Spinndüse, was bedeutet, daß bei der normal üblichen Abzugsgeschwindigkeit die Viskose nur etwa 0,002 sec flüssig bleibt. In diesem kurzen, flüssigen Fadenteil ist die durch den Abzug bedingte Geschwindigkeit und die seitliche Schrumpfung am größten. Mit zunehmender Dauer der Einwirkung des Spinnbades geht die Außenhaut schon in Hydratzellulose über, die nunmehr durch den Abzug weiter verformt wird. Unter der Haut bleibt dann eine Xanthogenatschicht bestehen, die erst zersetzt werden kann, wenn genügend Säure des Spinnbades durch die aus Hydratzellulose bestehende Außenhaut hindurchdiffundiert ist. Im Innern bleibt hinter der Düse ein Kern von flüssiger Viskose bestehen, und erst in einer größeren Entfernung von der Düse ist die Koagulation im ganzen Querschnitt beendet, während die vollständige Zersetzung, wie schon an anderer Stelle erwähnt, noch Stunden in Anspruch nehmen kann.

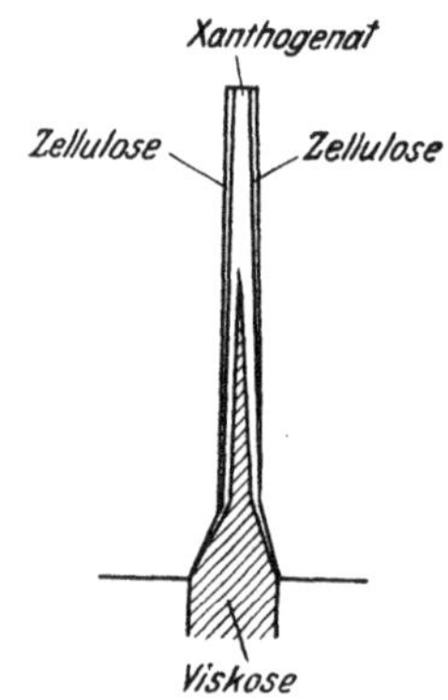

Abb. 287. Schichtbildung im Viskosestrahl während des Spinnens. (Nach HERMANS.)

Abb. 287 soll diese Schichtbildung im spinnenden Faden näher erläutern.

Die Dicke der Mantelschicht ist verständlicherweise weitgehend von den Spinnbedingungen abhängig. Von MOREHEAD und SISSON[1] wurde gefunden, daß alle durch starke Streckung erhaltenen festen Fasern eine dicke Mantelschicht aufweisen. Die Streckung selbst verursacht die Ausbildung der dicken Mantelschicht jedoch nicht; sie ist, wie nach den vorstehenden Ausführungen verständlich erscheint, in erster Linie für die Orientierung verantwortlich. Es sind vielmehr die sonstigen normalerweise bei Streckspinnverfahren angewandten Spinnbedingungen, die eine Vermehrung der kristallisierten Substanz herbeiführen. Bemerkenswerterweise ist das Verhältnis der Dicken von Mantel und Kern schon kurz nach dem Verlassen der Spinndüse festgelegt. Wie eingehende Untersuchungen[2] gezeigt haben, nimmt die Mantelschicht zu

mit ansteigendem Polymerisationsgrad der Zellulose,
mit zunehmender Zellulosekonzentration in der Viskose,
mit Erhöhung der Schwefelkohlenstoffmenge beim Sulfidieren,
mit Abnahme der Viskosereife, also mit steigenden Salzpunkten bzw. HOTTENROTH-Graden,

[1] MOREHEAD u. SISSON: Text. Research J. **15**, 443 (1945).
[2] Vgl. hierzu Silk and Rayon **22**, 552 (1948).

mit einer unterhalb oder oberhalb des Üblichen liegenden Laugenkonzentration in der Viskose,
mit Abnahme der Säurekonzentration im Spinnbad,
mit steigenden Zusätzen von zwei- und dreiwertigen Metallionen im Spinnbad (Zn, Fe, Al, Mg),
mit Erniedrigung der Spinnbadtemperatur.

h) Die fibrilläre Struktur.

Das Vorliegen von Kristalliten in der Chemiefaser sowie ihre Orientierung lassen auch bei den Chemiefasern fibrilläre Strukturen erwarten. Es ist aus der Praxis schon lange bekannt, daß sich bei Kupferoxydammoniakfasern durch mechanische Scheuerbeanspruchung beim Färben feine Faserfibrillen abspalten können, die auf dunkel gefärbtem Hintergrund als helle Flecken in die Erscheinung treten. Ähnliche

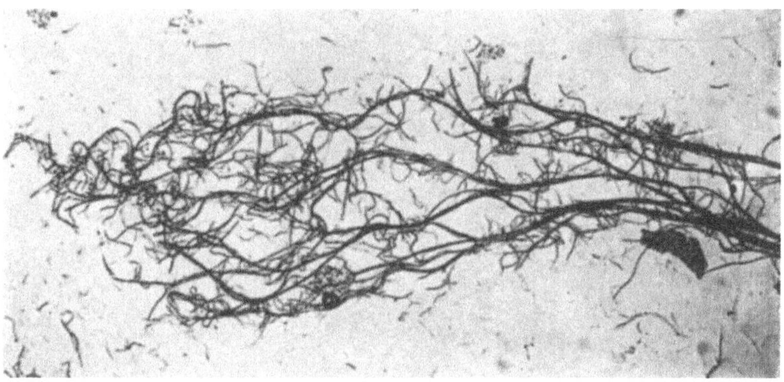

Abb. 288. Viskosefaser gequollen und gequetscht. (Nach EISENHUT und KÜHN.

fibrilläre Abspaltungen können Viskosefasern nach wiederholten Waschgängen zeigen. In bezug auf diese Abspaltungen wurde gefunden, daß diese Erscheinung in verstärktem Maße bei Streckspinnfasern auftritt, die sich durch hohe Reißfestigkeit auszeichnen. EISENHUT und KÜHN[1] fanden bei der mikroskopischen Untersuchung gequollener und gequetschter Fasern ebenfalls fibrilläre Aufspaltungen der Fasern, und zwar zeigten auch hierbei festere Fasern deutlichere Fibrillenbildung, wie Abb. 288 zeigt. Zu entsprechenden Ergebnissen führten Untersuchungen von HERMANS[2], HUSEMANN[3] sowie WALLNER[4].

Nachdem u. a. von KÜHN diese Erscheinung auch schon elektronenoptisch untersucht worden war, wurden derartige Untersuchungen von HOCK[5] wieder aufgenommen, nachdem die schon S. 93 erwähnten verfeinerten Untersuchungsmethoden bekannt geworden waren. Es ergaben sich sowohl bei der Betrachtung von Oberflächenabdrucken als auch bei der Betrachtung naß gemahlener Fasertrümmer in allen Fällen Fibrillen von einem Durchmesser von einigen Hundert Ångströmeinheiten.

[1] EISENHUT u. KÜHN: Angew. Chem. **55**, 198 (1942). — KÜHN: Melliand Textilber. **22**, 249 (1941).
[2] HERMANS: Text. Research J. **16**, 545 (1946).
[3] HUSEMANN: J. makromol. Chem. **1**, 158 (1944).
[4] WALLNER: Melliand Textilber. **23**, 261 (1942).
[5] HOCK: Text. Research J. **18**, 366 (1948).

Interessant ist hierbei die Gegenüberstellung eines von normaler Viskosefaser und von hochgestreckter Viskosefaser gewonnenen Bildes (Abb. 289 und 290). Man erkennt bei der normalen Viskosefaser deutlich eine Netzstruktur, die aus verhältnismäßig kurzen Fibrillen gebildet wird. Eine Orientierung ist nur andeutungsweise zu er-

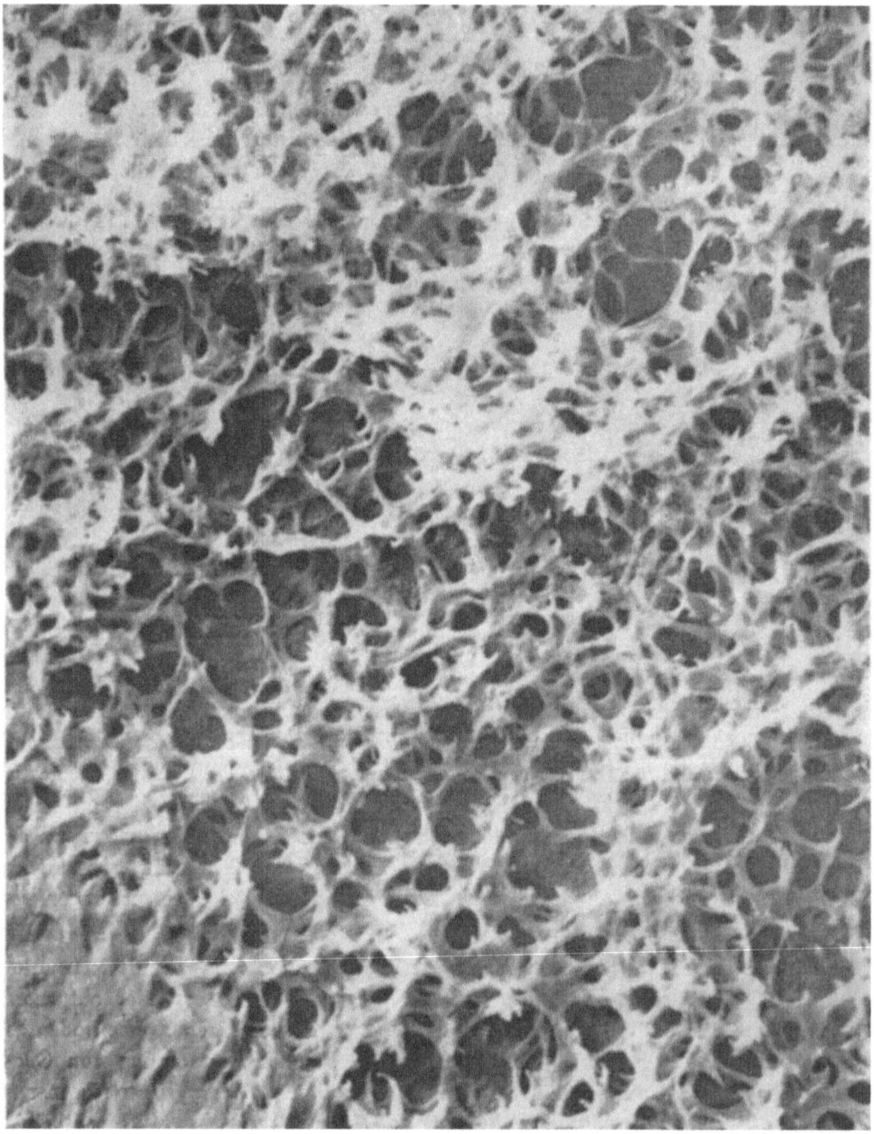

Abb. 289. Oberflächenabdruck einer unter normalen Bedingungen gesponnenen Viskosefaser (mit Chrom schattiert); elektronenoptisch; Vergr. 27000 ×. (Nach HOCK.)

kennen. Demgegenüber zeigt das Bild der hochgestreckten Faser eine viel dichtere Packung sowie die Ausbildung längerer und schärfer ausgeprägter Fibrillen, die in der Tiefe der Abbildung deutlich orientiert sind. Diese Untersuchungen lehren also, daß es auch beim Entstehen der Chemiefaser zu einer fibrillären Struktur kommt, deren Ausbildung weitgehend vom Spinnverfahren abhängig ist.

Nach Untersuchungen von HUSEMANN und CARNAP[1] nehmen die Fibrillen bei Streckspinnfasern glattere Formen an und werden im Aussehen den in den Natur-

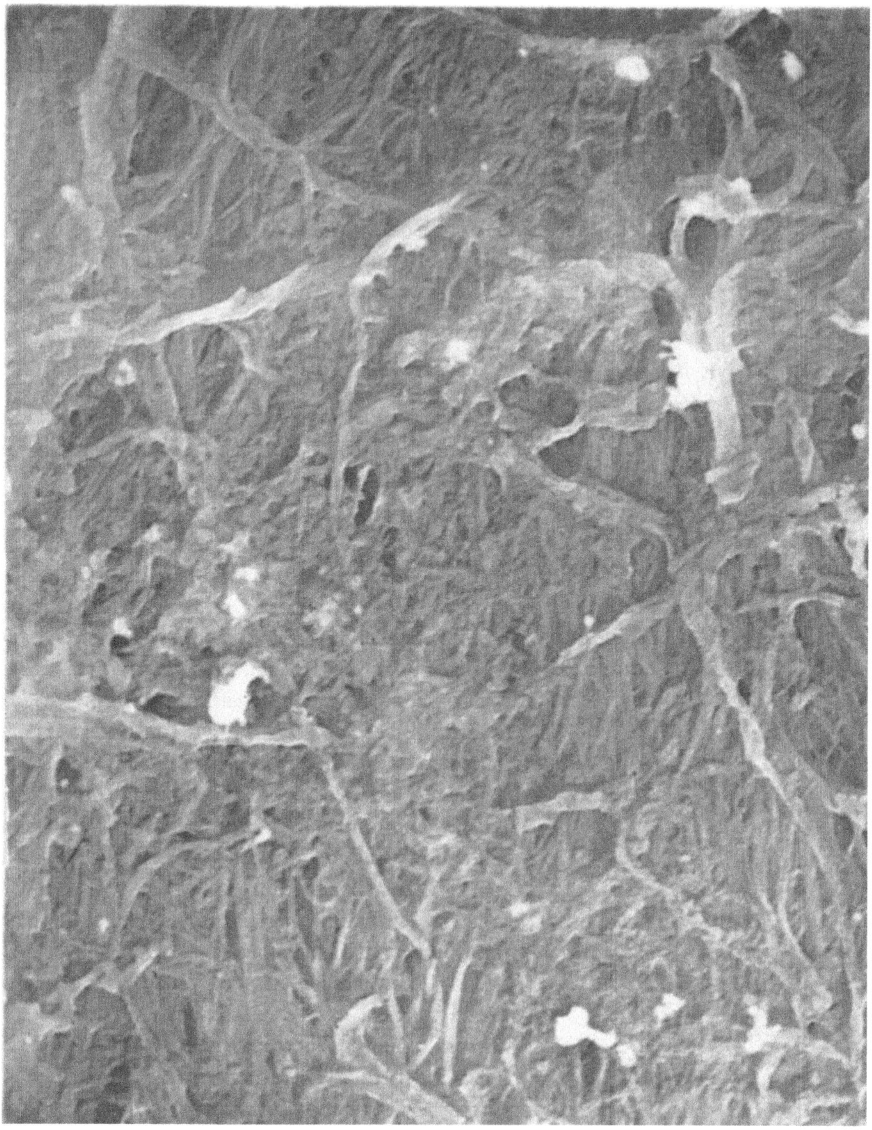

Abb. 290. Unter Streckung gesponnene Viskosefaser, gemahlen (mit Chrom schattiert); elektronenoptisch; Vergr. 53000·×. (Nach HOCK.)

fasern gefundenen ähnlicher. Diese Erscheinung zeigt sich hauptsächlich in der Mantelschicht.

[1] HUSEMANN u. CARNAP: Z. makromol. Chem. 1, 158 (1947).

IV. Spezialverfahren.

a) Das Trichterspinnverfahren.

Da seit einigen Jahren das für die Herstellung von Kupferreyon ausgearbeitete Trichterverfahren auch für die Herstellung von Viskosefasern angewandt wird, soll auch diese Arbeitsweise kurz beschrieben werden.

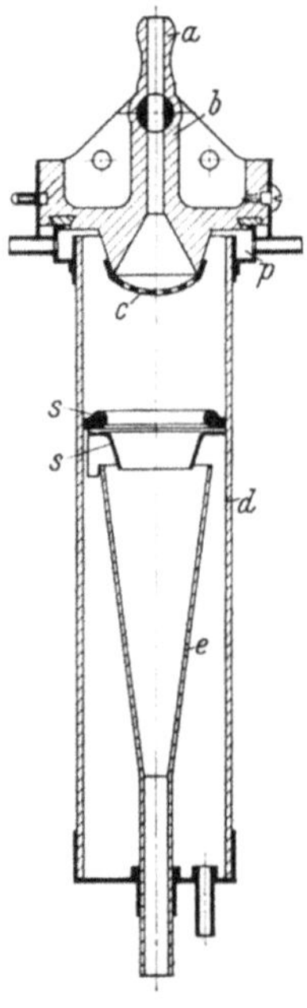

Abb. 291. Spinntrichter. (Nach THIELE.)

Das von THIELE entwickelte Trichterspinnverfahren unterscheidet sich von den bisher geschilderten Arbeitsweisen grundsätzlich dadurch, daß der Abzug des Fadens nicht durch mechanische Vorrichtungen, sondern durch ein strömendes Fällbad erreicht wird. Als Spinnapparatur, in der die Fadenbildung vor sich geht, dient der sog. THIELEsche Spinntrichter, von dem eine ältere Konstruktion in Abb. 291 dargestellt ist. Die heute gebräuchlichen Spinntrichter sind in der Form wesentlich schmaler gehalten. Der Spinntrichter besteht im Prinzip aus einem zylindrischen Glasgefäß, in das nicht ganz bis zum oberen Abschluß ein konisches Gefäß eingebaut ist, das sich nach unten allmählich zu einem Rohr verjüngt. Dieses Rohr ist durch den Boden des Zylinders hindurchgeführt. Im obersten Teil des Zylinders befindet sich die Spinndüse, die man in diesem Falle „Spinnbrause" nennt. Sie ist wesentlich größer als eine Spinndüse, und auch die Düsenlöcher sind weiter, beispielsweise 0,9···1 mm (Abb. 292). Das Spinnbad tritt unten in den Zylinder ein, steigt hoch und läuft oben in den Konus, um diesen durch das Rohr unten zu verlassen. Zur Vermeidung von Wirbelbildung kann man das untere Drittel des Zylinders mit Glassperlen oder dgl. füllen. Infolge der zunehmenden Verringerung des Konusquerschnittes nimmt die Strömungsgeschwindigkeit des Spinnbades im Konus immer mehr zu. Das sich an der Spinnbrause bildende Koagulat wird durch die Badreibung vom Spinnbad mitgenommen und so zu einem immer feiner werdenden Faden ausgezogen. Er verläßt mit dem Spinnbad das Rohr und wird von dort geeigneten Aufnahmevorrichtungen zugeführt, die weiter unten näher beschrieben werden[1].

Abb. 292. Spinnbrause für Trichterspinnverfahren.

Von GRUZ und ROGOWIN[2] ist darauf hingewiesen worden, daß eine Übertragung dieses Verfahrens auf die Viskosefaser insofern Vorteile mit sich bringen müßte, als infolge der großen Düsenlochweite mit einer Zellulose von hohem Polymerisationsgrad gearbeitet werden könne und daß dadurch besonders gute Fasern erhalten werden müssen. Ein-

[1] Beim normalen BEMBERG-Verfahren dient als Aufnahmeorgan ein Haspel; bei einem weitergebildeten Verfahren dient als Abzugsorgan eine Glaswalze, von der aus der Faden unter Entspannung erst dem Haspel zugeführt wird. Man vermeidet hierdurch die Schläge, die dem Faden durch die umlaufenden Haspelholme erteilt werden. Beim KÜTTNER-Zellvag-Verfahren wird das Spinngut in einer Zentrifuge aufgefangen.

[2] GRUZ u. ROGOWIN: Kunstseide 16, 267 (1934).

gehende Untersuchungen haben diese Annahme bestätigt. So wurden von den genannten Forschern Fäden erhalten, die eine Reißfestigkeit von 200···260 g je 100 den., bei einer allerdings nur geringen Bruchdehnung von 7···12% aufwiesen. Hervorzuheben ist, daß man nach diesem Verfahren mühelos sehr feine Einzeltiter von beispielsweise 1,5···2,0 den. spinnen kann, was bei den üblichen Spinnverfahren, besonders beim Viskoseverfahren, Schwierigkeiten macht.

Das THIELE-Verfahren wurde von EISENHUT[1] im Werk Oppau der ehem. *I. G. Farbenindustrie Aktiengesellschaft* für Viskose-Zellwolle zur Betriebsreife entwickelt, was zur Ausbildung der „Lanusa-Faser" führte. In ähnlicher Weise, aber unter Begehung eigener Wege, wurde von SCHIEBER in der *Thüringischen Zellwolle Aktiengesellschaft*, Schwarza, die Schwarza-Faser entwickelt.

Die Besonderheit dieser Verfahren besteht neben der Anwendung des THIELE-Trichters darin, daß als Fällbad Wasser oder eine äußerst verdünnte Salz- oder Säurelösung verwendet wird. Da sich aber gezeigt hat, daß normale Viskosen mit Wasser praktisch nicht spinnbar sind, obwohl schon ein Xanthogenat vom Reifezustand C_{24} in Wasser unlöslich ist, muß die Viskose so beschaffen sein, daß sie unmittelbar vor der freiwilligen Entmischung steht, d. h. also, man muß mit ganz niedrigen Salzpunkten, die unter 0,1···0,2 liegen, arbeiten. Dieser Zustand wird normalerweise durch lange Nachreifezeiten erreicht. Man hat diese aber durch Erhöhung der Reifetemperatur wesentlich abzukürzen verstanden. Besonders bei Anwendung von Linters-Zellstoff als Ausgangsmaterial (Oppau) läßt sich bei einer hochgereiften Viskose die Zersetzung des Xanthogenates mit Wasser allein vornehmen. Wenn nötig, kann der Faden in einem zweiten Bade mit etwas Salz und Säure zu Ende zersetzt werden.

Die so erhaltene Faser weicht in ihren Eigenschaften wesentlich von den normalen Viskosefasern ab. Sie ist besonders weich und füllig und kommt im Charakter der Wolle sehr nahe, weshalb nach diesem Verfahren auch vornehmlich Zellwolle-Wolltypen hergestellt werden. Die Festigkeit kann bei geschickter Auswahl der Betriebsbedingungen auf über 200 g je 100 den. gebracht werden, bei einer Bruchdehnung von etwa 15%. Höhere Festigkeit bringt jedoch übermäßigen Dehnungsabfall mit sich.

Die Ausübung dieses Verfahrens erfordert besonders peinliche Betriebskontrolle. Man muß bedenken, daß eine Viskose versponnen wird, die sich nahe vor der freiwilligen Gerinnung befindet. Wie aus der Abb. 202 auf S. 330 hervorging, ist in diesem Gebiete der Viskositätsanstieg besonders steil. Geringe Schwankungen in der Reifezeit und -temperatur können daher empfindliche Betriebsstörungen sowie stark ausgeprägte Abweichungen der Eigenschaften mit sich bringen. Der hohe Reifezustand sowie das milde, fällende Agens lassen ferner die Einzelfasern dazu neigen, miteinander zu verkleben, wodurch harte Fasern entstehen können. Auch das Avivieren hat sich als besonders schwierig erwiesen (s. 18. Kapitel).

Hinsichtlich der Anfärbbarkeit ähnelt die trichtergesponnene Faser in starkem Maße der Kupferfaser. Wie bei dieser, so ist auch hier die Aufziehgeschwindigkeit sehr hoch, wodurch sich die Faser schon bei geringen Farbstoffkonzentrationen tief anfärbt.

[1] I. G. Farbenindustrie Aktiengesellschaft, DRP. 738486. — Vgl. hierzu auch das DRP. 743851 von SCHRAMEK.

Über die Ausbildung der Faserstruktur beim Trichterspinnverfahren liegen Überlegungen von HERMANS[1], von VOM HOVE[2] sowie besonders eingehende Untersuchungen von ELSAESSER[3] vor.

Zunächst besteht hinsichtlich der Fadenbildung beim Trichterspinnverfahren gegenüber dem normalen Viskosespinnverfahren ein grundlegender Unterschied insofern, als der aus der Düsenöffnung kommende Viskosestrahl beim Trichterspinnverfahren viel dicker ist als beim normalen Spinnverfahren. Die Abnahme des Volumens beim Spinnen nimmt durch die Streckung beim Trichterverfahren somit einen ganz anderen Verlauf, wie ein Vergleich der Abb. 293 mit Abb. 287 (S. 460) deutlich erkennen läßt. Im Gegensatz zum normalen Spinnverfahren wird beim Trichterverfahren erst kurz vor Austritt des Gels aus dem Trichterrohr die Fadengeschwindigkeit gleich der Spinngeschwindigkeit, während diese Werte beim normalen Spinnverfahren schon von einem ganz kurzen Abstand von der Düse ab gleich sind. Es leuchtet ein, daß sich hierdurch wesentliche Unterschiede in der Struktur ergeben. Während beim normalen Spinnverfahren sich schnell eine Struktur ausbildet, die dann nachfolgend durch die Streckung deformiert wird, wird der Spinnvorgang beim Trichterverfahren in seiner ersten Phase durch die Orientierung beherrscht, denn der Zustand, in dem die Viskosität durch die Einwirkung des Bades einen solchen Wert angenommen hat, daß das Gel eine dauerhafte Struktur annehmen kann, wird beim Trichterverfahren erst viel später erreicht. In Abb. 294 ist eine von ELSAESSER aufgenommene Kurve wiedergegeben, die die Abhängigkeit der Viskosität vom Brausenabstand zeigt. Man findet zunächst unmittelbar an der Brausenöffnung ein Absinken der Viskosität, die durch Teilchenorientierung erklärt werden kann, und nach einigen unkontrollierbaren Unregelmäßigkeiten erst bei einem Abstand von etwa 8 cm von der Spinnbrause einen nennenswerten Viskositätsanstieg. Beim normalen Viskoseverfahren nimmt demgegenüber die aus der Düse austretende Spinnlösung in einem Abstand von unter 1 mm von der Düsenöffnung eine zur Strukturbildung ausreichende Viskosität an.

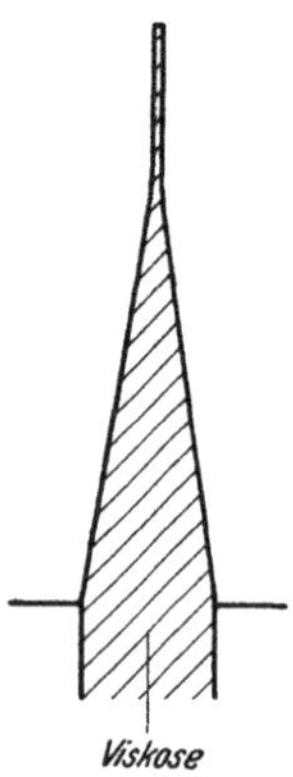

Abb. 293. Längsschnitt durch einen nach dem Trichterverfahren gesponnenen Faden nach dem Verlassen des Brausenkanals. (Nach HERMANS.)

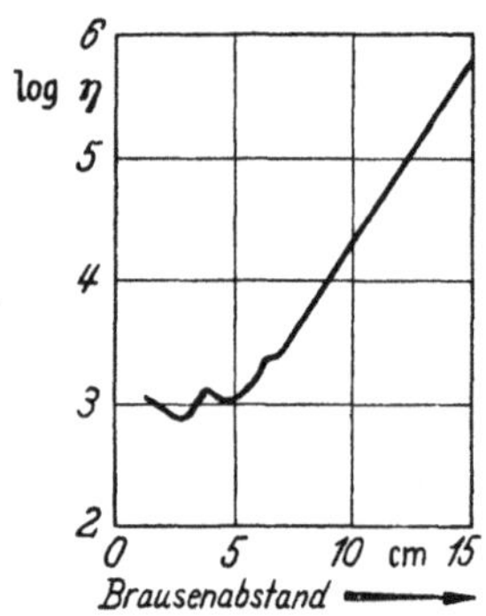

Abb. 294. Verlauf der Viskosität einer nach dem Trichterspinnverfahren gesponnenen Faser in Abhängigkeit vom Brausenabstand. (Nach ELSAESSER.)

Die grundlegenden, hierdurch unter der Einwirkung der Verstreckung entstehenden Unterschiede geben sich in zwei Eigenschaften zu erkennen.

Zunächst zeigten Untersuchungen von KAST[4] bei der Darstellung der Beziehungen zwischen der Halbwertsbreite der A_0-Interferenzen im Röntgenogramm als Maß für die Orientierung einerseits und der Reißfestigkeit andererseits, daß bei gleicher Orientierung die normale Viskosefaser einen Festigkeitsvorsprung von rund 70 g je

[1] HERMANS: Physics and Chemistry of Cellulose Fibres, S. 356ff.
[2] VOM HOVE: Zellw., Kunsts., Seide **47**, 719 (1942).
[3] ELSAESSER: Kolloid-Z. **111**, 174 (1948); **112**, 120 **113**, 37 (1949).
[4] KAST, FLASCHNER u. WINKLER: Kolloid-Z. **111**, 1 (1948).

100 den. aufweist, der über den ganzen Verlauf der Kurve erhalten bleibt (Abb. 276 auf S. 451). Dies bedeutet also, daß beim Trichterverfahren schon dann eine weitgehende Orientierung erreicht ist, wenn die Struktur noch nicht ausreichend ausgebildet ist.

Weiter hat BOZZA[1] gefunden, daß die Doppelbrechung über den Querschnitt verteilt bei der Trichterfaser im Kern nahezu gleich groß ist und daß sie in den Randzonen stark abfällt (Abb. 295). Dies bedeutet also, daß die Orientierung der Trichterfaser in der Randzone geringer ist als nach der Mitte zu. Bei der normalen Viskosefaser liegen die Verhältnisse, wie beschrieben war, gerade umgekehrt.

ELSAESSER fand, daß es bei jedem Spinnverfahren einen optimalen Zustand gibt, in dem der Faser durch die Spinngeschwindigkeit und den Fasertiter eine Struktur aufgeprägt wird, die die Festigkeit des fertigen Fadens eindeutig bestimmt. Dieser Zustand bleibt jedoch beim Trichterverfahren nicht erhalten, vielmehr kommt es unter der Einwirkung der sich weitersteigernden Zugspannung zu einem Reißen der äußeren hochstrukturierten Faserschichten, während das Faserinnere weiter orientiert und verdichtet wird.

Für das Reißen der äußeren Schichten sieht ELSAESSER den Beweis u. a. in dem matten Glanz der Faser und ihrer rauhen Oberfläche.

Entsprechend dem durch die Doppelbrechung gekennzeichneten Verlauf der Kristallisierung im Faserquerschnitt zeigen Trichterfasern nicht die Erscheinung der Schichtung in einen Fasermantel und Faserkern. Dementsprechend ist auch die Anfärbung im Faserquerschnitt gleichmäßig, wenn man von einer ganz dünnen Außenhaut, die sich entsprechend der Doppelbrechungskurve infolge geringerer Dichte dunkler anfärbt, absieht.

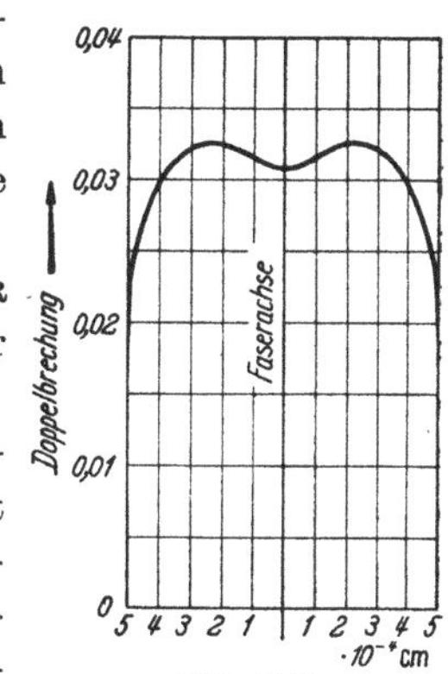

Abb. 295. Verlauf der Doppelbrechung im Faserquerschnitt beim Trichterspinnverfahren. (Nach BOZZA.)

Es soll abschließend darauf hingewiesen werden, daß sich die von ELSAESSER und von KAST erwähnten Arbeiten auf trichtergesponnene Kupferfasern beziehen. Diese verhalten sich aber in der Praxis in vielfacher Beziehung den trichtergesponnenen Viskosefasern so ähnlich, daß ein Rückschluß erlaubt ist.

b) Das LILIENFELD-Verfahren.

Das LILIENFELD-Verfahren stellt eine Abwandlung des normalen Viskoseverfahrens dar, das durch die Anwendung eines stark sauren Spinnbades gekennzeichnet ist[2]. Nach dem LILIENFELD-Verfahren gesponnenes Reyon wurde eine Zeitlang in Deutschland unter dem Namen „Sedura" von der *Vereinigte Glanzstoff-Fabriken A. G.* auf den Markt gebracht und wird z. Z. noch in Großbritannien von der Firma *Courtaulds Ltd.* unter der Markenbezeichnung „Durafil" erzeugt. Die von der ehem. *I. G. Farbenindustrie Aktiengesellschaft* herausgebrachte „Travyl" war gleichfalls nach einem ähnlichen Verfahren hergestellt, jedoch soll hierbei eine starke organische Säure im Spinnbad verwendet worden sein.

Das LILIENFELD-Reyon wird nach dem Zentrifugenspinnverfahren gesponnen, und zwar im Prinzip nach dem in Abb. 249 auf S. 431 wiedergegebenen Spinnschema.

[1] BOZZA: Mitgeteilt bei ELSAESSER: Kolloid-Z. **113**, 41 (1949).
[2] LILIENFELD: DRP. 542713; Öster. P. 115210.

Ausgedehnte Versuche, es auf Walzen zu spinnen („Nuera-Spinnverfahren“), haben nicht zum Erfolg geführt. Das nach dem LILIENFELD-Verfahren erhaltene Reyon weist Festigkeitswerte von 400···450 g pro 100 Denier auf. Das grundsätzliche Kennzeichen des LILIENFELD-Verfahrens besteht in der Anwendung eines Spinnbades von hoher Schwefelsäurekonzentration. So sagt das Brit. Pat. 274521 von LILIENFELD aus, daß das Spinnbad nicht weniger als 55% Schwefelsäure enthalten soll, und als Beispiel wird in der Patentschrift ein Spinnbad mit 65···68% Schwefelsäure angegeben. Die spezifische Wirkung dieser hohen Säurekonzentration des Spinnbades auf den entstehenden Faden ist eindeutig noch nicht geklärt. Die allgemeine Ansicht geht dahin, daß es sich um einen Pergamentierungsvorgang handelt. Um einen schädlichen Einfluß der starken Säure auf den gebildeten Faden so weit wie möglich auszuschließen, wird bei niedriger Temperatur gesponnen und anschließend an den Spinnprozeß sofort mit kaltem Wasser gewaschen[1]. Die Säurekonzentration wird auf den Reifegrad der Alkalizellulose abgestimmt: Kurz vorgereifte Zellulose erfordert eine höhere Säurekonzentration als weiter vorgereifte. Um möglichst hohe Festigkeitswerte zu erzeugen, geht man von einer Zellulose mit hohem Polymerisationsgrad aus, wie sie z. B. in einem Linters-Zellstoff vorliegt. Die Vorreife wird zweckmäßig stark abgekürzt. Hierbei ist allerdings zu berücksichtigen, daß gemäß dem Brit. Pat. 212865 von LILIENFELD die Zellulose bei sehr niedriger Temperatur alkalisiert wird (die Patentschrift gibt als günstigste Temperaturen —3 bis —15° C an), und daß bei diesen niedrigen Temperaturen eine besonders große Quellung der Alkalizellulose eintritt[2]. Dies geht auch daraus hervor, daß die Sulfidierung, die nach der Patentschrift gleichfalls bei den angegebenen niedrigen Temperaturen vorgenommen werden soll, nur eine sehr kurze Zeit in Anspruch nimmt, wobei man für eine ausreichende Sulfidierung mit $^1/_6 \cdots ^1/_{10}$ Mol CS_2 pro 1 Mol $C_6H_{10}O_5$ auskommt. Es ist beobachtet worden, daß anormal tiefe Temperaturen den Vorreifeeffekt ebenso verstärken wie hohe Temperaturen, und somit kann daher beim LILIENFELD-Verfahren streng genommen nicht von einem vollkommenen Ausschalten der Vorreife gesprochen werden.

Die geringe zur Sulfidierung erforderliche Menge Schwefelkohlenstoff wirkt sich insofern günstig aus, als die Nachreifezeit sich kürzer gestaltet, da sich das Zerfallsgleichgewicht zugunsten der Zellulose in der Viskose verschiebt. Auf der anderen Seite ist man hierdurch in der Lage, den Zellulosegehalt der Viskose um einige Prozent heraufzusetzen. Diese Möglichkeit sowie die Abkürzung der für die Herstellung einer verspinnbaren Viskose normalerweise erforderlichen Zeit sind als wirtschaftliche Vorteile des LILIENFELD-Verfahrens anzusprechen. Dem steht allerdings der hohe Preis der Linters-Zellulose sowie das teure Spinnbad gegenüber, so daß die Gestehungskosten des LILIENFELD-Reyon im ganzen höher liegen als die des normalen Viskosereyon. Es hat sich daher in großem Maßstabe nicht durchsetzen können. Es ist dagegen ein beliebtes Spezialreyon für gewisse Gewebe, wie z. B. Ärmelfutterstoffe und Herrenhemden. Neben dem hohen Preis haben aber auch qualitative Nachteile die Einführung erschwert: Die besondere Faserstruktur bedingt eine stark verzögerte Farbstoffaufnahme, so daß für die Erzeugung tiefer Färbungen Flotten angewandt werden müssen, deren Farbstoffkonzentration höher als normal ist. Daneben ist diese Faser äußerst empfindlich gegenüber geringen

[1] ROSE: J. Soc. Dyers and Col. **61**, 113 (1945).
[2] Vgl. hierzu ROOS: Kunstseide **12**, 86 (1930).

Spannungsschwankungen beim Spinnen, so daß leicht eine unegale Anfärbung erhalten wird. Weiter ist als Nachteil zu erwähnen, daß die Biegungsfestigkeit und die Scheuerfestigkeit geringer als bei normalem Viskosereyon sind. Diese Beobachtung wird allgemein bei Streckspinnreyon gemacht, und es scheint so, daß mit zunehmender Streckung und somit zunehmender Reißfestigkeit besonders die Scheuerfestigkeit in steigendem Maße zurückgeht. Dies wirkt sich vornehmlich in nassem Zustand aus und kann auch beim Färben in die Erscheinung treten, weshalb beim Färben von LILIENFELD-Reyon darauf zu achten ist, daß die Gewebelagen nicht aneinanderscheuern können. Zusätze von fetten, gleitend machenden Ölen zum Färbebad sind daher günstig.

Einer zu weitgehend verringerten Scheuerfestigkeit kann man dadurch begegnen, daß man die fertige Faser einer Behandlung mit Natronlauge unterwirft („Tatonosieren"[1]). Hierbei muß man allerdings einen Rückgang der Reißfestigkeit in Kauf nehmen. Das Tatonosieren bringt auch eine Verbesserung der Anfärbbarkeit mit sich, schließt aber eine neue Gefahrenquelle für die Entstehung färberischer Ungleichmäßigkeiten in sich.

Über die Struktur des LILIENFELD-Fadens kann folgendes ausgesagt werden[2]: Man nimmt an, daß sich im Spinnbad in einer ersten Phase ein Zellulose-Xanthogenat-Schwefelsäure-Mischester bildet, der durch besonders hohe Plastizität gekennzeichnet ist, so daß er eine Verstreckung um mehr als 100% ermöglicht. Es findet daher eine besonders weitgehende Teilchenorientierung statt, wie sich aus dem Röntgenbild ergibt, das nahezu ein reines Punktdiagramm darstellt. Entsprechend weist die Faser auch eine hohe Doppelbrechung auf. Der Grad der Orientierung erwies sich aber als nicht nur abhängig von der Säurekonzentration des Spinnbades. Hier besteht insofern ein Zusammenhang, als steigende Säurekonzentration die Orientierung erhöht. Bezüglich der Nachreife wurde beobachtet, daß steigende Nachreife die Orientierung ungünstig beeinflußt.

Bemerkenswert ist die hohe Naßfestigkeit der Faser, die nur 33% unter der Trockenfestigkeit liegt.

Wie normale Viskosefasern, so besteht auch die LILIENFELD-Faser aus einem Kern und einer Mantelzone von höher orientierter Zellulose. Die Dicke dieser Mantelzone wächst mit der Verfeinerung des Titers. Bei einem Titer von 0,3 den. überwiegt die Dicke der wohlkristallisierten Mantelzone die mehr amorphe Kernzone, so daß diese vollkommen in den Hintergrund tritt. Normalerweise stellt man nach diesem Verfahren Fasern von 2···3 den. her.

Neben zahlreichen Studien über das Verfahren liegen besonders eingehende Untersuchungen von ECKERT und WIRÉN[3] vor, aus denen die wichtigsten Ergebnisse im folgenden kurz mitgeteilt werden sollen:

Was die Quellfähigkeit der Faser anbetrifft, die, wie aus dem Gesagten bereits hervorging, wesentlich niedriger ist als bei den normalen Viskosefasern, so ist ihre Größe weitgehend von den Spinnbedingungen abhängig. Bei einem Spinnbad mit 70% Schwefelsäure sinkt die Quellfähigkeit mit zunehmender Streckung. In dieser Beziehung verhält sich die LILIENFELD-Faser also wie eine normale Viskosefaser. Den gleichen Effekt einer Erniedrigung des Quellungsvermögens erhält man unter

[1] LILIENFELD: DRP. 542713. Österr. Pat. 115210.
[2] ROSE: J. Soc. Dyers and Col. **61**, 113 (1945).
[3] ECKERT u. WIRÉN: Kunsts. u. Zellw. **26**, 278 (1948).

sonst konstanten Bedingungen durch Erhöhung der Säurekonzentration im Spinnbad. Dies ist verständlich, da man hierdurch eine stärkere Pergamentierung erreicht. Ein Absinken des Quellvermögens erhält man auch durch längere Nachreife, was durch Ausbildung einer dichteren Struktur gleichfalls verständlich ist. Daß nach den Beobachtungen von ECKERT und WIRÉN[1] der gleiche Effekt auch durch Verlängerung der Vorreifezeit eintritt, ist nicht ohne weiteres verständlich.

Die Alkaliresistenz der Faser nimmt zu, wenn man die Nachreife abkürzt, die Streckung oder die Säurekonzentration des Spinnbades erhöht. In dieser Beziehung besteht also wieder eine vollkommene Parallele zum normalen Viskoseverfahren.

Der Einfluß der Spinnbedingungen auf die Anfärbbarkeit ist dagegen recht unübersichtlich. So tritt durch Erhöhung der Spinnsäurekonzentration zunächst eine Abnahme des Farbstoffaufnahmevermögens ein — was verständlich ist —, um bei höheren Säurekonzentrationen wieder zuzunehmen. Steigende Nachreife erhöht die Aufnahmefähigkeit für Farbstoffe.

Bemerkenswerterweise wirkt die starke Schwefelsäure im Spinnbad nur unwesentlich abbauend auf den Polymerisationsgrad der Zellulose in der Spinnlösung ein; in keinem Falle wurde ein Absinken des Polymerisationsgrades um mehr als 8% gefunden.

c) Kräuselfasern.

Bei der Herstellung der Wolltypen ist man bei der Zellwolle bestrebt, die Kräuselung des Wollhaares so weitgehend wie möglich nachzuahmen. Man kann dies mechanisch sowie durch besondere Spinnbedingungen erreichen.

Bei der mechanischen Kräuselung läßt man das teilweise zersetzte Fadenbündel nach dem Austritt aus dem Spinnbad durch geriffelte Walzen laufen. Dieser von SCOTT[2] stammende Vorschlag wurde später hinsichtlich der Zahnung der Walzen von ECKERT und SCHMIDT[3] verbessert, wobei gleichzeitig die günstigsten chemischen Spinnbedingungen zur Erhaltung eines bleibenden Kräuseleffektes studiert und festgelegt wurden.

In der Praxis haben sich die mechanischen Verfahren allerdings nicht durchgesetzt, man begnügt sich vielmehr mit dem Kräuseleffekt, der durch eine geeignete Leitung des Spinnprozesses erreicht werden kann.

Man erreicht im Prinzip die Kräuselung dadurch, daß man, wie bei dem Streckreyon beschrieben, das Faserkabel vor der Zersetzung stark streckt, es dann schneidet und in geschnittenem Zustand der chemischen Nachbehandlung unterwirft. Die Faser erleidet hierbei eine Schrumpfung, der sie ungehindert nachkommen kann, da sie im Gegensatz zum Reyon nicht unter Spannung steht. Bei dieser Schrumpfung findet bei Anpassung der übrigen Spinnbedingungen dann eine mehr oder weniger weitgehende Kräuselung statt.

Besonders gute Kräuseleffekte erhält man, wenn von wenig gereifter Viskose ausgegangen wird, beispielsweise einer solchen von 14···17° HOTTENROTH, und das Kabel nach Verlassen des Spinnbades in heißem Wasser verstreckt wird. Die Anwendung eines besonders zusammengesetzten Spinnbades ist hierbei normalerweise nicht erforderlich.

---

[1] ECKERT u. WIRÉN: Kunsts. u. Zellw. **26**, 278 (1948).
[2] SCOTT: Brit. Pat. 291120.
[3] ECKERT u. SCHMIDT: Zellw., Kunsts., Seide **47**, 483 (1942).

d) Fasern mit narbiger Oberfläche.

Von mehreren Zellwollwerken sind Fasern ausgearbeitet worden, deren Oberfläche eine möglichst weitgehende Ähnlichkeit mit der Oberfläche eines Wollhaares haben sollte. Derartige Fasern binden sich beim Walken mit Wolle gemischter Stoffe fester in den Filz ein, während glatte Zellwollfasern die Neigung haben können, an die Oberfläche der Stoffe zu wandern. Derartige mit einer genarbten Oberfläche versehene Fasern sind z. B. Vistra XT und Floxalan.

Bei der Herstellung von Vistra XT wird mit zwei Spinnbädern gearbeitet[1]. Es wird als erstes Bad ein solches angewandt, das 18% Ammoniumsulfat, 13% Natriumsulfat und nur 0,2% Schwefelsäure enthält. Das Bad soll eine Temperatur von 50° C aufweisen. Entsprechend seinem geringen Säuregehalt ist es als reines Koagulationsbad aufzufassen. Die Xanthogenatfasern werden dann geschnitten und in einem kochenden Bade gleicher Zusammensetzung, aber von einer etwas geringeren Konzentration, zersetzt, worauf ein mechanisches Aufschlagen folgt.

Ein Zweibadverfahren wird auch von SUDA[2] angegen. Hierbei soll das Koagulationsbad Natriumbisulfit oder eine Mischung dieses Salzes mit Ammoniumsulfat enthalten. Als Zersetzungsbad empfiehlt SUDA ein normales Müllerbad. Zur gleichzeitigen Erzielung eines Kräuseleffektes kann zwischen den beiden Bädern gestreckt werden. Die narbige Oberfläche kommt in diesem Falle dadurch zustande, daß sich bei der Zersetzung Schwefeldioxyd bildet, das die bereits verfestigte Außenhaut der Faser durchbricht und aufsprengt.

Auf ähnlichen Überlegungen beruht das Floxalan-Verfahren[3]. Bei diesem wird als Koagulationsbad eine Lösung von Ammoniumsulfit und Natriumsulfit mit überschüssigem SO_2 verwendet, wodurch gleichfalls im Zersetzungsbade Schwefeldioxyd frei wird.

Im übrigen erhält man auch auf einfachere Weise Fasern mit genarbter Oberfläche; so wurde gefunden, daß dieser Effekt in mehr oder weniger starkem Maße auch durch Anwendung hoher Säurekonzentrationen im Spinnbad erreicht werden kann.

V. Luftbehandlung in der Spinnerei.

Wie schon S. 442 ausgeführt, sind die beim Spinnen entstehenden Reaktionsprodukte überwiegend gasförmiger Natur; man kann hierzu infolge seiner leichten Flüchtigkeit auch den Schwefelkohlenstoff rechnen. Die Bildung dieser Reaktionsprodukte ist für die Betriebe in mehrfacher Hinsicht unangenehm. Einerseits sind die gasförmigen, schwefelhaltigen Verbindungen nicht ungiftig und andererseits ergeben sie eine starke Geruchsbelästigung der Spinnerei und der Umgebung. In dieser Beziehung sind gewisse Stoffe besonders störend, die durch Reduktion aus Schwefelkohlenstoff entstehen können und deren Existenz im Spinnsaal erst vor wenigen Jahren nachgewiesen wurde. Als weitere Begleiterscheinung muß erwähnt werden, daß die mit diesen Stoffen angereicherte Luft zu Augenerkrankungen führen kann. Hierfür ist aber wohl die Hauptursache die nebelförmige Verteilung von Schwefel-

[1] I.G. Farbenindustrie Aktiengesellschaft: DRP. 707 072; Franz. Pat. 797 779 z. Zusatzpat. 49 769.
[2] SUDA: J. Soc. Chem. Ind. (Tokyo) **43**, 193 (1940).
[3] Vereinigte Glanzstoff-Fabriken A. G.: Österr. Pat. 153 179.

säure, die aus dem Spinnbad durch die gasförmigen Reaktionsprodukte mitgerissen wird und die zu leichten, aber ziemlich schmerzhaften Verätzungen der Hornhaut des Auges führt. Die Verhütung dieser „Spinnerkrankheit" ist eine wichtige Aufgabe der Gewerbehygiene.

Was die Giftigkeit des Schwefelkohlenstoffes anbetrifft, so fand VIGLIANI[1], daß bei einem Gehalt der Luft an Schwefelwasserstoff von unter 0,15 mg im Liter auch bei Dauereinwirkung keine Schäden auftreten, bei Mengen von über 0,5 mg zeigen sich jedoch nach einigen Monaten Vergiftungserscheinungen. Nach Untersuchungen von FLURY-ZERNIK[2] führen Mengen von 0,8 mg im Liter nach $^1/_2 \cdots 1$ Std. zum Tode, während Mengen von über 1,2 mg sofort tödlich wirken.

Diese Umstände zwingen die Reyon- und Zellwollbetriebe zu einer ausreichenden Ent- und Belüftung der Spinnerei. Nach Untersuchungen von WEHRUNG[3] gehen von dem durch die Viskose in die Spinnerei eingebrachten Schwefel 27,38% als Schwefelkohlenstoff in die Spinnsaalluft, während als Schwefelwasserstoff 23,4% entweichen. Die anderen Mengen an schwefelhaltigen Körpern gehen teilweise ins Spinnbad, unter ihnen auch ein Teil des bei der Zersetzung des Xanthogenates entstehenden molekularen Schwefels, von dem der größte Teil allerdings im Gespinst verbleibt. In der Luft der Spinnbadrücklaufkanäle sowie der abgedeckten Badgruben konnte WEHRUNG einen Schwefelwasserstoffgehalt von 0,32 mg/l und einen Schwefelkohlenstoffgehalt von 0,17 mg/l ermitteln. In einer Zellwollfabrik wurden im Spinnbad-Rücklaufkanal 0,8 mg Schwefelwasserstoff je Liter, in der Spinnsaalluft 0,02 mg/l gefunden[4]; jedoch können, wie S. 473 gesagt wird, in Großbetrieben auch wesentlich höhere Konzentrationen auftreten. Es ist einleuchtend, daß infolge dieser großen Menge schädlicher Reaktionsprodukte der Luftwechsel sehr groß sein muß. Man kann für den Spinnsaal einen $12 \cdots 15$fachen stündlichen Luftwechsel rechnen. Der erforderliche Mindestluftwechsel in der Spinnerei soll 1,5 m^3 je Spinnstelle und Minute betragen. Die Bewegung dieser großen Luftmenge stellt die Betriebe vor technische und wirtschaftliche Probleme.

Die Spinnsaalluft muß unmittelbar über den Spinnmaschinen abgesaugt werden, die zu diesem Zwecke mit einer Haube versehen sind. Im Durchmesser genügend groß dimensionierte Leitungen führen die Luft von den einzelnen Spinnmaschinen zu Sammelleitungen, die die Gase aus dem Spinnsaal abführen. Leitungen und Ventilatoren müssen dem stark korrodierend wirkenden Angriff der Abluft möglichst lange Widerstand bieten. Sie werden daher zweckmäßig aus feuerverbleiten Eisenblechen oder aus Aluminium hergestellt, das durch regelmäßigen Anstrich mit geeigneten Säureschutzfarben in seiner Lebensdauer verlängert werden kann.

Dem abgesaugten Luftquantum muß eine entsprechende Menge Frischluft in den Spinnsaal eingeblasen werden. Dies geschieht gleichfalls durch dicke Leitungen, die den Spinnsaal längs durchziehen und aus denen die Frischluft aus möglichst großen Öffnungen austritt. Da diese Leitungen innen nur mit Frischluft in Berührung kommen, können sie aus verzinktem Blech hergestellt werden. Außen ist ein Schutzanstrich zweckmäßig.

---

[1] VIGLIANI: Med. d. Lavoro **37**, 165 (1946). — Siehe auch RUBIN u. ARIEFF: J. Indust. Hyg. and Toxicol. **27**, 112 (1945) und NORO: Nordisk Med. **24**, 2015 (1944).

[2] FLURY-ZERNIK: **1931**, S. 138.

[3] WEHRUNG: Chem. Apparatur **24**, 218 (1937).

[4] Unfallanzeigen in Jentgens Kunstseide u. Zellwolle **19**, 335 (1937).

Die in den Spinnsaal einzuführende Luft muß eine bestimmte Temperatur und, was noch wichtiger ist, eine bestimmte Feuchtigkeit haben. Durch in die Leitung eingebaute Kalorifere kann die Luft in den Wintermonaten erwärmt werden. Die im Sommer notwendige Kühlung kann durch Zerstäubung von Brunnenwasser in der Frischluft bewirkt werden. Hierdurch erhält die Luft im Sommer auch die erforderliche Feuchtigkeit, die man im Winter durch Einblasen von Dampf in den Spinnsaal sowie, wenn diese Maßnahme nicht ausreicht, durch häufiges Bespritzen des Fußbodens mit Wasser erhält. Man stellt die Spinnsaalluft zweckmäßig auf eine Temperatur von 23° C und eine relative Luftfeuchtigkeit von 70% ein. Diese hohe Feuchtigkeit ist notwendig, um ein zu schnelles Austrocknen der sauren Gespinste sowie ein Versalzen der Fadenführer u. dgl. zu verhüten.

In modernen Betrieben werden auch automatische Klimaanlagen entsprechend großer Dimension im Spinnsaal angetroffen.

Die für die Entlüftung zu fördernde Luftmenge kann auf ein Drittel verringert werden, wenn dafür gesorgt wird, daß die beim Spinnen entstehenden Gase sich nicht erst in der Spinnsaalluft verteilen, sondern restlos unmittelbar an der Spinnmaschine abgesaugt werden. Dies kann man dadurch erreichen, daß man die Spinnmaschinen vollkommen abkapselt. Hierzu dienen durch Holz oder Metall, das entsprechend gegen Säureeinwirkung geschützt ist, gefaßte Fenster aus Glas oder einem anderen durchsichtigen Material. Die Fenster werden sowohl als Schiebefenster mit Gegengewichten als auch als hochklappbare Fenster ausgeführt. Auch sind Fenster gebräuchlich, die lose einzeln eingehängt und während der Bedienung der Maschine seitlich oder oberhalb der Maschine aufgehängt werden können. Die beiden letzteren Lösungen haben vor den Schiebefenstern den Vorteil, daß keine Führungsleisten vorhanden sind, die die Bedienung der Maschine erschweren können.

Die Abgase des Betriebes werden in einer großen Sammelleitung vereinigt und entweder einem Schornstein oder bei in der Nähe von Städten liegenden Fabriken geeigneten Absorptionsanlagen zugeführt, worüber im folgenden Abschnitt berichtet wird.

VI. Beseitigung der Spinnerei-Abgase.

Das Freiwerden der verhältnismäßig großen Mengen Schwefelwasserstoff in den Spinnereibetrieben stellt den nach dem Viskoseverfahren arbeitenden Reyon- und Zellwollfabriken die Aufgabe, zur Beseitigung der Geruchsbelästigung der Umgebung den Schwefelwasserstoff so weitgehend wie möglich zu vernichten[1]. Dies bedeutet, daß die gesamte Abluft der Spinnerei einer Behandlung unterworfen werden muß. Berücksichtigt man, daß beispielsweise bei einem Zellwollbetrieb mit einer Erzeugungshöhe von 60 Tonnen Zellwolle täglich 7 Millionen cm^3 Luft, bei einer kombinierten Fabrik mit einer Tagesproduktion von 20 Tonnen Zellwolle und 15 Tonnen Reyon etwa 24 Millionen cm^3 Luft arbeitstäglich zu bewältigen sind, so wird die Schwierigkeit dieser Materie ohne weiteres verständlich. Es kommt hinzu, daß bei einer ausreichenden Belüftung der Spinnerei der Schwefelwasserstoff nur in einer sehr geringen Konzentration in der Luft vorliegt. So werden in der Abluft einer Zellwollfabrik höchstens 500 mg Schwefelwasserstoff je Nm^3, in einer Reyonfabrik nur höchstens 40 mg je Nm^3 gefunden. Diese geringen Konzentrationen erschweren die Luftbehandlungsverfahren noch mehr.

[1] Vgl. hierzu Phrix-Informationen, Hamburg **1950**, Heft 11, S. 10.

Aus diesen Zahlen geht hervor, daß für eine befriedigende Lösung dieses Problems recht belangreiche Anlagen erforderlich sind, die nur wirtschaftlich sein können, wenn sich dabei eine Wiedergewinnung des wertvollen Schwefels in irgendeiner verwertbaren Form erzielen läßt.

Bevor hierauf näher eingegangen wird, muß erwähnt werden, daß im allgemeinen allerdings noch Verfahren gebräuchlich sind, bei denen keine Wiedergewinnung des Schwefels erfolgt. Hierhin gehört zunächst die Arbeitsweise, den Luftwechsel in der Spinnerei so hoch wie möglich zu halten, um eine möglichst große Verdünnung herbeizuführen und die Abluft in möglichst hohe Schornsteine zu leiten. Daß diese Arbeitsweise nur bei Fabriken möglich ist, die nicht in unmittelbarer Nähe von Städten liegen, versteht sich von selbst. In einigen Betrieben ist man auch dazu übergegangen, die Spinnereiabluft als Sekundärluft in den Kesseln des Kraftwerkes zu verbrennen. Da jedoch die Menge an Sekundärluft, die eine Kesselanlage verarbeiten kann, begrenzt ist, können bei dieser Arbeitsweise im allgemeinen höchstens 40% des insgesamt anfallenden Schwefelwasserstoffs vernichtet werden; dieses Verfahren bringt daher nur eine Teillösung.

Wenn nunmehr auf die Verfahren eingegangen wird, bei denen man gleichzeitig an eine Verwertung des Schwefels in der Abluft dachte, so muß erwähnt werden, daß die ersten Bemühungen darauf gerichtet waren, den Schwefel in der Abluft mit Chlor umzusetzen. Diese Versuche haben jedoch nicht zu einen Erfolg geführt.

In größerem Umfange sind dann Verfahren zum Einsatz gekommen, bei denen die Abluft durch Berieseln mit Natronlauge gewaschen wurde. Es bildet sich hierbei Natriumsulfid, das zum Entschwefeln der Gespinste verwendet werden kann. Zur Durchführung dieses Verfahrens dienen meist säurefest ausgemauerte Türme, die mit Raschig-Ringen oder anderen geeigneten Füllkörpern gefüllt sind. Es hat sich hierbei als zweckmäßig erwiesen, die Abluft in drei Stufen zu waschen. In der ersten Stufe läßt man der Luft Wasser entgegenrieseln, wodurch der größte Teil von der Abluft mitgerissener Säurenebel entfernt wird. In der zweiten Stufe wäscht man mit Natronlauge, wobei die Umsetzung in Natriumsulfid erfolgt, und in der dritten Stufe wäscht man wieder mit Wasser.

Es ist hierbei nicht erforderlich, die einzelnen Waschvorgänge in drei getrennten Türmen vorzunehmen, vielmehr kann man auch einen entsprechend größer dimensionierten und höheren Turm verwenden, der durch geeignete Auffangflächen in drei Zonen unterteilt ist.

Dieses Verfahren hat aber gleichfalls keine voll befriedigende Lösung gebracht: Einerseits steht meistens nicht genügend Abfallauge aus der Regeneration zur Verfügung, so daß zusätzlich teure Frischlauge herangezogen werden muß, und andererseits kann nicht das gesamte Volumen an Natriumsulfidlösung bei der Entschwefelung der Gespinste verwendet werden. Man muß daher einen Teil der gewonnenen Natriumsulfidlösung mit den Abwässern ablassen. Hierdurch kann u. U. aber der Erfolg der Abluftentschwefelung in Frage gestellt werden: Es läßt sich meist nicht vermeiden, daß hierbei eine Vermischung mit sauren Abwässern aus der Spinnerei stattfindet, wodurch dann erneut Schwefelwasserstoff frei wird, der, da er in diesem Falle in Bodennähe entsteht, besonders unangenehm ist.

Man hat daher auch den Schwefelwasserstoff in geschlossenen Systemen aus den Waschwässern der Türme durch saure Abwässer in Freiheit gesetzt. Die hierbei erhaltenen schwefelwasserstoffhaltigen Gase werden dann mit einer entsprechenden Menge Zusatzluft in Claus-Öfen zu Schwefeldioxyd verbrannt, aus dem nach dem Kontaktverfahren Schwefelsäure hergestellt werden kann. Neuerdings sind auch Verfahren in Anwendung, bei denen der Schwefelwasserstoff auf dem Wege einer nassen Katalyse unmittelbar in Schwefelsäure übergeführt wird.

Ein Nachteil dieser Arbeitsweise liegt darin, daß bei einer weitgehenden Spinnbadregeneration nur eine ungenügende Menge saurer Abwässer zur Verfügung steht, wodurch zusätzlich Schwefelsäure herangezogen werden muß.

In den letzten Jahren ist es nun den *Phrix-Werken* in Zusammenarbeit mit der Firma *Gottfried Bischoff G.m.b.H.*, Essen, gelungen, ein wirtschaftlicheres Verfahren für die Entfernung des Schwefelwasserstoffs aus der Abluft der Spinnerei zu entwickeln. Das Verfahren gründet sich auf eine Arbeitsweise, die in den Kokereien zur Entfernung des Schwefelwasserstoffs aus den Abgasen gebräuchlich ist. Hierbei wird der Schwefelwasserstoff der Abgase mit Raseneisenerz umgesetzt. Chemisch stellt dieses Material Ferrihydroxyd dar, das mit einem Wassergehalt von etwa 45% in der Natur vorkommt und durch Kieselsäure, Ton, Kalk und Alkalisalze verunreinigt ist. Ein ähnlich zusammengesetzter Körper fällt als sog. Lux-Masse in der Aluminiumindustrie als Nebenprodukt ab.

Das Raseneisenerz oder die Lux-Masse werden in hohe, meist runde Türme gefüllt, die von der Abluft durchströmt werden. Es findet hierbei eine Umsetzung zu Eisensulfid statt. Man arbeitet mit einer Strömungsgeschwindigkeit von annähernd 40 cm in der Sekunde, was etwa dam 100fache der bei Kokereianlagen üblichen Strömungsgeschwindigkeit entspricht. Wenn auch bei Strömungsgeschwindigkeiten von über 40 cm noch eine restlose Adsorption stattfindet, so sind derartig hohe Luftgechwindigkeiten doch nicht zweckmäßig, da dabei ein zu starkes Austrocknen der Absorptionsmasse stattfindet. Bei der Großanlage eines großen Zellwollwerkes ergab sich nach Angaben der *Phrix-Werke* ein Wirkungsgrad von über 99% bei einer Schwefelanreicherung von im Durchschnitt 45%. Die Abluftzusammensetzung der Viskosebetriebe ist demnach für das Verfahren weit günstiger als die Zusammensetzung der Gase bei Kokereianlagen.

Die durch Umsetzung in Eisensulfid umgewandelte Absorptionsmasse wird, gegebenenfalls in mehreren Stufen, durch Behandlung mit Luftsauerstoff und Wasser wieder in Eisenhydroxyd zurückverwandelt, wobei bei richtiger Leitung des Prozesses elementarer Schwefel entsteht, der nach Extraktion mit Schwefelkohlenstoff in reiner Form ausfällt und auf Schwefelkohlenstoff weiter verarbeitet wird.

Es gelingt bei diesem Verfahren, den mit der Abluft anfallenden Schwefelwasserstoff zu fast 100% zu binden, wobei man z. B. bei einer Tagesproduktion von 60 t Zellwolle täglich etwa 3 t hochwertigen Schwefel erhält, wodurch die Betriebskosten der Anlage im wesentlichen gedeckt werden.

Die die Türme verlassende Abluft besitzt Reinheitswerte, die weit unterhalb der von den Behörden zugelassenen Höchstwerte an störenden Verunreinigungen liegen.

Die Anlagen erfordern Überwachung; insbesondere muß die Abluft von Zeit zu Zeit analysiert werden.

VII. Analyse der Spinnsaalluft.

Für den Nachweis der giftigen Stoffe in der Spinnsaalluft sind zahlreiche Methoden vorgeschlagen worden[1]. Schwefelwasserstoff läßt sich z. B. auf einfachste Weise spektrometrisch nachweisen, wie von FIELD und OLDACH[2] beschrieben wurde. Eine einfache Farbreaktion unter Verwendung von Nitroprussidnatrium-Papier wurde von SCIACCA und SOLARINO[3] angegeben. Die quantitative Untersuchung der Spinnsaalluft beschränkt sich im allgemeinen auf die Bestimmung ihres Gehaltes an Schwefelwasserstoff, schwefliger Säure und Schwefelkohlenstoff. Die Bestimmung des *Schwefelwasserstoffes* beruht auf seiner Reaktionswirkung auf Jod, gemäß der Gleichung

$$H_2S + J_2 = 2\,HJ + S.$$

Die schweflige Säure wird durch Jod zu Schwefelsäure oxydiert:

$$SO_2 + J_2 + H_2O = 2\,HJ + H_2SO_4.$$

Die Luft wird mit Hilfe eines Aspirators mit einer Geschwindigkeit von 10 Liter in der Stunde durch zwei Waschflaschen gesaugt, von denen die erste mit 50 cm^3 n/10 Jodlösung und die zweite mit 50 cm^3 n/10 Thiosulfatlösung beschickt ist. Danach werden beide Vorlagen zusammengespült und mit n/10 Jodlösung bei Gegenwart von Stärke titriert. Die verbrauchte Anzahl Kubikzentimeter n/10 Jodlösung (n), multipliziert mit 0,0016 ergeben den Gehalt der durchgesaugten Luft an Gesamtschwefel in Gramm. Die blaue Farbe der Lösung wird dann durch einen Tropfen n/10 Thiosulfatlösung zum Verschwinden gebracht. Dann wird bei Gegenwart von Methylorange mit n/10 Alkalilauge bis zum Farbumschlag titriert. Bezeichnet man die hierbei verbrauchten Kubikzentimeter mit m, so ist der Gehalt der Luft an schwefliger Säure $(m-n) \cdot 0{,}0032$ g. $(2\,n-m) \cdot 0{,}0017$ stellen den Gehalt an Schwefelwasserstoff in Gramm dar.

Nach einer anderen Methode[4] saugt man etwa 200 Liter Luft durch zwei Waschflaschen, die eine 0,5proz. ammoniakalische Lösung von Kadmiumazetat enthalten. Alsdann filtriert man den entstandenen Niederschlag ab und wäscht ihn auf dem Filter mit destilliertem Wasser sorgfältig aus. Das Filter mit dem Niederschlag wird dann mit 25 cm^3 n/10 Jodlösung und 25 cm^3 7proz. Schwefelsäure behandelt. Nach erfolgter Umsetzung titriert man die überschüssige Jodlösung mit n/10 Thiosulfatlösung zurück. 1 cm^3 n/10 verbrauchter Jodlösung entspricht 0,0017 g Schwefelwasserstoff.

Der *Schwefelkohlenstoff* kann nach folgenden Methoden ermittelt werden: 200 Liter Luft werden durch drei Waschflaschen gesaugt[5]. Die erste enthält 10proz. Natronlauge, die zweite 25proz. Schwefelsäure und die dritte 50 cm^3 alkoholische Alkalilauge. Während in den ersten beiden Waschflaschen phenolische Körper sowie Schwefelwasserstoff und Kohlendioxyd zurückgehalten werden, verbleibt der Schwefelkohlenstoff in der dritten Waschflasche. Ihr Inhalt wird mit Essigsäure neutralisiert, mit 0,5proz. alkoholischer Guajakharzlösung versetzt und mit n/100 Kupfersulfatlösung solange titriert, bis die Flüssigkeit beginnt, sich grünlich-blau

[1] Vgl. hierzu WEHRUNG: Chem. Apparatur **24**, 218 (1937). — BERL-LUNGE: Taschenbuch **1921**, 242. — [2] FIELD u. OLDACH: Ind. Engng. Chem. **18**, 665 (1946).
[3] SCIACCA u. SOLARINO: Ann. chim. appl. **30**, 246 (1940).
[4] Silk and Rayon **1034**, 472.
[5] SÉLIVOUNOF: Ann. Chim. analyt. appl. (2) **11**, 133 (1929).

anzufärben. Hierbei fällt Kupferxanthogenat aus. 1cm³ n/100 Kupfersulfatlösung entspricht 0,00076 g Schwefelkohlenstoff.

An Stelle einer Titration mit Kupfersulfatlösung kann man auch mit Jod titrieren[1]. Man versetzt dann die Lösung mit Phenolphthalein und neutralisiert mit Essigsäure. Dann stumpft man die Lösung mit Kalziumkarbonatpulver ab und titriert in Gegenwart von Stärkelösung mit n/100 Jodlösung. Hierbei bildet sich ein Dixanthogenat. 1 cm³ n/100 Jodlösung entspricht 0,00076 g Schwefelkohlenstoff.

16. Kapitel.

Die Spinnmaschinen.

Nachdem im vorhergehenden Kapitel die Vorgänge geschildert wurden, die sich bei der Fadenbildung aus der Viskose abspielen, sollen nunmehr die Maschinen beschrieben werden, auf denen die Fadenbildung vor sich geht.

Auf Grund der verschiedenen Formen der Fadenaufnahmeorgane haben wir vier Typen von Spinnmaschinen zu unterscheiden, nämlich

Walzenspinnmaschinen,
Spulenspinnmaschinen,
Zentrifugenspinnmaschinen und
Zellwollspinnmaschinen.

Allen Typen sind jedoch gewisse Elemente gemeinsam, die daher zuerst eine Beschreibung erfahren sollen. Diese sind, wenn wir vom Antrieb der Maschinen absehen,

die Pumpenwelle mit den Pumpenbrücken und Spinnpumpen,
die Filterbrücken mit den Filtern,
die Spinnstutzen mit den Verschraubungen für die Spinndüsen,
die Spinnbadwanne,
die Fadenführer sowie
der Changiermechanismus.

Als nicht unmittelbar zur Spinnmaschine gehörig sind hier noch die Spinndüsen zu nennen, die je nach der Einzelfaserzahl des zu spinnenden Fadens ausgewechselt werden müssen.

I. Die Spinnpumpen.

Die Spinnpumpen haben die Aufgabe, der Spinndüse in der Zeiteinheit eine stets gleichbleibende Menge Viskose zuzuführen. Zu jeder Spinndüse gehört eine Spinnpumpe. Bei gleicher Abzugsgeschwindigkeit nimmt je nach der geförderten Viskosemenge der gesponnene Faden eine andere Dicke an. Für die Konstanz der Fadendicke ist daher von ausschlaggebender Bedeutung, daß die geförderten Viskosemengen stets gleich sind, daher ist auf größte Präzision der Spinnpumpen Wert zu legen.

Die Spinnpumpen entnehmen die Viskose der Viskoseleitung, die vorn an der Spinnmaschine längs unterhalb der Filterbrücken angebracht ist. In diese Leitung gelangt die Viskose aus den Spinnkesseln entweder durch Druckluft oder durch eine

[1] FRAUENHOF: Kunstseide **1935**, 344.

Zahnradpumpe. Der Antrieb der Spinnpumpen erfolgt durch eine allen Pumpen einer Maschine gemeinsame Welle, die sog. Pumpenwelle. Sie wird vom Maschinenantrieb aus durch Zahnräder angetrieben. Da die Förderung der Spinnpumpen von ihrer Umdrehungsgeschwindigkeit abhängt, so muß die Pumpenwelle je nach der zu erzeugenden Fadenfeinheit mit verschiedener Drehzahl laufen. Die Drehzahl der Pumpenwelle wird durch Einbau von Wechselrädern an der Antriebsseite der Spinnmaschine oder durch stufenlos regelbare Getriebe eingestellt.

Es sind zwei Arten von Spinnpumpen in Gebrauch, nämlich Kolbenpumpen und Zahnradpumpen. Die Kolbenpumpen sind gegenüber den Zahnradpumpen aber immer mehr in den Hintergrund getreten. Die dauernde Beanspruchung wirkt sich bei einer Kolbenpumpe hinsichtlich der Abnutzung schneller aus als bei einer Zahnradpumpe, weshalb Kolbenpumpen einer intensiveren Überwachung und Kontrolle bedürfen als Zahnradpumpen, um eine vollständige Gleichmäßigkeit des spinnenden Fadens zu gewährleisten.

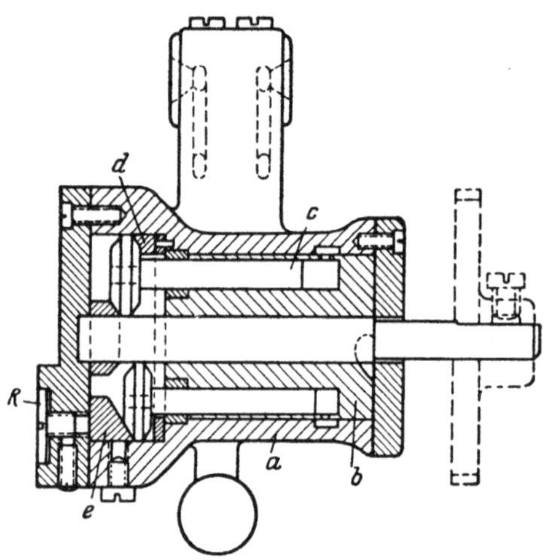

Abb. 296. Kolbenspinnpumpe.

Die Kolbenpumpen bestehen aus einem Zylinder, der in einem Gehäuse umläuft (Abb. 296). Der Zylinder enthält Bohrungen, in denen Kolben geführt werden. Diese Kolben kommen durch Federdruck gegen eine schräge Hubscheibe zur Anlage, die in ihrer Schrägstellung verstellbar ist. Bei einer Umdrehung des Zylinders gehen die Kolben, durch die Hubscheibe geführt, einmal in den Bohrungen des Zylinders hin und her. Die Hubgröße des Kolbens richtet sich nach der jeweils eingestellten Schräglage der Hubscheibe. Durch den Hin- und Hergang des Kolbens gelangen die Bohrungen des Zylinders mit dem Zuleitungsrohr und dem Ableitungsrohr für die Viskose in Verbindung. Während einer halben Zylinderumdrehung wird so Viskose angesaugt und während der anderen halben Umdrehung wird die angesaugte Viskosemenge in die Ableitung gedrückt. Die Kolbenpumpe wirkt also stoßweise. Um diese Stöße so weit als möglich auszugleichen, die zu unterschiedlichen Fadenstärken führen müssen, muß man in den Zylindern möglichst viele Bohrungen mit Kolben anbringen und durch diese entsprechend kleinere Viskosemengen fördern lassen. So hat man an Stelle von Vierkolbenpumpen auch solche mit fünf bis acht Kolben gebaut. Es leuchtet aber ein, daß die Kolbenpumpen, die nur einen kleinen Raum einnehmen können, hierdurch sehr kompliziert werden, was ihre Abnutzung beschleunigt und ihre Wartung erschwert.

Ein anderer Weg, eine stoßfreie Förderung herbeizuführen, besteht im Anbau eines Umlaufgefäßes oder eines Druckausgleichgefäßes an die Spinnpumpen. Dieses Druckausgleichgefäß, das aus Glas besteht, kommt in seiner Wirkung einem Windkessel gleich. Auch kompliziertere Apparaturen sind für den Druckausgleich in der Viskoseleitung empfohlen worden. Nach DRP. 632450[1] wird z. B. als druckaus-

[1] The Viscose Company, Penns.

gleichendes Organ eine unter Federwirkung stehende Membran verwendet (Abb. 297), die in der Ruhelage sowohl die Viskosezuführungsleitung als auch die Ableitung abschließt. Durch die unter dem Pumpendruck stehende Viskose wird die Membran gehoben und gibt so der Viskose den Weg zur Ableitung frei. Bei ansteigendem Druck hebt sich die Membran höher. Der unter ihr befindliche Raum kann dann eine größere Menge Viskose aufnehmen.

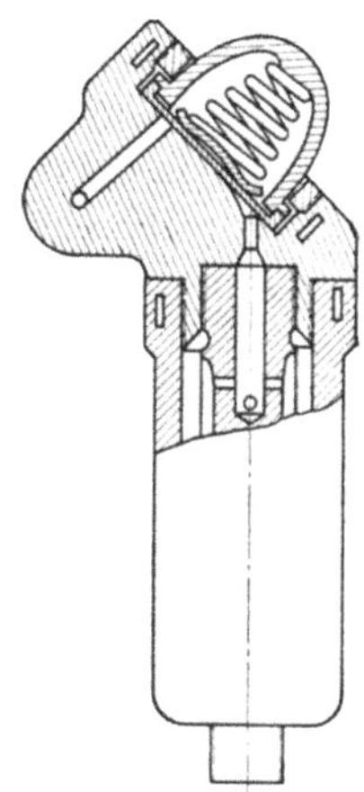

Abb. 297. Apparatur zur Herbeiführung des Druckausgleichs bei Kolbenspinnpumpen. (Nach DRP. 632450.)

Die Zahnradpumpen (Abb. 298) sind in ihrem konstruktiven Aufbau einfacher als die Kolbenpumpen, erfordern in ihrer Ausführung aber gleichfalls höchste Präzision. Sie bestehen im wesentlichen aus zwei Zahnrädern, die im Eingriff miteinander stehen und die in zwei runden Kammern laufen. Die Kammerwände schließen sich genau dem Kopfkreis der Zahnräder an, so daß zwischen Kammerwand und Zahnende kein Zwischenraum verbleibt. Die runden Kammern gehen dort, wo sie zusammentreffen, in eine rechte und eine linke größere Kammer über, von denen die eine mit der Zu- und die andere mit der Ableitung für die Viskose in Verbindung steht. Das obere Zahnrad wird durch eine Achse über ein Zahnrad an der Pumpenwelle angetrieben, während das untere Zahnrad der Pumpe von dem angetriebenen oberen Zahnrad mitgenommen wird. Wird nun das obere Zahnrad nach links gedreht, so entsteht in der rechten Kammer ein Vakuum, wodurch Viskose angesaugt wird. Diese wird durch die kleinen Räume, die zwischen den Zahnlücken und der Kammerwand vorhanden sind, mitgenommen und auf diese Weise in die linke Kammer und von dort in die Ableitung gedrückt. Bei der Zahnradpumpe findet somit eine gleichmäßige Viskoseförderung statt.

Die Befestigung der Spinnpumpen an der Spinnmaschine erfolgt durch die sog. Pumpenbrücken, die die Spinnpumpen in Gelenken halten, so daß jede Spinnpumpe einzeln mit dem Zahnrad der Pumpenwelle in Eingriff gebracht oder stillgesetzt werden kann.

Abb. 298. Zahnradspinnpumpe der Fa. Textima, Chemnitz.

Da jede Spinnstelle einen Faden von vollkommen gleicher Dicke liefern muß, so muß jede Spinnpumpe bei einer bestimmten Umdrehungszahl eine genau gleiche Menge Viskose fördern. Hinsichtlich der Abmessungen der Einzelteile einer Spinnpumpe wird daher höchste Präzision verlangt. Die Spinnpumpen werden deshalb auch vor dem Einbau in die Maschinen einer genauen Kontrolle hinsichtlich ihrer Förderleistung unterworfen. Dies geschieht auf dem Pumpenprüfstand. Hier werden die Spinnpumpen ausprobiert, wobei man sie ein Zylinderöl von niedriger Viskosität fördern läßt. Die nach einer bestimmten Umdrehungszahl geförderte Ölmenge wird gemessen, und zwar wird das Öl einmal ohne und einmal mit einem Gegendruck gefördert, wodurch erkannt werden kann, ob alle Pumpenteile dicht miteinander schließen.

Trotz größter Präzision zeigen die Pumpen in ihrer Förderleistung gewisse Schwankungen. Sie werden daher in Gruppen von bestimmten, geringen Toleranzen sortiert, um später gruppenweise in die Spinnmaschinen eingebaut zu werden. Auf diese Weise kann man die einzelnen Spinnmaschinen durch Anpassung der Getriebe der Pumpenwelle an die Förderleistung der Spinnpumpen auf gleiche Fadenstärke einstellen. Um dies organisatorisch zu ermöglichen, ist jede Spinnpumpe numeriert und in einem Verzeichnis erfaßt. Das für die Kontrolle verwendete Öl verbleibt zunächst in der Pumpe, um Korrosion zu verhüten, und wird erst nach dem Einbau in die Spinnmaschine durch Viskose verdrängt. Dies hat sehr sorgfältig zu erfolgen. Trotzdem kommt es hin und wieder vor, daß nach Pumpenwechsel noch etwas Öl in die Viskose gelangt. Dies führt zu einer matten Stelle oder zu einem hohlen, mit Öl angefüllten Einzelfaden und tritt auch noch in der fertig verarbeiteten Ware als Fehlerstelle in Erscheinung.

Nach dem Verdrängen des Öles aus der Spinnpumpe durch Viskose wird die Filterkerze (s. weiter unten) angeschraubt. Dann verbindet man den Spinnstutzen (s. weiter unten) mit der Filterkerze und läßt das System sich mit Viskose füllen. Vor dem Anspinnen der Maschine wird nun nochmals die richtige Förderleistung der Pumpe für die Erzeugung der gewünschten Fadenstärke kontrolliert („Pumpentarierung“, S. 428 bereits beschrieben).

In neuester Zeit wird von der Mode hin und wieder ein Faden verlangt, der unterschiedliche Dicke besitzt. Er soll eine Imitation des sog. Honan- oder Shantungfadens darstellen. Bei diesem Effektfaden kommt es also darauf an, den Titer möglichst unregelmäßig zu halten. Verdickungen am Reyonfaden sind nun entweder dadurch zu erhalten, daß man die Spinnpumpe plötzlich für eine kurze Zeit eine größere Viskosemenge fördern läßt oder daß man den spinnenden Faden ungleichförmig ausstreckt. Will man die Verdickung dadurch erzeugen, daß man die Pumpe in verschiedenen Zeitabständen größere Mengen Viskose fördern läßt, so muß man also die Pumpenwelle verschieden schnell umlaufen lassen. Man kann aber auch so vorgehen, daß man unmittelbar hinter der Spinnpumpe in die Viskoseleitung eine kleine Kolbenpumpe zusätzlich einbaut. Durch das Eindrücken des Kolbens entsteht ein höherer Druck in der Viskose und hierdurch eine erhöhte Austrittsgeschwindigkeit, mithin eine größere geförderte Viskosemenge. So einfach diese Forderung an sich klingt, so schwierig ist sie in der Praxis durchzuführen. Einerseits muß die Schwankung recht groß sein, damit sie in der fertigen Ware für das Auge genügend deutlich ist, und andererseits müssen die Schwankungen vollkommen unregelmäßig vor sich gehen. Die Dickenänderungen dürfen mit anderen Worten nicht periodisch im Faden wiederkehren. Infolgedessen ist jeder Antrieb durch eine einfache Nockenscheibe oder ein Exzenter unmöglich, da hierdurch stets die Schwankungen periodisch werden. Durch ein Nebeneinanderliegen der Verdickungen bilden sich stets rautenförmige Musterungen in der Fertigware. Man muß daher für den Pumpenwellenantrieb oder für den Antrieb der zusätzlichen Pumpenplunger kompliziert gebaute, sog. Störungsgetriebe verwenden.

II. Die Filter.

Auf dem Wege zwischen Spinnpumpe und Düse läßt man die Viskose noch zweimal ein Filter passieren, wobei das letzte allerdings nur in einem feinen Batistläppchen besteht, das unmittelbar der Düse vorgeschaltet wird. Die Filter sind an sog. Filterbrücken befestigt. Es werden fast durchweg Kerzenfilter verwendet (Abb. 299). Die Filterkerzen sind mit zahlreichen Querrillen sowie mit Längsrillen versehen. Die Viskose tritt durch eine Bohrung von innen in die Kerze ein und verteilt sich in den Rillen. Die Kerze ist mit einem Filterbelag umwickelt. Dieser besteht aus drei Schichten: Zunächst kommt ein Batisttuch, dann eine dünne Watteschicht und zuletzt wieder ein Batisttuch. Dieser Filterbelag wird mit einer Schnur um die Kerze gewickelt. Die Viskose dringt, verteilt durch die Längs- und Querrillen der Kerze, unter dem Druck der Spinnpumpe durch den Filterbelag hindurch und gelangt in einen Hohlraum, der von der Filterkerze und dem Gehäuse des Filters gebildet wird. Von dort gelangt sie in den Spinnstutzen, der sie der Düse zuführt.

Es gibt auch Kerzenfilter, die umgekehrt arbeiten. Bei diesen läßt man die Viskose aus der Leitung zunächst in das Filtergehäuse eintreten und sie das Filter durch die Kerze verlassen.

Die Kerzenfilter bestehen aus Hartgummi, werden aber vielfach auch aus Kunststoffen hergestellt, die gegenüber dem Alkali der Viskose beständig sind.

Die *Algemeene Kunstzijde Unie N. V.*, Arnheim, hat sich unter DRP. 606463 eine etwas andere Art eines Kerzenfilters schützen lassen. Nach der Patentschrift wirkt das Filter als Adhäsionsfilter. Hierbei wird der Viskose auf einem möglichst langen und verästelten Wege Gelegenheit gegeben, die von ihr mitgeführten Verunreinigungen durch Sedimentation an den Filterstoff abzugeben. Die Kerze ist als Nadel ausgebildet, die in einen mit Watteringen o. dgl. ausgefüllten Einsatz eingestochen ist.

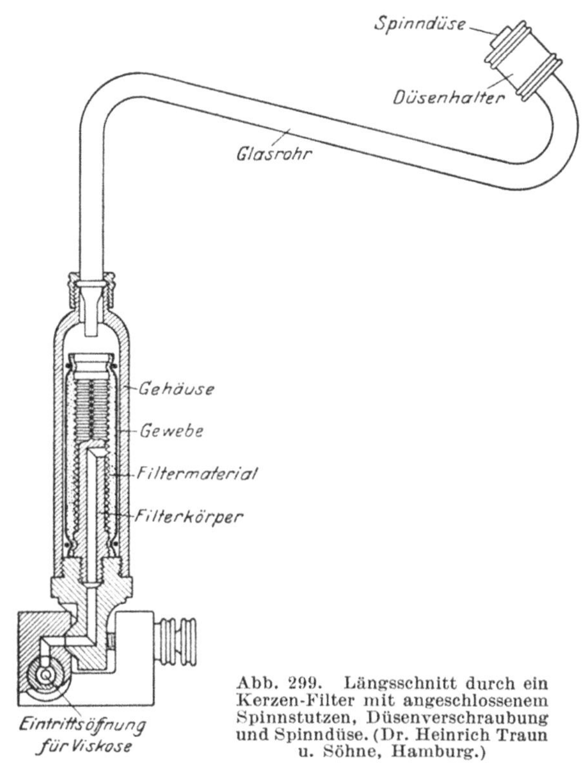

Abb. 299. Längsschnitt durch ein Kerzen-Filter mit angeschlossenem Spinnstutzen, Düsenverschraubung und Spinndüse. (Dr. Heinrich Traun u. Söhne, Hamburg.)

Die Filterbeläge müssen periodisch ausgewechselt werden. Dies ist ziemlich lästig und zeitraubend, weshalb man verschiedentlich versucht hat, die mit Stoff umwickelten Filterkerzen durch andere Apparaturen zu ersetzen. So hat man z. B. versucht, an Stelle der mit Stoff bewickelten Kerzen solche aus porösem Ton zu verwenden, die zum Zwecke der Reinigung nur mit Wasser durchgespült und dann ausgeglüht zu werden brauchen. Es ist aber nichts darüber bekannt geworden, ob diese Einrichtung sich in der Praxis als zweckmäßig erwiesen hat. Dagegen hat sich ein von der *Société Lyonnaise de Textiles*, Lyon, gebautes Filter als brauchbar erwiesen (Abb. 300[1]). Das Lyoner Filter besteht im wesentlichen aus zwei zylindrischen

[1] DRP. 650819.

Scheiben, in der konzentrische, ringförmige Kanäle angebracht sind. Die Viskose gelangt von unten durch eine Bohrung in die untere zylindrische Scheibe und verteilt sich dort in den Ringkanälen durch radial angeordnete Kanäle, die von der mittleren Bohrung ausgehen. Die obere zylindrische Scheibe ist von der gleichen Konstruktion. Zwischen die beiden Scheiben wird

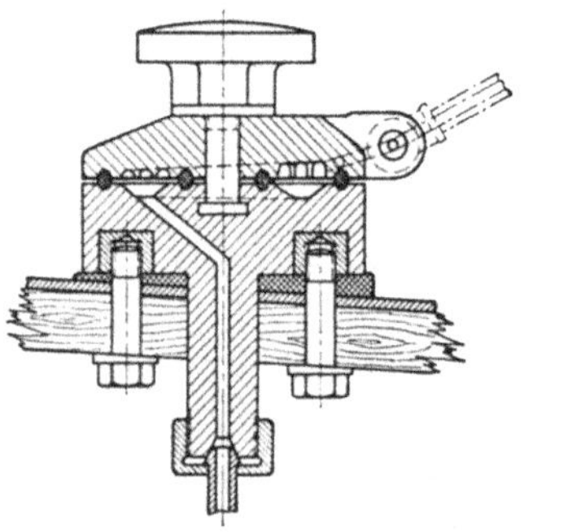

Abb. 300. Filter nach DRP. 650819.

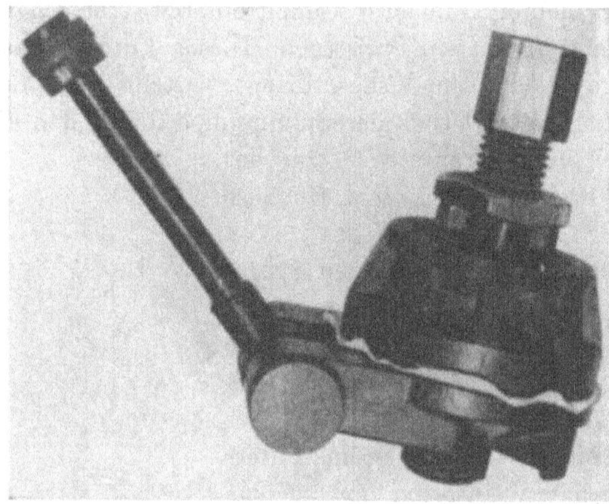

Abb. 301. Filter der Fa. Ing. A. Maurer S. A., Bern.

der Filterbelag gespannt, der bei dieser Bauart eine ebene Fläche darstellt. Es leuchtet ein, daß das Auswechseln der Filterbeläge bei dieser Apparatur wesentlich leichter und schneller vonstatten geht als bei dem eben beschriebenen Kerzenfilter, das zum Zwecke der Reinigung ausgebaut und in einem besonderen Raum vollkommen auseinandergenommen werden muß. Bei dem Lyoner Filter braucht lediglich die obere Scheibe abgenommen zu werden. Das Auswechseln des Belages findet hier an der Spinnmaschine statt. Vor dem Kerzenfilter hat diese Bauart den weiteren Vorzug, daß das Filter leicht zu entlüften ist. Abb. 301 zeigt das Äußere dieses Filters, das von der Firma *Ing. A. Maurer S. A.*, Bern, gebaut wurde.

In Abb. 302 ist die Anordnung der Pumpenwelle, der Zahnradspinnpumpe, der Filterbrücke sowie eines Kerzenfilters wiedergegeben.

Abb. 302. Anordnung der Pumpenwelle, der Zahnradspinnpumpe, des Kerzenfilters und des Spinnstutzens an einer Spinnmaschine der Fa. H. W. Butterworth a. Sons, Philadelphia.

III. Die Spinnstutzen.

Nach dem Verlassen des Filters gelangt die Viskose in die Spinnstutzen. Hierunter sind Rohre aus Glas oder Kunststoff zu verstehen, die die Viskose in die Spinnbadwanne führen und die am anderen

Ende die Verschraubung für die Spinndüsen tragen. Sie haben charakteristische Formen, die der Spinnbadwanne angepaßt sind (s. Abb. 299 auf Seite 481).

IV. Die Düsenverschraubung.

Der Spinnstutzen endet in einem nach außen umgebörtelten Rand (Abb. 303). Über diesen wird ein Dichtungsring aus Gummi gelegt, der den Rand mit dem inneren Teil der Verschraubung abschließt. Der äußere Teil der Verschraubung besitzt eine Aussparung, in die die Düse genau hineinpaßt. Zwischen dem äußeren Teil der Verschraubung und dem umgebogenen Rand der Düse befindet sich wieder ein Gummiring. Über diesen und den Hohlraum über der Düse spannt man ein feines, rundes, ausgestanztes Batistläppchen, das als letztes Viskosefilter wirkt und durch einen dritten Gummiring gegen den Spinnstutzen gehalten wird. An Stelle des Batistläppchens wird neuerdings von der Firma *Eilfeld* in Gröbzig ein dünnes Blech empfohlen, das Bohrungen enthält, die kleiner als die Düsenlöcher sind.

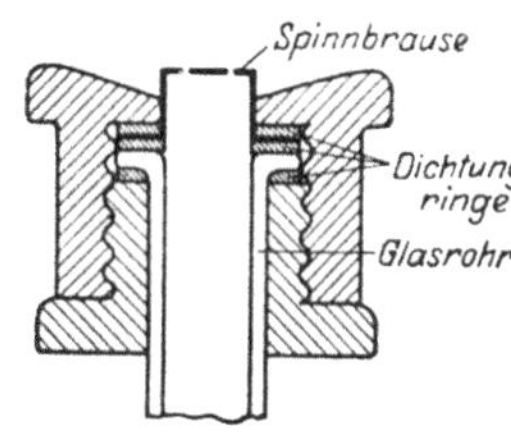

Abb. 303. Düsenverschraubung mit Spinndüse. (Dr. Heinrich Traun u. Söhne, Hamburg.)

Es wird im Betrieb eine große Anzahl Düsenverschraubungen vorrätig gehalten. Die für den Betrieb benötigten Düsen werden stets mit der Verschraubung, zweckmäßig in Zellophan verpackt, an den Spinner abgegeben.

V. Die Spinnbadwanne.

Die Spinnbadwanne stellt einen langen Trog dar, der in der Längsrichtung in die Spinnmaschine eingebaut ist. Sie dient zur Aufnahme des Spinnbades. Der Querschnitt des Troges ist meist ein Rechteck, die vordere Wand kann aber auch schräg sein. Man unterscheidet eine ,,tiefe Wanne" und eine ,,flache Wanne", je nachdem, ob die Höhe des Rechteckes größer ist als die Bodenbreite oder die Höhe des Rechteckes geringer ist als die Bodenbreite der Wanne. Die Abb. 304 erläutert diese verschiedenen Formen näher.

Die Spinnbadwanne ist meistens aus Brettern zusammengefügt und mit Bleiblech ausgekleidet. Sie wird vielfach aber auch aus Eisenblech hergestellt, das das Bleiblech trägt. Neuerdings sind auch Spinnbadwannen aus Kunststoff in Gebrauch.

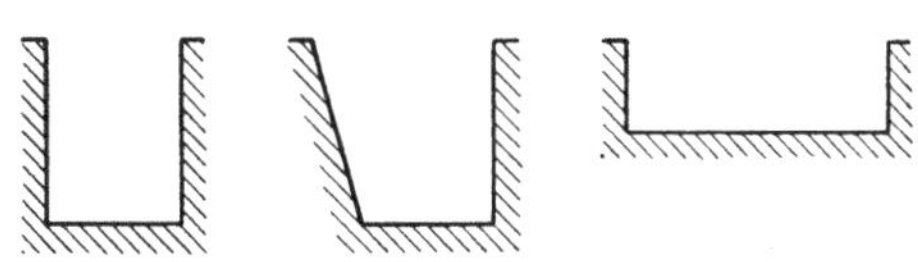
Abb. 304. Gebräuchliche Formen für Spinnbadwannen.

Die Anwendung einer tiefen oder einer flachen Wanne richtet sich danach, welche Länge des Fadens beim Spinnen im Bad verbleiben soll. Die tiefe Wanne wendet man dann an, wenn die Badstrecke verhältnismäßig kurz sein soll. Der Faden wird dann nach dem Austritt aus der Düse senkrecht nach oben abgezogen und verbleibt so nur kurze Zeit im Spinnbad. Man wendet die tiefe Wanne jedoch auch an, wenn nach Streckspinnverfahren gearbeitet werden soll, bei denen der Faden, durch besondere Führungsröllchen geführt, längere Zeit im Spinnbad verbleiben soll. Die flache Wanne bietet die Möglichkeit, den spinnenden Faden etwas länger im Spinnbad zu belassen, als dies bei senkrechtem Abzug aus tiefer Wanne möglich ist. In diesem Falle wird der Faden nahezu waagerecht aus der Düse abgezogen. Es ist dann aber der Einbau von Fadenführern erforderlich, durch die er senkrecht nach oben aus der Wanne herausgeleitet wird. Diese Fadenführer können Röllchen oder gebogene Stäbe sein. Die ersteren bezeichnet man mit „Badröllchen", die letzteren mit „Badhaken". Eine weitere Vergrößerung der Badstrecke kann bei der flachen Wanne dadurch herbeigeführt werden, daß man den Faden schräg durch die Wanne führt. Bei diesem Spinnschema ist es empfehlenswert, schon beim Bau der Spinnmaschine dieses zu berücksichtigen, und zwar dadurch, daß man die Wanne und die Zuführungsorgane für die Viskose an der einen Seite der Spinnmaschine über ihr seitliches Profil herausragen läßt, da man sonst an der Seite der Maschine eine oder zwei Spinnstellen verliert. Die Abb. 305 soll die Fadenführungsmöglichkeiten im Spinnbad näher erläutern.

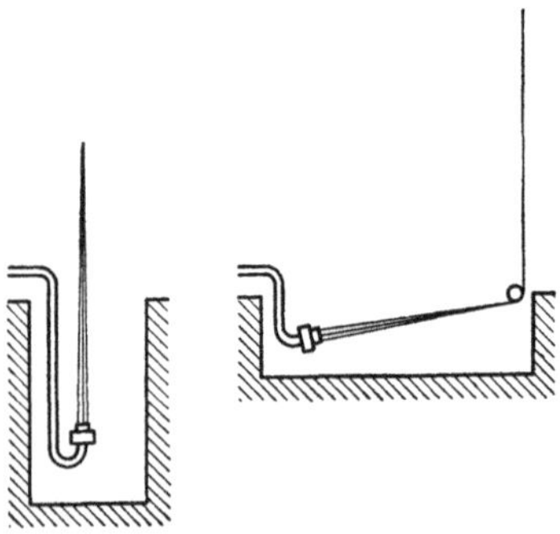

Abb. 305. Spinnen aus tiefer und aus flacher Wanne.

Da das Spinnbad durch die aus den Spinndüsen austretende Viskose ständig chemisch verändert wird, muß der Spinnbadwanne stetig frisches Spinnbad zugeführt werden, während das gebrauchte Bad ununterbrochen abfließt. Man läßt das frische Spinnbad meist an beiden Seiten der Wanne zufließen. Das Bad wird der Wanne durch ein von oben kommendes Rohr zugeführt. Um jeder Spinnstelle das Spinnbad unter genau gleichen Bedingungen zuzuführen, empfiehlt das DRP. 618960 von WURTZ, die Zuführungsleitung in die Spinnbadwanne einzulegen und sie an jeder Spinnstelle mit einer Bohrung zu versehen, aus der das Spinnbad austritt.

Der Abfluß des Bades aus der Wanne erfolgt durch in genau gleicher Höhe angebrachte flache Überläufe an der rückwärtigen Wand der Wanne. Über die Überläufe fließt das Bad in eine Rinne, durch die es einer Rohrleitung oder einem Kanal zugeführt wird.

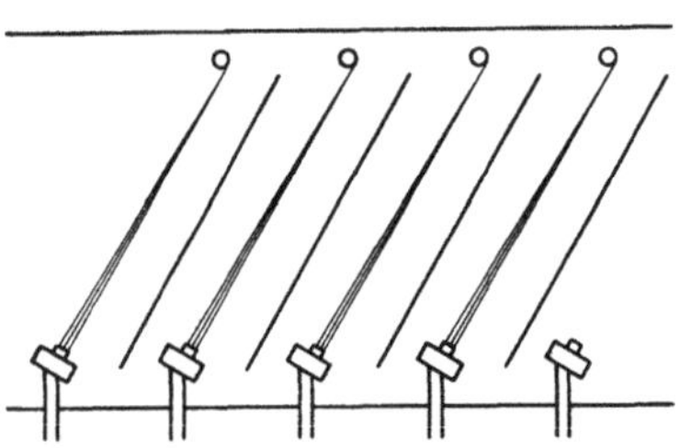

Abb. 306. Separatoren im Spinnbad bei schrägem Spinnen aus flacher Wanne.

Vorn an der Maschine zwischen Spinnbadwanne und Filterbrücken ist noch eine Längsrinne angebracht, durch die ständig frisches Wasser fließt. Dies dient zum sofortigen Abspülen der Hände der Spinner, wenn diese mit Spinnbad oder saurem Gespinst in Berührung gekommen sind. Ferner dient diese Rinne zum Auffangen und Abschwemmen von Viskose aus hochgezogenen Spinnstutzen, wenn diese infolge Abreißens eines Fadens aus der Spinnbadwanne herausgehoben werden müssen.

Zufluß und Abfluß des Spinnbades sind so zu regeln, daß in der Wanne keine Flüssigkeitswirbel entstehen können, sondern daß ein vollkommen ruhiges Fließen des Bades gewährleistst ist. Dies geschieht beim Spinnbadzulauf durch Anbringung von Prallflächen u. dgl. Wirbelnde Badströmung bringt eine Verzerrung des frischen, noch plastischen Fadens mit sich. Die hierdurch hervorgerufene ungleichmäßige Koagulation kann sich noch im fertigen Faden in ungünstigem Sinne auswirken. Auf wirbelfreie Strömung ist besonders bei der flachen Wanne zu achten, da das fließende Spinnbad hier seitlich auf eine verhältnismäßig große Fadenlänge auftrifft. Man kann diese Einwirkung dadurch abschwächen, daß man schmale Streifen aus Blei, Kunststoff oder Glas als Separatoren zwischen die einzelnen Spinnstellen legt (Abb. 306). Die Anbringung der Separatoren hat darüber hinaus den Vorteil, daß beim Reißen einzelner Fädchen diese nicht durch das fließende Bad an den spinnenden Faden der benachbarten Spinnstelle angeschwemmt und von diesem mitgenommen werden können, wodurch ein zu grober Titer entstehen würde.

Die Firma *Textima*, Chemnitz[1], empfiehlt, das Spinnbad im Gegenstrom zur Fadenrichtung fließen zu lassen. Es soll sich dies günstig auf die Koagulation auswirken.

VI. Die Fadenführer.

Der frische, im Spinnbad entstehende Faden wird den Aufnahmeorganen durch Fadenführer zugeleitet. Es sind feststehende und sich bewegende Fadenfüher zu unterscheiden. Die letzteren haben die Aufgabe, den spinnenden Faden unmittelbar auf bzw. in die Aufnahmeorgane zu legen, sie sind infolgedessen mit dem im nächsten Abschnitt zu beschreibenden Changiermechanismus verbunden, während die feststehenden Fadenführer unmittelbar an der Spinnmaschine befestigt sind.

Während die mit dem Changiermechanismus in Verbindung stehenden Fadenführer fast durchweg aus in geeigneter Weise gebogenen Glasstäben bestehen, sind für die feststehenden Fadenführer verschiedenartige Materialien in Gebrauch. An die Festigkeit des Fadenführermaterials werden hohe Ansprüche gestellt. Da der Faden bei den feststehenden Fadenführern ständig über die gleiche Stelle läuft, teilweise auch unter einer ziemlichen Spannung steht, so kommt es bei Material von nicht ausreichender Härte zu einem Einschneiden des Fadenführers, wodurch nicht nur die Bremswirkung gegenüber dem Faden erhöht wird, sondern auch Einzelfädchen überdehnt werden und schließlich reißen können. Ferner muß die Forderung erhoben werden, daß der Faden so wenig wie möglich durch das Fadenführermaterial gebremst wird.

Durch eingeschnittene oder zu stark bremsende Fadenführer entstehen, wenn es noch nicht zum Bruch von Einzelfäden kommt, die sog. Ösen am Faden. Diese Erscheinung ist dadurch gekennzeichnet, daß einzelne Einzelfädchen seitlich vom Gesamtfaden über eine mehr oder weniger lange Strecke abstehen und so mit dem restlichen Gesamtfaden eine Öse bilden. Bei der Weiterverarbeitung reißen diese Einzelfädchen und bilden Flusen.

Entsprechend der höheren Bremsung, die diese Einzelfädchen erfahren haben, besitzen sie höhere Reißfestigkeit bei geringeren Dehnbarkeitswerten, was zum Nachweis dieser Erscheinung dienen kann.

Es sei eingeschaltet, daß die gleiche Erscheinung auftritt, wenn Fadenführer durch auskristallisiertes Spinnbad versalzen.

Besondere Ansprüche werden an die Härte des Fadenführermaterials gestellt, wenn titanhaltige Viskose versponnen wird.

Bei den feststehenden Fadenführern verwendet man daher zweckmäßig an Stelle von Glas hartgebrannten Ton mit einer besonderen Glasur. Besonders bewährt haben sich Fadenfüher aus Sinterkorund der Firma *Degussa*, Frankfurt a. M. Be-

[1] DRP.-Anm. H 158229.

sondere Fadenführer, hauptsächlich für Zellwolle, wurden von der Firma *Oscar Kohorn* & *Co.*, *Ltd.*, New York, entwickelt; sie sind in Abb. 307 dargestellt.

Bei den feststehenden Fadenführern handelt es sich zunächst um solche, die beim Spinnen aus tiefer Wanne den spinnenden Faden aus der Spinnbadwanne herausführen. Sie haben hier die Form eines Hakens und werden zweckmäßig ganz oder teilweise unter die Badoberfläche gelegt, damit sie nicht versalzen können. An Stelle der Badhaken sind auch Badröllchen in Gebrauch. Sie bestehen aus Kunststoff, haben aber den Nachteil, daß sie leicht mit verschiedener Bremsung laufen, wenn die Achse zum Versalzen neigt. Auch Badröllchen werden daher zweckmäßig unter die Badoberfläche gelegt.

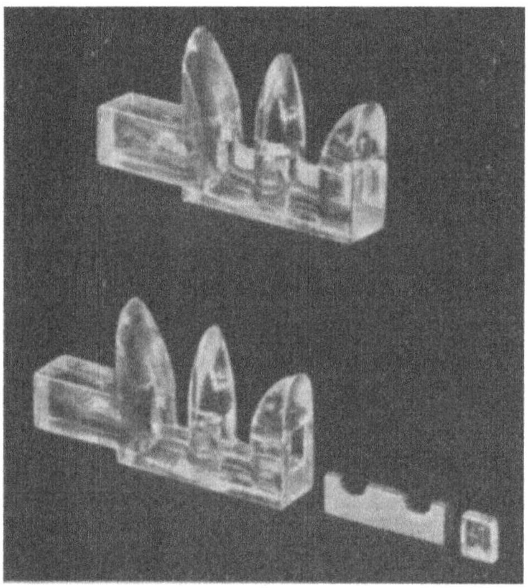

Abb. 307. Fadenführer der Fa. Oscar Kohorn & Co., Ltd., New York.

Weitere feststehende Fadenführer werden benötigt, um schräg ankommende Fäden auf Galetten zu führen. Sie sind dann etwas unterhalb der Galetten angebracht und bestehen meist aus geraden Stäben.

Schließlich werden feststehende Fadenführer als Bremsstäbe verwendet, zumeist unmittelbar unter den Galetten.

Stabförmige, kurze Fadenführer werden auch bei Zellwollspinnmaschinen benötigt, um die von den Düsen kommenden Fadenbündel zu sammeln und von der Spinnmaschine fortzuführen, während man für den Weitertransport der dicken Zellwollkabel zu den Nachbehandlungsmaschinen U-förmig gebogene oder ganz geschlossene große Ösen aus Hartporzellan verwendet.

Aus dem Vorhergesagten geht hervor, daß die Fadenführer im Betrieb einer ständigen Überwachung und Kontrolle bedürfen. Nicht mehr ganz einwandfreie Fadenführer sind sofort durch neue zu ersetzen.

VII. Der Changiermechanismus.

Dem Changiermechanismus kommt die Aufgabe zu, den im Fällbad entstehenden Faden so auf bzw. in die Fadenaufnahmeorgane zu führen, daß sich das gesammelte Gespinst einwandfrei nachbehandeln und abzwirnen bzw. abspulen läßt. Durch den Changiermechanismus werden also die Fadenführer bewegt, die den Faden unmittelbar auf die Walze oder die Spule auflegen bzw. die den Faden in die Spinnzentrifuge leiten.

Bei den Walzen und den Spulen ist im Prinzip durch den Changiermechanismus eine hin- und hergehende Bewegung des Fadenführers längs der Walze oder Spule auszuführen. Die Wegstrecke, die der Fadenführer zwischen seinen Umkehrpunkten zurücklegt, bezeichnet man mit „Hub". Entsprechend hat man unter einem „Doppelhub" die Wegstrecke zu verstehen, die der Fadenführer zurückgelegt hat, wenn er wieder zu seinem Ausgangspunkt zurückgelangt ist.

Beim Zentrifugenspinnverfahren hat der Fadenführer eine auf- und abgehende Bewegung auszuführen.

Wickelt man einen durch diese Art der Changierung erhaltenen Spulkörper ab, so kommt man zu dem in Abb. 308 wiedergegebenen Schaubild für die Fadenabwicklung.

Durch die hin- und hergehende Bewegung des Fadenführers wird, da sich der Spulkörper dreht, der Faden in Kreuzwicklung auf die Fadenaufnahmeorgane gelegt, d. h. jeder Faden kreuzt die Fäden der darunterliegenden Fadenlage. Dieser Gespinstaufbau ist nötig, um das Auswaschen zu ermöglichen. Würde man den Faden nahezu parallel wickeln, was bei sehr langsamer Changierung der Fall ist, so würde das Gespinst einen festen, für die Behandlungsflüssigkeiten undurchdringlichen Filz bilden. Da man aus wirtschaftlichen und qualitativen Gründen bestrebt sein muß, die Waschzeiten so kurz wie möglich zu halten, so leuchtet ein, daß ein ganz bestimmtes, optimales Kreuzungsverhältnis gewählt werden muß. Es wäre aber falsch, infolgedessen eine möglichst starke Kreuzung zu wählen: Einerseits erhält das Gespinst hierdurch zu viele wabenförmig angeordnete, durchgehende Kanäle, die dem Wasser zu wenig Widerstand entgegensetzen und hierdurch das Eindringen des Wassers in die Gespinstteile selbst verhindern, und andererseits würde dies eine so schnelle Changierbewegung voraussetzen, daß der empfindliche Faden an den Umkehrpunkten der Changierung einer zu großen Anzahl von Stößen ausgesetzt wäre. Überdies führt eine zu schnelle Changierung zu einem vorzeitigen Verschleiß des Changiermechanismus. Es hat sich im allgemeinen als richtig erwiesen, auf 1 m Fadenabzug 1 Doppelhub einzustellen[1]. Bei einer Spinnspule von 90 mm Durchmesser sind dies etwa 3,4···2,8 Umdrehungen der Spule pro 1 Doppelhub. Hierdurch entsteht ein Kreuzungswinkel von etwa 27°. Bei hohen Abzugsgeschwindigkeiten ist dieses Verhältnis aber schwer zu erreichen.

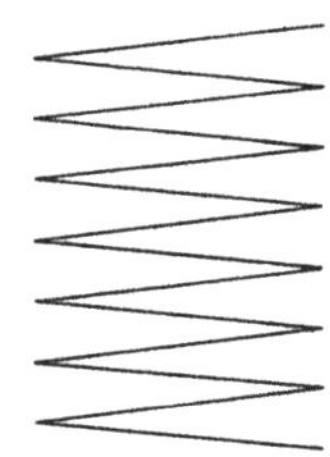

Abb. 308. Fadenabwicklung bei einfacher, hin- und hergehender Changierung

Die geschilderte Changierbewegung reicht aber nicht zu einem vollkommen einwandfreien Gespinstaufbau aus. Sie ist daher nur als Hauptbewegung aufzufassen. Im allgemeinen sind für den Gespinstaufbau noch zwei Zusatzbewegungen erforderlich. Eine bloß hin- und hergehende Bewegung führt theoretisch zu einem zylindrischen Aufbau des Gespinstes mit senkrechten Stirnflächen. Es ist aber zu bedenken, daß zwischen dem Fadenführer und dem Auflaufpunkt des Fadens auf die Walze oder Spule eine freie Fadenstrecke liegt und daß der Faden der Changierbewegung etwas nachläuft. Hierdurch kommen die einzelnen Umkehrpunkte des Fadens nicht genau übereinander zu liegen. Es rutschen infolgedessen an der Stirnseite des Gespinstes Fadenlagen ab, wodurch eine konische Stirnfläche von großem Steigungswinkel entsteht. Das Übereinanderlegen von Fadenlagen nach der Mitte des Gespinstes zu bewirkt an der Stelle, an der der konische Teil in den zylindrischen übergeht, die Ausbildung eines Wulstes. Man muß daher den Fadenführer so nahe wie möglich an das Aufwickelorgan heranbringen oder sich besonderer Vorrichtungen zur Vermeidung des Nacheilens bedienen, wie sie beispielsweise im DRP. 718244 der *Barmer Maschinenfabrik A.G.* beschrieben sind.

[1] JÄGER: Kunstseide **13**, 372 (1932).

Ohne diese Sondereinrichtungen gewickelte Spulen sind schwer abzuzwirnen: Einzelne Fadenstellen bleiben beim Ablauf auf der Zwirnmaschine an den scharfen Kanten der Zylinderfläche hängen und reißen infolgedessen ab. Auch kann es dazu kommen, daß beim Senkrechtstellen der getrockneten Spulen Fadenlagen nach unten abschlagen und sich auf diese Weise gleichfalls unter der Kante der Spule verfangen. Die Wulstbildung wirkt sich insofern nachteilig aus, als die dickeren Gespinstteile eine längere Waschzeit benötigen als die übrigen. Nimmt man hierauf nicht genügend Rücksicht, so bleiben Spinnbadreste in den Wülsten zurück, die zu morschen Stellen sowie zu Stellen mit anderer Anfärbbarkeit im Faden führen. Man baut daher das Gespinst so auf, daß die Stirnflächen flach konisch werden. Dies wird erreicht durch allmähliche Verkürzung des Hubes („Hubminderung“). Wickelt man einen durch Hubminderung erhaltenen Fadenwickel ab, so erhält man das in Abb. 309 dargestellte Schaubild. Es ist klar, daß bei dieser Art des Gespinstaufbaues etwa über den Umkehrpunkt hinaus verschobene Fadenteile beim Abziehen nicht hängen bleiben können, so daß die Zwirnerei störungslos vonstatten geht.

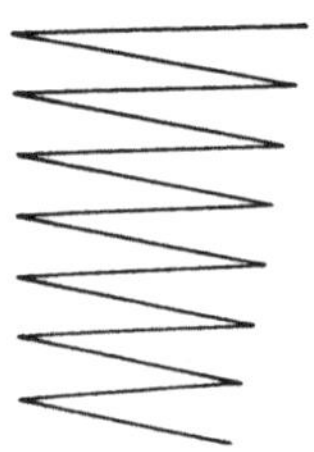

Abb. 309. Fadenabwicklung bei Hubminderung.

Aber auch die Hubminderung ist nicht in der Lage, die Wulstbildung zu vermeiden. Weiter ist es auch bei dieser Zusatzbewegung noch möglich, daß der Faden an den Seiten über die Umkehrpunkte hinausläuft. Das bedeutet, daß der Faden dann auf eine weniger dick bewickelte Schicht gelangt und hier mit vermindertem Abzug aufgewickelt wird, was zu Titer- und Farbabweichungen führt. Um diese Fehler zu vermeiden, ist bei der Changierung noch eine zweite Zusatzbewegung erforderlich. Diese besteht in der Hubverlagerung. Hierunter ist eine geringe Verschiebung der hin- und hergehenden Hauptbewegung der Changierung nach links und rechts längs der Spule zu verstehen. Die Wirkung der Hubverlagerung geht aus der Abb. 310 hervor, die die Abwicklung eines unter Hubverlagerung hergestellten Wickels zeigt. Die Hubverlagerung ist dadurch gekennzeichnet, daß die Hilfsbewegung im allgemeinen bis zu 20mal langsamer verläuft als die Hauptbewegung[1].

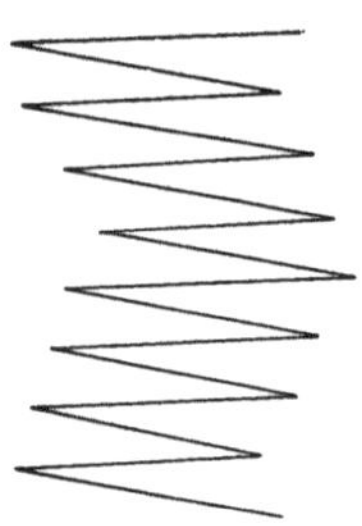

Abb. 310. Fadenabwicklung bei Hubminderung und Hubverlagerung (schematisch).

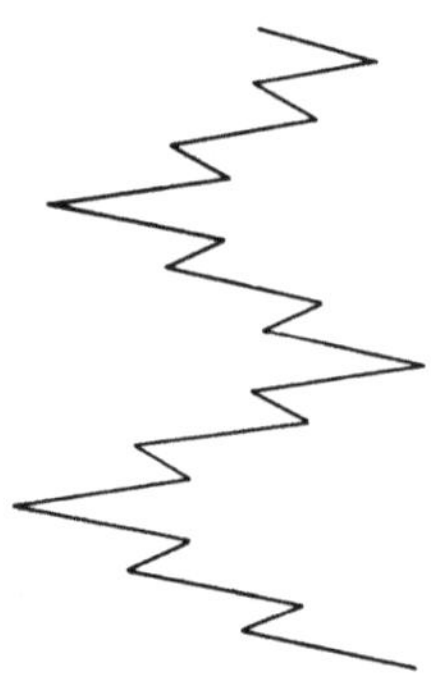

Abb. 311. Fadenabwicklung bei Pilgerschrittchangierung (schematisch).

Eine andere Art einer brauchbaren Fadenverlegung ist die sog. „Pilgerschrittchangierung“. Ihr Kennzeichen besteht darin, daß die gleichmäßig fortschreitende Hauptbewegung nach einem Stück Weg unterbrochen wird, worauf die Hilfsbewegung ein kleines Stück Weg in entgegengesetzter Richtung zurücklegt. Ihr Abwicklungsbild ist in Abb. 311 schematisch wiedergegeben. Die Hilfsbewegung bewirkt bei der Pilgerschrittchangierung etwa 4···20mal so viel Hübe wie die Hauptbewegung.

Die geschilderten Haupt- und Hilfsbewegungen sind so aufeinander abzustimmen, daß eine Wickelform entsteht, wie sie beispielsweise in Abb. 312 wiedergegeben ist.

[1] Vgl hierzu die DRP.-Anm. 77769A der Algemeene Kunstzijde Unie N. V.

Bezüglich des Steigungswinkels der konischen Stirnflächen ist noch zu sagen, daß er weder zu flach noch zu steil sein darf. Ein zu flacher Steigungswinkel läßt das Gespinst an den Stirnflächen zu dünn. Beim Saug- oder Druckwaschverfahren (siehe 17. Kapitel) bietet die Stirnfläche dann den Behandlungsflüssigleiten keinen ausreichenden Widerstand, wodurch die zylindrischen Teile des Wickels wieder zu wenig Waschwasser bekommen. Man kann sich in diesem Falle aber dadurch helfen, daß man Spinnspulen verwendet, deren Randlöcher einen etwas kleineren Durchmesser haben. Ein zu steiler Steigungswinkel kann demgegenüber zu denselben Schwierigkeiten führen, die Gespinste mit senkrechten Stirnflächen verursachen.

Die für den einwandfreien Gespinstaufbau erforderliche Hubverkürzung setzt der Spinndauer eine Grenze: Die durch die Hubverkürzung nicht mehr übersponnenen Fadenlagen an den konischen Flächen der Spule werden durch den frischen Faden nicht mehr mit Spinnbad angefeuchtet, sie trocknen daher allmählich an. Hierdurch findet in diesen Teilen des Gespinstes eine Anreicherung von Säure und Salz statt, wodurch diese Gespinstteile eine abweichende Anfärbung annehmen. Man kann daher über eine bestimmte Spinndauer nicht hinausgehen.

Abb. 312. Besponnene Spinnspule.

Für die Erzeugung dieser komplizierten Changierbewegungen werden Haupt- und Zusatzexzenter verwendet. Die Hubverkürzung kann auch durch kippbare Exzenter herbeigeführt werden[1]. Die durchgeführten Konstruktionen sind äußerst zahlreich, so daß auf konstruktive Einzelheiten hier nicht näher eingegangen werden kann.

Aus dem vorher Gesagten geht hinreichend hervor, wie schwierig die Einstellung der Changierbewegungen für die Erzeugung eines brauchbaren Gespinstaufbaues ist. Für die Einstellung dieses Mechanismus ist aber noch etwas anderes zu berücksichtigen: Der spinnende Faden erhält an den Umkehrpunkten der Changierung am Fadenführer einen Stoß und Knick. Hierdurch wird nicht nur der Titer an diesen Fadenstellen geändert, sondern auch die Anfärbung. Dies würde in Anbetracht der Kürze der betroffenen Fadenstellen nichts ausmachen. Die Gefahr liegt aber darin, daß diese Abweichungen gemäß den Changierbewegungen periodisch auftreten. Fällt nun bei der Weiterverarbeitung des Reyons diese Periode annähernd mit einer Periode der Verarbeitungsmachinen zusammen, so findet eine Addition der Abweichungen statt und der Fehler tritt in der unangenehmsten Weise in die Erscheinung. In der Fertigware erscheinen auf diese Weise Ringel oder Rauten. Da die Changierperioden verhältnismäßig kleine Fadenlängen umfassen, so sind für das Auftreten von Fehlern insbesondere solche Waren prädestiniert, bei denen die Periode durch die Verarbeitungsmachine ebenfalls klein ist. Dies gilt insbesondere für Strümpfe.

Der spinnende Faden erleidet aber nicht nur an den Fadenführern einen Stoß, sondern dieser durch die Umkehrung der Changierung erfolgte Stoß überträgt sich durch Schwingung bis an die Düse. Auch unmittelbar hinter der Düse nimmt der Faden bei der Umkehrung der Changierung auf eine kurze Strecke eine abweichende

[1] Wie z. B. nach DRP. 654671 der *Barmer Maschinenfabrik A. G.*

Eigenschaft an. Es kann nun vorkommen, daß die Zahl der Changierhübe zufällig so eingestellt ist, daß dieselbe Fadenstelle, die an der Düsenöffnung den Stoß erhalten hat, einen zweiten Stoß am Fadenführer erleidet. In diesem Falle wirkt sich die periodisch wiederkehrende Farbabweichung besonders kraß aus.

Der Einfluß der Changierung auf Anfärbung und Titer ist daher von der Reyonfabrik vor der Ausbildung eines neuen Spinnschemas genau zu studieren. Auf die Möglichkeit hierzu wird im 24. Kapitel näher eingegangen.

Die geschilderten Changierbewegungen kommen für das Spulenspinnverfahren in Frage, während man beim Walzenspinnverfahren auf die Hubverlagerung verzichten kann. Beim Zentrifugenverfahren ist, da der Kuchen zylindrische Stirnflächen erhalten soll, theoretisch nur die hin- und hergehende Hauptbewegung von Bedeutung, doch kann es hierbei leicht zu sog. Spiegelwicklung kommen. Diese ist dadurch gekennzeichnet, daß mehr oder weniger breite Bänder annähernd parallel liegender Fäden am Kuchen entstehen, was zu Ablaufschwierigkeiten führen kann. Die Spiegelwicklung kann auch hier durch Zusatzbewegungen, und zwar in erster Linie durch Hubverlagerung, vermieden werden. Nach dem DRP. 627015 der *Vereinigte Glanzstoff-Fabriken A.G.* vermeidet man die Spiegelwicklung dadurch, daß man die Geschwindigkeit des Fadenführers gleichförmig beschleunigt oder verlangsamt.

Auf einfachere Weise wird die Spiegelwicklung nach DRP. 650767 der *Algemeene Kunstzijde Unie N. V.* vermieden. Hiernach wird das untere Trichterende nicht glatt, sondern bogenförmig ausgebildet („Warzentrichter"). Die Fadenlegung wird hierdurch wellenförmig.

Von HAMEL[1] ist vorgeschlagen worden, auch bei den Zentrifugenspinnmaschinen die Pilgerschrittchangierung anzuwenden.

Eine gefürchtete Erscheinung sind sog. krause Spinnkuchen. Sie besitzen an den Rändern mehr oder weniger stark gekräuselte, wellenförmige Fadenlagen und ergeben infolgedessen Ablaufhemmungen. Sie entstehen zunächst dann, wenn die Umkehr der Changierung nicht vollkommen stoßfrei erfolgt. Stöße verleihen dem Faden eine Zitterbewegung, die zu einer wellenförmigen Ablage des Fadens führt. Ferner entstehen krause Kuchen dann, wenn die Reibung des Fadens im Spinntrichter so groß ist, daß beim Aufwärtsgang des Spinntrichters kleine Fadenteile den Trichter nicht verlassen und beim Abwärtsgang ausgestoßen werden. Dies kann besonders leicht vorkommen, wenn der Spinntrichter nicht ganz zentrisch im Spinntopf steht. Nach Beobachtungen der *Phrix-Werke A.G.* kann man dieser Erscheinung dadurch entgegenwirken, daß man den Trichterausgang mattiert. Es werden dann am Trichterausgang kleine Flüssigkeitsmengen zurückgehalten, wodurch er gleitender wird[2].

Bei Stapelfaserspinnmaschinen ist keine Changierung erforderlich.

VIII. Die Spinnmaschinentypen.

a) Walzenspinnmaschinen.

Bei diesem Maschinentyp dient als Fadenaufnahmeorgan eine Walze. Sie besteht normalerweise aus Glas und hat die in Abb. 313 wiedergegebene Form. Das Walzenspinnverfahren ist allerdings fast überall aufgegeben worden. Wenn auch mit einem

[1] DRP. 604914 und 612052. — [2] DRP.-Anm. P 80098.

erheblichen Verlust an Glaswalzen durch Bruch zu rechnen ist, so hat das Walzenverfahren doch auch Vorzüge: Infolge des großen Durchmessers der Walze gegenüber den Spinnspulen kann sie eine verhältnismäßig große Menge Gespinst aufnehmen, das von einer hohen Gleichmäßigkeit ist. Das nach dem Walzenspinnverfahren hergestellte Reyon ist in erster Linie für die Weberei geeignet. Das Material ist verhältnismäßig kernig, was von der Weberei bevorzugt wird. Besonders gut hat sich auch Walzenreyon bei Cordzwirnen verhalten.

Abb. 313. Form der Glaswalze.

Der Antrieb der Walzen erfolgt durch Friktion durch vier kleine, sich drehende Zylinder, auf denen die Walze ruht (Abb. 314).

Anfänglich hat man auf jede Walze das Gespinst von drei nebeneinanderliegenden Spinnstellen aufgewickelt („Dreigespinst"), später ließ man sie nur noch zwei Gespinste nebeneinander aufnehmen („Zweigespinst"), wodurch man die Gespinste entsprechend breiter auf die Walze auflaufen lassen konnte. Dies hat zwei Vorteile: Einerseits wird hierdurch die Anzahl der Hin- und Hergänge pro Meter Faden geringer und andererseits wird das auflaufende Gespinst nicht so dick. Es läßt sich dadurch schneller säurefrei waschen, ferner erfährt der spinnende Faden durch die Zunahme des Durchmessers der von dem Gespinst umgebenen Walze keine in so starkem Maße zunehmende Streckung, daß sie als Fehler im fertigen Faden in die Erscheinung tritt. Auf diese Zusammenhänge kommen wir beim Spulenspinnverfahren noch näher zurück.

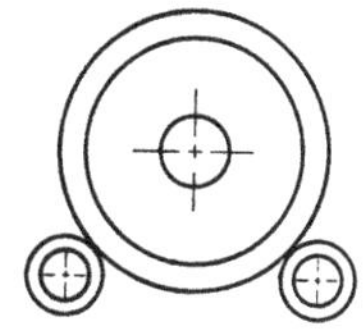

Abb. 314. Antrieb der Glaswalze.

Das Auswaschen der Spinnbadreste aus dem auf der Walze aufliegenden Gespinst kann wesentlich dadurch beschleunigt werden, daß man die Oberfläche der Walze nicht glatt macht, wie dies früher allgemein der Fall war, sondern daß man ihr eine waffelartige Oberfläche verleiht, die durch rautenförmige Einkerbungen gebildet ist. Erfahrungsgemäß benötigt ein auf einer solchen Walze aufliegendes Gespinst eine erheblich kürzere Waschzeit. Ein weiterer Vorteil der gewaffelten Walze ist der, daß das Reyon fast bis zum Ende abgespult werden kann, während die letzten auf der glatten Walze aufliegenden Fadenlagen verworfen werden müssen, da sie sich schlecht anfärben.

Die *Vereinigte Glanzstoff-Fabriken A.G.* hat das alte Walzenverfahren zu einem zweckmäßigen, modernen Verfahren weiterentwickeln können. Der Durchmesser der Walze wurde stark vergrößert, wodurch die sog. „große Walze" entstand. Diese große Walze wird nicht mehr aus Glas, sondern aus bakelitisiertem Aluminiumblech hergestellt. Die große Walze ist in der Lage, beispielsweise beim Titer von 120 Denier zwei etwas über 700 g schwere Gespinste nebeneinander aufzunehmen, die von hochwertiger Beschaffenheit sind. Die Bedeutung dieses Verfahrens geht ohne weiteres daraus hervor, daß es bei Spinnspulen nur durch einen sehr geschickten und komplizierten Gespinstaufbau gelingt, an die 200 g heranzukommen. Aus 2 Gespinsten von der großen Walze läßt sich z. B. eine konische Kreuzspule von etwa 1400 g Gewicht herstellen, die nur einen einzigen Knoten zu enthalten braucht. Die große Walze ist unter den Gespinstlagen perforiert, so daß sie nach dem Druckwaschverfahren (s. 17. Kapitel) gewaschen werden kann.

Die Changierung erfolgt mit geringer Hubminderung durch eine Changierstange, die über die ganze Maschinenlänge vor den Walzen etwas unterhalb von ihnen hin- und hergeht und die vor den einzelnen Gespinsten die Fadenführer trägt.

b) Spulenspinnmaschinen.

Beim Spulenspinnverfahren dient als Fadenaufnahmeorgan die sog. Spinnspule, auch Spinnhülse genannt (Abb. 315).

Der Wunsch nach größeren Fadenlängen hat auch bei der Spinnspule dazu geführt, daß man den Durchmesser allmählich größer gewählt hat. Ursprünglich be-

Abb. 315. Spinnspulen der Deutschen Waffen- u. Munitionsfabriken A. G., Karlsruhe.

trug der Durchmesser 70 mm, man ist dann auf 90 mm gegangen. Vielfach werden heute Spulen von einem Durchmesser von 120 oder 125 mm angewandt. Auch die Länge der Spule und somit die Breite des Gespinstes ist von etwa 140 auf etwa 220 mm erhöht worden. Die Spinnspule kann aber nicht beliebig vergrößert werden, da ihren Abmessungen sowie ihrer durch das Gespinst erhaltenen Schwere durch die Zwirnmaschinen Schranken gesetzt sind. Eine zu schwere Spule ergibt eine zu starke Beanspruchung der Zwirnspindeln sowie einen zu hohen Kraftbedarf der Zwirnmaschinen. Außerdem ist es eine alte Erfahrungstatsache, daß man nicht beliebig lang ohne Spulenwechsel spinnen kann, da man sonst durch die lange Einwirkung der Spinnbadsäure auf das frische Gespinst eine Schädigung des Fadens erhält.

Während die Achse der Walzen mit der Längsrichtung der Spinnmaschinen zusammenfällt, werden die Spulen senkrecht zur Spinnmaschine auf fliegenden Achsen angebracht. Diese Achsen tragen an ihrem aus der Wand der Spinnmaschine herausragenden Ende den sog. Spulenhalter, durch den die Spule festgehalten wird. An den Spulenhalter werden hohe Ansprüche gestellt: Er soll einerseits die Spulen so festhalten, daß sie vollkommen gerade sitzen und nicht schlagen. Andererseits soll sich die Spule aber durch leichten Zug von dem Halter entfernen lassen, wenn sie voll besponnen ist. Eine schlagende Spule führt zu einem unregelmäßigen Abzug und so zu einem unregelmäßigen Faden. Um diesen Bedingungen zu genügen, sind zahlreiche Konstruktionen von Spulenhaltern am Markt. Es würde zu weit führen, diese im einzelnen zu besprechen. Die große Zahl der auf Spulenhalter genommenen Patente deutet auf die Schwierigkeit dieser Materie hin.

Die Spulenhalter haben hinten einen Anschlag, bis an den die Spule über den Halter geschoben werden muß. Dies ist äußerst wichtig bei Spulen, die perforiert sind und die im Druck- oder Saugverfahren gewaschen werden sollen. Sitzt die Spule nicht fest am Anschlag, so kann es vorkommen, daß die letzte Lochreihe nicht vollkommen übersponnen wird. Dies hat zur Folge, daß die Waschwässer, dem Weg des kleinsten Widerstandes folgend, ausschließlich durch diese offenen Löcher gehen und das Gespinst selbst ungewaschen lassen.

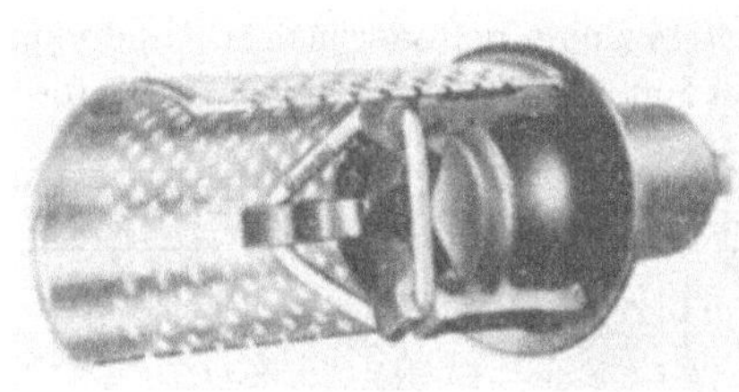

Abb. 316. Spulenhalter der Fa. Textima, Chemnitz.

Abb. 316 zeigt eine Spulenhalterkonstruktion der Firma *Textima*, Chemnitz.

Die besponnene Spule wird durch besonders gebaute Zangen, die das Spulenende von innen erfassen, von dem Spulenhalter abgezogen, damit das Gespinst nicht verletzt wird.

Als Werkstoff wird auch für die Spulen bakelitisiertes Aluminiumblech verwendet. Sie besitzen einen nach außen umgebörtelten Rand, der sie vor Deformation schützt. Der umgebörtelte Rand hat beim Druckwaschverfahren Nachteile, auf die wir noch zu sprechen kommen.

Wird die Spule durch Berieseln gewaschen (s. 17. Kapitel), so wendet man zweckmäßig keine perforierten, sondern sog. „Riffelspulen“ an, da diese sich schneller waschen lassen (Abb. 317). Man soll die Riffelspulen aber nach einer gewissen Waschzeit etwas drehen: Der durch die Riffelung entstandene Kanal, der sich gerade unten befindet, hält verhältnismäßig lange saure Flüssigkeit fest. In dem aufgespulten Faden können hierdurch periodisch wiederkehrende Stellen entstehen, die geringere Festigkeitswerte aufweisen sowie sich mit substantiven Farbstoffen schwächer anfärben.

Abb. 317. Riffelspule der Fa. Deutsche Waffen- u. Munitionsfabriken A. G., Karlsruhe.

Spulenspinnmaschinen sind durchweg zweiseitig gebaut. Bei den älteren Konstruktionen sind für jede Spinnstelle zwei fliegende Achsen mit Spulenhaltern angebracht, von denen sich die eine nach rechts und die andere nach links dreht. Es ist jeweils entweder die rechtsdrehende oder die linksdrehende in Betrieb. Diese Anordnung ist getroffen, um beim Spulenwechsel kein Gespinst zu verlieren. Man besteckt zunächst die eine Gruppe der Spulenhalter mit Spulen und legt den zwischen den beiden Spulen hochgeführten Faden auf die sich drehende Spule. Während diese spinnt, besteckt man die Spulenhalter der anderen Gruppe mit leeren Spulen. Kurz vor dem erforderlichen Spulenwechsel setzt man die mit leeren Spulen besteckten Achsen in Bewegung. Dann nimmt man mit einem Glasstab den spinnenden Faden ab und legt ihn auf die leere Spule auf. Nunmehr werden die vollen Spulen stillgesetzt und abgezogen. Auf diese Weise wird ein vollkommen kontinuierliches Spinnen erreicht. Modernere Spinnmaschinen betätigen das Ingangsetzen der einen Gruppe und das Stillsetzen der anderen vollkommen automatisch nach genau an der Maschine einstellbaren Zeiten.

Man hat auch Spulenspinnmaschinen gebaut, bei denen die Übertragung des spinnenden Fadens von der vollen auf die leere Spule vollständig automatisch erfolgt. Dies sind die sog. „Wendemaschinen". Die Spulenachsen sind hierbei an runden scheibenförmigen Spulenträgern angebracht. Die zu jeder Spinnstelle gehörigen zwei Spulen stehen während des Spinnens senkrecht übereinander. Die untere Spule befindet sich in Umdrehung, während die obere während des Spinnens der unteren Spule stillsteht. Soll nun nach einer an der Maschine eingestellten Zeit der automatische Wechsel erfolgen, so dreht sich die Scheibe mit den beiden Spulen um 180°. Hierbei wird gleichzeitig die leere Spule in Umdrehung versetzt und die volle stillgesetzt. Wie dies im einzelnen vor sich geht, soll die Abb. 318 näher erläutern:

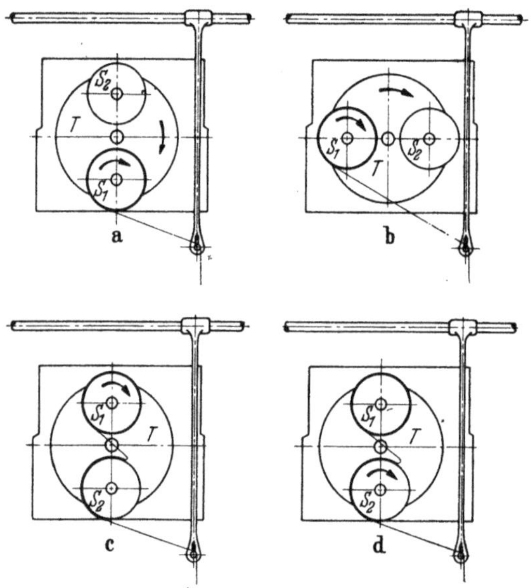

Abb. 318. Automatischer Spulenwechsel (nach einer Konstruktion der Fa. Textima, Chemnitz).

In *a* ist ersichtlich, wie der Faden auf die Spule *S* 1 aufgewickelt wird. In *b* ist dargestellt, welche Stellung die Spulen haben, wenn die Drehung des runden Spulenträgers *T* 90° beträgt. Der vom Fadenführer kommende Faden ist stark gespannt. Bei *c* ist die leere und nunmehr sich drehende Spule *S* 2 unten angelangt. Sie hat den gesponnenen Faden abgeschlagen und wickelt ihn auf. *d* zeigt endlich, wie die volle Spule *S* 1 oben angekommen ist und wie nunmehr die Spule *S* 2 spinnt. Die volle Spule *S* 1 steht oben angekommen still und kann durch eine neue, leere ersetzt werden, worauf das Spiel von neuem beginnt[1].

Es muß jedoch erwähnt werden, daß Wendemaschinen kaum noch verwendet werden. Der komplizierte Antrieb nimmt an der Maschine viel Platz weg, der bei modernen Spinnverfahren für den Einbau von Streckwerken u. dgl. benötigt wird.

Ein Nachteil der bisher beschriebenen Spulenanordnung ist der, daß die Spinnstellen verhältnismäßig weit auseinander angebracht sein müssen, da für jede Spinnstelle zwei Spulen angeordnet sind. Die Leistung einer Spinnerei kann auf das Doppelte gesteigert werden, wenn alle Spinnspulen der Maschine ausgenutzt werden. Es werden daher heute Maschinen gebaut, bei denen alle Spinnspulen gleichzeitig in Betrieb sind. Dies macht natürlich auch den Einbau der doppelten Anzahl Spinnpumpen, Filter, Stutzen und Düsen erforderlich. Bei geschickter Organisation des Spulenwechsels ist auch bei dieser Anordnung ein kontinuierliches Spinnen ohne weiteres möglich. Hierbei hat es sich als zweckmäßig erwiesen, oberhalb der

[1] Eine etwas andere Konstruktion ist im DRP. 633379 der Snia Viscosa beschrieben.

Spinnspulen oder neben ihnen nach gewissen Gruppen Reservespulen einzubauen, durch die man die Fäden während des Spulenwechsels sammeln läßt.

Beim Spulenspinnverfahren muß noch auf eine Eigenart eingegangen werden: Der Durchmesser des abziehenden Spulkörpers wird mit zunehmender Spinndauer immer größer, da er mit der Dicke des Gespinstes gleichmäßig zunimmt. Dies bedeutet, daß auch die Abzugsgeschwindigkeit ständig größer wird. Die Folge davon ist, daß der Faden mit zunehmender Spinndauer zu einem immer feineren Titer ausgestreckt wird. Je stärker nun aber ein Faden gestreckt wird, um so heller färbt er sich an. Dies besagt also, daß mit zunehmender Spinndauer auch ein immer heller anfärbender Faden erhalten wird. Die Fertigware wird auf diese Weise streifig.

Abb. 319. Kegelriemengetriebe an der Spulenspinnmaschine TT 17 B der Fa. Textima, Chemnitz

Um diesen Fehler zu beheben, ist es erforderlich, die sich drehende Spule mit zunehmender Spinndauer allmählich langsamer umlaufen zu lassen. Die die Spulenachse antreibende Welle wird daher von der Pumpenwelle aus über ein Kegelriemengetriebe (Konoid) angetrieben (Abb. 319). Durch eine Schneckenspindel wird der Riemen mit zunehmender Spinndauer allmählich auf den kegelförmigen Riementrommeln vorgeschoben. Hierdurch wird die Umlaufgeschwindigkeit der Spulenachsen allmählich gleichförmig verlangsamt.

Die Fortschaltungsgeschwindigkeit des Riemens kann durch Wechselräder leicht und beliebig verändert werden. Eine Gefahrenquelle bildet die Möglichkeit des Schlupfes des Riemens auf den Trommeln, wodurch Titerschwankungen im Reyonfaden entstehen. Es ist zur Vermeidung des Schlupfes zweckmäßig, die Durchmesser der konischen Trommeln möglichst klein zu wählen, damit eine hohe Riemengeschwindigkeit erzielt wird. Außerdem sind Riemenspannrollen anzubringen.

Beim Spulenwechsel wird der Riemen durch Betätigung eines Handrades, bei einigen Maschinenkonstruktionen auch automatisch, in seine Ausgangsstellung zurückgeschaltet.

Die immer weitergehende Forderung nach vollkommener Gleichmäßigkeit des Fadens hat dazu geführt, den Konoidenantrieb durch solche Getriebe zu ersetzen, die vollständig zwangsläufig arbeiten, und bei denen infolgedessen ein Schlupf unmöglich ist. Die weiteste Verbreitung haben in der Chemiefaserindustrie die sog. P.I.V.-Regelgetriebe der Firma *Werner Reimers K.G.* in Bad Homburg v. d. H. gefunden. Das P.I.V.-Regelgetriebe enthält zwei parallel gelagerte Wellen, die je ein Kegelpaar tragen (Abb. 320). Die beiden Kegelpaare werden von einer endlosen Kette umschlungen. Die Kette setzt sich dabei in die von den Kegelpaaren gebildeten Keilrillen und überträgt die Kraft von der mit gleichbleibender Drehzahl laufenden Antriebswelle auf die regelbare Abtriebswelle. Bei einer Drehzahländerung werden die beiden Kegelpaare durch Regelgestänge axial auf den Wellen verschoben, und zwar so, daß die Verkleinerung des Abstandes zwischen den Kegeln des einen Paares einer Abstandsvergrößerung zwischen den Kegeln des anderen Paares entspricht. Durch diese zwangsläufige Veränderung der Kegelabstände stellt sich die Kette auf die verschiedensten Laufkreisdurchmesser ein[1].

Abb. 320. Stufenlos regelbares P.I.V.-Getriebe der Fa. Werner Reimers K. G., Bad Homburg v. d. H.

Abb. 321 zeigt den Einbau eines P.I.V.-Getriebes an Stelle eines Konoides in eine Spulenspinnmaschine. Der Antrieb der Antriebswelle des Getriebes ist durch Zahnräder mit der Pumpenwelle gekoppelt, während die Abtriebswelle ihre Drehung durch eine Kette auf die Welle überträgt, die die Spulenachsen antreibt. Das Regelgestänge, das die Drehzahl der Abtriebswelle variiert,

Abb. 321. In eine Spulenspinnmaschine eingebautes P.I.V.-Getriebe.

[1] Näheres siehe in der Schrift: „Die P. I. V.-Regelgetriebe", Werner Reimers K. G., Homburg v. d. H.

wird durch die Antriebswelle gesteuert. Hierbei besteht die Möglichkeit, die Drehzahländerung in weiten Grenzen schwanken zu lassen.

Will man den Antrieb über ein Konoid oder ein Regelgetriebe umgehen, so kann man die Spulenwelle auch durch einen Drehstrom-Nebenschluß-Motor antreiben, bei dem die Bürstenbrücke zwangsläufig in Abhängigkeit von der Spulenfüllung vorgeschoben und somit die Drehzahl verringert wird. Zu diesem Zwecke wird an den Motor ein sog. Spinnregler angebaut[1].

Bei modernen Spulenspinnmaschinen läßt man den Faden vor dem Auflauf auf die Spule über zwei Galetten laufen, um die Möglichkeit zu haben, den Faden verstrecken zu können. Bei diesen Maschinen wird der Titerausgleich durch Geschwindigkeitsregulierung über ein stufenlos regelbares Getriebe der oberen Galette herbeigeführt.

Die richtige Einstellung der Größe der Konoidierung bzw. der Drehzahländerung des Regelgetriebes für das Spinnen ist schwierig. Sie muß für jede Spulengröße und für jedes Gespinstgewicht empirisch ermittelt werden. Die Schwierigkeit der richtigen Einstellung liegt darin, daß sich, wie schon erwähnt, mit zunehmender Spinndauer nicht nur der Titer verfeinert, sondern daß sich der gesponnene Faden infolge der erhöhten Streckung mit zunehmender Spinndauer auch heller anfärbt. Beide Abweichungen verlaufen aber nicht symbat. Stellt man den Antrieb auf Titerkonstanz ein, so sind die färberischen Unterschiede zwischen dem Anfang und dem Ende des Gespinstes nicht immer vollkommen beseitigt. Stellt man den Antrieb auf gleichmäßige Färbung ein, so stimmt der Titer meist nicht vollständig. Es hat sich als zweckmäß erwiesen, etwas zu unterkonoidieren. In diesem Falle treten Farbabweichungen kaum in die Erscheinung und die Titerdifferenzen sind nicht mehr so groß, daß sie im Gewebe oder Gewirk für das Auge sichtbar werden.

Was die Changierung anbetrifft, so wendet man beim Spulenspinnverfahren als Zusatzbewegung Hubminderung mit Hubverlagerung oder mit Pilgerschrittchangierung an.

Bezüglich des Changiermechanismus ist die Schubchangierung und die Pendelchangierung in Gebrauch. Hierunter ist die Art der Bewegung für die Fadenführer, die den Faden der Spule zuleiten, zu verstehen.

Bei der Schubchangierung werden die Fadenführer durch Schubstangen neben der Spule hin- und hergeführt. Zur Vereinfachung des Antriebes bringt man meist die Fadenführer von 4···6 Spinnspulen an einem gemeinsamen Balken an, den man durch Schubstangen bewegt; sie liegen waagerecht in geeigneten Lagern. Die Hin- und Herbewegung wird durch Exzenter herbeigeführt, die an einer über die ganze Spinnmaschine hingehenden Welle angebracht sind. Die Führungsstangen liegen durch Röllchen am Umfang des Exzenters an und werden durch Federkraft gegen diesen gedrückt. Bei den doppelseitigen Maschinen betätigt derselbe Exzenter die Führungsstangen der Changierbalken der Vorder- und Rückseite der Maschine. Da bei den Umkehrpunkten des Exzenters Stöße nicht vermeidlich sind, die das anliegende Röllchen etwas vom Exzenter fortschleudern können, wodurch an den Umkehrpunkten der Fadenführer Unregelmäßigkeiten im Gespinstaufbau entstehen können, kann man die Röllchen auch in einer geschlossenen Nut der Exzenterscheibe laufen lassen.

---

[1] Oertel: Textilwirtschaft **1936**, 52.

Einen noch exakteren Gespinstaufbau erhält man, wenn man die Changierung jeder einzelnen Spinnstelle durch ein besonderes, in einem Ölkasten laufendes Getriebe bewirkt.

Die Schubchangierung arbeitet ruhig und ist nur geringer Abnutzung unterworfen. Sie hat dem gegenüber den Nachteil, daß sie bei modernen, mit Galetten

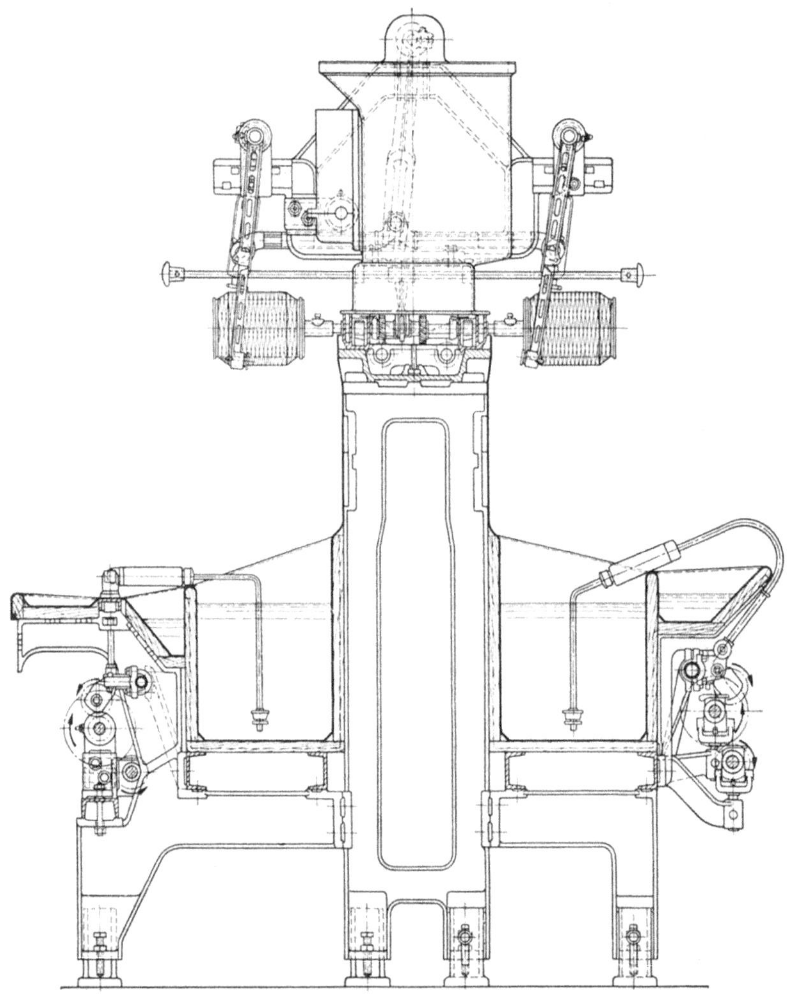

Abb. 322. Spulenspinnmaschine TT 21 der Fa. Textima, Chemnitz.

ausgerüsteten Maschinen räumlich schwer unterzubringen ist, da der dem Changiermechanismus zukommende Raum von den Streckwerken beansprucht wird. Derartige Spinnmaschinen sind daher meist mit Pendelchangierung ausgerüstet.

Wie der Name sagt, besteht diese aus Pendelarmen, die an ihrem unteren Ende die Fadenführer tragen. Die Pendelarme schwingen neben den Spinnspulen hin und her. Um eine möglichst stoßfreie Bewegung der Changierungsarme herbeizuführen, sollen diese so kurz wie möglich gehalten werden, mit anderen Worten, der Betätigungsmechanismus für die Pendelarme soll nur so weit in der Spinnmaschine nach

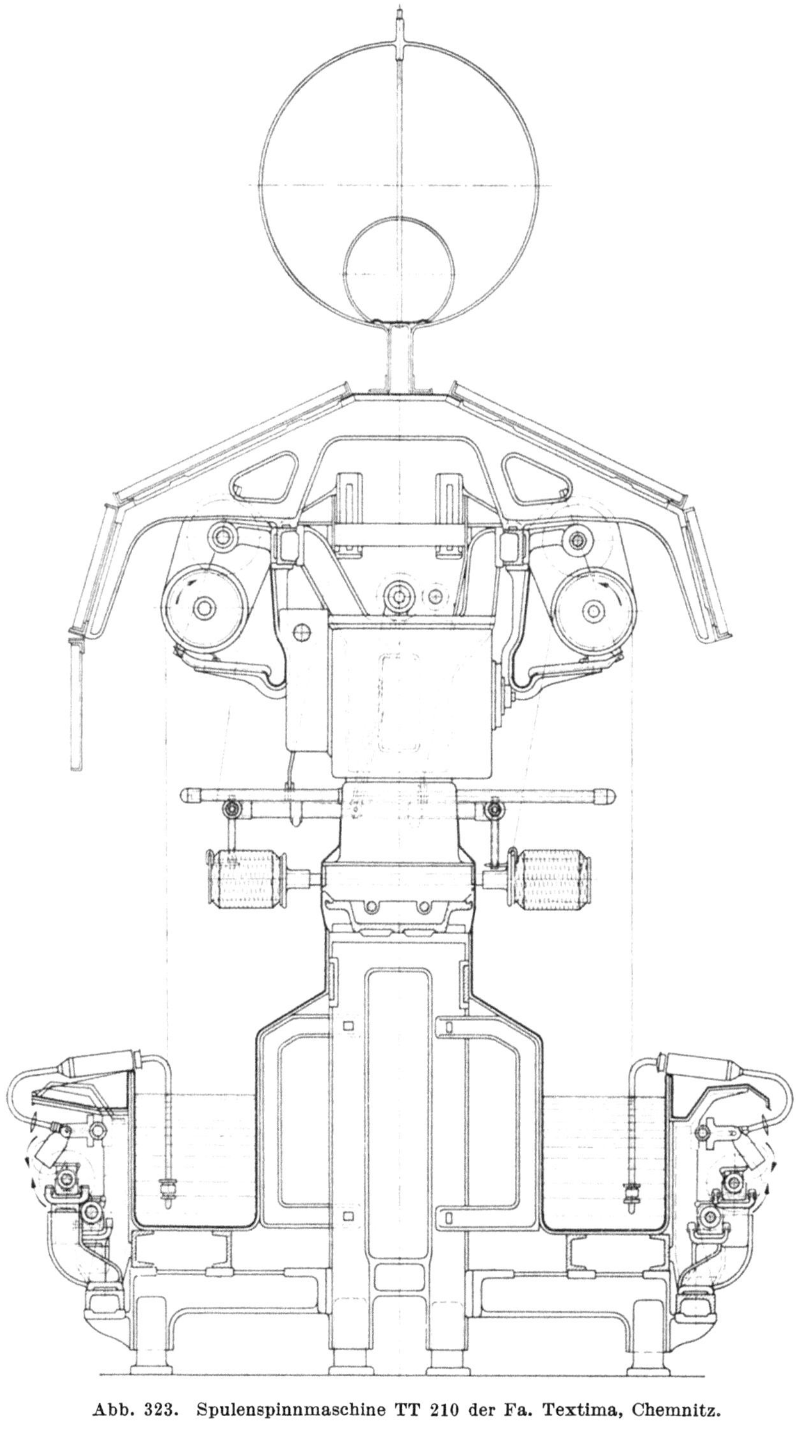

Abb. 323. Spulenspinnmaschine TT 210 der Fa. Textima, Chemnitz.

oben verlegt werden, wie zum Einbau der Streckwerke unbedingt erforderlich ist. Der Antrieb der Pendel kann durch am Drehpunkt angesetzte Hebelarme erfolgen, die an einem Exzenter durch Federdruck anliegen. Bei hohen Changiergeschwindigkeiten ist es jedoch auch hier besser, die Hebelarme mit Röllchen zu versehen, die in einer geschlossenen Kurve des Exzenters geführt werden.

Kurze Pendelarme haben allerdings den Nachteil, daß der Faden nach den Seiten der Spule hin zu stark gestreckt wird. Dies kann man durch geeignete Konstruktionen auf verschiedene Weise umgehen, die mehrfach Gegenstand von Patenten geworden ist. So ist es beispielsweise möglich, Schub- und Pendelchangierung miteinander zu kombinieren, und zwar in der Weise, daß eine Schubstange durch einen Pendelarm geführt wird.

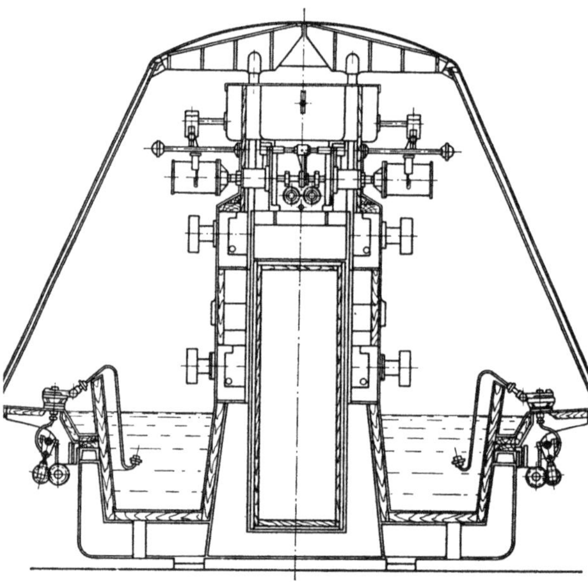

Abb. 324. Spulenspinnmaschine der Fa. Ing. A. Maurer S. A., Bern. (Schnitt.)

Es sollen nunmehr an einigen Beispielen Spulenspinnmaschinen näher erläutert werden.

Abb. 319 auf S. 495 zeigte die einfachste Art einer Spulenspinnmaschine in dem Modell TT 17 B der Firma „*Textima*“ *Spinn- und Zwirnereimaschinenbau*, Chemnitz. Der aus der Düse austretende Faden wird ohne weitere Vorrichtungen von den Spinnspulen aufgenommen. Die Maschine ist mit normaler Pendelchangierung ausgerüstst, deren Pendelarme gruppenweise betätigt werden. Pro Spinnstelle sind je zwei Spinnspulen für den Wechsel vorhanden. Die Geschwindigkeitsregulierung der Spulen erfolgt durch Konoidierung.

In Abb. 322 ist eine modernere Maschine (Modell TT 21 der Firma „*Textima*“) dargestellt. Auch bei diesem Typ wird der Faden unmittelbar von der Spinnspule aufgenommen. Wie die Abbildung deutlich erkennen läßt, ist hierbei aber der Changiermechanismus, der im Prinzip auch eine Pendelchangierung darstellt, konstruktiv wesentlich besser durchgebildet.

Abb. 323 zeigt das Modell TT 210 der Firma „*Textima*“. Diese Maschine ist hier als Beispiel für eine Maschine mit Abzugsgaletten gegeben. Der von der Düse kommende Faden wird hierbei nicht unmittelbar von der Spinnspule, sondern von einer weit oberhalb der Spinnspule angeordneten Galette abgezogen und erst von hier aus der Spule zugeführt. Man hat hierdurch den Vorteil einer längeren Luftstrecke, was manchmal zweckmäßig sein kann, und kann durch Einstellen bestimmter Geschwindigkeitsverhältnisse zwischen Spule und Galette den Faden mit stets gleichbleibender, geringerer Spannung auf die Spule auflaufen lassen, was der Wäsche des Gespinstes zustatten kommt. Die Titerregulierung kann bei dieser Maschine durch ein P.I.V.-Getriebe herbeigeführt werden, das auf die Galette wirkt. Man muß dann aber ohne Schlupf auf der Galette arbeiten.

Als Beispiel für eine Spulenspinnmaschine mit Streckwerk sollen die Abb. 324 und 325 gebracht werden. Hierbei handelt es sich um die neueste Konstruktion der Firma *Ing. A. Maurer S.A.*, Bern. Wie die Abbildungen erkennen lassen, ist die Maschine mit zwei Streckgaletten je Spinnstelle ausgerüstet. Die untere Galette ist über einen Variator fein einstellbar, so daß die Fadenspannung zwischen ihr und der Spinnspule sehr fein ausreguliert werden kann.

Die Fadenführer bewegen sich in sehr kleinem Abstand von der Spinnspule und wandern mit der Zunahme der Gespinstdicke automatisch, von dieser weg.

Die Bewegung der Fadenführer geschieht durch einen hydraulischen Motor, der im Antriebskopf untergebracht ist. Die Kurventrommel, die die Bewegung der Fadenführer steuert, wirkt direkt auf das Ventil des hydraulischen Motors, so daß sie nur eine sehr geringe Kraft zu übertragen braucht und infolgedessen praktisch keiner Abnutzung ausgesetzt ist[1].

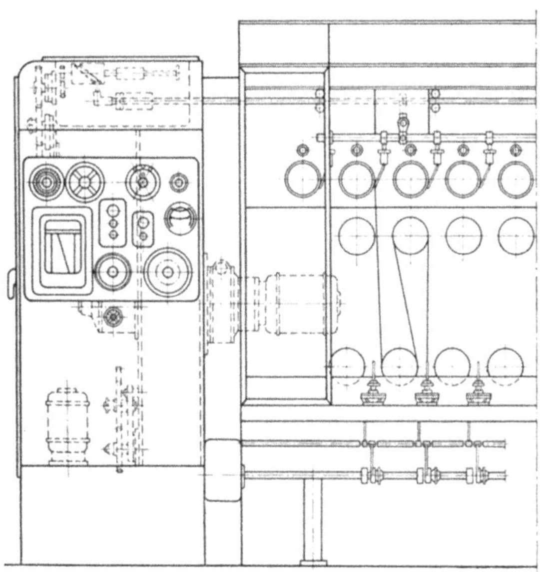

Abb. 325. Spulenspinnmaschine der Fa. Ing. A. Maurer, S. A., Bern. (Vorderansicht mit Antrieb.)

Die Geschwindigkeit der Spinnspulenwelle wird durch stufenlose Getriebe reguliert. Ebenso erfolgt der Antrieb der ganzen Maschine über ein stufenloses Getriebe, so daß beispielsweise bei kleiner Spinngeschwindigkeit angefahren werden kann.

Ein im Antriebskopf eingebauter Tachograph zeichnet die Geschwindigkeit der jeweils arbeitenden Spulenwelle genau auf und erlaubt dadurch eine genaue Kontrolle der Arbeitsweise der Maschine.

Die Maschine wird geliefert für eine Spinngeschwindigkeit bis 120m/min. Dank der Einführung des hydraulischen Systems ist es möglich, mit 60 Doppelhüben der Fadenführer pro Minute zu arbeiten.

In Abb. 326 ist das Äußere dieser Maschine (als verkürzte Versuchsmaschine) dargestellt.

c) Zentrifugenspinnmaschinen.

Das Zentrifugenspinnverfahren verdrängt das Spulenspinnverfahren mehr und mehr. Infolge des Fortfalls der beim Walzen- und Spulenverfahren notwendigen Zwirnerei ist es wirtschaftlicher, wenn auch die Spinnmaschinen selbst wegen der vielen Spinntopfmotore in der Anschaffung teurer sind.

[1] Schweiz. Pat. 262765.

Fadenaufnahmeorgan ist bei der Zentrifugenspinnmaschine die Spinnzentrifuge, auch Spinntopf genannt.

Die Spinnzentrifugen stellen runde Töpfe dar von ganz leicht konischer Form. Abb. 327 gibt hierfür ein Beispiel. Den kleineren Durchmesser hat der Boden des Topfes. Die schwach konische Form ist aus dem Grunde erforderlich, damit die Spinnkuchen durch Umstülpen des Topfes leicht herausfallen. Oben ist der Topf normalerweise mit einem Deckel verschlossen, der in der Mitte eine kreisrunde Öffnung besitzt, durch die der Spinntrichter geführt wird.

Abb. 326. Spulenspinnmaschine der Fa. Ing. A. Maurer S. A., Bern.

Schwierig ist die Werkstoff-Frage beim Spinntopf. Das Topfmaterial muß nicht nur der Spinnbadsäure gegenüber unempfindlich sein, sondern es muß auch den enormen Beanspruchungen durch die schnelle Drehung gewachsen sein. Schließlich muß ein Material verwendet werden, das sich an seiner Oberfläche vollkommen glatt polieren läßt. Ist die Oberfläche nicht vollkommen glatt, so setzen sich beim Spinnen leicht Salzkristalle durch die Verdunstung des Spinnbades an, die die Luftreibung erhöhen und somit zu einem größeren Kraftbedarf führen. Um die Auskristallisation zu verhindern, läßt man vielfach aus einem feinen Röhrchen während des Laufes des Topfes Wasser gegen die Außenwand spritzen („Topfspülung"). Hierbei ist aber peinlichst darauf zu achten, daß kein Wasser in das Innere des Topfes hineingelangt, da hierdurch infolge des stellenweisen Verdünnens des vom Faden mitgenommenen Spinnbades eine ungleichmäßige Anfärbung des fertigen Gespinstes entstehen kann. Hat man mit Auskristallisation zu kämpfen, so ist es zweckmäßiger, in die Kammern, in denen sich der Topf dreht, etwas Dampf einzublasen und hierdurch den Feuchtigkeitsgehalt der den Topf umgebenden Luft zu erhöhen.

Abb. 327. Spinntopf aus einer Spinnmaschine der Fa. H. W. Butterworth u. Sons, Co., Philadelphia.

Es sind Spinntöpfe der verschiedenartigsten Konstruktion und aus den verschiedenartigsten Werkstoffen in Gebrauch, die einzeln zu besprechen hier zu weit führen würde. Am verbreitetsten sind Töpfe aus bakelitisiertem Aluminium, aus Kunststoffen, teilweise auch mit Metalleinlage, sowie aus nichtrostendem Stahl[1]. Das Bestreben, möglichst große Spinnlängen zu erzielen, hat dazu geführt, die Spinn-

[1] Vgl. hierzu das DRP. 494952 und 615760 der Algemeene Kunstzijde Unie N. V., Arnhem.

töpfe im Laufe der Zeit immer größer im Durchmesser zu gestalten. Im Anfang des Zentrifugenspinnverfahrens hatten die Töpfe eine lichte Weite von 80 mm, man baut jedoch heute Töpfe von 160 oder 165 mm lichter Weite. Der Topfdurchmesser kann aber nicht beliebig vergrößert werden. Er findet seine Begrenzung durch eine Reihe von Faktoren: Zunächst spielt die Werkstoff-Frage eine Rolle. Die Beanspruchungen des Werkstoffes steigen naturgemäß bei der Umdrehung mit dem Topfdurchmesser. Desgleichen wird der frische Faden bei größerem Topfdurchmesser stärker in Mitleidenschaft gezogen. Die Beanspruchung des Fadens wächst im Quadrat mit dem Durchmesser sowie der Drehzahl, also mit der Umfangsgeschwindigkeit des Topfes[1]. Bei zu großem Topfdurchmesser kann der Betrieb unwirtschaftlich werden, da mit zunehmendem Durchmesser der Kraftbedarf für den Antrieb so stark ansteigt, daß jenseits eines bestimmten Durchmessers die Ersparnisse, die durch die längeren Spinnzeiten erzielt werden, durch die Kraftmehrkosten illusorisch werden. Die Höhe des Topfes ist hierbei nur von geringem Einfluß, sie ist jedoch für das Fassungsvermögen von großem Einfluß. Die Spinntöpfe sind normalerweise so dimensioniert, daß ein Kuchen von 10···12 cm Höhe entsteht. Man hat allerdings in den letzten Jahren Maschinen gebaut für die Erzeugung von Kuchen mit bis zu doppelter Höhe. Hierbei können sich aber leicht Schwierigkeiten in bezug auf den Zusammenhalt des Kuchens bei der Nachbehandlung ergeben, sofern die Nachbehandlung nicht durch Berieseln vorgenommen wird.

Für den Kraftbedarf ist auch die Form des Topfes maßgebend. Sie ist so zu wählen, daß ein möglichst geringer Luftwiderstand entsteht. Der Einfluß der Luftreibung macht sich besonders stark bei hohen Drehzahlen geltend. Wie groß der Einfluß der Topfform auf den Kraftbedarf ist, möge Tab. 112 zeigen. Die Zahlen wurden von Dietzius[2] an zwei Töpfen ermittelt, die sich in der Form nur unwesentlich unterschieden.

Tabelle 112. *Einfluß der Topfform auf den Kraftbedarf bei verschiedenen Drehzahlen in Watt.* (Nach Dietzius.)

n/m	6000	9000	12000
Topf A . .	63	162	370
Topf B . .	58	125	280

Besondere Bedeutung hat hinsichtlich des Luftwiderstandes die Art der Befestigung des den Spinntopf abschließenden Deckels. Wulstartige Ausladungen des Topfes zu diesem Zwecke sind unbedingt zu vermeiden, da sie nach Untersuchungen von Dietzius bei 9000 Touren bis zu 20% mehr Kraft beanspruchen können. Die beste Befestigung des Deckels ist daher ein glatter Gummiring, der in eine Aussparung gelegt werden kann.

Die Spinntöpfe laufen in den Spinnmaschinen in Kammern, die früher viereckig waren. Vom Standpunkte der Energiewirtschaft aus ist die viereckige Form aber unzweckmäßig. Dietzius hat daher runde, den Topf eng umschließende Kammern empfohlen. Die Abb. 328 und 329 zeigen als Beispiele Anordnungen von Spinntöpfen in engen Kammern nach DRP. 639232 der *Siemens-Schuckert-Werke*, Berlin-Siemensstadt, und DRP. 647202 von *Shuzo Odajima*, Tobamichi-Japan. Bei beiden Konstruktionen ist die Spinnkammer unmittelbar mit dem Motorgehäuse verbunden. Zwischen beiden ist eine schwingungsdämpfende Schicht angebracht. Bemerkenswert ist bei diesen Konstruktionen, daß der Topf keinen Deckel besitzt, son-

[1] Vgl. hierzu Schneider: Kunstseide **14**, 47, 219 (1932).
[2] Dietzius: Kunstseide **14**, 74 (1932).

dern daß die Spinnkammer durch einen Deckel verschlossen wird. Zur Verringerung des Luftwiderstandes kann man die Kammern auch durch einen durchgehenden Kanal ersetzen und diesen unter einem schwachen Vakuum halten. Der hierdurch begünstigten Kristallisation kann durch Topfspülung entgegengewirkt werden.

Diese Konstruktionen haben jedoch auch Nachteile, und zwar insofern, als sich hierbei die Töpfe stark erwärmen können, was zu einem vorzeitigen Verschleiß der Antriebsmotore führen kann. Dieselbe Beobachtung wurde bei Einschluß der Spinntöpfe zum Zwecke der Rückgewinnung von Schwefelkohlenstoff gemacht.

Das mit dem Faden in den Topf geführte Spinnbad tritt durch feine Durchbohrungen der Topfwand aus. Die unterste Lochreihe muß unmittelbar am Boden des Topfes angeordnet sein, damit sich am Boden kein Spinnbad ansammeln kann. Dies wirkt auf den frischen Faden insofern ein, als die untere Kuchenschicht eine abweichende Affinität zu Farbstoffen annimmt, was zu Fehlern in der Fertigware führt. An den Öffnungen der Austrittskanäle tritt bei Metalltöpfen leicht Korrosion ein, da hier geringe Reste von Spinnbad verbleiben können. Nach einem Vorschlag der *I.G. Farbenindustrie Aktiengesellschaft*[1] kann dies vermieden werden, wenn man die Bohrungen in der Topfwand schräg anbringt und zwar so, daß sie entgegengesetzt zur Drehrichtung des Topfes verlaufen.

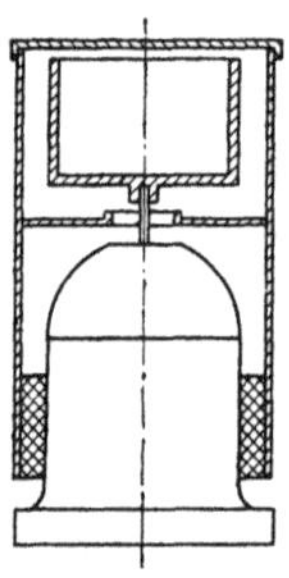

Abb. 328. Spinntopfgehäuse nach DRP. 639 232.

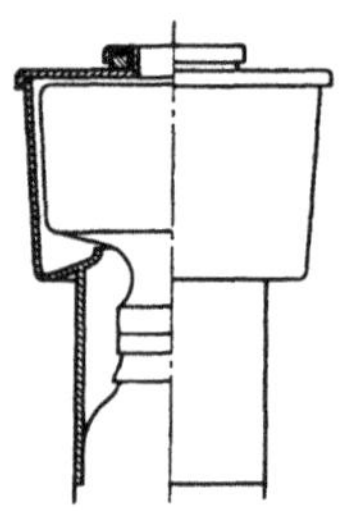

Abb. 329. Spinntopfgehäuse nach DRP. 647 202.

Der Antrieb der Spinntöpfe erfolgte früher mechanisch von einer durchgehenden Welle aus durch Riemenübertragung. Hierbei war Schlupf unvermeidlich, wodurch man fehlerhafte Kuchen erzielt. Dies soll nach DRP. 600878 der *Barmer Maschinenfabrik A.G.*, Remscheid-Lennep, allerdings dadurch vermieden werden können, daß man einen endlosen, an den Spindeln der Spinntöpfe entlang laufenden Riemen anwendet, der über beweglich gelagerte Riemenleiter geführt wird.

Mit der Vergrößerung der Drehzahl hat man den mechanischen Antrieb aber allgemein aufgegeben. Die modernen Zentrifugenspinnmaschinen sind mit elektrischem Einzelantrieb ausgestattet. Jede Spinnstelle ist einzeln abschaltbar; es gibt jedoch auch Spinnmaschinen, bei denen die Motore gruppenweise zusammengefaßt sind. Die 50···60-Volt-Drehstrom-Kurzschlußläufer-Motore werden von einem gemeinsamen Periodenumformer aus gespeist, so daß alle Motore synchron laufen. Bei der Montage ist auf richtige Polung zu achten. Dreht sich der Topf falsch herum, so erhält auch das Reyon eine falsche Drehung. Die Motore sind säuredicht in abgeschlossenen Gehäusen untergebracht. Die senkrecht stehenden, elastisch gelagerten, mit Kugellager und Umlaufschmierung versehenen Achsen gehen oben außerhalb des Gehäuses in einen kegelförmigen Dorn über, auf den die Spinntöpfe mit einer entsprechenden Aussparung gesetzt werden. Es sind jedoch auch gute, ohne Kugellager ausgestattete Motore in Gebrauch. Nicht sorgfältig aufgesetzte Töpfe können beim Spinnen herausfliegen, womit eine Gefahr für Material und Bedienungspersonal verbunden ist.

[1] DPR. Anm. J. 50004.

Abb. 330 zeigt als Beispiel einen Spinntopfmotor, wie er in den Spinnmaschinen der Firma *H. W. Butterworth u. Sons, Co.*, Philadelphia, verwendet wird. Dieser verhältnismäßig preiswerte Motor, der in modernen amerikanischen Spinnmaschinen vielfach angewandt wird, hat sich recht gut bewährt.

Abb. 330. Spinntopfmotor aus der Spinnmaschine der Fa. H. W. Butterworth u. Sons, Co., Philadelphia.

Die Drehzahl des Topfes beträgt normalerweise 6000 U/min; sie ist in einigen Betrieben jedoch auf 8000 und 10000 gesteigert worden.

Die Fadenführung geschieht bei der Zentrifugenspinnmaschine durch den sog. Spinntrichter. Dieser stellt einen schmalen Glastrichter mit einem etwa 30 cm langen Auslaufrohr dar. Meist sind je 6 Spinntrichter von nebeneinanderliegenden Töpfen durch kurze Halter mit dem sog. Trichterbalken verbunden. Der Trichterbalken wird auf- und abgeführt, wodurch sich auch die Spinntrichter selbst auf- und abbewegen und so den Kuchen in der Spinnzentrifuge aufbauen.

Besondere Sorgfalt erfordert die Konstruktion der Trichterhalter. Sie müssen einerseits so beschaffen sein, daß keine Vibration der Spinntrichter an den Umkehrpunkten erfolgt und andererseits ein einwandfreies Aufklappen der Trichter bei Topfwechsel gewährleistet ist, damit Brüche des Glastrichters vermieden werden. Auch müssen sie durch einfache Maßnahmen ein Zentrieren des Spinntrichters gestatten. Als Beispiel für einwandfreie Trichterhalter sei in Abb. 331 die Konstruktion der Firma *H.W. Buttwerworth u. Sons, Co.*, Philadelphia, gebracht. Wie die Abbildung erkennen läßt, ist der Trichterhalter nach dem Parallelogrammtyp gebaut, der das Herausheben des Trichters aus dem Spinntopf auf einfachste Weise gestattet.

Abb. 331. Spinntrichterhalterung und Spinntrichter von der Spinnmaschine der Fa. H. W. Butterworth u. Sons, Co., Philadelphia.

Abb. 331 läßt gleichzeitig auch die Form des Spinntrichters selbst gut erkennen. Wie das Bild zeigt, wird das Auslaufrohr des Trichters mit Einschnürungen versehen, damit der Faden im Trichterrohr keine Bremsung erfährt.

Beim Zentrifugenspinnen verringert sich mit zunehmender Spinndauer allmählich die Fadenstrecke zwischen Trichterende und Auflaufpunkt. Da der Spinntopf seine Tourenzahl beibehält, ist das gleichbedeutend mit einer Verringerung der Zentrifugalkraft mit zunehmender Spinndauer. Hierdurch wieder verringert sich die Abzugsgeschwindigkeit des Fadens, der somit am Spinnende weniger gestreckt wird als am Spinnanfang. Die Folge davon ist, daß mit zunehmender Spinn-

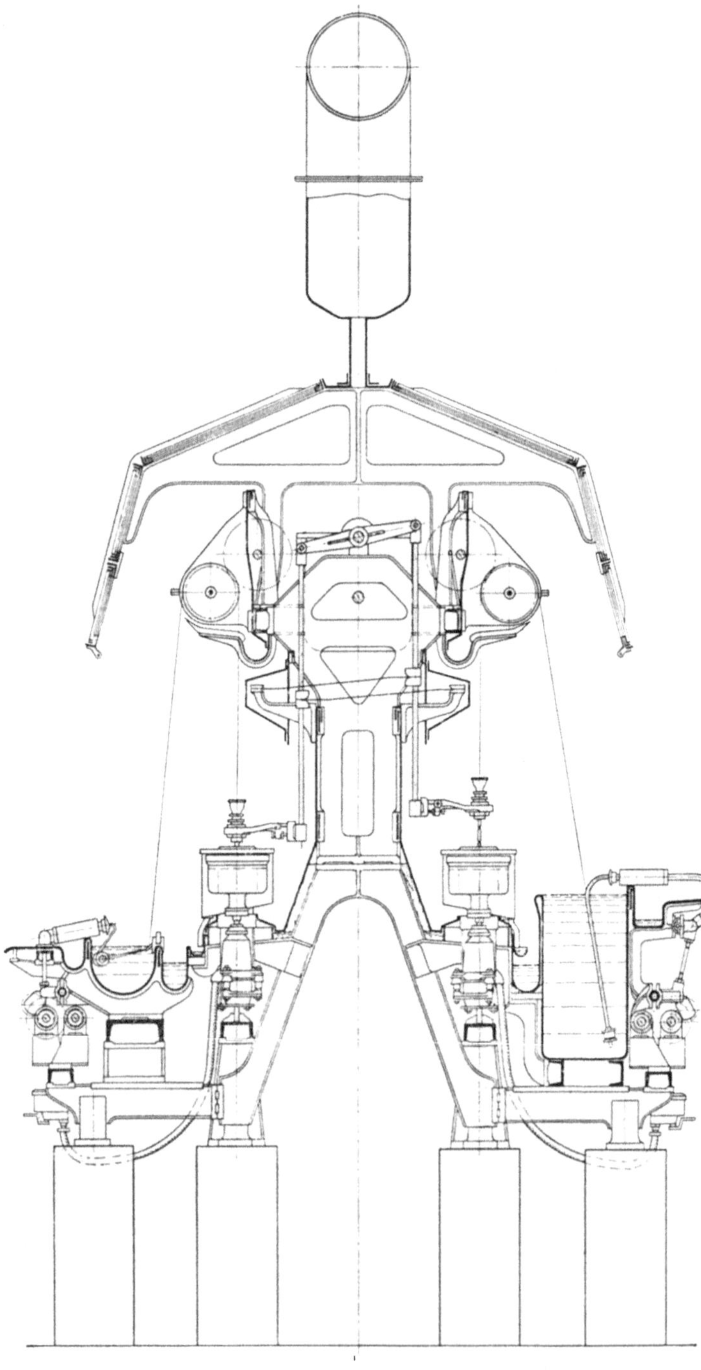

Abb. 332. Zentrifugenspinnmaschine TTZ der Fa. Textima, Chemnitz.

dauer der Fadentiter gröber und die Anfärbung dunkler wird. Titer- und Anfärbeänderung während des Spinnens verlaufen somit beim Zentrifugenverfahren umgekehrt wie beim Spulenspinnverfahren. Logischerweise wirken diese Verhältnisse sich mit zunehmendem Kuchengewicht in steigendem Maße aus. Bei großen Kuchengewichten, wie sie heute üblich sind, ist daher ein Ausgleich erforderlich. Nach DRP. 533837 der *Vereinigte Glanzstoff-Fabriken A.G.* ist dies durch Anwendung einer konischen Galette

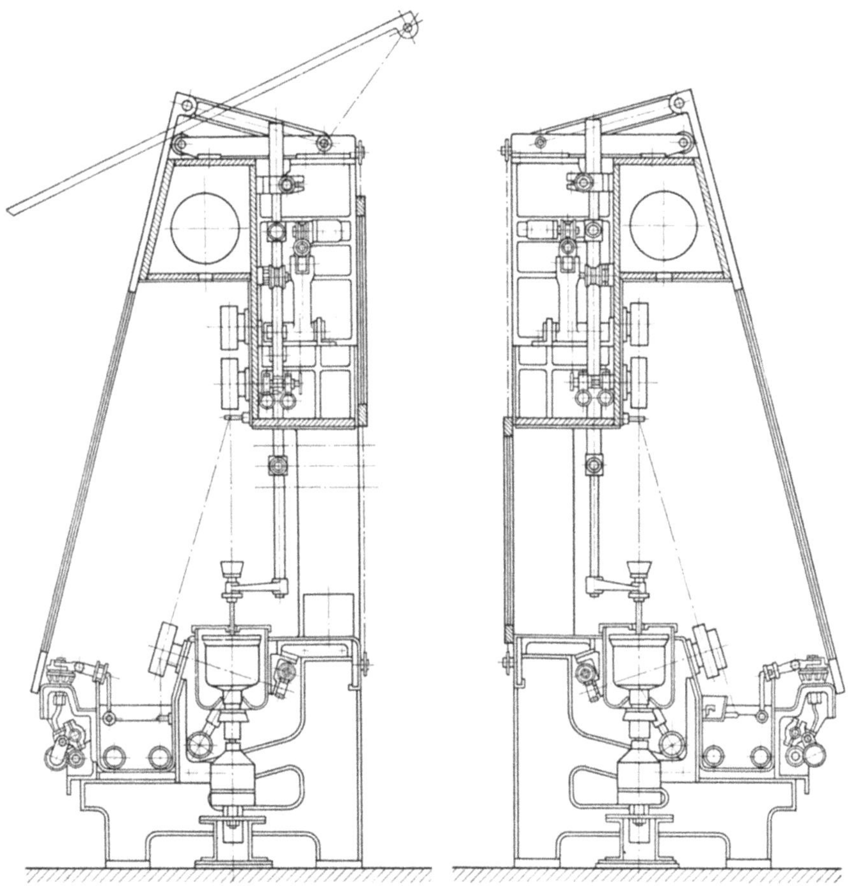

Abb. 333. Zentrifugenspinnmaschine der Fa. Ing. A. Maurer S. A., Bern. (Schnitt.)

möglich, über die der Faden von der Abzugsgalette geführt und auf der er durch einen geeigneten Fadenführer allmählich fortgeschaltet wird.

Moderne Zentrifugenspinnmaschinen sind mit zwei Streckgaletten ausgestattet. Bei derartigen Maschinen erfolgt der Spannungsausgleich zwischen Spinnanfang und Spinnende durch Variation der Geschwindigkeit der zweiten Galette.

Es sollen nunmehr auch für Zentrifugenspinnmaschinen einige Typen als Beispiele näher beschrieben werden.

Zunächst zeigt Abb. 332 die Maschine TTZ der Firma *Textima*, Chemnitz, einmal mit flacher und das andere Mal mit tiefer Wanne ausgestattet. Die Maschine ist mit nur einer Galette versehen, arbeitet also ohne Streckwerk und ohne Spannungsausgleich. Eine Sonderheit dieser Maschine ist die Changierung der Trichterbalken, die zur Vermeidung von Bruch bei geringem Verkanten der Maschine sich keiner

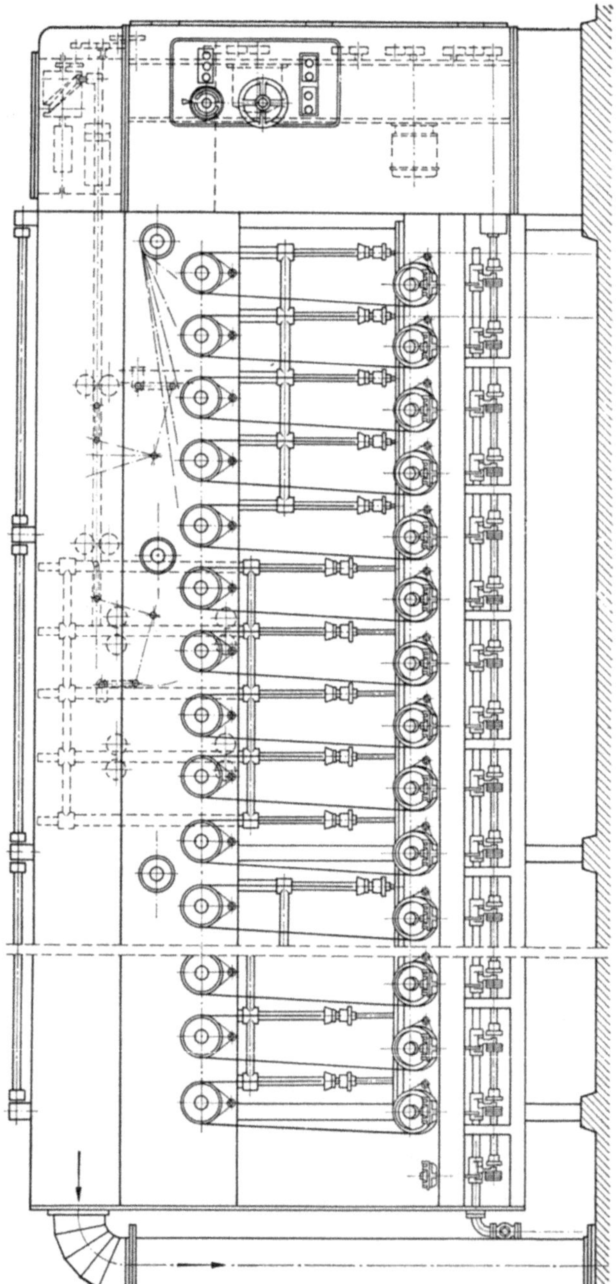

Abb. 334. Zentrifugenspinnmaschine der Fa. Ing. A. Maurer S. A., Bern. (Vorderansicht.)

Lagerung für die Schubstangen bedient, sondern diese nur durch Blattfedern führt (DRP. 625277).

Abb. 333 und 334 zeigt die Konstruktion der Firma *Ing. A. Maurer S.A.*, Bern. Bei dieser Maschine geschieht der Antrieb der Spinntrichterbewegung von einem hydraulischen Motor aus, der im Antriebskopf untergebracht ist. Dadurch wird eine sehr präzise Trichterführung erreicht, unter großer Schonung der Exzenterkurve, die lediglich das hydraulische Ventil zu steuern hat.

Die Spinntrichter werden durch einen Rahmen sehr stabil geführt. Das Ausheben der Trichter beim Topfwechsel geschieht geradlinig nach oben durch ein teleskopartiges Rohr.

Die Maschine wird mit zwei Galetten pro Spinnstelle geliefert. Die obere Galette ermöglicht den Spannungsausgleich zwischen Spinnanfang und Spinnende. Sie ist durch zwei Wellen angetrieben, von denen die eine entsprechend der gewünschten

Abb. 335. Zentrifugenspinnmaschine der Fa. Dobson u. Barlow Ltd., Bolton, Typ SA.

Korrektur von Spinnanfang bis zum Spinnende in der Geschwindigkeit etwas zunimmt, während sich die andere Welle mit der Anfangsgeschwindigkeit dreht, bis der Kuchenwechsel vollzogen ist.

Die Spinntopfgehäuse sind so ausgebildet, daß es möglich ist, den Spinntopf im luftverdünnten Raum drehen zu lassen, wodurch man besonders bei hohen Spinngeschwindigkeiten eine bedeutende Ersparnis an Kraft erreicht.

In der normalen Ausführung werden die Spinnkuchen nach dem Innern der Maschine herausgenommen. Dementsprechend ist der Zwischengang zwischen den beiden Maschinenseiten so breit gehalten, daß mit einem Wagen hineingefahren werden kann. Von diesem Gang aus sind auch die Spinnmotore leicht zugänglich und auswechselbar.

Abb. 335 zeigt die Zentrifugenspinnmaschine der Firma *Dobson u. Barlow Ltd.*, Bolton, Typ SA. Auch diese Maschine besitzt zwei Galetten je Spinnstelle, von denen die obere in der Geschwindigkeit regulierbar ist. Die Trichterbewegung wird gruppenweise betätigt durch einen Herzexzenter, der auf einer unterhalb der oberen Galettenwelle angeordneten Welle sitzt und an dem die Arme durch Röllchen anliegen. Durch diese Anordnung der Changierwelle können die Schubstangen zum Trichterbalken sehr kurz gehalten werden, wodurch eine schwingungsfreie Changierung erzielt wird. Der Exzenter wird durch ein Differential angetrieben, wodurch eine Hubverlagerung entsteht. Bei 60 Changierungen nimmt der Faden 19mal eine andere Lage ein (Brit. Pat. 30968). Hierdurch wird eine Spiegelwicklung mit Sicherheit vermieden. Eine weitere Zusatzbewegung verhindert durch Nacheilen des Fadens unten und oben an den Spinnkuchenrändern entstehende Wülste (Brit. Pat. 24552).

Zum Antrieb des Spinntopfes dient eine sich selbst ausbalanzierende elektrische Spindel mit automatischer Schmierung.

Der Spinntopf, der durch einen Deckel verschlossen wird, dreht sich in einem engen Gehäuse, das seinerseits wieder durch einen Deckel verschlossen wird. Dieser

Abb. 336. Zentrifugenspinnmaschine der Fa. H. W. Butterworth u. Sons Co., Philadelphia.

Deckel ragt mit seinem nach unten umgebogenen Rand weit in eine Nut des Spinntopfgehäuses hinein, so daß ein sehr dichter Abschluß gegen die Außenluft erzielt wird. Hierdurch wird Kristallisation verhütet[1]. Der Luft ist andererseits jedoch soviel Zutritt gestattet, daß es nicht zu einem Heißlaufen der Motore kommt.

Die Maschine wird normalerweise mit 65 Spinnstellen auf jeder Seite gebaut. Sie ist durch Fenster dicht gekapselt. Die Luft wird auf jeder Seite durch Schlitze in der oberen Abdeckung abgesaugt, in die auch eine Beleuchtung eingebaut ist.

Abb. 336 zeigt die Topfspinnmaschine der Firma *H. W. Butterworth u. Sons, Co.*, Philadelphia. Es handelt sich um eine Maschine mit 100 Spinnstellen, die mit je 50 doppelseitig angeordnet sind. Sie ist gleichfalls mit zwei Galetten ausgestattet. Beide Galetten sowie die Pumpenwelle werden von einem gemeinsamen Motor angetrieben, wobei die Kraftübertragung über P.I.V.-Getriebe erfolgt. Das Einregulieren der Geschwindigkeit aller Wellen kann während des Laufs der Maschine er-

[1] GOODWIN u. TINSLEY: Brit. Pat. 577668.

folgen. Das Streckungsverhältnis zwischen den beiden Galetten kann zwischen 0 und 100% verändert werden. Alle Antriebsteile laufen in Ölbädern. Die Spinngeschwindigkeit ist zwischen 50 und 110 m je Minute zu variieren.

Die Drehzahl der oberen Galette ist zum Ausgleich von Spinnanfang und Spinnende über ein seitlich an die Maschine angebautes P.I.V.-Getriebe zu variieren. Abb. 337 zeigt diesen Kompensator.

Abb. 337. Kompensator für Ausgleich zwischen Spinnanfang und -ende an der Spinnmaschine der Fa. H. W. Butterworth u. Sons Co., Philadelphia.

Die Changierbewegung der Trichterbalken erfolgt durch einen besonderen Motor, der oben auf den Spinnmaschinen angeordnet ist (Abb. 338). Die Wirkungsweise ist gut zu erkennen (U.S.A. Pat. 1968026).

Die Maschine ist durch Fenster aus Plexiglas eingekapselt. Die Luft wird in der Hauptsache durch Schlitze unterhalb der zweiten Galette abgesaugt. Automatische Schmierung erleichtert die Wartung der Maschine.

Abb. 339 zeigt die Zentrifugenspinnmaschine Modell FB 1 der Firma *Oscar Kohorn u. Co., Ltd.*, New York. Es handelt sich auch hierbei um eine doppelseitige Maschine mit je zwei Galetten pro Spinnstelle. Die Maschine wird gebaut für 50 oder 65 Spinnstellen auf jeder Seite.

Der seitlich angebrachte Hauptantrieb treibt die Wellen für die Spinnpumpen sowie die untere und obere Galette über ein P.I.V.-Getriebe an. Für den Antrieb

Abb. 338. Antrieb für die Changierung der Trichterbalken an der Spinnmaschine der Fa. H. W. Butterworth u. Sons Co., Philadelphia.

der oberen Galettenwelle ist ein kleineres P.I.V.-Getriebe zwischengeschaltet, mit dessen Hilfe der Geschwindigkeitsausgleich zwischen Spinnanfang und Spinnende herbeigeführt wird.

Die Galetten werden durch in Kugellagern liegende Spindeln angetrieben. Ihr Antrieb liegt in einem Gehäuse aus Kunststoff, das das Getriebe vor dem Eindringen von Säure und sauren Gasen schützt. Das Getriebe läuft in einem Ölbad.

Die Spinnpumpen, die hohe Spinngeschwindigkeiten ermöglichen, sind so angebracht, daß keine Spinnbadsäure auf sie gelangen kann.

Die Maschinen sind mit verhältnismäßig tiefen Spinnbadwannen ausgestattet, damit vor der ersten Galette auch bei Abzugsgeschwindigkeiten von über 100 m ein ausreichend koagulierter Faden entsteht. Vor dem Auflauf des Fadens auf die obere

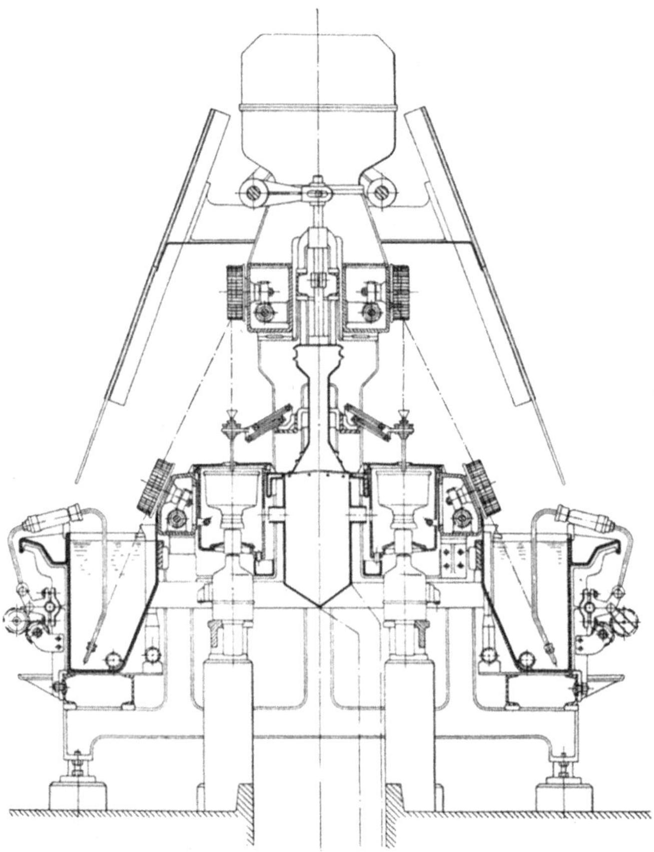

Abb. 339. Zentrifugenspinnmaschine FB 1 der Fa. Oscar Kohorn u. Co., Ltd., New York.

Galette wird das mitgeführte Spinnbad durch einen Fadenführer abgestreift. Der Fadenführer besteht aus einem durchsichtigen Kunststoff (vgl. S. 486).

Der Spinntrichter ist so am Trichterbalken befestigt, daß er sich senkrecht nach oben aus dem Spinntopf herausheben läßt und von selbst wieder in seine Ausgangsstellung zurückkehrt.

Die Spinntöpfe bestehen aus Bakelit mit Stahleinlage. Ihr Durchmesser beträgt 7″, ihre Höhe 4″. Es lassen sich in der Maschine jedoch auch Töpfe von 6″ Höhe verwenden.

Die Töpfe laufen in zylindrischen Gehäusen.

Der Topfantrieb erfolgt durch dreiphasige Motore von etwa 50 Volt. Sie werden durch ein Fußpedal gruppenweise zu je fünf geschaltet und gebremst.

Der Antrieb für die Changierbewegung der Trichterbalken befindet sich oberhalb der Antriebsgehäuse für die oberen Galetten. Die Changierung ist so durchgebildet, daß in jeder Weise einwandfreie Kuchen entstehen. Die Zahl der Hübe kann durch ein P.I.V.-Getriebe zwischen 35 und 70 je Minute variiert werden. Die Größe des Hubes läßt sich je nach dem verwendeten Spinntopf von 4 auf 6″ verstellen.

Die Maschine ist durch Fenster vollkommen geschlossen. Eine Absaugung der Gase findet sowohl unmittelbar oberhalb des Spinnbades als auch im oberen Teil der Maschine statt. Frischluft wird gleichfalls oberhalb des Spinnbades und im oberen Teil der Maschine zugeführt, desgleichen durch feine Schlitze in das Spinntopfgehäuse.

Abb. 340. Spinnen von Zellwolle.

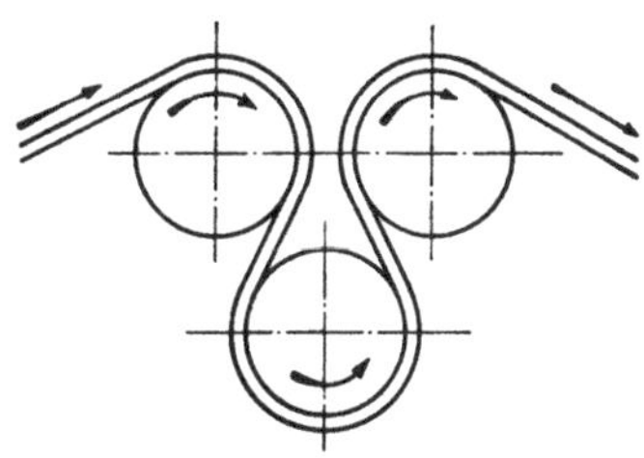

Abb. 341. Abzugsvorrichtung für Spinnkabel.

d) Zellwollspinnmaschinen.

Zellwollspinnmaschinen sind in ihrer Konstruktion wesentlich einfacher als Reyonspinnmaschinen. Sie haben lediglich die Aufgabe, den Faden zu bilden und ihn wegzuführen, während normalerweise der Abzug durch Walzen erfolgt, die streng genommen schon nicht mehr zur Spinnmaschine gehören. Wir werden jedoch weiter unten sehen, daß es auch Maschinen gibt, bei denen eine Streckung des Gespinstes zwischen Galetten vorgenommen werden kann.

Abb. 342. Streckwerk der Zellwollspinnmaschine der Fa. Oscar Kohorn u. Co., Ltd., New York.

Entsprechend der wesentlich höheren Lochzahl der Zellwolldüsen muß bei der Zellwollspinnmaschine auch wesentlich mehr Viskose gefördert werden als bei der

Reyonspinnmaschine. Demnach sind die Zahnradpumpen und die Filter auch entsprechend größer dimensioniert. Man faßt zweckmäßigerweise je Spinnstelle zwei oder drei Pumpen, Filter und Düsen zusammen.

Wie Abb. 340 erkennen läßt, werden die im Spinnbad entstehenden Fäden über einen längs oberhalb der Spinnbäder angeordneten Stab über kurze, senkrechte Stabfadenführer nach der Seite der Maschine weggeführt. Sie werden dort durch ein Walzenwerk abgezogen, das normalerweise aus drei Walzen besteht, die, wie aus Abb. 341 ersichtlich, angeordnet sind. Will man das Faserkabel zur Erhöhung der Festigkeitswerte strecken, so schließt man im Abstand von etwa 1 m ein zweites Walzentrio an, das mit größerer Geschwindigkeit läuft.

Abb. 343. Zellwollspinnmaschine der Fa. Emil Blaschke, Berlin-Tegel.

Zum Zwecke der Rückgewinnung von Schwefelkohlenstoff kapselt man die beiden Walzentrios zweckmäßig ein und läßt die Streckung in heißem Wasser vor sich gehen. Die aus dem Streckwerk abgesaugte Luft enthält dann Schwefelkohlenstoff in verhältnismäßig hoher Konzentration.

Als Beispiel für eine Zellwolle-Galettenmaschine sei die Zellwoll-Spinnmaschine der Firma *Oscar Kohorn & Co., Ltd.*, genannt, von der Abb. 342 einen Blick auf das Streckwerk zeigt. Die Führung der Fadenbündel ist deutlich zu erkennen. Es handelt sich um eine doppelseitig gebaute Maschine mit 100 Spinnstellen. Der Galettenantrieb erfolgt über P.I.V.-Getriebe. Von der oberen Galette aus werden die gesammelten Fadenbündel durch ein Dreiwalzenstreckwerk abgezogen, wobei eine zusätzliche Streckung für die Erzeugung besonders fester Fasern angewandt werden kann.

Eine weitere Maschine zeigt Abb. 343. Hierbei handelt es sich um eine Konstruktion der Firma *Emil Blaschke*, Berlin-Tegel. Die Galetten stellen hier Rollen mit breiten Flanschen dar, die über stufenlos regelbare Getriebe angetrieben werden. Die Einstellung der Geschwindigkeit der oberen Rollenantriebswelle erfolgt durch ein Handrad. Man hat auch auf dieser Maschine die Möglichkeit, die Verstreckung weitgehend zu variieren. Die Geschwindigkeit der Galettenwellen kann auf Tachometern abgelesen werden.

IX. Die Spinndüsen.

Die Spinndüse läßt die Viskose durch feine Kanäle in das Spinnbad austreten. Sie besteht aus einem hütchenförmigen Körper, in dessen Bodenfläche feinste Kanäle gebohrt sind (Abb. 344). Die Anzahl der Bohrungen entspricht der Anzahl der Einzelfäden des Gesamtfadens. Bei Reyon sind die gebräuchlichsten Bohrungszahlen 15, 24, 30, 36, 40, 48, 50 und 72. Düsen für das Spinnen von Zellwolle sind größer dimensioniert, ihre Lochzahl beträgt normalerweise 3000, jedoch sind auch schon Düsen mit einer Lochzahl bis zu 40000 hergestellt worden.

Das Spinnen mit Düsen von mehreren Tausend Löchern kann jedoch gewisse Schwierigkeiten insofern machen, als die dicken Faserbündel, die dann an der Düse

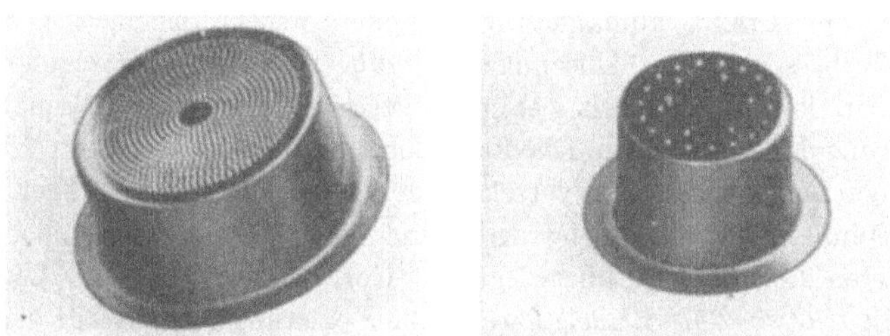

Abb. 344. Spinndüsen; links für Zellwolle, rechts für Reyon.

entstehen, in der Mitte nicht mehr schnell genug durchkoagulieren, wodurch die Abnahme des Faserkabels von der Düse erheblich erschwert werden kann. In diesem Falle kann der Zusatz oberflächenaktiver Körper zum Spinnbad, wie beispielsweise Produkt B 3999[1] oder die kationaktiven Laurylpyridiumverbindungen, eine Verbesserung ergeben.

Bedenkt man, daß die Düse sowohl dem starken Alkali der Viskose als auch der Säure des Spinnbades standhalten muß, so wird es verständlich, daß die Werkstoff-Frage für die Düsenherstellung von ausschlaggebender Bedeutung für ihre Lebensdauer ist[2]. Man hat ursprünglich die Düsen aus Glas hergestellt. Die feinen Kanäle wurden so erhalten, daß man in das Glas Metalldrähte einschmolz, die nachher durch Säuren aus dem Glaskörper herausgelöst wurden. Diese Arbeitsweise ist aber bald verlassen worden, da die Glasdüsen zu leicht zerbrachen. Wir werden jedoch weiter unten sehen, daß den Glasdüsen wieder eine Bedeutung zukommen kann.

Man wendet heute Metalldüsen an. Die Spinndüsen wurden zunächst aus Platin hergestellt. Der hohe Platinpreis machte es jedoch erforderlich, billigere Metalle für die Anfertigung der Düsen heranzuziehen. In einer aus Silber und Palladium bestehenden Legierung wurde zunächst ein Werkstoff gefunden, der eine einigermaßen ausreichende Lebensdauer aufwies[3]. Eine wesentliche Verlängerung der

[1] Hersteller: Chemische Fabrik Stockhausen & Cie., Krefeld.

[2] Vgl. hierzu die Schrift: Eilfelds Feinbohrung. Gröbzig 1938.

[3] Der Firma W. C. Heraeus, Hanau, verdanke ich wertvolle Angaben über die Düsenherstellung.

Lebensdauer der Silber-Palladiumdüsen wurde von der Firma *W. C. Heraeus*, Hanau, dadurch erzielt, daß die Düsen mit einem Überzug aus Rhodium versehen wurden, der auf galvanischem Wege aufgebracht wurde. Wurde hierdurch auch die Düse vor den starken chemischen Angriffen der Viskose und des Spinnbades geschützt, so erwies sich im Laufe der Zeit der Rhodiumüberzug doch nicht den mechanischen Beanspruchungen beim Spinnprozeß als gewachsen.

Es wurden dann Legierungen aus Gold mit ungefähr 10% Platin oder 10% Palladium entwickelt. Diese Legierungen sind aber verhältnismäßig weich, sie müssen daher auf chemisch-thermischem Wege gehärtet werden. Da das Bohren der feinen Kanäle ein weiches Material voraussetzt, so muß die Härtung nach der Fertigstellung der Düse vorgenommen werden. Wie von der Firma *Heraeus* gefunden wurde, läßt sich eine Legierung aus 70% Gold und 30% Platin wesentlich besser härten als die oben angegebenen Legierungen. Durch einfache Wärmebehandlung kann die Härte dieser Legierungen auf etwa 200° Brinell gesteigert werden.

Die Goldplatindüsen ließen jedoch noch Wünsche offen; so zeigten sich bei dieser Legierung in der Praxis allmählich Sprödigkeitserscheinungen, die eine weitere qualitative Verbesserung des Düsenmaterials als wünschenswert erscheinen ließen. Die Sprödigkeit konnte dadurch wesentlich verringert werden, daß man der Gold-Platin-Legierung kleine Mengen Rhodium zusetzte. So wurden von *Heraeus* zwei rhodiumhaltige Legierungen mit verschiedenen Gold-Platin-Mischungen entwickelt, die die Bezeichnung N 2 und N 4 tragen, und die höchsten Ansprüchen gewachsen sind. In beiden Legierungen überwiegt die Goldkomponente. Die Legierung N 2 läßt sich bis auf etwa 250° Brinell härten, die Legierung N 4 bis auf etwa 350°.

Auch von der Firma *Siebert* in Hanau werden Düsen hergestellt, die auf nahezu 400° Brinell härtbar sind.

Von der Firma *Baker & Co.* werden Platindüsen empfohlen, die 1,15% Rhodium und 0,5% Rhutenium enthalten[1]. Zusätze von Nickel oder Chrom sollen sich gleichfalls günstig verhalten haben[2].

Die große Härte dieser neuen Legierungen läßt diese Düsen besonders für das Verspinnen titanhaltiger Viskose als geeignet erscheinen, da sie sich gegenüber den schleifend wirkenden Titanteilchen als sehr widerstandsfähig erwiesen. Aber auch für das Spinnen normalglänzender Chemiefasern gibt man ihnen heute den Vorzug.

An Stelle der Gold-Platin- oder Gold-Palladiumlegierungen sind auch Platin-Iridiumlegierungen in Gebrauch.

In neuester Zeit beginnen sich Düsen aus Tantal immer mehr durchzusetzen, die um 80···90% billiger sind als die genannten Edelmetalldüsen. Tantal besitzt zwar an sich nur eine geringe Korrosionsbeständigkeit gegenüber der Spinnbadsäure, es ist aber der Firma *Friedrich Eilfeld* in Gröbzig gelungen, Tantaldüsen herzustellen, die in gehärtetem Zustand z. B. einer Gold-Platin-Düse nahezu gleichwertig sind (Abb. 345). Mindestens drei Viertel aller in Deutschland verwendeten Zellwolldüsen bestehen heute aus Tantal, aber auch in die Reyonfabriken führt sich Tantal immer mehr ein.

Stellt man die Eigenschaften der Edelmetalldüsen und der Tantaldüsen gegenüber, so muß man feststellen, daß die Tantaldüsen die Edelmetalldüsen an Lebensdauer übertreffen. Ein Nachteil der Tantaldüsen besteht demgegenüber darin, daß

[1] Brit. Pat. 563648. — [2] NISIMURA: Japan-Nickel Res. **9**, 4 (1941).

sie sich bei der Anwendung bestimmter Spinnbäder schneller verstopfen als Edelmetalldüsen. Die größere Lebensdauer der Tantaldüsen wird allerdings zum Teil dadurch erreicht, daß man die Wandstärke größer nimmt, was der Preis des Tantals aber ohne weiteres erlaubt. Eine von der Firma *Eilfeld* entwickelte Härtemethode konnte aber auch das schnelle Verstopfen der Düsenkanäle auf ein erträgliches Maß verringern.

Das Verstopfen der Düsenkanäle ist keineswegs nur auf eine Verlegung der Bohrungen durch Fremdkörper zurückzuführen. Es ist verschiedentlich bei der mikroskopischen Untersuchung verstopfter Düsenlöcher festgestellt worden, daß die Verlegung der Düsenlöcher nicht durch Fremdkörper verursacht sein konnte, die von der Viskose mitgeführt wurden, sondern daß die Verstopfung der Düsenlöcher durch unlösliche chemische Körper erfolgt war, die sich innen an der Kanalwand sowie außen auf der Düse niedergeschlagen hatten. Die erstgenannte Erscheinung tritt auf, wenn die Viskose metallische Verunreinigungen, wie z. B. Eisen oder Kupfer, enthält, die zweite wurde besonders oft bei zinkhaltigen Spinnbädern angetroffen. Verfolgt man eine auf diese Weise entstehende Düsenverstopfung genauer, so stellt man fest, daß sich zunächst rund um das einzelne Düsenloch ein weißer Krater bildet, der nach und nach immer steiler wird. Der Kraterkanal, durch den die Viskose austreten muß, wird hierdurch nach und nach länger und enger, bis schließlich ein vollkommenes Zusetzen eintritt. Über die Ursache dieser eigenartigen Erscheinung ist man lange Zeit im unklaren gewesen. Es wurde hierbei beobachtet, daß bei der gleichen Viskose und dem gleichen Spinnbad Düsen aus verschiedenen Werkstoffen sich ganz unterschiedlich verhalten. So konnte festgestellt werden, daß ein Zuwachsen besonders leicht bei nicht nachbehandelten Tantaldüsen eintritt, weniger leicht setzen sich Düsen aus Goldlegierungen zu. Bei Düsen aus Glas oder Halbedelsteinen (wie z. B. Rubin) wurde allgemein noch seltener ein Zuwachsen beobachtet. Diese durchbohrten Halbedelsteine sind immer in Metall gefaßt, und so wurde merkwürdigerweise wieder beobachtet, daß Edelsteindüsen, bei denen der Stein in Tantal gefaßt ist, schneller zuwachsen als Düsen, bei denen der Stein in einer Edelmetalllegierung gefaßt ist. Diese eigenartigen Beobachtungen deuten darauf hin, daß es sich hierbei um elektrochemische Vorgänge handelt. Es liegt eine Wanderung von Ionen aus dem Spinnbad nach der Düse hin vor, die schließlich zu dem lästigen Verstopfen der Düsenlöcher führt. An dieser Ionenwanderung kann auch Blei beteiligt sein, das sich immer als Verunreinigung im Spinnbad befindet. Man hat gelernt, dieser Schwierigkeit weitgehend zu begegnen.

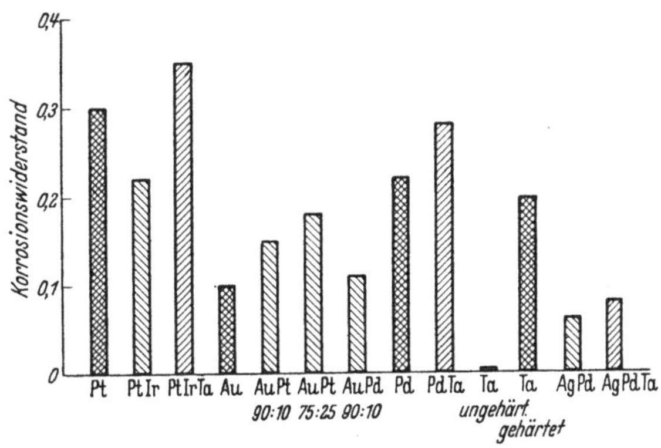

Abb. 345. Korrosionswiderstand verschiedener Düsenmetalle uud -legierungen. (Nach Fr. Eilfeld.)

Eine gewisse Verbesserung wird dadurch erzielt, daß man die Düse mit einem hauchdünnen Film aus Paraffin überzieht[1]. Daß hierdurch allerdings nur eine teil-

[1] N. V. Onderzoekings Instituut Research: DRP. 661814.

weise Verbesserung erzielt werden kann, ist verständlich, da der Paraffinüberzug leicht mechanisch beschädigt wird. Als sehr wirksam erwies sich aber eine von der *Algemeene Kunstzijde Unie N.V.* angewandte Maßnahme, die nach Angabe der Erfinderin darin besteht, daß man eine elektrische Umladung der Viskose vornimmt. Dies kann man auf einfache Weise dadurch erreichen, daß man der Viskose einen Stoff einverleibt, der seine wirksame Komponente im Kation enthält. Man nennt derartige chemische Körper kationaktiv (vgl. 18. Kapitel). Als solche kationaktive Stoffe kommen z. B. in Frage Laurylpyridiumsulfat[1] oder Dodecyltriäthylammoniumjodid[2]. Es soll bemerkt werden, daß man dieselbe günstige Wirkung erhält, wenn man diese Stoffe nicht der Viskose, sondern dem Spinnbad zusetzt.

In der Praxis arbeitet man meistens so, daß man das kationaktive Produkt in das Spinnbad gibt. Auf 1 t eingesetzte Zellulose wendet man etwa 1 kg des Produktes an.

Infolge der Oberflächenaktivität neigen die mit diesen Körpern versehenen Spinnbäder zum Schäumen, was als störend empfunden wird. Es sind daher auch kationaktive Produkte, die nicht oberflächenaktiv sind, ausgearbeitet worden. Von der *N. V. Kunstzijdespinnerij Nijma* wurde im Brit. Pat. 600113 beispielsweise ein solcher Körper beschrieben, dem die allgemeine Formel

$$HO - CHR - CHR_1 \cdot N \cdot C_5H_5$$

zukommt. Hierin bedeuten R und R_1 einfache aliphatische oder aromatische Radikale (Furyl-, Vinyl-, Acetyl- oder Phenyl-). R_1 kann auch ein H-Atom sein[3].

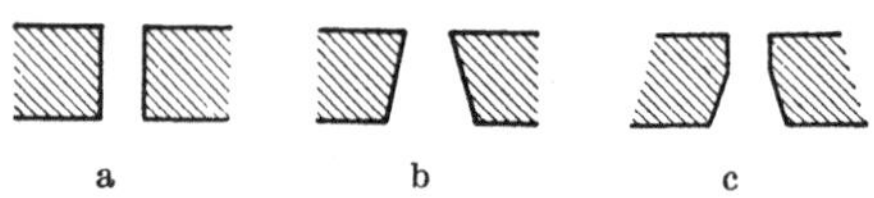

Abb. 346. Verschiedene Düsenkanalbohrungen; a = zylindrischer, b = konischer, c = trichterförmiger Bohrkanal.

Die Bohrungen der Spinndüsen haben durchweg einen Durchmesser von 60, 70 oder 90 μ (0,060, 0,070 oder 0,090 mm). Es ist daher verständlich, daß für das Düsenbohren eine außerordentliche Spezialerfahrung erforderlich ist. Es kommt noch hinzu, daß manche Chemiefaserfabriken Düsen mit besonders geformten Bohrkanälen verlangen. So wird dem glatten zylindrischen Bohrkanal vielfach ein konischer oder ein trichterförmiger vorgezogen, da diese Formen ein besseres Spinnen gewährleisten (Abb. 346).

Den letzten Schliff verleiht der Düse eine Hochglanzpolitur, die nach bestimmten Geheimverfahren vorgenommen wird. Auch das Polieren ist recht schwierig, da durch die Politur nur der scharfe Grat an den Bohrkanälen weggenommen werden darf, wobei aber eine Verletzung der Kanalöffnung selbst peinlichst vermieden werden muß. Diese Arbeitsweise kann man sich nach einem der Firma *W. C. Heraeus* geschützten Verfahren dadurch erleichtern, daß man in die Bohrkanäle Mineralsalze einschmilzt, die nach dem Polieren durch Wasser wieder herausgelöst werden.

Die Spinndüsen werden von Spezialfirmen hergestellt. Von einzelnen Chemiefaserfabriken wird allerdings das Bohren selbst vorgenommen.

Wie schon kurz erwähnt war, haben in der letzten Zeit auch Glasdüsen wieder an Interesse gewonnen. Auch Düsen aus Halbedelsteinen, in Kunststoff, beispielsweise Mipolam, gefaßt, sind versuchsweise eingesetzt worden. Schließlich versucht man zur Zeit auch Düsen ganz aus Kunststoffen herzustellen[4].

[1] U.S.A. Pat. 2125031 der American Enka Corporation.
[2] DRP.-Anm. N 38040 der Onderzoekings Instituut Research.
[3] Vgl. hierzu auch DE VARENNES: L'Ind. Text. **63**, 179 (1946).
[4] JACOBSOHN: Silk and Rayon World **23**, 52 (1946).

Nach GÄBEL[1] ist es durch Anwendung besonderer Glassorten gelungen, die Wandstärke bei Glasdüsen auf 1 mm zu drücken, so daß man mit normalen Spinndrucken arbeiten kann. Der Lochdurchmesser kann bei Glasdüsen größer gehalten werden, da man stärker verstrecken kann, ohne befürchten zu müssen, daß es im Düsenkanal zu Ablagerungen kommt. Das Koagulat löst sich von Glasdüsen viel leichter ab als von Metalldüsen, da die Viskose auf Glas nicht zum Kriechen neigt; der koagulierte Faden soll bei Glasdüsen sogar von selbst an die Spinnbadoberfläche kommen.

Die Düsen erfordern im Betrieb sorgsamste Pflege, die der sog. Düsenstation obliegt. Die Düsen werden an den Spinnmaschinen periodisch gewechselt. Darüber hinaus werden unregelmäßig spinnende Düsen ausgewechselt. Die Größe des un-

Abb. 347. Düsenwaschmaschine der Fa. Oscar Kohorn u. Co., Ltd., New York. (Links geöffnet.)

freiwilligen Düsenwechsels gibt ein Bild vom Filtrationszustand der Viskose. Gebrauchte Düsen werden vom Spinner mit der Verschraubung in der Düsenstation abgeliefert. Hier werden Düse und Verschraubung zunächst durch Abbrausen mit Wasser oberflächlich gesäubert. Darauf wird mit Spezialwerkzeugen die Düse aus der Verschraubung herausgenommen und die Düse für sich allein noch einmal in fließendem Wasser gereinigt. Hierauf spritzt man jede Düse unter hohem Druck mit Wasser ab, bis alle Viskosereste aus den Bohrkanälen entfernt sind. Alsdann legt man die Düsen, wenn nötig, einige Zeit in warme Chromschwefelsäure oder kalte Schwefelsäure ein, wodurch die letzten Spuren organischer Substanz entfernt werden. Schließlich wird mit Wasser nachgespült. Dann werden die Düsen in Trockenschränken getrocknet. Vor der Ausgabe an die Spinnerei werden die Düsen einer sorgsamen Kontrolle unterzogen. Man hat hierfür Spezialapparate entwickelt. So kann man das Bild der Düsenöffnungen beispielsweise auf eine weiße Wand projizieren, wodurch man infolge der hohen Vergrößerung Unregelmäßigkeiten an den Bohrkanälen gut erkennen kann. Meistens betrachtet man die Düsen aber unter einem Mikroskop oder einer guten binokularen Lupe. Unregelmäßige Bohrkanäle müssen nachgearbeitet werden. Dies geschieht durch Nachstechen mit Spezialwerkzeugen und wird gleichfalls unter der Lupe vorgenommen. Es erfolgt dann noch

[1] GÄBEL: Kunsts. u. Zellw. **27**, 429 (1949).

eine Politur der Düsen. Sind die Düsen wieder gebrauchsfertig, so werden sie mit Preßluft ausgeblasen, um Staub- und Metallteilchen zu entfernen. Dann werden sie in die Verschraubung eingesetzt und mit Cellophan überzogen. In dieser Weise staubdicht verpackt gelangen sie wieder an den Spinner zur Ausgabe.

Für das Reinigen und Waschen der Spinndüsen sind verschiedene Vorrichtungen gebaut worden. Im Prinzip bestehen diese aus rechteckigen Metallplatten mit einer Anzahl in Reihen angeordneter Löcher, in die die Düsen eingesetzt werden und mit denen man die Düsen unter die einzelnen Behandlungsstufen bringt.

Eine Spezialwaschmaschine für Spinndüsen wurde von der Firma *Oscar Kohorn u. Co., Ltd.*, gebaut. Sie ist in Abb. 347 dargestellt und besteht aus zwei runden Platten, die 50 Löcher zur Aufnahme der Düsen besitzen, die durch die obere Platte festgehalten werden. Die Platten sind zentrisch in einem zylindrischen Gehäuse angebracht. Durch eine senkrechte Achse werden diese Platten mit Hilfe eines kleinen Motors von $^1/_8$ PS in Umdrehung versetzt; sie machen etwa 50 Umdrehungen in der Minute. Durch je zwei oberhalb und unterhalb der sich drehenden Platten angeordnete Spritzdüsen wird weiches, heißes Wasser unter hohem Druck beidseitig gegen die Spinndüsen gespritzt. Der Waschprozeß nimmt im ganzen etwa 10 Minuten in Anspruch.

17. Kapitel.

Die Nachbehandlung (Wäsche) der Gespinste, das Schneiden der Zellwolle, die Rückgewinnung von Schwefelkohlenstoff.

Die von der Spinnerei kommenden Gespinste enthalten eine Reihe von Stoffen als Verunreinigung. So schleppen sie Reste von Spinnbad, also Säure und Salze, mit, ferner kollodialen Schwefel, der sich beim Zersetzen des Xanthogenates gebildet hat und der zum Teil der frischen Faser oberflächlich anhaftet, zum Teil innerhalb der Faser verteilt ist. Unter diesen Verunreinigungen befindet sich auch von der Faser absorbierter und zum Teil in der Spinnbadflüssigkeit gelöster Schwefelkohlenstoff, der in der letzten Zeit, und zwar besonders bei der Zellwolle, zurückgewonnen wird. Es ist daher nötig, in diesem Kapitel kurz auch hierauf einzugehen, wenn auch noch nicht überall eine Rückgewinnung erfolgt.

Die Faser muß durch eine Nachbehandlung von diesen Verunreinigungen befreit werden. Zu der Nachbehandlung zählt aber auch das Bleichen der Faser, das erforderlichenfalls durchgeführt wird, sowie das Avivieren. Der letzteren Operation soll allerdings ein besonderes Kapitel gewidmet werden.

I. Die Bäder.

a) Das Wasser.

Die Nachbehandlung der Faser findet durch Anwendung von Bädern statt, infolgedessen spielt bei der Nachbehandlung das Wasser eine große Rolle, und zwar sowohl in wirtschaftlicher als auch in qualitativer Hinsicht. Der Wasserverbrauch in der Reyon- und Zellwollnachbehandlung ist außerordentlich hoch. Der weitaus größte Anteil der Wassermenge einer Reyon- und Zellwollfabrik wird bei der Nachbehandlung der Faser verbraucht. Es ist verständlich, daß man versucht hat, den Wasserverbrauch so weit als irgend angängig einzuschränken. Dies ist möglich durch weitgehende Anwendung des Gegenstromprinzipes in der Nachbehandlung, sowie durch besonderen Aufbau der Spulen- und Zentrifugengespinste, der ein Waschen mit einer möglichst geringen Wassermenge zum Ziele hat. Hierbei sind recht beachtliche Fortschritte erzielt worden.

Das für die Nachbehandlung der Gespinste verwendete Wasser muß klar und weich sein. Die Anwesenheit von Eisen und Mangan ist störend. Eisen kann zu braunschwarzen Verfärbungen führen, während Mangan bei der Bleiche durch Katalyse Schäden verursachen kann.

Hartes Wasser läßt auf den Fasern schmierige Abscheidungen entstehen. Bei der Veraschung von derartigen Fasern findet man neben Kalzium- und Magnesiumoxyd aber auch Aluminiumoxyd. So fand STEIN[1] 38% Al_2O_3 in der Asche. Das Aluminium gelangt aus Apparaturen und Rohrleitungen in das Wasser, da es besonders in der Hitze von alkalischem Wasser angegriffen wird. Das Wasser muß daher enthärtet werden. Als Enthärtungsverfahren kommt für die Nachbehandlung eigentlich nur das Permutitverfahren in Frage, da die beim Kalk-Soda-Verfahren im Wasser verbleibende Resthärte noch zu Komplikationen führen kann: Man muß bedenken, daß beim Erhitzen eines nach dem Kalk-Soda-Verfahren enthärteten Wassers noch eine Nachreaktion stattfindet. Wie nun beobachtet worden ist, vollzieht sich diese Nachreaktion fast ausschließlich an der Oberfläche der mit dem Wasser in Berührung gebrachten Gespinste, wobei sich das Kalziumkarbonat als hauchdünne, feine Schicht auf den Fasern ablagert. Zwar wird diese Haut zum Teil im Entschwefelungsbad wieder gelöst, was im Entschwefelungsbad eine Anreicherung an Kalzium und Magnesium verursacht, doch geht die Lösung nicht so weit, daß weitere Schwierigkeiten im Avivagebad mit Sicherheit vermieden werden. Je nach der Art des angewandten Avivagemittels erhält man dann Schichten auf der Faser, die ihr nach dem Trocknen einen grauen Farbstich verleihen und die den Aschengehalt der Fasern wesentlich steigern können.

b) Das Entschwefelungsbad.

Der dem frischen Gespinst oberflächlich anhaftende Schwefel kann schon durch Behandlung mit heißem Wasser von der Faser entfernt werden. Diese Behandlung reicht aber bei unter normalen Bedingungen gesponnenen Fasern nicht aus, um auch den im Innern der Faser befindlichen Schwefel aufzulösen. Dies wird jedoch durch Lösungen von Ätzalkalien bei Temperaturen von 60···65° C erreicht, wobei der Schwefel in lösliche Polysulfide und in Thiosulfat übergeführt wird[2]. Die Reaktion verläuft etwa nach der Gleichung:

$$6\,NaOH + 12\,S = 2\,Na_2S_5 + Na_2S_2O_3 + 3\,H_2O.$$

Erleichtert wird die Entschwefelung, wenn man eine ätzalkalische Lösung von Natriumsulfid verwendet, es genügt dann zur Auflösung des Schwefels eine Temperatur von 50···55° C.

In der Praxis arbeitet man auch mit einer Lösung von Natriumsulfid und Natriumsulfit in Natronlauge.

---

[1] STEIN: Kunstseide **14**, 408 (1932).
[2] EGGERT: Herstellung und Verarbeitung der Viskose, S. 166. Berlin 1931.

Die Konzentration des Entschwefelungsbades an Schwefelnatrium schwankt in den einzelnen Werken zwischen 1 und 3 g im Liter, der Sulfitgehalt zwischen 1,5 und 2,5 g im Liter, und der Ätznatrongehalt zwischen 8 und 10 g im Liter. An Stelle von Natriumsulfid kann auch Ammoniumsulfid genommen werden. Das Schwefelnatrium kann, wie S. 474 ausgeführt wurde, auch aus der Reinigungsanlage für die Spinnereiabgase stammen.

Ätzalkalische Schwefelnatriumbäder greifen bei den direkten Spinnverfahren die Spinnspulen sowie ihre Tragkörper stark an, da diese im Gegensatz zu den alten Spinnverfahren gleichfalls der Einwirkung der Behandlungsflüssigkeit ausgesetzt sind. Diese Korrosion wird jedoch vermieden, wenn als Entschwefelungsbad ausschließlich Natriumsulfit verwendet wird. Hierbei kommt eine Konzentration von etwa 20 g im Liter in Frage. Sulfitbäder benötigen allerdings eine Temperatur von 60···70° C. Diese Maßnahme ist nicht erforderlich, wenn die Apparaturen für die Wäsche aus Edelstahl bestehen, was bei den modernen Zentrifugenspinnereien meistens der Fall ist.

Ein besonderes Augenmerk ist auf das Auswaschen der entschwefelten Chemiefaser zu lenken. Die entstandenen Polysulfide werden durch kaltes Wasser hydrolytisch gespalten, wodurch wieder elementarer Schwefel entsteht, der sich auf der Faser niederschlagen kann. Deshalb muß das Auswaschen mit Wasser von mindestens 45° C vorgenommen werden.

Zur Ersparnis an Chemikalien ist es ratsam, zwei Entschwefelungsbäder hintereinander zu schalten und im Gegenstromprinzip zu arbeiten. Das zweite, mit Polysulfiden angereicherte Bad wird dann als erstes Bad für die nächste Charge verwendet. Die vollkommene Entschwefelung erfolgt darauf im zweiten, sauberen Bad.

Mit wesentlich milderen Mitteln läßt sich die nach dem Lanusaverfahren gesponnene Faser entschwefeln. Hierbei hat sich gezeigt, daß man durch eine ausreichende Behandlung mit heißem Wasser eine auch im Innern genügend entschwefelte Faser erhält.

Auch für die Entschwefelung eines Fadens im laufenden Arbeitsgang (s. 22. Kapitel) ist die Anwendung einer alkalischen Lösung von Schwefelverbindungen nicht erforderlich. Sofern man einen einzelnen Faden der Entschwefelung unterwirft, genügt zur ausreichenden Befreiung vom Schwefel eine Behandlung mit warmer, verdünnter Schwefelsäure.

STEIN schlägt im DRP. 622403 vor, das Entschwefeln mit den Salzen der hochmolekularen Fettalkohole (Gardinol), den Fettsäureestern der niedrigen aliphatischen oxysulfosauren Salze (Igepon T) oder den Neutralsalzen der Fettsäureamide des unsymmetrischen Dialkyldiaminoäthans (Sapamin CH, A oder MS) vorzunehmen. Durch ein- bis zweistündige Einwirkung einer $1^1/_2$···2proz. Lösung dieser Körper soll eine vollkommene Entschwefelung herbeigeführt werden. Versuche haben jedoch gezeigt, daß bei normalen Chemiefasern eine vollständige Entschwefelung des Faserinnern nach diesem Verfahren kaum möglich ist.

c) Das Bleichbad.

Gebleicht wird mit Natriumhypochlorit oder Wasserstoffsuperoxyd[1]. In neuester Zeit wird auch mit Natriumchlorit gearbeitet. In einigen Fällen wird auch eine Auf-

[1] Der Elektrochemische Werke München A.G., Höllriegelskreuth, bin ich für nähere Angaben zu Dank verpflichtet.

hellung der Faser mit den sog. optischen Bleichmitteln herbeigeführt. Die Natriumhypochloritlösung wird allgemein als „Natronbleichlauge" fertig bezogen. Sie hat in dieser Form eine Dichte von 25° Bé, was einem Gehalt an wirksamem Chlor von 150···160 g im Liter entspricht. Beim Arbeiten mit Hypochloritlösung werden meist zwei Bleichbäder hintereinandergeschaltet, zwischen denen mit Wasser gespült wird. Je nach der Farbe der rohen Faser sowie je nach dem gewünschten Bleichgrad wird das Bad auf eine Konzentration von 0,7···1,5 g aktives Chlor im Liter eingestellt. Bezüglich des Reaktionsmechanismus bei der Chlorbleiche sei z. B. auf MECHEELS[1] verwiesen.

Von großer Bedeutung bei der Bleiche ist die Einstellung des Bades auf den richtigen p_H-Wert. Das Bleichen wird in einem schwach alkalischen Bereich vorgenommen. Die Bleichbäder werden meist auf einen Gehalt von 0,1···0,15 g im Liter Ätznatron eingestellt. Untersuchungen von WEBER und HUSEMANN[2] haben jedoch gezeigt, daß das Arbeiten in einem schwach sauren Bereich, etwa bei p_H 5, in bezug auf die Verhütung von Faserschädigungen günstiger ist. Der saure Bereich ist auch aus dem Grunde vorzuziehen, weil eine alkalisch behandelte Faser beim Trocknen leicht einen unansehnlichen, grauen Farbstich annimmt. Dieser Nachteil tritt bei einer Wasserstoffsuperoxydbleiche nicht ein, weshalb einige Reyonfabriken dazu übergegangen sind, eine Behandlung der Faser mit Wasserstoffsuperoxyd vorzunehmen. Das Bleichen mit Wasserstoffsuperoxyd bedingt allerdings eine längere Behandlungszeit als die Chlorbleiche; man wendet daher vielfach auch eine kombinierte Chlor-Wasserstoffsuperoxydbleiche an. Dies hat noch den Vorteil, daß auf der Faser zurückgebliebene schädliche Chlorreste durch das nachfolgende Superoxyd unschädlich gemacht werden.

Bei der Anwendung der Wasserstoffsuperoxydbleiche ist der Werkstofffrage sowie der Wasserfrage erhöhte Aufmerksamkeit zu schenken. Kupfer, Messing, Eisen, Blei und Nickelin dürfen bei dem Bau der Apparaturen nicht verwendet werden. Dagegen eignen sich sehr gut Apparaturen aus nichtrostendem Stahl (V4A oder Remanit). Der *Elektrochemische Werke München A.G.* ist unter DRP. 515596 Aluminium als Werkstoff geschützt. In der sog. Rieselwäsche (s. weiter unten) kann Wasserstoffsuperoxyd nicht verwendet werden.

Die Superoxydbleichbäder müssen in geeigneter Weise stabilisiert werden. Hierfür kommen zwei Verfahren in Betracht, nämlich das Stabilisieren mit Wasserglas und das Stabilisieren mit Natriumpyrophosphat. Die Wahl des Stabilisierungsverfahrens hängt von der Wasserbeschaffenheit ab. Hartes Wasser wird mit Wasserglas stabilisiert, da die Stabilisierung durch Kalzium- oder Magnesiumsilikat bewirkt wird, die sich in einem Überschuß von Wasserglas lösen. Für die Stabilisierung ist eine Wasserhärte von etwa 5° DH am günstigsten. Permutitwasser kann durch Zumischen von hartem Wasser oder von Magnesiumsalzen brauchbar gemacht werden. Das Reyon kann nach dem Behandeln im Chlorbade abgesäuert werden, was aber nicht erforderlich ist, und wird dann mit einem Bade behandelt, das beispielsweise die folgende Zusammensetzung hat:

2 cm³ Wasserstoffsuperoxyd 40%,
1,5···3 cm³ Wasserglas,
0,3···0,6 g Soda calc. im Liter.

[1] MECHEELS: Melliand Textilber. **16**, 725 (1935).
[2] WEBER u. HUSEMANN: J. prakt. Chem. **161**, 28 (1942).

Bleichdauer sowie Bleichtemperatur sind durch den kontinuierlichen Arbeitsgang der Faserbehandlung gegeben. Je kürzer die Bleichdauer genommen werden muß, um so höher muß man mit der Temperatur gehen. Aber auch eine Erhöhung der Wasserstoffsuperoxydkonzentration ist zulässig.

Nach dem Wasserstoffsuperoxydbleichbade wird das Fasergut erst warm, dann kalt gespült. Es ist zu bedenken, daß durch das Bleichbad wieder Salze in das Gespinst gelangen. Zur Ernierdrigung des Aschengehaltes wird daher zweckmäßig mit Essigsäure abgesäuert.

Im folgenden soll auch für eine Stabilisierung mit Pyropospha t ein Beispiel gegeben werden[1]:

$3\cdots7$ cm³	Wasserstoffsuperoxyd 40%,
1 cm³	Ammoniak,
2 g	Natriumpyrophosphat krist. im Liter.

Die Bleichtemperatur beträgt etwa 50° C und darf bei diesem Verfahren 60° C nicht übersteigen, da das Pyrophosphat oberhalb dieser Temperatur keine Stabilisierwirkung mehr besitzt.

Für Sonderzwecke kann man auch mit einem nicht stabilisierten Bleichbad arbeiten, beispielsweise mit folgendem:

$1\cdots2$ cm³	Wasserstoffsuperoxyd 40%,
1 g	Netzmittel,
0,5 g	Soda calc. im Liter.

Als Netzmittel empfiehlt die *Elektrochemische Werke München A.G.* Igepal oder Superkolloid; gut bewährt hat sich auch Stokopol N.

In einigen Sonderfällen, beispielsweise für die Herstellung von Gummibändern, wird ein leicht blaustichiges Reyon verlangt. Man kann in diesen Fällen nach der Chlor- oder Superoxydbleiche ein Bad mit einer Spur Alizarinirisol geben. Dieser Farbstoff kann auch dem Avivagebad zugegeben werden. Hier sind jedoch auch optische Bleichmittel am Platze.

Wie schon erwähnt war, arbeitet man neuerdings auch mit Natriumchlorit[2], das entweder in kristallwasserhaltiger Form ($NaClO_2 \cdot 3\,H_2O$) oder in Form des Anhydrids ($NaClO_2$) von den Chemiefaserwerken bezogen wird. Gegenüber dem Hypochlorit hat das Natriumchlorit den Vorteil, daß es trotz eines höheren Oxydationspotentials die Zellulosefaser selbst praktisch nicht angreift, dafür aber um so energischer die zu bleichenden Fremdstoffe zerstört.

Natriumchlorit wird normalerweise in saurem p_H-Bereich angewandt, wobei man das Bad mit Ameisensäure auf einen p_H-Wert von 3,5 einstellt. Zur Stabilisierung setzt man dem Bade Chlorit-Puffersalz zu. Man benötigt je Liter Flotte $0{,}5\cdots1{,}0$ g Natriumchlorit und $0{,}5\cdots1{,}0$ g Ameisensäure. Es wird empfohlen, das Bleichen bei einer Temperatur von 40° C zu beginnen und die Temperatur innerhalb von 30 Minuten auf $65\cdots70°$ C zu steigern. Bei niedrigeren pH-Werten wird Chlordioxyd frei, das zu Geruchsbelästigungen führen kann, wenn keine geschlossenen Apparaturen zur Verfügung stehen[3].

Katalyseschäden durch Schwermetallsalze sind bei Natriumchlorit nicht möglich. Es empfiehlt sich, in Behältern aus nichtrostendem Stahl zu arbeiten.

---

[1] Nach Angabe der Elektrochemische Werke München A.G.
[2] Vgl. hierzu Meybeck: Teintex **14**, 205 (1949). Daselbst weitere Literaturhinweise.
[3] Nach Angabe der Degussa, Frankfurt-Main.

Das Bleichen der Zellwolle wird gleichfalls sowohl mit Chlorbleichlauge als auch mit Wasserstoffsuperoxyd oder Natriumchlorit vorgenommen. Die Wahl des Bleichverfahrens hängt von der Arbeitsweise und den verwendeten Werkstoffen ab. Während bei Reyon aber meist der Wasserstoffsuperoxydbleiche ein Chlorbad vorgeschaltet wird, ist bei der Zellwolle auch ein ausschließliches Bleichen mit Wasserstoffsuperoxyd in Gebrauch. Die Wasserstoffsuperoxydbehandlung wird hier durchweg mit dem Avivagebad kombiniert.

Wie schon erwähnt war, finden neuerdings sowohl in den Reyon- als auch in den Zellwollbetrieben optische Weißtöner Verwendung, wie sie beispielsweise von den *Farbenfabriken Bayer* unter dem Namen Blankophore in den Handel gebracht werden. Die Blankophore sind weiße bis schwach gelblich gefärbte Körper mit Farbstoffcharakter, sie ziehen nach der Art der substantiven Farbstoffe in wenigen Minuten auf Zellulosefasern auf, wobei die Anwesenheit von Salzen oder hartes Wasser die Aufziehgeschwindigkeit erhöhen. Ihre Wirkung beruht in der Umwandlung unsichtbarer kurzwelliger Lichtstrahlen in sichtbare langwellige Lichtstrahlen.

Es sind mehrere Blankophor-Marken verfügbar, die sich durch den Farbton unterscheiden. Sie lösen sich leicht durch Übergießen mit heißem Wasser, wobei es nicht zweckmäßig ist, Stammlösungen länger aufzubewahren. Für das Aufziehen auf die Faser ist eine mittlere Wasserhärte günstig, jedoch sind Eisenverbindungen fernzuhalten, da diese den Effekt beeinträchtigen.

Die Blankophore werden zweckmäßig mit dem Avivagebad kombiniert angewandt. Für die Badkonzentration können 0,01 g im Liter als Richtlinie angegeben werden. Überdosierung ist zu vermeiden.

d) Weitere Bäder.

Neben den Entschwefelungs- und Bleichbädern sind noch Säurebäder und in einigen Betrieben Ammoniakbäder in Gebrauch. Das Säurebad wird zunächst zum Neutralisieren der alkalischen Entschwefelungsbäder verwandt. Es kommt dem Säurebad aber auch die Aufgabe zu, Metallsulfide zu lösen, die sich beim Entschwefeln gebildet haben. Weiter werden Säurebäder benötigt, um nach dem Bleichen Reste von Chlor auf der Faser zu zerstören. Hierfür sind Salzsäure sowie auch salpetrige Säure in Form von Natriumnitrit in Gebrauch. Das Vernichten restlicher Chlorspuren erfolgt in einigen Werken auch durch Lösungen von Natriumthiosulfat. Um ganz sicher zu gehen, kann man nach dem Absäuern nach der Chlorbleiche noch ein ammoniakhaltiges Bad geben, um eventuell im Überschuß vorhandene Säurereste wieder unschädlich zu machen. Diese Arbeitsweise ist besonders dann am Platze, wenn als letztes Bad ein Avivagebad angewandt wird, das nicht alkalisch reagiert und keinen Fettkörper von ungesättigtem Charakter enthält.

Politzer hat gefunden, daß sich an Stelle von Säure nach dem Wasserbad hinter der Entschwefelung vorteilhaft Lösungen von Phosphaten verwenden lassen. Die amerikanische Patentschrift 2501090 der Firma *Oscar Kohorn u. Co. Ltd.* gibt Natrium-hexa-metaphosphat, Natrium-hepta-phosphat oder Natriumpyro-phosphat in Konzentrationen von 0,05···0,1% an. Die Behandlung soll warm während 20 Minuten durchgeführt werden. Es sollen sich hierdurch lösliche Komplexe mit den im Entschwefelungsbad entstandenen Metallsulfiden bilden, was sich in günstigster Weise auf den Rohton der fertigen Faser auswirken soll.

Die das letzte Bad verlassende Faser besitzt stets einen Aschengehalt von 0,1 bis 0,25%, der aber normalerweise nicht stört. Es gibt allerdings ein Anwendungsgebiet für Reyon, das eine vollkommen aschefreie Faser verlangt. Dies ist die Herstellung von Gas-Glühlichtstrümpfen, bei denen die Faser mit den Salzen der seltenen Erden imprägniert wird. Anorganische Rückstände setzen hierbei die Leuchtkraft der glühenden Strümpfe erheblich herunter. Das für diesen besonderen Verwendungszweck in Frage kommende Reyon muß daher in der Wäscherei eine Spezialbehandlung erfahren. Sie besteht in einem Behandeln mit verdünnter Ameisensäure. Da Reste von Ameisensäure aber zu Faserschädigungen führen können, so muß nach dem Ameisensäurebad wieder sorgfältig gespült werden, was zweckmäßigerweise, um nicht wieder neue Salze auf die Faser zu bringen, mit Kondenswasser geschieht („Entaschtes Reyon“).

e) Die Badanlage.

Unterhalb des Arbeitsraumes, in dem die Nachbehandlung der Gespinste vorgenommen wird, oder unmittelbar neben ihm, befindet sich die Badanlage, die man auch mit Bäderkeller bezeichnet. Er enthält große Bottiche, die zur Aufnahme der verschiedenen Behandlungsflüssigkeiten dienen. Sie sind mit Ausnahme der für die Entschwefelungsbäder bestimmten Bottiche aus Holz erstellt, besser sind jedoch Behälter aus Edelstahl. Die Lauge oder die Schwefelnatriumbäder können auch von eisernen Gefäßen aufgenommen werden; für Natriumsulfit kann man kein Eisen verwenden, da dieses, besonders an den Stellen, an denen Luft Zutritt hat, angegriffen wird. Hier sind auch Steingutgefäße oder ausgekachelte Bottiche zu empfehlen. Für die Aufnahme von Salzsäure sind gummierte Bottiche geeignet. Der Bäderkeller enthält außer den Vorratsbottichen die Lösegefäße für das Schwefelnatrium, Sulfit sowie erforderlichenfalls für das Thiosulfat und Nitrit. Weiter sind im Bäderkeller Löse- und Mischgefäße für die Avivage untergebracht. Die letzteren bestehen zweckmäßigerweise aus Steinzeug oder Edelstahl. Die erforderlichen Rohrleitungen werden am besten gleichfalls aus Steinzeug erstellt. In neuerer Zeit führen sich auch Leitungen aus Glas ein. Vielfach sind für Waschwasser und Avivage auch Aluminiumrohre in Gebrauch. Durch Kreiselpumpen, die gleichfalls im Bäderkeller stehen, werden die Behandlungsflüssigkeiten den einzelnen Waschstellen zugeführt. Bei der Druckwäsche genügt ein hydrostatischer Druck von 3···4 m Wassersäule, um die Flüssigkeiten durch die Gespinste zu drücken. Die Flüssigkeiten brauchen daher nicht durch Druckpumpen den Behandlungsstellen zugeleitet zu werden. Man stellt vielmehr auf eine über den Waschstellen befindliche Bühne kleinere Bottiche auf, aus denen die Behandlungsflüssigkeiten durch das Gefälle in die Behandlungsapparaturen strömen. Diese Bottiche sind durch eine Steigleitung mit den betreffenden Vorratsbottichen des Bäderkellers verbunden und werden ständig gespeist. Ein weites Überlaufrohr läßt den Flüssigkeitsüberschuß laufend in den Vorratsbottich zurückfließen.

Infolge des Einsatzes des gleichen Wassers an verschiedenen Behandlungsstellen können bei der Nachbehandlung große Wassermengen eingespart werden. So kann beispielsweise das Spülwasser nach den einzelnen Behandlungsstufen zum Entsäuern der frischen Gespinste verwendet werden. Das Wasser wird dann nach dem Passieren der betreffenden Waschstelle aufgefangen und weiterverwendet.

Die chemischen Behandlungsbäder werden laufend aufgefrischt. Man läßt zu diesem Zweck aus geeigneten Meßgefäßen konzentrierte Lösungen der verschiedenen Chemikalien kontinuierlich in dünnem Strahl in die Vorratsbottiche einfließen. Die Konzentration und Zusammensetzung der Bäder wird ständig überwacht. Nicht mehr einwandfreie Bäder werden ganz oder teilweise abgestoßen.

Bevor die einzelnen Bäder an die Waschstellen gelangen, ist es zweckmäßig, sie zu filtrieren.

Als Filtermaterial genügt in den meisten Fällen ein einfaches Nesseltuch. Beim Rieselverfahren kann man es sackförmig an dem Rohrende befestigen, aus dem die Flüssigkeit in die Verteilerkästen fließt. Als zweckmäßig hat es sich auch erwiesen, ein Filter in der Form eines sog. Patronenfilters in die Leitungen selbst einzubauen. Das Tuch wird hierbei über einen perforierten Tonkörper gewickelt. An Stelle des Tonkörpers kann man auch bakelitisiertes Aluminiumblech verwenden. Diese Filter sind besonders deshalb praktisch, weil sie keinen Raum beanspruchen. Sie werden so eingebaut, daß die Flüssigkeit von unten einströmt und oben seitlich abfließt. Man kann auch umgekehrt arbeiten, indem man die Filter in die Fall-Leitung einbaut. Hierbei muß man allerdings mit Druckabfall bei zunehmender Filterverstopfung rechnen. Wie Abb. 348 zeigt, kann das Filterelement zum Reinigen dann einfach nach oben aus dem Rohr herausgezogen werden.

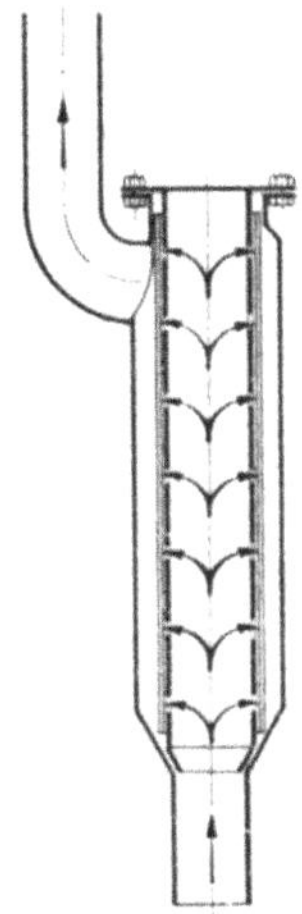

Abb. 348. Patronen-Filter.

Neuerdings haben sich die Filter der Firma *Fritz Scheibler*, Wuppertal-Elberfeld, für die Filtration der Behandlungsbäder eingeführt.

Das Scheibler-Filter (Abb. 349) besteht aus einem rechteckigen Trog mit klappbarem Deckel, der dicht auf den Trog aufgeschraubt werden kann. Filterelemente sind quadratische, zusammenklappbare Rahmen (Abb. 350), die mit einem allseitig geschlossenen Gewebebeutel überzogen werden. Dieser Beutel hat zur Vergrößerung der Filterfläche die dreifache Breite des Filterelementes, so daß er dieses harmonikabalgartig umgibt (Abb. 351). Die zu filtrierende Flüssigkeit tritt unten seitlich, in der Regel mit einem hydrostatischen Druck von 3···6 m Wassersäule, in den Filterbehälter ein, durchdringt das Filtergewebe und wird durch die oberen Rohre des Filterelementes abgeführt. Durch Suspension geeigneter faseriger oder körniger Materialien in dem ersten Quantum der zu filtrierenden Flüssigkeit ist das Filter auch als Anschwemmfilter zu benutzen.

Abb. 349. Filter der Fa. Fritz Scheibler, Wuppertal-Elberfeld.

Die Scheibler-Filter können in der Bäderstation sowohl zur Filtration des Wassers als auch der chemischen Behandlungsbäder verwendet werden, wobei sich bei der

Wasserfiltration Kieselgur als zusätzliches Filtermaterial bewährt hat. Bei einer Filterleistung von 1,2 m^3 je m^2 Filterfläche konnte z. B. der Eisengehalt des Filtrats auf unter 0,03 mg je Liter gebracht werden.

Für die Druckwäsche ist wichtig, daß durch Einbau des Filters nur ein ganz unwesentlicher Druckabfall erfolgt. Nach Beobachtungen aus der Praxis liegt die Filterleistung bei Entschwefelungsbädern zwischen 750 und 1500 l je m^2 Filterfläche, bei Avivagebädern zwischen 400 und 600 l, wobei eine Filterlaufzeit von 3···6 Tagen angenommen werden kann.

Die Reihenfolge der Bäder ist schon in den auf S. 195 bzw. 196 gegebenen Schemen gezeigt worden. Die Gesamtwaschdauer beträgt je nach der Arbeitsweise 2···3 Stunden. Die einzelnen Behandlungsbäder kommen 20···40 Minuten zur Anwendung. Dazwischen liegen kurze Zeiten zum Abtropfen oder Spülen.

Abb. 350. Filterelement des Scheibler-Filters.

Abb. 351. Mit Filterbeutel überzogenes Filterelement des Scheibler-Filters.

Da die Wäsche kontinuierlich vorgenommen wird, so müssen die Gespinste auf allen Waschstellen gleich lange Zeiten verbleiben. Kann die Behandlung auf einer Waschstelle in dieser durch den Rhythmus der Fließarbeit gegebenen Zeit nicht zu Ende geführt werden, so müssen zwei oder drei gleichartige Behandlungsbäder hintereinandergeschaltet werden. Dies ist meistens bei der Entschwefelung sowie auch bei der Bleiche der Fall.

f) Untersuchung der Bäder.

Wasser. Auf die ausführliche Beschreibung der Wasseruntersuchung kann hier verzichtet werden, es sei hier auf die einschlägige Literatur verwiesen. Wir wollen uns auf die Bestimmung der Härte sowie auf die Bestimmung des Eisen- und Mangangehaltes beschränken.

Bei der Härte unterscheidet man die Karbonathärte (vorübergehende Härte) und die Nichtkarbonathärte (bleibende Härte). Die qualitative Prüfung des Wassers auf die Anwesenheit von Härtebildnern geschieht in der Weise, daß man zu der Wasserprobe einige Tropfen einer alkoholischen Seifenlösung gibt. Bei Anwesenheit von Härtebildnern flockt Kalkseife aus.

Zur quantitativen Bestimmung der *Gesamthärte* gibt man in einen 50 cm^3 fassenden Schüttelzylinder mit eingeschliffenem Stopfen 40 cm^3 der Wasserprobe, setzt einige Tropfen Phenolphthaleinlösung zu und gibt tropfenweise n/10 Natronlauge bis zur schwachen Rosafärbung zu. Hierauf wird das Wasser mit alkoholischer Seifenlösung titriert, die zu diesem Spezialzweck von der Firma *Merck*, Darmstadt, im Handel ist. Die Titration ist beendet, wenn der Seifenschaum beim Schütteln 5 Minuten unverändert stehen bleibt. Bei der Seifenlösung ist die 1 cm^3 entsprechende Härte angegeben.

Sollen die bleibende und vorübergehende Härte getrennt ermittelt werden, so bestimmt man außer der Gesamthärte noch die bleibende. Bei dieser Bestimmung wirken Eisen- und Manganverbindungen durch ihre Farbe störend. Die Lösung muß daher zuvor durch Schütteln mit Tierkohlenpulver entfärbt werden, falls Eisen und Mangan anwesend sind. Eisen- und Manganverbindungen sind bei der Berechnung zu berücksichtigen.

Das eventuell gereinigte Wasser wird mit Phenolphthalein versetzt und mit n/10 Natronlauge schwach alkalisch gemacht. Alsdann wird es mit n/10 Salzsäure genau neutralisiert. 100 cm^3 des so vorbehandelten Wassers werden mit 2···3 Tropfen Methylorangelösung versetzt. Dann wird mit n/10 Salzsäure titriert, bis die gelbe Farbe der Flüssigkeit in die rötliche übergegangen ist. 1 cm^3 n/10 Salzsäure entspricht bei 100 cm^3 Wasser einem Gehalt von 28 mg Kalziumoxyd im Liter oder einer Karbonathärte von 2,8°. Durch Subtraktion dieser Karbonathärte von der Gesamthärte erhält man die Nichtkarbonathärte.

Die Prüfung auf *Eisen* wird so vorgenommen, daß man die Wasserprobe zunächst mit etwas Salpetersäure versetzt. Hierdurch wird das meist in der zweiwertigen Form vorliegende Eisen in die dreiwertige übergeführt. Alsdann säuert man die Probe mit etwas eisenfreier, reiner Salzsäure an. Nunmehr werden einige Tropfen einer 10proz. Ferrozyankaliumlösung zugegeben. Die Anwesenheit von Eisen gibt sich durch Entstehen von Berlinerblau zu erkennen. An Stelle von Ferrozyankalium kann man auch Rhodanammonium nehmen, und zwar 2 cm^3 einer 10proz. Lösung auf 1000 cm^3 Wasser. Bei Anwesenheit von Eisen nimmt das Wasser eine Rotfärbung an.

Die quantitative Bestimmung des Eisengehaltes geschieht wie folgt: 200 cm^3 der Wasserprobe werden mit 3 cm^3 eisenfreier Salzsäure und 0,3 cm^3 3proz. Wasserstoffsuperoxyd versetzt. Diese Lösung wird gekocht und auf weniger als 100 cm^3 eingedampft. Nach dem Abkühlen setzt man 3 cm^3 10proz. Kaliumrhodanidlösung zu und füllt mit destilliertem Wasser auf 100 cm^3 auf. Die Färbung wird mit derjenigen einer Lösung mit bekanntem Eisengehalt verglichen. Diese Vergleichslösung erhält man durch Auflösen von 100 mg Ferrum metallicum pro analysi in 25 cm^3 Schwefelsäure 1:3 und Auffüllen mit destilliertem Wasser auf 1 Liter. Von dieser Vergleichslösung setzt man zu 100 cm^3 destilliertem Wasser, das 3 cm^3 Kaliumrhodanidlösung enthält, soviel zu, bis man dieselbe Farbe erhält, die die Probe besitzt. 1 cm^3 dieser Vergleichslösung entspricht einem Eisengehalt von 0,5 mg im Liter, wenn 200 cm^3 Wasser untersucht wurden.

Zum Nachweis von *Mangan* kocht man 50 cm^3 der Wasserprobe mit 5 cm^3 25proz. Salpetersäure 5···10 Minuten. Nach dem Abkühlen setzt man etwas chemisch reines, manganfreies Bleisuperoxyd zu und kocht 2···3 Minuten auf. Bei Anwesenheit von Mangan tritt die violette Permanganatfärbung auf.

Für die quantitative Bestimmung des Mangangehaltes werden 50 cm^3 Wasser mit 10 Tropfen reiner 25proz. Salpetersäure angesäuert und darauf vorsichtig mit 5proz.

Silbernitratlösung versetzt, wodurch die im Wasser enthaltenen Chloride ausfallen. Wenn ein geringer Überschuß an Silbernitrat vorhanden ist, fügt man eine Messerspitze Ammoniumpersulfat zu und erhitzt vorsichtig auf dem Sandbade. Das Wasser nimmt hierbei eine rosa bis rote Färbung an. Diese Lösung wird nach dem Erkalten in einen 100 cm^3 fassenden HEHNER-Zylinder gefüllt und bis zur Marke aufgefüllt. Die Farbe wird gegen eine Vergleichslösung von bekanntem Mangangehalt, und zwar eine aus n/100 Kaliumpermanganatlösung bestehende, verglichen. 1 cm^3 Kaliumpermanganat entspricht 0,11 mg Mangan.

Entschweflungsbad. Nach BERL-LUNGE läßt man zur Bestimmung des Schwefelnatriumgehaltes 10 cm^3 des Bades in 25 cm^3 mit Eisessig angesäuerte n-Jodlösung einfließen, indem man die Spitze der Pipette eintaucht und nachher mit destilliertem Wasser abspült. Die überschüssige Jodlösung wird mit n-Thiosulfatlösung zurücktitriert.

Die genaue Analyse eines gebrauchten Entschweflungsbades erfordert die Bestimmung des Sulfides, Sulfites und Thiosulfates. Hier sei auf KURTENACKER und WOLLAK[1] sowie BODNAR und GERVAY[2] verwiesen.

Bleichbad. Die Untersuchung der Chlorbleichbäder erstreckt sich auf die Bestimmung des Gehaltes an aktivem Chlor sowie der Alkalität bzw. Azidität.

Die Bestimmung des aktiven Chlores kann nach EBERT und NUSSBAUM wie folgt vorgenommen werden: Einige Körnchen Jodkalium werden in Wasser aufgelöst. Dann läßt man unter Umrühren 10 cm^3 Bleichlauge in die Jodkaliumlösung einfließen und gibt einige Kubikzentimeter verdünnter Salzsäure (1:2) zu. Die Lösung nimmt hierbei eine gelbe bis rotbraune Farbe an. Ist sie nicht völlig klar, so muß noch etwas Jodkalium zugegeben werden. Das ausgeschiedene Jod wird nun mit Thiosulfatlösung titriert, wobei man zum Schluß etwas Stärke als Indikator zusetzt. Die Thiosulfatlösung soll eine Konzentration von 70 g im Liter haben. Dann entspricht 1 cm^3 Thiosulfatlösung 0,01 g aktivem Chlor. Für die Bestimmung der Azidität wird von FÖRSTER und JORRE folgende Methode vorgeschlagen: Zu 50 cm^3 Bleichlauge gibt man 2···5 cm^3 n/5 Natronlauge und 10 cm^3 Wasserstoffsuperoxyd 10proz. Alsdann gibt man etwas Phenolphthalein zu. Darauf wird mit n/5 Salzsäure titriert. In gleicher Weise bestimmt man die Azidität des Wasserstoffsuperoxydes und bringt seinen Säuregehalt als Korrektur an. Aus dem Verbrauch an Säure oder Alkali ergibt sich die Alkalität oder Azidität des Bleichbades.

Für die Untersuchung von Natriumchloritlösungen gibt die *Degussa* folgende Methode an: Zu etwa 20 cm^3 10proz. Schwefelsäure werden 1···3 cm^3 Jodkalium-Lösung zugesetzt, und zwar:

bis zu 1 g	$NaClO_2$ i/l	1 cm^3 Jodkaliumlösung 1:10
bei 1—2 g	$NaClO_2$ i/l	2 cm^3 Jodkaliumlösung 1:10
bei 2—4 g	$NaClO_2$ i/l	3 cm^3 Jodkaliumlösung 1:10.

Hierauf werden mit der Pipette 10 cm^3 Natriumchloritlösung zugegeben, wobei sich die Lösung durch Ausscheiden von Jod braun färbt. Wenn sich ungelöstes Jod ausscheidet, ist zu wenig Jodkalium zugesetzt worden. In diesem Fall wird noch Jodkalium nachgesetzt. Nach 5 Minuten Stehen wird die Lösung mit $^1/_{10}$ normaler Natriumthiosulfatlösung bis zur schwachen Gelbfärbung titriert; zur genauen Bestimmung des Endpunktes werden einige Tropfen Stärkelösung (1:10) als Indikator

[1] KURTENACKER u. WOLLAK: Z. anorg. allg. Chem. **161**, 201 (1927).
[2] BODNAR u. GERVAY: Z. anal. Chem. **71**, 446 (1927).

zugesetzt. Der Endpunkt der Titration wird durch das Verschwinden der Blaufärbung angezeigt.

Berechnung: Es entsprechen:
1 cm^3 1/10 norm. Thiosulfatlösung = 0,00226 g $NaClO_2$.

Beispiel: Vorgelegt: 10 cm^3 Natriumchloritlösung
Verbraucht: 3,5 cm^3 1/10 norm. Thiosulfatlösung.
In 10 cm^3 Natriumchloritlösung sind also enthalten
3,5 · 0,00226 = 0,007991 g $NaClO_2$,
also in 1000 cm^3 = 9,07 g $NaClO_2$.

In Tabelle 113 sind für die gebräuchlichsten Konzentrationen die Ergebnisse der Titration zusammengestellt.

Die Bestimmung des p_H-Wertes geschieht am bequemsten und schnellsten mittels p_H-Papieren. Es genügt hierfür das sog. „Lyphan"-Papier. Für saure Chloritbäder kommt das Papier Nr. 658 (Bereich p_H 2,6···4,7) in Frage. Die Chloritlösung soll vor dem Eintauchen des Papiers auf 20···30° C abgekühlt werden, damit der Indikator nicht ausgebleicht wird.

Mit dieser Methode werden für die Praxis hinreichend genaue Werte ermittelt.

Für die Praxis eignet sich auch die Tüpfelmethode nach Tödt, sowie das Folienkolorimeter nach Wulff.

Tab. 113. Inhalt einer Lösung an $NaClO_2$ bei der Titration mit Thiosulfatlösung bei Vorlage von 10 cm^3 Natriumchloritlösung.

Verbrauch cm^3 1/10 norm. Thiosulfat	g $NaClO_2$ i/l.
1 cm^3	0,226
1,1 „	0,248
1,2 „	0,271
1,3 „	0,294
1,4 „	0,316
1,5 „	0,339
1,6 „	0,362
1,7 „	0,384
1,8 „	0,407
1,9 „	0,429
2,0 „	0,452
3,0 „	0,678
4,0 „	0,904
5,0 „	1,13

II. Die Durchführung der Wäsche.

Zwischen dem Spinnsaal und der Wäsche befindet sich in den nach dem Spulen- und Zentrifugenverfahren arbeitenden Reyonfabriken ein Abstellraum für die von den Spinnmaschinen kommenden Gespinste. Er dient als Puffer zum Auffangen der anfallenden Produktion. In diesem Raum verbleiben die sauren Gespinste so lange, bis sie zur Wäsche kommen. Die Abstellzeit ist so kurz wie möglich zu halten, damit das Spinnbad nicht in unerwünschter Weise auf das Material einwirken kann. Der Abstellraum ist so einzurichten, daß ein Austrocknen der Gespinste peinlichst vermieden wird. Zweckmäßig werden seine Wände gekachelt. Die Luft wird am besten durch Klimaanlagen gleichmäßig kühl und sehr feucht gehalten, etwa auf 90% relative Luftfeuchtigkeit. Das Einblasen von Dampf, das in einigen Betrieben zur Erhöhung der Feuchtigkeit üblich ist, kann nur als Notbehelf angesprochen werden. Es führt leicht zu örtlichen Überhitzungen, wodurch die an diesen Stellen befindlichen Gespinste in färberischer Beziehung ungünstig beeinflußt werden können.

Die erste Behandlungsstufe bei der Nachbehandlung der frischen Gespinste ist sowohl beim Reyon als auch bei der Zellwolle die Entsäuerung. Sie wird bewirkt durch ausreichende Behandlung mit Wasser. Wie schon erwähnt, braucht es sich hierbei nicht um Frischwasser zu handeln, es kann vielmehr aus wirtschaftlichen

Gründen auch Wasser verwendet werden, das auf einer anderen Waschstelle schon einmal benutzt worden war.

Neuerdings wird vielfach dem Entsäuerungsbade ein stark oberflächenaktives Reinigungsmittel zugesetzt, wobei sich besonders die modernen auf der Grundlage von alkylierten Benzolsulfosäuren aufgebauten Waschmittel bewährt haben. Sie führen eine schnelle Entsäuerung herbei und begünstigen das Abschwemmen von Verunreinigungen, die aus der Spinnerei stammen. Besonders gute Erfolge wurden mit der lösungsmittelhaltigen Kombination Stokopol L spezial[1] erzielt.

a) Die Wäsche des Reyon.

1. Alte Verfahren.

Wie aus dem 6. Kapitel hervorging, kommt das Reyon in der mannigfachsten Aufmachungsform in die Wäsche, je nachdem, ob es sich um das Walzen-, Spulen- oder Zentrifugenverfahren handelt und ob der betreffende Betrieb nach der alten Arbeitsweise arbeitet oder die direkten oder abgekürzten Spinnverfahren anwendet. Die Zellwolle kann als Kabel oder als Flocke in die Wäscherei kommen.

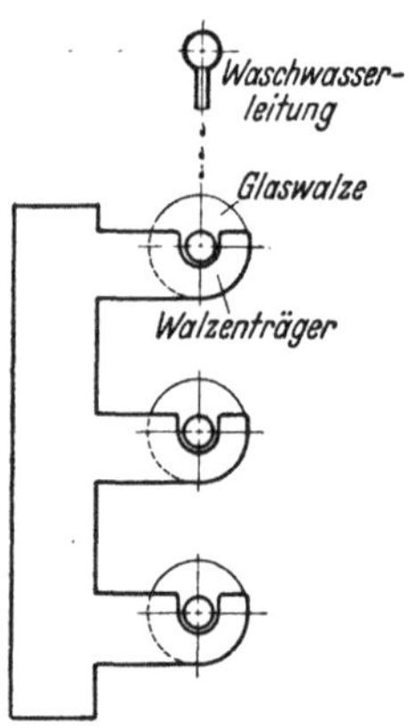

Abb. 352. Waschvorrichtung für Glaswalzen nach DRP. 111 409.

Mit Ausnahme des Zentrifugenverfahrens wird die Entsäuerung des Reyon stets an Gespinsten vorgenommen, die auf den Fadenaufnahmeorganen aufliegen. Bei den alten Verfahren wird nach dem Entsäuern ein Trockenvorgang eingeschaltet. Es sollen die alten Verfahren hier zunächst beschrieben werden.

Die Wäsche der Walzen. Die mit Reyon besponnenen Walzen werden durch Berieseln mit Wasser entsäuert. Sie werden zu diesem Zwecke in Holzgestelle, meist zu je 6 Walzen übereinander, eingesetzt, wie dies Abb. 352 zeigt[2]. Die Holzgestelle befinden sich an der Rückseite der Spinnmaschinen. Da die unteren Walzen in der ersten Zeit kein sauberes Wasser bekommen, sondern nur das schon mit den Säureresten und Salzen der oberen Walzen beladene, so werden die Walzen turnusmäßig umgesteckt, d. h. die unterste wird in das oberste Fach gelegt usw. Auf diese Weise kann die Waschzeit um einige Stunden verkürzt und eine entsprechende Wassermenge eingespart werden. Die Waschzeit beträgt je nach der Dicke und Wicklungsform der Gespinste 6···8 Stunden. Nach dem Waschen prüft man die Gespinste auf Säurefreiheit. Dies geschieht durch Bespritzen der Gespinste mit einer Methylorangelösung, die in großen Flaschen vorrätig gehalten wird und am besten mit Hilfe einer durch Preßluft wirkenden Spritzpistole auf die Gespinste gestäubt wird. Da man hierbei nur sehen kann, ob die Gespinste außen säurefrei sind, schneidet man zur Kontrolle von Zeit zu Zeit einige Gespinste auf und bespritzt sie auch innen. Färben sich die Gespinste noch rötlich an, so muß die Waschzeit verlängert werden. Die mit Methylorange bespritzten säurefreien Gespinste nehmen eine gelbliche Farbe an, die sich aber bei den weiteren Nachbehandlungsgängen wieder verliert.

Nach dem Entsäuern werden die Walzen getrocknet.

---

[1] Chemische Fabrik Stockhausen u. Cie., Krefeld.

[2] Fremery u. Urban: DRP. 111409.

Die Wäsche der Spulen. Das älteste Entsäuerungsverfahren bei der Spule ist die sog. Diffusionswäsche. Sie besteht aus großen rechteckigen Bottichen, in die die besponnenen Spulen in mehreren Lagen übereinander eingelegt werden. Um eine Beschädigung der Außenlagen der Gespinste durch die gegenseitige Berührung der Spulen zu verhüten, legt man über jede Spulenlage eine Bahn aus Nesseltuch. Hiermit wird zweckmäßigerweise auch die oberste Spulenlage abgedeckt, damit sich im Wasser eventuell vorhandene Schwebestoffe nicht auf den Gespinsten ablagern können. Die Bottiche werden dann mit Wasser gefüllt. Hierbei diffundieren die Salze sowie die Säure langsam aus dem Gespinst in das Wasser, das von Zeit zu Zeit erneuert wird. Die Diffusionswäsche nimmt außerordentlich lange Zeit in Anspruch. 90 g schwere Spulengespinste, wie sie früher üblich waren, benötigen zur ausreichenden Entsäuerung 4···6 Tage. Die Anlagen müssen daher außerordentlich groß dimensioniert sein, um die Kapazität nahezu einer ganzen Spinnwoche aufnehmen zu können. Eine gewisse Verkürzung der Waschzeit konnte dadurch erzielt werden, daß man das Waschwasser durch die Bottiche hindurchströmen läßt. Nach dem U.S.A. Pat. 1654552 von NEIDICH z. B. soll das Wasser von unten in die Bottiche einfließen und oben durch einen Überlauf abströmen. Infolge seiner Unwirtschaftlichkeit trifft man das Diffusionswaschverfahren seit einigen Jahren in den Reyonfabriken nicht mehr an.

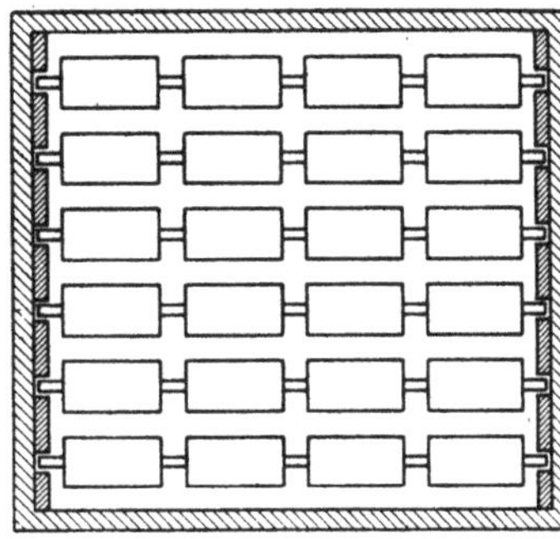

Abb. 353. Spulenwaschrahmen.

Die Entsäuerung wird vielmehr heute bei den Werken, die noch nach den alten Spinnverfahren arbeiten, auch beim Spulenverfahren in einer Rieselwäsche, auch Tropfwäsche genannt, vorgenommen. Die besponnenen Spinnspulen werden auf vierkantige Holzstäbe zu je 4 oder 6, je nach der Spulenbreite, aufgereiht. Je 6 solcher Holzstäbe werden dann in die Aussparungen eines viereckigen Holzrahmens eingesetzt (Abb. 353). Diese Manipulation erfolgt an der Spinnmaschine. Die mit Spulen beschickten Rahmen werden dann auf geeigneten Transportwagen zunächst in den Abstellraum und dann in die Wäsche gefahren.

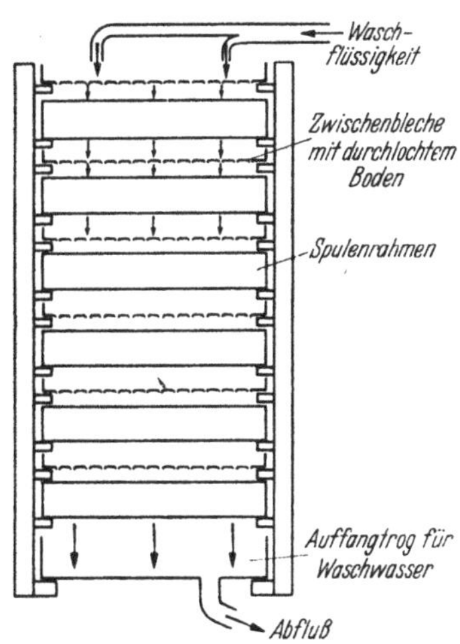

Abb. 354. Waschgestell für die Rieselwäsche von Spinnspulen.

Die Wäsche besteht aus aus Aluminiumstäben gebauten Regalen, in die die Rahmen zu 10 oder 12 übereinander eingeschoben werden (Abb. 354). Oberhalb jeder Einschiebestelle befindet sich ein profiliertes Blech, das zum Auffangen des von den Spulen abrieselnden Wassers dient. In den Boden der vertieften Rillen dieses Bleches sind Löcher eingebohrt, durch die das Wasser auf die nächst tieferen Spulen tropft. Ein gleiches Blech befindet sich oberhalb des obersten Spulenkastens. Das Waschwasser fließt aus der betreffenden Leitung zunächst auf das oberste Blech, rieselt von dort auf die oberste Spulenlage, wird dann durch das Blech zwischen der obersten und zweitobersten Spulenlage aufgefangen, verteilt sich dort erneut und rieselt auf die dritte Spulenlage usw. Unterhalb der untersten Spulenlage fließt das Wasser in einen flachen Sammelkasten und von dort in einen Abflußkanal.

Durch das Auftropfen der Flüssigkeit werden die obersten Fadenlagen der Spulen leicht nach der Seite der Spulen hin abgeschwemmt, die Spule wird „verwaschen“. Derartige Spulen ergeben Aufenthalt und Abfall in der Zwirnerei. Man verhütet diesen Übelstand dadurch, daß man auf jede Spulenlage ein entsprechend zugeschnittenes Stück Nesseltuch legt.

Die Apparatur der Rieselwäsche ist in starkem Maße der Korrosion ausgesetzt und bedarf daher großer Pflege. Insbesondere bilden die Tropflöcher ein dauerndes Ärgernis, da sie sich durch Korrosion ständig vergrößern. Es hat sich als sehr zweckmäßig erwiesen, die Löcher durch kleine gelochte Nieten aus säurebeständigem Stahl einzufassen. Auf diese Weise hat man die Gewähr, daß keine Vergrößerung der Öffnung eintritt und eine stets gleich bleibende Wassermenge hindurchfließt.

Zur Beschleunigung des Auswaschens steckt man auch bei der Spulenwäsche, wie bei der Walzenwäsche, die Spulenkästen turnusmäßig um.

Daß geriffelte Spinnspulen bei diesem Waschverfahren schneller sauber werden als perforierte, wurde schon erwähnt. Geriffelte Spulen haben aber wieder den Nachteil, daß in der Mitte der Einkerbung, die sich jeweils unten an der Spule befindet, leicht Säurereste zurückbleiben. Da die Riffelung spiralig verläuft, so geht der durch die Einkerbung gebildete Kanal nach den Seiten der Spule zu nach oben, wodurch ein Abfließen der in ihm befindlichen Flüssigkeit verhindert wird. Man darf daher die Waschzeit bei den Riffelspulen nicht allzu kurz nehmen. In dem untersten Kanal zurückbleibende Säurereste können zu periodisch im Faden wiederkehrenden schwachen und anders anfärbenden Stellen führen.

Nach Beendigung der Entsäuerung werden die Spulen stichprobenweise mit Methylorange geprüft und bei Gutbefund in Trockenkanälen (s. 19. Kapitel) getrocknet.

Die Wäsche der Spinnkuchen. Beim Zentrifugenverfahren werden die sauren Spinnkuchen gleichfalls zunächst in den Abstellraum gebracht, wo sie auf Gestellen, die fahrbar sein können, in geeigneter Weise gestapelt werden. Sie gelangen dann aber nicht, wie die Walzen- und Spulengespinste bei dem alten Verfahren, in die Entsäuerung, sondern sie werden in saurem Zustand zu Strängen gehaspelt, was im 20. Kapitel beschrieben werden wird.

Die getrockneten Walzen- und Spulengespinste werden gezwirnt und dann durch Haspeln in Strangform gebracht (s. 20. Kapitel).

Die Wäsche der Stränge. Die Stränge gelangen dann in die Strangwäsche. Sie ist beim Walzen-, Spulen- und Zentrifugenverfahren grundsätzlich gleich, nur daß beim Zentrifugenverfahren die Stränge zuerst noch entsäuert werden müssen, was beim Walzen- und Spulenverfahren schon an den auf den Walzen und Spulen aufliegenden Gespinsten vor dem Trocknen geschehen war.

Bei der Strangwäsche ist gleichfalls ein Rieselverfahren in Anwendung, man bedient sich jedoch auch der sog. „*Gerber*-Maschinen“[1] oder neuerdings einer Maschinenkonstruktion der Firma *Mezzera S.p.A.*, Mailand.

Die Wäsche der Stränge im Rieselverfahren geht wie folgt vor sich: Aus der Haspelei kommend werden die Stränge in einem Kastenwagen in die Wäscherei gefahren.

---

[1] Genannt nach der Herstellerin, der Maschinenfabrik Gerber-Wansleben in Krefeld.

Auf geeigneten Gestellen werden sie auf Stäbe gehängt. Das Stabmaterial muß eine vollkommen glatte Oberfläche haben, damit jede Beschädigung der feinen Fäden vermieden wird, es muß ferner aus einem Werkstoff hergestellt sein, der sich unter dem Einfluß der verschiedenen Behandlungsflüssigkeiten nicht verändert. Recht gut haben sich Aluminiumstäbe bewährt, die mit einer Schicht aus Hartgummi oder einem ähnlichen, gegen Säuren und Alkalien widerstandsfähigen Material überzogen sind. Die eigentliche Waschmaschine besteht im wesentlichen aus zwei langen parallel zueinander angeordneten Schienen, die von Betonpfeilern, die gegen die Einwirkung der Chemikalien entsprechend geschützt sind, getragen werden. Die Stäbe mit den daran hängenden Reyonsträngen werden nun auf diese Schienen gelegt.

Abb. 355. Strangwaschmaschine für Rieselwäsche der Fa. Viscosa-Gesellschaft m. b. H., Chemnitz.

Unterhalb der Schienen laufen endlose Transportketten, an die in gleichen Abständen kurze Eisenstäbe senkrecht angebracht sind. Die auf den Schienen liegenden Stäbe werden von diesen Eisenstäben erfaßt und so langsam und gleichmäßig zum Ende der Maschine hingeschoben. Auf diesem Wege werden sie durch die herabrieselnden Behandlungsflüssigkeiten hindurchgeführt. Zu diesem Zwecke sind oberhalb der Stränge Kästen mit einem Siebboden angebracht. In diese Kästen hinein fließt die Behandlungsflüssigkeit, aus dem Bäderkeller kommend, in dickem Strahl. Unterhalb der Stränge sind Auffangkästen für die einzelnen Behandlungsflüssigkeiten in den Boden eingelassen, aus denen die von den Strängen abtropfenden Flüssigkeiten in den Bäderkeller zurückfließen.

Verwendet man zum Aufhängen der Stränge einfache runde Stäbe, so bleiben die Stränge auf ihrem Weg durch die Waschmaschine ruhig hängen, was bedeutet, daß die Waschflüssigkeiten immer auf denselben Teil des Stranges auftropfen und auch am selben Teil des Stranges abtropfen. Dies bringt gewisse Nachteile mit sich. Da die Gesamtwaschzeit mehrere Stunden beträgt, so sind demnach die gleichen Fadenteile mehrere Stunden der mechanischen Einwirkung der Tropfflüssigkeiten ausgesetzt. Dies führt besonders bei Reyon von feinen Titern leicht zu Verletzungen der Fädchen. Ferner entsteht an der untersten Stelle der Stränge durch das herabströmende Bad eine Stauchung, ein sog. „Wassersack", in dem leicht eine Verwirrung der Fäden vor sich geht, was das Abhaspeln in der Weiterverarbeitung erschwert. Man kann diese Fehler dadurch vermeiden, daß man dafür sorgt, daß die Stränge auf ihrem Wege durch die Waschmaschine ab und zu etwas gedreht werden. Dies ist verhältnismäßig einfach zu bewerkstelligen. Man gibt den Stäben, die zum Aufhängen der Stränge dienen, einen sternförmigen Querschnitt und bringt an einem Ende der Stäbe einen größeren, entsprechend gebauten Stern an. Unterhalb der Schienen werden kurze feststehende Nocken in größeren Abständen angebracht. Stößt die Ausladung des Sternes an diese Nocken, so wird der Stab jedesmal etwas gedreht. Entsprechend drehen sich auch die auf ihm hängenden Stränge.

Die Abb. 355 zeigt die Ansicht einer Strangberieselungsmaschine der Firma *Viscosa-Gesellschaft m. b. H.*, Chemnitz, bei der gleichfalls ein Drehen der Stränge bewirkt wird. Sie wird je nach dem Verwendungszweck in einer Länge von 24 oder 30 m gebaut[1] und ist für das Waschen von Zentrifugenreyon mit 267 und für das Waschen von Spulenreyon mit 230 Stäben ausgestattet. Auf jede Nachbehandlungsprozedur entfällt eine bestimmte Anzahl Stäbe, nämlich für:

Zentrifugenreyon:			*Spulenreyon:*		
3	Stäbe	Einlauf	3	Stäbe	Einlauf
40	„	Wasser	5	„	Wasser
8	„	Abtropfen	3	„	Abtropfen
30	„	Schwefelnatrium	30	„	Schwefelnatrium
6	„	Abtropfen	6	„	Abtropfen
30	„	Wasser	30	„	Wasser
8	„	Abtropfen	8	„	Abtropfen
30	„	Bleichen	30	„	Bleichen
50	„	Wasser	15	„	Wasser
8	„	Abtropfen	8	„	Abtropfen
15	„	Absäuern	15	„	Absäuern
8	„	Abtropfen	8	„	Abtropfen
30	„	Wasser	30	„	Wasser
8	„	Abtropfen	8	„	Abtropfen
25	„	Avivieren	25	„	Avivieren
3	„	Auslauf	3	„	Auslauf

Unmittelbar über den einzelnen Waschstellen sind auf einem an die Maschine angebauten Troggerüst die Berieselungströge aufgestellt, aus denen die betreffenden Flüssigkeiten auf das darunter wandernde Reyon tropft. Die Berieselungströge bestehen aus verschiedenen Materialien, nämlich für das Bleich- und Säurebad aus Holz oder Eisen mit Hartgummiauskleidung, für das Schwefelnatriumbad, das erste Wasser nach dem Entschwefelungsbad und das Avivagebad aus Nickel, Kunststoff oder Edelstahl. Alle anderen Tröge können aus Holz sein. Unterhalb der einzelnen Sektionen sind Auffangtröge aufgestellt, die die von dem Reyon abtropfenden Flüssigkeiten aufnehmen. Von dort werden sie durch Zentrifugalpumpen mit 12 Liter Förderleistung pro Sekunde in hochstehende Zirkulationstanks gedrückt, von wo aus sie durch Gefälle wieder in die Berieselungströge laufen. Die Verstärkung der Bäder kann entweder im Auffangtrog oder im Zirkulationstank erfolgen.

Die Stäbe tragen im Abstand von 1200 mm zwei Weichgummiteller, die ein seitliches Verschieben der Stränge verhüten. Zwischen den Tellern können bei einem mittleren Titer von 150 Denier 55···60 Stränge aufgehängt werden. An den Seiten

[1] Vgl. hierzu SCHUPP: Kunstseide **14**, Achema-Heft, 13 (1932).

sind die Stäbe mit säurefesten, geriffelten Bronzerollen versehen, die die Drehung des Stabes bewirken. Die Stäbe werden alle 43 Sekunden vorgeschoben. Während dieser Zeit machen sie eine Drehbewegung, und zwar je zwei Stäbe nach rechts und je zwei Stäbe nach links. Zwischen zwei Stäben befindet sich einer in Ruhe.

Die Drehbewegung der Stäbe erfolgt durch Paare von Friktionsrollen, auf die die Stäbe jeweils geschoben werden.

Abb. 356 zeigt eine Strangwaschmaschine, die nach dem gleichen Prinzip arbeitet, der Firma *Snia Viscosa*, Mailand. Auf dem Bild ist zu erkennen, wie man durch Anbinden eines Sackes aus Nesseltuch an die Auslaufstutzen noch eine letzte Filtration der Waschflüssigkeiten herbeiführen kann.

Abb. 356. Strangwaschmaschine für Rieselwäsche der Fa. Snia Viscosa, Milano. Ansicht aus einem Werk dieser Firma.

Nach einem gänzlich anderen Prinzip arbeitet die Gerberwäsche (Abb. 357). Bei ihr werden die Stränge in den Behandlungsbädern umgezogen. Die Gerbermaschine besteht aus den Garnträgern und den Bottichen für die einzelnen Behandlungsbäder. Wie der Name sagt, dienen die Garnträger zur Aufnahme der Stränge. Die eigentlichen Garnträger bestehen aus runden Porzellanwalzen, die zur Unterstützung der Waschwirkung mit längslaufenden Vertiefungen versehen sind. Auf diese Walzen werden die Stränge gehängt. Die Porzellanwalzen sind auf eisernen Achsen befestigt, die durch Zahnräder langsam gedreht werden. Hierdurch drehen sich auch die Stränge. Die Walzen der Garnträger müssen genau horizontal liegen, da sonst die Stränge allmählich nach dem tiefer liegenden Teil der Walze wandern und sich hier mit mehreren dicht zusammenschieben würden. Um dies auf jeden Fall zu vermeiden, kann man die Porzellanwalzen durch einen übergeschobenen kräftigen Gummiring in zwei gleiche Teile teilen. Die Maschinen sind stets doppelseitig gebaut, so daß sich also der Antrieb jeweils in der Mitte zwischen zwei Garnträgern befindet. Die Garnträger werden durch einen Flaschenzug von einer Behandlungsstelle zur anderen gefahren. Ein schnelleres Waschen wird dadurch erzielt, daß man über den Walzen noch Spritzrohre anbringt, aus denen die Flüssigkeit senkrecht auf die sich drehenden Stränge spritzt. Gleiche Spritzrohre bringt man unter den Walzen an. Diese Spritzrohre haben die Bohrungen aber seitlich, so daß die Flüssigkeit von innen gegen die Stränge spritzt.

Die Gerber-Waschmaschine arbeitet im Prinzip wie die bekannten Gerberschen Strangfärbemaschinen. Bei diesen hat man festgestellt, daß die Lage der Stränge und somit die Windbarkeit viel besser erhalten bleibt, wenn man den Querschnitt der Walzen nicht rund, sondern vierkantig und wesentlich kleiner im Durchmesser macht. Diese günstige Arbeitsweise auf die Reyonwäsche zu übertragen, hat sich aber nicht ermöglichen lassen, und zwar wegen der unter den Walzen anzubringenden Spritzrohre. Durch den kleineren Querschnitt der Vierkantwalzen läßt es sich nicht vermeiden, daß ein laufender Strang das Spritzrohr berührt. Der Strang wickelt sich hierdurch zusammen und reißt schließlich das Spritzrohr ab.

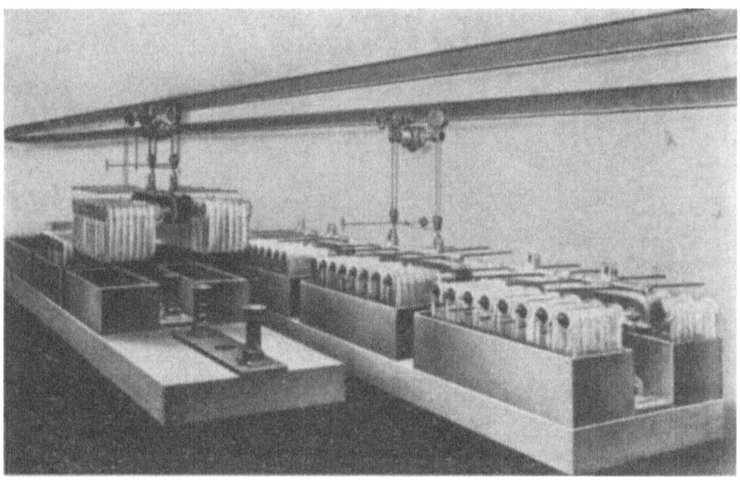

Abb. 357. Strangwaschmaschine der Fa. Maschinenfabrik Gerber-Wansleben, Krefeld.

Entsprechend dem doppelseitigen Bau der Maschine sind für jede Behandlung zwei parallel zueinander stehende Waschbarken erforderlich, zwischen denen die Antriebsvorrichtung für die Garnträger liegt. Die Garnträger selbst können mitsamt dem oberen Teil des Antriebes durch einen Flaschenzug gehoben werden, der mit einer Laufkatze an einer Schiene hängt, die über den Barkenreihen angebracht ist. Die vollbeschickten Garnträger werden so von einem Bad zum anderen transportiert, was im einzelnen wie folgt vor sich geht:

Vor dem ersten Barkenpaar befinden sich zwei Stützen zur Aufnahme des leeren Garnträgers. Ein Garnträger nimmt etwa 100 kg Reyon auf. Nach dem Behängen des Garnträgers werden die Ketten des Flaschenzuges eingeklinkt, der Garnträger wird dann von den Stützen abgehoben und über zwei weitere Stützen gefahren, auf die er niedergelassen wird. Hierbei greifen die Zuleitungen der Spritzrohre in Leitungen ein, durch die Wasser strömt. Die Stränge werden hierdurch benetzt. Das Benetzen der ruhenden Stränge vor ihrem Einsatz in das erste Bad ist deshalb erforderlich, weil trockene Stränge im Bad leicht zum Schwimmen neigen, wodurch, da die Stränge im Bad bewegt werden, eine Verwirrung der Stränge herbeigeführt wird. Das Netzen erfolgt bei dem Spulen- und Walzenreyon mit heißem Wasser, bei dem Zentrifugenreyon mit kaltem Wasesr. Hier muß kaltes Wasser genommen werden, weil die Stränge noch nicht entsäuert sind. Die Säure würde bei heißem Wasser im ersten Augenblick zu einer Faserschädigung führen können.

Nach einer ausreichenden Benetzungszeit wird das Netzwasser abgestellt. Der Garnträger wird dann von den Stützen abgehoben und über das erste Barkenpaar gefahren. Dann wird er heruntergelassen. Die Stränge tauchen so in das Bad ein. Die oberen Antriebsteile kommen mit den unteren, zwischen den Barken stationierten, zum Eingriff, und die Stränge drehen sich langsam in den Bädern. Damit kein Verziehen der Stränge stattfinden kann, wird die Drehungsrichtung automatisch nach bestimmten Zeiten geändert.

Ist die Behandlung im ersten Bad beendet, hebt man die Garnträger wieder ab und läßt die Stränge oberhalb der Barken eine bestimmte Zeit abtropfen. Dann führt man sie über das zweite Barkenpaar, senkt sie herunter, wonach die Behandlung im zweiten Bad vor sich geht. Auf diese Weise wird ein Garnträger nach dem anderen durch alle Bäder hindurchgefahren.

Das Durchsetzen der Garnträger durch die Bäder muß nach einem ganz genau festgelegten „Fahrplan" geschehen, damit alle Waschchargen eine auf die Minute gleich lange Zeit in den einzelnen Bädern behandelt werden. Geschieht dies nicht, so kann es zu Schwankungen im Anfärbevermögen der einzelnen Chargen kommen. Das Ende der Behandlungszeit in den verschiedenen Bädern wird durch ein automatisch ertönendes Glocken- oder Hupensignal angezeigt.

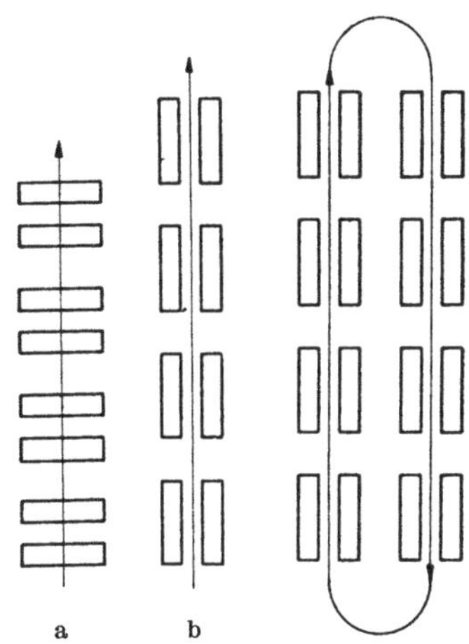

Abb. 358. Verschiedene Anordnungen der Waschbarken bei der Gerberwäsche. a hintereinander, b nebeneinander, c = im Kreis geschaltet.

Die erste Waschstufe ist beim Zentrifugenverfahren eine ausreichende Behandlung mit Wasser, da das Reyon noch entsäuert werden muß. Bei Reyon, das nach den Walzen- oder Spulenverfahren hergestellt wurde, geht man nach dem Netzen unmittelbar in das Entschwefelungsbad (vgl. hierzu auch das Schema auf S. 195).

Die Barken sind aus Holz erstellt, mit Ausnahme der Bottiche für das Entschwefelungsbad, die aus Eisen bestehen. Neuerdings nimmt man eine Auskleidung der Barken mit Edelstahl vor.

Die Anordnung der Barken kann auf mehrfache Weise geschehen. Man stellt die Barken entweder alle parallel zueinander auf oder schaltet sie hintereinander. Die erstere Arbeitsweise hat den Nachteil, daß die von den Strängen abtropfenden Flüssigkeiten in den Antrieb zwischen den Barken gelangen und so Korrosion herbeiführen können. Dieser Nachteil fällt bei hintereinander geschalteten Barken fort. Sehr zweckmäßig ist es, wenn man die Barken hintereinanderschaltet, aber so, daß jeweils die Hälften der Behandlungsstellen sich gegenüber stehen. Man kommt auf diese Weise zu einem regelmäßigen Kreislauf der Garnträger. Abb. 358 soll diese Arbeitsweisen näher erläutern.

Da erfahrungsgemäß die Stränge durch das lange Wenden in den Behandlungsbädern in ihrer Windbarkeit beeinträchtigt werden, wendet man mit großem Erfolg auch eine andere Maschinenkonstruktion an, nämlich die Maschine der Firma *Mezzera* in Mailand.

Auch bei dieser Maschine werden die Stränge auf Garnträger aufgelegt. Diese bestehen aber nicht aus geschlossenen Porzellankörpern, sondern aus Rohren aus Edelstahl, die oben schlitzförmige Öffnungen haben. Die Behandlungsflüssigkeiten, die sich in einem Bottich unterhalb der Stränge befinden, werden durch eine Pumpe in die röhrenförmigen Garnträger gedrückt. Sie treten aus den Schlitzen aus, wobei sie ein Heben der Stränge bewirken, die somit vom Flüssigkeitsdruck getragen werden. Die Flüssigkeiten durchdringen die Stränge und laufen an ihnen herunter in den Auffangbottich zurück. Zur Sicherheit für eine gleichmäßige Behandlung werden die Stränge während der Behandlung nur ein paarmal durch einen unterhalb der Garnträger angeordneten Bügel ein Stück gedreht. Es ist einleuchtend, daß die Stränge hierdurch außerordentlich geschont werden. Entsprechend dem Plan der Nachbehandlung werden die Waschflüssigkeiten in den Auffangbottichen gewechselt.

Abb. 359. Strangbehandlungsmaschine der Fa. Mezzera S. p. A.; Milano.

Die ganz aus Edelstahl erstellte Maschine ist mit einem dichten Gehäuse versehen, so daß Wärme eingespart und jede Geruchsbelästigung vermieden werden kann. Die Maschine ist in Abb. 359 wiedergegeben.

Neuerdings sind Versuche im Gange, die Stränge im Packsystem zu waschen. Sie werden hierbei in geschlossenen Apparaten ruhend von den einzelnen Behandlungsflüssigkeiten durchspült.

Hiermit sind die bei den alten Spinnverfahren üblichen Waschmethoden beschrieben; wir müssen uns nunmehr den Arbeitsweisen zuwenden, die bei den direkten Spinnverfahren in Anwendung sind.

2. Direkte Verfahren.

Bei den direkten Spinnverfahren haben wir grundsätzlich zwei Waschmethoden zu unterscheiden, nämlich die Druckwäsche und die Saugwäsche. Die letztere wird auch Vakuumwäsche genannt. Beim direkten Zentrifugenverfahren ist allerdings auch eine Rieselwäsche in Gebrauch.

Druck- und Saugwäsche unterscheiden sich dadurch voneinander, daß bei der Druckwäsche die Waschflüssigkeit von innen nach außen durch die Gespinste gedrückt wird, während bei der Saugwäsche die Waschflüssigkeit von außen nach innen durch die Gespinste gesaugt wird.

Bezüglich der Druckwäsche sind zwei Verfahren in Anwendung, nämlich solche, bei denen die Gespinste, durch die die Flüssigkeiten gedrückt werden, frei in der Luft stehen, und solche, bei denen die Druckwäsche in Bottichen wie auch bei der Saugwäsche erfolgt. Man könnte ein solches Waschverfahren auch als kombinierte Druck- und Diffusionswäsche bezeichnen.

Die Wäsche der großen Walze. Bei den direkten Spinnverfahren müssen wir zunächst das Arbeiten mit der großen Walze beschreiben. Sie wird im Druckverfahren der ersten Art gewaschen. Die Abb. 360 zeigt die Anordnung für die Druckwäsche der großen Walze schematisch. Die Walzen werden auf einen mit einer Gummiplatte bedeckten Tisch gestellt, der Löcher enthält, in die die Rohre für den Zufluß der Waschflüssigkeiten dicht eingepaßt sind. Die Walzen werden so aufgestellt, daß sie ein solches Loch umschließen. Auf die Walzen werden dann Gummiringe gelegt und auf jeden Gummiring wird eine zweite Walze gestellt. Auf diese zweite Walze kommt dann eine Gummiplatte und hierauf ein Deckel. Der Deckel wird an Schraubspindeln, die an dem Tisch befestigt sind, festgeschraubt, so daß die beiden Walzen dicht miteinander sowie mit dem Tisch und dem Deckel abschließen. Dann wird das Ventil für die erste Waschflüssigkeit geöffnet, die nunmehr in den von den Walzen gebildeten Hohlraum einströmt. Sie drückt zunächst die Luft durch die Gespinste nach außen und fließt dann selbst hindurch. Die Waschflüssigkeiten stehen unter einem hydrostatischen Druck von 3···4 m Wassersäule. Sie fließen langsam an den Gespinsten herunter auf den Tisch, von wo aus sie durch die Badrücklaufleitung den Bottichen des Bäderkellers wieder zugeführt werden können. So werden der Reihe nach die einzelnen Behandlungsflüssigkeiten eingeschaltet und durch die Gespinste gedrückt.

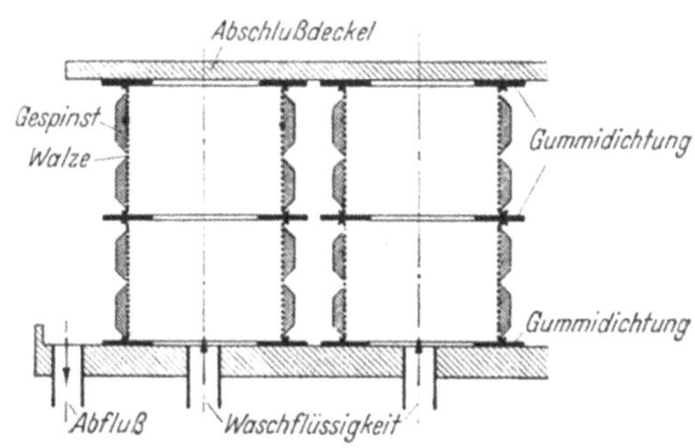

Abb. 360. Druckwaschvorrichtung für die große Walze.

Bei der Behandlung mit heißem Wasser werden zunächst die flüchtigen Schwefelverbindungen, nämlich Schwefelkohlenstoff und Schwefelwasserstoff, aus den Gepinsten ausgetrieben. Sie gelangen beim Druckverfahren hauptsächlich in die Luft und werden nur zum Teil vom Waschwasser aufgenommen. Beim Saugverfahren ist dieses Verhältnis umgekehrt. WEHRUNG[1] ermittelte in der Luft der Wäscherei unmittelbar oberhalb der Gespinste 0,105 mg Schwefelkohlenstoff und 0,01 mg Schwefelwasserstoff im Liter. Aus diesem Grund sind auch die Räume, in denen die Wäscherei untergebracht ist, sorgfältig zu belüften. Ein mindestens 10···15facher Luftwechsel in der Stunde ist anzuraten. Wie in der Spinnerei, so sorgt man auch in der Wäscherei für Absaugung der Luft unmittelbar an den Stellen, an denen die schädlichen Gase entstehen. Die Waschstellen werden daher mit einer Abzugshaube versehen.

Die Wäsche der Spulen. Beim direkten Spulenverfahren ist sowohl die Saugwäsche als auch die Druckwäsche in Gebrauch. Bei der Saugwäsche, die in Barken vor sich geht, kann man entweder die Spulen, durch Gummiringe gegenseitig ab-

[1] WEHRUNG: Chem. Apparatur **24**, 218 (1937).

gedichtet, zu Säulen übereinanderstellen oder sie auf durchgehende, perforierte Rohre aufstecken. Die letztere Arbeitsweise ist zweckmäßiger. Einerseits ist es unbequem und nimmt auch längere Zeit in Anspruch, wenn man in den Barken die Spulensäulen aufbauen muß, und andererseits können bei ungeschicktem Aufbauen einer Spulensäule bereits fertig gebaute Säulen wieder zusammenfallen, wodurch nicht nur Aufenthalt entsteht, sondern auch Gespinste beschädigt werden können. Man arbeitet daher besser mit einem Rohr. Das Rohr besitzt an seinem unteren etwas konischen Ende einen Bajonettverschluß, mit dem es in die Saugleitung am Boden senkrecht in der Barke stehend befestigt wird. Unmittelbar über dem Bajonettverschluß befindet sich ein flacher, mit einer Gummiplatte bedeckter Teller. Es wird nun die erste Spule über das Rohr geschoben, die sich an die Gummiplatte anlegt. Nunmehr wird ein Gummiring über das Rohr geschoben, dann wieder eine Spule usw. bis das ganze Rohr mit Spulen beschickt ist. Meist nehmen die Rohre 4···6 Spulen auf. Die so mit Spulen besteckten Rohre werden in die Barken eingesetzt und durch den Bajonettverschluß mit den im Boden der Barken dichteingelassenen Enden der Saugleitung verbunden. Alsdann werden die obersten Spulen der Säulen mit einem Deckel fest verschlossen.

Abb. 361. Saugwäsche von Spinnspulen.

Die Abb. 361 zeigt eine mit solchen Spulensäulen besetzte Waschbarke. Ist die Barke mit Spulen vollkommen gefüllt, so läßt man die erste Behandlungsflüssigkeit in die Barke einströmen. Um ein Verwaschen der Gespinste durch die einströmende Flüssigkeit zu verhüten, läßt man die Flüssigkeiten an einem Ende der Barke in einen von dem Hauptteil der Barke durch eine perforierte Wand abgetrennten Raum einfließen. Zur Absaugung der entstehenden Schwefelkohlenstoffdämpfe ist über den Barken eine Haube angebracht, die man vor dem Einfließenlassen des heißen Wassers bis auf den Rand der Barke herunterläßt. Ist die Barke mit der Behandlungsflüssigkeit gefüllt, so läßt man die Saugpumpe anlaufen, worauf die Waschflüssigkeit langsam durch die Gespinste dringt. Im gleichen Tempo läßt man Flüssigkeit zufließen. Nach beendeter Behandlungszeit läßt man nach Abstellen des Vakuums die Flüssigkeit abfließen. Alsdann läßt man die zweite Behandlungsflüssigkeit einströmen und saugt auch diese durch die Gespinste usw. Die Spulen verbleiben also während der Behandlung mit sämtlichen Waschflüssigkeiten in derselben Barke. Nach der letzten Behandlung werden die Spulensäulen nach Abnahme der Deckel wieder aus der Barke herausgehoben. Die Spulen werden dann getrocknet.

Die Saugwäsche hat einen Nachteil insofern, als man während des Waschens nicht sehen kann, ob alle Spulen gleichmäßig von der Flüssigkeit durchdrungen werden. Schlecht besponnene Spulen lassen entweder durch unvollkommen übersponnene Lochreihen oder durch sonstige Unregelmäßigkeiten stellenweise zu viel Flüssigkeit hindurchtreten, wodurch die anderen Teile in der gleichen Zeit zu wenig Flüssigkeit bekommen und an diesen Stellen ungenügend ausgewaschen bleiben. Dieser Nachteil entfällt bei der Druckwäsche: Bei einer schlecht besponnenen Spule spritzt sofort Flüssigkeit heraus. Man kann dann die schlechte Spule ausbauen oder die spritzende Stelle mit einem Streifen Stoff fest umbinden. Umgekehrt hat die Saugwäsche den Vorteil, daß im Wasser unter Umständen enthaltene Verunreinigungen auf den obersten Fadenlagen des Gespinstes abfiltriert werden. Sie geben so einerseits ein Bild von der Beschaffenheit des Wassers und können vor dem Zwirnen entfernt und verworfen werden. Bei der Druckwäsche sammeln sich die Verunreinigungen in den innersten Lagen des Gespinstes an, und zwar genau in der Form der Spulenlöcher. Arbeitet die Zwirnerei unachtsam, so können diese verschmutzten Fadenlagen mit verzwirnt werden. Man kann aber sagen, daß die Vorteile der Druckwäsche die Nachteile überwiegen.

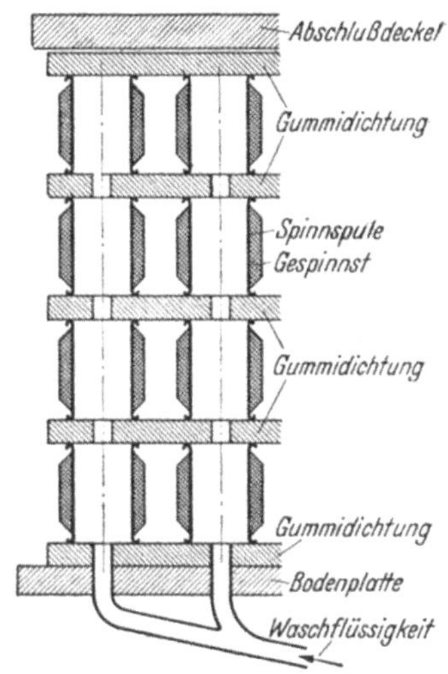

Abb. 362.
Druckwäsche von Spinnspulen.

Die Druckwäsche der Spulen kann auf zweifache Weise durchgeführt werden, nämlich an ortsfesten Gestellen oder auf Wagen, die von einer zur anderen Waschstelle gefahren werden können. Der Aufbau der Spulen ist in beiden Fällen grundsätzlich der gleiche und ähnelt dem Aufbau bei der Saugwäsche sehr. Der Unterschied besteht darin, daß man bei der Druckwäsche normalerweise die Spulen nicht in eine Barke einsetzt, sondern sie auf einem Tisch aufbaut. An Stelle von Gummiringen zwischen den einzelnen Spulen kann man auch viereckige Gummiplatten mit abgerundeten Ecken verwenden, die jeweils über 4 oder 6 Spulen benachbarter Säulen gelegt werden. Da das Hineinbeugen in die Barke beim Bauen der Säulen bei der Druckwäsche fortfällt, so kann man bei der Druckwäsche ohne Aufsteckrohr arbeiten und die Spulen freistehend aufstellen. Ist der Tisch vollständig auf diese Weise mit Spulen gefüllt, so legt man auf die oberste Spulenreihe einen dicht schließenden Deckel, der, wie bei der Druckwäsche der große Walze, mit dem Tisch verbunden ist und durch eine Spindel die eingebauten Spulen fest abdichtet. Nunmehr läßt man von unten in die Säulen die Behandlungsflüssigkeiten nacheinander einfließen. Der Grad der Entsäuerung wird durch Bespritzen der äußeren Spulenreihen mit Methylorange geprüft. Auch dies ist bei der Saugwäsche unbequem. Die Wachflüssigkeiten fließen an den Gespinsten herunter, sammeln sich auf dem Tisch und werden von dort abgeleitet. Die Abb. 362 zeigt die Anordnung der Spulen bei der Druckwäsche schematisch.

Als sehr zweckmäßig hat es sich erwiesen, den Tisch als fahrbaren Wagen auszubilden, der auf zwei Schienen über die einzelnen Waschflüssigkeitsanschlüsse gefahren werden kann. Unterhalb des Tisches werden dann die zu den einzelnen Spulensäulen führenden Leitungen in einem Stutzen vereinigt, der in der Mitte unter dem Wagen senkrecht nach unten herausragt. An den einzelnen Waschstellen stehen aus dem Fußboden herausragende, gleich große Stutzen, die mit den Vorratsbottichen für die Behandlungsflüssigkeiten durch eine weite Rohrleitung verbunden sind. Der Abstand zwischen beiden Stutzen beträgt etwa 1 cm. Zur gegenseitigen Abdichtung der beiden Stutzen trägt der untere einen ringförmigen Gummischlauch, der mit einer Preßluftleitung in Verbindung steht. Sobald die Stutzen übereinander stehen, setzt man durch Öffnen eines Ventiles den Gummiring unter Druck, wodurch er sich aufbläht und auf diese Weise die beiden Stutzen miteinander dicht verbindet. Dann wird das Ventil für die Behandlungsflüssigkeit geöffnet. So werden die mit Spulen beschickten Wagen nach einem genau festgelegten Plan von einer Waschstelle zur anderen gefahren. Am anderen Ende der Schiene angelangt, werden die Wagen entleert. Die leeren Wagen werden über eine Bühne an ein zweites Gleis gefahren, das parallel zu dem ersten geführt ist und gelangen auf diesem an den Ausgangspunkt zurück, wo sie wieder neu mit Spulen beschickt werden.

Auch die Druckwäsche hat eine kleine Schwäche: Da die Spulen jeweils oben mit einer Gummiplatte bzw. einem Gummiring abgedichtet sind, so gelangt unmittelbar unter dem Gummiring bzw. der Gummiplatte keine Flüssigkeit auf die Spulen. An dem oben ungebörtelten Rand bleiben die Spulen daher sauer. Nun kann es vorkommen, daß während des Stehens auf dem Tisch bzw. Wagen ein Säuretropfen vom Rand herunterfließt und in das Gespinst dringt. Es können hierdurch Stellen mit abweichenden färberischen Eigenschaften entstehen. Man kann sich hiergegen aber dadurch helfen, daß man während der Entsäuerung mit einem in geeigneter Weise gebauten Spritzrohr Wasser unter die Ränder der Spulen spritzt.

Auch über den Druckwaschgestellen sind Abzugshauben für die freiwerdenden Schwefelkohlenstoffdämpfe angebracht.

Daß man auf Säulen aufgesteckte Spulen auch unter einer Badoberfläche im Druckwaschverfahren nachbehandeln kann, wurde schon kurz angedeutet. Die normale Einrichtung entspricht der in Abb. 361 wiedergegebenen Saugwäsche, nur daß man die Flüssigkeiten dann nicht durch die Gespinste saugt, sondern sie von innen nach außen durch die Gespinste hindurchdrückt, wobei sich der Bottich allmählich mit der Waschflüssigkeit füllt, die man durch einen Überlauf abfließen läßt. Durch Anbringen einer dicht schließenden Abzugshaube kann man bei heißer Entsäuerung die abgesaugte Luft der Schwefelkohlenstoffrückgewinnungsanlage zuführen.

Nach dem Belg. Pat. 594915 der Firma *Comptoir des Textiles Artificielles*[1] soll die heiße Entsäuerung zum Zwecke der Austreibung von Schwefelkohlenstoff in einem geschlossenen Kessel vorgenommen werden, in den die Spulen auf geeigneten Aufsteckvorrichtungen hineingefahren oder bei stehenden Kesseln hineingesenkt werden. Die Patentschrift gibt eine Temperatur von 65° C an und empfiehlt unmittelbar anschließende Behandlung mit Wasser, das 0,5 g/l Natriumbikarbonat enthält. Um weitere Spulentransporte zu vermeiden, arbeitet man z. Z. daran, auch die anderen Nachbehandlungsvorgänge in diesen Kessel zu verlegen („Kesselwäsche"). Man kann auch daran denken, im Anschluß an die Wäsche im gleichen Kessel die Trocknung im Vakuum vorzunehmen. Diese Arbeitsweise dürfte auch für Spinnkuchen von Interesse sein.

---

[1] J. Soc. Dyers Col. **64**, 160 (1948).

Die Wäsche der Spinnkuchen. Beim direkten Zentrifugenverfahren bedient man sich der Rieselwäsche oder der Druckwäsche. Eine Saugwäsche ist beim Zentrifugenverfahren nicht möglich, da die Spinnkuchen normalerweise innen nicht durch einen festen Tragkörper abgestützt sind.

Der Spinnkuchen muß vor der Wäsche in geeigneter Weise geschützt werden, damit bei der Wäsche keine Fäden abschwimmen und der Kuchen verwirrt wird. Dies kann auf mehrfache Weise geschehen: In einigen Betrieben werden die Spinnkuchen spiralig mit einem Fitzfaden umbunden. Es werden Fäden von verschiedener Farbe genommen, um so gleich den Titer des Spinnkuchens zu erkennen und Verwechslungen auszuschließen. Das Umbinden darf nicht zu fest geschehen. Durch die Aufnahme der Waschflüssigkeiten findet eine Quellung des Kuchens statt, durch die bei zu fester Umbindung Kuchenteile eine Pressung erfahren. Die Folge davon ist eine geringere Durchlässigkeit für die Waschflüssigkeit an diesen Stellen. Zur Erleichterung der Kuchenumbindung kann man den Kuchen auf ein rundes Blech stellen, nach dessen Mitte hin radial angeordnete Schlitze verlaufen. Das Fitzgarn wird auf große Kannetten aufgespult und mit diesen durch die Schlitze um den Kuchen geführt.

Eine weitere Stütze kann dem Kuchen dadurch verliehen werden, daß man innen eine perforierte Manschette aus Gummi, Stahl oder Celluloid einlegt, die unter einer gewissen Spannung steht.

Andere Betriebe packen die Kuchen vor der Wäsche in Schlauchnetze ein, die rund um den Kuchen gestülpt werden. Auch auf diesen Netzen kann man eine Titerkennzeichnung anbringen. Dies geschieht am besten in der Weise, daß man in die Netze einen bunten Kennfaden einkettelt.

Es ist eine ungeklärte Frage, ob es zweckmäßiger ist, die Kuchen spiralig zu umbinden oder sie mit einem Netz zu umhüllen. Bei der Druckwäsche hat die Umbindung ohne Zweifel den Vorzug, daß keine undichten Stellen bei der Abdichtung der Kuchen möglich sind, die durch ein faltiges Netz leicht entstehen können. Andererseits hat das Netz den Vorzug, Verunreinigungen aus den Behandlungsflüssigkeiten aufzunehmen und dadurch zu verhindern, daß sie auf die Gespinste gelangen. Man ist daher bei der Druckwäsche auch dazu übergegangen, die Kuchen zu umbinden und eine Manschette aus Molton, einem biberartigen Gewebe, innen in die Kuchen mit einzubinden. Hierdurch wird den Kuchen gleichzeitig ein besserer Halt verliehen. Die Moltonmanschetten müssen, um ein Ausriffeln des Gewebes zu vermeiden, an den Rändern durch einen Häkelstich mit Garn eingefaßt werden. Nimmt man hierzu farbiges Garn, so kann dieses für die Titerkennzeichnung dienen. In diesem Falle können die Kuchen selbst mit ungefärbtem Garn umbunden werden.

Beim direkten Kuchenversand gelangen die Kuchen mit den Netzen zu den Verarbeitern, die die Netze zurückgeben müssen. Dies ist unbequem und auch mit erheblichen Verlusten verbunden. Hier ist es der *American Viscose Corp.* gelungen, eine Umhüllung aus einem geeigneten Papier zu entwickeln, die die gesamte Nachbehandlung übersteht und sich bei der Wäsche auch nicht als störend bemerkbar macht[1].

Für die *Rieselwäsche* der Kuchen kann dieselbe Maschine verwendet werden wie für die Rieselwäsche der Stränge, allerdings ohne die zwangsläufige Drehvorrichtung

[1] Kunsts. u. Zellw. **27**, 24 (1948).

für die Stränge. Die Kuchen werden zunächst seitlich plattgedrückt. Dann werden sie auf runde Stäbe gehängt, die wie bei der Strangwäsche über die Waschmaschine transportiert werden.

Das DRP. 615096 der *Vereinigte Glanzstoff-Fabriken A.G.* beschreibt für das Aufhängen der Kuchen einen gerieften Stab, dessen eines Ende einen feststehenden Flansch trägt, der für den ersten über den Stab geschobenen Kuchen als Anschlag dient. Zwischen die einzelnen Kuchen werden Trennscheiben eingeschoben. Am anderen Ende des Stabes kann dann ein Flansch befestigt werden, wodurch alle Kuchen gleich fest auf dem Aufhängestab sitzen.

Man kann 2···4 Reihen Kuchen untereinanderhängen und so gleichzeitig über die Maschine nehmen. Die unteren Kuchenreihen werden auf kürzere Stäbe gehängt, damit deren Enden nicht an die Waschmaschine seitlich anstoßen können. Diese Stäbe werden durch geeignete Haken an den obersten, längeren Stab rechts und links seitlich angehängt. Die Waschanordnung ist in Abb. 363 schematisch dargestellt.

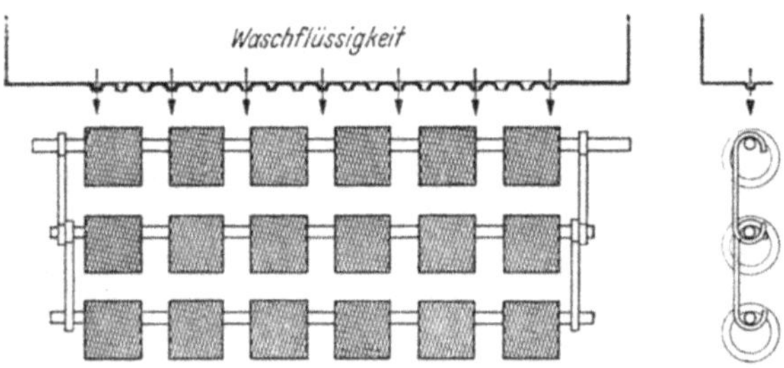

Abb. 363. Rieselwäsche von Spinnkuchen.

Es sind auch ganz einfache Rieselgestelle für die Kuchenwäsche in Gebrauch, bei denen die auf den Stäben hängenden Kuchen von Hand weiter befördert werden.

Es ist zweckmäßig, die Kuchen von Zeit zu Zeit zu drehen. Dies ist bei der oben beschriebenen Rieselmaschine allerdings nicht möglich. Werden die Waschstellen jedoch von Hand bedient, so verwendet man zweckmäßig zum Aufhängen der Kuchen Stäbe, die die in Abb. 364 wiedergegebene Form haben. Durch diesen Doppelstab kann man die Kuchen leicht während der Behandlung drehen.

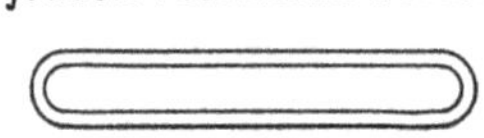
Abb. 364. Doppelstab zum Aufhängen von Spinnkuchen.

Für die Kuchen-Rieselwäsche sind auch große Maschinen gebaut worden, in denen die Kuchen in mehreren Lagen an Stäben hängend mit Transportketten durch die Maschine geführt wurden. Die Maschine besorgte automatisch das Plattdrücken der Kuchen sowie das Umwenden. Da es sich gezeigt hat, daß bei dicken Kuchen die Avivageflüssigkeit durch Rieseln nicht gleichmäßig durchdringt, so wurden die Kuchen am Ende dieser Maschine mit den Transportketten durch ein Avivagebad hindurchgeführt. Diese Maschine hat sich nicht bewährt, sie hatte zu viele Stellen, die nicht immer einwandfrei funktionierten. Auch wurde das Avivagebad durch die Transportketten stark verunreinigt, und die Verunreinigungen teilten sich wieder dem Gespinst mit.

Eine ähnliche Art der Kuchenwäsche ist eine kombinierte Tauch- und Rieselwäsche. Bei ihr werden die Kuchen in flache Bottiche eingestellt, die nur wenig höher sind als die Kuchen selbst. In diese Bottiche läßt man dann die Behandlungsflüssigkeiten hineinrieseln, wobei die Kuchen in dem Bade schwimmen.

Es sind auch Maschinen gebaut worden, bei denen die Kuchen zu großen Paketen in würfelförmige Käfige gelegt wurden, die an einem Hebelarm hingen und von diesem in Bottiche getaucht und wieder herausgehoben wurden. Durch mehrmaliges

Tauchen und Heben sollte eine gleichmäßige Durchdringung der Kuchen mit der Waschflüssigkeit herbeigeführt werden.

Die zweckmäßigste Art der Kuchenwäsche ist die *Druckwäsche.* Sie wird daher heute auch meistens angewandt. Wie bei den Spinnspulen, so kann auch die Druckwäsche der Spinnkuchen an ortsfesten Tischen oder auf fahrbaren Wagen erfolgen. Der Tisch besteht aus nichtrostendem Stahl und enthält eine Anzahl kreisrunder Löcher, durch die die Behandlungsflüssigkeit in das Kucheninnere eintritt. Es hat sich als zweckmäßig erwiesen, auf diesen Tisch zunächst ein Nesseltuch zu legen, in das entsprechende Löcher eingestanzt sind. Nunmehr werden die Kuchen, spiralig umbunden oder eingenetzt, so auf den Tisch gestellt, daß die Löcher sich in der Mitte der Kuchen befinden. Dann legt man auf diese erste Kuchenschicht eine der

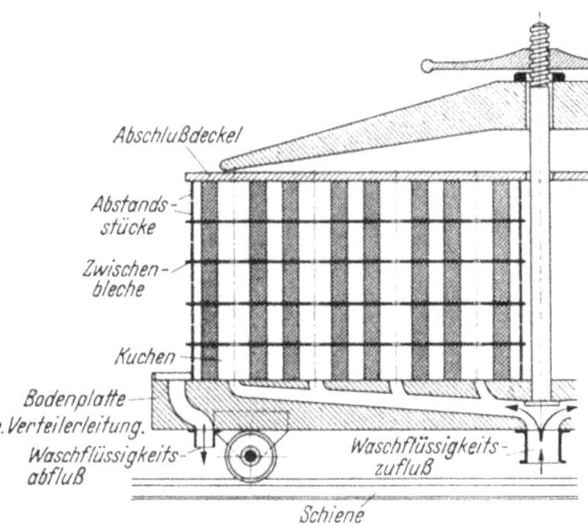

Abb. 365.
Wagen für die Druckwäsche von Spinnkuchen.

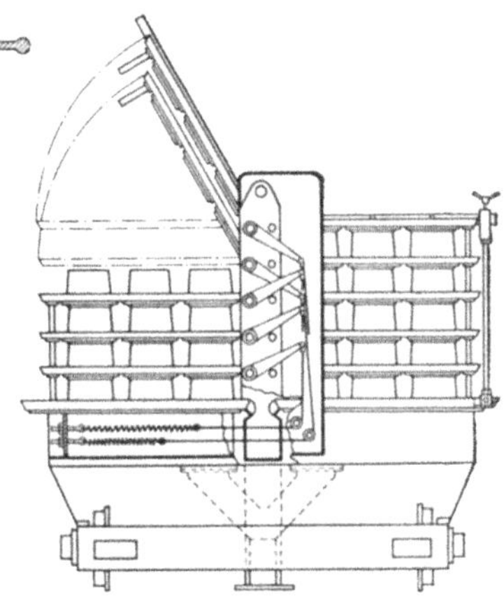

Abb. 366. Wagen für die Druckwäsche von Spinnkuchen nach Brit. Pat. 623620.

Tischgröße entsprechende Stahlplatte, die gleichfalls Löcher enthält. Auf diese Zwischenplatte kommt wieder ein Nesseltuch und eine Kuchenschicht. Diese wird wieder mit einer Zwischenplatte bedeckt. Auf diese Weise baut man 6···8 Kuchenschichten übereinander. Damit die unteren Kuchen nicht durch das Gewicht der oberen Schichten zu stark zusammengedrückt werden und damit der auf allen Kuchen lastende Druck gleich groß ist, sind an den vier Ecken der Zwischenplatten sowie der oberen Deckplatte Stützen angebracht, die einige Millimeter kürzer sind als der Kuchenhöhe entspricht. Beim Einspannen der Kuchensäulen durch Herunterschrauben der oberen Deckplatte stützen sich so die einzelnen Platten gegenseitig ab (Abb. 365).

Abb. 366 zeigt eine ähnliche Anordnung nach dem Brit. Pat. 623620 der Firma *Oscar Kohorn & Co., Ltd.*, New York. Die Apparatur unterscheidet sich im Prinzip von der beschriebenen dadurch, daß Abschlußdeckel und Zwischenbleche an einer in der Mitte des Waschstandes befindlichen Säule aufklappbar angebracht sind.

In die durch die Kuchen gebildeten Hohlräume läßt man nun die Behandlungsflüssigkeiten der Reihe nach von unten einströmen. Sie durchdringen die Kuchen und fließen außen an den Kuchen herunter. Die Zwischenplatten tragen an ihrem Umfang schmale senkrecht stehende Leisten, die ein Herunterlaufen der sich auf ihnen sammelnden Waschflüssigkeiten verhüten und sie seitlich über einen kleinen Ausguß abfließen lassen.

Die Waschanlage wird von hochstehenden Vorratsbottichen aus gespeist. Da hierdurch der Flüssigkeitsdruck in den oberen Kuchenschichten geringer ist als in den unteren, so baut man die Kuchensäulen zweckmäßig so zusammen, daß man oben die gröberen Titer hinsetzt, da diese sich leichter durchdringen lassen.

Der Verlauf der Kuchendruckwäsche ist ein guter Maßstab für den Zustand der Spinnerei. Kuchen mit abweichender Form, wie solche mit schiefen Stirnflächen oder sog. Kragen[1], geben sich sofort dadurch zu erkennen, daß aus ihnen bzw. zwi-

Abb. 367. Kuchendruckwäsche der Rheinische Kunstseide-Aktiengesellschaft, Krefeld.

schen ihnen und der Zwischenplatte Flüssigkeit herausspritzt. Eine Druckwäsche ist daher überhaupt nur bei einer einwandfreien Spinnerei möglich.

In dieser Beziehung ist die Rieselwäsche anspruchsloser. Manche Werke verzichten daher auch bewußt auf die Kuchendruckwäsche, um in der Spinnerei nicht so sorgsam sein zu müssen.

Bei den fahrbaren Kuchenwagen geschieht der Aufbau der Kuchensäulen genau in der gleichen Weise. Die Kuchenwagen werden, wie dies bei den Druckwaschwagen für das direkte Spulenverfahren schon beschrieben war, über die einzelnen Waschstellen gefahren und dort auf die ebenfalls schon beschriebene Weise mit den einzelnen Anschlußleitungen in Kontakt gebracht.

Abb. 367 zeigt eine nach diesem Prinzip gebaute Kuchendruckwäsche in einem großen Reyonbetrieb.

Die Druckwäsche der Kuchen kann aber auch noch in einer anderen Weise erfolgen, nämlich durch Behandlung hängender Kuchensäulen. Zu dieser Anordnung ist es

[1] Kuchen mit „Kragen“ entstehen, wenn sich der Spinnkuchen während des Spinnens in der Zentrifuge etwas hebt.

erforderlich, daß jeder Kuchen auf einer Tragvorrichtung steht. Eine solche ist als Beispiel in der Abb. 368 dargestellt[1]. Die Teller der Tragvorrichtung werden zweckmäßig mit Nessel belegt. Die Kuchen werden mit diesen Tragvorrichtungen über ein weites Rohr geschoben, das perforiert ist und unten eine feste Platte besitzt, gegen die die Tragvorrichtung des unteren Kuchens anschlägt. Der Teller der Tragvorrichtung des nächsten Kuchens legt sich fest auf die Stirnfläche des untersten Kuchens. Auf diese Weise wird das Rohr über seine ganze Länge mit Kuchen besteckt. Diese Kuchensäule wird nun mit Hilfe eines Bajonettverschlusses in den Boden eines Kastens eingeklinkt, wobei die obere Stirnfläche des obersten Kuchens mit einer ringförmigen Dichtung des Kastenbodens in Verbindung kommt. So werden alle Anschlußstellen des Kastenbodens mit Kuchensäulen behängt. Die Kästen laufen auf Schienen und werden unter die Rohrenden der Leitungen für die Behandlungsflüssigkeiten gefahren. Die Flüssigkeiten, die die Kuchen passiert haben, tropfen vom untersten Kuchen ab und werden in Kästen aufgefangen, die unter den Waschstellen in den Fußboden eingelassen sind, von wo aus sie in die Sammelbottiche geleitet werden (Abb. 369).

Abb. 368. Kuchen-Tragvorrichtung.

Es muß jedoch bemerkt werden, daß diese Art der Kuchenwäsche einen erheblichen Verbrauch an Waschflüssigkeiten aufweist.

Von der Firma *Courtaulds Ltd.* wurde ein Waschverfahren für Spinnkuchen ausgearbeitet, bei dem die Wäsche durch Druck in einem Bottich erfolgt, wie dies auch bei der Spulenwäsche schon beschrieben war (DRP. 746897). Die Kuchen werden auf waagerechte Rohre gesteckt, die wie bei der Mezzera-Waschmaschine nach oben schlitzförmige Öffnungen haben, und durch eine deckelförmige Verschraubung am äußeren Ende des Rohres gegenseitig abgedichtet. Die Rohre werden von einer flachen, kastenförmigen Kammer aus gespeist, die nach beiden Seiten hin derartige Rohre trägt. Die Kammer besitzt unten in der Mitte einen Anschlußstutzen, mit dem sie mit den Zuführungsleitungen für die Waschflüssigkeiten, die im Boden von Bottichen enden, in Kontakt gebracht werden. Bei dem Durchdrücken der Flüssigkeiten füllen sich die Bottiche allmählich; ein Überlauf sorgt für den Abfluß der Waschflüssigkeiten. Abb. 370 zeigt rechts eine derartige Waschanlage.

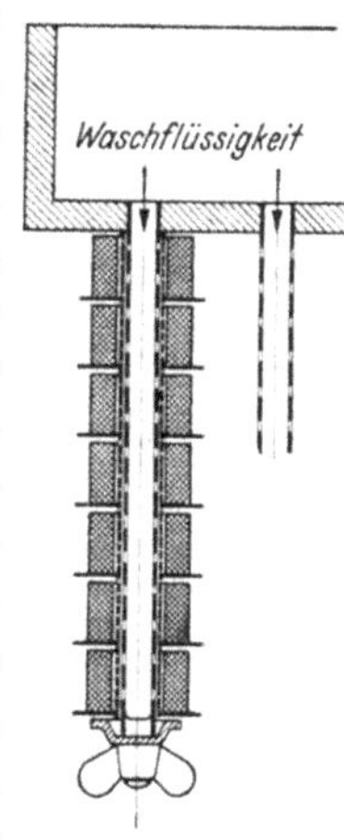

Abb. 369. Kuchendruckwäsche für hängende Kuchensäulen.

Es sind nach diesem Prinzip auch Waschanlagen konstruiert worden, bei denen die Kuchensäulen senkrecht in Bottiche eingestellt werden, wie dies bei der Spulendruckwäsche schon beschrieben war.

Es wurde schon erwähnt, daß in der Druckwäsche nur ganz einwandfreie Kuchen gewaschen werden können. Es läßt sich nun aber nicht vermeiden, daß in der Spinnerei auch Kuchen anfallen, die nicht als vollkommen einwandfrei bezeichnet werden

[1] Vgl. hierzu auch das DRP. 631789 von Krämer.

können. Hierzu gehören auch solche Kuchen, die infolge Abreißens des Fadens während des Spinnens oder infolge Bruches des Spinntrichters nicht die vorgesehene Dicke erreicht haben. Diese Kuchen müssen vor dem Einsetzen in die Druckwäsche aussortiert werden. Sie werden in einer kleinen Rieselwäsche, die zu diesem Zweck neben der Druckwäsche unterhalten wird, gewaschen. Es ist zweckmäßig, solche Kuchen schon in der Spinnerei beim Wechsel zu kennzeichnen, was durch Aufspritzen einer wasserlöslichen Farbstofflösung geschehen kann.

Abb. 370. Kuchendruckwäsche nach Courtaulds Ltd. Ansicht aus einem Werk der Snia Viscosa, Milano.

Hiermit sind die hauptsächlichsten, für Reyon in Frage kommenden Waschvorrichtungen besprochen worden. Ähnliche Apparaturen sind noch in den DRP. 626195 von Minck sowie DRP. 669569 der *I. G. Farbenindustrie Aktiengesellschaft* beschrieben.

b) Die Wäsche der Zellwolle.

Bei der Zellwolle haben wir, wie schon im 6. Kapitel ausgeführt war, grundsätzlich zwei Nachbehandlungsverfahren zu unterscheiden, nämlich die Nachbehandlung der geschnittenen Flocke sowie die Nachbehandlung des Faserkabels. Beide Verfahren sind in Anwendung. Zu Beginn der Zellwollerzeugung hat man, wohl in Anlehnung an die in Italien schon seit langer Zeit gebräuchliche Arbeitsweise, allgemein die Zellwolle in saurem Zustand geschnitten und dann die Faserflocke nachbehandelt. Da es technisch jedoch einfacher ist, ein Faserkabel den einzelnen Behandlungsflüssigkeiten in einem kontinuierlichen Arbeitsgang auszusetzen als eine aufgeschwemmte Faserflocke, so hat man eine Reihe von Apparaten entwickelt, um die Nachbehandlung der Zellwolle in Form des Kabels vorzunehmen. Im praktischen Betrieb stellten sich jedoch bei der Kabelnachbehandlung einige Schwierigkeiten heraus, die apparativ schwer zu überbrücken sind: Es muß bei der Nachbehandlung vermieden werden, daß von dem die einzelnen Bäder durchlaufenden Kabel Badreste von einem Bad ins andere geschleppt werden. Dies kann nach Lage der Dinge nur durch scharfes Abstreifen durch Ösen oder Abquetschen des laufenden

Kabels zwischen Walzen vermieden werden. Auch durch Anwendung von Mehrstufenpressen gelingt es aber nicht, das Kabel vollkommen gleichmäßig abzuquetschen. Es kommt mit einem nahezu runden Querschnitt zwischen die Walzen, und so erhalten die mittleren Teile stets einen größeren Preßdruck als die äußeren Teile. Man muß daher bei diesem Verfahren bestrebt sein, die flache Bandform des Kabels durch alle Nachbehandlungsbäder soweit wie möglich zu erhalten, was in Anbetracht der intensiven Behandlung nicht leicht ist, sich aber durch Anwendung viereckiger Führungsösen erreichen läßt. Führt man das Kabel senkrecht durch die Behandlungsbäder, so tritt ein weiterer Fehler auf. Von dem wieder nach oben geführten Kabel wird eine verhältnismäßig große Flüssigkeitsmenge mit hochgerissen. Diese übt auf das Kabel einen Zug aus, was dazu führen kann, daß Einzelfädchen im Kabel überdehnt werden und sich kräuselig legen. Eine genaue Schnittlänge ist aber nur zu erzielen, wenn die Fädchen des Kabels vollkommen parallel in die Schneidmaschine gelangen. Gekräuselt liegende Fädchen erhalten demgegenüber eine zu lange Schnittlänge, was zu einem nicht ganz einwandfreien Stapeldiagramm für die Zellwolle führt. Schließlich ist noch ein Nachteil der Behandlungsweise der Zellwolle in Kabelform, daß die Faser sehr wenig geöffnet die Apparatur verläßt. Endlich gelingt es kaum, die Avivage gleichmäßig auf alle Teile des Kabels aufzutragen. Man behilft sich daher meist so, daß man bei der Kabelbehandlung den Schneidprozeß vor das Avivagebad legt und das Avivieren dann in Form der geschnittenen Flocke vornimmt.

Abb. 371. Wäsche von Zellwolle im Holländer.

Diese Schwierigkeiten haben dazu geführt, daß man heute wieder der Nachbehandlung der Zellwolle in Flockenform den Vorzug gibt.

Für die Nachbehandlung der Zellwolle sowohl in Flockenform als auch in Kabelform ist eine Reihe von Maschinen konstruiert worden, die teils diskontinuierlich arbeiten. Im folgenden sollen einige hiervon näher beschrieben werden:

Wäsche in Flockenform. Bei der Flockenbehandlung sind sowohl solche Verfahren in Gebrauch, bei denen die Flocke, in geeigneter Weise gepackt, in die Behandlungsflüssigkeiten getaucht wird, als auch solche, bei denen die Flocke von den Behandlungsflüssigkeiten berieselt wird.

Als recht zweckmäßig hat es sich erwiesen, die Behandlung der Flocke in Wasch-Holländern vorzunehmen (Abb. 371). Die von der Schneidvorrichtung kommende saure Flocke wird durch ein Transportband zunächst in einen hochstehenden, mit Säure gefüllten großen Behälter eingetragen. Dieser dient als Vorratsgefäß. Durch die Säure findet gleichzeitig noch eine Nachzersetzung des Xanthogenates statt, die bei den großen Spinnmengen durch das Spinnbad unvollständig gewesen sein kann. Durch ein weites Rohr fließt die Flocke dann schräg nach unten in den ersten Wasch-Holländer, in dem sie entsäuert wird. Als Bewegungsorgan besitzt der Holländer ein großes Schaufelrad aus nichtrostendem Stahl. Nach erfolgter Entsäuerung muß die Flocke nun in einen zweiten Holländer transportiert werden. Dies macht gewisse Schwierigkeiten. Technisch ist dies so gelöst worden, daß man am Ende der Behandlungszeit ein Transportband, das aus einem Drahtgeflecht besteht, schräg in den Holländer hineinsenkt, und zwar so, daß die Faserflocke durch das Schaufelrad auf das Transportband gespült wird. Da dieses Band aus einem Geflecht besteht, so findet durch Abtropfen hierbei schon eine weitgehende Entwässerung statt. Das Transportband führt die Flocke zunächst zwischen eine Walzenpresse, von wo aus die abgepreßte Flocke in den zweiten Holländer gebracht wird. Man muß bei dieser Art der Faseraushebung allerdings meist mit einem Rechen etwas nachhelfen, um die Flocke gleichmäßig auf das Transportband zu bringen. Hierbei kann es leicht vorkommen, daß das Transportband durch Einstoßen des Rechens beschädigt wird.

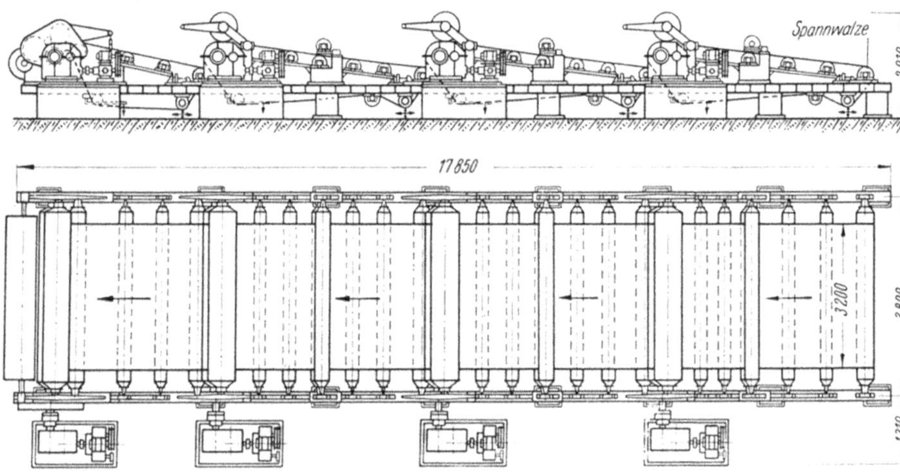

Abb. 372. Waschmaschine für Zellwolle in Flockenform der Fa. Phrix-Werke A. G.

Im zweiten Holländer wird die Entschwefelung vorgenommen. Eine gleiche Transport- und Abquetschvorrichtung führt die Flocke dann in einen dritten Holländer über, in dem gebleicht und aviviert wird.

Abb. 372 zeigt eine Nachbehandlungsmaschine der *Phrix-Werke A.G.* Sie besteht im Prinzip aus einem durch zahlreiche Rollen getragenen endlosen Siebband, welches schräg nach oben geführt und am Anfang durch eine Spannwalze unter Spannung gehalten wird. Vier gleichartige Anordnungen sind hintereinandergeschaltet. Die Flocke wird auf das Siebband der ersten Zone aufgespült. Während die Flüssigkeit abtropft, bildet sich auf dem Siebband aus den Fasern ein Vlies, das allmählich einem Quetschwalzenpaar zugeführt wird. Hier wird die überschüssige Flüssigkeit abgequetscht und das Vlies fällt auf das Siebband der zweiten Behanlungszone, in der die Fasern mit der zweiten Behandlungsflüssigkeit besprüht werden. Sie gelangen dann wieder durch ein Quetschwerk und fallen auf das Band der dritten Behandlungszone. Am Ende der vierten Behandlungszone ist ein besonders wirksames Walzenquetschwerk angebracht, das die Zellwolle so weitgehend wie möglich entwässert. Von dort wird die Flocke dem Trockner zugeführt.

Die Siebbänder unterliegen verständlicherweise einem starken Verschleiß. Man war daher bemüht, den Transport der Flocke durch andere Vorrichtungen zu bewerkstelligen. Derartige Vorrichtungen sind bei den nunmehr zu besprechenden Maschinen vorhanden.

Die Nachbehandlungsmaschine der Firma *Emil Blaschke*, Berlin-Tegel (Abb. 373) besteht normalerweise aus 5···7 Behandlungszonen. In der ersten wird die Öffnung der Kabelabschnitte sowie die Vliesbildung vorgenommen. Gleichzeitig findet in dieser Zone die Entsäuerung statt. Anschließend gelangt das Vlies auf eine sog. Kammwalzentransporteinrichtung (Abb. 374). Diese besteht aus beliebig vielen, mit Ring und Nut ineinandergreifenden Walzen, die durch Zahnräder oder Schnecken gleichmäßig, entsprechend der gewünschten Transportgeschwindigkeit bzw. Behandlungszeiten angetrieben werden. Als Werkstoff wird zweckmäßig Hartgummi gewählt; bei den Waschbädern kann auch Reinaluminium oder bakelitisiertes Aluminium genommen werden. Vielfach wird auch Edelstahl verwandt. Die Maschinen werden in einer Walzenbreite von 800···3000 mm gebaut. Zwischen den einzelnen Behandlungszonen befinden sich Quetschwalzen. Die Behandlungsflüssigkeit wird von oben durch Spritzrohre auf das wandernde Vlies gebracht und unterhalb der Kammwalzen in Trögen aufgefangen. Durch die Kammwalzen sind die Schwächen des Siebtransportbandes umgangen, das bei den meisten Nachbehandlungsmaschinen normalerweise angewandt wird.

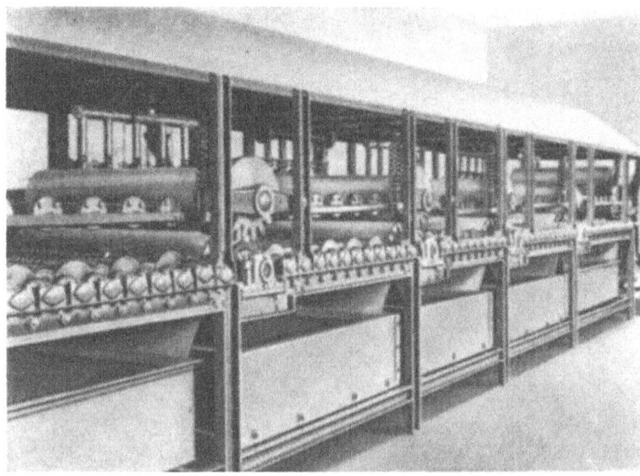

Abb. 373. Waschmaschine für Zellwolle in Flockenform der Fa. Emil Blaschke, Berlin-Tegel.

Abb. 374. Kammwalzen-Transportvorrichtung der Zellwoll-Waschmaschine der Fa. Emil Blaschke, Berlin-Tegel.

Ein Drahtsieb wird auch bei der Zellwolle-Nachbehandlungsmaschine der Firma *C. G. Haubold A.G.*, Chemnitz (Abb. 375), umgangen. Es ist durch einen Schienenrost ersetzt, auf den die Fasern zu einem Vlies aufgeschwemmt werden. Die beweglichen Schienen führen in der Richtung des Warenlaufes eine exzentrische Bewegung aus und tragen dabei die Flocke in kleinen Wegstrecken vorwärts. Zwischen den einzelnen Behandlungsflüssigkeiten, die auch bei dieser Maschine aus Siebkästen auftropfen, befinden sich Walzenpressen.

An Stelle der eben beschriebenen Vorrichtungen verwendet die Nachbehandlungsmaschine der Firma *Oscar Kohorn & Co., Ltd.*, New York, ein aus perforierten Platten bestehendes Transportband.

Abb. 376 zeigt eine Rieselwaschvorrichtung für Zellwollflocke aus dem Werk Torino Stura der *Snia Viscosa*, Milano.

Wäsche in Kabelform. Auch für die Nachbehandlung der Wäsche in Kabelform ist eine ganze Reihe von Maschinen konstruiert worden. Es sind grundsätzlich drei Maschinentypen in Gebrauch:

Abb. 375. Waschmaschine für Zellwolle in Flockenform der Fa. C. G. Haubold A. G., Chemnitz.

Bei den beiden ersten Konstruktionen wird das Zellwollkabel horizontal durch die Bäder geführt, bei der dritten senkrecht.

Abb. 377 zeigt ein Beispiel für die horizontale Lage des Kabels. Die Waschstellen bestehen aus hintereinandergeschalteten schmalen Kästen, deren Böden wie bei dem

Abb. 376. Waschmaschine für Zellwolle in Flockenform. Ansicht aus einem Werk der Snia Viscosa, Milano.

oben beschriebenen Verfahren endlose Transportbänder sind. Diese Transportbänder dichten die Kästen unten ab. Die Behandlungsflüssigkeit kann entweder durch eine Leitung in den Kasten geführt werden, als auch durch Rieselrohre von oben hineingespritzt werden. Bei der letzteren Arbeitsweise ist die Behandlung intensiver. Zwischen je zwei benachbarten Kästen befindet sich ein Walzenquetschwerk zum Abpressen der Flüssigkeit.

Nach dem gleichen Prinzip arbeitet auch eine Waschmaschine der *Snia Viscosa* (Abb. 378). Sie ist jedoch für eine größere Arbeitsbreite gebaut und kann die Kabel von 14 Spinnmaschinen gleichzeitig behandeln.

Abb. 377. Waschmaschine für Zellwolle in Kabelform. Ansicht aus dem Vistra-Betrieb Wolfen.

Wie die Abbildung erkennen läßt, benötigt besonders diese Nachbehandlungsmaschine einen äusserst langen Raum. Von der *I. G. Farbenindustrie Aktiengesellschaft*[1] ist daher eine sinnreiche Apparatur entwickelt worden, die bei gleicher Arbeitsweise erheblich weniger Raum beansprucht. Dies ist die Behandlung auf dem sog. Drehtisch (Abb. 379). Als Waschstelle dient ein runder, an seinem Umfang mit einer senkrechten Leiste versehener Tisch, der um seinen Mittelpunkt langsam gedreht wird. Das Kabel wird durch einen hin- und hergehenden Rüssel zickzackförmig auf den Drehtisch abgelegt, wobei es durch einen Flüssigkeitsstrahl durch den Rüssel gespült wird. Über dem Drehtisch kann man Spritzrohre anbringen, durch die gleichfalls Behandlungsflüssigkeit auf das abgelegte Kabel gespült wird. Nach einer Umdrehung von annähernd 360° wird das Kabel durch zwei Quetschwalzen senkrecht nach oben von dem Tisch abgehoben und durch Porzellanringe zu einem zweiten Rüssel geführt, der das Kabel auf einen zweiten Drehtisch legt. Wird der Boden des Drehtisches als Sieb ausgebildet, so kann man durch Spritzrohre auf einen Drehtisch mehrere Behandlungsflüssigkeiten spritzen. Man kommt für die ganze Nachbehandlung des Kabels so mit drei Drehtischen aus.

Abb. 378. Waschmaschine für Zellwolle in Kabelform. Ansicht aus einem Werk der Snia Viscosa, Milano.

Für die senkrechte Führung des Kabels gibt Abb. 380 ein Beispiel. Die Behandlungsflüssigkeiten werden in rechteckige

[1] DRP. 694765. Siehe auch Dtsch. Textilwirtschaft **1940**, Heft 20, S. 36.

Tröge gepumpt. In diesen Trögen sind Rollen angebracht, die durch seitliche, senkrechte Führungsschlitze gehalten werden. Entsprechende Rollen befinden sich oberhalb der Waschtröge. Das Kabel wird von der ersten oberen Rolle nach unten unter die erste Badrolle geführt, geht dann hoch über die zweite obere Rolle, läuft dann wieder nach unten unter die zweite Badrolle usw. Über den oberen Rollen befinden sich noch Siebkästen, aus denen die Flüssigkeit auf das laufende Kabel rieselt. Die oberen Rollen werden durch Zahnräder angetrieben, während die unteren von dem laufenden Kabel mitgenommen werden. Die Führungsschlitze ermöglichen ein Schrumpfen der Kabel. Die Flüssigkeiten sammeln sich in den Trögen an, so daß auch hierbei die Kabel berieselt und getaucht werden. Die sich ansammelnden Bäder werden durch eine Pumpe aus den Trögen abgesaugt und in Hochbehälter gepumpt, von wo aus sie erneut den Sprühtrögen zufließen. Am Ende der Nachbehandlungsmaschine befindet sich eine Walzenquetsche.

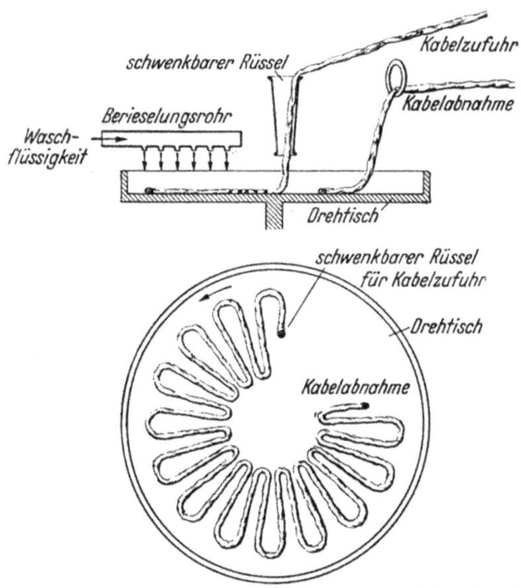

Abb. 379. Drehtisch für die Wäsche von Zellwolle in Kabelform.

Abb. 380. Waschmaschine für Zellwolle in Kabelform der Fa. Viscosa-Gesellschaft m. b. H., Chemnitz.

In ähnlicher Weise arbeitet eine im U.S.A. Pat. 2280326 der Firma *Oscar Kohorn & Co., Ltd.* beschriebene Maschine. Sie ist jedoch breiter und entsprechend kürzer.

Die Rollen sind hier durch zylindrische Walzen ersetzt, die Rillen für die Führung des Kabels besitzen. Das Kabel wird mehrfach um die jeweils untereinanderliegenden Walzen geführt. Über der oberen Walzenreihe befinden sich die Berieselungströge. Die von den Kabeln abfließenden Flüssigkeiten werden unterhalb der unteren Walzenreihe in Bottichen aufgefangen.

Eine waagerechte Führung des Kabels durch Tröge mit Hilfe zweier Umlenkwalzen der oben beschriebenen Art ist durch das U.S.A. Pat. 2308576 der Firma *Oscar Kohorn & Co., Ltd.* geschützt. Bringt man die Walzen verschränkt gegeneinander an, so kann gleichzeitig eine Streckung des Kabels vorgenommen werden. An Stelle der Walzen können auch Stabtrommeln verwendet werden[1].

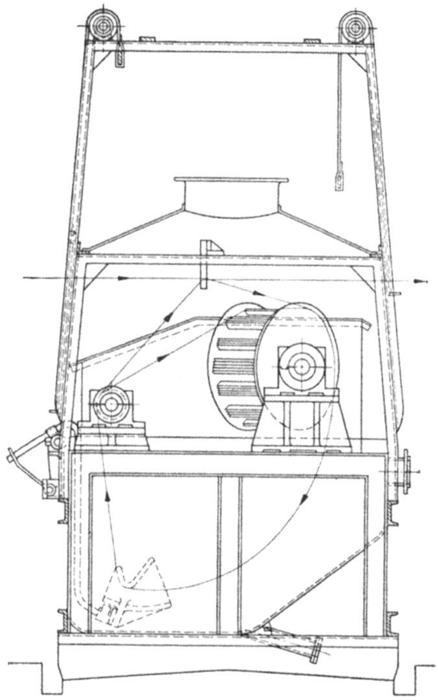

Abb. 381. Badzelle aus der Waschmaschine für Zellwolle in Kabelform der Fa. Textima, Chemnitz.

In anderer Form wird die Nachbehandlung nach DRP. 666744 bei einer Konstruktion der Firma *Textima* vorgenommen. Bei dieser Konstruktion erfolgt die Nachbehandlung in mehreren, nebeneinander befindlichen Badzellen (Abb. 381). Über den trogartig ausgebildeten Badzellen ist ein ovaler Haspel angebracht, über dessen Umfang das Faserkabel hinweg nach unten in das Bad geführt wird. Im Bad befindet sich eine Führungsrolle, unter die das Kabel geleitet wird. Durch eine weitere, ortsfeste Leitrolle gelangt das Kabel wieder nach oben auf den Haspel. So wird das Kabel mehrmals in einer Schraubenwindung in axialer Richtung auf dem Haspelumfang entlang durch das Bad geführt. Zwischen den einzelnen Kabelgängen sind Teilstäbe angebracht, die eine gegenseitige Berührung des auf- und abwärts gehenden Kabels verhindern. Die ovale Form des Haspels führt ein abwechselndes Spannen

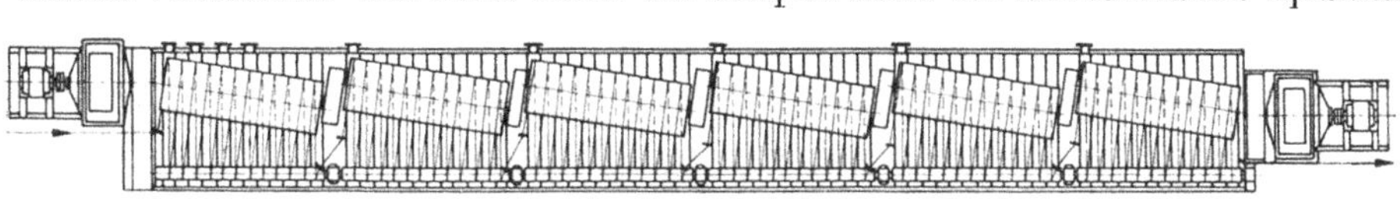

Abb. 382. Aus 6 Zellen bestehende Waschmaschine für Zellwolle in Kabelform der Fa. Textima, Chemnitz.

und Stauchen des Kabels herbei, wodurch die Waschwirkung wirksam unterstützt wird. Am Ende der Zelle angelangt, wird das Kabel, durch einen Porzellanring geführt, aus dem Bad herausgehoben und durch eine Walzenquetsche abgepreßt. Von hier aus gelangt es in eine zweite, der ersten gleich gebauten Badzelle. Je nach der Behandlungsart schaltet man 3···6 solcher Badzellen hintereinander (Abb. 382). Die Häspel werden durch stufenlos regelbare Getriebe angetrieben.

[1] v. KOHORN, O.: Ind. Pat. 35965.

Um die Gleichmäßigkeit des Ablaufs zu verbessern, kann man den Häspeln am Ende einen kreisförmigen Querschnitt geben (DRP. 680670). Bringt man die Haspelholme federnd an, so gibt man dem Kabel hierdurch Gelegenheit, zu schrumpfen (DRP. 680677).

Schließlich sei noch auf das DRP. 689900 des *Deutschen Zellwollringes* verwiesen, das eine weitere Kabelnachbehandlungsmaschine beschreibt.

Wie schon erwähnt war, ist es bei der Nachbehandlung in Kabelform schwierig, das Avivagebad gleichmäßig auf das Kabel zu bekommen. Auch findet nur eine unwesentliche Öffnung und Auflockerung der Einzelfädchen im Kabel statt. Man legt daher den Schneidprozeß zweckmäßig vor die Behandlung mit der Avivage und aviviert die Faser in Form der geschnittenen Flocke. Die einfachste Art der Avivage besteht darin, daß man die Kabelabschnitte durch das Avivagebad in eine Schwemmrinne spült. Dieser Schwemmrinne kann man eine Zickzackform geben, wodurch das durch die strömende Flüssigkeit bewirkte Öffnen der Fasern sehr gefördert wird, da die Abschnitte an den Umkehrpunkten der Rinne an die Wandung anschlagen und hierbei eine Stauchung erleiden.

III. Das Schneiden der Zellwollkabel.

Da das Schneiden der Zellwollkabel entweder unmittelbar vor der ersten Waschstufe, der Entsäuerung, vorgenommen wird, oder zwischen Entschwefelung und Avivage eingeschaltet wird, so ist es zweckmäßig, die für das Schneiden gebauten Vorrichtungen an dieser Stelle zu besprechen.

Abb. 383. Snia-Schneidkopf.

An eine betrieblich sicher wirkende Schneidvorrichtung müssen folgende Anforderungen gestellt werden: Größte Gleichmäßigkeit in der Stapellänge des geschnittenen Kabels und möglichst lange Lebensdauer der Messer, die bei einer Abzugsgeschwindigkeit des Kabels von etwa 80 m in der Minute außerordentlich viele exakte Schnitte auszuführen haben. Sehr zahlreich sind die Versuche und Vorschläge, die in konstruktiver Beziehung auf diesem Gebiete gemacht worden sind. Von den vielen Konstruktionen haben sich vier in die Praxis eingeführt, die daher hier kurz beschrieben werden sollen.

Zurückgehend auf das DRP. 468315 von Beria ist von der *Snia Viscosa* der sog. Snia-Schneidkopf entwickelt worden, den Abb. 383 zeigt. Diese Schneidmaschine besteht aus einer runden, umlaufenden Scheibe, in die von oben nach unten, zunächst axial, ein Kanal eingebohrt ist. In der Mitte der Scheibe biegt dieser Kanal um und verläuft nunmehr radial nach außen weiter. Am Umfang der Scheibe liegen senkrecht feststehende Messer an. Der Kanal besitzt an seinem oberen Ende eine trichterförmige Erweiterung. Das Faserkabel wird nun, je nach der Arbeitsweise von der Spinnmaschine oder von der Nachbehandlung kommend, in die trichterförmige Erweiterung eingeführt und zunächst durch einen Flüssigkeitsstrahl so weit in die Scheibe gebracht, daß es in den radialen Teil des Kanals gelangt. Durch die jetzt auf das Kabel wirkende Fliehkraft wird es ständig gleichmäßig abgezogen und an die Mündung des radialen Kanals gebracht. Die an der Scheibe anliegenden Messer schneiden jedesmal ein Stück Kabel ab, wenn es durch den radialen Kanal an das Messer geführt wird. Es handelt sich um eine Art Scherenschnitt, da die eine Seite der Kanalmündung das Kabel gegen das Messer drückt. Meist sind zwei Messer im Abstand von 180° im Schneidkopf angebracht. Die abgefallenen Kabelabschnitte fallen auf ein Transportband und werden so der weiteren Behandlung zugeführt.

Bei den für die Fliehkraft erforderlichen hohen Umdrehungszahlen ist es bei dieser Konstruktion schwierig, längere Stapel, beispielsweise für die Wolltypen, zu schneiden. Dieses Problem wurde von der *Vereinigte Glanzstoff-Fabriken A.G.* so gelöst, daß das Messer jeweils nur nach mehrmaligen Umdrehungen an die Scheibe zur Anlage kommt. Zu diesem Zwecke ist das federnd gegen die Scheibe anliegende Messer in einem Stehbolzen befestigt, der an der Maschine in der Schneidrichtung gleitbar gelagert ist und in Abhängigkeit von der Scheibenwelle durch ein Huborgan derart auf- und abbewegt wird, daß das Messer jeweils nur nach zwei oder drei Umläufen an die Scheibe gelangt.

Bei einer Konstruktion der Firma *Blaschke* wird das Kabel in einen Trichter geführt, der mit einer Ringdüse ausgestattet ist, aus der ständig Flüssigkeit in den Trichter strömt. Diese Flüssigkeit nimmt das Kabel mit in den Trichter hinein und bewirkt gleichzeitig eine ständige, sanfte Spannung des Kabels. Der Trichter geht unten in einen kurzen, senkrechten Kanal über. Wenige Millimeter unterhalb der Kanalmündung befindet sich ein flacher, feststehender Ring, der ein genau unterhalb der Kanalmündung befindliches Loch besitzt. Auf dem Ring gleiten, durch Gewichtsdruck am Ring anliegend, Messer, die jedesmal über dem Schneidloch ein Stück Kabel abschneiden. Die Maschine kann wahlweise mit einem oder mehreren Messern ausgerüstet werden. Ein Vorteil dieser Konstruktion soll darin liegen, daß die Messer durch das Aufliegen auf dem Ring während des Betriebes ständig nachgeschliffen werden, so daß ein Ausbauen der Messer nur selten erforderlich ist. Auch bei dieser Arbeitsweise wird also eine Art Scherenschnitt ausgeführt. Die Stapellänge kann durch stufenlose Regelung der Messergeschwindigkeit leicht und willkürlich verändert werden.

Während bei der letzteren Konstruktion das Faserkabel durch einen Flüssigkeitsstrom geführt wird, bedient sich die Schneidmaschine gemäß DRP. 665939 von Grunert („Schneidmaschine Gru-Gru") zur Führung zweier, senkrecht stehender, umlaufender Ringe, die Radkränze runder Scheiben darstellen. Die Radkränze besitzen eine starke Gummiauflage. Sie erfassen das Kabel und ziehen es gleichmäßig senkrecht zwischen sich nach unten. Die Radkränze sind mit Schlitzen versehen. Beide Radkränze sind so justiert, daß die Schlitze der beiden Radkränze bei ihrer Berührung genau zusammenfallen. Befinden sich die beiden Schlitze in dieser Stellung, so wird ein Messer, das an einer horizontalen, umlaufenden Scheibe angebracht ist, quer durch die beiden Schlitze geführt, wodurch das Kabel zerschnitten wird. Da das Kabel von den beiden Radkränzen gehalten wird, ist auch diese Schneidtechnik als Scherenschnitt anzusprechen. Die Maschine ist in Abb. 384 und 385 dargestellt.

In ähnlicher Weise wird das Schneiden im DRP. 617893 von ESSER beschrieben. An Stelle der gekerbten Rollen werden hier jedoch zwei endlose Transportbänder verwendet, die in der Schnittlänge entsprechenden Abständen Klötze tragen, die zahnradartig ineinandergreifen. Das von den Transportbändern erfaßte Kabel legt sich wellenförmig zwischen die Klötze und wird so durch sie festgehalten. Zwischen den Klötzen findet dann durch eine umlaufende Messerscheibe der Schnitt statt.

Abb. 384. Schneidmaschine der Fa. Gruschwitz Maschinenfabrik A. G., Olbersdorf-Zittau.

Der Scherenschnitt hat einen Nachteil, der darin liegt, daß die Einzelfasern des Kabels beim Schnitt stark zusammengepreßt werden. Auf diese Weise geschnittene Kabelenden bedürfen daher einer besonders wirksamen Nachbehandlung, um wieder eine offene Flocke zu erhalten. Diese Schwierigkeit wird von der Firma *Textima* im DRP. 653977 dadurch umgangen, daß das Kabel nicht von festen Maschinenteilen geführt wird, sondern von einem starken Wasserstrahl. Wie Abb. 386 zeigt,

Abb. 385. Vorderansicht einer in Betrieb befindlichen Schneidmaschine der Fa. Gruschwitz Maschinenfabrik A. G., Olbersdorf-Zittau.

wird das Kabel durch einen Wasserstrahl in einen Injektor geführt. Unter dem Injektor rotiert eine Scheibe, die an ihrem Umfang radial angeordnete Messer besitzt, die den Wasserstrahl und das von ihm eingehüllte Faserkabel durchschneiden. Im Gegensatz zu der Konstruktion von *Blaschke* wirkt dieser Wasserstrahl aber nicht abziehend auf das Kabel, da die Strömungsgeschwindigkeit des Strahles viel größer ist als die Fortbewegungsgeschwindigkeit des Kabels. Der Wasserstrahl dient nur zum Straffen des Kabels. Der Abzug wird vielmehr durch Quetschwalzen bewirkt, die sich oberhalb des Injektors befinden.

Bei neueren Konstruktionen ist das Messer unten und oben durch Abdeckplatten vor Ablenkung geschützt (DRP. 668442).

Infolge der straffen Kabelführung übt das Messer eine beträchtliche Hackwirkung auf das Kabel aus, was als unerwünscht bezeichnet wird. Der Schnitt kann jedoch in einen ziehenden umgewandelt werden, wenn man den Messern eine nach rückwärts verlaufende Krümmung gibt (DRP. 668441). Bringt man diese gekrümmten Messer nicht starr, sondern beweglich an der Messerscheibe an, so daß sie nur durch Fliehkraft in die ihnen bestimmte Lage gebracht werden, so kommt man zu einem vorteilhaften, weichen Ziehschnitt (DRP. 681400).

Abb. 386. Schneidmaschine der Fa. Textima, Chemnitz. (Der Injektor ist noch nicht angebaut.)

Zur Erleichterung des Öffnens der Kabelabschnitte wird nach dem Schweiz. Pat. 190973 der Firma *Ing. A. Maurer S.A.*, Bern, das Kabel so dem Injektionsstrahl zugeführt, daß dieser eine drehende Wirkung auf das Kabel und somit auch auf die Einzelfädchen ausübt.

Bei diesen Maschinentypen kann es vorkommen, daß durch Stauungen im Scheibenkanal und Wiederstraffen des Kabels durch den Schnitt Bündel von überlangem Stapel entstehen. Die *Deutsche Zellwoll-Ring G.m.b.H.* hat sich daher im DRP. 723240 eine Einrichtung schützen lassen, die eine Abscheidung der überlangen Fasern gestattet. Während dies in der angeführten Patentschrift durch Ausschwemmen geschieht, beschreibt das U.S.A. Pat. 2232496 ein Verfahren, nach dem aus der Scheibe herausstehende, nicht geschnittene Fasern während des Scheibenumfalls vor dem Messer durch Kratzen entfernt und getrennt gesammelt werden.

Bezüglich weiterer Konstruktionen von Schneidmaschinen sei auf MANN[1] verwiesen.

Da bei allen Schneidmaschinen von Zeit zu Zeit ein Auswechseln oder Nachschärfen der Messer erforderlich ist, die kontinuierliche Arbeitsweise aber nicht unterbrochen werden kann, so werden stets zwei Schneidmaschinen nebeneinander aufgestellt. Bei Stillsetzen der einen Schneidmaschine tritt sofort die andere in Aktion. Um

[1] MANN: Melliand Textilber. **26/27**, 213, 252, 288 (1945/46), **28**, 111 (1947).

das Kabel von der einen Maschine schnell in die andere überführen zu können, wird zweckmäßig über den Schneidmaschinen ein schwenkbarer Einführungstrichter angebracht. Einige Schneidmaschinen sind auch unmittelbar als Zwillingsmaschinen ausgebildet.

Man hat sich auch mit Versuchen beschäftigt, die darauf hinzielen, den Schneidprozeß überflüssig zu machen. Dies kann dadurch geschehen, daß man den Spinnprozeß in kurzen Intervallen unterbricht, so daß also gleich kurze Kabelstücke die Spinnmaschine verlassen. Ein solches Verfahren hat beispielsweise seinen Niederschlag in den DRP. 319079 und DRP. 319280 von FESSMANN gefunden. Zur praktischen Einführung sind die Arbeitsweisen jedoch bis jetzt nicht gekommen.

Schließlich soll nicht vergessen werden, darauf hinzuweisen, daß das Faserkabel auch trocken geschnitten werden kann. Hierüber berichtet der nächste Abschnitt.

IV. Die direkte Herstellung verzugsfähiger Spinnbänder.

Im normalen Herstellungsprozeß der Zellwolle fällt ein wirres Fasermaterial an, das für die Zwecke der Garnbildung in den Spinnereien zunächst parallelisiert werden muß, wozu eine Reihe von Arbeitsgängen und Maschinen benötigt wird. Bedenkt man, daß die Zellwolle bei ihrer Herstellung aus parallel liegenden Fadenbündeln gewonnen wird, so werden die Bemühungen, die darauf hinzielen, unmittelbar in der Zellwollfabrik ein aus parallelen Faserabschnitten bestehendes Band herzustellen, verständlich. Man würde hierdurch in den Spinnereien alle die Arbeitsgänge einsparen, die der Parallelisierung, also dem Gleichrichten und Verziehen der Fasern dienen. Dieser Weg hat sich als gangbar erwiesen, er führte beispielsweise zum Vistra-Spinnbad, zum Flox-K-Band, zum Greenfield-Verfahren der Firma *Courtaulds Ltd.* und zum *Kohorn*-Direktverfahren.

Das Prinzip dieser Verfahren muß logischerweise darin bestehen, die von der Zellwollspinnmaschine kommenden Faserkabel so in Stapel zu zerlegen, daß ihre Parallel-Lage nicht gestört, aber auch der Zusammenhalt der Fasern nicht aufgehoben wird. Dies kann sowohl durch in geeigneter Weise erfolgendes Schneiden als auch durch Zerreißen der Kabel geschehen[1].

Eine Anzahl von Patenten beschreibt zunächst Verfahren, bei denen die Unterteilung der Faserkabel durch schräges Schneiden erfolgt. Nach dem Brit. Pat. 275540 von NIETHAMMER wird das chemisch nachbehandelte und getrocknete Faserkabel über einen Breitleger geführt und dort in schräger Richtung geschnitten, worauf es zu einem Streckwerk gelangt. Ein ähnliches Verfahren ist im DRP. 573340 der *I. G. Farbenindustrie Aktiengesellschaft* beschrieben.

Eine weitere Schneidevorrichtung beschreibt das DRP. 623608 derselben Erfinderin. Hiernach wird gleichfalls das Faserkabel breit gelegt, dann wird es aber nicht über die gesamte Breite senkrecht geschnitten, sondern der Gesamtschnitt wird in schmale Teilschnitte zerlegt, die versetzt angeordnet sind. Neben jeweils einer Schnittstelle befindet sich so ein Teil Fasermaterial, das an einer anderen Stelle geschnitten ist, so daß der Zusammenhalt des ganzen Kabels gewahrt bleibt[2]. Mit Schrägschnitt arbeitet wieder ein im DRP. 651753 der *Spinnstoff-Fabrik Zehlendorf A.G.* niedergelegtes Verfahren. Hierbei wird das Faserkabel zwischen einer Trommel

[1] Vgl. hierzu MANN: Melliand Textilber. **26/27**, 111, 144, 182, 213, 252, 288 (1945); **28**, 111 (1947). — [2] Vgl. hierzu auch das Ind. Pat. 38655 von H. v. KOHORN.

und einem endlosen Band geführt, die mit einander entsprechenden schrägen Schlitzen versehen sind. Durch diese Schlitze wird eine aus einem umlaufenden Messer bestehende Schneidvorrichtung hindurchgeführt, die das Kabel in schräger Richtung unterteilt.

Eine Vervollkommnung dieser Vorrichtung hinsichtlich leichterer Einschaltungsmöglichkeit in die Abzugsgeschwindigkeit der Spinnmaschine stellt ein Verfahren dar, das im DRP. 690742 der *Schlesischen Zellwolle A.G.*, Hirschberg, beschrieben ist. Hiernach wird das Faserkabel zwischen zwei umlaufende, endlose Bänder geführt und in entsprechender Weise durch Schrägschlitze hindurch geschnitten.

Auf schrägem Schnitt beruht auch das Greenfield-Verfahren der Firma *Courtaulds Ltd.*[1] Das Verfahren besteht im Prinzip darin, daß mehrere, von den Spinnmaschinen kommende, getrocknete Spinnkabel bis zu einem Band von 300000 Deniers zusammengefaßt werden. Es wird zu einem Band ausgebreitet, das durch ein Paar von Schneidwalzen geleitet wird, wodurch es unter einem Winkel von 5···15° zerschnitten wird. Die Schneidwalzen besorgen gleichzeitig den Transport des Bandes. Das noch zusammenhängende Band gelangt anschließend in einen Intersekting, wo es zu einer Lunte zusammengefaßt wird, die in einer üblichen Spinnkanne gesammelt wird[2].

In gänzlich anderer Weise ist die Unterteilung des Faserkabels im Schweiz. Pat. 210574 der *I. G. Farbenindustrie Aktiengesellschaft* beschrieben. Hierbei erfolgt das Schneiden durch mehrere Rundmesser, die relativ zu der senkrecht nach unten erfolgenden Kabelführung eine Planetenbewegung ausführen. Hierdurch wird erreicht, daß das Faserkabel jeweils nur zum Teil eingeschnitten wird und somit seinen Zusammenhalt behält.

In ähnlicher Weise findet eine Unterteilung eines senkrecht nach unten geführten Faserkabels gemäß dem Ind. Pat. 38655 von H. v. Kohorn statt. Hiernach wird das Kabel zwischen zwei Walzen hindurchgeführt, von denen eine an ihrem Umfang Messer besitzt, die das Bündel partiell einschneiden. Die Messeranordnung kann auch so getroffen werden, daß der Schnitt schräg erfolgt.

Nach DRP. 715799 der *I. G. Farbenindustrie Aktiengesellschaft* erfolgt das Schneiden in einem Ziehschnitt durch Messer mit sägezahnförmigen Schneiden, die im Zickzack angeordnet sind. Hierdurch wird der Schnitt auf der ganzen Kabelbreite jeweils zickzackförmig etwas verschoben, wodurch gleichfalls ein Zusammenhalt des Kabels erreicht wird. Das Schneiden selbst erfolgt auf einem endlosen Band über einer elastischen Unterlage.

Während bei den bisher beschriebenen Verfahren die Unterteilung des Faserkabels durch Schneidvorrichtungen herbeigeführt wurde, beschreibt das DRP. 711149 der *Vereinigte Glanzstoff-Fabriken A.G.* eine Vorrichtung, die das Unterteilen durch Quetschen vornimmt. Das getrocknete und ausgebreitete Faserkabel wird nach der Patentschrift über eine Walze geführt, über die sich eine Oberwalze dreht, die auf ihrer Oberfläche spiralige Messer besitzt. Zwischen diesen und der Unterwalze wird das Kabel schräg durch Quetschen mit Hilfe der Spiralmesser zerteilt.

Wir wollen uns nunmehr den Vorrichtungen zuwenden, bei denen das Unterteilen des Faserkabels durch Zerreißen geschieht. Man kann das Zerreißen dadurch erleichtern, daß man die Fasern des Kabels an bestimmten, für den Bruch vorgesehenen

[1] Brit. Pat. 511867; 518995; 523579; 535793; 537742.

[2] Näheres siehe bei C. M. Whittaker: The Fibro Manual, S. 40, London 1950.

Stellen schwächt, was durch Auftragen ätzender Flüssigkeiten sowie durch periodische Titerverfeinerung an der Spinnmaschine erfolgen kann. Der letztere Weg kann darin bestehen, daß man vor den Düsen in der Viskoseleitung einen Riegel umlaufen läßt, der die Viskosezuführung für kurze Augenblicke unterbricht. Man kann aber auch den Spinnprozeß selbst so leiten, daß die Fasern schwache Stellen bekommen. Dieser Weg ist beispielsweise beim Kohorn-Direkt-Verfahren beschritten worden. Wie kommen weiter unten noch hierauf zurück.

Wird ein so vorbereitetes Faserkabel beispielsweise einem Walzenstreckwerk vorgelegt, so zerreißen die einzelnen Fasern jeweils an ihrer schwächsten Stelle. Da diese nun ganz ungeordnet über die ganze Breite des Kabels angeordnet sind, so findet auch durch das Zerreißen des Kabels eine Unterteilung statt, wobei der Zusammenhalt gewahrt bleibt.

Es sind jedoch auch Verfahren bekannt, bei denen das Reißen an nicht vorgeschwächten Kabeln vorgenommen wird. Hierbei ist aber ein sehr starker Klemmdruck zwischen den Walzenpaaren erforderlich, wodurch das Kabel einer erheblichen mechanischen Beanspruchung ausgesetzt ist. Dies wird nach dem DRP. 704346 der *I. G. Farbenindustrie Aktiengesellschaft* dadurch umgangen, daß man als Liefer- und Streckwerke Walzentrios verwendet, die das Kabel nahezu ganz umschlingt. Das Kabel wird hierbei nicht durch Klemmen, sondern durch die Reibung an den Walzen gehalten (Vistra-Spinnband).

In recht komplizierter Weise wird das Reißen des Zellwollkabels nach den britischen Patenten 483161 und 483486 von Kyoto vorgenommen. Hiernach wird das Faserkabel fortlaufend von an einer endlosen Kette angebrachten Klemmbacken gehalten, die sich voneinander fortbewegen, wodurch das Reißen erfolgt.

Ebenfalls recht kompliziert ist eine im DRP. 694418 und 722651 niedergelegte Arbeitsweise von Tutikasi. Hiernach werden die Faserkabel in Schlingen gelegt und durch Nadeln aufgerissen.

Von besonderer Wichtigkeit bei trocken gerissenen oder trocken geschnittenen Spinnkabeln ist die Avivage. Sie hat hier die Aufgabe, den Zusammenhalt der unterteilten Fadenbündel wirksam zu unterstützen. Infolgedessen darf sie die Fasern nicht allzu glatt machen, wenn sie auch den Fasern besondere Weichheit verleihen soll, um den Schneid- oder Reißprozeß zu erleichtern. In der Praxis hat sich hierfür sulfoniertes Olivenöl z. B. in Form von Monopol-Avivageöl SO 100 der Firma *Chemische Fabrik Stockhausen & Cie.*, Krefeld, besonders bewährt.

Bemerkenswerterweise weicht bei auf diese Weise erhaltener Zellwolle das Stapeldiagramm nicht wesentlich von normal hergestellter Zellwolle ab, wie mehrfach gezeigt wurde[1].

Es soll nunmehr eine kurze Beschreibung des Kohorn-Direkt-Verfahrens gegeben werden:

Das Verfahren beruht im Prinzip darauf, daß in einem kontinuierlichen Spinnverfahren zunächst ein Faserkabel hergestellt wird, aus dem nach dem Trocknen zylindrische Kreuzspulen von 5 kg Gewicht gewickelt werden. Diese werden einer Spezialmaschine (2-Tex-Maschine) vorgelegt, auf der die von den Spulen — erforderlichenfalls nach Fachen mehrerer Bündel — ablaufenden Fadenbündel durch ein Streckwerk zerrissen und unmittelbar auf einer Ringspindel versponnen werden.

---

[1] Siehe z. B. Jentgens Kunstseide **22**, 256 (1940). — Dtsch. Wollengew. **26**, 558 (1940).

Zur Erleichterung des Reißens wird der Spinnprozeß so geführt, daß die Einzelfasern des Bündels schwache Stellen erhalten.

Nach dem U.S.A. Pat. 2302077 von H. H. E. v. KOHORN wird eine Viskose von hoher Viskosität, aber von normaler HOTTENROTH-Reife, in ein Bad gesponnen, das sehr hohe Salzgehalte, beispielsweise 23% Natriumsulfat und mindestens 4% Zinksulfat bei einem Schwefelsäuregehalt von 11% enthält. Die hohe Viskosität wird dadurch erhalten, daß man die Vorreife entfallen läßt oder eine Kurzreife durchführt.

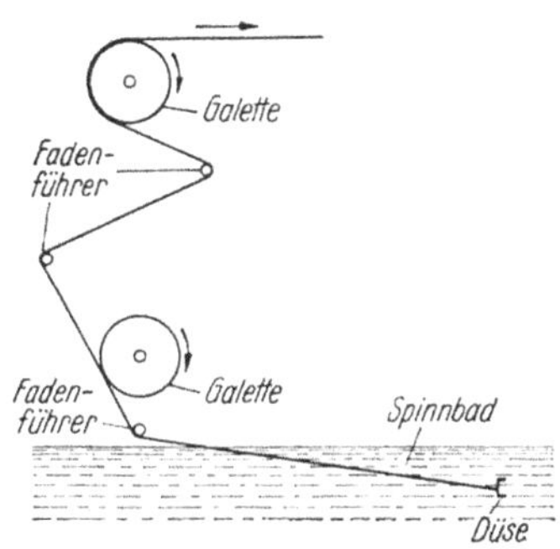

Abb. 387. Spinnschema nach U.S.A. Pat. 2 302 077.

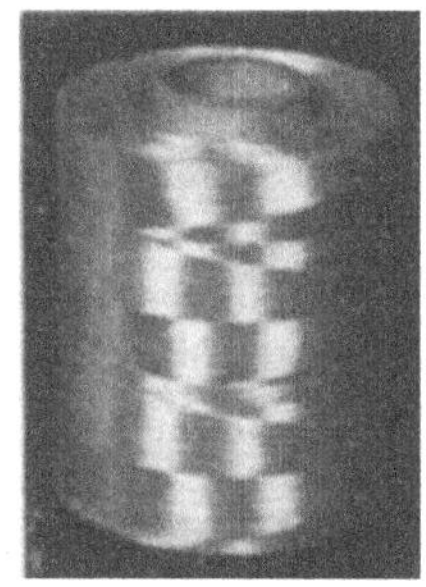

Abb. 388. Zyl. Kreuzspulen zur Vorlage auf die 2-Tex-Maschine der Fa. Oscar Kohorn u. Co., Ltd., New York.

Die im Spinnbad gebildeten Fäden werden durch eine Galette abgezogen, die in einem solchen Abstand von der Düse angebracht ist, daß die Fäden nur außen koaguliert sind, innen aber noch flüssige Viskose enthalten; sie werden ferner durch diese Galette nicht gestreckt. Nunmehr werden die Fäden, durch Bremsstäbe gebremst, über eine zweite Galette geführt, die die Fäden so stark streckt,

Abb. 389. 2-Tex-Maschine der Fa. Oscar Kohorn u. Co., Ltd., New York.

daß sich die innere flüssige Phase, die inzwischen allmählich auch koaguliert, orientiert, die äußere Haut aber stellenweise aufreißt. Das Spinnschema ist durch Abb. 387 erläutert. Man erhält auf diese Weise Fäden von sehr lappigem Querschnitt und wollartiger Oberfläche. Durch geeignete Zusammensetzung der Spinnbäder, wofür die Patentschrift zahlreiche Beispiele enthält, kann man die Struktur verschiedener Wollsorten imitieren. Die Fadenbündel werden nun auf übliche Weise, beispielsweise nach dem U.S.A. Pat. 2280326 der Firma *Oscar Kohcrn & Co. Ltd.*, durch Berieseln gewaschen und in einer Trockenkammer, auf Transportsieben aufliegend hin- und hergeführt, getrocknet. Nunmehr wird das trockene Kabel aufgespult, wobei zylindrische Kreuzspulen erhalten werden, wie sie in Abb. 388 dargestellt sind.

Durch das Strecken beim Spinnen wird gleichzeitig eine außerordentliche Festigkeit erreicht, die durch Anwendung von Edelzellstoffen oder Baumwollzellstoff, sowie durch Einschalten eines heißen Wasserbades nach der ersten Galette, noch erhöht werden kann.

Für diesen Herstellungsprozeß für Fadenbündel von hohem Titer, beispielsweise von 2···10000 Deniers, wie sie für dieses Verfahren erforderlich sind, wurde auch eine kontinuierlich arbeitende Spinnmaschine, der Typ CO-FT, entwickelt (siehe 22. Kap.)

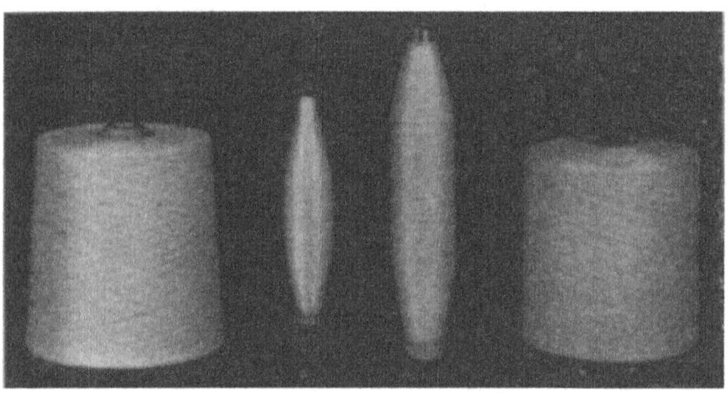

Abb. 390. Verschiedene Formen von Spulkörpern mit 2-Tex-Direktgarn nach dem Verfahren der Fa. Oscar Kohorn u. Co., Ltd., New York.

Die Kreuzspulen werden nun auf die 2-Tex-Maschine gebracht. Sie ist in Abb. 389 wiedergegeben. Dort gelangen die Fadenbündel zunächst in ein Streckwerk, in dem die Einzelfasern an den Stellen, an denen der Fasermantel bereits Risse hatte, reißen. Unmittelbar unter dem Streckwerk werden die nunmehr aus unterbrochenen Einzelfädchen bestehenden Faserbündel durch eine Ringspindel in Garn übergeführt, das anschließend auf beliebige Spulkörper gebracht werden kann, wie sie z. B. in Abb. 390 wiedergegeben sind.

Das Streckwerk ist so eingestellt, daß man beispielsweise aus einem Kabel von 4500 den. ein Garn von der Nummer 36, entsprechend einer Denierzahl von 150, erhält.

Das Garn ist von hoher Gleichmäßigkeit und weist eine Dehnbarkeit von etwa 10% auf. Infolge der Einschaltung des Streckwerkes an der Spinnmaschine erhält man ein Garn, das über doppelt so fest ist wie ein Garn aus normaler Zellwolle, und auch noch wesentlich fester ist als ein Baumwollgarn gleicher Nummer. Bei einem Garn der Nummer 30 wurden beispielsweise folgende Werte für die Festigkeit erhalten:

Baumwolle	295,0 g
Normale Zellwolle	208,5 g
Kohorn-Direkt-Garn . . .	466,0 g.

Die unmittelbare Herstellung von Spinnbändern bringt ohne Zweifel große wirtschaftliche Vorteile mit sich, da in der mechanischen Spinnerei sechs Arbeitsgänge in Fortfall kommen.

Es muß jedoch darauf aufmerksam gemacht werden, daß das Direktverfahren das Spinnen von in jeder Weise einwandfreiem Spinnkabel voraussetzt sowie, was praktisch wohl noch schwieriger erreichbar sein wird, von vollkommen in ihren Eigenschaften übereinstimmenden Spinnkabeln von mehreren Spinnmaschinen. Es ist hierbei zu bedenken, daß beim Direktverfahren keine Mischung der Gespinste möglich ist, wie eine solche beim normalen Herstellungsverfahren für Zellwolle automatisch erfolgt. Beim Direktverfahren wird daher absolute färberische Gleichmäßigkeit der Fertigwaren nur schwer zu erzielen sein.

V. Die Rückgewinnung von Schwefelkohlenstoff.

Wie schon S. 295 erwähnt, kommt der für die Sulfidierung eingesetzte Schwefelkohlenstoff in den Reyon- und Zellwollbetrieben an verschiedenen Stellen zur Abscheidung. Aus Gründen der Wirtschaftlichkeit ist man bestrebt, ihn so weitgehend wie möglich wiederzugewinnen. Bevor aber auf die hierfür ausgearbeiteten Verfahren näher eingegangen wird, soll eine kurze Übersicht über die Verlustquellen gegeben werden. Wie schon gesagt war, beträgt der Einsatz an Schwefelkohlenstoff je t Zellstoff 350···400 kg. Es ist nun zunächst mit einem Verlust beim Füllen und Leeren der Baratten zu rechnen, der mit etwa 3% angegeben wird. Bei einer Tageserzeugung von 10 t Reyon oder Zellwolle gehen somit schon bei der Sulfidierung etwa 100 kg Schwefelkohlenstoff verloren. Hier bestehen aber vorerst keine Möglichkeiten für eine wesentliche Verringerung der Verluste.

Wesentlich größere Verluste an Schwefelkohlenstoff entstehen jedoch beim Spinnen sowie bei der Wäsche der Gespinste. Beim Eintritt der Viskose in das Spinnbad werden je nach den vorliegenden Bedingungen 20···30% des in der Viskose enthaltenen Schwefelkohlenstoffs in Schwefelwasserstoff umgewandelt, außerdem werden 15···25% durch Verdunstung an die Luft abgegeben. Der verbleibende Rest von 40···50% verbleibt zum größten Teil im Spinngut und wird bei der Wäsche frei, ein kleiner Anteil wird vom Spinnbad aufgenommen. Beim Zentrifugenspinnverfahren wird demgegenüber praktisch der gesamte Schwefelkohlenstoff in der Spinnzentrifuge frei.

Barkholt beschreibt im DRP. 747782 ein Verfahren, das sich mit der Wiedergewinnung von Schwefelkohlenstoff bei der Spinnbadverdampfung befaßt. Nach seinen Beobachtungen ist der gesamte Schwefelkohlenstoff aus dem Spinnbad entfernt, wenn 50 g Wasser je Liter Spinnbad verdampft sind. Das Verfahren hat sich bisher aber nicht in die Praxis eingeführt, da auch der im Spinnbad gleichzeitig anwesende Schwefelwasserstoff die Wiedergewinnung erschwert.

Hieraus ergibt sich, daß eine Rückgewinnung von Schwefelkohlenstoff sowohl an den Spinnmaschinen als auch bei der Wäsche einsetzen muß.

Eine Rückgewinnung an den Spinnmaschinen ist jedoch schwierig, da einerseits der Schwefelwasserstoff störend wirkt und andererseits wegen der Giftigkeit dieses Körpers so stark abgesaugt werden muß, daß eine für eine wirtschaftlich tragbare Rückgewinnung erforderliche Konzentration unterschritten wird. Man kann an Spulen- und Walzenspinnmaschinen in der Abluft mit einer Schwefelkohlenstoffkonzentration von höchstens 0,1···0,3g/m^3 rechnen, was eine Rückgewinnung vorerst ausschließt.

Bei den Zentrifugenspinnmaschinen kann man bei dichtgekapselten Topfgehäusen eine Schwefelkohlenstoffkonzentration von etwa 10 g/m^3 erreichen. Hierbei ist eine Rückgewinnung möglich, doch muß auch hier aus der Abluft zuvor der Schwefelwasserstoff beseitigt werden, was aber durch eine Laugenwäsche auf einfache Weise erreicht werden kann. Es lassen sich dann etwa 60% des Schwefelkohlenstoffs zurückgewinnen.

Bei den Zellwollspinnmaschinen fällt der Schwefelkohlenstoff in einer Konzentration von etwas über 1 g/m³ an. Wenn die Verhältnisse somit auch günstiger als bei Walzen- und Spulenspinnmaschinen liegen, so ist eine wirtschaftliche Rückgewinnung hierbei bis jetzt jedoch noch nicht gelungen.

Günstiger liegen die Verhältnisse für eine Rückgewinnung von Schwefelkohlenstoff demgegenüber bei der Wäsche der Gespinste.

Betrachten wir zuerst die Reyon-Fabrikation. Bei der Spulen-Saugwäsche wird der Schwefelkohlenstoff durch heißes Wasser in Freiheit gesetzt, er geht zum Teil in die Luft und kann mit dieser in über den Barken befindlichen Hauben aufgefangen werden, zum Teil geht er in das Waschwasser, aus dem er durch Ausblasen mit Luft zurückgewonnen werden kann. Besonders wirtschaftlich gestaltet sich die Wiedergewinnung, wenn die Wäsche in geschlossenen Kesseln vorgenommen wird, wie dies bei der S. 544 erwähnten Arbeitsweise der Firma *Comptoir des Textiles Artificiels* geschildert wurde. Bei der Spulen- bzw. Walzen-Druckwäsche geht der in den Gespinsten enthaltene Schwefelkohlenstoff bei Anwendung von heißem Wasser praktisch vollständig in die Abluftkanäle über. Aus der Abluft können 35···45% zurückgewonnen werden. Entsprechend der Tatsache, daß beim Zentrifugenspinnverfahren nahezu der gesamte Schwefelkohlenstoff schon in der Zentrifuge frei wird, läßt sich bei der Kuchendruckwäsche praktisch kein Schwefelkohlenstoff mehr aus dem Gespinst gewinnen.

Bei der Zellwollwäsche kann eine Rückgewinnung von Schwefelkohlenstoff in der ersten Waschstufe sowohl bei der Kabelbehandlung als auch bei der Behandlung in der Flocke erfolgen.

Für die Rückgewinnung stehen drei Verfahrensweisen zur Verfügung, nämlich die Adsorption, die Kondensation durch Kühlung und das Auffangen in Öl. Das letztgenannte Verfahren hat sich bisher am wenigsten eingeführt, da erhebliche Temperaturen erforderlich sind, um das mit Schwefelkohlenstoff beladene Öl wieder von diesem zu befreien.

Die Auswahl des Adsorptions- oder Kondensationsverfahrens richtet sich nach der Schwefelkohlenstoffkonzentration in der Abluft, wobei das Kondensationsverfahren nur bei hohen Konzentrationen wirtschaftlich ist, wie sie z. B. in den Spinntopfgehäusen und bei der Wäsche von Zellwolle vorliegen. In den anderen Fällen kommt das Adsorptionsverfahren in Frage, dem der Zweck zukommt, den Schwefelkohlenstoff so zu konzentrieren, daß er anschließend durch Kühlung kondensiert werden kann.

Für die Adsorption hat sich in der Praxis besonders das Supersorbon-Verfahren der Firma *Lurgi*, Gesellschaft für Wärmetechnik m. b. H. Frankfurt a. M., bewährt. Als Adsorbens dient eine hochaktive Spezialkohle, die in zylindrischen Formlingen von 2···4 mm Korngröße zur Anwendung kommt. Die schwefelkohlenstoffhaltige Abluft wird zunächst in einem Waschturm gekühlt, wobei gleichzeitig Schwefelwasserstoff und die in der Abluft enthaltenen geringen Mengen Schwefeldioxyd entfernt werden. Wie Abb. 391 zeigt, die eine Supersorbonanlage schematisch wiedergibt, wird dann die Abluft durch ein Gebläse in den Adsorber gedrückt, von dem stets mehrere vorhanden sind, um einen kontinuierlichen Prozeß zu ermöglichen. Die im Adsorber enthaltene Aktivkohle, die von unten nach oben von der Abluft durchströmt wird, belädt sich mit Schwefelkohlenstoff. Die Beladung erfolgt so lange, bis aus der obersten Aktivkohleschicht Spuren von Schwefelkohlenstoff durchbrechen. Dann wird der Adsorber abgeschaltet und ein anderer eingeschaltet.

Der beladene Adsorber wird nun von oben nach unten mit trockenem, entspanntem Wasserdampf ausgedämpft, wobei zuvor die im Adsorber enthaltene Luft durch Schutzgas herausgedrückt wird, um das Entstehen explosiver Mischungen zu verhüten. Das unten aus dem Adsorber austretende Schwefelkohlenstoff-Dampfgemisch gelangt nun in einen Kühler, in dem es durch indirekte Kühlung verflüssigt wird. Das hier entstehende Schwefelkohlenstoff-Wassergemisch wird in einem Abscheider auf Grund der verschiedenen spez. Gewichte beider Stoffe getrennt. Der den Abscheider verlassende Schwefelkohlenstoff ist sofort wieder verwendungsfähig und wird den Vorratsbehältern zugeleitet.

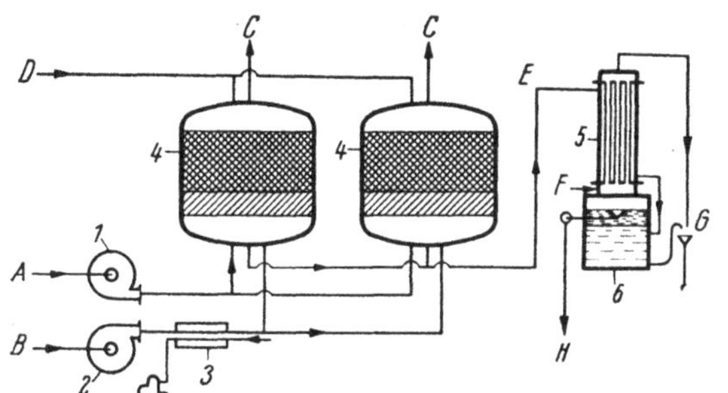

1 = Absaugeluft-Gebläse
2 = Trocken- und Kühlluft-Gebläse
3 = Lufterhitzer
4 = Adsorber
5 = Kondensator
6 = Abscheider

A = CS_2-haltige Luft
B = Trocken- u. Kühlluft
C = CS_2-freie Luft
D = Spüldampf
E = Destillat
F = Kühlwasser
G = Abwasser
H = Regenerat-CS_2

Abb. 391. Schema einer Supersorbonanlage der Fa. Lurgi, Gesellschaft für Wärmetechnik m. b. H. Frankfurt a. M.

Nach Beendigung des nur kurze Zeit benötigenden Ausdämpfens wird der Adsorber mit erhitzter Preßluft getrocknet und anschließend mit Luft auf Raumtemperatur gekühlt. Danach kann der Adsorber wieder in den Beladungsvorgang eingeschaltet werden.

Die Umschaltvorgänge an den Adsorbern verlaufen weitgehend automatisch und werden durch einen einfachen Hebeldruck nach einem festgelegten Zeitplan durch hydraulisch wirkende Organe gesteuert. Zur Verhütung von Bränden und Explosionen sind besondere Sicherheits- und Alarmvorrichtungen vorhanden.

Infolge der hohen Konzentration, in der der Schwefelkohlenstoff bei der Zellwollwäsche anfällt, bedient man sich hierbei für die Rückgewinnung meist lediglich der Kondensationsanlagen.

Bei der Wäsche in Kabelform besteht die einfachste Art der Austreibung des Schwefelkohlenstoffs darin, daß man das von der Spinnmaschine kommende Faserkabel in einen allseitig geschlossenen, rechteckigen Trog führt. Gegen die Außenluft ist dieser Trog am Eintritts- und Austrittsende durch einen Wasserverschluß abgedichtet. Das Kabel wird, durch Rollen geführt, in diesem Trog durch heißes Wasser gezogen, gegebenenfalls zusätzlich mit heißem Wasser bespritzt. Die Temperatur des Wassers beträgt 80···100° C. Dem Wasser gibt man etwas Natriumkarbonat oder Abfallauge zu, um eine Schädigung durch die Spinnbadsäure bei der hohen Temperatur zu verhüten. Man kann die Führungsrollen auch als Streckwerke ausbilden und so gleichzeitig die Heißwasserstreckung auf das Kabel zur Erhöhung der Festigkeit anwenden. Erleichtert und vervollständigt wird der Austritt des Schwefelkohlenstoffs aus dem Kabel allerdings, wenn man nicht gleichzeitig verstreckt und wenn man es in dem Trog bzw. dem Spritzkasten mehrfach hin- und herführt, sowie an geeigneten Stellen Abquetschstäbe anbringt. Nach dem Verlassen des Troges wird das Kabel der üblichen Nachbehandlung zugeführt. Die mit Schwefelkohlenstoff angereicherten Dämpfe werden oben aus dem Kasten abgesaugt.

Auf ähnliche Art und Weise erfolgt die Austreibung des Schwefelkohlenstoffs in einer von der Firma *A. u. C. Kosik G.m.b.H.*, Kelheim, gebauten Anlage (Abb. 392). Hiernach wird das Kabel senkrecht nach unten in ein U-förmig gebogenes Rohrsystem geführt. Sowohl in die senkrechten Rohre als auch in den unter den beiden Rohren befindlichen Verbindungskasten, in dem das Kabel umgelenkt wird, wird Dampf eingeblasen. Um zu vermeiden, daß aus den Bandpassageöffnungen Dämpfe

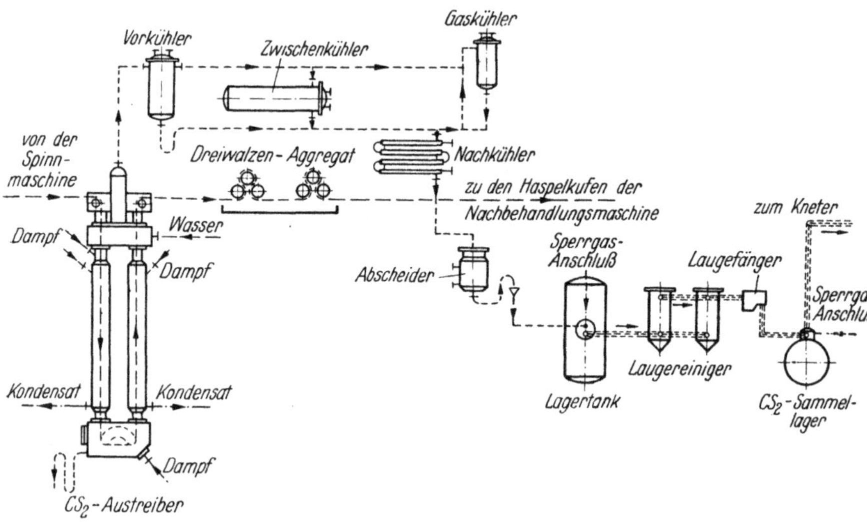

Abb. 392. Schwefelkohlenstoffregenerationsanlage für Zellwollkabel der Fa. A. u. C. Kosik G. m. b. H., Kelheim.

austreten, wird mit Hilfe einer Sprüheinrichtung Wasser in die Rohre gesprüht. Die schwefelkohlenstoffhaltigen Dämpfe treten oben aus dem die beiden Rohre verbindenden Kasten, in dem sich die Sprüheinrichtung befindet, aus.

Für die Austreibung des Schwefelkohlenstoffs aus geschnittener Zellwolle wurde gleichfalls von der Firma *A. u. C. Kosik G.m.b.H.* eine Anlage gebaut (Abb. 393). Diese besteht in einer flachen Aufschwemmwanne mit rechteckigem Querschnitt, die mit einer Haube versehen ist. Am Boden der Wanne befinden sich Dampfrohre, aus denen der Dampf schräg nach oben austritt. Quer zu diesen Rohren sind oben in der Wanne Rohre für heißes alkalisches Wasser angebracht, das gleichfalls schräg in die Wanne hineinspritzt. Wie aus der Abbildung ersichtlich, fallen die Stapelabschnitte, von der Schneidmaschine kommend, an einem Ende in die Wanne hinein. Normalerweise sind 4 Öffnungen zur Aufnahme der Stapel von 4 Bändern vorgesehen. Durch die schräge Strömung sowohl des Dampfes als auch des Spritzwassers schwemmen die Stapelabschnitte in der Wanne zu einem Vlies auf, das durch den strömenden Dampf sowie das aus den Spritzrohren kommende Wasser langsam zum anderen Ende der Wanne transportiert wird. Solange das Vlies noch Schwefelkohlenstoff enthält, schwimmt es auf dem Wasser; ist der Schwefelkohlenstoff entfernt, sinkt es nach unten und legt sich am anderen Ende der Wanne von selbst auf ein endloses Transportsieb, das es zur Waschmaschine führt.

Die nach den oben beschriebenen Verfahren ausgetriebenen schwefelkohlenstoffhaltigen Gase gelangen jetzt zur Regenerierung. Bei der in Abb. 393 dargestellten Regenerierungsanlage gelangt der schwefelkohlenstoffhaltige Dampf zunächst in einen Vorkühler, in dem die Verflüssigung des Dampfgemisches erfolgt. In einem Zwischenkühler und einem Nachkühler wird die Temperatur so weit abgesenkt, daß mit Sicherheit der Schwefelkohlenstoff restlos kondensiert ist. In diesen Kühlern

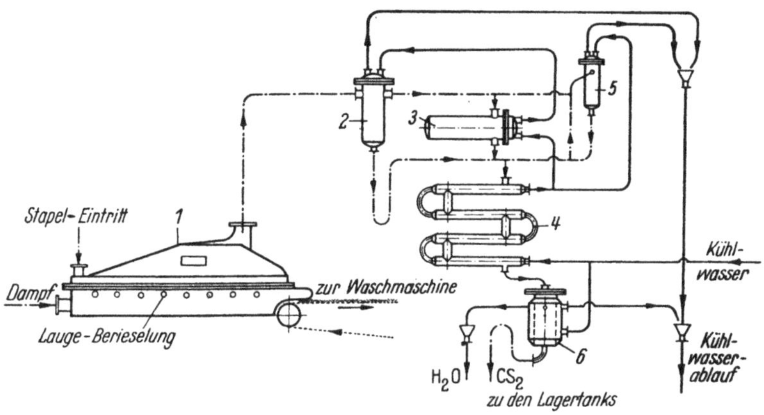

Abb. 393. Schwefelkohlenstoffregenerationsanlage für Zellwollflocke der Fa. A. u. C. Kosik G. m. b. H., Kelheim.

1 = Aufschwemm-Wanne mit CS_2-Austreibung. 2 = Vorkühler. 3 = Zwischenkühler. 4 = Nachkühler. 5 = Gaskühler. 6 = Abscheider.

nicht kondensierte Gase werden in einer besonderen Apparatur abgekühlt und ausgeschieden.

Zur Trennung des Kondensates von Schwefelkohlenstoff dient ein Abscheider. Von hier aus fließt der wiedergewonnene Schwefelkohlenstoff in Lagertanks, denen man einen mit Lauge gefüllten Reiniger vorschalten kann.

Ähnlich wirkt die in Abb. 392 dargestellte Anlage, aus der noch ersichtlich ist, wie der in Laugekästen gereinigte Schwefelkohlenstoff nach Passieren eines Laugefängers dem Sammelbehälter zugeführt wird, aus dem der Schwefelkohlenstoff wieder in die Sulfidierung geleitet wird.

Man kann auch so arbeiten, daß man das Dampfgemisch bis auf Temperaturen von unter —3° C herunterkühlt. In diesem Falle bildet sich mit Wasser ein kristallisiertes Hydrat von der Zusammensetzung $2\ CS_2 \cdot 2\ H_2O$. Beim Ansteigen der Temperatur findet dann Verflüssigung und glatte Trennung in zwei Schichten statt, so daß der Schwefelkohlenstoff leicht abgetrennt werden kann. Der auf diese Weise gewonnene Schwefelkohlenstoff ist frei von Verunreinigungen und kann ohne Waschen oder Rektifikation wieder zum Sulfidieren verwendet werden.

18. Kapitel.

Das Avivieren und Präparieren der Chemiefasern.

Reyon und Zellwolle bedürfen nach der Wäsche noch einer besonderen Behandlung, die man mit Avivage bezeichnet. In manchen Betrieben ist auch der Ausdruck Präparation gebräuchlich. Es ist aber zweckmäßig, zwischen Avivage und Präparation zu unterscheiden. So sollte man mit Avivage lediglich eine allgemeine, leichte Behandlung der Chemiefasern mit einem chemischen Produkt bezeichnen, während man unter Präparation die Zurichtung der Faser mit einem chemischen Produkt für einen ganz bestimmten Zweck verstehen sollte. Im allgemeinen ist für die Erzielung dieses zuletzt genannten Effektes auch ein höherer Auftrag des betreffenden Produktes auf die Faser erforderlich.

Das Aufbringen der Avivagemittel auf die Faser erfolgt durchweg im Rahmen der Wäsche der Chemiefaser, während die Präparation normalerweise bei einem späteren Arbeitsgang erfolgt. Es sind jedoch auch Verfahren gebräuchlich, bei denen das Präparieren unmittelbar im Anschluß an die Wäsche geschieht; hierzu gehört beispielsweise das Schlichten von Spinnkuchen oder Zwirnwickeln für Kreppzwecke. Avivieren und Präparieren stellen sehr wichtige Arbeitsvorgänge dar; die Auswahl der angewendeten Mittel kann die qualitative Beschaffenheit sowie die Verarbeitungsfähigkeit einer Chemiefaser maßgeblich beeinflußen.

Besondere Bedeutung kommt der Avivage bei der Zellwolle zu: Die natürlichen Spinnfasern besitzen bestimmte Eigenschaften, die die Faser spinnfähig machen. Hierin gehört bei der Baumwolle z. B. die spiralige Drehung, ihre Bändchenform sowie ihre aus Wachskörpern bestehende Kutikula. Die Bändchenform sowie die Drehung bewirken ein gutes Zusammenhaften der Faservliese und Kardenbänder auf den Spinnmaschinen, die Kutikula erleichtert das Verziehen und Gleiten der Fasern im Spinnvorgang. Bei der Wolle wirkt sich die natürliche Kräuselung sowie die Schuppenstruktur der Oberfläche günstig auf den Spinnvorgang aus. Sehen wir von der beim Zusammenfallen der Außenhaut bei der Chemiefaser entstehenden Längsriefung ab, so stellt die Chemiefaser im Gegensatz zur Naturfaser ein in bezug auf die Oberfläche nahezu strukturloses Gebilde dar, dem die guten, spinntechnischen Eigenschaften der natürlichen Spinnstoffe abgehen. Dies ist auch der Grund dafür, weshalb die Zellwollindustrie in den letzten Jahren für die Verwendung in der Wollspinnerei besondere Typen mit narbiger Oberfläche oder mehr oder weniger starker Kräuselung entwickelt hat. Die Avivage hat bei der Zellwolle nun die Aufgabe, der Faser die fehlenden spinntechnischen Eigenschaften zu verleihen. Der Erfolg dieser Manipulation ist ausschließlich von der geschickten Auswahl des Avivagemittels abhängig.

Aber auch die richtige Avivage des Reyon ist von größter Bedeutung, wobei auch die Arbeitsweise in der Reyonfabrik sowie die Aufmachungsformen der Gespinste zu berücksichtigen sind. Hierüber wird S. 600 noch Näheres ausgeführt werden.

Aus diesen kurzen Ausführungen geht hervor, daß die Auswahl des Avivagemittels mit viel Sachkenntnis, Umsicht und Sorgfalt zu erfolgen hat.

Die Avivage- und Präparationsmittel, die in der Reyon- und Zellwollfabrik zur Anwendung kommen, gehören zu einer Klasse chemischer Körper, die man mit

„Textilhilfsmittel" bezeichnet. Sie finden in den Chemiefaserwerken als Waschmittel, Netzmittel, Dispergier- und Emulgiermittel zunehmende Verwendung. Da im allgemeinen über diese Körperklasse in den Chemiefaserwerken nur verhältnismäßig oberflächliche Kenntnisse vorhanden sind, soll über dieses Gebiet etwas ausführlicher berichtet werden.

Die Zahl der am Markt befindlichen Avivage-, Präparations- und Emulgiermittel ist außerordentlich groß, so daß es schwierig ist, eine den Praktiker befriedigende Einteilung zu geben. Es soll daher auch von einer nach rein chemischen Gesichtspunkten erfolgten Einteilung, wie eine solche beispielsweise von SCHWARTZ und PERRY[1] gegeben ist, abgesehen werden. Es erscheint uns vielmehr zweckmäßiger, die Produkte in große Klassen zusammenzufassen, unter deren Namen sie in der Praxis allgemein bekannt sind, und diese Klassen in großen Zügen nach chemischen Gesichtspunkten zu unterteilen. Auf diese Weise würde sich folgende Einteilung ergeben:

I. Seifen und Softenings

II. Sulfonierte Produkte
   1. sulfonierte Neutralöle und Neutralfette
   2. sulfonierte Fettsäuren
      a) mit freier Karboxylgruppe
      b) mit blockierter Karboxylgruppe
   3. Mineralöl-Sulfonsäuren
   4. Hydro-aromatische Sulfonate
   5. Fettalkoholsulfate
   6. Aralkylsulfonate

III. Fettsäurekondensationsprodukte
   1. kondensiert mit Aminokarbonsäuren
   2. kondensiert mit aliphatischen Oxysulfonsäuren
   3. kondensiert mit aliphatischen Aminosulfonsäuren
   4. kondensiert mit aromatischen Aminosulfonsäuren
   5. kondensiert mit aromatischen Sulfonsäuren
   6. kondensiert mit Polyoxyverbindungen und Polyalkylenoxyden
   7. kondensiert mit Polyiminen
   8. kondensiert mit Harnstoffderivaten
   9. kondensiert mit Alkylolaminen
   10. kondensiert mit aliphatischen Diaminen

IV. Fettalkohol-Kondensationsprodukte
   1. kondensiert mit Alkylenoxyden
   2. kondensiert mit aliphatischen und aromatischen Sulfokarbonsäuren
   3. kondensiert mit tertiären Stickstoffbasen

V. Alkylierte Phenole kondensiert mit Äthylenoxyd
   1. nicht sulfonierte Produkte
   2. sulfonierte Produkte

VI. Mineralölhaltige Kompositionen.

Alle diese Produkte sind chemisch dadurch gekennzeichnet, daß sie aus einem hydrophoben und einem löslichmachenden, hydrophilen Teil bestehen. Der hydrophobe Rest besteht meistens aus mehr oder weniger langen Kohlenwasserstoffketten, während für den löslich machenden Teil die folgenden Konfigurationen in Frage kommen:

Karboxylgruppe	$-COOH$	(als Alkalisalze);
Sulfosäuregruppe	$-SO_3H$;	
Schwefelsäure-ester-gruppe	$-O\cdot SO_3H$;	
primäre Aminogruppe	$-NH_2$	als Salze mit anorganischen oder organischen Säuren;
sekundäre Aminogruppe	$=NH$	
tertiäre Aminogruppe	$\equiv N$	

Sauerstoff- und Stickstoff-Atome in Form des Alkylenoxyds oder der Alkylenimine; Pyridinium-, Phosphonium- oder Sulfoniumreste.

[1] SCHWARTZ u. PERRY: Surface Active Agents, New York, 1949.

Durch Addition von Halogenalkyl, Dimethylsulfat usw. können die tertiären Amine in quaternäre Verbindungen umgewandelt werden, in denen der Stickstoff dann fünfwertig figuriert.

Wie oben schon angedeutet, sind die am Markt befindlichen Produkte Salze der betr. Säuren oder Basen; auch die durch die Sulfo- und die Schwefelsäure-estergruppe gekennzeichneten Produkte liegen normalerweise als Salze vor, obwohl diese Verbindungen auch als solche ausreichend löslich sind.

Die löslich machenden Gruppen können nun mit dem hydrophoben Rest unmittelbar gebunden sein, es können jedoch auch zwischen dem hydrophoben Rest und der löslich machenden Gruppe Zwischenglieder vorliegen. Solche sind meist Estergruppen, Amidogruppen, Sulfonamidogruppen und Äthergruppen. Die Art der Bindung ist mitbestimmend für die Beständigkeit der Produkte.

Infolge des Salzcharakters zerfällt der größte Teil der Produkte bei der Auflösung in Ionen. Diese Körper nennt man daher ionogen oder ionen-aktiv, im Gegensatz zu solchen, die ihrer chemischen Natur nach nicht ionogen sind, also nicht in Ionen zerfallen.

Bei den ionogenen Produkten haben wir anion-aktive und kation-aktive Produkte sowie Ampholyte zu unterscheiden.

In den anion-aktiven Produkten liegt der wirksame Bestandteil im Anion vor; hierhin gehören alle durch eine Karboxylgruppe, eine Sulfogruppe und eine Schwefelsäure-ester-gruppe gekennzeichneten Produkte, also die Seifen, die Softenings, die sulfonierten Öle oder Fettsäuren, die Fettalkoholsulfate sowie solche Fettsäure- und Fettalkoholkondensationsprodukte, bei denen Kondensation mit einem eine Karboxyl- oder eine Sulfogruppe tragenden Rest erfolgt ist.

In den kation-aktiven Produkten liegt der für die Wirkung maßgebende hydrophobe Rest im Kation vor. Hierhin gehören die Pyridinium-, Phosphonium- und Sulfoniumverbindungen sowie die quaternierten Amine. Es ist aber wohl nicht falsch, auch die anderen Amine zu den kation-aktiven Produkten zu rechnen, da sie durch Addition Wasser aufnehmen können, was zur Hydratbildung führt.

Ampholyte schließlich sind Körper, die in wässeriger Lösung Zwitterionen bilden. Solche Produkte entstehen in der Klasse der Kondensationsprodukte z. B. dann, wenn zwischen dem hydrophoben Rest und der löslich machenden Karboxyl- oder Sulfogruppe ein Rest mit einer Aminogruppe liegt.

Zu den nicht-ionogenen Produkten zählt man die Kondensationsprodukte, die man durch Kondensation mit Polyalkoholen, Alkylenoxyd und Alkylenimin erhält. Neueren Erkenntnissen zufolge sollen jedoch die mit Alkylenoxyd erhaltenen Produkte in wässeriger Lösung doch dissoziieren, da die Sauerstoffbrücken Wassermoleküle anlagern können, wodurch Poly-oxoniumhydroxyde entstehen, die bei höherer Temperatur hydrolysieren und in Gegenwart von Säuren Salze von kation-aktivem Charakter bilden.

Für die Einstellung der zweckmäßigsten Badkonzentration sowie die Betriebskontrolle ist von Bedeutung, daß eine Reihe von Avivagemitteln substantiv von der Faser aufgenommen wird. Dies ist zunächst grundsätzlich bei den kation-aktiven Produkten der Fall, deren positiv geladenes Kation zu der negativ geladenen Zellulose verständlicherweise eine große Affinität hat. Ähnliche Verhältnisse können bei den zur Hydratisierung befähigten Körpern, wie beispielsweise bei den Aminen, vorliegen. Es ist wahrscheinlich, daß hierbei die Rolle des Hydratisierungswassers von den Hydroxylgruppen der Zellulose übernommen wird. Aber auch einige andere Produkte, insbesondere aus der Klasse der Kondensationsprodukte, zeigen der Zellulosefaser gegenüber eine gewisse Substantivität. Hierhin gehören in erster Linie verständlicherweise die Ampholyte, weiter aber alle nicht-ionogenen Körper, sofern deren Löslichkeit nicht besonders groß ist. Es bilden sich dann durch Schwarmbildung in der Lösung Dispersitätsgrade aus, die für eine Adsorption durch die Faser besonders günstig sein können. Auch der Salzgehalt der Produkte bzw. der Bäder spielt hierbei analog dem Färbeprozeß eine Rolle.

Bevor nun auf die Produkte selbst näher eingegangen wird, soll eine kurze Beschreibung der hierfür in Frage kommenden Ausgangsmaterialien gegeben werden, wobei es sich in erster Linie um die Ausgangsmaterialien für den hydrophoben Rest handelt. Es kommen sowohl natürliche als auch synthetische Stoffe in Frage. Sie sollen in folgender Reihenfolge beschrieben werden:

1. Neutralöle und Neutralfette
2. natürliche Fettsäuren
3. natürliche zyklische Karbonsäuren
4. synthetische Karbonsäuren
   a) einbasische Säuren
   b) mehrbasische Säuren
5. Wachse
6. natürliche Fettalkohole
7. synthetische Fettalkohole
8. Kohlenwasserstoffe der Paraffinreihe
9. Kohlenwasserstoffe der Olefinreihe
10. aromatisch-aliphatische Kohlenwasserstoffe.

I. Ausgangsmaterialien.

a) Neutralöle und Neutralfette.

Die Neutralöle und Neutralfette stellen chemisch Ester von Fettsäuren mit Glycerin dar. Es kommt ihnen somit das folgende Formelbild zu:

$$\begin{array}{l} R \cdot COO \cdot CH_2 \\ \qquad\qquad\; | \\ R \cdot COO \cdot CH \\ \qquad\qquad\; | \\ R \cdot COO \cdot CH_2 \end{array}$$

Hierin bedeutet R den Alkylrest der Fettsäure.

Die Zusammensetzung dieser Ester ist uneinheitlich, da stets mehrere Fettsäuren am Aufbau des Esters beteiligt sind. Die Fettsäuren liegen in verschiedenen Mischungsverhältnissen in den Estern vor und bestimmen entsprechend der Höhe ihres Anteils seine Konsistenz. Die wichtigsten in den Ölen und Fetten vorkommenden Fettsäuren sind

Palmitinsäure	$C_{15}H_{31} \cdot COOH$
Stearinsäure	$C_{17}H_{35} \cdot COOH$
Laurinsäure	$C_{11}H_{23} \cdot COOH$
Myristinsäure	$C_{13}H_{27} \cdot COOH$.

Diese Säuren sind gesättigte Säuren, während die

Ölsäure $C_{17}H_{33} \cdot COOH$

eine einfach ungesättigte Säure darstellt.

Im Rizinusöl ist eine ungesättigte Oxysäure, die Rizinolsäure, von der Formel

$$CH_3 \cdot (CH_2)_5 \cdot \underset{\displaystyle OH}{\underset{|}{CH}} \cdot CH_2 \cdot CH = CH \cdot (CH_2)_7 \cdot COOH$$

enthalten.

Einige Ester enthalten auch zweibasische Säuren. So ist im Japanwachs neben dem Glycerinester der Palmitinsäure der Ester der

Japansäure $C_{20}H_{40} \cdot (COOH)_2$

enthalten. Streng genommen gehört das Japanwachs somit nicht in die Klasse der Wachse, sondern der Neutralfette. Japanwachs ist in den Früchten einiger Sumacharten enthalten und wird zur Erzielung besonderer Effekte bei der Herstellung von Avivagemitteln zuweilen mitverwendet.

Fast alle in der Natur vorkommenden Neutralöle und Neutralfette sind für die Herstellung von Avivagemitteln herangezogen worden. Besondere Bedeutung kommt dem Olivenöl, dem Rüböl, dem Sonnenblumenöl, dem Palmöl, dem Kokosöl sowie dem Baumwoll- und Teesaatöl zu. Von den pflanzlichen Ölen ist dann noch das Rizinusöl zu nennen, das sich zwar weniger als Grundlage für ein Avivagemittel eignet, als vielmehr für Emulgatoren und Spezialprodukte für den Zusatz zur Viskose. Unter den tierischen Ölen und Fetten ist von besonderer Bedeutung das Rinderklauenöl, der Rinder- und Hammeltalg sowie das Spermöl, das eine Mischung von fettsauren Glycerinestern mit Oleyl- und Cetylalkohol darstellt und somit auch als Ausgangsmaterial für die Herstellung dieser Fettalkohole dienen kann.

An Stelle der Talge werden auch vielfach gehärtete Fette verwendet, die man nach NORMANN durch katalytische Hydrierung ungesättigter Öle erhält. Hierin gehören z. B. die Sebole, Talgole und Candelite.

In den festen Fetten ist die Palmitinsäure und die Stearinsäure im Überschuß enthalten, während in den flüssigen die Ölsäure überwiegt.

Allen natürlichen Ölen und Fetten sind geringe Mengen von Sterinen beigemengt, und zwar enthalten die tierischen Fette Ester des Cholesterins $C_{27}H_{45} \cdot OH$, während die pflanzlichen Ester des mit diesem isomeren Phytosterins enthalten.

b) Natürliche Fettsäuren.

Die natürlichen Fettsäuren werden durch Verseifung der oben beschriebenen Ester gewonnen (Fettspaltung). Durch fraktionierte Destillation oder fraktioniertes Ausfrieren können die einzelnen Säuren aus dem bei der Fettspaltung anfallenden Gemisch voneinander getrennt werden. Bei der Destillation findet gleichzeitig die Trennung von Verunreinigungen statt, die in der Hauptsache aus unverseifbaren Anteilen bestehen. In vielen Fällen, beispielsweis für die Seifenfabrikation, werden die Gemische jedoch nicht voneinander getrennt, so bildet das Fettsäuregemisch des Talges, des Kokosnußöls, des Palmöls usw. als solches das Ausgangsmaterial für gewisse Seifen. Durch Ausfrieren und Filtrieren kann man die Talgfettsäuren in Olein- und Stearinsäure zerlegen.

Für Textilhilfsmittel brauchbare Eigenschaften nimmt eine Fettsäure oberhalb einer Kohlenstoffatomzahl von 8 an, während sie bei Kohlenstoffatomzahlen von über 20···22 zu schwer lösliche Produkte ergeben. Am brauchbarsten sind die Ketten von C_{12} bis C_{18}.

Stearinsäure und andere hochschmelzende Säuren wie Arachinsäure und Behensäure kann man auch durch Härtung ungesättigter Fettsäuren, wie Ölsäure, sowie der in den Fischölen und Tranen enthaltenen Fettsäuren erhalten.

c) Natürliche cyclische Karbonsäuren.

Für die Herstellung von Avivagemitteln, die insbesondere fadenschließende Eigenschaften aufweisen sollen, wird zuweilen Harzseife verwendet, die auch für das Abkochen von Linters von Interesse ist. Der Harzseife liegt eine kompliziert zusammengesetzte Karbonsäure, die Abietinsäure, zugrunde, die durch folgendes Formelbild gekennzeichnet ist:

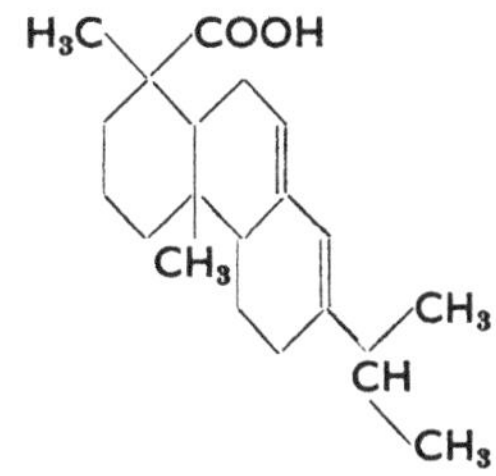

Diese Säure kann auch aus dem bei der Beschreibung der Sulfatkochung genannten Tallöl gewonnen werden.

Als emulgierender Bestandteil in Avivagemitteln, insbesondere in mineralölhaltigen, findet u. U. das Alkalisalz oder das Sulfonat der Naphthensäuren Verwendung, die in gewissen Erdölen vorkommen und hieraus durch Extraktion mit Alkalien gewonnen werden können. Es handelt sich hierbei chemisch um gesättigte Monokarbonsäuren, die mit Alkylresten substituierte Cyclopentan- oder Cyclohexanringe enthalten.

Gute Emulgatoren, insbesondere für Neutralfette, sind auch die Alkalisalze der Gallensäuren. Der sich aus dem Cholesterin ableitenden Cholsäure kommt folgende Formel zu:

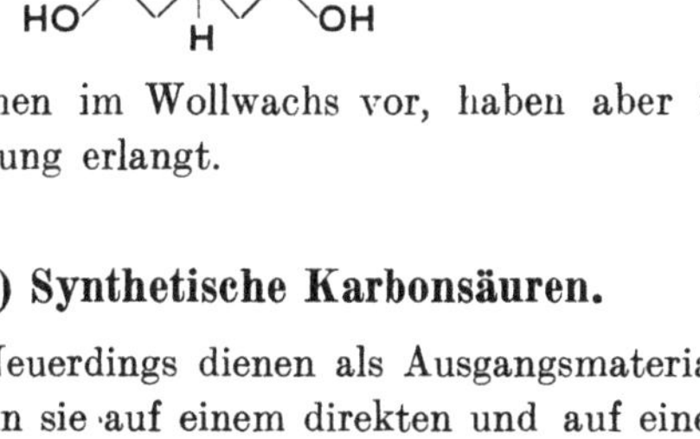

Derartige Körper kommen im Wollwachs vor, haben aber in Deutschland nur geringe praktische Bedeutung erlangt.

d) Synthetische Karbonsäuren.

Einbasische Säuren. Neuerdings dienen als Ausgangsmaterialien auch synthetische Fettsäuren. Man kann sie auf einem direkten und auf einem indirekten Wege erhalten. Bei dem direkten Weg geht man von natürlichem Paraffin aus oder von sog. Paraffingatsch, den man nach FISCHER-TROPSCH bei der Hochdruckhydrierung natürlicher oder synthetischer Kohlenwasserstoffe (Kogasin) erhält. Das, wenn nötig, gereinigte Paraffin oder der Gatsch werden, meist in Gegenwart geeigneter Katalysatoren wie Kaliumpermanganat und Natriumbikarbonat, in aus Aluminium bestehenden Türmen unter Einblasen von Luft auf 110···150° C erhitzt. Bei der exotherm verlaufenden Reaktion, die Kühlung erforderlich macht, entsteht ein Gemisch, das etwa 35% Fettsäure enthält, die durch Überführung in Natronseife aus dem Reaktionsprodukt entfernt wird. Nach Reinigungsoperationen wird die Seife durch Säure wieder zerlegt, wodurch man die freien Fettsäuren erhält. Das nicht oxydierte Material wird in das Reaktionsgefäß zurückgegeben. Mit der unverbrauchten Luft dampft ein Gemisch niedermolekularer Fettsäuren, wie Essig-, Propan- und Ameisensäure, ab, das in einem Kühler kondensiert wird („Espropamsäure"). Es kann als milde organische Säure zu manchen Zwecken verwendet werden. Synthetische Fettsäure wird normalerweise in drei Fraktionen zerlegt, nämlich in

Vorlauf-Fettsäure mit einer C-Atomzahl bis 10,
Hauptlauf-Fettsäure mit einer C-Atomzahl von 11···18 und
Nachlauf-Fettsäure mit einer C-Atomzahl von über 18.

Bei dem indirekten Verfahren bringt man olefonische Erdöle mit Kohlenoxyd und Wasserstoff in Gegenwart von Katalysatoren bei höheren Temperaturen zur Reaktion. Man erhält hierdurch gesättigte Aldehyde, die leicht zu Karbonsäuren oxydiert werden können. Infolge ihres gesättigten Charakters sind die so erhaltenen Fettsäuren allerdings für Sulfonierungen ungeeignet. Wir werden auf diese Reaktion bei der Beschreibung der synthetischen Fettalkohole (S. 580) noch zurückkommen.

Im Gegensatz zu den natürlichen Fettsäuren enthalten die synthetischen Fettsäuren auch geradzahlige Kohlenstoffketten, auch lassen sich Verzweigungen der Moleküle nicht vermeiden, obwohl diese unerwünscht sind.

Mehrbasische Säuren. Für einige Fettsäurekondensationsprodukte dient die Maleinsäure bzw. ihr Anhydrid als Ausgangsmaterial. Es kommt ihr folgende Formel zu:

$$\begin{array}{l} HC \cdot COOH \\ \| \\ HC \cdot COOH\,. \end{array}$$

Durch Anlagerung der Sulfogruppe an die Doppelbindung erhält man die Sulfobernsteinsäure

$$\begin{array}{l} H_2C \cdot COOH \\ | \\ HC \cdot COOH \\ | \\ SO_3H\,, \end{array}$$

die gleichfalls ein Ausgangsmaterial für einige Fettsäurekondensationsprodukte darstellt.

Auch die Sulfophthalsäure ist als Ausgangsmaterial für Kondensationsreaktionen herangezogen worden. Sie besitzt folgende Formel:

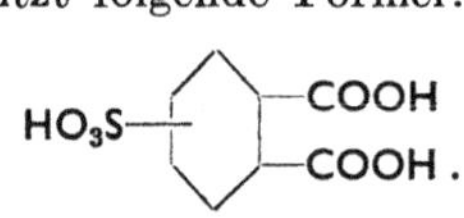

e) Wachse.

Die natürlichen Wachse sind Abkömmlinge der Fettsäuren, und zwar stellen sie Fettsäureester mit einwertigen, hochmolekularen Alkoholen dar. Es kommt ihnen somit die allgemeine Formel

$$R \cdot COO \cdot R_1$$

zu, worin R einen Alkylrest und R_1 den Rest eines hochmolekularen Alkohols bedeuten. Zur Erzielung bestimmter Effekte werden zuweilen Wachse in Avivagemitteln verwendet.

Man kennt tierische, pflanzliche und mineralische Wachse. Außerdem sind in der Technik unter dem Namen Wachse Körper bekannt, die teilweise aus der Synthese stammen, chemisch jedoch keine Wachse darstellen.

Von den tierischen Wachsen ist das bekannteste das Bienenwachs. Sein wichtigster Bestandteil ist der Palmitinsäureester des

Myricylalkohol $C_{30}H_{61} \cdot OH$.

Daneben sind im Bienenwachs Cerotinsäure und feste Kohlenwasserstoffe von der Formel $C_{26}H_{54}$ enthalten.

Von den planzlichen Wachsen spielt das Karnaubawachs eine gewisse Rolle, das eine Ausscheidung der Karnaubapalme darstellt, die in Brasilien und Ceylon beheimatet ist. Es ist chemisch ähnlich zusammengesetzt wie das Bienenwachs.

Die Mineralwachse, auch Montanwachse genannt, lassen sich durch Extraktion aus der Braunkohle gewinnen und enthalten als Alkohole u. a. Myricylalkohol und Cerylalkohol, die mit

Montansäure $C_{27}H_{55} \cdot COOH$

und

Geocerinsäure $C_{28}H_{57} \cdot COOH$

verestert sind.

Von industriell erzeugten, in ihrer Konsistenz wachsähnlichen Körpern sind zunächst die Oxydwachse zu nennen. Sie werden durch Oxydation höchstschmelzender Paraffingatsche aus der FISCHER-TROPSCH-Synthese (Makroparaffine) erhalten.

Eine ganze Reihe wachsähnlicher Körper wird unter dem Namen I.G.-Wachse gehandelt. Hierbei handelt es sich im wesentlichen um Oxydationsprodukte der Montanwachse.

Bekannte Produkte sind ferner die Lanettewachse, die chemisch hochmolekulare Fettalkohole, teilweise gemischt mit Emulgatoren, darstellen.

Körper mit wachsähnlichen Eigenschaften erhält man auch durch Anlagerung von Äthylenoxyd an Glykol. Sie sind als Lutrole im Handel. Zu ähnlichen Körpern kommt man durch Einwirkung von Äthylenoxyd auf Äthylenglykol. Diese Produkte führen den Namen Carbowaxe. Es kommt ihnen folgende Formel zu:

$$HO(CH_2 \cdot CH_2 \cdot O)_n \cdot H.$$

n kann zwischen 100 und über 3000 schwanken, wodurch man zu Körpern mit den verschiedensten Eigenschaften kommt.

f) Natürliche Fettalkohole.

Die Fettalkohole stellen wichtige Ausgangsmaterialien für Wasch- und Avivagemittel dar. Sie unterscheiden sich von den Fettsäuren dadurch, daß sie im Molekül eine Hydroxylgruppe an Stelle einer Karboxylgruppe tragen. Ihr Vorkommen im Spermöl wurde schon erwähnt. Durch Spaltung des Spermöles erhält man ein Gemisch aus Oleylalkohol, einem ungesättigten Alkohol mit 18 C-Atomen, und aus Cetylalkohol, einem gesättigten Alkohol mit 16 C-Atomen.

Die in der Natur vorkommenden Fettalkohole reichen aber mengenmäßig nicht zur Befriedigung des Bedarfes aus; man gewinnt sie heute zusätzlich großtechnisch durch Hochdruckhydrierung von Fettsäuren bzw. Neutralfetten, gemäß der Gleichung

$$R\ COOH + 2H_2 = R \cdot CH_2 \cdot OH + H_2O.$$

So entsprechen beispielsweise

Laurinsäure	→	Laurylalkohol $C_{12}H_{25} \cdot OH$,
Ölsäure	→	Oleylalkohol $C_{18}H_{35} \cdot OH$,
Myristinsäure	→	Myristylalkohol $C_{14}H_{29} \cdot OH$,
Palmitinsäure	→	Cetylalkohol $C_{16}H_{33} \cdot OH$,
Stearinsäure	→	Stearylalkohol $C_{18}H_{37} \cdot OH$.

Die wichtigsten Fettalkohole sind der Oleylalkohol und der Alkohol aus dem Fettsäuregemisch des Kokosöls, der normalerweise mit Laurylalkohol bezeichnet wird. Mit höherem Molekulargewicht steigt die avivierende Wirkung der entsprechenden Sulfate, so daß für Avivagemittel Cetylalkohol und Stearylalkohol von besonderer Bedeutung sind. Zu ihrer Herstellung geht man von Fetten aus, die besonders reich an Palmitin- und Stearinsäure sind.

Es ist zu beachten, daß bei der Hochdruckhydrierung in einer ersten Stufe eine Fetthärtung stattfindet, so daß als Endprodukte gesättigte Fettalkohole anfallen. So ergibt in Abweichung von der obigen Gegenüberstellung Ölsäure bei der Hochdruckhydrierung Cetyl- und Stearylalkohol.

Ungesättigte Alkohole kann man aber aus Ölsäure nach Beauvalt-Blanc durch Reduktion mit Hilfe von metallischem Natrium erhalten.

g) Synthetische Fettalkohole.

Durch Hochdruckhydrierung synthetischer Fettsäuren aus der Paraffinoxydation kann man, gegebenenfalls nach Veresterung, zu synthetischen Fettalkoholen kommen, wobei bemerkt sei, daß auch schon Fettalkohole bei der Oxydation als Nebenprodukte anfallen, die man abtrennen kann.

Größere technische Bedeutung zur Gewinnung synthetischer Fettalkohole hat aber die sog. Oxosynthese. Man geht hierbei von Olefinen aus, die man aus olefinischen Erdölen, durch Krackung von Paraffinen, durch Abspaltung von Salzsäure aus Chlorparaffinen sowie aus Kohlenoxyd und Wasserstoff nach Fischer-Tropsch direkt erhalten kann. Diese Olefine werden bei Gegenwart geeigneter Katalysatoren der Einwirkung von Kohlenoxyd und Wasserstoff unterworfen, wobei in einer ersten Stufe Aldehyde entstehen, die zu primären Alkoholen reduziert werden können. Daß man durch Oxydation aus diesen Aldehyden auch synthetische Fettsäuren herstellen kann, wurde schon erwähnt.

h) Kohlenwasserstoffe der Paraffinreihe.

Paraffinische Kohlenwasserstoffe sind seit einigen Jahren ein wichtiges Ausgangsmaterial für Produkte mit waschenden und avivierenden Eigenschaften. Man geht hierbei entweder von den sog. Weißölen aus, die man bei der fraktionierten Destillation paraffinischer Erdöle erhält, oder man verwendet aus der Fischer-Tropsch-Synthese stammende Kohlenwasserstoffe (Kogasin), die man nachhydriert (Mepasine). Als Ausgangsmaterialien brauchbar sind die Fraktionen von einer Kohlenstoffatomzahl über 15.

Avivagemittel können auch durch chemische Umsetzung (z. B. Sulfochlorierung) höhermolekularer natürlicher oder synthetischer Paraffine gewonnen werden.

i) Kohlenwasserstoffe der Olefinreihe.

Auch Kohlenwasserstoffe der Olefinreihe werden, wie schon an anderer Stelle erwähnt, als Ausgangsmaterialien für Textilhilfsmittel herangezogen. Man verwendet

Fraktionen von olefinischem Erdöl, die z. B. nach dem Edeleanu-Prozeß gereinigt werden. Heute stellt man die in Frage kommenden Olefine auch dadurch her, daß man Petroleum, Paraffin oder Paraffingatsch bei hohen Temperaturen krackt und fraktioniert destilliert. Brauchbare Fraktionen sieden zwischen 150 und 300° C.

k) Aromatisch-aliphatische Kohlenwasserstoffe.

In Form von alkyliertem Naphthalin sind aromatisch-aliphatische Kohlenwasserstoffe schon seit langem Ausgangsmaterialien für Textilhilfsmittel, wobei sich Körper von hohem Emulgiervermögen ergeben. Die Produkte unterscheiden sich in bezug auf ihre Eigenschaften durch die Art des Alkylrestes, der an das Naphthalin gebunden ist. Die allgemeine Formel ist:

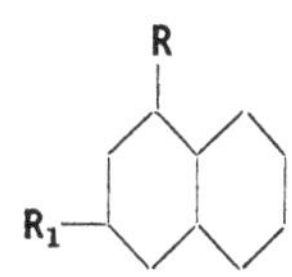

wobei R und R_1 Alkylreste sind. Man kann einen und mehrere Alkylreste an das Ringsystem anlagern. In den meisten Fällen kommt der Propylrest in Frage. Für die Alkylierung kann man Isopropanol, n-Propanol, n-Propyl- und Isopropylhalogenide, Diisopropyläther und Propylen selbst heranziehen.

Neben Propylnaphthalin wird jedoch auch Butylnaphthalin verwendet, zu dessen Herstellung man von sekundärem oder tertiärem Butylalkohol ausgeht.

In neuester Zeit ist alkyliertes Benzol ein wertvolles Ausgangsmaterial für Körper von hoher Waschwirkung und ausgezeichnetem Emulgiervermögen, also Substanzen von der allgemeinen Formel

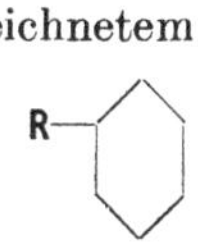

wobei R den Alkylrest bedeutet. Als Alkylreste verwendet man in diesem Falle paraffinische Kohlenwasserstoffe, die man aus nachhydrierten Fraktionen der Fischer-Tropsch-Synthese oder unmittelbar aus paraffinischen Erdölfraktionen erhält und in Form ihres Chlorids zur Reaktion bringt. Je nach der Kettenlänge erhält man Produkte mit unterschiedlichen Eigenschaften.

An Stelle von Benzol werden auch Homologe wie Toluol, Xylol u. a. verwendet.

Ausgangsmaterialien für hochbeständige Waschmittel sind ferner alkylierte Phenole, die man mit Alkylenoxyd zur Reaktion bringt, wobei der durch folgende Formel gekennzeichnete Körper erhalten wird:

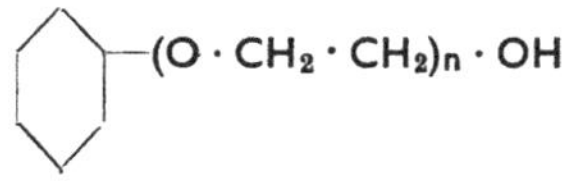

An Stelle von Phenol kann man auch β-Naphthol verwenden, wodurch ein Grundkörper von der Formel

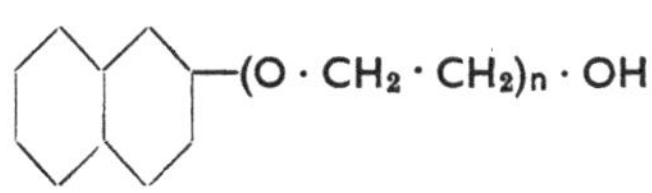

entsteht.

Die als Ausgangsmaterialien in Frage kommenden Alkylaromaten sind hierdurch jedoch keineswegs erschöpft. So spielen z. B. auch butylierte oder amylierte Phenole eine Rolle, ferner butylierte Diphenylderivate und andere mehr.

II. Produkte.

a) Seifen und Softenings.

Seifen. Unter Seifen haben wir die Salze der Fettsäuren zu verstehen. Für die Herstellung von Avivagemitteln kommen das Natrium-, das Kalium-, das Ammonium-, das Triäthanolamin- und das Cyclohexylaminsalz in Frage. Man gewinnt die Seife durch Verseifung der Fettsäureester mit den genannten Alkalien, wobei das Glycerin abgespalten wird. An Stelle der Neutralöle und Neutralfette kann man die Salzbildung aber auch unmittelbar aus den Fettsäuren vornehmen, so daß man also auch Seifen aus den synthetischen Fettsäuren herstellen kann.

Da Seifen mit Schwermetallsalzen schwerlösliche Verbindungen ergeben, können sie nur in weichem Wasser angewandt werden.

Seifenlösungen sind stets bezüglich der Teilchengröße uneinheitlich, sie stellen Mischungen molekularer und kollodial gelöster Teilchen dar, die z. T. dissoziiert, z. T. hydrolisiert sind. Diese Unhomogenität der Teilchengröße macht die Seifen für die Behandlung dichter Gespinste unbrauchbar. Die meisten Seifen neigen außerdem beim Trocknen und Lagern zur Vergilbung.

Kalk- und Magnesiumseifen-Abscheidungen können durch Zugabe von Calgon oder Trilon B zur Lösung verhindert werden, die lösliche Komplexverbindungen mit den Härtebildnern eingehen.

In der Reyonindustrie werden zuweilen Seifen als Avivage für Strangware eingesetzt. Hierfür eignen sich Olivenöl- und Oleinseifen. Durch Anwendung der Salze mit organischen Basen erhält man einen weicheren Griff als bei Natrium-, Kalium- oder Ammoniumseifen. Die Glätte der Faser wird durch Anwendung von Talg- oder Stearinseifen wesentlich gesteigert; letztere ist aber wegen des hohen Schmelzpunktes schwer in eine handliche Form zu bringen.

Als Grundkörper für eine Zellwollavivage wurde von der Firma *Stockhausen u. Cie.* eine bestimmte Ammoniumseife ausgearbeitet. Sie erteilt der Zellwolle eine gute Haftfähigkeit und einen leicht knirschenden Griff.

Als Emulgatoren für Mineralöle werden in Präparationsmitteln und Spulölen von einigen Herstellern Naphthenseifen verwendet.

Softenings. Durch partielle Verseifung der Neutralöle und Neutralfette erhält man die Softenings, die somit also Seife, Neutralfett und Glycerin enthalten. Man bezeichnet als Softenings jedoch auch Fettsäuren, die nur zum Teil neutralisiert sind. Bei diesen Körpern vermag der verseifte Anteil den unverseiften Rest in Wasser in Emulsion zu halten. Die Emulsionen sind jedoch verhältnismäßig grob dispers. Ihrer chemischen Natur nach können auch die Softenings nur in weichem Wasser angewandt werden. Je nach dem zur Verwendung kommenden Ausgangsmaterial und je nach dem beabsichtigten Effekt kann man den Grad der Verseifung variieren.

Von Bedeutung für die Reyon- und Zellwollavivage sind der Softening aus Olein sowie die Softenings aus Talg und Stearinsäure.

Ein aus Olein hergestellter Softening mit einem Verseifungsgrad von etwa 75% wird vielfach als Reyonavivage, aber auch als Zellwollavivage für den Baumwolltyp verwendet. Das mit Oleinsoftening avivierte Reyon erhält einen ziemlich fülligen, weichen Griff, der für die Strangavivage ausreicht. Infolge des ungesättigten Charakters der Ölsäure wird diese Avivage gern bei Strangreyon angewandt, das gebleicht wurde, weil hierdurch eventuell nicht restlos ausgewaschene Chlorreste unschädlich gemacht werden. Auch verträgt sich die Oleinavivage besonders gut mit Leinölschlichte. Der ungesättigte Charakter hat jedoch auch Nachteile: Unter ungünstigen Bedingungen gelagert kann es zur Autoxydation des Softenings auf der Faser kommen, wodurch Faserschädigungen und Schwierigkeiten in der Färberei entstehen können. Auch besteht die Neigung zum Vergilben.

Das mit Oleinsoftening avivierte Reyon ist verhältnismäßig stumpf, es kann in bezug auf Glätte weitgehend verbessert werden, wenn man den Bädern den Softening des Talgs, des Kokosfetts oder der Stearinsäure zusetzt.

Die mit Softenings angesetzten Bäder besitzen keine große Haltbarkeit, sie müssen infolge Zunahme des Dispersitätsgrades häufiger abgestoßen werden. Beim Trocknen auf Aluminiumstäben können durch Bildung von Aluminiumseifen Stabflecken auf dem Reyon entstehen.

Abb. 394. Separator der Fa. Ramesohl u. Schmidt, Ölde in Westf.

Verhältnismäßig gut hat sich Oleinsoftening bei den Baumwolltypen der Zellwolle bewährt. Man erhält eine ausreichend offene Faser mit guten spinntechnischen Eigenschaften.

Das Arbeiten mit Oleinsoftening ist recht wirtschaftlich, da das Olein aus gebrauchten Bädern verhältnismäßig leicht wiedergewonnen werden kann. Zu diesem Zwecke sammelt man die aus den Avivagebarken abgestoßenen Bäder sowie die beim Zentrifugieren anfallenden Schleuderbäder in großen Bottichen. Durch Zusatz von Schwefelsäure oder — was noch billiger ist — von gebrauchtem Spinnbad wird die Ölsäure in Freiheit gesetzt und sammelt sich an der Oberfläche der Flüssigkeit an. Sie kann durch Hochdrücken der Flüssigkeit mit Wasser durch ein nach oben zu einem flachen Trichter erweitertes Überlaufrohr abgelassen werden. Sie kann nach Waschen mit Wasser verkauft oder im eigenen Betrieb wieder mit Natronlauge in Oleinsoftening zurückverwandelt werden[1].

Die Abscheidung des mit Säure oder Spinnbad in Freiheit gesetzten Oleins geht besonders leicht vonstatten, wenn man sich eines Separators bedient, wie sie z. B. von den Firmen *Ramesohl u. Schmidt*, Ölde, oder *Bergedorfer Eisenwerke A.G.*, Hamburg-Bergedorf, gebaut werden (Abb. 394). Die Regeneration kann gewisse Schwierigkeiten machen, wenn viel Hemizellulose in das Avivagebad gelangt ist, die stabilisierend auf die Emulsionen wirkt. In solchen Fällen hilft reichlicher Salzzusatz bei der Regeneration.

Talg- und Kokosfettsoftenings bilden auch eine gute Grundlage für Kreppschlichte.

[1] Näheres siehe bei STEINACKER: Zellwolle **5**, 114 (1939).

b) Sulfonierte Produkte.

1. Sulfonierte Neutralöle und Neutralfette.

Die Löslichmachung der hydrophoben Reste, die bei den eben beschriebenen Körpern auf der Überführung in die Alkalisalze beruht, erfolgt bei den sulfonierten Produkten durch Einführung der Sulfogruppe $-SO_3H$.

Unter schonenden Bedingungen lassen sich solche Öle und Fette sulfonieren, die eine ungesättigte Kohlenstoffkette oder eine Oxygruppe enthalten, was in den meisten pflanzlichen und tierischen Fetten der Fall ist.

Da der wirksamste Bestandteil für die Avivage das unveränderte Neutralfett ist, so sulfoniert man nur bis zu einem solchen Grade, daß der sulfonierte Anteil ausreicht, den unsulfonierten Rest des Fettkörpers löslich bzw. emulgierbar zu machen. Dies ist je nach dem Fettkörper normalerweise ein Sulfonierungsgrad von 5···25%; d. h. also, daß 5···25% des Fettkörpers in Form des Sulfonates vorliegen.

Mit ansteigendem Sulfonierungsgrad werden die Produkte löslicher, verlieren hierbei jedoch an ihrer avivierenden Wirkung. Die Löslichkeit ist aber nicht allein eine Frage des Sulfonierungsgrades, als vielmehr auch eine Frage des Grades der Aufspaltung, die der Ester bei der Sulfonierung und beim Auswaschen erleidet. Mit zunehmender Aufspaltung nimmt die Löslichkeit zu, da ein größerer Teil des Fettkörpers in Seife umgewandelt wird. Entsprechend nimmt die Avivagewirkung ab. Hierdurch ist bedingt, daß man bei gleichem Sulfonierungsgrad Körper mit ganz verschiedenen Eigenschaften erhalten kann.

Der Reaktionsverlauf bedingt somit, daß ein sulfoniertes Öl oder Fett ein Mischprodukt darstellt, das unverändertes Neutralfett, Seife und sulfoniertes Fett enthält.

Je nach dem angewandten Sulfonierungsverfahren werden die Eigenschaften des Endproduktes aber auch durch den Ablauf von Nebenreaktionen beeinflußt. So kann es zwischen den Oxygruppen in den Molekülen der Rizinolsäure durch Wasseraustritt zu einer Kondensationspolymerisation kommen. Weiter kann es zwischen der Karboxylgruppe eines Fettsäuremoleküls und der Oxygruppe eines anderen, aber auch des gleichen Moleküls, zu einer Esterbildung kommen. Diese Reaktionen sind normalerweise nicht unerwünscht, da die hierdurch bedingte Molekülvergrößerung der avivierenden Wirkung zustatten kommt.

Die Sulfonierung wird je nach der Angreifbarkeit des vorliegenden Fettkörpers mit Schwefelsäure, Oleum oder Chlorsulfonsäure vorgenommen, wobei der Reaktionsverlauf weiter durch die Geschwindigkeit der Zugabe des Sulfonierungsmittels, die Temperatur und die Geschwindigkeit der Zugabe des Neutralisationsmittels weitgehend zu beeinflussen ist. Infolge des heterogenen Reaktionsablaufs erfordert die Sulfonierung große praktische Erfahrung.

Im einzelnen verläuft die Sulfonierung so, daß die Säure je nach dem vorliegenden Fettkörper an der Oxygruppe oder an der Doppelbindung angreift; im Falle des Rizinusöles verläuft demnach folgende Reaktion:

$$CH_3\cdot(CH_2)_5\cdot\underset{\displaystyle OH}{\underset{|}{CH}}\cdot CH_2\cdot CH=CH\cdot(CH_2)_7\cdot COO\cdot R_1+HO\cdot SO_2\cdot OH$$

$$=CH_3\cdot(CH_2)_5\cdot\underset{\displaystyle SO_2\cdot OH;}{\underset{|}{\underset{\displaystyle O}{\underset{|}{CH}}}}\cdot CH_2\cdot CH=CH\cdot(CH_2)_7\cdot COO\cdot R_1$$

Im Falle der Ölsäure verläuft die Reaktion wie folgt:

$$CH_3 \cdot (CH_2)_7 \cdot CH = CH \cdot (CH_2)_7 \cdot COO \cdot R_1 + HO \cdot SO_2 \cdot HO$$

$$= CH_3 \cdot (CH_2)_7 \cdot \underset{\underset{\underset{SO_2 \cdot OH\,.}{|}}{\underset{O}{|}}}{CH} \cdot CH_2 \cdot (CH_2)_7 \cdot COO \cdot R_1$$

In diesen Gleichungen bedeutet R_1 den Glycerinrest. Das Glycerid bleibt also zunächst noch erhalten.

Es ist nunmehr aber erforderlich, das Reaktionsprodukt zur Entfernung des überschüssigen Sulfonierungsmittels zu waschen. Dies geschieht mit Kochsalz- oder Glaubersalzlösungen. Hierbei tritt teilweise Spaltung des Glycerids ein, wobei das Glycerin ins Waschwasser geht. Gleichzeitig werden die H-Atome der Sulfogruppe teilweise durch Na-Atome ersetzt, wodurch das Natriumsalz der Sulfosäure entsteht. Ist das Sulfonierungsmittel vollkommen ausgewaschen, so wird das Reaktionsprodukt mit Lauge neutralisiert. Sofern noch H-Atome an der Sulfogruppe frei sind, werden diese jetzt restlos durch Na-Atome ersetzt. Darüber hinaus zugeführte Natronlauge führt zur Salzbildung am Karboxyl. Man hat es hierbei in der Hand, durch vollständige oder unvollständige Neutralisation das Endprodukt neutral oder schwach sauer einzustellen.

An Stelle von Natronlauge können bei der Neutralisation auch Kalilauge, Ammoniak oder die bei der Seifenbildung genannten organischen Basen genommen werden, wodurch jeweils Körper mit anderen Eigenschaften erhalten werden.

Die bei der Aufspaltung frei werdenden Fettsäuren setzen sich ebenfalls bei der Neutralisation mit der Alkalilauge um, wodurch die entsprechenden Seifen entstehen.

Bei vollständiger Veresterung wäre es möglich, etwa 32% Schwefelsäure anzulagern. Die normalen, durch Sulfonieren erhaltenen Fettkörper enthalten aber durchweg nur 3···7% organisch gebundene Schwefelsäure.

Die Kalkbeständigkeit nimmt mit steigendem Sulfonierungsgrad zu, ebenso die Salzbeständigkeit; jedoch ist dabei zu beachten, daß hohe Beständigkeit gegenüber *einem* Salz nicht für alle Salze zu gelten braucht. Gegen Alkali sind die sulfonierten Produkte beständig, da die organisch gebundene Schwefelsäure durch Alkali nicht abgespalten wird. Alkali kann wohl eine weitere Aufspaltung ergeben, wodurch es in hohen Alkalikonzentrationen zu Trübungen kommen kann.

Als zu dieser Klasse gehörig muß das Monopolavivageöl SO 100% h'übl.[1] genannt werden, das durch Sulfonierung von Olivenöl erhalten wird. Es verleiht dem Reyon einen vollen, weichen und geschmeidigen Griff und kommt für Strangware als auch für Kreuzspulen in Frage, da es die Faser nicht zu glatt macht. Es wird auch besonders gern bei Zellwolle (B-Typen), und zwar hier in Mischung mit Körpern vom Typ des Soromin SG 100%, angewandt.

Geht man bei der Sulfonierung von Talg oder entsprechenden Körpern aus, so erhält man die sulfonierten Talge, die z. B. unter dem Namen Tallosan[1] auf dem Markte sind. Das Tallosan gibt dem Reyon eine größere Fülle als Monopolavivageöl SO 100%, bei einer hohen Weichheit und Glätte, wodurch sich das Produkt auch gut für Zellwolle-W-Typen bewährt hat.

[1] Stockhausen & Cie.

Die glättende Wirkung kann gesteigert werden durch Zusatz von Wachsen, Stearin, Fettalkoholen u. ä. Körpern. Derartige Mischprodukte liegen z. B. in den Tallofinen[1] vor.

Durch Sulfonierung von Rizinusöl kommt man z. B. zum Monopolbrillantöl[1], dem zwar keine eigentliche avivierende Wirkung zukommt, das vielmehr bei einem bestimmten Sulfonierungs- und Aufspaltungsgrad stark oberflächenaktiv ist und als Viskosezusatzöl große Bedeutung erlangt hat. In bestimmter Weise sulfonierten Rizinusölen kommt weiter eine starke Emulgierwirkung für Mineralöle zu, weshalb in den später noch zu beschreibenden mineralölhaltigen Präparationsmitteln vielfach derartige Körper enthalten sind. Zur Herstellung von Mineralölemulsionen im Reyonbetrieb wird vielfach das Sulforizinat VG verwendet[1].

2. Sulfonierte Fettsäuren.

Wenn man Fettsäuren an Stelle von Neutralfetten sulfoniert, so kommt man zu den sulfonierten Fettsäuren. Da sich die Sulfosäure-Gruppe an die Oxygruppe oder an die Doppelbindung anlagert, entstehen somit Körper, die eine Sulfo- und eine Karboxylgruppe enthalten. Im Falle des Rizinusöles entsteht somit folgender Körper:

$$CH_3 \cdot (CH_2)_5 \cdot \underset{\substack{| \\ O \\ | \\ SO_2 \cdot OH\,.}}{CH} \cdot CH_2 \cdot CH = CH \cdot (CH_2)_7 \cdot COOH$$

Infolge der Anwesenheit mehrere hydrophiler Gruppen besitzen die sulfonierten Fettsäuren, die gleichfalls mit anorganischen oder organischen Basen mehr oder weniger neutralisiert werden, eine größere Löslichkeit als die sulfonierten Neutralfette. Die Endprodukte sind gute Netzmittel mit nur geringer avivierender Wirkung, sie werden jedoch zuweilen der Zellwollavivage zur Erhöhung der Haftfähigkeit zugesetzt, da sie die Faser weich, aber ziemlich stumpf machen.

Es sind Körper der verschiedensten Sulfonierungsgrade auf der Grundlage verschiedenster Fettsäuren im Handel. Eine gewisse Bedeutung haben für die Zellwollavivage die Sultafonöle[1] erlangt, von denen die Marke A aus Olein, die Marke R aus Rübölfettsäure und die Marke T aus Tranfettsäure hergestellt ist. Durch Sulfonieren der Rizinusfettsäure wird z. B. das Monopolappreturöl[1] erhalten, das dem Gut neben Weichheit eine besondere Fülle verleiht. Dies ist durch weitgehende Kondensationspolymerisation zwischen den Molekülen bedingt. Einen ähnlichen Körper stellt die Monopolseife[1] dar.

Während die erwähnten Produkte verhältnismäßig niedrig sulfoniert sind, muß in dieser Klasse auch der höchstsulfonierte Körper genannt werden, der bisher hergestellt wurde. Es handelt sich um das Praestabitöl V[1]. Nach DRP. 691486 wird dieses Produkt dadurch erhalten, daß man Fettsäure dem Sulfonierungsmittel in gelöster Form darbietet und die nicht und niedrig sulfonierten Anteile durch Extraktion aus dem Reaktionsprodukt entfernt. Praestabitöl V ist kein Avivagemittel, hat aber Bedeutung als Viskosezusatzmittel erlangt.

Die aufgezählten Produkte besitzen, wie ausgeführt wurde, eine freie Karboxylgruppe. Bei den niedrig sulfonierten Produkten sind hiermit gewisse Nachteile verbunden, die in den Beständigkeitseigenschaften begründet liegen. Man kann nun

[1] Stockhausen & Cie.

die Karboxylgruppe blockieren, was sowohl durch Herstellen esterartiger als auch amidartiger Verbindungen möglich ist.

Für die Veresterung der Karboxylgruppe kommen im allgemeinen niedermolekulare Alkohole in Frage, wie z. B. Propylalkohol, Butylalkohol und Amylalkohol. Zur Herstellung dieser Produkte führt man die Sulfonierung in Gegenwart der genannten Alkohole durch, wobei dann gleichzeitig die Veresterung erfolgt.

Als Fettsäure wird zumeist die Ölsäure und die Rizinusfettsäure verwendet. Bekannte Produkte dieser Reihe sind Avirol AH, Avirol AH extra[1], Sultafonöl AS[2], Surfax WO[3], Parapon[4]. Einige der Produkte enthalten Zusätze von Lösungsmitteln.

Die Produkte dieser Klasse sind in erster Linie Netzmittel, verleihen dem Reyon und der Zellwolle jedoch auch einen ziemlich weichen Griff.

Von den Körpern mit amidartig blockierter Karboxylgruppe ist der bekannteste das Humectol CX[5], chemisch das sulfonierte Diisobutylamid der Ölsäure von der Formel:

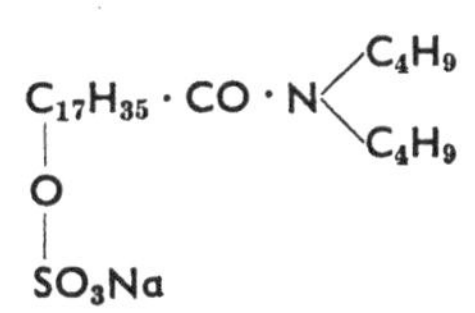

Das Produkt stellt ein ausgezeichnetes Netz- und Emulgiermittel dar.

3. Mineralöl-Sulfonsäuren.

Durch Sulfonieren von Mineralölen verschiedener Provenienz kommt man zu Mineralölsulfonsäuren. Auch bei diesen Produkten genügt der sulfonierte Anteil, das restliche unsulfonierte Mineralöl zu emulgieren. Das Sulfonierungsmittel greift hierbei in erster Linie die olefinischen Bestandteile, Naphthene und aromatischen Bestandteile des Mineralöles an. Rein paraffinische, gesättigte Mineralöle sind daher entsprechend schwer zu sulfonieren. Man kommt so zu Sulfonsäuren von der Formel

$$R \cdot SO_3H\,.$$

Die Sulfonsäure wird nach der üblichen Aufarbeitung neutralisiert. Als Mineralölpräparation wird auf diese Weise z. B. das Kuspifan M[2] hergestellt.

Die Sulfonierung von Kohlenwasserstoffen kann auch nach der Reed-Reaktion erfolgen. Hierbei handelt es sich um die gleichzeitige Einwirkung von gasförmigem Chlor und gasförmigem Schwefeldioxyd auf Kohlenwasserstoffe. Im Gegensatz zur normalen Sulfonierung verläuft die Reed-Reaktion jedoch nur bei gesättigten, aliphatischen Kohlenwasserstoffen in der gewünschten Weise. Die Reaktion verläuft in Gegenwart von Licht. Man erhält auf diese Weise eine Anlagerung der SO_2Cl-Gruppe, es entstehen also Sulfochloride. Normalerweise entstehen Disulfochloride, die unter der Bezeichnung Mersol D[5], Merpol[6] usw. im Handel sind. Das Sulfochlorid kann nun mit Alkalien verseift werden, wodurch das Chlor abgespalten wird; man erhält so das Alkalisalz der Sulfonsäure (Mersolat D[5], Wittolat[7], Mainolat[8] u. a.). Leitet man die Reaktion so, daß nur Monosulfonsäure entsteht oder reichert man das Mersolat D durch Entfernen der höher sulfochlorierten Anteile mit Monosulfonsäuren an, so kommt man zu Produkten mit besseren Eigenschaften (Mersolat H).

[1] Böhme Fettchemie G.m.b.H. — [2] Stockhausen & Cie. — [3] Houghton.
[4] Arkansas Co. — [5] I. G. Farbenindustrie A.G. — [6] Du Pont.
[7] Imhausen, Witten. — [8] Bayrische Rohstoff G.m.b.H., Schweinfurt.

Als Ausgangsmaterial für die Synthese dient nachhydriertes Kogasin (Mepasine) aus der FISCHER-TROPSCH-Synthese. Man verwendet jedoch auch nachhydrierte Fraktionen paraffinischen Erdöls.

Den Produkten kommt eine hohe Waschwirkung, aber auch eine ziemliche Avivagewirkung zu. Sie werden in einigen Netz- und Avivagemitteln verwendet und stellen einen wertvollen Rohstoff für Waschmittel dar.

Hohe Avivagewirkung, die in bezug auf Weichheit und Fülle in der Richtung der Tallosane liegt, kommt Körpern zu, die durch Sulfochlorierung und anschließende Verseifung von hochschmelzenden natürlichen oder synthetischen Paraffinen erhalten werden.

4. Hydroaromatische Sulfonate.

An dieser Stelle müssen die Sulfonate der Naphthensäure als Beispiel genannt werden. Sie können durch Sulfonieren von Erdölnaphthensäuren gewonnen werden. Sulfonaphthensäuren fallen jedoch auch in reichlicher Menge bei der Raffination naphthenhaltiger Erdöle mittels Schwefelsäure als Nebenprodukte an und können aus den sauren Waschwässern abgeschieden werden. Die Alkalisalze stellen gute Emulgatoren für Mineralöle dar und sind in einigen Mineralölpräparationen und Spulölen enthalten (z. B. Nopco-Öl 2169 M[1], Artol I[2]).

5. Fettalkoholsulfate.

Durch Sulfonieren von Fettalkoholen findet Veresterung der endständigen alkoholischen Hydroxylgruppe der Fettalkohole statt und man erhält die Sulfate des Fettalkohols, denen demnach folgende Formel zukommt:

$$R \cdot O \cdot SO_3H.$$

R bedeutet den Alkylrest. Es werden als Ausgangsmaterialien alle die natürlichen und synthetischen Fettalkohole herangezogen, die S. 579 u. 580 erwähnt waren. Die Sulfate der bei der Oxosynthese erhaltenen Fettalkohole weichen insofern in ihrer Konstitution von den anderen etwas ab, als sie die Schwefelsäure-estergruppe in β-Stellung tragen, entsprechend der β-ständigen Hydroxylgruppe dieses Alkohols.

Die Sulfatierung der gesättigten Fettalkohole wird normalerweise mit Schwefelsäure vorgenommen, wobei ein Überschuß zur Anwendung kommt. Die Reaktionsprodukte werden mit Alkali neutralisiert und von den bei der Neutralisation entstandenen Salzen mehr oder weniger weitgehend befreit. An Stelle von Schwefelsäure wird auch Chlorsulfonsäure verwendet. In diesem Falle ist kein Überschuß erforderlich und die Reaktion verläuft nach der Gleichung:

$$R \cdot OH + ClSO_3H = ROSO_3H + HCl.$$

Auf diese Weise werden fast salzfreie Produkte erhalten.

Bei der Sulfatierung mehrwertiger Fettalkohole, wie man sie z. B. durch Hochdruckhydrierung von Rizinusöl erhält, können beide Hydroxylgruppen verestert werden, so daß je nach den gewählten Reaktionsbedingungen recht verschiedene Produkte erhalten werden können.

Durch spezielle Sulfonierungsverfahren können aus ungesättigten Alkoholen auch Sulfate erhalten werden, bei denen die Hydroxylgruppe und eine Doppelbindung sulfatiert ist.

[1] National Nopco Oils Products Co., Harrison. — [2] Vickers.

Bemerkenswert ist, daß man von den Fettalkoholsulfaten auch Kalziumsalze herstellen kann, die besonders gute Avivagemittel sind, wie auch gefunden wurde, daß normale Fettalkoholsulfate in hartem Wasser eine besser avivierende Wirkung haben als in weichem Wasser.

Die bekanntesten üblichen Avivagemittel dieser Gruppe sind Gardinol CA, aus Spermölalkohol, und Brillantavirol L 168, aus Stearylalkohol hergestellt[1]. Weitere Handelsmarken sind z. B. Modinal[1], Duponal[2], Sandopan[3], Cyclanon[4], Jokalin[5], Adulcinol[2], Produkt CFD 1931[6], Lissapol[7] und viele andere.

Es ist auch möglich, ausgehend von Aldehyden durch Kondensation und Hydrierung zu Alkoholen zu kommen. So entsteht beispielsweise aus Azeton ein Alkohol folgender Konfiguration:

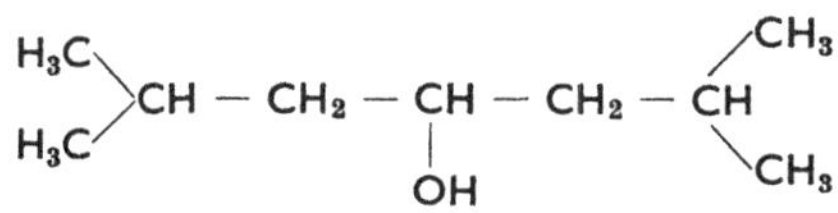

dessen Hydroxylgruppe sulfatiert wird. Auf diesem Wege wird z. B. das Tergitol 08[8] hergestellt, dem hohe Waschwirkung zukommt. Höhere Aldehyde führen zu brauchbaren Avivagemitteln, z. B. Tergitol 4 mit 14 C-Atomen und Tergitol 7 mit 17 C-Atomen.

Als Avivagemittel geben die Fettalkoholsulfate dem Reyon einen außerordentlich weichen Griff und eine hohe Glätte. Eine füllende Wirkung kommt ihnen jedoch kaum zu. Sie sind jedoch gute Avivagemittel für Zellwolle-W-Typen. So beruhen z. B. die Stokotale E und L auf dieser Grundlage[9].

Bemerkenswert ist die rein weiße Farbe des damit avivierten Materials, die sich auch bei schärferem Trocknen nicht verändert.

Die hohe Glätte schließt ihre Verwendung für konische Kreuzspulen allerdings aus. Sehr brauchbar sind sie jedoch für die Strangavivage. Die hohe Glätte dürfte in der Hauptsache auf die unsulfonierten Anteile der Produkte zurückzuführen sein.

In den letzten Jahren haben auch Sulfate Bedeutung erlangt, die durch Behandlung von Olefinen mit Schwefelsäure erhalten werden. In der Praxis geht man meist von den S. 580 beschriebenen durch Krackung von Paraffinen oder aus der Fischer-Tropsch-Synthese erhaltenen Olefinen aus. Oftmals wird die Sulfonierung auch in Gegenwart von Lösungsmitteln vorgenommen. Die erhaltenen, mit Alkali neutralisierten Produkte sind wie alle Fettalkoholsulfate gegen Alkalien, auch Ätzalkalien, sehr beständig. Der Handelsname ist Teepol[10]. Das Produkt stellt in England einen wichtigen Waschrohstoff dar.

6. Aralkylsolfonate.

Durch Sulfonieren von Naphthalin in Gegenwart niedermolekularer Alkohole, wie z. B. Ispropylalkohol, Butylalkohol usw. mit Schwefelsäure erhält man alkylierte Naphthalinsulfonate von der Formel

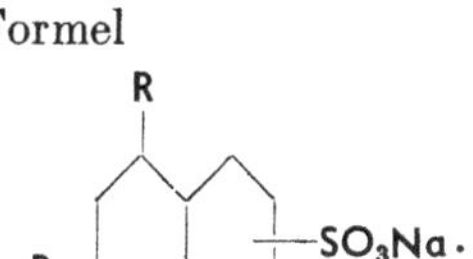

[1] Böhme Fettchemie G.m.b.H. — [2] Du Pont Co. — [3] Sandoz. — [4] I. G. Farbenindustrie A.G. — [5] Baur u. Gaebel. — [6] Zschimmer u. Schwarz. — [7] I. C. I.
[8] Carbide and Carbon Chem. Co. — [9] Stockhausen u. Cie.
[10] Standard Oil Co.; Shell Development Co.

Hierin bedeutet R den Alkylrest. Die genaue Stellung der Substituenten am Ringsystem ist unsicher. Bei der Verwendung von Isopropylalkohol erhält man ein Gemisch von Mono- und Di-propylnaphthalin-sulfosäuren. Den Produkten kommt gute Netzwirkung und Emulgierwirkung, insbesondere für Mineralöle, zu. Die di-alkylierten Produkte sind wirksamer als die mono-alkylierten.

Propylierte Naphthalinsulfosäure ist als Alkalisalz im Handel unter den Namen Nekal A[1], Alkanol B[2], Aerosol OS[3], Naccosol A[4] usw.

Den propylierten Verbindungen sind die unter Verwendung von Butylalkohol hergestellten in ihrer Wirkung überlegen. Sie sind unter dem Namen Nekal B und BX bekannt.

Durch Auswahl bestimmter Alkylreste und Erzielung eines bestimmten Sulfonierungsgrades wurde das Produkt T 1 873 a[5] erhalten, das als Viskosezusatzmittel verwendet werden kann und in der Viskose dieselbe Wirkung ausübt wie Monopolbrillantöl.

In neuester Zeit haben Produkte große Bedeutung erlangt, die sich vom alkylierten Benzol ableiten. Der Alkylrest umfaßt bei diesen Produkten in der Regel 12···14 C-Atome. Er wird aus den S. 581 beschriebenen Ausgangsmaterialien erhalten. Das alkylierte Benzol wird normalerweise mit Monohydrat oder Oleum bei Temperaturen von unter 60° C sulfoniert. Alsdann wird mit Wasser verdünnt und mit Alkali neutralisiert. Die Endprodukte haben einen mehr oder weniger hohen Salzgehalt. Von niedrigem Salzgehalt ist Nacconol NRSF[4], während Nacconol NR, Stokopol[5], Basopal[6], Igepal NA[1], Santomerse D[7] normale Salzgehalte aufweisen.

Den Produkten kommt im Gegensatz zu den niedrig alkylierten Naphthalinsulfosäuren eine gute Waschwirkung zu. Sie zeichnen sich ferner aus durch hohe Emulgierwirkung, so daß derartige Körper auch in manchen mineralölhaltigen Präparationsmitteln enthalten sind.

An Stelle von Benzol hat man als Ausgangsmaterialien auch Homologe wie insbesondere Toluol und Xylol verwendet. Hierdurch wurden z. B. das Ultrawet E[8], das Oronite[9] und das Arylan[10] erhalten.

Die allgemeine Formel für diese Produkte ist

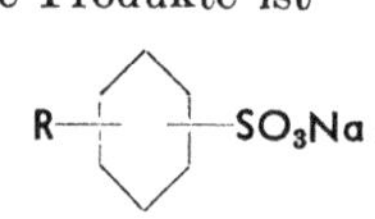

c) Fettsäurekondensationsprodukte.

1. Kondensation mit Aminokarbonsäuren.

Bringt man Fettsäuren in Form ihrer Chloride mit Aminokarbonsäuren zur Reaktion, so erhält man Körper von guter Avivierwirkung. Am bekanntesten ist das Kondensationsprodukt mit Sarkosin (N-methylglycin)

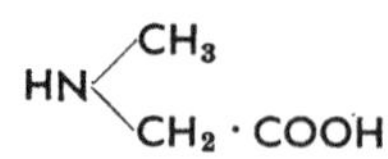

[1] I. G. Farbenindustrie A.G. — [2] Du Pont. — [3] American Cyanamid Corp.
[4] National Aniline Div. — [5] Stockhausen & Cie. — [6] Bad. Anilin- u. Sodafabrik.
[7] Monsanto Chemical Co. — [8] Atlantic Refining Co. — [9] Oronite Chemical Co.
[10] Lankro Chemicals Co.

Es hat folgende Formel:

$$R{-}CO{-}N\begin{matrix} \diagup CH_3 \\ \diagdown CH_2 \cdot COOH \end{matrix} .$$

Man verwendet üblicherweise Stearinsäure, Kokosfettsäure oder Olein zur Kondensation. Die Produkte sind nur mäßig härtebeständig. Bekannte Handelsprodukte, die aus diesen Körpern bestehen bzw. diese Körper enthalten, sind Medialan A [1], Soromin B und Soromin S [1].

Geht man von Polypeptiden aus, beispielsweise von Protalbin- und Lysalbinsäure, so kommt man zu den Körpern vom Typ des Lamepon [2]. Man gewinnt die Polypeptide durch Hydrolysieren von Eiweiß-, Leim- oder Lederabfällen mit Alkali.

Die Produkte haben als Avivagemittel ein größeres Füllvermögen als die Medialantypen und es kommt ihnen eine ausgesprochene schutzkolloide Wirkung zu. Darüber hinaus stellen diese Körper ausgezeichnete Emulgatoren für Mineralöle dar.

An Stelle von Fettsäuren kann man auch Sulfochloride für die Kondensation verwenden, wie sie beispielsweise nach der REED-Reaktion (s. S. 587) entstehen. In Deutschland hat ein Produkt große Bedeutung erlangt, das durch Kondensation von Mersol und Ammoniak und weitere Kondensation des entstandenen Sulfonamides mit Chloressigsäure erhalten wird. Es handelt sich um Emulphor STH, das als emulgierender Bestandteil im Servital (siehe unter VI) enthalten ist. Das Produkt hat folgende Konstitution:

$$R \cdot SO_2 \cdot NH \cdot CH_2 \cdot COONa .$$

2. Kondensation mit aliphatischen Oxysulfonsäuren.

Kondensiert man Fettsäure mit aliphatischen Hydroxylverbindungen von niedrigem Molekulargewicht, beispielsweise mit Isäthionsäure

$$HO \cdot CH_2 \cdot CH_2 \cdot SO_3H ,$$

so kommt man zu Körpern von der allgemeinen Formel

$$R{-}COO \cdot CH_2 \cdot CH_2 \cdot SO_3H .$$

Man geht meist von der Ölsäure aus, die man als Chlorid auf das Natriumsalz der Isäthionsäure einwirken läßt:

$$R \cdot COCl + HO \cdot CH_2 \cdot CH_2 \cdot SO_3Na = R \cdot COO \cdot CH_2 \cdot CH_2 \cdot SO_3Na + HCl .$$

Auf diese Weise wurde das Igepon A [1] erhalten.

Es ist auch gelungen, die Reaktionspartner unmittelbar, also ohne den Umweg über das Säurechlorid, zur Reaktion zu bringen. Auf diese Weise entsteht das Igepon AP.

Die Igepone sind in erster Linie Waschmittel, haben aber auch eine gewisse Avivierwirkung. Gegen heiße Alkalilösungen sind sie wenig beständig, da die Esterbindung spaltbar ist.

3. Kondensation mit aliphatischen Aminosulfonsäuren.

Methyltaurin liefert mit Fettsäurechloriden, in alkalischer wässeriger Lösung umgesetzt, ein Kondensationsprodukt mit amidartiger Bindung gemäß der Gleichung:

$$R{-}COCl + \underset{\displaystyle CH_3}{\underset{|}{HN}} \cdot CH_2 \cdot CH_2 \cdot SO_3Na = R{-}CO{-}\underset{\displaystyle CH_3}{\underset{|}{N}} \cdot CH_2 \cdot CH_2 \cdot SO_3Na + HCl .$$

[1] I. G. Farbenindustrie A. G. — [2] Chemische Fabrik Grünau.

Auf diese Weise wird das Igepon T erhalten. Man geht hierbei von der Ölsäure aus, während das Igepon 702 K Palmölfettsäure (also im wesentlichen ein Gemisch aus Myristin- und Palmitinsäure) als Grundlage hat.

Auch Oxydationsfettsäuren aus Paraffin sind als Ausgangsmaterial herangezogen worden. Derartige Produkte sind in den Vereinigten Staaten als Alipone im Handel, werden jedoch auch in Deutschland hergestellt. Kondensationsprodukte mit Methyltaurin sind in bezug auf ihre Wasch- und Avivierwirkung den mit Isäthionsäure hergestellten überlegen.

4. Kondensation mit aromatischen Aminosulfonsäuren.

In dieser Körperklasse hat ein Produkt Bedeutung erlangt, das durch Kondensation von Fettsäure mit o-Phenylendiamin erhalten wird. Die Reaktion verläuft nach folgender Gleichung:

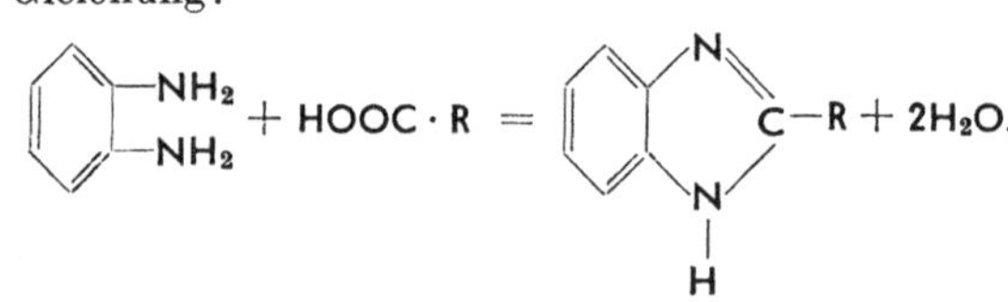

Durch Sulfonierung entsteht dann

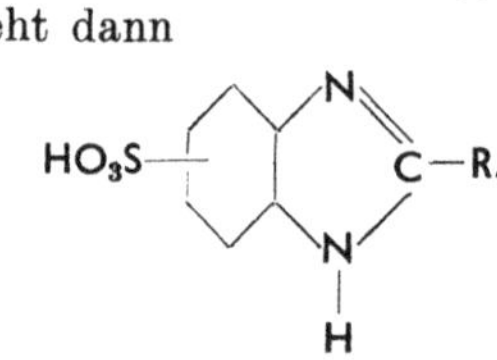

Das Produkt, dem eine gute Waschwirkung zukommt, das aber auch eine ausreichende avivierende Wirkung aufweist, ist unter dem Namen Ultravon[1] im Handel.

Auch p-Aminobenzolsulfosäure (Sulfanilsäure) ist zur Kondensation herangezogen worden. Man erhält hierdurch

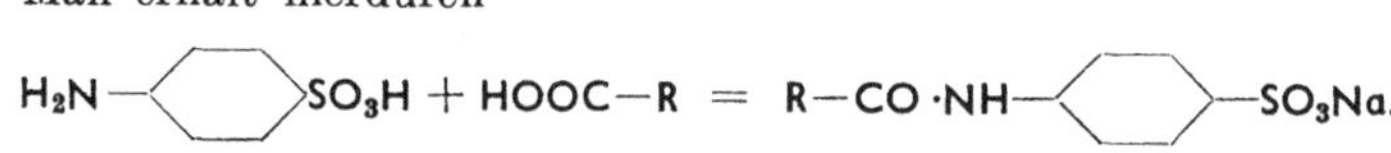

Dieser Reaktion liegt eine Humectolmarke zugrunde.

5. Kondensation mit aromatischen Sulfonsäuren.

Durch Kondensation von Fettsäure mit Benzol oder Naphthalin und anschließende Sulfonierung kommt man zu Produkten, denen in erster Linie eine emulgierende Wirkung zukommt. Insbesondere ist aber das Kondensationsprodukt mit Benzol auch ein brauchbares Avivagemittel.

Im Falle des Benzols wird so folgender Körper erhalten:

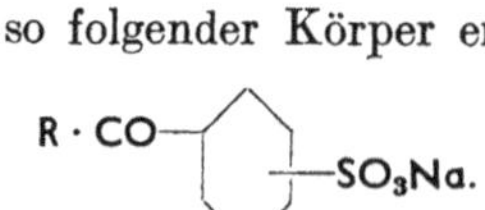

In dieser Gruppe ist das Melioran F6[2] zu nennen.

Unter den Naphthalinderivaten hat ein Körper Bedeutung erlangt, der zwar nicht in der Reyonindustrie Verwendung findet, der aber bei der Gewinnung von Fett-

[1] Ciba. — [2] Chem. Fabrik Oranienburg.

säuren aus Neutralfetten, also bei der Fettspaltung, eine Rolle spielt. Es handelt sich um den sog. Twitchell-Spalter. Er entsteht durch Kondensation von Ölsäure mit Naphthalin und anschließende Sulfonierung.

6. Kondensation mit Polyoxyverbindungen und Polyalkylenoxyden.

Die durch Kondensation von Fettsäuren mit Polyoxyverbindungen erhaltene Körperklasse ist sehr groß, da fast alle Alkohole, wie z. B. Glycol, Polyglycol, Glycerin, Polyglycerin, Sorbit, Sorbitan usw. zur Kondensation herangezogen wurden. Darüber hinaus steht im Äthylenoxyd ein Mittel zur Verfügung, das durch Polymerisation zur Bildung beliebig vieler Polyätherverbindungen befähigt ist.

Die Produkte der ersten Gruppe sind hauptsächlich Emulgatoren. Der einfachste Körper ist ein Kondensationsprodukt von Stearinsäure mit Glycerin. Man stellt ihn dadurch her, daß man ein Tristearin mit einem Überschuß an Glycerin erhitzt, wodurch man ein Glycerinmonostearat erhält. Interessantere Körper erhält man durch Versterung mit Polyglycerinen. Diese Verbindungen kann man leicht gewinnen durch Erhitzen von Glycerin in Gegenwart alkalischer Katalysatoren. Diese Körper haben eine gute avivierende Wirkung, so z. B. das Soromin DM[1], dem folgende Formel zugrunde liegt:

$$R{-}COO \cdot CH_2 \cdot CHOH \cdot CH_2OH.$$

Durch Kondensation mit einem höheren Alkohol, dem Pentaerytrit, erhält man das Pentamul von der Formel

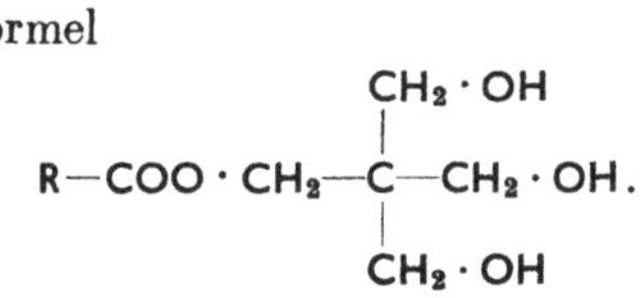

Die durch Kondensation mit Äthylenoxyd

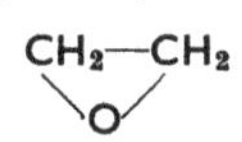

erhältlichen Körper werden als Oxäthylierungsprodukte bezeichnet. Unter den niederen Gliedern ist das bekannteste das Emulphor A[1], das durch Einwirkung von 6 Molen Äthylenoxyd auf Ölsäure entsteht, und dem folgende Formel zukommt:

$$R{-}CO\,(OCH_2 \cdot CH_2)_6 \cdot OH.$$

Durch Kondensation von Stearinsäure mit Äthylenoxyd wird das Soromin SG[1] bzw. das Sebosan GM[2] erhalten. Diese Produkte, bei denen durch Anwendung einer größeren Menge von Äthylenoxyd längere Ketten entstanden sind, sind somit durch folgende Formel gekennzeichnet:

$$R{-}CO(OCH_2 \cdot CH_2)_n \cdot OH.$$

Diese Produkte haben große Bedeutung für die Avivage der Zellwolle-B-Typen erlangt. Sie ergeben eine sehr offene Flocke von guter Elastizität und von einem leicht knirschenden Griff.

Geht man bei der Oxäthylierung vom Rizinusöl aus, so tritt die Verätherung an der Oxygruppe des Fettrestes ein. Durch Einführung von 40 Molen Äthylenoxyd erhält man so z. B. den Emulgator Emulphor EL.

[1] I. G. Farbenindustrie A.G. — [2] Stockhausen & Cie.

7. Kondensation mit Polyiminen.

Eine Reihe von Iminen ist zur Kondensation mit Fettsäure herangezogen worden. Bei den einfachsten Produkten handelt es sich um Kondensation mit Äthylenimin

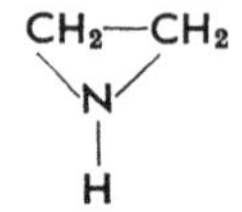

Hierbei entstehen den Oxäthylierungsprodukten entsprechende Körper, also

$$R{-}CO(NH \cdot CH_2 \cdot CH_2)_n \cdot NH_2 .$$

In diese Klasse von Körpern gehören die Soromine FL und CR. Soromin FL verleiht Zellulosefasern eine besonders hohe Weichheit.

8. Kondensation mit Harnstoffderivaten.

Kondensationsprodukte mit Harnstoff, Thioharnstoff und deren Derivaten sind mehrfach in die Praxis eingeführt worden. Derartige Produkte zeichnen sich allgemein durch eine gute weichmachende Wirkung aus. Von besonderer Bedeutung ist das Kondensationsprodukt aus Stearinsäure und Biguanid, dem folgende Formel zukommt:

$$R{-}CO \cdot NH \cdot \underset{\underset{NH}{\|}}{C} \cdot NH \cdot \underset{\underset{NH}{\|}}{C} \cdot NH_2 .$$

Das Produkt ist unter dem Namen Soromin BS und Stokotal VK[1] bekannt geworden.

9. Kondensation mit Alkylolaminen.

Durch die Fähigkeit der Alkylolamine, Kondensationsreaktionen mit Fettsäuren bzw. Fettsäurechloriden einzugehen, ist die Möglichkeit zur Herstellung zahlreicher Verbindungen gegeben. Sie wird noch dadurch erhöht, daß man von Mono-, Di- und Trialkylolaminen ausgehen kann. In dieser Gruppe hat eine ganze Reihe von Produkten sowohl als Avivagemittel als auch als Emulgatoren Bedeutung erlangt, so daß nur wenige Beispiele genannt werden können.

Als Avivagemittel, allerdings besonders bei Kupferreyon, spielt der Triäthanolamin-mono-stearinsäureester eine große Rolle. Er entsteht durch Kondensation von Stearinsäure mit Triäthanolamin nach folgender Gleichung:

$$R \cdot COOH + \begin{array}{l} HO \cdot CH_2 \cdot CH_2 \diagdown \\ HO \cdot CH_2 \cdot CH_2{-}N \\ HO \cdot CH_2 \cdot CH_2 \diagup \end{array} = \begin{array}{l} R \cdot COO \cdot CH_2 \cdot CH_2 \diagdown \\ HO \cdot CH_2 \cdot CH_2{-}N \\ HO \cdot CH_2 \cdot CH_2 \diagup \end{array} + H_2O .$$

Das Ölsäurederivat ist unter der Bezeichnung Emulphor FM[2] bekannt, während das Stearinsäurederivat unter dem Namen Soromin-A-Base[2] am Markt ist.

Die freien, tertiären Basen sind schwer löslich. Die Löslichkeit derartiger Produkte kann dadurch erhöht werden, daß sich mit anorganischen oder organischen Säuren Additionsverbindungen bilden, in denen der Stickstoff fünfwertig figuriert. So wird auch Soromin-A-Base in der Regel als ameisensaures Salz angewandt. In

[1] Stockhausen & Cie. — [2] I. G. Farbenindustrie A. G.

dieser Form ist das Produkt als Soromin A auch im Handel, dem folgende Formel zukommt:

$$\left[\begin{array}{l} R \cdot COO \cdot CH_2 \cdot CH_2 \diagdown \\ HO \cdot CH_2 \cdot CH_2 — NH \\ HO \cdot CH_2 \cdot CH_2 \diagup \end{array}\right]^+ OOC \cdot H^-.$$

Wie die Formel erkennen läßt, wird das Produkt hierdurch kationaktiv.

Das Kondensationsprodukt aus Dibutylaminoäthanol und Stearinsäure ist unter der Bezeichnung Soromin DB bekannt geworden. Bezüglich der Löslichkeit und des Salzbildungsvermögens gilt das gleiche, was bei den Triäthanolaminderivaten gesagt wurde.

Wie das Formelbild für Soromin-A-Base zeigt, sind noch mehrere reaktionsfähige Gruppen im Molekül enthalten, die zu einer weiteren Veränderung herausfordern. So wurde das Produkt sulfoniert, wodurch sich der Schwefelsäureester mit den Hydroxylgruppen bildet:

$$R \cdot COO \cdot CH_2 \cdot CH_2 \cdot N \begin{array}{l} \diagup CH_2 \cdot CH_2 \cdot O \cdot SO_3Na \\ \diagdown CH_2 \cdot CH_2 \ OH \end{array}$$

Das Produkt ist unter einer Markenbezeichnung gleichfalls als Soromin im Handel.

Durch Kondensation von Soromin-A-Base und Äthylenoxyd wurde ein Produkt erhalten, dem folgende Formel zukommt:

$$R \cdot COO \cdot CH_2 \cdot CH_2 \cdot N \begin{array}{l} \diagup CH_2 \cdot CH_2 \cdot (O \cdot CH_2 \cdot CH_2)_n \cdot OH \\ \diagdown CH_2 \cdot CH_2 \cdot (O \cdot CH_2 \cdot CH_2)_n \cdot OH \end{array}.$$

Dieses Produkt hat sich unter der Bezeichnung Soromin AF in die Praxis eingeführt.

Beide Produkte sind wesentlich löslicher als die Ausgangsbase.

Es muß bemerkt werden, daß diese zuletzt genannten Körper nicht mehr im eigentlichen Sinne kationaktiv sind, vielmehr als Ampholyte bezeichnet werden müssen.

Wie einleitend erwähnt war, können auch Mono- und Dialkylolamine mit Fettsäuren und deren funktionellen Derivaten kondensiert werden. Hierbei verläuft die Kondensation jedoch andersartig, indem nicht Fettsäure-ester, sondern Fettsäureamide entstehen. Die Reaktion verläuft im Falle der Verwendung von Mono-äthanolamin nach der Gleichung:

$$R \cdot COOH + NH_2 \cdot CH_2 \cdot CH_2 \cdot OH = R \cdot CO \cdot NH \cdot CH_2 \cdot CH_2 \cdot OH + H_2O.$$

Geht man vom Diäthanolamin aus, entstehen Kondensationsprodukte folgender Konfiguration:

$$R \cdot CO \cdot N \begin{array}{l} \diagup CH_2 \cdot CH_2 \cdot OH \\ \diagdown CH_2 \cdot CH_2 \cdot OH \end{array}.$$

Diese beiden Stoffgruppen haben große praktische Bedeutung erlangt. Sie werden sowohl in der vorliegenden Form als Bestandteile für Weichmacher als auch als Ausgangsmaterial für weitere chemische Umsetzungen verwandt. So kann man sie, wie bei Soromin-A-Base beschrieben, durch Behandlung mit Schwefelsäure in die entsprechenden Schwefelsäure-ester und durch Behandlung mit Äthylenoxyd in die entsprechenden Polyglycoläther verwandeln.

10. Kondensation mit aliphatischen Diaminen.

Durch Kondensation von Fettsäuren bzw. deren funktionellen Derivaten mit Diaminen ist gleichfalls eine große Gruppe von Produkten hergestellt worden. U. a. ist auch das einfachste Diamin, das Äthylendiamin

$$H_2N\cdot CH_2\cdot CH_2\cdot NH_2$$

verwendet worden. Meist werden jedoch einseitig alkylierte Diamine herangezogen, beispielsweise das Diäthyl-äthylen-diamin. Man kommt dadurch zu folgendem Körper:

$$R-CO\cdot NH\cdot CH_2\cdot CH_2\cdot N\cdot (C_2H_5)_2.$$

Als salzsaures oder essigsaures Salz sind derartige Körper unter dem Namen Sapamine[1] im Handel. Man kann sie auch durch Addition von Alkylhalogeniden oder Sulfaten, wie z. B. durch Dimethylsulfat, quaternär machen. Durch Behandlung mit Dimethylsulfat entsteht so z. B. das Sapamin MS, das demnach wie folgt zu formulieren ist:

$$\left[R-CO\cdot NH\cdot CH_2\cdot CH_2-N\begin{matrix}\diagup C_2H_5\\ -C_2H_5\\ \diagdown CH_3\end{matrix}\right]^+\cdot O\cdot SO_2\cdot O\cdot CH_3^-.$$

Wie das Formelbild zeigt, handelt es sich hier wieder um einen typischen Vertreter einer kationaktiven Verbindung.

Ergänzend muß hier eingeschaltet werden, daß auch Kondensationsprodukte von aliphatischen Sulfochloriden hergestellt worden sind, wobei sich den Fettsäurekondensationsprodukten entsprechende Verbindungen ergeben.

d) Fettalkohol-Kondensationsprodukte.

1. Kondensation mit Äthylenoxyd.

In der gleichen Weise, wie man Fettsäuren mit Äthylenoxyd kondensieren kann, ist auch eine Kondensation bei Fettalkoholen möglich. Die Reaktion verläuft nach der allgemeinen Gleichung:

$$R-OH + n\underset{\diagdown O\diagup}{CH_2-CH_2} \longrightarrow R-(O-CH_2\cdot CH_2)_n-OH.$$

Je nachdem, welchen Fettalkohol man nimmt und wieviel Mol Äthylenoxyd man zur Reaktion bringt, werden verschiedenartige Körper erhalten. Geht man beispielsweise von Oleylalkohol aus, so erhält man bei der Kondensation mit 6···8 Molen Äthylenoxyd gute Emulgatoren für Neutralöle und Mineralöle, bei 10···15 Mol Äthylenoxyd erhält man Waschmittel, während bei 20···30 Mol Äthylenoxyd wieder ausgezeichnete Emulgatoren erhalten werden. In diese Klasse gehören beispielsweise das Emulphor O mit 20 Molen Äthylenoxyd und das Peregal O[2] mit 25 Molen Äthylenoxyd; ganz ähnliche Produkte sind Leonil O[2] und Diazopon A[2], Emulphor A öllöslich[2]. Die letzteren Produkte unterscheiden sich offenbar auch durch ihre Konzentration.

2. Kondensation mit Sulfokarbonsäuren.

Sowohl aliphatische als auch aromatische Sulfokarbonsäuren sind mit Fettalkoholen kondensiert worden. Unter den aliphatischen Sulfokarbonsäuren spielt die

---

[1] Ciba. — [2] I. G. Farbenindustrie A.G.

Sulfobernsteinsäure die größte Rolle. Es sind je nach der Länge des Fettrestes und je nachdem, ob man eine oder mehrere Karboxylgruppen verestert, zahlreiche Möglichkeiten für die Herstellung von Produkten vorhanden. Neben natürlichen Fettalkoholen werden auch niedermolekulare, aliphatische Alkohole verwendet.

Als Beispiele seien folgende genannt:

Aerosol IB[1] als Di-iso-butylester,
Aerosol AY als Diamylester,
Aerosol OT als Dioctylester.

Es handelt sich um gute Wasch-, Netz- und Emulgiermittel.

Auf der Grundlage einer dreibasichen Karbonsäure ist das Nekal NS[2] aufgebaut, dem folgende Formel zukommt:

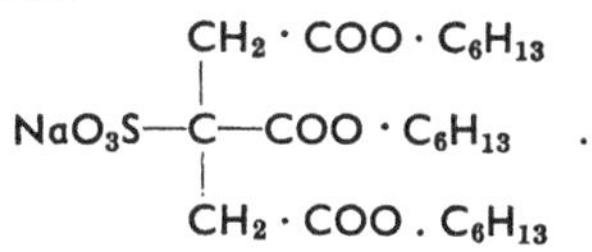

Es handelt sich somit um den Tri-hexylester der Sulfo-tri-karballylsäure.

Von Kondensationsprodukten mit aromatischen Sulfokarbonsäuren hat ein Produkt Bedeutung erlangt, das sich von der Sulfophthalsäure ableitet. Am bekanntesten ist ein Kondensationsprodukt des p-Aminoanilids des Laurylalkohols mit 4-Sulfophthalsäure. Es kommt ihm folgende Formel zu:

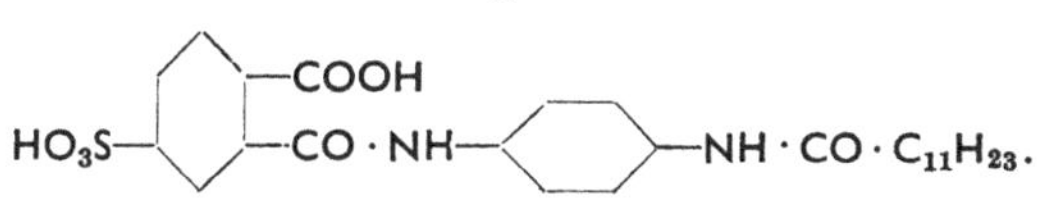

Das Produkt ist unter dem Namen Sapamin FL[3] im Handel.

3. Kondensation mit tertiären Stickstoffbasen.

Durch Kondensation von Fettalkoholen bzw. deren funktionellen Derivaten mit tertiären Stickstoffbasen wie Pyridin, Chinolin, Piperidin ist eine ganze Reihe von Körpern entwickelt worden, die als hochbeständige oberflächenaktive Körper Bedeutung in der Chemiefaserindustrie erlangt haben. Sulfoniert man einen Fettalkohol mit Chlorsulfonsäure und behandelt man das Reaktionsgemisch z. B. mit Pyridin bei Temperaturen von etwa 150° C, so erhält man das entsprechende Alkylpyridiniumsulfat von der Formel

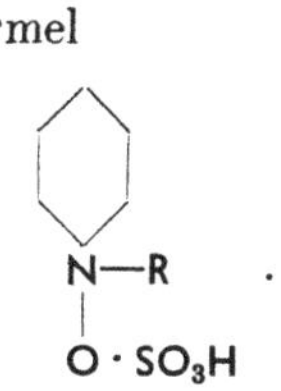

Ausgehend vom Laurylalkohol erhält man so das Laurylpyridiniumsulfat

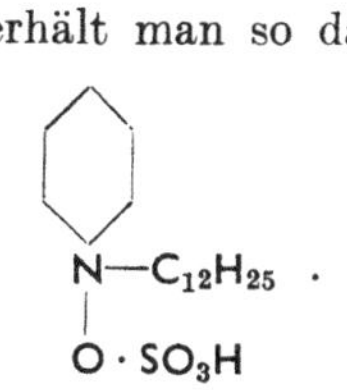

[1] American Cyanamid Co. — [2] General Dyestuffs Corp. — [3] Ciba.

Das Produkt, das in der Chemiefaserindustrie meist als LPS bezeichnet wird, ist als Repellat[1] im Handel. Es dient als Zusatzmittel zum Spinnbad.

Neuerdings wird an Stelle des Sulfates vielfach das Bromid oder Chlorid verwendet, die man durch Kondensation der entsprechenden Fettsäurehalogenide mit Pyridin erhalten kann.

Diese Produkte zählen zu den kationaktiven Körpern.

e) Alkylierte Phenole kondensiert mit Äthylenoxyd.

Es sind auch Kondensationen von alkylierten Phenolen und Naphtholen mit Äthylenoxyd vorgenommen worden. Die Reaktion verläuft nach der allgemeinen Gleichung:

$$Ar-R-OH + n\,\underset{\diagdown O \diagup}{CH_2-CH_2} \longrightarrow Ar-R-(O\cdot CH_2-CH_2)_n\cdot OH.$$

Zahlreiche Körper sind hergestellt worden, die sich hinsichtlich der Länge und Verzweigtheit der $O\cdot CH_2$-Kette unterscheiden. Bei Anwendung von mindestens 10 Mol Äthylenoxyd erhält man ausreichend lösliche Produkte. Nicht ausreichend lösliche Körper kann man durch Sulfonieren löslich machen, wodurch sie allerdings ionen-aktiv werden.

Als Beispiele für nicht sulfonierte Phenolabkömmlinge, denen also die allgemeine Formel

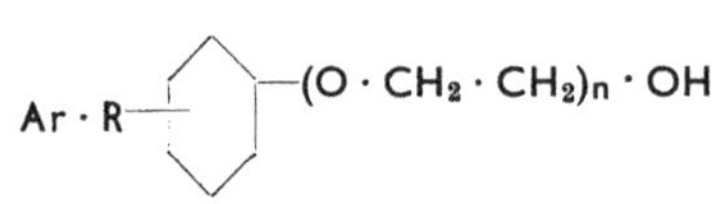

zugrunde liegt, sollen folgende genannt werden:

Igepal W[2], ein Iso-octyl-phenol mit 6 Molen Äthylenoxyd;
Igepal C, ein Iso-octyl-phenol mit 8 Molen Äthylenoxyd;
Emulphor A extra[2], ein Dodecyl-phenol mit 6 Molen Äthylenoxyd;
Emulphor STS, ein Dodecyl-phenol mit 8 Molen Äthylenoxyd;
Emulphor ELN, ein Dodecyl-phenol mit 20 Molen Äthylenoxyd;
Dismulgan III, ein Dodecyl-phenol mit 30 Molen Äthylenoxyd.

Unter dem Namen Triton[3] wurden Produkte folgender Konfiguration hergestellt:

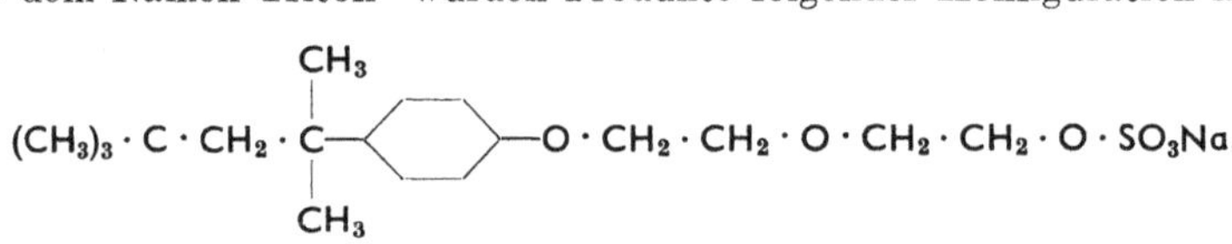

Hierbei handelt es sich also um ein durch Sulfonieren löslich gemachtes Produkt.

Ein sulfoniertes Produkt stellt auch das Igepal B dar.

Auf der Grundlage von β-Naphthol wird in dieser Art das Leonil FFON[2] hergestellt, dem folgende Formel zukommt:

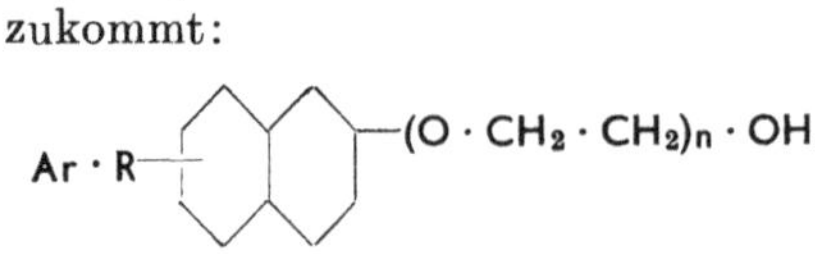

Die in dieser Gruppe genannten Produkte sind ausgesprochene Waschmittel von höchster Beständigkeit; die Emulphore stellen darüber hinaus sehr gute Emulgatoren dar.

[1] Böhme Fettchemie G.m.b.H. — [2] I. G. Farbenindustrie A.G. — [3] Röhm & Haas.

f) Mineralölhaltige Kompositionen.

Besondere Bedeutung für die Reyon-Avivage und -Präparation haben mineralölhaltige Produkte erlangt. Sie geben im allgemeinen dem Reyon zwar einen etwas stumpfen Griff, verleihen ihm jedoch eine hohe Geschmeidigkeit, die die Verarbeitung sehr erleichtert. Der etwas stumpfe Griff ist besonders günstig für den Aufbau konischer Kreuzspulen, die ihre Form behalten, einwandfrei abspulbar sind und auch bei plötzlichen Stillständen des Schergatters nicht abschlagen.

Grundlage mineralölhaltiger Präparationsmittel sind möglichst helle, am besten farblose Mineralöle (Weißöle) mittlerer Viskosität. Bei der Auswahl ist zu beachten, daß sie mit Wasserdampf so wenig wie möglich flüchtig sind, da sonst beim Trocknen der Fasern erhebliche Verluste entstehen können. Daneben enthalten die mineralölhaltigen Präparationsmittel Emulgatoren, die nicht nur die Emulgierbarkeit der Mineralöle für die Herstellung der Avivagebäder sicherstellen, sondern auch eine einwandfreie Auswaschbarkeit des auf der Faser eingetrockneten Produktes gewährleisten. Schließlich enthalten die Produkte eine mehr oder weniger große Menge weichmachender Körper, sofern dem Emulgator selbst nicht ausreichend weichmachende Eigenschaften zukommen, und kleine Beträge an Lösungsvermittlern, um blanke, beständige Produkte zu erhalten.

Die in Deutschland fast ausschließlich verwendeten Produkte sind die Monopol-Präparationen[1] und die Servitale[2].

Die Monopol-Präparationen haben je nach der Marke einen Mineralölgehalt von 50···80%. Daneben enthalten sie als Emulgatoren meist sulfonierte Fettkörper, denen gleichzeitig weichmachende und glättende Eigenschaften zukommen. Außerdem sind in den Produkten meist Lösungsvermittler enthalten, um blanke Produkte zu erhalten.

Glätte und Fülle des avivierten Reyon nehmen in dem Maße zu, in dem der Gehalt an sulfonierten Fettkörpern zu Lasten des Mineralöles gesteigert wird.

Servital enthält neben Mineralöl ein Kondensationprodukt eines Sulfochlorides aus der Mersolreihe mit einer Aminokarbonsäure als Emulgator, wie wir es bei der Beschreibung der Körper vom Emulphor STH-Typ kennengelernt haben.

Einige Reyonwerke stellen sich unter Verwendung sulfonierten Rizinusöles (z. B. Sulforizinat VG[1] oder Grundöl ST[1]) unter Zusatz von etwas Olein und Lösungsvermittlern das Präparationsmittel selbst her; auch ist die Anwendung von Emulphor STH als Emulgator für die Selbstherstellung eines mineralölhaltigen Präparationsmittels gebräuchlich.

Als zur Klasse der mineralölhaltigen Präparationsmittel gehörig müssen dann hier noch die Spulöle genannt werden, die als blanke Öle, also unverdünnt, auf das Reyon aufgebracht werden. Sie können die gleiche Grundlage besitzen wie die oben beschriebenen mineralölhaltigen Präparationsmittel, vorausgesetzt, daß dabei Präparate von ausreichend niedriger Viskosität erzielt werden. Gebräuchlicher sind jedoch Mischprodukte aus Mineralöl, Olein oder Neutralöl und Emulgatoren vom Emulphortyp oder vom Typ der alkylierten Benzolsulfosäuren oder der Sulfonaphthensäuren. Einfache Produkte werden durch Mischen von Mineralöl mit Olein erhalten, jedoch machen derartige Produkte die Anwendung von Alkalien als Waschmittel vor dem Färben erforderlich.

[1] Stockhausen & Cie. — [2] I. G. Farbenindustrie A.G.

Zu hohe Viskosität der Mineralöle kann durch Zumischen niedermolekularer Krackprodukte aus paraffinischen Erdölen sowie von niedermolekularen Fraktionen synthetischer Kohlenwasserstoffe erniedrigt werden.

III. Das Avivieren von Reyon und Zellwolle.

a) Das Avivieren des Reyon.

Bei der Avivage des Reyon haben wir, wie schon angedeutet war, für Weberei und für Wirkerei bestimmtes Reyon zu unterscheiden. Ferner hat sich, wie gleichfalls schon gesagt war, die Auswahl des Avivagemittels nach der Aufmachungsform zu richten.

Strangware. Die Strangaufmachung ist in bezug auf die Avivage verhältnismäßig anspruchslos.

An die Strangavivage werden folgende Ansprüche gestellt: Ausreichende Weichheit, hohe Glätte, um das Abwinden zu erleichtern, gute Benetzbarkeit für die Schlichteflotte, hohe Verträglichkeit mit den Schlichten, vor allen Dingen mit Leinölschlichte, und leichte Auswaschbarkeit.

Als Avivagemittel können Verwendung finden: Seife, Softenings auf Oleinbasis, gegebenenfalls gemischt mit Talg- oder Stearinsoftening, sulfonierte Öle, z. B. in Form des Monopolavivageöls SO 100%, sulfonierte Talge, z. B. als Tallosan, Fettalkoholsulfate, z. B. als Gardinol, Brillantavirol L 142 oder L 168 sowie der Stokotale E und L.

In Verwendung sind auch mineralölhaltige Kombinationen, doch sind diese für Strangware weniger geeignet, da sie die Ware verhältnismäßig stumpf machen und das Abwinden nicht erleichtern.

Da man die Avivage stets an die Wäsche anschließt, so kommen für den Vorgang des Avivierens die bei der Beschreibung der Strangwäsche genannten Maschinen in Frage. Man verwendet dabei die Maschine von *Gerber* oder von *Mezzera*, oder man bringt die Avivage durch Berieseln auf die Ware.

Bei der Anwendung von Seife, wobei man nicht nachgilbende Qualitäten auswählt, kommen Konzentrationen von 3···5 g im Liter in Frage. Softenings, die in bezug auf Griff die Seifenavivage übertreffen, werden zweckmäßig in einer Konzentration von 2···3 g im Liter angewandt.

Den bisher genannten Produkten in der Avivagewirkung überlegen ist Monopolavivageöl SO 100% sowie Tallosan. Ersteres wird mit 2 g, letzteres mit 4···5 g im Liter angewandt. Besonders gut haben sich Mischungen dieser beiden Produkte bewährt, wobei man etwa $^2/_3$ Monopolavivageöl SO 100% und $^1/_3$ Tallosan nimmt. Man erzielt hierdurch eine bessere Fülle.

Die Brillantavirole und Stokotale geben dem Reyon eine besonders hohe Weichheit und Glätte, lassen den Faden aber etwas leer, so daß Mitverwendung von Tallosan anzuraten ist.

Konische Kreuzspulen. Bei der Auswahl von Avivagemitteln für Reyon, das zu Kreuzspulen gespult wird, ist zunächst zu beachten, daß dieses der Avivagebehandlung in Form von Gespinsten auf der Spinnspule oder in Form des Spinnkuchens bzw. Zwirnwickels unterliegt. Dies setzt eine gleichmäßig feine Dispersion des Avivagemittels in der Lösung bzw. Emulsion voraus, damit keine gröberen Teilchen beim Durchgang durch die Gespinste abfiltriert werden und man eine gleichmäßige

Verteilung des Avivagemittels in allen Teilen des Gespinstes erhält. Während es bei der Strangbehandlung darauf ankam, das Reyonmaterial möglichst glatt zu machen, ist es bei der Avivage von Reyon, das gespult werden soll, erforderlich, den Faden verhältnismäßig stumpf zu machen, damit die Spulen einen festen Halt bekommen. Bei senkrecht nach unten gehaltenen Kreuzspulen muß der Faden von selbst durch sein eigenes Gewicht ablaufen, es dürfen aber keine Ringe von der Kreuzspule herunterfallen. Ist dies der Fall, so sind die Kreuzspulen auf Hochleistungsschergattern nicht verwendbar, da dann auch bei plötzlichen Stillständen des Gatters Fadenringe abschlagen würden. Die Avivage darf den Faden aber auch wieder nicht zu stumpf machen, da es dann zu Ablaufhemmungen kommen würde. Durch vollkommen gleichmäßige Verteilung des Avivagemittels im Gespinst muß erreicht werden, daß die Kreuzspulen auch bei Feuchtigkeitsschwankungen in der Luft der Arbeitssäle ihre Form behalten und sich keine Wülste an den Stirnflächen bilden.

Diesen Forderungen werden am ehesten die mineralölhaltigen Produkte gerecht. Es kommt bei diesen noch hinzu, daß sie auch den Zwirnprozeß sowie den Spulprozeß recht günstig beeinflussen. Es muß allerdings gesagt werden, daß man im allgemeinen für ein für Webereizwecke bestimmtes Reyon nicht gerne Mineralöle verwendet, da man ein nicht ausreichend schnelles Netzen der Reyonfäden auf der Kettschlichtmaschine befürchtet; die Erfahrung hat jedoch gelehrt, daß die modernen, mineralölhaltigen Mittel, deren Mineralölanteil 40···60% nicht übersteigt, in dieser Beziehung keinerlei Schwierigkeiten machen.

Hauptsächlich werden für diesen Zweck die Monopol-Präparationen angewandt, und zwar in Mengen von 3···5 g im Liter, daneben sind auch Servital und servitalähnliche Mittel in Gebrauch.

Soll eine vollkommen mineralölfreie Avivage verwendet werden, so hat sich eine Mischung von 2 Teilen Monopolavivageöl SO 100% und 1 Teil Monopolbrillantöl als geeignet erwiesen, wobei man die Mischung mit 3···5 g im Liter anwendet. Monopolavivageöl SO 100% macht den Faden, allein angewandt, zu glatt.

In manchen Fällen wird von den Wirkereien ein Ölauftrag von 3···4% verlangt. Derartig große Mengen eines Präparationsmittels sind aber durch Behandlung des Reyon mit der Emulsion eines Produktes schwer auf die Faser zu bringen. Man muß daher in diesem Falle das Reyon mit einem blanken, unverdünnten Öl zusammenbringen.

Für diesen Zweck werden die sog. Spulöle verwendet. Man darf aber nicht ein normales Weißöl nehmen, sondern muß emulgierbare Spulöle heranziehen. Tut man dies nicht, so sind in der Färberei Schwierigkeiten zu erwarten. Wenn ein Spulöl auch nicht so fein disperse Emulsionen zu ergeben braucht wie ein Avivagemittel, so muß es doch soweit emulgierbar sein, daß es ohne Sonderbehandlung durch einfache Mittel in der Färberei auswaschbar ist.

Man kann die Spulöle auf zweierlei Weise auf die Gespinste aufbringen: Der einfachste Weg ist der, daß man nach der Trocknung ein bestimmtes Quantum des Spulöles durch Aufgießen oder durch Auftragen mit einem weichen Pinsel auf die Stirnflächen der Spulengespinste, Spinnkuchen oder Zwirnwickel aufbringt, oder daß man die Spulen, Kuchen oder Zwirnwickel einige Zeit auf einen ölgetränkten Filz stellt. Hierfür können sowohl vollkommen unavivierte Gespinste herangezogen werden als auch solche, die schon mit einem mineralölhaltigen Avivagemittel behandelt waren. Durch die niedrige Oberflächenspannung guter Spulöle verteilt sich das aufgebrachte Öl während der Konditionierung und während des Spulens ausreichend gleichmäßig auf den Fäden. Zur Vergleichmäßigung trägt noch der Umstand bei, daß von den Fadenführern der Spulmaschinen Öl vom Faden abgestreift wird, wenn eine Fadenstelle mit zu hohem Ölauftrag kommt, und daß bei schwach geölten Fadenstellen wieder Öl vom Fadenführer an den Faden abgegeben wird.

Brauchbare Spulöle sind die Spulöle W 6206 und W 6289[1], von denen das letztere eine niedrigere Viskosität besitzt. Im Ausland sind als Spulöle die Artole sowie die Nopko-Produkte bekannt.

Für eine genaue Dosierung der aufzubringenden Spulöle kann man sich geeignete Vorrichtungen bauen, die aus kippbaren Näpfchen bestehen, die von einem Vorratsgefäß aus durch Röhren gespeist werden, wobei das überfließende Öl auf Blechen aufgefangen und in das Vorratsgefäß zurückgebracht werden kann. Durch Betätigung eines Hebels können die Näpfchen gekippt werden, wodurch das Öl auf eine Gruppe untergeschobener Gespinste fließt.

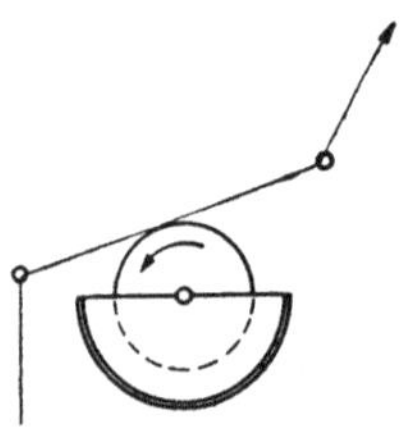

Abb. 395. Ölauftragsvorrichtung.

Ein anderer Weg des Auftragens von Spulöl besteht in der Ölung das laufenden Fadens an der Spulmaschine. Hierfür werden besondere Ölauftragsvorrichtungen verwendet, bei denen man drei Systeme unterscheidet.

Bei dem sog. „Schemag-Öler" wird von dem laufenden Faden ein Röllchen mitgenommen, das hierdurch eine Spindel in Bewegung setzt. Die Spindel führt dem laufenden Faden durch die spiraligen Rillen eine stets gleichbleibende Menge Öl zu, das einem kleinen Vorratsgefäß entnommen wird. Die aufgetragene Ölmenge ist dadurch unabhängig von der Fadengeschwindigkeit, wodurch eine gleichbleibende Präparation auch bei verschiedenen Abzugsgeschwindigkeiten gewährleistet ist.

Bei einer anderen Konstruktion wird das Öl dem Faden durch einen Docht zugeführt, auf den der laufende Faden durch eine Stahlkugel gedrückt wird. Die Stahlkugel wirkt gleichzeitig als Fadenbremse. Diese Einrichtung kann jedoch nur dort benutzt werden, wo der Faden mit konstanter Geschwindigkeit läuft.

Die dritte und meist verwendete Ölauftragsvorrichtung besteht in einer kleinen Walze, die in einem Ölbehälter rotiert. Der Faden wird, wie Abb. 395 zeigt, durch zwei Fadenführer über die Walze geführt. Die Drehungsrichtung der Walze ist der Laufrichtung des Fadens entgegengesetzt. Die Walze überzieht sich in der Wanne mit einem Ölfilm, von dem der Faden einen Teil abstreift. Falls die Spulmaschine nicht mit konstanter Geschwindigkeit abzieht, so kuppelt man einen Fadenführer mit dem Maschinenantrieb so, daß bei höherer Fadengeschwindigkeit der Faden eine größere Strecke die Oberfläche der Walze berührt[2].

Auf eine der beschriebenen Methoden geöltes Reyon reicht für die Verarbeitung auf Kettstühlen und ähnlichen Maschinen aus, nicht jedoch für die Verarbeitung auf Cottonmaschinen. Reyon, das auf Cottonmaschinen verarbeitet werden soll, muß daher im Betriebe des Strumpffabrikanten noch einer besonderen Behandlung unterworfen werden, um ihm die Geschmeidigkeit zu verleihen, die für die Erzielung einer feinen und gleichmäßigen Maschenbildung erforderlich ist. Diese Behandlung

[1] Stockhausen & Cie. — [2] Näheres über Ölauftragsvorrichtungen siehe Dtsche. Textilwirtschaft **1942**, Heft 4, S. 15—16.

besteht allgemein in einem nochmaligen Durchspulen des Reyon. Der Strumpfwirker bringt das Reyon entweder in Form des Stranges oder, wie dies heute meist üblich ist, in Form einer konischen Kreuzspule auf sog. Flaschenspulen, die der Cottonmaschine vorgelegt werden. Bei diesem Umspulprozeß wird dann der Faden mit Hilfe der eben beschriebenen kleinen Walze zusätzlich präpariert. In der Strumpffabrik spult man jedoch nicht durch blanke Öle, sondern stets durch wässerige Emulsionen. Es hat sich nämlich gezeigt, daß die Geschmeidigkeit des Reyon und somit die Gleichmäßigkeit der Masche in hohem Grade ansteigt, wenn das Reyon einen großen Wassergehalt hat. Man stellt daher die fertigen Spulen auch vor der Verarbeitung in sog. Feuchtkästen oder Feuchtschränke und verarbeitet sie auch unmittelbar aus sog. Feuchtgläsern heraus. Feuchtkästen, Feuchtschränke und Feuchtgläser sind unten mit Wasser gefüllt, so daß sich in ihnen stets eine mit Wasserdampf gesättigte Luft befindet.

Das nasse Durchspulen und Feuchtstellen des Reyon schließt eine Reihe von Gefahrenquellen ein. Man muß bedenken, daß die Dehnbarkeit des Reyon mit steigendem Wassergehalt wächst. Infolgedessen kann ein feuchtes Reyon mit einem viel geringeren Kraftaufwand gedehnt werden als ein lufttrockenes Reyon. Irgendwelche Hemmungen des ablaufenden Fadens an der Spulmaschine führen so zu einer überdehnten Fadenstelle, die im fertigen Strumpf zu Maschenringeln Anlaß gibt. Ferner kann es vorkommen, daß das in der Reyonfabrik verwendete Avivage- bzw. Präparationsmittel mit dem vom Strumpfwirker angewandten in irgendeiner Weise reagiert, wodurch schwer lösliche Verbindungen entstehen können, die im fertigen Strumpf Farbringel ergeben.

Um diese Fehler auszuschließen, ist von der *Hollandschen Kunstzijde Industrie*, Breda, sowie der *Vereinigte Glanzstoff-Fabriken A.G.* ein Verfahren entwickelt worden, das ein zusätzliches Durchspulen des Reyon im Betriebe des Verarbeiters überflüssig macht. Dieses Verfahren besteht darin, daß das Reyon schon in der Reyonfabrik ausreichend präpariert und angefeuchtet wird und mit einem hohen, gleichmäßigen Feuchtigkeitsgehalt in die Hände des Verarbeiters gelangt. Die auf diese Weise hergestellten konischen Kreuzspulen nennt man Feuchtcones oder F-Cones.

Ihre Herstellung geschieht im einzelnen wie folgt: Die Zentrifugen- oder Spulengespinste werden auf eine der üblichen Weisen präpariert. Dann läßt man sie mindestens 48 Stunden in einem Raum abstehen, dessen relative Luftfeuchtigkeit 90% beträgt. Diesen Feuchtigkeitsgehalt kann man entweder durch ausreichende Heizung bei gleichzeitigem Zerstäuben von Wasser einstellen oder durch Einbau einer Klimaanlage. Zum Zerstäuben des Wassers haben sich zwei Düsentypen besonders bewährt, die mit Preßluft betätigt werden. Sie werden hergestellt von den Firmen *Nubilosa* in Meißen und *Schlick* in Dresden. Das auf diese Weise befeuchtete Reyon wird in Räumen, die gleichfalls auf einen Feuchtigkeitsgehalt von 90% relativ eingestellt sind, auf konische Kreuzspulen von 600 g Gewicht gespult. Die in diesem Raum befindlichen Spulmaschinen bedürfen besonderer Pflege, um sie vor Korrosion zu schützen. Die fertigen Spulen müssen nun feuchtigkeitsdicht verpackt werden. Als Packmaterial haben sich nur mit Papier kaschierte Aluminiumfolien bewährt. Jedes imprägnierte Papier läßt nämlich Luft und Wasserdampf noch durchtreten und führt somit äußerlich ein Austrocknen der Spulen herbei. Die F-Cones werden beim Kunden unmittelbar vor der Verarbeitung ausgepackt und aus Feuchtgläsern heraus verarbeitet. Sie weisen einen Feuchtigkeitsgehalt von etwa 20% auf.

Die F-Cones erfreuen sich bei den Strumpffabrikanten großer Beliebtheit, da einerseits der Umspulprozeß fortfällt und andererseits die Ausbeute an Fertigware I. Wahl außerordentlich gesteigert wird.

b) Die Avivage der Zellwolle.

Die Zellwolle stellt im frisch hergestellten Zustand ein ziemlich hartes, wenig offenes Fasermaterial dar, das in dieser Form nicht auf den Spinnmaschinen verarbeitet werden kann. Sie wird daher in den Zellwollwerken aviviert und meist nach dem Trocknen noch einem mechanischen Öffnungsvorgang unterworfen, bevor sie das Werk verläßt und den Spinnern angeliefert wird.

Das Verspinnen der Zellwolle im Kammgarn- und Streichgarnspinnverfahren macht im allgemeinen keine Schwierigkeiten. Es hat dies seinen Grund darin, daß die Faser in diesen Verarbeitungszweigen stets mit erprobten Spinnschmälzen behandelt bzw. mit geschmälzten anderen Textilfasern gemischt wird, wodurch ihr die für die Verarbeitung notwendigen Eigenschaften verliehen werden. Anders liegen die Verhältnisse beim Baumwoll-Dreizylinderspinnverfahren. Hier wird die Zellwolle im allgemeinen ohne besondere Vorbehandlung auf die Maschinen genommen. Hierbei können nun Mängel der Zellwolle in der mannigfachsten Form in die Erscheinung treten. Im folgenden seien einige Beispiele genannt:

a) Die Faserflocke kann nicht weitgehend genug geöffnet sein. Hierdurch entsteht nach der Krempel bzw. Karde ein wolkiges Vlies, die Parallelrichtung der Fasern wird erschwert. Außerdem können Einzelfädchen zerrissen werden, wodurch man Anteile von kurzem Stapel erhält, was Abfall verursacht.

b) Die Faserflocke kann zu weich und lappig sein. Hierdurch wird die sogenannte Nissenbildung gefördert, man erhält ferner einen wenig voluminösen, mageren Faden.

c) Die Faserflocke kann zu hart sein. Dies äußert sich leicht im fertigen Faden durch Abstehen von Einzelfädchen, man spricht dann von einem schnittigen Garn.

Neben diesen Mängeln äußerer Art kann aber die Zellwolle noch in einer anderen Weise den Ansprüchen des Spinners nicht genügen, nämlich in der Größe ihrer Haftfähigkeit. Hierunter soll im Rahmen dieser Betrachtung die Haftfähigkeit der einzelnen Fasern der Flocke gegeneinander verstanden werden. Der Größe der Haftfähigkeit kommt eine besondere Bedeutung zu: Zunächst beeinflußt die Haftfähigkeit maßgeblich das ganze Verhalten der Faserflocke in der Spinnerei: Bei zu geringer Haftfähigkeit findet keine ordnungsgemäße Vliesbildung statt und es entstehen Kardenbänder von ungenügendem Halt. Darüber hinaus spielt die Haftfähigkeit aber auch für die Eigenschaften der fertigen Garne eine Rolle, und zwar insofern, als beim Verspinnen einer Faserflocke von nicht ausreichender Haftfähigkeit Garne von unzureichender Reißfestigkeit erhalten werden. Übersteigt auf der anderen Seite die Haftfähigkeit ein bestimmtes Maß, so kann es vorkommen, daß die Gewichte der Druckzylinder in den Streckwerken nicht mehr ausreichen, um einen gleichmäßigen Verzug sicherzustellen. Hieraus geht hervor, daß die Erzeugung einer Zellwolle von einer ganz bestimmten Haftfähigkeit von größter Bedeutung ist, wobei noch bemerkt werden soll, daß im allgemeinen der Haftfähigkeitswert zu niedrig liegt und somit die Erzeugung einer Zellwolle von recht hoher Haftfähigkeit angestrebt werden muß.

Es ist nun sehr bemerkenswert, daß die für das spinntechnische Verhalten der Zellwolle wichtigen Eigenschaften in ausschlaggebender Weise von der Art der im Zellwollwerk aufgebrachten Avivage beeinflußt werden. Der Avivage kommt daher bei der Zellwolle eine weit höhere Bedeutung zu als beispielsweise beim Reyon.

Beim Studium des Einflusses von Avivagemitteln auf die Öffnung der Zellwollflocke fanden GÖTZE und HILGERS[1], daß nicht nur, wie zu erwarten war, der Griff der Zellwollflocke je nach dem angewandten Avivagemittel ein anderer war, sondern daß die Fasern auch je nach dem angewandten Avivagemittel einen ganz verschiedenen Öffnungsgrad annahmen. So wurden bei gleichen Zellwollmengen, die zur Behandlung kamen, Bäusche von ganz verschiedenem Volumen erhalten. Auch die sogenannte Bauschelastizität erwies sich als in starkem Maße vom Avivagemittel abhängig.

Bei der vergleichenden Prüfung verschiedener Zellwollmarken wurde ferner festgestellt, daß die nach den einzelnen Spinnverfahren hergestellten Zellwollen sich bei Anwendung des gleichen Avivagemittels verschieden leicht öffnen. So öffnen sich normale Viskosefasern verhältnismäßig leicht, während sich nach dem Trichterspinnverfahren erhaltene Fasern wesentlich schwerer durch ein Avivagemittel öffnen lassen.

Die Untersuchungen von GÖTZE und HILGERS haben gezeigt, daß der öffnende Effekt mit der chemischen Konstitution des Avivagemittels in Zusammenhang steht, und zwar zeigte sich, daß alle gut öffnenden Produkte die löslich machende Gruppe am Ende einer langen Kette tragen und ausgesprochenen Dipolcharakter besitzen. Demgegenüber weisen Produkte, die die Fasern schlecht öffnen, mehrere aktive Gruppen, nämlich eine am Ende der Kette und andere an der Seite der Kette, hervorgegangen aus einer Doppelbindung oder einer Oxygruppe, auf. Diese Beobachtung deutet darauf hin, daß die Öffnung der Flocke dadurch hervorgerufen wird, daß die gut öffnenden Avivagemittel auf der Faser in gerichteter Form adsorbiert werden, wobei sich das Kettenmolekül infolge des Dipolcharakters annähernd senkrecht auf die Faseroberfläche stellt. Bei Anwendung einer genügend großen Konzentration werden so auf der Faser durch das Avivagemittel Schichten erzeugt, die

Tabelle 114. *Haftfähigkeit handelsüblicher Zellwollen.*
(Nach GÖTZE und HILGERS.)

Zellwolle	Haftfähigkeit in g	Zellwolle	Haftfähigkeit in g
1	378	12	289
2	318	13	259
3	332	14	335
4	430	15	368
5	270	16	257
6	421	17	185
7	279	18	212
8	233	19	298
9	182	20	346
10	320	21	392
11	292	22	479

sich infolge ihrer nach außen ragenden gleichnamigen Ladungen voneinander abstoßen. Diese Erscheinung ist von den Seifen bekannt, woraus sich die Beobachtung zwanglos erklären läßt, daß mit Seifen oder Softenings avivierte Zellwollen einen verhältnismäßig guten, offenen Effekt zeigen.

---

[1] GÖTZE u. HILGERS: Zellw., Kunsts., Seide **46**, 2 (1941).

Was die Haftfähigkeit anbetrifft, so läßt sich ihre Größe zahlenmäßig ermitteln durch Bestimmung der Reißfestigkeit des Kardenbandes oder nach GÖTZE und HILGERS durch Bestimmung der Reißfestigkeit eines Faservlieses.

In Tab. 114 wird gezeigt, in welcher Größenordnung die Haftfähigkeit bei den Zellwollen des Handels schwanken kann.

Aus Tab. 114 geht hervor, daß die Zellwollen des Handels sich hinsichtlich der Haftfähigkeit ganz außerordentlich verschieden verhalten.

Die Haftfähigkeit hängt nun ab von Eigenschaften der Faser selbst sowie von der Art der aufgebrachten Avivage. Was die Fasereigenschaften anbetrifft, so sind von Bedeutung der Titer der Einzelfaser, die Stapellänge und der Kräuselungsgrad.

Tabelle 115. *Einfluß des Titers auf die Haftfähigkeit.* (Nach GÖTZE und HILGERS.)

Zellwolle	Titer	Haftfähigkeit in g
A	2,75	257
	1,5	334
	1,0	368
B	1,5	331
	1,2	429

Tabelle 116. *Einfluß der Stapellänge auf die Haftfähigkeit.* (Nach GÖTZE und HILGERS.)

Zellwolle	Stapellänge mm	Haftfähigkeit in g
C	30	212
	40	298
D	30	227
	40	286

In Tab. 115 wird bei zwei Zellwollen gezeigt, wie der Zusammenhang zwischen Titer und Haftfähigkeit ist.

Tab. 115 besagt, daß die Haftfähigkeit mit abnehmendem Titer zunimmt. Dies ist verständlich, da bei einer Zellwolle mit feinerem Titer eine größere Menge Fasern auf die Querschnittsfläche des Vlieses bzw. Kardenbandes entfällt und somit entsprechend mehr Reibungsflächen vorhanden sind.

Tabelle 117. *Einfluß des Kräuselungsgrades auf die Haftfähigkeit.* (Nach GÖTZE und HILGERS.)

Zellwolle		Haftfähigkeit in g
E	zunehmender Kräuselungsgrad	278
F		420
G		486

In Tab. 116 sind Stapellänge und Haftfähigkeit gegenübergestellt.

Tab. 116 lehrt, daß die Haftfähigkeit mit zunehmender Stapellänge ansteigt. Auch dies ist ohne weiteres verständlich.

In Tab. 117 sind nunmehr Kräuselungsgrad und Haftfähigkeit gegenübergestellt.

Aus der Tab. 117 geht hervor, daß die Haftfähigkeit mit zunehmendem Kräuselungsgrad ansteigt.

Zu diesem Gegenstand ist jedoch eine Erläuterung erforderlich: Es hat sich in der Praxis gezeigt, daß die durch eine starke Kräuselung hervorgerufene hohe Haftfähigkeit einer Flocke nicht immer auch erhöhte Festigkeitswerte der gesponnenen Garne ergibt. Wir kommen hierauf später noch einmal zurück. Der Zusammenhang ist vielmehr so, daß es bei den Garnfestigkeiten nicht nur auf den Grad der Kräuselung ankommt, sondern auch auf die Feinheit und Beständigkeit der Kräuselung. Eine grobbogige Kräuselung wirkt sich nach praktischen Erprobungen dahin aus, daß lediglich die Haftfähigkeitswerte des Vlieses oder Kardenbandes verhältnismäßig hoch liegen, während die Garnwerte den hohen Kräuselungsgrad nicht mehr erkennen lassen. Auf der anderen Seite hat sich gezeigt, daß Fasern mit einer sehr feinbogigen, beständigen Kräuselung nicht nur hohe Haftfähigkeitswerte für das Vlies und das Kardenband ergeben, sondern auch zu Garnen von hoher Reißfestigkeit führen.

Der starke Einfluß, den die Fasereigenschaften auf die Haftfähigkeit haben, macht es verständlich, daß für jeden Zellwolltyp eine besondere Avivage ausgearbeitet bzw. ausgewählt werden muß. Wie stark ein Avivagemittel in der Lage ist, bei der gleichen Zellwolle die Haftfähigkeit zu beeinflussen, soll Tab. 118 zeigen.

Die Tabelle läßt auf den ersten Blick erkennen, daß ein außerordentlich großer Einfluß des angewandten Avivagemittels auf die Haftfähigkeit besteht. Sie lehrt darüber hinaus, daß es demnach durch die Auswahl der Avivage möglich ist, der Zellwolle eine ganz bestimmte gewünschte Haftfähigkeit zu erteilen. Man darf hieraus nun aber nicht den Schluß ziehen, daß ein bestimmtes Avivagemittel auf allen Zellwollen den gleichen Haftfähigkeitswert ergeben würde. Wie nämlich oben schon gezeigt, hängt die Haftfähigkeit auch von den Eigenschaften der Faser selbst ab und zwar neben den schon genannten besonders auch von ihrer Oberflächenbeschaffenheit. Dies geht sinnfällig z. B. daraus hervor, daß eine pigmentmattierte Faser infolge der an die Oberfläche angelagerten scharfkantigen Pigmentteilchen eine höhere Haftfähigkeit aufweist, als eine normal glänzende Faser.

Tabelle 118. *Einfluß des Avivagemittels auf die Haftfähigkeit.* (Nach GÖTZE und HILGERS.)

Avivagemittel	Haftfähigkeit in g	Avivagemittel	Haftfähigkeit in g
1	119	19	234
2	141	20	234
3	145	21	237
4	148	22	238
5	152	23	246
6	164	24	246
7	169	25	247
8	177	26	248
9	195	27	254
10	202	28	259
11	203	29	263
12	209	30	269
13	219	31	270
14	224	32	276
15	224	33	292
16	229	34	296
17	229	35	325
18	234		

Es wäre nun durch Auswertung von Haftfähigkeitswerten verhältnismäßig leicht, die für jeden Zellwolltyp brauchbarste Avivage zu finden. Diese Arbeit wird aber in der Praxis dadurch außerordentlich erschwert, daß an eine brauchbare Faserflocke auch noch andere Anforderungen gestellt werden: So wird nämlich verlangt, daß die Flocke auch eine gewisse Lebendigkeit besitzt, mit anderen Worten, daß sie einen elastischen Bausch ergibt.

GÖTZE und HILGERS bestimmten den Öffnungsgrad, der in gewissem Sinne mit der Bauschelastizität parallel geht, dadurch, daß sie die Dicke eines Faservlieses, das aus einer bestimmten Menge Zellwolle erhalten wurde, maßen. Man kann sagen, daß die Elastizität mit der Vliesdicke parallel geht. Es wurden bei annähernd 50 verschiedenen Avivagemitteln die Vliesdicken und die dazugehörigen Haftfähigkeitswerte gemessen. Über die Ergebnisse berichtet Tab. 119.

Betrachtet man Tab. 119, so findet man, daß in großen Zügen die Haftfähigkeit mit zunehmender Vliesdicke abnimmt. Je weiter also eine Faserflocke geöffnet ist, um so geringer ist die Haftfähigkeit.

Aus diesen Befunden muß man den Schluß ziehen, daß man auf eine gute Faseröffnung zwangsläufig verzichten muß, wenn auf eine hohe Haftfähigkeit Wert gelegt wird. Dieser Zusammenhang läßt verständlicherweise auf den ersten Blick die Avivagefrage bei der Zellwolle als kaum einwandfrei lösbar erscheinen. Man hilft sich daher in der Praxis so, daß man solche Avivagemethoden auswählt, die annähernd den Forderungen nach gutem Öffnungsgrad und großer Faserhaftung entsprechen. Das Optimum in beiden Forderungen ist somit ohne weiteres nicht zu erreichen, man muß also ein Kompromiß schließen.

Tabelle 119. *Einfluß des Öffnungsgrades auf die Haftfähigkeit.* (Nach GÖTZE und HILGERS.)

Vliesdicke mm	Haftfähigkeit g	Vliesdicke mm	Haftfähigkeit g
15	456	26	309
16	358		315
	369		404
17	356	26,5	248
18	350	27	335
19	365		320
20	330	27,5	330
	314		278
	360		249
	366	28	295
	301		293
	297	29	247
22	331		298
	323		212
	304		299
22,5	334		369
23	312	30	192
	312		190
24	217		195
	302	31	191
25	251	32	341
	314	37,5	168
26	245	46	162

Wie weit dies möglich ist, zeigen die Ausfallwerte der Tabelle, die durch sorgfältig zusammengestellte Avivagemischungen erhalten wurden.

Von GÖTZE wurde dann weiter untersucht, welche Faktoren die Festigkeit von Zellwollgarnen beeinflussen.

Zunächst wurde geprüft, wie sich die Haftfähigkeit des Faservlieses auf die Festigkeit des Garnes auswirkt. Die Ergebnisse sind in Tab. 120 zusammengestellt:

Tabelle 120. *Zusammenhang zwischen Haftfähigkeit eines Faservlieses und der Garnfestigkeit.* (Nach GÖTZE.)

Zellwolle	Stapel mm	Titer den.	Haftfähigkeit des Vlieses g	Festigkeit des Garnes Rkm
A	30	1,54	396	7,8
B	30	1,51	175	10,0
C	30	1,51	220	7,9

Tab. 120 würde den Schluß zulassen, daß kein Zusammenhang zwischen der Haftfähigkeit der Faserflocke und der für das Garn ermittelten Festigkeit besteht. Besonders bei Zellwolle A, die eine sehr hohe Haftfähigkeit im Vlies aufweist, liegt die Garnfestigkeit nicht höher als bei Zellwolle C, die nur eine mittlere Haftfähigkeit aufweist. Besonders auffallend ist das Verhalten der Zellwolle B, bei der bei einer nur geringen Haftfähigkeit eine besonders gute Garnfestigkeit erhalten wurde.

Eingehende Untersuchungen zeigten jedoch, daß insofern ein Zusammenhang zwischen Haftfähigkeit und Garnfestigkeit besteht, als extrem niedrigen Haftfähigkeitswerten auch extrem niedrige Garnfestigkeiten entsprechen. Nimmt dann aber die Haftfähigkeit einen bestimmten Betrag an, so steigt die Garnfestigkeit auf Werte, die sich auch bei steigender Haftfähigkeit größenordnungsmäßig nicht mehr viel ändern lassen. Dies besagt also, daß Avivagemittel, die eine extrem niedrige Haftfähigkeit ergeben, also solche, die die Faser besonders glatt machen, nicht nur in bezug auf das spinntechnische Verhalten der Zellwolle, sondern auch in bezug auf die Festigkeit der zu erhaltenden Garne als unbrauchbar verworfen werden müssen. Andererseits lehren diese Ergebnisse, daß eine Zellwolle, die infolge einer ausreichenden Haftfähigkeit ein einwandfreies spinntechnisches Verhalten zeigt, durch Änderung der Avivage mit dem Ziele einer weiteren Erhöhung der Haftfähigkeit nicht auf eine höhere Garnfestigkeit gebracht werden kann.

Dies besagt also, daß die Avivage allein nicht in der Lage ist, die Garnfestigkeit entscheidend zu beeinflussen. Die Garnfestigkeit muß also auch mit Eigenschaften der Faser selbst in Zusammenhang stehen. Hier sind zu nennen die Faserfestigkeit sowie der Kräuselungsgrad, nachdem Untersuchungen von GÖTZE gezeigt hatten, daß der Querschnitt der Faser ohne Einfluß ist.

Bei der Gegenüberstellung der Fasereigenschaften und der Festigkeit des Garnes wurden von GÖTZE die in Tab. 121 wiedergegebenen Ergebnisse gefunden.

Tabelle. 121 *Einfluß der Faserfestigkeiten auf die Festigkeit der Garne.* (Nach GÖTZE.)

Zellwollprobe	Faser-festigkeit Rkm	Dehnbarkeit %	Kräuselungs-grad %	Haftfähigkeit des Vlieses	Festigkeit des Garnes Rkm
A	19,4	26	26,7	396	7,8
B	19,6	20	21,4	175	10,0
C	19,4	22	21,5	220	7,9
D	21,3	—	—	298	8,0
E	18,0	—	—	255	8,1

Aus der Tabelle geht hervor, daß auch die Faserfestigkeit allein nicht für die Garnfestigkeit verantwortlich gemacht werden kann. Insbesondere zeigt die Faser B bei praktisch gleicher Faserfestigkeit wie bei den Proben A und C eine wesentlich höhere Garnfestigkeit. Ferner zeigt Zellwolle D bei einer verhältnismäßig hohen Faserfestigkeit nur eine verhältnismäßig niedrige Garnfestigkeit.

Über den Zusammenhang zwischen Kräuselungsgrad und Garnfestigkeit kann folgendes ausgesagt werden: Bei Betrachtung der Proben A und B könnte man zu der Aussage verleitet werden, daß die Garnfestigkeit dem Kräuselungsgrad umgekehrt proportional sei. Zellwollprobe C zeigt hingegen deutlich, daß diese Aussage falsch wäre; denn bei gleichem Kräuselungsgrad wie Zellwolle B hat Zellwolle C eine wesentlich schlechtere Garnfestigkeit ergeben. Ein einfacher Zusammenhang zwischen Kräuselungsgrad und Garnfestigkeit scheint somit nicht zu bestehen. Immerhin ist der Befund auffallend, daß man bei einem hohen Kräuselungsgrad eine schlechte Garnfestigkeit erhalten kann. Es ist auch ohne weiteres schwer einzusehen, warum ein hoher Kräuselungsgrad auf der einen Seite eine hohe Haftfähigkeit im Vlies ergibt und auf der anderen Seite eine geringe Garnfestigkeit ergeben soll.

Zur Aufklärung dieser Zusammenhänge wurden drei Zellwollen unter sonst gleichen Bedingungen lediglich mit einem anderen Kräuselungsgrad gesponnen, worauf anschließend die Garnfestigkeit ermittelt wurde. Über die Ergebnisse berichtet Tab. 122.

Tabelle 122. *Einfluß der Fasereigenschaften auf die Festigkeit des Garnes.* (Nach GÖTZE.)

Zellwolle	Titer den.	Faser-festigkeit Rkm	Dehnung %	Kräuselungs-grad %	Haftfähigkeit des Vlieses g	Festigkeit des Garnes Rkm
G 1	1,39	28,2	17	28,5	412	9,3
G 2	1,33	25,7	20	25,2	272	11,1
G 3	1,37	20,4	18	21,4	320	10,2

Tab. 122 zeigt zunächst gleichfalls, daß ein hoher Kräuselungsgrad eine hohe Haftfähigkeit ergibt, daß aber der hohen Haftfähigkeit keine hohe Garnfestigkeit entspricht. Eine solche ist, wie die Tabellen zeigen, eher bei mittleren Kräuselungsgraden und mittleren Haftfähigkeitswerten zu erwarten.

Besonders deutlich geht aus der Tabelle auch hervor, daß die Faserfestigkeit nicht mit der Garnfestigkeit parallel geht; denn Probe G 3 ergibt bei einer erheblich niedrigeren Faserfestigkeit als Probe G 1 eine höhere Garnfestigkeit.

Übereinstimmend zeigen die Tabellen 121 u. 122, daß ein extrem hoher Kräuselungsgrad sich ungünstig auf die Garnfestigkeit auswirkt. Dies ist insofern von Bedeutung, als im allgemeinen bei einer Steigerung der Faserfestigkeit durch Streckspinnen, durch das Spinnverfahren bedingt, der Kräuselungsgrad der Faser zunimmt, wie dies auch eindeutig in der Tabelle 122 zum Ausdruck kommt. Die Beobachtung, daß die Kräuselung nicht von günstigem Einfluß auf die Garnfestigkeit ist, bedeutet in diesem Zusammenhang, daß im Garn nur ein Teil des durch Steigerung der Faserfestigkeit erzielten Festigkeitsgewinnes zum Ausdruck kommen kann, sofern man nicht die Fasern durch eine höhere Garndrehung dazu zwingt, im Garn einen innigeren Verband miteinander einzugehen.

Durch die Versuchsergebnisse drängt sich folgende Überlegung auf: Wenn man — wie durch die Praxis erwiesen — bei einer stark gekräuselten Faser größere Garnfestigkeiten durch höhere Drallgebung erhält, so müßte man bei gleicher Drehung höhere Garnfestigkeiten dadurch erhalten, daß man die Faser besonders weich und lappig aviviert, so daß sie also der Drallgebung nur einen geringen Widerstand entgegensetzen kann.

Wenn daher bei den Zellwolle-B-Typen allgemein eine etwas kernig machende Avivage beliebt ist, so würden solche Avivagen — wenn diese Überlegung richtig ist — bei den stark gekräuselten Typen nicht mehr am Platze sein; man müßte zwangsläufig bei diesen Typen auf solche Avivagen zukommen müssen, wie sie bisher bei den W-Typen vorgezogen wurden.

Um diese Annahme nachzuprüfen, wurde von GÖTZE eine gekräuselte Zellwolle (H) mit einer Reihe von Avivagemitteln aviviert, die sich in ihrem Weichheitsgrad deutlich unterschieden. Die physikalischen Daten der Zellwolle H waren folgende:

Titer	1,39 den.
Festigkeit	19,7 Rkm
Dehnbarkeit	18%
Kräuselungsgrad	25,1%

Die avivierten Proben wurden nach dem Gefühl in drei Weichheitsklassen geordnet, wobei I die höchste und III die geringste Weichheit darstellte. Über die Ergebnisse berichtet Tab. 123.

Die Tab. 123 lehrt, daß die Annahme richtig ist. Sie zeigt deutlich, daß besonders weich gemachte Fasern höhere Garnfestigkeiten ergeben. Man muß daher im Interesse der Erzielung einer guten Garnfestigkeit bei stark gekräuselten Zellwolltypen demnach eine weichere Avivage anwenden als bei glatteren, schlichteren Fasern.

Zusammenfassend ergibt sich, daß eine hohe Haftfähigkeit der Faserflocke keine hohe Garnfestigkeit zu ergeben braucht, daß weiter für einwandfreies Verspinnen

Tabelle 123. *Einfluß der Weichheit der Flocke auf die Garnfestigkeit bei einer stark gekräuselten Zellwolle.* (Nach GÖTZE.)

Zellwolle	Weichheitsgrad	Avivagemittel	Garnfestigkeit Rkm
H	I	21	11,1
		22	12,0
		23	10,4
		24	10,3
		28	10,3
		29	10,5
	II	15	8,1
		16	9,4
		17	9,2
		18	9,4
		26	8,9
	III	19	7,9
		20	9,0
		25	8,6
		27	8,7

eine bestimmte Mindesthaftfähigkeit der Flocke vorausgestzt werden muß. Eine solche läßt sich sowohl durch eine gewisse Kräuselung der Faser als auch durch eine geeignete Avivage erreichen. Versucht man darüber hinaus, die Haftfähigkeit weiter zu steigern, so braucht dadurch keine höhere Garnfestigkeit erzielt zu werden.

Die Garnfestigkeit geht nicht mit der Faserfestigkeit parallel. Hohe Faserfestigkeiten brauchen also keine hohen Garnfestigkeiten zu ergeben.

Auf die Garnfestigkeit ist besonders der Kräuselungsgrad der Faser von Einfluß, indem nämlich ein besonders hoher Kräuselungsgrad sich ungünstig auf die Garnfestigkeit auswirkt.

Man kann hieraus den Schluß ziehen, daß eine solche Faser das beste spinntechnische Verhalten bei gleichzeitig guten Garnwerten zeigt, die eine leichte Kräuselung besitzt, bei der sich diese Kräuselung aber beim Verspinnen leicht ausstreckt, so daß im Garn ein enges Zusammenliegen der durch den Verzug wieder gerade gerichteten Fasern ermöglicht wird. Dieses Zusammenschmiegen der Fasern kann durch weichmachende Avivagen wirksam unterstützt werden.

Es sollen nun im folgenden einige gebräuchliche Avivagemittel aufgezeigt werden.

Baumwolltypen. Im allgemeinen sind zwei Methoden gebräuchlich. Der eine Weg besteht in einer Behandlung der Faser mit einem substantiv aufziehenden Avivagemittel aus der Gruppe des Soromin SG. Dieses Produkt ergibt eine sehr gute Öffnung der Flocke und zeigt einen leicht knirschenden Griff, der von vielen Spinnern bevorzugt wird. Auf der anderen Seite macht Soromin SG allein angewandt die Fasern sehr glatt, so daß die Haftfähigkeit gering ist. Vielfach ist es daher erforderlich, besonders bei glatten Fasertypen, dem Soromin SG noch Produkte beizufügen, die die Haftfähigkeit vergrößern und die Faser etwas geschmeidiger machen. Als solches

Zusatzmittel hat sich Monopolavivageöl SO. 100% als recht brauchbar erwiesen. In manchen Fällen werden auch kleine Mengen Soromin AFZ zugesetzt.

Der andere Weg besteht in einer Behandlung mit Lösungen von Seifen oder Softenings, wobei besonders ein Oleinsoftening gute Ergebnisse bringt. In diese Reihe gehört auch Produkt B 2968, das in den meisten Fällen für sich allein angewandt werden kann. Kleine Abwandlungen in bezug auf Haftfähigkeit und Griff können durch Variation der Badkonzentration herbeigeführt werden.

In neuester Zeit wurde von der Firma *Stockhausen u. Cie.* auch ein Spezialprodukt auf der Grundlage von Fettalkoholen ausgearbeitet, die Monopolavivage ZBT.

Vielfach werden den Bädern hygroskopische Mittel, wie beispielsweise Glycerin, zugesetzt. Erfahrungsgemäß wirken sich derartige Zusätze aber erst aus, wenn mindestens 10 g im Liter genommen werden. Darunter liegende Konzentrationen sind zwecklos.

Zur Vermeidung des Auftretens statischer Elektrizität beim Spinnen ist es empfehlenswert, den Bädern Salze zuzugeben; recht brauchbare Ergebnisse erzielt man durch Zusatz von 1,5 g Glaubersalz im Liter.

Wolltypen. Bei den W-Typen kommt es in erster Linie darauf an, sie weich und geschmeidig zu machen und ihnen den Charakter der Wolle zu verleihen. Ein recht brauchbares Avivagemittel für Wolltypen ist Tallosan, dem man bei nicht ausreichender Weichheit etwas Soromin AFZ zugeben kann. Auch Körper vom Lamepontyp eignen sich gut als Zusatzmittel. Recht gute Ergebnisse erzielt man auch mit besonderen Fettalkoholsulfaten, z. B. dem Stokotal E und L.

In manchen Betrieben wird jedoch auch der Wolltyp ausschließlich mit substantiven Avivagemitteln aviviert. Vielfach ist Soromin AFZ in Anwendung, dem zur Erhöhung der Elastizität etwas Soromin SG 100% zugesetzt werden kann.

19. Kapitel.

Die Entwässerung und Trocknung der Chemiefasern.

I. Das Entwässern des Reyon.

Um nicht allzu große Wassermengen in den Trocknern verdampfen zu müssen, werden die Gespinste zuvor soweit als möglich von dem ihnen aus der Nachbehandlung anhaftenden Wasser befreit. Dies geht jedoch nicht bei lediglich entsäuerten Walzen- und Spulengespinsten. Sie verbleiben, wie im 17. Kapitel beschrieben war, auf den Aufnahmeorganen und werden nach dem Entsäuern unmittelbar getrocknet.

Eine Entfernung der überschüssigen Flüssigkeit, die meist aus dem Avivage- bzw. Präparationsbad besteht, wird bei direkt gewaschenen Spinnkuchen sowie bei Zwirnwickeln vorgenommen, die zum Zwecke des Schrumpfungsausgleichs (s. 21. Kapitel) in ein Avivagebad getaucht worden waren. Ferner findet eine Entwässerung der Stränge statt, die nach den alten Spinnverfahren hergestellt wurden, sowie bei solchen Strängen, die im direkten Spinnverfahren hergestellt und zum Zwecke des Schrumpfungsausgleiches erneut genetzt wurden.

Der Wasserentzug erfolgt bei Reyon ausschließlich durch Schleudern in Zentrifugen. Handelt es sich um das Ausschleudern von Spinnkuchen oder Zwirnwickeln, so kann man sowohl die Kuchen oder Zwirnwickel einzeln in Spinnzentrifugen ausschleudern als auch in großen, für Reyonstränge verwendete Zentrifugen. Teilweise werden hierfür auch Sonderkonstruktionen verwendet, die das Ausschleudern von Kuchensäulen gestatten. Das Ausschleudern in Spinnzentrifugen ist in solchen Fällen besonders empfehlenswert, wenn die Kuchen oder Zwirnwickel unter einer bestimmtem Deformation oder stehend zu Säulen zusammengesetzt von innen nach außen (s. 21. Kapitel) getrocknet werden sollen. Die Deformation ist leichter und regelmäßiger auszuführen, wenn man von einem runden Kuchen oder Zwirnwickel ausgeht.

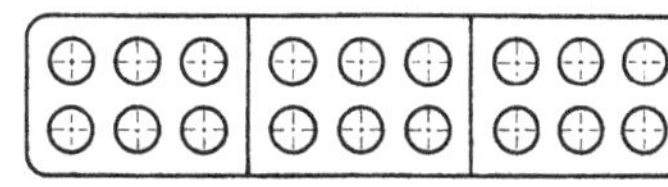

Abb. 396. Gruppenweise Anordnung von Spinnzentrifugen zum Ausschleudern von Spinnkuchen oder Zwirnwickeln.

Um laufend große Mengen Spinnkuchen oder Zwirnwickel in einzelnen Spinnzentrifugen ausschleudern zu können, ist es empfehlenswert, die Spinnzentrifugen zu drei größeren Gruppen zu je 6 oder 8 Töpfen zusammenzubauen. Dies kann beispielsweise so geschehen wie in Abb. 396 schematisch dargestellt ist. Diese Gruppen sind jeweils gemeinsam ein- und ausschaltbar. Auf diese Weise kann eine Fließarbeit eingerichtet werden, die etwa wie folgt vor sich geht:

Sechs Spinnkuchen oder Zwirnwickel werden in eine Gruppe leerer Zentrifugen eingesetzt, worauf diese Zentrifugengruppe in Betrieb gesetzt wird. Während des Laufes dieser Gruppe wird die nächste, die vorher mit Kuchen bzw. Zwirnwickeln beschickt war, ausgeschaltet und gebremst. Gleichzeitig wird die dritte Gruppe entleert. Während diese neu beschickt wird, wird die erste Gruppe abgebremst und die zweite entleert usw. Diese Apparatur wird von zwei Mann bedient. Der eine steht zwischen der Avivagestelle und den Zentrifugen und besorgt das Füllen der Töpfe, der andere steht zwischen den Zentrifugen und dem Transportwagen, der die Kuchen oder Zwirnwickel an die Trockner bringt. Von diesem Mann werden die Töpfe entleert.

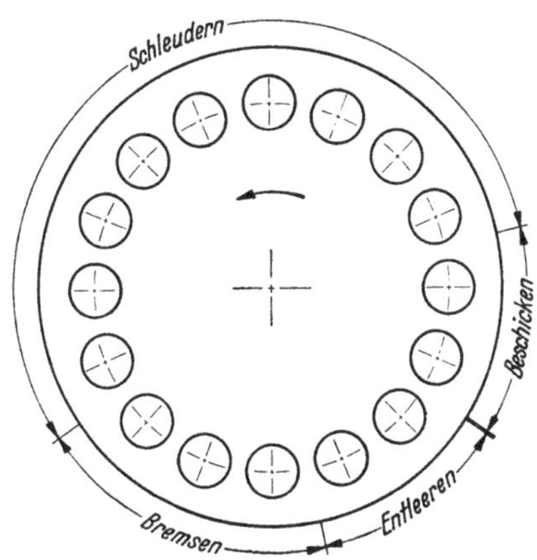

Abb. 397. Anordnung der Spinnzentrifugen zum Ausschleudern von Spinnkuchen oder Zwirnwickeln in Form eines Karussels.

Man kann die Zentrifugen auch in ein langsam drehbares Karussell einbauen, wie dies Abb. 397 zeigt. Während des langsamen Drehens des Karussells werden die Töpfe der Reihe nach von einer Stelle aus gefüllt. Durch Anschlag des Schalters des Zentrifugenmotors an eine feststehende Nocke wird die Zentrifuge in Tätigkeit gesetzt. Ist sie durch das Karussell eine bestimmte Strecke weiter bewegt worden, so stößt der Schalter an eine zweite Nocke, die den Motor auf Bremsung schaltet. Nach einer weiteren Strecke wird auf die gleiche Weise die Bremsung ausgeschaltet und der Topf kommt zum Stehen. Mittlerweile ist er wieder an seiner Ausgangsstellung angelangt und wird entleert, worauf das Spiel von neuem beginnt. So wird jeweils eine Zentrifuge entleert und eine beschickt. Diese Anordnung hat den Vorteil, daß ein Mann für die Bedienung ausreicht.

Für das Ausschleudern in normalen Zentrifugen müssen die Kuchen bzw. Zwirnwickel zu Paketen von beispielsweise acht zusammengefaßt werden. Dies geschieht auf einem neben der Zentrifuge stehenden Tisch oder auf einem Wagen, der an die Zentrifugen gefahren werden kann. Auf diesen Tisch bzw. Wagen legt man zunächst ein quadratisches Nesseltuch. Die Kuchen bzw. Zwirnwickel werden platt gedrückt und in vier Schichten von je vier Kuchen auf das Tuch gelegt. Dann werden die überstehenden Ränder des Tuches um das Wickelpaket geschlagen. Diese Pakete werden in die Zentrifuge eingelegt und zwar so, daß die unterste Schicht der plattgedrückten Kuchen bzw. Wickel mit den Seitenflächen an der Zentrifugenwand zur Anlage kommt, d. h. also, die Tuchzipfel sind der Achse der Zentrifugentrommel zugewandt.

Als Zentrifugen werden durchweg solche mit einem Trommeldurchmesser von 1200 oder 1500 mm verwendet, wie sie beispielsweise von der Firma *H. Krantz*, Maschinenfabrik, Aachen, gebaut werden. Die Trommel wird aus Kupfer hergestellt, als sehr zweckmäßig hat es sich auch erwiesen, sie aus Stahl herzustellen und mit einem Hartgummiüberzug zu versehen. Der aus S.M.-Stahl bestehende Außenmantel liegt vollkommen frei. Der Antrieb der Trommel erfolgt durch einen unterhalb der Zentrifuge befindlichen Hochleistungs-Kurzschlußmotor („Siekra-Antrieb"). Die Zentrifuge ist, um ruhigen Lauf zu gewährleisten, an drei Ständern pendelnd aufgehängt. Die beschickte Zentrifuge wird durch einen Klappdeckel aus Aluminium verschlossen. Zwei selbsttätig und unabhängig voneinander wirkende Sicherungen verhüten, daß der Deckel während des Laufes der Zentrifuge geöffnet oder daß die Zentrifuge bei geöffnetem Deckel eingeschaltet werden kann. Die Stillsetzung der Zentrifuge erfolgt in äußerst kurzer Zeit durch eine Bandbremse, die auf einen am Korbboden angegossenen großbemessenen Bremsring wirkt (Abb. 398).

Abb. 398. Zentrifuge der Fa. H. Krantz, Aachen.

Um für alle Partien eine genau gleich lange Schleuderzeit einhalten zu können, werden die Zentrifugen zweckmäßig mit einem Automaten ausgerüstet, der die Auslösung der Bremse nach einer eingestellten Schleuderzeit bewirkt. Durch Drehen eines Handhebels wird eine Spiralfeder gespannt, die durch eine Klinke festgehalten wird, wodurch gleichzeitig der Motor eingeschaltet wird. Der Handhebel kehrt beim Loslassen in seine Ausgangsstellung zurück. Nach Ablauf der eingestellten Schleuderzeit gibt die Schaltuhr einem im Automatengehäuse eingebauten Magneten Spannung, worauf dieser die Klinke auslöst und die Feder freigibt. Hierdurch wird zuerst der Motor ausgeschaltet und dann die Bremse angezogen, wodurch die Zentrifuge in wenigen Sekunden zum Stillstand kommt. Die Stillsetzung der Zentrifuge wird durch Erlöschen eines Lichtsignals angezeigt, das so lange aufleuchtet, wie die Maschine läuft. Durch Ziehen eines Handgriffs kann die Zentrifuge jedoch auch zu jeder beliebigen Zeit stillgesetzt werden.

Sollen Reyonstränge durch Zentrifugieren von der überschüssigen Flüssigkeit befreit werden, so werden diese gleichfalls zuvor in Tücher eingepackt. Es wird hierdurch einerseits verhütet, daß sie sich verwirren. Andererseits können nicht eingepackte Stränge an den Löchern der Zentrifugentrommel, in die sie durch die Fliehkraft hineingepreßt werden, Beschädigungen erleiden. Das Einpacken der Stränge geschieht zweckmäßig so, daß man die Stränge zu 5 oder 8, je nach ihrem Gewicht, in die Diagonalrichtung der Tücher legt, und einen Zipfel des Tuches durch den Innenraum der Stränge hindurchzieht. Auf diese Weise wird verhütet, daß Vorder- und Hinterteil des Stranges ineinandergeraten. Die Schleudertücher kann man durch Bedrucken mit echten Kennfarben versehen, um auch hierdurch schon die einzelnen Titer oder Drehungen auseinanderhalten zu können.

Die Zentrifuge mit 1200 mm Trommeldurchmesser hat normalerweise eine Tourenzahl von etwa 730, in Ausnahmefällen läßt man sie auch mit etwa 950 Umdrehungen umlaufen. Bei 730 Touren genügt eine Schleuderzeit von 8 Minuten, um das Reyon auf 150···200% (bezogen auf das Trockengewicht) zu entwässern. Der Entwässerungsgrad hängt von der Beschaffenheit bzw. dem Quellungsvermögen der Gespinste ab. Die Zentrifuge faßt etwas über 30 kg Trockengewicht.

II. Das Entwässern der Zellwolle.

Je nach der Arbeitsweise wird die Zellwolle als Spinnkabel oder als Faserflocke entwässert. Spinnkabel werden stets durch Abquetschen von der überschüssigen Flüssigkeit befreit, während die Entwässerung der Flocke sowohl durch Abquetschen als auch durch Schleudern vorgenommen werden kann.

Auf das Abquetschen der Spinnkabel sowie der Flocke braucht hier nicht mehr eingegangen zu werden, da bereits bei der Beschreibung der chemischen Nachbehandlung hierzu Gelegenheit war. Es soll nur nochmals erwähnt werden, daß man im allgemeinen nach der Vliesbildung mit Walzenpressen arbeitet, wobei man zweckmäßig in drei Stufen mit steigendem Preßdruck abquetscht, um eine möglichst gleichmäßige und weitgehende Entwässerung zu erhalten. Daß die Entwässerung durch derartige Pressen leicht ungleichmäßig ist, wurde gleichfalls schon erwähnt.

Abb. 399. Netzzentrifuge der Fa. H. Krantz, Aachen.

In bezug auf Gleichmäßigkeit der Entwässerung ist das Ausschleudern der Flocke besser. Zum Ausschleudern von Zellwollflocke eignet sich gut die von der Firma *H. Krantz* gebaute Netzzentrifuge (Abb. 399). Hierbei handelt es sich im wesentlichen um eine Zentrifuge normaler Bauart. Jedoch fällt die Außenmantelzarge weg, so daß die Trommel oben vollständig frei liegt. Der Zentrifugendeckel ist entsprechend vergrößert und deckt die Zentrifuge ganz ab. Die Trommel ist mit einer abnehmbaren Zarge mit drei Verriegelungen versehen, an der ein Beutel aus einem widerstandsfähigen Gewebe befestigt ist. Dieser Beutel ist unten durch eine Schlaufe zusammengehalten und kann durch Lösen dieser Schlaufe geöffnet werden.

Zu der Zentrifuge gehört ein Beschickungswagen, der die Form und Größe der Zentrifugentrommel hat. In diesen Wagen wird die Zarge mit dem Beutel eingelegt. Der Beutel wird dann mit der nassen Flocke gefüllt. Nach der Füllung wird der Beutel mit dem Schleudergut mit Hilfe eines Flaschenzuges über die Zentrifuge gebracht und in ihre Trommel eingelassen. Nach Beendigung der Schleuderzeit wird die Zarge mit dem Beutel aus der Zentrifugentrommel herausgehoben und zur Entladestelle gefahren. Hier wird die Schlaufe des Beutels geöffnet, wodurch das ausgeschleuderte Gut herausfällt. Der Beutel wird dann durch Knüpfen der Schlaufe wieder geschlossen und zum Beschickungswagen zurückgefahren. Zur kontinuierlichen Arbeitsweise sind also zwei Zargen und Beutel erforderlich, so daß ein Beutel gefüllt werden kann, während sich der andere in der Zentrifuge befindet.

Auch die Netzzentrifuge wird zweckmäßig mit einem Elektroautomaten ausgestattet.

Von der Firma *C. G. Haubold A.G.*, Chemnitz, wurde gefunden, daß für das Entwässern der Zellwolle auch Zentrifugen ohne Netzeinsatz verwendet werden können. Man setzt dann in eine entsprechend gebaute Zentrifuge einen durchlöcherten, bodenlosen Einsatz ein. Durch das Schleudern wird die Zellwolle so intensiv an diesen Einsatz gepreßt, daß die Flocke mit dem Einsatz aus der Zentrifuge herausgehoben werden kann. Sie wird dann über dem Einfüllbunker des Trockners durch einen Rechen nach unten herausgenommen.

Es sind auch Versuche durchgeführt worden, die Zellwolle kontinuierlich abzuschleudern, wofür die sog. Schubschleuder der *Maschinenfabrik Escher Wyss, G.m.b.H.*, Ravensburg, herangezogen wurde. Es ist dem Verfasser jedoch nicht bekannt, ob diese Versuche bereits erfolgreich abgeschlossen werden konnten.

III. Die Veränderungen der Hydratzellulose durch den Trockenvorgang.

Durch den Trocknungsprozeß wird den Fasern die Struktur aufgeprägt, mit der sie in die Hände des Verarbeiters gelangen. Wir werden weiter unten sehen, daß dieser Zustand noch kein endgültiger ist, ein solcher wird vielmehr erst nach wiederholtem Netzen und Trocknen erreicht. Trotzdem aber wird durch den ersten Trockenvorgang eine Reihe technisch und wissenschaftlich wichtiger Eigenschaften festgelegt, nämlich das Quellvermögen, die Farbstoffaufnahme, die Dehnbarkeit, die Sprödigkeit, die Sorptionswärme u. a. Berücksichtigt man, daß diese Eigenschaften vollkommen gleichmäßig dem gesamtem Fasermaterial erteilt werden müssen, so wird es verständlich, daß die Trocknung der Fasern ein äußerst wichtiger Vorgang ist, der mit aller Sorgfalt beachtet werden muß.

Die Hydratzellulose kommt mit einem Wassergehalt von etwa 250% zur Trocknung. Wie im 15. Kapitel gezeigt wurde, ist dieser Wert abhängig von den Spinn- bzw. Koagulationsbedingungen. Der hohe Quellungsgrad bedeutet, daß nur rund 20···25% der nassen Faser von Zellulose erfüllt sind. Der gesamte Rest besteht aus wassererfüllten Räumen. Erfahrungsgemäß schrumpft eine frisch gesponnene Hydratzellulosefaser bei der ersten Trocknung auf ein Zehntel bis ein Fünftel ihres ursprünglichen Volumens zusammen, während sich bei der Nachbehandlung, also beim Entschwefeln und Waschen, praktisch an ihrem Quellungsgrad nichts geändert hat. Es ist verständlich, daß diese außerordentliche Volumenabnahme nicht ohne eine weitgehende Umwandlung der Struktur der frischen Faser vor sich gehen kann.

Bei dieser Strukturumwandlung kann es sich aber nicht um ein einfaches Zusammenschrumpfen der Netzstruktur handeln; dies ist infolge der Annahme, daß die Maschen des Netzes aus den als starre Gebilde aufzufassenden geordneten Bereichen gebildet sind, nicht vorstellbar. Die Umwandlung kann sich vielmehr nur dort vollziehen, wo bewegliche und biegsame Anteile in dem gequollenen Gel vorhanden sind. Dies ist in den amorphen Faserbereichen der Fall. Hier kann es nach HERMANS[1] zum Zusammenfalten und Einrollen von Molekülen kommen. Hierauf war bei allgemeinen Untersuchungen über das Schrumpfen von Gelstrukturen auch schon von BUSSE[2] und von MÜLLER[3] hingewiesen worden.

Es ist nun zu beachten, daß durch die Einschrumpfung in den amorphen Faserbereichen freie Ketten und Molekülenden in nähere Nachbarschaft geraten und sie hierdurch Gelegenheit erhalten, neue Verknüpfungspunkte zu bilden. Dies wird, wie Abb. 400 zeigt, vornehmlich dort der Fall sein, wo zufällig schon ziemlich parallel zueinander liegende Molekülteile vorhanden sind.

Abb. 400. Vernetzung von Fransenmizellen beim Trocknen. An den mit Kreuzen versehenen Stellen kommen neue Haftpunkte zustande. (Nach HERMANS.)

Das Einschrumpfen des Gels bei der Trocknung haben wir uns somit vorzustellen als ein Zusammenfalten und Zusammenrollen freier Moleküle und Molekülteile in den amorphen Faserbereichen, wobei sich neue Haftpunkte zwischen benachbarten Molekülen ergeben.

Hieraus geht hervor, daß die Art der Strukturumwandlung in starkem Maße abhängig ist von der allgemeinen Beschaffenheit, insbesondere der Orientierung des zur Trocknung kommenden primären Gels. Es kann ohne weiteres angenommen werden, daß die Möglichkeit zur Ausbildung neuer Haftpunkte mit zunehmender Orientierung zunimmt, ebenso wie die Möglichkeit zur Ausbildung von Haftpunkten ansteigt, wenn die Trocknung unter Spannung erfolgt.

Der Gedanke liegt nahe, daß sich durch die Ausbildung neuer Haftpunkte auch neue kristalline Bereiche bilden können. KRATKY, SEKORA und TREER[4] glaubten dies zunächst auch durch röntgenographische Untersuchungen nachgewiesen zu haben; neuere Untersuchungen[5] lassen hierüber aber wieder Zweifel aufkommen, es sei denn, daß die Zunahme der Menge an kristallisierter Substanz einen Betrag von etwa 10% nicht übersteigt.

Zur Charakterisierung des durch die Trocknung erzielten neuen Zustandes der Faser kann man das Quellungsvermögen der getrockneten Faser beim Wiederaufquellen mit Wasser heranziehen. Derartige Untersuchungen wurden von HUBERT, MATTHES und WEISBROD[6] durchgeführt.

[1] HERMANS: Kolloid-Z. **97**, 231 (1941). — [2] BUSSE: J. Phys. Chem. **36**, 2862 (1932).
[3] MÜLLER: Kolloid-Z. **95**, 153 (1941).
[4] KRATKY, SEKORA u. TREER: Holz als Roh- u. Werkst. **4**, 272 (1941).
[5] KRATKY u. SEKORA: Kolloid-Z. **108**, 169 (1944). — [6] HUBERT, MATTHES u. WEISBROD: Kolloid-Z. **98**, 175 (1942); MATTHES: Kolloid-Z. **108**, 79 (1944).

Hierbei ergab sich, daß eine unter normalen betrieblichen Verhältnissen durchgeführte Trocknung zu einer Faser führt, die einen Quellwert von etwa 100 besitzt. Beim Studium der Trockenbedingungen auf den Quellwert der erhaltenen Faser zeigte sich nun überraschenderweise, daß schärfere Trockenbedingungen, wie Anwendung höherer Temperaturen oder Trocknen in einer Atmosphäre von niedrigerer Luftfeuchtigkeit zu Fasern von höherem Quellwert führt. Verzögert man demgegenüber die Wasserabgabe durch mildere Trockenbedingungen, beispielsweise niedrigere Temperaturen oder Trocknen in feuchterer Atmosphäre, so kommt man entsprechend zu Fasern mit niedrigeren Quellwerten, die etwa bei 80···85 liegen. Sehr vorsichtiges und langsames Trocknen bei Zimmertemperatur führt zu Quellwerten zwischen 90 und 95.

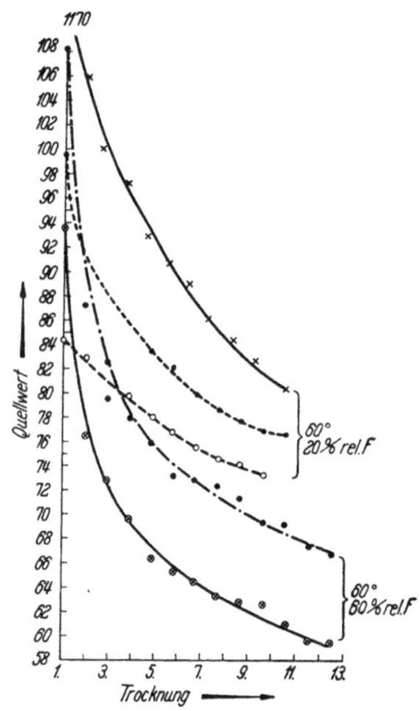

Abb. 401. Quellwerte der Fasern nach wiederholtem Netzen und Trocknen. (Nach HUBERT, MATTHES u. WEISBROD.)

Diese Befunde besagen, daß die Strukturumwandlung beim Trocknen in starkem Maße auch von der Art der Trocknung beeinflußt wird.

Die Beobachtungen, daß schärfere Trockenbedingungen zu höheren Quellwerten führen und umgekehrt, sind zunächst schwer verständlich. Zur Erklärung ist es zweckmäßig, die Veränderungen des Quellwertes einer Faser bei wiederholtem Netzen und Trocknen einmal zu verfolgen. In Abb. 401 sind die Ergebnisse wiedergegeben, die HUBERT, MATTHES und WEISBROD bei verschiedenen Fasern fanden. Wie die Abbildung erkennen läßt, sinken die Quellwerte unabhängig vom Anfangsquellwert erst stärker, dann in einer flacher verlaufenden Kurve asymptotisch ab, um sich einem Grenzwert zu nähern. Das heißt also, daß auf jedes weitere Netzen und Trocknen die Faser mit einem weiteren Absinken des Quellwertes reagiert. Der Grenzquellwert liegt bei 50···55.

Diese Befunde besagen zunächst, daß nur dieser Grenzquellwert einer Faser ihren endgültigen Zustand kennzeichnet, und daß die Quellwerte, die an handelsüblichen Hydratzellulosefasern gefunden werden, nur mehr oder weniger zufällige Durchgangszustände der Faser kennzeichnen. Diese Beobachtungen lehren aber weiter, daß sich bei der Trocknung einer Hydratzellulosefaser typische Synärese-Erscheinungen abspielen, die außerordentlich langsam verlaufen. Eine Erklärung für den langsamen und zögernden Verlauf wird darin gesehen, daß Synärese nur bei Anwesenheit einer gewissen Mindestmenge an Wasser erfolgen kann. Die Geschwindigkeit des Wasserentzuges beim Trocknen ist nun in jedem Falle größer als die Synäresegeschwindigkeit. Infolgedessen verfällt das Gel vorzeitig in eine Art Trockenstarre. Erst bei zahlreichem Wiederholen des Netzens und Trocknens hat das Gel Gelegenheit gefunden, seinen Umbau zu vollenden, was sich durch das Auftreten eines bestimmtem, unteren Quellwertes äußert. Ist dieser Punkt noch nicht erreicht, so befindet sich das Gel der dampfförmigen Phase gegenüber noch nicht im Gleichgewicht.

Die Auswirkungen dieser Verhältnisse auf die übrigen Fasereigenschaften wurden von LAUER, BEZNER und DOBBERSTEIN[1] untersucht. Hierbei wurde gefunden, daß mit dem Quellwert die Farbstoffaufnahme parallel geht, was auch schon von anderen Forschern festgestellt wurde. Fasern, die durch andere Art der Trocknung andere Quellwerte erhalten haben, zeigen also auch eine andere Farbstoffaufnahme. Quellwert und Farbstoffaufnahme sind nun ein Maß für die Größe der inneren Oberfläche einer Faser; durch die Art der Trocknung wird also die Größe der inneren Faseroberfläche maßgeblich beeinflußt. Es ist daher verständlich, daß auch andere wichtige Eigenschaften der Faser je nach der Trocknungsart andere Werte annehmen. Dies gilt besonders für die Schlingenfestigkeit, die ein Maß für die Sprödigkeit der Faser ist. Mit Abnahme des Quellwertes nimmt auch die Schlingenfestigkeit ab; d. h. also, daß die Faser mit abnehmendem Quellwert immer spröder wird. Wenn so in der Praxis Fasern mit möglichst niedrigem Quellvermögen angestrebt werden, so ist dabei also zu bedenken, daß diese Bemühungen zu Fasern mit geminderten elastischen Eigenschaften führen, worauf EISENHUT[2] schon früher hingewiesen hat.

Bezüglich der beim Trocknen neu gebildeten Haftpunkte zwischen den Molekülen nehmen LAUER, BEZNER und DOBBERSTEIN auch in diesem Falle Wasserstoffbindungen an, jedoch sollen zwei Arten derartiger nebenvalenzmäßiger Bindungen entstehen, nämlich eine stabile und eine reversible Art. Diese beiden verschiedenen Arten sollen sich je nach der zufällig vorliegenden Lage der Moleküle in der Faser ausbilden.

Da nach VAJDA[3] die Trocknung von Fasern im Heißluftstrom am wirtschaftlichsten bei hohen Wärmegraden vorgenommen wird, ist es erforderlich, auf die Einwirkung hoher Temperaturen auf Zellulosefasern näher einzugehen. Über die Einwirkung von Wärme auf Fasern aus Hydratzellulose liegen leider bisher keine weitgehenden Veröffentlichungen vor, dagegen hat HAAS[4] das Verhalten von Baumwollfasern und -garnen bei der Einwirkung von Wärme eingehend studiert. Die hierbei gewonnenen Erkenntnisse können zwar nicht ohne weiteres auf Reyon und Zellwolle übertragen werden, sie geben aber für das Verhalten dieser Fasern bei der Trocknung einen Anhalt. Allgemein muß man sagen, daß Hydratzellulosefasern schneller und intensiver auf Wärmeeinflüsse reagieren, so daß durch hohe Temperaturen verursachte Schädigungen der Hydratzellulosefasern bei kürzeren Behandlungszeiten und etwas niedrigeren Wärmegraden eintreten als bei Fasern aus nativer Zellulose. Bei diesen Untersuchungen ist ferner zu beachten, daß die Erhitzung der Faser ohne Rücksicht auf den Luftfeuchtigkeitsgehalt des Trockenraumes vorgenommen wurde, dem nach dem weiter oben Gesagten eine wesentliche Bedeutung zukommt.

Die Einwirkung von Hitze gibt sich äußerlich schon durch eine Änderung der Farbe der Fasern zu erkennen. Baumwolle nimmt nach HAAS bei einer Temperatur von 120° C eine deutliche Gelbfärbung an. Eine Verfärbung ist demgegenüber bei Hydratzellulosefasern schon bei wesentlich niedrigeren Temperaturen zu beobachten. Hierbei muß aber bemerkt werden, daß die leichte Verfärbung, die bei normalen Trockentemperaturen von 60···70° C auftreten kann, mehr auf die auf die Faser

[1] LAUER, BEZNER u. DOBBERSTEIN: Kolloid-Z. **116**, 28, 31 (1950).
[2] EISENHUT: Kolloid-Z. **98**, 180 (1942). — [3] VAJDA: Chem. Fabrik **3**, 26 (1930).
[4] HAAS: Beitrag zur Kenntnis der Einwirkung der Wärme auf die Baumwolle. Würzburg. 1936.

aufgebrachten Avivage- und Präparationsmittel zurückzuführen sein kann, als auf die Faser selbst. Die zur Anwendung kommenden Avivagemittel müssen daher auf dieses Verhalten geprüft werden. Verschiedentlich haben Betriebsversuche ergeben, daß schon bei milden Trockenbedingungen bei einigen Avivagemitteln Verfärbungen auftreten. Diese Farbänderungen sind jedoch nicht so weitgehend, als daß sie die Qualität des Endproduktes ungünstig beeinflussen würden. Die Fasern nehmen vielmehr einen ganz leichten Grau- oder Gelbstich an, der normalerweise in Kauf genommen wird.

Bemerkenswert ist die Feststellung von HAAS, wonach an der Faser schon unterhalb der Vergilbungstemperatur Schäden festgestellt werden. Zunächst tritt bei der Erhitzung ein Abbau der Kettenmoleküle ein. So wurden von HAAS nach fünfstündiger Einwirkung die in Tab. 124 wiedergegebenen Polymerisationsgrade gefunden.

Tabelle 124. *Einfluß von Wärme auf den Polymerisationsgrad.* (Nach HAAS.)

Erhitzungstemperatur in °C	Polymerisationsgrad
40	512
60	500
80	512
100	463
120	383
140	315
160	241
180	222
200	191

Man erkennt aus der Tabelle, daß schon durch mäßige Hitzeeinwirkung bei fünfstündiger Erhitzungsdauer eine beträchtliche Schädigung des Zellulosemoleküls zu verzeichnen ist. Nach $1\cdots 1^1/_2$stündiger Erhitzung wurde demgegenüber noch kein Abbau festgestellt. Wenn man bedenkt, daß in der Praxis mit wesentlich längeren Trockenzeiten gearbeitet werden muß, so wird aus dem oben Gesagten verständlich, daß man den Trocknungsvorgang so vorsichtig wie möglich zu leiten hat.

Die Schädigung des Zellulosemoleküls durch die Erhitzung gibt sich auch durch ein Absinken des α-Zellulosegehaltes und entsprechendes Ansteigen des β- und γ-Zellulosegehaltes zu erkennen. Hierüber gibt Tab. 125 Auskunft.

Tabelle 125. *Einfluß der Wärme auf den α-, β- und γ-Zellulosegehalt.* (Nach HAAS.)

Erhitzungstemperatur in °C	Gesamtgehalt an α-, β- und γ-Zellulose in g	Menge der α-Zellulose unter Berücksichtigung des Aschegehaltes in g	β-Zellulose in g	β-Zellulose ohne Holzgummi in g
40	2,7750 (40–180)	2,7728	0,0026	—
60		2,7733	0,0019	—
80		2,7722	0,0027	—
100		2,7686	0,0055	0,0017
120		2,7656	0,0119	0,0081
140		2,7584	0,0154	0,0116
160		2,7462	0,0237	0,0199
180		2,7363	0,0270	0,0232
200	2,7600	2,4508	0,3180	0,3142

Die durch die Hitzeeinwirkung eingetretene Schädigung der Zellulose gibt sich auch durch ein Ansteigen der Kupferzahl[1] sowie der Jodzahl[2] zu erkennen, wie aus Tab. 126 ersichtlich ist.

Für den Verarbeiter ist die Kenntnis der Veränderungen wichtiger, die eine Faser hinsichtlich der mechanischen Eigenschaften erleidet. Von HAAS wurde daher an

[1] Nach HEERMANN: Färberei- und textilchemische Untersuchungen, S. 44. Berlin 1929.
[2] BERGMANN u. MACHEMER: Ber. dtsch. chem. Ges. **63**, 316, 2304 (1930).

Tabelle 126. *Einfluß der Wärme auf Kupferzahl und Jodzahl.* (Nach HAAS.)

Erhitzungs-temperatur in °C	Kupferzahl	Jodzahl	Erhitzungs-temperatur in °C	Kupferzahl	Jodzahl
40	0,023	1,55	140	0,154	1,79
60	0,042	—	160	0,254	1,93
80	0,036	1,59	180	0,273	1,95
100	0,071	1,62	200	2,180	—
120	0,107	1,70			

dem auf verschiedene Temperaturen erhitzten Baumwollgarn die Reißfestigkeit sowie die Bruchdehnung ermittelt[1]. Die erhaltenen Zahlen sind in Tab. 127 zusammengestellt.

Tabelle 127. *Einfluß der Wärme auf die mechanischen Eigenschaften.* (Nach HAAS.)

Erhitzungstemperatur in °C	40	60	80	100	120	140	160	180
Zerreißdauer Mittelwert in Sekunden	19,6	20,1	20,1	20,1	19,7	19,7	20,0	20,1
Reißfestigkeit in g	459,4	461,4	460,0	461,2	456,5	543,6	403,7	268,6
Bruchdehnung in %	4,62	4,44	4,62	4,62	4,38	3,92	3,38	2,24

Die Tabelle zeigt, daß bei Baumwollgarn — immer unter Berücksichtigung der von HAAS gewählten Versuchsbedingungen — erst ein Festigkeits- und Dehnbarkeitsrückgang bei Temperaturen von über 120° C erfolgt. Es geht hieraus hervor, daß durch chemische Untersuchung, wie beispielsweise Bestimmung der Kupferzahl, Schäden eher nachgewiesen werden können als durch Untersuchung der mechanischen Eigenschaften. Man kann sich dies so erklären, daß die durch die Hitzeeinwirkung entstandenen Umwandlungsprodukte der Zellulose zunächst noch als „Kittsubstanz" im Faden verbleiben. Wie die Erfahrung gelehrt hat, zeigt sich aber die Festigkeitsabnahme nach alkalischen Behandlungen, wobei diese Substanzen aus der Faser herausgelöst werden.

Wärmebehandlung einer Faser wirkt sich ferner auch in einer Änderung der färberischen Eigenschaften aus, und zwar sinkt die Farbstoffaufnahme mit steigender Behandlungstemperatur. Dies ist eine Folge der Beeinflussung des Quellungsvermögens. Bei Ausfärbungen mit Diaminreinblau FF wurde von HAAS gefunden, daß die Affinität von einer Behandlungstemperatur von 100° C an stark sinkt. Eine Baumwolle, die einer Temperatur von 180° C ausgesetzt war, entzog der Flotte unter den bei der Durchführung des Versuches gewählten Bedingungen überhaupt kaum noch Farbstoff. Die Farbstoffaufnahme ist in der Tab. 128 ausgedrückt durch den Farbstoffgehalt der Restflotte.

Von wissenschaftlichem Interesse ist der Einfluß der Wärmebehandlung auf die Hygroskopizität der Faser. Es war schon erwähnt worden, daß die Zellulose durch Trocknung einen Teil ihres Quellungsvermögens einbüßt. Wenn man die verschiedenen Wärmegraden ausgesetzte Faser 36 Stunden einer relativen Luftfeuchtigkeit von 97% aussetzt, so findet man die in Tab. 129 wiedergegebenen Werte für die Wasserdampfaufnahme.

[1] Nach DVM-Normblatt 3801.

Tabelle 128. *Einfluß von Wärme auf das Farbstoffaufnahmevermögen.* (Nach HAAS.)

Erhitzungstemperatur in °C	Gehalt der Lösung an Farbstoff in % der Ausgangslösung
40	42,5
80	42,5
100	45,0
120	47,5
140	55,0
160	65,0
180	95,0

Tabelle 129. *Einfluß der Wärme auf das Feuchtigkeitsaufnahmevermögen.* (Nach HAAS.)

Erhitzungstemperatur in °C	Gewichtszunahme in % des Ausgangsgewichtes
40	5,27
80	5,27
100	5,20
120	5,13
160	5,01
180	4,86

Die Zahlen der Tabelle sind insofern bemerkenswert, als aus ihnen hervorgeht, daß schon bei verhältnismäßig milder Wärmeeinwirkung ein deutliches Nachlassen der Fähigkeit, Wasser aufzunehmen, festgestellt wird.

Zu recht interessanten Ergebnissen über den Einfluß steigender Trockentemperaturen auf Fasern aus Hydratzellulose kamen GÖTZE und REIFF[1]. Sie sind in Tabelle 130 zusammengestellt.

Tabelle 130. *Einfluß der Wärme auf Reißfestigkeit und Bruchdehnung von Hydratzellulosefasern.* (Nach GÖTZE und REIFF.)

	Trockentemperatur °C	Reißfestigkeit g je 100 Den.		Bruchdehnung %	
		trocken	naß	trocken	naß
Reyon I	—	193	102	19,4	26,4
	40	195,7	102	16,4	24
	60	208,7	100,4	18,3	27,6
	89	211,3	102,3	19	23,9
	100	200	99,5	19	24,7
	120	200	99,5	19	24,1
	140	196,5	95	18,5	24
	160	164	82,6	17,2	20,7
	180	130	58	12	16
	200	48	38	1	12
Reyon II	—	185	85	21	26
	40	167,3	85,5	23,2	33
	60	171	86	24,5	34
	80	170	86	24,7	33
	100	173	85	24	33
	120	163	84	22,3	31
	140	155	78	12,2	30,2
	160	143,5	73,5	18,2	27,4
	180	101	48,4	9,7	12,9
	200	43	35	—	12

Es ergibt sich hieraus, daß die Faserschädigung nicht mit der Trockentemperatur parallel geht. Läßt man die bei Viskosereyon II gefundenen Werte zunächst außer acht, so ist festzustellen, daß durch eine Erwärmung der Faser auf Wärmegrade von 40···120° C eigenartigerweise noch eine Zunahme der Trockenreißfestigkeit statt-

[1] GÖTZE u. REIFF: Zellw., Kunsts., Seide **45**.

findet. Dies hängt mit der Zunahme von Haftpunkten bei der endgültigen Strukturausbildung zusammen, was sich auch daraus zu erkennen gibt, daß die Werte für die Naßreißfestigkeit nicht schlechter werden, sondern — wie das Verhalten des Reyon II zeigt — sogar noch ansteigen können. Bei höheren Wärmegraden findet dann aber eine Faserschädigung statt, was in einem schnellen Absinken der physikalischen Daten zum Ausdruck kommt.

Bezüglich des Einflusses der Trockentemperatur auf das Quellungsvermögen wurden die in Tab. 131 wiedergegebenen Werte gefunden.

Die Tabelle lehrt, daß mit steigender Trockentemperatur das Quellungsvermögen absinkt, und zwar von einer Temperatur von 120° C ab sogar in beträchtlichem Maße. Auch diese Beobachtung ist ein Beweis für die weitgehende Strukturumwandlung durch die Trocknung.

Tabelle. 131. *Einfluß der Wärme auf die Wasseraufnahme der Hydratzellulose.* (Nach GÖTZE und REIFF.)

Trockentemperatur °C	Wasseraufnahme %	
	Reyon I	Reyon II
—	67,5	62
40	67	61,5
60	66	61
80	66	60
100	63,2	59,5
120	62,2	58,5
140	57,5	52,5
160	50,2	48,2
180	41	39
200	30	30

IV. Die Durchführung der Trocknung.

Aus dem oben Gesagten geht hervor, daß die Trocknung der Fasern keineswegs ein ungefährlicher Vorgang ist. Die Erbauer von Trockeneinrichtungen dürfen sich daher nicht nur von dem Gedanken leiten lassen, Einrichtungen zu schaffen, die in ihrer Leistung wirtschaftlich sind, sie müssen vielmehr auch darauf bedacht sein, daß die Trocknung so schonend wie möglich erfolgt. Weiter lehren die Untersuchungen, daß auch auf gleichmäßige Trocknung des Trockengutes zu achten ist, damit kein färberisch ungleichmäßiges Material entsteht.

Die Notwendigkeit, große Mengen Reyon oder Zellwolle durchsetzen zu müssen, läßt, wenn man von speziellen Arbeitsweisen absieht, Kammertrockner von vornherein ausscheiden. Es kommen daher sog. Trockenkanäle in Frage, worunter Einrichtungen zu verstehen sind, durch die das zu trocknende Gut kontinuierlich hindurchgeführt wird.

In den Trockenkanälen liegen zwei Gebiete vor, die sich durch den Zustand der Luft unterscheiden. In dem einen ist das Verhältnis des Dampfdruckes des feuchten Gutes zum Sättigungsdruck des Dampfes bei der jeweiligen Temperatur gleich 1, in dem anderen ist dieses Verhältnis kleiner als 1. Man bezeichnet das erste Gebiet als „nassen Bereich" und das zweite als „hygroskopischen Bereich"[1]. Im ersten Gebiet gibt das Trockengut große Mengen Wasser an die umgebende Luft ab, im zweiten Gebiet erfolgt die Wasserabgabe nur langsam, und das Gut kann bei unrichtig geleitetem Trockenprozeß wieder Feuchtigkeit aus der Luft aufnehmen. Für das erste Gebiet ist kennzeichnend, daß das Trockengut nicht die Temperatur der Luft annimmt. Dies gilt allerdings mit der Einschränkung, daß hierbei die Luft-

[1] Vgl. hierzu ROSSIÉ: Kunstseide **42**, 423 (1937).

geschwindigkeit größer als 2 m/Sek. ist. Das Trockengut nimmt infolge der auftretenden Verdunstungskälte eine niedrigere Temperatur an als die Außenluft besitzt. Ein am Trockner angebrachtes Thermometer gibt daher keine Auskunft über die Temperatur des Trockengutes. Der Temperaturunterschied ist um so größer, je trockener und je wärmer die Trocknungsluft ist. Bei gesättigter Luft, bei der also keine Verdunstung mehr möglich ist, wird die Differenz gleich Null, das Trockengut stellt sich dann auf die Lufttemperatur ein.

Durch die für die Wasserverdunstung geleistete Arbeit wird bei fortlaufender Luftführung die Temperatur der Trockenluft allmählich niedriger, sofern keine Frischluft und keine neue Wärme zugeführt wird. Trotzdem bleibt die Temperatur des Trockengutes konstant. Dies hat seinen Grund darin, daß das Kälterwerden der Luft mit der Wasseraufnahme aus dem Trockengut verbunden ist und daß hierdurch die Verdunstungskraft sich in demselben Maße, in dem die Luft kälter und feuchter wird, verringert. Abb. 402 veranschaulicht die Einstellung der Temperatur des Trockengutes in Abhängigkeit von der Lufttemperatur und der relativen Luftfeuchtigkeit der Trocknungsluft.

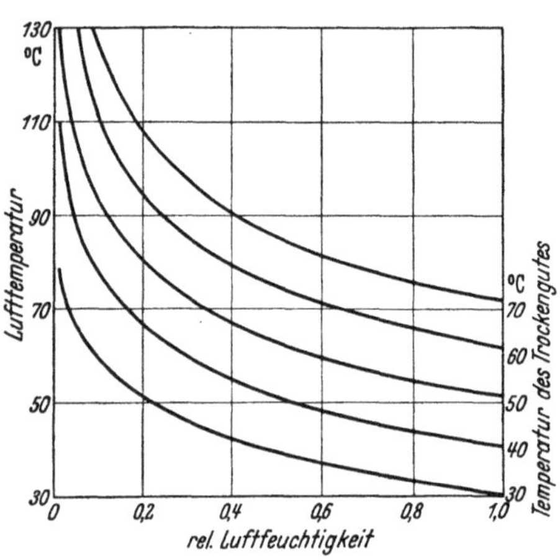

Abb. 402. Temperatur des Trockengutes in Abhängigkeit von der Lufttemperatur und relativen Feuchtigkeit der Trocknungsluft. (Nach Rossié.)

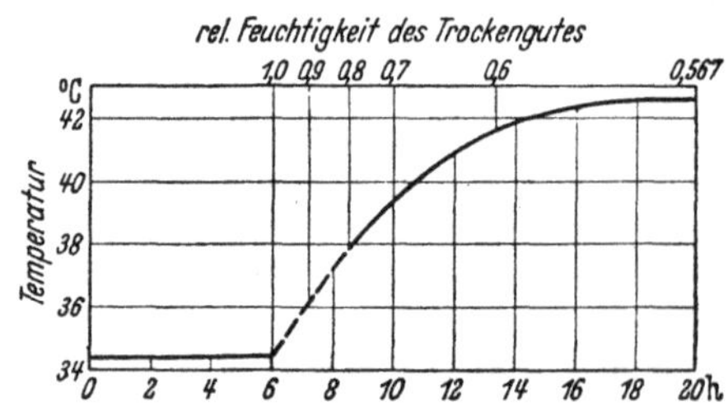

Abb. 403. Temperatur des Trockengutes im hygroskopischen Bereich. (Nach Rossié.)

Im hygroskopischen Bereich steigt die Temperatur des Trockengutes an, da die Verdunstung verlangsamt wird. Der Anstieg der Temperatur des Trockengutes bedeutet eine Annäherung der Temperatur der Trocknungsluft und damit eine Verringerung des Wärmeüberganges zwischen Luft und Trockengut. Dampfdruckerniedrigung und Temperaturerhöhung wirken in steigendem Maße erschwerend auf den weiteren Verlauf der Trocknung ein. Die endgültige Annäherung des Zustandes des Trockengutes an den Luftzustand erfolgt unendlich langsam (Abb. 403).

Für Viskosereyon und -zellwolle ist charakteristisch, daß sich diese Fasern nach Untersuchungen von Rossié noch während einer langen Zeit der Trocknung im hygroskopischen Bereich fast wie nasses Gut verhalten. Ihre Temperatur steigt also nur wenig an. Erst wenn der Feuchtigkeitsgehalt des Gutes, bezogen auf 1 kg Trockensubstanz, gleich 0,22 ist, beginnt die Temperatur anzusteigen. Viskosefasern können daher nur schwer übertrocknet werden, was als Vorteil anzusprechen ist.

In der Praxis ist der Trocknungsverlauf von einer Reihe von Faktoren abhängig, die eine mehr oder weniger große Abweichung von dem oben Dargestellten ergeben. Zunächst ist zu bedenken, daß sowohl beim Trocknen von Fadenwickeln als auch beim Trocknen von Zellwollflocke nicht alle Teile in gleicher Weise der Trockenluft ausgesetzt sind. Der Trockenluft stärker ausgesetzte Teile, also vornehmlich die Oberfläche des Trockengutes, trocknen dem Gesamtgut voraus und können hierdurch andere physikalische Eigenschaften annehmen. Im hygroskopischen Bereich ist das Verhalten des Trockengutes davon abhängig, wie sich die hygroskopisch gebundene Feuchtigkeit in der Masse des Trockengutes verteilt. Hier muß man durch geeignete Luftführung einen Ausgleich schaffen.

Die Trocknung des Reyon. Auf Grund der bisherigen Ausführungen kann gesagt werden, daß die Trocknung um so günstiger für die physikalischen Eigenschaften der Hydratzellulosefasern verläuft, je milder man den Trockenvorgang durchführt. Von besonderer Bedeutung ist hierbei die Beobachtung, daß auch die Gleichmäßigkeit des Trockengutes hinsichtlich seiner physikalischen Eigenschaften um so größer ist, je milder man die Trockenbedingungen gewählt hat. Dies gilt auch hinsichtlich der Ausschrumpfung der Gespinste.

Einige Reyonfabriken sind daher dazu übergegangen, das Reyon in großen Trockenkammern bei Temperaturen von nur 40···45° C zu trocknen und zwar bei hohen Luftfeuchtigkeitsgehalten, wobei die Trockentemperatur in Abhängigkeit von der Luftfeuchtigkeit automatisch gesteuert wird. Eine solche Trocknung nimmt allerdings eine Zeit von 9···11 Tagen in Anspruch, wozu noch ein etwa dreitägiges, anschließendes Konditionieren kommt.

Was nun die Trockenkanäle anbetrifft, so geht aus dem weiter oben Gesagten hervor, daß die Leitung des Trockenprozesses nicht ganz einfach ist. Die Konstrukteure der Trockenanlagen müssen sich aber nicht nur von technischen Gesichtspunkten leiten lassen. In dieser Beziehung werden bei den Trocknungsanlagen also Kompromisse geschlossen. Rossié weist darauf hin, daß nach seinen Beobachtungen im allgemeinen aus Gründen der Vorsicht das Trockengut schon in Luftzonen niedrigerer Trocknungskraft gebracht wird, wenn es noch in heißerer Luft getrocknet werden könnte. Hier ließe sich also noch etwas Energie einsparen. Auch am Ende des Trocknungsvorganges sind nach Rossié höhere Temperaturen möglich.

Entsprechend den verschiedenen Arbeitsweisen in der Reyonfabrik kommt das Reyon in der unterschiedlichsten Aufmachungsform zur Trocknung. Es ist zu unterscheiden

die Trocknung der Glaswalzen oder großen Aluminiumwalzen mit den entsäuerten, unentschwefelten Gespinsten,

die Trocknung der Spinnspulen mit den entsäuerten, unentschwefelten Gespinsten,

die Trocknung der Spinnspulen mit im direkten Verfahren fertiggewaschenem Reyon,

die Trocknung von Zwirnwickeln,

die Trocknung von im direkten Verfahren fertiggewaschenen Spinnkuchen,

die Trocknung von Reyonsträngen.

Glaswalzen und große *Aluminiumwalzen* werden zweckmäßig so getrocknet, daß man sie auf geeignete Gestelle auflegt bzw. aufsteckt, die an einer Hängebahn hängend durch einen langen Trockenkanal gefahren werden.

Wie S. 533 beschrieben war, werden die *Spinnspulen* für die Entsäuerung in kastenförmige Rahmen gesteckt, in denen liegend sie mit Waschwasser berieselt werden. Um ein Umstecken zu vermeiden, das mit Gefahren für die Qualität der Faser sowie mit Lohnkosten verbunden ist, werden die entsäuerten Spinnspulen zweckmäßig in diesem Rahmen ruhend auch getrocknet. Zu diesem Zweck werden die Rahmen in Transportwagen eingeschoben, die auf Gleisen in den Trockner eingefahren werden. Die Wagen werden im Trockenkanal durch die Greifer einer in den Boden des Trockners eingebauten endlosen Transportkette erfaßt und so langsam durch den Kanal hindurchgefahren (Abbildung 404).

Abb. 404. Trocknung von Spinnspulen in Spulenrahmen liegend.

Bei der Trocknung von Spinnspulen, die im Saug- oder Druckverfahren fertig gewaschen wurden, bedient man sich für den Transport durch den Trockenkanal gleichfalls besonders konstruierter Wagen. In neuerer Zeit verwendet man auch sog. „Igel", worunter Wagen zu verstehen sind, die im wesentlichen aus einem Stabgerüst bestehen (Abb. 405). Die Beschickung dieser Igel geht schneller vonstatten als die besonderer Spulenwagen. Man kann hierbei so vorgehen, daß man die Spulen nach dem Ausbauen aus den Druck- oder Saugwaschanlagen einzeln über die Stäbe schiebt. Bei den Saugwaschanlagen, die ein perforiertes Innenrohr besitzen, kann man die Überführung der auf dem Rohr aufsitzenden Spulen auf die Stäbe des Igels so vornehmen, daß man das Rohr mit den Spulen an das Stabende hält und die Spulen durch Heben das Rohres auf den Stab rutschen läßt.

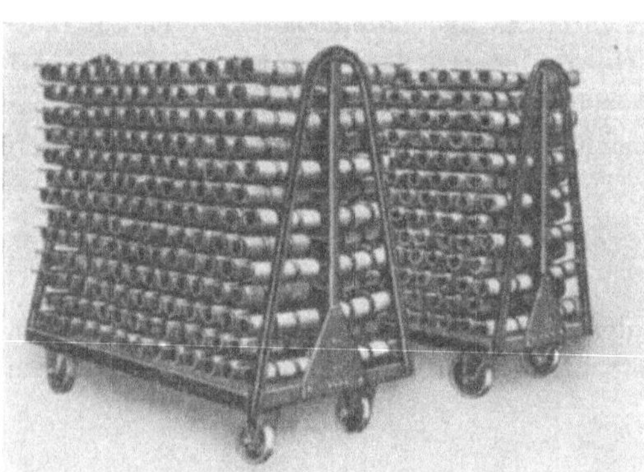

Abb. 405. „Igelwagen" zur Aufnahme von Spinnspulen (Friedr. Haas, K. G., Remscheid-Lennep.)

Man kann sich aber das Umstecken der Spulen ganz ersparen und die ganze Spulensäule mit dem Rohr auf den Igelstab aufstecken. In diesem Falle muß allerdings der zwischen den Spulen sitzende Dichtungsring aus Gummi mit durch den Trockner gehen, was eine vorzeitige Alterung des Gummis bewirkt. Dies kann man verhüten, wenn man schräg geschlitzte Gummiringe verwendet, die man vor dem Aufstecken des Rohres mit den Spulen zwischen diesen seitlich herausziehen kann.

Die Trocknung von im direkten Verfahren gewaschenen *Spinnkuchen* geht auf die gleiche Weise vor sich wie diejenige der Zwirnwickel. Man kann hierfür dieselben Trockenkanäle verwenden, die für das Trocknen von Strangware gebaut sind. Wie weiter unten noch ausgeführt wird, eignen sich hierzu am besten Trockenkanäle mit umlaufenden Kettengängen. Die Kuchen bzw. Zwirnwickel werden über einen Stab geschoben und dieser an die Transportketten gehängt. Seitlich an diesen Stab hängt man dann mit Aluminiumhaken noch drei weitere, etwas kürzere Stäbe an, die gleichfalls mit Kuchen behängt sind. Durch diese einfache Vorrichtung kann man den Umbau von Strangtrocknern umgehen.

Wie Abb. 406 zeigt, kann man für die normale Trocknung von Spinnkuchen und Zwirnwickeln jedoch auch eine andere Vorrichtung benutzen. Sie besteht aus einem Wagen, der ein Gestell trägt, das mit Kuchen bzw. Zwirnwickeln behangene Stäbe aufnehmen kann. Diese Wagen werden dann wieder durch Transportketten durch den Kanal gefahren.

Wir werden S. 630 noch eine andere Konstruktion eines Trockners für Spinnkuchen kennenlernen.

Abb. 406. Trocknung von Spinnkuchen oder Zwirnwickeln. (Friedr. Haas, K. G., Remscheid-Lennep.)

Für das Trocknen von *Reyonsträngen* eignen sich am besten die schon erwähnten Trockenkanäle mit zwei Paaren von umlaufenden Transportketten. Die Stränge werden, nachdem sie aus den Schleudertüchern ausgepackt sind, auf Stäbe gehängt und, wie aus Abb. 407 hervorgeht, auf die Transportketten des Trockenkanales gehängt. Zur Verbesserung der Stranglage hat man früher die nassen Stränge vor dem Einfahren in den Trockner durch besondere Schlagmaschinen angestreckt. Diese Arbeitsweise mußte jedoch verlassen werden, da zu leicht Fäden rissen oder überdehnt wurden. Zur Öffnung der zusammengepackten Stränge kann man sie jedoch auf eine drehbare Walze mit längs verlaufenden Erhöhungen hängen und dann der Walze mit der Hand einige Umdrehungen erteilen. Hierdurch öffnen sich die Strangbündel von selbst und die Stränge verteilen sich einzeln auf der Walze. Sie werden, wo dies nötig ist, vorsichtig mit der Hand etwas gestreckt. Dann führt man von der Seite einen Trockenstab unterhalb der Walze ein und hebt hiermit die Stränge von der Walze ab. Um durch die Luftführung des Trockenkanals ein Verwirren der Stränge zu verhüten sowie ihnen überhaupt ein glatteres Aussehen zu verleihen, legt man unten in die Stränge einen zweiten, etwas kürzeren Stab ein.

Als Stabmaterial verwendet man Aluminiumrohre. Da durch die auf die Gespinste aufgebrachte Avivage unter Umständen Flecke durch Bildung von Aluminiumseife (Stabflecken) entstehen können, so läßt man die Aluminiumrohre zweckmäßig bakelitisieren.

Alle Trockenkanäle sind in drei Zonen unterteilt. Um eine vollkommen gleichmäßige Trocknung zu gewährleisten, wird das Gut in der ersten Zone bis auf einen Wassergehalt von 3···4% heruntergetrocknet. Die zweite Zone dient als Kühlzone.

Abb. 407. Strangtrockner der Fa. Friedr. Haas, K. G., Remscheid-Lennep.

In der dritten Zone endlich wird das getrocknete Material bis auf den richtigen Feuchtigkeitsgehalt wieder befeuchtet.

Von ausschlaggebender Bedeutung für die Gleichmäßigkeit der getrockneten Gespinste, auch in färberischer Hinsicht, ist verständlicherweise die Luftführung in

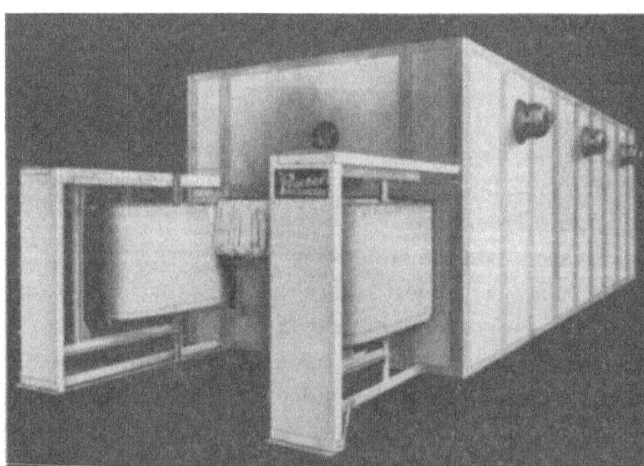

Abb. 408. Strangtrockner der Fa. Proctor u. Schwartz, Philadelphia.

den Trockenkanälen. Beim Trocknen der Gespinste auf Spulen ist zwar hierdurch kaum eine Beeinflussung im Innern der Gespinste möglich, wohl ist dies jedoch bei Strangtrocknern der Fall. In dieser Beziehung hat sich ein Kanaltrockner der Firma *Proctor u. Schwartz*, Philadelphia, besonders bewährt. Jede Wirbelbildung der von oben in den Kanal geführten Luft an den Seitenwänden des Trockners wird hierbei mit Sicherheit dadurch vermieden, daß die Seitenwände mit den Strängen umlaufen (Abb. 408).

Die Trocknung der Zellwolle. Die Trocknung der Zellwolle gestaltet sich schwieriger als die Reyontrocknung. Den Trockenapparaturen kommt hierbei nicht nur die Aufgabe der eigentlichen Trocknung zu, vielmehr muß der Trockner gleichzeitig die Faserflocke öffnen und auflockern. Daß diese Wirkung durch Anwendung bestimmter Avivagemittel unterstützt werden kann, wurde schon erwähnt.

Die Zellwolle wird z. B. nach einer Konstruktion der Firma *Gg. Kiefer*, Stuttgart-Feuerbach, auf einem Transportband aus Drahtgewebe ruhend durch den Trockner geführt. Man nennt diese Trockner daher auch Bandtrockner. Die Konstruktion des Bandes muß so gewählt werden, daß während des Trocknens keine Faserbüschel zwischen den einzelnen Drähten hindurchfallen oder sich zwischen ihnen festklemmen. Um ein Verziehen des Drahtgewebes zu vermeiden, wird dieses Band nicht direkt gezogen, sondern der Transport wird durch zwei seitlich angeordnete Ketten vorgenommen, zwischen denen das Band gehalten wird. An beiden Rändern des Bandes sind Blechschürzen angebracht, die ein Herunterblasen der Flocke vom Band verhüten. Über die Transportketten ist ein Abdeckblech gelegt, damit keine Flocke in die Ketten geraten kann.

Der Apparat wird als Einbandtrockner sowie als Dreibandtrockner gebaut. Die Wahl hängt von den vorhandenen Raumverhältnissen ab, sowie aber auch vom Wassergehalt des zur Trocknung kommenden Gutes. Ist die Zellwolle durch Quetschwalzen entwässert worden, so gelangt sie mit einem Wassergehalt von etwa 260% in den Trockner. Geschleuderte Zellwolle hat demgegenüber nur einen Wassergehalt von annähernd 125%. Im letzteren Falle kommt man mit einem Einbandtrockner aus.

Der Feuchtigkeitsentzug wird durch die etwas klumpige Beschaffenheit der Zellwolle sehr erschwert. Der Trockner arbeitet daher in zwei Stufen. Nach der halben Trockenzeit wird der Trocknungsprozeß unterbrochen. Das mit einem Wassergehalt von 260% in den Trockner eingefahrene Material hat dann noch einen Wassergehalt von etwa 30%, das mit 125% Wasser behaftet gewesene Material ist dann auf einen Wassergehalt von 15% gebracht worden. Nunmehr wird das so vorgetrocknete Material durch eine besondere mechanische Vorrichtung weitgehend aufgelockert. Das so vorbereitete Material wird nun in der zweiten Zone des Trockners fertig getrocknet, gekühlt und befeuchtet.

Die Luftführung im Kiefertrockner ist so, daß die heiße Luft im ersten Teil des Trockners von unten nach oben und im zweiten Teil umgekehrt strömt. Durch den Unterwind im ersten Teil wird der Trocknungsvorgang insofern beschleunigt, als die Luftrichtung der Wasserflußrichtung entgegengesetzt ist. Im zweiten Teil muß die Luft von oben zugeführt werden, da bei der bereits weitgehend getrockneten Faser sonst zu viel Faserflug entstehen würde.

Die Trennung der Trockeneinrichtung in zwei Teile gestattet außerdem, das Band des zweiten Trocknerteils schneller laufen zu lassen und dadurch die Schichthöhe des aufgelockerten Materials zu verringern.

Die Feuchtung des Materials erfolgt in einem an das Ende des Trockners angebauten Einbandfeuchter, gleichfalls mit Luftführung von oben nach unten. Die Befeuchtung wird nicht mit Wasser, sondern mit Luft vorgenommen, die mit Feuchtigkeit gesättigt ist. Hierdurch wird die Gefahr der Wassertropfenbildung wirksam verhütet.

Der über den Transportbändern befindliche Raum ist als Windkessel ausgebildet. Die durch einseitig arbeitende Reihengebläse aus ihm angesaugte Luft streicht über seitlich angeordnete Heizrohre und wird durch quer zur Bandrichtung angeordnete schlitzförmige Ausblasedüsen auf das Material geblasen.

Der Kanal wird mit Naturkork oder Strohstoffisolierplatten verschalt.

Das zu trocknende Fasermaterial wird entweder von Hand in einen kastenförmigen Vorbau des Trockners gegeben (Abb. 409) oder durch einen sog. Vorlegeöffner mechanisch in den Kanal eingeführt. In diesem wird die Fasermasse soweit aufgelockert, daß sie als gleichmäßiges Vlies in den Trockner gelangt. Die in den Bunker eingeworfene Zellwolle fällt auf ein Nadelband, das sich in einem ständigen Kreislauf befindet. Die auf Leisten angeordneten Nadeln ziehen auf der ganzen Breite Zellwollflocken aus dem Bunker heraus. Da die entnommene Menge größer ist als für die Trocknung wünschenswert, sind über dem Nadelband hintereinander zwei Abkämmrechen angeordnet, die das Nadelband fortwährend abkämmen. Auf diese Weise bleibt an den einzelnen Nadeln nur eine kleine, aber gleichmäßige Zellwollmenge hängen. Der Überschuß wird abgestreift und durch nachfolgende Nadeln mitgenommen bzw. in den Bunker zurückgeworfen. Auf dem Wege der mitgenommenen Flocke vom Bunker bis zum Einlauf in den Trockner ist durch die Auskämmung eine vollkommen gleichmäßige Verteilung der Flocken über die ganze Bandbreite erreicht. Nach Überschreiten des Wendepunktes des Nadelbandes stellen sich die Nadeln schräg nach unten, wodurch die Flocken abfallen. Sie werden von einem Lenkblech aufgefangen und so lange gestapelt, bis das Förderband des Trockners die Flocken übernimmt. In diesem Augenblick tritt eine Wendung der Flocken ein, so daß sie in senkrechter Schichtung auf das Förderband zu liegen kommen.

Abb. 409. Einwurfbunker vor einem Zellwoll-Trockner der Fa. Maschinenfabrik Gg. Kiefer, Stuttgart-Feuerbach.

Abb. 410 zeigt den Vorlageöffner vor einem Kiefer-Trockner, Abb. 411 den Austritt der getrockneten Zellwolle aus dem Trockner.

Trockner und Vorlageöffner werden auch von den Firmen *Friedr. Haas*, Lennep, und *Benno Schilde*, Hersfeld, gebaut. Sie unterscheiden sich hinsichtlich konstruktiver Einzelheiten von den beschriebenen Apparaten.

In neuerer Zeit findet ein Trockenapparat in die Reyon- und Zellwollfabriken Eingang, der von der Firma *Büttnerwerke Aktiengesellschaft*, Krefeld-Uerdingen, gebaut und mit Spiralbandtrockner bezeichnet wird. Er eignet sich in gleicher Weise für das Trocknen von Reyon auf Spulen, in Form von Spinnkuchen sowie von Zellwolle.

Der Trockner besteht im wesentlichen aus einem vertikalen Führungsgerüst, das den Querschnitt eines Vielecks hat. In jeder Ecke ist eine Führungsstange angebracht, um die sich die einseitig angeordnete Kette der Tragflächen legt, deren Gliedteilung der Seitenlänge des Vielecks entspricht. Die Kette wird in schraubenförmigen Windungen um das Führungsgerüst geschichtet und bildet mit den einseitig daran

Abb. 410. Vorlageöffner der Maschinenfabrik Gg. Kiefer, Stuttgart-Feuerbach.

Abb. 411. Austritt der getrockneten Zellwollflocke aus einem Trockner der Maschinenfabrik Gg. Kiefer, Stuttgart-Feuerbach.

befestigten Tragflächen des Bandes eine freistehende Ringsäule im Innern des Trockners.

Die Ringsäule ruht auf einer im unteren Teil des Trockners angeordneten, schraubenförmigen Absenkbahn. Bei einer Umdrehung des zentralen Führungsgerüstes sinkt die Ringsäule um eine Steigung nach unten. Die unten freiwerdenden Tragflächen werden nach entsprechender Umleitung wieder oben dem Trockner zugeführt.

Innerhalb des Führungsgerüstes läuft in einer zentralen Lagerung die Turbinenwelle mit mehreren übereinander angeordneten Turbinen, von denen jede einen zweifachen radial vor- und zurückfließenden Luftstrom erzeugt. Der über den ganzen Umfang und die Höhe der Turbinen gleichmäßig austretende Luftstrom zirkuliert

Abb. 412. Trocknen von Spinnkuchen im Spiralbandtrockner der Fa. Büttnerwerke Aktiengesellschaft, Krefeld-Uerdingen.

bei fast gleichbleibender Geschwindigkeit. Spinnkuchen oder Spinnspulen werden auf Stäbe gehängt, die wieder in ein kastenförmiges Gestell gehängt werden (Abb. 412). Auf Transportschienen werden diese Gestelle oben in den Trockner eingefahren. Sie durchwandern in vertikaler Richtung die Vor- und Rückstromzone jeder Turbine und werden dementsprechend in wechselnder Richtung durchströmt und gleichmäßig getrocknet. Der Luftweg über dem Trockengut ist kurz. Die Luft wird im oberen Teil des Trockners in der Vor- und Rückstromzone aufgeheizt. Die Heizflächen sind in charakteristischer Weise über den ganzen Umfang der Apparatur verteilt.

Im Anschluß an die Trocknung wird das Trockengut gekühlt und wieder befeuchtet. Dies geschieht in einem unter Flur angeordneten Teil des Trockners. Aus der Feuchtzone verlassen die Gestelle mit den Kuchen oder Spulen den Trockner und werden auf Schienen der Abnahmestelle zugeführt.

In Abb. 413 ist eine komplette Anlage der Büttner-Werke für das Trocknen von Zellwolle dargestellt. Die in einer Zentrifuge oder, wie aus der Abbildung ersichtlich, zwischen Walzen entwässerte Zellwollflocke wird ohne mechanische Auflockerung auf ein schräg nach oben geführtes Einlaufband des Trockners kontinuierlich als Vlies abgelegt und auf ihm dem Transportband im Innern des Trockners zugeführt.

Wie vorhin beschrieben, senkt sich das Band spiralig nach unten ab, ohne dabei eine Eigenbewegung durchzuführen.

Das getrocknete Vlies wird unten an ein Transportband abgegeben, das es aus dem Trockner herausführt. Dieses Transportband führt die Flocke einem Öffner zu, in dem das Gut aufgelockert wird. In dieser Form gelangt es darauf in einen Feuchter, der gleichfalls nach dem Turbinenprinzip arbeitet. Die Befeuchtung erfolgt durch feuchte Luft, die durch eine zentral eingebaute Umluftturbine dauernd im Kreislauf durch die ringförmig weiterbewegte Schicht gedrückt wird. Nach ihrem Durchgang durch die Faserschicht durchströmt die Luft seitlich angeordnete Feuchtkränze. Diese bestehen aus Stramingewebe. Sie benetzen sich bei ihrer Drehung dauernd in einem Wasserbad.

Abb. 413. Komplette Anlage für das Trocknen, Öffnen und Befeuchten von Zellwolle. Büttner-Werke Aktiengesellschaft, Krefeld-Uerdingen.

Bei den meisten Trockenanlagen wird ein Öffner der Firma *Trützschler* verwendet. Neuerdings hat sich jedoch auch ein Öffner der Firma *A. u. C. Kosik G. m. b. H.*, Kelheim, eingeführt, von dem Abb. 414 eine Skizze wiedergibt. Es handelt sich bei dieser Konstruktion um die Kombination eines Kastenspeisers mit einem Öffner.

Wie die Abbildung erkennen läßt, wird die Zellwolle hinter dem Trockner auf ein Zuführband aufgelegt und von diesem an das innerhalb der Maschine gelegene zweite Band übergeben. Eine Klappe über diesem Band steuert automatisch die einlaufende Menge. Das nach vorn geneigte Steignadeltuch nimmt die Zellwolle auf und führt sie an einem waagerecht laufenden Reguliernadelband vorbei. Der Abstand zwischen den Nadeln der beiden Tücher ist einstellbar und bestimmend für die Leistung der Maschine. Hier erfolgt eine Voröffnung der Stapel. Aus den Nadeln der nach unten führenden Rückseite des Steignadeltuches streift eine mit Lederflügeln und Spitzen versehene Abstreiferwalze die Fasern ab und gibt sie über einen Wipper auf ein kurzes Zuführband zum Schläger. Eine Walze ordnet die aufgelockerten Fasern zu einem Vlies und schiebt dieses durch Speisewalzen zu einer Porcupine-Schlägerwalze.

Der Kastenspeiser wird zweckmäßig automatisch beschickt. Zu diesem Zwecke bringt man über dem ersten Zuführband einen Kondenser an, der die Zellwolle an-

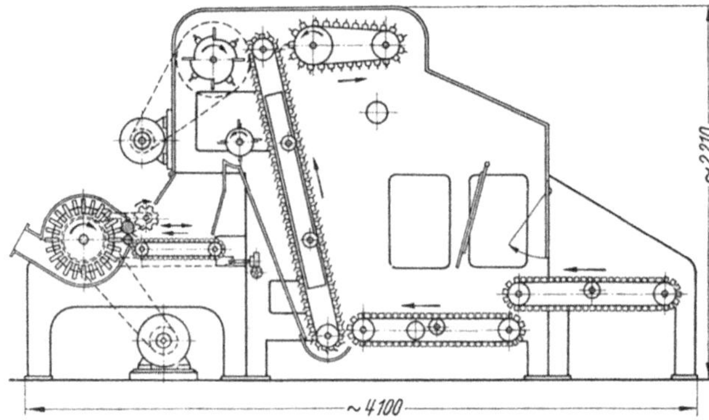

Abb. 414. Porcupineöffner der Fa. A. u. C. Kosik G. m. b. H., Kelheim.

saugt und auf das Band legt. Ebenso schließt man hinter die Porcupine-Schlägerwalze eine Blechleitung an, durch die ein Exhaustor die Zellwolle zu den Packpressen fördert.

V. Die Hochfrequenz- und Infrarot-Trocknung.

In den letzten Jahren sind eingehend die Möglichkeiten studiert worden, Chemiefasern durch Hochfrequenz- oder Infrarotstrahlung zu trocknen. Von diesen Trocknungsarten konnten Vorteile erwartet werden, und zwar besonders in solchen Fällen,

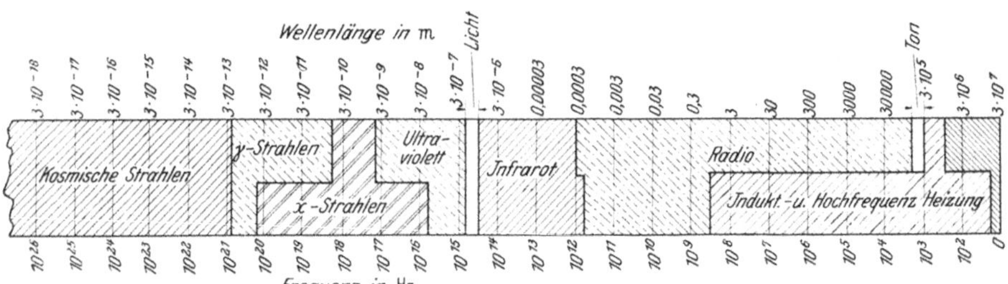

Abb. 415. Wellenspektrum.

in denen eine Trocknung aus dem Innern der Gespinste heraus zweckmäßig erscheint, wie dies z. B. zur Herbeiführung des Schrumpfungsausgleichs bei Spinnkuchen der Fall ist.

Um zu zeigen, welche Wellenlängen für diese Trocknungsarten in Frage kommen, ist in Abb. 415 das vollständige Wellenspektrum wiedergegeben. Aus der Abbildung geht hervor, daß sich das Gebiet der Infrarot-Strahlung jenseits des ultravioletten Lichtes befindet und die Wellenlängen zwischen $3 \cdot 10^{-6}$ und 0,0003 m, entsprechend einer Frequenz in Hertz von 10^{14} bis 10^{12}, umfaßt. Weiter nach rechts schließen sich die in der Funkentelegrafie verwendeten Wellenlängen bzw. Frequenzen an, die dann in das Gebiet der hohen Frequenzen von einer Wellenlänge von etwa 3 bis $3 \cdot 10^7$, entsprechend einer Hertz-Zahl von 10^8 bis 0 übergehen.

Es soll zuerst auf die Hochfrequenztrocknung einegegangen werden[1]. Unter dem Einfluß des durch 5···30000 Millionen Schwingungen in der Sekunde gekennzeichneten elektrischen Feldes werden die Moleküle der Stoffe hin- und hergeworfen, wobei durch Reibungskräfte Wärme entsteht. Da sich sämtliche Moleküle an dieser Bewegung beteiligen, so erfolgt eine gleichmäßige Erwärmung im ganzen Gut, die, wie schon gesagt, von innen nach außen verläuft. Hierdurch werden alle die schädigenden Einflüsse, die von der normalen, von außen nach innen verlaufenden Warmlufttrocknung bekannt sind, ausgeschaltet.

Man unterscheidet nun induktive und dielektrische Hochfrequenzerwärmung, von denen die erstere fast ausschließlich für das Härten, Löten und Schweißen von Metallen angewandt wird, während die dielektrische Erwärmung für das Trocknen von Papier, Textilien, Gummi usw. in Frage kommt.

Bei der dielektrischen Trocknung wird das Trockengut zwischen zwei Kondensatorplatten durchgeführt, an die das hochfrequente elektrische Feld angeschlossen wird. Nach BUSATH[2] beruht der Vorteil der dielektrischen Trocknung darin, daß alle Teile des Trockengutes durch die Wärme, die durch dielektrische Verluste im Material selbst erzeugt wird, gleichmäßig erhitzt werden, und zwar unabhängig von der Dicke des Trockengutes und von seiner Leitfähigkeit. Die Temperatur kann, da hohe Energiekonzentrationen angewandt werden können, sehr schnell gesteigert und auf eine bestimmte Höhe eingestellt werden. Nach dem Abschalten hört die Wärmeentwicklung sofort auf. Ein weiterer Vorteil ist der, daß ein hoher Wassergehalt des Gutes das Trocknungsverfahren selbst nicht beeinflußt und daß keine Beschädigung der Faseroberfläche oder Änderung der inneren Struktur stattfindet.

Als Nachteile stehen dem jedoch hohe Energie- und Installationskosten gegenüber. So hat z. B. VON LASSBERG berechnet, daß das Austreiben von 1 kg Wasser aus einer Papierbahn mittels Dampf einschließlich aller Kapitaldienstkosten etwa 2···3 Pfennig kostet. Mit Hochfrequenz benötigt man zum Austreiben von 1 kg Wasser rund eine Hochfrequenz-Kilowattstunde, wofür ungefähr 50 Pfennig gerechnet werden müssen. Man versucht daher auch den Weg, die größte Wassermenge aus dem Trockengut erst durch normale Warmlufttrocknung und nur den Rest durch Hochfrequenz aus dem Gut herauszuholen. Bei Spinnkuchen sollen besonders gute Ergebnisse erzielt worden sein, wenn gleichzeitig ein schwaches Vakuum zur Anwendung gebracht wurde[3]. Im Hochfrequenzfeld getrocknetes Reyon soll nach Beobachtungen von GRIFFIN[4] besonders günstige Eigenschaften für Cordfäden aufweisen. Interessant ist die Anwendung der dielektrischen Heizung auch für die Nachbehandlung der fertigen Cordzwirne, die normalerweise durch Dämpfen beruhigt werden müssen. Schwache Erwärmung mittels Hochfrequenz kann diesen Dämpfprozeß ersetzen, wobei die geringen Feuchtigkeitsgehalte des Zwirns für die Fixierung ausreichen und wobei gleichzeitig noch geringe Schrumpfungsdifferenzen innerhalb des Materials ausgeglichen werden.

---

[1] VON LASSBERG: Das Papier **3**, 377 (1949).
[2] BUSATH: Kunsts. u. Zellw. **27**, 319 (1949).
[3] CLARK: Brit. Pat. 563590.
[4] GRIFFIN: Textile World **94**, 105 (1944); USA. Pat. 2433842; Brit. Pat. 584070.

Bei der Infrarot-Trocknung erfolgt die Wärmeübertragung durch Strahlung. Vor allem die Strahlung im Bereich der Wellenlängen von 7000···14000 Å hat sich als günstig erwiesen. Die Infrarot-Strahlen dringen verhältnismäßig tief in das Trockengut ein. Da es sich um Strahlungstrocknung handelt, erscheint die Infrarot-Trocknung für die Reyonindustrie, bei der dicke Gespinste zur Trocknung kommen, weniger geeignet als die Hochfrequenztrocknung. Sie ist jedoch dort am Platze, wo verhältnismäßig dünne Schichten getrocknet oder erhitzt werden sollen. So hat man versucht, einen fließenden Viskosefilm zum Zwecke der thermischen Nachreife durch Infrarotstrahlung zu erwärmen, auch sind Zellwollvliese ein geeignetes Trockengut.

Als Wärmequellen dienen Glühlampen mit besonders präparierten Reflektoren, teilweise jedoch auch als sog. Dunkelstrahler ausgebildet[1]. Wirtschaftlicher haben sich Gasstrahler erwiesen, bei denen als Strahlungsquelle gasgeheizte Metallstäbe dienen[2].

Diese neuen Trocknungsarten befinden sich noch im Versuchsstadium; ein abschließendes Urteil kann daher noch nicht gegeben werden.

20. Kapitel.

Die textile Fertigstellung der Chemiefasern.

Das auf den Walzen und Spulen sowie in den Spinnzentrifugen anfallende Reyon muß nach der chemischen Nachbehandlung und Trocknung in einen verarbeitungs- und verkaufsfähigen Zustand übergeführt werden. Zu diesem Zweck wird es in die Form von Strängen gebracht oder auf versandfähige Spulkörper aufgespult. Nach dem Walzen- und Spulenspinnverfahren gesponnenes Reyon muß zuvor noch gezwirnt werden. Bei der Zellwolle ist die Überführung in den verkaufsfähigen Zustand verhältnismäßig einfach. Sie wird nach Verlassen des Trockners lediglich in einem mechanischen Öffner etwas geöffnet und dann in Ballen gepreßt.

I. Das Zwirnen.

Wie schon im 16. Kapitel erwähnt, bewirkt die Drehung des Spinntopfes gleichzeitig eine Zwirnung des Fadens, so daß Zentrifugengespinste nicht mehr in einem besonderen Textilbetrieb gezwirnt zu werden brauchen. Sie werden nach der chemischen Fertigstellung je nach Wunsch entweder zu Strängen gehaspelt oder auf Spulen gebracht. Auch der direkte Kuchenversand führt sich immer mehr ein. Wir kommen hierauf S. 665 zurück.

Die Anzahl der Drehungen, die einem Reyonfaden erteilt wird, richtet sich nach dem Verwendungszweck. Schußgarnen wird normalerweise eine Drehung von 110 bis 120 Touren auf 1 m Faden erteilt, Kettgarnen etwa 220 Touren. Es war schon an anderer Stelle erwähnt worden, daß vielfach aber auch Garne mit Schußdrehung als Kette in der Weberei verwendet werden. Neben diesen beiden Hauptdrehungen kennt man noch „Hochkette" mit etwa 300 Touren sowie Viole-Drehung mit etwa

---

[1] Liga: Kunsts. u. Zellw. **26**, 117 (1948). — Miedendorp: Rayon Text. Monthly **26**, 239 (1945). — Fleming: Amer. Dyest. Rep. **37**, 333 (1948). — Jervis: Electron Engn. **17**, 624 (1945). — [2] Shah: Indian Text. J. **56**, 1016 (1946). — Macadam: Ind. Gas Times **11**, 300, 302, 304, 306, 308, 310 (1948).

600 Touren. Viole-Drehung wird zweckmäßig auf Kreppzwirnmaschinen hergestellt (s. S. 646).

Man unterscheidet rechtsgedrehte Garne und linksgedrehte Garne. Da diese Bezeichnungen jedoch zu Mißverständnissen führen, ist 1937 vom Reichsausschuß für Lieferbedingungen für die Garndrehung die Bezeichnung s- und z-Draht eingeführt worden. Unter s-Draht wird die frühere Rechtsdrehung, unter z-Draht die frühere Linksdrehung verstanden. Die Buchstabenbezeichnung stammt daher, daß bei s-gedrehten Garnen die durch die Drehung dem Faden erteilte Riefung bei seitlicher Betrachtung des Fadens in der Richtung des schrägen Striches des Buchstabens S verläuft, während sie beim z-gedrehten Faden mit der schrägen Linie des Buchstabens Z zusammenfällt. Diese Bezeichnung ist für sämtliche Textilfasern verbindlich, während man früher z. B. in der Wollspinnerei unter Linksdraht dieselbe Drehungsrichtung verstand wie in der Reyonindustrie unter Rechtsdraht.

a) Die Zwirnung im Spinntopf.

Die Zwirnung, die einem Faden in der Spinnzentrifuge erteilt wird, ist bestimmt durch die Tourenzahl des Spinntopfes n, die Abzugsgeschwindigkeit v und den Innendurchmesser des Topfes d.

Es besteht für die Zwirnung Z folgende Beziehung:

$$Z = \frac{n - \frac{v}{d \cdot \pi}}{v}.$$

Da mit zunehmender Spinndauer entsprechend der ansteigenden Dicke des Spinnkuchens der Topfdurchmesser abnimmt, ist die Größe d in dem Faktor $v/d\pi$ veränderlich. Das besagt, daß die Zwirnung beim Spinnanfang anders ist als beim Spinnende. Diese Differenz ist aber so gering, daß sie sich praktisch nicht als Fehler auswirkt.

Ferner geht aus der Gleichung hervor, daß mit jeder im Spinntopf abgelegten Fadenschleife eine Topfumdrehung für die Zwirnung verlorengeht.

Bei nach dem Zentrifugenverfahren gesponnenen Fäden treten leicht Zwirnschwankungen auf, die in der Konstruktion der Zentrifugenspinnmaschinen begründet liegen[1]. Diese Fehler werden hervorgerufen durch den Hub des Trichterbalkens sowie durch die Bremsung des Fadens im Spinntrichter. Die durch diese beiden Faktoren bewirkten Zwirnschwankungen treten entsprechend der Bewegung dieser Maschinenteile periodisch auf.

Was zunächst die Bewegung des Trichterbalkens anbetrifft, so verlängert sich beim Aufwärtsgehen die freie Fadenlänge um die Größe des Hubes, also normalerweise um 10 cm. Da die Abzugsgeschwindigkeit konstant ist, so werden während der Zeit des Abwärtsgehens des Trichterbalkens 10 cm Faden weniger aufgewickelt. Dieser Vorgang kommt einer Verminderung der Abzugsgeschwindigkeit gleich. Beim Aufwärtsgehen des Trichterbalkens tritt das Umgekehrte ein, die freie Fadenlänge verkürzt sich um 10 cm, d. h. also, die Abzugsgeschwindigkeit wird erhöht. Es soll an einem Zahlenbeispiel gezeigt werden, wie groß die hierdurch entstehenden Zwirndifferenzen sind:

[1] Vgl. hierzu Boeglin: Kunstseide 18, 209 (1936).

Bezeichnet man den Hub des Trichterbalkens mit h und die Anzahl Hübe in der Zeiteinheit mit c, so besteht für die Abzugsgeschwindigkeit v_1 bei hochgehendem Trichterbalken die Beziehung

$$v_1 = v - c \cdot h.$$

Entsprechend ist die Abzugsgeschwindigkeit v_2 bei heruntergehendem Trichterbalken

$$v_2 = v + c \cdot h.$$

Hieraus ergibt sich für die Zwirndifferenz

$$Z_1 - Z_2 = n\left(\frac{1}{v_1} - \frac{1}{v_2}\right).$$

Bei beispielsweise 50 Hüben, einer Abzugsgeschwindigkeit von 60 m in der Minute, einer Topfdrehzahl von 7200, einem Topfdurchmesser von 107 mm und einem Hub von 100 mm ist die Zwirndifferenz

$$Z_1 - Z_2 = 20,$$

d. h. also, zwischen den Fadenteilen, die beim Heraufgehen des Trichterbalkens aufgewickelt werden und solchen, die beim Herabgehen aufgewickelt werden, besteht eine Zwirndifferenz von 20 Touren pro Meter.

Die Anzahl der Schwankungen im Faden ist abhängig von der Hubgeschwindigkeit, die Länge eines Fadenstückes mit abweichender Zwirnung von der Hubhöhe. Hieraus ergibt sich, daß man bei der Konstruktion der Spinnmaschinen den Changiermechanismus nicht willkürlich gestalten kann. Der Konstrukteur muß vielmehr den Mittelweg suchen zwischen einem einwandfreien Kuchenaufbau und den durch die Changierung bedingten Zwirnschwankungen.

Während die geschilderten Zwirnschwankungen restlos nicht behoben werden können, ist es bei den durch Bremsung im Spinntrichter entstehenden Zwirnschwankungen möglich, sie auf ein unbedeutendes Maß zurückzuschrauben. Die periodische Bremsung des Fadens im Spinntrichter beruht auf Resonanzwirkungen des schwingenden Fadens. Eine Resonanz tritt ein, wenn der frei schwingende Faden eine zu seiner Drehzahl und Geschwindigkeit gehörende Länge erreicht. Die Schwingungen pressen den Faden periodisch fest an die Trichterwand an, wodurch eine Bremsung entsteht, die eine Zwirnung nur noch unterhalb des Bremspunktes zuläßt. Diese Auswirkung der Resonanzschwingungen kann man leicht dadurch beseitigen, daß man in das Rohr des Trichters Einkerbungen anbringt, die eine Berührung des schwingenden Fadens mit der Trichterwand verhüten, wie dies auch schon S. 505 beschrieben war[1].

Zwirnschwankungen können beim Spinnen nach dem Zentrifugenverfahren ferner noch durch abfallende Tourenzahl des Spinntopfes entstehen, die, abgesehen von Störungen ernsterer Art, durch Versalzen des Topfes sowie durch Unbalanzen hervorgerufen sein kann.

Zentrifugenreyon wird durchschnittlich auf eine Drehung von 110···120 Touren pro Meter eingestellt. Eine Aufteilung der Produktion in Kettdrehung und Schußdrehung wird bei Zentrifugenreyon nicht vorgenommen.

Die Notwendigkeit, die Spulengespinste nachträglich zwirnen zu müssen, hat zu Versuchen angeregt, auch auf Spulenspinnmaschinen unmittelbar ein gedrehtes

[1] Über die rechnerische Erfassung der Zwirnschwankungen siehe BOEGLIN: Kunstseide **18**, 209 (1936).

Reyon zu erzeugen. Es sind hierfür zwei Wege eingeschlagen worden. So hat man versucht, den Faden durch Flügelspindeln auf die Spule aufzuwickeln[1], oder die Viskose aus sich drehenden Düsen austreten zu lassen[2]. Beide Verfahren haben keinen Eingang in die Praxis gefunden.

b) Das Zwirnen auf Ringzwirnmaschinen.

In der Praxis nimmt man das Zwirnen des Reyon entweder auf Ringzwirnmaschinen oder auf Etagenzwirnmaschinen vor, und zwar werden in den weitaus meisten Betrieben die letzteren verwendet. Da aber Beobachtungen darauf hindeuten, daß man auf Ringzwirnmaschinen besonders bei feinen Titern weniger flusiges Reyon erhält als auf Etagenzwirnmaschinen, so haben einzelne Spinnwerke an der Verwendung von Ringzwirnmaschinen festgehalten bzw. haben beide Maschinentypen in Gebrauch.

Sieht man von dem eben angeführten Moment ab, so hat die Ringzwirnmaschine vor der Etagenzwirnmaschine den Vorzug, daß man ihr praktisch unbeschränkt große Spulkörper oder Fadenwickel vorlegen kann. Dem steht der Nachteil gegenüber, daß die auf ihr anfallenden Copse nur eine beschränkte Fadenmenge aufnehmen können. Wo die Notwendigkeit des Abzwirnens von großen Spulkörpern vorliegt, hat man sich in neuerer Zeit auch der Doppeldrahtzwirnmaschine zugewandt, deren einwandfreie Konstruktion für Reyon allerdings schwierig ist.

Der grundlegende Unterschied zwischen einer Ringzwirnmaschine und einer Etagenzwirnmaschine besteht darin, daß bei der ersteren die Spindel, die den gezwirnten Faden aufnimmt, angetrieben wird, während bei der letzteren die Spindel angetrieben wird, von der der Faden abläuft.

Man kann auf der Ringzwirnmaschine das Reyon von Spinnspulen oder besonderen Bobinen (Scheibenspulen) herunterzwirnen. Hierbei kann man den Faden von diesen Spulen entweder über Kopf abziehen oder ihn tangential von der Spule abrollen lassen. Bei schweren Gespinsten zieht man den Faden zweckmäßig über Kopf ab, weil durch tangentialen Abzug leicht Verzerrungen in den Faden kommen können.

Der Faden gelangt von der Spule zunächst in ein Lieferwerk. Dieses besteht aus einem Zylinder mit Längsrifflung (Lieferzylinder) und einem glatten Druckzylinder, der auf dem angetriebenen Lieferzylinder aufliegt und von ihm durch Friktion mitgenommen wird. Der Faden wird zwischen beide Zylinder geführt und so vom Lieferwerk mit einer konstanten Geschwindigkeit abgezogen.

Die durch eine Schnur angetriebene Spindel der Ringzwirnmaschine ist in einer feststehenden Spindelbank montiert. Auf diese Spindel wird eine Papphülse (Copshülse) gesteckt, die den gezwirnten Faden aufnimmt. Der von dem Lieferwerk kommende Faden wird zunächst durch eine feststehende Öse und dann durch einen kleinen ringförmig gebogenen Reiter (Ringläufer) auf die Copshülse geführt. Der Reiter läuft in einer ringförmigen Schiene, die in die sog. Ringbank eingebaut ist. Zwischen der feststehenden Fadenführeröse und dem Reiter bildet der Faden beim Lauf der Maschine einen Ballon.

---

[1] Z. B. Vereinigte Glanzstoff-Fabriken A.G. DRP. 614408 und 630101.

[2] Vgl. hierzu KÜHN: Kunstseide **14**, 1841932); **15**, 241 (1933); BERNDT: DRP. 669034. — FAUST: Die Kunstseide S. 91, 105, Berlin 1928. — I. G. Farbenindustrie Aktiengesellschaft DRP. 637212.

Der Ringläufer verfolgt den Zweck, die zwischen dem Fadenabzug durch das Lieferwerk und der Aufwickelgeschwindigkeit der Spindel entstehende Differenz auszugleichen, die durch die ständige Änderung der Tangente des Fadenlaufes vom Ringläufer zu dem sich auf der Hülse bildenden Garnkörper hervorgerufen wird. Die Geschwindigkeit des vom Faden mitgenommenen Ringläufers bleibt hinter der Spindelgeschwindigkeit zurück.

Der Copsaufbau wird durch Auf- und Abwärtsgehen der Ringbank erzielt. Im allgemeinen geht die Aufwärtsbewegung langsamer vonstatten als die Abwärts-

Abb. 416. Ringzwirnmaschine mit Ablaufzeug für Stränge. (Textima, Chemnitz.)

bewegung. Außerdem besteht noch eine Zusatzbewegung in der Art, daß die Ringbank allmählich immer höher hinaufsteigt. Hierdurch wird das konische Ende des Cops erzielt.

Da sich die freie Fadenstrecke zwischen der feststehenden Öse und dem Ringläufer durch die Changierung beim Auf- und Abwärtshub ständig ändert, so treten bei der Ringzwirnmaschine im Prinzip die gleichen Drehungsschwankungen im Faden auf wie bei der Zentrifugenspinnmaschine. Trotzdem wird aber vielfach ein auf Ringzwirnmaschinen erhaltenes Garn als gleichmäßiger angesprochen als ein solches, das auf einer Etagenzwirnmaschine gezwirnt wurde.

Den Zwirnfehler kann man vermeiden, wenn man nicht die Ringbank changieren läßt, sondern die Spindelbank mit den Spindeln. Neuartige Ringzwirnmsachinen sind daher vielfach so gebaut („Perfektspindeln"). Die Abb. 416 zeigt eine Ringzwirnmaschine der Firma *Textima*, Chemnitz.

c) Das Zwirnen auf Etagenzwirnmaschinen.

Bei der Etagenzwirnmaschine wird die Spinnspule auf die Spindel gesteckt. Zu diesem Zewcke trägt die Spindel einen Teller mit schwach konischem Rand, der einen sicheren Sitz der Spinnspule gewährleistet. Damit der ablaufende Faden am oberen Rand der Spinnspule keine Beschädigungen erleiden kann, setzt man auf die

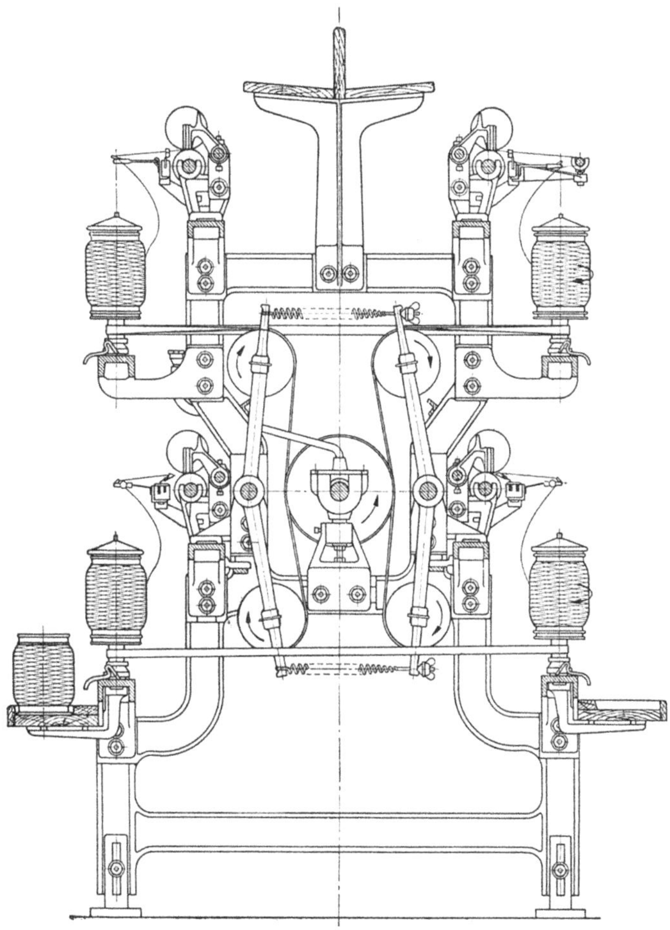

Abb. 417. Zwei-Etagenzwirnmaschine der Fa. Textima, Chemnitz.

Spinnspule einen sog. Zwirndeckel mit einem glatten, wulstförmigen Rand. Der von der Spinnspule ablaufende Faden wird senkrecht nach oben zu einem Sauschwanzfadenführer geführt und gelangt von dort zu einem horizontal hin- und herschwingenden Changierfadenführer, der ihn an die Zwirnspule abgibt.

Abb. 417 zeigt eine Etagenzwirnmaschine der Firma *Textima*, Chemnitz.

Der Antrieb der in einer Spindelbank sitzenden Spindeln erfolgt durch einen endlosen Riemen, der an der Innenseite der Maschine an den Spindelwirteln vorbeigleitet und durch Rollen an den Seiten der Maschine geführt und gespannt wird. Der Riemen wird entweder von einer dieser Rollen angetrieben oder von in der Mitte der Maschinen befindlichen Rollen. Um stets ein festes Anliegen des Riemens an den Spindelwirteln herbeizuführen, läuft der Riemen noch an mehreren Spannrollen vorbei. Schlupf des Riemens an den Spindelwirteln führt zu Drehungsschwankungen im Faden.

Die den Faden aufnehmende Zwirnspule besteht normalerweise aus einer bakelitisierten Blechhülse, die einer Spinnspule ähnlich ist, jedoch keinen umgebörtelten Rand und keine Perforierungen besitzt. Sie wird auf einen Holzzylinder aufgesteckt, in den längs einige Blattfedern eingelassen sind, die die Hülse festhalten. Die Holzzylinder sitzen auf einer eisernen Achse, die seitlich in Schlitzen geführt ist. Der Antrieb der Zwirnspule erfolgt durch Friktion von Abzugswalzen aus, auf denen die Zwirnspule ruht.

Für diese Abzugswalzen ist die Frage des Werkstoffes wichtig, da sie einerseits eine genügend große Friktion aufweisen müssen, um die Zwirnspule gleichmäßig mitzunehmen, und andererseits nicht so rauh sein dürfen, daß sie den Faden beschädigen. Für normale Zwirnzwecke eignen sich am besten glatt polierte Holzwalzen.

Bei Fadenbruch hebt man die Spule von der Abzugswalze ab und legt sie in Halter, sog. Kapsarme, damit die äußere Fadenschicht durch das Umlaufen auf der Abzugswalze nicht beschädigt wird.

Durch die heute üblichen großen und verhältnismäßig schweren Spinnspulen haben die Etagenzwirnmaschinen in den letzten Jahren eine gründliche Durchkonstruktion erfahren müssen. Insbesondere mußten Spindeln geschaffen werden, die den Beanspruchungen durch das große Spulengewicht und die bis auf 6000···8000 Touren gesteigerte Geschwindigkeit gewachsen sind. Es ist eine ganze Reihe von Spindelkonstruktionen auf dem Markt, die sich für diesen Zweck eignen. Alle Spindeln sind mit Kugel- oder Rollenlagern und besonderen Schmiervorrichtungen versehen.

Damit bei einem Fadenbruch ein von der Spule abfliegendes Fadenende sich nicht in einem Fadenballon einer benachbarten Spindel verfangen kann und auch diesen Faden zum Reißen bringt oder sich an ihn anzwirnt, werden zweckmäßig zwischen die einzelnen Spindeln sog. Separatoren angebracht, worunter senkrecht stehende, glattpolierte Bleche zu verstehen sind.

Die Etagenzwirnmaschinen werden stets doppelseitig gebaut. Man hat früher allgemein drei Etagen übereinander angeordnet. Nach der Einführung der direkten Spinnverfahren und der hierdurch vielerorts entstandenen Notwendigkeit, auf den Zwirnmaschinen keine normalen Zwirnspulen, sondern Zwirnwickel von größerem Durchmesser herzustellen, ist man vielfach dazu übergegangen, nur zwei Etagen übereinander anzuordnen. Man gewinnt auf diese Weise über den Spindeln mehr Platz und kann die leeren Zwirnwickelvorrichtungen bequemer in die Maschine einlegen bzw. die fertigen Zwirnwickel leichter aus der Maschine herausnehmen. Bei Dreietagenmaschinen kommt es hierbei leicht vor, daß man mit dem Zwirnwickel irgendwo anstößt und das Gespinst beschädigt.

Der Zwirnprozeß bildet eine Gefahrenquelle für die Fadenqualität, deshalb ist nicht nur auf sorgsamste Pflege der Zwirnmaschinen, sondern auch auf einwandfreies Zwirnen selbst zu achten. Während des Zwirnprozesses können die Einzelfädchen leicht beschädigt werden, wodurch ein flusiger Faden entsteht. Besonders gefürchtet ist in dieser Beziehung das Auftreten der sog. Zwirnringe. Man beobachtet zuweilen, daß sich auf der umlaufenden Spinnspule ein horizontaler, fester Ring aus Fasermaterial bildet. Der ablaufende Faden verfängt sich dann unter diesem Ring und wird hierdurch an der freien Ballonbildung verhindert, wobei gleichzeitig immer weitere Einzelfasern von dem Faden durch den Zwirnring abgestreift werden. Nach einiger Zeit kann es zum Bruch des Fadens kommen. Das Auftreten dieser Erscheinung hängt mit der relativen Luftfeuchtigkeit im Zwirnsaal sowie mit der Avivage des zu zwirnenden Materials zusammen. Merkwürdigerweise erhält man Zwirnringe besonders oft, wenn das Reyon durch ein Avivagemittel sehr weich, geschmeidig und glatt gemacht ist, dagegen kaum, wenn ein überhaupt nicht aviviertes Reyon gezwirnt wird. Drückt man mit den Fingern auf das Gespinst einer nicht avivierten Spinnspule, so bemerkt man ein leichtes Knirschen, da diese Gespinste eine gewisse Starre (Trockenstarre) haben. Spinnspulen, die man auf diese Weise berührt hat, führen meistens beim Zwirnen zur Zwirnringbildung. Es geht hieraus hervor, daß man die Gespinste beim Aufsetzen der Spulen auf die Spindeln möglichst nicht berühren soll. Die Möglichkeit des unavivierten Zwirnens ist in solchen Fällen gegeben, in denen Zwirnwickel hergestellt werden sollen. Da diese später zum Schrumpfungsausgleich noch einmal genetzt werden müssen, so kann man die Avivage gleichzeitig mit diesem Netzbad auftragen. Recht gut verzwirnen sich auch Gespinste, die kurz vor dem Verzwirnen mit einem ölförmigen Präparationsmittel beträufelt worden waren. Was die relative Luftfeuchtigkeit des Zwirnsaales anbelangt, so hält man diese zweckmäßig bei 55···60%. Bei trockenerer Luft kommt es leichter zu Faserbeschädigungen sowie auch zur Bildung von Zwirnringen, bei feuchterer Luft können Überdehnungen im Faden auftreten.

Bei den alten Spinnverfahren kommt das Reyon in unentschwefeltem Zustand in die Zwirnerei. Derartiges Reyon zwirnt sich im allgemeinen gut, da der an der Oberfläche fein verteilte Schwefel eine Schutzschicht um den Faden bildet.

Es muß noch erwähnt werden, daß man beim Walzenspinnverfahren die Walzen wegen ihrer Größe und ihres Gewichtes nicht auf die Spindeln aufsetzen kann. Walzengespinste müssen vor dem Zwirnen daher umgespult werden. Hierzu dienen besondere Spulmaschinen, bei denen der Faden von den senkrecht gestellten Walzen aus über Kopf abgezogen wird. Der Faden wird durch eine Fingerbremse geführt und auf eine Bobine (Scheibenspule) aufgewickelt. Diese Scheibenspule wird dann auf die Spindel der Zwirnmaschine gesteckt. Da beim Walzenverfahren also ein Umspulprozeß zwischengeschaltet wird, liegt der Faden vom Spinnanfang wieder innen auf der Zwirnspule, während er beim Spulenspinnverfahren außen auf der Zwirnspule liegt.

d) Das Zwirnen auf Doppeldrahtzwirnmaschinen.

Eine Sonderkonstruktion unter den Zwirnmaschinen stellen die sog. Doppeldrahtzwirnmaschinen dar. Es war schon erwähnt worden, daß sie recht schwierig zu bauen sind; es sind daher auch nur wenige brauchbare Typen am Markt. Ihre Überlegenheit gegenüber den anderen Zwirnmaschinen besteht darin, daß man den Faden von großen und schweren Spulkörpern abzwirnen und ihn auch wieder zu großen Wickeln auflaufen lassen kann. Sie haben sich daher in der Reyonindustrie zuerst für das Zwirnen der Gespinste von der großen Walze eingeführt. Heute werden auch Zwirne für Reifencord teilweise auf Doppeldrahtzwirnmaschinen hergestellt, und es scheint, daß dieser Maschinentyp für diesen Sonderzweck zunehmende Bedeutung erlangen wird. Schließlich wird an einigen Stellen die Doppeldrahtzwirnmaschine auch für das Zwirnen für Kreppgarn verwendet.

Die Doppeldrahtzwirnmaschine arbeitet im Prinzip so, daß der auf die Spindel aufgesteckte Spulkörper stillsteht, die Drehung der Spindel also nicht mitmacht. Der vom Spulkörper ablaufende Faden wird dem oberen Ende der als Hohlspindel ausgebildeten Spindel zugeleitet und dann in einen in die Spindel axial eingebohrten Kanal geführt, den er unterhalb des Spulkörpers durch ein seitlich in den Kanal einmündendes Röhrchen wieder verläßt. Von dort aus wird der Faden auf die übliche Weise einem oberhalb der Spindel angeordneten feststehenden Fadenführer und von dort der aufwickelnden Spule zugeleitet.

Auf seinem Wege zwischen ablaufendem und auflaufendem Spulkörper erhält der Faden so zweimal eine Drehung, nämlich das erste Mal vor dem Spindelkanal und das zweite Mal im Spindelkanal, dem Zwirnröhrchen und dem feststehenden Fadenführer. Im oberen Teil des Spindelkanals ist normalerweise eine Fadenbremse eingebaut, damit die beiden Drehungen nicht ineinanderlaufen. Es sind jedoch auch Konstruktionen am Markt, bei denen auf diese Bremse verzichtet werden kann.

Normalerweise wird so gezwirnt, daß die Spindel den Spulkörper trägt, von dem der Faden abläuft. Es liegen jedoch auch Konstruktionen vor, bei denen die doppelte Drallgebung durch die auflaufende Spule erfolgt. In diesem Falle ist der Fadenlauf umgekehrt wie bei der eben beschriebenen Spindelkonstruktion; d. h. also, der Faden läuft in diesem Falle durch das Röhrchen unterhalb des Spulkörpers in den Spindelkanal ein, um ihn oben zu verlassen. Von dort aus wird er auf die stillstehende Spule aufgewickelt. Es ist verständlich, daß diese Konstruktion besonders schwierig ist, da eine zusätzliche Aufwickelvorrichtung erforderlich ist, die gleichzeitig noch die Changierung zu übernehmen hat. Es wird weiter unten noch gezeigt, daß auch Zwirnverfahren ausgebildet worden sind, bei denen sowohl die ablaufende als auch die auflaufende Spule Doppeldrahtspindeln sind.

Es ist einleuchtend, daß diese Zwirnart in konstruktiver Beziehung viele Schwierigkeiten verursacht. Zunächst muß dafür gesorgt werden, daß der Spulkörper tatsächlich stillsteht und von der sich drehenden Spindel nicht mitgenommen wird. Dies kann durch komplizierte Differentialgetriebe sowie durch Magneten erreicht werden. Eine besonders einfache Lösung für dieses Problem fand allerdings die *Barmer Maschinenfabrik A.G.* (*Barmag*), Remscheid-Lennep. Bei ihrer Konstruktion wird das Stillstehen des Spulkörpers lediglich dadurch erzielt, daß die Spindeln geneigt an der Zwirnmaschine angeordnet werden[1]. Das verhältnismäßig hohe Gewicht der Spulen verhindert in dieser schrägen Lage das Umlaufen von selbst.

Alsdann muß verhindert werden, daß die dem Faden vor dem Spindelkanal erteilte Drehung sich auf die im Spindelkanal befindlichen Fadenteile fortsetzt. Zu diesem Zwecke müssen im Spindelkanal sicher wirkende Fadenbremsen angebracht sein. Schließlich sind geeignete Fadenleitkörper am oberen Spindelende sowie unterhalb des Spulkörpers anzubringen, die ein Aufschiefern des Fadens verhüten.

Es soll nun eine kurze Beschreibung der *Barmag*-Doppeldrahtzwirnmaschine gegeben werden, wie sie für das Zwirnen der Gespinste von den großen Walzen, teilweise auch für Cordzwirne, verwendet wird. Das etwa 700 g schwere Gespinst wird auf eine konische Fachspule aufgespult. Diese Fachspule wird dann auf die Spindel der Doppeldrahtzwirnmaschine aufgesteckt. Unterhalb der Fachspule ist an der Spindel eine aufrecht stehende Glocke angebracht, die als Leitkörper für den aus

[1] DRP. 611633, 629240, 657647, 674945, 688573.

dem Zwirnröhrchen austretenden Faden dient. Zur störungslosen Einführung des von der Fachspule ablaufenden Fadens in den Spindelkanal wird auf das obere Ende der Spindel ein Leitkörper gesetzt, der vom Ende der Einlauföffnung aus zur Fadenabgabestelle hin eine allmähliche und gleichmäßige Wölbung aufweist. Diese ergibt für den überlaufenden und gleichzeitig umlaufenden Faden an allen Stellen gleiche Reibungsverhältnisse. Eine bestimmte und der Fadenbeschaffenheit angepaßte Strecke unterhalb dieses Leitkörpers ist im Spindelkanal die Fadenbremse angebracht, die das Überlaufen des Drahtes verhütet. Diese Bremse läuft mit der Spindel um. Abb. 418a zeigt die Fadenführung zwischen Spindelkanal und Glocke; Abb. 418b gibt die Zwirnanordnung im ganzen wieder.

Zur Einführung des Fadens in den Spindelkanal dient ein dünner Eisendraht mit einer Öse.

Als Aufnahmespule für den gezwirnten Faden verwendet man einen Holzkern, der von einer Abzugswalze durch Friktion mitgenommen wird und auf den man den Faden in Form eines Zwirnwickels auflaufen läßt.

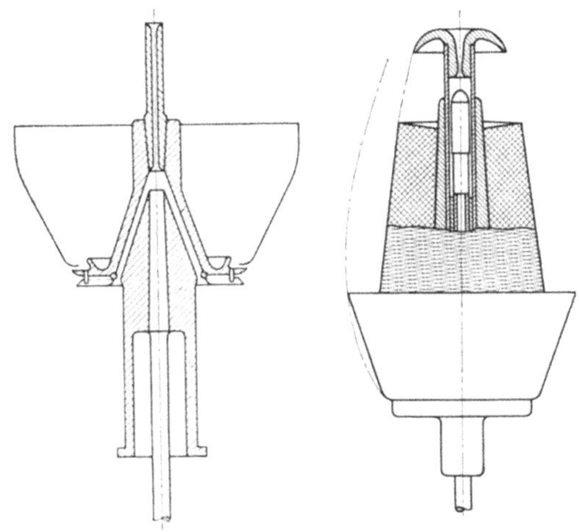

a b

Abb. 418. Spindel und Zwirnanordnung bei der Doppeldrahtzwirnmaschine der Fa. Barmag, Remscheid-Lennep.

Von deutschen Doppeldrahtzwirnspindeln muß noch die Konstruktion von MORAWEK genannt werden (*Maschinenfabrik Volkmann u. Co.*, Krefeld), die mit einer hängenden Spule arbeitet. Der Stillstand der Spule wird bei dieser Konstruktion durch Magneten bewirkt.

Abb. 419 zeigt eine schematische Skizze einer amerikanischen Konstruktion für das Zwirnen von Reifencord. Hierbei handelt es sich um eine Kombination von einer ablaufenden und einer auflaufenden Doppeldrahtspindel, und zwar erfolgt auf zwei Spindeln ein Vorzwirnen; die beiden vorgezwirnten Fäden werden dann vereinigt einer dritten Doppeldrahtspindel zugeführt, die den Nachdraht herstellt und gleichzeitig den fertigen Zwirn aufnimmt[1]. Die Abzwirnspindeln nehmen konische Kreuzspulen von 4,5 kg Gewicht auf. Die vorgezwirnten Fäden werden paarweise durch eine Lieferwalze der Aufzwirnspindel zugeführt, wo das doublierte und fertig gezwirnte Garn von einer Scheibenspule mit einem Fassungsvermögen von gleichfalls 4,5 kg Gewicht aufgenommen wird. Der Antrieb dieser Aufwindespule erfolgt über eine magnetische Kupplung, um eine vollkommen gleichmäßige Fadenspannung während der Dauer einer Aufwickelperiode zu gewährleisten. Alle drei Spindeln werden durch den gleichen Flachriemen angetrieben und laufen deshalb synchron. Die Maschinen werden zweiseitig gebaut, wobei jede Sektion drei Einheiten besitzt. Die Leistung der Maschine beträgt bei einem Titer von 1650 Denier 1,6 kg in der Stunde, bei 2200 Denier 2,68 kg je Stunde, also rund fünfmal so viel als bei Verwendung normaler Zwirnmaschinen.

[1] Dorland Textil-Reporter **1950**, Heft 21, S. 56.

Der Vollständigkeit halber sei noch darauf hingewiesen, daß in England von *Dunlop* eine Doppeldrahtzwirnmaschine mit horizontaler Spindellage auf dem Markt ist. Eine schweizer Firma baut eine Doppeldrahtspindel für Kreppzwirn.

Eine bemerkenswerte Neukonstruktion hat im Jahre 1946 die französische *Rhodiaseta* herausgebracht. Hierbei wird die sonst stillstehende Spule, innerhalb der die eigentliche Spindel rotiert, von einem kleinen Elektromotor angetrieben, und zwar entgegengesetzt zur Spindeldrehrichtung. Es kommt so zum Doppeldraht noch ein einfacher Drall hinzu, dessen Höhe von der Motordrehzahl abhängt.

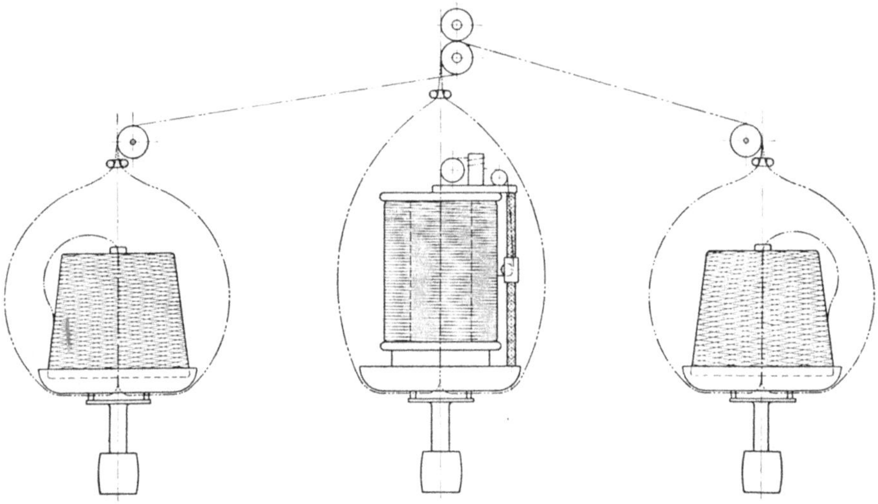

Abb. 419. Doppeldrahtzwirn-Anordnung für Cordzwirne (Amerikanisches Verfahren).

e) Das Kreppzwirnen.

Eine besondere Art des Zwirnens stellt das Kreppzwirnen dar. In Anbetracht des Umstandes, daß die Reyonfabriken seit einigen Jahren die Herstellung von Kreppgarnen zum Teil selbst vornehmen, soll hierüber Näheres ausgesagt werden.

Unter einem Kreppgarn versteht man einen Faden von sehr hoher Drehungszahl. Bei einem Titer von 100 Denier, wie er normalerweise für die Herstellung von Kreppgarn verwendet wird, gibt man 2200 Drehungen auf 1 m.

Das Verzwirnen von Reyon zu Kreppgarn erfordert große praktische Erfahrung, da von der Art des Zwirnens das Gewebebild maßgebend beeinflußt wird. Eine ganze Reihe von Faktoren spielt beim Kreppzwirnen eine bedeutende Rolle. Bevor aber auf diese näher eingegangen wird, soll eine Beschreibung der für das Kreppzwirnen verwendeten Maschinen vorgenommen werden.

Normales Zwirnverfahren. Wie bei der normalen Drallgebung des Reyon können auch für das Kreppzwirnen Ringzwirn-, Etagenzwirnmaschinen und Doppeldrahtzwirnmaschinen verwendet werden. Die Ringzwirnmaschinen unterscheiden sich in ihrer Bauart nicht von dem schon beschriebenen Maschinentyp; die für das Kreppzwirnen benutzten Etagenzwirnmaschinen weichen jedoch in ihrer Bauart erheblich von normalen Etagenzwirnmaschinen ab. Auf eine nähere Beschreibung der Ringzwirnmaschinen kann daher hier verzichtet werden, zumal sie nur selten für die Herstellung von Kreppgarnen herangezogen werden. Etagenzwirnmaschinen sind in der Anschaffung billiger und haben einen geringeren Kraftbedarf. Es soll nur festgestellt werden, daß man auf Ringzwirnmaschinen besonders leicht ein gutes und schönes Kreppgarn erhält.

Von den normalen Etagenzwirnmaschinen unterscheiden sich die Kreppzwirnmaschinen grundsätzlich durch eine leichtere Bauart. Spindeln und Spindellager sind wesentlich einfacher, da die der Maschine vorgelegten Spulen erheblich niedrigere Gewichte haben als die Spinnspulen. Man verwendet meistens eine einfache Lagerung der Spindeln in Hartholz, ohne jede Kugel- oder Rollenlagerung. Die Maschinen werden mit 3, 6 und 8 Etagen gebaut. In den beiden letzten Fällen werden sie dann auf dem Boden und an der Decke des Saales befestigt. Auf halber Höhe angebrachte Laufstege erlauben die Bedienung der oberen Maschinenhälfte. Derartige, hochgebaute Maschinen trifft man vielfach in Italien und Südfrankreich an, während man in Deutschland durchweg Drei-Etagen-Zwirnmaschinen benutzt. Eine weitere Abweichung der Kreppzwirnmaschinen von den normalen Etagenzwirnmaschinen besteht darin, daß der von der Lieferspule ablaufende Faden durch einen Flyer (Zwirnläufer, Campanello) geführt werden muß, der auf der Spindel oberhalb der Spule angebracht wird und zur Erzielung der notwendigen Fadenspannung beim Kreppzwirnen erforderlich ist.

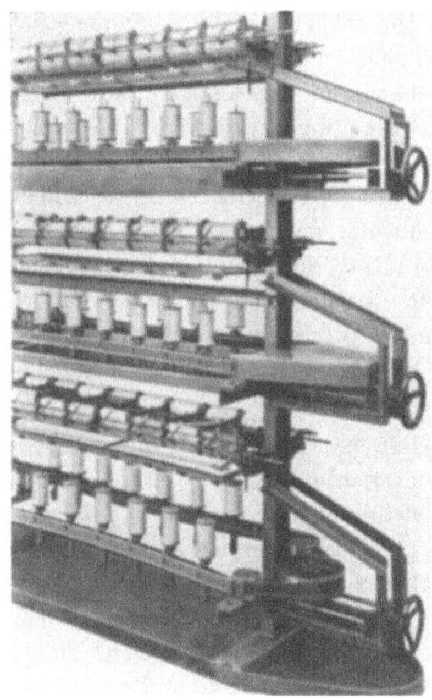

Abb. 420. Drei-Etagenzwirnmaschine für Kreppzwirne der Fa. Volkmann u. Co., Krefeld.

Die Spindeln werden, wie bei der normalen Etagenzwirnmaschine, durch einen an den Spindelwirteln vorbeigleitenden, endlosen Riemen angetrieben. Um stets ein festes Anliegen des Riemens am Spindelwirtel zu gewährleisten, kann man entweder im Innern der Maschine Druckrollen anbringen oder der Spindelbank eine nach innen gehende leichte Krümmung geben. Abb. 420 stellt eine Teilansicht einer Etagenzwirnmaschine der Firma *Volkmann u. Co.*, Krefeld, dar, die sich für die Herstellung von Kreppgarn sehr gut eignet. Die Maschine ist von mittelschwerer Bauart und zeichnet sich durch Unterbringung eines Maximums von Zwirnstellen auf kleinster Grundfläche aus. Der Antrieb ist in der Mitte der Maschine angeordnet, wodurch sich die Kraftübertragung besonders günstig gestaltet. Die Maschine besitzt 380 Spindeln. Um Schlupf der Spindelwirtel am Antriebsriemen zu verhüten, sind die Spindeln gruppenweise in einem leicht nach innen gewölbten Bogen angeordnet. Der Riemen kann von der Maschinenseite aus durch eine Spindel mit Handrad nachgespannt werden. Bei einer Sonderkonstruktion der Firma *Textima* wird das feste Anliegen dadurch erreicht, daß jede Spindel ausschwenkbar angebracht ist und durch Federdruck von außen am Riemen anliegt, wie dies aus Abb. 422 (S. 650) zu erkennen ist.

Eine weitere Besonderheit besteht beim Kreppzwirnen noch darin, daß das zur Verzwirnung kommende Reyon geschlichtet sein muß. Ungeschlichtetes Reyon würde einerseits der beim Kreppzwirnen auftretenden enormen Beanspruchung nicht gewachsen sein und andererseits kein einwandfreies Gewebebild ergeben.

Die Auswahl der Schlichte ist für das Kreppzwirnen von besonderer Bedeutung. Man unterscheidet in der Praxis zwei Arten von Kreppschlichte, nämlich solche mit einem bestimmten Gehalt an Leinöl und solche ohne Leinöl. Im allgemeinen wird einer leinölhaltigen Schlichte der Vorzug gegeben. Man kann aber auch aus leinölfrei geschlichteten Kreppgarnen gute Gewebe erhalten. Dies hängt von der Beschaffenheit des ganzen Kreppgarnes ab sowie auch von der Art der Schlichte, die der Weber auf die Kette des betreffenden Gewebes aufgetragen hat.

Die Schlichte muß den Faden weich und geschmeidig machen, damit in der Zwirnerei nicht zu viel Fadenbruch entsteht. Sie muß ferner bewirken, daß bei der Färbereibehandlung der fertigen Gewebe die dem hochgedrehten Faden innewohnenden Schrumpfungskräfte nur langsam und allmählich frei werden, was das Entstehen eines gleichmäßigen Gewebebildes sehr fördert. Dies erklärt die bevorzugte Anwendung einer leinölhaltigen Schlichte. Da nach dem oben Gesagten eine Kreppschlichte ganz andere Aufgaben zu erfüllen hat als eine Kettschlichte, so ist es verständlich, daß normale Kettschlichten für das Kreppzwirnen nicht geeignet sind. Die hauptsächlich zur Verwendung kommenden Kreppschlichten sind Softenings aus Talg oder Pflanzenfetten mit einem Verseifungsgrad von 18···25%. Es werden aber auch ausgesprochene Leinölschlichten mit weichmachenden Zusätzen verwendet.

Für die Herstellung von Kreppgeweben benötigt man Kreppgarn mit zwei Drehungsrichtungen. Die Kreppzwirnerei muß daher eine gleich große Menge rechts- und linksgedrehtes Garn herstellen. Hierbei ist Vorsorge zu treffen, daß die Garne mit verschiedener Drehungsrichtung nicht verwechselt werden können. Sie werden daher zur Kennzeichnung angefärbt. Es ist selbstverständlich, daß hierfür nur Farbstoffe verwendet werden dürfen, die in den Abkochbädern der Färberei wieder von der Faser heruntergehen. Das Anfärben der Fäden wird im Schlichtebad vorgenommen. Die Farbstoffe müssen bei leinölhaltigen Schlichten gegen die oxydierenden Einflüsse, die sich bei der Trocknung des Leinöles abspielen, beständig sein. Geeignete Farbstoffe sind die folgenden:

Ceresgelb RRN	Vulkanechtgelb GR
Ceresviolett BRN	Vulkanosinviolett BB
Ceresrot G	Vulkanbremerblau N
Ceresbraun B	Vulkanosinrot 5 B
Ceresschwarz G	Vulkanbremerblau N + Vulkanechtgelb GR (für Grün).

Die genannten Farbstoffe sind also teils fettlösliche Farbstoffe, teils Pigmente. Dies ist nicht ganz bedeutungslos, da die Zumischung eines Pigmentfarbstoffes zur Schlichte den Faden etwas rauher macht. Hierdurch können bis zu 10% mehr Brüche in der Zwirnerei durch höhere Fadenspannung auftreten. Es ist zweckmäßig, für Rechts- und Linksdraht nicht zwei Farbstoffe aus den verschiedenen Klassen zu verwenden.

Die Schlichte wird normalerweise durch Behandeln von Reyonsträngen auf die Faser aufgetragen. Man benötigt einen ziemlich kräftigen Schlichteauftrag. Für Kreppzwirne geschlichtetes Reyon weist einen Schlichtegehalt von 2,5···4% auf. Das geschlichtete Material wird in Trockenkammern oder Trockenkanälen auf die übliche Weise getrocknet.

Die Stränge werden dann auf Scheibenspulen umgespult. Hierzu dienen normale Windemaschinen (Abb. 421). Zur Erzielung einer auf der Kreppzwirnmaschine einwandfrei ablaufenden Vorspule ist das Kreuzungsverhältnis, mit dem der Faden auf die Spule gewickelt wird, nicht gleichgültig. Windemaschinen sind für die üblichen Zwecke meist auf annähernd parallele Wicklung eingerichtet, und zwar kommt auf 200 Spulenumdrehungen ein Doppelhub. Es hat sich nun herausgestellt, daß man zu einer Verringerung der Fadenbrüche in der Zwirnerei kommt, wenn man die Kreuzung stärker nimmt und den Changiermechanismus beispielsweise auf 70 Spulenumdrehungen pro Doppelhub einstellt. Außerdem ist es für die Verringerung der Fadenbruchzahl günstig, als Zusatzbewegung eine geringe Hubminderung vorzunehmen. Man vermeidet auf diese Weise ein Festklemmen von Fäden zwischen Wicklung und Spulenflansch.

Abb. 421. Windemaschine mit Ablaufzeug für Stränge und Spinnkuchen bzw. Zwirnwickel der Fa. Volkmann u. Co., Krefeld.

Als Vorspule verwendet man Spulen mit einer Hublänge von 70···105 mm. Der Kern der Spule soll möglichst dick sein, damit zwischen der vollen und der leeren Spule keine zu großen Differenzen im Gespinstdurchmesser entstehen. Dies ist deshalb wichtig, weil zwischen Außen- und Innenteil des Wickels Spannungsdifferenzen beim Zwirnen auftreten, und zwar nimmt die Fadenspannung mit der Verringerung des Wickeldurchmessers zu. Der obere Spulenflansch soll nicht viel größer sein als der Durchmesser der vollgewickelten Spule. Ein größerer Durchmesser erhöht die Ungleichmäßigkeiten in der Fadenspannung.

Im Gegensatz zu der normalen Drallgebung bestimmt beim Kreppzwirnen die Spindeltourenzahl nicht nur die Leistung der Zwirnmaschine, sondern auch den Ausfall des Kreppgarnes, da die Fadenspannung mit der Spindeldrehzahl zunimmt. Die Kreppzwirnmaschinen laufen mit 8, 10 und 12000 Spindeltouren. Die Fadenspannung wird außer durch die Tourenzahl auch durch das Gewicht und die Art des Flyers beeinflußt. Der Flyer besteht normalerweise aus einem kleinen Holznüßchen mit einem Stückchen Draht, das an beiden Enden eine kleine Sauschwanzöse besitzt, durch die der Faden geleitet wird. In einer Entfernung von etwa 1 cm vom Ende besitzt der Draht eine Schlinge, um die der Faden geführt wird, wie dies Abb. 422 zeigt. Der Draht kann aus Eisen oder Edelstahl bestehen. Flyer aus Eisen neigen zum Rosten, demgegenüber haben Flyer aus Edelstahl den Nachteil, daß sie vom Faden leichter eingeschnitten werden als eiserne Flyer. Zum Flyer gehört dann noch ein sog. Flyerdeckel. Hierunter ist ein flachgewölbter Teller zu verstehen, der in der Mitte eine kurze Büchse trägt. Diese Büchse wird oberhalb der Spule über die Spindel gesteckt, so daß der Teller auf dem oberen Spulenflansch anliegt. Das Holznüßchen des Flyers wird über die Büchse gesteckt. Seine Bohrung muß so beschaffen sein, daß es sich um die Büchse leicht und ohne jede Hemmung dreht und daß der Flyer sich nicht verkanten kann. Nach oben wird das Nüßchen auf der Büchse des Flyerdeckels durch einen durchbohrten Gummipfropfen oder eine mit Gummi ausgelegte Büchse festgehalten.

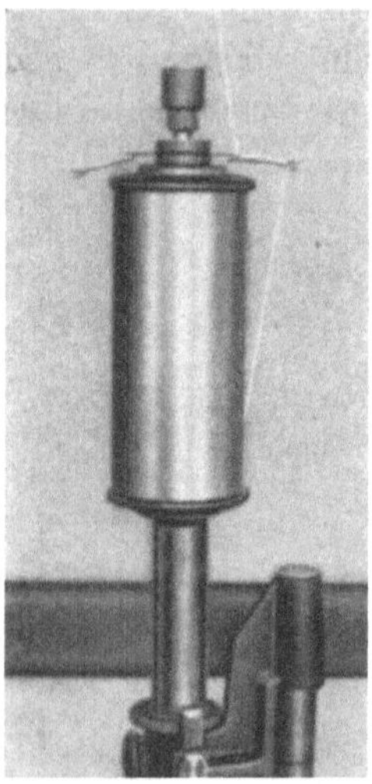

Abb. 422. Zwirnspindel der Fa. Textima, Chemnitz.

Der durch die Ösen des Flyers geführte Faden versetzt beim Ablaufen den Flyer in Drehung, und zwar eilt die Flyerdrehung der Spindeldrehung voraus. Da sich sowohl der Flyerdeckel als auch der Flyer selbst drehen können, so wird der Flyerlauf unkontrollierbar. Es hat sich daher als günstig erwiesen, den Flyerdeckel auf dem Spulenflansch festzulegen. Dies kann sehr einfach dadurch geschehen, daß man an dem Teller des Flyerdeckels einen Stift anbringt, der in eine entsprechende Bohrung des Spulenflansches hineinragt.

Die Fadenspannung beim Zwirnen nimmt mit zunehmender Drahtstärke des Flyers zu. Es sind Flyer mit folgenden Drahtstärken in Gebrauch: 0,6 mm, 0,8 mm, 1,0 mm und 1,2 mm.

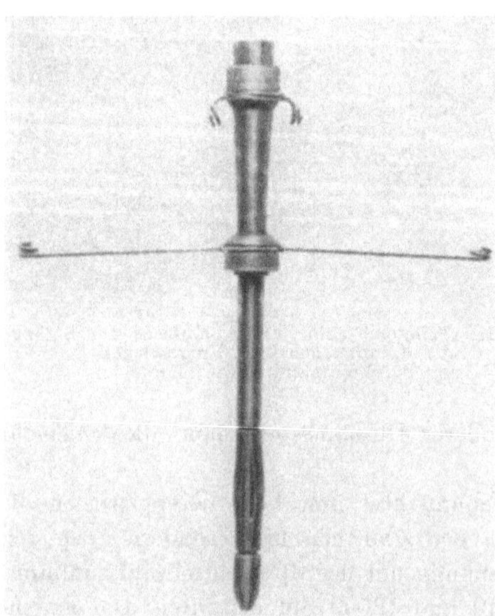

Abb. 423. Campanello Castelli.

Von Castelli in Como[1] ist ein Flyertyp entwickelt worden, der es gestattet, die Fadenspannung zu variieren. Seine Form ist aus der Abb. 423 ersichtlich. Er wird so angebracht, daß die Zwirnspindel in der Höhe des oberen Spulenflansches abgeschnitten und eingebohrt wird. In den so entstandenen Kanal wird der Flyer eingeschoben. Er wird durch Blattfedern gehalten. Der Campanello Castelli besitzt zwei Fadenführer, die an einer drehbaren Büchse angebracht sind. Zwischen der unteren und der oberen Fadenführeröse kann der Faden durch verschiedenfaches Umschlingen der Büchse mehr oder weniger gebremst werden. Außerdem kann der obere Fadenführer gegen den unteren verstellt werden, wodurch weitere Umschlingungswinkel gebildet werden können. Auf diese Weise kann man die Fadenspannung

[1] DRP. 639752.

beliebig einstellen und vor allen Dingen die zwischen Rechts- und Linksdraht normalerweise auftretenden Spannungsdifferenzen ausgleichen. Abb. 424 zeigt die ganze Zwirnanordnung mit dem Campanello CASTELLI.

Der Faden wird vom Flyer aus zunächst zu einem senkrecht über der Spindel angebrachten Sauschwanzfadenführer geführt. Von dort aus gelangt er durch den Changierfadenführer auf die aufwickelnde Spule. Der Changierfadenführer ist als Schleiffadenführer ausgebildet, d. h. er liegt auf der aufwickelnden Spule an. Die Aufwickelspule wird durch Friktion von einem Zylinder aus angetrieben. Damit kein Schlupf entsteht, was zu Zwirnschwankungen führen würde, ist der Zylinder mit einem kräftigen Cordgewebe überzogen, dessen Rippen parallel zur Zylinderachse verlaufen.

Zwischen Flyer und festem Sauschwanzfadenführer bildet der Faden einen Ballon. Zur Vergleichmäßigung des Zwirnes ist es vorteilhaft, die Ballonlänge möglichst groß zu wählen, sie soll mindestens 20 cm betragen. Die Fadenspannung wird durch die Ballonlänge nicht beeinflußt.

Es wird vielfach behauptet, daß man ein besseres Kreppgarn erhält, wenn die Drallgebung in zwei Arbeitsgängen vorgenommen wird, d. h. also, wenn dem Faden beispielsweise durch Zwirnen zunächst eine Drehung von etwa 1000 Touren erteilt wird und die Fertigdrehung in einem zweiten Arbeitsgang erfolgt. Man kann bei diesem Verfahren ohne Flyer zwirnen. Praktische Vergleichsversuche haben jedoch ergeben, daß man bei richtiger Einstellung der ganzen Arbeitsbedingungen auch bei einmaliger Drallgebung einen Faden erhält, der ein vollkommen einwandfreies Verhalten zeigt.

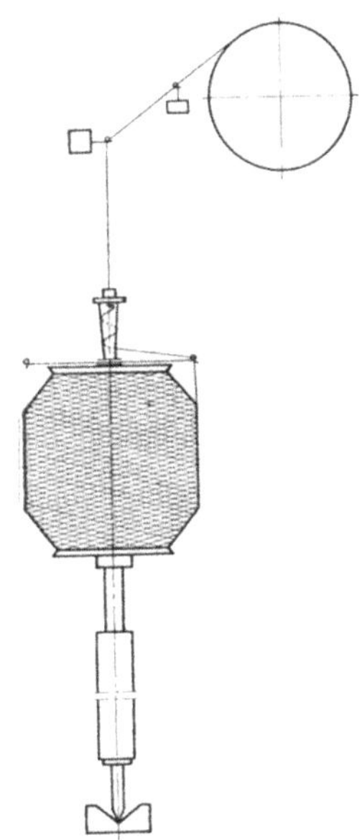

Abb. 424. Fadenführung beim Zwirnen mit dem Campanello Castelli.

Für ein Kreppgarn sind zwei Faktoren charakteristisch: Das Gewebe muß zunächst in der Färberei in der Breite stark einspringen, und zwar um 25···30%. Hiernach wird es in der Appretur wieder gespannt, wodurch sich der Einsprung auf 12···15% verringert. Der Kreppeinsprung muß ferner gleichmäßig sein und es darf kein „rissiges“ Gewebe entstehen. Unter einem rissigen Kreppgewebe ist ein solches zu verstehen, bei dem sich die Kettfäden unregelmäßig gelagert haben. Abb. 425 zeigt ein rissiges Kreppgewebe, Abb. 426 zum Vergleich hierzu ein einwandfreies.

Die Größe des Kreppeinsprunges ist durch die Spannung bestimmt, die dem Faden während des Kreppzwirnens erteilt wurde. Je höher die Spannung, um so größer wird der Kreppeinsprung. Die Rissigkeit hängt mit der Beschaffenheit des Kreppfadens zusammen. Der Kreppfaden darf nicht spiralig („sandig“) sein, sondern er muß vollkommen glatt und rund sein. Abb. 427 zeigt einen sandigen Kreppfaden, Abb. 428 einen guten Faden. Bei starker Sandigkeit können sog. „Läuse“ auftreten, worunter kleine Schlingen im Kreppfaden zu verstehen sind. Die Schlingen werden unter dem Druck des Gauffrierkalanders in der Ausrüstung abgequetscht, wodurch Löcher im Gewebe entstehen. Auch die Beschaffenheit des Kreppfadens ist von der Fadenspannung abhängig, und zwar liefert höhere Fadenspannung einen glatteren Faden.

Aus dem Vorhergesagten geht hervor, daß die Fadenspannung beim Zwirnen möglichst groß sein muß. Man kann sie nun aber keineswegs willkürlich auf eine beliebige Größe einstellen, vielmehr muß sie der Art des Reyon, der verwendeten

Abb. 425. Rissiges Kreppgewebe.

Abb. 426. Gleichmäßiges Kreppgewebe.

Schlichte sowie der relativen Luftfeuchtigkeit im Zwirnsaal angepaßt werden. Mit anderen Worten, alle diese drei Faktoren müssen aufeinander abgestimmt werden.

Zunächst muß betont werden, daß man nicht aus jedem Reyon Krepp zwirnen kann. Nach dem Streckspinnverfahren gesponnenes Reyon mit höherer Festigkeit

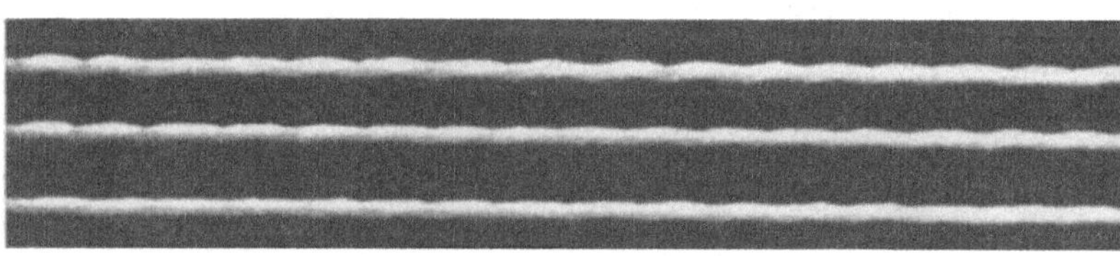

Abb. 427. Sandiger Kreppfaden.

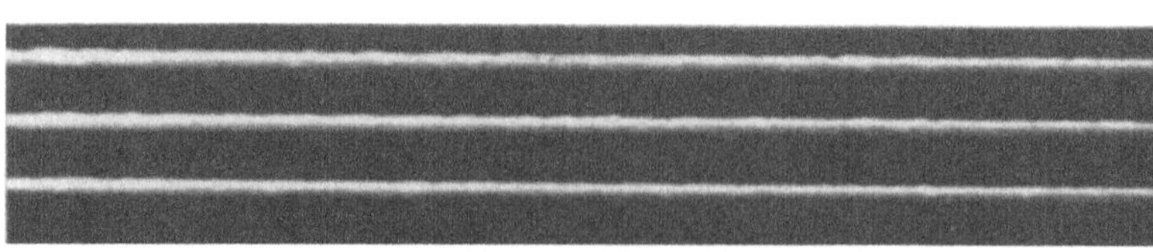

Abb. 428. Glatter Kreppfaden.

und geringerer Dehnbarkeit ist für das Kreppzwirnen ungeeignet. Man stellt daher zweckmäßig für das Kreppzwirnen ein Reyon her, dessen Dehnbarkeit bei über 22% in trockenem und über 30% in nassem Zustand liegt. Die Art der Schlichte gibt sich insofern zu erkennen, als von einer gewissen Fadenspannung ab weichere Schlichten einen größeren Kreppeinsprung ergeben als härtere Schlichten. Weiche Schlichten sind auch für das Zustandekommen eines glatten Kreppfadens günstig. Dieser Einfluß der Schlichte wirkt sich aber bei der Verzwirnung eines Reyon von hoher Dehnbarkeit kaum aus, während er bei einem Reyon von niedriger Dehnbarkeit deutlich in die Erscheinung tritt.

Der Einfluß der relativen Luftfeuchtigkeit im Zwirnsaal wirkt sich insofern aus, als unter gleicher Spannung gezwirnte Fäden bei hoher Luftfeuchtigkeit ein stärker einspringendes Kreppgarn ergeben. Dieser Befund ist verständlich, da bei hohem Feuchtigkeitsgehalt die Fäden mit geringerer Kraft gedehnt werden können.

Die Fadenspannung darf ein gewisses, hohes Maß aber auch nicht übersteigen: Wird der Faden in der Zwirnerei zu stark gestreckt, so erfolgt in der Ausrüstung sog. „wildes Kreppen". Man bezeichnet das Warenbild dann als „tränig". Als Richtlinien für die Einstellung der Fadenspannung beim Zwirnen können die folgenden dienen:

Reyon mit niedrigerer Dehnbarkeit erfordert eine weiche Schlichte und hohe Fadenspannung beim Zwirnen. Das Zwirnen wird bei einer relativen Luftfeuchtigkeit von etwa 70% vorgenommen. Reyon mit hoher Dehnbarkeit kann mit einer härteren Schlichte geschlichtet werden. Es erfordert eine niedrigere Fadenspannung und benötigt keine so hohe Luftfeuchtigkeit in der Zwirnerei. Allgemein kann noch gesagt werden, daß härtere Schlichten höhere Fadenspannungen erfordern als weiche Schlichten.

Infolge der Vielseitigkeit der Faktoren, die das Warenbild beeinflussen, müssen die günstigsten Betriebsbedingungen für jedes Reyon empirisch ermittelt werden.

Der auf die Zwirnspule aufgelaufene Faden kringelt sich beim Abspulen stark zusammen. Der Zwirn muß daher durch eine Behandlung mit Feuchtigkeit und Wärme beruhigt werden. Hierüber wird S. 655 Näheres ausgeführt.

Da bei der Beruhigung des Kreppzwirnes die Außenlagen der Zwirnspule locker werden, kann die auf der Kreppzwirnmaschine erhaltene Spule meist nicht unmittelbar versandt werden. Die Kreppspule muß in diesen Fällen daher umgespult werden.

Für das Umspulen eigenen sich entweder solche Maschinen, bei denen der Faden durch Friktion auf neue Hülsen umgespult wird, oder solche, bei denen die Hülse auf eine sich drehende Spindel aufgesteckt wird, sog. Präzisions-Kreuzspulmaschinen. Die letzteren haben eine höhere Leistung, sind aber entsprechend teurer in der Anschaffung.

Einwandfreies Ablaufen dieser Spulen beim Verarbeiter wird sehr begünstigt, wenn die Spulen mit konischen Stirnflächen versehen werden, d. h. also, wenn die Changierbewegung mit Hubminderung ausgestattet ist. Normalerweise sind die Spulmaschinen der ersten Art nicht mit Hubminderung ausgerüstet. Von der *Barmer Maschinenfabrik A.G.* wurde daher eine Vorrichtung ausgearbeitet, die auch bei diesen Spulmaschinen Spulen mit konischen Enden herzustellen gestattet. Nach DRP. 655504 ist der Fadenführer schwenkbar an der mit gleichbleibendem Hub bewegten Fadenführerschiene gelagert und in einer mit zunehmendem Spulendurchmesser vom Spulenhalter verschwenkten Leitschiene geführt. Der Spulenhalter ist mit einer Verlängerung versehen, die zum Verschwenken der Leitschiene mit ihren Enden auf einer an der Leitschiene angeordneten Stange gleitet. Dabei schwingt die Leitschiene quer zur Spulenbewegung aus. Der Fadenführer ist an einem an der Fadenführerschiene angeordneten Bolzen vorgesehen, der mit dem Ende einer kurbelförmigen Abbiegung in der Leitschiene geführt ist. Die Spulenhalterverlängerung ist an ihrem Ende mit einem drehbaren Gleitstück versehen und die Stange zur Aufnahme des Gleitstückes und dadurch zum Festhalten des Spulenhalters in der Ausrückstellung am oberen Ende abgebogen. Diese Fadenführungseinrichtung ist durch Abb. 429 veranschaulicht.

Beim Verarbeiter beliebt ist eine Spule, die mit „Alexander-Bobine" bezeichnet wird. Sie hat folgende Abmessungen:

Länge	138 mm
Innerer Durchmesser	17 mm
Äußerer Durchmesser	20 mm

Den Umspulprozeß kann man sich unter Umständen ersparen. Dies ist auf jeden Fall möglich, wenn das Kreppgarn auf Schußspulen (Cannetten) zur Ablieferung kommen soll. Man kann dann gleich den Faden von der Kreppspule auf die Cannette bringen. Aber auch durch exakte Spulung und Fadenverlegung auf der Kreppzwirnmaschine ist es möglich, unmittelbar eine Versandspule herzustellen. Damit beim Fixieren des Krepps keine allzu lockeren Wickel entstehen, verwendet man dann zweckmäßig perforierte Hülsen von großem Durchmesser.

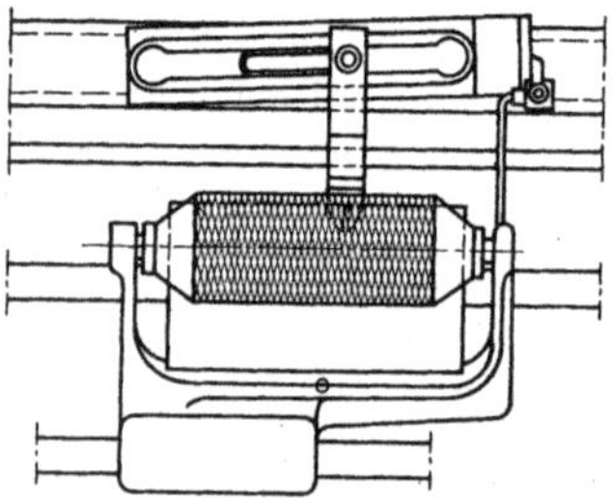

Abb. 429. Spulvorrichtung nach DRP. 655 504.

Direktes Zwirnverfahren. Bei dem eben beschriebenen Verfahren muß man von Reyon in Strangform ausgehen, das auch in Strangform geschlichtet wird. Da dies sehr umständlich ist, so ist eine Reihe von Lohnzwirnereien auch dazu übergegangen, das Reyon in Form von Spinnkuchen oder Zwirnwickeln zu beziehen. Das Schlichten von Spinnkuchen für Kreppzwecke macht heute keine Schwierigkeiten mehr. Für eine Reyonspinnerei nach dem Spulenverfahren, die Kreppgarne herstellt, ist es ein großer wirtschaftlicher Vorteil, wenn das Kreppgarn auf normalen Etagenzwirnmaschinen in einem Arbeitsgang hergestellt wird. Durch Anwendung entsprechend großer Flyer ist dies möglich, jedoch ist der Kraftbedarf dieser Maschinen für das Kreppzwirnen zu hoch. Die leichten Kreppzwirnmaschinen erlauben wieder das Aufstecken der schweren Spinnspulen nicht. Ein gangbarer Weg ist aber der folgende:

Das auf den Spinnspulen befindliche Reyon wird im Anschluß an die Wäsche im Druckverfahren geschlichtet. Dies setzt allerdings eine Schlichte von einem genügend feinen Dispersitätsgrad voraus. Um eine gleichmäßige Schlichtung des ganzen Gespinstes zu erzielen, muß man die Spulensäulen erst entlüften. Man bringt auf den Spulensäulen zu diesem Zwecke ein Rohr mit einem Hahn an. Bei geöffnetem Hahn läßt man die Schlichte zunächst in die Spulensäulen einfließen und schließt den Hahn erst in dem Augenblick, in dem Schlichte aus dem Rohr auszutreten beginnt.

Nach erfolgter Schlichtung werden die Spinnspulen auf die übliche Weise getrocknet.

Die Spinnspulen werden dann auf normalen Etagenzwirnmaschinen mit 220 Touren Rechts- und Linksvordraht gezwirnt. Dann läßt man sie über Kopf auf Scheibenspulen umlaufen, die der Kreppzwirnmaschine vorgelegt werden. Hierzu kann man die normalen Windemaschinen verwenden, von denen man die Halter für die Windekronen abmontiert hat. Die Spulen werden auf einen Teller gestellt, auf den man ein Schaffell legt, damit sich abgefallene Fäden nicht unter der Spule verfangen können, und über Kopf abgezogen. Die Fadenbremsung erfolgt am besten durch eine Fingerbremse.

Da man bei diesem Verfahren keine Möglichkeit hat, das Reyon auf Fehler durchzusehen, so bringt man an diesen Umspulmaschinen Knoten- und Flusenfänger an. Als solche sind Einrichtungen besonders geeignet, bei denen der Faden zwischen einem Dorn und einem Stahlmesser hindurchgeführt wird.

Das Fixieren des Zwirnes. Kreppgarne, aber auch normales Reyon mit höherer Drehung, also Kettdrehung mit 220 Touren oder die sog. Hochkette mit etwa 300 Touren pro Meter, müssen im Zwirn fixiert werden, damit sie sich beim Ablaufenlassen der Spulen nicht kringeln. Diese Fixierung oder Beruhigung des Zwirns geschieht durch Dämpfen oder Feuchten der Spulen nach erfolgter Zwirnung. Für die Groß-

Abb. 430. Dämpfkanal für Zwirnspulen der Fa. Friedr. Haas K.-G., Remscheid-Lennep.

produktion sind besondere Dämpfkanäle gebaut worden. Abb. 430 zeigt beispielsweise einen solchen Kanal von der *Maschinenfabrik Haas* in Remscheid-Lennep. Man kann das Fixieren durch Dampf oder durch feuchte Luft bewerkstelligen. Im allgemeinen genügen 3···4 Stunden bei 50° C und eine relative Luftfeuchtigkeit von 95%. Bei Kreppgarnen beobachtet man manchmal, daß die eine Drehungsrichtung eine längere oder kürzere Fixierungszeit benötigt als die andere.

Damit die Feuchtigkeit oder der Dampf schneller und gleichmäßiger in die Spulkörper eindringen können, verwendet man zweckmäßig perforierte Hülsen. Diese müssen so beschaffen sein, daß durch den Dampf oder die Feuchtigkeit keine Stoffe aus dem Spulenmaterial an den Fadenwickel abgegeben werden können.

Hart aufgelaufene Spulen benötigen im allgemeinen eine kürzere Feuchtzeit als weich aufgelaufene.

II. Das Haspeln.

Bei den alten Spinnverfahren wird das Garn in unentschwefeltem Zustand von den Zwirnspulen aus zu Strängen gehaspelt. Bei den direkten Spinnverfahren ist das Haspeln immer mehr zurückgegangen, da der größte Teil des Reyon unmittelbar vom Zwirnwickel oder Spinnkuchen aus gespult wird. Ein kleiner Teil der anfallenden Produktion muß jedoch nach wie vor zu Strängen gehaspelt werden. Die Stränge sind für solche Verarbeitungszwecke bestimmt, bei denen das Material in Strangform geschlichtet oder gefärbt werden muß. Eine besondere Art des Haspelns wird bei dem alten Zentrifugenspinnverfahren vorgenommen, hierbei wird das Reyon naß und sauer gehaspelt.

Der Haspel besteht aus einer Trommel von sechs Holmen. Für das Haspeln saurer Spinnkuchen wendet man schmale Häspel an, die zwei Stränge nebeneinander aufnehmen können, für alle anderen Verfahren kommen breite Häspel zur Anwendung, die je nach der vorgesehenen Strangbreite 6 oder 8 Stränge nebeneinander aufnehmen.

Um einen einwandfrei ablaufenden Strang auf dem Haspel aufzubauen, werden die Fäden in Kreuzwindungen um den Haspel geführt[1]. Die Lage der Fäden auf dem Haspel ist durch die Drehung des Haspels sowie durch den Hub des vor dem Haspel hin- und herschwingenden Fadenführers gegeben. Wenn man die Drehzahl des Haspels in der Minute mit n bezeichnet und die Zahl der Doppelhübe mit z, so gibt das Verhältnis

$$i = \frac{n}{z}$$

die Lage der Fäden im Strang an. Dieses Verhältnis nennt man das Kreuzungsverhältnis. Da von der Wahl des richtigen Kreuzungsverhältnisses die beim Ab-

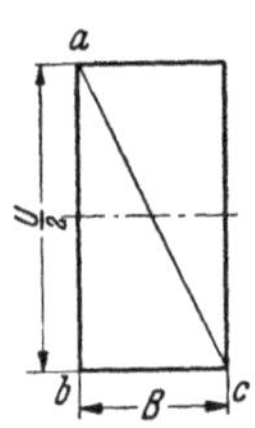

Abb. 431. Fadenlage bei einem Kreuzungsverhältnis $i = 1$. (Nach BARTRAM.)

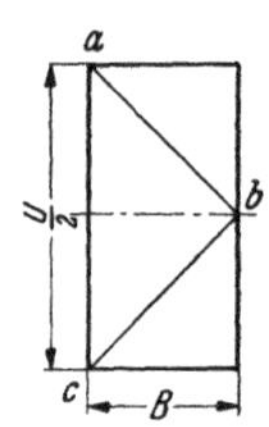

Abb. 432. Fadenlage bei einem Kreuzungsverhältnis $i = 1:2$. (Nach BARTRAM.)

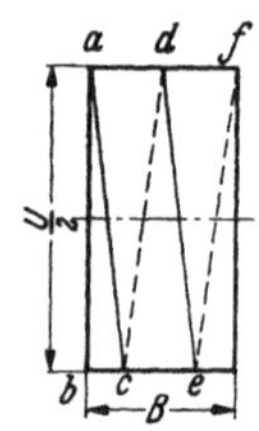

Abb. 433. Fadenlage bei einem Kreuzungsverhältnis $i = 4:1$. (Nach BARTRAM.)

haspeln der Stränge zu erzielende Leistung in hohem Maße abhängt, so soll auf den Strangaufbau etwas näher eingegangen werden.

Das Kreuzungsverhältnis kann man zeichnerisch darstellen, indem man als Ordinate den halben Strangumfang $u/2$ und als Abszisse die Breite B des Stranges auf dem Haspel nimmt.

Für die Größe dieses Verhältnisses i bestehen theoretisch drei Möglichkeiten: Es kann sein

$$i = 1,$$
$$i < 1,$$
$$i > 1.$$

Bei $i = 1$ kommt auf eine Umdrehung das Haspels ein Doppelhub bzw. auf eine halbe Umdrehung ein Hub. Wenn der Haspel, wie in Abb. 431 dargestellt ist, die Strecke *a—b* zurückgelegt hat, ist der Fadenführer in der gleichen Zeit von *b* nach *c* gewandert. Der Faden legt sich hierdurch in die Richtung *a—c*. Bei der nächsten halben Umdrehung kehrt der Faden von *c* nach *a* zurück, worauf sich das Spiel wiederholt. Es ist einleuchtend, daß man auf diese Weise auf dem Haspel keinen Strang, sondern eine einfache schräge Schleife erhält. Das Verhältnis $i = 1$ ist daher unbrauchbar.

Abb. 432 bringt für den Fall $i < 1$ ein Beispiel. Hier ist die Fadenlage dargestellt, wenn auf zwei Doppelhübe des Fadenführers eine Umdrehung des Haspels kommt,

[1] Vgl. hierzu BARTRAM: Kunstseide **15**, 369 (1933).

d. h. jedem Fadenführerhub entspricht $^1/_4$ Umdrehung, das Kreuzungsverhältnis ist also

$$i = \frac{n}{z} = \frac{1}{2}.$$

Bei diesem Verhältnis legt sich der Faden bei der ersten halben Umdrehung des Haspels auf die Linie *a—b—c*, bei der nächsten halben Umdrehung auf die Linie *c—b—a*. Der Faden würde bei diesem Verhältnis eine Zackzicklinie bilden, zu einem Strang kommt man also auch bei diesem Verhältnis nicht.

Für die Erzielung eines einwandfreien Stranges ist nur ein Verhältnis

$$i > 1$$

von Bedeutung, wie es z. B. für $i = {}^4/_1$ in Abb. 433 dargestellt ist.

Hierbei kommt auf $^1/_2$ Strangumfang (Strecke *a—b*) $^1/_4$ Hub (Strecke *b—c*). Der Faden legt sich bei der ersten halben Umdrehung in die Strecke *a—c*, bei der nächsten halben Umdrehung in die Strecke *c—d*, bei der dritten halben Umdrehung in die Strecke *d—e*, bei der vierten halben Umdrehung in die Strecke *e—f* usw. Das als Beispiel angegebene Verhältnis ist für die Praxis noch nicht ausreichend, es kommen hier Kreuzungsverhältnisse etwa von der Größenordnung

$$i = \frac{13}{7}$$

in Frage.

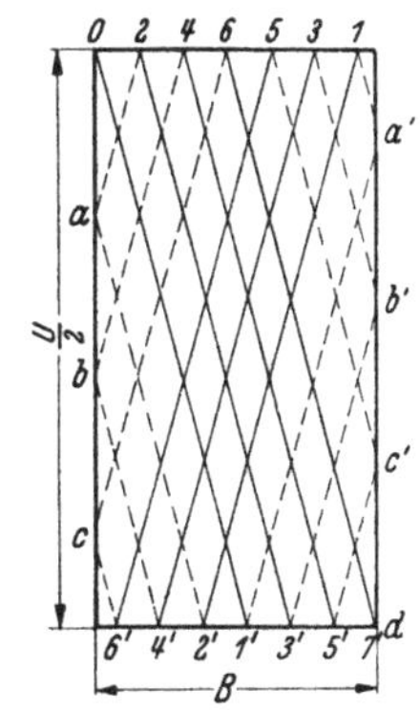

Abb. 434. Fadenlage bei einem Kreuzungsverhältnis $i = 13:7$. (Nach BARTRAM.)

Der Strangaufbau bei diesem Verhältnis ist in Abb. 434 dargestellt. Auf diese Weise entstehen regelrechte Rauten im Strang.

Man wählt am besten eine möglichst flache Kreuzung, wie beispielsweise 18/7 oder noch besser 24/7 und läßt den Strang möglichst breit auf den Haspel auflaufen. Dies hat zur Folge, daß die einzelnen Bänder nicht zu dick werden. Bei dicken Bändern würden die Fäden beim Abnehmen des Stranges vom Haspel zusammenfallen, wodurch ein Strang mit lockeren und festeren Teilen entsteht. Breite Stränge mit flacher Kreuzung sind bei unentschwefeltem Reyon besonders wichtig, weil sie sich am besten gleichmäßig waschen lassen und weil sie in der Sortierung breit und offen auf die Pfähle gelegt werden können, was den Überblick über den Strang erleichtert.

Damit der fertige Strang Halt bekommt, muß er gefitzt werden, d. h. es werden aus einem dicken Zwirn bestehende Unterbänder quer durch den Strang gezogen. Dies wird von den einzelnen Fabriken auf die verschiedenste Weise vorgenommen: Während einige Werke die Stränge streng durch die Rauten fitzen, ziehen andere den Fitzfaden ohne Rücksicht auf die Rautenbildung durch den Strang („wilde Fitzung"). Ob die eine oder andere Art der Fitzung die vorteilhaftere ist, hängt von der gewählten Strangkreuzung ab. Bei einem Kreuzungsverhältnis, bei dem kurze, breite Rauten entstehen, wie beispielsweise bei dem Verhältnis 13/10, kann man die Fitzfäden durch die Rauten ziehen. Wählt man dagegen ein flacheres Kreuz, bei dem längere und schmale Rauten gebildet werden (beispielsweise 24/7), so hat die korrekte Fitzung Nachteile. In diesem Falle kann man nämlich das Fitzband eine lange Strecke durch den Strang ziehen. Beim Färben der Stränge auf Stranggarnfärbemaschinen schieben sich die Fitzbänder von selbst zusammen und bilden

Nester im Strang, die die gleichmäßige Durchfärbung und einwandfreie Abwindung des Stranges erschweren. Bei wilder Fitzung eines unter flacher Kreuzung hergestellten Stranges dagegen werden die Fitzfäden durch den Strang selbst in ihrer ursprünglichen Lage festgehalten, ohne daß es dabei zu einer Verwirrung des Stranges kommt.

Auch die Zahl der angewandten Fitzbänder ist verschieden. Es wird mit 6, 4 und 3 Bändern gefitzt. Es kann gesagt werden, daß bei geschickter Auswahl des Kreuzungsverhältnisses drei Fitzbänder zur Erhaltung einer einwandfreien Stranglage aber vollkommen genügen.

Die Fitzung selbst wird gleichfalls auf verschiedene Weise vorgenommen. Man unterscheidet einfache Fitzung und Durchholfitzung. Der Unterschied zwischen beiden geht aus den Abb. 435 und 436 hervor. In ihrer Wirkung besteht praktisch kein Unterschied.

Die Stranglänge bzw. das Stranggewicht wird am besten nicht zu groß genommen. Die Reyonfabrik sowie die Verarbeiter streben aus wirtschaftlichen Gründen möglichst große Stranggewichte an, während der Färber kleine Stränge bevorzugt, da diese sich in der Färberei und auch in der Schlichterei besser hantieren lassen. Da bei den direkten Spinnverfahren nicht mehr die Notwendigkeit besteht, die gesamte

Abb. 435. Einfache Fitzung.

Abb. 436. Durchholfitzung.

Produktion haspeln zu müssen, so tut man gut daran, sich an ein bescheidenes Stranggewicht von annähernd 80…90 g zu halten.

Als Fitzgarn kommt nur ein kräftiges Reyongarn in Frage. Man hat früher vielfach Baumwollzwirne als Fitzgarn verwendet. Die rauhe Baumwollfaser beschädigt aber die Reyonfädchen, wenn eine baumwollene Unterbindung auch fester im Strang liegt. Reyonzwirne haben aber gegenüber dem Baumwollzwirn den Nachteil, daß die Knoten schlechter halten. Man muß eine aus Reyonzwirn bestehende Fitzbandschlaufe daher mit einem Doppelknoten versehen.

Beim Abhaspeln saurer Spinnkuchen werden die Kuchen auf ein unten an der Haspelmaschine befindliches und mit Holzpfropfen versehenes Brett gestellt und über Kopf abgezogen. Infolge der ihnen noch anhaftenden Spinnstarre lassen sie sich auf diese Weise gut abarbeiten. Es ist zweckmäßig, sie von Zeit zu Zeit durch Übergießen mit Wasser während des Haspelns neu zu befeuchten. Der Changierfadenführer wirkt gleichzeitig als Fadenbremse. Für sauer gehaspelte Stränge wählt man besser ein nicht allzu flaches Kreuz, 13/7 hat sich im allgemeinen als zweckmäßig erwiesen. Dies ist aus dem Grunde besser, weil die Stränge in nassem Zustand gefitzt werden müssen. Dies kann nur durch die Rauten geschehen, da bei wilder Fitzung und flachem Kreuz zu leicht Fäden beschädigt werden können. Man hat deshalb auch versucht, die Stränge mit besonderen Fitznadeln zu fitzen, um die Berührung der Gespinste mit den Fingern zu vermeiden. Dieses Verfahren hat sich jedoch nicht allgemein eingeführt.

Der Umfang der Haspelkrone beträgt normalerweise 1105 mm, ihre Umdrehungsgeschwindigkeit kann auf 140, 180 und 225 in der Minute eingestellt werden. Im allgemeinen läßt man diese Maschinen mit 180 Touren laufen.

Der Anfang des vom Kuchen ablaufenden Fadens wird nicht mitgehaspelt, sondern verworfen, da er vom Anspinnen her im Titer nicht richtig ist.

Bei kleinen, leichten Kuchen, wie sie früher hergestellt wurden, kann man ganze Gespinste zum Strang haspeln. Bei schweren Kuchen ist dies nicht möglich, da die Stränge zu groß werden würden. In diesem Falle verwendet man zweckmäßig Haspelmaschinen mit selbsttätiger Abstellung, wodurch die Gewähr gegeben ist, daß man gleich lange Stränge erhält. Es ist gut, das Stranggewicht auf ein bestimmtes Teilgewicht vom Kuchen abzustellen, also beispielsweise den Kuchen in zwei oder drei gleiche Teile aufzuteilen. Ist das Kuchengewicht nicht durch ein mögliches Stranggewicht zu einer glatten Zahl teilbar, so muß man „wild haspeln", d. h. man muß an nur teilweise fertige Stränge den Anfang neuer Kuchen anknoten. Diese Arbeitsweise ist aber unzweckmäßig.

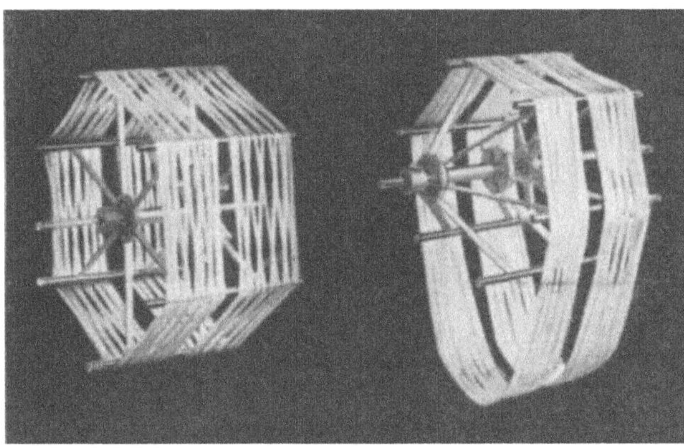

Abb. 437. **Haspelkrone für Stränge von sauren Spinnkuchen; rechts zum Abnehmen der Stränge zusammengeklappt. (Textima, Chemnitz.)**

Nach erfolgter Fitzung werden die Haspelkronen mit den Strängen aus der Maschine herausgenommen. Durch seitliches Zusammenschieben der Haspelholme kann man die Stränge dann von der Krone abnehmen (Abb. 437). Sie werden zu mehreren lose zusammengedreht und in die Strangwäsche gefahren.

Abb. 438 zeigt eine Haspelmaschine für das Abhaspeln von Spinnspulen oder Zwirnwickeln. Diese werden, wie die Spinnkuchen, auf ein unten an der Maschine angebrachtes Ablaufbrett aufgestellt und gleichfalls über Kopf abgezogen. Bei Zwirnwickeln ist — ebenso wie bei im direkten Verfahren gewaschenen Spinnkuchen — eine Stütze erforderlich, die man in die meist mit einem Schlauchnetz versehenen Gebilde einlegt. Hierfür kann man eine Manschette aus Blech, Gummi, Zelluloid oder Vulkanfiber verwenden, die dem Wickel eine gewisse Spannung gibt. Man kann auch gespaltene und durch Federkraft auseinandergedrängte Holzdorne anwenden. Das Schlauchnetz muß sorgfältig zurückgeschlagen werden, damit keine Fäden beim Ablaufen daran hängen bleiben können. Beim Abarbeiten von Zwirnwickeln oder eingenetzten Kuchen ist es darüber hinaus zweckmäßig, über die Wickel einen runden, mit einem polierten Rand versehenen Ablaufteller aus Vulkanfiber anzubringen, wodurch ein störungsloses Ablaufen sehr erleichtert wird.

Die für das Haspeln notwendige Spannung der ablaufenden Fäden wird durch Bremsstäbe erreicht, die vor der Changierung angebracht sind. Sie können in ihrer Stellung zueinander verstellt werden, so daß man dem Faden jede beliebige Bremsung erteilen kann.

Die Haspelkronen (Abb. 439) sind so konstruiert, daß zwei der sechs Holme in der Richtung der Achse niedergelegt werden können, damit die fertigen Stränge leicht seitlich von der Krone heruntergeschoben werden können. Der Umfang der Kronen beträgt normalerweise 1200 mm. Auch diese Maschinen werden mit und

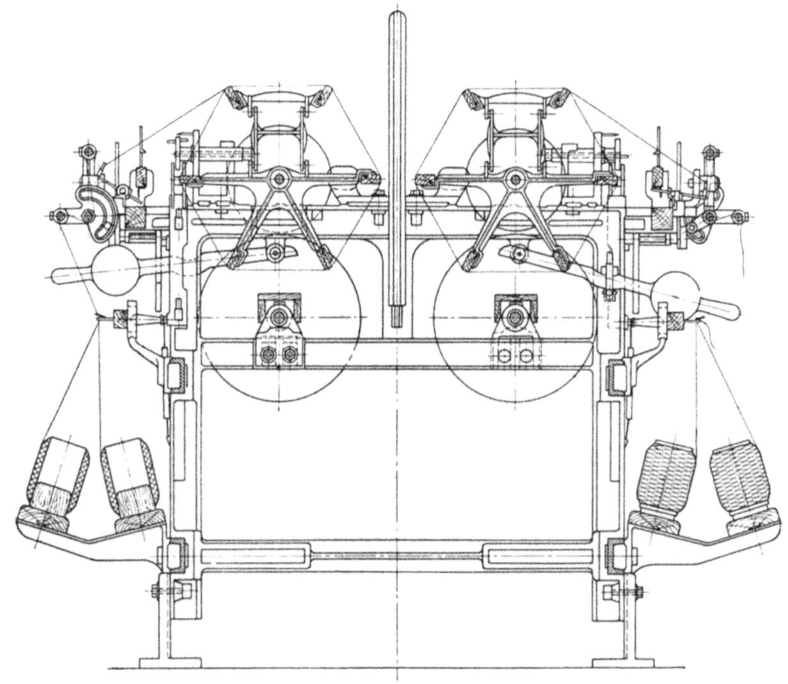

Abb. 438. Haspelmaschine für Spinnspulen oder im direkten Verfahren gewaschene, trockene Spinnkuchen bzw. Zwirnwickel. (Textima, Chemnitz).

Abb. 439. Haspelkrone.

ohne automatische Abstellung nach einer bestimmten Umdrehungszahl gebaut. Wie beim Abhaspeln der sauren Kuchen beschrieben, so kann man auch hier wild haspeln oder die Spinnspule bzw. den Zwirnwickel in bestimmte, gleiche Stranggewichte aufteilen.

In Anbetracht der geringeren Empfindlichkeit der trockenen Fäden kann man die Haspelkronen mit 300 und mehr Touren in der Minute laufen lassen.

Das Abfitzen der Stränge kann entweder bei stillgesetztem Antrieb an der Haspelmaschine selbst erfolgen oder auf besonderen Fitzböcken, in die man die aus der Haspelmaschine herausgenommenen Haspelkronen zum Zwecke des Fitzens einlegt. Die fertigen Stränge werden je nachdem, ob es sich um unentschwefeltes oder entschwefeltes Material handelt, entweder der Strangwäsche oder der Sortierung und Packerei zugeleitet.

III. Das Kreuzspulen.

Die für den Verarbeiter günstigste Aufmachungsform beim Reyon stellt die konische und zylindrische Kreuzspule dar. Diese haben gegenüber dem Strang und von ihm abgehaspelten Scheibenspulen eine Reihe von Vorteilen[1]. Zunächst haben sie ein großes Fassungsvermögen, das normalerweise 1···1,2 kg beträgt. Es werden aber bereits schon Spulen von 2 und mehr kg Gewicht hergestellt. Beim Abarbeiten kann demnach nur wenig Aufenthalt durch Spulenwechsel entstehen. Ihre Wicklung läßt ferner hohe Abzugsgeschwindigkeiten zu, Zettelgeschwindigkeiten von 300, 500 und 800 m in der Minute sind heute keine Seltenheit mehr. Weiter läßt sich, da die Spulenhülse auf beiden Seiten aus dem Wickel herausragt, leicht erkennen, welche Menge an Fadenresten noch auf der Spule vorhanden ist. Dies ist bei der Scheibenspule nicht möglich, da der Spulenflansch die Wicklungshöhe verdeckt. Die Schätzung wird bei der Scheibenspule noch dadurch erschwert, daß man von der Seite her die Dicke des Spulenkerns nicht erkennen kann. Die Gewichtskontrolle ist schließlich bei der Kreuzspule einfacher, da nicht eine große Menge leeren Hülsenmaterials gewogen zu werden braucht.

Zylindrische und konische Kreuzspulen — bevorzugt angewandt werden die konischen — können auf zwei Maschinentypen hergestellt werden, die sich grundsätzlich durch die Art des Antriebs der Kreuzspule unterscheiden. Man kann die Spule durch Auflage auf einem Rotationskörper durch Friktion antreiben oder sie durch direkten Spindelantrieb wickeln. Im ersteren Falle ist ohne weiteres eine gleichförmige Spulgeschwindigkeit und damit Fadenspannung beim Spulen gegeben. Ein Nachteil dieser Herstellungsart liegt darin, daß durch den allmählich immer dicker werdenden Spulkörper ein zunehmender Druck auf den auflaufenden Faden erzeugt wird. Besonders an den Umkehrpunkten der Changierung kann es hierdurch leicht zu Fadenbeschädigungen kommen. Man kann dieser zwar durch kräftige Ölung des Fadens entgegenwirken, jedoch bringt dies für die Verarbeitung wieder Nachteile mit sich. Die Beseitigung dieser Gefahr durch Fadenführung über Schlitztrommeln, Nutzylinder und Flügel ist für Reyon erst in der letzten Zeit konstruktiv gelungen, da die für die Herstellung dieser Führungselemente verwendbaren Werkstoffe infolge ihrer Oberflächenbeschaffenheit wieder Gefahrenquellen für das Reyon in sich schließen.

Die durch den verschiedenartigen Antrieb erhaltenen Kreuzspulen unterscheiden sich, sofern es sich um konische Kreuzspulen handelt, durch ihre Form. Bei den durch Friktion angetriebenen Spulen stehen die Stirnflächen senkrecht auf der Spulenhülse, wodurch die Wicklung nach außen zu schräg nach oben wächst (Abb. 440). Bei durch Spindelantrieb hergestellten Kreuzspulen stehen die Stirnflächen der Wicklung parallel zum Durchmesser der Spulenhülse (Abb. 441). Die erste Art der Wicklung hat einen kleinen Vorteil insofern, als beim Abarbeiten der Spule über Kopf sich der

[1] Vgl. hierzu WEIGEL: Kunstseide **42**, 350, 393 (1937).

ablaufende Faden nicht so leicht unter der Stirnfläche verhängen kann. Es soll bemerkt werden, daß diese Sonderart der Wicklung durch Hubverlagerung auch beim Spindelantrieb zu erzielen ist, jedoch macht dies den Changiermechanismus recht kompliziert. Bei sachgemäßer Spulung kann aber ohne weiteres auf diesen besonderen Spulenaufbau verzichtet werden.

Beim Spindelantrieb nimmt die Abzugsgeschwindigkeit bei gleichbleibender Spindeldrehzahl mit dem Durchmesser der Wicklung zu. Hiermit ändert sich gleichlaufend auch die Fadenspannung und man erhält innen eine weichere Spulung als außen. Diese Differenz ist für den Spulenaufbau schädlich und muß infolgedessen beseitigt werden. Es kann dies auf zweifache Weise geschehen: Man kann entweder die Spindeldrehzahl mit steigender Bewicklungsdicke verringern und somit den Abzug konstant halten oder bei konstanter Spindeldrehzahl die Fadenbremsung mit zunehmender Bewicklungsdicke verringern. Auf beide Arten lassen sich einwandfreie Kreuzspulen erhalten.

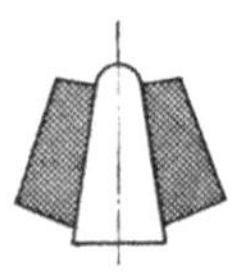

Abb. 440. Durch Friktion angetriebene Kreuzspule (schematisch).

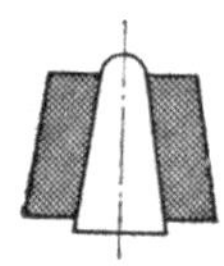

Abb. 441. Durch Spindelantrieb hergestellte Kreuzspule (schematisch).

Bei den Maschinen mit Spindelantrieb ist besonderer Wert auf die Konstruktion der Fadenführungselemente zu legen. Alle mit der hin- und hergehenden Bewegung zusammenhängenden Teile sind möglichst leicht zu halten, damit Schwung- und Beharrungsmomente, besonders an den Umkehrstellen, vermieden werden. Die Fadenführung wird durch einen geschlossenen Nutexzenter, der in einem Getriebekasten in Öl läuft, eingeleitet. Der Exzenter wird durch Stirnräder angetrieben. Der Hub beträgt normalerweise 130 oder 150 mm, die Steigung der Spule 3° 30′. Die in der Vorder- und Rückwand des Getriebekastens gelagerte Spindel wird bei Maschinen mit veränderlicher Drehzahl über ein Reibradgetriebe von einer durchgehenden Welle aus angetrieben. Die Drehzahlverminderung der Spindel wird durch Verschieben des auf der durchgehenden Welle sitzenden Reibrades auf der Tellerscheibe der Spindel stufenlos herbeigeführt. Die Verschiebung kann durch ein kleines Fühlerrädchen veranlaßt werden, das unterhalb der wickelnden Spule angebracht ist und die Spulendicke abtastet. Damit hierbei Fadenbeschädigungen vermieden werden, kommt das Fühlerrädchen nur zeitweise auf dem Spulkörper zur Auflage.

Um eine korrekte Wicklung zu erhalten, ist der aus einem Porzellannüßchen bestehende Fadenführer als Schleiffadenführer ausgebildet.

Der Antrieb über ein Reibradgetriebe fällt bei Maschinen mit konstanter Drehzahl natürlich fort. Die Fadenbremse wird hierbei vom Fadenführerhalter aus gesteuert, der sich mit zunehmender Bewicklungsdicke mehr und mehr von der Spulenachse entfernt. An Stelle des Reibradgetriebes wird bei diesem Maschinentyp ein durchgehender Riemen verwendet, der an Rollen vorbeigleitet, die auf den einzelnen Spindelachsen aufsitzen. Zur Vermeidung von Spiegelwicklung ist der Ersatz des Riemens durch Zahnräder zu empfehlen.

Es ist eine schwer zu entscheidende Frage, ob die Spulen mit annähernd gleichen Gewichten oder mit etwas abweichenden Gewichten hergestellt werden sollen. Im allgemeinen strebt man möglichst gleiche Gewichte an. Da die Maschinen nicht mit Zählwerken und automatischer Abstellung eingerichtet sind, so läßt sich die Einstellung auf genau gleiche Spulengewichte schwer durchführen. Man hilft sich durch Anlegung einer Lehre an die Stirnflächen. Es ist einleuchtend, daß man hierdurch nur annähernd das Gewicht der Spule richtig einstellen kann. Die Forderung nach unterschiedlichen Gewichten entsteht dadurch, daß es bei gleichzeitigem Leerlaufen vieler Spulen auf den Hochleistungsschärgattern nicht gelingt, in einer sehr kurzen Zeit eine große Anzahl von Spulen auszuwechseln.

Dieser Schwierigkeit wird man jedoch enthoben, wenn man die sog. Magazinschärgatter verwendet. Diese sind so gebaut, daß neben jeder ablaufenden Spule eine Reservespule aufgesteckt wird, deren Anfangsfaden man mit dem Endfaden

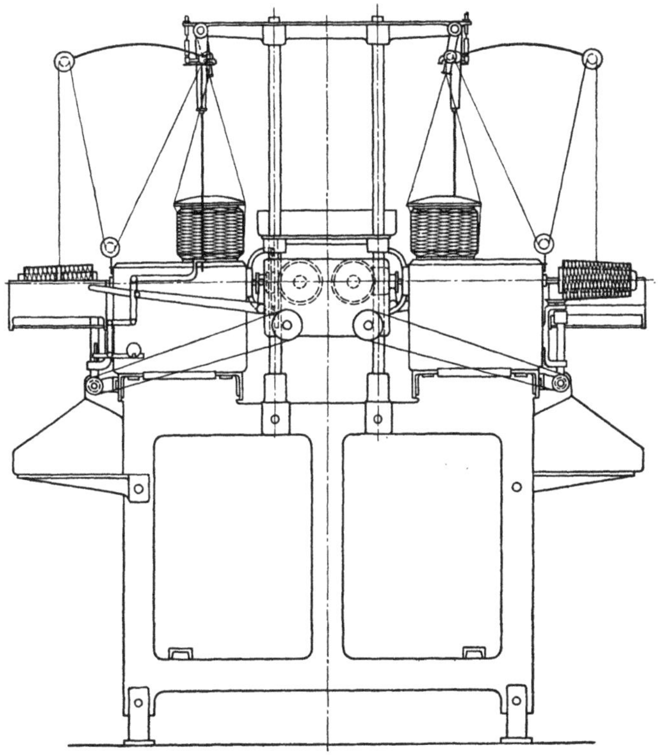

Abb. 442. Kreuzspulmaschine der Fa. Textima, Chemnitz.

der ablaufenden Spule verknüpft. Ist die eine Spule leergelaufen, so beginnt von selbst die andere abzulaufen. Während dieser Zeit kann man wieder eine neue Spule auf das Gatter aufstecken und die Anfangs- und Endfäden entsprechend verknüpfen.

Diese Arbeitsweise setzt voraus, daß die Spulen mit einer sog. Fadenreserve (Rattail) gespult werden, und daß die Spulung im übrigen so beschaffen ist, daß die Wicklung ohne jede Störung bis zum letzten Rest abläuft. Es ist daher in diesem Falle auf besonders sorgfältige Spulung zu achten. Das Ablaufen der letzten Garnreste von der Hülse hängt aber nicht nur von der Spulung, sondern auch vom Hülsenmaterial ab. Am besten geeignet sind starke, präparierte Papphülsen, deren Oberfläche unterhalb des Wickels mit Schmirgel etwas rauh geschliffen ist. Nach einem amerikanischen Patent kann man auf die Spulenhülsen auch Reyonstaub aufkleben.

Die Fadenreserve wird so angelegt, daß man in die Spulenhülse eine ringförmige Rille einprägt, und zwar kurz unterhalb der unteren Stirnfläche. Mehrere Meter Faden werden zunächst mit der Hand in diese Rille gewickelt, bevor man die Spulmaschine anlaufen läßt. Das Fadenende wird durch ein kleines Papierstückchen im Innern der Hülse festgeklebt.

Die Anlage der Fadenreserve erfordert, daß die untere Stirnfläche der Spule in einem bestimmten, stets einzuhaltenden Abstand von dem Ende der Hülse beginnt. Man muß die Hülsen daher stets genau gleich weit über den Spindeldorn schieben, der zu diesem Zwecke mit einem tellerförmigen Anschlag versehen sein muß. Da die Hülsen in ihren Abmessungen aber stets innerhalb gewisser Toleranzen schwanken, so ist diese Art des Aufsteckens bei normalen Spuldornen nicht möglich. Diese Schwierigkeit ist nach DRP. 633972 von der *Barmer Maschinenfabrik* so gelöst worden, daß der Spuldorn als Spannhülse ausgebildet ist. Die aus einem Stück bestehende Spannhülse ist von beiden Enden aus mit sich in der Hülsenmitte übergreifenden Längseinschnitten und im Innern an den Enden mit konischen Flächen versehen, gegen die ein ebenfalls konischer Bund anliegt; von diesen ist der eine gegen den anderen, der auf der Spindelachse fest angeordnet und mit einem Anschlag für die Spulenhülse versehen ist, durch einen Gewindebolzen verstellbar. Durch eine eingeführte kleine Kurbel wird zunächst der Durchmesser der Spannhülse verkleinert. Dann wird die Spulenhülse so weit über den Dorn geschoben, bis sie am Anschlag anliegt. Nunmehr wird die Kurbel eingeführt und die Spannhülse bis zum vollkommenen Festsitzen der Spulenhülse in ihrem Durchmesser vergrößert. Diese Arbeitsweise hat noch den weiteren Vorteil, daß volle Spulen nach Entspannen der Hülse ohne jede Schwierigkeit von dem Dorn abgezogen werden können.

Abb. 443. Kreuzspulmaschine in einem Reyonbetrieb.

Um ein einwandfreies Ablaufen der Spulen zu gewährleisten, müssen sie mit einer bestimmten Härte gespult werden. Daß hierbei auch die Avivage des Reyon von Bedeutung ist, wurde schon an anderer Stelle erwähnt. Ferner ist es für einen einwandfreien Ablauf bei konischen Spulen erforderlich, alle Knoten auf die obere Stirnfläche der Spulen zu legen. Eingewickelte Knoten ergeben beim Abziehen Fadenbrüche, da sich der ablaufende Faden am Knoten verfängt. Wichtig für ein restloses Ablaufen der Fadenwickel ist ferner noch die Beschaffenheit der Hülsenköpfe. Sie müssen stets glatt poliert sein. Hierauf ist besonders bei der Wiederverwendung gebrauchter Hülsen zu achten, die auf dem Transport beschädigt werden können. Vor der Wiederverwendung sind die Hülsenköpfe daher genau durchzusehen. Zweckmäßig werden die Hülsenköpfe neu poliert, wozu sich eine dünne Schellacklösung eignet.

In Abb. 442 (S. 663) ist ein Beispiel für eine Präzisionskreuzspulmaschine mit veränderlicher Spindeldrehzahl gegeben.

Abb. 443 zeigt die Ansicht einer Kreuzspulmaschine in einem Reyonbetrieb.

Zwirnspulmaschinen. Man hat auch versucht, die Arbeitsgänge des Zwirnens und Kreuzspulens miteinander zu vereinigen und zu diesem Zwecke die sog. Zwirnspulmaschinen gebaut. Der Zwirnvorgang erfolgt hierbei in der bei Etagenzwirnmaschinen üblichen Art. Der Faden wird dann in exakter Kreuzwicklung auf eine zylindrische oder konische Kreuzspulhülse gewickelt, die durch Friktion angetrieben

Abb. 444. Zwirnspulmaschine der Fa. Textima, Chemnitz.

wird. Da bei den direkten Spinnverfahren ein nachträgliches Ausschrumpfen der Wickel erforderlich ist, so dürfte diesen Maschinen in der Reyonfabrik kaum große Bedeutung zukommen. Man kann sie dagegen verwenden für die Herstellung kleiner zylindrischer Kreuzspulen, die in die Tuchindustrie geliefert werden. Da die Tuche in der Ausrüstung stark eingehen, so tritt die Schrumpfung eines Effektfadens aus Reyon praktisch nicht in die Erscheinung. Abb. 444 zeigt eine Zwirnspulmaschine der Firma *Textima,* Chemnitz.

IV. Die Herstellung versandfähiger Spinnkuchen.

Es war zu Beginn dieses Kapitels schon erwähnt worden, daß sich auch der direkte Kuchenversand immer mehr einführt. Er bringt dem Verarbeiter den Vorteil einer gegenüber dem Strang größeren Lauflänge sowie geringerer Lohnkosten in der Winderei. Dies gilt in gleichem Maße auch für den Zwirnwickel. Es ist einzelnen Firmen auch gelungen, das Reyon in Form des Spinnkuchens oder Zwirnwickels zu färben und zu schlichten. Je nach dem im Reyonwerk üblichen Verfahren kommt der Spinnkuchen oder Zwirnwickel mit spiraliger Umbindung oder eingeschlagen in ein Netz zum Versand. Das Netz wird dann nach dem Abspulen vom Verarbeiter an die Reyonfabrik zurückgeschickt. Das gleiche gilt auch für die Molton-Manschette, falls eine solche in den Kuchen eingebunden war.

Der Kuchen bzw. Zwirnwickel kann vom Verarbeiter auf zweifache Weise verarbeitet werden, man kann ihn entweder über Kopf abziehen oder ihn tangential abrollen lassen. Im ersteren Falle muß man ihn über eine Spannvorrichtung stülpen, damit er seine Form behält. Es genügen hierfür Manschetten aus Blech oder Vulkanfiber. Besondere Spannvorrichtungen, wie sie von einzelnen Firmen propagiert worden sind, sind nicht erforderlich. Das einwandfreie Ablaufen wird begünstigt, wenn man oberhalb des Kuchens oder Zwirnwickels einen flachen runden Teller anbringt. Es wird hierdurch bewirkt, daß der Faden stets etwas seitlich vom Kuchen oder Zwirnwickel abgezogen wird. Er kann dann nicht in seinem Ablauf durch Berühren des Wickels gehemmt werden. Bevor der Faden auf der Aufwickelspule aufläuft, muß er in geeigneter Weise gebremst werden. Als Fadenbremsen haben sich besonders gut die sog. Fingerbremsen bewährt.

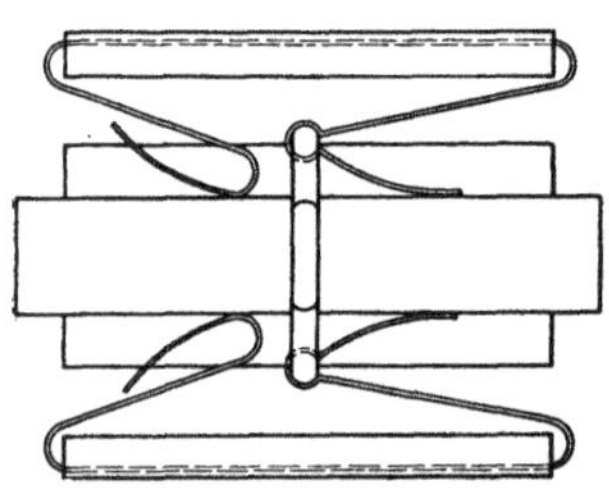

Abb. 445. Häspelchen für Spinnkuchen bzw. Zwirnwickel nach DRP. 659177.

Für das tangentiale Abrollen der Kuchen oder Zwirnwickel benötigt man besondere kleine Häspelchen, auf die man den Kuchen oder Zwirnwickel auflegt. Es ist eine ganze Reihe solcher Häspelchen konstruiert worden. Als Beispiel sei eine Vorrichtung nach DRP. 659177 der *I. G. Farbenindustrie Aktiengesellschaft* angeführt (Abb. 445). Die Fadenbremsung wird hierbei wie bei normalen Windekronen durch auf die Achse des Häspelchens aufgehängte Gewichte bewirkt. Es soll erwähnt werden, daß man sich dieser Arbeitsweise auch in der Reyonfabrik bedienen kann, um auf normalen Kreuzspulmaschinen die Reste von nicht einwandfrei abgelaufenen Spinnkuchen zu spulen. Falls ohnehin Stränge hergestellt werden sollen, so ist es unter Umständen lohnender, die Kuchenreste auf diese Weise zu haspeln, anstatt an den Kreuzspulmaschinen zu viele Stillstände durch Fadenbruch und Spulen mit vielen Knoten in Kauf nehmen zu müssen.

Bei nicht eingenetzten Spinnkuchen ist in der Reyonfabrik vor dem Versand eine Nacharbeit erforderlich. Durch die Schrumpfung des Kuchens bei der Nachbehandlung und Trocknung wird der umbundene Faden locker, so daß die Kuchen neu umbunden werden müssen. Meistens haben die nicht eingenetzten Kuchen auch an ihren Außenlagen Schmutzstellen, zum Teil von Verunreinigungen der Waschbäder herstammend. Man muß daher die Außenlagen der Kuchen vor der neuen Umbindung notfalls entfernen.

V. Die Sortierung.

Bevor das Reyon die Fabrik verläßt, muß es auf Fehler durchgesehen werden. Dies geschieht in der Sortierung oder Säuberei. Bei noch nach den alten Spinnverfahren arbeitenden Fabriken, die das Reyon in Strangform nachbehandeln, nimmt die Sortierung im Reyonwerk einen breiten Raum ein. Mit dem Übergang auf die direkten Spinnverfahren sowie den direkten Kuchenversand hat die Sortierung immer mehr an Bedeutung verloren. Einerseits sind bei der direkten Behandlung kaum noch Möglichkeiten für eine Schädigung der Gespinste vorhanden und andererseits kann man in die Wickel oder Spulen nicht hineinsehen. Dies hat zur Folge, daß bei den direkten Spinnverfahren bei allen Arbeitsgängen sorgfältig darauf geachtet werden muß, daß keine Beschädigungen und Beschmutzungen der Gespinste möglich sind. Werden im Laufe des Herstellungsganges des Reyon irgendwelche Unregelmäßigkeiten festgestellt, so sind die betreffenden Gespinste sofort zu kennzeichnen, damit sie nicht zur 1. Qualität gelegt werden.

Bei der Strangsortierung erstreckt sich die Beurteilung auf folgende Punkte:

Stranglage (straffe Fäden, Regelmäßigkeit der Fitzbänder, annähernd richtiges Gewicht der Stränge usw.),
Flecken, Streifchen oder Pünktchen,
Flusen,
Anzahl der losen Enden,
Abweichungen im Zwirn (zu loser, zu fester oder verschobener Zwirn),
Abweichungen im Titer,
Richtige Fitzung und richtige Fitzgarnfarben.

Von den Reyonherstellern sind bestimmte Normen aufgestellt worden. Je nach der Anzahl der oben angeführten Fehler werden die Stränge zur Prima-, Sekunda-, Tertiaqualität gelegt oder sie als Ausschuß oder Partieware bezeichnet. Darüber hinaus sind bei einzelnen Werken noch Mischqualitäten geschaffen worden, so beispielsweise eine „Webqualität", die aus Prima und guter Sekunda besteht. Für anspruchslose Verwendungszwecke ist eine „t. v.-Sortierung" (tout venant) oder auch eine „o. G. s."-Sortierung (ohne Gewähr sortiert) in Gebrauch.

In früheren Zeiten hat man bei der Sortierung in starkem Maße gesäubert, d. h. es wurden fehlerhafte Fadenteile aus den Strängen herausgeschnitten oder lose Enden zusammengeknotet. Auf diese Weise konnte oft ein Strang zu einer höheren Qualitätsklasse gelegt werden. Man ist von dieser Handhabung aber immer mehr abgekommen. Einerseits steigen hierdurch leicht die Lohnkosten in der Sortierung stärker an als dem höheren Erlös durch den größeren Primaanfall entspricht, und andererseits werden beim Säubern vielfach dadurch neue Fehler gemacht, daß unrichtige Fadenenden zusammengeknotet werden. Wenn ein Fadenstück herausgeschnitten wurde, das so groß war, daß man die Fadenenden nicht unmittelbar miteinander verknoten konnte, so zog man den Faden einmal um den Strang herum und verknotete ihn dann. Diese Arbeitsweise hat sich als vollkommen falsch erwiesen, da ein solcher Strang nicht mehr einwandfrei in der Winderei abläuft.

Die Sortierung des Reyon auf Spulen muß sich auf eine oberflächliche Betrachtung der Spulkörper beschränken. Die Spulkörper werden auf Fleckchen sowie Flusen durchgesehen. Bei konischen Kreuzspulen werden außerdem die Knoten gezählt, die auf die Stirnfläche gelegt sind. Schmutzstellen außen auf den Spulen werden durch einen Wattebausch, der mit einem geeigneten organischen Lösungsmittel getränkt ist, soweit dies möglich ist, entfernt.

VI. Das Öffnen der Zellwolle.

Die aus den Trockenkanälen kommende Zellwolle wird zweckmäßig vor dem Verpacken etwas aufgelockert. Je nach der Beschaffenheit der Flocke ist dies aber nicht unbedingt erforderlich. Zum Öffnen dienen milde wirkende Öffner, wie sie bereits S. 663 erwähnt waren.

VII. Das Verpacken der Chemiefasern.

Infolge der Vielseitigkeit der Aufmachungsformen muß das Verpacken auf die verschiedenartigste Weise vorgenommen werden. Stränge werden bei der Sortierung, nach Qualitäten getrennt, zunächst auf Pfähle gehängt. Von diesen Pfählen werden die Stränge abgenommen und je nach ihrem Gewicht zu vier oder sechs zu Docken zusammengedreht. Die Docken legt man in ein Kästchen aus Vulkanfiber, in das man vorher ein Stück zugeschnittenes, glattes und festes Papier gelegt hat. Das Kästchen gelangt nun an die Waage. Hierfür kann man Rollbahnen oder Transportbänder benutzen. Die Docken werden mit dem Papier auf die Waagschale gelegt. Das Gewicht wird auf 4,5 kg (= 10 lbs) eingestellt, wobei eine bestimmte Fehlergrenze nach oben und unten zugelassen ist. Die erlaubte Toleranz ist zur Erleichterung des Einwiegens auf der Skala der Waage bezeichnet. Je größer die Stranglänge ist, um so schwieriger ist die genaue Einwaage. Bei großen Stranggewichten haspelt man zweckmäßig eine Anzahl kleiner Stränge, die beim Einwiegen als Ausgleichsstränge verwendet werden können.

Die abgewogenen Stränge gelangen nun auf einem Transportband in die Packerei. Hier wird zunächst das Papier, auf dem die Stränge bereits liegen, um die Pakete herumgelegt. Dann werden sie in einer am besten mit Preßluft arbeitenden Packpresse zusammengepreßt und mit Kordel verschnürt. An Stelle der Kordel verwendet man neuerdings vielfach Klebstreifen aus Papier. Die so vorbereiteten Pakete werden mit kräftigem Packpapier umhüllt und nochmals verschnürt.

Man kann den Paketen in der Packpresse einen rechteckigen Querschnitt geben, kann aber auch die untere und obere Fläche leicht wölben. Bei einigen Fabriken ist es auch üblich, die Pakete, anstatt sie ein zweites Mal mit Papier zu umhüllen, in einem Pappkarton zu verpacken.

Die fertigen Pakete werden mit einem Etikett versehen, aus dem Marke, Gewicht, Qualität und Lieferwerk ersichtlich sind. Die Pakete werden meist in Kisten von je etwa 100 kg gepackt.

Die Sortiererin gibt den Paketen einen Kontrollzettel mit, aus dem die Nummer der Produktionscharge sowie die Nummer der Sortiererin hervorgeht. Beim Abwägen und Verpacken wird dieser Kontrollzettel noch durch die Nummer der Wägerin ergänzt. Die Zettel verbleiben in den Paketen und können bei etwaigen Beanstandungen der Reyonfabrik vorgewiesen werden.

Spulen von kleinem Fassungsvermögen, wie z. B. Scheibenspulen, Kreppspulen oder auf der Zwirnmaschine hergestellte Versandspulen werden einzeln in starkes Seidenpapier eingeschlagen und in Kartons gewogen und verpackt. Große zylindrische oder konische Kreuzspulen müssen einzeln gewogen werden. Sie werden gleichfalls einzeln in Papier eingeschlagen und in großen Kartons oder Kisten verpackt. Hierbei ist Vorsorge zu treffen, daß sie sich durch gegenseitiges Scheuern nicht beschädigen können, was durch Zwischenlagen aus kräftiger Pappe erreicht wird. Will man die Spulen noch sorgfältiger verpacken, so kann man sie in einzelne Pappkäfige stellen, die oben und unten ein Loch zur Aufnahme der Enden der Spulenhülse besitzen. In diesen Käfigen sitzen die Spulen dann vollkommen fest.

Zellwolle wird in Ballen gepreßt, die nachträglich gewogen werden. Ihr Gewicht beträgt 50 oder 100 kg. Als Umhüllungsmaterial dient Pappkarton oder Jutegewebe.

Reyon und Zellwolle müssen die Fabrik mit einem bestimmtem Feuchtigkeitsgehalt verlassen. Infolgedessen muß das Sortieren, Wiegen und Packen in einem Raum von gleicher Feuchtigkeit vorgenommen werden. Es ist nicht unbedingt erforderlich, daß die vorgeschriebene Feuchtigkeitsmenge in der Faser auch tatsächlich vorhanden ist, sie muß vielmehr nur der Berechnung des Gewichtes zugrunde gelegt sein, damit der Verarbeiter das richtige Fasergewicht erhält.

21. Kapitel.

Die direkte Herstellung von ausgeschrumpftem Reyon.

Wie schon aus dem 6. Kapitel hervorgeht, bereitet die Herstellung von Reyon nach dem sog. direkten oder abgekürzten Spinnverfahren gewisse Schwierigkeiten, die auf den Schrumpfungsverhältnissen der frischen Fäden beruhen.

Bei den direkten Spinnverfahren besteht keine Möglichkeit für ein freies Schrumpfen der Fäden, da die Gespinste auf den Spulen, also auf einer unnachgiebigen Unterlage aufliegen. Der Spinnkuchen stellt infolge seiner aus wirtschaftlichen und qualitativen Gründen heute geforderten Dicke sowie seines starren Aufbaues gleichfalls ein Gebilde dar, das nicht frei schrumpfen kann.

Wickelt man ein im direkten Verfahren fertiggestelltes Spulen- oder Zentrifugengespinst ab und teilt es in viele gleiche Teile, von denen man der Reihe nach die Schrumpfung bestimmt, so ergibt sich, wenn man die erhaltenen Werte graphisch aufträgt, ein charakteristisches Bild von den Schrumpfungsverhältnissen des betreffenden Gespinstes. Zur Vornahme dieser Messungen baut man zweckmäßig einen Apparat, der im wesentlichen aus einem Rahmen besteht, der 10 nebeneinanderstehende weite Glasrohre trägt. Dieser Rahmen ist in seiner Höhe verschiebbar.

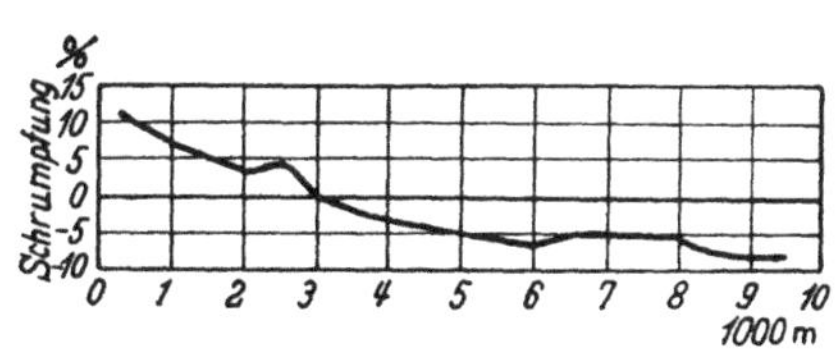

Abb. 446. Schrumpfungskurve eines Kuchengespinstes. (Nach ZART.)

Gegengewichte ermöglichen seine Einstellung in beliebiger Höhe. Die oben offenen Rohre sind mit destilliertem Wasser gefüllt. An einem feststehenden Gestell, das den Rahmen trägt, ist oben eine waagerechte Schiene angebracht, die 10 Klemmen besitzt. In diesen Klemmen wird je 1 m Faden bifilar befestigt. In die vom Faden gebildete Schlinge hängt man ein leichtes Glashäkchen als Gewicht, um den Faden gerade zu strecken. Die Glashäkchen bilden nun eine gerade Linie, die sog. Nulllinie. Nunmehr wird der Rahmen mit den Rohren gehoben, bis die gesamte Fadenlänge in das Wasser eintaucht. Die Fadenlängen stellen sich dann in wenigen Minuten auf eine bestimmte Kurve ein, und zwar erleiden die Fadenteile vom Spinnanfang bei der Spinnspule (Innenteile) eine Verkürzung, während die Fadenteile vom Spinnende (Außenteile) eine Verlängerung erfahren. Ein ähnliches Bild zeigen von einem Spinnkuchen abgenommene Fäden. Auch hierbei zeigt der Spinnanfang (beim Spinnkuchen Außenteile) eine Verkürzung, das Spinnende eine Verlängerung. Abb. 446 gibt ein Beispiel für die Schrumpfungskurve eines Kuchengespinstes.

Sobald sich die Fäden in ihrer Länge nicht mehr weiter ändern, senkt man den Rahmen mit den Röhren und läßt die Fäden an der Luft trocknen. Die Klemmen werden mit etwas Fließpapier abgetrocknet. Es beginnt eine Kontraktion der Fäden, jedoch bleibt das charakteristische Schrumpfungsbild des nassen Zustandes erhalten, d. h. also, auch im lufttrockenen Zustand weisen die Fäden Verlängerungen und Verkürzungen auf.

Die Schrumpfungskurve ist die Folge davon, daß die Gespinste beim Trocknen ungleichmäßig schrumpfen. Die ungleichmäßige Schrumpfung ist darauf zurückzuführen, daß die Fäden im Gespinst teilweise schrumpfen können und teilweise nicht. Sie schrumpfen an den Stellen nicht, wo ihre Unterlage nicht nachgeben kann.

Will man aus im direkten Verfahren hergestellten Gespinsten ein einwandfreies Reyon schaffen, so ist es erforderlich, darauf hinzuarbeiten, daß die Schrumpfungskurve eine waagerechte Gerade wird. Es genügt nicht, nur die Schrumpfung zu beseitigen, die oberhalb der Nullinie liegt, vielmehr darf die Schrumpfungsdifferenz zwischen zwei Punkten des Diagramms, also vornehmlich zwischen den Gespinstaußen- und -innenteilen, eine geringe Toleranz von etwa 0,5% nicht übersteigen. Die Auswirkungen eines Reyon mit nicht ausgeglichener Schrumpfung auf das Aussehen von Webwaren waren schon im 15. Kap. geschildert worden. Hier soll noch nachgetragen werden, daß auch bei Kettstuhlware die Folgen der Schrumpfung in die Erscheinung treten können. Ob bei einer Kettstuhlware Fehler durch unausgeglichene Schrumpfung entstehen oder nicht, hängt aber von der Art des Spulenwechsels auf dem Schärgatter ab. Im allgemeinen haben die Kettstuhlwirker die Angewohnheit, beim Leerlaufen der ersten, auf das Gatter gesteckten Spulen senkrechte Reihen durch volle zu ersetzen. Da meistens die Spulen ganzen Gespinsten entsprechen, so laufen hierdurch mehrere nebeneinanderliegende Fäden von Gespinstanfängen (Außenteile der Wirkspulen = Innenteile der Spinnspulen) in den Kettstuhl ein. Sie kommen hier zwischen Fadenreihen noch nicht ganz abgelaufener Wirkspulen zu liegen. Diese entsprechen den Gespinstenden (Innenteile der Wirkspulen = Außenteile der Spinnspulen). Zwischen den beiden Gruppen sind Schrumpfungsdifferenzen von 4 und mehr Prozent enthalten. Wird die Kettstuhlware nun gefärbt, so schrumpfen die unter Spannung gewaschenen und getrockneten Gespinstteile nach. Die schrumpfenden Fäden ziehen die Maschen dichter zusammen, außerdem wird der Titer der betreffenden Fäden gröber. Die Folge ist das Auftreten einer Streifenbildung. Sie macht den Eindruck von Farbstreifen, ist aber lediglich durch engere Maschen verursacht. Man nennt diese Erscheinung „Notenlinien".

Es war gleichfalls im 6. Kapitel schon erwähnt worden, daß bei den alten Spinnverfahren der Schrumpfungsausgleich durch die Strangwäsche herbeigeführt wird. Hieraus geht hervor, daß sich in den Strängen bestimmte Fadenteile bei der Wäsche verkürzen. Der Strang erhält hierdurch sog. straffe Innenteile. Dies ist meist nur ein Schönheitsfehler der Reyonstränge. Sind die Schrumpfungsdifferenzen allerdings groß gewesen, so können die straffen Innenteile in so starkem Maße in die Erscheinung treten, daß der Strang sich schwer abwindet. Man muß bedenken, daß dann auf der Windekrone nur die straffen Innenteile stramm aufliegen, während die übrigen Strangteile lose auf den Kronen hängen, so daß sich der ablaufende Faden an ihnen verhängen kann. Bei starkem Auftreten der straffen Innenteile ist in der Sortierung darauf zu achten, daß solche Stränge nicht zur Primaqualität gelegt werden. Diese Erscheinung hat also, wie vielfach von den Verarbeitern angenommen wird, mit einer schlechten Haspelung der Stränge nichts zu tun.

Man hat im Anfange der Reyonherstellung die Bedeutung dieser Schrumpfungserscheinungen nicht erkannt und glaubte die ungleichmäßige Stranglage dadurch beseitigen zu können, daß man die Stränge unter starker Spannung trocknete. Zu diesem Zwecke sind sogar besondere Spannwagen gebaut worden, die mit den Strängen in die Trockenkanäle eingefahren wurden. Es wurde hierdurch wohl eine gute, glatte und gleichmäßige Stranglage erzielt, jedoch trat die Unausgeglichenheit der Schrumpfung später durch Spannfäden und Boldern in der Fertigware in die Erscheinung. Die Trocknung der Stränge unter Spannung mußte daher verlassen werden.

Die Möglichkeiten zur Beseitigung der Schrumpfungsdifferenzen bei direkt gewaschenen Gespinsten waren schon im 6. Kapitel aufgezeigt worden. Hier soll nun näher auf die Vorschläge zu ihrer Beseitigung sowie auf die betrieblich angewandten Verfahren eingegangen werden.

Beseitigung der Schrumpfungsdifferenzen durch Trennung der Gespinste. Der einfachste Weg, ein gleichmäßig schrumpfendes Reyon herzustellen, besteht darin, daß man die Innen- und Außenteile der Gespinste getrennt auf Kreuzspulen aufbringt, bzw. zum Strang haspelt. Beim Spinnkuchen können beispielsweise die Innenteile sowie die mittleren Fadenlagen frei schrumpfen, während die Außenteile unter Spannung bleiben. Man kann somit die Innen- und Mittelteile für sich spulen und als einwandfreie Ware dem Verarbeiter zuleiten. Die Gespinstaußenteile kann man dann dadurch in eine einwandfreie Form überführen, daß man sie zu Strängen haspelt und diese durch erneutes Netzen und spannungsfreies Trocknen frei schrumpfen läßt. Diese Arbeitsweise ist z. B. der *Glanzstoff-Courtaulds G. m. b. H.* durch das DRP. 607111 geschützt.

Dieser Weg ist aber als Notbehelf anzusprechen. Er erfordert sorgfältige Betriebskontrolle, damit Außen- und Innenteile nicht durcheinander geraten. Da ferner die Schrumpfungskurve beim Übergang vom Mittel- zum Außenteil keinen scharfen Knick bildet, sondern einen allmählichen Übergang zeigt, so können die auf diese Weise erhaltenen Spulkörper nicht als vollkommen einwandfrei angesprochen werden. Trotzdem aber sind derartige Verfahren in der Praxis in Anwendung.

Beseitigung der Schrumpfungsdifferenzen durch spannungsloses Auffangen der Fäden. Die *Algemeene Kunstzijde Unie N.V.* beschreibt im DRP. 625483 ein Verfahren zum spannungslosen Auffangen der frischen Fäden, das darin besteht, daß man den Faden durch eine Leitrolle, beispielsweise eine Galette, von der Düse abzieht und dann frei in ein Bad fallen läßt. In diesem Bad läßt man eine konstante Fadenmenge sich ansammeln. Diese Fadenmenge kann durch beliebige Fadenführer eine Strecke durch das Bad geführt werden. Darauf läßt man den Faden unter Benutzung einer geeigneten Leitvorrichtung auf eine Spule auflaufen. Durch passende Bemessung der Geschwindigkeit der Fadenabzugsvorrichtung und Spule trägt man der jeweiligen Schrumpfung des Fadens Rechnung.

Als Bad kann die Spinnbadflüssigkeit verwendet werden, man kann auch gleich die Spinnbadwanne für die Fadenaufnahme benutzen.

Läßt man den Faden durch geeignete Leitrollen in mehrere Bäder hintereinander einlaufen, so kann man ihn auf diese Weise kontinuierlich waschen und entschwefeln.

Ein ähnliches Verfahren ist im DRP. 653218 sowie DRP. 633026 der *I. G. Farbenindustrie Aktiengesellschaft* beschrieben. Hiernach wird der frische Faden gleichfalls zunächst von einer Leitrolle abgezogen und dann frei hängend auf eine sich drehende Scheibe abgelegt. Die Drehbewegung der Scheibe wird in kurzen Zwischenräumen einem periodischen Wechsel unterworfen, wodurch breite und hohe Fadenwickel entstehen. Durch geschickte Bewegung der Scheibe können so Fadenwickel erhalten werden, die durch Berieseln gewaschen, nachbehandelt und getrocknet werden können, ohne daß sie in ihrer Ablauffähigkeit Einbuße erleiden.

Im Gegensatz zu dem beschriebenen Patent der *AKU* wird also der Faden überhaupt nicht mehr auf eine Spule gebracht. Dies hat den Vorteil, daß er im ganzen Behandlungsgang nicht mehr auf eine unnachgiebige Unterlage gelangt. Bei dem *AKU*-Verfahren muß die Trocknung wieder auf der Spule erfolgen, auf die der Faden spannungslos aufgelegt wurde. Die Schrumpfung, die bei der Zersetzung und Nachbehandlung des Fadens auftritt, wird bei diesem Verfahren nicht mehr zur Auswirkung kommen. Wohl besteht beim Trocknen auf der Spule noch die Gefahr des Auftretens unterschiedlicher Schrumpfung, wenn diese auch nun kleinere Beträge ausmacht.

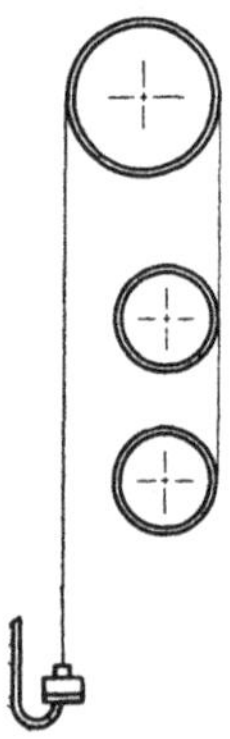

Abb. 447. Spinnschema nach DRP. 650349.

Es ist nichts darüber bekannt geworden, ob die beschriebenen Verfahren praktisch angewandt werden.

Ein Auffangen des Reyon in entspanntem Zustand beschreibt auch die *Steckborn-Kunstseide A.G.* im DRP. 650349. Nach der Erfindung wird der Faden zunächst durch eine Galette abgezogen (Abb. 447). Von dort gelangt er auf eine Walze mit geringerer Umfangsgeschwindigkeit und von dort auf die aufwickelnde Spule, die wieder mit kleinerer Umfangsgeschwindigkeit läuft als die zweite Walze. Der Faden kann so zwischen der Galette und der aufwickelnden Spule frei schrumpfen. Die zweite Walze dient als Führungswalze und fängt den Schlupf des Fadens auf der Abzugsgalette auf. Auch dieses Verfahren beseitigt nur die Spannung, die durch die Schrumpfung beim Spinnen entsteht, und läßt die Schrumpfung beim Trocknen unberücksichtigt.

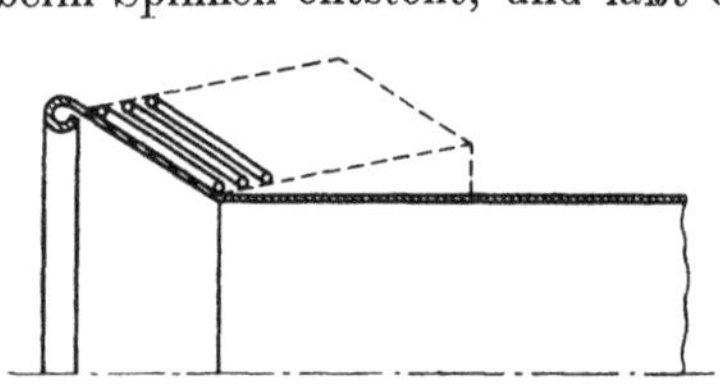

Abb. 448. Gespinstaufbau nach DRP. 661701.

Beseitigung der Schrumpfungsdifferenzen durch besonderen Spulenaufbau. Nach DRP. 661701 von Beria wird der spinnende Faden, wie Abb. 448 zeigt, in kegelförmigen Schichten auf zylindrische Spulen aufgewickelt, die zu diesem Zwecke an einem Ende mit einem kegelförmigen Ansatz versehen sind. Der Fadenführer wird auf seinem Wege parallel zur Spulenachse jeweils um einen Betrag fortgeschaltet, der ein wenig kleiner ist, als die Dicke einer Fadenschicht beträgt. Dadurch legen sich die aufeinander folgenden kegelförmigen Schichten so aufeinander, daß die innersten Windungen der Wicklung nach den ersten Schichten nicht mehr dazu kommen, den zylindrischen Körper der Spule zu berühren und die Wicklung sich von dem Spulenkörper zu entfernen strebt. Das Maß dieser Entfernung des Fadens vom Spulenkörper wird so gewählt, daß sie praktisch durch die von der nachträglichen Trocknung verursachte Zusammenziehung des Fadens aufgehoben wird. Die Fadenwicklungen gelangen so spannungslos auf dem Spulenkörper zur Abstützung.

In einer etwas anderen Weise wurde das Problem von Brenzinger im DRP. 607610 gelöst. Hiernach wird der Faden in gewellten Schraubenlinien auf die Spule gewickelt. Beim Schrumpfen während der Nachbehandlung und Trocknung werden die Wellen durch die Kontraktion des Fadens flacher, so daß schließlich ein Gespinst von normalem Aufbau entsteht.

Auch diese beiden Verfahren dürften praktisch nicht angewandt werden.

Beseitigung der Schrumpfungsdifferenzen durch Spinnen auf nachgiebige Spulen. Durch nachgiebige Spulen wird bezweckt, daß der Reyonwickel frei schrumpfen kann, nämlich dadurch, daß der Spulenkörper der durch das Schrumpfen freiwerdenden Kraft ausweichen kann. Hierfür ist eine ganze Reihe konstruktiver Lösungen gefunden worden.

Nach dem DRP. 623609 von BAZZOCCHI besteht der Mantel der Spule aus mehreren, durch Scharniere miteinander verbundenen Teilen, von denen ein Teil als nach innen klappbarer Streifen ausgebildet ist. Dieser Streifen kann an das freie Ende des Spulenmantels durch einen Stift oder eine Klinke befestigt werden. Vor dem Trocknen wird dieser Streifen nach innen geklappt. Die elastische Spule zieht sich beim Schrumpfen des Wickels zusammen, wobei der Wickel ständig mit dem Spulenmantel in Berührung bleibt. Auf diese Weise wird eine Verwirrung der Fadenlagen vermieden.

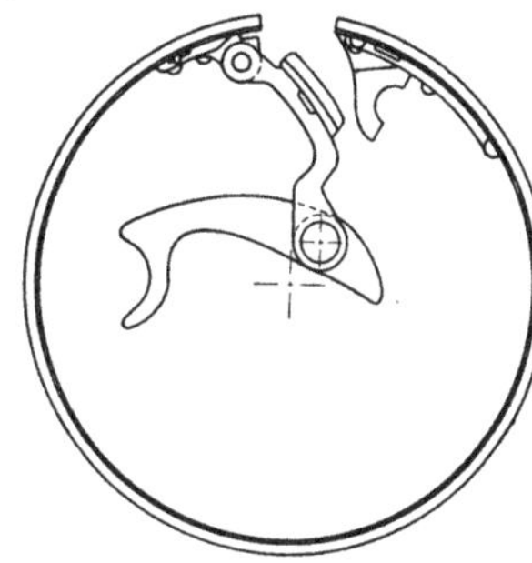

Abb. 449. Nachgiebige Spinnspule nach DRP. 636839.

Die Spulenkonstruktion wurde nach DRP. 636839 noch verbessert. Wie aus Abb. 449 hervorgeht, ist der nach innen klappbare Teil am freien Rande des Spulenmantels in einem Zapfen gelagert, um den der klappbare Streifen mit einem Handhebel drehbar ist. Am anderen Rande des Spulenmantels sind Ausbuchtungen angebracht, in die ein Hebel, der den abklappbaren Spulenteil trägt, in der Verschlußlage eingeklinkt wird. Das Öffnen der Spule wird dadurch erleichtert, daß der an dem Verriegelungszapfen sitzende Hebel einen daumenartigen Vorsprung besitzt, der sich beim Öffnen des Verschlusses von innen gegen den Spulenkörper abstützt. Die Breite des abklappbaren Streifens ist so bemessen, daß sie genau der Verkürzung der Fäden entspricht.

Die *Algemeene Kunstzijde Unie N.V.* beschreibt im DRP. 606464 eine aus gewelltem, elastischem Blech bestehende Spule. Diese wird an der Spinnmaschine durch den Spulenhalter auf dem richtigen Durchmesser gehalten. Wird sie von dem Spulenhalter abgezogen, so geben die Wellungen den auftretenden Schrumpfungskräften nach, wodurch sich die Spule in ihrem Durchmesser verkleinert. Nach dem Abzwirnen des Gespinstes kehrt die Spule automatisch in ihre Ausgangsstellung zurück. Die Wellungen der Spule sowie ihre Blechstärke sind so aufeinander abgestimmt, daß die Spule unter der Einwirkung der Schrumpfungskräfte einwandfrei nachgibt.

Nach dem DRP. 661567 der *N.V. Kunstzijdespinnerij Nyma* besteht die nachgiebige Spule aus einem schraubenförmig gewickelten Falzstreifen, dessen Durchmesser durch Drehen veränderlich ist. Unter der Wirkung der Schrumpfungskräfte tritt ein Verdrehen der Windungen ein, was von einer Verkleinerung des Spulendurchmessers und einer Vergrößerung der Spulenbreite begleitet ist.

Schließlich sind von der *Feldmühle A.G.*, Rorschach, noch einige nachgiebige Spulen entwickelt worden. So ist im DRP. 627140 eine Spule beschrieben, die aus radial bewegbaren Längsteilen besteht. Der Spulenmantel enthält eine Reihe parallel zur Spulenachse verlaufender Schlitze, durch die die radial bewegbaren Längsteile herausragen. Die bewegbaren Längsteile sind im Innern des geschlitzten Spulenmantels durch einen drehbaren Ring abgestützt, der entsprechend der Anzahl Längsteile nach außen gerichtete Anstiegflächen aufweist. Der Ring kann durch ein Spannschloß in der den größten Durchmesser aufweisenden Stellung festgestellt werden. Im Zusatzpatent 627859 ist die beschriebene Vorrichtung so weitergebildet worden, daß der geschlitzte Spulenmantel nach außen erweiterte Ränder aufweist, die das Gespinst an seinen Stirnflächen abdichten. Die Vorrichtung kann in dieser Form im Saug- oder Druckwaschverfahren angewandt werden. In dem weiteren Zusatzpatent 628962 sind die drehbaren Ringe durch ringförmige federnde Bänder ersetzt.

Beseitigung der Schrumpfungsdifferenzen durch besondere Art der Trocknung. Um durch die Trocknung die Schrumpfung ganz zu beseitigen, muß man den Trocknungsvorgang so leiten, daß zunächst die Innenlagen der Gespinste trocknen und somit schrumpfen können und daß dann die Trocknung allmählich von innen nach außen langsam fortschreitet, so daß jede Lage auf einer bereits geschrumpften frei schrumpfen kann. Da hierbei eine Spule stören würde, so ist ein solches Verfahren nur bei Spinnkuchen möglich.

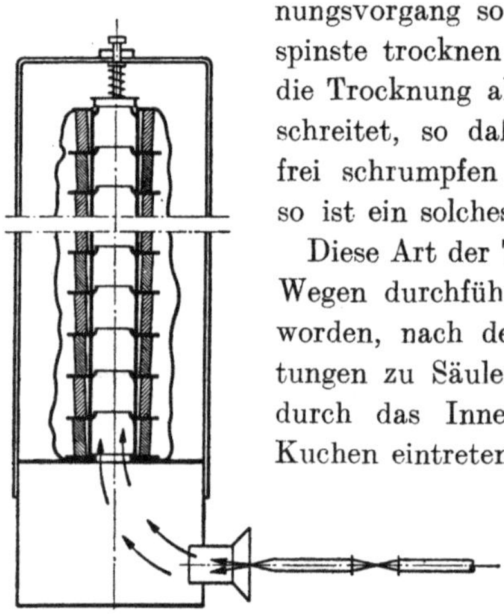

Abb. 450. Dämpfen von Innenteilen von Spinnkuchen nach DRP. 663072.

Diese Art der Trocknung von Spinnkuchen ist auf mehreren Wegen durchführbar. S. 549 war eine Vorrichtung beschrieben worden, nach der die Kuchen auf geeigneten Haltevorrichtungen zu Säulen übereinander gesteckt wurden, wonach man durch das Innere der Säulen die Waschflüssigkeiten in die Kuchen eintreten läßt. Steckt man die gewaschenen Kuchensäulen auf geeignete Wagen auf und fährt diese in Trockenkanäle ein, bei denen die Zuführung der Heißluft von unten nach oben erfolgt, so tritt die Heißluft vornehmlich von unten in die Kuchensäulen ein und bewirkt zunächst eine Trocknung der inneren Gespinstlagen. Es hat sich gezeigt, daß die auf diese Weise getrockneten Spinnkuchen eine viel flachere Schrumpfungskurve aufweisen als dies bei der normalen Kuchentrocknung der Fall ist. Restlos beseitigen lassen sich die Schrumpfungsdifferenzen auf diese Weise jedoch nicht. Die *Glanzstoff-Courtaulds G. m. b. H.*[1] hat nun gefunden, daß man bei diesen Kuchen die restlichen Schrumpfungsdifferenzen ausgleichen kann, wenn man die getrockneten Kuchensäulen an ihren Innenseiten mit Wasserdampf behandelt und sie dann erneut trocknet. Nach der Patentschrift werden die Kuchensäulen mit einer sackförmigen Hülle aus Nesseltuch umgeben. In des Innere der Kuchensäulen läßt man dann kurze Zeit Wasserdampf von 35···60° C einströmen. Die hierdurch bedingte erneute Feuchtung führt eine weitere Kontraktion der Gespinstlagen herbei. Gleichzeitig wird die Anfärbbarkeit der Innenlagen den Außenlagen angeglichen. Nach dieser Behandlung werden die Kuchen erneut getrocknet. Die Apparatur ist in Abb. 450 wiedergegeben.

Nach dem DRP. 562001 (und Zusatzpatente 617958 und 633608) der *Algemeene Kunstzijde Unie N.V.* werden die Spinnkuchen polygonartig deformiert und in Kästen so verpackt, daß die Kuchen wabenförmige Gebilde ergeben. Der Sinn dieser Packung besteht darin, daß sich die Außenflächen der Kuchen gegenseitig möglichst fest be-

[1] DRP. 663072.

rühren. Auf die Kuchenlage wird dann eine Zwischenplatte gelegt, die mit Löchern versehen ist, die genau den von den deformierten Kuchen gebildeten Hohlräumen entsprechen. Auf diese Zwischenplatte wird eine weitere Kuchenschicht gelegt, hierauf wieder eine Zwischenplatte usw. Auf diese Weise baut man 4···6 Kuchenlagen übereinander. Die oberste Kuchenlage wird mit einem Deckel abgeschlossen, der den Kuchenkasten fest verschließt. Damit die unteren Kuchenlagen durch das Gewicht der oberen nicht zu sehr zusammengedrückt werden können, sind an den Zwischenplatten an den vier Ecken Abstandsstücke angebracht, deren Länge etwas geringer ist als der Höhe der nassen Kuchen entspricht. Bei der durch die Trocknung verursachten seitlichen Schrumpfung der Kuchen gelangen dann diese Abstandsstücke auf den Zwischenplatten zur Auflage. Der Boden des Kastens enthält wie der Deckel und die Zwischenplatten Löcher. Die auf die beschriebene Weise mit Kuchen beschickten Kästen werden in Trockenkanäle eingefahren. Die Heißluft kann nur durch die Löcher des Kastenbodens und Kastendeckels in das Innere der Kuchen gelangen, so daß auch bei dieser Anordnung der Trockenvorgang innen beginnt und nach außen langsam fortschreitet.

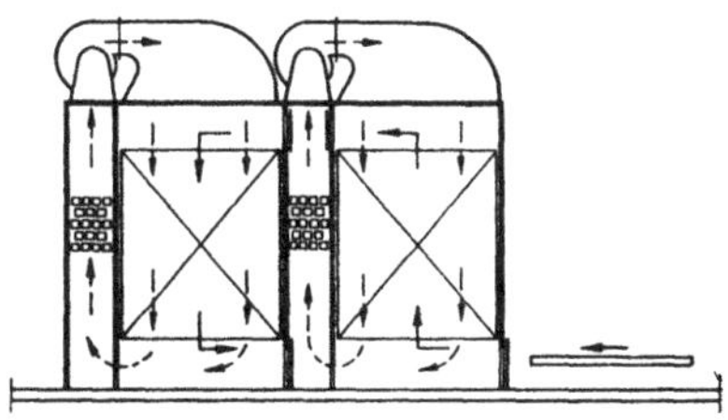

Abb. 451. Luftführung in einem Trockenschrank der Fa. Friedr. Haas, Remscheid-Lennep, zur Trocknung von Kuchensäulen von innen nach außen.

Ein gegenseitiges Abdichten der Kuchen, wie es im vorhergesagten beschrieben war, ist jedoch für die Leitung des Trockenprozesses von innen nach außen nicht unbedingt erforderlich. So erhält man auch eine ausreichend gleichmäßige Schrumpfungskurve, wenn man die Kuchen ohne gegenseitige Abdichtung in geeigneter Form zusammenbaut. Die Einrichtung besteht im wesentlichen aus einem Schrank mit zwei Regalen. Der Boden des Schrankes enthält eine Anzahl runder Löcher, die den Hohlräumen der in den Schrank zu stellenden Kuchen entsprechen. Gleiche Löcher enthalten die Regale, während der Schrank oben von einer Platte abgeschlossen wird, die nur ein Loch in der Mitte enthält. Man setzt nun zunächst eine Kuchenreihe auf den Boden des Schrankes, und zwar so, daß die Kuchen die Löcher umschließen. Auf die erste Kuchenlage legt man eine gelochte Zwischenplatte, auf diese wird wieder eine Kuchenlage gestellt. Nun folgt wieder eine Zwischenplatte. Auf diese Weise baut man 6 Kuchenlagen übereinander. Auf die oberste Kuchenlage kommt ein schwerer, gleichfalls gelochter Deckel. In der gleichen Weise werden die zwei Regale des Schrankes mit Kuchen beschickt. Die Zwischenplatten sind an ihren vier Ecken wieder mit Abstandsstücken versehen, damit die unteren Kuchenlagen nicht zu stark zusammengedrückt werden können. Nachdem der Schrank mit Kuchen gefüllt ist, wird er durch eine Tür verschlossen. Die Schränke stehen auf Rädern und werden langsam durch einen Trockenkanal hindurchgefahren. Hierbei strömt die heiße Luft durch die Löcher im Boden des Schrankes in das Innere der Kuchensäulen ein, wodurch der von innen nach außen fortschreitende Trocknungsprozeß beginnt.

Für das Trocknen von Kuchensäulen von innen nach außen wurde auch ein Apparat durch die Firma *Maschinenfabrik Friedrich Haas*, Lennep, entwickelt. Die hierbei erfolgende Luftführung geht aus Abb. 451 hervor. Es handelt sich um einen Trockenschrank, in den die Kuchen auf Horden aufgestellt werden. Die Horden sind mit Löchern versehen, deren Durchmesser etwas kleiner ist als der Innendurchmesser der Spinnkuchen. Die Kuchen werden so um diese Löcher aufgestellt, daß sie Rohre bilden, durch die die Trockenluft hindurchströmt, wie dies in Abb. 452 dargestellt ist. Es werden so viele Horden mit Kuchen übereinander gestellt, daß ein 6 m hoher Stapel entsteht. Der Stapel wird oben durch ein ebenfalls mit Löchern versehenes Blech abgedeckt.

Der Nachteil dieser Trocknungsart besteht darin, daß die Trocknung mehrere Tage in Anspruch nimmt. Es ist nun gefunden worden, daß man die Trochnungszeit verkürzen kann, wenn man die Trocknung im Vakuum vornimmt. Diese Trocknungsart wird zweckmäßig so vorgenommen, daß man die Kuchen auf waagerechte Heizrohre steckt, die in ihrem Durchmesser so bemessen sind, daß die Kucheninnenlagen die Rohre nach dem Schrumpfen nahezu allseitig berühren. Die mit Kuchen behangenen Rohre werden in einen liegenden, zylindrischen Kessel eingesteckt und durch einen Bajonettverschluß mit den Enden von Wasserleitungen an der rückwärtigen Wand des Kessels dicht verbunden. Dann wird der Kessel geschlossen und unter Vakuum gesetzt, während gleichzeitig heißes Wasser in die Heizrohre gelassen wird. Die geeignetste Wassertemperatur und die Höhe des Vakuums müssen empirisch ermittelt werden. Dieses Verfahren hat sich in der Praxis recht gut bewährt.

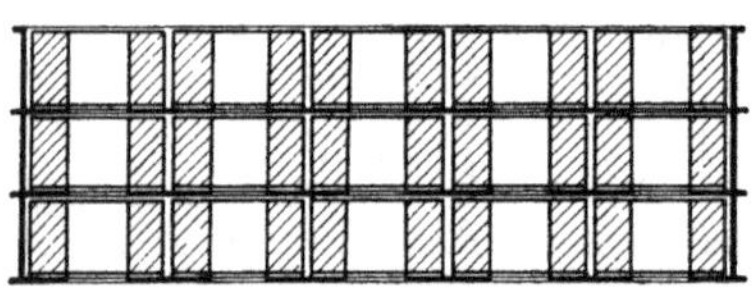

Abb. 452. Für die Trocknung von innen nach außen zusammengebaute Spinnkuchen. (Friedr. Haas, Remscheid-Leunep.)

Zu einem einigermaßen in bezug auf Schrumpfung ausgeglichenen Faden kommt man auch, wenn man die Kuchen mehrmals abwechselnd antrocknet und durch Wasserdampf wieder befeuchtet. Die günstigsten Verhältnisse müssen gleichfalls durch empirische Versuche festgelegt werden. Diese Arbeitsweise ist aber unpraktisch, weil sie eine genaue Überwachung erfordert, damit stets ein gleicher Effekt erzielt wird.

Daß man auch zu einem einwandfreien Kuchen kommen kann, wenn man die Trocknung ganz allmählich bei sehr niedrigen Temperaturen vornimmt, wurde schon erwähnt. Infogedessen bringt die neue, sich über mehrere Tage erstreckende Trocknungsart auch in dieser Beziehung Vorteile.

Wir haben uns bisher vornehmlich mit der Trocknung von Spinnkuchen beschäftigt und müssen uns nunmehr der Behandlung von Spinnspulen zuwenden, da man auch bei diesen versucht, durch besonders geleitete Trocknung zu gleichmäßig geschrumpften Gespinsten zu gelangen.

An dieser Stelle muß ein Verfahren der *I. G. Farbenindustrie Aktiengesellschaft* angeführt werden, nach dem zwar die Schrumpfung nicht beseitigt wird, jedoch wohl die Schrumpfungsdifferenzen zwischen Spinnanfang und Spinnende aufgehoben werden. Das im DRP. 651129 beschriebene Verfahren besteht darin, daß man auf normale, durchlochte Spinnspulen aufspinnt und die Gespinste auf die übliche Weise im Saug- oder Druckverfahren wäscht. Alsdann wird vor dem Trocknen die Durchlochung der Spulen unwirksam gemacht. Dies kann entweder dadurch geschehen, daß man die Spulen an den beiden offenen Enden verschließt oder sie zu Säulen zusammenbaut und die Säulen an beiden Enden verschließt. Ferner kann man die Spulen auf ein Rohr aufstecken, das die einzelnen Löcher im Innern der Spule abdichtet. Schließlich ist es möglich, die Löcher der Spule dadurch zu verschließen, daß man eine Blechmanschette in die Spulen einschiebt. Werden die so vorbereiteten Spulen in eine Trockenkammer gebracht, so kann die Trocknung nur von den Außenteilen der Gespinste aus langsam nach innen fortschreiten. Hierdurch wird erreicht, daß alle Fadenteile auf einer noch nicht kontrahierten, unnachgiebigen Unterlage trocknen müssen. Sie werden daher eine Spannung behalten. Beim Netzen eines auf diese Weise getrockneten Gespinstes tritt dann eine gleichmäßige Kontraktion aller Gespinstteile ein.

Beseitigung der Schrumpfungsdifferenzen durch Nachbehandeln des von der Spule befreiten Gespinstes. Die Erzielung von vollkommen ausgeschrumpftem Reyon bei Spulengespinsten setzt voraus, daß man die unnachgiebige Spule vor der Trocknung aus dem Gespinst entfernt und den Wickel für sich trocknet. Man kann, um den Wickel von der Spule entfernen zu können, die Spinnspule mit einem aus Baumwolle gestrickten Schlauchnetz umgeben und auf dieses den Faden aufspinnen. Der Wickel kann dann mit dem Netz seitlich von der Spule, die zu diesem Zweck keinen umgebörtelten Rand haben darf, abgezogen werden. Das Abziehen kann durch Verwendung zusammenklappbarer Spulen noch erleichtert werden. Bei dicken Spulengespinsten muß man, wie bei schweren Spinnkuchen, die Trocknung von innen nach außen vornehmen. Auf diesen Prinzipien fußen Verfahren, die in den DRP. 610130 der *Feldmühle A.G.*, DRP. 621395 der *Vereinigte Glanzstoff-Fabriken A.G.* und DRP. 556018 von *Sondermann u. Cie.* näher beschrieben sind. Die Verfahren werden in der Praxis mit Erfolg angewandt.

Bei den dicken Spulengespinsten wird nach DRP. 600236, 616555 und 619778 der *Vereinigte Glanzstoff-Fabriken A.G.* der Effekt noch verbessert, wenn man die Spulenwickel außen mit einer wasser- und luftundurchlässigen Hülle umgibt und sie in geeigneten Vorrichtungen vom fadenfreien Innenraum aus trocknet.

Beseitigung der Schrumpfungsdifferenzen durch Nachbehandlung umgespulter Gespinste. Der sicherste Weg zur Beseitigung der Schrumpfungsdifferenzen von Spulengespinsten, der deshalb auch in den weitaus meisten Fällen eingeschlagen wird, besteht darin, daß man die gezwirnten Fäden in einer geeigneten Wickelform ausschrumpft. Dieser Weg ist allgemein im DRP. 641028 der *Algemeene Kunstzijde Unie N.V.* beschrieben. Das Verfahren besteht darin, daß man die Spulengespinste auf der Spinnspule auf die übliche Weise der ganzen chemischen Nachbehandlung unterwirft und sie dann trocknet. Nach dem Trocknen werden die Gespinste gezwirnt. Man läßt nun beim Zwirnen den gedrehten Faden nicht auf die üblichen Zwirnspulen auflaufen, sondern auf Vorrichtungen, die man nach Beendigung des Zwirnprozesses aus dem Wickel seitlich herausziehen kann. Eine solche Vorrichtung besteht zweckmäßig aus einer elastischen Blechmanschette, die in der Ausgangsstellung seitlich durch ringförmige Nuten, die in zwei runde Teller eingefräst sind, gehalten wird. Die beiden Teller stecken auf einer durchgehenden Achse und werden auf der einen Seite durch einen an der Achse befestigten Ring, auf der anderen Seite durch eine Flügelschraube gehalten. Über diese Vorrichtung wird zunächst ein aus Baumwolle gestricktes Schlauchnetz geschoben. Dann läßt man an der Zwirnmaschine den Faden auflaufen. Das hierdurch entstehende Fadengebilde nennt man Zwirnwickel. Der Durchmesser dieser Vorrichtung wird zweckmäßig möglichst groß gewählt.

Nach Lösen der Flügelschraube kann man den Zwirnwickel mit dem Schlauchnetz von der Blechmanschette abziehen. Er erinnert in seinem Aussehen stark an einen Spinnkuchen. Der Zwirnwickel wird nun mitsamt dem Schlauchnetz platt gedrückt und in ein Bad eingelegt, in dem sich nun die Schrumpfung vollzieht. Hierbei ist zu bedenken, daß die Innenlagen der Spinnspulen durch das Zwirnen die Außenlagen des Zwirnwickels geworden sind, was die Ausschrumpfung begünstigt. Als Bad wird ein solches verwendet, das ein Avivagemittel oder ein Präparationsmittel enthält, so daß also das Avivieren bzw. Präparieren mit dem Ausschrumpfen des Zwirnwickels kombiniert wird. Der so behandelte Wickel wird nunmehr durch Ausschleudern entwässert. Hierfür kann man sich einzelner Spinnzentrifugen bedienen. Man kann die Wickel jedoch auch zu größeren Paketen zusammenpacken und in großen Zentrifugen ausschleudern. Es wird zweckmäßig empirisch ermittelt, auf welche Schleuderart man die gleichmäßigste Schrumpfungskurve erhält. Um die Ausschrumpfung zu fördern, kann man die ausgeschleuderten Wickel vor dem Trocknen in geeigneter Form deformieren. Dies kann dadurch geschehen, daß man drei oder vier Leisten hineindrückt, wodurch die Wickel eine kleeblattähnliche Form annehmen. Hierfür kann man sich mechanische Vorrichtungen bauen, die die Deformation in einem Zug herbeiführen. Schleudert man die Wickel einzeln in Spinnzentrifugen, so kann man sie auch schon beim Schleudern dadurch deformieren, daß man an die Topfwand drei oder vier senkrechte Leisten anbringt. Zum Zwecke des Trocknens werden die Wickel auf Stäbe gehängt und wie Spinnkuchen in Trockenkanälen getrocknet.

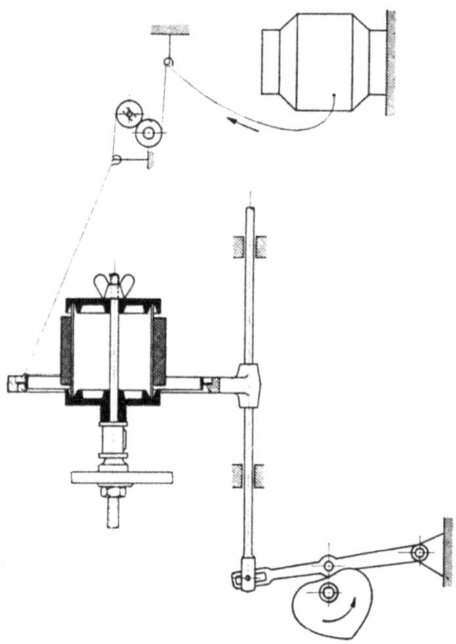

Abb. 453. Herstellung von Zwirnwickeln auf Ringzwirnmaschinen nach DRP. 669912.

Die Herstellung der Zwirnwickel kann auf allen Zwirnmaschinentypen vorgenommen werden, also auf Etagen-, Ringzwirn- und auch Doppeldrahtzwirnmaschinen. Im DRP. 669912 der *Steckborn Kunstseide A.G.* ist beispielsweise die Herstellung von Zwirnwickeln auf Ringzwirnmaschinen beschrieben. Aus der Abb. 453 ist deutlich ersichtlich, wie an Stelle einer gewöhnlichen Ringspindel eine Vorrichtung zur Zwirnwickelbildung in die Maschine eingebaut ist. Selbstverständlich müssen für diese Vorrichtungen die Ringe, die den Faden auf und ab führen, entsprechend große Durchmesser haben.

Während bei den bisher beschriebenen Verfahren die gesamte Wäsche der Gespinste auf den Spinnspulen vorgenommen wurde, sind in der Patentliteratur auch einige Verfahren beschrieben, bei denen nur die Entsäuerung auf den Spinnspulen vorgenommen wird, während das Entschwefeln, Bleichen und Avivieren im Zwirnwickel erfolgt. Diese Verfahren bieten aber gegenüber den ersteren keine Vorteile, sie erfordern im Gegenteil für die Aufnahme der Zwirnwickel kompliziertere Vorrichtungen, da die Wickel für das Saug- oder Druckverfahren entsprechend abgestützt und seitlich abgedichtet werden müssen. Ein solches Verfahren ist beispielsweise der *Vereinigte Glanzstoff-Fabriken A.G.* unter DRP. 671713 geschützt.

Der Vollständigkeit halber sollen noch einige Verfahren erwähnt werden, die darin bestehen, daß man die Gespinste auf der Spinnspule nachbehandelt und dann noch feucht auf eine andere Spule umspult. Der Faden muß zu diesem Zwecke durch Abzugswalzen von der Spinnspule abgezogen werden, damit er unter Entspannung von der zweiten Spule aufgenommen werden kann[1]. Nach dem DRP. 624461 der *Vereinigte Glanzstoff-Fabriken A.G.* wird das Gespinst auf der Spinnspule teilweise getrocknet, dann in feuchtem Zustand umgespult und feucht gezwirnt. Bei diesen Umspulvorgängen tritt eine Wasserentziehung bis auf 60···20% ein. Nach dem Zwirnen wird getrocknet. Auf der gleichen Wirkung basiert das DRP. 660614 der *Steckborn Kunstseide A.G.* Nach dieser Patentschrift wird das auf der Spule nachbehandelte Gespinst jedoch zunächst vollständig getrocknet, dann an der Zwirnmaschine, beispielsweise einer Ringzwirnmaschine, durch Hindurchleiten des Fadens durch eine Flüssigkeit erneut befeuchtet. Nach einer längeren Luftstrecke wird der Faden durch eine besondere Trockenvorrichtung getrocknet. Die Anordnung ist durch Abb. 454 näher erläutert. Diese Verfahren haben aber praktisch keine Bedeutung erlangt.

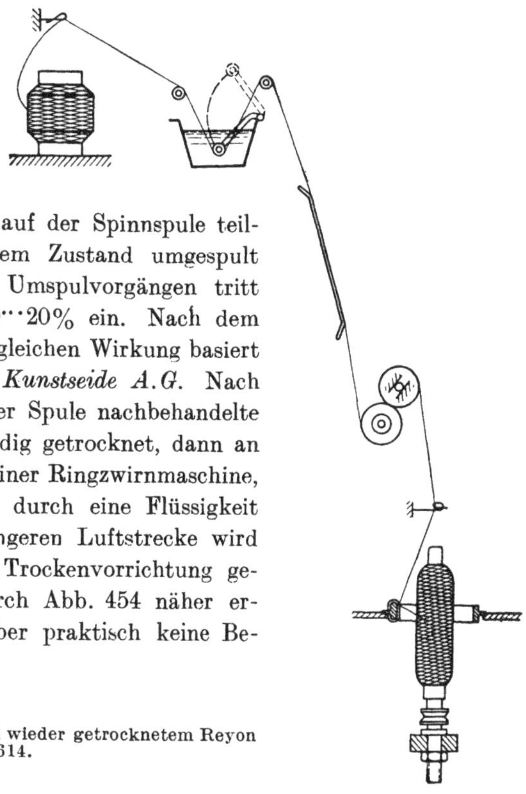

Abb. 454. Zwirnen von gefeuchtetem und wieder getrocknetem Reyon nach DRP. 660614.

22. Kapitel.

Spinnen und Nachbehandeln von Reyon im fortlaufenden Arbeitsgang.

Wie bei der Besprechung der Zellwollherstellung gezeigt wurde, erfolgt hierbei ein kontinuierliches Durchlaufen des Faserkabels von der Spinnmaschine bis zur Schneidvorrichtung, teilweise sogar bis nach der Trocknung. Auch bei der Reyonfabrikation hat man schon seit Jahrzehnten eine derartige, kontinuierliche Arbeitsweise angestrebt. Es war aber ein überaus mühsamer Weg, der schließlich zu einigen brauchbaren Lösungen geführt hat.

Man muß bedenken, daß der einzelne Reyonfaden im Gegensatz zu einem Zellwollkabel ein äußerst empfindliches Gebilde ist, bei dem sich Verstreckungen und andere

[1] Steckborn Kunstseide A. G., DRP. 613394.

Abweichungen durch Änderung der physikalischen Eigenschaften, wozu auch das färberische Verhalten gehört, deutlich zu erkennen geben. Die beim Spinnen sowie bei der Nachbehandlung und Trocknung auftretenden Schrumpfungserscheinungen und die hierdurch bedingten Spannungen erschweren die technische Lösung dieses Problems noch mehr.

Wohl ist bei den Zellwollkabeln grundsätzlich mit dem Auftreten der gleichen Erscheinungen zu rechnen; da bei der Zellwolle die Trocknung jedoch in geschnittenem Zustand geschieht, kann hierbei eine freie Schrumpfung erfolgen. Durch andere Umstände bedingte Abweichungen in den Fasereigenschaften wirken sich bei der Zellwolle nicht aus, da die einzelnen Faserabschnitte, durch den Arbeitsgang bedingt, eine gründliche Mischung erfahren, bevor sie als fertige Garne zur Verarbeitung gelangen.

Nach einer Zusammenstellung von Barker und Alletson[1] lassen sich bei den bisher vorgeschlagenen konstruktiven Lösungen vier Maschinentypen unterscheiden, bei denen jeweils der Transport des endlosen Reyonfadens durch die einzelnen Behandlungsstufen auf andere Weise erfolgt. Diese vier Typen sind kurz wie folgt gekennzeichnet:

1. Führung des Reyonfadens über oder unter einfache Rollen;
2. Führung des Reyonfadens durch endlose Transportbänder;
3. Führung des Reyonfadens in spiraliger Windung in axialer Richtung über Walzen;
4. Führung des Reyonfadens in spiraliger Windung in axialer Richtung über mehrere, der Anzahl der Behandlungsstufen angepaßte Häspel.

In neuester Zeit zeichnet sich eine weitere Lösung ab, nämlich:

5. Führung des Reyonfadens durch strömende Bäder.

Fadenführung durch Rollen. Die erste und einfachste Art der Fadenführung wurde schon im Jahre 1907 durch Boos[2] im Glanzstoffwerk Oberbruch an einer Reihe von Maschinen verwirklicht. Die Arbeitsweise ist in Abb. 455 schematisch dargestellt. Hiernach werden die von den Düsen kommenden Fäden nacheinander über mehrere Fördertrommeln geleitet, auf denen sie mit den Waschflüssigkeiten behandelt werden, während auf der letzten Fördertrommel die Trocknung erfolgt.

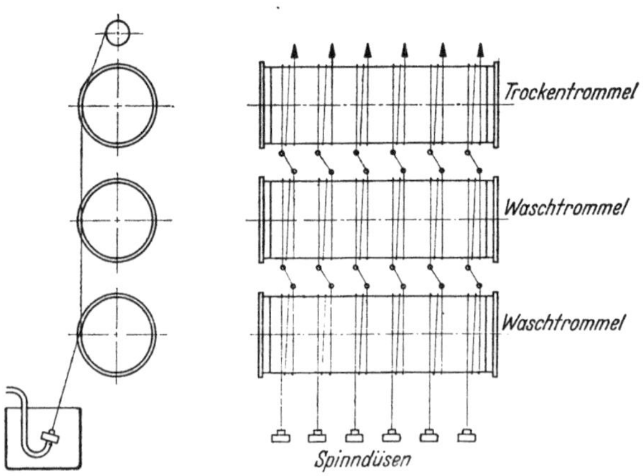

Abb. 455. Spinnen und Nachbehandeln auf Fördertrommeln (schematisch). (Nach Boos.)

Die *Société Française de la Viscose* hat sich durch das DRP. 192406 ein Verfahren schützen lassen, nach dem die aus dem Spinnbad kommenden Fäden in paralleler Lage, wie bei der Maschine von Boos, mit Hilfe von Walzen durch eine Reihe von Trögen geführt wurden, in denen die Nachbehandlung erfolgt. Die Trocknung wurde auf einem großen

[1] Barker u. Alletson: J. Text. Inst. Manchr. 39, 1 (1948).
[2] DRP. 235134, 236589 und 239822.

Trockenzylinder durchgeführt, von dem aus der Reyonfaden auf Spulen aufgewickelt wurde.

Von der Firma *J. P. Bemberg* und dem Werk Dormagen der *Farbenfabriken Bayer* wurde auf diesem Verfahren fußend das Problem der kontinuierlichen Herstellung von Kupferreyon gelöst („Dureta-Verfahren"). Wenn es hier etwas näher beschrieben werden soll, so hat dies seinen Grund darin, daß in der letzten Zeit versucht wird, auf ähnliche Weise auch zu einem brauchbaren Kontinueverfahren für Viskosereyon zu kommen.

Beim Dureta-Verfahren werden die von der Spinnmaschine kommenden Fäden parallel und eng nebeneinanderliegend durch gerillte Rollen geführt. Um möglichst nahe beieinander liegende Fäden zu erhalten, sind die Spinnstellen gruppenweise und treppenförmig hintereinander angeordnet. Die parallelen Fadenbänder passieren nun, jeweils durch eine obere und untere Rollenreihe geführt, der Reihe nach die Tröge mit den Behandlungsflüssigkeiten. Nach Passieren des letzten Bades werden die Fadenbänder getrocknet. Dies kann sowohl durch Führung über Trockenzylinder geschehen als auch durch Leitung der Fadenbänder durch Kammern nach Art der Lufttrockenschlichtmaschinen.

Eine Zwirnung findet beim Dureta-Verfahren nicht statt. Infolge der Möglichkeit, den Kupferspinnprozeß so zu führen, daß ein ganz leichtes Verkleben der Einzelfasern stattfindet, kann das Dureta-Reyon ungedreht weiterverarbeitet werden. Man ist auch dazu übergegangen, das Reyon kontinuierlich zu schlichten, um auf diese Weise an der Spinnmaschine unmittelbar Kettbäume zu gewinnen.

Dem Reyon wird keine Gelegenheit gegeben, restlos auszuschrumpfen, so daß das nach diesem Verfahren gewonnene Material später noch schrumpft. Die Schrumpfung erfolgt jedoch in allen Fäden gleichmäßig und macht Beträge zwischen 2 und 3% aus.

Für Viskosereyon wurde im Brit. Pat. 543537 von der *N. V. Onderzoekings-Instituut Research* eine auf diesen Prinzipien fußende Maschine beschrieben, an deren Vervollkommnung jetzt gearbeitet wird.

Fadenführung durch Transportbänder. Die erste mit Transportbändern arbeitende Maschine stammt von Catala und wurde durch das Franz. Pat. 530876 geschützt. Als Transportbänder dienten Metallgewebe.

Während auf dieser Maschine die Reyonfäden in geradegestreckter Richtung auf den Transportbändern aufliegen, wurden bei weiteren Konstruktionen von Boos[1] sowie von Denis[2] die Fäden wellenförmig auf die Transportbänder aufgelegt. Hierdurch wurde ihnen die Möglichkeit gegeben, bei der Berieselung mit den Behandlungsbädern sowie bei der Trocknung in einem Heißluftstrom frei zu schrumpfen.

Die Verfahren dieser Art sind nicht zur industriellen Auswertung gekommen.

Spiralige Fadenführung über Walzen oder Trommeln. Wir wollen uns nunmehr der dritten Art der Fadenführung zuwenden, nämlich der spiraligen Führung über Walzen.

Die erste Maschine dieser Art stammt gleichfalls von Boos[3]. Der Faden wird hierbei auf eine Trommel gebracht, auf der er sich spiralig von einer Trommelseite zur anderen fortbewegt. Auf diesen Trommeln aufliegend wird der Faden durch Berieseln gewaschen. Der axiale Vorschub der Fäden wird wie folgt bewerkstelligt:

---

[1] Vereinigte Glanzstoff-Fabriken A.G. DRP. 235134. — [2] Denis: DRP. 342092.
[3] Vereinigte Glanzstoff-Fabriken A. G. DRP. 239821 und 239822.

Die Trommel ist als sog. Käfigtrommel ausgebildet, d. h. ihre Oberfläche besteht aus einzelnen Stäben. Diese Stäbe sind in zwei Gruppen eingeteilt, die radial zur Trommel und parallel zur Trommelachse bewegt werden können. Sie machen eine kreisförmige Bewegung in der Längsrichtung, und zwar so, daß die eine Gruppe sich hebt, während die andere sich senkt. Die sich hebenden Stäbe nehmen den Faden von den sich senkenden ab und verschieben ihn etwas seitlich, um ihn dann absinkend an die sich hebenden Stäbe der anderen Gruppe abzugeben.

Um der Schrumpfung des Fadens entgegenzukommen, kann man die zweite und dritte Trommel im Durchmesser entsprechend kleiner machen, oder ihre Umfangsgeschwindigkeit verringern. Die richtige Einstellung dieser Faktoren ist jedoch schwierig, sie war es besonders damals, als noch keine stufenlos regelbaren Getriebe zur Verfügung standen. Trotzdem ist auf diesen Maschinen eine Zeitlang Reyon gesponnen worden. Die qualitativen Eigenschaften dieser Faser konnten jedoch nicht mit den auf normalem Wege erhaltenen in Wettbewerb treten, wohl haben sich diese Maschinen für die Herstellung monofiler Produkte ganz gut bewährt.

Eine Reihe von Erfindungen hat den axialen Transport der Fäden auf ähnlichen Vorrichtungen zum Gegenstand. Hier ist zunächst das DRP. 253371 von Dinger zu nennen. Das Auf- und Niedergehen der Stäbe wird hier dadurch herbeigeführt, daß die eine Stabgruppe an kurzen Schwenkarmen gelagert ist, die sich ihrerseits um die in den seitlichen Trommelflächen fest gelagerten Stäbe drehen.

Nach dem DRP. 419479 von Linkmeyer besteht die Trommel aus zwei runden Scheiben als seitliche Begrenzung. Diese tragen an ihrem Umfang Rollen mit der Achse in der Drehungsrichtung der Scheiben. Über die sich entsprechenden Rollen der beiden Scheiben sind endlose Transportbänder gelegt, die so die eigentliche Oberfläche der Trommel bilden. Während sich nun die Scheiben um ihre Achse drehen, bewegen sich die Transportbänder ganz langsam in horizontaler Richtung, so daß der auf der Trommel aufliegende Faden von ihnen nach der Seite hin verschoben wird. Die Wäsche findet durch Berieseln in den ersten zwei Dritteln der Trommel statt, während die Fäden auf dem letzten Drittel der Trommel aufliegend durch Heißluft getrocknet werden.

Bei einer Weiterbildung des Verfahrens im DRP. 448437 der *Spinnstoff-Fabrik Zehlendorf A.G.* geht die Trommel im letzten Drittel in einen konisch zulaufenden Teil über, um der Schrumpfung des Fadens beim Trocknen entgegenzukommen.

Unter Verwendung einer Stabtrommel, bei der während der Umdrehung wieder auf- und niedergehende Stäbe den axialen Fadentransport bewirken, konnte dann 1932 von Furness[1] ein kontinuierliches Verfahren bis zur Betriebsreife entwickelt werden. Das Furness-Verfahren ist dadurch gekennzeichnet, daß die gesamte Nachbehandlung und Trocknung auf einer einzigen Trommel vorgenommen wird, wie dies auch bei den Maschinen von Linkmeyer sowie der *Spinnstoff-Fabrik Zehlendorf A.G.* der Fall war.

Die Trommel besteht aus 28 Stahlstäben. Ihre Länge beträgt 96,5 cm, der Trommelumfang 55,9 cm. Bei jeder Umdrehung der Trommel werden die Fadenwindungen durch die Stabbewegung um 3,18 mm vorgeschoben. Nach der Seite der Trocknung hin verjüngt sich die Trommel etwas, wodurch dem Faden Gelegenheit gegeben wird, zu schrumpfen.

[1] Furness: U.S.A. Pat. 1770750 u. 1800828. — Vgl. hierzu auch Pincass: Kunstseide **14**, 290 (1932).

Die Trommel ist in der Maschine unter einem Winkel von 13° geneigt angebracht, und zwar nach dem Ende zu ansteigend. In bestimmtem Abstand voneinander sind über der Trommel Spritzrohre angebracht, aus denen die Behandlungsflüssigkeit auf den Faden läuft. Durch die Neigung der Trommel ist die Flüssigkeit gezwungen, den Fäden entgegen zu laufen, wodurch der Wascheffekt erhöht wird. Man hat die Beobachtung gemacht, daß ein einzelner Faden im Gegensatz zu einem dicken Gespinst in überraschend kurzer Zeit ausreichend gewaschen wird.

Die Trocknung im letzten Abschnitt der Trommel wird durch eine in das Innere der Trommel eingebaute Heizspirale bewirkt, durch die heißer Dampf geleitet wird.

Wie aus Abb. 456 hervorgeht, wird der getrocknete Faden nach Verlassen der Fördertrommel anschließend unmittelbar auf einer Ringzwirnspindel gezwirnt. Dieser Gedanke war auch von Boos schon einmal ausgesprochen worden, und eine entsprechende Vorrichtung war an einer seiner Maschinen vorgesehen; sie konnte aber nicht zu einer technisch brauchbaren Form weiterentwickelt werden.

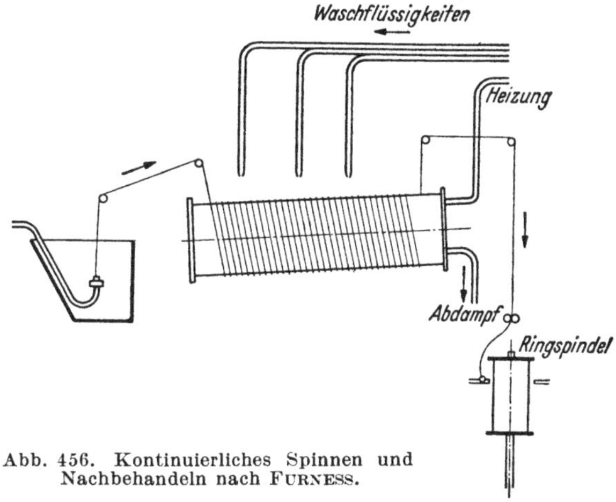

Abb. 456. Kontinuierliches Spinnen und Nachbehandeln nach Furness.

Es soll bemerkt werden, daß das Furness-Verfahren zunächst für die Herstellung von Kupferreyon ausgearbeitet wurde, daß es sich aber auch für die Herstellung von Viskosereyon als brauchbar erwiesen hat.

In den Grundlagen mit dem Furness-Verfahren übereinstimmend ist eine von Mothwurf bei der *Budd Int. Corp.* ausgearbeitete Arbeitsweise. Auch hierbei wird der Faden in axialer Richtung über eine Trommel fortbewegt und durch Berieseln gewaschen. Die Trommel ist allerdings recht kompliziert gebaut. Sie wird im Gegensatz zum Furness-Verfahren nicht durch Stäbe gebildet, sondern durch Rollen, die drehbar sind und außerdem schräg zur Trommelachse verlaufen. Hierdurch findet der Fadentransport in spiraliger Form statt. Am Trocknungsende sind die Tragteile für die Haspelrollen elastisch, so daß sie den Schrumpfungskräften nachgeben können. Die Rollen sind hohl und mit Schlitzen versehen, durch die die Behandlungsflüssigkeiten abgesaugt werden. Der im letzten Teil der Trommel getrocknete Faden wird auf einer Ringzwirnmaschine gezwirnt.

Die Fördertrommel hat einen Durchmesser von 20 cm und eine Länge von 1,10 m. Bei einem Windungsabstand von 3,5 mm faßt die Trommel somit 180 m Faden bei 285 Windungen. Die Spinngeschwindigkeit beträgt 65 m je Minute.

Als weitere zu dieser Verfahrensgruppe gehörige Maschinen müssen dann noch die Konstruktionen nach DRP. 500008 der *I. G. Farbenindustrie Aktiengesellschaft*, nach DRP. 300254 von Eck und nach dem Franz. Pat. 625049 der Firma *La Soie d'Auberton* genannt werden. Bei der zuerst genannten werden je zwei übereinander angeordnete Stabtrommeln verwendet, um den Behandlungsweg zu verlängern, ohne die

Trommeln zu lang machen zu müssen. Der Faden läuft erst in spiraliger Windung über die obere Trommel und dann in entgegengesetzter Richtung über die untere; von dort gelangt er in gleicher Weise auf das zweite Trommelpaar, und so fort. Das Waschen erfolgt durch Berieselung über den Trommelpaaren.

Bei dem genannten französischen Patent wird mit Stabtrommeln gearbeitet, die paarweise nebeneinander liegen. Je ein Paar befindet sich in einem Trog, in dem die Wäsche vorgenommen wird.

Bei dem Verfahren von ECK schließlich sind die Trommelpaare schräg übereinander angebracht und das Waschen erfolgt durch Verlegen der unteren Trommel in einen unterteilten Trog, so daß hier wieder der Faden auf der gleichen Trommel in verschiedenen Sektionen gewaschen wird, wie dies bei dem FURNESS-Verfahren der Fall ist. Diese Lösung ist auch bei den weiter unten zu beschreibenden Verfahren beibehalten worden.

Überblickt man die bisher kurz gekennzeichneten Verfahren, so ist festzustellen, daß man zu recht komplizierten Konstruktionen gekommen ist, um die axiale Fortbewegung des Fadens auf den Trommeln zu bewerkstelligen. Schon im Jahre 1906 wurde aber von JANNIN im DRP. 183 001 die Beobachtung mitgeteilt, daß ein axialer Vorschub eines Fadens auf einem Walzenpaar von selbst erfolgt, wenn man die Walzen gegeneinander etwas verschränkt anordnet, oder bei Gebrauch nur einer Walze den Faden über einen etwas verschränkt zu ihr liegenden Umlenkstab führt. Auf dieser Beobachtung fußend wurde zunächst von der Firma *J. P. Bemberg A.G.* eine Fördereinrichtung für einen laufenden Faden entwickelt, die aus einer glatten Walze mit einer geeigneten Fadenleitvorrichtung besteht und im DRP. 596342 beschrieben ist. Es hat sich aber bald gezeigt, daß es zweckmäßiger ist, an Stelle der Leitvorrichtung mit zwei verschränkten Walzen zu arbeiten. Der Faden hat hierbei das Bestreben, nach dem Schnittpunkt der Walzenachsen hinzulaufen, wodurch sich ein selbsttätiger, gleichmäßiger Fadenvorschub ergibt. Diese Arbeitsweise ist im DRP. 638583 der *J. P. Bemberg A.G.* niedergelegt.

Die Behandlungsbäder können sowohl auf eine als auch auf beide Walzen aufgesprüht werden. Der letzte Teil einer Walze ist heizbar, wodurch die Trocknung des laufenden Fadens erfolgt.

Um der Schrumpfung des Fadens nachzugeben, können die Walzen im letzten Teil auch konisch ausgebildet sein (DRP. 634774). Die konische Form erschwert aber den Fadentransport außerordentlich.

Nach diesen Prinzipien konnten 1938 UYTENBOGAAT und die *Glanzstoff-AKU-Gruppe* eine brauchbare Spinnmaschine für Viskosereyon entwickeln[1], während die *J. P. Bemberg A.G.* das Verfahren für Kupferreyon betriebsreif machen konnte.

Eine schematische Zeichung von der Wirkungsweise des Verfahrens ist in Abb. 457 gegeben. Der Faden wird in spiraliger Windung um zwei zylindrische Walzen herumgeführt, die aus Stahl hergestellt sind. Die verschränkt angeordneten Walzen sitzen auf fliegenden Achsen. Wie beim FURNESS-Verfahren besitzen die Zylinder eine Neigung. Während der Neigungswinkel des oberen Zylinders eine bestimmte Größe hat, kann die Neigung des unteren verstellt werden, wodurch die seitliche Laufgeschwindigkeit des Fadens reguliert werden kann.

Der Faden wird den Walzen von oben her über eine Glaswalze von den Düsen kommend zugeleitet. Zwischen Düse und Glaswalzen können auch Streckwerke zur

[1] D.R.P. 625353 u. 670893; U.S.A. Pat. 2254251.

Erhöhung der Fadenfestigkeit eingeschaltet werden. Auf der unteren Walze wird der Faden zuerst mit verd. Schwefelsäure berieselt, um die Zersetzung zu Ende zu führen und wobei gleichzeitig eine verhältnismäßig weitgehende Entschwefelung herbeigeführt wird. Dann wird weiter mit heißem Wasser gewaschen. Die Trocknung erfolgt auf dem letzten Walzenteil nach DRP. 645940 durch Erhitzen der Walze mittels einer Gasflamme.

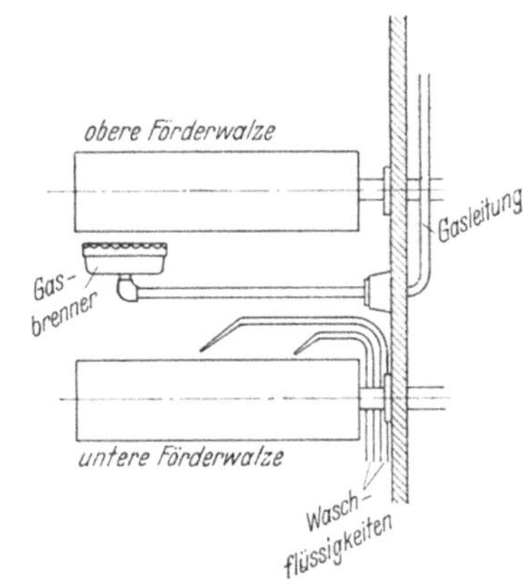

Abb. 457. Kontinuierliche Nachbehandlungsvorrichtung nach DRP. 638583 u. 645940.

Die Avivage wird dem Faden dadurch erteilt, daß man ihn nach der Abnahme von den Zylindern an einem ölgetränkten Filz vorbeistreichen läßt. Dann wird er auf eine durch Friktion angetriebene zylindrische Kreuzspule gewickelt.

Eine Zwirnung findet bei dieser Arbeitsweise nicht statt. Da aber der Faden während der ganzen Behandlung an keiner Stelle einer Stauchung ausgesetzt wird, so haften die Einzelfädchen ganz gut zusammen. Man kann dies noch dadurch unterstützen, daß man als Präparationsmittel ein Öl verwendet, dem eine leichte Klebwirkung zukommt.

Es hat sich gezeigt, daß man das so hergestellte Reyon als Kette auf Hochleistungsschergattern sowohl für Webereizwecke als auch für Wirkereizwecke anstandslos verarbeiten kann. Nicht restlos beseitigt konnte die Nachschrumpfung werden, die aber gleichmäßig erfolgt.

Nach diesem Verfahren ist eine Zeitlang in Deutschland und Amerika Reyon hergestellt worden. Heute wird nach diesem Verfahren nicht mehr gearbeitet.

Mit verschränkten Walzen arbeitet auch die „Nelson-Spinnmaschine", die von der Firma *Nelson Silks Ltd.* entwickelt wurde und von *Dobson u. Barlow Ltd.*, Bolton, gebaut wird[1]. Abb. 458 zeigt eine schematische Schnittzeichnung der Maschine und Abb. 459 die Gesamtansicht.

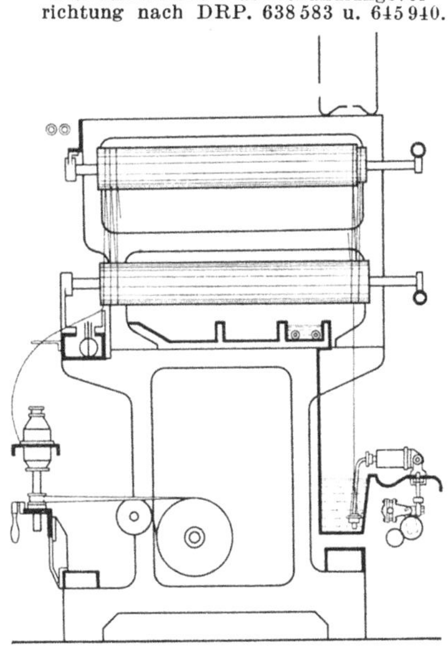

Abb. 458. Nelson-Spinnmaschine der Fa. Dobson u. Barlow Ltd., Bolton. Schnitt; schematisch.) Rechts: Spinnseite (nasse Seite); links: Zwirnseite (trockene Seite).

Wie aus Abb. 458 hervorgeht, besteht die Maschine aus einer „nassen Seite" und einer „trockenen Seite", die durch die Walzenpaare miteinander verbunden sind. Auf der nassen Seite wird auf übliche Weise gesponnen. Der im Fällbad entstehende Faden wird senkrecht nach oben auf die obere Walze geführt und gelangt von dort in spiraliger Windung über die Walzenpaare allmählich zu der trockenen Seite, wo er geölt und auf einer Ringspindel gezwirnt wird. Die untere Walze läßt sich durch eine einfache Vorrichtung hinsicht-

[1] Platts Bull. 5, 195 (1947).

lich ihrer Neigung einregulieren, so daß die Verschiebung der Fadenspiralen genau eingestellt werden kann. Wie Abb. 458 zeigt, ist die obere Walze in ihrem ersten Teil stufenförmig ausgebildet, wodurch eine Streckung des Fadens zur Festigkeitserhöhung vorgenommen wird. In der ersten Behandlungszone erfolgt ein Dämpfen des Reyon, dann wird es anschließend auf der unteren Walze zweimal mit Wasser bespritzt. Das letzte Viertel der oberen Walze ist geheizt, wodurch die Trocknung erfolgt. Eine Entschwefelung ist nicht vorgesehen. Die Wäsche des einzelnen Fadens gestattet aber eine recht weitgehende Entschwefelung, wenigstens an der Oberfläche des Fadens.

Nach dem Verlassen der Walzenpaare wird der Faden durch einen Docht geölt und dann unmittelbar gezwirnt.

Abb. 459. Nelson-Spinnmaschine.

Obwohl sich auf der Maschine Einzeltiter bis herunter zu $1^1/_4$ Deniers ohne ernsthafte Schwierigkeiten spinnen lassen, wird empfohlen, nicht unter 4 Deniers Einzeltiter und nicht über 150 Deniers Gesamttiter zu gehen, wenn auch schon Titer von 300 und 450 Deniers gesponnen worden sind. Mit normalen Spinnbädern lassen sich Fadenstärken von 2,05 g je Denier, bei einer Dehnbarkeit von 20% erzielen.

Die Schrumpfung wird auch auf dieser Maschine nicht beseitigt, sie ist aber vollkommen gleichmäßig und wird mit 4% angegeben.

Die Spinngeschwindigkeit richtet sich nach dem Einzeltiter, sie liegt zwischen 65 und 70 Meter pro Minute.

Die Trocknung erfolgt durch elektrische Heizung der oberen Walze, wozu bei einem Titer von 150 Deniers 3,2 kW pro Stunde benötigt werden. Der Wasserverbrauch beträgt 15 Gallonen je engl. Pfund.

Die Standardmaschine ist mit 48 Spinnstellen ausgestattet, zu denen je ein Walzenpaar gehört. Die Teilung beträgt 10 Inches. Für den Antrieb sind zwei Elektromotore erforderlich, von denen einer die Pumpenwelle und die Walzen antreibt, während der andere für die Ringspindeln benötigt wird. Die Länge der Walzen beträgt

3 Fuß 8 Inches, ihr Durchmesser $6^5/_{10}$ Inches. Sie bestehen aus Ebonit. Lediglich der letzte Teil der oberen Walze, auf dem die Trocknung vor sich geht, besteht aus Stahl.

Die Koagulation des Fadens ist nach 50 Umgängen, entsprechend 75 m Fadenlänge, beendet.

Die Spindelgeschwindigkeit beträgt zwischen 4500 und 6500 Umdrehungen je Minute. Es lassen sich Spulen von $3^3/_4$ lbs Gewicht wickeln. An Stelle von Ringspindeln lassen sich auch Glockenspindeln einbauen, in diesem Falle ist das Fassungsvermögen entsprechend kleiner.

Die Maschine stellt ohne Zweifel eine verhältnismäßig einfache Lösung des Problems, kontinuierlich zu spinnen, dar, so daß eine Anzahl Werke sich entschlossen hat, derartige Maschinen aufzustellen.

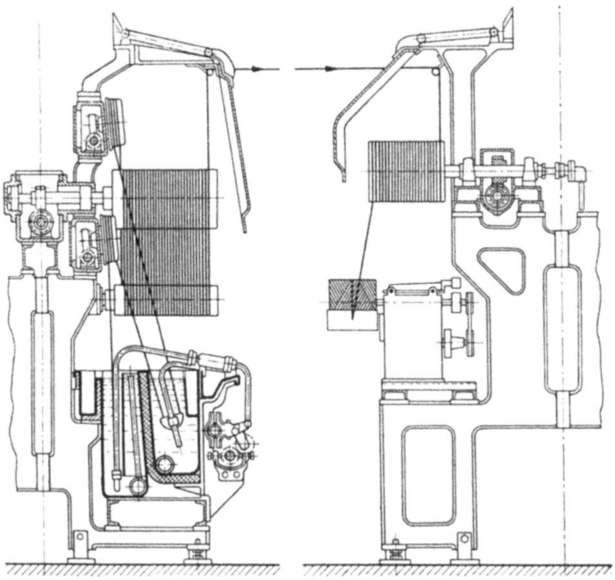

Abb. 460. Kontinuierliche Spinnmaschine der Fa. Oscar Kohorn u. Co., Ltd., New York, für Reyon und Spinnkabel. Typ CO-FT.

Von einem direkten Versand der auf der Nelson-Maschine erhaltenen Spulkörper ist man wegen des hohen Wertes der Spulen abgekommen; in der Praxis spult man vielmehr zu konischen Kreuzspulen um.

Mit geschränkten Walzen arbeitet auch eine kontinuierliche Spinnmaschine der Firma *Oscar Kohorn u. Co., Ltd.* Sie ist in Abb. 460 schematisch wiedergegeben und ermöglicht auch eine Verstreckung in heißem Wasser, um auch Cordreyon herstellen zu können.

Der Faden wird durch eine untere Galette aus dem Koagulationsbad abgezogen, durch ein Heißwasserbad über eine obere Galette geführt und gelangt von dort auf die verschränkten Waschwalzen, die in ihrer Neigung zueinander verstellt werden können. Der gewaschene Faden wird von einer ähnlichen Walzenanordnung aufgenommen, auf der die Trocknung erfolgt. Eine neue Präzisions-Aufwickeleinrichtung erlaubt die Sammlung des Fadens auf Spulen von 4···5 kg Gewicht. Eine Zwirnung ist bei dieser Maschine nicht vorgesehen, vielmehr soll die Zwirnung auf einer neu

Abb. 461. Kontinuierliche Spinnmaschine der Fa. Industrial Rayon Corporation, Cleveland. Blick auf die Spinn- und Nachbehandlungs-Etage.

entwickelten Doppeldrahtspindel vorgenommen werden, mit welcher Konstruktion unmittelbar konische Kreuzspulen hergestellt werden können.

Die Maschine ist auch für das Spinnen dicker Fadenbündel, wie sie für das S. 565 beschriebene 2-Tex-Garn benötigt werden, geeignet.

Die Berieselungsorgane sowie die Auffangtröge für die Bäder sind in der schematischen Zeichnung der Übersichtlichkeit halber fortgelassen.

Spiralige Fadenführung über mehrere Häspel. Als vierter Maschinentyp waren S. 680 solche Konstruktionen genannt worden, bei denen der Faden über mehrere, der Anzahl der Behandlungsbäder entsprechende Rollen spiralig fortgeleitet wird. Es handelt sich hierbei im Gegensatz zu den eben beschriebenen Maschinen aber nur um einen Transport des Fadens um kurze Strecken, wozu etwa 70 Windungen genügen. Auf derartige Spulenhäspel ist eine ganze Anzahl von Patenten genommen worden, die im einzelnen zu nennen hier aber zu weit führen würde. Es sei lediglich auf das Brit. Pat. 539200 der *Imperial Chemical Industries Ltd.* und das U.S.A. Pat. 2107451 von OPPENLÄNDER verwiesen.

Auf dieser Grundlage wurde von der *Industrial Rayon Corporation*, Cleveland, eine Maschine entwickelt, die sich gut bewährt hat, so daß eine Reihe von Reyonfabriken damit ausgestattet ist (Abb. 461).

Die Maschine ist mehrstöckig gebaut[1]. Im obersten Stock-

[1] Vgl. hierzu u. a. JENTGEN: Kunstseide **21**, 333 (1939). — Für Einzelheiten über diese Maschine bin ich der Direktion der Snia Viscosa, Milano, zu Dank verpflichtet.

Abb. 462. Spinnvorrichtung in der obersten Etage der kontinuierlichen Spinnmaschine der Fa. Industrial Rayon Corporation, Cleveland.

werk geht der Spinnprozeß vonstatten (Abb. 462). Es wird aus tiefer Wanne ohne Fadenführer senkrecht nach oben gesponnen; der Faden wird von dem ersten Spulenhaspel abgezogen. Nachdem er auf diesem in spiraligen Windungen über den Haspel transportiert ist, gelangt er nach unten in die mittlere Etage der Maschine, wo die Nachbehandlung vor sich geht. Er wird hier, wie aus Abb. 463 ersichtlich, nacheinander treppenförmig über acht Häspel geführt, über denen Spritzrohre für die einzelnen Behandlungsflüssigkeiten angebracht sind. Diese sind der Reihe nach

1. Behandlung mit warmer Säure, um die Koagulation zu Ende zu führen,
2. Waschen mit warmem Wasser,
3. Waschen mit warmer Natriumsulfidlösung zur Entschwefelung,
4. Waschen mit warmem Wasser (aus einer anderen Waschstufe),
5. Behandlung mit Bleichlauge, mit Salzsäure auf ein konstantes p_H eingestellt,
6. Waschen mit warmem Wasser,
7. Behandlung mit warmer Avivageflüssigkeit.

Auf einem 8. Haspel gibt man der Flüssigkeit Gelegenheit, vom Faden abzutropfen.

Abb. 463. Nachbehandlungs-Etage der kontinuierlichen Spinnmaschine der Fa. Industrial Rayon Corporation, Cleveland.

Nunmehr gelangt der Faden in die unterste Etage der Maschine. Hier wird er zunächst auf einem Spulenhaspel durch Heißwasserzirkulation in einer geschlossenen Kammer getrocknet. Nach dem Trocknen wird der Faden an die Zwirnspindel geführt (Abb. 464). Es handelt sich um Glockenspindeln. Die röhrenförmige Spindel läuft um eine feststehende Achse, die nach oben aus der Spindel herausragt, um die Zwirnglocke zu tragen. Der Zwirnvorgang geht auf die Weise vor sich, daß der aus der Trockenkammer kommende Faden durch einen feststehenden Fadenführer hindurch an der Glocke vorbei auf die umlaufende Spindel gebracht wird. Damit der Faden keine Beschädigung erleiden kann, ist der untere Teil der Glocke und der Rand hochglänzend poliert. Die Spindel läuft mit 7500 Touren je Minute. Die groß ausgebildeten Spindeln nehmen 1,4 kg Reyon auf. Die Fertigstellung des Fadens vom Verlassen der Spinndüse bis zur fertigen Zwirnung dauert 4···5 Minuten.

Die Spulenhäspel bestehen aus Kunststoff, mit Ausnahme des Haspels für die Trocknung, der aus Aluminium besteht. Ihre Konstruktion zeigt Abb. 465 im Schnitt. Der Durchmesser beträgt 5···6 Zoll, die Lauffläche 7···8 Zoll. Sie besteht aus Stäben, die im Kopf der Spule gelagert sind. Während des Laufs werden die Stäbe abwechselnd in horizontaler Richtung vorwärts und nach Einsenken rückwärts bewegt, wodurch der Faden in einem Zeitraum von 30 Sekunden von dem einen zum anderen Ende der Spule geleitet wird.

Abb. 464. Zwirnvorrichtung der kontinuierlichen Spinnmaschine der Fa. Industrial Rayon Corporation, Cleveland.

Die Maschine wird doppelseitig mit 200 Spinnstellen, je 100 auf jeder Seite, gebaut; die Fällung erfolgt in einem für beide Seiten gemeinsamen Spinnbad.

Man fährt normalerweise mit einer Spinngeschwindigkeit von 77 Meter und erhält ein auf 105 Touren pro Meter gezwirntes Garn.

Die Maschine hat sich für alle Titer bewährt, sie kann auch mit Streckwerken, beispielsweise für die Herstellung von Reyoncord, ausgerüstet werden. Ihre Maße betragen in der Breite 3 m, in der Länge 30 m und in der Höhe 6 m.

Beim kontinuierlichen Arbeiten ist verständlicherweise auf größte Spinnsicherheit Wert zu legen. Düsenverstopfungen und sonstige Hemmnisse müssen nach Möglichkeit vermieden werden. Einwandfreie Viskose ist daher zunächst Voraussetzung, ebenso wie einwandfreie Abnahme der Viskose von der Düse. Man spinnt daher mit Viskosezusatzöl und kationaktiven Substanzen im Spinnbad. Es hat sich als vorteilhaft erwiesen, auch den Waschbädern kationaktive Substanzen zuzufügen, was sich in günstiger Weise auf die Sauberhaltung der Häspel auswirkt.

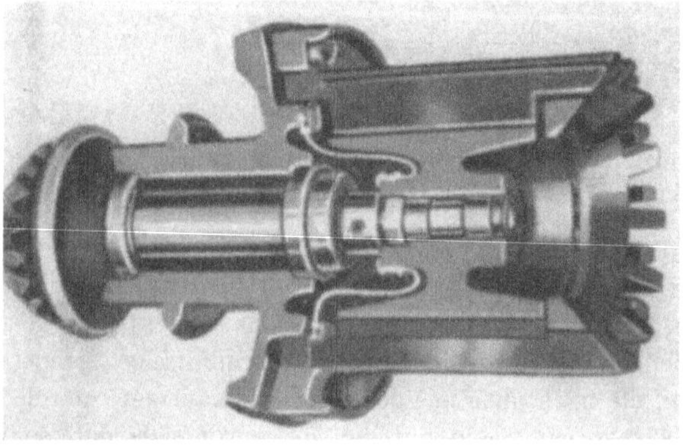

Abb. 465.
Spulenhaspel (Schnitt) der kontinuierlichen Spinnmaschine der Fa. Industrial Rayon Corporation, Cleveland.

Auch bei dieser Maschine wird keine ausgeschrumpfte Faser erhalten. Da die Schrumpfung aber gleichmäßig erfolgt, kann der Verarbeiter durch die Geweeinstellung einen Ausgleich herbeiführen.

Fadenführung durch strömende Bäder. Es wäre nunmehr noch die fünfte Art von Maschinentypen zu beschreiben, nämlich solche mit Fadenführung durch strömende Behandlungsbäder. Derartige Maschinen sind an mehreren Stellen in der

Entwicklung. Am weitesten durchgebildet ist eine Konstruktion der Firma *Ing. A. Maurer S.A.*, Bern. Wie Abb. 466 zeigt, die ein Schema der Anlage wiedergibt, wird der Faden von einer Galette abgezogen und gelangt von dort auf ein Paar verschränkter Walzen, auf dem die Koagulation beendet wird (*A*). Durch einen Flüssigkeitsstrom wird der Faden dann in einer Röhre der Nachbehandlung zugeführt (*B*), die aus einem Röhrensystem besteht, durch das der Faden durch die strömenden Flüssigkeiten geleitet wird. Nach dem Prinzip der Wasserstrahlpumpen wird der spinnende Faden in die einzelnen Röhren eingesaugt, so daß das Anspinnen keine Schwierigkeiten macht. Nach erfolgter Nachbehandlung gelangt der Faden in eine Trockenvorrichtung (*C*), in der er auf einer elastischen Trommel getrocknet wird. Schließlich wird er aufgewickelt oder auf einer Glockenspindel (*D*) gezwirnt.

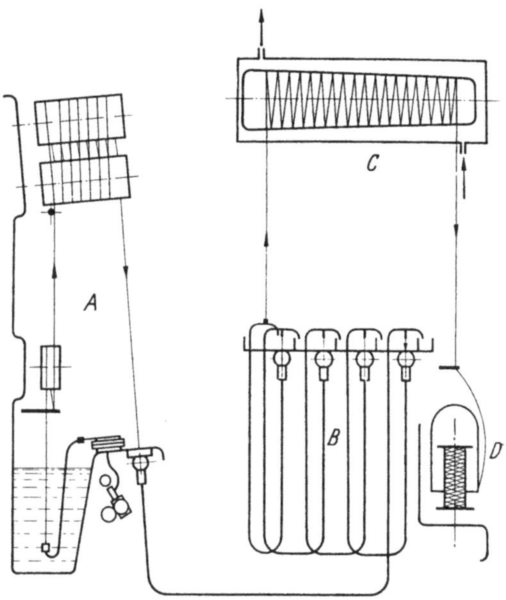

Abb. 466. Schematische Zeichnung des kontinuierlichen Spinnverfahrens der Fa. Ing. A. Maurer S.A., Bern.

23. Kapitel.

Eigenschaften der Chemiefasern.

I. Chemische Eigenschaften.

Konstitution. Wie aus dem 3. Kapitel hervorging, bestehen die nach dem Viskoseverfahren hergestellten Chemiefasern aus Hydratzellulose, die sich hinsichtlich der chemischen Zusammensetzung nicht von der nativen Zellulose unterscheidet. Die im Gange der Herstellung des Zellstoffs sowie der fertigen Faser an der Zellulose vorgenommenen Reaktionen sind jedoch am Zellulosemolekül nicht spurlos vorübergegangen: Abgesehen von einer Veränderung der Stellung der Zelluloseketten im Gitter, wodurch die Hydratzellulose gekennzeichnet ist, ist ein mehr oder weniger großer Abbau der Moleküle erfolgt, und es resultiert eine Faser, die aus einem Gemisch von Molekülen unterschiedlichster Länge besteht, die durchweg geringer ist als dem mittleren Polymerisationsgrad des Ausgangsmaterials entspricht. Auf die Polymolekularität der Faser und ihre Bedeutung haben zuerst RATH und DOLMETSCH[1] hingewiesen, da vermutet werden kann, daß die unterschiedliche Kettenlänge die wichtigen mechanischen Eigenschaften der Chemiefasern beeinflußt. Aus diesem Grunde wurde von RATH und DOLMETSCH sowie von DOLMETSCH und

[1] RATH u. DOLMETSCH: Klepzigs Textil-Z. **41**, 475 (1938).

REINECKE[1] eine Methode ausgearbeitet, die eine Aufteilung der Faser in einzelne Anteile von Molekülen mit verschiedenem Polymerisationsgrad gestattet.

Man kann diese Fraktionierung der Viskosefasern durch eine Behandlung mit Natronlauge von 10 Gew.-% und Anwendung verschiedener Temperaturen durchführen und den durchschnittlichen Polymerisationsgrad der einzelnen aus der Lösung ausgefällten Anteile bestimmen. Hierbei wurde die Beobachtung gemacht, daß die Natronlauge nicht alle niedrigen Glieder bis zu einem ganz bestimmten Polymerisationsgrad aus der Faser herauslöst, sondern daß die Menge der in Lösung gegangenen Substanz sowie auch die Größe des Polymerisationsgrades der gelösten Substanz von der Art der Faser abhängen. So wurde beispielsweise gefunden, daß eine Zellwolle vom durchschnittlichen Polymerisationsgrad von 450 vollkommen löslich war, obwohl sie 20% Anteile von einem Polymerisationsgrad von über 800 enthielt. Auf der anderen Seite erwies sich eine Zellwolle aus der gleichen Viskose, aber unter Streckung gesponnen, nur zu 15% als löslich, und eine andere von einem Durchschnittspolymerisationsgrad von 260 zu etwa 30%. Diese Unterschiede liegen in der Lagerung der Moleküle, in der „Packungsdichte" begründet, die wieder auf die Leitung des Spinnprozesses, und zwar vornehmlich auf den Streckungsgrad sowie auf den Reifegrad der Viskose zurückzuführen ist. Sie sind mit anderen Worten zurückzuführen auf das Verhältnis der zu kristallinen Bezirken geordneten Substanz zur Gesamtmenge des Zellulosepräparates. Die Fraktionierung erlaubt daher nicht nur eine Aussage über die anteilmäßige Verteilung der Polymerisationsgrade selbst, sondern auch über den „Kristallisationsgrad" der Faser. Über diese Zusammenhänge war eingehend im 15. Kap. berichtet worden.

Da der Bestimmungsmethode mit Hilfe von Natronlauge gewisse Schwächen anhaften, so wurde in weiteren Versuchen die Fraktionierung auf dem Umweg über die Nitrozellulose vorgenommen[2]. Das Fasermaterial wird aufgelockert und bei 18° C einer Behandlung mit einer Mischung von Phosphorsäure, Phosphorpentoxyd und rauchender Salpetersäure behandelt. Hierauf wird unter Ausschluß von Luftfeuchtigkeit die überschüssige Nitriersäure abgeschleudert und die Nitrozellulose rasch mit Soda neutralisiert. Alsdann wird stufenweise mit Mischungen aus Alkohol und Essigester von steigendem Essigestergehalt gelöst. Die Filtration wird durch ein feines Nickeldrahtsieb vorgenommen. Der Rückstand wird mit Lösungsmittel und Alkohol gewaschen und in einem starken Luftstrom bei 50° C getrocknet. In den einzelnen Fraktionen wird der Polymerisationsgrad nach STAUDINGER bestimmt.

Trägt man als Ordinate die gelöste Nitrozellulose in Gewichtsprozenten und als Abszisse die zugehörigen Polymerisationsgrade auf, so kommt man zu charakteristischen „Stapeldiagrammen" für den Polymerisationsgrad der Faser. Abb. 467 zeigt als Beispiel ein solches Stapeldiagramm für drei Zellwollen aus verschiedenen Ausgangsmaterialien, und zwar aus Linters, aus veredeltem Sulfitzellstoff und aus einem normalen Sulfitzellstoff. Die Abbildung läßt erkennen, daß die Zellwolle aus normalem Sulfitzellstoff allgemein niedrigere Polymerisationsgrade besitzt, die zwischen 150 und 500 verteilt sind. Die Zellwollen aus den beiden anderen Ausgangsstoffen haben wesentlich höhere Polymerisationsgrade, wobei bemerkenswert ist, daß die Kurven für Linters und veredelten Sulfitzellstoff recht nahe beieinander liegen.

[1] DOLMETSCH u. REINECKE: Zellwolle **5**, 219 (1939).
[2] Vgl. hierzu auch SCHIEBER: Papierfabr. **37**, 234 (1939).

Die Methodik gestattet, wie schon an anderer Stelle erwähnt war, ein Bild über den Ablauf des Zellstoffaufschlusses sowie der Arbeitsgänge bei der Herstellung von Chemiefasern zu gewinnen und die hierbei stattfindenden Reaktionen zu kontrollieren, so daß sie für Versuche zur Erzielung schonender Herstellungsbedingungen für Zellstoff und Chemiefasern von Bedeutung ist.

Beim allgemeinen Vergleich der chemischen Eigenschaften von Viskosefasern mit denjenigen von Baumwolle fanden auch RIDGE, PARSONS und CORNER[1], daß die ersteren gegenüber der nativen Faser merklich abgebaut sind. Sie gleichen in ihren Eigenschaften, gemessen an der Viskosität ihrer Lösungen, der Kupferzahl, der Methylenblauzahl sowie am Abkochverlust in 1proz. Natronlauge einer Baumwolle, die durch übermäßiges Bleichen geschädigt wurde. Es ist daher verständlich, daß mit der Zellulose reagierende Stoffe auf Hydratzellulose intensiver einwirken als auf native Zellulose.

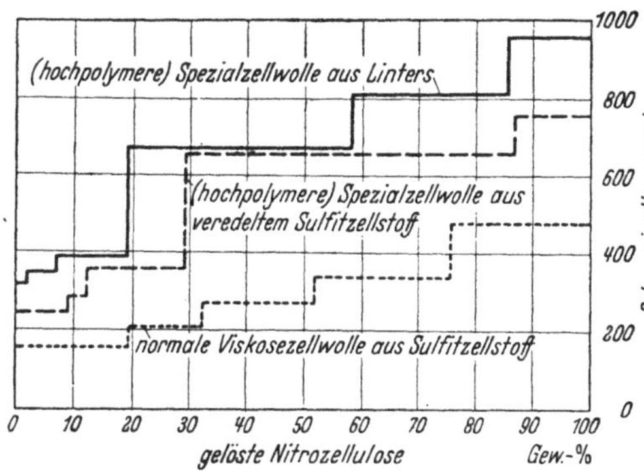

Abb. 467. Anteilmäßige Verteilung der Polymerisationsgrade dreier Zellwollen aus verschiedenen Ausgangsmaterialien. (Nach SCHIEBER.)

Eine Ausnahme macht die Azetylierung, die auffallenderweise bei Hydratzellulose langsamer verläuft als bei nativer Zellulose[2].

In diesem Zusammenhange müssen noch sehr bemerkenswerte Beobachtungen von STAUDINGER erwähnt werden: Wenn Naturfasern hydrolytisch so weit abgebaut werden, daß sie auf den Polymerisationsgrad der Viskosefasern kommen, so weisen sie keine Faserbeschaffenheit mehr auf, sie haben vielmehr vollkommen ihren Zusammenhalt verloren. Eine Erklärung dieser eigenartigen Erscheinung sieht STAUDINGER in der gegenüber den Naturfasern gänzlich anders gearteten Packung der Chemiefasern. Infolge der unregelmäßigeren Orientierung der letzteren können Spaltungen der Kettenbündel nicht so tief durchgehende Lücken entstehen lassen, wie dies bei den natürlichen Fasern möglich ist.

Abbaureaktionen. Unter dem Einfluß oxydierender sowie hydrolysierender Mittel findet ein Abbau der Kettenmoleküle statt. Was den Abbau durch Luftsauerstoff und die hierbei gleichzeitig am Zellulosemolekül vor sich gehenden Änderungen anbetrifft, so war hierüber schon eingehend bei der Beschreibung der Vorreife der Alkalizellulose berichtet worden. In der Praxis bezeichnet man die beim oxydativen Abbau der Zellulose entstehenden Substanzen als „Oxyzellulose". Das Substanzgemisch ist nach RADEMACHER[3] durch folgende Eigenschaften gekennzeichnet:

Höherer Sauerstoffgehalt als Zellulose[4],
starkes Reduktionsvermögen gegen Kupfer- und andere Metallsalze[5],

[1] RIDGE, PARSONS u. CORNER: J. Text. Inst., Manchr. **22**, 117 (1930).
[2] WELTZIEN: Technologie der Kunstseiden, S. 92.
[3] RADEMACHER: Diss. T. H. Stuttgart 1939.
[4] WITZ: Bull. Rouen **11**, 225 (1883). — DITZ: Chemiker-Ztg. **31**, 833, 844, 857 (1907).
[5] FABER u. TOLLENS: Ber. dtsch. chem. Ges **32**, 2592 (1899). — DITZ: J. prakt. Chem. **78**, 348 (1908). — GÖTZE: Seide **31**, 470 19(26).

Reduktionsvermögen gegenüber Phenylhydrazin[1],

veränderte Anfärbbarkeit durch Beizenfarbstoffe[2], saure Farbstoffe[3] und basische Farbstoffe[4],

gesteigertes Neutralisationsvermögen gegenüber Basen[5],

durch Behandeln mit Salzsäure tritt Kohlensäureentwicklung auf[6],

beim Destillieren mit verdünnter Salzsäure erfolgt Furfurolbildung in einer gegenüber dem Ausgangsmaterial erhöhten Ausbeute[7].

Dieses Verhalten der Zellulose gegenüber oxydativ wirkenden Einflüssen ist praktisch hauptsächlich für das Bleichen wichtig, insofern als die beim Bleichen gewählten Arbeitsbedingungen von ausschlaggebender Bedeutung für die Beschaffenheit des Bleichgutes sind. Nach CLIBBENS und RIDGE[8] weist der Verbrauch an aktivem Chlor beim Bleichen mit Hypochloritlösungen ein ausgeprägtes Geschwindigkeitsmaximum beim Neutralpunkt der Bleichflotte auf. Hiermit geht eine Abnahme der Viskosität sowie eine Zunahme der Kupfer- und Methylenblauzahl[9] parallel. In schwach alkalischer sowie schwach saurer Lösung findet daher langsamer eine Schädigung des Zellulosemoleküls statt als bei p_H 7. Was den Einfluß von peroxydischem Sauerstoff anbetrifft, so hat SCHELLER[10] gefunden, daß mit zunehmender Alkalität die faserschädigende Wirkung des Peroxydes abnimmt, dagegen die des elementaren Sauerstoffs zunimmt.

Auch durch die Einwirkung von Säuren auf Zellulose und Hydratzellulose findet ein Abbau statt. Er führt zu einem Substanzgemisch, das man unter dem Namen „Hydrozellulose“ zusammenfaßt. Zunächst tritt unter der Einwirkung von Säuren wie bei der Oxydation eine Aufspaltung der Sauerstoffbrücken zwischen den Glukopyranoseresten auf, was zu einer Verringerung des Polymerisationsgrades und somit zu einer niedrigeren Viskosität führt. In gleichem Maße steigt die Alkalilöslichkeit.

Aus dem vorher Gesagten geht hervor, daß beim oxydativen sowie hydrolytischen Abbau Körper entstehen, die in ihren Eigenschaften einander sehr nahestehen. Eine Unterscheidung zwischen durch Oxydation erhaltenen und durch Hydrolyse erhaltenen Spaltstücken ist aber durch die Art der bei diesen Reaktionen auftretenden Endgruppen der Spaltstücke gegeben[11]. So bilden sich bei der Hydrolyse hauptsächlich bei der Sprengung der glukosidischen Bindungen Aldehydgruppen, die sich durch ein erhöhtes Reduktionsvermögen zu erkennen geben, während der oxydative Abbau durch eine Vermehrung von Karboxylgruppen gekennzeichnet ist („Uronsäuren“).

Die Verhältnisse werden aber dadurch unübersichtlicher, daß auch beim oxydativen Abbau je nach den gewählten Reaktionsbedingungen die Hydrolyse gleichzeitig in die Erscheinung tritt. So findet beim oxydativen Abbau im sauren Gebiet sogar ein

---

[1] NASTUKOFF: Ber. dtsch. chem. Ges. **33**, 2237 (1900).

[2] WITZ: Bull. Rouen **10**, 449 (1882). — [3] SAGET: F. Z. **4**, 41 (1892).

[4] WITZ: Bull. Rouen **10**, 441, 454 (1882). — PHILIP: Z. öff. Chem. **6**, 524 (1901).

[5] NASTUKOFF: Ber. dtsch. chem. Ges. **34**, 3589 (1907). — SCHWALBE u. BECKER: Ber. dtsch. chem. Ges. **54**, 545 (1921).

[6] VIGNON: Bl. (3) **19**, 811 (1898). — HEUSER u. STÖCKIGT: Cellulose-Chem. **3**, 61 (1922).

[7] HEUSER u. STÖCKIGT: Cellulosechem. **3**, 61 (1922).

[8] CLIBBENS u. RIDGE: J. Text. Inst., Manchr. **18**, 135 (1927); **19**, 389 (1928).

[9] KAUFMANN: Z. angew. Chem. **43**, 841 (1930).

[10] SCHELLER: Melliand Textilber. **16**, 878 (1925).

[11] Vgl. hierzu RADEMACHER: Diss. T. H. Stuttgart 1939.

Überwiegen der Hydrolyse statt. RADEMACHER kommt auf Grund eingehender Versuche zu dem Schluß, daß die Hydrolyse sogar in der Lage sei, eine Dekarboxylierung von durch Oxydation gebildeten Karboxylgruppen herbeizuführen.

Infolge der gegenüber der nativen Faser gesteigerten Reaktionsfähigkeit ist daher auch bei der Behandlung von Viskosefasern mit Säure größte Vorsicht geboten.

Ein Abbau der Zellulose wird auch durch intensive Einwirkung von Licht herbeigeführt. Hierbei tritt gleichfalls sowohl eine Verkleinerung des Moleküls als auch eine Veränderung des Glukopyranoserestes auf. Bemerkenswert ist der Befund von OGURI und YAMAGUCHI[1], wonach die Faserschädigungen durch Licht nicht an die Gegenwart von Sauerstoff gebunden sind. Auch in einer Atmosphäre von Wasserstoff, Stickstoff und Kohlendioxyd erfolgt die photochemische Zersetzung, wodurch aldehydische Spaltstücke entstehen.

Umsetzungsreaktionen. Auf Grund der Anwesenheit von Hydroxylgruppen im Molekül ist die Zellulose bzw. die Hydratzellulose der Veresterung und Verätherung zugänglich. Daß man hiervon in der chemischen Industrie zur Herstellung aller möglichen Zellulosederivate Gebrauch macht, ist allgemein bekannt. Die Möglichkeit der Umsetzung interessiert hier nur, soweit Reaktionen an der Faser und zwar unter Erhaltung der Faserstruktur durchgeführt werden können. Der Wunsch nach einer Verbesserung der physikalischen Eigenschaften der Hydratzellulosefasern hat in den letzten Jahren zu einer intensiven Beschäftigung mit den Umwandlungsreaktionen geführt, da man zu der Erkenntnis kommen mußte, daß bleibende Effekte nur durch eine chemische Veränderung des Zellulosemoleküls erzielt werden können. Insbesondere hat man versucht, durch Veresterung oder Verätherung eine Herabsetzung des Quellungsvermögens der Viskosefasern herbeizuführen. Es kann sich hierbei naturgemäß aber nicht darum handeln, die gesamte zur Verfügung stehende Anzahl an Hydroxylgruppen umzusetzen, vielmehr nur eine Umsetzung an der Oberfläche der geordneten Gitterbereiche der Faser befindlicher Hydroxylgruppen oder solcher aus ungeordneten Bereichen vorzunehmen.

Es soll mit einer kurzen Beschreibung der vorgeschlagenen Veresterungsmittel begonnen werden[2]. Nach DRP. 572613 von NATHANSON wirken höhermolekulare Fettsäurechloride, wie z. B. Stearinsäurechlorid, oder Anhydride in Gegenwart von Pyridin auf Zellulose veresternd. Die Reaktion verläuft nach dem Schema:

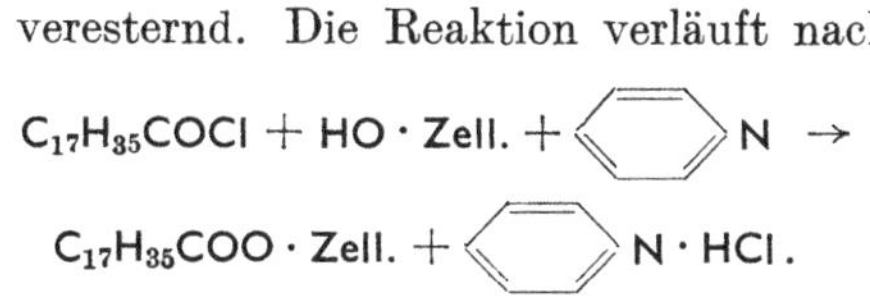

Im Brit. Pat. 460602 der *I. G. Farbenindustrie Aktiengesellschaft* wird empfohlen, die Zellulose mit Octadecylchlorkohlensäureester umzusetzen. Die Reaktion wird gleichfalls in Gegenwart von Pyridin vorgenommen:

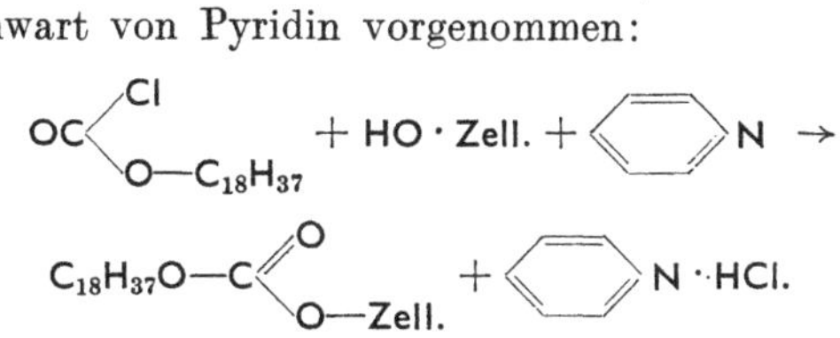

² OGURI u. YAMAGUCHI: J. Soc. chem. Ind. (Japan) **40**, 356 (1937).

³ Vgl. hierzu die zusammenfassende Darstellung von CHWALA: Textilhilfsmittel, S. 402f. Wien 1939.

Die Umsetzung mit Fettsäurechloriden oder Anhydriden kann nach DRP. 572613 auch in der Weise vorgenommen werden, daß man die Produkte in wässerigen Seifenlösungen emulgiert bzw. suspendiert bei einer Temperatur von etwa 80° C auf die Faser zur Einwirkung bringt.

Der *Du Pont de Nemours* ist unter dem Brit. Pat. 461436 die Umsetzung der Zellulose mit p-Toluolsulfochlorid geschützt.

Von einem großen Ausrüstungsbetrieb (*Flores u. Co. A.G.*, Krefeld) wird nach dem Brit. Pat. 474403 die Zellulose mit Isozyanaten behandelt. Wird Zellulose mit Lösungen von höhermolekularen Isozyanaten von der allgemeinen Formel

R—N=C=O (R = höhermolekularer Alkylrest)

in Benzin oder Benzol behandelt, so bildet sich nach dem Verdunsten des Lösungsmittels bei etwa 150° C ein Karbaminsäureester der Zellulose, gemäß folgender Gleichung:

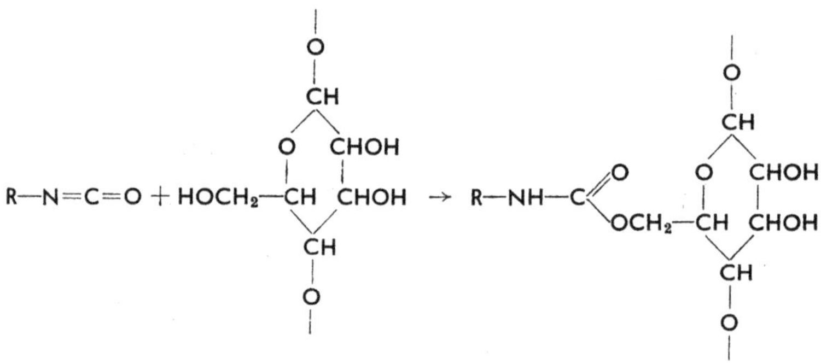

Der Verlauf der Reaktion kann nach dem Brit. Pat. 467992 der *I. G. Farbenindustrie Aktiengesellschaft* dadurch beschleunigt werden, daß man die sekundären Alkoholgruppen der Zellulose durch Behandlung mit Alkylenoxyd in die reaktionsfähigeren primären umwandelt. Diese Reaktion verläuft nach dem Schema:

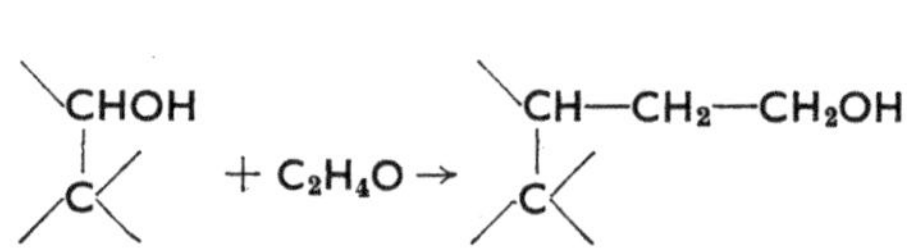

An Stelle der Isozyanate können auch höhermolekulare Isothiozyanate von der allgemeinen Formel R—X—N=C=S angewandt werden.

Als weitere Veresterungsreaktion ist noch die von KARRER im Brit. Pat. 249842 und 263169 beschriebene zu nennen. Hiernach werden die Fasern mit Arylsulfosäuren verestert und dann mit Ammoniak, primären, sekundären oder tertiären Aminen oder mit Hydrazin erhitzt. Man erhält hierdurch eine in bezug auf das Anfärbevermögen animalisierte Faser.

Von den Verfahren, die eine Umwandlung der Zellulose durch Verätherung zum Gegenstand haben, müssen die folgenden genannt werden:

Die *Deutsche Hydrierwerke A.G.* beschreibt im DRP. 613735 die Behandlung der Zellulose mit Lösungen von Chlormethyläthern höherer Alkyle in Pyridin. So entsteht durch den Octadecylchlormethyläther der Octadecyloxymethyläther der Zelluse, gemäß der Gleichung:

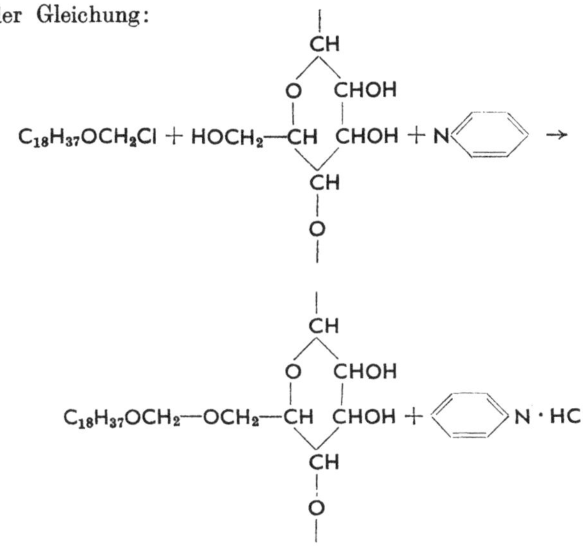

Zu besseren Ergebnissen kommt man, wenn man den Octadecylchlormethyläther t Pyridin in das quaternäre Octadecyloxymethylpyridiniumchlorid überführt[1]. eser Körper kann nach dem Brit. Pat. 466817 der *Imperial Chemical Industries* Form einer wässerigen Dispersion auf die Faser zur Einwirkung gebracht werden d ist unter dem Namen Velan PF im Handel. Die Umsetzung mit der Zellulose ıt bei kurzer Erhitzung des getrockneten, mit Velan PF imprägnierten Gewebes f 90···130° C gemäß folgenden Gleichungen vor sich:

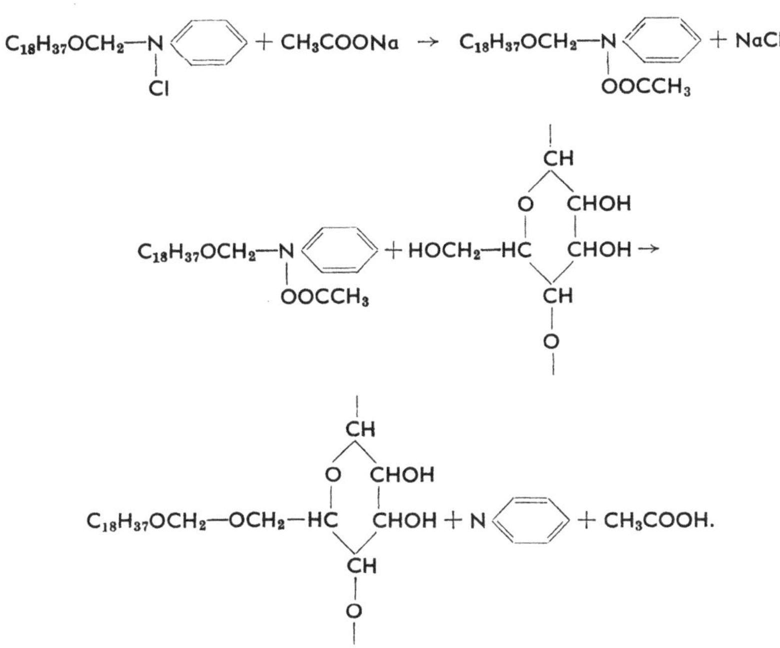

Ges. f. chem. Ind. Basel: Brit. Pat. 390533.

Zu ähnlichen Umsetzungen ist Persistolsalz A in Gemeinschaft mit Persistolgrund A (*I. G. Farbenindustrie Aktiengesellschaft*) sowie Persistol LA und LB fähig.

Die geschilderten Verfahren führen eine verminderte Wasseraufnahme bzw. eine verminderte Quellfähigkeit der Faser herbei.

Zur Verringerung der Wasseraufnahme durch Hydratzellulose wurde von ESCHALIER[1] eine Behandlung mit Formaldehyd bei Gegenwart saurer Katalysatoren vorgeschlagen. Das Verfahren hat sich zunächst nicht in die Praxis eingeführt, da vielfach eine starke Faserschädigung beobachtet wurde. Aus diesem Grunde wurde auch von KARPLUS im DRP. 382026 die Anwendung alkalischer Katalysatoren in Vorschlag gebracht, doch zeigte sich, daß diese Arbeitsweise weit weniger wirksam war.

Durch die *Chemische Fabrik Stockhausen & Cie.*, Krefeld, konnten dann aber Arbeitsbedingungen gefunden werden, die auch bei Anwesenheit saurer Katalysatoren genügende Betriebssicherheit gewährleisten. Diese Arbeitsweise ist unter dem Namen „Waschtreu-Verfahren“ zu praktischer Bedeutung gekommen. Es gestattet, den Quellwert der Hydratzellulose auf den Quellwert der Baumwolle herunterzusetzen, wodurch die auf S. 221 geschilderten Nachteile des hohen Quellungsvermögens der Hydratzellulose aufgehoben werden. Das Verfahren hat sich allerdings bisher nur bei fertigen Geweben als brauchbar erwiesen, während quellfest ausgerüstete Spinnfasern noch Wünsche offen lassen (z. B. die F-Faser der *Spinnstoffabrik Zehlendorf A.G.*).

Der Reaktionsablauf wurde von GÖTZE und REIFF[2] aufgeklärt; hiernach handelt es sich um Bildung von Polyoxymethylenäthern zwischen den Molekülen der Hydratzellulose, die somit durch Brücken an einer weitgehenden Quellung gehindert werden. Ein Teil des zur Reaktion gebrachten Formaldehyds bildet allerdings in der Faser auch ein Kunstharz.

Eine Brückenbildung wird auch durch ein Verfahren von HARMS erzielt. Von ihm werden Di-Pyridiniumsalze auf die Faser zur Einwirkung gebracht, wie sie z. B. aus Paraformaldehyd, Glycolen, Salzsäure und Pyridin leicht zugänglich sind. So wurde durch Behandlung mit Bisoxymethyl-pyridiniumverbindungen der Quellwert um 45···50% verringert. Entsprechend findet eine Erhöhung der Naßfestigkeit um 30···40% statt, was übrigens auch beim Waschtreu-Verfahren der Fall ist.

Seit einiger Zeit sind Mittel auf dem Markt, die, auf Zellulose angewandt, eine Verminderung des Knitterns der Faser herbeiführen sollen. Diese Verfahren laufen darauf hinaus, in die Faser Kunstharze einzulagern. Infolge des großen Moleküles dieser Stoffe müssen die Kunstharze in der Faser selbst durch Kondensation erzeugt werden. Man kann annehmen, daß diese Stoffe sich in den amorphen Anteil der Faser einlagern. Wenn diese Verfahren an dieser Stelle angeführt werden sollen, so hat dies seinen Grund darin, daß bei der Kondensation auch eine chemische Bindung — sei es vielleicht auch nur eine nebenvalenzmäßige (ELÖD) — mit der Zellulose von einigen Forschern angenommen wird.

Bedeutung haben ferner Verfahren der *Tootal Broadhurst Lee Comp.*[3] und der *I. G. Farbenindustrie Aktiengesellschaft*[4] erlangt. Hiernach werden in der Faser Phenoplaste und Aminoplaste erzeugt, wobei man von Vorkondensaten ausgeht. Da die Vorkondensate der Phenoplaste unter normalen Bedingungen keine haltbaren

[1] „Sthenosage-Patent“ DRP. 197965 (1906).
[2] GÖTZE u. REIFF: Zellw., Kunsts., Seide **46**, 129, 331 (1941).
[3] DRP. 499818. — [4] DRP. 535234.

Körper darstellen[1], verwendet man vorzugsweise die Aminoplaste, also Kondensationsprodukte aus Harnstoff oder Thioharnstoff mit Formaldehyd. Die Vorkondensation geht in schwach alkalischer, wässeriger Lösung vor sich und führt zum Dimethylolharnstoff:

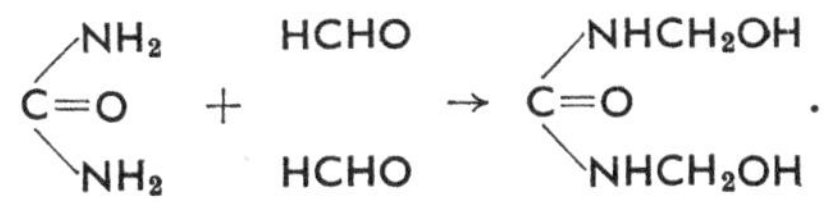

Die Endkondensation, die auf der Faser in Gegenwart von Säure oder säureabspaltenden Stoffen vorgenommen wird, führt dann zu großen, durch dreidimensionale Vernetzung entstandenen Carbamidharzen, z. B.

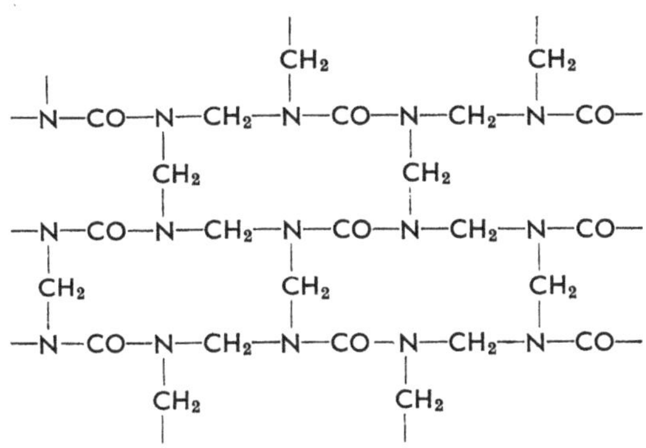

Das Vorkondensat ist unter dem Namen Kaurit KF im Handel. Auch bei dieser Reaktion wird eine Teilnahme der Zellulose an der Reaktion angenommen.

Die aufgeführten Kondensationsverfahren sollen, wie schon erwähnt war, den Zweck verfolgen, die Knitterfestigkeit der Fasern zu erhöhen. Die Verhältnisse liegen aber so, daß auch andere Eigenschaften der Faser bei der Einlagerung dieser Stoffe verändert werden. So wird allgemein beobachtet, daß durch diese Mittel auch eine Hydrophobierung in mehr oder weniger starkem Maße herbeigeführt wird. Wie Versuche gezeigt haben, tritt im allgemeinen die hydrophobierende Wirkung der Agenzien schon unter milderen Bedingungen ein als die Knitterfestwirkung.

II. Physikalische Eigenschaften[2].

Titer. Das Reyon besteht je nach der Lochzahl der verwendeten Düsen aus mehreren Einzelfädchen, die normalerweise durch die Zwirnung umeinander gedreht sind. Für die Dicke des Fadens ist somit ein Maß die Dicke des Gesamtfadens sowie die Dicke und Anzahl der Einzelfädchen. Man bezeichnet zur Unterscheidung vom Gesamttiter die Stärke eines Einzelfadens mit Einzeltiter. Zur Kennzeichnung einer Garnstärke gibt man normalerweise die Stärke des Gesamtfadens und die Anzahl der Einzelfädchen an: 120/24 bedeutet z. B. ein Reyon von der Stärke des Ge-

[1] Chwala: Textilhilfsmittel, S. 402. Wien 1939.

[2] Über die physikalischen Eigenschaften der Chemiefasern liegt eine überaus umfangreiche Literatur vor. Dieser Gegenstand hat auch schon mehrmals eine ausgezeichnete zusammenfassende Darstellung erfahren, so vor allen Dingen durch Weltzien (Physikalische und Chemische Technologie der Kunstseide) und Mark (Physik und Chemie der Zellulose). Die Beschreibung kann daher hier auf die wesentlichsten Punkte beschränkt bleiben.

samtfadens von 120 Denier, das 24 Einzelfädchen enthält. Bei diesem Reyon ist somit die Größe des Einzeltiters 120/24 = 5 Denier.

Bei den Handelsmarken unterscheidet man normalfädige, mittelfädige, feinfädige und feinstfädige Ware. Die Einzeltiterstärken sind für

normalfädiges Reyon	etwa 5 Denier
mittelfädiges Reyon	„ 3···3,5 Denier
feinfädiges Reyon	„ 2,5 Denier
feinstfädiges Reyon	„ 1,2···1,5 Denier.

Die angegebenen Zahlen sind ungefähre Größen, eine Normung dieser Begriffe ist nicht vorgenommen worden.

Auch die Zellwolle wird mit verschiedenen Titerstärken gesponnen. Diese richten sich nach dem Spinnereigebiet, in dem die Zellwolle zu Garn verarbeitet werden soll. Sie sind im folgenden zusammengestellt:

für die Baumwollspinnerei	1,5 Denier
„ „ Streichgarnspinnerei	3 und 3,75 Denier
„ „ Kammgarnspinnerei	3 und 3,75 Denier
„ „ Teppichgarnspinnerei	10, 20 und 30 Denier.

Darüber hinaus sind noch einige Spezialqualitäten im Handel, so beispielsweise für das Ausspinnen von Garn zu sehr feinen Nummern 1 und 1,2 Denier (z. B. „Feinflox") und für die Moquettespinnerei 6 und 8 Denier.

Stapellänge. Während das Reyon durch die Angabe der Gesamtfadenstärke sowie die Anzahl der Einzelfädchen gekennzeichnet ist, ist für die Zellwolle außer dem Titer die Angabe der Faserlänge („Stapellänge") erforderlich. Wie verschiedene Titer, so werden auch die verschiedensten Stapellängen hergestellt, die den einzelnen Spinnereisparten angepaßt sind. Es werden folgende Stapellängen hergestellt[1]:

für die Baumwollspinnerei	30, 34, 38 und 40 mm
„ „ Streichgarnspinnerei	60, 66 und 90 mm
„ „ Kammgarnspinnerei	100 und 120 mm
„ „ Teppichgarnspinnerei	120 und 150 mm.

Stapellänge und Titer werden entweder durch Zahlen ausgedrückt, so bedeutet z. B. 66/30 eine Zellwolle von der Stapellänge 66 mm und vom Titer 3,0 Denier, oder durch Markennamen und Buchstaben.

Bei der Beschreibung der Zellwollenachbehandlung war schon erwähnt worden, daß Abweichungen in der Schnittlänge vorkommen können. Infolgedessen fällt der Stapel der fertigen Zellwolle etwas ungleichmäßig aus, und zwar enthält die Flocke Fasern, die nach oben und nach unten vom Nominalstapel abweichen. Ein genaues Bild über die Stapellänge gibt das Stapeldiagramm, das unter Verwendung von Spezialapparaten (s. S. 717) aufgenommen werden kann. Aus ihm geht die gewichtsmäßige Verteilung der Fasern von unterschiedlichem Stapel in der Gesamtflocke hervor. Interessant ist die Gegenüberstellung eines Zellwolldiagrammes mit einem Baumwolldiagramm. Gegenüber dem Baumwolldiagramm ist das Zellwolldiagramm viel gleichmäßiger (Abb. 468), insbesondere fehlt bei der Zellwolle der große Anteil an Kurzfasern, die beim Verspinnen von Baumwolle Abfall ergeben.

[1] Vgl. hierzu auch Kurtz u. Schmalfus: Klepzigs Text.-Ztschr. **1940,** Heft 1 u. 2; Kurtz: Klepzigs Text.-Ztschr. **1940,** Heft 36.

Oberfläche. Bei mikroskopischer Betrachtung in der Aufsicht erkennt man bei den normalen Reyon- und Zellwolltypen eine mehr oder weniger ausgeprägte Längsriefung, die auf die Faltung der Faser im Entstehungszustand zurückzuführen ist (Abb. 469). Unter starker Streckung gesponnene Fasern, wie z. B. Lilienfeld-Reyon („Sedura") sowie „Lanusa" und Schwarza-Faser sind demgegenüber nahezu strukturlos. Sie ähneln in dieser Beziehung den nach dem Kupferverfahren gesponnenen Fasern. Eine auffallende Oberflächenstruktur weisen demgegenüber die speziellen Wolltypen bei der Zellwolle, das „Floxalan" sowie das „Vistralan" auf. Ihre Oberfläche zeigt eine ausgesprochene Narbung (Abbildung 470), die die schuppige Oberfläche des Wollhaares nachahmen soll.

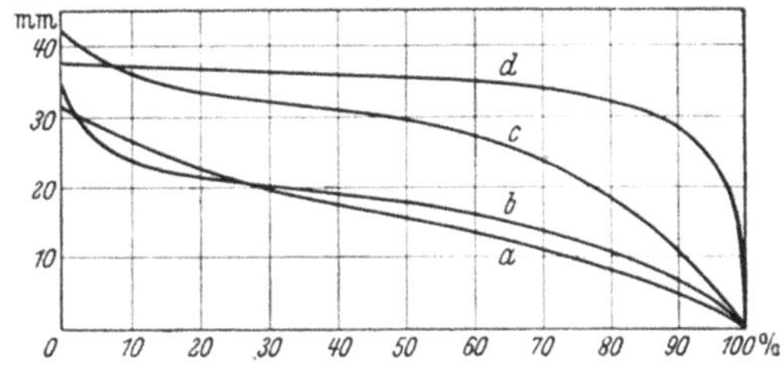

Abb. 468. Stapeldiagramme: a Brasil-Baumwolle: b Texas-Baumwolle; c Sakellaridis-Baumwolle; d Flox-Faser 38/15[1].

Querschnitt. Charakteristisch für die Viskosefasern sind die Querschnittsformen, wofür schon S. 446 Beispiele gegeben waren. Es ist unter Umständen von Wert, die Völligkeit eines Querschnittes anzugeben, worunter nach A. HERZOG[2] das Verhältnis vom Flächeninhalt zur Querschnittsform zu verstehen ist. Der Völligkeitsgrad ist der Quotient aus dem Flächeninhalt des Faserquerschnittes und dem dem Querschnitt umbeschriebenen Kreis, dessen Durchmesser gleich der größten Faserbreite ist, ausgedrückt in Prozenten des Inhaltes des umbeschriebenen Kreises, also:

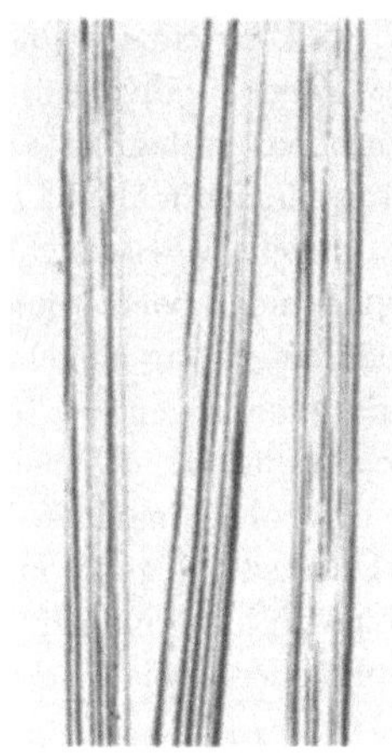

Abb. 469. Normales Reyon unter dem Mikroskop.

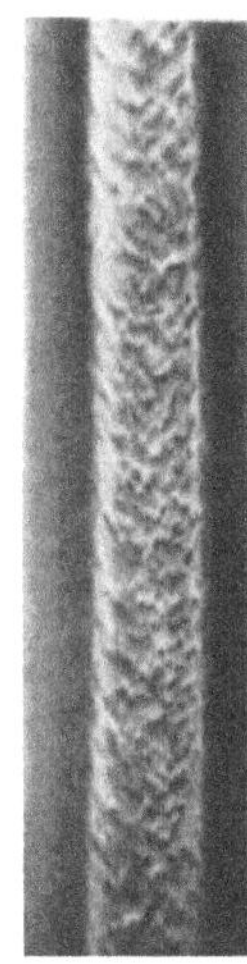

Abb. 470. Floxalanfaser unter dem Mikroskop.

$$\frac{(^1/_2\,\text{Faserbreite})^2 \cdot \pi}{\text{Flächeninhalt}} = \frac{100}{\text{Völligkeitsgrad}}$$

oder
$$\text{Völligkeitsgrad} = \frac{400 \cdot \text{Flächeninhalt}}{\pi \cdot (\text{Faserbreite})^2} = 127{,}32 \cdot \frac{\text{Flächeninhalt}}{(\text{Faserbreite})^2}.$$

Da bei Chemiefasern vom spezifischen Gewicht 1,52 der Flächeninhalt gleich $\frac{\text{Titer}}{0{,}01368}$ ist, so kann man den Völligkeitsgrad auch wie folgt ausdrücken:

$$\text{Völligkeitsgrad} = \frac{127{,}32 \cdot \text{Titer}}{0{,}01368 \cdot (\text{Faserbreite})^2} = 9307 \cdot \frac{\text{Titer}}{(\text{Faserbreite})^2}.$$

Aus diesen Beziehungen geht hervor, daß bei gleichem Titer mit abnehmender Faserbreite der Völligkeitsgrad zunimmt, der Querschnitt nimmt mehr eine runde Form an.

---

[1] Aus der Hauszeitschrift „Wir vom Glanzstoff". — [2] HERZOG, A.: Text. Forschg. 4, 99 (1922). — WELTZIEN: Technologie der Kunstseiden, S. 93.

Kräuselung. Die Zellwolle ist noch durch eine andere Eigenschaft charakterisiert, nämlich durch die Kräuselung. Während eine Kräuselung bei Reyon unerwünscht ist, wird die Erzielung einer Kräuselung bei der Zellwolle angestrebt. Auch die in der Spinnerei verwendeten Naturfasern weisen eine mehr oder weniger große Kräuselung auf. Dieser Eigenschaft kommt beim Verspinnen eine nicht zu unterschätzende Bedeutung zu. Einerseits kann die Kräuselung als Dehnungs- bzw. Elastizitätsreserve angesprochen werden. Das heißt also, wird eine Spinnfaser beim Verspinnen z. B. in der Streckwerken, übermäßig auf Dehnung beansprucht, so kann die Faser durch Geraderichten nachgeben. Der Zug kann dann nicht zu einer schädlichen Überdehnung führen. Andererseits fördert die Kräuselung das gegenseitige Verhaken der Faser, sie erhöht in erwünschter Weise somit die Haftfähigkeit der Faservliese und Bänder, wie dies schon im 18. Kap. geschildert war. Da bei den natürlich gewachsenen Fasern die Kräuselung elastisch ist und somit noch im fertigen Garn erscheint, so bewirkt sie ferner ein größeres Volumen der gesponnenen Garne.

Die Kräuselung der Zellwolle verhält sich in mancher Beziehung anders als die der gewachsenen Faser. Zunächst muß noch darauf hingewiesen werden, daß sie, wenn man auch bei der Herstellung der Zellwolle bewußt auf das Entstehen einer kräuseligen Faser hinarbeitet, im Herstellungsgang oder bei der Nachbehandlung normalerweise nur mehr oder weniger zufällig entsteht. Sie steht normalerweise insbesondere nicht mit dem strukturellen Aufbau in Verbindung, wie dies beispielsweise bei der Wolle der Fall ist. Infolgedessen fehlt ihr auch die der Wollkräuselung innewohnende Elastizität, d. h. also, durch Streckung, besonders in feuchtem Zustand, geht die Kräuselung der Zellwolle mehr oder weniger verloren[1].

Über diese Zusammenhänge war eingehender schon S. 606 berichtet worden.

Glanz. Unter den äußeren Eigenschaften muß noch der Glanz der Chemiefasern erwähnt werden. Je nach der Oberflächenbeschaffenheit zeigen sie einen mehr oder weniger ausgeprägten Glanz, der nach A. Herzog durch die Längsriefen der Faser verstärkt wird. Nach Untersuchungen von Klughardt tritt bei Lichteinfall parallel zur Faserachse fast reine Spiegelung auf. Daß der Glanz durch Einlagerungen von Stoffen in die Faser mehr oder weniger stark zurückgeht, wurde schon im 13. Kapitel erwähnt.

Spezifisches Gewicht. Nach Messungen von A. Herzog[2] liegt das spezifische Gewicht der Viskose- und Kupferfasern im Mittel bei 1,52. Je nach dem, ob man Wasser, Toluol oder ein Gas, beispielsweise Helium, als Imbibitionsmittel verwendet, erhält man für das spezifische Gewicht verschiedene Werte. So fand z. B. Davidson[3] für Viskosereyon bei Helium 1,548, bei Toluol 1,534 und bei Wasser 1,608[4]. Helium ergibt also einen höheren Wert als Toluol, da das Gas in die Faser tiefer eindringen kann. Der abweichende Wert für Wasser kann durch die Bildung der Hydrate erklärt werden.

Die bei verschiedenen Chemiefasern gefundenen spezifischen Gewichte sind etwas unterschiedlich. Es hängt dies mit der durch den Herstellungsgang bedingten unterschiedlichen Dichte der Faser zusammen, wie im 15. Kap. schon ausführlich erläutert wurde.

---

[1] Über die Kräuselung hat Weltzien eingehende Studien veröffentlicht. Seide **43**, 505 (1938). — [2] Herzog, A.: Kunstseide **8**, 397 (1926).

[3] Davidson: Journ. Text. Inst., Manchr. **18**, T 175 (1927).

[4] Diese Werte wurden von Weltzien aus dem spezifischen Volumen umgerechnet.

Reißfestigkeit und Bruchdehnung. Für die Verarbeitung der Chemiefasern sowie die Gebrauchstüchtigkeit der aus ihnen hergestellten Waren sind die mechanischen Eigenschaften einer Chemiefaser von Bedeutung. Es muß jedoch gleich erwähnt werden, daß uns noch keine Meßmethoden zur Verfügung stehen, um die Gebrauchstüchtigkeit einer Faser eindeutig zu definieren. Man beschränkt sich im allgemeinen auf die Ermittlung der Reißfestigkeit, der Bruchdehnung, der Knotenfestigkeit sowie der Schlingenfestigkeit in trockenem und nassem Zustand. Vervollständigt können diese Untersuchungen durch die Aufnahme der Kraftdehnungsdiagramme werden. Durch Entlastung der Faser nach Belastung mit verschiedenen Gewichten kann man weiter zu einem Urteil über die elastischen Eigenschaften einer Faser kommen.

Durch das Vordringen der Zellwolle hat die Durchforschung der Meßmethoden einen neuen Anstoß erhalten. Vor allen Dingen hat sich eine genauere Kenntnis der Biegungsvorgänge sowie der Elastizität quer zur Faserachse als wünschenswert erwiesen. Soweit es die bis jetzt für die Messung entwickelten Apparaturen gestatten, prüft man neben den oben angegebenen Eigenschaften auch die Biegungselastizität, die Knickbruchfestigkeit sowie die Bauschelastizität. Die letztere kommt naturgemäß nur für die Zellwollflocke in Betracht, ergibt aber noch unsichere Werte.

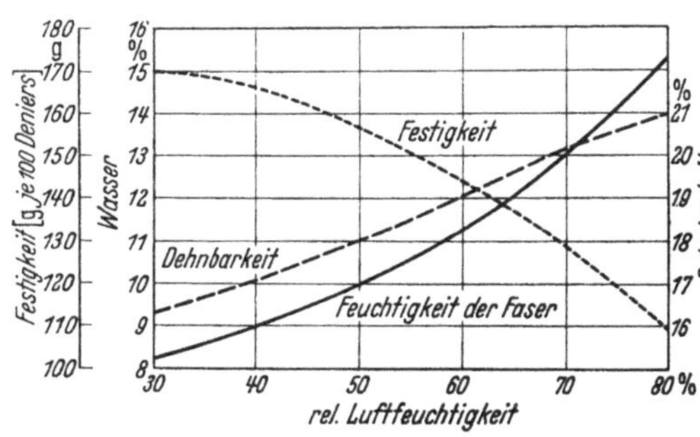

Abb. 471. Festigkeit und Dehnbarkeit einer Viskosefaser in Abhängigkeit von ihrem Feuchtigkeitsgehalt bezw. von der relativen Luftfeuchtigkeit.

Die mechanischen Eigenschaften einer Chemiefaser werden in starkem Maße von ihrem jeweiligen Feuchtigkeitsgehalt beeinflußt. Infolge des hygroskopischen Verhaltens der Faser bedeutet dies, daß die mechanischen Eigenschaften auch von dem Feuchtigkeitsgehalt der die Fasern umgebenden Luft abhängen. Vergleichende Messungen sind daher nur in einem Raum von konstanter relativer Luftfeuchtigkeit möglich. In welch starkem Maße die relative Luftfeuchtigkeit z. B. Festigkeit und Bruchdehnung einer Faser beeinflussen, lehrt Abb. 471. Aus ihr ist ersichtlich, daß die Reißfestigkeit mit steigender Feuchtigkeit abfällt, während die Dehnbarkeit mit steigender Feuchtigkeit zunimmt.

Unter der Reißfestigkeit versteht man die Belastung in Gramm, bei der eine Faser reißt. Die Verlängerung, die die Faser im Augenblick des Reißens gegenüber der Ausgangslänge angenommen hat, bezeichnet man mit Bruchdehnung. Die Reißfestigkeit wird, um vergleichbare Werte zu erhalten, auf die Querschnittsfläche bezogen, man bezieht sie bei Reyon meist auf 100 Denier. Bei der Zellwolle hat es sich eingebürgert, die Reißfestigkeit als Reißlänge in Reißkilometern auszudrücken. Hierunter wird die Fadenlänge in km verstanden, deren Gewicht gleich der Zerreißbelastung ist. Zwischen Reißlänge und Reißfestigkeit besteht folgende Beziehung:

$$\text{Reißlänge in km} = \frac{\text{Reißfestigkeit in kg}}{\text{Titer}} \cdot 9000\,.$$

Nach Untersuchungen von Breuer[1] weisen die Viskose-Zellwollen Reißlängen von 15,7···23,2 Rkm auf.

[1] Breuer: Kunstseide **21**, 244 (1939).

Wie weiter unten noch näher ausgeführt wird, mißt man die Reißfestigkeit einer Faser dadurch, daß man den zu messenden Faden mit steigenden Gewichten belastet. Es hat sich nun herausgestellt, daß für die Festigkeit auch die Geschwindigkeit eine Rolle spielt, unter der die Gewichtszunahme erfolgt, und zwar ist der Zusammenhang so, daß mit steigender Reißgeschwindigkeit die erhaltenen Festigkeitswerte zunehmen[1].

Reißfestigkeit und Bruchdehnung einer Chemiefaser sind von ihrer Vorgeschichte abhängig und schwanken bei den einzelnen Marken in weiten Grenzen. Für diese Eigenschaften spielen das Ausgangsmaterial und das Herstellungsverfahren eine große Rolle, das letztere insofern, als die Orientierung der Faser und ihre Packungsdichte für die erhaltenen physikalischen Eigenschaften von großer Bedeutung sind.

Den Einfluß des Polymerisationsgrades auf die Festigkeit haben STAUDINGER und REINECKE[2] studiert. Die bei verschiedenen Polymerisationsgraden erhaltenen Festigkeitswerte waren schon in Abb. 171 S. 288 dargestellt. Es ging daraus hervor, daß die Festigkeit bei Fasern mit einem Polymerisationsgrad von etwa 300 bis etwa 700 mit dem Polymerisationsgrad ansteigt. Die Kurve verläuft dann bei höheren Polymerisationsgraden zusehends flacher, um sich von einem Polymerisationsgrad von etwa 1200 ab nicht mehr weiter zu ändern. Es war schon geschildert worden, daß der Polymerisationsgrad jedoch nicht von alleiniger Bedeutung für die Güte einer Faser ist. Immerhin war man bemüht, einen zu weitgehenden Abbau nach Möglichkeit zu vermeiden: Während Chemiefasern älteren Datums einen Polymerisationsgrad von 200···250 aufwiesen, findet man heute bei den normalen Zellwollen einen Polymerisationsgrad von rund 300. An neueren Vistraproben fand STAUDINGER Polymerisationsgrade von 370, 520 und 580. Hieraus geht hervor, daß die Tendenz besteht, den Polymerisationsgrad weiter zu steigern. Bei einer Lanusa-Faser neuesten Datums wurde ein Polymerisationsgrad von 800 gemessen.

Tabelle 132. *Einfluß der Streckung auf die Festigkeit.* (Nach GÖTZE.)

Viskose	Reißfestigkeit g/100 Den.
60/18 normal gesponnen	143
60/18 unter Streckung gesponnen	202
100/48 normal gesponnen	162
100/48 unter Streckung gesponnen	194

Inwieweit die Streckung beim Spinnen in der Lage ist, die Reißfestigkeit zu erhöhen, geht aus Tab. 132 hervor. Es handelt sich um die gleiche Viskose, die einmal normal und einmal unter Streckung versponnen wurde.

Da durch das Streckspinnen der Orientierungsgrad der Faser ansteigt, so ergibt sich hieraus, daß auch eine direkte Beziehung zwischen der Reißfestigkeit und dem Orientierungsgrad bestehen muß. Diese Verhältnisse wurden u. a. von SAKURADA[3] eingehend studiert und im 15. Kap. bereits geschildert.

Über den Einfluß des Einzeltiters auf die Größe der Reißfestigkeit liegen kaum für die Beurteilung ausreichende Werte vor. Nach KÄMPF[4] soll bei gleichem Herstellungsverfahren und gleichem Gesamttiter die Reißfestigkeit mit der Einzelfadenzahl ansteigen. Diese Beobachtung konnte von WELTZIEN[5] jedoch nicht bestätigt werden.

[1] Näheres hierüber bei BÖHRINGER: Kunstseide **14**, 381 (1932). — [2] STAUDINGER u. REINECKE: Kunstseide **21**, 280 (1939). — [3] SAKURADA: Paperfabr. **1938**, 252. [4] KÄMPF: Kunstseide **9**, 414 (1927). — [5] WELTZIEN: Technologie, S. 117.

Die Bruchdehnung der Viskosefasern schwankt, wie bereits an anderer Stelle dargelegt wurde, etwa zwischen 15 und 30%.

Charakteristisch für die Chemiefasern ist der Verlauf der Kraft-Dehnungskurven, die man erhält, wenn man als Ordinate die Belastung und als Abszisse die Dehnung in Prozent der Ausgangslänge aufträgt. Die so erhaltene Kurve spiegelt am deutlichsten das plastische Verhalten der Faser wieder. Je mehr sich mit steigender Belastung die Kurve zur Abszissenachse hinkrümmt, um so größer ist die plastische Verformung der Faser. Abb. 472 zeigt einen Vergleich zwischen Ramie und Nitrozellulosefasern.

Knotfestigkeit. Unter Knotfestigkeit haben wir die Reißfestigkeit einer mit einem Knoten versehenen Chemiefaser zu verstehen. Sie liegt immer unter der normalen Reißfestigkeit und gibt ein angenähertes Bild für das Verhalten der Faser bei Biegungs- und Scheuerbeanspruchungen. Nach Messungen von SCHIEBER ist sie von dem Orientierungsgrad der Faser abhängig: Mit zunehmendem Orientierungsgrad nimmt die Knotenfestigkeit ab.

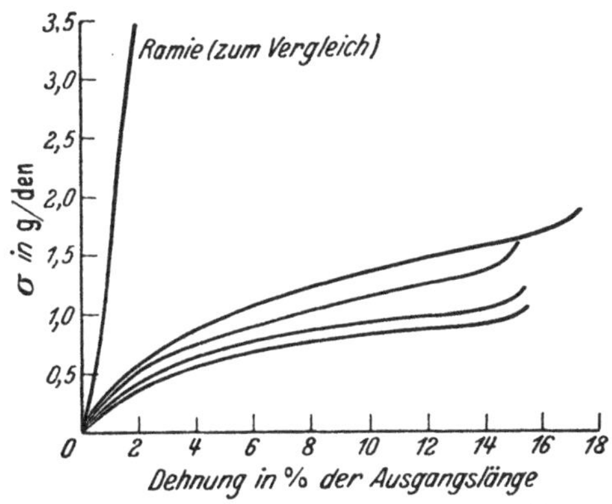

Abb. 472. Kraftdehnungs-Diagramme von Chemiefasern. (Nach MARK.)

Schlingenfestigkeit. Hierunter ist die Reißfestigkeit zweier bifilar ineinander geschlungener Fäden zu verstehen. Die Verhältnisse liegen ähnlich wie bei der Knotfestigkeit.

Elastizität. Bei den elastischen Eigenschaften der Fasern haben wir die Elastizität in der Richtung der Faserachse sowie die Elastizität senkrecht zu ihr zu unterscheiden. Beide sind für die Praxis wichtig. Die Elastizität in der Richtung der Faserachse spielt vornehmlich eine Rolle bei der Verarbeitung der Chemiefasern, bei der die Faser in überwiegendem Maße in der Längsrichtung beansprucht wird. Beim Haspeln, Spulen sowie beim Verarbeiten auf dem Webstuhl ist die Faser ständig Zerrungen in der Längsrichtung ausgesetzt, und es ist für die einwandfreie Verarbeitung keineswegs gleichgültig, ob die durch die Zerrung verursachte Dehnung der Faser nach der Entlastung wieder zurückgeht oder nicht. Die Chemiefasern verhalten sich bei der Längsbeanspruchung so, daß bei kleinen Belastungen und dementsprechend kleiner Verlängerung der Faser die Dehnung praktisch reversibel ist. Diesen Bereich der Gesamtdehnung eines Fadens nennt man den „elastischen Dehnungsanteil". Bei höherer Belastung wird die Verlängerung irreversibel. Diesen Bereich nennt man „bleibende Dehnung". Den Übergang zwischen beiden Bereichen stellt die „Fließgrenze" dar.

Das Gebiet des elastischen Dehnungsanteiles gehorcht dem HOOKEschen Gesetz, wonach die elastische Verlängerung den Normalspannungen proportional ist. Ebenfalls proportional mit dieser Verlängerung ist in diesem Bereich die Querschnittsverminderung, die der Faden durch die Streckung erleidet. Im Gebiete der Fließgrenze beginnt eine plastische Verformung der Faser, die nach der älteren Ansicht durch den Beginn des Gleitens der Kristallite, nach der neueren durch das allmähliche Zuziehen der Netzstruktur verursacht ist (KRATKY, HERMANS). Die Fließgrenze ist unscharf, man versteht in der Praxis darunter diejenige Spannung, bei der die bleibende Verformung Beträge zwischen 0,2 und 0,5% ausmacht[1].

Im Gegensatz zu den natürlich gewachsenen Fasern, und vornehmlich zur echten Seide und Wolle, findet man bei den Chemiefasern bei normaler Temperatur im streng wissenschaftlichen Sinne keine wahren elastischen Eigenschaften. Auch schon im Gebiete kleinster Belastungen tritt schon bleibende Verformung ein.

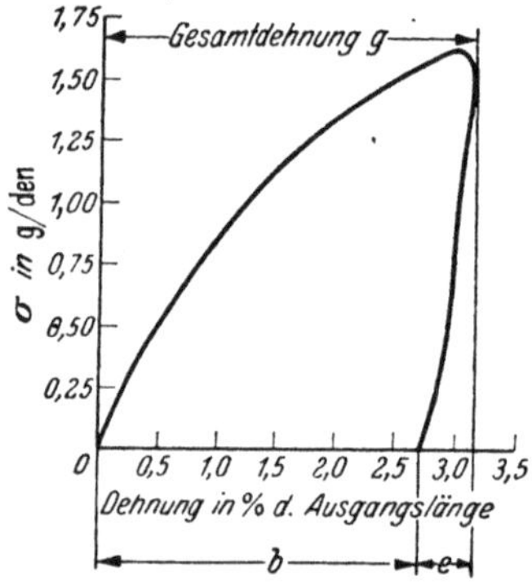

Abb. 473. Gesamtdehnung und elastischer Dehnungsanteil. b bleibende Dehnung; e elastischer Dehnungsanteil. (Nach MARK.)

Das jenseits der Fließgrenze liegende Gebiet ist dadurch gekennzeichnet, daß die Längenänderung rascher wächst als die angelegte Spannung.

Für die Beurteilung der technischen Eigenschaften der Faser ist die Kenntnis der Gesamtdehnung und des elastischen Dehnungsanteiles wichtig. Man kann diese Werte bestimmen, indem man an einem Reißapparat die Kraftdehnungskurve bis zu bestimmten Belastungen aufnimmt, dann die Faser entlastet und beobachtet, um welchen Betrag die Verlängerung wieder zurückgeht. Die Differenz zwischen der Gesamtdehnung und der nach Entlastung noch verbleibenden Dehung stellt die elastische Dehnung dar. Eine solche Kurve ist z. B. in Abb. 473 für eine Belastung von annähernd 1,75 g pro 1 Denier wiedergegeben. Der Faden ist also nahezu bis zum Bruch beansprucht worden. Die Abbildung zeigt, daß der elastische Anteil an der Gesamtdehnung recht klein ist.

Dieses Verhalten der Chemiefasern ist für die Verarbeitung von Nachteil und lehrt, daß schon verhältnismäßig kleine Spannungen zu bleibenden Verstreckungen führen können. Diese sind dann die latente Ursache für das Auftreten von Glanzfäden im Gewebe. Sie können nur durch sorgsamste Verarbeitung verhütet werden.

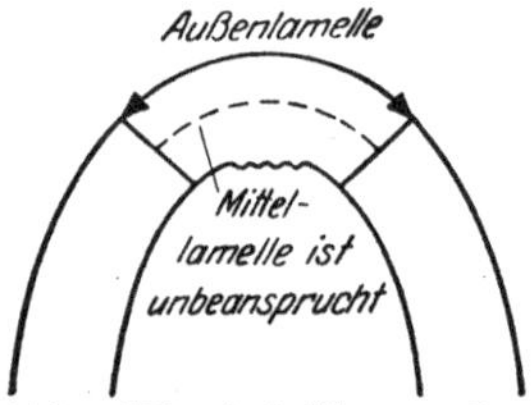

Abb. 474. Auf Biegung beanspruchte Faser. (Nach MARK.)

Das elastische Verhalten einer Faser senkrecht zu ihrer Achse ist weniger für die Verarbeitung, als für die Gebrauchstüchtigkeit der aus den Chemiefasern hergestellten Fertigwaren wichtig, die in erster Linie auf Biegung beansprucht werden. Wie aber MARK[2] bemerkt, ist die Biegebeanspruchung eigentlich auch eine Beanspruchung in der Längsrichtung der Faser. Wie Abb. 474 schematisch zeigt, erleiden bei der Biegung die äußeren Fadenschichten eine Verlängerung, während die inneren eine Stauchung erfahren. Somit ist die Biegungselastizität eng mit der Zugelastizität verknüpft. Bei Überschreiten der Elastizitätsgrenze der äußeren Schichten wird die Faser sich nach der Biegungsbeanspruchung nicht wieder gerade richten.

Die Biegungselastizität dürfte in unmittelbarem Zusammenhang mit der Bauschelastizität der Zellwolle stehen. Man versteht hierunter das Verhalten eines Zellwollbausches beim Zusammendrücken. Springt der Bausch nach Aufhören des Druckes wieder auseinander, so spricht man von hoher Bauschelastizität. Hohe

[1] Für exakte wissenschaftliche Messungen bedient man sich der „Elastizitätsgrenze" oder „Proportionalitätsgrenze". Sie beginnt genau in dem Moment des Aufhörens des HOOKEschen Gesetzes. — [2] MARK: Physik und Chemie der Cellulose, S. 86. Berlin 1932.

Bauschelastizität ist die Vorbedingung für eine offene, voluminöse Flocke, und diese wieder für ein einwandfreies Verspinnen.

Quellung. Von OBERMILLER[1] sind genaue Messungen über die Wasserdampfsorption von Chemiefasern im Vergleich zu natürlichen Fasern gemacht worden. Die Ergebnisse sind in Abb. 475 dargestellt. Es geht daraus hervor, daß die Wasserdampfaufnahme der Viskosefasern wesentlich höher liegt als die der Baumwolle. Dies ist auf Grund des Faserfeinbaues nicht verwunderlich. Die direkte Abhängigkeit der Dampfabsorption von der Größe der inneren Oberfläche der Faser zeigt sich nach VALKÓ deutlich, wenn man den Wassergehalt der Faser als Bruchteil ihres maximalen Wassergehaltes bei relativer Luftfeuchtigkeit = 1 ausdrückt. Dann fallen die berechneten Isothermen der Fasern nahezu zusammen. Die Fasern verhalten sich also so, als wenn sie voneinander nur in bezug auf die innere Oberfläche, nicht jedoch in bezug auf die Sorptionskräfte verschieden wären. Entsprechend dem etwas unterschiedlichen Feinbau der verschiedenen Viskoseerzeugnisse weichen auch die Absorptionsisothermen der verschiedenen Reyon- und Zellwollmarken etwas voneinander ab. Fasern mit größerer Packungsdichte — sei sie durch Streckung beim Spinnen, sei sie durch Verspinnen einer hochgereiften Viskose erhalten — liegen in bezug auf die Dampfabsorption etwas niedriger als Fasern mit geringerer Packungsdichte. In einer Atmosphäre von 65% relativer Luftfeuchtigkeit nehmen die Viskosefasern je nach ihrer Herstellung 12···14% Wasser auf.

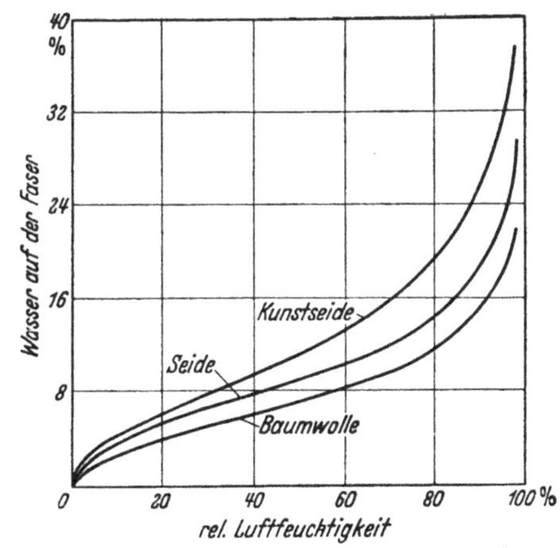

Abb. 475. Feuchtigkeitsaufnahme von Seide, Baumwolle und Viskosereyon in Abhängigkeit von der relativen Luftfeuchtigkeit. (Nach OBERMILLER.)

Entsprechend ändert sich auch die Querschnittszunahme der Fasern beim Netzen. LAWRIE[2] fand die in Tab. 133 zusammengestellten Werte.

Tabelle 133. *Querschnittszunahme der Chemiefasern beim Netzen.* (Nach LAWRIE.)

Chemiefaser	Querschnitts-zunahme in %	Chemiefaser	Querschnitts-zunahme in %
Viskosereyon	35	Bemberg (Kupfer) . . .	41
Vistra	52	Celanese (Azetat)	9
Celta	25	Rhodiaseta (Azetat) . .	14
Tubize (Nitro)	30	Courtaulds (Azetat) . . .	11
Brysilka (Kupfer)	53	Triazetatfaser	2

Aus der Tabelle geht zunächst hervor, daß die Zelluloseazetatfasern entsprechend ihrem geringen Wasseraufnahmevermögen nur eine untergeordnete Querschnittszunahme zeigen. Dagegen ist die Querschnittszunahme bei den Viskosefasern ganz beträchtlich. Auch die Unterschiede zwischen den einzelnen Viskosemarken sind sehr beachtlich.

[1] OBERMILLER: Z. angew. Chem. **39**, 46 (1926).
[2] LAWRIE: Journ. Soc. Dyers Col. **44**, 73 (1928).

Charakteristisch sind auch die Längenzunahmen der Chemiefasern beim Netzen. Derartige Messungen wurden zuerst von OPPÉ und GÖTZE[1] durchgeführt. Weitere Ergebnisse wurden von A. HERZOG[2] gebracht. Auch die Längenänderung schwankt stark je nach der Herstellung. Diesbezügliche Zahlen waren schon an anderer Stelle mitgeteilt worden. WELTZIEN[3] fand, daß die Längenänderung vom Einzeltiter unabhängig ist. Bei Viskosereyon aus der gleichen Viskose mit gleichem Gesamttiter, aber verschiedenen Einzeltiterstärken, wurden die in Tab. 134 wiedergegebenen Werte gefunden.

Tabelle 134. *Längenänderung bei verschiedenem Einzeltiter.* (Nach WELTZIEN.)

	Gesamt-titer	Zahl der Einzel-fädchen	Einzeltiter Denier	Längung in %
Viskose-reyon	150	14	10,7	5,42
	150	24	6,25	5,14
	150	50	3,00	5,42

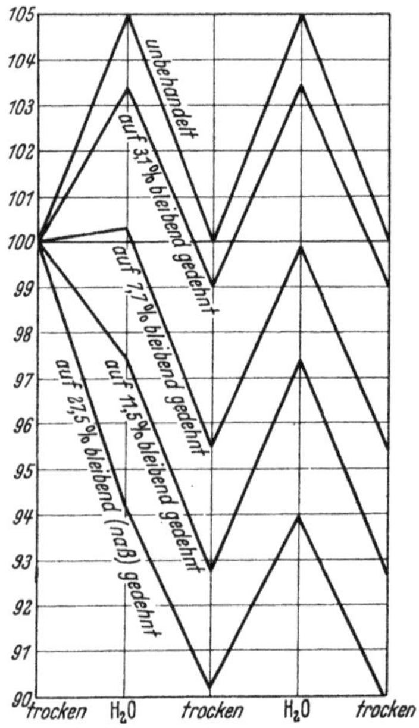

Abb. 476. Längenänderung von Viskosereyon als solchem und nach Vordehnung. (Nach WELTZIEN).

Für die Verarbeitung des Reyon ist wichtig, daß diese Längenänderung vollkommen umkehrbar ist, sofern die Faser vor dem Netzen keiner mechanischen Beanspruchung unterworfen war. Wird das Reyon nämlich durch Spannung vorgedehnt, so wird die Länge beim Netzen mit zunehmender Vordehnung immer geringer, bei großer Vordehnung tritt sogar eine Verkürzung der Faser ein[4]. Wie WELTZIEN fand, ist die Umkehrbarkeit bei den vorgedehnten Fäden nicht mehr gegeben, vielmehr ziehen sich die Fäden über den Ausgangspunkt zusammen, sie verkürzen sich also. Dieses Verhalten der Fäden wird durch Abb. 476 veranschaulicht. Weiter ist noch bemerkenswert, daß die vorgedehnten, genetzten und getrockneten Fäden bei erneuter Quellung und Trocknung wieder auf den Punkt zurückgehen, den sie vor der zweiten Netzung eingenommen haben. Auch dies geht aus der Abb. 476 hervor. Durch die Vordehnung haben die Fasern demnach einen vollkommen anderen Zustand angenommen.

Für die Praxis besagen diese Befunde, daß ein beim Winden oder Spulen bleibend vorgedehnter Faden durch die Ausrüstung in der fertigen Ware Spannfäden ergibt.

Die durch die Vordehnung erhaltene Strukturveränderung kann nach Untersuchungen von FAUST und LITTMANN[5] durch Behandeln der Faser mit 4proz. Natronlauge wieder vollkommen beseitigt werden. Abb. 477 zeigt die Längenänderungen von drei Fasern, die zwischen dem Übergang naß → trocken in Natronlauge und Wasser getaucht worden waren. Die Fäden waren mit 50 und 100 g Belastung vor-

[1] OPPÉ u. GÖTZE: Melliand Textilber. 6, 850 (1925).
[2] HERZOG, A.: Die mikroskopische Untersuchung der Seide und Kunstseide, Berlin 1924.
[3] WELTZIEN: Technologie, S. 135.
[4] WELTZIEN: Technologie, S. 136.
[5] FAUST u. LITTMANN: Cellulose-Chem. 7, 166 (1926).

gedehnt worden. Sie zeigen bei erneuter Behandlung mit Wasser und Natronlauge wieder das Verhalten des nicht vorgedehnt gewesenen Fadens. Dieser Befund besagt nach WELTZIEN[1], daß es sich bei den Längenänderungen, die bei den verschiedenen Viskosefasern erhalten werden, um den Ausgleich innerer, dem Faden beim Herstellungsgang erteilter Spannungen handelt.

Löslichkeit. Entsprechend dem verschieden hohen Gehalt an Kettenmolekülen niedrigen Polymerisationsgrades sowie anderer innerer Eigenschaften zeigen die Chemiefasern in Alkalilaugen eine mehr oder weniger große Löslichkeit. WELTZIEN[2] fand, daß durch Laugen bis zu einer Konzentration von 20 Vol.-% die Faser durch

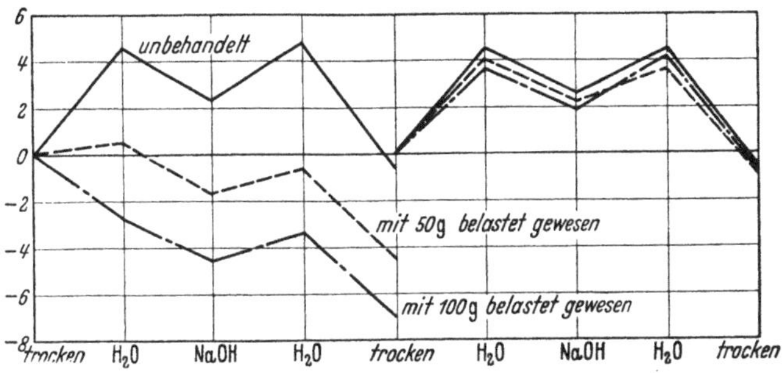

Abb. 477. Längenänderung von Viskosereyon als solchem und nach Vordehnung nach Behandlung mit Natronlauge. (Nach FAUST u. LITTMANN.)

die Laugeneinwirkung nicht verändert wird, d. h. die durch Laugen unterhalb dieser Konzentration aus der Faser herausgelösten Anteile waren tatsächlich vorher in ihr enthalten, und es findet durch die Einwirkung der Löselauge kein weiterer Abbau statt. Infolge der in bezug auf den Polymerisationsgrad der Zellulose bei den Chemiefasern vorliegenden Heterogenität zeigt die Löslichkeit bei den einzelnen Fasern starke Schwankungen, wie aus Tab. 135 hervorgeht.

Tabelle 135. *Löslichkeit von Viskosereyon in Natronlauge.* (Nach WELTZIEN.)

	Lösliche Anteile (% des trockenen Ausgangsmaterials) in Natronlauge von						
	4%	6%	8%	9%	10%	11%	12%
Viskosereyon W	1,7	4,1	16,7	22,7	39,7	25,5	20,3
Viskosereyon C	1,7	6,3	24,6	36,5	40,9	31,9	24,6
Viskosereyon E	1,8	3,7	17,2	43,3	50,1	29,5	26,4
Viskosereyon G	3,1	4,0	15,1	35,0	43,1	29,7	25,9

Zwischen den einzelnen Fasern bestehen also hinsichtlich der Alkalilöslichkeit erhebliche Unterschiede. Daß ein ausgeprägtes Löslichkeitsmaximum bei einer Natronlaugenkonzentration von 10% vorliegt, wurde schon früher erwähnt.

Färberische Eigenschaften. Chemiefasern aus Hydratzellulose färben sich mit substantiven, Entwicklungsfarbstoffen, Naphthol-AS-Farbstoffen, basischen Farbstoffen, Schwefelfarbstoffen und Küpenfarbstoffen an, und zwar ist das Farbstoffaufnahmevermögen wesentlich größer als das der natürlichen Zellulosefasern.

Vom wissenschaftlichen Standpunkt aus gesehen ist besonders das Anfärben mit substantiven Farbstoffen von Interesse. Dieses Gebiet ist daher auch am ein-

[1] WELTZIEN: Technologie, S. 150. — [2] WELTZIEN: Technologie, S. 141.

gehendsten durchforscht worden[1]. Beim Einbringen einer Faser in eine Farbstofflösung findet eine Anreicherung des Farbstoffes an bzw. in der Faser statt, wobei sich hinsichtlich der Verteilung des Farbstoffes ein Gleichgewicht einstellt. Die An- bzw. Einlagerung des Farbstoffes an bzw. in der Faser ist auf die Betätigung molekularer Anziehungskräfte zwischen Faser und Farbstoff zurückzuführen.

Die Größe der Farbstoffaufnahme ist von einer Reihe von Faktoren abhängig. Zunächst ist die Farbstoffkonzentration in der Flotte von Bedeutung. Bei sehr großer Verdünnung erfolgt die Farbstoffaufnahme praktisch quantitativ. Mit wachsender Konzentration nimmt die absolute Menge des aufgenommenen Farbstoffes zu. Der absorbierte Bruchteil der anwesenden Farbstoffmoleküle nimmt mit steigender Konzentration dagegen ab.

Die Farbstoffaufnahme ist weiter vom Elektrolytgehalt der Farbflotte abhängig. Mit steigendem Salzgehalt der Lösung nimmt die Farbstoffaufnahme zu, und zwar erst stärker, bei höheren Salzkonzentrationen schwächer. Mit höherer Wertigkeit der Kationen nimmt die Wirkung der Salze zu. Beim Färben bei niedrigeren Temperaturen kann es vorkommen, daß hinsichtlich der Farbstoffaufnahme ein Maximum mit steigender Salzkonzentration auftritt. Hier dürfte es sich nach VALKÓ um Flockungserscheinungen handeln.

Auch die Temperatur ist auf die Farbstoffaufnahme von Einfluß. Die im Gleichgewicht absorbierte Farbstoffmenge nimmt mit steigender Temperatur ab. Die Unterschiede sind bei hohen Salzgehalten der Flotte größer als bei kleinen Salzgehalten.

Nach WELTZIEN sind die Färbevorgänge reversibel. Durch ausreichende Behandlung substantiv gefärbter Fasern mit Leitfähigkeitswasser ist der Farbstoff wieder vollkommen von der Faser abzuziehen.

Ein einheitlicher Einfluß des Einzeltiters auf das Anfärbevermögen konnte nicht nachgewiesen werden. Reyon aus der gleichen Viskose mit verschiedenen Einzeltitern zeigte mit zunehmender Faserfeinheit manchmal größere, manchmal geringere Farbstoffaufnahme.

Vom spinntechnischen Standpunkt aus gesehen ist von Bedeutung, daß die Farbstoffaufnahme mit steigender Streckung abnimmt. Hierauf war schon im 15. Kap. hingewiesen worden.

Da beim Herstellungsgang des Reyon viele Möglichkeiten einer ungleichmäßigen Streckung bestehen, so färbt sich das Reyon leicht etwas ungleichmäßig an. In dieser Beziehung verhalten sich aber die einzelnen Farbstoffe ganz verschieden, es gibt Farbstoffe, die leicht unegal aufziehen und solche, die leicht egal aufziehen.

Durch Behandlung mit Natronlauge von beispielsweise 4% wird das Farbstoffaufnahmevermögen der Faser erheblich gesteigert, bemerkenswerterweise gleichen sich hierdurch färberische Unterschiede nahezu aus.

Die durch die angewandten Spinnbedingungen entstehenden unterschiedlichen Querschnittsformen lassen auch einen Einfluß der Querschnittsform auf das Anfärbevermögen erwarten. Im allgemeinen kann bei Vikosefasern gesagt werden, daß glattere und rundere Querschnittsformen mit einem geringeren Aufziehvermögen für substantive Farbstoffe verbunden sind. Eine Ausnahme machen die Lanusa- und die Schwarzafaser. Trotz der bei diesen vorliegenden glatten Querschnittsformen ist das Farbstoffaufnahmevermögen hierbei wesentlich größer als bei normalen Viskosefasern.

[1] Vgl. die ausgezeichnete Zusammenfassung in VALKÓ: Kolloidchemische Grundlagen der Textilveredelung. S. 389.

24. Kapitel.

Untersuchung der Chemiefasern.

Die die Spinnwerke verlassenden Chemiefasern werden einer genauen Prüfung unterzogen. Man kann die Art der auszuführenden Prüfungen in zwei Gruppen unterteilen, nämlich in soche, die nur oder in erster Linie für die Betriebskontrolle des Werkes von Wichtigkeit sind, und solche, die auch für den Verarbeiter Bedeutung haben. Eine scharfe Trennung zwischen beiden kann jedoch nicht eingehalten werden, da alle für das Werk selbst wichtigen Untersuchungen auch mittelbar den Verarbeiter interessieren.

Aus der Beschreibung des Herstellungsganges ging hervor, daß im Betriebe eine Unzahl von Möglichkeiten für die Entstehung eines ungleichmäßigen Materials besteht. Das das Werk verlassende Reyon muß daher insbesondere auf Gleichmäßigkeit geprüft werden. Daß daneben eine Nachprüfung des Titers, der Drehung sowie der Einzelfadenzahl oder bei der Zellwolle eine Nachprüfung des Titers und der Stapellänge erforderlich ist, ist ebenso selbstverständlich wie die Prüfung auf Reißfestigkeit und Dehnbarkeit.

Auf alle Prüfungsmöglichkeiten kann hier nicht eingegangen werden, ebenso nicht auf die Auswertung der bei den vielseitigen Prüfungsmöglichkeiten erhaltbaren Ergebnisse. In dieser Hinsicht sei auf die einschlägige Literatur verwiesen. An dieser Stelle sollen nur kurz die Methoden beschrieben werden, die normalerweise im Textillaboratorium eines Reyon- und Zellwollwerkes angewandt werden.

Es sei noch vorausgeschickt, daß alle Messungen physikalisch-technischer Natur an Fasern ausgeführt werden, die ausreichend lange (48 Stunden) bei einer relativen Luftfeuchtigkeit von 65% ausgelegen haben. Auch die Prüfungen selbst müssen in einer Atmosphäre von 65% relativer Luftfeuchtigkeit ausgeführt werden.

Prüfung auf Gleichmäßigkeit der Anfärbung. Von besonderer Bedeutung ist bei Reyon die Prüfung auf färberische Gleichmäßigkeit. Man entnimmt daher der Produktion in einem regelmäßigen Turnus ganze Walzen-, Spulen- oder Zentrifugengespinste und stellt hieraus ein Warenstück her, das man dann ausfärbt. Am einfachsten und daher zweckmäßigsten ist die Herstellung eines Stückes sog. Rundstuhlware. Einerseits fallen hierzu Umspulprozesse fort, da man dem Rundstuhl die Spinnkuchen oder Zwirnspulen unmittelbar vorlegen kann und andererseits ist diese Maschine einfach zu bedienen. Man kann die Ausfärbung nach zwei Gesichtspunkten hin vornehmen, nämlich entweder mit einem besonders leicht unegal aufziehenden Farbstoff oder mit einem Farbstoff oder Farbstoffgemisch, das die Praxis als ausreichend gleichmäßig aufziehend erkannt hat. Für die Betriebskontrolle genügt im allgemeinen das Färben mit einem Farbstoff der letzteren Kategorie. Will man die Ausfärbung zur Aufklärung von Betriebsfehlern vornehmen, so wendet man zweckmäßig einen unegal ziehenden Farbstoff an.

Die Färbung muß nach sorgfältigem Vorwaschen des Stückes vorgenommen werden, damit keine Trugschlüsse möglich sind.

Die Beurteilung des Farbausfalles erstreckt sich auf die Bewertung der Farbtonunterschiede zwischen Spinnanfang und Spinnende sowie auf das allgemeine Bild, d. h. ob beim Färben etwa Streifen oder Ringel in der Ware entstehen.

Vielfach treten färberische Ungleichmäßigkeiten periodisch auf. Diese Schwankungen hängen stets mit dem Umfang des Fadenaufnahmeorgans oder der Bewegung des Changierfadenführers an der Spinnmaschine zusammen. Da diese Schwankungen an einem Rundstuhlstück aber meist nicht zu erkennen sind, so muß man sie auf andere Weise kenntlich machen. Dies kann entweder durch die sog. Stabwickelmethode oder durch Verstricken des Reyon geschehen.

Bei der Stabwickelmethode geht man von gefärbten Strängen aus. Der Faden wird durch eine besondere Wickelvorrichtung parallel auf einen runden Stab von bekanntem Umfang gewickelt. Färberische Ungleichmäßigkeiten geben sich dann leicht durch dunklere oder hellere Ringe auf dem bewickelten Stab zu erkennen. Durch Abmessen des Abstandes dieser Ringe kann man, da der Stabumfang bekannt ist, die Periode berechnen, woraus Rückschlüsse auf den in Frage kommenden Fehler beim Herstellungsgang des Reyon gezogen werden können.

Die Strickmethode[1], die vielseitige Feststellungen ermöglicht, beruht darauf, daß man den Faden, der wieder dem Spulen- oder Zentrifugengespinst unmittelbar entnommen werden kann, auf einem sog. Standardautomaten zu einem Schlauch verstrickt und die erforderlichen Prüfungen an diesem Schlauch vornimmt. Für den Standardautomaten hält man drei Nadelkränze verschiedener Teilung vorrätig, die je nach dem zu prüfenden Titer ausgewechselt werden müssen. Unter Teilung versteht man die Anzahl Nadeln pro englisch Zoll (25,4 mm).

Für die verschiedenen Titer sind folgende Teilungen erforderlich:

für Titer unter 150 Denier	30er Teilung
für Titer von 150—180 Denier	26er Teilung
für Titer von 300 Denier und darüber	18er Teilung.

Bei der 18er Teilung muß allerdings auch das Schloß der Maschine ausgewechselt werden.

Die Prüfung der Farbabweichungen zwischen Gespinstaußen- und Innenteil nimmt man so vor, daß man Teile vom Spinnanfang und -ende gegeneinanderstrickt. Zweckmäßig spult man Anfangs- und Endteile der zu prüfenden Gespinste vorher auf je eine Bobine und läßt abwechselnd von der einen und von der anderen Bobine bestimmte Fadenlängen, die man durch Einknüpfen eines echt gefärbten Stückchens Reyonfaden voneinander abtrennt, auf eine Flaschenspule umlaufen. Diese legt man dann der Strickmaschine vor. Die Strickschläuche werden dann mit Brillantbenzoblau 6 B oder einem entsprechenden Farbstoff[2] unter genauer Einhaltung folgender Bedingungen ausgefärbt:

1% Farbstoff vom Gewicht der Ware,	Flottenverhältnis 1:30,
Färbedauer 1/2 Stunde,	20% Glaubersalz vom Gewicht der Ware.
Färbetemperatur 60°C,	

Das Salz wird in drei gleichen Portionen zugegeben, und zwar 1/3 am Anfang, 1/3 nach 10 Minuten und das letzte Drittel nach 20 Minuten.

Nach der Färbung wird in warmem, destilliertem Wasser gespült und getrocknet. Alsdann werden die Anfärbungsdifferenzen beurteilt. Durch Vergleich mit Standardmustern kann man die Größe der Differenzen wertmäßig ausdrücken.

Eine recht brauchbare Methode zur wertmäßigen Festlegung der Anfärbungsdifferenzen besteht in ihrer photometrischen Ermittlung. Zu diesem Zwecke legt

[1] Vgl. hierzu ULRICH: Kunstseide **15**, 210 (1933).

[2] Diaminreinblau FF, Chikagoblau 6 B, Siriusblau BRR, Brillantkongoblau BFL.

man die Schläuche ausgebreitet auf ein schwarzes, mattes Papier und setzt auf die zu messenden Stellen eine ringförmige Photozelle, in deren Mitte eine kleine elektrische Glühbirne eingebaut ist. Die durch die Rückstrahlung in der Photozelle entstehende Spannung wird auf einem Galvanometer abgelesen und dient als Wertmesser für den Grad der Anfärbung. Da die Leuchtkraft der kleinen Schwachstrombirnen außerordentlich schnell nachläßt, und man somit bei zeitlich auseinander liegenden Messungen nicht mehr zu vergleichbaren Werten kommt, darf man an die Birne nicht die vorgeschriebene Nominalspannung anlegen, sondern muß erheblich darunter bleiben. Bei dieser Arbeitsweise behalten die Birnen lange Zeit die gleiche Leuchtstärke bei.

Außer mit dem unegal ziehenden Brillantbenzoblau 6 B kann man die Strickschläuche auch mit einem ausreichend egalisierenden Farbstoff, beispielsweise Diaminbraun, anfärben, und zwar unter folgenden Bedingungen:

1—1,5% Farbstoff vom Gewicht der Ware,
Färbedauer 20—25 Minuten,
Färbetemperatur bei 35—40° C beginnend, allmählich steigern auf 80° C,
10% Glaubersalz vom Gewicht der Ware.

UnterUmständen kann man auch mit einem Schwefelfarbstoff ausfärben, z. B. mit Schwefelbraun A konz.

Will man nach der Strickmethode periodische Anfärbungsunterschiede ermitteln, so muß man die Strickmaschine auf annähernd die Periode einstellen, bei der die Farbabweichungen, die dann als Farbringel in die Erscheinung treten, zu erwarten sind. Man bezeichnet die Fadenlänge zwischen der periodischen Wiederkehr bestimmter Abweichungen in der Praxis mit „Stricktour". Die Stricktour ist die Länge eines bei einmaligem Nadelumgang der Maschine eingestrickten Fadens. Die Stricktour wird auf Hub und Abzug der Spinnmaschine, auf der der zu untersuchende Faden hergestellt war, eingestellt. Hat z. B. eine Zentrifugenspinnmaschine 40 Einfachhübe bei 60 m Abzug, so wird die Stricktour auf $\frac{60}{40 \cdot 2} = 0{,}75$ m ein gestellt. Da $\pm$ 10% Toleranz zulässig sind, so stellt man die Stricktour praktisch auf 66 ··· 83 cm ein.

Etwas anders muß man bei Spulenspinnmaschinen einstellen, die, wie dies normalerweise der Fall ist, mit Hubminderung arbeiten. Ist bei einer Abzugsgeschwindigkeit von 60 m die Hubzahl anfangs 45 m und am Spinnende 40, so wäre die Stricktour am Anfang auf

$$\frac{60}{45 \cdot 2} = 0{,}67\,\text{m}$$

und am Ende auf

$$\frac{60}{40 \cdot 2} = 0{,}75\,\text{m}$$

einzustellen. Man nimmt hieraus dann das Mittel und stellt die Stricktour auf 71 cm ein.

Die Einstellung der richtigen Stricktour erfolgt empirisch: Bei einer beliebigen Einstellung stellt man etwa 10 cm Schlauch her. Alsdann macht man auf das Gewirk einen senkrechten Strich, riffelt das Gewirk aus und mißt den Abstand zwischen zwei benachbarten Strichstellen. Dann wird die Maschenweite an einer an der Maschine befindlichen Stellschraube je nach Erfordernis weiter oder enger gestellt.

Nach richtiger Einstellung der Strickmaschine wird der zu prüfende Faden verstrickt und wie oben angegeben mit Brillantbenzoblau 6 B angefärbt. Diese Methode hat sich als außerordentlich geeignet zur Feststellung periodischer Farbabweichungen erwiesen.

Daß man bei dieser Methode Farbabweichungen besonders leicht erkennen kann, beruht darauf, daß sich die kurzen Farbabweichungen addieren, da sie durch die Strickmaschine immer wieder an annähernd die gleiche Stelle gelegt werden. Es entstehen im Schlauch auf diese Weise spiralige Ringel.

Die Prüfung braucht keineswegs auf den Changiermechanismus beschränkt bleiben. Auch auf andere Perioden, die im Herstellungsgang des Reyon vorkommen, wie beispielsweise Spulenumfang u. dgl. kann die Stricktour eingestellt werden. Dies ist besonders für die folgenden Prüfungen von Wichtigkeit.

Prüfung auf metallische Verunreinigungen. Die Strickmethode eignet sich auch hervorragend zur Kenntlichmachung periodisch wiederkehrender Verunreinigungen, die durch Salzauflagerungen oder -anreicherungen auf der Faser entstanden sind. Man stellt die Maschine auf die gewünschte Stricktour ein und färbt den Schlauch mit Alizarin an. In einem Soxhletapparat stellt man eine gesättigte, alkoholische Alizarinlösung her. Man erhitzt in einem 2 Liter fassenden Färbebecher destilliertes Wasser zum Kochen und gibt so viel Alizarinlösung zu, bis eine trübe, gelbe Lösung entsteht. Dann geht man mit dem nassen Strickschlauch ein, zieht $^1/_4$ Stunde um und spült in kochendem destilliertem Wasser so lange, bis das Waschwasser farblos ist. Die Verunreinigungen geben sich dabei durch die charakteristischen Färbungen der Alizarinfarblacke zu erkennen[1].

Prüfung auf Fettrückstände. Auch diese Prüfung wird an Strickschläuchen vorgenommen. Als Reagens dient eine gesättigte methylalkoholische Lösung von Sudanrot 7 B[2]. 30 cm^3 dieser Lösung gibt man in 1 Liter destilliertes Wasser, dann fügt man 30 cm^3 Salzsäure vom spezifischen Gewicht 1,19 zu. In dieser Lösung wird der Schlauch umgezogen. Fetthaltige Körper ergeben hierbei Rotfärbung.

Prüfung auf Oxy- und Hydrozellulose. Der Strickschlauch wird bei einem Flottenverhältnis von 1:20 10 Minuten bei 80° C in GÖTZEschem Silberreagens (s. S. 167) umgezogen und mit kaltem destilliertem Wasser gespült. Alsdann behandelt man den Schlauch mit einer Lösung von 124 g Natriumthiosulfat (kristallisiert) im Liter während 15 Minuten. Hierauf wird dreimal mit destilliertem Wasser kalt gespült und bei 50° C getrocknet. Bei Anwesenheit von oxydierter oder hydrolysierter Zellulose zeigen sich braune Stellen.

Die Reaktion ist hier insofern nicht eindeutig, als die Braunfärbung auch auf Silbersulfid beruhen kann. Daher ist eine Prüfung auf Schwefel zusätzlich erforderlich.

Prüfung auf Schwefel. Ein Teil des mit Silberreagens behandelten Schlauches wird mit kalter 2 n-Salpetersäure behandelt. Dann wird mit destilliertem Wasser ausgewaschen. Hierauf legt man den Schlauch in alkalische Bleilösung, die wie folgt bereitet wird: In 2 n-Natronlauge gibt man so viel Bleiazetatlösung, bis sich der entstehende weiße Niederschlag wieder löst. Die erhaltene Lösung wird auf das Vierfache mit destilliertem Wasser verdünnt.

Diese Bleisalzlösung wird mit dem Strickschlauch zum Sieden gebracht. Anwesenheit von Schwefel gibt sich durch grau-schwarze Färbung zu erkennen.

Da sich hierbei auch andere Sulfide bilden können, so ist ein Vergleich dieses Schlauches mit einem Alizarinschlauch nötig.

---

[1] Bezüglich weiterer Einzelheiten über den chemischen und mikrochemischen Nachweis von Verunreinigungen sei auf RATH: Melliand Textilber. **22**, 421 und SCHAEFFER: Klepzigs Textilztschr. **44**, 467 (1941) verwiesen. — [2] Herstellung der Sudanrot-Lösung: RAPP und KADNER: Melliand Textilber. **22**, 376 (1941).

Prüfung des Titers. Mit einer besonders gebauten Apparatur werden 9 cm Faden abgeschnitten und auf einer Torsionswaage gewogen.

Bei Zellwolle[1] wird aus einem parallel geordneten Faserbündel, das unter leichter Geradestreckung an beiden Enden eingespannt ist, eine bestimmte Länge herausgeschnitten. Alsdann wird die Anzahl der Fasern gezählt. Der Faserbausch wird dann auf einer Torsionswaage gewogen. Ist die Anzahl der Fasern z, die Schnittlänge l und das Gewicht g, so berechnet sich die metrische Nummer nach der Formel

$$N_m = \frac{z \cdot l}{g}.$$

Will man die Dicke des Fadens als Titer angeben, so rechnet man nach folgender Formel:

$$\text{Titer} = \frac{g}{z \cdot l} \cdot 9000.$$

Von großem Wert für die Prüfung des Changiermechanismus der Spinnmaschinen für Reyon ist die Untersuchung der Gleichmäßigkeit des Titers bzw. der periodischen Abweichungen des Titers. Man kann diese auf einfache Weise durch Auswägen oder unter Verwendung eines Spezialapparates prüfen.

Die erste Methode besteht darin, daß man den zu untersuchenden Faden durch eine geeignete Wickelvorrichtung parallel auf eine Walze wickelt, deren Umfang genau 9 cm beträgt. Die Walze besitzt an beiden Enden auf ihrem Umfang aufgesetzt zwei Schrauben, mit denen man ein flaches Stahllineal über der Wicklung befestigen kann. Das Lineal klemmt den Faden auf der Walze fest. Mit einer scharfen Rasierklinge schneidet man nun den Wickel am Lineal entlang auf, wodurch der ganze Faden durch einen einzigen Schnitt in 9 cm lange Abschnitte aufgeteilt wird. Die Fadenabschnitte werden nun mit einer Pinzette der Reihe nach unter dem Lineal herausgezogen und auf einer Torsionswaage gewogen. Die erhaltenen Titerwerte werden notiert und können graphisch aufgezeichnet werden. Perioden geben sich hierbei deutlich zu erkennen.

Für die Bestimmung der Titergleichmäßigkeit wurde von VIVIANI ein äußerst sinnreicher Apparat konstruiert, der eine Titermessung am laufenden Faden gestattet. Die Wirkungsweise des Apparates ist die folgende: Der zu prüfende Faden wird auf eine Spule gewickelt, die auf eine sich leicht drehende Spindel gesteckt wird. Der Faden wird von der Spule durch ein Glasrohr gezogen, das unten in eine feine Kapillare übergeht. Dieses Rohr steht in einem Glaszylinder. Unter der Kapillare befindet sich in dem Zylinder ein kleines Röllchen, um das der Faden gelenkt wird. Er wird dann in dem Zylinder nach oben geführt und über ein weiteres Lenkröllchen einer Trommel zugeführt, auf die er aufgewickelt wird. Die Kapillare und der Zylinder sind mit Quecksilber gefüllt. In die Quecksilberfüllung tauchen zwei Elektroden ein und zwar so, daß die eine Elektrode in das Glasrohr und die andere in das zylindrische Gefäß taucht. Diese Apparatur wird nun in einen Stromkreis eingeschaltet. Der Strom muß also die Kapillare durchfließen. Wird der Titer des durch die Kapillare laufenden Fadens gröber, so wird Quecksilber aus der Kapillare verdrängt, die Leitfähigkeit des Quecksilbers in der Kapillare nimmt ab. Umgekehrt tritt aus dem Glasrohr wieder mehr Quecksilber in die Kapillare ein, wenn der Faden dünner wird. Die Leitfähigkeit wird dann größer. Die hierdurch entstehenden Strom-

[1] Nach DIN, DVM 3801; die Normblätter sind durch den Beuth-Verlag, Berlin SW. 19, erhältlich.

schwankungen werden auf ein Spiegelgalvanometer übertragen. Der Spiegel des Galvanometers wirft das Licht einer kleinen Glühbirne, das durch einen senkrechten Spalt auf den Spiegel gelangt, auf den horizontalen Spalt einer Kassette, in der auf einer Walze photographisches Papier aufgespannt ist. Die Walze steht über Zahnräder mit der den Faden aufwickelnden Trommel in Verbindung, wobei ein bestimmtes Übersetzungsverhältnis gewahrt ist. Durch die Stromschwankungen schwingt das Bild des senkrechten Lichtspaltes vor dem Kassettenspalt hin und her, wodurch nach Entwicklung des Papiers ein charakteristisches Diagramm des Titers ent-

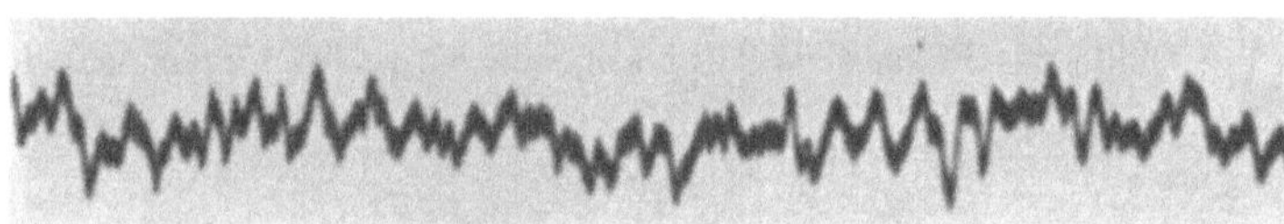

Abb. 478. Titerdiagramm eines ausreichend gleichmäßigen Fadens.

steht. Die Apparatur kann durch Messen von Fäden bestimmten Titers geeicht werden, so daß man auf dem Papier auch die absoluten Beträge der Titerschwankungen ablesen kann. Da die Walze mit der aufwickelnden Trommel in einem bestimmten Übersetzungsverhältnis gekoppelt ist, so erlaubt das Diagramm die Ablesung der Titerperioden. Abb. 478 stellt das Diagramm eines titergleichmäßigen Fadens dar; Abbildung 479 zeigt das Diagramm eines Fadens mit periodisch wiederkehrenden Titerschwankungen, die von der Changierung einer Spulenspinnmaschine herrühren[1]. Es handelt sich um den Titer 120/48. Die Changierperiode ist durch die senkrechten Striche oben in der Abbildung angezeigt. Drei Quadrate bedeuten in horizontaler Richtung 1 m Faden. In vertikaler Richtung bedeutet ein Quadrat 5% Titerabweichung.

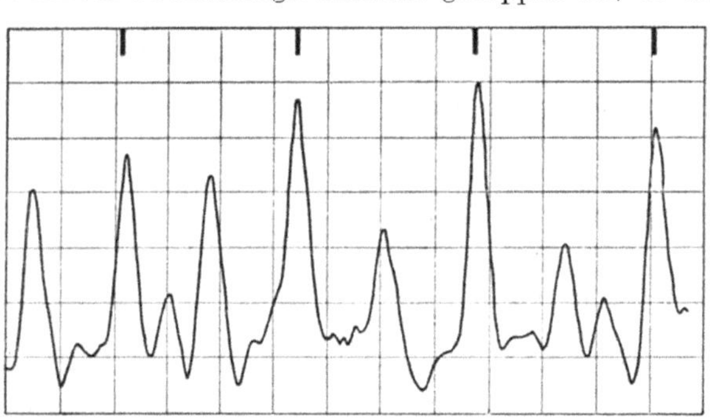

Abb. 479. Titerdiagramm eines Fadens mit periodisch wiederkehrenden Titerschwankungen.

Bestimmung der Reißfestigkeit und Bruchdehnung. Die Bestimmung dieser Größen erfolgt normalerweise auf einem elektrisch angetriebenen Schopper-Apparat. Der Meßbereich ist so zu wählen, daß die mittlere Bruchlast nicht in das erste Fünftel des Lastbereiches fällt. Es werden bei Reyon 50 cm Faden eingespannt. Um alle Fäden unter gleichen Bedingungen einspannen zu können, gibt man dem Faden vor dem Einspannen eine leichte Vorspannung. Die Abzugsgeschwindigkeit der unteren Klemme beträgt normalerweise 800 mm in der Minute. Nach dem DVM-Normblatt soll die Abzugsgeschwindigkeit so eingestellt werden, daß die mittlere Zerreißdauer beim Einzelversuch 20 Sekunden beträgt. Die Zerreißdauer ist insofern von Wichtigkeit, als durch den Reißvorgang eine Streckung der Faser und somit eine weitergehende Orientierung der geordneten Gitterbereiche in der Faser ver-

[1] Für die Anfertigung dieses Diagrammes bin ich der Afd. C. C. c. der Algemeene Kunstzijde Unie NV., Arnhem, zu Dank verpflichtet.

ursacht wird, wodurch die Festigkeit erhöht wird[1]. In der Reyonfabrik wird der Reißversuch normalerweise zehnmal wiederholt und der Mittelwert gebildet. Reißwerte, bei denen der Faden an den Klemmen gerissen ist, werden verworfen.

Für die Bestimmung der Reißfestigkeit und Bruchdehnung von Zellwolle sind besonders feine Schopper-Reißfestigkeitsprüfer entwickelt worden, die hydraulisch angetrieben werden. Vielfach wird auch ein von KRAIS entwickelter Apparat verwendet („Deforden"). Die Einspannlänge beträgt bei Zellwolle 10 mm.

Neben der Reißfestigkeit und Bruchdehnung der Fäden bzw. Fasern in trockenem Zustand bestimmt man auch die Reißfestigkeit und Bruchdehnung in nassem Zustand. Die Versuchsbedingungen sind hierbei die gleichen wie bei der Messung der trockenen Fäden. Die zu messenden Fäden werden vor der Ausführung des Versuches 15 Minuten lang in destilliertes Wasser eingelegt, dem man zur Erhöhung der Netzfähigkeit 1 g Nekal BX trocken zugeben kann.

Bestimmung der Knotfestigkeit. In einigen Reyonwerken wird auch die Knotfestigkeit eines Fadens gemessen. Sie gibt einen Anhalt für das Verhalten des Fadens bei Knick- und Biegungsbeanspruchungen. Die Prüfung wird wie oben beschrieben in Reißapparaten vorgenommen. Es wird ein Faden eingespannt, in den man einen Knoten gemacht hat. Die Knotfestigkeit liegt, wie schon erwähnt, immer niedriger als die normale Reißfestigkeit. Es werden nur solche Werte notiert, bei denen der Faden auch tatsächlich im Knoten gerissen ist.

Bestimmung der Schlingenfestigkeit. Zwei Fäden von je etwas mehr als 1 m Länge werden bifilar ineinandergeschlungen, so daß beide Enden des einen Fadens in die obere und beide Enden des anderen Fadens in die untere Klemme des Reißapparates eingespannt werden können. Es wird dann wie üblich gerissen.

Bestimmung der Drehung. In einem Drehungsmesser werden 50 cm Faden eingespannt, dann wird der Faden aufgedreht. Dieses ist beendet, wenn man mit einer Nadel durch den Faden von der einen bis zur anderen Klemme vollkommen frei hindurchfahren kann. Die Drehung wird dann auf dem Zählwerk des Drehungszählers abgelesen. Die abgelesene Drehung wird auf 1 m umgerechnet.

Bestimmung der Stapellänge. Die Bestimmung der Stapellänge von Zellwollfasern erfolgt auf dem Stapelsortierapparat nach JOHANNSEN-ZWEIGLE[2]. Die Prüfungsmethode beruht darauf, daß eine bestimmte Gewichtsmenge Zellwollfasern parallelisiert und in Gruppen von steigender Stapellänge sortiert wird, was durch Nadelfelder geschieht. Die Auswertung erfolgt durch Aufzeichnen der Fasergewichtsschaulinie. Diese entsteht durch Auftragen der Faserlänge in Abhängigkeit vom Fasergewicht jeder Längengruppe in Prozent des Gesamtfasergewichtes.

Bestimmung der Kräuselung. Der Grad der Kräuselung einer Zellwollfaser wird als Kräuselungszahl angegeben. Hierunter versteht man die Anzahl Kräuselungsbögen auf 1 cm Faserlänge. Sie wird an der ungestreckten Faser unter einer Lupe bestimmt. Man kann die Kräuselung auch als Kräuselungsgrad angeben. Hierunter ist das Verhältnis der gestreckten Länge der Faser zum Abstand ihrer Enden in nicht gekräuseltem Zustand zu verstehen[3].

Bestimmung des Feuchtigkeitsgehaltes. Der Feuchtigkeitsgehalt der Fasern wird dadurch ermittelt, daß man ein abgewogenes Quantum Fasern mit wasserfreiem

[1] Vgl. hierzu ROBERTS: Rayon **12**, 63 (1937). — [2] JOHANNSEN-ZWEIGLE: Leipzig. Monatsschr. Textilind. **43**, 453 (1928). — [3] Für die Messung der Kräuselungs-Beständigkeit wurde eine Methode von ZART u. HECKMANN: Klepzigs Textilzschr. **43**, 548 (1940) angegeben.

Xylol übergießt und das Xylol abdestilliert. Hierbei geht das Wasser mit in die Vorlage. Es sind besonders konstruierte und genormte Apparate in Gebrauch, die eine unmittelbare Ablesung der sich in der Vorlage unter dem Xylol ansammelnden Wassermenge gestatten.

In den Betrieben wendet man neuerdings vielfach eine Schnellmethode an, die auf elektrischen Prinzipien beruht. Die Apparate werden von der Firma *Paul Lippke*, Gößnitz-Thür., gebaut. Es sind Apparate für die Messung der Feuchtigkeit von Reyonsträngen sowie für Zellwollflocke am Markt. Die Feuchtigkeitsmessung beruht auf der Messung des Verlustes von hochfrequenten Schwingungskreisen. Mit Hilfe eines kleinen Meßsenders werden hochfrequente Schwingungen erzeugt, die einem Meßkreis zugeführt werden. Das Meßgut wird in die Einflußzone des Meßkreises gebracht, so daß in ihm hochfrequente Ströme entstehen. Das Maß der hochfrequenten Ströme, die dann im Meßgut fließen, hängt von dem Wassergehalt des Meßgutes ab. Die Stärke der im Meßgut erzeugten Ströme wird durch die Apparatur festgestellt und unmittelbar als Wassergehalt des Gutes angezeigt[1].

Der Feuchtigkeitsgehalt kann auch durch Trocknen der Fasern (Konditionieren) ermittelt werden. Für kleine Proben hat sich ein Apparat der Firma *Brabender*, Duisburg, besonders bewährt.

Untersuchung der Querschnitte. Die Betriebskontrolle schließt auch eine Untersuchung der Querschnitte ein. Die zu untersuchenden Fäden oder Fasern werden zu einem Bündel zusammengefaßt und in ein kleines, aus Aluminiumblech hergestelltes Näpfchen durch zwei Schlitze in den Seitenwänden eingespannt. Das Näpfchen ist etwa 3 cm lang und hat einen quadratischen Querschnitt von 1 cm Seitenlänge. Nach dem Einspannen des Fadenbündel wird das Näpfchen mit Paraffin ausgegossen. Nach gründlichem Erkaltenlassen nimmt man den Paraffinblock heraus, indem man das Näpfchen kurze Zeit in heißes Wasser eintaucht. Die in die seitlichen Schlitze hineinragenden Faserendens werden mit einem kleinen Seziermesser abgeschnitten. Dann wird das Paraffinblöckchen durch Einlegen in Eis abgekühlt. Nunmehr wird das Blöckchen in ein Mikrotom eingespannt (am meisten wird in den Reyon- und Zellwollfabriken das MINOT-Mikrotom von LEITZ verwendet) und je nach Titer mit einer Schnittdicke von $5 \cdots 8\,\mu$ geschnitten. Auf den Objektträger bringt man eine Spur Eiweiß-Glyzerin und wischt dies mit einem sauberen Nesselläppchen wieder ab. Der Schnitt wird dann mit Hilfe einer Pinzette, notfalls unter Mitverwendung eines weichen, spitzen Pinselchens, auf den so vorbereiteten Objektträger glatt aufgelegt. Dann verdampft man das Paraffin vorsichtig über der Sparflamme eines Bunsenbrenners. Nach dem Erkalten gibt man auf den nunmehr auf dem Objektträger vollkommen festgeklebten Schnitt einen Tropfen Dammarlack, bedeckt ihn mit einem Deckglas und betrachtet ihn unter dem Mikroskop. Gegebenenfalls wird das mikroskopische Bild photographiert.

Da die Herstellung der Querschnitte auf die eben beschriebene Weise etwas zeitraubend ist, sind von mehreren Seiten sog. Schnellmethoden ausgearbeitet worden. Diese haben sich für die Betriebskontrolle jedoch nicht eingeführt. Die nach der alten Methode erhaltenen Schnitte sind meistens besser und erlauben daher ein einwandfreies Erkennen von Fehlern und Abweichungen.

---

[1] Näheres siehe bei MAHLO: Melliand Textilber. **22**, 407 (1941).

Namen- und Firmenverzeichnis.

Sachverzeichnis.

721/99/50
(IV/5/1) Paul Dünnhaupt.

GPSR Compliance

The European Union's (EU) General Product Safety Regulation (GPSR) is a set of rules that requires consumer products to be safe and our obligations to ensure this.

If you have any concerns about our products, you can contact us on ProductSafety@springernature.com

In case Publisher is established outside the EU, the EU authorized representative is:

Springer Nature Customer Service Center GmbH
Europaplatz 3
69115 Heidelberg, Germany

Batch number: 10640288

Printed by Printforce, the Netherlands